Oxford
DICTIONARY OF BIOLOGY
FIFTH EDITION

オックスフォード
生物学辞典

大島 泰郎・鵜澤 武俊
[監訳]

Robert S. Hine・Elizabeth Martin
[編]

朝倉書店

A Dictionary of
Biology

FIFTH EDITION

Edited by
**Robert S. Hine
and Elizabeth Martin**

© Market House Books Ltd, 2004

This translation of A Dictionary of Biology, Fifth Edition originally published in English in 2004 is published by arrangement with Oxford University Press.

訳者まえがき

　この辞典はオックスフォード大学出版局の"A Dictionary of Biology"第5版を翻訳したものである．Biologyと銘打っているが，内容は近年の生命科学の進展を反映して，生化学，分子生物学，細胞生物学に関する項目が多く，また，環境や進化などの項目も少なくないので，Biologyという語から連想されかねない「古臭さ」は感じられない．いわば，視野を広げた「生化学・分子生物学総合辞典」といったところである．原著は版を重ねており，欧米では定評のある辞典である．

　旧版では各項目は簡単な解説で，辞典というより用語辞典であった．この点は最新の版でも基本的に継承されているので，訳出した本辞典も英語論文を読むときなど，座右においておけば便利であろう．改訂された版では，いくつかの事項は，2ページを費やす解説があったり，年表があったり，読む辞典の性格も合わせ持っている．百科事典のような大項目の辞典のもつ良さも加味されたので，学生から専門家まで幅広い読者層に受け入れられる辞典と確信している．

　インターネット時代に，紙ベースの辞典を刊行する意義は何であろうか．なんといっても第一は「正当性，正確さ」である．インターネット上には，無数の間違った情報があふれている．大学で学生にレポートを課すと，コピー・ペーストされた間違いだらけのレポートが提出される．わざわざ講義の中で，かつて信じられた概念が近年覆ったと話したにもかかわらず，インターネット上に放置されている昔の概念が，レポートに記載されている．インターネット上の記載は，その正確さを誰も保証しない．真実どころか，オカルト話が多いことに気づいている読者諸賢も少なくないはずである．これに対し，この辞書は編者・編集委員の名が明記され，責任の所在が明確なうえに，何度も改訂され，内容は学問の進歩に沿って書き換えられてきている．

　このほかにも，紙ベースの辞典ならではという利点は少なくないが，私は特に「おまけ」が好きである．調べたい項目を読んで，そのついでに前後の項目や前後のページを眺める．いつもではないが，思いがけない知識，時には研究へのヒントが得られる．こんな一種のゆとりをもたらしてくれる紙ベースの辞典の特長は捨てがたい．そのうえ，本辞典は，ところどころに年表や解説が挿入されてい

て，読む辞典でもある．インターネットは用語を調べることしかできないが，辞典，特に本辞典は調べることに加えて，読む楽しみが用意されている．

本書の翻訳は15年以上も前に旧版の翻訳から始めた．当初考えていた以上どころか，想定を絶する困難さ，進みの遅さに加えて原書が2度も大改訂され，その都度またはじめからやり直しに近い作業を強いられた．何回も挫折するところであったが，最近になって鵜澤君が加わってくれたので，やっと出版にこぎつけることができた．この間に朝倉書店編集部には大変なご迷惑をおかけしたことをお詫びしたい．長年にわたる担当者の辛抱強い激励がなくては，途中でさじを投げていたことは間違いない．

また，多くの項目の下訳を東京大学，東京薬科大学，明治大学の学生，大学院生，若手教員にしていただいた．なかでも明治大学大学院農学研究科大学院生（当時）の古橋さんには，150を越える項目の訳をしていただいた．また，はじめの頃に下訳をしていただいた学生・大学院生には，その後の原著の改訂により内容が大幅に書き直されたり削除されたため，かなりの数の項目がまったく日の目を見ないことになってしまい申し訳ないと心を痛めている．協力していただいた方々の名を挙げて感謝したい（五十音順，当時の旧姓のまま）．

大島研郎，柿澤茂行，鍵和田　聡，葛西寛子，黒澤真理，小松　健，佐藤裕佳，鈴木志穂，高橋修一郎，谷口幸子，永井瑞恵，中田大介，西川尚志，新田紘之，古橋めぐみ，森　拓馬，森屋利幸，弓田いずみ，吉田明希子，吉田真理

最後に本辞典が対象とする分野はきわめて幅広く，われわれ訳者では到底カバーできない分野が少なくない．翻訳中も原著者の勘違い，あるいは明らかな間違いは訂正したり訳注をつけたりしたが，まだ，誤りも多いことであろう．誤りに気づかれた読者は，編集部にご一報願いたい．読者からのご協力を得て，より正確な辞典に育てたいと願っている．

2014年5月

訳者を代表して　大島泰郎

序

　この辞典は1984年にオックスフォード大学出版局から発行された"Concise Science Dictionary"(第4版は1999年に刊行され書名もA Dictionary of Science(邦訳は『オックスフォード科学辞典』)に改題)に由来している．その辞書に収録されていた，生物学，生化学関連のすべての項目に加え，さらに古生物学を理解するために必要な地質学の項目，土壌学，それに生物学の物理学的，化学的側面(研究室における生物試料の分析技術を含め)を理解するのに必要な物理学，化学関連の項目が本辞典に収録されている．また，医学や古人類学から選ばれた用語も加えてある．最新の版では，ヒトの生物学，環境科学，生物工学，食品工学からの用語が追加され，また，それぞれの分野の発展に貢献した生物学者，科学者の簡単な紹介や生物学の中核分野の歴史に関する年代表などが加わり，さらにいくつかの話題を選び2ページの解説が追加された．今回の改版では，多くの項目が根本的に改訂され，主要な分野から選ばれた300を越える新項目が追加された．特に近年の進歩の著しい細胞生物学と分子遺伝学分野が拡充され，また，付録も新たに二つ追加された．

　＊印をつけた用語は本辞典に項目として収録され，詳しい説明や定義がされている．しかし，収録されている用語のすべてに＊印がつけられているわけではない．また，いくつかの語は単に同義語であったり，略号であったり，あるいはほかの長い項目や解説の中で適切に説明されている場合，これらの項目を参照するよう指示してある．ふつうには同義語や略号は，見出し語の後ろに括弧内に示してある．

　生化学の化学的な側面や化学の用語は，"A Dictionary of Chemistry"に詳しい解説があり，その辞典と"A Dictionary of Physics"は本書と同じシリーズである．

　本辞典，それに上記のシリーズの辞典はSI単位系を採用して記述してある．

ロバート・S・ハイン
エリザベス・マーティン

Credits

Editors
Robert S. Hine BSc, MSc
Elizabeth Martin MA

Advisers
B. S. Beckett BSc, BPhil, MA(Ed)
R. A. Hands BSc
Michael Lewis MA
W. D. Phillips PhD

Contributors
Tim Beardsley BA
Lionel Bender BSc
Belinda Cupid MSc, PhD
John Clark BSc
H. M. Clarke MA, MSc
E. K. Daintith BSc
Malcolm Hart BSc, MIBiol
Robert S. Hine BSc, MSc

Elaine Holmes BSc, PhD
Anne Lockwood BSc
J. Valerie Neal BSc, PhD
R. A. Prince MA
Michael Ruse BSc, PhD
Brian Stratton BSc, MSc
Elizabeth Tootill BSc, MSc

凡　例

1. 項目名は太字で示し，次に該当する英語またはラテン語を付して見出し語とした．
2. 項目名は五十音順に配列した．濁音・半濁音は相当する清音として扱った．拗音・促音も一つの固有音として扱い，長音は配列上では無視した．ただし，他の清音と同じ読みになるときは，清音を先に並べた．
3. ローマ字の配列は，以下の表音による．
   A エー　　B ビー　　C シー　　D ディー　　E イー　　F エフ
   G ジー　　H エッチ　I アイ　　J ジェー　　K ケー　　L エル
   M エム　　N エヌ　　O オー　　P ピー　　　Q キュー
   R アール　S エス　　T ティー　U ユー　　　V ヴィー
   W ダブリュー　　X エックス　　Y ワイ　　Z ゼット
4. 項目名が欧文の略語で，略語の読みが1字ずつのアルファベット読みでなく慣用読みされる項目では，その読みに従って配列した．
5. 解説文中で左肩に「*」が付いている語は，見出し項目として与えられていることを示す．
6. 原著にわかりにくい表現や誤りなどがある場合は，説明や補足を訳注として加えた．
7. 原著では，解説文中や最後に「見よ(see)」「比較せよ(compare)」の2種類の参照項目があるが，特に区別する必要が認められないので，本書では「→」のみで示した．
8. 巻末の欧文索引は項目名の欧文をアルファベット順に配列し，用語集として使えるように，日本語項目名を併記した．

ア

IAA ⟶ インドール酢酸
ICSH ⟶ 黄体形成ホルモン
IGF ⟶ インスリン様成長因子

アイソタイプ isotype
　（植物分類学）*基準標本と区別できないほど似ているか，きわめて類似した植物標本で，基準標本が失われたときに参照用の標本として使われるもの．

IPM ⟶ 総合的病害虫管理
IP₃ ⟶ イノシトール

亜鉛 zinc
　元素記号 Zn．青白色の金属元素であり，生物が必要とする微量元素である（→ 必須元素）．多数の酵素の補欠分子族として機能する．

亜鉛フィンガー zinc finger
　DNA に結合するある種のタンパク質．特に*転写因子に特徴的な構造モチーフ．アミノ酸残基が連なった指のような折りたたみからなり，底部には二つのシステイン残基と二つのヒスチジン残基が位置する．これらの4残基が4面体の配置で一つの亜鉛イオンと結合する．このフィンガーは核酸分子の約5塩基対と相互作用する．*ヘリックス-ターン-ヘリックスや*ロイシンジッパーのような他の DNA 結合モチーフとは異なり，RNA 依存性 RNA ポリメラーゼのような，RNA に結合するタンパク質にも亜鉛フィンガーはみられる．

赤潮 red tide
　海洋植物プランクトン（特に渦鞭毛藻類）の突然繁殖により植物プランクトンに含まれる高濃度の光合成補助色素のために，海の色が赤，茶，黄に染まる現象．しばしば毒性をもつ Gonyaulax のようないくつかの渦鞭毛藻類は，魚類や無脊椎動物を即座に殺したり，食物連鎖を通じて生物中に蓄積する強力な毒を産生し，貝やその他の海産物を食べるヒトを危険にさらす．この植物プランクトンの大繁殖は，陸地からの栄養豊富な排水，海水の汲み上げと関連しており，海底にいる渦鞭毛藻類のシスト様構造体の活性化により始まる．

赤の女王仮説 Red Queen hypothesis
　1970 年代のはじめにヴァンヴァーレン（L. M. Van Valen）により提唱された仮説であり，競合種の*共進化により，絶滅の確率が長期間にわたり，ほぼ一定になるような動的平衡が作り出されることを説明したものである．したがって，この仮説では進化は種が時とともに生き残りやすく変わっていく進歩であるとも，時とともに種がしだいに絶滅しやすく変化するものであるとも見なされない．その代わりに，ある種が競争力を高める方向に進化していくにつれて，競合者にはその種に遅れをとらないように進化する方向に選択圧がかかる．片方に大きく遅れをとった種は絶滅していく．本仮説は，ルイス・キャロルの"鏡の国のアリス"中における，「赤の女王」の，「同じ所にとどまろうと思うなら，全速力で走り続けなさい」という言葉にちなんで名づけられた．

赤味 duramen ⟶ 心材
アーキア Archaea ⟶ 古細菌

アクアポリン（水チャネル） aquaporin
　赤血球や*近位尿細管の細胞膜を構成する成分となっているタンパク質であり，これらの細胞への水の高浸透の原因となるタンパク質のこと．水チャネルとしてアクアポリンは機能し，浸透過程を促進させる．

悪性の malignant
　変異した細胞もしくは細胞集団について用いる語で，通常の細胞より速い速度で増殖，そして体のほかの部位へ広がる能力をもっている細胞のことをいう．→ 癌

悪性貧血 pernicious anaemia ⟶ ビタミン B 群

アクセプター acceptor
　1．（化学）共有結合の形成により電子が与えられる化合物や分子，イオンなどのこと．
　2．（生化学）生物学的な反応を何ら示さ

ずにホルモンを結合する受容体.

アクチノバクテリア（放線菌類，アクチノマイコータ） Actinobacteria (Actinomycetes；Actinomycota)

グラム陽性の，多くが嫌気的で非運動性の細菌を含む門．多くの種は糸状菌のような糸状の細胞をもち，ある種のカビと同様，空中に伸びた枝の上に生殖胞子を形成する．この門はアクチノマイセス属の細菌を含み，そのうちいくつかの種はヒトを含む動物に病気を起こす．また多くの重要な抗生物質（ストレプトマイシンを含む）を生産するストレプトマイセス属の細菌も含む．

アクチベーター activator

1. *エンハンサーと呼ばれるDNAの領域に結合することで遺伝子の転写を促進する*転写因子のタイプ. → リプレッサー

2. 酵素の*アロステリック部位に結合することで，酵素の活性部位が基質に結合できるようにする物質．

3. 体内の薬物や他の物質の働きを助ける化合物の総称．

アクチン actin

筋肉組織にみられる収縮するタンパク質であり，繊維の形をとる（細い繊維と呼ばれる）．それぞれの細い繊維は球形のアクチン分子の2本の鎖からなっており，周囲には糸状の*トロポミオシンが巻きつき，*トロポニンが散在している．筋繊維（→ 筋節）の単位はアクチンと*ミオシン繊維からなり，相互作用することで筋収縮を引き起こす（→ 滑り説）．アクチンはまたすべての細胞の*細胞骨格の一部をなす*ミクロフィラメントにもみられる．

アクトミオシン actomyosin

筋収縮の過程において*アクチンタンパク質と*ミオシンタンパク質が相互作用することにより形成される複合体. → 滑り説

アクリジン acridine

DNA配列に*フレームシフト変異を引き起こすことができる化学物質（図参照）．アクリジンオレンジなどの様々なアクリジンの誘導体が生化学的染色剤，あるいは染料として用いられる．

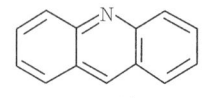
アクリジン

アグレッシン aggressin

ある種の寄生性微生物により分泌される毒性物質であり，宿主生物の自然防御機構を阻害する．

アクロセントリック acrocentric → セントロメア

アグロバクテリウム・テュメファシエンス *Agrobacterium tumefaciens*

グラム陰性の土壌細菌で，幅広い植物に感染し腫瘍状の増殖物（*ゴール）を特に根と茎の境目に形成する（クラウンゴール）．興味深いことに，この細菌の細胞はTiプラスミド（tumour-inducing plasmid）と呼ばれる*プラスミドをもち，その一部分が宿主植物の細胞に移される．このT-DNA（transfer DNA）部分は腫瘍の形成に必要な遺伝子が含まれており，感染した植物細胞のゲノムに組み込まれる．Tiプラスミドを保持することで，アグロバクテリウム・テュメファシエンスは，外来遺伝子を植物組織に導入する遺伝子工学における重要なツールとして用いられることとなった．腫瘍形成遺伝子群は通常，目的の遺伝子と入れ替え，さらに形質転換した細胞の選抜を可能にするため，抗生物質抵抗性遺伝子などのマーカー遺伝子を付け加える. → 遺伝子組換え生物

あご jaw

脊椎動物の骨格の一部で口を支え，歯を結合している部分．上顎と下顎（→ 歯骨）からなる．無顎類の魚はあごをもっていない．

アゴニスト agonist

作動薬ともいう．*受容体と複合体を形成し，細胞の活性化反応の引き金となる薬物やホルモン，神経伝達物質やその他のシグナル分子. → 拮抗物質

味 taste

物質の風味．

アシクロビル（アシクログアノシン） acyclovir (acycloguanosine)

ヘルペスウイルスの感染による口唇ヘルペス，帯状ヘルペス，性器の水疱などの治療に使われる薬物．グアニン塩基のアナログであり，ウイルスのDNA複製を阻害する．

亜種 subspecies

*種内の個体群のこと．同種の他の個体群とよりも自らの個体群のなかでより交配を行い，その種内個体群のなかで，多くの点で似通った特徴をもつ．亜種の生殖隔離が顕著になると，新しい種の形成をもたらすこともある（→ 種分化）．マウンテンゴリラの学名 *Gorilla gorilla beringei* のように，亜種名はときに3語目のラテン名として付与される（→ 二命名法）．

アジュバント adjuvant

水酸化アルミニウムなどの抗原性をもたない物質で，抗原とともに働き，炎症反応を誘導することで抗体産生細胞を局部的に集め，抗体の産生を強める．アジュバントは臨床的にはワクチン剤に入れて，少量の抗原に対する抗体の生産を高め，抗体の産生期間を長くするために用いられる．

亜硝酸塩 nitrite

亜硝酸の塩．亜硝酸のエステルも nitrite を用いる．その塩は亜硝酸イオン NO_2^- を含んでいる．

アスコルビン酸 ascorbic acid ⟶ ビタミンC

アスパラギン asparagine ⟶ アミノ酸

アスパラギン酸 aspartic acid ⟶ アミノ酸

アスピリン aspirin (acetylsalicylic acid)

炎症を抑え，解熱作用があり，痛みを緩和する薬である．アスピリンは炎症の主な因子である*プロスタグランジンの形成抑制の働きをする．アスピリンは，また血小板の凝集を抑えるため，心臓や循環器の障害の際の血流の維持のためにも用いられる．

汗 sweat

皮膚上の*汗腺から分泌される，塩分を含んだ液体．熱くなった身体は汗を蒸発させ，結果として皮膚表面の冷却が行われる．少量の尿素が汗のなかに排出される．

アセタート（エタノアート） acetate (ethanoate)

酢酸の塩もしくはエステル．

アセチル化 acetylation

アセチル基（CH_3CO-）を化合物へ結合させること．*補酵素Aのアセチル補酵素Aへのアセチル化は*クレブス回路の重要な段階である．このアセチル基は，ピルビン酸から一分子の二酸化炭素と二つの水素原子が除かれたものに由来する．

アセチルコリン acetylcholine (ACh)

脊椎動物の神経系の主要な*神経伝達物質の一つ．コリン作動性の神経終末から放出され，興奮性もしくは抑制性に働く．この働きは*神経筋接合部における筋肉の収縮にはじまる．アセチルコリン受容体には*ムスカリン性と*ニコチン性の二つの主要なクラスがある．アセチルコリンは放出されると，*コリンエステラーゼにより素早く分解されるためにその効果は一時的である．

アセチルコリンエステラーゼ acetylcholinesterase ⟶ コリンエステラーゼ

アセチル補酵素A（アセチルCoA） acetyl coenzyme A (acetyl CoA)

ミトコンドリアにおいて，脂肪やタンパク質，あるいは炭水化物の分解（*解糖による）に由来するアセチル基（CH_3CO-）が*補酵素Aのチオール基（$-SH$）と結合することにより合成される化合物．アセチル補酵素Aは*クレブス回路に入ってエネルギーの生成に関与するだけでなく，脂肪酸の合成と酸化にも関与する．

アセトン acetone ⟶ ケトン，ケトン体

アソシエーション association

「群集」の訳も使われる．生態学的な単位の一つであり，このなかでは特定の二つあるいはそれ以上の種が，偶然から期待されるよりも，互いにごく近くに存在する．初期の植物生態学者たちは，*優占種の存在に基づいて，一定の種組成のアソシエーションを認識した（たとえば針葉樹林アソシエーション）．現在では，より客観的な統計学的サンプリング法を用いて，アソシエーションを検出する

傾向がある．→ 優占種群落

圧受容器　baroreceptor

　圧力変化に応答する*受容器をいう．頸動脈の*頸動脈洞には圧受容器が存在し，動脈の圧力変化に応答しており，したがって心拍と血圧の調節にかかわる．

圧ポテンシャル　pressure potential

　記号は Ψ_p で示す．*水ポテンシャルの成分であり，細胞中において水にかかる静水圧により生じる．大きく膨らんだ植物細胞では，水の浸透によりプロトプラストが細胞壁を押す（→ 膨圧）ため，通常は正の値をとる．導管細胞では，蒸散作用のため負の圧ポテンシャル，言い換えると負の張力をもつ．大気圧中の水の圧力ポテンシャルは0である．

圧流　pressure flow　—→ マスフロー

アデニル酸シクラーゼ　adenylate cyclase

　*環状AMPの生成を触媒する酵素．細胞膜の内表面に結合している．多くのホルモンや他の化学的メッセンジャーは，アデニル酸シクラーゼを活性化し，その結果サイクリックAMPの合成を増加させることでその生理学的効果を発揮する．ホルモンは細胞膜の外表面の受容体に結合し，*Gタンパク質や*カルモジュリンを介して内表面のアデニル酸シクラーゼを活性化する．

アデニン　adenine

　*プリンの誘導体．*DNAや*RNAなどの核酸や*ヌクレオチドに含まれる塩基の主要構成成分の一つ．

アデノウイルス　adenovirus

　げっ歯類，家禽類や家畜，サルやヒトで見いだされているDNAを含むウイルスのグループの一つ．ヒトにおいては，普通の風邪と似た症状を示す急性の呼吸器感染症を引き起こす．癌の形成にも関与していることがわかっている．→ 発がん性

アデノシン　adenosine

　D-リボースの糖分子に1分子のアデニンが結合した形のヌクレオシド．アデノシンのリン酸エステル誘導体であるAMP, ADPと*ATPは化学エネルギーの輸送体として，生物学的にきわめて重要である．

アデノシン一リン酸　adenosine monophosphate (AMP)　—→ ATP

アデノシン三リン酸　adenosine triphosphate (ATP)　—→ ATP

アデノシン二リン酸　adenosine diphosphate (ADP)　—→ ATP

アテローム性動脈硬化症　atherosclerosis

　*コレステロールを含む脂質が内壁に局部的に沈着することにより，動脈の狭窄が起こることをいう．アテローム性動脈硬化症では，特に低密度*リポタンパク質の形でコレステロールの血中濃度が高まっており，また冠状動脈（→ 冠血管）がアテローム性動脈硬化症になった場合は，心臓疾患になる可能性がある．

アト　atto-

　記号はa．メートル法で 10^{-18} を示すために使われる接頭辞．たとえば，10^{-18} 秒＝1アト秒 (as)．

後産　afterbirth

　哺乳類において，胎児が生まれたのち，子宮から排出される*胎盤，*へその緒，*胚膜のこと．後産は栄養分を含み捕食者を引きつけてしまう可能性があるため，人間以外の哺乳類においては，雌が食べてしまう．

アドレナリン（エピネフリン）　adrenaline (epinephrine)

　*副腎髄質で生産されるホルモン（構造式参照）．心臓の働きを高め，筋肉の力を高めその働きを延ばし，呼吸の効率と深さを高めることで身体を「闘争か逃走か」に備えさせる（→ 警告反応）．同時にアドレナリンは消化と排泄を抑制する．同様の効果は*交感神経系を刺激することによっても得られる．アドレナリンは気管支喘息を和らげるためや，血管を収縮させて外科手術の際の血液の損失を少なくするために，注射により与えることもある．→ アドレナリン性受容体

アドレナリン

アドレナリン作動性 adrenergic

1. *アドレナリン，*ノルアドレナリン，あるいは関連物質により刺激される細胞（特にニューロン）もしくは細胞の*受容体のこと．→ アドレナリン性受容体

2. 神経繊維もしくはニューロンが刺激を受けてアドレナリンやノンアドレナリンを放出すること．→ コリン作動性

アドレナリン性受容体 adrenoceptor (adrenoreceptor ; adrenergic receptor)

カテコールアミンであるアドレナリンやノルアドレナリンと結合し，それらにより活性化される細胞受容体の総称．それゆえにアドレナリン性受容体は神経伝達物質やホルモンとしてのカテコールアミンの効果の制御に必須である．アドレナリン性受容体には，カテコールアミンやある種の薬物に対する感受性によって，アルファ（α）とベータ（β）の二つのタイプおよび，それぞれの様々なサブタイプが存在する．αアドレナリン性受容体は二つの主要なサブタイプに分かれる．一つはα_1アドレナリン性受容体であり，平滑筋の収縮にかかわり，そのために例えば筋層の収縮による血管の収縮を引き起こす．α_2アドレナリン性受容体が存在する場所としては神経シナプスのシナプス前ニューロンが例としてあげられ，そこでニューロンからのノルアドレナリンの放出を抑制する．βアドレナリン性受容体もまた二つの主要なサブタイプに分かれる．β_1アドレナリン性受容体は心筋を刺激し，心臓をより速く，強く鼓動させる．β_2アドレナリン性受容体は血管や気管支，子宮や膀胱などの平滑筋の弛緩をつかさどり，そのためβ_2アドレナリン性受容体の活性化は気管支拡張や血管拡張を引き起こす．→ β遮断薬

アトロピン atropine

化学式$C_{17}H_{23}NO_3$で示される，有毒な結晶性アルカロイドである．これはベラドンナやその他のナス科植物から得られ，医療において，仙痛の治療，分泌腺の抑制，瞳孔散大に用いられる．

アナフィラキシー anaphylaxis

異常な*免疫応答の一種で，以前に*抗原にさらされているヒトが，再度同じ抗原にさらされた場合に起こるもの．アナフェラキシーは昆虫に噛みつかれたり，ペニシリンなどの薬剤を投与されたときなどに起こる．*ヒスタミンとそれによく似た物質の放出によって起こり，局部的な反応の場合と，より深刻な全身にわたる反応の場合とがあり，後者の場合は呼吸不全，蒼白，血圧の降下，意識喪失などを伴い，ときには心不全や死を伴う．→ アレルギー

アナプレロティック（補充） anaplerotic

主要な代謝系路路のなかの中間体を補充する代謝経路のこと．例えば*クレブス回路の中間体は，エネルギー代謝の役割のみならず，様々な化合物の生合成における原料成分としても使われる．中間体が補填されない場合は，それらのきわめて重要な代謝経路の機能は低下するか完全に停止してしまう．植物においては，ミトコンドリアに存在するオキサロ酢酸は，クレブス回路の中間体であり，アミノ酸の合成に使われるが，これは細胞質ゾルにおける解糖系によってホスホエノールピルビン酸が変換されることによって補填される．その後，細胞質ゾルのオキサロ酢酸はリンゴ酸へと還元されてミトコンドリア内に入り，そこで再度オキサロ酢酸へと酸化される．

アパタイト apatite

$Ca_5(PO_4)_3(OH, F, Cl)$の複雑な組成をもつリン酸カルシウム塩の鉱物形態．歯のエナメル質の主成分．

アピコンプレクサ（胞子虫類） Apicomplexa (Sporozoa)

寄生性のプロトクティスタ（→ 原生動物）の一門のこと．これに属する生物は，様々に異なる動物に寄生する．それらの複雑な生活環は，多分裂による無性生殖と有性生殖の世代交代，抵抗性胞子の生産を含む（次ページの図参照）．この門には，マラリアを引き起こす*Plasmodium*やトキソプラズマ症を引き起こす*Toxoplasma*も含まれる．

アビジン avidin

卵白に含まれる糖タンパク質成分の一種で，ビタミンの一種*ビオチンに強力に結合

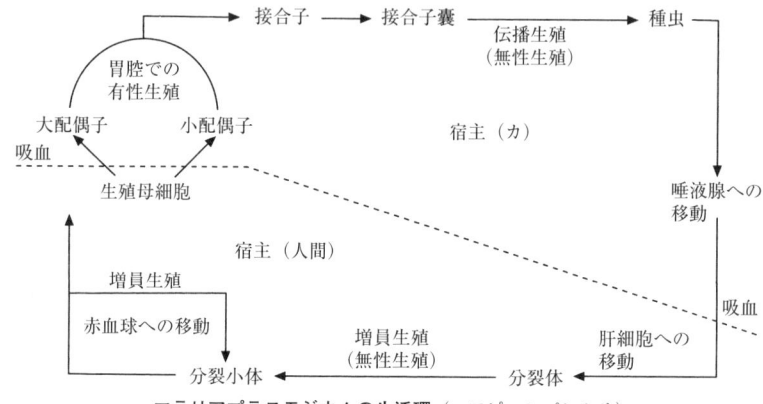

マラリアプラスモジウムの生活環（→アピコンプレクサ）

する．タンパク質や核酸は，ビオチンと共有結合させることができ（ビオチン化），そのため，アビジン-ビオチン反応は抗原-抗体反応あるいは*DNAハイブリダイゼーションなどの種々の検査法に用いられる．例えば，酵素と結合したアビジンは，ビオチン化された抗体にその酵素を結合させるために使われる．

アフィニティークロマトグラフィー affinity chromatography

特定の分子間の結合性に依存した*クロマトグラフィーの一種．カラムに充填された担体は，研究している分子に特異的に結合する材料からなっている．適切な抗原を担体に結合させることにより，この方法で抗体の純化も可能である．

アブシシン酸 abscisic acid（ABA）

種子の成熟やストレス応答にかかわり，気孔の閉鎖を制御するとされている植物が生産する*成長物質．種子においては，貯蔵タンパク質の合成を促進し，未成熟な発芽を抑制する．葉においては，植物が十分な水分を欠く場合に大量に合成され，気孔の閉鎖を促進することでさらなる水分の損失を減少させる．アブシシン酸のレベルは，熱や湛水，寒さなど多様なストレスに反応し急速に増加する．従来は*器官脱離の働きがあると信じられていたため，この名前がある．

あぶみ骨 stapes（stirrup）

哺乳類の中耳の三つの*耳小骨の3番目のもの．

油 oil

水とは通常は混合できない様々な粘性の液体のこと．自然の動植物性油は，テルペンや単純なエステルの揮発性の混合物（例えば*精油）であるか，脂肪酸の*グリセリドである．

アフラトキシン aflatoxin

糸状菌であるアスペルギルス・フラバス（*Aspergillus flavus*）により生産される4種の毒性のある類縁物質．アフラトキシンはDNAに結合し，その複製や転写を阻害する．急性の肝障害や癌を引き起こす．人間はこの糸状菌が繁殖した，貯蔵されたピーナッツや穀物を食べることで，この毒物を摂取する可能性がある．

アヘン剤 opiate ⟶ オピエート

アポクリン分泌 apocrine secretion ⟶ 分泌

アポ酵素 apoenzyme

機能するためには，特異的な*補助因子またはイオンなどと結合する必要のある不活化している酵素のこと．→ ホロ酵素

アポトーシス（プログラム細胞死） apoptosis（programmed cell death）

組織や器官の正常な発生，維持，再生の一過程として自然に起きる細胞死のこと．胚発

生の間に，組織や器官の最終的な大きさや形態を決定する，生命にとって必要不可欠な役割を果たす．例えば，指は，指と指の間の細胞のアポトーシスによって，スペードのような形をした胚の手の部分から形作られる．また，胚の腎臓の部分では，同様の過程により空洞が生ずることによって細い管が形作られる．アポトーシスは整然とした一連の流れによって起こり，*カスパーゼと呼ばれる酵素の活性が関係している．カスパーゼは細胞内のタンパク質で，活性化されると，他の死刑執行人役のタンパク質を含む細胞内の標的タンパク質を切断し，次にこれらは細胞骨格，DNAやその他の細胞の構成要素を消化する．アポトーシスが進むにつれ，細胞は縮み，細胞内の構成物は分割される．その結果，最終的には細胞はアポトーシス体と呼ばれる断片に凝縮する．これらは，食細胞によって分解される．細胞外から，細胞生命の持続に関するシグナル，例えば栄養に関する因子として*神経成長因子があげられるが，これらを受け取っているかぎりは通常アポトーシスは抑制される．そのようなシグナルが欠如したときに，細胞は「自殺死」に乗り出す．時には他の細胞が，例えば免疫細胞がある特定の「細胞を殺す」シグナルを放出したら，標的細胞ではアポトーシスが活性化される．癌はアポトーシスの抑制を伴っており（→ 成長(増殖)因子），また，ウイルスが細胞に感染したときに*キラー細胞の活性を抑制して感染細胞を生存させるため，アポトーシスの抑制は起こることがある．アポトーシスは，細胞死が毒性物質によって誘導される*ネクローシスとは区別される．

アポプラスト apoplast
　植物体のなかで，すべての細胞壁とそこに含まれる水で構成される細胞間隙が相互に結びついているシステムのこと（細胞壁は，セルロース繊維で構成されており，その間隙は水で満たされている）．細胞壁を通る水の動き（と溶解している無機質や溶質の動き）は，アポプラスト経路として知られている．これは，根の皮層を横切って*内皮へと植物体のなかで水が動く主要な経路である．→ カスパリー線，共原形質体

アポミクシス apomixis → 無配偶生殖

アマクリン細胞 amacrine cell
　目の*網膜に認められる神経細胞の一種のこと．アマクリン細胞は，網膜に存在する桿体および錐体の共受容体細胞からの感覚情報を受け取り，その感覚情報を脳内に伝達する前に統合する役割を果たす．

アミノ基転移 transamination
　アミノ酸代謝における生化学反応であり，アミノ基はアミノ酸からケト酸へ転移され，新たなアミノ酸とケト酸を形成する．この反応に必要とされる補酵素はピリドキサールリン酸である．

アミノ基転移酵素 transaminase
　ある分子から他の分子へのアミノ基の転移を触媒する酵素．アミノ基転移酵素はアミノ酸の合成に重要な役割を担う（→ アミノ基転移）．

アミノ酸 amino acid
　水溶性の有機物の一群のことで，分子中に一つ以上のアミノ基とカルボキシル基を含む化合物の総称である．タンパク質を構成するアミノ酸は α-アミノ酸とも呼び，カルボニル基（-COOH）とアミノ基（-NH$_2$）の両方が同じ炭素原子（α炭素原子と呼ばれる）と結合している．α-アミノ酸は，一般的な分子式 R-CH(NH$_2$)COOH として表される．R（側鎖）は水素原子もしくは炭素原子を含む官能基（極性，非極性，酸性，塩基性などがある）であり，側鎖の種類によってそれぞれのアミノ酸の特性が決まる．ペプチド結合を形成することにより，アミノ酸どうしが結合して短い鎖（*ペプチド）もしくは長い鎖（*ポリペプチド）を形成する．タンパク質は，様々な比率の約20種類の共通な α-アミノ酸（表参照）からなる．タンパク質中のアミノ酸の配列は，タンパク質の構造や特性や生物学的機能を決定する．いくつかのアミノ酸は，タンパク質中には存在しないにもかかわらず，非常に重要である．例えば*オルニチンやシトルリンなどがあげられ，それらは尿素回路の中間体である．植物や多くの微生物は，単純な無機物質からアミノ酸を合成す

アミノ酸	略号	構造式
アラニン	Ala	$CH_3-\underset{NH_2}{\overset{H}{C}}-COOH$
*アルギニン	Arg	$H_2N-\underset{NH}{\overset{\|}{C}}-NH-CH_2-CH_2-CH_2-\underset{NH_2}{\overset{H}{C}}-COOH$
アスパラギン	Asn	$H_2N-\underset{O}{\overset{\|}{C}}-CH_2-\underset{NH_2}{\overset{H}{C}}-COOH$
アスパラギン酸	Asp	$HOOC-CH_2-\underset{NH_2}{\overset{H}{C}}-COOH$
システイン	Cys	$HS-CH_2-\underset{NH_2}{\overset{H}{C}}-COOH$
グルタミン酸	Glu	$HOOC-CH_2-CH_2-\underset{NH_2}{\overset{H}{C}}-COOH$
グルタミン	Gln	$\underset{O=}{H_2N\!\!>}C-CH_2-CH_2-\underset{NH_2}{\overset{H}{C}}-COOH$
グリシン	Gly	$H-\underset{NH_2}{\overset{H}{C}}-COOH$
*ヒスチジン	His	$HC=C-CH_2-\underset{NH_2}{\overset{H}{C}}-COOH$ (イミダゾール環: N, NH, CH)
*イソロイシン	Ile	$CH_3-CH_2-\underset{CH_3}{\overset{H}{CH}}-\underset{NH_2}{\overset{H}{C}}-COOH$
*ロイシン	Leu	$\underset{H_3C}{H_3C\!\!>}CH-CH_2-\underset{NH_2}{\overset{H}{C}}-COOH$
*リシン	Lys	$H_2N-CH_2-CH_2-CH_2-CH_2-\underset{NH_2}{\overset{H}{C}}-COOH$
*メチオニン	Met	$CH_3-S-CH_2-CH_2-\underset{NH_2}{\overset{H}{C}}-COOH$

アミノ酸	略号	構造式
*フェニルアラニン	Phe	C₆H₅-CH₂-CH(NH₂)-COOH
プロリン	Pro	(ピロリジン環構造) → 4-ヒドロキシプロリン
セリン	Ser	HO-CH₂-CH(NH₂)-COOH
*トレオニン	Thr	CH₃-CH(OH)-CH(NH₂)-COOH
*トリプトファン	Trp	(インドール)-CH₂-CH(NH₂)-COOH
チロシン	Tyr	HO-C₆H₄-CH₂-CH(NH₂)-COOH
*バリン	Val	(CH₃)₂CH-CH(NH₂)-COOH

*：必須アミノ酸

タンパク質中のアミノ酸

ることができるが，動物は食物による十分な供給に依存している．*必須アミノ酸は食料中に存在している必要があるが，それ以外のアミノ酸は体内で合成することができる．

アミノ糖 amino sugar

ヒドロキシル基の代わりにアミノ基を含む糖のこと．ヘキソサミンは六炭糖のアミノ誘導体で，グルコサミン（グルコースに基づく）とガラクトサミン（ガラクトースに基づく）を含む．グルコサミンは*キチン質の構成物質で，ガラクトサミンは軟骨組織に認められる．

アミノペプチダーゼ aminopeptidase

ペプチドやポリペプチドのN末端側からアミノ酸を遊離させる酵素である．例えば，小腸の膜表面に存在するアミノペプチダーゼはペプチドやジペプチドをアミノ酸へ分解する．

アミラーゼ amylase

デンプン，グリコーゲン，あるいはその他の多糖類などを分解するよく似た酵素の一群のこと．植物は α- と β-アミラーゼの両方をもつ．ジアスターゼという名前は，醸造業において重要であり，β-アミラーゼを含んだ麦芽の成分から由来している．動物は α-ア

ミラーゼのみをもち，膵液に含まれ（膵性ア ミラーゼ），ヒトおよびその他のいくつかの 種においては唾液中にも含まれている（唾液 性アミラーゼ，プチアリンと呼ばれる）．ア ミラーゼは長い多糖類鎖中の*グリコシド結 合を分解し，グルコースとマルトースの混合 物を産生する．

アミロイド　amyloid

タンパク質繊維からなる組織のことで，こ のタンパク質繊維は様々な動物の組織におい て細胞間に蓄積したものであり，特にアミロ イド症による障害によって生じる．蓄積した アミロイドは不溶性であり，様々な重要な臓 器に圧力を加える．アミロイドの蓄積はコン ゴーレッドという色素によって染色すること で一般的に検出されている．脳におけるアミ ロイド組織の増加は，*アルツハイマー病， クロイツフェルト-ヤコブ病，*牛海綿状脳症 （BSE）などの特徴である．

アミロース　amylose

100から1000ほどのグルコース分子の重 合体からなる直鎖状の*多糖類のこと．アミ ロースは*デンプンの構成成分の一つ（その ほかにアミロペクチンがある）である．水中 においては，アミロースはヨウ素と反応し， 特徴的な青い色を呈する．

アミロプラスト　amyloplast

植物におけるデンプンを貯蔵している細胞 内小器官のこと．アミロプラストは，根や塊 茎などの光合成を行わない組織でよく認めら れる．

アミロペクチン　amylopectin

グルコース分子の鎖からなる高度に分岐し た*多糖類のこと．*デンプンの構成成分の 一つ（そのほかにアミロースがある）であ る．

アミン　amine

有機化合物の一群のことで，アンモニアの 水素原子一つ以上を有機基へと置換したも の．一級アミンは水素原子が一つだけ置換さ れたもので，例えばメチルアミン CH_3NH_2 などがあげられる．それらは，官能基である NH_2（アミノ基）をもつ．二級アミンは水 素原子が二つ置換されたもので，例えばメチ ルエチルアミン $CH_3(C_2H_5)NH$ などがあげ られる．三級アミンは三つすべての水素原子 が置換されたもので，例えば*トリメチルア ミンなどがあげられる．アミンはチッ素を含 む有機物の分解によって生じる．

アメーバ運動　amoeboid movement

運動メカニズムの一種のことで，*アメー バ属やその他の，細胞の形を変化させること ができる細胞（*食細胞など）において行わ れているもの．アメーバ類の原形質は，中央 の液体状の原形質ゾルと，その周囲にあるよ り粘性の高い原形質ゲルからなる．原形質ゲ ルは原形質ゾルへと変換されて細胞の前面へ と移動し，*偽足を形成して細胞を前進させ る．偽足の先端へと到達すると，原形質ゾル は再度原形質ゲルへと変換される．と同時に 細胞の後部においては原形質ゲルが原形質ゾ ルへと変換されているため，前へと進む流れ が形成され，これによって連続した動きが維 持される．アメーバ運動は，細胞骨格におけ る*アクチン繊維の可逆的変化によって行わ れている．アクチン繊維どうしが他がタンパ ク質により架橋されて，原形質ゲル領域にお いてゲルのような性質をもった三次元のネッ トワークが形成される．このネットワークの 脱重合によって原形質ゾルにおけるゾル状態 への逆変換が引き起こされる．

アメーバ属　*Amoeba*

真核生物の*根足虫類門のうちの一属のこ とで（→ 原生動物），*偽足と呼ばれる一時 的な体の突出部をもつ原生動物．偽足は移動 運動や摂食のために使われ，そのため体の形 は絶えず変化する（→ アメーバ運動）．大部 分の種は土壌や泥や水中で自由生活をしてお り，小さな真核生物やその他の単細胞生物を 摂食している．しかし，いくつかのアメーバ 類は寄生性である．最もよく知られている種 は，とてもよく研究されている *A. proteus* である．

アメーバマスティゴータ　Amoebomastigota ── ディスコミトコンドリア

アラキドン酸　arachidonic acid

哺乳類の成長において必要不可欠な不飽和 脂肪酸で，$CH_3(CH_2)_3(CH_2CH:CH)_4(CH_2)_3$

COOHで表される（→ エイコサノイド）．
*リノール酸から合成される．アラキドン酸は，*プロスタグランジンを含む，いくつかの生体内活性物質の前駆体として働く．そして，膜の合成や脂質代謝に重要な役割を果たす．*リン脂質膜，特にジアシルグリセロールからのアラキドン酸の解離は，あるホルモンの作用によって引き起こされる．→ 必須脂肪酸

アラタ体 corpus allatum (pl. corpora allata) ⟶ 幼若ホルモン

アラニン alanine ⟶ アミノ酸

アリ散布 myrmecochory
　アリによって植物の種子が集められて散布されること．様々な植物はアリに食べられない硬い種子をもつが，それにもかかわらず，それらの種子のなかにはアリによって集められてアリの巣に運ばれるものがある．アリがこのような運搬を行うのは，これらの種子がエライオソームと呼ばれる特別な食用部分をもつためである．エライオソームは子房の組織から派生し，タンパク質，脂質，炭水化物を含む多様な形をもった付属体である．アリは巣に持ち込んだ種子からエライオソームを取り外して幼虫に与え，残った種子を巣内もしくは巣の近くに捨てる．アリは食物を供給されるという利益を得ることができ，同時に，種子の散布は植物の利益となる可能性が考えられている．植物の利益としては，例えば，アリの巣のなかで種子が保護されること，自身の苗との競争の減少，発芽に適した場所への種子の移動などがあげられる．

アリューロン層 aleurone layer
　コムギや他の穀物種の，生きた細胞からなる胚乳の外層．α-アミラーゼを合成する1層の細胞であり，α-アミラーゼは発芽の際，デンプンに満たされた胚乳に分泌され，デンプンをマルトースとグルコースに分解する．オオムギ種子の研究により，*ジベレリンがα-アミラーゼタンパク質をコードするRNAの合成のスイッチを入れることにより，その合成を制御していることが示されている．

RIH ⟶ 放出抑制ホルモン

rRNA ⟶ RNA

アルヴァレズイベント Alvarez event
　6500万年前の地球で起きた巨大隕石の衝突のことで，地球の気候や環境の破滅的な変化と，恐竜などの多くの生物種の*大量絶滅を引き起こした．この仮説はアメリカの物理学者であるルイス・ウォルター・アルヴァレズ（Luis Walter Alvarez, 1911-88）と彼の息子である地質学者のアルヴァレズJr.によって提唱され，白亜紀の終り頃に堆積した薄い粘土層のなかにイリジウムという元素が高い濃度で存在しているという観測結果をもとにしている（→ イリジウム異常）．この粘土層は，白亜紀（Cretaceous，ドイツ語でKreide）とそのあとに続く古第三紀（Paleogene）の境界線に位置しており，このことからK-Pg境界と呼ばれている．それに続き地質学者は，直径約160 kmでメキシコ西部の海岸近くにある隕石衝突孔と推定されるクレーターを見つけた．そのほかにもこの仮説を支持する証拠はいくつかある．そのような衝突によって大型の津波や大火災が発生し，大気中に岩石や堆積物などが散乱することで大規模なちりの雲が発生したと考えられている．その結果起こった気候の大変動により，地球上のすべての生物種の75%が絶滅したと推定されている．

r.a.m. ⟶ 相対原子質量

Rh ⟶ Rh因子

Rh因子 rhesus factor (Rh factor)
　Rh*血液型の基礎となる，赤血球の表面に存在あるいは存在しない*抗原（この因子はアカゲザルで最初に確認された）．多くのヒトはRh因子をもつ．すなわち，Rh^+と表記される．Rh因子をもたない場合はRh^-と表記される．もしRh^+の血液をRh^-の患者に輸血した場合，患者の体内で抗Rh抗体が産生される．その後さらに，Rh^+の血液が輸血されると血液の*凝集反応が起こり，深刻な状態となる．同様に，Rh^+の胎児を妊娠したRh^-の女性は血液中に抗Rh抗体が産生され，これが2番目以降に妊娠したRh^+をもつ胎児の血液と反応することから新生児における貧血症の原因となる．

RNA ⟶ リボ核酸

RNAase ⟶ RNA 分解酵素
RNA 干渉(転写後遺伝子抑制) RNA interference (RNAi; post-transcriptional gene silencing)

　二本鎖 RNA がそれに対応する塩基配列をもつ遺伝子の発現を，干渉あるいは抑制する能力．この現象は植物，菌類，動物など，多くの生物においてみられる．正常な細胞内において二本鎖 RNA は非常にまれであり，リボヌクレアーゼ(例えばショウジョウバエのDicer) により断片化される．この断片は 21～25 塩基の長さという特徴をもち，siRNA (short interfering RNA) と呼ばれる．各断片の二本鎖 RNA は部分的に離れ，アンチセンス鎖が例えばメッセンジャー RNA (mRNA) のような他の RNA 分子の相補的な「センス」領域と結合できるようになる．この場所が mRNA 切断の引き金となり，その結果その mRNA に相当する遺伝子の発現が効率よく妨げられることになる．RNA 干渉は，RNA をもつある種のウイルスの侵入に対し細胞が攻撃するメカニズムであろうと考えられている．他方で細胞中では，マイクロ RNA (miRNA) と呼ばれる短い一本鎖 RNA が存在し，これが標的 mRNA を効率的に破壊し，あるいは翻訳を抑えることで，遺伝子の発現が調節されると考えられている．現在 RNA 干渉は，*ノックアウト(遺伝子破壊) の一つとして，特定の遺伝子の機能を抑えるための強力で使途の多い実験手法として利用されている．

RNA スプライシング RNA splicing ⟶ リボザイム，RNA プロセシング

RNA プロセシング(転写後修飾) RNA processing (post-transcriptional modification)

　機能をもつメッセンジャー RNA (mRNA)を作るために，新たに合成された RNA 転写産物を修飾すること．これは真核生物の核内において起こり，一次転写産物から非コード配列 (*イントロン) を取り除き，さらに不連続なコード配列 (*エキソン) をつなぎ合わせる (つまり，遺伝子スプライシングを行う)．一次転写産物，あるいはメッセンジャー RNA 前駆体 (pre-mRNA) は他の小型 RNA とタンパク質 (⟶ ヘテロ核 RNA) と結合し，RNA 鎖の先頭の 5′ 末端が特殊なヌクレオチド (7-メチルグアノシン) により保護される (5′cap). 転写が終了すると 3′ 末端の一部が取り除かれ，100～250 塩基長のアデニンを含む塩基に取って代わられ，ポリ A 尾部を形成する．mRNA 前駆体のスプライシングはスプライセオソームと呼ばれる複合体粒子により行われ，これはリボソームとほぼ同じ大きさで，小型 RNA 分子とタンパク質からなる．これは各イントロンの隣に連続して結合し，イントロンを曲げてループ構造 (lariat, 投げ縄) へと変化させる．その投げ縄構造は切り出され，mRNA 前駆体の切り出された端どうしはつなぎ合わされる．ある生物では RNA 分子自身がイントロンをスプライシングすることが知られている (⟶ リボザイム). 完全にプロセシングを受けた mRNA は，翻訳のために核から細胞質にあるリボソームへと輸送される．

RNA 分解酵素 RNase (ribonuclease; RNAase)

　RNA 鎖の切断を触媒する酵素をいう．RNA 分解酵素はそれぞれ特異的な切断部位をもつ．例えば，RNase A は膵臓から分泌される分解酵素で，ポリヌクレオチド鎖のリン酸ジエステル結合を加水分解する．他の RNA 分解酵素は細胞内で活性があり，転写後のトランスファー RNA やリボソーム RNA の修飾を行う．

RNA ポリメラーゼ RNA polymerase ⟶ ポリメラーゼ

RNP ⟶ リボ核タンパク質

RAPD randomly amplified polymorphic DNA

　生物の DNA の一部を増幅するために *PCR に用いられる，ランダムな塩基配列からなる DNA プライマーのこと．プライマーは，その生物の DNA 上に存在するすべてのプライマー配列とその逆位のコピーの間の DNA 領域を，効果的に選択する．これらの長さが多様である領域は，PCR 増幅され，

生じた DNA は電気泳動により分離され、一連のバンドを生じる．個々の個体におけるプライマー配列の結合する位置の多様性のため、バンドパターンはそれぞれの個体特有の遺伝的「フィンガープリント」を示す．これが、RAPD（ラピッドと発音）PCR を、分類学的研究、血縁関係の評価、法医学的犯罪捜査における有用な技術にしている．

RF ⟶ 解離因子

RFLP ⟶ 制限断片長多型

R_F 値 R_F value

（クロマトグラフィーにおける）ある成分が移動した距離を、溶媒先端が移動した距離で割った値．溶媒系と温度を一定にすると、物質の R_F 値は一定の値になり、成分を同定する指標として用いられる．例えば、ある生物の光合成色素や尿中に排出された薬物の代謝産物などは紙や薄層クロマトグラフィーにおける個々の R_F 値により同定できる．

アルカプトン尿症 alkaptonuria (alcaptonuria)

アミノ酸のチロシンとフェニルアラニンを完全に分解するのに必要な酵素であるホモゲンチジン酸酸化酵素の欠損により引き起こされる先天性の代謝障害．中間産物であるホモゲンチジン酸の蓄積は、尿の色を黒くし、結合組織にダメージを与え、関節炎を併発する．この病気は 3 番染色体の長腕上の遺伝子の劣性変異によるものである．

アルカリ alkali

水に溶解して水酸化物イオン（OH⁻）を生じる *塩基．

アルカリホスファターゼ alkaline phosphatase

アルカリ性の pH の条件下で、リン酸エステルの加水分解を触媒する酵素．ヒトにおいては、血液中のアルカリホスファターゼのレベルは肝機能検査の一部として測定される．また、血液中ではこの酵素は骨のミネラル化に必要なリン酸イオンを供給するため、リン酸エステルを分解する．この酵素には二つの異なる形があり（→ イソ酵素）、それは肝臓型アルカリホスファターゼと骨型アルカリホスファターゼである．

アルカロイド alkaloid

植物に由来する、多様な薬理学的性質を保持する含窒素有機化合物の一群．アルカロイドにはモルヒネ、コカイン、アトロピン、キニーネ、カフェインが含まれ、そのほとんどは *鎮痛薬や麻酔薬として薬に用いられる．アルカロイドには有毒なものもある．コニインやストリキニーネはその例であり、*コルヒチンは細胞分裂を阻害する．

アルカローシス alkalosis

体液がアルカリ化、すなわち pH が 7.4 以上になった状態．

アルギニン arginine ⟶ アミノ酸

RQ ⟶ 呼吸商

アルギン酸 algin (alginic acid)

褐藻の細胞壁にみられる複雑な多糖類．アルギン酸は水を多量に吸収して粘性のゲルを形成する．多くの種類のコンブやジャイアントケルプからアルギン酸塩の形で商業的に生産され、食品工業において主に安定剤や生地として用いられる．

アルコール alcohol

炭素原子に結合した -OH 基を含む有機物質．系統的な化学物質の命名法では、アルコールの名前には接尾辞 -ol がつく．例としては、メタノール CH_3OH や *エタノール C_2H_5OH がある．二つの -OH 基をその分子内にもつアルコールはジオール（二価アルコール）、三つのものはトリオール（三価アルコール）…などと呼ばれる．

アルコール発酵 alcoholic fermentation ⟶ 発酵

アルツハイマー病 Alzheimer's disease

神経性の病気の一つで、知的活動の進行的な喪失が特徴的である．この病名はドイツの医師であるアルツハイマー（Alois Alzheimer, 1864-1915）にちなんで命名された．脳組織の全体的な収縮と関連があり、タウタンパク質からなる異常な繊維や β *アミロイドタンパク質の蓄積が起こり、*コリン作動性の神経の減少を伴った脳内神経伝達系の変化が起こる．遺伝性のアルツハイマー病のなかには、21 番染色体の遺伝的欠損と関連のあるものがある．

r 淘汰　*r* selection

*生物繁栄能力（*r* 値）の高い生物が選ばれるような淘汰の一型．*r* 淘汰で選択される生物（*r* 戦略者）は急速に生息場所を広げることができ，他の生物が競争相手となる前に食物やその他の資源を利用することができる．*r* 戦略者は体が小さく，寿命も短い傾向がある（例えば細菌）．そして，しばしば一時的あるいは不安定な環境で生活する．つまり，競争相手に対抗する能力というよりもむしろ多くの子孫を生じる能力により生き延びるという特徴をもつ．→ *K* 淘汰，生存曲線

アルドース　aldose　→ 単糖

アルドステロン　aldosterone

副腎で作られるホルモンで（→ 副腎皮質ステロイド），腎臓によるナトリウムの排泄を制御し，それにより体液中の塩分と水分のバランスを保つ．→ アンジオテンシン

アルドヘキソース　aldohexose　→ 単糖

アルファアドレナリン受容体　alpha adrenoceptor (alpha adrenergic receptor)　→ アドレナリン性受容体

アルファナフトール試験　alpha-naphthol test

水溶液中に炭水化物が存在するかどうかを検出する生化学的な試験のこと．モーリッシュ試験としても知られており，この名前はこの試験を考案したオーストリアの化学者モーリッシュ（H. Molish, 1856-1937）にちなんで命名された．少量のアルコール性のアルファナフトールを調べたい溶液と混合し，溶液の入った試験管の壁からゆっくりと濃硫酸を注ぎ込む．陽性反応は，それらの2種類の溶液の境界線に紫色のリングができることでわかる．

α ヘリックス　alpha helix

*タンパク質における最も一般的な二次構造のことで，ペプチド鎖がらせん状に巻かれている．ヘリックス構造は，らせんの中の一つの回転と次の回転の間の N-H と C=O 残基の間における弱い水素結合によって保持されている（図参照）．→ β シート

アルブミン　albumin

球状のタンパク質の一群で，水溶性だが熱

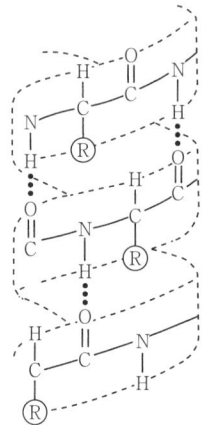

・・・水素結合
Ⓡ＝アミノ酸側鎖

α ヘリックス

すると不溶性の凝固物質となる．アルブミンは卵白（含まれるタンパク質はアルブメンとして知られる）や血液，牛乳，植物に含まれる．血清アルブミンは血清のタンパク質の約55％を占めるが，浸透圧を制御し血清の体積を制御する役割がある．脂肪酸に結合し輸送する役割もある．α-ラクトアルブミンは牛乳のタンパク質の一つである．

アルブメン　albumen　→ アルブミン

アルボウイルス　arbovirus

カやダニに刺されることによって動物からヒトへ感染する，RNA を含むウイルスの旧式の名称．媒介するものが節足動物 arthropods なので，*ar*thropod-*bo*rne viruses と名づけられた．これらのウイルスは，様々な種類の脳炎（脳の炎症）を引き起こし，デング熱や黄熱のような熱病を発症させる．

RuBP　→ リブロース-1,5-二リン酸

荒れ地植物　ruderal

天災や人間の活動などにより高度に攪乱されているが，水や栄養分などが豊富な土地に特徴的な植物のこと．それらの植物は裸地に急速に定着し，繁殖力も高い傾向があるが，より強い競合相手に対しては競争力が弱い．→ 放浪種

アレルギー allergy

身体がほこりや花粉，食物や薬剤など多様に存在するある種の*抗原（アレルゲンと呼ばれる）に対して異常な*免疫応答を引き起こしている状態．アレルギーの患者においてこれらの物質は，通常の人間では抗体によって破壊されるにもかかわらず，*ヒスタミンと*セロトニンの分泌を促進する．これにより炎症反応や他のアレルギーに特徴的な症状を呈する（喘息や花粉症など）．この反応は*過敏感反応の一つのタイプである．→ アナフィラキシー，肥満細胞

アレルゲン allergen

異常な*免疫応答を引き起こす抗原．一般的なアレルゲンは花粉とほこりである．→ アレルギー

アレロパシー allelopathy

植物が，競合している他の植物の生育や発芽を阻害するようなフェノール系やテルペノイド系化合物などの化学物質を分泌すること．例えば，カリフォルニアの灌木群のある種の低木から放出されるアロマ油は土にしみ込んで，近接する場所における草本植物の生育を阻害する．植物のなかには，草を食べる草食動物に有害な化学物質を生産するものもある．

アロザイム allozyme

同じ酵素の異なる型のことで，それらは同じ遺伝子座の異なる対立遺伝子によってコードされている．

アロジェニック allogenic

1．（他発的）何らかの外部要因によってもたらされた生物個体や環境変化などに関係すること，もしくは起因すること．たとえば，生息地において外来生物による捕食が増えることは，アロジェニックと表現される．→ 自発的

2．（異質遺伝子型，同種間，アロジェネイック）異なる生物個体（同種の生物であることが多い）の遺伝型の多様性が存在すること．

アロジェネイック allogeneic ── アロジェニック

アロステリック酵素 allosteric enzyme

二つの異なる構造をもった酵素のことで，その一方が活性型で他方は不活性型であるもの．活性型においては，酵素の四次構造（→ タンパク質）は，基質が酵素活性部位に結合可能な状態になる（→ 酵素-基質複合体）．不活性型においては基質結合部位の立体構造が変化し，基質との結合が不可能な状態になる．アロステリック酵素は物質を合成する経路の最初のステップを触媒することが多い．合成経路の最終産物はフィードバック阻害薬（→ 阻害）として機能し，それによって酵素は不活性型へと変化し，それによって合成産物の量を制御することができる．

アロステリック部位 allosteric site

酵素表面上の*活性部位ではない結合部位のこと．非競合*阻害においては，アロステリック部位への阻害薬の結合により酵素活性が阻害される．*アロステリック酵素においては，アロステリック部位への制御分子の結合により酵素全体の立体構造が変化し，それによって基質が活性部位に結合できるようになる，もしくは結合できないようになる．

アロモン allomone ── 他感作用物質

暗期 dark period

（植物学）日長の変化に対する植物の反応において，重要と見なされている期間（→ 光周性）．花芽分化のような反応は，二つの明期の間に存在する暗期の長さにより決定されると信じられている．

アンジオテンシン angiotensin

3種類のペプチドホルモンの総称で，そのうち2種類は血圧を上昇させる．アンジオテンシンIは，*レニンという酵素の働きによって，肝臓から血液中へと分泌されるタンパク質（α-グロブリン）から由来する．血液が肺を通過すると，別の酵素であるACE（アンジオテンシン変換酵素）がアンジオテンシンIを分解してアンジオテンシンIIができる．これにより血管の収縮が引き起こされ，*抗利尿ホルモンと*アルドステロンの分泌が誘導され，血圧が上昇する．アンジオテンシンIIIはアンジオテンシンIIの1アミノ酸が除去されることで形成され，副腎にお

いて同じくアルドステロンの分泌を誘導する．

暗順応 dark adaptation

動物が明所から比較的暗い所に移動するとき，はっきりものがみえるように目で起こる変化をいう．より暗いところに移動する際は，瞳孔が開き，*桿体の色素である*ロドプシン（強い光で分解される）が，その構成成分から再生される．

暗所視 scotopic vision

眼のなかで桿体が主な受容体となるような，すなわち，低光度下における視覚．暗所視では色の識別ができない．→ 明所視

アンセロゾイド（スペルマトゾイド） antherozoid (spermatozoid)

藻類，カビ，コケ植物類，ヒカゲノカズラ類，トクサ類，シダ植物，ある種の裸子植物などにみられる雄の運動性の配偶子のこと．アンセロゾイドは通常*造精器のなかで発達するが，ある種の裸子植物（イチョウやソテツなど）においては花粉管のなかの1個の細胞から発達する．

暗帯 A band

太い繊維（ミオシン）と細い繊維（アクチン）をともに含む横紋筋の領域．*筋節の中央部における，明るい中央領域（→ H帯）を伴う暗いバンドとしてみえる．

アンチコドン anticodon

*tRNA内の三つ組のヌクレオチド（トリヌクレオチド）のことで，*翻訳において，mRNA内の特定のトリヌクレオチド配列（→ コドン）と塩基対（→ 塩基対形成）を形成することができる．→ タンパク質合成

アンチセンスRNA antisense RNA

メッセンジャーRNA（mRNA）のような，ある遺伝子のRNA転写産物であるセンスRNAに対して，相補的な塩基配列をもつRNA分子のこと．それゆえ，アンチセンスRNAはそれと相補的なmRNA配列と塩基対を形成する．これは，mRNAを翻訳するリボソームの結合を阻害することによって，またはリボヌクレアーゼ酵素による二本鎖RNAの分解を引き起こすことによって，遺伝子の発現を抑制している．*アンチセンスDNAのように，アンチセンスRNAを用いることによって病気を引き起こす遺伝子の活性を変化させる治療を行うことのできる可能性がある．また，アンチセンスRNAをエンコードしている遺伝子は，生物の性質を変える遺伝的技術において用いることができる．例えば，FlavrSavrトマトは，腐敗を遅らせるために，成熟に関係する酵素の遺伝子の発現を抑制するアンチセンスRNAの人工的な遺伝子を導入したものである．1980年代，二本鎖RNA分子が一本鎖RNAよりも対応する遺伝子の発現の抑制により効果のあることが発見された．これは，*RNA干渉と呼ばれる現象である．これは，いまや多くの研究の対象となっている．

アンチセンスDNA antisense DNA

特異的にメッセンジャーRNA（mRNA）分子中の相補的な塩基配列に結合することができ，そしてmRNAにエンコードされているタンパク質の合成を阻害することのできる一本鎖DNAのこと．アンチセンスDNAは，特異的に遺伝子の発現を抑制することができるので，ある種の病気を治療するために用いることができる．アンチセンスオリゴデオキシヌクレオチドと呼ばれる短いDNA一本鎖（ODN）は標的となるmRNAの一部分に相補的な15～20塩基から構成される．mRNAに結合することによって，ODNはリボソームによるmRNAの翻訳を抑制したり，細胞内酵素によるmRNAの分解を引き起こしたりする．効果的な薬にするためには，ODNはDNアーゼにより分解されないように化学的に修飾されなくてはならない．またODNは，標的細胞へ運ばれるためにある種のベクター（運び屋）に結合させなくてはならない．アメリカでは，眼に感染するサイトメガロウイルスの治療のためにODN製品がすでに認可されている．→ アンチセンスRNA

アンチポーター（対向輸送体） antiporter

細胞膜を横切って物質を*能動輸送する一方で，反対方向にイオンの輸送の役割を果たす膜タンパク質．アンチポーターは，*コトランスポーターの一種である．つまり，典型

的には水素イオンやナトリウムイオンなどのイオンを濃度勾配にしたがって輸送し，それによって得たエネルギーで別方向にほかの物質の輸送を行う．例えば，心臓の筋肉の細胞には Na^+/Ca^+ アンチポーターがあり，これは細胞の内側にナトリウムイオンの流入を引き起こし，細胞の外側にカルシウムイオンをくみ出す．それゆえ，アンチポーターのエネルギーは，結局はエネルギーを消費してイオンの濃度勾配を形成するメカニズムから生み出される．→ 共輸送体，ユニポーター

安定性淘汰 stabilizing selection (normalizing selection)

連続する世代にわたって種の恒久性を維持する働きを行う*自然選択である．これは表現型が特に極端な個体に対する淘汰に関係する．例えば，誕生時の体重が平均体重の 3.6 kg より大きくはずれる赤ん坊は，生まれたときに平均体重の赤ん坊より死亡率が高い（しかし医学の進歩により，この型の淘汰はヒトでは著しく減少した）．→ 方向性選択，分断性淘汰

アントシアニン anthocyanin

*フラボノイド色素の一群のこと．アントシアニンは様々な植物組織の液胞にみられ，青，赤，紫などの植物における様々な色の原因である（特に花において）．→ ベタシアニン

アンドロゲン androgen

男性ホルモンの一種のことで，精巣の発達や，雄における*二次性徴（男性における顔や陰部の発毛など）の発達を促す．テストステロンが最も重要である．アンドロゲンは基本的には，*黄体形成ホルモンの刺激によって精巣において産生されるが，少量のアンドロゲンは副腎や卵巣からも分泌される．天然および化学合成したアンドロゲンは，精巣におけるホルモン失調や乳がんの治療のためや，体組織を強化するために投与される（→ 同化ステロイド）．

暗反応 dark reaction (light-independent reaction) ⟶ 光合成

アンビエント ambient ⟶ 周囲の

アンフィアクサス amphioxus

ナメクジウオのもう一つの名称である．→ 頭索類

アンフェタミン amphetamine

1-フェニル 2-アミノプロパン，もしくはこの化合物の誘導体として表せる薬剤であり，神経終末より神経伝達物質であるノルアドレナリンとドーパミンを放出させることにより中枢神経系を刺激する．睡眠を阻害し，食欲を抑制し，気分に様々な作用を引き起こす．長期間の使用は中毒を引き起こす．

アンモナイト ammonite

絶滅した水生の軟体動物で，*頭足類綱に属する．アンモナイトは中生代（2億5200万年〜6500万年前）に非常に大量に存在し，その時代の岩石層に多量にみられ，ジュラ紀の*示準化石として使われる．たくさんの小室に区切られたらせん状の貝殻をもつことが特徴であり，それは浮力の助けとなっていた．アンモナイト類の進化に伴って，貝殻の外部にある縫合線の複雑性が増加した．

アンモニア ammonia

NH_3 で表される無色の気体で，強い刺激臭をもつ．アンモニアは肝臓において過剰なアミノ酸の*脱アミノ化反応により産生される．工業的には，チッ素と水素からハーバー法によって作られ，硝酸，硝酸アンモニウム（硝安），リン酸アンモニウム，尿素（後者三つは化学肥料として使われる），爆発物，染料，樹脂などの生産に使われる．*窒素循環におけるアンモニアの役割は最も重要である．窒素固定細菌は*ニトロゲナーゼという酵素を用いることで，常温かつ常圧の環境下にもかかわらずハーバー法とほぼ同じような反応を行うことができる．その反応によってアンモニウムイオンが遊離し，それを硝化細菌が亜硝酸イオンや硝酸イオンへと変換する．

アンモニア排出性 ammonotelic

*アンモニアの形で窒素性廃棄物を排出する動物を示す語．大部分の水生動物はアンモニア排出動物である．→ 尿素排出性，尿酸排出性

安楽死 euthanasia

不治で痛みのある病気から，将来の痛みをなくすために，人や動物の命を絶つこと．致死性の薬を与えたり，生存のための治療をやめることでそれを行う．人間の医療においては，安楽死は，倫理的，法的に問題となっており，大部分の国では法律違反となっている．実行される場合では，患者の意思は決心されたものか，切望するものであるかを確認する厳格なセーフガードが義務づけられている．安楽死は獣医学では広く実行されている．

胃 stomach

脊椎動物の食道と小腸の間にある*消化管の一部分．胃は筋肉質の器官で，大きさと形を大きく変えることができ，摂取した食物を貯え，予備的な消化を行う．胃の内壁を覆う細胞は*胃液を分泌し，胃の筋収縮により，食物と胃液はよく混合される．その結果生じた酸性で部分的に消化された食物（*消化粥）は，最終的な消化と吸収を行うため，胃から幽門*括約筋を通過して*十二指腸へ放出される．ある種の草食動物（→ 反芻類）は複数に分かれた胃をもち，食物は胃から吐き戻され，再度噛まれ，そして再び飲み込まれる．

胃液 gastric juice

胃の内側の「胃腺」により分泌される，無機塩類，*塩酸，粘液，*ペプシノーゲンからなる酸性の混合物．

EMG ⟶ 筋電図

硫黄 sulphur

元素記号 S．黄色の非金属元素で，システインやメチオニン，それらを用いる多くのタンパク質中に存在することから，生体の*必須元素である．また例えば*補酵素 A などの細胞代謝産物の成分でもある．硫黄は硫酸イオン（SO_4^{2-}）の形で土壌から植物に吸収される．→ 硫黄循環

硫黄架橋 sulphur bridge ⟶ ジスルフィド架橋

硫黄細菌 sulphur bacteria

代謝のなかで硫黄，硫化物，硫酸塩を利用する相互に無関係な細菌群のこと．嫌気性光独立栄養性の緑色硫黄細菌と紅色硫黄細菌は硫化水素を光合成における電子供与体として用いることができ，副産物として硫黄を産生する．

$$2H_2S + CO_2 \longrightarrow H_2O + CH_2O + 2S$$

化学合成独立栄養性のチオバチルス属のよう

な硫黄酸化細菌は硫黄もしくは硫黄化合物（例：硫化物）の酸化によりエネルギーを得，硫酸イオン（SO_4^{2-}）を生産する．デスルフォビブリオ属のような嫌気性従属栄養硫酸還元菌は，呼吸のために硫酸塩を必要とする．これは硫酸イオンを硫黄あるいは硫化水素に還元することによりエネルギーを得る．ベジアトア属のような好気性繊維状硫黄細菌は，粘液細菌（滑走細菌）門に属し，硫化物を硫酸塩に酸化することで生きることができる．

硫黄循環　sulphur cycle

環境において，生物的要素と非生物的要素の間での硫黄の循環のこと（→ 生物地球化学的循環）．非生物的環境の硫黄のほとんどは岩石中に見いだされ，少量が化石燃料の燃焼により二酸化硫黄（SO_2）として大気中に存在する．岩石の風化や酸化に由来する硫酸イオン（SO_4^{2-}）は植物によって吸収され，硫黄含有タンパク質のなかに取り込まれる．タンパク質の形態で，硫黄は食物連鎖を通して動物へ移行する．嫌気性硫酸還元細菌による生体の死骸や糞便の分解によって，硫黄は硫化水素（H_2S）の形態で非生物的環境に戻る（実際はこの過程は一段階ではなく，タンパク質の分解 → 分解で生じた含硫アミノ酸からの硫化水素の放出 → 硫化水素の硫酸への酸化 → 硫酸還元細菌による硫酸の硫化水素への還元の段階が含まれる．これらの段階には，硫酸還元細菌以外の細菌も関与する）．硫化水素はいくつかの光合成細菌や硫黄酸化細菌（→ 硫黄細菌）によって，硫酸や元素硫黄に変換される．元素硫黄は鉱物となる．

EOG　⟶　嗅電図

イオノフォア　ionophore

脂質膜を通過するイオン輸送を促進する比較的小さな疎水性の分子．ほとんどのイオノフォアは微生物によって作られる．イオノフォアには二つのタイプがある．結合して膜内に*チャネルを形成し，そこを通ってイオンが流れるチャネル形成型と，イオンと複合体を形成することで膜を通過してイオンを輸送する可動イオン輸送体型である．イオノフォアの例にはバリノマイシンとナイジェリシンがある．

イオン　ion

1個以上の電子を失って正の電荷をもつ（陽イオン）か，1個以上の電子を得て負の電荷をもつ（陰イオン）原子または原子団．

イオン交換　ion exchange

溶液（通常は水溶液）とそれに接触している固体の間で，同種の電荷のイオンを交換すること．この作用は自然界で広く生じ，特に

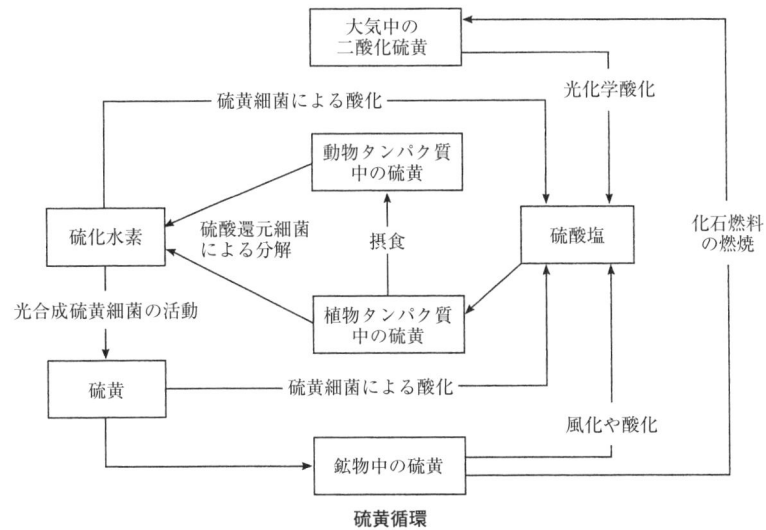

硫黄循環

土壌による水溶性肥料の吸収や保持で生じる．例えば，カリウム塩を水に溶かして土壌にそそぐと，カリウムイオンは土壌によって吸収されてナトリウムイオンとカルシウムイオンが放出される．この場合，土壌はイオン交換体として働く．合成イオン交換樹脂は，架橋により三次元構造をもつ多様な共重合体からなり，そこにはイオン基がついている．陰イオン樹脂（陽イオン交換樹脂）は陰イオンをその構造に組み込み，そのため陽イオンを交換する．陽イオン樹脂（陰イオン交換樹脂）は陽イオンを組み込み，陰イオンを交換する．イオン交換樹脂はイオン交換*クロマトグラフィーの固定相として用いられる．

イオン交換クロマトグラフィー ion-exchange chromatography ⟶ クロマトグラフィー

イオンチャネル ion channel

細胞膜を貫通し，水で満たされた細孔を形成するタンパク質．イオンはこの細孔を通って細胞や細胞区画の内外に行くことができる．イオンチャネルは原形質膜や一部の細胞内膜に存在する．それらは開閉の方法やイオンの選択性の点で様々であり，あるものは1種類の特定のイオンに特異的である一方，他のものは2種類以上の類似したイオン（例：K^+とNa^+）を許容する．細胞内の静止電位を含む電気化学的な環境は，細胞のイオンチャネルの数や種類，活性に大きく依存して決まる．それらは神経や筋の細胞の興奮性に大きな影響を与える．イオンはそれぞれのチャネルを，主に膜を介した電気化学勾配に指示された速度と方向で通過する．ゲートのないイオンチャネルは常に開いたままであるが，一方でゲートのあるイオンチャネルは開閉できる．後者には二つの主な種類がある．*リガンド作動性イオンチャネルはチャネルタンパク質の受容体領域にシグナル分子が結合したときに主に開き，*電圧作動性イオンチャネルは膜電位の変化に応答して開く．

イオンチャネル型受容体 ionotropic receptor

*リガンド作動性イオンチャネルの一部を形成する受容体タンパク質である．そのためリガンド（例：ホルモン，神経伝達物質）の受容体への結合により，チャネルが開いてイオンが通過できる．→ グルタミン酸受容体，代謝型受容体

異温動物 heterotherm

体温を調節する能力が，*内温動物と*外温動物の中間である動物をいう．一般的に内温（温血）動物である鳥類と哺乳類のなかで，小型の種類のあるものは，それらの代謝率をある季節や，1日のうちのある時間の間でさえも減少させ，体温を低下させて不活動状態に入ると考えられている．こうすることで，ハチドリやある種のげっ歯類のような小型動物では，食物が不足している時期やその他の悪環境下の時期に，体温を一定にするという比較的高いコストを避けることができる．この戦略は部分内温性と呼ばれることがある．この戦略の反対のものとして，通常は外温性（冷血）と考えられている動物のあるものは，限られた時間，体内で熱を発生する能力をもち，したがって環境の温度が低いときにも活動できるように体温を上昇させることができる．マルハナバチを含む様々な昆虫は，飛行ができるまでに体温を上昇させるために，低温下で震えることが知られている．これは，許容的内温性と呼ばれる．

威嚇 threat display ⟶ 敵対的行動

威嚇誇示（スタートルディスプレイ） startle display

動物が捕食者に見つかったときに起こす反応で，被捕食者は，例えば捕食者を驚かせる目的で目玉模様など，隠していた模様をみせつける．これにより，被捕食者は逃げたり捕食者の注意をそらしたりすることができる．擬態する昆虫のある種のものは，擬態に加えて，スタートルディスプレイを第二防衛線として用い，襲われたときに前羽をめくり後羽にある目立つ目玉模様をみせつける反応を示す．

異化作用 catabolism

生きた生物体のなかで行われる，巨大分子からのエネルギーの放出を伴う小さな分子への代謝的な分解．呼吸は異化作用の例である．→ 代謝，同化

鋳型 template
　新しい分子が合成される際に，型となる分子のこと．例えば，DNA 分子の二重鎖は分離できて，失われた鎖の合成についてお互いが鋳型として振る舞うことができる．→ DNA 複製

異花柱性 heterostyly
　顕花植物において，同種の花で花柱の長さが異なり，その結果，ある株の花では柱頭がやくの下に位置し，他の株の花では柱頭がやくの上に位置するものを異花柱性という．これにより，媒介昆虫は，一つの花のやくから他の花の柱頭に確実に花粉を運搬することができ，他花受粉が促進される．異花柱性を示す植物の例には，サクラソウ類などがある（図参照）．

維管束（小束） vascular bundle (fascicle)
　維管束植物中に存在する繊維状に長く連なった通導組織で，根から茎を経由して葉中に伸びている．維管束は *木部と *篩部からなり，植物体中で二次成長を行う *形成層により隔てられている．→ 維管束組織

維管束間形成層 interfascicular cambium → 形成層

維管束系 vascular system
　植物における *維管束組織の全体．

維管束形成層 vascular cambium → 形成層

維管束鞘細胞 bundle sheath cells
　植物の葉と茎のなかにある細胞の層．維管束を取り囲み外筒を形成している．C_4 植物（→ C_4 経路）では，維管束鞘細胞は葉緑体を含み，*カルビン回路がここで働いている．はじめ，二酸化炭素のリンゴ酸への固定は葉肉細胞の柵状組織において行われる．C_4 植物では維管束鞘を取り巻いている部分である．この配列は，クランツ構造（ドイツ語のKranz, 花輪に由来する）と呼ばれ，柵状組織細胞が維管束鞘細胞にしっかりと接触していて，そのためにリンゴ酸は容易に維管束鞘を通過することができる．また，この細胞の配列は光合成の生産物質が，維管束鞘から隣接している篩部組織へと急速に輸送されることを可能にしている．そして，この篩部組織から植物体の他の部位へと輸送されていく．

維管束植物
　1．vascular plants
　体内にはっきりした *維管束組織をもつすべての植物．
　2．tracheophyte
　*維管束組織，大型の *胞子体世代，水を通さない外皮のある複雑な構造の葉を含む，発達した組織をもつ植物．維管束植物は *マツバラン類，*ヒカゲノカズラ類，*トクサ類，*フィリシノフィタ，*針葉樹類，*被子植物門の各門の植物を含む．伝統的な分類体系では，これらは維管束植物門に属する綱と

長花柱花　　　　　　　　　短花柱花

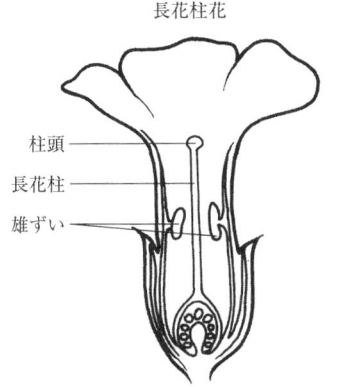 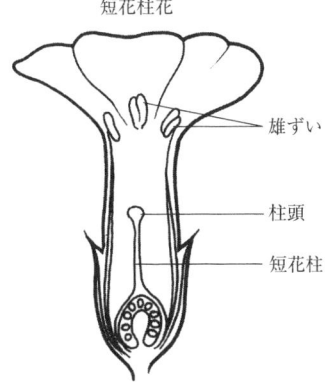

サクラソウ（イチゲサクラソウ）の異花柱性

維管束組織 vascular tissue (vascular system)

高等植物（*維管束植物）において，植物体に水分と栄養を運ぶ組織．*木部と*篩部からなる．木部組織と篩部組織は通常お互いに近接しているので，はっきりした維管束組織の領域が確認できる（→ 維管束）．維管束組織をもつことで高等植物はかなりの大きさとなることができ，また，陸上の生息場所のほとんどで優占的になった．

維管束内形成層 fascicular cambium —— 形成層

生きた化石 living fossil

その近縁種が絶滅した生物で，一度はその生物自身も絶滅したと考えられていたものをいう．例としてはデボン紀に繁栄した原始的な魚類であるシーラカンスがあげられ，現代に生存しているシーラカンスの個体が最初に発見されたのは1938年のことであった．

閾値 threshold

（生理学）応答を開始するのに必要な最小の刺激の強さ．

イグザプテーション exaptation

変化した環境，または生活スタイルにある生物が適応することを容易にするような形態学的，生理学的特徴．例えばコオロギが低周波音を敏感に聞き取るメカニズムは，種内のコミュニケーションを図るためにおよそ2億5000万年前に進化した．およそ5000万年ほど前にコウモリが進化したとき，コオロギの聴覚メカニズムは*前適応として役立ち，コオロギ自身の出す低周波音に加えて，夜に飛んでいる捕食者の出す高周波音を聞き取れるように修正された．

異形化（過変態） heteromorphosis (hypermetamorphosis)

幼虫の*齢が進行する際に，初期と後期の幼虫で著しくその形態が変化する場合をいう．たとえば，小さな昆虫であるネジレバネ類の一齢幼虫は，三爪幼虫と呼ばれる活発なものだが，引き続く齢では不活発な，しばしば無肢のウジ状の幼虫に変化する．この形態上の変化は，齢の段階により幼虫がまったく異なった能力を示すことを反映している．三爪幼虫の役目は，幼虫にとって適切な宿主を探し出すことであり，その後に不活発な幼虫段階となって寄生が行われる．

異系交配（外婚） outbreeding

同種内で血縁関係がまったくないか，遠縁に当たる個体どうしの交配のこと．異系交配をする集団は*近親交配をする集団よりも変化に富み，環境変化に対して適応する大きな潜在能力をもっている．また異系交配は*異型接合体を増やすため，不利な劣性の性質が優性対立遺伝子によって隠蔽されやすい．

異型歯の heterodont

おのおのが特定の機能を有する歯の型（*門歯，*犬歯，*小臼歯，*大臼歯など）を2種類以上もつ動物を示す．多くの哺乳動物は異歯類である．→ 永久歯，同型歯の

異形成 metaplasia

異なる型への組織の転換．これは異常過程であり，例えば，気管支上皮の異形成は癌の初期兆候である．

異型性 heterogametic sex

X染色体とY染色体のような，二つの異なる*性染色体をもつことにより決定される性をいう．ヒトと他の多くの哺乳類では，X染色体とY染色体をともにもつ個体は雄になる．異型性の個体は，2種類の生殖細胞（配偶子）を生じ，その半数はX染色体，残りの半数はY染色体を含む．→ 同型性

異型接合の heterozygous

*相同染色体上の着目している遺伝子座において，*対立遺伝子が異なる状態を形容する語である．この状態の生物が表現する形質は，*優性対立遺伝子により決定される．異型接合の生物は，異型接合体と呼ばれ，同じ形質の子どもが生じない．→ 同型接合の

異型配偶 anisogamy

それぞれの大きさが異なり，ときには形も異なる配偶子どうしの融合を伴う有性生殖のこと．→ 卵接合，同型配偶

異形胞子性 heterospory

大胞子と小胞子の2型の胞子を生ずる状態をいう．異形胞子性は，種子植物のすべてと，一部のシダ類とコケ類にみられる．

移行帯 transition zone ⟶ 胚軸

囲口部 peristome

（動物）多くの無脊椎動物と一部の原生動物の口周辺部分のこと．食物の採集を補助することもある．例えば，繊毛虫類の原生動物の口周囲のらせん状に繊毛の生えた溝や，ミミズの第一体節（囲口節）が，囲口部の例である．

異時性 heterochrony

身体において異なる細胞系列の発生の相対的な速度やタイミングが変化すること．このような変化は形態の著しい変更をもたらす可能性があり，例えばある器官の発生が促進されるとその器官は大きくなる．したがってそのような変化を引き起こす突然変異は進化の過程で重要な役割を果たす．生殖細胞や体細胞の分化の相対速度に影響を及ぼす異時性の変化は大変重要である．異時性は*促進，*プロジェネシス，*ネオテニー，*過形成の四つのカテゴリーに分けられ，遅滞や促進などの速度の変化が体細胞や生殖細胞に影響を与えるかどうかによって分けることができる（表参照）．しかしながら異時性の結果として二つのことが生じうるにすぎない．一つは*幼形進化で，子孫型では祖先型の未成期の形態で生殖が起こるというもので，もう一方は*過無形成で祖先型の個体発生段階に新しい段階が付け加えられることにより個体発生が延長するというものである．

異質細胞 heterocyst

窒素固定を行うシアノバクテリアで発見された特殊な細胞．異質細胞は厚い細胞壁をもつ大きな細胞で，クロロフィルを欠き無色である．窒素固定の場でありこのためニトロゲナーゼを産生する．厚い細胞壁をもち，かつ光合成能（酸素を産生する）をもたないのはニトロゲナーゼの活性に不可欠である酸素欠乏の状態に異質細胞内を維持するためだと考えられている．異質細胞は*原形質連絡によって周囲の細胞に連結しており，栄養をそれらの細胞に依存している．

異質染色質 heterochromatin ⟶ 染色質

異質倍数体 allopolyploid

*倍数体の生物のなかで，異なる生物種から由来する複数の染色体セットをもつもの．多くの場合は植物である．雑種は，*相同染色体のセットをもたず，染色体の*対合が起こらないことから，多くの場合は不稔性である．しかし，二つの二倍体（2n）の種から由来する雑種において染色体の数の倍数化が起これば，稔性をもった四倍体（4n）ができる．このタイプの四倍体は異質四倍体として知られており，相同染色体を2セットもち，染色体の対合や乗換えが可能である．異質倍数体は，異なる種の植物どうしを組み合わせることができるという利点があるため，植物育種学者にとっては非常に重要である．パンを作るために使われるコムギ（*Triticum aestivum*）は異質六倍体（6n）であり，42個の染色体をもち，もとの一倍体の染色体数（1n）である7個の6倍である．

⟶ 複二倍体，同質倍数体

萎縮 atrophy

体の一部や器官が退化したり衰えたりすること．

異時性の分類

身体的特徴	生殖器	進化過程	形態
促進	不変	促進	過無形成（促進による）
不変	加速	プロジェネシス	幼形進化（切断による）
遅滞	不変	ネオテニー	幼形進化（遅滞による）
不変	減速	過形成	過無形成（延長による）

移植 graft (transplantation)

動物と人間における移植は，よくない部分や障害を受けた体の部分を交換するのに用いられる．自己移植は体のある部分から切除した部分を同じ個体の別の部分に移植する（重度の火傷に用いられる皮膚移植など）．同種移植は，一つの個体（ドナー）からとった組織を同種の他の個体（レシピエント）に植えつける．これが移植と呼ばれる過程であり，心臓移植や腎臓移植などがある．そのような場合には，移植した組織は体にとって異物と認識され（不適合），*免疫応答が起こり移植片は拒否されることがある． → 組織適合性

移植物質 implant

移植片，埋没物．生体に挿入された物質や装置，組織など．例えば，薬物埋没物と心臓ペースメーカーは典型的には皮下移植される．

異所性 allopatric

交配可能な近縁な生物どうしが，地理的隔離によって交配できないような関係もしくはその状況を表す用語． → 同所性，分断種分化，周辺種分化

囲心腔 pericardial cavity

脊椎動物で，内部に心臓を含み，膜（*囲心嚢）によって隔てられている空腔．*体腔の一部分．

囲心嚢 pericardium (pericardial membrane)

脊椎動物の心臓を内部に含む囲心腔を包む膜．囲心嚢は心臓の位置を固定し，それによって心臓の収縮と弛緩が可能となる．囲心嚢は主に二つの部分，外側の硬い繊維性の層（繊維性囲心嚢）と，内側で心臓に近接している漿膜の二重膜からなるより繊細な漿膜性囲心嚢からなる．

胃水管腔 gastrovascular cavity (enteron; coelenteron)

*腔腸動物の体腔で，口と肛門の両方の役割をもつ１カ所の開口部のこと． → 刺胞動物門，有櫛類

異数体 aneuploid

一つもしくはそれ以上の染色体が完全な染色体セットから増加もしくは減少している核，細胞，または生物のこと．したがって，染色体の総数は一倍体（n）の倍数ではなくなり，たとえば$2n+1$（→ トリソミー）や$2n-1$（一染色体性）などとなる． → 正倍数体

異性化酵素 isomerase

分子内の原子や原子団の再配列を触媒する*酵素の一群．その触媒作用の結果，ある*異性体が別のものに変換される．

異性体 isomers

同じ分子式であるが異なる分子構造や空間的に異なる原子配列をもつ化合物．構造異性体は異なる分子構造をもつ．すなわちそれらは異なる種類の化合物であるか，分子内の官能基の位置がまったく異なる．構造異性体は一般に，異なる物理的および化学的性質をもつ．立体異性体は同じ分子式と官能基をもつが，官能基の空間的な配置が異なる．光学異性体は立体異性体の例である（→ 光学活性）．

胃腺 gastric gland ──→ 胃液

位相差顕微鏡 phase-contrast microscope

細胞や組織を調べるために広く用いられている*顕微鏡の一種．透明さが不均一な標本に光を照射したときに起こる位相の違いを可視化する．光は物体を通過する際に速度が低下し，もともとの光の位相から外れる．ある種の回折を起こす構造をもつ透明な標本では，像の中心極大の外側の光で大きな位相変化が起きる．位相差顕微鏡では環状ディアフラムと位相板を用いて，この外側の回折光と中心極大光（直接光）を重ね合わせる．これによって中心極大光のみでの合成位相変化を作り出す．これによって最終的に得られる画像では２種類の光の波の間の相加的干渉によってコントラストがより大きくなる．これがブライトコントラストである．ダークコントラストでは同じ波の相殺的干渉によって異なる位相板が同じ構造物を暗くするために用いられる．

イソ酵素 isozyme (isoenzyme)

アイソザイムともいう．個体や集団中に存在し，同じ反応を触媒する酵素であるが，互いに基質への親和性や酵素反応の最大速度などの性質が異なる酵素のこと． → ミカエリ

ス-メンテン曲線

胃咀嚼器（前胃） gastric mill (proventriculus)

多くの甲殻類にみられる*砂嚢のタイプ．胃の前部に位置し，食物の粒子をすりつぶすための骨（小骨）と筋肉からなる．すりつぶされた食物の断片は胃の後部にある剛毛でろ過される．

イソプレン isoprene

無色で液体のジエンの一つ，$CH_2:C(CH_3)CH:CH_2$．系統名は2-メチル-1,3-ブタジエン．これは*テルペンや天然ゴムの構造ユニットであり，また合成ゴムの製造に用いられる．

イソロイシン isoleucine → アミノ酸

遺存的 relictual

（分類学）太古の祖先から比較的変化せずに受け継がれてきた，いわゆる「原始的」特徴を示す．→ 原始形質

イタコン酸 itaconic acid

糸状菌の一種であるクロコウジカビ *Aspergillus niger* の発酵産物の一つ．接着剤や塗料の生産に利用されている．

一遺伝子一ポリペプチド鎖仮説 one gene-one polypeptide hypothesis

おのおのの*遺伝子はそれぞれ一つの*ポリペプチド鎖の合成を決定しているという説のこと．元来，アメリカの遺伝学者*ビードル（George Beadle, 1903-89）によって1945年に一遺伝子一酵素説として提唱されたが，のちに遺伝子は酵素に加えそれ以外のタンパク質もコードし，またヘテロオリゴメック酵素では遺伝子は個々のポリペプチド鎖をコードしているとわかり，修正された．いまでは，いくつかの遺伝子はタンパク質生合成に関与するtRNAなどの様々なタイプのRNAもコードしていることが知られている．

一遺伝子雑種交配 monohybrid cross

ある特定の遺伝子について，片方の親は二つの優性対立遺伝子をもっており，もう一方の親は二つの劣性対立遺伝子をもっている場合の，対立遺伝子の異なる親の間での遺伝交配．そのすべての子ども（一遺伝子雑種と呼ばれる）は，その遺伝子について一つの優性対立遺伝子と一つの劣性対立遺伝子をもつ（つまり，その一つの遺伝子座で雑種となる）．それらの子どもの間で交配した場合，続く世代で，優性：劣性の表現型が特徴的な3：1（一遺伝子雑種）の割合で得られる（図参照）．→ 二遺伝子雑種交配

一塩基多型 single nucleotide polymorphism (SNP)

ゲノム中の1部位の塩基の変異（例えばCの代わりにA）で，個体群全体の1％以上の割合で発見されているもの．したがってSNPは個体群中における頻度がより高い点でのみ*点突然変異と異なる．SNPはゲノ

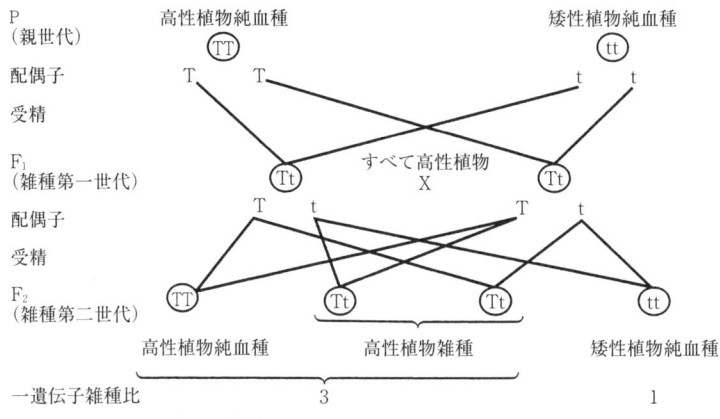

一遺伝子雑種交配：エンドウマメの茎の長さの遺伝

ムのあらゆる部位，すなわち構造遺伝子，調節部位，何もコードしていないジャンクDNAにおいても見いだされ，ヒトゲノム全体には，数百万個のSNPが存在すると考えられ，*分子マーカーとして非常に有用に利用することができる．いくつかのSNPは病原性関連アレルと連鎖していることが知られている．

イチゴ状果 etaerio
　一つの花に存在する，複数の融合していない心皮からできた果実の集合体．アネモネは*痩果のイチゴ状果をもっており，ヒエンソウは*袋果のイチゴ状果をもっており，ブラックベリーは*核果のイチゴ状果をもっている．

イチジク状果 syconus
　花序軸が多肉で，軸の内部が中空になる*複合果の一種．このなかで，小さな花が発達する．小さな*核果，すなわちタネが雌花から産生される．イチジク状果の例として，イチジクがある．

一次構造 primary structure ── タンパク質

一次純生産力 net primary productivity ── 生産力

一次生産者 primary producer ── 生産者

一次生産力 primary productivity
　生態系の生産者（例えば緑色植物）により合成される有機物の総量．→ 生産力

一次成長 primary growth
　*頂端分裂組織の活動に続き，作られた細胞の拡張の結果起こる，植物の根や枝芽条の拡大のこと．したがって，作られた組織は一次組織と呼ばれ，その結果生じる植物の部分は一次植物体を構成する．→ 二次成長

一時多型現象 transient polymorphism ── 多形性

一次尿 glomerular filtrate ── 原尿

異地性 allochthonous
　生物が発見された場所以外の場所が，本来の生息地であることを記述する言葉．通常その生物はその場所の生物集団の一時的な構成員である．→ 原地性

一年生 annual
　一年でその生涯を終える植物のことで，発芽，開花，種子の産生，死などがすべて一年以内で終わる．例えばヒマワリやマリーゴールドなどがあげられる．→ 二年生，短命植物，多年生植物

一年生植物 therophyte
　ラウンケルの分類体系における植物の生活形の一種（→ 相観）．一年生植物は生育に有利な状況下で短い期間で完全に生活環を完了し，生活に厳しい状況を種子でやりすごす．砂漠や乾燥した地域で典型的に見いだされる．

胃腸反射 enterogastric reflex
　十二指腸の壁が伸びることが胃の運動を抑制し，胃のなかの消化物が腸にいく速度を減少させる神経反射の一つ．消化物（糜粥）が胃を出て腸にいく速さはフィードバックメカニズムにより調節されている．十二指腸の壁に存在する受容体が，糜粥の存在による十二指腸の膨張と，胃液の増加による十二指腸内容物の酸度の上昇（pHの低下）を感知する．受容体はシグナルを副交感神経を通して伝達し，胃のなかを空にする胃壁の筋肉の働きを反射的に抑制する．

イチョウ門 Ginkgophyta ── 裸子植物

一回換気量 tidal volume
　動物の呼吸によって取り込まれる，または吐き出される空気の量．通常は安静時の*換気1回当たりの量．平均的なヒトでは1回の換気量は約 500 cm^3 である．

一回拍出量 stroke volume
　*心臓収縮期における1拍動による血液の排出量．通常のヒトでの静止時一回拍出量は，70 ml であり，これは激しい運動を行った際には最大で 120 ml に増加する．→ 心拍出量

一回繁殖 semelparity
　一生のうち，繁殖を一度だけ行うという戦略で，たとえ繁殖に失敗してもその後の死は免れない．一回繁殖の生物は一年生あるいは二年生の植物の多く，そして，無脊椎動物の分類群の多くが含まれる．脊椎動物の例としては太平洋サケ，大西洋ウナギが含まれる．

→ 多回繁殖

一酸化炭素 carbon monoxide

無色無臭の気体，CO．炭素の不完全燃焼により生じ，自動車の排気ガス中にも含まれる．一酸化炭素は金属と結合することが可能で，それゆえ毒性をもつ．例えば，ヘモグロビン中の鉄と結合することでヘモグロビン鉄の酸素との結合を阻害する．→ カルボキシヘモグロビン

一生歯性の monophyodont

動物の全寿命において1セットの歯が存続し，歯の更新が起こらない性質をいう．→ 二生歯性の，多生歯性の

一致動物 conformer

外部の要因によって*内部環境が大きく影響される生物をいう．海産無脊椎動物の多くは一致動物である．これは，温度，酸素濃度，栄養分などに関して外部環境がかなり安定しているため，海産無脊椎動物は内部環境を調節する必要がないからである．→ 調節動物

ET ── エンドセリン

イディオグラム idiogram ── カリオグラム

EDTA ethylenediaminetetraacetic acid

エチレンジアミン四酢酸 $(HOOCCH_2)_2N(CH_2)_2N(CH_2COOH)_2$．キレート剤として働き，可逆的に鉄，マグネシウムや他の金属イオンと結合する化合物．鉄と結合した状態である培地に用いられることがあり，培地中へゆっくりと鉄を放出する．また定量分析に用いられることもある．

遺伝

1． heredity

染色体を経由した親から子孫への形質の伝達．遺伝の研究（*遺伝学）は*メンデルによってはじめて行われた．→ メンデルの法則

2． inheritance

配偶子を通して子へと移る*遺伝暗号によって，世代から世代に特定の性質が伝達されること．→ メンデルの法則

遺伝暗号 genetic code

細胞によって，*DNA上の遺伝子情報から特定のタンパク質が作られる際の取決め．この暗号はDNA上の塩基3文字1組が連続した形をとり，そこからメッセンジャー*RNAの*コドンとして相補的な塩基配列が転写される（→ 転写）．これらのコドンの配列が*タンパク質合成の際のアミノ酸の配列を決定する．DNAやメッセンジャーRNAに存在する4種類の塩基の組合せからは64の暗号が可能で，20種類のアミノ酸が体内のタンパク質には存在する．すなわち，ある種のアミノ酸は二つ以上のコドンによりコードされている．また，ある種のコドンはアミノ酸配列を決める以外の機能をもっている（→ 開始コドン，終止コドン）．次ページの図参照．

遺伝学 genetics

遺伝と変異の研究を取り扱う生物学の分野．古典的遺伝学はグレゴール・メンデル（→ メンデル説）の研究に基礎をおく．20世紀においては，遺伝学は生態学や動物行動学（→ 行動遺伝学，集団遺伝学）の分野とも重なり合う部分が増えてきており，生化学と微生物学の進展は*遺伝子の化学的性質とそれが複製し子孫に伝えられていく機構を明らかにし，「分子遺伝学」の分野が拓かれた．29-30ページの年表参照．→ 遺伝子工学

遺伝荷重 genetic load

集団中に保有される有害な遺伝子の頻度．

遺伝子 gene

DNAからなる遺伝の単位．古典遺伝学（→ メンデル説，メンデルの法則）では遺伝子は離散的な粒子と見なされ，*染色体の一部を構成し，ある特定の形質を決定すると考えられていた．遺伝子は*対立遺伝子と呼ばれる異なる型が存在することもあり，これらは形質のどのような側面が現れるかを決定している（身長という形質でいえば，背の高さや低さのこと）．

遺伝子は染色体上のある特定の位置（*遺伝子座）を占める．分子生物学における発見からみると，遺伝子は*遺伝暗号の特定の配列に対応するような単一のポリペプチド鎖の合成，もしくはメッセンジャーRNA分子の合成などにかかわる，特定の機能をもった

遺伝暗号

コドン中の第一塩基	コドン中の第二塩基				コドン中の第三塩基
	U	C	A	G	
U	UUU Phe	UCU Ser	UAU Tyr	UGU Cys	U
	UUC Phe	UCC Ser	UAC Tyr	UGC Cys	C
	UUA Leu	UCA Ser	UAA(終止コドン)	UGA(終止コドン)	A
	UUG Leu	UCG Ser	UAG(終止コドン)	UGG Trp	G
C	CUU Leu	CCU Pro	CAU His	CGU Arg	U
	CUC Leu	CCC Pro	CAC His	CGC Arg	C
	CUA Leu	CCA Pro	CAA Gln	CGA Arg	A
	CUG Leu	CCG Pro	UAG Gln	CGG Arg	G
A	AUU Ile	ACU Thr	AAU Asn	AGU Ser	U
	AUC Ile	ACC Thr	AAC Asn	AGC Ser	C
	AUA Ile	ACA Thr	AAA Lys	AGA Arg	A
	AUG Met (開始コドン)	ACG Thr	AAG Lys	AGG Arg	G
G	GUU Val	GCU Ala	GAU Asp	GGU Gly	U
	GUC Val	GCC Ala	GAC Asp	GGC Gly	C
	GUA Val	GCA Ala	GAA Glu	GGA Gly	A
	GUG Val	GCG Ala	GAG Glu	GGG Gly	G

DNA（もしくはRNA）の塩基配列として定義される．タンパク質をコードする「構造遺伝子」は単独または複数がそれらの発現を制御する他の遺伝子とともに存在することがある（→ オペロン）．→ シストロン

遺伝子型 genotype

生物の遺伝的組成．それらがもつ*対立遺伝子の組合せで表される．→ 表現型

遺伝子型頻度 genotype frequency

集団において個体が特定の遺伝子型をもつ割合．遺伝子型頻度はハーディー-ワインベルクの式により計算される（→ ハーディー-ワインベルクの平衡）．

遺伝子間サプレッサー intergenic suppressor

同一の遺伝子内での他の変異の影響を打ち消したり小さくしたりする*点突然変異．例えば，最初の*フレームシフト変異の影響が，塩基の*欠失や*挿入といった第二の変異によって抑制されることがあり，それがこのサプレッサーの例となる（訳注：原文通りに訳したが，以上の説明は遺伝子間サプレッサーに対するものではなく，遺伝子内サプレッサー（intragenic suppressor）に対するものである）．

遺伝子組換え生物 genetically modified organisms（GMOs）

ゲノム上に他の種の遺伝子が組み込まれ，発現している生物．遺伝子組換えされた（トランスジェニックな）個体は，望みの外来遺伝子を受精卵や初期胚に適切な*ベクターによって挿入するような遺伝子工学技術によって作製される．31，32ページの記事を参照．

遺伝子組換えの transgenic

他種の生物の遺伝子をゲノムに組み込み，発現している生物を示す．遺伝子組換え個体

遺伝学　年表

- 1866　メンデル（Gregor Mendel）はエンドウの遺伝に関する観察結果に基づいて生物の性質は独立した「因子」によって決定されるという彼の見解を出版した
- 1875　ドイツの細胞学者ヘルトウィヒ（Osker Hertwig, 1849-1922）は受精のプロセスと受精卵の形成を報告した
- 1879-85　ドイツの細胞学者フレミング（Walther Flemming, 1843-1905）は細胞分裂に際して染色体の動きを報告し，これを有糸分裂と名づけた
- 1886　ドイツの生物学者ワイスマン（August Weismann, 1834-1905）は世代を通して生殖細胞質は継続するという理論を発表した
- 1887-92　ドイツの細胞学者ボヴェリ（Theodor Boveri, 1862-1915），ヘルトウィヒらは，有糸分裂においてワイスマンが予言した「減数分裂」が起こることを確認し報告した
- 1900　ド・フリース（Hugo de Vries），ドイツの植物学者コレンス（Karl Correns, 1864-1933）およびオーストリアの植物学者チェルマック（Erich von Tschermak, 1871-1962）がそれぞれ独立にメンデルの業績を再発見した
- 1903　アメリカの細胞学者サットン（Walter S. Sutton, 1877-1916）は有糸分裂における染色体の動きがメンデルの遺伝の法則を説明すると述べ，遺伝子は染色体上に存在すると推論した
- 1909　オランダの植物学者ヨハンセン（Wilhelm Johannsen, 1857-1927）は「遺伝子 gene」という用語を提案した．ジャンセン（Frans-Alfons Janssens）は遺伝の交叉を報告した
- 1910　モルガン（Thomas Hunt Morgan）はショウジョウバエの伴性遺伝を報告した
- 1913　アメリカの遺伝学者スターテバント（Alfred Sturtevant, 1891-1970）はショウジョウバエの遺伝子地図を報告．初の遺伝子地図
- 1916　アメリカの遺伝学者ブリッジェズ（Calvin Bridges, 1889-1938）は遺伝の染色体説を証明した
- 1927　アメリカの遺伝学者マラー（Hermann Muller, 1890-1967）はX線が変異を起こすことを証明した
- 1930　イギリスの統計学者フィッシャー（Ronald Fischer, 1890-1962）はネオダーウィニズムの代表的な著作である "The General Theory of Natural Selection" を出版
- 1941　ビードル（George Beadle）とテイタム（Edward Tatum）がアカパンカビの栄養要求性変異株を使った研究をはじめ，この研究は「一遺伝子　酵素」仮説を生んだ
- 1944　エーヴリー（Oswald Avery）と共同研究者は遺伝子の実体はDNAであることを証明した
- 1947　シャルガフ（Erwin Chargaff）はDNA中のプリン塩基とピリミジン塩基は1:1であることを証明した
- 1953　ワトソン（James Watson）とクリック（Francis Crick）はDNAの分子構造を提案した
- 1960　フランスの生化学者モノー（Jacques Monod, 1910-1976）とジャコブ（François Jacob, 1920-）は機能上一体化している一群の遺伝子にオペロンという用語を提唱した
- 1961-66　アメリカの生化学者たち，ニーレンバーグ（Marshall Nirenberg, 1927-2010），オチョア（Severo Ochoa, 1905-1993）やその他の研究者らにより遺伝暗号が解読された
- 1972　バーグ（Paul Berg, 1926-）はラムダファージを用いて最初の組換えDNAを作ることに成功した
- 1973　細菌を用いて最初の遺伝子操作実験が行われた
- 1977　アメリカの生化学者のギルバート（Walter Gilbert, 1932-），サンガー（Frederic Sanger）や共同研究者たちはDNA塩基配列決定法を考案した
- 1978　遺伝子組換え細菌を使って，ヒトインスリンが生産された．

遺伝学　年表（つづき）

1983	アメリカの生化学者マリス（Kary Mullis, 1944-）がDNAの増幅のためのPCR法を考案した 初の遺伝子導入植物が作られた		遺伝子組換えトマトの市販がアメリカで始まった
1984	イギリスの遺伝学者ジェフリー卿（Sir Alec Jeffrey, 1950-）がDNAフィンガープリンティングを考案した	1997	イギリスの遺伝学者ウィルマット（Ian Wilmut）らが初の哺乳動物の成体体細胞クローンのヒツジ「ドリー」を作った
1988	遺伝子操作した動物（発がんマウス）の最初の特許がおりた アメリカで遺伝子組換えトマトの野外実験が行われた ヒトゲノム計画が始まった	1998	初の多細胞動物の完全なゲノム塩基配列が，センチュウ（*Caenorhabditis elegans*）を使って決定された
		1999	ヒトの第22染色体の完全な塩基配列が発表された（最初のヒトの染色体の完全な塩基配列である）
1993	トランスジェニックヒツジの乳のなかにヒトのタンパク質を生産させた	2003	ヒトゲノム計画が完了した．DNAの構造に関するワトソンとクリックの論文発表から50年目に当たる

は，遺伝子工学によって作られる．この手法では，適切な*ベクターを用いて望みの遺伝子を宿主の受精卵や初期胚に挿入することにより，組換え体を作成する．例えば，ラット成長ホルモンの遺伝子はマウスの受精卵に挿入でき，ラット成長ホルモンを産生する細胞をもつマウスができる．遺伝子組換え生物は商業的可能性が非常に高い．→ 遺伝子組換え生物

遺伝子（DNA）クローニング gene cloning（DNA cloning）

遺伝子工学技術を用いて，特定の遺伝子やDNA配列の正確な複製（クローン）を作り出すこと．標的遺伝子を含むDNAは*制限酵素を用いて部分断片へと切断される．これらの断片は次に，組換えDNAを「大腸菌」などの適切な宿主に導入するため，細菌のプラスミドやバクテリオファージなどのクローニング*ベクターに挿入される．もしくは，*相補的DNAがベクターに挿入される．ベクターによる導入より非効率的であるものの裸のDNA断片が直接宿主の細菌に入れられる場合もある．

宿主細胞の内部で，組換えDNAは複製する．そのため，宿主細菌はクローン化された標的遺伝子を含む細胞のコロニーを形成することになる．組換えDNAが含まれるコロニーを選抜し，培養するためには様々な選抜法を用いることができる．遺伝子クローニングは*DNAの塩基配列決定に有用であるだけではなく，目的のタンパク質を大量に生産させることもできる（→ 発現ベクター）．例えば，人間のインスリンは，いまやクローン化されたインスリンの遺伝子をもつ細菌によって作られている．→ ポジショナルクローニング

遺伝子工学（組換えDNA技術） genetic engineering (recombinant DNA technology)

他の生物の遺伝子をある生物のDNAに挿入することによって，その生物の形質を変化させるような技術．この変化したDNA（組換えDNAと呼ばれる）は通常*遺伝子クローニングによって作り出される．遺伝子工学はインスリンや他のホルモン，ワクチンの商業生産だけでなく，農業における*遺伝子組換え動物や形質転換穀物の創造に至るまで，多様な応用範囲をもつ（→ 遺伝子組換え生物）．→ DNAライブラリー，遺伝子プローブ，遺伝子治療，モノクローナル抗体

遺伝子座 locus (pl. loci)

染色体上や核酸分子中における遺伝子の位置．対立遺伝子は*相同染色体上の同一の遺伝子座に存在する．

遺伝子サイレンシング gene silencing —→ ノックアウト

遺伝子組換え生物

　1980年代はじめから始まった遺伝子工学の進展は，遺伝的に改変した生物を作り出すことを可能にした．ある生物からある特定の遺伝子を単離し，別の生物に移すと，その遺伝子は染色体に組み込まれ，発現するようになる．このような遺伝子導入した生物はまったく新たな性質をもつ．1990年代に，これらの新技術は，細菌によるヒトのホルモンの生産や，酵母によるワクチンの生産，さらには遺伝子組換え(GMと略称される)作物の開発などの「商品」の生産に応用することへ大発展した．

技術

　特定の遺伝子の導入には，受け入れ側の生物の性質によりいろいろな方法がある．植物の遺伝子組換えの多くでは，*プロトプラスト，すなわち細胞壁を取り除いた培養細胞が使われる．アグロバクテリウム・テュメファシエンスのTiプラスミド(次ページの図参照)は，*ベクターとしてタバコ，トマト，ジャガイモ，ダイズ，それにワタなど双子葉植物に用いられ成功を収めてきた．しかし，シバ，穀物など単子葉ではあまりうまくいかないので，これらの植物には電気せん孔法(細胞を電場におき，一時的に細胞膜がDNA断片を透過できるようにする方法)，顕微注入法(DNAを直接細胞核のなかに注入する)，微粒子銃法(遺伝子銃法ともいう，DNAをコートしたタングステンの微粒子を細胞に打ち込む方法)などの方法がある．遺伝子転換動物を作るには，新たな遺伝子を発生の初期，あるいは受精卵の前核に典型的には微量注入法で挿入する．遺伝子組換えをした胚は，発生を完了するために里親の子宮に移植される．

応用

植物
・除草剤耐性
・昆虫抵抗性の改善
・特定の疾病へのワクチン
・果実の保存期間の延長

動物
・治療用タンパク質のミルク中への生産
・成長速度やミルク生産の改善の可能性
・ヒトの臓器移植用の臓器生産の可能性

問題点

　GM生物の利用は，環境上の問題が生じる可能性がある．例えば除草剤や昆虫への耐性遺伝子は農作物から野生種に広がり，自然生態系や農業に重大な影響を与える可能性がある．農家は除草剤耐性をもったスーパー雑草に直面することになるかもしれず，また殺虫タンパク質を含むようになった食草により，昆虫が減少するかもしれない．さらに，GM作物は食べても安全であることが完全に証明される必要がある．動物の遺伝子加工は，予期せぬ副作用がみられることがあり，倫理上の問題がある．

遺伝子指紋法 genetic fingerprinting → DNAフィンガープリンティング

遺伝子浸透(移入交雑) introgression (introgressive hybridization)
　ある生物種の遺伝子が他の生物種の遺伝子プールに取り込まれること．2種が雑種交配して繁殖力のある雑種を生じたときにこれが起こりうる．これらの雑種は一方の親の種の個体と戻し交配することができる．→ 交雑帯

遺伝子スクリーニング genetic screening
　ヒトもしくは他の生物のゲノムを，ある病気の原因もしくは素因となるような特定の遺伝子の存在を示すような遺伝子マーカー(→マーカー遺伝子)によって解析するプロセスのこと．ヒトゲノムに関する知識の増大と

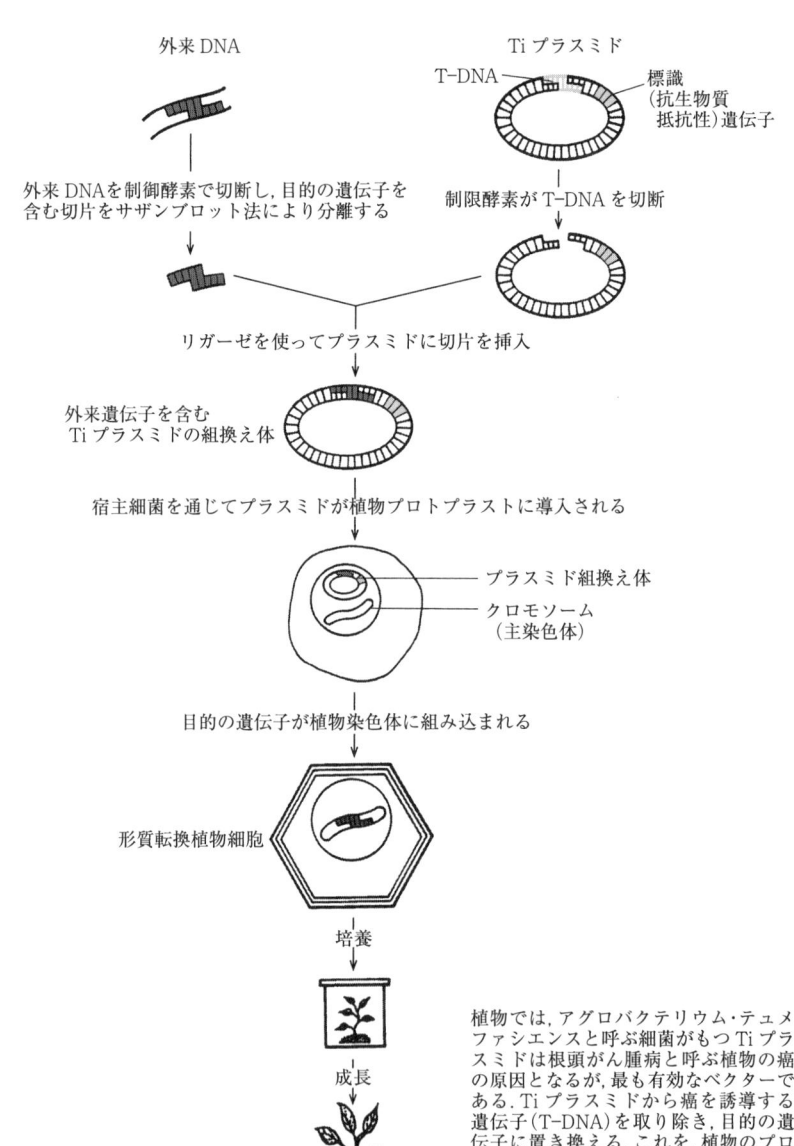

```
外来DNA                          Tiプラスミド
                                T-DNA         標識
                                              (抗生物質
                                              抵抗性)遺伝子

外来DNAを制御酵素で切断し,目的の遺伝子を
含む切片をサザンブロット法により分離する      制限酵素がT-DNAを切断

              リガーゼを使ってプラスミドに切片を挿入

外来遺伝子を含む
Tiプラスミドの組換え体

    宿主細菌を通じてプラスミドが植物プロトプラストに導入される

                                プラスミド組換え体
                                クロモソーム
                                (主染色体)

        目的の遺伝子が植物染色体に組み込まれる

形質転換植物細胞

           培養

           成長

形質転換植物
```

植物では,アグロバクテリウム・テュメファシエンスと呼ぶ細菌がもつTiプラスミドは根頭がん腫病と呼ぶ植物の癌の原因となるが,最も有効なベクターである.Tiプラスミドから癌を誘導する遺伝子(T-DNA)を取り除き,目的の遺伝子に置き換える.これを,植物のプロトプラストに感染できるもとの細菌に戻す.マーカー遺伝子を用いて形質転換株を選び出し,植物成長因子とともに培養して完全な植物体を形成させる

（→ ヒトゲノムプロジェクト）技術的な進歩は, ある種の乳癌など, 遺伝的に受け継がれる疾病をもつ家族の構成員における遺伝子スクリーニングを簡単にした. 多くの異なった遺伝子をスクリーニングするための臨床的な遺伝子検査はいまや日常的に行われており, 病気になる可能性のある個人, もしくはその子孫の疾病リスクを検査したり, 遺伝病の診断をより確実にした. 遺伝子検査キットが販売されており誰でも入手することができるが, 健康な個人が心臓病や癌を発病するリスクを決定することができるために注意して扱うべきだという強調表示が書かれている. このような検査は製薬業界だけでなく保険業界にも非常に問題となってくる. 例えば, 遺伝子スクリーニングによって疾病遺伝子がみつかった場合, 健康な人でも生命保険に, より高い掛け金を払わねばならない事態もありうる. → 着床前遺伝子診断

遺伝子スプライシング gene splicing ── RNAプロセシング

遺伝子刷込み gene imprinting

　父親と母親のどちらの親由来かにより, 単一遺伝子が異なった発現を示すこと. 例としては, 優性の突然変異対立遺伝子による神経筋の遺伝病であるハンチントン病の症状があげられる. これは男親から変異対立遺伝子が遺伝した場合には青年期に発症するが, 変異対立遺伝子が女親に由来する場合には中年期まで発症しない. 少なくとも遺伝子刷込みのうちのいくつかの例は, 片方の親のDNAのシトシン残基のメチル化と関連していると考えられている.

遺伝子操作 gene manipulation ── バイオテクノロジー, 遺伝子工学

遺伝子増幅 gene amplification

　単一細胞周期のうちに起こる, DNA分子のある特定の配列の多量のコピーを作り出すような, *ゲノムの一部の多重複製. 例としては, 両生類や他の動物の卵母細胞においては, 多数のリボソームが必要とされており, リボソームRNAをコードする遺伝子の多量増幅が生ずる. また, 腫瘍形成 (→ がん遺伝子) を起こすウイルスの遺伝子は腫瘍細胞にて増幅される.

遺伝子多型

1. genetic polymorphism ── 多形性
2. genetic variation ── 多様性

遺伝子治療 gene therapy

　遺伝子工学技術の応用として, 機能しない遺伝子を変えるか, もしくは置き換えること. 機能しない遺伝子はDNA分子が正しくない塩基配列をもつ場合か, ある特定のポリペプチドをコードする遺伝子の発現に欠陥がある場合にみられる. 現在研究されている技術は, 正常な遺伝子を細胞内の遺伝物質に移してやり, 異常な遺伝子と取り換えてやろうとするやり方と, ある組織の異常な遺伝子を*アンチセンスRNAを用いてノックアウトしようとするやり方である. *レトロウイルスは, 自然状態におけるライフサイクルで, ウイルス自身の遺伝物質を宿主の染色体へ挿入するというステップを含むため, 遺伝子を細胞に運ぶための*ベクターとしてしばしば用いられる. *リポソームが用いられることもある. 遺伝子治療は嚢胞性線維症などの遺伝病を治療し, 予防する試みとして発達している.

遺伝子追跡法 gene tracking

　ある特定の遺伝子が家族に遺伝しているかを決定する方法. 嚢胞性線維症やハンチントン舞踏病などの遺伝病の検査に用いられる. 調べたい座位の内部か近傍に位置する*制限断片長多型 (RFLP) が*遺伝子プローブによって同定され, 適切なマーカーRFLPが選ばれる. これを家族の構成員について調べ, 病気を起こす座位が存在しているかどうか判定する. 将来へのリスクがある妊娠をしたかどうか, 出生前に調べることもできる.

遺伝子配列決定 gene sequencing ── DNAシークエンシング, 物理的地図

遺伝子発現 gene expression

　ある遺伝子によってコードされている特定のタンパク質やポリペプチド, もしくはあるタイプのRNAの合成により, その遺伝子の効果が現れること. 個々の遺伝子は, ある細胞の特定の時期における必要性や環境に応じて「スイッチがオンになる」(効果を生じる)

かもしくは「スイッチがオフになる」。多くのメカニズムが遺伝子発現の制御にかかわると考えられているが、有名な*ジャコブ・モノーの仮説は原核生物において働く機構を提唱しているものである (→ オペロン)．遺伝子発現の制御は真核生物ではさらに複雑であり、真核生物は原核生物にみられない様々な制御機構をもつことが知られている。例えば、真核生物のDNAにおける特定の遺伝子のシトシン残基のメチル化は、その遺伝子が発現していない細胞で観察される。もしDNAのメチル化が阻害薬により妨げられると、ある種の遺伝子の発現が引き起こされうる。多細胞生物では、適切な遺伝子が適切な順番で適切な時期に発現することは、胚発生や細胞分化において特に不可欠である。この適切な遺伝子発現には、微妙な、そして複雑な化学シグナルの胚の遺伝子との相互作用、すなわちそのパターンは異なったタイプの組織によって変わるようなものが含まれる (→ 分化)．遺伝子発現の異常は細胞の死や、*癌のような細胞の異常な成長を引き起こすおそれがある．→ トランスクリプトミクス

遺伝子頻度 gene frequency ⟶ 対立遺伝子頻度

遺伝子ファミリー gene family (multigene family)

同一の祖先遺伝子から重複によって生じた遺伝子のグループのこと。こうした遺伝子は塩基配列に相同性があり、この相同性により、これらの遺伝子が共通の祖先をもつことが示される。そして、もしそれらがごく最近進化したものであれば、同じ染色体上のごく近い位置に一緒になってみられる。しかし、遺伝子ファミリーのより遠縁なメンバーは異なった染色体上に広く散らばってみられ、これはゲノムの進化において染色体の組換えが起こったことを表している。同じ遺伝子ファミリーのメンバーは機能的に非常に似ていることもあれば、その機能が大きく異なることもある。例えば、ヒストン遺伝子のファミリーはすべて非常に似たタンパク質を作るが、一方でセリンプロテアーゼのファミリーはタンパク質分解酵素であるトリプシンだけでなく、グロビンに結合するがタンパク質分解活性はないハプトグロビンというタンパク質も含んでいる．

遺伝子プール gene pool

ある生物種の集団に存在するすべての*遺伝子とその異なった対立遺伝子のこと．→ 集団遺伝学

遺伝子 (DNA) プローブ gene probe (DNA probe)

遺伝子工学において、ある遺伝子や何らかのDNA配列を探し出すために用いられる一本鎖のDNAもしくはRNAの断片のこと。プローブは標的の配列と相補的な塩基配列をもっており、そのために*塩基対合によって標的配列に結合する。プローブを放射性同位元素によって標識することでこの塩基対合はそののちに分離と精製をすることによって同定することができる。プローブには様々な長さがあり、長いものでは100塩基のものも研究室で作ることができる。プローブはDNA断片を検出する*サザンブロット法にも使われ、*制限酵素マッピングとともに用いることで遺伝子の異常を診断したり、ある塩基配列をマッピングしたりすることができる．

遺伝子変異 gene mutation ⟶ 点突然変異

遺伝子マーカー genetic marker ⟶ マーカー遺伝子，分子マーカー

遺伝子マッピング genetic mapping ⟶ 染色体地図，連鎖地図，物理的地図，制限地図

遺伝子ライブラリー gene library ⟶ DNAライブラリー

遺伝子流動 gene flow

同じ種の集団間における、もしくは同一集団内の個体間における遺伝物質の交換．遺伝子流動は集団の遺伝的組成の多様性を高める．

遺伝的浮動 genetic drift (Sewall Wright effect)

配偶子におけるサンプリング誤差によって生じる、連続的な世代にわたる集団内の対立遺伝子頻度のランダムな変化．それぞれの新しい世代が親世代と異なる対立遺伝子頻度と

なる理由は，単純に配偶子の分配がランダムであることによるものである．世代がたつにつれ，遺伝的浮動によって固定される対立遺伝子と同時に失われる対立遺伝子が出てくる．この過程は小さな集団であったり，ある遺伝子がその対立遺伝子に比べて明らかな利益をもたらさないときにより早く起こる．よって，遺伝的浮動は他のこれに対立するような要素がない限り，遺伝的多様性を失わせるように働く．

遺伝毒性 genotoxicity

毒性をもった物質（遺伝毒性物質）が遺伝子のDNA分子と相互作用することにより生じる状態．遺伝子は次世代に伝えられるため，遺伝毒性物質により生じた毒性は遺伝する．遺伝毒性物質は染色体（染色体変異），もしくは少数の塩基対（突然変異）に変異を誘導する．遺伝毒性物質としてはX線や天然の*発がん物質，アクリジンや塩化ビニルなどの人工物，さらにはウイルスなどがある．

遺伝率 heritability

ある量的表現形質の測定値の分散が，遺伝要因によって生じる程度の尺度．遺伝率は0から1までの値で与えられ，集団の平均値と比較して子孫が親にどの程度似るのかということをよく示す．遺伝率を見積もることで人工的な選択に対する母集団の応答を予測できるため，応用遺伝学，特に農学や園芸学において遺伝率は重要である．遺伝率の値が高くなると応答も大きくなるが，人工的な選抜により幾世代かを経るとホモ接合体が増加するため遺伝率は減少する．この用語は二つの意味で使われる．狭義の遺伝率は，表現型分散のうちで，着目している形質を支配する*ポリジーンによる相加遺伝分散のみが占める率で，すなわち狭義の遺伝率は，子孫に伝達でき，したがって選抜可能な率を示す．広義の遺伝率は相加遺伝分散に加えて，遺伝子に支配されるが伝達できない優性や*エピスタシスによる分散も含む．広義の遺伝率は，例えば心理学において遺伝的影響あるいは環境の影響を定量化するために用いられる．

移動 migration

転位ともいう．より適した環境に動物集団全体が季節的に移動すること．通常は食物供給の低下の原因となる温度の低下に対する反応であるが，しばしば日長の変化も引き金となる（→ 光周性）．移動は哺乳類（例えばネズミイルカ），魚類（例えばウナギやサケ），ある種の昆虫で一般的であるが，鳥類において最も著しい．例えば，キョクアジサシは年間で北極圏の繁殖地から1万7600km離れている南極へ移動する．移動する動物は高度な定位の能力をもっており，鳥は参照点として太陽や北極星，および（曇りの日には）地球の磁力線を用いたコンパスの感覚を備えているようである（→ 航路決定）．

移動運動 locomotion

ある生物がその環境のなかである特定の方向へと移動する能力のことを示し，（例えば地面などの）生物を支持する構造に対して働く推進力が必要となる．たいていの動物や多くの単細胞生物は移動運動する力をもつ．ある種の原生生物には収縮性繊維があり，これが原形質膜上で力を発生し，これが*原形質流動と組み合わさり，移動運動が引き起こされると考えられている（→ アメーバ運動）．その他多くの原生生物や細菌で，その推進力は*波動毛や*鞭毛の動きによって供給される．動物では移動運動を開始するのに必要な力は*随意筋によって作り出され，*骨格によって構成される支持構成組織に対して働く．→ ひれ，飛行

イヌリン inulin

フルクトース分子から作られる多糖で，ダリアなど多くの植物の根や塊茎に貯蔵栄養物として蓄積される．

胃の gastric

胃の，胃に関係することがらを示す形容詞である．

イノシトール inositol

細胞のある種のホスホグリセリドの構成成分である環状アルコール $C_6H_{12}O_6$．最も重要な異性体はミオイノシトール（化学式参照）である．これはビタミンB群の一員として分類されることがあるが，多くの動物によっ

て合成され，ヒトでは必須の栄養素と見なされていない．ホスファチジルイノシトールは原形質膜の構成成分であり，細胞内の*二次メッセンジャーであるイノシトール-1,4,5-三リン酸（IP$_3$）やジアシルグリセロール（DAG）の前駆体である．これらは，セロトニンなどの物質の細胞表面の受容体への結合に応答して，*ホスホリパーゼCを介して生成される．それらは平滑筋の収縮や，アドレナリンやヒスタミンの分泌といった細胞の事象を仲介する．

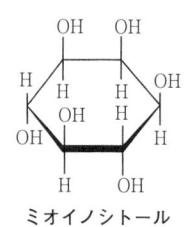

ミオイノシトール

EBウイルス EB (Epstein-Barr) virus —→ ヘルペスウイルス

慰撫 appeasement
　同種の別の動物からの攻撃を阻止するための行為のことで，しばしばある特定の姿勢をとったり，自身の弱みを強調するような*誇示行動を行うことで示される．相手を脅す構造物（例えば，枝角）や斑点は覆われ，目をそらし，攻撃を受けやすい体の部分を露出する．慰撫は，*求愛行為やあいさつを交わすときに見受けられ，しばしば戦いのあとに敗者が示す行為でもある．

疣足 parapodium (pl. parapodia) —→ 剛毛，多毛類

イリジウム異常 iridium anomaly
　ある地質学的な層の境界に比較的希少な金属であるイリジウムが非常に高濃度で存在すること．そのような地層が二つみつかっており，一つは6500万年前の白亜紀の終りのもので，もう一つは3400万年前の始新世の終りのものである．これらを説明する仮説の一つは，どちらの場合もイリジウムを含む巨大な隕石が地球に衝突し，できたちりの雲が沈降し，イリジウムの豊富な層が形成されたと説明する．衝突が環境に与えた影響，特に*温室効果により地球全体の温暖化を引き起こしたことは，白亜紀の終りに恐竜を絶滅させ，始新世の終りには多くの放散虫を絶滅させた．→ アルヴァレズイベント

陰イオン anion
　マイナスに荷電した*イオンのことで，例えば塩素イオン（Cl$^-$）など．→ 陽イオン

インヴィヴォ in vivo
　自然な環境，すなわち生きている生物のなかで起こることと同じ現象が観察される生物学的過程を示す．→ インヴィトロ

インヴィトロ in vitro
　生体の外，つまり実験器具のなか（文字どおりには「ガラスのなか」すなわち試験管のなか）で行われる生物学的過程を示す．体外受精では，正常に妊娠できない女性の卵巣から成熟した卵細胞が取り出され，体外で受精される．結果として生じた胚盤胞はその女性の子宮に移植される．→ インヴィヴォ

陰核 clitoris
　哺乳類と一部の爬虫類，鳥類の雌にみられる勃起性の桿状組織をいい，雄の陰茎に相当する．陰核は*尿道（と*膣）の前方に位置する．

飲作用 pinocytosis
　生きている細胞が小さな液滴を飲み込む過程のこと．これには*食作用に似た機構がかかわっている．→ エンドサイトーシス

陰唇 labium (pl. labia)
　*陰門の一部をなす2対の肉質のひだ．外側の大形の1対は大陰唇で恥毛で覆われ，脂肪組織を含む．小形の対は小陰唇で，脂肪組織と毛を欠く．どちらの陰唇にも脂腺が存在する．

隠腎管系 cryptonephridial system
　ある種のカブトムシや鱗翅目の昆虫の，幼生にみられる排泄系の構造で，マルピーギ管の末梢盲端が腎周囲組織膜により直腸の壁に接続されている．腎管の中はイオン濃度が高く，浸透圧により腸内の水分を取り込んでいる．これは乾燥した食事をとっているゴミムシダマシ（*Tenebrio* 属）などの種にとっては効率のよい水分維持の機構となっている．

インスリン insulin

膵臓の*ランゲルハンス島のβ (B) 細胞により分泌されるタンパク質ホルモンである．体細胞，特に肝臓や筋のものによるグルコースの取込みを促し，その結果グルコースの血中濃度を制御する．インスリンはアミノ酸配列が完全に決定された最初のタンパク質である (1955年)．インスリンが生産不足になると，血中にグルコースが大量に蓄積し (高血糖)，その後の尿中への排出が異常に高濃度になる (糖尿)．この状態は，糖尿病として知られるが，インスリンの注射によって治療できる．

インスリン様成長因子 insulin-like growth factor (IGF)

ホルモンであるインスリンに構造的に類似し，細胞の分裂と増殖を促進するポリペプチド (→ 増殖因子)．IGF-I (ソマトメジンC) と IGF-II (ソマトメジンA) の二つの主要な型がある．成長ホルモンは肝臓を刺激して IGF-I を放出させる．IGF-I はいくつかの特異的な IGF 結合タンパク質に結合して血流を循環する．腎臓，筋，骨，胃腸管を含む様々な組織でも局所的に IGF-I が産生される．

陰生 cryptozoic

滅多に外気に触れることなく，主に地中，落ち葉や堆積物のなかにすんでいる動物を示す．大部分はミミズ，ワラジムシ，ムカデ類，多種の昆虫の幼生などの無脊椎動物であるが，ある種のトカゲ，ヘビ，げっ歯類などのような巣穴にすむ脊椎動物も含めてよいであろう．

インターフェロン interferon (IFN)

抗ウイルスタンパク質を産生する遺伝子の発現を誘導することにより，ウイルスによる攻撃に対する細胞の抵抗性を増加させるタンパク質の総称 (→ サイトカイン)．ヒトでは，3グループのインターフェロンがみつかっている．白血球からのα-インターフェロン，結合組織の繊維芽細胞からのβ-インターフェロン，リンパ球からのγ-インターフェロン (→ インターロイキン)．インターフェロンはリンパ球の*キラー細胞によっても産生され，がん細胞のような変化した組織細胞を攻撃する．インターフェロンは他の正常なリンパ球をキラー細胞へ変え，免疫系の他の変化にも影響する．遺伝子組換え細菌を用いて産生されたインターフェロンはいくつかのタイプの肝炎や癌，多発性硬化症の治療に用いられる．

インターロイキン interleukin

白血球間の仲介者として特に機能するいくつかの*サイトカイン．インターロイキン-1 (IL-1) は抗原に活性化されたマクロファージによって分泌され，活性型ヘルパー*T細胞によるインターロイキン-2 (IL-2) の分泌を誘導する．IL-2 は B 細胞増殖因子や B 細胞分化因子，*コロニー刺激因子，γ-*インターフェロンを含む他のサイトカインの産生を刺激する．インターロイキン-3 は肥満細胞の増殖の調節に関係し，インターロイキン-4 は B 細胞の増殖と抗体産生を誘導する．現在 20 種類以上のインターロイキンの存在が知られ，いくつかは組換え DNA 技術を用いて治療薬として使用するために製造されている．

インテグリン integrin ── 細胞接着分子

咽頭 pharynx

1. 脊椎動物の口と*食道や*気管との間にある空間で，食物や呼吸のための気体が通過する．咽頭に食物がある場合は，飲み込みが促進される (→ 嚥下運動)．魚や水生両生類の咽頭は*鰓裂による穴が開いている．

2. 無脊椎動物における，脊椎動物の咽頭に対応する領域．

インドール酢酸 indoleacetic acid (IAA) ── オーキシン

イントロン intron (intervening sequence)

遺伝子内の塩基配列で，遺伝子産物をコードしない部分 (→ エキソン)．イントロンは主に真核生物に存在し，メッセンジャー*RNA として転写されるが，その後翻訳される前に転写産物から除かれる (→ RNA プロセシング)．ある場合では，イントロンの除去が自己触媒過程 (自己スプライシング) であり，そのために RNA 自身が酵素としての性質をもつ (→ リボザイム)．自己ス

プライシングは葉緑体やミトコンドリア，ある種のウイルスだけでなく，*Tetrahymena* のようないくつかの単細胞生物の一次転写産物でも起こる．しかし，核で産生される一次転写産物のスプライシングは一般に，タンパク質とRNAの複合体であるスプライセオソームの関与を必要とする．イントロンの機能はまだ活発な議論の対象である．それらは宿主に利益のない単なる*利己的DNA配列であり，ゲノム内の異なる位置の間を移動できるものにすぎないのかもしれない（→ トランスポゾン）．一方で，イントロンはエキソンの「スペーサー」として働き，エキソンシャッフリング（エキソンの組換えや再構成）を円滑にする可能性もある．これにより機能をもつ残基を新たに置き換えたタンパク質の速い進化が可能となる．イントロンは一部の古細菌やシアノバクテリア，いくつかのウイルスにも存在する．

陰嚢 scrotum

多くの哺乳類においてみられる，*睾丸を含み，保護する皮膚の袋と組織．体腔の外に位置し，体温より若干低い温度が最適温度である精子を成熟させる．

インパルス（神経インパルス） impulse (nerve impulse)

*神経繊維に沿って移動するシグナルであり，また情報が神経系を介して伝達される手段である．インパルスは細胞膜の透過性の変化による，*軸索の膜を通過するイオンの流れによって特徴づけられる．膜の透過性が変化するときに生じる電位差の減少が*活動電位として検出される．生じるインパルスの強度はどの神経繊維でも一定である（→ 全か無かの反応）．

インフラディアンリズム infradian rhythm

長さが1日より短い周期の*生物のリズム．多くの細胞の働きは24時間より短い周期性をもつが，これら細胞機能のインフラディアンリズムが環境の合図にしたがうかどうかは証明が難しい．→ 生物時計

隠蔽色 cryptic coloration

動物個体の存在を，自然環境のなかで擬装させてしまう効果をもつ体色．それによって，その動物を背景と同化させることや，シマウマの縞模様やトラの模様のように体の輪郭をぼかすことができる．

陰門 vulva

雌の外性器のことで，女性では陰唇と呼ばれる2対の肉質のひだ状組織（→ 陰唇）と*陰核，腟口からなる．

ウ

VNTR ⟶ 反復配列多型

ウイルス virus

　ビールスと書くこともある．光学顕微鏡では小さすぎて見えない，あるいはフィルターでつかまえることができないほど小さい粒子であるが，生きた細胞内で独立した代謝と複製が可能である．宿主細胞外では，ウイルスは完全に不活性である．成熟ウイルス（ウイルス粒子）は直径 20～400 nm の大きさである．ウイルスは芯となる核酸（DNA または RNA）とその周りのタンパク質のコート（→ キャプシド）からなる．タンパク質と脂質でできた外膜をもつウイルス（エンベロープウイルス）もいる．宿主細胞内ではウイルスはウイルスタンパク質の合成を開始し，複製を行う．新しいウイルス粒子は宿主細胞が崩壊するときに放出される．ウイルスは動物，植物，ある種の細菌の寄生者（→ バクテリオファージ）である．動物のウイルス病には一般的な風邪，インフルエンザ，AIDS，疱疹，肝炎，小児麻痺，狂犬病がある（→ アデノウイルス，アルボウイルス，ヘルペスウイルス，HIV，ミクソウイルス，パポバウイルス，ピコルナウイルス，ポックスウイルス）．また，癌の発病に関与するものもある（→ レトロウイルス）．植物のウイルス病には葉や茎のモザイク形成，黄化などの様々な形態がある（→ タバコモザイクウイルス）．*抗ウイルス薬は特定のウイルス病に対して効果的で，*ワクチンがもし可能であればウイルス病を予防できる．→ インターフェロン

ウイルス学 virology

　*ウイルスの科学的研究．→ 微生物学

ウイルス粒子 virion ⟶ ウイルス

ウイロイド viroid

　小さな，裸の一本鎖 RNA 分子で，植物細胞に感染し，病気を引き起こす．ウイルスより小さく，いかなる種類のタンパク質にも包まれていない．ウイロイドは一般に 400 個以下のヌクレオチドから成り，遺伝子をもたない．環状 RNA 鎖を形成し，また自分自身内で多数の塩基対を作り，DNA を真似た二本鎖構造を形成する．そして宿主細胞の酵素により複製されると思われる．この行動はある種の*イントロンの行動に似ており，ウイロイドはイントロンが逃げたものであるという考えを導いた．ウイロイドは農業上重大な多くの病原体，ココヤシカダンカダン病，カンキツエクソコーティス病，ジャガイモやせいも病の病原体を含む．

ヴェサリウス，アンドレアス Vesalius, Andreas (1514-64)

　ベルギーの内科医であり解剖学者．ハプスブルク宮廷の内科医になるまでは 6 年間パドヴァ大学で教授をしていた．1538～43 年の間に，実際の解剖に基づいて，人体についての最も信頼できる記載と解剖図を作った．

ウェスタンブロット法 Western blotting (protein blotting)

　組織試料や細胞中の微量な特定のタンパク質を検出する*免疫検定法である．試料を SDS ポリアクリルアミドゲル上で電気泳動し，試料中のタンパク質を分離する．そのタンパク質のバンドをポリマーのシート上に「ブロット」（転写）する．標的タンパク質に特異的な抗体を放射性同位元素で標識したものを添加すると，これが標的タンパク質に結合し，オートラジオグラフィーにより検出できる．この技術を改変したものは cDNA クローンを含む細菌のコロニーの選別に用いられ，これにより特定のタンパク質を発現しているコロニーを分離できる．ウェスタンブロット法の名前は*サザンブロット法の名称にならって名づけられた．

ウォレス，アルフレッド・ラッセル Wallace, Alfred Russel (1823-1913)

　イギリスの博物学者．1848 年にアマゾン探検にいき，1854 年にマレー諸島を旅した．そこでアジアとオーストラリアの動物の違いに気づき，それらを分ける*ウォレス線を提案した．これをもとにして，チャールズ・

*ダーウィンの考えと一致する*自然選択を通した生物の*進化に関する学説を発展させた．1858年にウォレスとダーウィンの説は合同でリンネ協会に提出された．

ウォレス線 Wallace's line

インドネシア諸島のバリ島とロンボク島の間に走る想像上の線であり，オーストラリアと東洋の動物相の分離を表す．東南アジアの哺乳類はオーストラリアの同様な環境に生息する動物とは種類が異なり，またより進化していることに気づいたA. R. *ウォレスによって提唱された．これは，アジアでより環境に適応した有胎盤哺乳類が進化する前に，オーストラリア大陸がアジアから分かれたためであることを彼は示唆した．したがって孤立したオーストラリアの有袋類と単孔類の動物は繁栄できた．一方アジアではそれらの動物は有胎盤哺乳類との競争で絶滅に追い込まれた．→ 動物地理学

ヴォローニン体 Woronin body

二重膜で包まれている丸い粒状の物体であり，子嚢菌類の糸状菌の菌糸内部にみられる．菌糸のそれぞれの隔壁孔の近くに一つ以上のヴォローニン体が存在する．菌糸が傷害を受けると，ヴォローニン体は細胞質の流れによって集められ，隔壁孔を塞いで周囲の細胞の被害を小さくする．これはロシアの微生物学者M.ヴォローニンにちなんで名づけられた．

羽化ホルモン eclosion hormone

昆虫の神経系，特に脳の細胞から分泌されるペプチドホルモンで，蛹からの成虫の出現，つまり羽化を導くまでの一連の流れを誘発する．これは他のホルモンとともに（例えば，*エクジソン），幼虫のときのクチクラ層の脱皮（→ 脱皮）にも関与する．

浮袋 swim bladder (air bladder；gas bladder)

硬骨魚類の，消化管の上部に位置する空気の入った嚢で，魚の浮力を制御する．浮袋の空気の出入りは食道や胃から通じている肺管を通してか，もしくは毛細血管を通じて行われており，そのため魚の比重は，その魚が泳ぐ深さの海水の比重と常に一致している．これによって魚の重量が見かけ上なくなり，結果として移動に必要なエネルギーを少なくしている．肺魚においては，この器官が呼吸機能ももつ．四足類の肺は浮袋と相同な器官であるが，浮袋のほうは進化によって静水力学的機能を発達させた．

羽枝 barb

（動物学）羽毛において，羽軸の両側に列を形成する固い繊維のおのおのをいう（図参照）．羽枝は全体として羽毛の伸張部（羽板）を形成する．→ 小羽枝

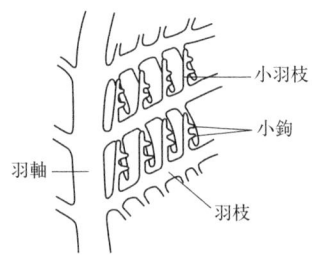

おおばねの羽枝のからみあい

氏と育ち nature and nurture

生物の発達における，遺伝的な要因（nature）と環境要因（nurture）を併せた効果のこと．生物の遺伝的な潜在可能性は，適切な環境状態下でのみ発現することができる．→ 表現型

うしろの posterior ── 後側（こうそく）の

渦鞭毛虫（渦鞭毛藻類） Dinomastigota (Dinoflagellata)

原生生物界における一門であり，単細胞生物が大多数を占める．海洋プランクトンの多数を占め，クロロフィルに加えて茶褐色のキサントフィル色素を有する*光合成独立栄養生物である．渦鞭毛藻類の形態としては，移動のために二つの鞭毛をもち，多くはケイ酸で覆われた堅固なセルロースの細胞壁をもつ．ヤコウチュウ（*Noctiluca miliaris*）のように生物発光を示す種も存在する．

右旋性 dextrorotatory

ある化学物質が，直線偏光の偏光面を右（進行してくる光に向かいあったときに時計回り）に回転させる場合を，右旋性という．

→ 光学活性
海蜘蛛類 Pycnogonida ── 鋏角類
羽毛 feathers
　表皮から伸びて形成され，タンパク質*ケラチンからなる鳥類の体を覆うもの．羽毛は熱を遮蔽し，体を流線型にし，翼と尾に存在する羽毛は飛行に重要である．基本的に羽は「羽柄」からなり，それは皮膚のなかの羽包に結合しており，また*羽枝を支える羽毛の羽軸につながっている．この基本構造は羽毛の型により変わる（→ おおばね，綿羽，毛状羽）．

ウラシル uracil
　*ピリミジン誘導体の一つで，*ヌクレオチドと核酸の*RNA の主たる構成塩基の一つである．

ウラン・鉛年代測定法 uranium-lead dating
　*年代測定法の一群で，ある岩石に含まれる放射性同位元素のウラン-238 が鉛-206 に崩壊する（半減期は 4.5×10^9 年）またはウラン-235 が鉛-207 に崩壊する（半減期は 7.1×10^8 年）ことを利用している．ウラン・鉛年代測定法の一つの方法は，岩石に含まれるウランの量に対するヘリウムの量の比を調べることである（なぜなら $^{238}U \to {}^{206}Pb$ の崩壊において八つの α 粒子（＝ヘリウムの原子核）を放出するため）．もう一つの方法は，非放射物質由来の鉛（^{204}Pb）に対する放射性物質由来の鉛（^{206}Pb, ^{207}Pb, ^{208}Pb）の存在比を調べることである．これらの方法は $10^7 \sim 10^9$ 年のオーダーで，信頼のある結果が得られる．

ウリ状果 pepo ── 漿果
ウリジン uridine
　ウラシル分子が D-リボース糖分子と結合して形成されたヌクレオシド．ウリジンの誘導体のウリジン二リン酸（UDP）は炭水化物の代謝に重要である．

雨林 rainforest
　主たる植物が樹木であり，年間雨量が 200 cm を越すほど多い*バイオームのこと．熱帯雨林はアマゾン盆地，中央西アフリカ，東南アジアなど赤道地域に限られ，広葉常緑樹が主で生物多様性（→ 生物多様性）に富んでいる．樹冠は典型的には 3 層の林冠からなり，いろいろな高さの樹木が育ち，日光の大部分が地表に届かないようになっている．このため草木類や灌木は限られているが，植物着生生物，匍匐植物やつる植物は多い．平均気温は 27℃ ほどであり，高い湿度とあいまって落葉の分解が速く，これが多雨のため土から洗い去られた養分を補っている．もし林冠がなくなると，土は雨に洗われ崩壊してしまう．雨林の土はラトゾルと呼ばれ酸性で，表土の鉄分が酸化され酸化鉄 Fe_2O_3 となっているため赤色である．雨林は未知の植物が多く医薬品やバイオテクノロジーの宝庫と考えられている．地球上，特に南米や東南アジアの雨林の破壊が続くことは，これらの生物種の損失に加え*温室効果も促進する（→ 森林伐採）．

ウルトラディアンリズム ultradian rhythm
　周期が 1 日より長い生物リズム．例えば，冬眠中の動物では，一時的な覚醒と同調して，しばしば周期的に短時間の体温上昇が起きる．また，多くの動物において繁殖行動は 29.5 日の月の周期に基づく*月周性リズムにしたがっている．→ 概日リズム，インフラディアンリズム，生物リズム

ウルトラミクロトーム ultramicrotome ── ミクロトーム

鱗 scales
　小さな骨質あるいは角質の板で，魚類や爬虫類の体の覆いを形作っているもの．ある種の昆虫の翅，特に鱗翅目（チョウやガ）の翅はキチン質の毛が変形した微細な鱗で覆われている．
　魚類では 3 種類の鱗がある．楯鱗（皮歯）は軟骨魚に特徴的で，小さく歯状で，出っ張った突起があり，平らな根元は皮膚に埋め込まれている．楯鱗は*象牙質からできており，髄腔があり，楯鱗の先の突起はエナメル層で覆われている．歯はおそらく楯鱗が変形したものであろう．コズミン鱗はハイギョやシーラカンスに特徴的で，変形エナメル（ガノイン）で覆われた（歯の象牙質に近い）硬いコズミンという外層をもち，内層は骨質で

ある．この鱗は内層のみが付加されていくことにより成長する．現在のハイギョではこの鱗は大きな骨状板に退化している．硬鱗はチョウザメのようなエイに似たヒレをもつ原始的な魚に特徴的である．これはコズミン鱗に似ているが，もっと厚い硬鱗質の層をもち，全体的に新しい素材が付加することで成長する．現在の硬骨魚の鱗は薄い骨状板に退化している．

爬虫類では2種類の鱗がある．角質鱗甲（corneoscutes）は，しばしば下にある骨状鱗甲（osteoscutes）と融合している．

運動 exercise

筋肉の活動を高め，代謝速度，心拍数，酸素取込み量を上げる．運動はまた，*酸素負債を補うため*嫌気呼吸の増加を引き起こし，そのため組織に乳酸がたまる．

運動細胞 motor cell

光の強さに反応して小葉を開閉すること（→ 就眠運動）あるいは食虫植物が葉を急速に閉じることといった，植物の体の一部が動くことを可能にする，関節のちょうつがいのように働く類の植物細胞．運動細胞はその膨張度，すなわち細胞の形を変えるために内部のカリウムイオン（K$^+$）の濃度を調節する．細胞は細胞膜上のカリウムイオンチャネルを通じてK$^+$を蓄積することができ，これによって細胞が膨張するように細胞のなかへの水の浸透吸収を促進する．逆に細胞外にK$^+$を排出することもでき，これによって水が排出され細胞は縮む．運動細胞の膨張度の変化によって生じる運動は比較的ゆるやかであり，数分あるいは数時間かかる．しかし，ハエトリソウのような食虫植物の場合には，餌となる虫をつかまえるために非常に急速に葉が閉じることが必要である．この場合，葉の主脈に沿って存在する運動細胞が自由にK$^+$を通すことができるようになり，K$^+$が急激に細胞外に流出し，このため水もK$^+$に続いて流出し，ほとんど一瞬で細胞がつぶれることによって，迅速に葉が閉じる．

運動ニューロン motor neuron

神経インパルスを中枢神経系から（筋や腺のような）効果器官へ伝える*ニューロンで，それによって生理的な反応（例：筋収縮）を開始させる．

運動毛 kinocilium (pl. kinocilia)

*有毛細胞のなかに1本存在する繊毛で，他の比較的短い*不動毛に比べ突出している毛．その軸を輪切りにすると，微小管が運動性繊毛に固有の9+2構造をとっている（→ 波動毛）．運動毛は哺乳類の耳のなかの一部の有毛細胞には欠損しているので，聴覚には必須でないらしい．

運搬 RNA transfer RNA ⟶ RNA

運搬共生 phoresy

ある動物が新しい場所に移動するための方法の一種で，別種の動物にくっついて分散するもの．運搬者となる動物にはほとんど，あるいはまったく害を与えない．この方法は新しい食物資源を探す様々な動物や，新しい宿主を探す寄生者によって採用されている．例えば鳥につくある種のシラミは宿主が死ぬと，吸血性のハエに付着して新しい鳥類の宿主を見つけたり，また別種の昆虫の卵内部に卵を産むある種の捕食寄生性昆虫は成虫宿主に付着し，宿主の成虫が卵を産む際に確実にすぐさま卵に接近できるようにしている．卵も同様な方法で運搬されることがある．新熱帯区に生息するヒトヒフバエ（*Dermatobia hominis*）は吸血性のカのような適切な運搬者をつかまえ，それに30もしくはそれ以上の卵を付着させる．運搬者の昆虫が，ヒトヒフバエの宿主であるヒトやウシにたどりつくと，ヒトヒフバエの卵はすぐさまふ化し，幼虫が運搬者から離れ，生育する場である宿主の毛嚢に侵入する．

運命決定 determined

すべての種類の組織に分化する能力を失い，ある特定の組織にのみ発達することができるように運命づけられた段階の胚組織を示す用語である．

エ

柄 stipe
1. キノコのようなある種の菌類の子実体の下半部の軸のことであり、これは上半部の傘の形をしたキャップの部分を支える．
2. ある種の褐藻類とりわけコンブの固着部分と葉身部分の間の軸の部分．

穎果 caryopsis
乾燥した単一の種子を含む，閉果であり，果皮は種子の種皮と融合している点が*痩果と異なる．穀物や他のイネ科植物の穀粒が穎果である．

永久歯 permanent teeth
哺乳類で*脱落歯が抜けたあとに生えてくる，2番目でかつ最終的な歯のこと．ヒトの成人は通常32本の永久歯をもっており，門歯，犬歯，大臼歯，小臼歯からなる（図参照）．これらは6歳から21歳までの間に生える．→ 歯式，二生歯性の

エイコサノイド eicosanoid
脂肪酸やその誘導体の一グループで，20の炭素原子と一つあるいは複数の二重結合を有する化合物．エイコサノイドは生物学的に重要である様々な分子を含み，とりわけ，*アラキドン酸やその誘導体，*プロスタグランジン，*ロイコトリエンなどがある．

エイズ（後天性免疫不全症候群） AIDS (acquired immune deficiency syndrome)
性細胞免疫の不全と感染症への感受性の増加により特徴づけられるヒトの病気．レトロウイルスの*HIV（ヒト免疫不全ウイルス）により引き起こされる．感染したHIVは，感染症に対抗するのに必須である*ヘルパーT細胞を破壊する．HIVは血液や精液，膣分泌液から伝染するが，最も主要な感染ルートは避妊具を用いずに膣や肛門による性交を行うことと，注射薬物の乱用，そしてウイルスが混入した血液や血液製剤の輸血によるものである．HIVに感染した人間はHIV陽性と呼ばれる．はじめて感染したあと，AIDSが発症するまでウイルスは一般的に10年間ほど潜伏する．ジドブジンやラミブジンなどの逆転写酵素阻害薬やプロテアーゼ阻害薬などの*抗ウイルス薬の組合せは，AIDSが末期症状に至るのを長期間遅らせることができる．

エイドリアン，エドガー・ダグラス，男爵 Adrian, Edgar Douglas, Baron (1889-1977)
イギリスの神経生理学者であり，1937年にケンブリッジ大学教授に就任し退官するまでその職にあった．彼は神経インパルスに関する研究が有名で，インパルスの頻度の変化によって情報が伝えられることを示した．この仕事で彼は*シェリントンとともに1932年のノーベル生理医学賞を受賞した．

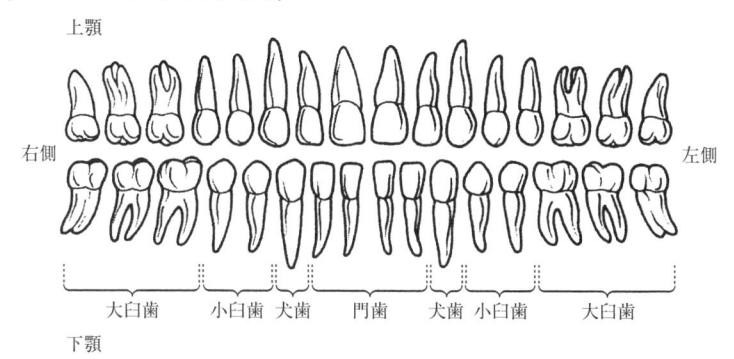

成人の永久歯

栄養（摂取） nutrition

生物がその成長，体の維持，修復のために食物からエネルギーを得る過程．栄養摂取には主に二つの種類があり，動物，菌類，ある種の細菌にみられる*従属栄養と，多くの植物と細菌の一部にみられる*独立栄養とがある．

栄養芽層 trophoblast

胚盤胞の外壁を形成する上皮細胞の層（→ 胞胚）．栄養芽層は子宮壁に胚盤胞を着床させ（→ 着床），*漿膜の形成に関与する．

栄養失調 malnutrition

健康を維持するために必要な*食餌のなかの*栄養素が一つ，もしくはそれ以上欠乏したために起こる状態．栄養失調は栄養素の摂取量の減少，栄養分を吸収しても活用できない，栄養分の吸収の増大の要求に対応できない，あるいは栄養分を失うことなどにより生じる．栄養失調の過程は3段階ある．まず，体のなかの炭水化物蓄積量が空になる．次に貯蔵脂肪が消費される（→ 脂肪酸酸化）．そして，最後にタンパク質がエネルギー源にするために消費される．死はタンパク質の量が正常値の半分に減ったあとに起こると考えられている．クワシオルコルはタンパク質，すなわち*必須アミノ酸が欠乏したときに発生する栄養失調の一種である．穀物を主食とする食餌では，穀物中のタンパク質であるグルテンに対する腸内皮の過敏性が生じて腸からの栄養物の吸収が減少し，栄養失調が生じることがある．→ 無機栄養素欠乏症

栄養素 nutrient

生物を養うために必要な物質のことで，エネルギーや構造成分の原材料を供給するもの．動物における栄養素は*食餌の一部分を形成しており，主な栄養素，すなわち，炭水化物，タンパク質（→ 必須アミノ酸），脂質（→ 必須脂肪酸）に加え，ビタミン群，ある種のミネラル類（→ 必須元素）などが含まれる．植物における栄養素は，大気中に含まれる二酸化炭素と，根によって土壌から吸収した水（ミネラルを含む）から由来しており，*多量養素と*微量養素に分けられる．

栄養段階 trophic level

*食物連鎖のなかである生物が占める位置．例えば，緑色植物（太陽光から直接エネルギーを得る）は一次*生産者であり，草食動物は一次*消費者（かつ二次生産者）である．草食動物のみを食べる肉食動物は二次消費者かつ三次生産者である．多くの動物はいくつかの異なる栄養段階で摂食する．

栄養繁殖 vegetative propagation (vegetative reproduction)

1. 植物における*無性生殖の一形態で，特殊化した多細胞構造（例えば*塊茎や*鱗茎）から新しい個体が生まれ，親の植物から独立する．例えば，*ほふく茎によりオランダイチゴが増殖したり，娘*球茎によりグラジオラスが増殖するなどの例がある．人工的な栄養繁殖の手法としては接木（→ 接木），*芽接ぎ，*挿木がある．

2. 動物における無性生殖の形態で，例えばヒドラの出芽などがある．

栄養不良 undernourishment ─→ 栄養失調

AVN ─→ 房室結節

エーヴリー，オズワルド・テオドール Avery, Oswald Theodore (1877-1955)

アベリーと表記されることもある．カナダ出身の細菌学者で，ニューヨークのロックフェラー医学研究所で研究を行った（1913-48）．ここで，彼と共同研究者のMaclyn McCartyとColin Macleodは，肺炎連鎖菌細胞の遺伝物質がDNAであることを明らかにした．この発見までは，遺伝物質はタンパク質であると考えられており，エーヴリーの研究は*ワトソンと*クリックによる遺伝子の化学的基礎の発見へと導く重要な一歩となった．

ANS ─→ 自律神経系

ANP ─→ 心房性ナトリウム利尿ペプチド

AMP ─→ ATP，環状AMP

AMPA受容体 AMPA receptors ─→ グルタミン酸受容体

Aluファミリー Alu family

単一の祖先遺伝子から由来する非常に近縁

なDNAの配列の一グループで（→ 遺伝子族），ヒトやその他の霊長類のゲノム中に散在しており何度も繰り返して出現する．完全長のAlu配列は約280 bpであり，その多くは制限酵素*Alu*Iで切断される（このためAluファミリーと命名されている）．ヒトの1倍体ゲノムには，だいたい500000コピーほどの完全長のAlu配列のコピーに加え，たくさんの部分長Alu配列が存在する．ゲノム中で最も存在量の多い配列であり，*短分散型核内反復配列として知られる中度*反復DNAのなかで大きな割合を占めている．Alu配列は遺伝子間や，遺伝子の非翻訳領域（*イントロン）にコードされており，おそらく何も機能をもたない．Alu配列は*レトロトランスポゾンであり，自己複製を行う．霊長類におけるAlu配列の構造や分布の多様性は，ゲノムの進化的な歴史を追うためや，物理的マッピングのための遺伝マーカーとして利用されている．→ マーカー遺伝子

エオシン eosin
酸性染料の一種で光学顕微鏡の観察で用いられ，細胞質をピンクに，セルロースを赤に染める．動物組織の切片や塗抹標本に色をつけるために*ヘマトキシリンとともに対比染色でよく使われる．

脇芽 axillary bud ── 葉腋

疫学 epidemiology
たくさんの人々がかかる病気を研究する学問．疫学は最初，インフルエンザや腸チフスのような，急速に人々に広まっていく感染症を対象にした．しかし今日では，糖尿病や心臓病，背中の痛みなど，感染症以外の病気も対象としている．たいてい，病気の分布をチャートにして，病気の伝播経路を発見したり，病気にかかりやすい人の集団を見つけたりする．病気の原因に対する新しい見解を得たり，病気を予防できるツールにもなりうる．

エキシン exine ── 花粉

液浸対物レンズ immersion objective
レンズの前面が顕微鏡のスライドガラス上の試料の上にかぶせられているカバーガラスの上に滴下した液体に浸されるタイプの光学顕微鏡の対物レンズ．セダー油（油浸レンズ用），または砂糖水がよく用いられる．これはカバーガラスのガラスと同じ屈折率をもつため，対象を効果的に浸すことができる．液体の存在は対物レンズの有効口径を増大させる効果があるので，解像度が高まる．

液性の humoral
血液やその他の体液に関係することを示す語である．たとえば，液性免疫は，血液，リンパや組織液のなかに存在する抗体による免疫を示す（→ 免疫）．

エキソヌクレアーゼ exonuclease
核酸分子の最末端からヌクレオチドを切り出す反応を触媒する酵素．→ エンドヌクレアーゼ

エキソペプチダーゼ exopeptidase
ポリペプチドの末端からアミノ酸を切り離すタンパク質分解酵素．小腸でタンパク質を分解する*カルボキシペプチダーゼがその例の一つ．→ エンドペプチダーゼ

エキソン exon
遺伝子産物のすべて，または一部をコードするヌクレオチドの配列で，したがって成熟したメッセンジャーRNA，リボソームRNAやトランスファーRNA中に発現する．真核生物では，エキソンは*イントロンと呼ばれる非コード配列で分断されている．

エキソンシャッフリング exon shuffling
── イントロン

液柱圧力計 manometer
通常，二つの液柱の高さの違いによって圧力の違いを測る装置．最も単純な形はU字管液柱圧力計で，これはU字の形に曲がったガラス管でできている．測定したい圧力をU字管の一端に加え，他端を大気に開放しておくならば，U字管の2本の枝の二つの液面の高さの差が，求めたい圧の測定値を与える．

液胞 vacuole
生きた*細胞の細胞質中にある，空気，水や他の液体，*細胞液あるいは食べかすにより満たされた空間．植物細胞では一つの大きな一重膜（液胞膜）の液胞をもち，動物細胞ではふつう，いくつもの小さな液胞をもつ．

→ 収縮胞

液胞膜 tonoplast (vacuole membrane)
植物細胞の*液胞の境界となる単位膜．

エクサ exa-
記号はE．10^{18} を示すメートル法の接頭語．10^{18} メートルは1エクサメートル（Em）．

エクジソン ecdysone
昆虫の胸部にある1対の前胸腺や甲殻類の*Y器官から分泌されるステロイドホルモンで，脱皮（→ 脱皮）や変態を誘導する．昆虫においてエクジソンの放出は*前胸腺刺激ホルモンによって刺激される．特定のいくつかの遺伝子座に働きかけて，これらの体の変化に関与するタンパク質の合成を刺激する．植物エクジソンを有する植物がいくつか存在し，これは構造的に昆虫のエクジソンに類似している．これらは植物組織を摂食する害虫の脱皮サイクルを妨害することによって，植物を防御することを助けているのかもしれない．

エクソサイトーシス exocytosis
細胞内部から細胞表面まで，細胞内の物質が小胞によって運搬される現象．小胞の膜は，小胞の壁や標的の膜にある様々なドッキングタンパク質が関与する過程によって，細胞膜と合体する．そして小胞の中身が細胞外に放出される．エクソサイトーシスは，排出物を出すためと分泌物を出すための両方に使われる．*杯細胞からの粘液の分泌がその例である．→ エンドサイトーシス

エクリン分泌 eccrine secretion ─→ 分泌

エクルズ，ジョン・カルー，卿 Eccles, Sir John Carew (1903-97)
オーストラリアの生理学者で，メルボルンとオックスフォード大学で学んだのち，イギリス，オーストラリア，ニュージーランド，そして最後にアメリカにおいて教壇に立った．オーストラリアでの滞在中，彼の最も有名なシナプス間における神経刺激の伝達に関する研究を行い，化学的神経伝達物質によって，シナプス間の神経刺激の伝達が開始あるいは阻害されることを明らかにした．彼は1963年にイギリスの生理学者で刺激の伝播のメカニズムとして*ナトリウムポンプを主張したホジキン（Sir Alan Hodgkin, 1914-98），ハクスリー（Sir Andrew Huxley, 1917-) とともにノーベル生理医学賞を受賞した．

siRNA short interfering RNA ─→ RNA干渉

SI単位 SI units
国際単位系．国際単位系は，現在すべての科学的目的に推奨されている．この単位系は，MKS単位系（メートル，キログラム，秒に基づくメートル法）が発展してできた一貫性のある有理単位系であり，現在では*c.g.s.単位系や*帝国単位にかわって使われている．国際単位系には七つの基本単位と二つの無次元単位（以前は補助単位と呼ばれた）があり，その他の単位は，すべてこれらの9種の単位から誘導される．特別な名称をもつ組立単位は18種ある．各単位は，取り決めにより付与された記号をもつ．この記号は，科学者の名にちなんだものならアルファベットの大文字1字からなるか，最初の1字が大文字となり，科学者の名に関係がないなら，記号はアルファベット1字か2字の小文字からなる．単位の10進の倍量および分量は，接頭語の組により示される．もし可能なら，10のべき乗の指数部が3の倍数である接頭語を使うべきである．→ 付録

SRYタンパク質 SRY protein ─→ 精巣決定因子

SV 40
*パポバウイルス群に属するDNAウイルスの一種で，細胞の*形質転換を誘発することから，癌の研究によく使用される．サルから単離されたことから，名前がつけられた．その名前はSimian Virus 40（サルのウイルス40）の略である．

snRNP ─→ リボ核タンパク質

SNP ─→ 一塩基多型

SOS反応 SOS response
紫外線や化学物質，あるいはその他の変異原による損傷に反応して細菌の細胞内で起きる一群の代謝メカニズム．これら損傷を引き起こす要因はDNAの複製を阻害し，結果として新しく合成されたDNA鎖に大きなギャ

ップを生じさせる．よって，SOS反応の主な機能は，生じたギャップを埋めて細胞内のDNAの完全性を保持することと，複製修復が終了するまで細胞分裂，すなわちさらなるDNA複製を中断させることである．*E. coli* においてはこの反応のかぎはRecAタンパク質である．これはSOS修復メカニズムの一つである*複製後修復に関与する．さらに，DNA損傷によるRecAの活性化は他のタンパク質であるLexAの切断を引き起こす．LexAはいくつかのDNA修復遺伝子のリプレッサーである．切断によりLexAが不活性化すると，これらの遺伝子が活性化され，その遺伝子産物がDNAのギャップの修復に役立つ．しかし，SOS修復反応のいくつかは誤りが入りやすく，塩基配列に変異を導入し，SOS反応の下で変異が生じる直接の原因となる．λプロファージが感染している大腸菌細胞では，RecAタンパク質の活性化により，プロファージ遺伝子の発現が誘導され，ファージの増殖が始まり，最後に宿主細胞は溶菌する．ゆえにこのファージはSOS反応を検出する手段を進化させ，傷ついた宿主から逃げ出せるようになったと考えられる．

scRNP ⟶ リボ核タンパク質

S字状成長曲線 sigmoid growth curve ⟶ 個体群成長

SCP ⟶ 単細胞タンパク質

STS sequence-tagged site
　特異的なDNAの短い配列で，一般的には400塩基対以下で，クローニングされたDNAの物理的地図におけるタグやマーカーとして利用される．STSはあるクローンを短い距離だけシークエンスして得られ，*PCRに用いるプライマーを設計する際の配列データとして使用される．プライマーを用いることで，PCRによってそのプライマー配列を含むクローンすべての配列が増幅される．特異的な配列をもつクローンは一般に重複している．異なるSTSを用いてこの操作を繰り返すことで，クローンは一連の互いに重なりのある分節（コンティグ）へと整列できる．⟶ 物理的地図

エステル ester
　*エステル化によって形成される有機化合物．エステルはカルボン酸とアルコールから生成され，RCOOR′の基本構造をもつ．簡単な構造の炭化水素基を含むエステルは，揮発性の芳香性物質であり，食品工業で香料として使われる．三つのエステル基をもつトリエステルは，自然界で油や脂肪として存在する．⟶ グリセリド

エステル化 esterification
　酸とアルコールから*エステルと水を生成する*縮合反応．たとえば，
$$CH_3OH + C_6H_5COOH \rightleftarrows CH_3OOCC_6H_5 + H_2O$$
反応は平衡反応で，普通の条件では遅い反応だが，強い酸触媒を入れると反応を早めることができる．

エストロゲン oestrogen
　主に卵巣において産生される女性ホルモンの一群のことで，*二次性徴（例えば女性の胸の肥大，発達のような）の開始を促進し，*発情周期（ヒトにおける*月経周期）を調節する働きがある．エストラジオールが最も重要なものである．エストロゲンは排卵時に特に高いレベルで分泌され，妊娠の準備のために子宮を刺激する．エストロゲンは（*プロゲストーゲンとともに）*経口避妊薬として使われ，また女性の生殖器官の様々な疾患の治療に使われる．少量のエストロゲンは副腎と精巣で産生される．

エゼリン（フィゾスチグミン） eserine (physostigmine)
　カラバルマメから得られるアルカロイドで，共有結合によって*コリンエステラーゼを抑制する（⟶ 阻害）．緑内障の治療に使われる．

エタノール（エチルアルコール） ethanol (ethyl alcohol)
　水溶性の無色透明の*アルコール，C_2H_5OH．酵母を使った糖類の*発酵から得られる，酔う飲料の活性成分．
$$C_6H_{12}O_6 \longrightarrow 2C_2H_5OH + 2CO_2$$
生成したアルコールによって酵母は死に，発酵それのみでは容量パーセントにして15％

以上のエタノール液を生産することができない. → 醸造

エタン酸 ethanoate (ethanoic acid) → 酢酸

エタン二酸 ethanedioic acid → シュウ酸

エチオピア区 Ethiopian region → 動物地理区

エチレン ethylene (ethene)
　無色の気体の炭化水素 (C_2H_4) で植物から自然に発生し, *成長物質として様々な生理学的役割を果たす. 渇水などへのストレス応答で生産され, オーキシンのエフェクターとなる. オーキシンは組織にエチレンを生産するよう刺激し, エチレンは直ちに拡散して周りの細胞の応答を誘発する. 最もよく知られている効果として, 果実の熟成の促進がある. バナナ, リンゴ, アボカドなどは, 果実の成熟期の終期に自然にエチレンを生成する. バナナなどではまだ緑の果実を船で輸送し, 必要なときに成熟促進のため, エチレンガスが使われる. エチレンはパイナップル科以外では一般的に開花を抑制するため, パイナップルの植物体にエチレンを与えることにより, 開花を同調させることができる. これまでの研究で, エチレンは栄養成長に関して, いくつかの逆の効果を示す結果が発表されている. 例えば, イネではエチレンは*ジベレリンとともに茎の伸長を促進するが, マメではエチレンは根と枝条の伸長を抑制する. 種子の発芽, つぼみの開花, 不定根の形成はまた, エチレンが促進をする.

X 線 X-rays
　紫外線より短く γ 線より長い波長の電磁放射線. 波長の範囲は $10^{-11} \sim 10^{-9}$ m である. X 線は多くの形態の物質を通過できるため, 内部構造を試験するために医療および産業で用いられている. X 線はこれらの目的のために X 線管を用いて発生させる.

X 線結晶学 X-ray crystallography
　結晶や核酸のような分子の構造を決定するために X 線の回折を用いること. この技術では結晶試料に対して X 線を当て, 回折した X 線を写真乾板上に記録する. 回折パターンは板上の点のパターンからなり, 結晶構造は回折点の位置と強度から解くことができる. X 線は分子中の電子によって回折され, ある化合物の分子結晶を用いた場合は, 分子中の電子密度の分布を決定できる.

X 染色体 X chromosome → 性染色体

HIV human immunodeficiency virus
　ヒト免疫不全ウイルスのこと. ヒトの*エイズの原因となる*レトロウイルスである. このウイルスは, 宿主のヘルパー*T 細胞に特異的親和性を示し, 細胞表面の*CD 4 抗原に結合し, これら細胞を無力化する. ウイルスを包む膜エンヴェロープの糖タンパク質は, アミノ酸配列に変異が多く, このため効果的な AIDS ワクチンの製造は困難である. 二つの変種 (血清型) の HIV-1 と HIV-2 が知られている. 後者は, 病原性が低く, 主にアフリカにみられる. HIV は, 中央アフリカでチンパンジーのウイルスから生じたと考えられている.

HSP → 熱ショックタンパク質

hnRNA → ヘテロ核 RNA

hnRNP → ヘテロ核 RNA, リボ核タンパク質

Hfr (高頻度組換え型) high-frequency recombinant → 性因子

HLA 系 (ヒト白血球抗原系) HLA system (human leucocyte antigen system)
　ヒトの一群の抗原をコードしている 4 種の一連の遺伝子座 (A, B, C, D) は, 細胞膜表面に存在する糖タンパク質をコードしている. この糖タンパク質は抗原として機能し, また組織や器官を移植する際の受容や拒絶を決定する (→ 移植). これらの抗原は, いわゆる組織適合性タンパク質の一群である (→ 組織適合性). 2 人の個人が同じ HLA 型を示すときは, その 2 人の間には組織適合性が存在する. 移植手術が成功するためには, 供与者と受容者の組織の間の HLA の違いが最少である必要がある. → MHC

H 帯 H zone
　横紋筋繊維の一部で, 太い (*ミオシン) 繊維のみが含まれている. *筋節の中央に存在する暗い*暗帯の真ん中の明るい帯とし

て，H 帯は観察できる．

HPLC ⟶ 高速液体クロマトグラフィー

越年 perennation

二年生，または多年生植物の，ある年から次の年への栄養器官による生存のこと．二年生植物や多年生草本植物では植物体の地上部は枯れるが，地下の貯蔵根（ニンジンなど），*根茎（シバムギやアマドコロなど），*塊茎（ダリアなど(訳注：ダリアは塊根を形成する))，*鱗茎（ラッパスイセンやユキノハナなど）または*球茎（クロッカスやグラジオラスなど）といった手段によって生き延びる．これらの越年用器官はしばしば*栄養繁殖に関与する．多年生の木本植物は代謝活性を低下させること（落葉性の高木や低木では葉を落とすなどする）で冬を生き延びる．

ADH ⟶ 抗利尿ホルモン

ATP adenosine triphosphate

アデノシン三リン酸ヌクレオチドの一種で，すべての生物における化学エネルギーの運搬体として非常に重要である．この化合物には D-リボースと結合したアデニン（すなわちアデノシン）が含まれ，この D-リボースに共有結合で互いに直線的に連なった三つのリン酸基が結合している（次ページの化学構造式参照）．これらの結合は加水分を受けると，ADP（アデノシン二リン酸）と無機リン酸，あるいは AMP（アデノシン一リン酸）とピロリン酸となる（→ ATPアーゼ）．これらの反応ではいずれも多量のエネルギー(約 $30.6 \, \text{kJ mol}^{-1}$)を生じ，筋*収縮，細胞膜を通るイオンと分子の*能動輸送，そして生体分子の合成に利用される．これらの過程を引き起こす反応には，たとえば*キナーゼ酵素の場合のように，酵素に触媒された中間基質へのリン酸基転移がしばしば含まれる．ATP により媒介される反応の大部分では，*補助因子として Mg^{2+} が必要である．

ATP は，食物の酸化により得られる化学エネルギーを用いて，AMP と ADP の再リン酸化により再生される．この再生は，*解糖と*クレブス回路により行われるが，最も重要なことは，これはミトコンドリアの*電子伝達鎖の酸化還元反応の結果でもあり，この反応では最終的に酸素分子が水に還元される（*酸化的リン酸化）．ATP は*光合成の明反応においても形成される．

ADP ⟶ ATP

ATPアーゼ ATPase

ATP の加水分解を引き起こす一群の酵素をいい，この酵素により ATP から，一つのリン酸基が解離し ADP と無機リン酸（Pi）が形成されるか，あるいはピロリン酸基が解離し AMP とピロリン酸（PPi）が形成される．2番目の反応は1番目の反応の2倍のエネルギーを放出する（訳注：1 mol の ATP から ADP と Pi ができるときの $\Delta G° = -7.3$ kcal，AMP と PPi ができるときの $\Delta G° = -8.6$ kcal で，2番目の反応は1番目の反応の約 1.2 倍のエネルギーを放出する．ピロリン酸がピロホスファターゼによりさらに加水分解されれば，合計ではほぼ2倍のエネルギーが放出される）．ATPアーゼ活性は，種々のエネルギーを消費する過程と共役している．例えば，筋収縮ではアクチンにより活性化された*ミオシンに ATPアーゼ活性が存在する．ATPアーゼの一つの型である*ATP 合成酵素は，例えばミトコンドリアの*電子伝達鎖において，ATP を合成することができる（→ 化学浸透圧説）．

ATP 合成酵素（ATP シンターゼ，F_0F_1 複合体） ATP synthetase (ATP synthase; F_0F_1 complex)

酵素複合体の一種で，ADP と無機リン酸からの ATP の合成を触媒する．この酵素はミトコンドリアの内膜に存在し，呼吸の際に*酸化的リン酸化を引き起こす．この酵素は葉緑体の*チラコイド膜にも存在し，*光合成の明反応の際に ATP を生成する．このように，ATP 合成酵素は生命体の大部分にとり非常に重要である．この合成酵素複合体は，膜内を貫通するプロトンチャネル（F_0 部分）と ATP を合成する部分（F_1 部分）からなる．*化学浸透圧説によると，F_0 を通って流れ込むプロトン（H^+）は，F_1 部分の触媒部位における ADP のリン酸化のエネルギーを供給する．1分子の ATP が合成され

ATP

(アデノシン / アデニン / リボース)

るためには，3個のプロトンが流れ込む必要があると考えられている．

エナメル enamel
　*歯冠（すなわち歯の歯肉より上に出ている部分）の上の覆いを形成する物質．エナメルは滑らかで白く，非常に固く，カルシウムや特に*アパタイトをたくさん含んでいる．口腔上皮の細胞（エナメル芽細胞）で生産され，その下部に存在する歯の象牙質を守る．エナメルはまた，ある種の魚類の*楯鱗にもみられ，これは歯と鱗の進化的起源の共通性を示すと考えられている．

エナメル芽細胞 ameloblast
　歯が形成されるときに*エナメル質を分泌する上皮細胞のこと．歯が生えてくる前にエナメル芽細胞は死ぬため，歯のエナメル質が損傷した場合はそれを修復することはできない．→ 造歯細胞

エナメル器 enamel organ
　歯*乳頭の表面にある柔らかい髄質組織のこと．星状網，液状*アルブミン，象牙質の外側にある防御層であるエナメルを蓄積する*エナメル芽細胞からなる．

n ―→　半数性の

NAD nicotinamide adenine dinucleotide
　ビタミンB群のビタミンである*ニコチン酸から由来した*補酵素で，多くの生物学的な脱水素反応に関与している（化学構造式参照）．NADは，関与する酵素に緩く結合するという特徴をもつ．通常は正電荷を帯び，水素原子一つと電子二つを受け取って還元型のNADHになることができる．NADHは

NAD

（← NADHへの還元カ所）
（← リン酸基がここに接続してNADPを作る）

食物の酸化の段階，特に*クレブス回路の反応において発生する．その後，電子二つとプロトン一つを*電子伝達鎖へと引きわたすことによってNAD⁺へ戻り，NADH1分子当たり3分子のATPが発生する．

　NADP (nicotinamide adenine dinucleotide phosphate) は，もう一つリン酸基を多くもっていることだけがNADと異なる．NADPはNADと同じように機能するが，同化反応（→ 同化）においては水素供与体としてNADHよりもNADPH(還元されたNADP) が一般的に使われる．酵素は，補酵素としてNADかNADPのどちらかを特異的に使うという傾向がある．

NADP → NAD
NMR → 核磁気共鳴
NMDA受容体 NMDA receptors → グルタミン酸受容体
エネルギー energy

　ある系が行うことのできる仕事の量を示す尺度．仕事そのものと同様にジュールを単位として測定される．エネルギーは二つの形にクラス分けされる．ポテンシャルエネルギーは系や物体の位置，形，状態（食品中などの物質の化学エネルギーも含む）の結果として蓄積される．運動エネルギーは，動きのエネルギーで，通常は運動エネルギーをもつ物体が静止するまでに行う仕事として定義される．

エネルギーピラミッド pyramid of energy

　ある特定の生息場所で，*食物連鎖の*栄養段階を上るにつれて見いだされる有効なエネルギーの量を，段階別に1年当たり1m²当たりのキロジュール（$kJ\,m^{-2}\,yr^{-1}$）として測定し，図示したものである（図参照）．エネルギーピラミッドは，呼吸などを通して失われるエネルギーの量を栄養段階別に示すために，食物連鎖を通した*エネルギー流を最も正確に表す．→ ボンベ熱量計，生物体量ピラミッド，個体数ピラミッド

エネルギー流 energy flow

　（生態学）*食物連鎖に伴って生ずるエネルギーの流れ．エネルギーは太陽エネルギーという形で*生産者（たいてい植物）の段階で

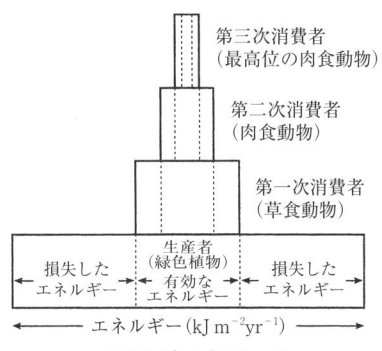

第三次消費者（最高位の肉食動物）
第二次消費者（肉食動物）
第一次消費者（草食動物）
生産者（緑色植物）
損失したエネルギー ← 有効なエネルギー → 損失したエネルギー
← エネルギー ($kJ\,m^{-2}\,yr^{-1}$) →
エネルギーピラミッド

食物連鎖のなかに流入する．植物は*光合成によって太陽エネルギーを化学エネルギーに変換する．餌となることで，化学エネルギーは一つの栄養段階から次の段階へ移る．それぞれの栄養段階で大量のエネルギーが失われる．この大半は呼吸による熱として奪われる．各栄養段階で大量のエネルギー損失があるために，食物連鎖は五つ以上の栄養レベルをもつことはほとんどない．五つ目の栄養段階はそれ以上の段階を支えるほどのエネルギーをもっていない．エネルギーは食物連鎖から，また排泄物や死んだ生物の遺体の形でも失われる．これらは*分解者の働きにより，熱エネルギーに変換される．→ 生産力，エネルギーピラミッド

ABO式 ABO system

　ヒトの*血液型の最も重要なものの一つ．赤血球の表面に*抗原AおよびBが，さらに血清中にこれらに対する*抗体が存在するか否かで血液型を決定する．これらのうちどちらかあるいは両方の抗体をもつ人間は，赤血球が固まってしまうために，対応する抗原をもつ血液を輸血することができない（→ 凝集）．次ページの表はABO式の基本を示している．O型の人間は他のいずれの血液型にも血液を与えることができるので，「万能給血者」と称される．→ 免疫応答

エピスタシス epistasis

　染色体の別の*遺伝子座にある他の遺伝子の影響で，ある遺伝子の発現が抑制される相互作用をさす．例えばモルモットではメラニ

血液型	赤血球表面の抗原	血清中の抗体	受けとることができる血液型	輸血できる血液型
A	A	抗B	A, O	A, AB
B	B	抗A	B, O	B, AB
AB	AとB	なし	A, B, AB, O	AB
O	AもBもなし	抗Aと抗B	O	A, B, AB, O

ABO式血液型

ンの生産をつかさどる遺伝子は，メラニンを蓄積する遺伝子に対して上位（epistatic）である．優性の対立遺伝子（C）は，メラニン生産をつかさどるが，蓄積されるメラニン量は第2の遺伝子が制御し，表皮が黒か茶色かの色を決定する．もし，あるモルモット個体がメラニン生産に関して劣性ホモであった場合，表皮の色を黒か茶色を決定する対立遺伝子にかかわりなく色は白になる．

エピソーム episome

細胞質内で宿主染色体とは独立に増殖する自律的状態と，宿主染色体中に挿入されて，その一部として複製を行う組み込まれた状態をとりうる遺伝因子の総称．例として細菌のある種の*プラスミドがあげられる．

エピネフリン epinephrine → アドレナリン

エビ目 Decapoda

エビ綱に属する甲殻類の一目で，世界的に分布し，ほとんどが海産である．エビ目には小エビとクルマエビなどの遊泳形のものと，カニ，イセエビとザリガニなどのほふく形のものが含まれる．すべて，5対の歩脚をもつ特徴があり，その最初の1対はカニやザリガニでは大きく変形し，ものをつかむ強力なはさみになる．背甲は胸郭と融合し，頭部は*頭胸部を形成する．触角は小エビとクルマエビで特に長く，これらのエビ類はさらに数対の遊泳用付属器（腹肢）を，歩脚のうしろにもつ．雄による受精後，雌は通常は孵化まで卵を携行する．幼生は成体になる前に何度か変態する．

エフェクターニューロン effector neuron

環境の変化に対する生理学的な応答を引き起こすために，中枢神経系から*効果器へと刺激を伝播する運動ニューロンのような神経細胞．

FSH → 濾胞刺激ホルモン

FAD flavin adenine dinucleotide

様々な生化学的反応において，重要な*補酵素．ヌクレオチドの，アデニン1リン酸（AMP）と結合したリン酸化ビタミンB_2（リボフラビン）からなる．FADは通常，酵素と強固に結びついてフラボタンパク質を形成する．脱水素反応における水素受容体として機能し，$FADH_2$へと還元される．次いでこれは*電子伝達鎖によってFADへと酸化され，その結果ATPが合成される（1分子の$FADH_2$当たり2分子のATP）．

F_0F_1複合体 F_0F_1 complex → ATP合成酵素

F_2 second filial generation

*F_1世代の個体の間での交雑によって得られる，育種試験での子孫の第2世代．→ 一遺伝子雑種交配

F_1 first filial generation

育種試験における*同型接合の両親の間で計画した交雑において生ずる子孫の第1世代．→ 一遺伝子雑種交配

MRSA → ブドウ球菌

mRNA → RNA

MSH → メラニン細胞刺激ホルモン

MHC → 主要組織適合複合体

エームス試験 Ames test (*Salmonella* mutagenesis test)

細菌の細胞の突然変異率に対して化学物質が及ぼす作用を測定する試験のこと．それによりその物質のヒトなどの生物における癌の誘導能を推定することができる．この方法はアメリカの生物学者であるエームス（Bruce Ames, 1928-）によって考案され，環境中にある化学物質の発がん活性を調べるために

世界中で使われている（→ 生体異物）．その方法とは，まず化学物質を培地に加え，そこに専用の細菌の変異体（通常はサルモネラ菌 Salmonella typhimurium が使われる）をまく．細菌の変異体は生育のためにアミノ酸の一種であるヒスチジンを必要とする．化学物質によって変異し，ヒスチジンを合成できるようになった細菌は野生型へと戻り，培地で生育することができコロニーを形成するため，その細菌数を計測する．

M 帯（M 線） M band (M line) ⟶ 筋節
MTOC ⟶ 微小管形成中心
mtDNA ⟶ ミトコンドリア DNA
エムデン-マイヤーホフ経路 Embden-Meyerhof pathway ⟶ 解糖
MPF ⟶ 分裂促進因子
m. u. ⟶ 地図単位
鰓 gill
　（動物学）水生動物が周囲の水から酸素を得るために用いる呼吸器官．鰓は本質的に膜，あるいは体から突出した部分からなり，大きな表面積をもち十分な血液の供給がある．これにより水と血液との間での酸素と二酸化炭素の拡散が起こる．魚は咽頭壁が突出した「内鰓」をもち，これは*鰓裂内に含まれている．口に入った水はこれらの裂け目を通って，鰓から排出される．ほとんどの水生の無脊椎動物や両生類の幼生は体から突き出た「外鰓」をもち，体が動くたびに水がそこを通過する．

エライオソーム elaiosome ⟶ アリ散布
エラスチン elastin
　*結合組織の黄色弾性繊維の主要な構成要素である繊維性タンパク質．グリシン，アラニン，プロリンや他の無極性のアミノ酸を豊富に含み，それらは架橋しているため，エラスチンは比較的に不溶性となる．弾性繊維は数倍程度なら長さを伸ばすことができ，もとの大きさに戻る．エラスチンは*弾性軟骨，血管壁，靱帯，心臓などに特に豊富に含まれる．

エリシター elicitor
　植物の過敏感反応を導く物質または刺激（→ 過敏感反応）．エリシターの大部分が糸状菌または細菌の細胞壁由来の多糖類，小さいタンパク質，脂質であるが，微生物による障害が原因となり植物の細胞壁から生ずるペクチン断片もエリシターの一つとされる．エリシターは傷ついていない細胞の細胞膜と相互作用し，防御遺伝子の発現を誘導する．シグナル伝達の詳細はまだわかっていない．

エリトロポエチン erythropoietin
　腎臓から（少量は肝臓からも）放出されるホルモンで，組織のなかの酸素濃度の低下に応答して放出される．*赤血球生成を促進させ，赤血球生産速度を制御する手段となる．現在では遺伝子組換え細胞の培養によって得ることができ，腎臓の障害の際には，臨床的に投与される．

LINE（広範囲散在反復配列） long interspersed element
　真核生物に見いだされる多様な中程度*反復 DNA で，通常 6～8 kb の比較的長い配列からなり，ゲノム全体にわたり散在する．LINE は*レトロトランスポゾンであり，逆転写によって広まる．すなわち，RNA 転写産物が形成され，次にこの産物が DNA に逆転写されたコピーが作られ，これが次にゲノム内に挿入される．ヒトや他の哺乳類にみられる例として，L1 配列がある．これは 6 kb の長さで，二つの大きなコード領域とその周囲の非コード領域からなり，ヒトのゲノム中に 50000 コピー存在する．

LSD ⟶ リゼルギン酸ジエチルアミド
LH ⟶ 黄体形成ホルモン
L 型 l-form ⟶ 光学活性
エルゴカルシフェロール ergocalciferol ⟶ ビタミン D
エルゴステロール ergosterol
　菌類，細菌，藻類，植物に見いだされる*ステロールの一つ．紫外線の作用によりビタミン D_2 に変換される．

LTR ⟶ 末端反復配列
LD_{50}
　半数致死量 (lethal dose 50)，もしくは中央致死量 (median lethal dose) の略である．実験動物群の 50% を殺す量の薬物や（電離放射線などの）毒物の投与量を示す．

これは動物種，体重，投与経路により異なる．LD_{50} は毒性学や治療薬の*生物検定に利用されている．

L ドーパ　L-dopa　⟶　ドーパ

エルトン，チャールズ・サザーランド　Elton, Charles Sutherland (1900-91)

　イギリスの動物学者，生態学者．1932年にオックスフォード大学動物個体群研究所を立ち上げ，同年 *Journal of Animal Ecology* を創設しエディターとなった．環境との関係から動物を研究した最初の動物学者で，自然界の食物連鎖や個体群動態について研究をした．

エールリヒ，パウル　Ehrlich, Paul (1854-1915)

　ドイツの細菌学者で，1878年に医師として大学を卒業した．ベルリン病院で9年間働いたあと，ベルリン大学で教壇に立った（彼はユダヤ人であったため無給で勤務した）．1890年，結核，コレラや他の病気について研究するため，コッホ (Robert Koch, 1843-1910) とともに仕事を行った．ドイツの免疫学者ベーリング (Emil von Behring, 1854-1917) との共同研究において，エールリヒはジフテリアに対する抗毒素を含む血清を発明し，それはジフテリアに対する免疫力を高めるものであった．1910年，彼は梅毒に効果を示すヒ素剤であるサルヴァルサンを発見し，1908年には血清療法に関する研究でノーベル生理医学賞を受賞した．

塩　salt

　酸と塩基の反応により生成した化合物で，酸の水素が金属イオンや他の陽イオンに置き換わったもの．通常，塩は Na^+Cl^-（*塩化ナトリウム）のように，結晶を作るイオン性化合物である．

遠位　distal

　身体の残りの部位につながっている，ある器官の部位から最も遠くにあるその器官の部位を示す．例えば，手や足はそれぞれ腕や脚の遠位末端に存在する．→ 近位

遠位尿細管　distal convoluted tubule (second convoluted tubule)

　*ネフロンの一部で，*ヘンレ係蹄の肥厚した上行脚に始まり，*集合管に終わる部分をいう．遠位管の主な機能は水分を残して塩化ナトリウムや他の無機塩を吸収することである．

塩化ナトリウム　sodium chloride (common salt)

　並塩．無色の結晶性固体で NaCl で表され水に溶ける．塩化ナトリウムは生物体の電解質平衡の維持に大きな役割を果たしている．また，食物の保存にも用いられる（→ 食物保存）．

塩基　base

　*酸と反応して水（および塩）を生じる物質をいう．水に溶けると水酸化物イオンを生ずる塩基はアルカリと呼ばれる．例えば，アンモニアは以下のように反応する．

$$NH_3 + H_2O \rightleftarrows NH_4^+ + OH^-$$

同様の反応は，有機*アミンによっても生ずる．→ 窒素性塩基

塩基性染料　basic stains　⟶　染色

塩基置換(遺伝学)　transversion　⟶　置換

塩基対　bp

　塩基対を示す記号で，二本鎖核酸の長さや，ある DNA 配列（または二本鎖RNA）の塩基対の数を示す単位となる．→ キロベース

塩基対形成　base pairing

　*DNA やある種の*RNA 分子中の，二つの相補的な核酸塩基の化学結合をいう．DNA 中の4種の塩基のなかでアデニンはチミンと，シトシンはグアニンと対を形成する．RNA においては，チミンはウラシルに置き換えられる．塩基の対合により，DNA 分子の2本の鎖が互いに結びつくことによる二重らせんの形成や，*遺伝暗号の正確な複製と転写が可能となる．対合する塩基の間の結合は，*水素結合の形をとっている．

遠近調節　accommodation

　(動物生理学) 焦点調節．離れた距離にある物体の明確な像を網膜に写すために，目の*レンズの焦点の長さを変える過程．ヒトや他の哺乳類では，遠近調節は*毛様体の筋肉の弛緩と緊張に由来するレンズの形の変化が

反射的に起こることで行われる．

円グラフ　pie chart

パーセンテージを円のなかの扇形で表すグラフ．もし肉食動物の獲物のなかで種 X の割合が $x\%$，種 Y の割合が $y\%$，種 Z の割合が $z\%$ とすると，円グラフは三つの扇形からなり，それぞれ中心角は $3.6x°$，$3.6y°$，$3.6z°$ で表される．

嚥下　swallowing ⟶ 嚥下運動

嚥下運動（飲み込み）　deglutition (swallowing)

咽頭に食物が存在することにより開始する反射運動をいう．嚥下の際には軟*口蓋が上昇して鼻腔に食物が入ることを防ぎ，*喉頭蓋が閉じて気管の入口を塞ぎ，食道が収縮を始め（→ 蠕動），食物が胃に運ばれるようにする．

エンケファリン　encephalin (enkephalin)

五つのアミノ酸からなる*エンドルフィンのクラスの一つで，基本的に脳にある．脳のモルヒネ受容体に結合し，エンケファリンの放出は痛みや他の感覚のレベルを制御する．

円口類　Cyclostomata ⟶ 無顎類

焰細胞　flame cells

扁形動物，輪形動物，紐形動物の排泄および浸透圧調節の系の一部を形成する繊毛細胞．原腎管として知られるこの系は排泄孔を通じて外部に開いている枝分れした細管からなる．焰細胞は細管の末端に生じてその細管のなかに繊毛を突出する．水および窒素性老廃物を含む液体は焰細胞のなかに拡散し，繊毛の運動により細管を通って外部へ向かっていく．それが炎の揺らぎに似ている．ただ一つの繊毛をもっている焰細胞は有管細胞として知られ，海産の鰓曳動物門エラヒキムシ類の原腎管中に認められる．

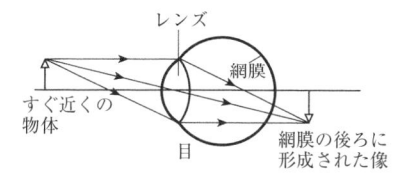

塩酸　hydrochloric acid

HCl．強酸の一つで，胃壁の*酸分泌細胞から分泌され，*胃液の成分となる．塩酸は，胃の内腔でペプシノーゲンがペプシンに変換するために必要であり，また食品とともに入り込む種々の微生物を殺す働きをする．

遠視　hypermetropia (hyperopia; long-sightedness)

近くの物体の像を網膜に投影するための，眼のレンズの調節が十分にできないような視覚的欠陥をいう．通常，遠視は，レンズ系の欠陥のためではなく，眼球の前後長が短いために起きる．遠視の患者は，網膜の後ろに形成される像を，凸レンズの眼鏡を用いて網膜の表面に移動させる必要がある（図参照）．

炎症　inflammation

化学的，物理的な作用によって傷害，感染，刺激を受けた組織の防御反応．作用を受けた組織の細胞は*ヒスタミン，*セロトニン，*キニン，*プロスタグランジンを含む様々な物質を放出する．これらは局所的に血管を拡張させて，体液の漏出や血流を増加させる．また，これらの物質は白血球（リンパ球）をその部位に集める．全体として，これらの応答は腫れ，赤み，熱，しばしば痛みを引き起こす．白血球，特に*食細胞は組織に入り，*免疫応答を生ずる．通常は緩やかな治癒の過程が続いて起こる．

遠心機　centrifuge

水平な円のなかの管を回転させることで，その管のなかの異なる密度の固体や液体を，分離する装置．より重い粒子は，回転する管のより半径の大きい方向に移動する傾向があり，軽い粒子と置き換わる．

遠心性の　efferent

身体や器官の中心から末梢の部位へ（神経刺激や血液などを）運搬すること．この用語

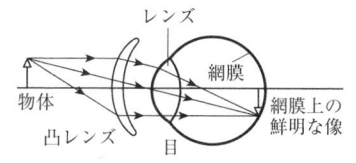

遠視

は神経繊維や血管の型に対して用いられる.
→ 求心性の

猿人類　*Australopithecus*
400万～200万年前に生息した化石霊長類の一属で,この期間の一部では初期形態の人類と共存した(→ ヒト属).アウストラロピテクスは直立歩行し,現代人に似た歯をもっていたが,脳の容積は現代人の1/3以下であった.主にアフリカの東部と南部で化石が多く発見されたので,そのため名前も「南方の類人猿」を意味している.最も初期のものはアファール猿人($A.$ $afarensis$)に属し,タンザニアのラエトリで発見され,ルーシーとあだ名をつけられた雌の標本が含まれる.猿人類(アウストラロピテクス)と,それに近縁の属はアウストラロピテクス類として知られる.

延髄　medulla oblongata
*後脳から派生した脊椎動物の*脳幹の一部で,脊髄と連続している.その機能は,呼吸,心拍動,血圧およびその他不随意過程を制御する反射反応を調節することである.*脳神経の多くが,ここから生じる.

円錐花序　panicle
イネ科植物に一般的な花序の型.主軸には*総状花序の集団が着生し,主軸自体が総穂花序となり,最も若い花序が先端に着生する(例:カラスムギ).この用語は分岐した*総穂花序に対し広く用いられることもある.例えばセイヨウトチノキは集散花序がさらに総状花序として集合した花序をつける.これら両方の花序はタデ科(スイバやギシギシ)にみることができる.

延髄穿刺　pith
動物,特にカエルのような実験動物の中枢神経系を,脊髄を切断することによって破壊すること.

円錐体　strobilus
1.　*複合果の一種で花序全体が1個の果実になったもの.これは包葉に取り囲まれた*痩果であり,成熟すると円錐形となる.ホップの果実がこれの例としてあげられる.
2.　→ 球果

塩生植物　halophyte
土壌中の高濃度の塩に耐性をもつ植物.そのような条件は塩湿地や干潟においてみられる.塩生植物は*乾生植物にみられるような構造上の変化をある程度示し,例えばその多くが*多肉植物である.さらに土壌水の高濃度の塩分に耐えることができるように生理学的に適応しており,根細胞の塩濃度は通常の植物細胞の溶質濃度より高いため周囲の土から浸透によって水を吸収することができる.塩生植物の例としてはマングローブを形成する樹木(→ マングローブ湿地),ハマカンザシ(アルメリア),スターチス(リモニウム),ライスグラス(スパルティナ)がある.
→ 水生植物,中生植物

塩素移動　chloride shift
赤血球中への塩素イオン(Cl^-)の移動.二酸化炭素は赤血球中で水と反応し炭酸になる(→ 炭酸脱水酵素).その後,炭酸は炭酸水素イオン(HCO_3^-)と水素イオン(H^+)に解離する.細胞膜は相対的に陰イオンに対し透過性がある.それゆえに炭酸水素イオンは血漿中に拡散し,水素イオンが残る.このために赤血球全体として正電荷を生じる.これは,血漿から赤血球への塩素イオンの拡散により中和される.

エンタルピー　enthalpy
記号はH.$H=U+pV$で定義される系の熱力学的特性関数.Hはエンタルピー,Uは系の内部エネルギー,pは圧力,Vは体積を示す.大気中で起きる化学反応では,圧力は一定であり,反応のエンタルピーΔHは$\Delta U+p\Delta V$になる.発熱反応では,ΔHは負になる.

円柱上皮　columnar epithelium　→ 上皮

延長　elongation
(タンパク質合成)ポリペプチドを形成するために,アミノ酸が順につながっていく段階(→ 翻訳).延長因子はタンパク質からなり,アミノアシルtRNAに結合しリボソームの正しい位置にアミノアシルtRNAが配置され,正しい翻訳が行えるようにしている.

エンテロキナーゼ（エンテロペプチダーゼ） enterokinase (enteropeptidase)
　トリプシノーゲンを*トリプシンに活性化する，小腸にある酵素．

エンドサイトーシス endocytosis
　細胞膜を通らずに物質が細胞に入るプロセス．膜が細胞外の物質の周りを取り囲み，結果的にその細胞外物質が取り込まれた囊状の小胞が形成される．この小胞は細胞表面から切り離され，細胞内に入る（→ エンドソーム）．*食作用と*飲作用はどちらもエンドサイトーシスの一形態である．受容体を介したエンドサイトーシスでは，細胞は細胞表面の受容体に結合する物質（例：ホルモン，低密度リポタンパク質）を選択的に取り込む．→ エクソサイトーシス

エンドセリン endothelin (ET)
　互いに類似した構造の一群のペプチドで，このうちの一つのエンドセリン（ET-1）は，血管の内皮細胞から放出され，またこれは昇圧効果をもち，血管を収縮させて血圧を上げる．その他のエンドセリンはET-1に構造的に似ているが，他の組織で合成される．

エンドソーム endosome
　*エンドサイトーシスが行われる際に細胞内に形成される小胞で，その内部には最初に細胞表面の*受容体部位に結合した摂取物質が含まれる．細胞表面の受容体は細胞膜の「被覆ピット」と呼ばれる領域に存在し，この被覆ピットは取り込んだ物質を包みながら，タンパク質の被覆（→ クラスリン）で覆われた「被覆小胞」となり，細胞内に落ち込む．小胞はその後被覆を脱ぎ捨て，他の小胞と融合してエンドソームを形成する．エンドソームはゴルジ装置からの小胞と合体し，*リソソームとなる．

エンドヌクレアーゼ endonuclease
　核酸の鎖の内部の切断を触媒する酵素．→ 制限酵素，エキソヌクレアーゼ

エンドペプチダーゼ endopeptidase
　ポリペプチド鎖の特異的なアミノ酸間を切り離す，タンパク質分解酵素．例えば*キモトリプシンはフェニルアラニンなどの芳香族アミノ酸の隣のポリペプチド鎖を切り離し，*トリプシンはリジンやアルギニンなどの塩基性アミノ酸の隣のポリペプチド鎖を切り離し，また*ペプシンはチロシンやフェニルアラニンの隣のポリペプチド鎖を切り離す．→ エキソペプチダーゼ

エンドルフィン endorphin
　モルヒネに似た，痛みを緩和する効果のある物質で脳やその他の組織に存在する．すべてペプチドまたはポリペプチドで，脳内にある5アミノ酸からなる*エンケファリンも含む．いくつかのエンドルフィンは下垂体に存在しており，その他のものは胎盤，副腎，膵臓などの様々な組織に存在している．

エントロピー entropy
　記号はS．系のエネルギーが仕事をする際の有効性の減少の尺度．エントロピーが増加すると，仕事に使うことのできる有効なエネルギーが減少する．可逆的な変化をシステムが起こした場合，エントロピー（S）の変化は，系が吸収したエネルギー（Q）を，そのエネルギーが吸収されたときの熱力学的温度（T）で割ったものと同等になる．つまり$\Delta S = \Delta Q/T$．しかし，すべての実際の過程で，ある程度は不可逆的な変化が生じ，いかなる閉鎖系での不可逆的変化もエントロピーの増加を伴う．
　エントロピーはシステムの無秩序の尺度としてしばしば理解される．エントロピーが高ければ高いほど無秩序は大きい．どんな変化が閉鎖系に起きても，エントロピーは高いほうへ向かうため，宇宙を閉鎖系と考えることができるなら，宇宙の無秩序はどんどん大きくなり，有効なエネルギーは減少していく．宇宙のエントロピーの増加は熱力学第二法則の表現の一つである．

エンハンサー enhancer
　DNA分子上の一領域で，その領域からはいくらか離れているかもしれない，同一染色体上の遺伝子の*転写を開始させる．*DNA結合タンパク質がエンハンサーと結合し，RNA*ポリメラーゼとDNAとの結合を制御することで転写が活性化される．

塩類 saline
　化学物質の塩類，あるいは塩類を含む溶液

を示す語． → 生理食塩水

塩類細胞　chloride secretory cell
　海に棲む硬骨魚類の鰓にみられる細胞で，血液から塩素イオンを除去し，それを海中に分泌する．これにより体の浸透圧を維持する．塩素イオンの排泄に伴い，血液から海水へナトリウムイオンが移動し，これにより体の電気的なバランスが中性に維持される．

塩類集積化作用　salinization
　土壌における塩分含量（または淡水における塩分濃度）が上昇することで，植物の成長阻害を引き起こし，最終的には土壌を不毛にする．この問題は特に暖かい地域で深刻な問題となっており，そこでは土壌から容易に水分が蒸発するためである．また，*灌漑の結果としても塩類集積の問題が起こると考えられている．

オ

黄化　etiolation
　植物が暗黒または極端に暗い条件で育ったときに観察される異常な成長．色が抜けた葉や茎，長い茎，葉と根系の発育抑制が特徴である．

横隔神経　phrenic nerve
　横隔膜中に張り巡らされた神経で，換気の調節にかかわる． → 吸息中枢

横隔膜　diaphragm
　哺乳類の腹部と胸部を区分する膜状の筋肉をいう．横隔膜は，呼吸の際に重要な働きを行い（→ 呼吸運動），*吸息の際には押し下げられ，*呼息の際には上昇する．

横行管（T管）　transverse tubules (T tubules)
　筋繊維の原形質膜（筋細胞膜）の一連の陥入であり，Z線（→ 筋節）で各筋原繊維を包んでいる．T管は筋細胞膜から*筋小胞体へ活動電位を伝達する．筋小胞体はカルシウムイオンを細胞質に放出し，これが筋繊維の収縮を引き起こす．

黄体　corpus luteum (yellow body)
　*グラーフ卵胞の腔のなかにある*顆粒膜細胞よりできた黄色の組織．*グラーフ卵胞は哺乳類の卵巣にあり，黄体は排卵のあとにみられる．黄体は*プロゲステロンを分泌する．サメの一種や爬虫類，鳥類は，卵巣のなかに同様な構造物をもっているが，これらの機能はまだわかっていない．

黄体期　luteal phase
　*発情周期（女性における月経周期）のうちで排卵後の期間．黄体期では黄体がエストロゲンとプロゲステロンを分泌し，子宮内膜に受精卵を着床させる準備を行う．

黄体形成ホルモン（間質細胞刺激ホルモン）　luteinizing hormone (LH ; interstitial-cell-stimulating hormone : ICSH)
　哺乳類において下垂体前葉から分泌される

ホルモンで，雄では精巣の*間細胞からの性ホルモン（*アンドロゲン）の産生，雌では排卵，*プロゲステロン合成，*黄体形成が促進される．

黄体刺激ホルモン luteotrophic hormone ⟶ プロラクチン

黄体ホルモン progesterone ⟶ プロゲステロン

応答 response
*刺激によって誘導される生理的な活動，筋肉活動，あるいは行動をいう．

応答時間 reaction time (latent period)
潜伏期ともいう．感覚受容体が刺激を受けてから適切な応答をするまでの時間．この遅れはインパルスが隣り合う神経細胞のシナプス間を移動する時間から生じている．たった一つのシナプシスしかかかわっていない*反射応答では，この時間はとても短い．

黄斑 macula
脊椎動物の目の*網膜の一部で，その部分では特に*視力が鋭敏になる．目に*中心窩を欠く動物のなかにも黄斑をもつものがあり，また目に中心窩のある動物では，しばしば黄斑が中心窩を取り囲んでいる．

横紋筋 striated muscle ⟶ 随意筋

黄緑色植物門 Xanthophyta
プロトクティスタ界の一門で，ほとんどが淡水生物であり，伝統的に黄緑藻として知られる．クロロフィルに加えてカロテノイド色素（キサンチンを含む）をもち，これがこの藻類の色を担っている．黄緑色植物は単細胞，集団，糸状，管状といった多様な形態があり，運動性の細胞は二つの大きさの異なる波動毛（鞭毛）をもつ．貯蔵物質は油と多糖のクリソラミナリンである．

大顎 mandible
昆虫や甲殻類，ムカデ類（centipedes），ヤスデ類（millipedes）の角質の*口器の対になっている片方．大顎はより小さい*小顎の前についている．そして，横運動することにより食べ物を嚙み，粉々にするのに役立っている．

大形食の macrophagous
比較的大きな形の食物を摂取する従属栄養生物の摂食方法．⟶ 微小食の

大型動物相 macrofauna
顕微鏡の助けなしで観察することができる大きい動物の集合のこと（⟶ 微小動物相）．大型動物相は，ときに，土壌にすんでいる環形動物や線形動物のような小さな無脊椎動物を含む．しかし，それらは中間のカテゴリーである中型動物相のなかに分類すべきであろう．⟶ 小型動物相

おおばね contour feather
鳥の体表に規則的な列をなして生える*羽毛であり，体型を流線形に整える．おのおののおおばねは中心に角質の軸（羽軸）があり，その両側に平面状の羽板がある．各羽板には単繊維状の*羽枝が2列に並び，それらは*小羽枝の鉤により互いにひっかかり，滑らかな表面を形成する．おおばねの基部近くには，しばしば小さな第2の羽板があり，後羽と呼ぶ．

岡崎フラグメント Okazaki fragment ⟶ 不連続複製

オキサロ酢酸 oxaloacetic acid
構造式 $HO_2CCH_2COCO_2H$ の化合物で，*クレブス回路で重要な役割をしている．このオキサロ酢酸のアニオンはアセチル CoA 由来のアセチル基と反応し，クエン酸を生ずる．

オキシダーゼ oxidase
分子状酸素への電子の転移を伴う*酸化還元反応を触媒する酵素．

オキシディティブバースト oxidative burst
細胞中で非常に反応性の高い様々な酸素誘導体が生成すること．特に脊椎動物の免疫系においてマクロファージで生成することが知られる．この毒性化合物はマクロファージによって取り込まれたバクテリアを殺す際に用いられたり，マクロファージ外の大きな寄生者を攻撃するために分泌される．NADPH オキシダーゼはスーパーオキシドアニオン（O_2^-）の生成を触媒し，O_2^- から過酸化水素（H_2O_2），一重項酸素，ヒドロキシルラジカル（OH·）が生成する．他の食細胞の酵素，ミエロペルオキシダーゼは塩化物イオンと過

酸化水素の反応を触媒し、次亜塩素酸(HClO)を生成する。次亜塩素酸はさらに過酸化水素と反応し、一重項酸素を生成する。*酸化窒素（nitric oxide）やその過酸化誘導体も生成する。これら有毒な混合物の全体としての効果は細胞装置中の重要な因子を酸化することで、これにより標的細胞を大いに傷つける。

オキシトシン oxytocin

鳥類や哺乳類の生産するホルモンで、哺乳類では分娩時の子宮の平滑筋の収縮や授乳時の乳腺からの乳の分泌にかかわる。*抗利尿ホルモンのように、オキシトシンは視床下部の神経分泌細胞で生産されるが（→ 神経分泌）、下垂体後葉腺に貯蔵され、分泌される。
→ ニューロフィジン

オキシヘモグロビン oxyhaemoglobin
── ヘモグロビン

オーキシン auxin

細胞の増大による成長の促進、*頂芽優性の維持、挿し木の不定根形成促進などの過程に関与する一群の植物*成長物質の総称である。オーキシンはまた、葉、果実、その他の植物の器官の*器官脱離の抑制や、花と果実の発達にも関与する。天然に存在するオーキシンは、主にインドール-3-酢酸（IAA）であり、これは植物の活発に成長している部分で合成され、そこから植物の他の部位に輸送される。IAA は植物体内で、myo-イノシトールなどの様々な物質と結合した不活性型となって貯蔵される。合成オーキシンには、除草剤として使われる*2,4-D、発根ホルモンとして販売されるインドール酪酸、ナフタレン酢酸がある。

オーキシン結合タンパク質 auxin-binding protein

植物細胞に見いだされる*オーキシンに結合するタンパク質で、この植物*成長物質のシグナル伝達経路の最初の受容体として機能すると考えられている。このタンパク質の候補は、タバコの髄質細胞やトウモロコシの子葉鞘組織などの、様々な植物の組織培養から見いだされている。このような結合タンパク質は、動物細胞のホルモン受容体タンパク質と同様な機構で働くと考えられている。一つのモデルによると、オーキシンは細胞膜の外表面上でオーキシン結合タンパク質（ABP）と結合することにより細胞を刺激するという。このABPは、膜中に伸長する係留タンパク質により、つなぎ止められている。オーキシン、ABP、および係留タンパク質の活性化複合体は、次に細胞のオーキシン刺激応答を引き起こし、たとえば細胞の伸長などが生ずる（→ 酸成長説）。

汚水 sewage

工業的、あるいは家庭に端を発した廃物が溶けたり浮遊した水のこと。未処理の汚水は環境汚染物質である。これは、高濃度の有機物（特に排泄物や窒素性廃棄物など）を含有し、そのため分解者（バクテリア、菌類）や*屑食者に豊富な餌を提供している。この分解者などの一部はヒトの病原体である。未処理の汚水の河川への垂れ流しは、富栄養化（→ 富栄養の）を引き起こす。すると汚水を餌とする生物が増殖し、河川水のなかの溶存酸素を消費しつくすので、*生物化学的酸素要求量が突然増大する。したがって酸素が必要な生物、例えば魚などの死滅を招く。一部の生物は、それらの耐性に応じて、ある程度の濃度の汚水中で増殖可能であり、川が汚水でどの程度汚染されているかを示す指標として使うことができる。例えば、ヒメミミズは強度の汚水にも耐えられる。

汚水は流される前に処理されるべきであるが、この処理はろ過作用、沈降作用、微生物による分解（特に*メタン細菌による分解）という段階が含まれる。溶存していたものを取り除いたら、残りの液体は河川、その他に流す。沈降作用の間に、粒子状の有機物が大きなタンクの底部に蓄積する。この貯まった物質は「ヘドロ」として知られ、定期的に取り除かれ、さらに微生物により分解され（→ 活性汚泥法）、肥料として販売されたり投棄されたりする。

オスティオール（小孔） ostiole

ある種の菌類や藻類における子実体の穴のことで、ここを通して胞子もしくは配偶子が放出される。オスティオールは、例えば子嚢

菌（→ 子嚢果）の被子器や褐藻の*生殖器巣に存在する．

オステオネクチン osteonectin

コラーゲン（→ 類骨）に結合し，硬化した骨基質を形成するのに必要な，リン酸カルシウムの結晶の成長場所の形成に関与している骨中のタンパク質のこと．

オーストラリア区 Australian region ⟶ 動物地理区

雄蜂 drone

社会性のハチ，特にミツバチ（*Apis mellifera*）の集団内で繁殖力のある雄．雄の生殖器官は雌の生殖器官のなかで破裂するため，雄蜂は女王蜂と交尾ののち，死ぬ．

汚染 pollution

ヒトの活動によってもたらされた，自然環境における物理的・化学的・生物学的特性の望ましくない変化．ヒトやヒト以外の生命に対して，有害であると考えられている．汚染は，土壌・河川・海洋・大気（→ 大気汚染）に，影響を与えると考えられている．*汚染物質は主に2種類存在する．生物分解性のもの（例えば下水），すなわち自然の過程により無害にすることが可能であり，したがって適切な分散や処理を行えば永続的な害を起こさないもの，そして，非生物分解性のものである（例えば，産業排水に含まれる鉛などの重金属（→ 重金属汚染），*農薬として使われるDDTやその他の塩素化炭化水素）．これらは最終的に環境中に蓄積し，食物連鎖により濃縮されると考えられている．別の形の環境汚染には，騒音（例えば，ジェット飛行機，交通，産業プロセスからの音）や，熱汚染（例えば湖や河川に対する過剰な熱の排出は野生生物に害を与える）による汚染がある．近年の汚染問題には，放射性廃棄物の処理，*酸性雨，*光化学スモッグ，ヒトによる廃棄物の増大，大気中における二酸化炭素や他の温室効果ガス（→ 温室効果）の濃度上昇，窒素酸化物，*クロロフルオロカーボン（CFCs），ハロンによる*オゾン層の破壊，農耕に用いた肥料や農耕・畜産の下水による陸水の水質汚染が引き起こす富栄養化（→ 富栄養の）がある．汚染を封じ込め，防ぐ試みは，工場排出物に関する厳密な規制，無煙燃料の使用，特定の殺虫剤の禁止，再生可能エネルギー源の使用と移行，クロロフルオロカーボン使用の制限があり，車の排気ガス中の環境汚染物質を削減するために，触媒式排気ガス浄化装置を導入する国もある．

汚染物質 pollutant

ヒトの活動の結果，産出され，環境中に排出された，生物に対して有害な影響を与える物質のこと．毒性物質（例えば*農薬）や過剰量存在する大気の天然構成成分（例えば二酸化炭素）が環境汚染物質であることもある．→ 汚染

オゾン化 ozonation

地球の大気中でオゾン（O_3）が生成すること．地球上から20～50 km上空の成層圏では短波長（240 nm以下）の*紫外線照射下で酸素分子（O_2）が構成原子に解離する．これらの原子が酸素と結合してオゾンを形成する（→ オゾン層）．オゾンは下層の大気中で光化学反応によって窒素酸化物と他の汚染物質からも生成する（→ 光化学スモッグ）．

オゾン層 ozone layer (ozonosphere)

地球の大気で大気オゾンが最も濃縮されている層のこと．この層は地表から15～50 km上空に存在し実質的には*成層圏とほぼ同義である．この層では太陽光の紫外線照射のほとんどがオゾンによって吸収され，それにより成層圏の温度が上昇し，垂直方向の空気の混合が抑制され，その結果成層圏は安定な層を形成する．太陽光に含まれる紫外線照射のほとんどを吸収することによって，オゾン層は地球上の生物を守っている．オゾン層が赤道で最も薄いということは，太陽光のなかに残留する紫外線放射にさらされる結果，赤道直下では皮膚がんの発生率が高いということを説明できると信じられている．1980年代には両極でオゾン層が減少し，オゾンホールができていることが見つかった．これは飛行機によって生成される*窒素酸化物や，もっと深刻なのは*クロロフルオロカーボン（CFCs）やハロンが原因となっており，これら物質の関与する一連の複雑な光化学反応によってオゾンホールが発生すると考えられて

いる．CFCsは成層圏まで上昇し，紫外線を吸収し，塩素原子を放出する．この原子は非常に反応性が高く，オゾンの分解を触媒する．人間によって引き起こされたオゾン層の減少をもとに戻すため，CFCsの使用は現在では大幅に削減されている．→ 大気汚染

オゾンホール ozone hole ── オゾン層

オータコイド autacoid (autocoid)

生理活性物質の一種で，特に同じ組織のなかにおいて，ある細胞の活性を局所的に調節する働きをもつものをいう．例として，セロトニンとヒスタミンがある．

オートガミー autogamy

1. ゾウリムシ属の繊毛虫類の単独に隔離した個体においてみられる生殖法である．この場合，核は遺伝的に等しい半数体核に分裂し，それらはその後に融合して1個の二倍体接合子を形成する．環境条件の変化に伴いオートガミーは出現し，細胞の活力を維持するために必要であると考えられている．

2. 植物の自家受精．→ 受精

オートクレーブ autoclave

高温高圧で化学反応や滅菌等を行うために用いられる頑丈な鋼鉄製容器．

オートラジオグラフィー autoradiography

実験手法の一種で，放射性物質を含む標本を写真乾板と接触させるか近くにおき，その標本中の放射性物質の分布の記録を得る方法である．試料の放射性物質を含む部分からの電離放射線によってフィルムは黒化する．オートラジオグラフィーは，生体組織，細胞，培養物における特定の物質の分布を研究するために使われる．その物質の放射性同位体が生物や組織に導入され，同位体が取込まれるのに十分な時間が経過した後に殺され，切片にされ，検査される．もう一つのオートラジオグラフィーの一般的応用例は，*サザンブロット法や*ウェスタンブロット法の技法を用いて，放射性標識したDNAプローブや抗体が結合する位置を決めることである．

オピエート（アヘン剤） opiate

アヘン由来の薬物の一群のこと．アヘンはケシ（*Papaver somniferum*）の抽出物であり，麻酔作用として脳機能を弱める働きをもつ．オピエートは*モルヒネや，その合成誘導産物である*ヘロインやコデインのような薬物を含んでいる．オピエートは痛みを取り除くために主に薬として使われるが，薬物依存や薬物耐性が生じやすいために，モルヒネやコカインの使用は厳しく制限されている．

オピオイド opioid

薬理学的もしくは生理学的にモルヒネに似た効果を生じる物質の一群のこと．オピオイドは必ずしも構造上モルヒネに似ているわけではないが，オピオイドのなかの一群である*オピエートはモルヒネ由来の化合物である．

オプシン opsin

網膜の桿体細胞に含まれる光感受性色素である*ロドプシンのリポタンパク質成分のこと．

オプソニン opsonin ── オプソニン化

オプソニン化 opsonization

血中のある抗体（オプソニンとして知られている）が，体内に侵入した微生物の表面に結合する過程のこと．それによって食作用をより受けやすくなる．→ 補体

オープンリーディングフレーム open reading frame (ORF) ── 読枠

オペラント条件づけ operant conditioning ── 条件づけ

オペロン operon

*ジャコブ-モノー仮説で提唱された，細菌類における遺伝子発現の調節のための，機能的にまとまった遺伝子単位のこと．典型的なオペロンは，タンパク質をコードしている「構造遺伝子」と，構造遺伝子に隣接してその発現を調節している「オペレーター領域」と「プロモーター領域」と呼ばれる部位からなる．構造遺伝子はある特定の生化学経路に含まれる酵素群をコードしていることが多い．構造遺伝子の*転写はオペレーター領域にリプレッサー分子が結合することによって阻害される．インデューサー分子はリプレッサー分子と結合し，リプレッサーがオペレーターと結合するのを阻害するため，それによってRNAポリメラーゼがプロモーターに結合することができ転写が始まる．リプレッサー分子は「調節遺伝子」によってコードされ

ており，その遺伝子の位置はオペロンから近い場合も遠い場合もある．オペロンのなかにはアテニュエーター領域をもつものもある（→ 転写減衰）．アテニュエーター領域は，オペロン内の最初の構造遺伝子より上流にあり，細胞内の最終産物の量によって転写を阻害したり促進したりする．→ *lac* オペロン

親　parent
1. 有性生殖によって子孫を残す，つがいを作っている雄，もしくは雌のこと．→ *P*
2. 無性生殖や細胞分裂によって新しい個体，もしくは細胞を作り出す個体や細胞のこと．

オーリクル　auricle
1. 心耳．→ 心房
2. → 耳介

オリゴヌクレオチド　oligonucleotide
 *ヌクレオチドの短い重合体のこと．

オルガスム　orgasm
 ヒトにおける性的興奮の最高点のことで，男性では*射精と同時に生じる．生理学的，感情的な感覚の解放が，極度の快楽感に伴って生ずる．

オルソロガス　orthologous
 *相同遺伝子を表す単語で，共通祖先における一つの遺伝子から由来する子孫遺伝子のこと．したがって，ある系統が二つの新しい種に分化した場合，それぞれの遺伝子は二つのオルソログになり，そのあとで両者のDNA塩基配列や機能は多様化すると考えられている．→ パラロガス

オルドビス紀　Ordovician
 古生代の2番目の地質時代のことで，カンブリア紀の後でシルル紀の前の時代．約4億8500万年前に始まり，約4100万年間続いた．この時代の名前は，イギリスの地質学者であるラプウォース(Charles Lapworth, 1842-1920)によって1879年に命名された．深海の堆積物中に存在する*筆石類が主な化石である．その他の化石としては，*三葉虫，腕足類，外肛動物，腹足類，二枚貝類，ウニ類，ウミユリ類，オウムガイの仲間の頭足類や最初のサンゴ類などがあげられる．

オルニチン　ornithine（Orn）
 *アミノ酸の一種であり，$H_2N(CH_2)_3CH(NH_2)COOH$で表される．タンパク質の成分ではないが，*尿素回路の反応やアルギニン合成における中間体として生物にとって重要である．

オルニチン回路　ornithine cycle ── 尿素回路

オレイン酸　oleic acid
 $CH_3(CH_2)_7CH:CH(CH_2)_7COOH$で表せ，二重結合を一つもつ不飽和*脂肪酸のこと．オレイン酸は動植物性脂肪のなかで最も豊富な脂肪酸成分の一つであり，乳脂肪やラード，獣脂，ラッカセイ油，大豆油などに存在している．その系統名は(z)-9-オクタデセン酸である．

オレオソーム　oleosome ── スフェロソーム

オングストローム　angstrom
 記号 Å．10^{-10} メートルと同じ長さの単位のこと．この単語は以前は波長や分子間の距離を測るために使われていたが，現在はナノメートルに置き換えられた．1オングストロームは0.1ナノメートルである．この名前は分光学の先駆者であるスウェーデン人のA. J. Ångström (1814-74)にちなんで命名された．

温血動物　warm-blooded animal ── 内温動物

温室効果　greenhouse effect
 赤外線放射を吸収するある種のガス（温室効果ガス）の存在によって大気に引き起こされる効果．太陽からの可視光線と紫外線は大気を通過し地球の表面を暖めることができる．このエネルギーは赤外線として再放射されるが，その波長が長いために，二酸化炭素などの物質に吸収される．温室効果は自然現象であり，これがなければ，地球の気候は生命にとってもっと厳しいものになっていただろう．しかし，人間活動（農業，工業，交通）により放出される二酸化炭素はこの150年ちょっとで顕著に増大した．全般的な効果としては，地球とその大気の平均気温が上昇し続けていることである（いわゆる地球温暖

化).この効果は温室において起こる,可視光線と波長の長い紫外線の放射がガラスを通して温室に入っていくのに対して,赤外線の放射はガラスに吸収され,その一部分は温室内に再放射されるという現象と同じものである.

温室効果は環境への主要な危険の一つであると考えられている.気温の平均的な上昇は気候のパターンを変え,農業生産を変えてしまう可能性がある.すでに極地の氷は溶け出しており,それに伴って海水面が上昇している.石炭火力発電所や自動車の排気から排出される二酸化炭素は主要な温室効果ガスである.ほかに温室効果に寄与している汚染物質としては窒素酸化物やオゾン,メタン,そして*クロロフルオロカーボン(フロン)がある.多くの国は温室効果ガスの排出を制限する目標の設定に同意し,再生可能なエネルギー源への転換などを進めている. →汚染

温度記録法 thermography

医療技術で,ヒトの皮膚から放射される赤外線を利用して,癌により皮膚の表面温度が上がっているであろう部位を検出すること.血流量により体からの熱の放出が変化するので,循環の悪い部位は熱による放射が少ない.一方,腫瘍では血流が異常に増え,サーモグラフ(温度記録計)では高温部として表される.

温度傾性 thermonasty ── → 傾性運動

温度受容器 thermoreceptor

皮膚に存在する,温度を感受するように特化した細胞のこと(→ 受容器).

温熱中間帯 thermoneutral zone

温血動物(→ 内温動物)が作る熱が一定に保たれるような環境温度の範囲のこと.それゆえ,この範囲は動物にとって快適で,余分な熱を作らなくてよく,またあえぎのような体温を低くする行為のために代謝エネルギーを消費しなくてすむ.暑い環境に適応した動物よりも,寒い環境に適応した動物のほうが温熱中間帯が広い傾向がある.

音波走性 phonotaxis

音源に対応して生物が移動すること.例えば雌はしばしば潜在的配偶者の求愛の鳴き声によって引きつけられたりするし(正の音波走性),動物は捕食者の出す音によって逃げ出す(負の音波走性).

カ

科（群） family
（分類学）一つもしくは複数の，類似したあるいは非常に近縁な属からなる生物群の*分類に用いられる分類階級．近縁の科は目にまとめられる．科の名前は，植物学では-aceaeもしくは-ae（例えばCactaceae），動物学では-idae（例えばEquidae）で終わる．科の名称は通常，科全体を代表する基準属（上記の例で*Cactus*と*Equus*）に由来する（→ 基準標本）．植物学においては科は「自然目」と呼ばれることがある．

ガ moths ⟶ 鱗翅目

カー carr ⟶ 湿生系列

界 kingdom
昔の分類学における，生物分類の最上の分類階級．かつては植物界（→ 植物）と動物界（→ 動物）の二つの界だけが存在したが，後に他の界が付け加えられた．最新の分類では五つの界，バクテリア（原核生物→ バクテリア），*プロトクティスタ（原生動物と藻類を含む），カビ（→ 菌類），植物，動物に分ける．しかし，古細菌（*古細菌）の発見により，新たに界の上に*ドメイン（領域）を設けるようになった．

階 scala
内耳にある*蝸牛の，流動体に満たされた三つの管．すなわち，中央階（蝸牛管），鼓室階（鼓室神経小管），前庭階（前庭管）である．

ガイア仮説 Gaia hypothesis
イギリスの科学者ラブロック（James Ephraim Lovelock, 1919-）により提唱された，生物と非生物を含めた地球全体が一つの自己制御系として機能しているというアイデアに基づく理論．ギリシャ神話の大地の女神にちなんで名づけられたこの仮説は，環境条件に対する生物の反応が，よりよく生命を支えるように地球を進化させ，一方で環境に悪影響を与えるような変化をもたらす種を除くように進化させると提唱している．この仮説は多くの環境保全論者に好まれている．

カイアシ類 Copepoda
海に，そして，淡水に生息している甲殻類の綱．カイアシ類は0.5〜2 mmの長さで，甲殻と複眼をもたない．カイアシ類は重要なプランクトンで，自由生活を行い微生物を摂食するもの，寄生するものなどがある．有名な淡水産の属にはケンミジンコ（*Cyclops*, 神話に出てくる一つ目の意）があり，これは，中央に一つ目があることから名づけられた．

外因性の exogenous
生物の外から来た物質や刺激などをさす．例えば，動物の体内で生産できないビタミンは，食事に含ませて外因性に摂取を行う必要がある．→ 内因性の

外温動物（変温動物） ectotherm (poikilotherm)
周囲の環境から熱を吸収することにより体温を維持する動物．哺乳類や鳥類を除くすべての動物は外温動物であり，それらは冷血であると記述され，代謝によって体温を調節することができない．→ 変温性，内温動物，異温動物

回外運動 supination
橈骨と尺骨とともに，手が前方もしくは上方に向かうように前腕が回転すること．

外界の ambient ⟶ 周囲の

外花穎 lemma
イネ科の小花を保護する2枚の穎の一つ．外花穎は第二のより小さい穎である内花穎の下にある．外花穎は内花穎を包む．→ 穂状花序

蓋殻 valve
珪藻植物の2枚の細胞壁のいずれか一つ．

外果皮 epicarp (exocarp) ⟶ 果皮

階級 caste
アリ，ミツバチ，スズメバチなどの*膜翅類や，シロアリなどの*等翅目のような，*真社会性の昆虫にみられる分業体制．個体は，特定の働きを遂行するために構造的・生理学的に特殊化している．例えば，ミツバチ

では，生殖にあずかる雌である女王バチ，生殖能力のない雌である働きバチ，そして雄バチがいる．アリの間ではそれぞれ異なる階級の働きアリがいて，それらはすべて生殖能力のない雌である．

外群　outgroup
群内で共有されているある性質が，派生したのか（→ 派生形質），先祖代々なのか（→ 祖先形質）を調べるために，*系統学で使われる種や，場合によっては属などの高次の分類群．有効な外群比較のためには外群は検討対象の系統群の外にしなければならないが，あまりに離れてもいけない．そうしないと有効な情報が得られない．例えば，爬虫類，鳥類，哺乳類はすべて羊膜動物という*単系統群からなる．相同性（→ 相同な）の指標として生殖生理学を用い，群内の代表的なものの間の進化的関係を調べてみる．イヌとカンガルーはどちらも乳児を産むが（胎生），スズメ，カメ，ワニはすべて卵を産む（卵生）．胎生と卵生のどちらが先祖代々の特性で，どちらが派生的なものなのか？　カエルや魚類を外群に用いた比較は，これらのカエルや魚類などの無羊膜の脊椎動物が卵生であることを示す．そのため卵生は羊膜動物全体としては先祖代々の特性であると推測され，それに対して胎生というものは哺乳類で生じた派生的特性である．

塊茎　tuber
ある種の植物の膨らんだ地下茎や根（訳注：日本では，塊茎：tuber，塊根：root tuber または tuberous root の訳を対応させる）．これにより植物は冬や乾季を生き延びられ，また繁殖の手段にもなる．ジャガイモのような塊茎は地下茎の端に形成される．それぞれの塊茎はいくつかの節と節間をもつ．次の季節にはいくつかの新しい植物が塊茎の頂芽と腋芽から発達する．ダリアがもつような塊根は栄養物質を貯蔵して変形した不定根であり，これも新しい植物を生じる．

壊血病　scurvy
*ビタミンCの不足によりコラーゲンの合成が障害を受ける病気．症状として，貧血や皮膚の蒼白，歯を失うことがあげられる．壊血病は16〜18世紀の水兵でよくみられた病気で，長期の航海により新鮮な食料を食べられなかったことによる．

外肛動物　Ectoprocta　── 苔虫類

外骨格　exoskeleton
節足動物のキチン質の硬いクチクラのような，動物の体の外側の硬い覆い．外骨格は体を守り支え，筋肉が付着する場所を提供する．節足動物のクチクラは，成長のために剥がれなければならない（→ 脱皮）．軟体動物の貝殻や，リクガメやアルマジロの骨の板も外骨格である．→ 内骨格

外婚　exogamy
比較的類縁の遠い，または類縁のない系統の間の交配．outbreeding の語も用いられる．→ 内婚

介在　intercalary
分化した組織の間で生じる．例えば，*頂端分裂組織の一部ではない介在分裂組織がイネ科植物の節間（葉の付着する節の間）に生じ，茎の縦方向の成長が可能になる．

介在ニューロン　interneuron (interneurone)
比較的短いニューロンであり，脊椎動物では中枢神経系の灰白質に限られて存在している．*多シナプス反射で感覚ニューロンと運動ニューロンの間をつないでいる．

外肢　limb
哺乳類の脚や腕，鳥類の羽のような，脊椎動物の付属肢．→ 五指肢

外耳　outer ear (external ear)
耳の*鼓膜の外側の部位のこと．哺乳類，鳥類，一部の爬虫類がもち，音波を鼓膜へと伝える管（外耳道）からなる．哺乳類の外耳は頭蓋の外に延びる外*耳介を含むとされている．

開始因子　initiation factor (IF)
タンパク質合成の*翻訳段階を開始するのに必要なタンパク質の一群．各リボソームは大小二つのサブユニットからなり，メッセンジャーRNA（mRNA）鎖に会合する．開始因子は，mRNAの*開始コドンを認識する開始tRNAのリボソーム小サブユニットへの結合を触媒する．その後，このサブユニ

ットはmRNAに結合し，開始因子は分離して，リボソームの大サブユニットが小サブユニットに結合できるようになる．また，開始因子はいくつかの細胞で翻訳速度を制御する．

開始コドン start codon (initiation codon)
メッセンジャー*RNA分子（→ コドン）の*翻訳開始部位上にみられるヌクレオチドの三つ組みである．真核生物では開始コドンはAUG（→ 遺伝暗号）であり，このコードはアミノ酸のメチオニンをコードする．真正細菌では開始コドンは，N-ホルミルメチオニンをコードするAUGか，バリンをコードするGUGのいずれかである（訳注：原核生物でも，古細菌は，開始コドンにN-ホルミルメチオニンではなく，メチオニンをコードする）．→ 終止コドン

外質 ectoplasm ─→ 細胞質

概日リズム circadian rhythm (diurnal rhythm)
動物や植物の行動や生理に関するあらゆる24時間周期の現象をいう．例としては，多くの動物の睡眠/覚醒周期や，植物の成長運動がある．概日リズムは，一般的に*生物時計により制御される．

外受容器 exteroceptor
外からの刺激を受容する*受容器をさす．外の環境の温度をモニターする，皮膚の温度受容器が例としてあげられる．→ 内受容器

外翅類 exopterygote
*不完全変態をする羽の生えた昆虫．卵からかえったもの（*若虫）は，成虫と似ているが羽がない．羽は少しずつ体の外部で発達し，最後の脱皮まで，連続したステージ（*齢）を経て成熟する．蛹の段階はなく，ゆえに不完全変態と呼ばれる．外翅類の昆虫には，カゲロウ（*カゲロウ目），トンボ（*トンボ目），バッタ（*バッタ目），カメムシ（*半翅目）などが含まれる．→ 内翅類

外植 explantation
動物や植物の細胞，組織，器官を取り出し，適切な培地に植え替えてその成長や発達を観察すること．取り出した部分は「外植片」といわれる．→ 組織培養，器官培養

外腎門 nephridiopore ─→ 腎管

海藻 seaweeds
海中または潮間帯に生息する大きな多細胞性の*藻類．海藻は一般的に*緑藻植物門，*褐藻植物門，*紅色植物門のいずれかに属する．

開窓 fenestration
生物の組織やその他の構造が窓のような切れ目によって穿孔されている状態．例えば，腎臓内の糸球体における毛細血管の内皮は物質のろ過を促進するために開窓されている．

下位痩果 cypsela
種子の散布の際にも裂開しない，1種子の乾燥した果実．2枚の心房からなる子房から形成されるが，その内部でたった一つの胚珠が種子となる．これは*痩果に類似していて，タンポポなどに代表されるキク科の植物に特有である．→ 冠毛

階層構造 hierarchy
社会組織の型の一つで，ここでは集団の他の成員と比較した地位や優越性により，個体が順位づけされる．これにより，たとえば配偶者や食物の入手などが決定されるために，個体の行動は様々な影響を受ける．脊椎動物の大部分と，一部の無脊椎動物は階層構造のある社会集団で生活する．

解像度 resolving power
光学機器において，近接している物体を別々の像として観察できる能力や，近接している電磁波の波長を区別できる能力．通常，顕微鏡の解像度は区別できる二つの点の最小間隔距離で表す．解像度が小さいほど解像力はよい．

懐胎期間 gestation
動物が（特に哺乳類が）受精から子どもの誕生（出産）まで，体内に胎児を保持している期間のこと．ヒトでは，懐胎期間は「妊娠」として知られ，約9カ月（40週）かかる．

回虫 roundworms ─→ 線形動物

回腸 ileum
哺乳類の*小腸の一部であり，*空腸のうしろで*大腸の前にある．回腸は消化と吸収の場所である．回腸の内面は多数の小さな突

起（→ 絨毛）をもち，吸収の表面積を増大させている．

外転筋 abductor (levator)

外肢を身体から離すように動かす働きをもつ筋肉のタイプ．外転筋は*内転筋と拮抗的に働く．

解糖（エムデン-マイヤーホフ経路） glycolysis (Embden-Meyerhof pathway)

グルコースが分解されてピルビン酸になる過程で*ATPの形でエネルギーを放出する，一連の生化学的反応（図参照）．1分子のグルコースが2回のリン酸化反応を受け，その後開裂して2分子のトリオースリン酸となる．2分子のトリオースリン酸はそれぞれピルビン酸へと変換される．正味のエネルギーの収量はグルコース1分子について2分子のATPである．*好気呼吸においては，その後にピルビン酸は*クレブス回路に入る．一方，酸素の供給が少ない，もしくはない場合は，*嫌気呼吸によってピルビン酸は様々な物質へと変換される．フルクトースやガラクトースなどの単糖や，脂質からのグリセロールなども途中の段階から解糖の経路に入ってくる．→ 糖新生，グリコーゲン分解

外套 mantle

軟体動物の体の背側表面を覆っている皮膚のひだで，水平な膜状に伸長し外套腔（体と外套の間にある隙間）のなかの鰓を保護する．殻をもっている種では，外套の外面は貝殻を分泌している．

解読鎖（コーディング鎖，プラス鎖，センス鎖） coding strand (plus strand; sense strand)

DNAの二本鎖の鎖のなかで，ウラシルがチミンに置き換わっている以外は，そのDNAから転写されたメッセンジャーRNA（mRNA）の塩基配列と同じ塩基配列をもつほうの鎖を，規約により解読鎖という．この鎖は，mRNAが*転写される際に鋳型となる二本鎖のもう片方の*非解読鎖と相補的な配列をもつ．

外毒素 exotoxin ── 毒素

回内運動 pronation

上腕の先端部を回し，橈骨と尺骨をねじって交差させて手を後方や下方に向けること．→ 回外運動

カイニン酸 kainate (kainic acid)

紅藻のマクリ（*Digenea simplex*）から得られるグルタミン酸の類似物質で，ある種の*グルタミン酸受容体（カイニン酸受容体）の特異的作動物質．

概年周期 annual rhythm (circannual rhythm)

生物における過程や機能が年周期で起こること．概年周期をもつ現象としては，例えば*一年生植物における生活環や，配偶行動，*移動などの運動や，樹木の茎における*年輪などの成長パターンなどがあげられる．→

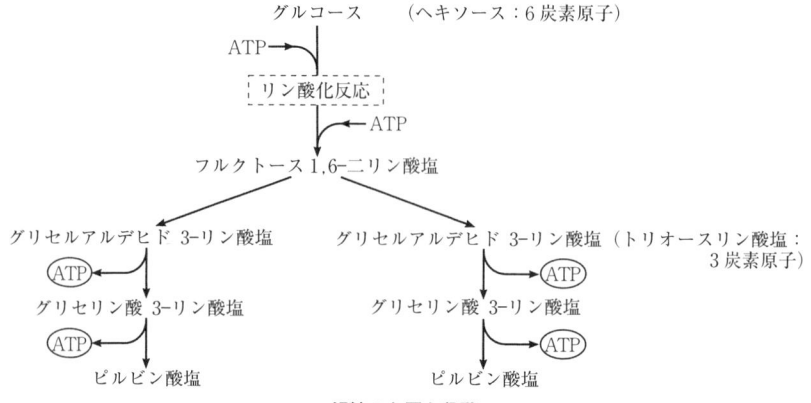

```
                    グルコース        （ヘキソース：6炭素原子）
              ATP ↘ ↓
              ┌─────────┐
              │ リン酸化反応 │
              └─────────┘
                    ↓ ← ATP
              フルクトース 1,6-二リン酸塩
                 ↙         ↘
     グリセルアルデヒド 3-リン酸塩    グリセルアルデヒド 3-リン酸塩  （トリオースリン酸塩：
       ATP ←↓                    ↓→ ATP                        3炭素原子）
     グリセリン酸 3-リン酸塩       グリセリン酸 3-リン酸塩
       ATP ←↓                    ↓→ ATP
         ピルビン酸塩               ピルビン酸塩
```

解糖の主要な段階

生物リズム
概年リズム circannual rhythm ⟶ 概年周期
下位の inferior
　生体内で他の組織よりも下に位置する組織であることを示す形容詞．例えば，顕花植物の子房は，花の他の器官よりも下に位置するときに下位であると説明される（→ 子房上生）．→ 上位の
カイノゾイック Kainozoic ⟶ 新生代
海馬 hippocampus
　脊椎動物の脳の一部で，二つの隆起からなり，その一つは左右の側*脳室の上を覆う．海馬は，霊長類と鯨類などの高等な哺乳類でよく発達しており，恐れや怒りなどの感情を生ずる反応の表出に関係した機能をもつと考えられている．
外胚葉 ectoderm
　*原腸胚の外側の細胞の層で，成体では表皮や神経系へと発達する．→ 胚葉
灰白質 grey matter
　脊椎動物の中枢神経系を作る組織の一部．灰褐色で，主に神経*細胞体や*シナプス，*樹状突起からなる．灰白質は中枢神経系の神経の間の協調がなされる箇所である．→ 白質
外皮
　1.　exodermis ⟶ 下皮
　　integument
　2.　動物の体における最も外側の層であり，表面の保護層とその下にある生細胞の層（*表皮）から成り立つことが特徴である．この表面の保護層は節足動物では分泌されて硬化した*クチクラであり，また脊椎動物では死んで角質化した細胞である（→ 皮膚）．
　3.　植物*胚珠の外側を保護する被層．*珠孔という小さな穴が開く．ふつう，被子植物では2枚の外皮が存在し，裸子植物では1枚存在する．受精後，外皮は種子の*種皮を形成する．
　4.　pellicle
　タンパク質からなる薄い外側の覆いで，例えばミドリムシ属などのある種の単細胞生物の形を保護，維持する．透明で，例えばゾウリムシ属などの繊毛虫類においては，繊毛の生える小さな孔をもつ．
外部環境の ambient ⟶ 周囲の
外部寄生者 ectoparasite
　宿主の体の外側に寄生する寄生者．→ 寄生
回文性 palindromic
　片方の鎖の塩基配列がもう一方の鎖で逆さまになって繰り返している二本鎖DNAの領域のこと．よって次の塩基配列は回文性であるといえる．
　　　　−ACTTGCAAGT−
　　　　−TGAACGTTCA−
回文配列はDNA中に普遍的に存在し，DNAのこの領域は*制限酵素によって切断される．
回分培養 batch culture
　微生物や細胞の培養に用いられる技術の一種である．この培養では，増殖のための栄養分が制限されており，栄養分を使い切るか，その他の因子が枯渇してくると，増殖は終結に向かう．生物が生成した細胞やその他の生産物は，その後に培養液から回収する．
外分泌腺 exocrine gland
　分泌物を体の内腔（腸などの）や体表に放出する腺．*脂腺，*汗腺，*乳腺，膵臓の一部がその例となる．外分泌腺は胚のなかの上皮陥入によってできる．分泌物は最初空洞（*腺房）に放たれ，管または管のネットワークを通る．この間に分泌物は，管上皮を介した血液との交換によって組成が変化することがある．
解剖学 anatomy
　生命体の構造を学ぶ学問のことで，特に切開や顕微鏡による検査によって生体の内部構造を調べる学問．→ 形態学
開放循環 open circulation ⟶ 循環
蓋膜 tectorial membrane ⟶ コルティ器
界面活性剤 surfactant（surface active agent）
　洗剤のような，水に加えることで*表面張力を下げ，水の広がりや湿潤を促進する物質のこと．

海綿骨質 spongy bone ⟶ 骨
海綿状組織 spongy mesophyll ⟶ 葉肉
海綿動物 sponges ⟶ 海綿動物門
海綿動物門 Porifera
　海綿からなる，海水や淡水に生息する無脊椎動物の一門のことであり，永久的に岩盤やその他の表面上に接着して生息する．海綿の体は空洞であり，基本的に細胞が凝集したもので，それらの間に神経的統合はほとんどない．体は，白亜質，シリカ，あるいは繊維状タンパク質の骨片からなる内部骨格により保持されている（モクヨクカイメンはタンパク質の骨格をもつ）．波動毛を有する（有鞭毛）細胞（襟細胞）により水流が生じ，この水流は体外から体壁にある穴（小孔）を通って体内に入り，体の上端の大孔を通して体外に出る．襟細胞により，食料となる微粒子が水からこし取られる．⟶ 板形動物門

海洋帯 oceanic zone
　大陸棚の縁を越えた深さ 200 m 以上の外海の区域のこと．⟶ 浅海水層

外来種 alien (exotic)
　ある地域にもとからいたわけではなく，自然分布地域からヒトや他の要因によりそこに持ち込まれた生物種のこと．外来種には，ラットのように，主に積荷や輸送船に入り込んで偶然導入されるものもあれば，しばしば装飾的もしくは経済的な価値から意図的に持ち込まれたものもある．外来種のうち，自立した野生の集団を形成したものを「帰化した」(naturalized) といい，引き続いて導入されることに依存しているものを「偶然に繁殖する」(casual) という．

外来の exotic ⟶ 外来種

解離因子 release factor (RF)
　タンパク質合成においてメッセンジャーRNA (mRNA) の*翻訳を止め，リボソームから，完成したポリペプチド鎖を放出させるタンパク質．このタンパク質は mRNA の*終止コドンを認識し，リボソーム上のAサイト（＝アミノアシル tRNA 結合サイト）に結合し，それ以上のポリペプチド鎖の伸長を止める．その後に mRNA はリボソームから離れ，リボソーム複合体はポリペプチド鎖を放出して解体する．原核生物は2種の終止因子 RF-1 と RF-2，真核生物はただ1種の終止因子 eRF をもつ．

外リンパ perilymph
　*内耳の液体で，骨迷路と膜迷路の間の空間を満たしている．⟶ 蝸牛，内リンパ

カイロモン kairomone ⟶ 他感作用物質

カウパー腺（尿道球線） Cowper's glands (bulbourethral glands)
　前立腺の下に位置している，エンドウ豆大の一対の腺．イギリスの外科医カウパー (William Cowper, 1660-1709) にちなんで名づけられた．カウパー腺が分泌するアルカリ性の粘液は，*精液の一部となっている．この分泌物は尿道のなかの酸性環境を中和し，そのことによって精子を保護している．⟶ 精嚢

カエル frogs ⟶ 両生類

仮果 false fruit ⟶ 偽果

化学化石 chemical fossil
　古代の地層にみられる多様な有機化合物．これは，生物学的な起源が推定され，その岩が形成されたときに生命体が存在していたことを示唆するものである．始生代の地層に化学的化石が存在することは，生命が35億年以前，おそらく38億年前に存在していたことを示している．

化学屈性 chemotropism
　化学的刺激に対する応答による植物や植物の一部の成長や運動．花柱のなかの糖の存在に対する応答として，受精の際に花粉管が花柱内を伸長することが例としてあげられる．

化学結合 chemical bond
　分子や結晶内における，原子どうしの誘引しあう強い力．通常，原子は外殻の電子を共有したり供与することによって結合し，分子を形成する．典型的な化学結合はおよそ 1000 kJ mol^{-1} のエネルギーをもっていて，分子間の多くの弱い力と区別される．⟶ 共有結合，イオン結合，水素結合

化学合成 chemosynthesis
　*独立栄養の一種で，化学合成独立栄養生物は光エネルギーに依存せず，無機化合物の

酸化によるエネルギーによって有機化合物を合成する．多くの化学合成独立栄養生物は，真正細菌または古細菌であり，亜硝酸細菌 (*Nitrosomonas*) を含む．これは，アンモニアを亜硝酸に酸化する．また，硫黄細菌 (*Thiobacillus*) は硫黄を硫酸塩に酸化する．

化学合成独立栄養生物 chemoautotroph
── 独立栄養，化学合成

化学合成無機栄養生物 chemolithotroph
鉄や窒素，硫黄などを含む無機化合物の酸化によってエネルギーを得ることができる細菌．

下顎骨 mandible
脊椎動物の下顎骨．

化学受容器 chemoreceptor
特定の化学物質の存在を検出し（多細胞生物では）その情報を感覚神経に伝達する働きをもつ*受容器．*味蕾や*頸動脈小体の受容器などが例としてあげられる．

化学浸透圧説 chemiosmotic theory
イギリスの生化学者であるミッチェル (Peter Mitchell, 1920-92) によって提唱された，ミトコンドリアの*電子伝達鎖における ATP の形成を説明する理論．電子がミトコンドリアの内膜において電子伝達系に沿って伝達される際に，水素イオン（プロトン）は*プロトンポンプにより能動的にミトコンドリア内膜と外膜との間のスペースに輸送される．そのために，このスペースはマトリックスと比して高濃度のプロトンを含むことになる．これにより内膜をはさんで電気化学的勾配が形成される．それゆえプロトンはマトリックスへと移動していく．この移動は*ATP 合成酵素に付随する特殊な通路を通して行われる．この酵素は ADP をリン酸化し，ATP に変換する（図参照）．同様の勾配が葉緑体のチラコイド膜をはさんで，*光合成の明反応によって形成される（→ 光リン酸化）．

化学的年代測定 chemical dating
検体の化学組成を測定することをもとにする絶対的な*年代測定法．化学的年代測定は化学変化速度が既知かつ遅いものとして知られている検体のときに使用することができる．例えば，土中の骨のなかのリン酸は，地下水に含まれるフッ素イオンにより徐々に置換されていく．フッ素の存在率の測定は骨が地下にあった時間の粗い見積りを示すものである．他により正確な方法として，生体内のアミノ酸はL-光学異性体であるという事実に基づくものがある．死後，これらのアミノ酸はラセミ化する．したがって，アミノ酸の D 体と L 体の相対的比率を測定することによって骨の年代を測定することができる．

化学的防除 chemical control
化学薬品を用いて害虫を防除すること（→ 農薬）．→ 生物的防除

化学的融合誘導因子 chemical fusogen
二つの細胞やプロトプラストの融合に用いられる多くの化学物質（→ 細胞融合）．ポリエチレングリコール（PEG）は*ハイブリドーマの形成に用いられ，硝酸ナトリウムは溶液中での植物プロトプラストの融合に用いられる．

化学反応 chemical reaction
一つないしは複数の化学元素や化合物（反

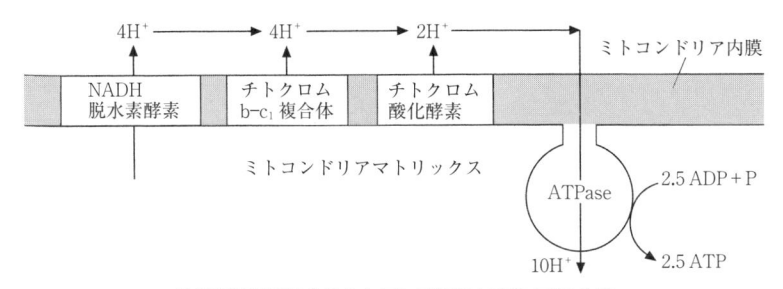

化学浸透圧説によるミトコンドリア中での ATP 生産

応物）が新しい化合物（生成物）を形成する変化．すべての反応はある程度可逆的である．すなわち，生成物はもとの反応物に戻る反応を行うことができる．しかしながら，多くの場合この逆反応は無視してよいほど少なく，不可逆反応と見なしてよい．→ 吸エルゴン反応，発エルゴン反応

化学分類 chemotaxonomy

生産する物質，そしてその生化学的合成系路の類似度や差に基づく植物と微生物の*分類．→ 分類学

化学分類学 chemosystematics ─→ 系統学

化学療法 chemotherapy

病気の治療に化学物質，特に薬剤を使用すること．特に癌治療においてなされる薬剤療法に関して，放射線を使った治療（放射線療法）と区別するために化学療法という言葉が使われる．

花冠 corolla

*花被の内輪を形成する部分で，*花弁の集まりのこと．雄ずいや心皮を取り囲む．花冠の形は非常に多様である．花弁はおのおの離れている場合（離弁花）と，合着して筒を形成する場合（合弁花）がある．

鍵と鍵穴のメカニズム lock‐and‐key mechanism

1890年にフィッシャー（Emil Fischer, 1852-1919）によって提案されたメカニズムで，酵素の活性部位と基質分子の間の結合を説明する．活性部位は固定された構造をもち（鍵穴），それは特異的な基質の構造と正確に一致する（鍵）．このように酵素と基質が作用し，*酵素-基質複合体を形成する．そして基質が生成物に変換されると，これはもはや活性部位に合致しなくなるので，生成物は活性部位から遊離し，酵素から放出される．X線構造解析によれば，酵素の活性部位は鍵と鍵穴の理論が示すよりも可塑性があることが明らかとなった．→ 誘導適合モデル

蝸牛 cochlea

哺乳類，鳥類，ある種の爬虫類の*内耳の一部で，音波を神経インパルスに変換する．哺乳類では，蝸牛はらせんを巻いており，カタツムリの殻に似た形で，膜により蝸牛管（中央階）と二つの外側の管（前庭階と鼓室階）の三つの平行な管に分かれており（図参照），これは一つの長い管が蝸牛の先端で折れ曲がることにより形成されている．前庭階と鼓室階が連絡する蝸牛の先端の穴は蝸牛孔と呼ばれる．蝸牛管は液体（→ 内リンパ）で満ちており，音の受容器を収納する*コルティ器を含む．他の二つの管にも液体が満ちている（→ 外リンパ）．音により生じた*前庭窓の振動は，外リンパと内リンパを通じて伝達され，コルティ器のなかの*有毛細胞を刺激する．有毛細胞は次に神経細胞を刺激し，*聴神経を経由して脳へ伝達され音として解釈される．

蝸牛孔 helicotrema ─→ 蝸牛

核 nucleus

すべての真核*細胞の細胞質内に存在する大きな物体で，遺伝物質である*DNAが*染色体としてそのなかに存在する．核は細胞のコントロールセンターとして働き，二重膜（核膜）によって囲まれている．細胞が分

蝸牛（うずまきは簡略化してある）

裂しないときは核内には*核小体が存在し、染色体物質（*染色質）は核質中へと分散する。分裂時の細胞においては、染色体はより短く太くなり、核小体は消失する。核の内容物は核質である。ある種の原生生物においては、細胞1個当たり2個の核があり、そのうち大核は無性（栄養性）の機能をもち、小核は有性生殖の機能をもつ。

萼 calyx

花の*萼片の集合体。全体として*花被の外輪を形成する。萼は花びら、雄しべ、そして心皮を包み、蕾のときには、花を保護している。→ 冠毛

核移植 nuclear transfer

動物のクローンを作製するために使われる技術で、ドナー細胞から取り出した核を卵細胞へと移植し、その後胚への分化を促す方法である。この技術は様々な哺乳類において成功を収めており、その最も有名な例は1997年に作られたクローンヒツジのドリーである（→ クローン）。ドリーの誕生以前には、比較的未分化状態の培養胚細胞における核移植が行われていた。マイクロピペットによって核を除去した未受精卵細胞へ、単一の胚細胞が注入された。卵細胞と胚細胞の融合体は、電気パルスによる刺激によって分裂が誘導され、その後正常な受精卵のような胚になる。その後、その胚は発生を続けるために代理母の子宮に移植される。ドリーは、哺乳類における完全に分化した成体の体細胞からのクローンの最初の例である。ドリーは、完全に分化した細胞においても、新しい個体の発生のための「再プログラミング」が可能であることを示している。ドリーの場合では、ドナー細胞は培養したヒツジの乳房の細胞から選び出し、貧栄養培地において飢餓状態にし活動を静止させたものを用いた。これは、必須な遺伝子以外のすべての遺伝子をオフにし、自然な受精をうまく真似るために行われた。

成体の細胞を用いることは、いくつかの利点がある。例えば、細胞の培養と維持が容易であること、遺伝的に変化させることや、変化した細胞を選抜するなどの適応範囲が広いこと、などがあげられる。胚細胞や体細胞を使った核移植は現在増えつつあり、家畜産業において選り抜きの動物を増やすことに使われたり、商業利用のために遺伝的に改変した哺乳類を作るために使われたり（たとえばヒトのタンパク質をミルク中に分泌するヤギなど）、絶滅の危機に瀕した生物種を増やすことに使われたりしている。しかし、一般的に失敗率が高く、またわずかに生き残ったクローン個体も、寿命を短くするような先天性疾患をもつことが多い。このことは、分化した細胞の「再プログラミング」には手強い技術的障壁があることを示している。

角化 cornification ⟶ 角質化

核果 drupe (pyrenocarp)

一つあるいは複数の融合した心皮から成長した多肉質の果実で、一つあるいは多数の種子を有する。種子は果実の堅い内果皮で保護されている（→ 果皮）。このようにモモの硬い種は種子を内部に含む内果皮である。プラム、オウトウ、ココナッツ、アーモンドは1種子をもつ核果の例で、セイヨウヒイラギ、ニワトコの果実は多種子をもつ核果の例である。→ イチゴ状果

核外遺伝子 extranuclear genes

核以外の細胞器官にあるDNAのなかの遺伝子で、ミトコンドリアや葉緑体などにあるもの。このうちいくつかはタンパク質をコードしている。これらの器官のDNAは配偶子の細胞質を介して次世代に遺伝する（→ 細胞質遺伝）。一方の種類の配偶子がもう一種類の配偶子よりずっと大きく、細胞質の量も異なる生物では、片方の親が核外遺伝子の遺伝のほとんどか、あるいはすべてを担う。例えば、人間の*ミトコンドリア遺伝子は母の卵子を経由した母系遺伝となる。

核型 karyotype

細胞核の*染色体の数や構造のこと。体内の*二倍体細胞の核型はすべて同じである。

顎脚 maxilliped

甲殻類において*口器の一部となる、対になった付属肢。顎脚は3対まで存在することがあり、大顎のうしろに位置して食物を口に運ぶために用いられる。

核孔 nuclear pore ⟶ 核膜

顎口上綱 Gnathostomata
　顎をもつすべての脊椎動物を含む，脊索動物の亜門または上綱．六つの現存する綱を含む．すなわち，*軟骨魚綱，*硬骨魚綱，*両生類，*爬虫綱，*鳥類，*哺乳類である．→ 無顎類

核合体 karyogamy
　有性生殖時にみられる核，または核物質の融合．→ 受精

核/細胞質比 nuclear-cytoplasmic ratio
　細胞質に対する細胞核の大きさの尺度．これは，正常組織と異常組織の細胞の比較における指標によく使われる．例えば，培養したがん細胞は核/細胞質比が増加する．

拡散（受動輸送） diffusion (passive transport)
　粒子（例えば分子やイオン）が，無作為な運動の結果として，高濃度の領域から低濃度の領域へ，粒子の分布が均一になり濃度が全体として一定になるまで移動することをいう．酸素やNa^+のような，小さな分子やイオンは，細胞膜を通して拡散できる．

核酸 nucleic acid
　*ヌクレオチド鎖からなる，細胞中の有機化合物の複合体のこと．*DNA（デオキシリボ核酸）と*RNA（リボ核酸）の二つの型がある．

拡散勾配 diffusion gradient ── 濃度勾配

核酸ハイブリッド形成 nucleic acid hybridization
　試験管のなかで，二つの核酸の相補鎖が雑種（ハイブリッド）二重鎖を形成すること．→ DNA ハイブリダイゼーション

核磁気共鳴 nuclear magnetic resonance (NMR)
　強い静磁場中に，ある原子核がおかれることによる電磁放射（電波）の吸収のこと．この吸収の結果，磁場中で小さな棒磁石のようにふるまう原子核の配向が変化する．主なNMRの応用例は分光法（NMR分光法）であり，これは化学や生化学における分析や構造決定に使われる．NMR分光法には，二つの方法がある．連続波法（CW）NMRでは，試料を強い磁場のもとにおき，磁場を変化させる．磁場を変えることによって，ある強度の磁場のもとで電波の吸収が起こる．これは磁場の振動を生み出すため，それを検出する．フーリエ変換（FT）NMRでは，固定された磁場を使い，広い周波数域にわたる高い強度のパルス電波を試料に当てる．それにより出てきたシグナルを数学的に分析することで，NMRスペクトルを得る．^1H原子核が一般的に使われるものの一つである．生化学的に役に立つ他の原子核には，^{31}P，^{13}C，^{15}N，^{19}Fなどがあるが，これらは天然に存在する量が水素より少なく，出すシグナルも弱い．得られたスペクトルは，その分子の電磁波吸収特性を示す．医療においては，柔組織の像を表示するMRI (magnetic resonance imaging) が発達してきている．この技術は，腫瘍や組織異常の位置を調べるために役立っている．

核質 nucleoplasm (karyoplasm)
　細胞の*核の内部に含まれている物質のこと．核質は，細胞質と核質とを分けている*核膜によって包まれている．

角質化（角質生成） keratinization (cornification)
　哺乳類の*表皮の最も外側の細胞の細胞質が*ケラチンに置き換わる過程．角質化は*角質層，羽，毛，かぎ爪，平爪，蹄，角などにみられる．

角質層 stratum corneum
　哺乳類の*表皮の最外層に存在する死んだケラチン細胞の層．角質層は，外部環境と*皮膚で生きている細胞の間の防水バリアとなっている．

学習 learning
　一定の状況下における動物の行動が，経験に基づいて通常はその動物が利益を得られる方向に永久的な変化を示すようになる過程のこと．学習により，その動物は遭遇した状況により柔軟に反応できるようになる．種によって学習能力は大きく異なるが，これは種の外部環境に学習能力が順応しているためである．生理学的な見地からは，学習の際には中枢神経系のニューロンの結合の変化が伴うこ

動物の学習　learning in animal

　もし動物が自分の経験に基づいて自らの行動を変えることができるなら，その動物の生存の見込みは大きく向上する．学習によって，食物の獲得，捕食者からの回避，環境のしばしば予測できない変化への適応の可能性は向上する．行動の発達における学習の重要性は，ワトソン（John B. Watson, 1878-1958）やスキナー（B. F. Skinner, 1904-90）などのアメリカの実験心理学者たちにより特に強調された．彼らは注意深く制御された実験条件下で動物を研究した．彼らは，クマネズミやハトが，食物の報酬や電気ショックの形の刺激にさらされることによって，どのように訓練あるいは条件づけされるかを示した．この研究は他の研究者，特に動物行動学者から批判された．彼らは自然環境下で動物を観察することを重視し，また行動の発達において，本能のような生得的な機構の重要性を強調した．これらの二つの，かつて対立した方法論は現在では統合された．学習は，動物の遺伝子の束縛条件下において，動物の環境中の刺激に反応して生じる，動物の発達の動的な様相であると見なされている．したがって，若い動物は広範囲の刺激に対する感受性が高いが，しかし母親からの刺激のように，最も重要なものに反応するように遺伝的に方向づけられている．

条件づけ　conditioning

　条件づけに関する古典的な研究は，イワン・*パブロフによって1900年代初頭に行われている．彼はどのようにしてイヌが，鐘の音と食物の呈示を結びつけて学習することができるかを研究し，しばらくすると鐘の音だけで唾液分泌を起こすことを示した．彼はイヌが分泌した唾液の量を測定し，イヌが鐘の音と食物の呈示の関連を学習すると唾液分泌が増加することを示した．このイヌは，鐘の音に反応するように条件づけされたことになる．

　このような学習は動物に広くみられる．パブロフの実験では正の条件づけを扱っていたが，負の条件づけも生じうる．たとえば，若鳥は，シナバーモスのイモムシの黒と橙の模様とその不快な味の結びつきを素早く学習し，以後そのようなイモムシを食べなくなる．

試行錯誤学習　trial-and-error learning

　この学習は，動物の自発的な行動が偶然報酬を生んだときに生じる．たとえば，腹をすかせたネコが箱のなかに入れられ，扉を開けて食物を手に入れるにはヒモの輪を引く必要があるとする（図参照）．食物を得ようと努力したり，引っかいたりする色々な動きの後で，ネコはたまたまそのヒモの輪を引き，箱から解放される．ネコの行動は，報酬を手に入れるうえで役に立っている．次に箱に入れられたときには，そのネコの注意はしだいに輪に向けられるようになり，ついには箱に入れられるとただ

ネコの試行錯誤学習

だちに輪を引くようになる．

洞察学習 insight learning

　チンパンジーは，木枠や箱をつみ重ねて台を作ったり，あるいは棒を使ったりして，そのようなことをしなければ手に入れられないバナナの房を手に入れることを学習することができる．チンパンジーは，あたかもその問題を知的に考察した後に洞察を得たかのように，突然その問題を解くようにみえる．このような複雑な学習は，以前の経験が，この場合には単に木枠，箱や棒で遊んだ経験が役に立つ．

チンパンジーの洞察学習

刷り込み imprinting

　刷り込みは若い動物，特に若い鳥にみられる学習の形式で，この場合，子は生後ごく早い時期に母親と結びつきを形成し，そのために子は確実に世話がなされ，また，はぐれることがなくなる．例えばニワトリやアヒルの雛は，孵化後に出会った最初の大きな動く物体の後ろについていく．この物体は普通は雛の母親であるが，人工孵化された雛では，図で示されているような木の模型，あるいは最初にコンラート・*ローレンツがガチョウやアヒルの雛で示したように，人間にさえも刷り込みされる．刷り込みは子の発達の間の特に感受性の高い時期に起きる．刷り込みされた個体や物体に対する，動物の愛着は，その動物が成体になっても強く保たれる．

子ガモの刷り込み

とが知られている（→ シナプス可塑性）. 多数の異なる型の学習が提案されてきた. このなかには *慣れ, *条件づけを通した連想学習, 試行錯誤学習, *洞察学習, *潜在学習, *刷り込みがある. → p.75, 76（動物の学習）

核周囲腔 perinuclear space (perinuclear compartment) ── 核膜

学術研究上重要地域 SSSI (Site of Special Scientific Interest)

イングランド, スコットランド, ウェールズの特定の地域の法定名称である. これはイングリッシュネイチャー (English Nature：EN), スコットランドナショナルヘリテージ (Scottish National Heritage：SNH), あるいはウェールズカントリーサイドカウンシル (Countryside Council for Wales：CCW) などの公的機関により認定され, 植物相, 動物相, 地質学的, 自然地理学的観点から特に重要な地域であることを示す. このような場所は開発活動から保護され, 公的財源により保護・維持が行われる. イギリスには 6000 カ所以上の SSSI がある. 北アイルランドの同様な場所は, 学術研究上重要区域 (Areas of Special Scientific Interest：ASSI) と名づけられている.

萼状総苞 epicalyx

萼に似た形態の, 花の下の苞葉の輪. イチゴの花などでみられる.

核小体 nucleolus

分裂していない真核細胞の核の内部にある小さく密集した丸い物体のことで, そこでリボソームの構築が起こる. リボソーム RNA の成分のほとんどの遺伝子をコードしている *核小体形成体の周辺に形成される. リボソームを構成するタンパク質群は, 細胞質で翻訳されたあとに核小体へと移動し, そこで *リボ核タンパク質となり, 再び細胞質へと戻り, そこで成熟したリボソームとなる.

核小体形成体 nucleolar organizer

真核生物の染色体のうち, リボソーム RNA をコードする遺伝子を含む領域のこと. 分裂しない細胞においては, 核小体形成体はリボソームの構築時に *核小体を形成する. 核小体形成体は同一のリボソーム RNA 遺伝子の直列（タンデム）な繰返し配列によって構成され（→ タンデムアレイ), 繰返し配列のそれぞれはリボソームの大サブユニット中に含まれる RNA の前駆体を大量に一斉に転写する.

覚醒 arousal

動物における生理学的かつ行動学的な応答状態の水準のことで, その水準は, 睡眠と警戒の間で変動する. 脳のある一部分（網様体賦活系）によって制御されており, 脳内の電気活性, 心拍数や筋肉の緊張度合いの変化, 新しい刺激への反応など全身の活動から覚醒水準は検出できる.

核タンパク質 nucleoprotein

核酸 (DNA あるいは RNA) とタンパク質でできた, 生物の細胞中に存在する物質のこと. 染色体は核タンパク質から構成されており (DNA とタンパク質. タンパク質の大部分はヒストンである), リボソームも核タンパク質である (RNA とタンパク質). → リボ核タンパク質

拡張 dilation ── 血管拡張

殻斗 cupule

苞葉からなる堅固もしくは膜質のコップ状器官. 例えばヘーゼルナッツやドングリにみられるもののように様々な果実を取り囲んでいる.

獲得形質 acquired characteristics

個体の生涯を通して発達した形質のこと. テニス選手の発達した腕の筋肉などはその例である. こうした形質は遺伝的に支配されず, 次世代に受け継がれない. → ラマルク説, 新ラマルク説

獲得免疫 acquired immunity ── 免疫

核内低分子 RNP small nuclear ribonucleoprotein (snRNP) ── リボ核タンパク質

核内倍加 endoreduplication

一つの核内で遺伝子の複製が連続して起きること. 活発に代謝をしている植物組織によくみられ, これは細胞核の拡大により核内倍加が生じていることが示される. 遺伝子の複製はメッセンジャー RNA の量を増やし, 大

量のタンパク質を合成することにつながる．→ 遺伝子増幅

核内有糸分裂　endomitosis
細胞分裂または核分裂のない状態で，染色体が複製された状態．一つの細胞のなかに多数の染色体のコピーがある．ショウジョウバエやその他のハエの唾液腺で顕著にみられる．これらの組織の細胞内には，密接に絡み合ったり，つながったりしている1000もの染色分体からなる巨大染色体（→ 多糸性）が含まれる．

核濃縮した　pyknotic
障害を受けた細胞の核の体積が減少し，核の*染色質がある程度濃縮するために，より濃くなることを形容する語である．→ 核崩壊

攪拌器　agitator
発酵槽や*バイオリアクターに用いられる翼のような器具で，酸素の移動効率を高め，細胞を懸濁状態に保つために媒体を連続的にかき混ぜるのに用いられる．

殻皮　rhytidome　── 樹皮

核分裂　karyokinesis
細胞核の分裂．→ 有糸分裂，減数分裂

隔壁　septum (pl. septa)
植物や動物の体内における仕切りの壁．隔膜の例としては，心房を区切っている隔壁がある．

萼片　sepal
集合して*萼を形成する花の一つひとつの部分．萼片は葉が変形したものと考えられており，単純な構造をしている．これらはたいてい，緑色でしばしば毛髪状であるが，例えばトリカブトのような植物では鮮かに着色している．

核崩壊　karyorrhexis
細胞死（→ ネクローシス）の一段階で細胞核が断片化する段階．細胞核は損傷した*染色質からなる小さな暗色のビーズ状に破壊され，通常はさらなる核の分解（核融解）へと進み，損傷した染色質はしだいに消失していく．

角膜　cornea
脊椎動物の眼にみられる，虹彩やレンズを覆っている層で*強膜から続いている．角膜は目に入ってくる光をレンズの方向に屈折させる．このことで*網膜上に映像の焦点を結ぶことを助けている．→ 乱視

核膜　nuclear envelope
細胞質と，細胞の核質（→ 核）を分ける2重の膜のこと．*脂質二重層からなる核膜は，核周囲腔によって外側の細胞質側の膜と内側の核質側の膜に分けられている．外側の膜は，粗面*小胞体とつながっていて，構造的にも機能的にも内膜とは異なる．核膜はところどころに核孔があり穴が開いている．核孔は，核と細胞質の間の，水溶性分子の選択的な輸送のためのチャネルである．おのおのの核孔は，八つのタンパク質顆粒による八角形の形をした，円盤状の構造体（核孔複合体）によって囲まれている．

隔膜形成体　phragmoplast
植物細胞の分裂の際に，*細胞板の形成を誘導する短い微小管が樽状に配置されたもの．隔膜形成体は紡錘糸と平行に並び，二つの娘核の中間にある分裂期中期赤道面上に，小胞を蓄積させる．小胞は融合し，それらの成分が新しい細胞膜を形成し，娘細胞の細胞壁となる．→ フィコプラスト

核融解　karyolysis　── 核崩壊

核様体　nucleoid (nuclear region)
細菌の細胞（原核*細胞）のうち，遺伝物質である*DNAを含む部分のこと．DNAをもつため，核様体は細胞の活動を支配する．より進歩した真核細胞の核に対応するが，核とは異なり核様体は膜に包まれていない．

隔離機構　isolating mechanism
同じ地理的領域に生息する異なる種の生物間での雑種交配（およびその結果である遺伝物質の交換）を防ぐ生物の性質．これらの機構は季節的隔離や行動的隔離を含む．季節的隔離では異なる集団の*繁殖期が重ならない．行動的隔離では集団間で*求愛行動が異なるため，同種の生物間でのみ交配が起こることが確実になる．これらは交配前隔離機構の例である．交配後隔離機構は雑種不稔と雑種弱勢を含む．

過形成 hypermorphosis

 *異時性の一型で，この場合，進化の過程で，個体発生の速度には変化が起きないが，個体発生の終了までに要する総時間が増加し，祖先型の個体発生過程の後に，新しい段階が追加される．その結果生じた形態的変化が，*過無形成の例となる．したがって，このような生物の個体発生は，系統発生に関する*反復発生説にしたがうものになる．

カゲヒゲムシ類（黄色鞭毛虫類，黄金色藻類） Chrysomonada (Chrysophyta; golden-brown algae)

 主に淡水性の*藻類の大きな一門．*カロテノイド色素を含み（体色に影響を与えている），さらに葉緑素も含む．主要な貯蔵物質は油と多糖類のクリソラミナリンである．多くの黄金色藻は単細胞であり，二つの大きさの異なる鞭毛をもつ．コロニーを形成するものや糸状のものもある．海洋性のグループの一つは硅酸質の外殻を形成する．

カゲロウ目 Ephemeroptera

 カゲロウからなる*外翅類の昆虫の一目で成虫は数時間しか生きない．成虫は，休息時には体に垂直にたたむ 2 対の翅，腹部末端の 1 対の尾剛毛（尾角），痕跡的な口器（成虫は食餌しない）をもっている．幼虫（ナイアッド）は数年にわたり生き，たいてい草食であるが，いくつかは動物を餌とすることに適応した大顎をもっている．

下行路 descending tracts ── 脊髄

過呼吸症候群 hyperventilation

 呼吸の頻度や吸入量の増加が原因となり，肺に流入する空気の量が増加することをいう．→ 換気

籠細胞 basket cell

 *大脳皮質にみられる細胞の一種をいう．籠細胞は*プルキニェ細胞に続く層を形成し，プルキニェ細胞は籠細胞から刺激を受ける．

仮根 rhizoid

 ある種の藻類や，コケやシダの配偶体世代においてみられる，軟らかく，しばしば無色で毛髪のように伸びたものの 1 本 1 本をさす．これらの植物では仮根を基質に固着さ

せ，また仮根により水分や無機塩類を吸収する．

華氏温度 Fahrenheit scale

 （現代の定義では）水の沸騰する温度が 212 度で，氷が融解する温度が 32 度であるように定めた，温度の目盛り．1714 年に，ドイツの科学者，ファーレンハイト（G. D. Fahrenheit, 1686-1736）によって発明された．彼は研究室のなかで得られる最も低い温度（氷と食塩を混合することにより得られる）をゼロに，そして自身の体温を $96°F$ に設定した．この目盛りはもはや科学的なものには使用されていない．*セルシウス温度に変換する公式は $C=5(F-32)/9$．

花式 floral formula

 記号や数字を用いた花の構造や器官の要約．対称性を表す記号は ⊕（放射相称花）（訳註：日本では ⊕ のかわりに ☆ も使用），および ·|·, ↑ もしくは ↓（左右相称花）である．花の各部分は K（萼），C（花冠），P（花被），A（雄ずい群）および G（雌ずい群）によって表現される．これらのあとにそれぞれの輪生体における花葉数を示す数字が続く（例えば K5 は五つの萼片のある萼を示す）．∞ は無限を示す（12 以上）．もしその花葉が融合している場合にはその数は括弧でくくり，また，その花葉が別のグループもしくは輪生体に分かれて存在する場合はその数を分ける（例えば C2+2 は二つの輪生体それぞれに 2 枚の花弁がある花冠を示す）．記号 G の上に線がある場合は子房下位を示し，下に線がある場合は子房上位を示す（訳註：日本では子房上位を G のみでも示す）．例えば，キンポウゲの花は以下の花式をもつ．

$$\oplus \ K5 \ C5 \ A\infty \ \underline{G}\infty$$

つまり，五つの萼片の萼，5 枚の花弁の花冠，多くの雄しべからなる雄ずい群，および多くの心皮からなる上位の子房をもつ．

仮軸 sympodium

 セイヨウトチノキやライムのような植物の成長にみられる複合性の主軸．各成長期の成長のあと，主軸の先端の成長点が成長を止める（ときに先端が花序となり止まる）が，成長は一つ以上の側芽によって継続される．→

単軸

下肢帯 pelvic girdle (pelvis; hip girdle)

脊椎動物にみられる骨性,もしくは軟骨性の構造物で,ここに後肢(腹びれ,後脚)が接続している.下肢帯は背骨とうしろ側で接合しており,また下肢帯は左右に分かれ,そのおのおのは*腸骨,*坐骨,*恥骨の融合によって形成されている.

果実 fruit

通常は胚珠が受精したあと(→ 単為結実),花の子房から形成される構造体.種子を囲んでいる果壁(→ 果皮)からなる.花托のような花の他の部分が発達し,その構造に寄与し,仮果(→ 偽果)になるものもある.果実は種子を保持したまま全体が散布される(閉果)か,または種子を放出するために裂開する(裂開果).果実は子房壁が乾燥しているか,水分が多く(多肉質に)なるかによって二つの主なグループに分けられる.多肉質の果実は一般的に動物によって散布され,乾燥した果実は風,水,もしくはいくつかの機械的な方法によって散布される.図参照. → 複合果

仮種皮 aril

珠柄または珠座が肥厚して種子を覆うようになった種子の付属物.胎座,珠柄,珠孔,胚珠から発生する.ナツメグの種子を取り囲んでいる仮種皮は,香辛料であるメースとなる. → 種阜

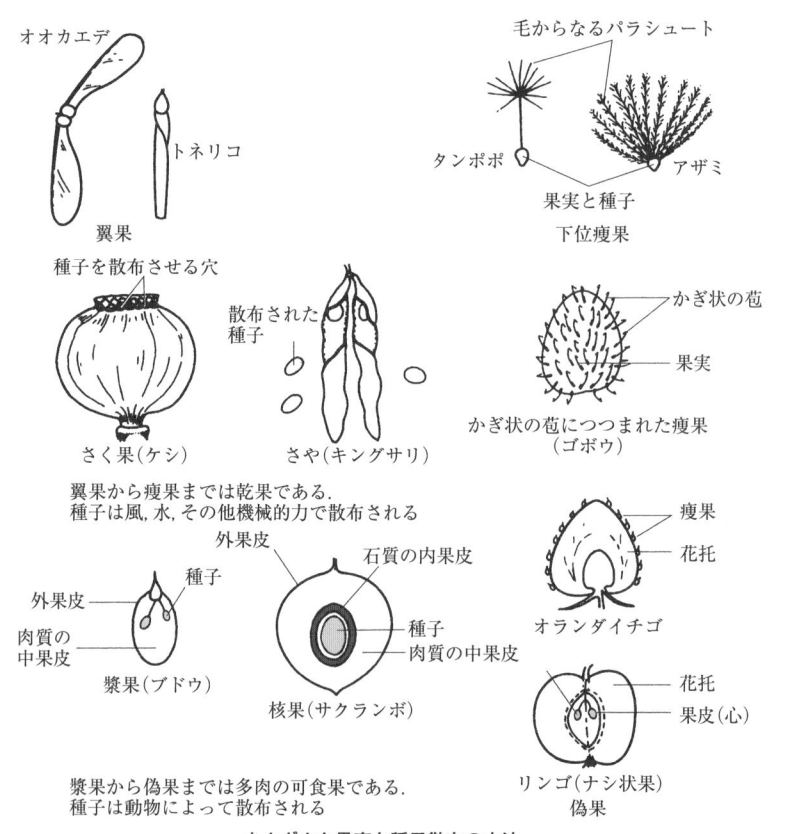

さまざまな果実と種子散布の方法

花序 inflorescence

植物の1本の主軸上に着生した複数の花の特定の配列様式．花序には多くの異なる型があり，花序の主軸の先端が成長しながら新しい花芽を形成するか（→ 総穂花序），この能力を失うか（→ 集散花序）によって二つの主要なグループに分類される．

花床（植物学） thalamus (torus) ⟶ 花托

過剰染色体 accessory chromosome (B-chromosome；supernumerary chromosome)

生物種の正常な*核型に付け加わった染色体．こうした染色体はサイズも組成も異なり，表現型に影響を与える場合も与えない場合もある．人間においては，1500人に1人が過剰染色体をもっており，そのなかには精神的もしくは身体的に異常を示す場合がある．例えば，猫の目症候群は22番染色体が部分的に重複した余分な染色体をもつヒトにみられる．この病気は瞳孔の拡大や肌の形成異常，心臓や膀胱の障害に特徴づけられるほか，ときおり精神的な障害を負うことがある．

芽条突然変異 sport

表現型に突然変異の影響が現れている生物の個体のこと．この言葉はたいてい，園芸において，非典型的な植物に用いられる（訳注：日本では枝変わりのような，植物個体の一部のみに出現した突然変異にも sport の語を用いる）．

下唇 labium (pl. labia)

昆虫の*口器の一要素で下方にある唇．これは摂食に用いられ，1対の付属肢（第二*小顎）の融合により形成される．

加水分解酵素 hydrolase

ある分子への水の付加か，あるいは分子からの水の除去を触媒する酵素の総称．加水分解酵素は，デンプンのような貯蔵物質の合成と分解において重要な役割を果たす．

ガス交換 gaseous exchange

生物から外部環境への，もしくは逆方向へのガスの輸送．*濃度勾配による拡散により起こり，呼吸と光合成の際の酸素と二酸化炭素の交換もこれによっている．効率的なガス交換には，肺の肺胞や植物の葉に代表される大きな表面積をもつ組織が必要である．

ガストリン gastrin

胃の粘膜と十二指腸の入口に存在する「G細胞」によって作られるホルモンで，胃液の分泌を制御する．ガストリンの分泌は胃のなかに食物が入ってくることにより促進される．消化の過程を統合し，制御するホルモンの一つである（→ セクレチン）．

ガストロダーミス gastrodermis

線虫類や腔腸動物を含むある種の無脊椎動物の消化管内部の上皮．

カスパーゼ caspase

プログラム細胞死のときにタンパク質を分解する何種類かの酵素（→ アポトーシス）．カスパーゼは細胞内で不活性な前駆体から，細胞の損傷など（ミトコンドリアの破裂など）のトリガーに応答して生成する．カスパーゼは，おそらく他の「死刑執行人」酵素を活性化することにより，DNA，細胞骨格，その他の細胞成分を切り刻む，分解カスケードを開始する．

カスパリー線 Casparian strip

*コルク質のバンド．不浸透性物質であり，植物の根の内皮細胞の細胞壁でみられる．カスパリー（R. Caspary）にちなんで名づけられた．*アポプラスト経路を通る水の移動は細胞壁から細胞質へと転じ，そこで*共原形質体経路に続く．内皮細胞は維管束組織に塩を積極的に分泌する．このため水ポテンシャルが低下し，水は内皮から維管束組織へと移動することが可能になる．カスパリー線は，水が皮層に戻ることを防ぐ．このため維管束組織に正の静水圧が生じ，*根圧が生じることになる．

カゼイン casein

牛乳中に含まれるリン酸を含むタンパク質（リンタンパク質）の一群．チーズの主要なタンパク質でもある（→ 凝乳）．カゼインは，若い哺乳類の酵素により容易に消化され，リンの主要な供給源となる．→ レンニン

化石 fossil

　地質学的な過去において生きていた生物の遺物や痕跡．一般的に生物の堅い部分（例えば，骨，歯，貝殻および木）のみが化石化するようになるが，ある状況においては生物全体が保存される．例えば，毛マンモスやケナガサイといった絶滅哺乳類のほとんど変化のない化石が北極の氷のなかで保存されているのがみつけられている．小さな生物や生物の一部分（例えば，虫，葉，花）が*琥珀のなかに保存されている．

　大部分の化石において生物は石に変化しており，この過程は「石化作用」として知られている．これは三つの形態のうちの一つをとる．過鉱物化では，地下に生ずる溶液が生物の顕微的な空洞に満ちる．これらの溶液中の鉱物（例えば珪土や方解石）が生物本来の物質と実際に交換し，そのため顕微的な構造も保存されることもあり，その過程は交換（もしくは鉱物化）として知られる．石化の三つ目の形態は炭化（もしくは蒸留作用）であり，炭素，水素および酸素（例えばセルロース）の化合物が主として構成する特定の柔らかい組織において起こる．生物が埋まったあと，酸素のない状態で，炭素のみが残るまで二酸化炭素および水が遊離する．これはもとの生物の周囲を包む岩のなかで黒炭フィルムを形成する．化石が堅い岩のなかで，もとの化石の輪郭の形を残して消失したときに「鋳型」が形成される．鋳型中に地下の溶液からの鉱物質が堆積することによって「鋳造物」が形成される．古生物学者はしばしば歯科用のワックスといった物質を用いて鋳型から鋳造物を作製する．薄い生物（例えば葉）の鋳型は一般に印象化石として知られる．痕跡化石は，歩行の跡，這い跡，足跡，巣穴および糞化石（化石化した排泄物）といった動物が生きていた証拠の化石化した遺物である．

　化石形成に理想的な環境は急速に堆積が起こる領域，特に波がかき乱す層以下の海底のそうした領域に存在する．→ 化学化石，示準化石，微化石，化石生成論

化石人類 fossil hominid ── ホミニッド

化石生成論 taphonomy

　生物の死後，最終的に化石になるまでの生物学的，化学的，物理的過程を研究する分野．化石化の最初の段階では，生物の柔らかい部分が，腐食動物に食べられたり微生物による腐敗のために遺体から取り除かれる．その後，骨や貝殻のような硬い部分は関節がはずれ（disarticulation）砕ける．そして，ときには水流や風によって死んだ場所から動くこともある．このような移動によりほかの硬い物質による摩滅が生じ，結果として骨や貝殻などの鋭い端はすりへる．遺骸が堆積物の下に埋まることは一般的であり，貝殻や骨の機械的強度によるが，結果的に貝殻や骨の空所が平らになり，つぶれる．遺物中の化学物質もまた変質することがある．例えば，貝殻中の炭酸カルシウムは霰石から方解石に変化する．貝殻の空所に炭酸塩の凝固物が生じ，貝殻を崩壊から守ることがある．生物の遺骸が土中に埋まった後に生じる物理的・化学的過程は続成作用と呼ばれる．数千年から数百万年かかるこれらの過程のすべての知識により，*化石遺物のより正確な解釈が可能になる．

化石帯 zone fossil ── 示準化石

化石燃料 fossil fuel

　石炭，石油，天然ガスのようなエネルギー源として使う燃料．生きていた生物の遺骸がもとになっており，すべて高い炭素もしくは水素含有量をもつ．それらの燃料としての価値は炭素が二酸化炭素になり（$C+O_2 \longrightarrow CO_2$），水素が水になる（$H_2+1/2\,O_2 \longrightarrow H_2O$）際の酸化発熱による．

河川連続体仮説 river continuum concept

　川を生態系としてとらえる概念で，この説では水源から河口までの間において，自然のエネルギー供給にしたがって生態系の特徴が連続的に変化するというものである．上流では川幅が狭く，流れが速い．また，生い茂った木や他の草木により日の光が遮られている．このように，事実上すべてのエネルギーは周りから葉や小枝，その他の破片という形で入ることになる．動物相は腐食動物やろ過摂食動物がほとんどである．さらに下流で

は，川幅が広くなり，日陰も少なくなる．藻類や植物が生息し，そこでは大量のエネルギーがその群落に入り，草食動物により食べられる．河口に向かって水に含まれる沈殿物が増え，光の透過が遮られる．そして，水中の光合成が低下する．バイオマスやデトリタスという形としてのエネルギーは常に下流に流れている．そのため，河のどの箇所においてもそのエネルギー収支は上流の出来事により影響される．その結果川の流れに沿って，生態系の構造が連続することになり，そのためにある程度予測できる特性が生じる．

ガソホール gasohol

ガソリンとアルコール（代表的なものとしては，エタノールが10%か，メタノールが3%）の混合物であり，多くの国で自動車やその他の乗物の代替燃料として用いられる．エタノールは*生物燃料として，農作物やその残滓（サトウキビ粕など）の発酵により得られる．多くの自動車には，85%のエタノールと15%のガソリンを混合したE85と呼ばれる燃料を用いることもできる．エタノールを原料とするガソホールはオクタン価が高く，ふつう用いられるガソリンよりよく完全燃焼し，排出物を抑えることができる．しかし，エタノールはゴムシールなどのエンジンの部品を痛めることがある．メタノールを原料とするガソホールはより毒性と腐食性が強く，その排出物は発がん性物質として知られるホルムアルデヒドを含む．

型 form

一つの種のなかにおける異なった変異型．季節変異型，例えばユキウサギの黄褐色（夏）および青白（冬）の形態はそれぞれ型と呼ばれ，また*多型性を示す種に含まれる様々な形態もそれぞれ型と呼ばれる．

下大静脈 postcaval vein ⟶ 大静脈

花托 receptacle

花弁，萼片，心皮などが付着する花茎の先端．花托の発達様式が花の器官の位置を決めている．花托は拡張してドーム型，皿型，あるいはくぼみとなり，内部に雌ずい群を包み込むことがある．（→ 子房上生，子房下生，子房周位生）．植物によっては花托が果実の一部となる（→ 偽果）．

カタラーゼ catalase

*ペルオキシソームのなかにみられる酵素．細胞のなかでの酸化反応により生じる過酸化水素を水と酸素に分解する反応を触媒する（→ スーパーオキシドジスムターゼ）．高濃度のカタラーゼは肝臓にみられる．カタラーゼは極度に酵素活性の高い酵素として早くから知られた．ゴム産業において，ゴムの原料の乳液から発泡ゴムを作る際に酸素の発生を目的として使用されている．

カタール katal

記号はkat．酵素反応を表す非SI単位．特定の測定条件下で酵素が化学反応を毎秒1モルの速度で促進したとき1 katである．

花柱 style

柱頭と子房の間の心皮の柱状部分．多くの植物では，受粉のために伸長している．

花虫綱 Anthozoa ⟶ 刺胞動物門，サンゴ

渦虫類 Turbellaria

自由生活性の扁形動物（→ 扁形動物門）の一綱であり，湿った土壌や淡水，海洋環境に生息するプラナリアから構成される．それらの下面は石や雑草の上を滑走するのに用いる繊毛で覆われている．プラナリアは体をうねらせて泳ぐこともできる．

可聴度 audibility

音として聞くことのできる範囲．ヒトの耳の可聴度の範囲はおよそ20 Hz（低いゴロゴロいう音）から20000 Hz（かん高い警笛音）である．可聴度の上限は，年をとるとともにかなり低下する．

滑液嚢 bursa (pl. bursae)

滑膜により内面が覆われ，滑液により満たされた，繊維性結合組織の嚢．滑液嚢は骨と他の組織との間にみることができる．例えば，皮膚，靱帯，腱，そして筋肉などである．この部位での組織の運動が起きたとき摩擦を減少させる．

脚気 beriberi

ビタミンB_1（チアミン → ビタミンB群）の摂取の不足が原因で生ずる病気であり，末梢神経が障害を受け，また心不全となる．脚

気は，チアミンに富んだ糠を除去した，白米を主食とする極東地域に最もよくみられる．

褐色脂肪　brown fat

新生児や冬眠中の動物にみられる*脂肪組織の濃い色の領域．冬眠する動物のものは，冬眠腺と呼ばれることもある．正常な白色*脂肪と比較して，褐色脂肪の部分には血管が多く分布し，ミトコンドリアも多い．このためチトクロームオキシダーゼの濃度が高まり，褐色になる．また，早く熱エネルギーになることができ，とりわけ若い動物が寒冷ストレスにさらされたときや，冬眠からの覚醒時には顕著である．褐色脂肪は主要な血管の近くに蓄積されるため，生産された熱は心臓へと帰ってくる血液を暖める．ヒトの肥満のある型は，患者に褐色脂肪がないことに関係がある．→熱生産

活性汚泥法　activated sludge process

*汚水や廃液の処理法．一次処理後にできた汚泥は通気槽に送られ，そこで連続的にかき混ぜられ，通気されてフロックと呼ばれる浮遊したコロイド状の有機物質の小さな凝集物が形成される．フロックは原生動物とともに，粘質物を形成する硝化菌を大量に含んでおり，汚泥中の有機物質を分解する．攪拌および空気の注入は溶解した酸素を高いレベルで保ち，*生物化学的酸素要求量を低くするのを助けている．イギリスの下水のおよそ半分はこの方法で処理されている．

活性化エネルギー　activation energy

記号はE_a．化学反応が起こるために必要な最小のエネルギー．化学反応においては，反応物が集まり，化学結合が引き伸ばされ，壊され，生成物が作られる．この過程の間，系のエネルギーは最大にまで増加し，その後生成物のエネルギーにまで減少する．活性化エネルギーは反応物のエネルギーと最大のエネルギーの差である．すなわち，反応が進行するのに超えなければならないエネルギーの障壁である．活性化エネルギーは反応速度が温度により変化する度合いを決定している．活性化エネルギーは反応物1モルあたりのジュールで表すのがふつうである．

活性部位（活性中心）　active site (active centre)

基質分子と結合し働きかける，*酵素分子の表面の部位．活性部位の性質は酵素のポリペプチド鎖の三次元配置ならびに構成するアミノ酸によって決定される．これらにより，酵素と基質の相互作用の性質，ならびに基質特異性や*阻害の受けやすさの程度が支配される．

褐藻　brown algae　──→　褐藻植物門

褐藻植物門（褐藻類）　Phaeophyta (brown algae)

緑色のクロロフィル色素が褐色色素のフコキサンチンによってかくされている*藻類の一門．褐色藻類はたいてい海生で（冷たい海に多い），潮間帯に生育するヒバマタ類など，多くの種類がある．褐藻の植物体の大きさは，小さな枝分かれした糸状のものから，何メートルもの長さをもつリボン状のもの（コンブとして知られる）まで，その大きさは様々である．

活動電位　action potential

*神経インパルスが通過する際に細胞膜に生じる電位変化のこと．神経の*軸索をインパルスが波のように伝わっていくとき，-60 mV（ミリボルト．*静止電位）から$+45$ mVへの局所的で一過性的な膜電位の変化が引き起こされる．この電位の変化はナトリウムイオンの流入によるものである．筋繊維が神経に刺激される際にも同様の変化が生ずる．

滑膜　synovial membrane

（膝部や肘などの）自由に動作できる関節を包む靱帯で形成された嚢の内側にある膜のこと．滑膜は，関節の接触面を形成している軟骨層を潤滑する滑液（synarial fluid）を分泌する．

滑面小胞体　smooth endoplasmic reticulum (smooth ER)　──→　小胞体

括約筋　sphincter

穴や開口部を取り囲んだ特殊化した筋肉．括約筋が収縮することで開口部は閉じる．例えば，肛門括約筋（肛門の穴の周囲にある），幽門括約筋（*胃の下側にある開口部）があげられる．

カテゴリー category ⟶ 分類階級

カテコールアミン catecholamine
　カテコール環（$C_6H_4(OH)_2$）を含むアミンのクラス．*ドーパミンや*アドレナリン，*ノルアドレナリンなどが含まれる．働きとしては*神経伝達物質やホルモンなどである．

カテプシン cathepsins
　*リソソーム内でみられるタンパク質消化酵素．

果糖 fruit sugar ⟶ フルクトース

仮導管 tracheid
　針葉樹やシダのような植物の*木部のなかに生じる細胞の一種．仮導管は長く伸びた細胞で，その壁は通常はリグニンの沈着によってきわめて厚くなる．水はある仮導管から他の仮導管へ，細胞壁の厚くなっていない部位（穴）を通って流れる．⟶ 導管細胞

カドヘリン cadherin ⟶ 細胞接着分子

カナダバルサム Canada balsam
　光学顕微鏡で試料をマウントするときに用いる黄色の樹脂．ガラスと同様の光学的性質を有している．

下皮（外皮） hypodermis (exodermis)
　植物の*皮層の最も外側の細胞層をいい，表皮の直下に存在する．これらの細胞は，ときに補助的な機械組織となる場合や，水分や栄養分の貯蔵組織になる場合もある．根の*根毛層が消失した後には，表皮の防護機能を下皮が引き継ぐ．

花被 perianth
　おしべと心皮の外側にある花の部分．双子葉類の花被は二つの異なる輪生体からなり，外側の輪生体は萼片（⟶ 萼），内側の輪生体は花弁（⟶ 花冠）である．単子葉類の花被の2個の輪生体は互いに似ており，しばしば鮮やかに着色されている．風媒花の輪生体は少ないか，なくなっている．園芸植物の品種の多くは花被の数が増加しているが，これら花被が八重になった花は不稔であることが多い．

果皮 pericarp (fruit wall)
　花の子房壁から発達した果実の部分．成熟したときの果実の種類は，果皮が乾燥して硬くなるか，柔らかくて肉質になるかに依存する．果皮は3層からなる．外層（外果皮）は頑丈で硬く，中層（中果皮）はモモでは多肉で，アーモンドでは硬く，ココナッツでは繊維質である．内層（内果皮）は多くの*核果では硬く石のようであり，柑橘類では膜質で，多くの*漿果では中皮とほとんど区別できない．

過敏感反応 hypersensitivity
　1．（免疫学）特異的な*免疫応答を誘起する物質に対する，増大したまたは異常な感受性をいい，組織への傷害を伴う．過敏感反応には*アレルギーと*アナフィラキシーが含まれる．⟶ ハプテン
　2．（植物学）病原性のウイルス，細菌，真菌，その他の生物による侵入に対する植物組織の反応をいう．この反応は病原菌の種類により異なるが，典型的なものでは，*キチナーゼなどのように病原菌を分解するか無害にするような酵素の合成，病原菌の生育を阻害する*ファイトアレキシンの生産，リグニンその他の物質を感染箇所の近くに蓄積させることによる細胞壁の強化が含まれる．最終的な戦略は，感染箇所の付近のプログラム細胞死（*アポトーシス）であり，これにより周囲の健全な組織への病原菌の拡大が遅延する．⟶ エリシター，全身獲得抵抗性

カプセル capsule
　1．（植物学）**a．** 蒴果ともいう．成熟したときに種子を放出する乾果．いくつかの融合した心皮からできており，多くの種子を含んでいる．ケシなどでは細孔を通して，オオバコなどでは蓋が外れ，またはクロッカスなどではそれぞれの心皮が裂けたり分離したりして種子をまき散らす．*短角果や*長角果などもこれに含まれ，多様な蒴果がある．**b．** 蒴ともいう．蘚類や苔類の胞子体の一部で，単相の胞子が形成される．長い柄の先に形成され，成熟したときに胞子を落とす．⟶ 蒴歯
　2．（微生物学）莢膜ともいう．細菌の細胞壁を完全に取り囲む厚いゼラチン層（⟶ グリコカリックス）．*食細胞による細菌細胞の摂取をより困難なものにし，また乾燥を防

ぐ働きがあるとみられている．

3．（動物解剖学）**a.** 被膜ともいう．腎臓，脾臓やリンパ節などの特定の器官を取り囲む膜状ないしは繊維性の外皮．**b.** 関節包ともいう．結合組織の外筒靱帯で，多くの骨格関節を取り囲む．

花粉 pollen

*花粉嚢のなかで多数作られ，種子植物の雄性配偶子を含んでいる粒子状の物体．虫媒植物の花粉粒子は突起があるか，あるいはでこぼこしており，通常は風媒植物の花粉よりも大きい．風媒植物の花粉は滑らかで軽い．花粉粒子は雄性*配偶体世代に相当しており，二つの核を含んでいる．一つは*雄原核で，もう一方は*花粉管核である．成熟した花粉粒子は堅い外壁（外膜）とより繊細で薄い内膜から成り立っている．後者から*花粉管が生じる．→ 受粉

花粉学（微古生物学） palynology (micropalaeontology)

花粉や胞子の化石（花粉分析），コッコリスや渦鞭毛虫のような他の様々な*微化石の研究のこと．花粉学は層位学，古気候学，考古学で使われる．花粉と胞子は腐敗に対する強い耐性をもち，それゆえ花粉の化石は堆積岩中に見いだされる．それらは水酸化カリウム溶液中での煮沸や，強酸化剤溶液での洗浄，繰り返して遠心するなどの様々な工程を含む方法で抽出される．胞子と花粉は全体の形，発芽口の形，外膜の内外の細部の形状によって分類される．それら花粉化石などから優勢な植物相の特徴が明らかになるので，それゆえそれらが生育していた時代の気候や状態が解明できる．

花粉管 pollen tube

花粉粒子から伸びたもので，雄性配偶子を胚珠へと運ぶ．花粉管は花粉粒子が雌性組織と親和性のときだけ伸びることができる．被子植物では花粉粒子は柱頭に付着し，花粉管は花柱を通り胚珠へと達する．マツのような針葉樹では花粉管は*珠心を貫通するが，この植物の雌性部が成熟する翌年まで，それ以上発達することはない．→ 胚嚢，受精，花粉管核

花粉管核 tube nucleus

*花粉粒の半数体の細胞核が有糸分裂して生じた二つの核のうちの一つ（→ 雄原核）．花粉管核は*花粉管の成長を制御すると考えられている．

過分極 hyperpolarization ── 抑制性シナプス後電位

花粉嚢 pollen sac

種子植物が有する，内部で花粉が作られる構造体．被子植物ではそれぞれの*葯にはふつう四つの花粉嚢があり，それらは*小胞子母細胞を含む．裸子植物では様々な数の花粉嚢が雄性の*球花を作る小胞子葉上で作られる．

花粉分析 pollen analysis ── 花粉学

花柄 peduncle

植物の花をつける枝の主要部で，小花柄より基部側の部分．花柄は単独の場合と，集合して*花序を作る場合がある．→ 小花柄

カベオラ caveola (pl. caveolae)

細胞膜にある小さいフラスコ状の陥没で，カベオリンと呼ばれる膜貫通タンパク質で裏打ちされており，様々な細胞外のシグナル分子を受容する受容体を含む．カベオラを経由する細胞内外への2方向通路が存在し，カベオリンを含む小胞は微小管を伝って細胞内からカベオラ膜へ輸送される．以前の研究とは逆に，現在ではカベオラはエンドサイトーシスにはかかわっていないとされている．

花弁 petal

全体として*花冠を形成する花の器官のこと．虫媒花の花弁はたいてい明るい色と香りをもっている．風媒花の花弁は小型であるか，欠失している．花弁は葉の変わったものと見なされるが，その構造は単純である．表皮に毛が存在することもあり，クチクラはハニーガイドとして知られる線や点にしばしば覆われており，昆虫を*蜜へと誘導する．

過変態 hypermetamorphosis ── 異形化

果胞子 carpospores

多くの紅藻（→ 紅色植物門）の胞子であり，受精した*造果器内に生じる．造果器から放出された後に胞子は胞子体（→ 四分胞子）や新しい配偶体へと発生する．

カマアシムシ類　Protura
　土壌や腐葉土に生息する小さく羽のない昆虫の一目．約175の種が知られている．成虫は細長い体をもち，そのほとんどが2mm以下であり，眼や触角をもたない．前肢の対が，センサーとして前方に伸びている．口器は大部分が内顎（ひだに隠れている）であり，腐敗した有機物を食べるのに適応している．幼虫の体形は成虫に似ているが，成長の間に，腹部の末端に三つの節が加わる．カマアシムシ類と他の節足動物の分類群との関係は，議論の余地がある．他の無翅昆虫とともに*無翅昆虫亜綱に分類する権威者もいるが，カマアシムシ類を*弾尾類に最も近縁である*六脚類上綱の独立の綱と見なす学者もいる．

カマキリ目　Dictyoptera
　昆虫の一目（ときに*バッタ目に分類される）であり，ゴキブリ類（ゴキブリ亜目）とカマキリ類（カマキリ亜目）からなり，主に熱帯に分布する．ゴキブリ類の体型は卵形で平たく，1対のよく発達した翅をもつ種類もあり，その翅は休息時には腹部背面で折り畳まれるが，一方，翅が縮小したり欠如している種も存在する．ゴキブリ類は主に森林の落葉落枝層にみられ，生物の死骸などの有機物を餌とするが，ある種のもの，すなわちワモンゴキブリ（*Periplaneta americana*）は，家庭の主要な害虫で，デンプン質の食物，果物などをあさる．大部分の種では雌は16～40個の卵を含む卵鞘を生む．卵鞘は，器物に付着させるか，雌が孵化まで持ち運ぶ．

鎌状赤血球貧血　sickle-cell disease ── 多形性

夏眠　aestivation
　（動物学）肺魚などのある種の動物が，長期間の乾燥や暑さの間に非活動的になる状態．摂食，呼吸，移動などの身体的活動が顕著に低下する．→ 休眠，冬眠

過無形成　peramorphosis
　発生速度（→ 異時性）における進化論的な変化から生じたもので，祖先から受け継いだ発生過程の終わりに新しい段階が加えられることが含まれる．過無形成な形態は*促進または*過形成によって生じ，*反復発生説によく合致すると考えられている．それに対して，発生過程の途中に新たな段階が加えられたものである幼形形質（→ 幼形進化）は，反復説に合致しない．

カムフラージュ　camouflage
　動物と，その周囲の視覚的環境との高度な類似性．これにより，動物は他のものに似せたり，隠れたりすることができる．背景のなかに体をまぎらわすことにより，その動物は肉食動物から逃れることができ，あるいは，獲物に気づかれないようにすることができる．→ 隠蔽色，擬態，警戒色

ガモセパラス　gamosepalous
　萼片が融合した形の萼をもつ花のこと．→ ポリセパラス

仮雄ずい　staminode
　不稔の雄ずい．

殻　valve
　二枚貝の貝殻で，蝶番のある貝殻のいずれか片方．

ガラクトース　galactose
　単糖の一種で，$C_6H_{12}O_6$，グルコースの立体異性体である．乳糖（ラクトース）の酵素による分解産物の一つであり，また，アラビアゴムの構成成分である．

カラゲナン　carrageenan (carrageen)
　紅藻（紅色植物）から単離される，天然に存在する多糖類．この高分子は，D-ガラクトースを構成単位としており，多くは硫酸化されている．κ-カラゲナンはゲル化剤，安定化剤として食品，化粧品，医薬品などに使用される．

カラザ（卵帯）　chalaza
　1．鳥類の卵のなかの卵白の繊維の捻れたもの．端が卵黄膜に付着していて，それによって卵白中の卵黄の位置を一定に保持することができる．

硝子体液　vitreous humour
　脊椎動物の眼の水晶体と網膜の間を満たす，無色のゲル．

ガラス軟骨　hyaline cartilage ── 軟骨

カリウム　potassium
　元素記号K．生物にとって*必須元素であ

る，軟らかい銀色の金属元素．カリウムイオン K^+ は，植物組織において最も豊富な陽イオンであり，根から吸収され，タンパク質合成などの過程において使われる．動物では，神経細胞膜を横切るカリウムイオンとナトリウムイオンの通過は，神経インパルスの伝達に伴う電位変化を担っている．

カリウム-アルゴン年代測定法 potassium-argon dating

半減期が約 $1.27×10^{10}$ 年の過程である，放射性同位元素カリウム40のアルゴン40への崩壊を利用した，ある種の岩石の*年代測定法のこと．この方法では，次のことを仮定している．すなわち (1) カリウムを含有する鉱物中に生じたアルゴン40はすべてその鉱物中に蓄積する．(2) 鉱物中に存在するアルゴンはすべてカリウム40の崩壊により生じた．サンプル中に含まれるカリウム40とアルゴン40の質量を測定し，それからサンプルの年代を以下の方程式により推定する．

$$^{40}Ar = 0.1102 × {}^{40}K(e^{\lambda t} - 1)$$

ここで λ は減衰定数であり，t は鉱物が約300℃に冷却されてからの年数を示し，この期間にわたって，^{40}Ar が結晶格子にトラップされてきた．この方法は，雲母，長石，その他の鉱物に対して有効である．

カリオグラム karyogram (idiogram)

一つの種の*染色体の特徴を示す図．

カリクローン calliclone

植物の一つの細胞に由来するコロニー．懸濁培養から取り出された細胞を，半流動性培地に植えることで得られる．

カリジン kallidin ⎯⎯ キニン

カリプトラ calyptra

1. 蘚類，苔類，ヒカゲノカズラ類，トクサ類，シダ類の胞子体を覆う細胞層．蘚類では*蒴の外側を覆うように形成され，ゼニゴケでは*子嚢の柄の基部に外筒のように形成される．

2. ⎯⎯ 根冠

顆粒球 granulocyte

粒状の物質（分泌小胞）と*リソソームを細胞質にもつ白血球（→ 白血球）．*好中球，*好塩基球，*好酸球が顆粒球の例である．→ 無顆粒白血球

顆粒膜細胞 granulosa cells (granular cells)

卵母細胞を取り囲む*グラーフ卵胞内の分泌細胞．精巣の*セルトリ細胞と同様の機能をもち，栄養分を成長中の卵母細胞に供給する．排卵後に顆粒膜細胞は*黄体を形成する．

ガルヴァーニ，ルイジ Galvani, Luigi (1737-98)

イタリアの生理学者．1770年代後半，2種の異なった金属に触れさせると，死んだカエルの筋肉が痙攣することを観察した．彼は筋肉が電気を生み出していると考えたが，これはのちに否定された．トタン板(galvanized iron) と検流計 (galvanometer) の発明者でもある．

カルコン chalcone

$C_6-C_3-C_6$ の基本構造をもつ*フラボノイドのなかで，他のフラボノイドと違い真んなかの3個の炭素原子は閉環構造に含まれていないものをいう．植物においてカルコンはアントシアニン色素やその他のフラボノイドの生合成に重要な前駆体であり，「カルコン合成酵素」によって合成が触媒される．

カルシウム calcium

元素記号は Ca．灰色の軟らかい金属元素．生物体にとっての*必須元素であり，正常な成長や発生に必要な物質である．動物においては，骨や歯の重要な成分であり，血液中にもカルシウムは存在する．また筋収縮やその他の代謝過程において必要とされる．植物では*中層の成分であり，ペクチン酸のカルシウム塩として存在する．

カルシトニン（チロカルシトニン） calcitonin (thyrocalcitonin)

哺乳類のペプチドホルモンの一つ．これは血中のカルシウム（およびリン酸）濃度を，骨からのカルシウムの放出を低下させ，また腎臓によるカルシウムとリン酸の排せつを促進することで，低下させる．カルシトニンは*副甲状腺ホルモンの作用と反対の作用を示す．カルシトニンは，哺乳類の甲状腺の*C細胞により作られる．

カルシフェロール calciferol ⟶ ビタミンD

カルス callus
1．（植物学）柔組織細胞からなる保護組織．植物の傷口の表面を覆うように発達する．カルス組織はまた，ホルモン処理により培養細胞から誘発させることが可能である．
2．（病理学）皮膚の厚く固い部分．一般に連続的な圧力や摩擦の結果，手のひらや，足の裏に生じる．
3．（生理学）骨折した後に骨の先端を取り巻くように形成される硬組織．しだいに新しい骨に置き換わっていく．

カルバミド carbamide ⟶ 尿素

カルバメート carbamates
カルバミン酸（H_2NCOOH）の塩かエステル，またはその誘導体．アルジカルブ，メチオカルブ，プロポクサーなどの何種類かの殺虫剤がカルバメートである．接触や餌として食べることで，多くの種の昆虫に効果がある．これらの農薬は神経系の働きに必須な*コリンエステラーゼ酵素を阻害する．つまりカルバメートはヒトも含めた動物にも有害である．しかしこれらの環境中での残留性は比較的短い．

カルビン回路 Calvin cycle (photosynthetic carbon reduction cycle)
*光合成における暗反応の代謝経路．葉緑体のストロマで進行する．この経路は*カルビンと共同研究者たちによって解明された．二酸化炭素の固定とそれに引き続く炭水化物への還元が含まれる．二酸化炭素はリブロース二リン酸カルボキシラーゼ（*ルビスコ）によって*リブロース-1,5-二リン酸と結合し，不安定な炭素数6の化合物を形成する．この化合物は2分子の炭素数3の分子であるグリセリン酸-3-リン酸に分解される．これはグリセルアルデヒド-3-リン酸に転換され，リブロース-1,5-二リン酸の再生と，グルコース・フルクトースの生産に使用される．カルビン回路は，明反応で供給されるATPに依存しており，一般的に暗くすると衰えてゆく．

カルビン，メルビン Calvin, Melvin (1911-97)
アメリカの生化学者．第二次世界大戦後，バークレーのローレンス放射線研究所で，*光合成の暗反応を研究した．放射性同位体の炭素14を二酸化炭素の標識に使用し，*カルビン回路を発見した．この発見により彼は1961年のノーベル化学賞を受賞した．

カルボキシソーム carboxysome
炭素固定酵素であるリブロース二リン酸カルボキシラーゼ（⟶ リブロース-1,5-二リン酸）を含む，ある種の独立栄養細菌のなかで発見された細胞小器官．

カルボキシペプチダーゼ carboxypeptidase
ペプチドやポリペプチドのカルボキシル末端から，加水分解によるアミノ酸の遊離を触媒する酵素である（⟶ エキソペプチダーゼ）．膵液はカルボキシペプチダーゼを含んでおり，十二指腸に分泌される．この酵素は不活性な前駆物質であるプロカルボキシペプチダーゼとして分泌され，膵臓からの別種のタンパク質分解酵素である*トリプシンにより活性化される．⟶ キモトリプシン

カルボキシヘモグロビン carboxyhaemoglobin
*ヘモグロビンが*一酸化炭素と結合することで生じるきわめて安定な物質．一酸化炭素は酸素と競合しヘモグロビンに強く結合する．一酸化炭素とヘモグロビンの親和性は，酸素とヘモグロビンのそれよりも250倍大きい．このためにヘモグロビンの酸素との結合能が減少し，結果として酸素輸送の有効性を減少させる．これが，呼吸器系における一酸化炭素の毒性の原因である．

カルボキシラーゼ carboxylase
二酸化炭素やカルボキシル基の転移に関する多くの酵素．

カルボキシル基 carboxyl group
官能基の一つ．-COOH．*カルボン酸中にみられる．

カルボン酸 carboxylic acid
-COOH基を含む有機化合物（-COOHはカルボキシル基で，ヒドロキシル基がカルボ

ニル基と結合したもの）．多くの長鎖カルボン酸は天然にエステルの形で脂肪と油のなかに存在し，それゆえ*脂肪酸として知られる．→ グリセリド

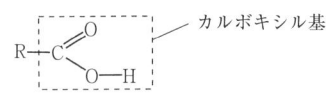

```
      O
      ‖
R ─ C          カルボキシル基
      O ─ H
```
カルボン酸の構造

カルモジュリン　calmodulin
148アミノ酸残基からなるタンパク質．これは多くの細胞の活動を調節する重要な因子である．このタンパク質は4個のカルシウムイオン（Ca^{2+}）を結合することができ，この結合により分子構造が変化する．これによりカルモジュリンは，*アデニル酸シクラーゼ，グアニル酸シクラーゼ，ホスホリラーゼキナーゼ，ホスホリパーゼを含む様々な酵素と相互作用することができる．平滑筋の収縮のときに，カルモジュリンはカルシウムイオンと結合する．そして，ミオシン軽鎖リン酸化酵素を活性化する．この酵素は*ミオシン分子の頭部をリン酸化する．これによって*アクチンと結合することが可能になる．カルモジュリンはまた，有糸分裂のときに観察される紡錘体の機能を制御している．

加齢　ageing　→ 老化

過冷却　supercooling
液体から固体に変化することなく，通常の凝固点より低い温度へ液体を冷却すること．過冷却は水で比較的よく起こり，低温環境下にすむ多くの生物はこの特性を利用して，自らの体液の凍結やそれに付随する組織の損傷を防ぐ．細胞外液の過冷却は，氷結晶の形成を促進しうる食物粒子などの*氷核物質となる可能性のある媒介物を取り除くことが必要である．それゆえ，冬備えをする動物は腸内から物質を排せつする．次に，動物はグリセロールのような*不凍分子を産生し，凝固点を降下させる．これらの方法は過冷却を行ううえできわめて効果的である．

カロテノイド　carotenoid
化学的にテルペン類に含まれる黄色，オレンジ，赤，褐色などの多くの色素．カロテノイドは，完熟トマトやニンジンや紅葉など多くの植物の器官の特徴的な色のもとになっている．また，カロテノイドは藻類や他の光合成生物にも存在し，*光合成の明反応（→ 光合成色素）の補助色素として機能する．→ カロテン，キサントフィル

カロテン　carotene
*カロテノイド色素のクラスの一つ．例としては，ニンジンの色素のβ-カロテン，完熟トマト果実の色素のリコピンがある．α-，β-カロテンは動物により消化される過程においてビタミンAに分解され，またβ-カロテンは*抗酸化剤である．

カロリー　calorie
1グラムの水を1℃（1K）だけ温度を上昇させるために必要とする熱の量．c.g.s単位であるカロリーは現在では*SI単位である，*ジュールにほとんど取って代わられている．1カロリーは4.1868ジュールである．

管　vessel
（動物学）管状の構造をしたもので，そのなかを物質が通る．特に，血管やリンパ管など．

癌　cancer (carcinoma)
異常な細胞による周囲の健全な組織への浸潤や破壊などをもたらす，あらゆる細胞増殖の異常．がん細胞は正常な細胞より発生し，その性質は永久的に変化する．この細胞は，健康な体細胞よりも速く増殖し，神経やホルモンなどによる正常な支配の対象ではなくなる．血流やリンパ系などを通じて体の別の部分に伝播し，その組織にさらに悪影響を与える（転移）．悪性腫瘍は癌の別名である．上皮に生ずる癌は，がん腫と呼ばれ，結合組織に生ずる癌は，肉腫と呼ばれる．白血病は白血球の癌である．リンパ腫は*リンパ組織に生ずる癌であり，骨髄腫は骨髄の*形質細胞から生ずる癌である．原因となる物質（発がん物質）には多様な化学物質（たばこの煙も含まれる），電離放射線，シリカ粒子，石綿粒子などが含まれ，また，*発がんウイルスなども含まれる．また，遺伝的因子やストレスも発がんに影響する．→ がん遺伝子

がん遺伝子 oncogene

　細胞の成長や分裂を混乱させ，正常細胞をがん細胞へと変化させることができる遺伝子のことで，通常の遺伝子（プロトがん遺伝子）に対して優性の変異した対立遺伝子である．典型的なプロトがん遺伝子は細胞分裂周期を正にコントロールしているタンパク質をコードしていることが多く，例えば成長因子の受容体やシグナル伝達タンパク質や転写因子などがあげられる．それらの遺伝子における変異は細胞分裂のコントロールを緩和し分裂を促進させる傾向があり，がん細胞に特徴的な細胞の増殖を引き起こす．いくつかの発がん性の変異はプログラム細胞死（*アポトーシス）の阻害を引き起こし，そのためがん細胞は生体の防御反応によって破壊されにくいのだと考えられている．脊椎動物のある種のがん遺伝子はウイルス由来である（→ 発がん性）．→ がん抑制遺伝子

換羽（毛） moulting

　哺乳類や鳥類に起こる，髪や毛や羽が季節的に失われること．

眼窩（眼球孔） orbit

　(解剖学) 眼球がそこに存在する，脊椎動物の頭蓋骨にある二つの窩（ソケット）のこと．

灌漑 irrigation

　水路，管系，運河の建設のような人工的な方法で農作物に水を供給すること．水が土壌から微量元素を溶出させるときに灌漑が問題を引き起こす．例えば，セレンはその地域の動植物相に対して毒性がある．河川の水を転用して水の供給に用いている場合，灌漑は土壌の塩分も増加させる．表層の水の蒸発により塩のかたまりが残るが，これは土壌のより深い層へと排出できる．

感覚

　1.　sensation

　*感覚能力により得た生の情報．例えば，赤というのは色の感覚である．→ 知覚

　2.　senses

　動物が外部環境からの刺激や，環境と自身の体との関係の状態に関する情報を知覚することができる能力（→ 感覚器，視覚，聴覚，平衡，嗅覚，味覚，触覚）．特別な感覚の*受容体としては，痛み，温度，化学物質に対するものなどがあげられる．

感覚器 sense organ

　特別な刺激（例：音，光，圧力，熱）に感応する*受容体が集中して存在している動物体の一部分．これらの受容体への刺激は，感覚情報を分析，理解する脳への神経インパルスの伝達を引き起こす．感覚器の例としては，*目，*耳，*鼻，*味蕾があげられる．

感覚細胞 sensory cell ── 受容体

感覚ニューロン sensory neuron

　体内と外部の環境変化の状態を中枢神経系へ伝達する神経細胞（→ ニューロン）．感覚ニューロンは2種類ある．体性感覚ニューロンは，皮膚や骨格筋，関節，骨の末梢神経に存在する．内臓感覚ニューロンは心臓，肺，その他の組織の交感神経，副交感神経に存在する．

感桿 rhabdom ── 複眼

換気 ventilation

　*呼吸表面を通じた連続的なガス交換が行われること．これはしばしば外*呼吸と呼ばれ，空気呼吸を行う脊椎動物においては，*呼吸運動により肺の内外へと空気が移動することをいう（→ 気嚢，呼息，吸息，気管，換気中枢）．動物の換気速度（または呼吸速度）は1分間に呼吸する空気の体積である．すなわち，*一回換気量×1分間当たりの呼吸数で表される．これは*呼吸計によって測定できる．

間期 interphase

　*細胞分裂の終了後の期間（すなわち細胞周期のM期以外のG1からG2までの期間）であり，このとき核は分裂しない．この期間の間に，核と細胞質が変化して娘細胞が完全に発達する．→ 細胞周期，中間期

喚起作用 evocation

　実験的な刺激（化学物質または組織移植片）を与えて，分化していない胚組織を分化させる能力．

換気中枢 ventilation centre

　脳の*延髄にあるニューロンの集まりで，*換気の制御を行う．血中二酸化炭素の分圧

やpHが動脈内の化学受容器で監視されている．これらの化学受容器には頸動脈の*頸動脈小体や心臓に近い大動脈の壁のなかにある大動脈体が含まれる．換気中枢は血中二酸化炭素量の上昇に反応し，呼吸速度を上げる．換気中枢内には副中枢があり，吸息（吸息中枢）および呼息（→ 呼息中枢）を制御している．

眼球乾燥症 xerophthalmia ── ビタミンA

環境 environment
（生態学）生物が棲んでいる地域の物理学的，化学的，生物学的な状態．→ 生態学，生態系

環境収容力 carrying capacity
記号は K．環境に損害がない状態で，ある生息地または地域が支えることのできる，ある生物種の最大の個体数．人による介入で変わることがある．例えば，草食哺乳類の環境収容力は草原を肥料で増やすことで増やすことができる．→ K 淘汰

環境多型性 polyphenism (environmental polymorphism)
環境的なきっかけに対して応答した結果として，一つの種のなかで異なる形態型 (morphs) を生じること．それらの形態型は空間的あるいは時間的に重なる可能性があり，栄養，温度，日長のような，動物の生育環境における特定のシグナルが動物の遺伝子と相互作用し，一つの形態型を作るプログラムから別の形態型を作るプログラムへと，若い個体の発生のスイッチを入れかえた結果として生ずる．そのような形態型は，それらの環境条件により適応したものであったり，社会集団において決まった役割を満たすためのものであったりする．環境の季節的変化にさらされた状態で世代を経ることにより生じた環境多型性は，*形態輪廻と名づけられている．→ 多形性

環境抵抗性 environmental resistance
個体数が連続的に増加することを妨げ，その結果，個体数を一定レベルに保つ効果をもつ因子の総和．この因子には，捕食者，病気，そして食べ物や水，住処，光（特に植物には重要）などの生存に必要なあらゆる因子が含まれる．→ 個体群成長

環境淘汰 environmental selection
一つの個体群の内部における環境が関係する*自然選択．環境淘汰は必然的に集団中の遺伝子の頻度の変化を導く．例として，気温の低下をもたらす環境の変化によって，体温を保つことのできる動物が生き残り，その結果より厚い毛皮のある動物が個体群の大部分を占めるようになる．

桿菌 bacillus
棒状の形態の細菌をいう．一般的に，桿菌は大型，グラム陽性で，胞子を形成し，鎖状に連なり，*莢膜を形成することが多い．*鞭毛をもち運動性のものもある（訳注：桿菌のなかにはグラム陰性のものや，胞子を形成しないものなど，ここに書かれている条件とは異なる性質を示すものも多い）．桿菌は土壌や大気中に普遍的にみられ，食物の腐敗に関係することが多い．桿菌のなかには炭疽菌も含まれ，これは炭疽の病原体である．

眼筋 eye muscle
目の機能に関する筋肉すべてをさし，二つのグループに分かれる．「内在筋」は，不随意筋であり，眼球のなかにあり，毛様体筋（→ 毛様体）と光彩が含まれる．「外在筋」は，3対の随意筋からなり，眼球の外側の表面にある強膜に入り込んでおり，目の動きをコントロールする．

環形動物門 Annelida
無脊椎動物の一門で，体が分節に分かれた蠕虫（例えばミミズ）などを含む．環形動物は円柱状の柔らかい体をもち，外部からもはっきりとわかる輪によって分けられた*体節制を示す．それぞれの体節は内部においても分かれており，隣の体節とは膜によって隔てられており，また堅い剛毛をもつ（→ 剛毛）．腸やその他の体組織の間には，*真体腔と呼ばれる体液で満たされた空間があり，それは流体静力学的骨格としての機能をもつ．運動は，体壁にある環状および縦軸方向の筋肉が交互に収縮することによって行われる．この門には，*多毛類，*貧毛類，*ヒル類という三つの綱が存在する．

間隙動物群（メイオファウナ） interstitial fauna (meiofauna)

海や湖，川の底にある砂粒のような個々の底層粒子の間に生息する小さな無脊椎動物．→ 底生生物

冠血管 coronary vessels

心臓の筋肉に対して血液を供給する1対（冠動脈と冠静脈）の血管．冠動脈は大動脈から分かれ，枝分かれをして心臓を取り囲む．冠動脈中の血栓（冠血管血栓症）は心発作を引き起こす．

還元 reduction ── 酸化-還元

がん原遺伝子 proto-oncogene ── がん遺伝子

還元糖 reducing sugar

還元剤として働くことのできる単糖または二糖．遊離のケトン（-CO-）あるいはアルデヒド（CHO）があるためほとんどの単糖や二糖は還元糖として働くことができる．還元糖は*ベネディクト試験で検出できる．→ 非還元糖

乾荒原（砂漠） desert

少雨を特徴とする陸上の主要な*バイオームの一つをいう．アフリカのサハラやカラハリ砂漠のような高温砂漠では，年間25 cm未満の降水量しかなく，日中の気温も極度に高温（36℃に達する）となる．植生は疎生であり，砂漠の植物は，水分を貯蔵し，降雨があったときにそれを効率的に利用できるように適応している．多年性植物には，乾生の高木，低木（→ 乾生植物），サボテンのような*多肉植物が含まれ，多くの多肉植物は*ベンケイソウ型有機酸代謝を行う．砂漠の一年性植物は*短命植物に属し，1年の大部分を種子として休眠して過ごし，短い雨期の間に生活環を完了する．砂漠の動物は典型的には夜行性か，あるいは夜明けと夕暮れに活動し，日中の極端な高温を避けている．

寛骨 innominate bone

成体の脊椎動物において*下肢帯のそれぞれ半分を形成する二つの骨の一つ．この骨は*腸骨，*坐骨，*恥骨が融合することにより形成される．

寛骨臼（臼穴） acetabulum (cotyloid cavity)

*大腿骨の球状の頭部を収容する，*下肢帯にある半円形の空洞．

感作 sensitization

1．（細胞の）細胞表面の*抗原に特異的な*抗体が結合したために，細胞膜の完全性が損なわれること．ここに*補体が存在すると，その細胞は崩壊する．

2．（個体の）ある特定の抗原を個体に最初に投与することをいい，その結果，この抗原をもう一度投与すると強い免疫反応が生じる（→ アナフィラキシー）．

肝細胞 hepatocyte

特殊化した上皮細胞で*肝臓に最も多く存在する型の細胞である．肝細胞は小葉と呼ばれる構成単位のなかで中心静脈の周囲に配列しており，肝門脈や肝動脈や胆細管の分枝は肝小葉で肝細胞と密着して存在する．代謝，*解毒，胆汁の産生を含む肝臓の様々な機能に関与している．→ クッパー細胞

間細胞 interstitial cell

他の組織や構造の間にある結合組織の一部（間質）を形成する細胞．特に精細管の間に存在し，間質細胞刺激ホルモン（→ 黄体形成ホルモン）による刺激に応答してアンドロゲンを分泌する*精巣の細胞．

幹細胞 stem cell

それ自身では分化しない細胞で，他の細胞を生じるために無限に分裂可能である．生じた細胞は，幹細胞としてとどまるか，または特定の型の細胞に分化する．例えば骨髄中の幹細胞は娘細胞を生じ，これらの娘細胞は単球，リンパ球，肥満細胞などの様々な免疫系細胞に分化する．また腸内の幹細胞は常に分裂し，腸の内壁から抜け落ちる細胞を補充する．ヒトの初期胚から得られたもののような胚性幹細胞は，完全に発達した個体中にみられる組織中の細胞のすべてか大部分に分化する能力があり，多能であるという．幹細胞を培養することにより，移植を含む医療用の代替組織や器官の供給可能性が生じる．しかし倫理的観点から，アメリカとイギリスを含む多くの国で，ヒトの胚性幹細胞を用いた研究

には強い規制がかけられている. → 造血組織

間質細胞刺激ホルモン interstitial-cell-stimulating hormone (ICSH) ⟶ 黄体形成ホルモン

間充ゲル mesoglea

腔腸動物において内胚葉と外胚葉の間のゼラチン状の非細胞層. これは「ヒドラ」といったものでは薄く, より大きなクラゲやイソギンチャクといったものでは丈夫で繊維質である. これはしばしば二つの胚葉から移動してきた細胞を含むが, 組織や器官を形成せず, 間充ゲルは*三胚葉性動物の中胚葉と相同のものではない.

感受性 sensitivity (irritability)

すべての生命体が潜在的にもっている特質の一つであり, 環境 (光, 接触, 化学物質の刺激など) の変化をみつけだし, 解釈し, 対応する能力のこと. 多細胞動物では, この目的のため特殊化した*感覚器と*効果器を備える. 単細胞生物では, 神経系がなく, 刺激の受容と応答は同一の細胞で対応する.

環状 AMP cyclic AMP

*ATP の誘導体であり, 広く動物細胞に存在する. ホルモンによって誘導される, 多くの生化学的反応の*二次メッセンジャーとして働いている. 標的細胞に到達すると, それらのホルモンは*アデニル酸シクラーゼを活性化する. アデニル酸シクラーゼは環状 AMP の生成を触媒する酵素である. 環状 AMP は最終的にホルモンが標的とする酵素反応を活性化する. また, 環状 AMP は遺伝子発現や細胞分裂の調節, 免疫応答および神経伝達にも関与している.

緩衝液 buffer

酸やアルカリを加えられたり, 溶液を希釈されたときの pH の変化に抵抗する溶液. 酸性緩衝液は弱酸とその酸の塩からできている. 塩は, 陰イオン A⁻ を供給する. これは, 酸 HA の共役塩基である. 例としては炭酸と炭酸水素ナトリウムがあり, この場合 H_2CO_3 分子と HCO_3^- イオンが存在する. 酸が加えられたとき, 過剰な多くの水素イオンは, 塩基により除去される.

$$HCO_3^- + H^+ \longrightarrow H_2CO_3$$

塩基が加えられたときは過剰な水酸化物イオンは, 解離していない酸との反応により除去される.

$$OH^- + H_2CO_3 \longrightarrow HCO_3^- + H_2O$$

つまり, 酸や塩基の添加による pH の変化は非常に小さいものになる. 塩基性の緩衝液は弱塩基と, 共役酸を供給するためのその塩基の塩からできている. 例としては塩化アンモニウムを含むアンモニア溶液である.

天然の緩衝液は生きている生物体のなかに存在している. 生化学反応は pH の変化に非常に感受性が高いためである (→ 酸-塩基平衡). 多くの天然の緩衝液は H_2CO_3/HCO_3^- と $H_2PO_4^-/HPO_4^{2-}$ である (→ ヘモグロビン酸). 緩衝液はまた, 研究室内 (例えば, 人工産物の形成を防ぐために顕微鏡サンプルの本来の pH を維持するため) や, 医学 (静脈注射), 農業や多くの工業 (染色業, 発酵工業, そして食品工業) などにおいて多く利用されている.

環状 GMP cyclic GMP (cGMP)

環状グアノシン一リン酸. グアノシン三リン酸 (GTP) の誘導体の一つで, *環状 AMP と同じように細胞内のシグナル伝達系の*二次メッセンジャーとして働く. 環状 GMP は GTP からグアニル酸シクラーゼ (環化酵素) の働きにより作られ, *プロテインキナーゼ G を活性化し, 活性化されたプロテインキナーゼ G は*リン酸化を通して特定の細胞内タンパク質の活性化を行う. 環状 GMP はほとんどの動物細胞から見いだされ, その重要な働きの一つは網膜の棹体細胞において, 光に応答して細胞膜のイオンチャネルの開閉を行うことである.

管状の siphonaceous (siphonous)

藻類やその他のプロトクティスタに用いる語で, 葉状体が多核体 (→ 多核体) であり, そしてしばしば管状構造の体をもつものを示す.

緩徐代謝 bradymetabolism

比較的低い速度で保たれている代謝. 冷血動物 (→ 外温動物) の特徴であり, 一般的に熱発生メカニズムをもたない. → 急速代

謝
完新世（現世） Holocene (Recent)
　*第四紀の最も新しい時代（世）であり，*更新世の終りから現在までの約1万年よりなる．完新世は更新世の最終氷期のあとであり，したがってときに後氷期と呼ばれる．地質学者のなかには，完新世は更新世の間氷期の一つであり，次に氷期が再びくると考える者もいる．

間性 intersex
　その種の雄に典型的な性質と雌に典型的な性質の中間の性質を示す生物．例えば，ヒトの間性では未発達の精巣をもつ場合があり，したがって彼は理論的には男性であるが，女性の外見である．間性は様々な原因で生じる．例えば，性ホルモンの機能不全による．
　→ 両性，雌雄モザイク

乾生形態の xeromorphic
　ある種の植物（*乾生植物）の構造変化を示すもので，この形態をとることで，植物は，特に葉や茎からの水の損失を減少できる．

乾生植物 xerophyte
　土壌中の水が不足している条件や，蒸散が過度に行われるほど大気が乾燥している条件，あるいはその両方の条件での生育に適応した植物．乾生植物は特殊な構造（乾性形態）と機能をもつ．すなわち，水を貯蔵する膨らんだ茎や葉（→ 多肉植物）をもっていたり，毛が多い葉，巻いている葉，縮小してとげになった特別な葉，あるいは蒸散速度を低下させるための厚いクチクラ層のある葉をもっている．乾生植物の例は砂漠のサボテン，砂丘やむきだしの荒地に生育する多くの種である．いくつかの*塩生植物は乾燥耐性の特徴をもつ．→ 中生植物，水生植物

管生の tubicolous
　自身が構築した管のなかに生息する無脊椎動物を示す語．例えば，多毛類のカンザシゴカイ（*Sabella*）は砂粒の管を構築する．

関節 joint
　二つの（あるいはそれ以上の）骨の接触点とその周りの組織をさす．関節は許容される運動の自由度から三つの範疇に分けられる．(1) 不動性関節，例えば頭蓋を形成する骨の*縫合，(2) 少しだけ動く関節，例えば脊柱を形成する骨の*癒合部，(3) 自由に動く関節，または滑膜性関節，例えば四肢骨の間にみられる関節．滑膜性関節には，どの方向への運動も許される球関節（例えば四肢骨と下肢帯や肩甲との間の関節）と，1平面内の運動が許される蝶番関節（例えば膝や肘の関節）（図参照）がある．滑膜性関節は靱帯により結合され*滑膜により裏打ちされている．

関節窩 glenoid cavity
　*上腕骨の頭を，球関節で支える，*肩甲骨にあるソケット状のくぼみ．

関節丘 condyle
　滑らかに球状になった骨の節の部分をいい，隣の骨のくぼみに合わさり，*関節を形成する．このような関節では，上下や左右の動きは許されるが，回転は許されない．下顎骨（mandible）が頭蓋に接続する部分に関

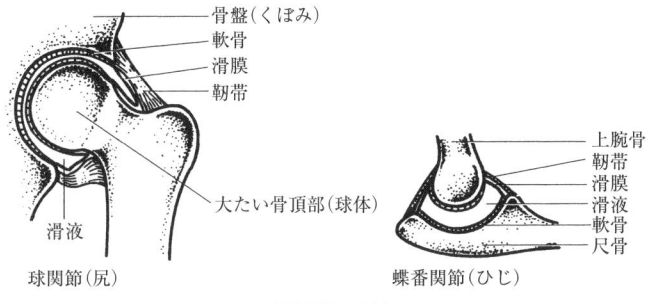

滑膜性関節の種類

節丘が存在し，咀嚼運動を可能にしている．
→ 後頭顆

関節接合 articulation

通常は*関節によってつながっている二つの骨の連結部分のこと．例えば，大腿骨は骨盤帯と関節を形成する．

間接連絡型顎懸架 hyostylic jaw suspension

魚類の大部分にみられる顎の懸架形態の一型で，この型では上顎が直接的には頭蓋に結合していない．頭蓋と上顎の間は，前端の靱帯と後端の舌顎軟骨（→ 舌骨弓）により結合される（図参照）．→ 二重連結型顎懸架，自接型顎懸架

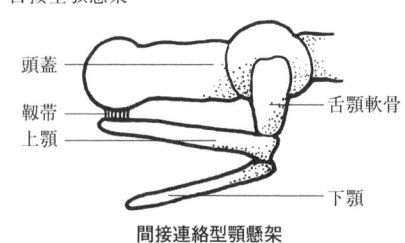

間接連絡型顎懸架

汗腺 sweat gland

*汗を分泌する哺乳類の皮膚上にある小さな腺．身体表面の汗腺の分布は種によって異なる．汗腺はヒトと高等な霊長類では体の表面の大部分に存在するが，他の哺乳類では，汗腺の分布はより限られている．

感染 infection

病原性微生物（→ 病原体）の生物への侵入．感染により病原性微生物は定着，増殖し，宿主に様々な症状を引き起こす．病原体は傷を経由したり，（動物では）消化管や気道，生殖器の粘膜を通って侵入し，また感染した個体である*キャリヤーや節足動物の*媒介動物によって伝播される．動物の症状は，初期の症状がない潜伏期のあとに現れ，主として局所的な*炎症が起こり，しばしば痛みや熱を伴う．生体の自然防御機構（→ 免疫応答）が感染と戦う．多くの細菌や菌類，原生動物の感染に対しては薬物（→ 抗生物質，防腐剤）による治療が効果的であり，いくつかのウイルスの感染には*抗ウイルス薬が効きめを示す．→ 免疫化

完全植物性の holophytic

植物と同様にして栄養を得る，すなわち光独立栄養の生物を形容する語である．→ 独立栄養

完全動物性の holozoic

複雑な有機物を摂取し，続いてその有機物を消化，吸収することにより栄養を得る生物を形容する語である．→ 従属栄養，摂餌

感染特異的タンパク質 pathogenesis-related proteins ── 全身獲得抵抗性

完全変態の holometabolous

完全な*変態の過程が存在し，*幼生と呼ばれる未成熟な段階が成体と著しく異なるような，昆虫の発生形式を描写する語である．幼虫の成虫への転換は，*蛹と呼ばれる休止期の間に生ずる．完全変態による発生は，*内翅類に含まれる昆虫の目に特徴的である．→ 不変態の，不完全変態の

乾燥 desiccation

有機物質の保存方法の一つで，対象の水分含量を低下させる．試料の温度を低下させて凍結したあとに乾燥することにより，細胞と組織を保存することができる．処理後に，試料は室温で保存できる．

肝臓 liver

脊椎動物の腹部にある大きな肝葉に分かれた器官で，血液中の栄養素および毒素の組成や濃度を調整することによって，多くの代謝過程において必要不可欠な役割を果たす．小葉と呼ばれる単位によって構成され，それはおおまかに六角形の構造を示し，主に中心静脈の周囲に並んだ*肝細胞から成り立っている．肝臓は血液中に溶けた消化産物を*肝門脈を経由して吸収する．肝臓の最も重要な機能は余分なグルコースを貯蔵産物である*グリコーゲンに変換することで，それは食餌貯蔵物として役割を果たす．また余分なアミノ酸をアンモニアへと分解し，アンモニアを*尿素や*尿酸へ変換し腎臓から排出する．そして，脂肪を貯蔵したり分解する働きも有する（→ 脂肪分解）．肝臓の他の機能としては(1)*胆汁の産生，(2)血液中毒素の分解（*解毒），(3)損傷した赤血球細胞の除去，(4)ビタミンＡや血液凝固物質であるプロ

トロンビン，フィブリノーゲンの合成，(5) 鉄分の貯蔵（→ フェリチン）がある．

乾燥器　desiccator

ものの乾燥や，ものが湿らないようにするために用いる容器．簡単な研究用の乾燥器はシリカゲルのような乾燥剤を入れたガラス容器である．この容器は，蓋に取りつけられたコックから排気することで真空にすることができる．

乾燥重量　dry mass

水分が除かれた生物学的な試料の重量で，一般に試料をオーブンに入れることで水分を除去する．乾燥重量は試料の*生物体量の尺度として用いられる．

乾燥性の　xeric

水の供給が不十分な条件を示す．乾燥条件は乾燥した地域，きわめて寒冷な地域，塩湿地に存在する．ある種の植物はそのような条件での生育に適応している．→ 塩生植物，乾生植物

肝臓の　hepatic

肝臓の，肝臓に関係するものを示す．肝と略すことがある．例えば，肝門脈（→ 肝門脈系）と肝動脈は肝臓に血液を供給し，肝静脈は肝臓から血液を運び出す．

管足　tube feet ── 棘皮動物

桿体　rod

脊椎動物の*網膜に存在する，光の受容細胞．桿体は*ロドプシンという色素を含み，薄暗い場所での視覚に必須である．桿体は必ずしも*網膜に一様に分布しているというわけではなく，*中心窩には存在せず，それ以外の網膜周辺部のすべての部分を占めている．→ 暗順応，錐体

環帯

1. annulus

（植物学）シダ植物の胞子嚢壁の一部分のことで，胞子の散布のため特殊化している．外壁以外の部分が厚くなった細胞からできている．乾燥につれて細胞が収縮して胞子嚢が破壊し，胞子を放出する．細胞内に残った水が蒸発すると環帯ははじけるようにもとの位置にもどり，残ったすべての胞子が放出される．

2. clitellum

ある特定の環形動物の体にみられる肥厚した腺性の部分をいい，性的に成熟した個体で著しい．環帯は細長い剛毛を備える．環帯にある盃細胞は粘液を分泌して*繭を形成し，このなかで受精卵が発生する．

環椎　atlas

一番上の*頸椎骨をいい，環状の骨であり，陸棲の脊椎動物では頭蓋骨を脊柱に接続する役目をもつ．高等脊椎動物では，頭蓋骨と環椎の間の関節により，頭部のうなずく動作が可能になる．→ 軸椎

寒天　agar

ある種の紅藻からの抽出物で，微生物の*培地や食料品，薬や化粧クリームやゼリーのゲル化剤として用いられる．ニュートリアントアガーは牛肉の抽出物や血液を寒天で固めたもので，細菌や菌類，ある種の藻類の培養に用いられる．

眼点　eyespot (stigma)

1. 自由に泳ぐ単細胞藻や植物の生殖細胞にみられる構造．オレンジや赤の色素を含み光感受性である．眼点により，細胞は光源に関係した運動が可能となる（→ 走光性）．

2. クラゲなどの下等生物にみられる色素の点．

3. 目玉模様．いくつかの虫の翅にみられる目のようなマークで，相手を*威嚇誇示する際に呈示される．

肝毒性薬物　hepatotoxin

肝臓に悪い影響を及ぼす化学物質．アルコール（エタノール）は最も一般的な肝毒性薬物の一つである．

カンブリア紀　Cambrian

古生代の最も古い地質年代．およそ5億4100万年前に始まり，それから約5600万年続いたと考えられている．この期間の間にミネラル化した殻をもつ海の動物がはじめて出現し，このカンブリア紀の岩石がはじめて大量の化石を含むようになった．カンブリア紀の化石はすべて海の動物のものである．この化石にはカンブリア紀の海を支配していた*三葉虫，棘皮動物，腕足動物，軟体動物そして原始的*筆石（カンブリア紀中葉から）

が含まれている．また，*生痕化石は種々の蠕形動物がいたことを証明している．

眼胞　optic vesicle

将来眼の網膜へと発達する，脊椎動物の胚の前脳からの膨出部．眼胞が，胚の先端部を覆っている外胚葉に接触するようになると，これらの外胚葉性の細胞は厚くなってくる．そしてこの領域の外胚葉が陥入し，最終的には隣接した外胚葉の細胞から分離し，眼のレンズを形成する．

眼房水　aqueous humour

脊椎動物の眼の角膜とレンズの間の空間を満たしている液体のこと．角膜とレンズに栄養を与えるうえに，眼房水は眼の形を維持することを助けている．*毛様体によって，4時間ごとに更新される速さで作られている．

γ-アミノ酪酸　gamma-aminobutyric acid (GABA)

シナプス後膜の透過性を増大する，脳を主とする中枢神経系に存在する抑制性の*神経伝達物質（→ 抑制性シナプス後電位）．GABAはグルタミン酸の*脱炭酸によって合成される．

γ-グロブリン　gamma globulin　⟶　グロブリン

乾眠　anhydrobiosis　⟶　クリプトビオシス

冠毛　pappus

変形した*萼片の集まりのことで，しばしば絹状の毛がリング構造をした形をとる．例えばセイヨウタンポポでは果実が成熟すると，冠毛はパラシュート様の構造を作って細い柱状の果実の頂端に残り，果実を散らばらせる役割を担う．

肝門脈系　hepatic portal system

腸で消化吸収した成分を含む血液を，腸から肝臓へ直接運ぶ静脈（門脈）または静脈系．

がん抑制遺伝子　tumour-suppressor gene (anti-oncogene)

生細胞における癌の発達を抑制する遺伝子群．がん抑制遺伝子の産物は主として，DNA複製と細胞周期の進行の監視や，損傷したDNAの修復の促進に関係する．したがっ て，そのような遺伝子の変異と活性喪失は腫瘍の形成を招く．例えば，網膜芽細胞腫として知られる網膜の細胞の小児がんの発達は，染色体のがん抑制遺伝子 *RB* を含む部分を欠損することが原因である．この遺伝子は細胞増殖を抑制するタンパク質をコードする．別の一般的な例は *p53* 遺伝子であり，これの変異はヒトの癌の約半分に関係する．その産物である53 kDaのタンパク質は細胞周期の重要な制御要素として働く．遺伝的な傷害が起こった場合，p53タンパク質が細胞周期を休止させて傷害のあるDNAが修復できるようにする．傷害が深刻だった場合，p53タンパク質は細胞死を引き起こすことができる．

灌流法　perfusion techniques

摘出した生体器官を必須栄養素や酸素を含んだ循環液中に浸し，かつ循環液を器官中に通すことで維持する方法．器官に循環液を通して保持することで器官へ栄養分を送り，毒素や老廃物を除くことができる．灌流法は肝臓や腎臓などの摘出した無傷の器官における薬物の代謝を研究するのに特に有効である．

寒冷混濁　chill haze

低温時にビールが貯蔵されたときに起きる沈殿．寒冷混濁はタンパク質によりできていて，このタンパク質はタンパク質分解酵素により分解することができる．

キ

キアズマ　chiasma (pl. chiasmata)
　第一*減数分裂前期に，対をなす*相同な染色体が分離を始めたときに接触したままの部分で，交差する形をしている．通常は多くのキアズマが形成されているのを認めることができ，この部分で*交叉が起こる．

偽遺伝子　pseudogene
　機能をもった遺伝子に似ているが転写されないDNAのヌクレオチド配列．偽遺伝子は減数分裂時に不等交叉により既存遺伝子が重複した際に，プロモーターやその他の転写に必要なフランキング領域の欠失が生じたため発生したと考えられる．例として，ヒトのα-，β-グロビン遺伝子クラスターは，複数の偽遺伝子を含む．

気液クロマトグラフィー　gas-liquid chromatography
　*クロマトグラフィーにより混合気体を分離，分析するための方法．この装置は，長い管に封じ込められた固定相からなり，この固定相は固体の担体上にコートされた炭化水素油など非揮発性の液体からなる．分離，分析するサンプルは多くの場合脂肪酸などの揮発性の混合液体であり，気化され水素などのキャリヤー気体によってカラムに通される．混合液の各成分はそれぞれ異なる速度でカラムを通り抜け，カラムから出る際に気体の熱伝導度測定，もしくは炎検出器によって検出される．
　ガスクロマトグラフィーは通常分析に用いられ，各成分はカラムを通過するのに要する時間によって同定される．また，混合気体をそれぞれの成分に分けるためにも使われ，分けられた成分は直接質量分析計にかけることができる．このテクニックをガスクロマトグラフィー*質量分析という．

記憶　memory
　脳のなかに情報を蓄積する方法．情報を処理し，蓄積する正確なメカニズムはわかっていないが，使用を繰り返すことによって強化されるニューロンの回路形成が関与していると考えられている（→ シナプス可塑性）．記憶は*学習や，個人や物体の認識の過程にとって必須のものである．

記憶細胞　memory cell　── B細胞

気温の逆転　temperature inversion
　大気の低層の対流圏で起こる，気温の異常な上昇のこと．対流圏（→ 大気汚染）に汚染物質を捕捉する原因となることがある．

帰化　naturalized　── 外来種

偽果　pseudocarp (false fruit)
　子房壁に加えて，*花床のような，子房壁以外の花の部位を含む果実．例えば，オランダイチゴの実の肉質の部分は花床から形成され，その表面にある「タネ」が本当の果実である．→ 複合果，ナシ状果，桑果，イチジク状果

ギガ　giga-
　記号Gで表す．メートル法に用いられる接頭辞で，10億を意味する．例えば，10^9 ジュールは1ギガジュール（GJ）である．

機械受容器　mechanoreceptor
　接触や音，圧力といった機械的刺激に対して反応する*受容器．皮膚はこの機械受容器に富んでいる．

気管　trachea
　1．（またはwindpipe）空気呼吸をする脊椎動物がもつ，空気を喉から*気管支へ導く管．これは軟骨の不完全な輪によって強化されている．
　2．昆虫や他のほとんどの陸生節足動物における体内への空気の通路．気管は体壁が体内に伸びて生じる．気管は気門で外部に開き，より細い通路（毛細気管）へと分岐して組織内に末端が入る（→ 気嚢）．腹筋のポンプのような動きによって空気が気管から出し入れされる．

器官　organ
　一つあるいは多数の機能を行うために特殊化した生物個体の部分のこと．例えば，動物では耳，目，肺や腎臓，植物では葉，根，花などがある．特定の器官は多くの異なった

*組織を含んでいる．

器官形成　organogenesis

　胚発生に伴って器官が形成されること．動物における器官形成は，三つの胚葉が正しい位置で完全に形成される過程である．*原腸胚形成における細胞の再構成に続いて始まる．原腸胚中で分裂した細胞の分化が始まり，器官原基や器官系などの形成も始まる．
→ 分化，外胚葉，内胚葉，中胚葉

気管支　bronchus (pl. bronchi ; bronchial tube)

　*肺のなかにおける太い空気の管の一つ．*気管はまず二つの気管支に分かれ，1本が一つの肺に対応し，それぞれがより小さい気管支に分割し，さらに，*気管支梢になる．気管支の壁は軟骨の輪によって補強されている．

気管支梢　bronchiole

　爬虫類，鳥類，哺乳類の肺のなかにある微細な呼吸管．*気管支の細分枝により形成されていて，爬虫類や哺乳類では多くの*肺胞が末端に存在する．

器官脱離　abscission

　葉や果実や他の部分が植物の本体から離れること．離れる部分の基部に離層が形成され，この部分で1層の細胞が崩壊する．植物の成長促進物質であり，離層を通って脱離部分から出てくる*オーキシンが十分に存在する場合，器官脱離は抑制される．しかし，障害や老化などによりオーキシンの流出が弱まると，器官脱離が活性化されその部分は切り離される．

器官培養　organ culture

　動物や植物の完成した生きた器官（外植体）を適切な培地で培養すること．動物器官は，培地中の栄養素が器官のすべての細胞に浸透するように器官は十分に小さいものでなければならない．植物の根の断片や根系全体でさえも，そのような培地によってかなりの長期間生きたまま保つことができる．→ 外植

気孔　stoma (pl. stomata)

　葉（特に裏表面）や若い枝の表皮にある多数の細穴．気孔の機能は植物体と大気間における気体の交換である．おのおのの気孔は二つの半月型をした*孔辺細胞（特殊化した表皮細胞）に縁取られていて，これらの動き（水の含有量に伴って変化する）は開口部分の大きさを調節する．またこの気孔という言葉は細穴（気孔）と，それを構成する孔辺細胞の両方に対して使う．

気候　climate

　ある地域の，長期間にわたる気象要素の特徴的な様式を気候という．気象要素には，温度，降水量，湿度，日射量，風量などが含まれる．広い地域にわたる気候は，数種類の支配的な気候要因で決定され，その要因には次のようなものがある．(1) その地域の緯度，これによりその場所が受ける日射量が決まる．(2) 陸地と海洋の分布．(3) その地域の標高と地形．(4) その地域の海流との位置関係．気象要素は重要な*非生物的因子である．

岐散花序　dichasium ⟶ 集散花序

キサントフィル　xanthophyll

　酸素含有*カロテノイド色素の一種であり，紅葉の特徴的な黄色と茶色はこの色素による．

キサントフィルサイクル　xanthophyll cycle

　ある種のキサントフィルに関係する一連の相互変換の回路であり，植物の葉緑体の*光防護に重要な役割を担う．強い光の下では，ビオラキサンチンは中間体を経由してゼアキサンチンに変換される．後者はクロロフィルから過剰なエネルギーを受け取り，これを熱として放出すると考えられ，これにより光合成機構への被害を避けている．薄暗いときにはゼアキサンチンはビオラキサンチンに再変換され，入射光のエネルギーのすべてを光合成に用いることができる．

儀式化　ritualization

　ある行動が社会的コミュニケーションにおいて重要な役割を果たすようになったために，その行動の形や状況が変化する進化の過程のことで，例えば，動物にみられる多くの*求愛行動やあいさつの儀式では（量はとるにたらないものであるが）儀式的な食物の提

供が含まれている．これは子どもに食事を与えるという行動から由来している．

基質

1. ground substance

結合組織の基盤になるもので，このなかに様々な細胞や繊維が埋め込まれている．軟骨の基質は *軟骨質からなる．→ 細胞外マトリックス

2. substrate

(1)（生化学）生化学反応において *酵素が作用する物質．

(2)（生物学）定着性生物（フジツボ目の海産甲殻類や植物）がその上で生存または成長するための物質．基質はそれら生物にとって栄養を供給するか，もしくは単に支えとして機能する．

擬似有性的生活環 parasexual cycle

菌類の生殖方式の一つであり，配偶子の形成や融合を伴うことなく遺伝子の組換えを起こす．ヘテロカリオン性の菌糸でみられ，二つの半数体の核が融合し，*交叉を起こし，有糸分裂によって核分裂を行う．引き続く分裂の間，二倍体の核から染色体が徐々に消えていき，再び半数体の状態に戻る．この生活環の間に作られた無性胞子は乗換えの結果，もとの親の菌糸とは遺伝的に異なっている．

偽柔組織 pseudoparenchyma

外見的には植物の柔組織に似ているが，糸状菌の菌糸や藻類の糸状体が織り合わさってできた組織．偽柔組織性の構造体の例としては，一部の糸状菌が形成する子実体（キノコ）や，褐藻類や紅藻類が形成する葉状体がある．

偽受精 pseudogamy

卵の発達を活性化するために雄性配偶子が必要とされるが，受精が起こらない *単為生殖の一形式．一般的に，精子や花粉は同種に由来するものであるが，例えば魚類の Poeciliopsis のようないくつかの場合において，卵の発生は近縁種の精子により引き起こされる．偽受精する植物は受粉を必要とし，二倍体の胚が受精なしで発生する場合においても，胚乳は受精の過程を経る．

基準標本 type specimen

*種や亜種の命名や記載に用いられる標本．これが種の命名者が収集したもとの標本である場合は正基準標本と呼ばれる．基準標本は最も特徴的な種の代表であるとは限らない．また基準という言葉は，それが属する分類階級の代表として選択された分類群に適用されることもある．例えば，Solanum 属（ナス属）はナス科の基準属であるといわれる．

キシレン xylenes ── ジメチルベンゼン

偽心臓 pseudoheart

環形動物における一群の収縮性血管であり，血液を背行血管から腹行血管に送る働きを行う．

キスチケルクス cysticercus ── 嚢虫

寄生 parasitism

ある生物（寄生者）が他の生物（*宿主）の体の上（外部寄生），もしくは中（内部寄生）で宿主から栄養を得ながら生存する関係のこと．寄生者のなかには宿主にほとんど悪影響を与えないものもあるが，多くは特徴的な病気を引き起こす（ただし宿主を殺せば寄生者の栄養源も失うため，宿主を殺すことはほとんどない．→ 捕食寄生者）．寄生者は多くの場合その生活法が非常に特殊化しており，1種，もしくは（もし *生活環のうえで必須ならば）いくつかの宿主のみに寄生する．寄生者は一般的に非常に多くの卵を産むが，新たな適した宿主を見つけて生存するものはきわめて少ない．絶対寄生者は寄生者としてのみ生存し，生殖することができ，条件的寄生者は *腐生生物としても生存することができる．人間の寄生虫にはノミ，シラミ（以上は外部寄生者），様々なバクテリア，原生動物，菌類（以上は内部寄生者であり，病気を引き起こす），サナダムシ（例えば腸内に生息する有鉤条虫）がいる．→ 半寄生

基節腺 coxal glands

節足動物の *体腔からその外側に伸びている，対になった管（体腔管）であり，一般に分泌に関与している．クモ類においては頭胸部に1対か2対の基節腺が，1対か2対の脚の基部に開いている．

季節的隔離 seasonal isolation ── 隔離

機構

偽繊毛虫類 Pseudociliata ⟶ ディスコミトコンドリア類

偽足 pseudopodium (pl. pseudopodia)
　アメーバなどの原生動物細胞の一時的な突起で，摂食および移動器官として働く．偽足の形状は，幅広いものや糸状のものがあり，また分枝して網状になる場合や，内部に棒状の支持構造体が存在して硬くなることもある．食作用を行う白血球も偽足を形成し，侵入してきた細菌をのみ込む．⟶ アメーバ運動

基礎代謝率 basal metabolic rate (BMR)
　安静な状態の動物で必要とされるエネルギー代謝率をいう．BMR は，単位時間当たりに発生する熱量として測定され，通常は1時間当たり体表1平方メートル当たりに放出される熱量をキロジュールの形で表記する ($kJm^{-2}h^{-1}$)．BMR は，心拍，呼吸，神経活動，能動輸送や分泌などの，生命維持に必要な機能を維持するために消費されるエネルギーを示している．異なった組織は異なった代謝率を示し（例えば脳の BMR は骨組織のものよりはるかに大きい），したがってある動物における各組織の割合が，全体としてのBMR を決定する．例えば哺乳類のように，互いに共通点をもつ動物群のいずれにおいても，BMR はアロメトリー式にしたがい，体重の関数となる（⟶ 相対成長）．大きな動物に比べ，小さな動物はしばしば単位体重当たりの代謝率が高くなる．

擬態 mimicry
　ある動物の外観が，他の動物へ似ること．防御の手段として進化してきた．ベーツ擬態は，イギリスの博物学者ベーツ (Henry Bates, 1825-92) にちなんで名づけられたもので，ある無害の昆虫の模様が他の昆虫（モデル）の*警戒色に類似するものである．モデルを避けることを学んでいる捕食者は，モデルによく似た擬態をも避ける．ベーツ擬態は，しばしばチョウの間でみられる．ミュラー擬態はドイツの動物学者ミュラー (J. F. T. Müller, 1821-97) にちなんで名づけられたもので，ジガバチ，ミツバチ，およびスズメバチといったすべての有害な動物がそのグループ内で相互に類似するもので，捕食者は一つで経験をした場合に，その後はそれらすべてを避けるというものである．

擬体腔動物 pseudocoelomate
　体腔が擬体腔，つまり体の外壁と腸の間の空所が，真体腔よりもむしろ胞胚腔（⟶ 胞胚）がそのまま残存したものに由来する，無脊椎動物を示す．擬体腔動物には，輪形動物，線虫が含まれる．

キチナーゼ chitinase
　菌類の細胞壁や昆虫やその他の節足動物の外骨格の主成分である*キチンの加水分解を触媒する酵素．カエルなどの，虫を食べるいくつかの動物や，いくつかの植物によって合成され，菌類の感染から植物の身を守る働きをしている（⟶ 過敏感反応）．病原性の菌類に対する抵抗性をつけるために，キチナーゼ遺伝子を異なる種の植物に導入することはすでに成功している．

キチン chitin
　グルコースの誘導体である，N-アセチルD-グルコサミンの鎖により構成される*多糖類．キチンは構造的にセルロースとよく類似していて多様な無脊椎動物の支持組織を強化している．真菌類にもみられる．

拮抗作用 antagonism
　1．二つの物質（薬剤，ホルモン，酵素など）の相互作用のなかで，ある系において両者が反対の効果をもち，片方の働きが他方の働きを部分的または完全に阻害するもの．例えば，ある種の抗がん剤の一群は，がん細胞の活性を制御する酵素の作用に拮抗することで効果を発揮する．⟶ 拮抗物質
　2．拮抗筋として知られている二つの筋肉間の相互作用のことで，片方の筋肉の収縮が他方の収縮を阻害するようなもの．例えば，*上腕二頭筋と三頭筋は拮抗作用をする組合せである．⟶ 随意筋
　3．カビや細菌などにおける2種類の生物間の相互作用の一種で，一方によって他方の生育が阻害されるようなもの．⟶ 相乗作用

拮抗物質 antagonist
　*アゴニストの効果を阻害するような薬剤

のことで，その阻害は，二つの薬剤の個々の効果の合計よりも，二つの薬剤が同時に存在するときの効果のほうが小さくなるような様式で生ずる．競合拮抗物質は作用薬の受容体に結合することで働き，非競合拮抗物質は作用薬と同じ受容体の部位には結合しない．機能的拮抗物質は，作用薬の効果と逆の効果を誘発するような他の受容体に結合する．

基底小体（キネトソーム） basal body (kinetosome) ──→ 波動毛

基底膜

1. basement membrane (basal lamina)
繊維状タンパク質の薄い膜で，*上皮細胞の下に存在してそれを支え，その下の組織と上皮を区分する．このような膜は，また筋細胞，シュワン細胞，脂肪細胞の周囲にも存在し，腎臓の糸球体には厚い基底膜が見いだされ，ろ過器として働く（→ 限外ろ過）．基底膜は，*細胞外マトリックスの成分であり，上皮細胞とその近傍の血管の間の物質移動の調節を補助する．基底膜は，それぞれ*コラーゲン原繊維が枠組みを作り，その内部に*グリコサミノグリカン（ムコ多糖）とラミニンが存在し，これらのタンパク質は，*細胞接着分子と結合することにより，基底膜と周囲の細胞を結びつける．

2. basilar membrane ──→ コルティ器

奇蹄類 Perissodactyla
哺乳類の一目で，奇数の指をもつ蹄のある足をもつ．バク，サイ，ウマを含み，いずれも草食性である．歯は大きく，破砕に特化している．セルロースの消化は盲腸と大腸で行われる．6千万年前の始新世の化石から，すでに当時これらの動物は割れた蹄をもつ*偶蹄類とは分かれていたことが示されている．

起動電位 generator potential
起動部位として知られる，受容細胞の受容器の部分に生じる局部的な電位．起動電位は細胞の起動部位の周囲の膜の*脱分極によって生じ，刺激に反応したイオンの交換により引き起こされる．電位の高さは刺激の強度に比例している．電位がある閾値を超えると，活動電位を発生させる．起動電位が存在する限り，さらに活動電位が発生する．

キナーゼ（リン酸化酵素） kinase (phosphokinase)
ATP のような高エネルギーリン酸化合物からリン酸基を有機化合物へ転移させる酵素．*リン酸化は有機分子を，あるいはしばしば酵素を活性化するのに必要である．例えば，あるキナーゼは膵液に分泌された酵素前駆体を活性化する（→ キモトリプシン，トリプシン）．→ プロテインキナーゼ

キニン kinin

1. 血液中に存在する，炎症にかかわるペプチドの総称．キニンは炎症の部位において酵素カリクレインの作用で血漿グロビン（キニノゲン）から分解により生じる．キニンにはブラジキニンとカリジンが含まれ，これらは微小血管の浸透性を局所的に高める．ブラジキニンは皮膚の痛み受容体の強力な賦活剤である．

2. ──→ サイトカイニン

偽妊娠 pseudopregnancy
ウサギやげっ歯類などのある種の哺乳類にみられる妊娠に似た状態で，子宮内で胎児が育っていないにもかかわらず，妊娠時にみられる変化の多くが現れる．偽妊娠は，受精が不成立の場合の発情間期（→ 発情周期）の延長により生じる．

砧骨 incus (anvil)
哺乳類の中耳の，三つの*耳小骨のうち中央のもの．

キネシス kinesis
細胞や生体の動きで，刺激の方向でなく強さに，動きの速度が依存する場合をさす．例えば，ワラジムシは湿度の高いときはゆっくり，乾燥時にはすばやく動く．

キネシン kinesin
構造上*ミオシンと似ているモータータンパク質の一つで，微小管と相互作用して細胞内部の物質を運搬する．キネシン分子は二つの重鎖（ヘビーチェイン）と二つの軽鎖からなっている．重鎖は1対の球状の頭部とらせん状の尾部を形成し，軽鎖は重鎖に結合している．1対の頭部は交互に微小管に結合し，ATP の加水分解により放出されるエネルギーを用いて微小管に沿って「歩行」する．尾

部は小胞体や細胞内小器官など「積み荷」と結合し，こうして積み荷が微小管に沿って運搬される．キネシンは神経細胞のなかでは細胞体からシナプスへ軸索に沿ってシナプス小胞を運搬し，核分裂時には紡錘体の形成や染色体分離にかかわっている．

キネトプラスチダ Kinetoplastida ── ディスコミトコンドリア

気嚢 air sac

1．鳥の肺に接続された一連の薄い袋で，通気効率を高める．気嚢のなかには，骨の内部の空洞に侵入しているものもある．

2．昆虫の*気管の増大した構造であり，呼吸の際に酸素と二酸化炭素を交換するために用いられる表面積を拡大している．

キノメア kinomere ── セントロメア

キノン quinone

不飽和環の一部にC＝O基を含む種々のベンゼン誘導体である．例として*プラストキノンがある．

気泡体 pneumatophore

カツオノエボシ（Portuguese man-of-war）のようなヒドロ虫綱のある種の群体性の刺胞動物が有する，ガスで満たされた浮嚢．

基本組織 ground tissues

*頂端分裂組織により形成されるもののなかで，表皮や維管束組織を除くすべての植物の組織．主な基本組織は*皮層，*髄，そして一次*放射組織であり，これらは主に*柔組織からなる．→ 厚角組織，厚壁組織

基本分裂組織 ground meristem

*頂端分裂組織に由来する，植物の枝条や根の分裂組織であり，茎の*基本組織である皮層や髄や，根の皮層や内皮になる．

キマーゼ chymase ── レニン

キメラ chimaera

遺伝的に異なる組織によって構成される生物体．胚発生時の細胞に*突然変異が起きたときにキメラは作られる．この変異が起きた細胞からできたすべての細胞は，変異をもっていて，それゆえ，隣接する組織とは異なる．例としては，ヒトにおいて全体として青色の目のなかに現れた褐色の部分がある．

*接木雑種は植物のキメラの例である．

キモシン chymosin ── レンニン

キモトリプシノーゲン chymotrypsinogen ── キモトリプシン

キモトリプシン chymotrypsin

膵液中に含まれる，*エンドペプチターゼ．十二指腸へ分泌される．この酵素は不活性な前駆体である，キモトリプシノーゲンとして分泌される．これは他の膵臓のタンパク質分解酵素である*トリプシンにより活性化される．

気門 spiracle

昆虫の両方の体側にある，*気管の外への開口部．

逆位（遺伝学） inversion

1．*染色体の一部分の反転を原因とする染色体の変異であり，その部分に含まれる遺伝子は逆の順序になる．逆位の変異はふつう，減数分裂の*交叉の間に起こる．

2．一遺伝子内のDNA配列での2塩基かそれ以上の塩基の反転が原因の*点突然変異．

逆遺伝学 reverse genetics

タンパク質や遺伝子の機能を調べる目的で用いられる遺伝学的解析手法の一つ．これは，（突然変異の生物への影響を用いて同定された既知の機能をもとにして，未知の遺伝子を追求する）伝統的な*正遺伝学的手法と対をなすものである．例えば，遺伝子の塩基配列を決定したところ，機能をもつ遺伝子の特徴である読取り枠（→ 読枠）が現れる．逆遺伝学の手法は，このような遺伝子の機能を見つけるために使うことが可能である．例えば，その遺伝子をクローニングし，変異を入れ，生物内（例えば細菌や酵母細胞）に再び挿入し，その変異が機能にどのような影響を及ぼすか確かめるのである．似たような手法を用いて，機能未知のタンパク質を対象にした解析を行う場合もある．そのタンパク質のアミノ酸配列から遺伝子コードを逆翻訳することが可能であり，DNA配列の一部に相当するDNAプローブを設計し，その生物の*DNAライブラリーから当該遺伝子を選択することができる．

逆転写酵素　reverse transcriptase

　＊レトロウイルスのなかに存在し，ウイルスのゲノムである一本鎖RNAを鋳型とし，二本鎖DNA合成を触媒する酵素．これによりウイルスゲノムが宿主のDNA内に挿入され，そのゲノムDNAが宿主により複製されるようになる．このように逆転写酵素はRNA依存性DNA＊ポリメラーゼである．この酵素はメッセンジャーRNAから＊相補的DNAを合成するため，遺伝子操作において用いられる．

ギャップ結合（ネクサス）　gap junction (nexus)

　相互作用している細胞間において小分子やイオンの移動を仲介する，隣どうしの細胞の細胞膜脂質二重層を貫通する通路．上皮組織や心筋に多く存在する．六角形に並んだ管からなり，直径は約7nmである．小分子やイオンはある細胞の内部から他の細胞の内部へと直接ギャップ結合を通り抜けると考えられている．＊神経伝達物質によって働く化学＊シナプスとともに，＊細胞間結合の一つのタイプをなす．

キャナリゼーション　canalization

　（進化遺伝学）遺伝的なバリエーションを抑え，生物の発生の際に，狭い範囲に表現型を限定するメカニズム．つまり，普通は異なる表現型が現れそうな異なる環境で育っても，キャナリゼーションによってほぼ同一の表現型が保たれる．キャナリゼーションは発生とストレス応答に関係したいくつかの遺伝子によって起こる．キャナリゼーションにかかわる遺伝子の変異や，極端な環境ストレスにさらされることにより，これまでキャナリゼーションにより隠されていた遺伝的変異が表面化し，その個体群が急速に進化することが可能になる．

キャプシド　capsid

　＊ウイルスの外殻タンパク質．＊キャプソメアと呼ばれる単位から構成されている．キャプシドの化学的性質は，ウイルス侵入に対する体の＊免疫応答を誘起するうえで重要である．

キャプソメア　capsomere (capsomer)

　ウイルスの外側の規則正しく組織化された外殻（＊キャプシド）を作るタンパク質の単位．多くのウイルスのキャプシドは複数種のタンパク質分子を含んでいる．

キャリヤー　carrier

　1．（医学）自分では発症しないが特定の病気を起こす微生物をもっている個体．他の個体にその微生物を移すことができる．→ベクター

　2．（遺伝学）正常な＊優性対立遺伝子により隠されたある欠陥のある＊対立遺伝子をもつ個体．そのような個体は，自分自身はその影響を受けないが，欠陥のある対立遺伝子を次世代に伝える．ヒトにおいて，赤緑色盲，血友病などがX染色体により伝達されるために，女性はこれらのキャリヤーになりうる（→伴性）．

　3．（生化学）→キャリヤー分子，水素伝達体

キャリヤー分子　carrier molecule

　1．＊電子伝達鎖において電子を輸送する役目を演じる分子．キャリヤー分子は通常，非タンパク質性残基と結合したタンパク質であり，比較的容易に酸化還元を受ける．それゆえ，この系を電子が流れることが可能となる．キャリヤー分子には4種類が存在する．フラビンタンパク質（＊FADなど），＊チトクロム，鉄硫黄タンパク質（＊フェレドキシンなど），ユビキノンである．

　2．脂質不溶性分子と結合し膜を通過させることができる脂質可溶性分子．キャリヤー分子は輸送する分子と特異的に相互作用する部位をもっている．何種類かの異なる分子が，同じキャリヤーによる輸送を競合する場合がある．→輸送タンパク質

求愛行動　courtship

　動物における雌雄個体間の最初の誘引行動．あるいは交尾に先立って起こる準備行動の一部をさす．求愛行動はしばしば誇示の形態をとるが，これは＊儀式化を通して進化してきた．一方，ある種の鳥でのように，餌乞い行動のような別の状態から導かれた求愛行動もある．化学的な刺激物質（→フェロモ

ン）も多くの哺乳類や昆虫にとって重要である．両者が互いに同種の異性であることを認知させることと同時に，雄の求愛行動は，雌に対して異なる個体のなかから最も好ましい雄を選ばせるための判断材料を与えている．その後の求愛行動の段階では，雌雄の双方が互いに誇示を行うことで*攻撃気分と逃走気分の克服や，性的興奮の同時発生の促進も行われると考えられている．

吸エルゴン反応　endergonic reaction
　エネルギーが吸収される化学反応．*吸熱性反応ではエネルギーは熱という形で吸収される．→ 発エルゴン反応

球果（球花）　cone
　（植物学）裸子植物に存在する生殖器官で，専門的には円錐体として知られる．これは胞子を生産する胞子嚢をつけた*胞子葉からできている．裸子植物は，雄性と雌性の異なる球花を作る．マツ，モミ，その他の針葉樹の大型の木質の雌性の球花は，胚珠をつけた種鱗と呼ばれる構造物からできている．球花は，ヒカゲノカズラ類とトクサ類にも存在する．

牛海綿状脳症　bovine spongiform encephalopathy (BSE)
　家畜牛をおかす，脳が変性する病気で異常な型の細胞のタンパク質（→ プリオン）が原因．口語的には狂牛病として知られており，脳のなかの*アミロイド蓄積を起こす．感染性の病原物質は，感染した動物のくず肉を含んだ餌を介して他の家畜牛へ感染する．ある状況では，他の種に移ることもある．感染した牛肉を食べたヒトにおいて変異性*クロイツフェルト-ヤコブ病が発症したことがある．

嗅覚　olfaction
　においの感覚，あるいはにおいを検出する過程のこと．嗅覚は，空気あるいは水で運ばれた化学物質に敏感な嗅覚器官（たとえば*鼻のような）に存在する受容体によって生じる．これらの受容体の興奮により，「嗅神経」を経由して脳まで嗅臭情報が伝達される．→ 鋤鼻器官

吸器　haustorium (pl. haustoria)
　ある種の寄生植物や寄生菌のもつ特殊化した構造で，養分を吸収するために宿主植物の細胞を貫通する．寄生菌の吸器は肥大した菌糸から形成され，ネナシカズラ（クスクタ）のような寄生顕花植物では茎の突起である．

球菌　coccus (pl. cocci)
　球形の細菌をいう．球菌は，細胞が単独，2個が結合した対，4個かそれ以上の集団，立方体状の集合体，ブドウのような房状（*ブドウ球菌），鎖状（*連鎖球菌）などの形で存在する．ブドウ球菌と連鎖球菌には病原菌が含まれる．球菌には一般的に運動性はなく，胞子を形成しない．

球茎　corm
　特定の植物にみられる地下の器官．例えばクロッカスやグラジオラスは球茎を形成し，これにより一つの成長期から次の成長期へと生存することが可能である（図参照）．球茎は，栄養分を貯え肥大した茎と，その茎を保護する周囲の鱗葉からなる．鱗葉の葉腋のなかの一つまたは複数の芽は，次の季節に球茎に蓄えてあった貯蔵物を使って，新しい葉や花を作る．→ 鱗茎

球形嚢　sacculus (saccule)
　爬虫類，鳥類，哺乳類の*内耳に存在する室で，ここから*蝸牛を生じる．ここには平衡覚をつかさどる感覚上皮が分布している（→ 聴斑）．

吸血性　haematophagous
　血液を餌とすること．例えば，アブやある種のヒルは吸血性である．

吸枝　sucker (turion)
　地下の根または茎から伸び出した芽のことで，親植物に依存して成長する．吸枝は，それに付随した根とともに掘り上げ，植物の繁殖に用いることができる．しかし，バラの大部分のように，植物を異なる品種の台木に接木した場合は，吸枝は観賞価値の高い接穂からではなく，野生の台木から出るので，取り除く必要がある．

休止芽　statoblast
　*苔虫類が無性的に形成するキチン質で包まれた芽体のこと．休止芽は栄養分を貯蔵

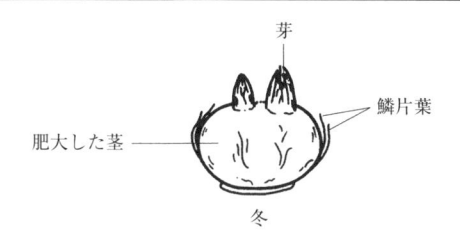

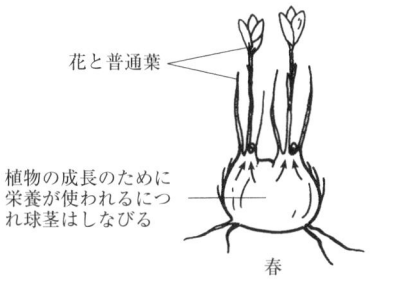

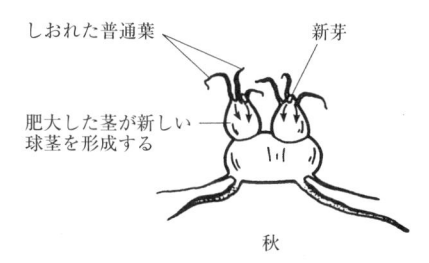

球茎の発育

し，長期間休眠状態になることができ，干ばつや極端な温度に耐える．休止芽は親個虫が死滅したあとに放出・散布され，後に発芽して群体のもとになる個虫を生じる．

吸湿性の hygroscopic

大気中から水分を吸収することのできる物質を形容する語である．

吸収 absorption

体液やそれに溶けた物質が細胞膜を通って移動すること．例えば多くの動物では，可溶性の栄養素は消化管内に並ぶ細胞に吸収され，血液に取り込まれる．植物では，水分やミネラル塩は土から*根によって吸収される．→ 浸透，輸送タンパク質

吸収スペクトル absorption spectrum
── スペクトル

吸収線量 absorbed dose ── 線量

球状タンパク質 globular protein ── タンパク質

求心性の afferent

神経インパルスや血液などを身体の外側の領域や器官から，その中心に運ぶこと．この用語は通常，神経繊維や血管のタイプを述べるときに適用される．→ 遠心性

吸水計 potometer

自然条件下，あるいは人工条件下において，苗条（→ 蒸散）から水が失われる速度を測定するために使われる道具．

旧石器時代 Palaeolithic

ヨーロッパでは250万年前から9000年前まで続いた旧石器時代のこと．この間，人間は石や火打石から作った打製石器の使用を始めた．

吸息 inspiration (inhalation)

気管を通して気体を肺に引き込むこと（→ 呼吸運動）．哺乳類では*肋間筋と横隔膜の筋が収縮することで胸郭が挙上する．これらの動きは胸郭を拡張し，肺の空洞内の圧力が気圧より低くなり，圧力が等しくなるまで空気が流入する．→ 呼息

急速眼球運動 rapid eye movement (REM) ── 睡眠

急速代謝 tachymetabolism

代謝系を比較的高い活性化状態に保持すること．温血動物（→ 内温動物）に特徴的で，体温を常に高く保つために急速代謝により熱を生み出す．一般的に急速代謝する動物は，同じ大きさの冷血動物に比べ，代謝率が少なくとも5倍程度である．→ 緩徐代謝

吸息中枢 inspiratory centre

脳の*換気中枢の最も重要な副中枢であり，呼吸の規則性を制御する．吸息中枢は延髄に位置し，ニューロンの一群（背側呼吸群）からなる．これらのニューロンは気管支の伸展受容器と*頸動脈小体の化学受容器から情報を受け取ってインパルスを生じる．このインパルスは横隔神経から横隔膜に下って収縮を引き起こす（→ 吸息）．

吸着 adsorption

固体，液体，もしくは気体の層が，固体もしくは液体の表面に形成されること．吸着にはそれに関与する力の性質により二つのタイプが存在する．化学結合によって単層の分子や原子，イオンが吸着性の表面に結合するのが化学吸着と呼ばれる．物理吸着においては弱い物理的力により吸着される分子が保持される．この性質は吸着*クロマトグラフィーに利用される．

吸虫 flukes ── 吸虫類

吸虫類 Trematoda

寄生性の扁形動物（→ 扁形動物門）の一綱であり，肝蛭属（Fasciola）のような吸虫からなる．吸虫は自身を宿主に固定するための吸盤やフックをもち，その体表面は保護クチクラに覆われている．全生活環が一つの宿主で完結するものと，感染性の卵や幼生を作りだすためには一つ以上の中間宿主を必要とするものがある（→ ケルカリア，ミラシジウム）．例えば，カンテツ（Fasciola hepatica）はモノアラガイ（中間宿主）のなかで幼生が成長し，幼生を含む汚染された草が摂食されたときにヒツジ（終宿主）に感染する．

嗅電図 electro-olfactogram (EOG)

鼻，またはその他の嗅覚器官にある，嗅受容器の電気的活動の記録．嗅上皮組織に刺した電極が，環境中のにおい（臭気物質）に反応する嗅覚細胞の電気的活動を記録する．電気的シグナルは装置（嗅電計）に送られ，増幅されてオシロスコープに表示される．

吸入 inhalation ── 吸息

吸熱性の endothermic

周りから熱を奪っていく化学反応．→ 吸エルゴン反応，発熱性

嗅脳 olfactory lobe

大脳の前端にある前脳のなかの1対の葉のこと．嗅脳は嗅覚神経（第一脳神経の末端）を含み，嗅覚と関係しており，嗅覚に依存しているツノザメや他の動物においてよく発達している．

旧北区 Palaearctic region ── 動物地理区

休眠

1. diapause

多くの昆虫やその他の無脊椎動物にみられる，発生や成長が一時停止する状態で，この間の代謝は著しく低下する．長命な種のいくつかは成体のときに休眠するが，他の種の多くは卵のときに休眠する．休眠はしばしば季節的変化により誘発され，内的リズムにより調節される．休眠により，動物は不良な環境条件を生き延びることができ，休眠からさめたあとに生存により適した環境下で繁殖することができるようになる．

2. dormancy

動物や植物の生活のなかで生育が遅くなったり，あるいは完全に停止する不活性な時期．休眠に付随して起こる生理学的変化は不利な環境条件での生物の生存を助ける．一年性植物は休眠種子として冬を越す．一方，多くの多年性植物は休眠塊茎，休眠地下茎，休眠鱗茎として越冬する．動物においては*冬眠や*夏眠がそれぞれ極寒や極暑での生存の一助となる．

休眠胞子 akinete

ある種の糸状性シアノバクテリアの，非運動性の生殖細胞．休眠胞子は厚い壁をもち大量の栄養分とDNAを含む肥大した休眠細胞である．休眠胞子の内部で細胞分裂が起きたあと，その細胞壁は裂け，糸状の細胞が放出される．

キュビエ，ジョルジュ・レオポルド・クレティアン・フレデリック・ダゴベール，男爵
Cuvier, George Léopold Chrétien Frédéric Dagobert, Baron (1769-1832)

フランスの比較解剖学者，1799年にコレージュ・ド・フランスの教授，のち1802年

にパリ植物園長．*リンネの分類学を発展さ
せ，分類階級に門（彼は動物界を四つの門に
分類した）をおいた．また，魚類の分類に力
を入れた．化石の分類を始めたのも彼であ
り，古生物学を拓いた．

狭 steno-

狭いということを表現する接頭語．例え
ば，狭塩性（stenohaline）水生生物は狭い
範囲での水の塩分濃度にしか耐性がない．→
広

強化 reinforcement

（動物行動学）生物学的に重要な出来事が
別の出来事に常に続くようしかけることに
より，*条件づけを通して特定の行動の頻度が
上がること．装置を使った条件づけでは，動
物の行動に対応して欲求強化（appetitive
reinforcement），すなわち報奨（たとえば
エサ）を与えればその行動の頻度が上がり，
逆に嫌悪強化（aversive reinforcement），
すなわち罰（たとえば電気ショック）を与え
ればその行動は減少する．

胸郭 thorax

動物の胴の前部領域．脊椎動物にあって
は，胸郭内に肺と心臓がある．特に哺乳類に
あっては，これらは*横隔膜によって*腹部
とは明確に隔離されている．昆虫類では，前
部の前胸，中央の中胸，後部の後胸に分か
れ，それぞれが1対の肢をもち，後ろ側の2
節はそれぞれ1対の羽をもっている．他の節
足動物，特に甲殻類とクモ型類では胸部は頭
部と融合して頭胸部を形成している．

鋏角 chelicerae

蛛形類やその他の*鋏角類の節足動物の頭
部にある1番目の1対の付属肢．これらの付
属肢はペンチや鉤爪の形をしており，食物を
つかまえたり切断することに使用する．

鋏角類 Chelicerata

クモやサソリなどの*クモ形綱，カブトガ
ニなどの腿口類，海グモなどの海蜘蛛類に属
する*節足動物を含む無脊椎動物の一門．こ
れらの動物の体は前側の*前胴体部，うしろ
側の*後胴体部，そして6対の付属肢がつ
き，典型的には*鋏角，*触肢，と4対の歩
行脚をもつ．

胸管 thoracic duct

*リンパ系の管を集める主幹で，背骨の前
を縦方向に走っている．胸管は上大静脈へリ
ンパ液を流す．

共感性 consensual

神経系の活動によって起こる，意思と無関
係な運動を示す形容語である．一般的にこれ
らの運動には，随意運動に伴って生じる不随
意反射が含まれる．例えば，もしも明るい光
により一方の網膜だけが刺激されても，両目
の瞳孔が収縮する反射が起こる（→ 瞳孔反
射）．

凝結 flocculation

コロイド中の粒子がより大きな凝集塊に集
合する過程．土壌における粘土粒子の凝結は
カルシウム塩の添加により誘導されうる．粘
土粒子は全体として負に荷電しており，その
ため Ca^{2+} といった正のイオンを吸着し，こ
の正イオンが粒子を結びつける橋を形成す
る．凝結は細菌や酵母細胞の培養においても
しばしば観察される．

共原形質体 symplast

植物に存在する，*原形質連絡により相互
接続する*プロトプラストの系．これは，細
胞膜に包まれた細胞質の大きく連続した系を
形成する．共原形質体を通した水の移動は共
原形質体経路として知られている．この経路
は根毛から根の皮層を通した水の輸送に利用
されており，*内皮を水が通過する唯一の手
段を供する．→ アポプラスト

凝固 coagulation

コロイド粒子が不可逆的に凝集し，より大
きな塊になることをいう．イオンの添加によ
り溶液のイオン強度を変化させてコロイドを
不安定化させることにより，凝固を起こすこ
とができる（→ 凝結）．多価イオンは特に効
果的であり，例えば Al^{3+} を含むミョウバン
は血液を凝固させるための止血剤として使わ
れる．ミョウバンと硫酸第二鉄はまた，*汚
水処理において凝集剤として使われる．加熱
は，ある種のコロイドを凝固させるもう一つ
の方法であり，例えば卵をゆでることでなか
に含まれるアルブミンが凝固する（訳注：
coagulation の語は，熱に関連した文脈で用

いる場合には凝固の語をあてるが，コロイド溶液への塩の添加などの場合には，凝析の語をあてることが多い）．→ 血液凝固

凝固因子 clotting factors (coagulation factors)

ある状況下で一連の化学反応を受けて，血液を液体から固体状態へ変換する働きを行うようになる，血漿中に存在する一群の物質をいう（→ 血液凝固）．これらの凝固因子には個別に名前がついているが，凝固因子の大部分は合意の下でローマ数字をつけて（例えば*第VIII因子，第IX因子）呼ばれる．血液中にこれらの因子のどれが欠けても，血液凝固の能力が欠如することになる．→ 血友病

胸腔 thoracic cavity

*胸郭にある空間で脊椎動物では心臓や肺，肋骨籠がある．

胸骨 sternum (breastbone)

陸上の脊椎動物でみられる盾や棒の形をした骨であり，これらは胸部の腹側にあって胸帯の*鎖骨と肋骨のほとんどに関節で接続している．これは，魚類ではみられず，鳥類では胸骨から竜骨突起を生じる．

凝集 agglutination

赤血球や細菌などの微視的な外来の粒子が，抗体によって一緒に固められ，目にみえるペレット状の沈殿物を形成すること．凝集は特異的な反応であり，ある種の抗原はそれに特異的な抗体が存在するときにのみ固まる．そのため，未知の細菌を同定したり*血液型を決定する方法として用いられる．不適合な血液型（A型とB型など．→ ABO式）の血液がともに混合されると，赤血球の凝集が起こる（赤血球凝集）．これは血清中の抗体（凝集素）と赤血球の表面の*凝集原（抗原）との反応によるものである．

凝集原 agglutinogen

赤血球の外表面に存在する抗原のこと．100以上の異なる凝集原が存在し，これが異なる*血液型を区別する基礎となっている．凝集素として知られる血清中の抗体は，不適合な血液型の血液中に存在する凝集原と反応する．→ 凝集

凝集力 cohesion

類似した分子間に働く引力をいう．植物の木部組織内の水柱が分断されずに保たれるのは，凝集力によるものである．この凝集力説は，植物の木部における連続的な水分上昇を説明するために，最も広く認められている説である．凝集力により導管内の水柱が分断されずに保たれるため，水が*蒸散により植物から失われると，木部内の水を上向きに引き上げる張力が発生する．

強縮 tetanus

筋肉の繰返し刺激により誘導される素早い収縮（単収縮）の和が引き起こす，強く持続した随意筋の収縮のこと．

共進化 coevolution

2種の生物の間で，お互いが他方に及ぼす*淘汰圧により生ずる，相互適応の進化をいう．共進化は，共生関係において一般的である（→ 共生）．例えば虫媒花の植物の多くは，特定の昆虫に魅力的にみえるように花の形や色などを進化させた．同時に虫媒を行うそれらの昆虫は，相手の植物から花蜜を探り当て吸い上げるために，特殊化した感覚器と口器を進化させた．

暁新世 Palaeocene

*古第三紀の最古の地質時代．白亜紀に続いて6500万年前に始まり，始新世（暁新世は始新世に含まれることもある）の始まるまで900万年間続いた．暁新世は古植物学者のシンパー（W. P. Schimper）によって1874年に命名された．白亜紀の終りから暁新世のはじまりにかけて主な植物や動物の著しい不連続があり，多くの爬虫類の絶滅に続いて，哺乳類が地上で優勢となった．この時代の終りまでには霊長類やげっ歯類が進化した．

共生 symbiosis

異種個体（共生生物）間の関係の一種．共生という言葉は，通常，両方の生物が利益を得る場合に限られる（→ 協同作用，相利共生）が，しかし他の*片利共生，*すみ込み共生，*寄生などの生物間の密接な関係にも用いられることがある．多くの共生は絶対的（すなわち，この相互作用なしには生存が不可能）である．例えば，地衣類は藻類やシ

アノバクテリアと菌類の絶対共生関係である（訳注：人工環境下では分離培養できるものが知られている）．
共生菌（ミコビオント） mycobiont
　*地衣類の菌糸成分．
共生生物 symbiont
　共生関係の一方となる生物（→ 共生）．
共生藻（フィコビオント） phycobiont
　*地衣類を形成している藻類や細菌．
胸腺 thymus
　脊椎動物のみに存在する器官であり，*リンパ組織，特に細胞性*免疫応答（→ T細胞）にかかわる白血球の発達にかかわる器官であると考えられている．哺乳類では首の下，心臓の上で前側にある二葉性器官である．胸腺は誕生してから最初の12カ月以降は一生を通して進行性の収縮（退縮）が行われる．骨髄からの造血幹細胞は走化性因子による誘導で胸腺に移動し，分裂，分化を始め，多数のT細胞亜集団を形成する．それらの子孫細胞は胸腺のなかを皮質から髄質へ移動すると，胸腺のナース細胞および子孫細胞どうしで相互作用する．また，多様な細胞外タンパク質や胸腺ペプチドホルモン（例：サイモシン，サイモポイエチン）の影響を受ける．これらの因子はすべて，表面抗原の細胞の分化に応じた発現や特徴的な免疫能力の発達を促進する．
共線性 colinearity ⟶ Hox遺伝子
競争 competition
　二つ，あるいはそれ以上の個体，個体群，あるいは種が，環境中のある資源に対する共通の要求をもち，その資源の供給が制限されている場合に生じる相互作用をいう．進化において競争は重要な要因の一つであり，例えば植物では光を求めて競争するために丈が高くなり，動物では食物を求めて競争するために様々な採餌方法を進化させた．岩の上の生息場所をめぐるエボシガイどうしの競争のように，競争者の直接的な対決が起きる場合もあるが，競争者の個体数や産仔数は，限られた資源に両者が依存することにより，間接的に減少する場合もある．競争は同種個体間に起こる種内競争と，異種の間に起こる種間競争がある．種間競争の結果，しばしば一方の種が他方の種を抑えて優占する（→ 優占種）．競争では，最終的には競争者の一方が他方を排除することになるので，可能ならば互いを避けることが競争者の双方にとって利益になる．そのため，しだいに競争者は互いに空間的，あるいは生態学的に分離していき，進化的な変化が促進される．配偶者をめぐる競争は，*性淘汰に通ずる．
競争的阻害 competitive inhibition ⟶ 阻害
競争排除則 competitive exclusion principle
　ガウゼ（G. F. Gause）により1934年に導かれた原理で，同じ生息場所を占有する二つの種は同じ*生態的地位を占めることはできないと述べている．同じ生態的地位を占めるいかなる二つの種も，互いに他方の種の犠牲において競争を行い，したがって一方の種は排除される．
頬側口腔 buccal cavity (oral cavity)
　口腔，*消化管の始まり，脊椎動物では咽頭が続き食道へ至る．脊椎動物においては口腔は鼻腔から*口蓋によって分離されている．哺乳類においては，*唾液腺の開口部と，舌と歯を含む．舌と歯は食物の機械的破壊を行う．
胸帯 pectoral girdle (shoulder girdle)
　脊椎動物にみられる骨性，もしくは軟骨性の構造物で，前肢（胸ひれ，前脚，腕）がくっついているところである．哺乳類では背骨に付着した背面側の二つの*肩甲骨と，胸骨に付着した腹部側の二つの*鎖骨から成り立っている．
協調 coordination
　（動物生理学）感覚情報の受容，その情報の統合，引き続く生物体の応答に含まれる一連の過程をいう．協調は，移動運動や呼吸などの特定の機能にかかわる脳の領域により制御され，神経系により遂行される．
胸椎 thoracic vertebrae
　*脊椎の上部で，*肋骨と関節でつながっている．*頸椎と*腰椎の間にあり，多くの小関節面で肋骨と接合していることにより頸椎や

腰椎と区別される．ヒトでは12個の胸椎がある．

共適応 coadaptation

＊共進化の際に生じ，二つの種が相互に適応することをいう．

共同作用 synergism (summation)

動作を生むために，一方の筋肉（共力筋）がもう一方の筋肉（拮抗筋）と合同で行う作用．→ 拮抗作用

協同作用 cooperation

同一種内の2個体ないしはそれ以上の成員（種内協同作用），または異種の個体（種間協同作用）の間の協力をいい，この場合すべての成員が利益を得る．種間協同作用の例として，アリとアブラムシの間に形成される関係がある．アブラムシはアリのコロニーで生活することで保護を受け，一方アリはアブラムシの分泌物を摂取する．種間協同作用は，＊相利共生よりも弱い協力関係である．

凝乳 curd

チーズの製造過程において，牛乳の凝固によって生産される固形状の物質．低温殺菌された後，牛乳は冷却される．そして，牛乳中の糖分である乳糖を乳酸に発酵させるために乳酸菌が添加される．その後のpHの低下によってミルクタンパク質であるカゼインが凝固する．これが乳凝（curdling）として知られる過程である．その後，固形状である凝乳は，乳清として知られている液体状の物質から分離され，種々のチーズを生産するために，おのおののチーズに対応した微生物が接種される．

強膜 sclerotic (sclera)

脊椎動物の眼の外層の硬い膜．眼の前部において，強膜は＊角膜へと変化している．

共有結合 covalent bond

＊化学結合の一つで，原子が互いに一組，またはそれ以上の外殻電子を共有することによって分子内で原子が結合することである．例えば，水の分子（H_2O）ではそれぞれの水素原子はそのただ一つの電子を，酸素原子の外殻にある六つの電子のうちの一つと共有することによって結合している．配位結合は共有結合の一種で，どちらかの原子が両方の電子を提供する．単結合は1組の電子が共有されたものである．また，二重結合，三重結合はそれぞれ，2組あるいは3組の電子が共有されている．

共有原始形質 symplesiomorphy

現代の生物の複数の分類群において共有される祖先の形質．共有原始形質は，それらの分類群全体の共通の祖先の形質であるため，この形質は，これら分類群全体の内部における，より後の進化的関係を分析するのには適していない．例えば，現在の顕花植物のなかには，葉身が分裂せずに1枚からできている単葉をもつものがあり，この性質は，おそらく単葉をもつ祖先から受け継いだものであろう．しかし，これはすべての単葉をもつ植物が近縁であることを意味しない．→ 原始形質

共優性 codominance

＊異型接合の生物において，両方の対立遺伝子が優性で，＊表現型として完全に発現する状態をいう．例えばヒトの血液型のAB型は二つの対立遺伝子AとBがともに発現した結果である．AはBに対して優性ではなく，逆にBはAに対して優性でもない．→ 不完全優性

共有派生形質 synapomorphy ── 派生形質

共輸送体 symporter

細胞膜を通した物質の移動と，同じ方向へのイオンの移動を結びつけて行う＊輸送タンパク質．イオンがあらかじめ存在する濃度勾配の低いほうに流れるのにしたがい，その物質は，その物質についての濃度勾配の高いほうに「引っ張られる」．それゆえ，これは細胞機構によって維持されるイオンの濃度勾配に蓄積されるエネルギーを用いた能動輸送の一種である．例えば，腎尿細管細胞はナトリウム/グルコースの共輸送体をもつ．これは，細胞膜内外のナトリウムイオンの濃度勾配を利用しており，二つのナトリウムイオンが内側に流れるにしたがって，一つのグルコース分子が内側に輸送される．→ アンチポーター，ユニポーター

恐竜 dinosaur

絶滅した陸棲の爬虫類で，1億9000万〜6500万年前のジュラ紀や白亜紀における優勢な陸棲動物を含むグループに属する．二つの目に分類され，鳥盤目は典型的には四足歩行を行う草食動物で，多くが堅固に装甲した体をもち，ステゴサウルス，トリケラトプス，イグアノドンを含む．鳥盤目の恐竜はすべて鳥類に類似した下肢帯によって特徴づけられる．竜盤目の多くはティラノサウルス（現在までに知られる最大の肉食動物）のように二足歩行の肉食性の形態を示すが，アパトサウルス（ブロントサウルス）やディプロドクスのように四足歩行の草食性の形態を示すものもある．竜盤目の恐竜の下肢帯はすべて，トカゲのものに類似する．多くの草食性の恐竜は水陸両棲もしくは半水棲である．

棘 spine
1. → 脊柱
2. 植物でみられる硬く尖った防護用の構造物で葉や葉の一部，托葉が変形して形成される．セイヨウヒイラギでは，葉の縁が伸びて棘になるが，サボテンでは，葉全体が棘に変化している．→ プリックル，ソーン

極核 polar nuclei

被子植物の*胚嚢の中心にある二つの半数体の核．これらの核は雄性配偶子の核と融合し，三倍体の内乳核を形成，その後，分裂して内胚乳を形成する．→ 重複受精

極限微生物 extremophile

非常な高温や低温，高塩濃度や強酸性などの，極限環境で生きる細菌．例えば，いくつかの古細菌（*アーキア）は，100度近いか，あるいはそれ以上の温度の温泉に棲む，「超高熱性細菌」といわれる種である．これらの微生物の酵素は非常に安定であり，実験室や商業的用途での利用のために抽出されたりする．

極性 polarity
1. 細胞や組織，生物が長軸方向の前方と後方で構造的，機能的な違いがある性質のこと．例えば植物は長軸に沿って下方に根，上方に茎があり，重力方向に成長する根と，重力方向に逆らって成長する茎で重力に対する反応が逆になる（→ 屈地性）．
2. 分子内の電子分布が均一でない性質のことで，一端は正電荷，もう一端は負電荷をもつ．このような極性分子の例には*水分子がある．

極性分子 polar molecule → 極性

極相群落 climax community

*遷移の最終段階で達成される比較的安定な生態学的*群集．

極体 polar body → 卵形成

曲尿細管 convoluted tubule → 遠位尿細管，近位尿細管，ネフロン

棘皮動物 Echinodermata

ウニ，ヒトデ，クモヒトデ，ナマコを含む海洋の無脊椎動物の一門．棘皮動物は皮膚のなかに埋まっている骨板の外骨格（殻）をもつ．多くの種（例えばウニ）では，棘が殻から突出している．水で満たされた導管系（水管系）によって何千もの管足に水力が供給される．なお，管足とは移動運動，餌とり，呼吸の際に用いられる体壁の嚢状の突起である．棘皮動物は長い歴史を有しており，初期の棘皮動物の化石は5億年以上前の岩石中に存在することが知られている．現存している綱には，ウミユリ類，ナマコ類，ウニ類，体星類がある．

魚上綱 Pisces

ある種の動物分類体系において，*顎口亜門（有顎魚類）に含まれる上綱で，魚上綱は魚類（→ 四足類）から成り立っている．魚類の体全体は硬い，そして多くの場合鱗をもつ肌（→ 鱗）に覆われており，それは眼まで覆っているとともに，色素を含み，粘液腺をもつこともある．循環器系は単一の回路で，血液は二つの毛細血管，一つは鰓，もう一つは体組織に存在する．三*半規管が内耳に存在する．においの感覚は特によく発達しており，また圧力波は側線系によって感知する（→ 側線管）．魚類の化石は4億8500万年前から4億4400万年前のオルドビス紀にさかのぼる．現代の魚類には*軟骨魚綱と*硬骨魚綱の2綱がある．

巨人症 gigantism → 成長ホルモン

拠水林 gallery forest
　熱帯草原（サバンナ）の川や水流に沿って生育する森林のタイプ．特に氾濫原の栄養豊富な沖積土においてそうであるが，土壌湿度の上昇により，密度の高い多層の森林が生育することが可能となる．

巨大神経繊維 giant fibre
　非常に大きな直径の神経繊維で，ミミズやヤリイカなど多くのタイプの無脊椎動物にみられる．その機能は，非常に速い神経インパルスの伝達にあり，そのために緊急事態の際に非常に速く逃げることができる．

巨大染色体 giant chromosome ── 多糸性

キラー細胞 killer cell
　感染した細胞，あるいはがん性細胞を破壊する*リンパ球で2種ある．ナチュラルキラー細胞は，特定の抗原からの刺激なしに働く点でT細胞，B細胞と区別され，細胞表層に正常なクラスI*組織適合性タンパク質を失った，がん細胞やウイルスに冒された細胞を攻撃する．もう一つのキラー細胞である細胞傷害性*T細胞は，標的細胞の組織適合性タンパク質と結合した外来抗原が，その細胞の表層に存在することを攻撃に必要とする点で，ナチュラルキラー細胞と異なっている．キラー細胞はパーフォリンと呼ぶタンパク質を放出して標的細胞を破壊する．パーフォリンは標的細胞の細胞膜に穴をあけ，細胞の溶解と細胞死を招く．

キロ kilo-
　記号はk．メートル法で用いられる接頭辞で，1000倍を表す．たとえば，1000ボルトは1キロボルト（kV）．

キロカロリー Calorie (kilogram calorie; kilocalorie)
　1000カロリー．食物のエネルギーを考えるときにのみ限定して使用されている単位．しかし，だんだんと使われなくなりつつある．

キログラム kilogram
　記号はkg．質量を表す*SI単位系の単位．パリ近郊のセーブルの国際度量衡局 (International Bureau of Weights and Measures) に保管してあるプラチナ-イリジウム原器に等しい質量．

キロベース kilobase
　記号はkb．核酸や染色体，遺伝子の距離や大きさを表す単位で，1000塩基（1000ヌクレオチドあるいは1000塩基対）に相当する．→ 塩基対

キロミクロン chylomicron
　小腸上皮細胞によって合成される*リポタンパク質粒子．主にトリグリセリドからなる．キロミクロンは食餌性脂肪が循環系で輸送されるときの主要形態である．

筋 muscle
　生体で運動と張力を発生させる，*収縮が可能な細胞（筋繊維）がシート状あるいは束になった組織．筋肉は3種類に分類できる．*随意筋は随意運動（例えば関節における）に，*不随意筋は主に中空器官（例えば腸，膀胱）の運動に関与し，*心筋は心臓においてのみ存在する．

近位 proximal
　ある器官のなかで，その器官の接続部位に最も近い部位を示す．例えば中手指節関節は，指の近位の末端である．→ 遠位

近位尿細管 proximal convoluted tubule (first convoluted tubule)
　脊椎動物の腎臓のなかの，*ネフロンのボーマン嚢とヘンレのループの間の部位．この部位において*原尿中の塩類，水分，ブドウ糖の再吸収が起こる．同時に，尿酸と薬剤代謝産物を含むある種の物質が毛細血管から近位尿細管中へ能動的に排出される．再吸収と排出の働きはともに尿細管の内面から突き出した指状の突起（→ 刷子縁）により促進される．この突起は，尿細管内面の有効面積を増大させる．

菌界 Mycota
　古い分類体系における，*菌類を含む界のこと．

筋形質 sarcoplasm
　筋繊維の細胞質．筋細胞は筋収縮に必要なグリコーゲン，ATP，ホスホクレアチンといった化学物質を含んでいる．また，活発な筋肉の筋形質にはミトコンドリアが多い傾向

にある.

筋原性の myogenic
　筋細胞から由来すること，もしくは筋細胞により生じること．*心筋繊維の収縮は筋原性といわれるが，それは収縮が自発的に生じ，神経細胞からの刺激が不要であるためである．→ ペースメーカー

筋原繊維 myofibril ―→ 随意筋

菌根 mycorrhiza
　菌類と植物の根の間に形成される相互に有益な共生関係のこと（→ 相利共生）．菌根はきわめて一般的に存在する相利共生の形である．植物の根から吸収される無機イオンの量が菌類によって増加し，菌類は根の細胞から溶解性の有機栄養分を得ることで利益を得る．外生菌根は根の周りに菌糸のネットワークを形成して根の細胞間隙に入り込み，内生菌根の菌糸は根の皮層細胞へ侵入する．

筋細胞 myocyte
　収縮細胞，特に筋肉の細胞のこと．

菌傘 pileus
　キノコなどのある種の菌類にある傘状のキャップ．胞子は傘の下側表面にある*ひだや孔から作られる．

近視 myopia (short-sightedness)
　視界が近いこと．これは目のレンズが目に入ってくる平行光を屈折させ，網膜の前方で焦点を合わせてしまうために生じるものであり，一般的には眼球が異常に長いことが原因となっている．凹レンズ眼鏡を使って像を網膜に戻るように移動することでこの症状は改善される．

菌糸 hypha (pl. hyphae)
　菌類にみられる微細な糸状構造で，それらの多くはゆるやかな網目（*菌糸体）を形成するか，あるいはキノコの子実体にみられるような，密に詰まった編み合わされた組織である*偽柔組織を形成する．菌糸は分枝する場合としない場合があり，また菌糸内に隔壁が存在する場合としない場合がある．細胞壁は，真菌性セルロースまたは窒素を含む*キチンと呼ばれる物質から形成される．細胞壁の内部には細胞質が存在し，ここにはしばしば油滴やグリコーゲンが含まれ，また中央に液胞が存在する．菌糸は酵素を生産し，それを用いて，寄生性の真菌類は宿主の組織を消化し，腐生栄養性の菌類は死体の有機物を消化する．

菌糸体 mycelium (pl. mycelia)
　菌類の体を形成する*菌糸のネットワークのこと．*胞子嚢と*配偶子嚢を作る生殖菌糸と栄養菌糸から成り立つ．

筋小胞体 sarcoplasmic reticulum
　随意筋や心筋においてみられる特殊化した小胞体．筋繊維中を走る収縮性の筋原線維を取り巻く膜で裏打ちされた腔のネットワークを形成している．活動電位による刺激にしたがい（→ 横行管），筋小胞体からカルシウムイオンが細胞質に放出され，筋原線維の収縮を引き起こす（→ 筋節）．カルシウムイオンは膜のカルシウムイオンポンプによりただちに筋小胞体に戻る．

近親交配 inbreeding
　近い血縁関係にある個体間の交配．極端なものは自家受精で，多くの植物やいくつかの原始的な動物で起こる．近親交配した個体からなる集団は一般に，*外婚の集団よりも多様性に乏しい．本来は外婚する集団間で近親交配が続くと，近交弱勢（*雑種強勢の反対）が引き起こされたり，有害な特性の発生率が増加したりする．例えばヒトでは，いとこどうしの結婚の歴史がある家族では，ある精神病や他の異常が起こりやすい傾向がある．

筋伸長反射 myotatic reflex ―→ 伸張反射

筋節
　1.　myotome
　分節化された筋肉の塊のおのおののことで，魚類と頭索動物にみられる．筋節は体の両側に対になってつき，脊柱（あるいは脊索）を中心にして拮抗的に働き（→ 拮抗作用），尾を左右に振らせることで移動運動を生じる．

　2.　sarcomere
　*随意筋の筋原繊維を構成する，機能上の単位．各筋節は，二つの膜（*Z帯）の間に存在しており，このZ帯に*アクチンフィラメントが結合する．またもう一つの膜（M

帯，M線）には*ミオシンフィラメントが結合する．筋節の内部構造はフィラメントの配置を反映して，様々なバンド（帯）に分けられる（図参照）．筋収縮の際，アクチンとミオシンの両フィラメントはおのおのに滑り込み（→ 滑り説），そして，Z帯がお互いに近づきI帯やH帯が狭められることにより筋節の長さは短くなる．

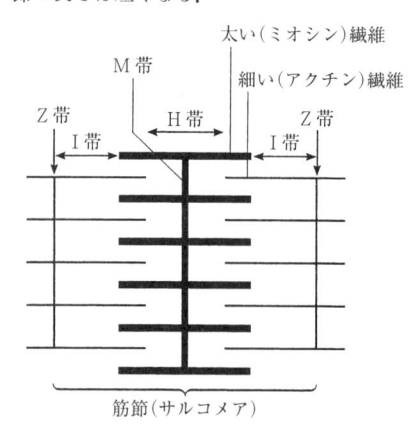

筋節の構造

筋繊維鞘　sarcolemma
筋肉繊維を取り巻いている収縮性の膜．→ 横行管（T管）

緊張　tone (tonus)
姿勢の維持に必要な，筋の持続した緊張状態．緊張性筋収縮では，全体のなかで一部のある比率の筋繊維のみがどのときをとっても収縮する．残りは弛緩して，あとの収縮に備えて回復する．同じ筋に存在する速い応答に用いられる筋繊維よりも，緊張性筋収縮に使われる筋繊維ははるかにゆっくり収縮する．遅筋繊維と速筋繊維の比率は，筋の機能に依存する．

近点　near point
人間の目が焦点を定めることができる最も近い点のこと．眼のレンズは年齢とともに硬くなっていくので，近い対象物に焦点を定めることができる調節の範囲が狭くなっていく．したがって，年齢が進むと近点が遠ざかっていく．これは，*老視として知られている．

筋電図　electromyogram (EMG)
筋繊維の電気的活動の記録．個々の筋肉単位の活動電位を検知する電極を筋肉に差し込んでデータを得る．電気的シグナルは装置（筋電計）で増幅されオシロスコープに表示される．筋電図は実験的な筋肉生理学や様々な神経，筋肉の障害の診断に使われる．

筋紡錘　muscle spindle
脊椎動物の筋における*伸展受容器．筋紡錘はふつうの筋繊維と平行に走っており，それぞれ小さな横紋筋繊維（*錘内繊維）を含むカプセルから成り立っている．筋紡錘は筋肉の緊張の調節に関与しており，また無意識的な姿勢の維持と運動において重要な役割を果たす．→ 伸張反射

筋膜　fascia
皮膚の下にある繊維性の結合組織の膜であり，腺，血管，神経をも包み，また筋肉や腱の外筒を形成する．

菌類　fungi
以前はクロロフィルを欠いている単純な植物として考えられていたが，現在は植物とは別の菌類界に分類される生物の一グループ．それらは単細胞として存在するか*菌糸体と呼ばれる多細胞体を作るかどちらかである．菌糸体は*菌糸として知られる細い糸からなる．ほとんどの菌類の細胞は多核性であり，主に*キチンからなる細胞壁をもっている．菌類は主に湿気のある場所に存在し，クロロフィルの欠如のために，ほかの生物への寄生体か腐生性である．分類において用いられる基本的な基準は，作られた胞子の特徴と菌糸内の隔壁の有無である（→ 子嚢菌門，担子菌門，不完全菌類，接合菌門）．→ 地衣類

菌類学　mycology
*菌類を対象とする科学的な学問分野．

ク

グアニル酸シクラーゼ guanylate cyclase
⟶ 環状 GMP

グアニン guanine
*プリンの誘導体．*ヌクレオチドや，*DNA や *RNA などの核酸の *塩基の主要な構成要素の一つ．

グアノ guano
鳥やコウモリ，アザラシなどの糞が蓄積したもので，通常，長期間にわたり作られる動物のコロニーにより形成される．植物の栄養分に富み，堆積物のいくらかは採掘され肥料として利用される．

グアノシン guanosine
糖分子の D-リボースとグアニン分子が結合してできたヌクレオシド．これに由来するヌクレオチドである，グアノシンリン酸，二リン酸，三リン酸（それぞれ GMP，GDP，GTP）は様々な代謝反応にかかわる．⟶ 環状 GMP

偶然 casual ⟶ 外来種

空腸 jejunum
哺乳動物の *小腸の一部で，*十二指腸の後方，*回腸の前方の部分．空腸の上皮には無数の突起があり（⟶ 絨毛），表面積が増大している．このことにより，空腸の基本的な機能である消化した物質の吸収が促進される．

偶蹄類 Artiodactyla
偶数個の蹄のある哺乳類の一目．3番目と4番目の指は同じくらいの長さに発達して体重を支えている．この目には，ウシや他の反芻動物（⟶ 反芻類），ラクダ，カバ，ブタが含まれる．ブタを除いてすべて草食性であり，長い腸をもち，草を噛み砕くためのエナメル質の隆線のある歯をもっている．⟶ 奇蹄類

空洞 sinus
*静脈洞のような動物でみられる嚢状の腔や器官のこと．

クエン酸 citric acid
白色結晶質のヒドロキシカルボン酸である．$HOOCCH_2C(OH)(COOH)CH_2COOH$．柑橘類の果実にみられ，また植物や動物の細胞の *クレブス回路の中間体となる．

クエン酸回路 citric acid cycle ⟶ クレブス回路

茎 stem
光に向かって縦方向に伸びていく植物の一部分で，葉や芽，生殖器官を支える（図参照）．葉は茎にある *節から成長していき，側枝あるいは分枝は節の芽体部分から成長する．いくつかの種では，茎が鱗茎，球茎，地下茎，塊茎などに変化する．ある種の茎はつる状になり他のものに巻きつく．またある種では *ほふく茎のように水平に伸びる茎がある．またその他の例として *扁茎もある．直立茎は円筒形かあるいは角があり，これらは毛やとげ，針で覆われることがあり，また多くの種では二次成長を示し木質へと変化する（⟶ 年輪）．その力学的支持機能に加え，さらに *維管束組織をもつことで茎は栄養分，水，ミネラル塩を根と葉の間で行き交わせている．ここはまた葉緑体を含み，光合成を行うこともある．

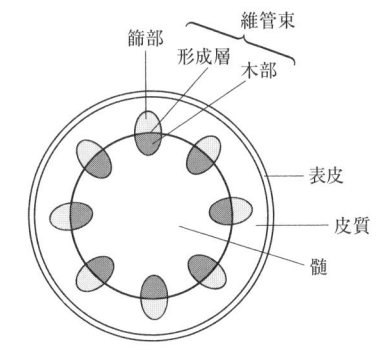

草本茎の横断面図

櫛鰓 ctenidia
水生の軟体動物にみられる鰓で，外套膜腔の両側に存在し，特殊分化した膜に支えられている．この鰓は，濾過摂食とガス交換の両方にかかわっている．

クジラ whales ── クジラ類

くじらひげ whalebone (baleen)
ヒゲクジラ（→ クジラ目）の上顎の口内両側にぶら下がる角質の長い板であり，こし器を形作る．クジラの食物であるプランクトンを含む水が開いた口から入り，その後わずかに閉じた口から吐き出され，食物がヒゲの板に残る．

クジラ類 Cetacea
クジラの仲間が含まれる，海のなかにいる哺乳類．おそらく最大の動物として知られるシロナガスクジラも含む．シロナガスクジラは全長30mを超え重量は150tを超える．クジラの前肢は体を安定化するための短いヒレに変化しており，皮膚は非常に薄く毛はない．厚い脂肪層は体を熱損失から守り，また重要な貯蔵栄養となっている．クジラは背側の潮吹孔より呼吸を行い，潜水するときにはこの孔は閉じられる．イルカやシャチなどのようなハクジラ（ハクジラ亜目）は肉食性であり，シロナガスクジラなどのヒゲクジラ（ヒゲクジラ亜目）は*くじらひげによりプランクトンをろ過して摂食する．

薬 drug
生物の生理状態を変化させる化学物質．薬は病気の予防，診断，治療など医学で広く用いられ，*鎮痛薬，*抗生物質，麻酔薬，*抗ヒスタミン薬，*抗凝血薬などを含む．単に薬が有する快楽の効果を目的として使用される薬もあり，それらは*麻薬，コカインや*アンフェタミンなどの興奮剤，LSDのような*幻覚発現物質，精神安定薬などを含む．これらの薬の多くが常習性で，使用は違法である．

口
1. mouth
*消化管の開口部で，ほとんどの動物が*摂餌するために使う．口は*頰側口腔（口腔）へ続いている．

2. ostium ── 小孔

クチクラ cuticle
1. （植物学）植物の気中部分を余すところなく覆っている，ろう状の層．主に*クチンからなり，これは*表皮から分泌される．主な機能は水分欠乏から守ることである．

2. （動物学）無脊椎動物の表皮から分泌される，非常に堅い無細胞性の物質で表皮を覆っている．ふつうは，コラーゲンに似たタンパク質または*キチンによって形成されていて，主な機能は体の保護である．節足動物では特に発達していて骨格（→ 外骨格）をなしている．また，昆虫においては水分欠乏を防いでいる．体が成長するためには，クチクラを脱皮することが必要となる．→ 脱皮

クチクラ化 cuticularization
植物や多くの無脊椎動物の外層（表皮性）細胞による，後に硬化して*クチクラになる物質の分泌のことをいう．

嘴 mandible
鳥のくちばしの二つの部分のおのおの．

クチン cutin
植物の表皮の*クチクラの主成分であり，長鎖脂肪酸の重合物質である．このクチンの重合物は，ろう質の基質にしみ込み，架橋してネットワークを形成する．クチン（クチン化）の堆積物は植物の水分欠乏を軽減し，病原体の侵入を防ぐことに貢献している．→ コルク質

クチン化 cutinization
植物の細胞壁に*クチンが堆積することで，主に葉や若い茎の最外層で起きるものをいう．

屈筋 flexor
肢の二つの部分を近づけることにより肢が曲がるようにする筋肉．一つの例は*上腕二頭筋である．屈筋は*伸筋と拮抗的に働く．→ 随意筋

屈性 tropism
光や接触，あるいは重力のような外部刺激に応答した，植物組織の方向性のある成長．刺激の方向への成長は正の屈性であり，刺激から離れる成長は負の屈性である．→ 屈地性，水分屈性，正常屈性，光屈性，傾斜屈性，接触屈性，傾性運動，走性

屈地性（重力屈性） geotropism (gravitropism)
重力に反応して植物組織が成長すること．主根は正の屈地性を示し，主茎は逆に負の屈

地性を示す．そのためにどの向きにおかれても関係なく，主根は下に，主茎は上に向かって伸びる．例えば，茎を水平な向きにおいても，茎は上に向かって伸びる．膜に結合した動くデンプン粒の塊（*アミロプラスト）が重力の影響で植物細胞の下側に沈み，これが何らかの生理的な非対称性を細胞において作り出すと考えられている．これが細胞の上側と下側の異なった成長につながり，それが根であるか枝条であるかによって，組織の下方向もしくは上方向への屈曲をもたらすのである．この異なった成長の生化学的なメカニズムはほとんどわかっていないが，*オーキシンが枝条の屈地性に必要であり，おそらく根にもかかわっている．また，カルシウムイオンも屈地性に関与するという証拠もある．→ 屈性

クッパー細胞 Kupffer cells
　古い血液細胞や粒子状物質を処理する特殊な*マクロファージ．クッパー（Karl Wilhelm von Kupffer, 1829-1902）にちなんで名づけられた．クッパー細胞は血流中や肝臓中の*洞様血管の壁に付着している．

クニドブラスト cnidoblast → 刺細胞

クプラ cupula → 瓶状部

クーマシーブルー coomassie blue
　タンパク質の染色に用いられる，生物学で使用される色素．

クマリン coumarin
　広く植物に見いだされた，フェニルアラニンから誘導される一群の有機化合物．クマリン類にはクマリン自身も含まれ，クマリンは新たに刈り取った干草に固有の匂いを与え，ウンベリフェロンはニンジンのグループに特有である．特定の条件下にカビによりクマリンは有毒なジクマロールに変換する．もしジクマロールを飲み込むと，ビタミンKの代謝系が撹乱されプロトロンビンやそのほかの血液凝固にかかわる因子が肝臓で作れなくなり，出血やそのほかの出血性疾患の兆候を呈する．ジクマロールや別のクマリン誘導体，ワルファリンは広く殺鼠剤として使われる．

組換え recombination
　生殖細胞（配偶子）が作られるときに起こる遺伝子の再構成のこと．これは*減数分裂の際起こる両親の染色体の二つのセットの*独立組合せと染色体の乗換え（→ 交叉）の結果である．組換えの結果，子の性質は親とは違う組み合わさった性質となる．組換えは遺伝子工学の手法を用いて人工的に作ることもできる．

組換え修復 recombinational repair → 複製後修復

組換えDNA recombinant DNA
　交配によらず*遺伝子工学の手法を用いて他の個体からの遺伝子を取り込んだDNA．このため遺伝子工学は組換えDNA技術としても知られている．組換えDNAは*遺伝子クローニングや*遺伝子組換え生物を作るときに作成される．

クモ spiders → クモ形綱

クモ形綱 Arachnida
　陸棲の*節足動物の*鋏角類内の一網のこと．約6万5000種がそのなかに含まれ，クモ，サソリ，ザトウムシ，ダニなどが含まれる．クモ形綱の体は，前の部分の*前胴体部とうしろの部分の*後胴体部に分かれる．前胴体部は，*鋏角や*触肢がついており，4対の脚もついている．後胴体部には様々な感覚器や出糸突起（→ 出糸突起）がついている．クモ形綱は，多くは肉食性で獲物の体液を餌としたり，体外で獲物を消化するために酵素を分泌する．クモは，牙状の鋏で注入した毒によって，つかんだ獲物を動けなくする．一方で，サソリは獲物を大きなはさみのような触肢でつかまえ，腹部から伸びている毒針を用いて毒を注入する．ダニの一部は寄生性だが，多くのクモ形綱は自由に生活を営む．これらは，（昆虫のような）*気管を通して，または*書肺と呼ばれる薄く幾重にも折りたたまれている体壁の領域を用いて呼吸を行っている．→ ダニ目

クモ膜 arachnoid membrane
　脊椎動物の脳と脊髄の周囲を覆っている三つの膜（*髄膜）のうちの一つ．脳*柔膜と脳*硬膜の間にある．クモ膜はとても壊れやすく，神経組織を維持し保護している*脳脊髄液が通っている．

クモ膜下腔 subarachnoid space
　脳と脊髄を取り巻く膜（*髄膜）である，*クモ膜と*柔膜の間の空間．*脳脊髄液で満たされている．

クライン cline
　ある種や個体群において，その地理的分布域にわたり（例えば北上するにつれて），形質がしだいに変化することをいう．これは，土壌の型や気候などの環境要因の変化に対する応答として生ずる．

クラインフェルター症候群 Klinefelter's syndrome
　余分なX染色体が付け加わる男性の遺伝子異常症．通常はXYであるべき核型がXXYに置き換わっている（→性染色体，不分離）．アメリカの医師，クラインフェルター（H. F. Klinefelter, 1912-90）にちなんで名づけられた．症状は精巣の未発達，不妊，乳房発達などの女性化などがある．

クラゲ
1. jellyfish ── 刺胞動物門
2. medusa
　*刺胞動物門の生活環において自由に泳ぐ段階のもの．クラゲは傘型をしており，その縁と傘の中心下部における口の周りに触手をもっている．体の脈動によって泳ぎ，有性生殖を行う．ヒドロ虫類（Hydrozoa）（例えばヒドラ）では，その生活環のなかで*ポリプとクラゲが世代交替を行い，ポリプからクラゲが出芽により生じる．一般的なクラゲすべてを含む鉢虫類（Scyphozoa）では，クラゲ世代が優先的な形態であり，ポリプ世代は小型化するか欠落する．

クラスリン clathrin
　タンパク質の一種で，細胞の表面における物質のエンドサイトーシスの際に形成され，被覆小胞と被覆ピットの「被覆」の主要成分である（→エンドソーム）．クラスリン分子は膜上で局所的な多角体の格子を形成し，引き続き陥入し被覆ピットと被覆小胞を形成する．被覆小胞が細胞内で中身を運搬し終えたときには，クラスリンで被覆された膜は再利用され，細胞表面に戻る．同様の過程により，細胞内の膜でできた細胞小器官の間の物質輸送が行われる．

グラナ granum (pl. grana)
　扁平な袋状のもの（*チラコイド）が積み重なったもので，多くは植物の*葉緑体（それぞれの葉緑体は約50のグラナをもつ）にみられる．グラナは光を吸収するクロロフィル色素をもち，また*光合成の明反応に必要な酵素を含んでいる．

グラーフ卵胞（卵胞） Graafian follicle (ovarian follicle)
　哺乳類において，卵巣で発育中の卵細胞（卵母細胞）を取り囲み保護する，液体に満たされた胞状構造．卵母細胞は卵胞に液を分泌する*顆粒膜細胞により囲まれている．卵子が排卵されたあと，卵胞は*黄体に発達する．オランダの解剖医，レニエ・デ・グラーフ（Reinier de Graaf, 1641-73）にちなんで名づけられた．

グラム gram
　記号g．キログラムの1/1000．*CGS単位系における質量の基本単位であり，またかつてはグラム原子，グラム分子，グラム当量など，現在は*モルに代わった単位においても用いられていた．

グラム染色 Gram's stain
　細菌を区別するために用いられる染色法．細菌のサンプルを顕微鏡観察に使うスライドグラスに塗りつけ，クリスタルバイオレットなどの染料で染色し，アセトン-アルコール（脱色剤）で処理し，最後にサフラニンなどの赤い染料で染める．グラム陽性細菌は最初の染料が残り，顕微鏡下で青黒い色を示す．こうした細菌は*ペプチドグリカンの厚い層が細胞壁に存在する．グラム陰性細菌は，アセトンアルコールによりクリスタルバイオレットなどの染料が洗い流され，対比染色用の赤い染料が取り込まれ赤く染まる．こうした細菌の細胞壁は薄いリポタンパク質の外層がペプチドグリカンの薄い層を覆っている．この染色法はデンマークの細菌学者で，この技術を1884年にはじめて記述した（のちに改良されている）グラム（H. C. J. Gram, 1853-1938）にちなんで名づけられた．

クラーレ curare

南アメリカ産のマチン（*Strychnos*）やツヅラフジ科の植物（*Chondrodendron*）の樹皮から得られる樹脂で，随意筋の麻痺を引き起こす．これは，*神経筋接合部において神経伝達物質である*アセチルコリンの働きを阻害することによって作用する．クラーレは南アメリカのインディアンに矢毒として用いられている．かつては手術時の筋肉弛緩薬として利用されていた．

クランツ解剖構造 Kranz anatomy

C_4植物にみられる，維管束細胞の周辺を柵状葉肉細胞が取り囲んでいる構造．→ 維管束鞘細胞

グリア（グリア細胞，神経膠） glia (glial cells ; neuroglia)

ニューロンを支持する神経系の細胞群．グリア細胞には，星状膠細胞（アストロサイト），稀突起膠細胞（オリゴデンドロサイト），（脳室）上衣細胞，小膠細胞（ミクログリア）（→ マクロファージ）の4種がある．オリゴデンドロサイトは中枢神経系のニューロンの周囲を隔離する*ミエリン鞘を形成し，インパルスが隣接するニューロン間に漏れ出ないようにしている．グリア細胞の他の機能としては，ニューロンに栄養を与え，ニューロンを取り囲む液の生化学的組成を制御することがあげられる．

グリオキシソーム glyoxysome ⟶ グリオキシル酸回路

グリオキシル酸回路 glyoxylate cycle

*クレブス回路が変更された形をもつ，植物や微生物の代謝経路．脂肪を炭素源として利用することで，クレブス回路における二酸化炭素の生成という段階を省いて，炭水化物を脂肪酸から合成することを可能とした経路である．この回路は発芽中の種子などの脂肪に富んだ組織でみられる．この回路にかかわる酵素は哺乳類にはみられず，「グリオキシソーム」と呼ばれる細胞小器官（*微小体）に含まれる．グリオキシル酸回路は，*脂肪酸の酸化により生じるアセチル CoA を 2 分子用いる点がクレブス回路と異なっている（クレブス回路では 1 分子）．イソクエン酸はコハク酸（これより*糖新生によってグルコースが合成できる）とグリオキシル酸へと変化する（図参照）．

グリカン glycan ⟶ 多糖類

グリコカリックス glycocalyx

1．糖衣（細胞外被（cell coat））．ほとんどの真核細胞の細胞膜表面に存在する炭水化物の層．糖脂質と，細胞膜の糖タンパク質成分の側鎖のオリゴ糖部分からなり，細胞により分泌されるオリゴ糖を含むこともある．細胞間接着ならびに，細胞と環境の間での物質交換の制御の役割を果たしている．

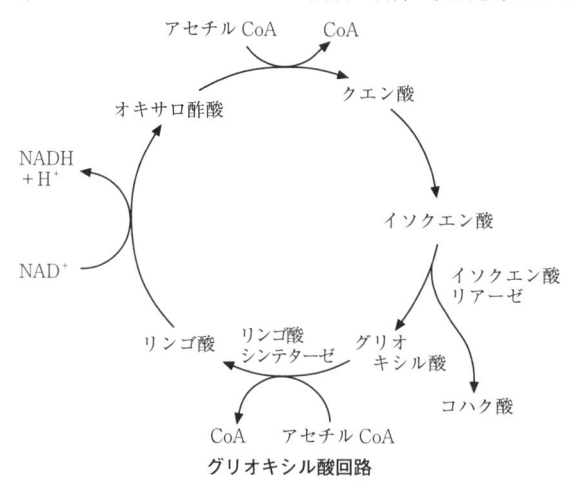

グリオキシル酸回路

2．菌体外多糖．多くの場合，多量の多糖類と糖タンパク質から構成される細菌の外側の層のこと．菌体外多糖は厚さや密度に違いがあり，ある種では柔軟な粘液層を形成しており，他の種では硬く比較的不浸透性の*カプセルを形成している．

グリコーゲン（動物デンプン） glycogen (animal starch)

高度に分枝したグルコースポリマーからなる*多糖類．動物の組織，特に肝臓や筋細胞に存在する．動物細胞における炭水化物からなるエネルギー貯蔵物質の主成分である．

グリコーゲン生合成 glycogenesis

グルコースのグリコーゲンへの変換．膵臓から分泌されるインスリンで促進される．グリコーゲン生合成は骨格筋にて，また，より少ないが肝臓で起こる．細胞に取り込まれたグルコースはリン酸化されてグルコース-6-リン酸になる．この物質は引き続きグルコース-1-リン酸，ウリジン二リン酸グルコース，そしてグリコーゲンとなる．→ 糖新生，グリコーゲン分解

グリコーゲン分解 glycogenolysis

グリコーゲンのグルコースへの変換．肝臓で起こり，膵臓からのグルカゴン，副腎髄質からのアドレナリンにより促進される．これらのホルモンはグリコーゲン鎖のグルコース分子をリン酸化する酵素を活性化し，グルコース-1-リン酸を生成する．さらにこれはグルコース-6-リン酸へと変換される．この分子はさらにホスファターゼによってグルコースへと変換される．骨格筋においてはグリコーゲンはグルコース-6-リン酸へと分解され，さらに解糖系でピルビン酸へと変換され，解糖系とクレブス回路における ATP 生成に用いられる．しかし，ピルビン酸はまた肝臓においてグルコースへとも変換されうる．そのため筋肉のグリコーゲンは間接的に血液のグルコースの原料となっている．→ グリコーゲン生合成

グリコサミノグリカン glycosaminoglycan

グルコサミンなどの*アミノ糖を含む多糖の総称．以前は「ムコ多糖」として知られており，*ヒアルロン酸やコンドロイチンを含み（→ 軟骨），関節部の潤滑を行い，また軟骨基質の一部となる．グリコサミノグリカン分子は三次構造上の特徴より，水分を含むことが可能であり，そのためにゲルを形成し，また弾力性を示すようになる．

グリコシド（配糖体） glycoside

*グリコシド結合により非炭水化物残基(-R) とグルコースなどのピラノース糖残基が結合して形成された物質群．糖の第1位の炭素の水酸基(-OH) が-OR によって置き換えられる．グリコシドは植物に広く存在する．*アントシアニン色素や，ジゴキシン（→ ジギタリス）やウアバインなど，心臓へ刺激効果を及ぼすために医学的に用いられる強心配糖体などがその例である．

グリコシド結合 glycosidic bond (glycosidic link)

二糖，オリゴ糖，多糖などに含まれる単糖残基どうしの間に存在する化学結合の一型．1分子の水が除去されることにより形成される（*縮合反応）．結合は通常，一方の糖の1位の炭素ともう一方の糖の4位の炭素の間に形成される（図参照）．α-グリコシド結合は1位の炭素の水酸基がグルコース環の平面に

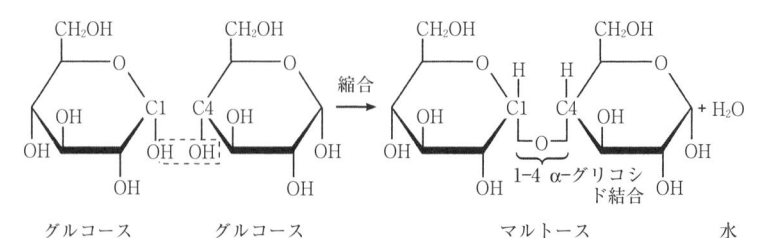

グリコシド結合の形成

対して下向きに形成され，β-グリコシド結合はそれが平面に対して上向きに形成される．*セルロースはグルコース分子どうしが1位と4位でβ-グリコシド結合で結ばれる場合にできるのに対して，デンプンでは1位と4位の結合はα-グリコシド結合である．

グリコシル化 glycosylation

炭水化物が他の分子に結合する過程であり，タンパク質が*糖タンパク質となったり，脂質が*糖脂質となったりするものがその例である．グリコシル化は細胞の粗面小胞体とゴルジ体で起こる．

グリコール酸経路 glycolate pathway
── 光呼吸

グリシン glycine

甘味をもつ*アミノ酸で，タンパク質の構成要素となるだけでなく，脊椎動物の脊髄の速いシナプスに対する主要な抑制性伝達物質である．グリシンはまた，NMDAタイプの*グルタミン酸受容体が開くために必要である．

クリステ crista
1. ── 半規管
2. ── ミトコンドリア

グリセリド（アシルグリセロール） glyceride（acylglycerol）

グリセロールの脂肪酸エステル．エステル化はグリセロール分子の3個のすべての水酸基に起こることが可能で，エステル化された数が1個，2個，3個に応じて，それぞれモノグリセリド，ジグリセリド，*トリグリセリドとなる．トリグリセリドは生体中の脂肪や油の主要構成成分である．一方，グリセリドのグリセロール部分の水酸基の一つがリン酸エステルになることによりホスホグリセリド（→ リン脂質）が形成され，あるいは水酸基に糖が結合することで*糖脂質が形成される．

グリセリン glycerine ── グリセロール

グリセリン酸-3-リン酸 glycerate 3-phosphate

リン酸化されたC3の単糖（訳注：単糖の誘導体）であり，*解糖および光合成の*カルビン回路の中間産物．以前は3-ホスホグリセリン酸（PGA）として知られていたもの．

グリセルアルデヒド-3-リン酸 glyceraldehyde 3-phosphate（GALP）

分子式 $CHOCH(OH)CH_2OPO_3H_2$ のトリオースリン酸であり，*カルビン回路（→ 光合成）と解糖の中間産物．

グリセロリン脂質 glycerophospholipid
── リン脂質

グリセロール（グリセリン，プロパン-1, 2, 3-トリオール） glycerol（glycerine；propane-1, 2, 3-triol）

三つの水酸基が存在するアルコールで，分子式 $HOCH_2CH(OH)CH_2OH$．グリセロールは無色，粘稠，甘味のある液体であり，水に可溶だがエーテルに不溶である．加水分解するとグリセロールとなる*グリセリドの構成成分としてすべての生命体に広く分布している．グリセロールはある種の生物においては*不凍分子として用いられている．

クリック，フランシス・ハリー・コンプトン Crick, Francis Harry Compton（1916-2004）

イギリスの分子生物学者．1951年に*ワトソンと組んでケンブリッジ大学において*DNAの構造を明らかにする研究を始め，1953年にフランクリン（Rosalind Franklin, 1920-58）とウィルキンス（Maurice Wilkins, 1916-2004）が得たX線回折データを用いて，構造解析に成功した．クリックはその後，*コドンや*tRNAの役割を研究した．クリック，ワトソン，それにウィルキンスは1962年にノーベル賞を受賞した．

クリティカルサーマルマキシム critical thermal maximum ── 最高限界温度

クリノスタット klinostat

植物の成長運動に関する重力の影響の測定に用いる装置（→ 屈地性）．ゆっくりと回転するドラムで，その内部に苗を設置する．苗のどの部分も一定の重力刺激を受けることができなくなるので，芽は水平に伸びていく．

クリプトクローム cryptochrome

主に青色や紫外線（UV-A）などの光を吸収する植物色素で，光屈性や胚軸伸長など植

物の光応答にかかわると考えられている．クリプトクロームの化学的な実体は長らく不明であったが（これが名称の起源で，クリプトは隠れた，秘密のという意味）近年，*シロイヌナズナの青色受容体が明らかとなり，二つの光受容中心をもつタンパク質であるとわかった．光受容中心の一つは，フラビン誘導体のFADであり，もう一つはプテリンである．他のクリプトクロームもフラビンタンパク質と思われている．

クリプト植物（隠モナス類） Cryptomonada (Cryptophyta)

プロトクティスタの一門で，平らな卵形の細胞からなる単細胞生物で，細胞の表面に斜めに位置している食道（陰窩）から伸びた2本の鞭毛をもつ．クリプト植物は淡水性，海洋性の藻類を含み，それらは光合成色素であるクロロフィルや*フィコビリンタンパク質をもっている．また，肉食性や寄生性（動物の消化管内）のように従属栄養性の原生動物をも含む．

クリプトビオシス（無代謝状態） cryptobiosis (anhydrobiosis)

乾燥などの極限環境を生き延びるために，ある種の無脊椎動物がとる見かけ上代謝が停止した状態．ワムシ，センチュウ，トビムシ，緩歩類などコケや地衣類にすむ小動物についてよく知られ，そこでは生命活動に必須な水のフィルムは一過的にしか得られない．水のフィルムが乾燥すると，これらの動物は何日，何週間，時には何年もの間，死んだようにみえるが，水分が戻ってくると，生き返り正常な活動が再開される．クリプトビオシスに入るのは，複雑なプロセスである．典型的には，附属肢や脚を縮めたり巻き上げて体全体が球状となり表面積を減らす．表皮の生化学的な変化やロウの分泌によりいくぶんかの水分は保持されるが，それは正常時の5%程度にすぎず，体は収縮ししわしわになる．トレハロースのような糖が合成され，細胞膜構造を保護し，細胞質をガラス様状態に変化させる．正常状態に戻るときは水分を吸収し，膨潤し，数時間のうちに活動状態になる．

グリホサート glyphosate

化学名はN-（ホスホノメチル）グリシン．ラウンドアップやタンブルウィードなどの製品名で発売される除草剤で，幅広い植物に効くが土壌での残留性や動物への毒性が低い．葉に施用された場合に速やかに植物体全体にいきわたるため，耐寒性多年生植物の根にも浸透する．この除草剤は芳香族アミノ酸の合成を阻害することで働き，これを施用された植物はタンパク質や，その他の重要な代謝産物を合成できなくなる．グリホサートは植物や微生物でのみみられる*シキミ酸経路の重要な酵素である5-エノールピルビルシキミ酸-3-リン酸合成酵素（EPSPS）の活性を阻害する．ある種の作物では，有名なものではダイズがあるが，アグロバクテリウムのEPSPS酵素の遺伝子を挿入することで遺伝的にグリホサートへの抵抗性を付与されている．これらの「ラウンドアップレディ」作物は，除草剤を散布されても影響を受けず，そのため現在北米や他の地域で幅広く栽培されている．

グルカゴン glucagon

膵臓の*ランゲルハンス島のα（A）細胞によって分泌されるホルモンで，グリコーゲンの代謝分解を促進することで血液中のグルコース濃度を高める働きがある．この働きは*インスリンの効果と拮抗的である（→ 拮抗作用）．

グルカン glucan

グルコース残基のみから構成される*多糖類．デンプンやグリコーゲンがある．

グルクロニド glucuronide ⎯⎯ グルクロン酸

グルクロン酸 glucuronic acid

グルコースの酸化により生成する化合物．植物*ゴムや*ムシラーゲの重要な成分である．グルクロン酸は他の分子のヒドロキシル基（-OH），カルボキシル基（-COOH），もしくはアミノ基（-NH$_2$）と結合してグルクロニドになることができる．グルクロニド基の分子への付加（グルクロニド化）は一般的に化合物の可溶性を高める．このためグルクロニド化は外来物質の排泄に重要な役割を果

たす（→ 第二相代謝）.

グルクロン酸

グルココルチコイド glucocorticoid ⟶ 副腎皮質ホルモン

グルコサミン glucosamine ⟶ アミノ糖

グルコサン glucosan
＊グルカンの旧称.

グルコース（デキストロース, ブドウ糖） glucose (dextrose; grape sugar)

白い結晶状の糖. 分子式は $C_6H_{12}O_6$. 自然界に幅広くみられる. 他の＊単糖と同様, グルコースは光学活性をもち, 自然界のグルコースはほとんどが右旋性である. グルコースとそれに由来する物質は生物のエネルギー代謝に必要不可欠である. 主なエネルギー源として, 血液やリンパ液, 脳脊髄液中に含まれて全身の細胞へと送られ, そこで＊解糖という過程を経てエネルギーが放出される. グルコースは植物の樹液や果実, 蜜に含まれる. また, 最も有名なものではデンプンやセルロースといった多くの多糖の構成成分ともなっている. これら多糖は酵素による消化などによって分解されるとグルコースになる.

グルコン酸 gluconic acid

光学活性をもつヒドロキシカルボン酸で, 化学式は $CH_2(OH)(CHOH)_4COOH$. アルドースであるグルコース単糖に対応するカルボキシル酸で, ある種のカビにより作られる.

グルタチオン glutathione

アミノ酸のグルタミン酸, システイン, グリシンからなる＊ペプチド. 植物や動物, 微生物に広く存在し, 主に＊酸化防止剤として機能する. 還元状態のグルタチオンは毒性のある可能性がある酸化性物質と反応して, それ自身酸化される. この反応はタンパク質やヘモグロビン, 膜脂質などの正常な機能を保つのに重要である. グルタチオンはまた, 細胞膜を通したアミノ酸の輸送にもかかわる.

グルタミン glutamine ⟶ アミノ酸

グルタミン酸 glutamic acid ⟶ アミノ酸, グルタミン酸イオン

グルタミン酸イオン glutamate

アミノ酸であるグルタミン酸のアニオン. 神経伝達物質として, 哺乳類においては中枢神経系の興奮性シナプスにおいて, また昆虫や甲殻類においては興奮性神経筋接合部において働く. 植物では同化においてアンモニウムイオン（NH_4^+）を最初に受け取る分子であり, ATPの関与する反応によって, グルタミン酸イオンとアンモニウムイオンが結合してグルタミンとなる. → グルタミン酸受容体

グルタミン酸受容体 glutamate receptor (GluR)

神経伝達物質である＊グルタミン酸をリガンドとして結合する, 受容体タンパク質の総称. グルタミン酸受容体は二つの主要なタイプに分かれる. 一つはイオンチャネル型（イオノトロピック）グルタミン酸受容体（iGluRs）であり, これは＊リガンド作動性イオンチャネルであり, 早い興奮性の伝達に関与するものである. もう一つは代謝型（メタボトロピック）グルタミン酸受容体（mGluRs）であり, ＊Gタンパク質と共役して働き, シナプス後細胞に長期間持続する効果を引き起こす. イオンチャネル型グルタミン酸受容体はさらに三つのクラスに分かれ, それぞれに選択的に作用する作動薬によって名づけられている. すなわち, NMDA受容体（N-メチル-D-アスパラギン酸にちなむ）, AMPA受容体（α-アミノ-3-ヒドロキシ-5-メチルイソキサゾール-4-プロピオン酸にちなむ）, カイニン酸受容体（→ カイニン酸）である. 通常, このイオンチャネルが開く前にはNMDA受容体はグルタミン酸だけでなくグリシンにも結合していなければならず, また, 膜の脱分極が起きている必要がある. グルタミン酸受容体は学習と記憶の基礎となるシナプスの強さの変化を調節していると考えられている. → シナプス可塑性

グルテン gluten

グリアジンとグルテインという二つのタンパク質の混合物で，コムギの胚乳に含まれる．両タンパク質のアミノ酸組成はそれぞれ異なるが，グルタミン酸 (33%) とプロリン (12%) が大半を占める．コムギのグルテンの組成は小麦粉の強さ（強力粉か薄力粉かなど）を決めており，ビスケット用なのかパン用なのかがそれにより決まる．腸管の内壁がグルテンに対して反応しすぎると膜腔の疾患を引き起こす．この病気はグルテンを抜いた食事により治療される．

くる病 rickets

骨の脱灰化により骨が変形する幼児期の病気．くる病は*ビタミンDあるいはカルシウムの慢性的な欠乏により生じ，腎臓の*ネフロンからのリン酸の再吸収量が少ないという障害を伴う．

グルーミング grooming

動物が，毛や羽を繕い，体の表面を噛んだりかいたりなめたりしてきれいにする行動．寄生物を除去したり，体表面に油を広げるために重要な行動である．多くの哺乳類，特に霊長類では，個体どうしでグルーミングを行うこと（アログルーミング）は，社会的なつながりを維持するうえで重要な役割をもっている．

クレアチニン creatinine ⟶ クレアチン

クレアチン creatine

筋肉組織中に存在している物質で，アルギニンとグリシン，メチオニンらのアミノ酸から合成されている．クレアチンリン酸の形で存在しているときは，筋肉収縮におけるエネルギー供給源として重要である．そしてクレアチンリン酸が，リン酸を失うとクレアチニンに変化して同時にエネルギーが放出される．生じたクレアチニンは，尿中（ヒトで 1.2～1.5 g/日）に排出される．→ ホスファゲン

グレイ gray

記号はGy．電離放射線の吸収*線量を示すSI組立単位（→ 放射線単位）．イギリスの放射線学者のグレイ (L. H. Gray, 1905-65) にちなみ名づけられた．

クレチン病 cretinism

胎児期または幼少時の間の，甲状腺ホルモンの分泌作用が不十分であることが原因で引き起こされる状態．脳や骨格の発達が妨げられ，精神の遅延や，小人症の原因となる．

クレブス回路（クエン酸回路，トリカルボン酸回路，TCA回路） Krebs cycle (citric acid cycle ; tricarboxylic acid cycle ; TCA cycle)

動物，植物，多くの微生物など好気性生物にとって基本的な代謝経路で，一連の生化学反応が回路となる（図参照）．クレブス回路の酵素は*ミトコンドリアに局在し，膜の*電子伝達系の成分と密接に関連している．炭素原子2個のアセチル基を含む*アセチル補酵素A（アセチルCoA）が炭素原子4個からなるオキサロ酢酸と反応し，炭素原子6個からなるクエン酸に転換する．クエン酸は7段階の一連の反応を経て，オキサロ酢酸と2個の二酸化炭素となる．重要な点は，この回路は1分子のGTP（1分子のATPと等価）を生成し，また3分子の補酵素*NADをNADHへ，1分子の*FADをFADH$_2$へ還元する．NADHとFADH$_2$は電子伝達系を通して酸化され，その際それぞれ3分子，2分子のATP（ある物質が酸化された場合の，全体として生成されるATPの数は，その物質の*リン/酸素比により変動）を生み出すことである．こうして1分子のアセチル補酵素Aから，総計12分子のATPが作られる．

アセチル補酵素Aは（*解糖系を通して）炭水化物，脂肪，あるいは一部のアミノ酸（アミノ酸によっては回路の途中から入る）から作られる．こうしてクレブス回路は複雑な代謝系全体の交差点の役を果たし，生体物質の分解とエネルギー生成だけでなく生合成にもかかわっている．この回路は，基本を発見した*クレブスの名にちなんでいる．

クレブス，ハンス・アドルフ，卿 Krebs, Sir Hans Adolf (1900-81)

ドイツ生まれのイギリスの生化学者．1933年にイギリスへ移住．はじめシェフィールド大学，のち1954年からオックスフォード大

```
          ┌─────┐
          │ 解糖 │
          └──┬──┘
             ↓
        ピルビン酸 [3C]
             │    NAD⁺
         CO₂ ←   NADH+H⁺
             ↓
        アセチル CoA [2C]
```

クレブス回路

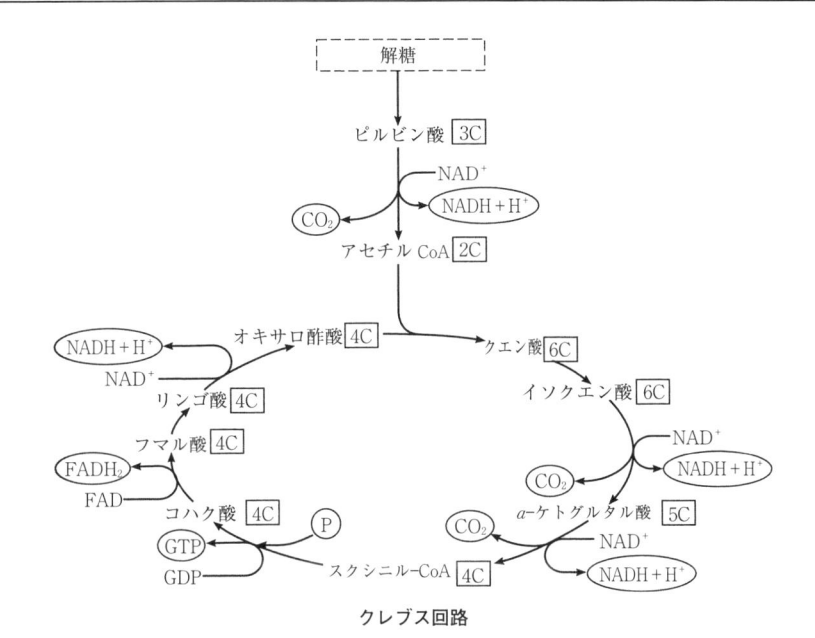

学教授．1937年に*クレブス回路の基本を発見したことで知られる．回路の詳細はのちに，リップマン (Fritz Lipmann, 1899-1986) により明らかにされ，2人は1953年にノーベル生理医学賞を受けた．

クロイツフェルト-ヤコブ病 Creutzfeldt-Jacob disease (CJD)

痴呆と脳組織の破壊を特徴とするヒトの病気．異常な*プリオンタンパク質によって引き起こされ，遺伝的な家族性のこともあるが，伝染性であることがわかっている．この珍しい病気は中高年に発症し，急速な脳の破壊と死を招く．発病型の異常なプリオンタンパク質は，脳組織中の正常なプリオンタンパク質の構造に作用し，このタンパク質の沈着とそれに引き続く脳組織の破壊が起こる．多くの場合，感染源は不明である．しかし，ヒトの死体から抽出した成長ホルモンの投与など，感染が明らかな場合もある．1990年代には，新型の病気が発生し，「変異型CJD」と呼ばれ，これは健康な若年者に発症した．これは*牛海綿状脳症に感染したウシの肉を使用した製品を摂取することで起こったと考えられている．

クローニングベクター cloning vector → ベクター

グロビン globin → ヘモグロビン

グロブリン globulin

一般的に水に不溶な（血球の）タンパク質の総称．血液，それ以外にも卵，乳に存在し，また種子の貯蔵タンパク質として存在する．血清グロブリンは4種類からなり，α_1，α_2，およびβ-グロブリンはキャリヤータンパク質として働く．γ-グロブリンは免疫反応にかかわる*免疫グロブリンを含む．

クロボキン類 smuts

真菌類の一門の*担子菌門に属する一群の寄生菌．これらの種の多くは穀物の穂を侵し，穀粒を黒い胞子の塊に変える．→ サビキン類

クロマチン chromatin

染色質ともいう．真核細胞の*染色体を構成する物質．タンパク質（主としてヒストン），DNA，および少量のRNAからなる．DNA分子はヒストンの周りに巻きついて，*ヌクレオソームと呼ぶ球体のつらなりとな

り，数珠のようになっている．それがさらにコイルを巻いて高度に凝縮したソレノイド構造となり，異質染色質と呼ばれる状態をとるが，これは塩基性の色素でよく染まる．ソレノイドのなかの遺伝子は，ソレノイドがある程度ほどけた真正染色質（euchromatin）になったときのみ転写されるが，その状態では薄くしか染色されない．凝縮の程度は，ヒストンの可逆的なアセチル化に依存し，アセチル化の度合いが高いほど，染色質の凝縮度は低く，したがって遺伝子の転写される割合は高い．

クロマトグラフィー chromatography

気体や液体，あるいは溶質の混合物を分析したり分離する実験技法．たとえば，アミノ酸類やクロロフィル色素を分析，分離する．最初にロシアの植物学者ミハイル・ツヴェット（Mikhail Tsvet, 1872-1919）により1906に開発されたが，最初のそれはカラムクロマトグラフィーの典型例である．垂直に立てたガラス管のなかに，アルミナなどの吸着剤を充てんし，試料をカラムに流したあと，展開溶媒で連続的に洗い流し続ける．試料中のそれぞれの成分はそれぞれ異なる強さで吸着するので，カラムのなかを異なる速さで流れていく．ツヴェットの最初の実験では，植物の色素が使われ，それぞれが分離されて異なる色のバンドがカラムのなかを流れていった（クロマトグラフィーの名はこの様子からchrom（色の）にちなんで命名された）．一般には，カラムから流れ出た溶出液をフラクションごとに分けて集める．

一般にどの型のクロマトグラフィーでも二つの相（固定相（上記の例ではカラムのなかの吸着剤）と移動相（上の例では展開液））からなる．分離は二つの相の間での試料中の分子の引っ張りあいに依存している．上記の例は吸着クロマトグラフィーと呼ばれ，試料中の分子はアルミナに吸着される．一方，分配クロマトグラフィーは一つの液体（たとえば水）が固定相に吸着され，移動相はそれとは混ざらない液体である．試料分子の分離は，二つの液体間の分配によって行われる．イオン交換クロマトグラフィーは，固定相のイオン化部位に対するそれぞれのイオンの競合的結合を用いている（→ イオン交換）．*ゲルろ過はまったく別のクロマトグラフィーで試料分子の大きさが重要である．→ アフィニティークロマトグラフィー，気液クロマトグラフィー，ペーパークロマトグラフィー，薄層クロマトグラフィー

クロマトグラム chromatogram

クロマトグラフィーの結果の図のこと．*ペーパークロマトグラフィーや*薄層クロマトグラフィーでは発色後の記録をさし，*気液クロマトグラフィーや液体クロマトグラフィーではチャート上の記録をさす．

クロマニョン人 Cromagnon man

現代人（ホモ・サピエンス）の初期の形態であり，約3万5000年前にヨーロッパに現れたと信じられている．そしてアフリカとアジアでは，少なくとも7万年前に現れたと考えられている．化石を調べた結果，このヒト科の動物は，その前に存在した*ネアンデルタール人よりも背が高く，華奢であった．彼らは，精巧に加工された石や骨でできた道具を使用し，ドルドーニュのラスコーに有名な洞窟画を残した．1868年にフランスのクロマニョン洞窟で，最初の化石が発見されたことにちなんで命名された．

クロム親和性組織 chromaffin tissue

副腎髄質（→ 副腎）で*ノルアドレナリンを合成する細胞群．この組織は，ノルアドレナリンを*アドレナリンに転換する酵素も含んでいる．

クロロキシバクテリア chloroxybacteria (grass-green bacteria；prochlorophytes)

緑色色素をもつ*シアノバクテリアで，緑色植物や緑藻類の細胞器官である葉緑体に非常によく似ているもの．葉緑体のように，クロロキシバクテリアはクロロフィルaとbとカロテノイドを光合成色素として使い，（シアノバクテリアのほとんどで見つかる）フィコビリンタンパク質をもたない．最初の発見は1960年代，「プロクロロン（*Prochloron*）」という，被嚢類の動物の排出腔の表面または内部に共生する球状のシアノバクテリアである．その他に，繊維状のプロクロロツ

リックス（*Prochlorothrix*）で湖で自由生活しているものなどがある．クロロキシバクテリアは葉緑体と同じ祖先をもつかもしれないが，直接の先祖ではないと考えられている．
→ 細胞内共生説

クロロクルオリン　chlorocruorin
　緑がかった色をした，鉄を含む*呼吸色素．多毛類の血液にみられ，*ヘモグロビンとたいへん類似している．

クロロフルオロカーボン　chlorofluorocarbons (CFCs)
　炭化水素の水素原子を塩素やフッ素によって置換することで得られる化合物．温度に対して高い安定性を示し，エアロゾル噴射剤，油，高分子などの様々な用途に適している．CFCsはフロンとして知られている．これらをエアロゾル噴射剤や冷蔵庫の冷媒として使うことで，地球の大気の上層においてフロンの濃度が上昇し，そこで光化学反応が起きてフロンが分解されオゾンと反応する．その結果，*オゾン層の枯渇を引き起こすと考えられている．このために，CFCsは今日では，より害の少ない代替物に置き換わってきている．→ 汚染

クローン　clone
　1. 単一の祖先細胞から生じた細胞の集団，個体，あるいは個体群をいう．ある特定のクローンのすべての成員は，遺伝的に同一である．天然では，クローンは無性生殖により生じ，例えば植物における鱗茎や塊茎の形成や，ある種の動物における*単為生殖によりクローンが生ずる．細胞の操作と組織培養の新たな技術により，多くの植物といくつかの動物のクローニングが可能となった．ジャガイモ，チューリップ，そしてある種の森林樹木を含む商業的に重要な植物の多くの種において，現在は*微細繁殖によるクローン化が行われたため，より均質な作物となった．動物におけるクローニングはより複雑であるが，ヒツジとウシで成功した．成体の体細胞から実験的にクローン化された最初の哺乳類はヒツジの「ドリー」で，1997年に200回以上の失敗のあとで生まれた．飢餓状態においた乳房の細胞からDNAを含んだ核が抜き出され，あらかじめ核が取り除かれた卵細胞に，*核移植の手法を用いて挿入された．この再構成された卵細胞は，分裂を刺激するために電気ショックを加えられ，代理母の雌ヒツジの子宮に移植され，最初のヒツジのクローンを誕生させた．この画期的躍進により，例えば乳中に医薬を生産することやヒトへの移植に使う臓器を生産するなどの，ある種の遺伝子操作された形質をもつ動物の正確な複製を生産する展望が与えられた．
　2. （遺伝子クローン）遺伝子の正確な複製．→ 遺伝子クローニング

クローン選択説　clonal selection theory
　免疫系の細胞が，適切な抗体を適切な時期，すなわちある特定の抗原に遭遇したときに，多量に生産する機構を説明する説である．この説では，多数の小さな亜集団からなるリンパ球（*B細胞）の予備集団があらかじめ存在することを提案している．各亜集団は，特定の結合特性を示す表面抗体分子を保有する．もし，ある細胞が対応する抗原に遭遇し，それに結合すると，この細胞は選択されたことになり，繰り返し分裂するように刺激され，同じ細胞の多量のクローンが生産され，すべてが抗体を分泌することになる．B細胞の活性化には，ヘルパーT細胞（→ T細胞）の関与が必要である．*免疫寛容の成立の説明にも，クローン選択の一形態が適用される．

クワシオルコル　kwashiorkor　─→ 栄養失調

群　family　─→ 科

群集　community
　ある一定の地域や生息場所の内部に生活する，自発的に形成された動植物の種の集まりをいう．群集は，例えばマツ群集のようにそのなかの*優占種の一つや，湖沼群集のように，その地域の自然環境上の主要な特徴に基づいて名づけられる．群集の成員は，*食物連鎖や*競争などの様々な様式で相互作用する．大きな群集は，より小さな亜群集に分割される場合がある．→ アソシエーション

群集生態学　synecology
　*群集を対象とする生態学の研究のこと．

群集生態学は群集を作る異種間の関係や，それらの周囲環境との相互作用の研究を目的とする．群落集態学は*生物的因子，*非生物的因子をともに扱う．→ 個生態学

群淘汰 group selection ⟶ 集団選択

ケ

毛 hair

1. 多細胞性で糸状の構造で，多くの死んだケラチン細胞からなり，哺乳動物の*皮膚の表皮によって産生される．皮膚表面下に埋まった毛の部分（毛根）は，*毛嚢内にあり，その基部では毛細胞を産生する．毛は皮膚から熱の損失を減らすことで体温維持に役立つ．剛毛や震毛は毛の特殊な形態である．

2. 例えば*突起様構造のような，植物体上に存在する様々な種類の糸状の構造体の総称．

警戒色 warning coloration (aposematic coloration)

動物の体にある目立つマーク．これにより外敵がその動物を容易に認識できるようにし，捕食者になりそうなものに対して，その動物が有毒，ひどい味あるいは危険な種であると警告する．例えば，スズメバチの黄色と黒の縞の腹部の模様は刺すことを警告する．→ 擬態

蛍光インシトゥハイブリダイゼーション fluorescence in situ hybridization (FISH)

蛍光色素でラベルされたDNAプローブが，目的のヌクレオチドの相補的な塩基配列と塩基対を形成（ハイブリッド形成）する技術．これは染色体セットのなかの特定の遺伝子の場所を，遺伝学的にマッピングするのに用いられる．他の応用は細胞内で特定の伝令RNA（mRNA）の位置を探索することである．ある遺伝子の一部の配列でもわかるならば，その遺伝子のDNAプローブを作製することができる．生物の全染色体の全量の標本はDNA鎖を分離するために部分的に変性されて，ラベルされたプローブとともにインキュベートされる．そのプローブは相補的な遺伝子配列と結合し，目的の遺伝子の染色体上の正確な位置が明らかになる．

経口避妊薬　oral contraceptive

妊娠を避けるために服用される錠剤の形のホルモン製剤のこと（→ バースコントロール）．最も一般的なものは，*エストロゲンと*プロゲストーゲンの両方を含んだ混合物の錠剤である．これらの両方のホルモンは排卵を抑制し，これに加えてプロゲストーゲンは頸管粘液の粘性を変化させ，子宮の内部表面を変化させることで，排卵が起きたとしても受精の機会を減少させる．いわゆるミニピル（minipill）と呼ばれている薬はプロゲストーゲンのみを含むので副作用が少ない．避妊手段を用いていない性交のあとで妊娠を防ぐ緊急の避妊（いわゆる morning after pill と呼ばれているもの）には，エストロゲンとプロゲストーゲンの混合薬もしくはエストロゲン単独の薬を間隔をあけて２回服用し，最初の１回は性交後72時間以内に服用する．

警告信号　alarm signal

動物が，感知した危険に反応して群れの他の仲間に発する警告信号のこと．危険は通常，捕食者の接近である．これは，危険を感知した動物は信号を発することで貴重な時間を無駄にし（もしくはこれにより捕食者の注意を引きつける），自らが生き残る機会を減少させる可能性があることから，*利他的行為の一形態である．例えば，ウサギが脅威にさらされた状況での警告信号は地面を叩いて音を出し，逃げる際に白い尾をみせびらかすことにより近くのウサギに警告するものである．

警告反応　alarm response

生物の安全を脅かしうる刺激に対する迅速な反応．この反応は，交感神経の働きが活発になることにより引き起こされる，*アドレナリンやノルアドレナリンの副腎からの放出が関与している．これらのホルモンは心拍数や呼吸を速めるなど，交感神経系の影響を増大させ，グリコーゲンの分解を促進し，呼吸の増大とエネルギーの放出に必要な大量のグルコースを供給する．→ 抵抗性反応

脛骨　tibia

陸生脊椎動物の後肢の下部にある二つの骨のうち大きいほう（→ 腓骨）．膝で*大腿骨と，足首で*足根骨と連絡する．脛骨は体重を支える下肢の主要な骨である．

経細胞経路　transcellular pathway

細胞を通過する経路．上皮を介して移動する物質は，細胞間を通過する（*傍細胞経路）よりも主に上皮細胞を通過するように強いられる．これは，細胞の粘膜面（外側に面している）と漿膜表面（内側に面している）の両方が「門番」として働き，ある物質を締め出す一方で，しばしば濃度勾配に反して他の物質をある側から他の側へ輸送できることを意味する．

形質　character (trait)

ある生物個体のもつ，他の個体と区別できる遺伝する性質．個体群のなかで各生物個体は特定の形質の異なる表現型を示す．例えば，ヒトのABO血液型（→ ABO式）は血液型形質の異なる表現型の例である．

憩室　diverticulum

管状や中空の内臓からの嚢様あるいは管状の突出物．憩室は正常な構造物（例えば，消化管の*盲腸，*虫垂など）として形成されるものや，あるいは異常な構造物として器官の弱い部位から形成されるものがある．

形質細胞　plasma cell

肺や腸，造骨組織の上皮でみられる抗体を生産する細胞．抗原がリンパ球を刺激して形質細胞の前駆体を形成させ，それらがリンパ節，脾臓，骨髄で形質細胞に発達する（→ B細胞）．

形質転換　transformation

1．細胞（特に細菌）の永続的な遺伝的変化であり，外から入ってきたDNAを獲得した結果として起こる．死んだ毒性細菌が含まれる培地で非毒性細菌を培養すると，非毒性細菌を毒性のある型に形質転換できる．

2．正常細胞が悪性細胞（→ 癌）に変換すること．*発がん物質や*発がん性ウイルスの働きによって引き起こされる．

形質導入　transduction

遺伝物質がある細菌細胞から別の細菌に*バクテリオファージによって移行すること．

傾斜屈性　plagiotropism (diatropism)

刺激が作用する方向に対しある角度をもっ

て伸長する*屈性の傾向のこと．例えば側枝や側根の成長方向は重力方向から傾いている（傾斜重力屈性）．→ 正常屈性

鯨鬚 baleen ⟶ クジラひげ

頸静脈 jugular vein
哺乳動物の首のなかの1対の静脈で頭から心臓へ血液を戻している．首の基底部で鎖骨下静脈につながっている．

傾性運動 nastic movements
外からの刺激に反応した植物の動きで，その動きの方向が刺激の方向とは独立しているもの．例えば，チューリップやクロッカスなどの花が温度の上昇に応じて開花すること（温度傾性），月見草（オオマツヨイグサ）が夜になると開花すること（光傾性），オジギソウ（*Mimosa pudica*）を軽く触ったときに起こる葉の折りたたみや下方への屈曲（接触傾性）などがあげられる．→ 屈性，就眠運動

形成層 cambium (lateral meristem)
分裂の盛んな細胞から形成されている植物の組織（→ 分裂組織）．植物の幹を太くするために働く．つまり，二次成長を引き起こす．重要な二つの形成層としては，維管束形成層と，*コルク形成層がある．維管束形成層は茎や根に存在し，二次*木部や二次*篩部を形成するために細胞分裂を行う．この二次篩部は新しい栄養分や水などを輸送する組織である．成熟した茎においては維管束形成層は側方に伸展し，完全な管を形成するようになる．維管束の間の形成層の管の断片は，維管束間形成層となる．→ 頂端分裂組織

形成体 organizer
ある種の方法で，隣接した胚の部分に発達を引き起こす動物の胚の部分のこと．一次形成体（原口唇や原腸蓋）の働きによって，*原腸胚は完全な生物に発達する．

脛節 tibia
昆虫の肢の第4節であり，腿節についている．

珪藻植物門 diatoms ⟶ 珪藻類

珪藻類 Bacillariophyta (diatoms)
珪藻類から成り立つ*藻類の一門．これらの海洋性あるいは淡水性単細胞生物は，二酸化珪素が浸積したペクチンからなり，重箱のように互いに重なり合った二つの部分からできている細胞壁（被殻）をもつ．珪藻類はプランクトンのなかでかなりの数を占め，海や川の食物連鎖にとって重要である．地質時代の珪藻の堆積は珪藻土（kieselguhr）を作り出し，これらの珪藻土に含まれる原油は石油鉱床を作ることに役立っている．

形態（モルフ） morph
*多形性を示す集団においてみられるいくつかの形のおのおので，他の形と区別することのできる一般形態．

形態学 morphology
生物の形態および構造，特に外部形態の研究．→ 解剖学

形態形成 morphogenesis
成長や分化を通じた生物における形態や構造の発達．

形態輪廻（季節性表現性多型） cyclomorphosis (seasonal polyphenism)
形態循環とも訳される．世代とともに表現型が季節により変化する現象．クルマムシや枝角類の甲殻類など年間を通して何回も単為生殖で発生する小型の水棲無脊椎動物にみられる．たとえばミジンコ属の形態輪廻を行う種では年間を通して季節ごとに頭の形が変化し，盛夏から春にかけては丸い形，それ以降は兜形になるが，盛夏に向けてまた丸形に戻っていく．さらに夏生まれの個体は，より小型でより透明である．このような変化は，環境からの合図と遺伝子の相互作用が発生過程を変化させて，引き起こすと考えられている．このような変化は，捕食者から逃れる機会を増やすといったような生存可能性を高めることと関連している．

頸椎 cervical vertebrae
首の*脊椎骨．頸椎の数は種により異なり，例えばウサギでは7個，ヒトでは12個ある．主な機能は頭部の支持と，背骨の上で頭部が動くための関節の表面を提供するものである．→ 環椎，軸椎

系統学 systematics
生物の多様性と，生物相互の自然系統の関係の研究のこと．*分類学の同義語としてし

ばしば使用される．生物系統学（または実験分類学）は特に種レベルでの多様性の実験的研究をさす．生物系統学的手法として，交配実験，フィールドワーク，（化学分類学として知られる）生化学的実験，細胞分類学がある．→ 分子系統学

系統学的種概念　phylogenetic species concept（PSC）

共通する祖先の子孫で，他の集団から区別できるような，ある種のはっきりしたあるいは派生的な形質（→ 派生形質）の組合せを，その集団の成員のすべてが保有しており，より大きな集団の一部には還元できない，生物個体の集団としての種の概念．したがってこの種概念は，固有の進化的歴史を共有している生物集団として種を定義していることになる．系統学的種概念は，異種の個体間の交雑が生じても問題としない点で，*生物学的種概念ほどの制限は受けない．またこの種概念では，有性生殖を常に行ってきた継続する子孫系列が進化した場合でも，後続の種を新種として定義することを許している．しかし事実上どんな生物集団間でもわずかな差異が認められる可能性があり，その場合この概念は種をより小さい集団へと極端に分割しがちである．

系統発生　phylogeny

ある生物，もしくは互いに近縁な生物集団の進化過程．→ 個体発生

系統発生系列　phyletic series

特定の系統の進化における種の遷移を示す一連の化石形態．たいてい化石の記録には隔たりが生じるので，系統発生系列は不完全である．しかし，化石記録が良好でより完全な系統発生系列を構築できることもある．例えば，現代のウマ（*Equus*）と，イヌ程度の大きさの祖先である始新世のヒラコテリウム（*Eohippus*）の間の中間的な形態のもののほとんどが図表化されている．

系統発生の　phylogenetic

生物進化の歴史を示す目的で生物を*分類する体系を示す．→ 表型的分類

頸動脈　carotid artery

頭部に血液を供給する主要な動脈．1対の総頸動脈が，左側の大動脈と，右側の腕頭動脈から発生し，頭部へと走る．それぞれが，外部，内部頸動脈へと枝分かれし頭部へ血液を供給する．

頸動脈小体　carotid body

*頸動脈洞に隣接する1対の組織の固まり．それぞれが血液中の酸素とpHレベルを感知する受容体を含む．血液中の二酸化炭素レベルが高いと，より低いpHとなる．pHの変化に反応して，呼吸数を変化させる反射を頸動脈小体が行う．→ 換気中枢

頸動脈洞　carotid sinus

*頸動脈の拡張した領域であり，首での頸動脈の主要な枝分かれ部分にある．この壁には圧力の変化に感受性のある受容体が含まれており，心拍数の変化や血管の拡張により，血圧を制御している．

頸部　cervix

器官の狭かったり首のような形をした部分をいう．子宮の頸部（子宮頸部）は膣へつながる．この壁に存在する腺は粘液を産生する．この粘液の粘性は発情周期によって変化する．分娩時には胎児の通過のためにこの頸部は非常に拡大する．

ケイロン　chalone

有糸分裂を抑制する化合物をさす．元来この作用は *in vitro* で哺乳類の細胞や組織を用いて実証された．ケイロンは現在抑制的*成長因子として考えられている．

血圧　blood pressure

体の主な動脈を通る血流による圧力．心臓の心室が収縮したときに最大値になり（最大血圧 → 心臓収縮）血液が動脈に送り込まれる．血圧は心臓が血液で満たされてゆくとき最低値になる（最低血圧 → 心臓拡張）．血圧はミリ水銀柱の単位を用いて血圧計によって計る．若い平均的な大人の正常血圧は120/80 mmHg（高いほうの値が最大血圧，低いほうの値が最低血圧）だが，個人差はよくある．異常に高い血圧（高血圧）は病気と関連しているか，明白な原因なしに起こると考えられている．

血液　blood

動物のなかで運搬体として働く体液組織．

*血管系のなかに存在し，脊椎動物では*心臓の収縮によって循環している．酸素や栄養は組織に運ばれ，二酸化炭素と化学的（窒素）排出物は組織から*排出器官へと運搬される（*排出）．また，血液は*ホルモンを運び防御システムとしても活躍する．血液は血液細胞（→ 赤血球，白血球）と*血小板を含んだ液体（→ 血漿）からなる（図参照）．

血液型 blood groups

赤血球の表面にある抗原タンパク質（*凝集源）の有無で分類される，個人の血液の種類．一つの血液型の血漿中には，他の血液型の細胞の上にある凝集源に対する*抗体が含まれている．血液型間の「不適合」は細胞が塊を作ってしまう（*凝集）ためであり，血液型を知ることは輸血の際重要である．ヒトでは，*ABO式と*Rh因子に関する血液型が，二つの最も重要な血液型である．

血液凝固 blood clotting (blood coagulation)

傷口で傷を塞ぐために，半固体の物質を作ること．それ以上の血液の損失と微生物の侵入を防ぐ．凝血塊は*凝固因子と*血小板によって形成される．凝血塊を作る反応カスケードは，組織中の細胞の細胞膜に存在するタンパク質である「トロンボプラスチン」から始まる．組織が損傷すると，これは細胞表面複合体を形成する．細胞表面複合体は，リン脂質とカルシウムイオン存在下で血漿中のタンパク質，第X因子を第Xa因子に変換し，これが*プロトロンビンを酵素活性のあるトロンビンに変換する．トロンビンは可溶性のフィブリノーゲンから不溶性のフィブリンタンパク質の生成を触媒する．フィブリンは網の目状のネットワークを作り，血液細胞が網の目に絡むようにして凝塊を作る．

血液細胞（血球） blood cell (blood corpuscle)

通常血漿にみられるすべての細胞．赤血球（→ 赤血球），白血球（→ 白血球）を含む．

血液色素 blood pigment

酸素を運ぶ能力をあげる機能がある．金属を含んだ色づいたタンパク質化合物の一種．→ 呼吸色素

血液脳関門 blood-brain barrier

血液から脳と脊髄を浸す脳脊髄液への物質運搬を制御するメカニズム．液体は通過させるが，粒子や大きい分子は通さない半透過性の脂質膜からできている．このバリアーによって，必須代謝産物の運搬が妨げられることなく，中枢神経系が一定の環境に保たれている．

血縁選択 kin selection

血縁の近いものに利他的な振舞いをする傾向をもたらす遺伝子に対する自然選択のこと．集団内の他のメンバーに比べ，これらの

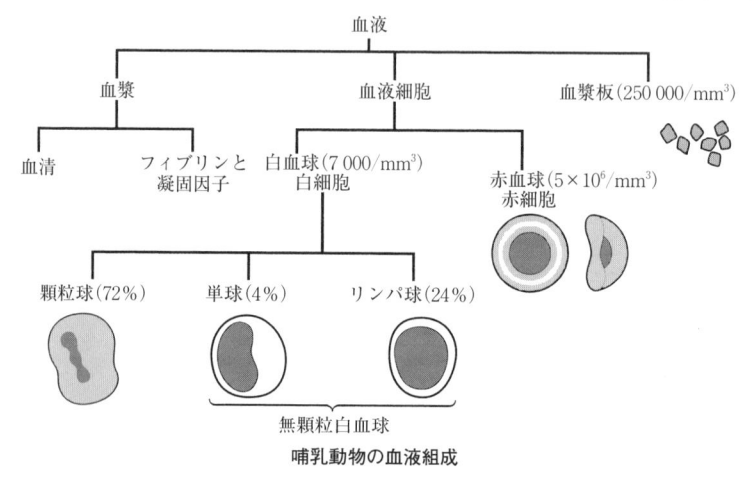

```
                          血液
          ┌────────────────┼────────────────┐
         血漿            血液細胞       血漿板（250 000/mm³）
    ┌─────┴─────┐      ┌──────┴──────┐
   血清    フィブリンと   白血球（7 000/mm³）  赤血球（5×10⁶/mm³）
           凝固因子       白細胞           赤細胞
                   ┌──────┼──────┐
               顆粒球（72%） 単球（4%） リンパ球（24%）
                          └─────┬─────┘
                            無顆粒白血球
```

哺乳動物の血液組成

血縁どうしは同じ遺伝子を保持する確率が高く，利他的な行為を行うことによって生き残った血縁個体によって遺伝子が受け継がれていく．動物個体が血縁の近いものと食べ物を分け合うように仕向ける遺伝子は，遺伝子そのものが意識しているわけではないが，遺伝子に結果として利益を与え，集団中に拡大することになる．血縁が近いほど同じ遺伝子をもつ確率はより高くなり，より利害が一致する．親が子の世話をするのは，血縁選択の特別な例である．→ 包括適応度

血管 blood vessel
　動物の血液が流れる管状の構造．→ 動脈，細動脈，毛細血管，静脈，細静脈

血管運動神経 vasomotor nerves
　*自律神経系に属する神経で，血管の直径を制御する．血管収縮神経は直径を減らし（→ 血管収縮），血管拡張神経は直径を増やす（→ 血管拡張）．

血管運動中枢 vasomotor centre
　脳の*延髄の一部で，(*血管運動神経を通して) 血管の直径の変化に関与し，そのため血圧の制御を行う（→ 血管収縮，血管拡張）．

血管拡張 vasodilation (vasodilatation)
　血管，特に動脈や細動脈の径の増加．動脈の拡張は動脈壁にある平滑筋に対する神経の指令によって起こる．その結果として血圧は低下する．

血管系 blood vascular system
　体内に血液を循環させる器官と組織．脊椎動物では，心臓と血管からなる．→ 脈管系

血管作用性小腸ペプチド VIP (vasoactive intestinal peptide)
　小腸の上部にある内分泌腺細胞により分泌されるペプチドホルモンで，部分的に消化された食物が胃から入ってきたことに反応して分泌される．VIP は *セクレチンとともに膵臓を刺激することで，膵臓は重炭酸塩を含む薄い水様の分泌物を産生する．膵臓が酵素を分泌する準備としてこの分泌物は腸内の pH を上げる．VIP はまた胃液の分泌を抑制し，さらに中枢神経組織の *神経ペプチドとしても存在し，そこでは *補助伝達物質として機能し，広範な生理的な役割を示す．

血管収縮 vasoconstriction
　血管，特に細動脈または毛細血管の内径が縮小すること．細動脈の血管収縮は細動脈壁中の平滑筋繊維を支配する神経によるもので，結果として血圧が上昇する．

血球凝集反応 haemagglutination → 凝集

血球計数器 haemocytometer
　血液標本において細胞密度を測定するために使用する道具．基本的に血球計数器は細かい網目状の格子に分割された浅いくぼみをもつスライドグラスからなり，格子の区画はおよそ 0.05 mm の正方形である．スライドグラスは顕微鏡下に設置され，格子の正方形ごとの細胞数が計測されることにより，標本の血球細胞の密度が決定される．血球計数器は水，もしくは他の液体に存在する微生物の数の測定にも使用される．

月経 menstruation (period) → 月経周期

月経周期（性周期） menstrual cycle (sexual cycle)
　人間を含むほとんどの霊長類において，*発情周期の代わりに起こる *排卵を伴うおよそ月単位の周期．子宮の内膜は受精卵（胚盤胞）の *着床の準備のために，周囲の進行につれ血管がより多く発達し内膜自体も肥厚する．排卵は周期の中期（受精期）に起こる．もし受精が起こらなければ，子宮の内膜は壊れ体から排出される（月経）．排出物も「月経」と呼ばれる．女性では受精期は前回の月経の終りのあと，11 日から 15 日目である．

結合（癒合） symphysis
　わずかに動くことのできる *関節．例として，脊柱の椎骨間の結合や下肢帯の二つの恥骨の結合がある．結合部で骨は軟骨の滑面層と強繊維によって接続している．

結合組織 connective tissue
　動物の組織の一種で，*繊維芽細胞や *肥満細胞などの少数の細胞と繊維（→ コラーゲン，エラスチン）と大量の細胞間物質（マトリックス，*基質）とから構成される．これは体内に広く分布し支持，充てん，防御，

修復を含む多数の機能を果たしている．含まれる成分のおのおのは，組織の機能に対応して変化する．各種の型の結合組織のなかには，胚の間充織，*脂肪組織，*輪紋状結合組織，血液，リンパ，軟骨，骨が含まれる．

結合部位 binding site
分子表面の一部で，他の分子と結合する部分をいう．酵素上の結合部位は，*活性部位か，*アロステリック部位である．

血行力学 haemodynamics
循環系の血液の流れに関する学問である．血流は様々な要因に影響を受け，例えば開放系や閉鎖系あるいは単一や二重などの循環系の種類に依存する．哺乳類のような閉鎖循環系において，血流速度は主として，心臓のポンプ作用の強さと，血液が流れている血管の横断面の全面積によって決定される．したがって血流は大動脈や肺動脈などの横断面の面積の合計が比較的小さい部位では最も速く，毛細血管などの多数の血管の横断面の面積の合計が大きい部位で遅くなる．血流に影響を及ぼす他の要因としては，血液の量や粘性あるいは血管の弾性などがある．

欠失 deletion
(遺伝学)
1. DNA配列において，一つまたはそれ以上の塩基対が失われる*点突然変異をいう．
2. *染色体変異の一種で，減数分裂の際の不等*交叉から生じ，その結果，染色分体の一方は，それが受け取るよりも多くの遺伝情報を失い，しばしば致死的となる．

げっ歯目 Rodentia
上下各顎に1対の長く曲がった門歯をもつ哺乳類の一目．門歯はかじることに特化している．これらは生きている限り伸び続け，エナメル質が歯の前面にだけ存在するため，歯の先端がのみ状にとがることになる．げっ歯類は1年中繁殖することが多く，多数の子どもを生み，子どもは成熟が早い．この目にはリス，ビーバー，ダイコクネズミ，ハツカネズミ，ヤマアラシが含まれる．

月周性 circalunar rhythm
*生物リズムの一つで，月の周期(約29.5日)に対応する．多くの生物，特に海産の生物の生殖の周期は，月光の強度の変化と潮汐周期と関係しており，どちらも月齢に支配されている．→ ウルトラディアンリズム

血漿 blood plasma (plasma)
*血液の液体の部分(血液細胞を除いた部分)．タンパク質，塩(特に塩化ナトリウム，塩化カリウム，炭酸塩)，栄養物質(グルコース，アミノ酸，脂肪)，ホルモン，ビタミン，排泄物を含んだ物質を溶かした水からできている．→ 血清，リンパ

血漿タンパク質 plasma protein
血漿に含まれるあらゆるタンパク質．*アルブミン，*グロブリン，*フィブリノーゲンなどからなる．

血小板 platelet (blood platelet; thrombocyte)
哺乳類の血液中にみられる小さな盤状の細胞のかけら．血小板は赤色骨髄中にみられる大きな細胞(巨核球)の破片として作られ，核はもたない．*血液凝固に重要な役割を担っており，トロンボキサンA_2，セロトニン，その他の化学物質の放出を行い，これによって一連の事象を誘導し，損傷を受けた場所に栓を形成し，それ以上血液を喪失することを防ぐ．1 μlの血液には25万もの血小板がある．

血小板由来増殖因子 platelet-derived growth factor ⟶ 増殖因子

血清 blood serum (serum)
遠心または激しい撹拌によってフィブリンと凝血因子が取り除かれたため，固まることのない血漿．特異的な抗体または抗毒素をもつ血清は，いくつかの感染を防ぐために使われる．このような血清はたいていヒト以外の哺乳類から作られる(ウマなど)．

血清学 serology
血液の漿液や構成成分，特に*免疫応答にその役割を果たす*抗体や*補体の実験的研究を行う学問のこと．

結節(植物学) nodule ⟶ 根粒

血栓症 thrombosis
血液細胞とフィブリンのかたまり(血栓)による血管の閉塞．これは過剰な*血液凝固

の結果として起こる。

血体腔 haemocoel
節足動物や軟体動物の体腔で、血液により満たされている。血体腔は広がった胞胚腔（→ 胞胚）で、これは著しく体腔（生殖腺や排出器官の周囲の空所に限られる）を狭める。血体腔は*流体静力学的骨格としての役割も果たす。

結腸 colon
脊椎動物の*大腸の一部で、*盲腸と*直腸の間に存在する。結腸の主な機能は、小腸から送られてきた、消化できなかった食物残渣から水分と無機質を吸収することであり、この結果、*糞便が形成される。

欠乏病 deficiency disease
主にビタミン、無機栄養素、アミノ酸などの、食餌中の必須栄養素の摂取の不十分により発生する病気をいう。例えば*壊血病（ビタミンCの欠乏）、*くる病（ビタミンDの欠乏）や、鉄分の欠乏による*貧血などがある。→ 無機栄養素欠乏症

結膜 conjunctiva
脊椎動物の眼のまぶたの内側を裏打ちし、また眼球の角膜を覆う繊細な膜をいう。結膜は*涙腺からの分泌物と瞬目反射機構により清潔に保たれる。

血友病 haemophilia
伴性遺伝病（→ 伴性）で*第VIII因子の欠乏あるいは欠陥が原因となり、血液凝固が著しく遅延する。怪我による出血が長引き、重症の場合は関節や筋肉への自然発生的な出血が生ずる。この病気はX染色体にある第VIII因子の遺伝子の機能的に欠陥のある劣性対立遺伝子によるものである。欠陥のある対立遺伝子の女性保因者は発症しないが、欠陥のある対立遺伝子をもつすべての男性は発病する。

楔葉類 Sphenophyta (Arthrophyta)
*維管束植物の一門でトクサの仲間。トクサは、多年生の横走する根茎があり、そこから直立する地上茎を支える。茎には節があり、薄い葉が輪生する。地上茎の末端の胞子嚢穂で胞子が作られる。このグループは化石として記録され、古生代にまでさかのぼり、石炭紀に最も繁栄した。この時代には*ヒカゲノカズラ類とともに、巨大な高木となり、植生を優占した。

K 淘汰 K selection
増殖率は低いが、その生息環境（*環境収容力）が許す限りの最大限の個体数にまで拡大していくような生物が有利となる淘汰。K淘汰種（K戦略者）はその環境に高度に適応しており、食料その他の資源を争ううえで卓越している。また、安定した環境に生息し、長寿となる傾向がある。
→ 生存曲線、r淘汰

解毒 detoxification (detoxication)
薬物や毒物のような有害物質を、より毒性の少ない化合物に体内で変換する過程をいう。解毒は*肝臓の重要な機能の一つである。→ 第一相代謝、第二相代謝

ケトース ketose ── 単糖
ケトヘキソース ketohexose ── 単糖
ケトペントース ketopentose ── 単糖

ケトン ketone
二つの炭化水素基に結合しているカルボニル基（>C=O）をもつ有機化合物の総称。ケトン基は二つの炭素と単結合しているカルボニル基（-CO-）のこと。例としてアセトン（プロパノン）CH_3COCH_3、メチルエチルケトン（ブタノン）$CH_3COC_2H_5$ がある。→ ケトン体

ケトン体 ketone body
3種のケトン化合物、アセト酢酸（3-オキソブタン酸 CH_3COCH_2COOH）、β-ヒドロキシブタン酸（3-ヒドロキシブタン酸 $CH_3CH(OH)CH_2COOH$）とアセトン（プロパノン CH_3COCH_3）の総称。これらすべてが肝臓における体脂肪の代謝産物である。ケトン体は通常末梢組織においてエネルギー源として使われる。もし炭水化物の供給が減ると（例えば飢餓とか糖尿病）ケトン体が増え、尿中に現れ、特有の「梨ドロップ」臭が出るようになる。この状態をケトーシスと呼ぶ。

解熱薬 antipyretic
体温を低くすることによって、熱を下げる薬。パラセタモール、*アスピリン、フェニルブタゾンなどの*鎮痛薬は、また解熱作用

ゲノミクス genomics

ゲノムを研究する遺伝学の分野．1980年代から発展し，自動化された技術やコンピュータによるシステムを用いて，*ヒトゲノムプロジェクトなどのプロジェクトにより生じた，様々な生物の塩基やアミノ酸の配列に関する膨大なデータを収集し解析する．ゲノミクスにはいくつかの別個の，しかしオーバーラップした分野が存在する．構造ゲノミクスはゲノムのマッピングを中心に行い，究極的にはある生物の完全なDNA配列を得ることを目的としている．しかし，この分野はしばしば核酸やタンパク質の三次元分子構造を決定することも含む（→ プロテオミクス）．機能ゲノミクスは遺伝子発現や，どのように遺伝子産物が働くかを研究する．このある遺伝子セットの転写産物の解析（→ トランスクリプトミクス）を含む非常に複雑な分野は，どのようにして遺伝子発現が制御され統合されるか，またどのように病気などの異なった条件において遺伝子の機能が変わるかを追求する．比較ゲノミクスは異なる種のゲノムにおいて相同な塩基配列の領域を同定していく．ある生物種のDNA配列の機能的意義に関する知識は，他生物種の近縁な配列の機能を推測することを可能にする．さらに，そうした比較からは遺伝子の進化のメカニズムについて推測し，異なる生物の進化的関係に関する知見を得ることも可能になる．→ バイオインフォマティクス，メタボロミクス

ゲノム genome

半数体核に存在するような，1組の染色体セットに含まれるすべての遺伝子のこと．両親はそれぞれの生殖細胞によって，そのゲノムを子どもに受けわたす．

K-Pg境界 K-Pg boundary ── アルヴァレズイベント

ケラチン keratin

毛，羽，蹄，角に存在する繊維状の*タンパク質の総称．ケラチンはらせん状のポリペプチド鎖であり，それが集まって超らせんを形成し，隣り合うシステイン残基間のS-S結合で結びついた構造をしている．超らせんが集まってミクロフィブリルとなり，それがタンパク質の組織のなかに埋まっているので，強固でありかつ柔軟である．

ゲル gel

硬い，もしくはゼリー状の固体に凝固した親液性の*コロイド．ゲルのなかでは，分散質が分散媒のなかで分子どうしの弱く結合したネットワークを形成している．代表的なゲルにはシリカゲルやゼラチンがある．

ケルカリア cercaria

吸虫（吸虫類）のオタマジャクシのような形態の幼生の段階で，軟体動物の体（二次宿主）のなかで発達する．この幼生は次に一次宿主に感染し，そこで成熟する．

ケルビン kelvin

記号はK．*SI単位系における熱力学的温度の単位で，1ケルビンの間隔は水の三重点の温度の1/273.16に相当する．1ケルビンの間隔は摂氏の間隔と同じであるが，摂氏温度はケルビン温度から273.16度を差し引いた値である．℃＝K－273.16．単位名はケルビン卿（1824-1907）に由来．

ゲルろ過 gel filtration

ゲルをつめた円筒のなかを混合液体が流れるようなカラム*クロマトグラフィーの一種．混合物のなかの小さな分子はゲルの小さな穴に入れるためカラムを移動する速さは遅くなる．大きな分子はゲルの小さな穴に入れないために速く移動する．これにより，分子の混合物はそのサイズによって分離される．この技術は特にタンパク質を分離するのに用いられるが，細胞核やウイルスなどの分離にも用いられる．

腱 tendon

筋肉を骨に接合している，厚い繊維状，またはシート状の組織のこと．腱は*コラーゲン繊維から形成されており，それゆえ非伸縮性である．腱は，それが接続している体の部位を動かすために，筋肉の収縮による力を伝達する．

原維管束組織 provascular tissue ── 前形成層

牽引根 contractile root

鱗茎や球茎の基部から伸びる特殊化した不

定根の一種である．土中で，新しい鱗茎や球茎は，古い鱗茎や球茎の上部で成長する．それらの新しい茎の基部から出た牽引根は収縮し，それらを生育に適した深さまで引き下げる．

検疫期間 quarantine

特定の病気が流行している地域から，そうでない地域へ動物を移動する際に課せられる，隔離期間をいう．イギリスにおいては，特定の病気の蔓延を防ぐため，必要な期間（→ 感染），入国する家畜やペットを検疫で隔離する．

弦音器官 chordotonal organs

昆虫の筋肉の張力の変化を検出する感覚受容器．

堅果 nut

1個以上の心皮から発育し，成熟しても裂開せず，乾燥した1個の種子を含む果実．その果皮は，木や革のように堅い．多くの堅果は，堅いもしくは膜状の杯の形をした*殻斗と呼ばれる構造のなかに入っている．堅果という用語は，広い意味で堅い果実に対して使われることがしばしばある．例えば，クルミやココナッツは実際は*核果であり，ブラジルナッツは種子である．

限外顕微鏡 ultramicroscope

ふつうの光学顕微鏡ではみえないほど小さな粒子の存在を明らかにするために用いられる顕微鏡．コロイド状の粒子や煙粒子などをセル内の液体あるいは気体のなかに浮遊させ，黒い背景と強烈な光錐により照明する．セルの側面からその光が入り，視野内で焦点を結ぶようにする．粒子は回折リングを生じ，暗い背景の上に明るい小粒として現れる．

限外ろ過 ultrafiltration

静水圧によって水と小さな溶質分子とイオンをそれらの*濃度勾配に逆らって膜を通過させる過程．血液から*組織液や*原尿が生じる際には限外ろ過が働く．両者とも限外ろ過の働きにより得られた液体は血液細胞あるいは大きなタンパク質の分子がないというだけで，血漿の組成と同じである．

原核生物 prokaryote (procaryote)

遺伝物質が核膜に包まれていない生物を示す．原核生物は*細菌のみからなり，すなわち一説ではともに細菌界（Prokaryotae）に属すると考えられているが，他の説ではそれぞれ別の*ドメインに分類されると考えられている．古細菌と真正細菌とから成り立っている．真核細胞（→ 真核生物）は，おそらく複数の原核生物による共生により発生したものと考えられる（→ 細胞内共生説）．

幻覚発現物質 hallucinogen

知覚（通常は視覚）や気分あるいは思考において変化を引き起こす薬物もしくは化学物質．一般的な幻覚発現物質には*リゼルギン酸ジエチルアミド（LSD）やメスカリンがある．これらの幻覚発現物質には共通の作用メカニズムが存在しないが，これらの物質の多くは中枢神経にあるセロトニンやカテコールアミンなどの*神経伝達物質に構造上類似している．

原核緑色植物 prochlorophytes ── クロロキシバクテリア

顕花植物 flowering plants ── 被子植物門

原基 primordium (pl. primordia)

植物器官の発生初期段階において現れる細胞の一群．根や芽条の原基は，若い植物の胚に存在する一方，葉の原基（葉原基）は茎頂のすぐ下にある小さな突起として認められる．

嫌気呼吸 anaerobic respiration

*呼吸の一種のことで，大気中の酸素を利用する過程を含まず，栄養素（通常は炭水化物）が部分的に酸化され，化学エネルギーを放出するもの．基質は完全に酸化されないため，嫌気呼吸におけるエネルギーの産生量は*好気呼吸におけるエネルギー産生量と比べると低い．いくつかの酵母類や細菌類や，酸素がない状態における筋肉組織（→ 酸素負債）などで行われる．*偏性嫌気性菌は，気体の酸素分子を呼吸に使用することができない生物である．*通性嫌気性生物は，通常は好気性だが酸素が少ない状態においては嫌気呼吸も行うことができる生物である．アルコ

ール．*発酵は嫌気呼吸の一種であり，その最終産物の一つはエタノールである．
嫌気条件 anoxic ⟶ 無酸素
嫌気生物 anaerobe ⟶ 嫌気呼吸
原形質 protoplasm
　*細胞の生きた部分を構成している物質で，すなわち，大きな空胞，摂取したばかりのもの，まもなく排出するものを除いた，細胞中のすべての物質．しかしこの protoplasm の語はもはや使われない．細胞物質は現在では*核の内部の核質を別にして，それ以外のものは*細胞質と呼ばれる．
原形質ゲル plasmagel
　動く方向に細胞の一部（*偽足として知られる）を突き出すことにより移動する，アメーバなどの生きた細胞の細胞質外縁部のゲル状に変化した部分．原形質ゲルからより流動性の高い*原形質ゾルへの可逆変化が，偽足の形成に必要な細胞質の連続的な前方への流動の際に生じる（→ アメーバ運動）．→ 原形質流動
原形質ゾル plasmasol
　*偽足を作ることによって移動する生きている細胞の，ゾル状に特殊化した*細胞質．→ 原形質ゲル
原形質分離 plasmolysis
　*浸透作用によって植物細胞から水が失われ，細胞質が縮んで細胞壁から分離すること．これは細胞の入れられた溶液が細胞液よりも高濃度の溶質を含むとき，つまり低い*水ポテンシャルのときに起きる．というのは水は高い水ポテンシャルの領域から低い水ポテンシャルの領域へ移動するからである．→ 膨圧
原形質膜 plasma membrane (plasmalemma; cell membrane)
　外界と細胞の境界に存在する部分的に浸透性のある膜のこと．主にタンパク質と脂質（→ 脂質二重層，流動モザイクモデル）から構成され，細胞の活動における様々な重要な役割を担う．鍵となる役割は細胞への物質の出入りを調節することである．選択的な輸送は，例えば*イオンチャネルや*輸送タンパク質として働く膜タンパク質によってなされる．他の膜タンパク質は細胞表面に達したシグナル物質（ホルモンや成長因子など）の受容体であり，細胞内の他の因子にシグナルを伝える．細胞内部の細胞内骨格に支えられて，細胞膜は隣接細胞との結合部位（→ 細胞間結合）となり，また*細胞外マトリックスと接着し，それによって組織全体がまとまることを可能としている．植物，菌類，細菌や多くの原生生物では，細胞膜はその外表面で細胞壁や莢膜が形成されることを助けている．
原形質流動 cytoplasmic streaming
　細胞中の細胞質の運動．これにより，細胞内，特に細胞の周囲付近の物質の移動が可能になる．植物の篩要素や，単細胞の藻類などの，細胞中の局所的な輸送手段として単純拡散が無効であるような，大型の細胞で明瞭に観察される．正確な流動機構はまだわかっていない．しかし，細胞小器官に結合したモータータンパク質と，細胞質流動と同じ向きに伸びている*アクチンミクロフィラメントとの相互作用が関与すると考えられている．同様の細胞質流動は*アメーバ運動にも関与している．
原形質連絡 plasmodesmata (sing. plasmodesma)
　細胞壁を貫通して隣接植物細胞の*プロトプラストをつなぐ細い細胞質の糸．原形質連絡は円筒状をしており（直径20～40 nm），隣接する二つの細胞をつなぐ細胞膜に包まれている．二つの隣接細胞の小胞体は，デスモチューブルと呼ばれる，原形質連絡の中央を通っている細い構造体によってつながっている．原形質連絡は集団となって形成される傾向にあり，一次壁孔域（→ 壁孔）と呼ばれるはっきりした領域を形成する．原形質連絡によって細胞間を移動できる物質としてはイオン，糖，アミノ酸，巨大分子がある．
原口 blastopore ⟶ 原腸
肩甲骨 scapula (shoulder blade)
　*胸帯の左右各半分を構成する骨のなかで最も大きな骨．これは平らな三角形の骨で，前肢の筋肉の付着部位を提供し，また肩甲骨の*関節窩で*上腕骨との関節を形成する．

肩甲骨は体の前面で*鎖骨と結合している．
検索表　key　—→　同定検索表
犬歯　canine tooth
　哺乳類がもつ鋭い円錐体の*歯．イヌなどの肉食物物において肉を引き裂くために大きく高度に発達している．各顎に二つの犬歯が存在し，第二*門歯と第一*小臼歯との間に存在している．キリンやウサギなどのように草食動物においては犬歯が存在しない動物もいる．
絹糸　silk
　クモや数種の昆虫，その他の無脊椎動物（例：唇脚類）の絹糸腺から生成される物質．*出糸突起などの突出した付属肢から液体として分泌され，腺から出たあとは即時に固体化する．絹糸はアミノ酸鎖からなるゴム状物質にα-ケラチン結晶が埋め込まれた構造をしているため，柔軟でかつ強固な特徴をもつ．クモは一般に数個の絹糸腺をもち，アミノ酸鎖の組成によって決定された様々な絹糸を生産することができる．クモは目的に合わせた絹糸を生産するため，糸を出す絹糸腺をそれぞれ変えることができる．例えば，被食動物を包むことに使用される絹糸は柔らかく，クモの巣用の繊維に使用されている構造糸とは異なる．絹糸は脂質防水層に覆われていることもあり，さらに殺真菌成分や殺菌成分などにより覆われ微生物の侵入を妨げることもある．
原色素体　proplastid　—→　色素体
原始形質　plesiomorphy (ancestral trait)
　生物の特定の集団のなかで等しく*相同になっているが，その集団に特異的でない（→派生形質）ためにある生物がその集団に入るかどうかの判断や，その集団の特徴を定義することには使えない進化形質．例えば脊椎はシマウマ，チーター，オランウータンにみられるが，この形質を最初に発達させた共通祖先は非常に遠縁のため，この形質は他の多くの動物によっても共有されている．よって脊椎をもつことは，これら3種の系統関係を明らかにする目的には使えない．→　共有原始形質

原糸体　protonema
　コケ類やシダ類の胞子が暗所で発芽した際に，最初に形成される，通常は糸状の構造体．コケ類では原糸体の上に，後に配偶体へと発育する芽が生じる．シダ類では，原糸体が*前葉体に発達する．
原獣亜綱　Prototheria
　哺乳類の一亜綱で，単孔類の仲間であり，卵黄のある大型の卵を生む．原獣亜綱には，カモノハシとハリモグラだけが含まれる．ふ化後，子は母親の腹部の育児嚢内にある原始的乳腺から分泌される乳汁を飲む．ハリモグラは，卵も育児嚢内でふ卵するが，カモノハシは地下に巣を作る．成体の単孔類には，真の歯が存在しない．単孔類の骨格は，爬虫類に似ており，また単孔類は温血動物であるが，体温が変動する傾向がある．原獣亜綱は，1億5千万年前に生じたと信じられている．
原条　primitive streak
　鳥や哺乳類の胚発生の間，*原腸胚において発達する縦方向の溝．原条のなかの細胞は，急激に細胞増殖して中胚葉を形成し，これが胚の内側へと陥入する．
原腎管　protonephridium　—→　腎管
減数分裂　meiosis (reduction division)
　それぞれが親細胞の染色体数の半数の染色体をもった四つの生殖細胞（配偶子）を生じる核分裂の型．二つの連続的な分裂が起こる（次ページの図参照）．第一分裂では*相同染色体が対をなし，おのおのが娘核に分離する前に遺伝物質の組換え（→　交叉）を起こす場合もある．第一分裂は形成された二つの核のそれぞれが，もととなる染色体の半数しか含んでいないために実質的な減数分裂となる．そして第二分裂では体細胞分裂によって娘核が分裂し，四つの*半数性の細胞が生産される．→　前期，中期，分裂後期，終期
現世　Recent　—→　完新世
原生篩部　protophloem
　茎頂や根端の伸長領域から生じる，一次*篩部組織．→　後生篩部
原生生物（プロティスタ）　Protista
　いくつかの生物分類体系に設けられた界

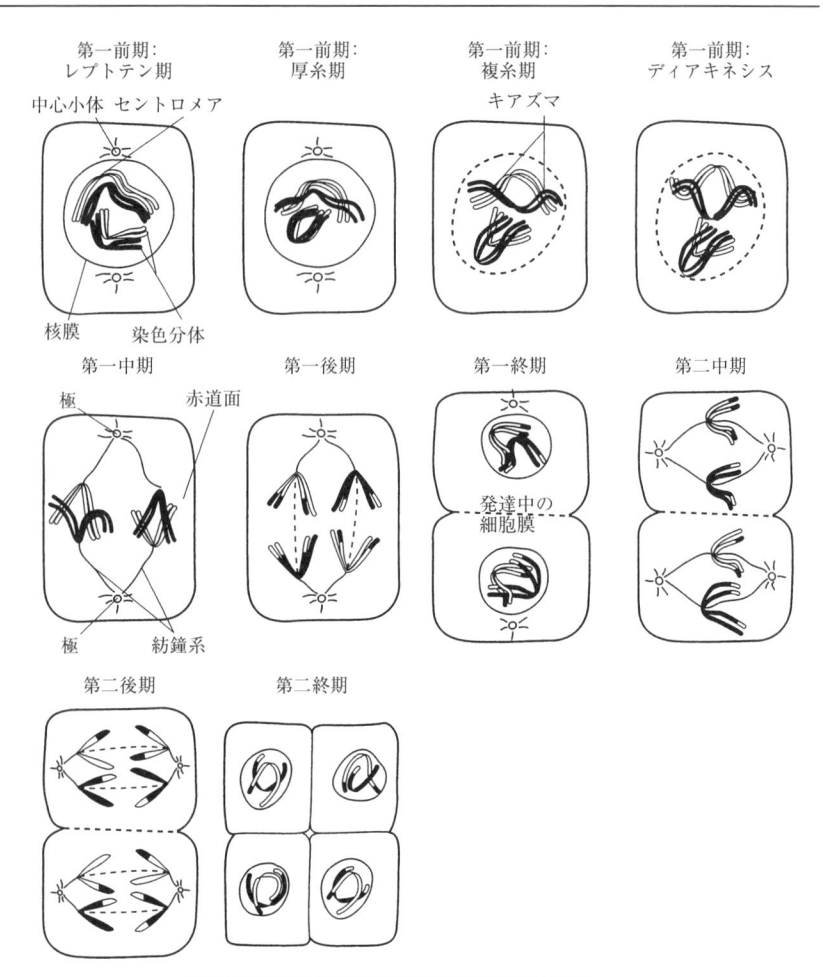

2対の相同染色体を含む細胞の減数分裂の各段階

で，これは動物，植物あるいは菌類のいずれにも所属させることのできなかった単細胞真核生物から成り立っている．この界は1866年に*ヘッケル (Ernst Haeckel) により最初に提唱され，そのときは藻類，細菌，菌類，原生動物を含んでいた．のちに，単細胞生物のみに制限され，その後，原虫，単細胞藻類とのちに単細胞性の菌類と考えられるようになった生物からこの界は成り立つように変更された．現在のほとんどの分類においては，原生生物 (Protista) の語は，*プロトクティスタ (Protoctista) に変更されている．

顕生代 Phanerozoic
　顕生累代ともいう．地質時代の最新の累代のことで，明らかに認識できる化石を含む岩石地層に代表される．*古生代，*中生代，*新生代からなり，カンブリア紀のはじめから5億4千万年間続いている．→ 原生代

原生代 Proterozoic
　原生累代ともいう．約25億年前の*始生代の終りから，約5億4千万年前の現在の累

代（→顕生代）のはじめにわたる，地質時代の累代．原生代初期の生命体は細菌が大部分であり，浅い海や泥中にて繁栄していた．これらの細菌は，地球の大気や海洋の構成成分を決定づけるのにきわめて重要な役割を果たした光合成を含む，多様な代謝系を使って生存していた．最古の真核生物の化石は，原生代中期以降の約12億年前にさかのぼる．これら初期の原生生物は，おそらくいくつかの異なるきっかけにより，様々な原核生物の共生による融合を通して出現したものと考えられている（→細胞内共生説）．この累代の終期には，多細胞動物生命体のはじめての化石が出現しており，それがオーストラリアの岩石露頭にちなんでいわゆるエディアカラ動物群と名づけられたが，化石はその他の土地でも発見されている．これらの化石は約6.5億年前にさかのぼり，軟体の扇状やキルト様の形状をした生命体の痕跡を明示しており，おそらくその形状は現在のすべての生命の形状とは類縁がないが，同時にクラゲや原環虫に似た動物の痕跡も存在した．

原生動物　protozoa

単細胞性あるいは非細胞性（訳注：大型の細胞の内部に多数の核が存在する粘菌のような生物を示す）の，通常は顕微鏡的な大きさの一群の生物で，現在は*プロトクティスタ界のさまざまな門に分類されている（→アピコンプレクサ，繊毛虫類，根足虫類，動物性鞭毛虫類）．それらは以前，原始的な動物の一門か，あるいは*原生生物界に属すと考えられていた．原生動物は海洋，淡水，湿った陸上などに非常に広く分布する．原生動物の大部分は腐生栄養であるが，一部は寄生を行い，寄生性のもののなかにはマラリア病原体（プラスモジウム）や，眠り病病原体（トリパノゾーマ）が含まれる．また一部のものには葉緑体が含まれており，植物のように光合成を行う．原生動物の細胞は柔軟なものや固いものがあり，また*外皮や保護外殻をもつものもある．ゾウリムシやトリパノゾーマのように，移動用の*波動毛（繊毛や鞭毛）をもつものも存在する．他の*アメーバのようなものは，運動や捕食に用いる*偽足を有する．淡水産の原生動物には*収縮胞が存在する．生殖は通常は無性的に二*分裂することにより行われるが，一部の原生動物では，ある種の有性生殖が行われる（→接合）．

原生木部　protoxylem

茎や根が伸長を停止する前に，茎や根の伸長域中に形成される一次*木部組織．これらに存在する道管の二次細胞壁には，リグニンが環状あるいはらせん状に沈着し，そのため茎や根がさらに伸長することが可能になる．原生木部に続いて*後生木部が作り出される．

原繊維　fibril

小さな繊維もしくは糸状の構造．→ミクロフィブリル

現存生物体量　standing biomass──現存量

現存量　standing crop

ある時期の特定の個体群に含まれる全生物体の量のことで，*バイオマス（現存生物体量）あるいはそのバイオマスと等価のエネルギーとして表現される．現存量は1年のうちでも季節によりかなり異なり，例えば落葉樹の個体群における現存量の夏と冬との違いなどの例がある．

肩帯　shoulder girdle──胸帯

懸濁培養　suspension culture

培養法の一種で，無傷の細胞が培養液のなかに懸濁しており，均一に分布している．→単層培養

原地性　autochthonous

発見された場所が原産地（本来の生息地）である生物を示す形容語である．→異地性

原腸　archenteron (gastrocoel)

動物の胚発生において*原腸胚期にできる空洞．原腸のすべてまたは一部は最終的に消化管となる．原腸は原口により外界とつながり，原口は将来，動物の口，口と肛門，肛門開口部のいずれかになる．

原腸胚　gastrula

動物の胚*発生において*胞胚の次の段階をいう．原腸胚段階は一次*胚葉の形成とともに開始し，この段階の胚は内腔（*原腸）のあるカップ状の形態に変化する．

顕微鏡　年表

1590 ころ	オランダの眼鏡製造業者ハンス・ヤンセン（Hans Janssen）とサハリアス・ヤンセン（Zacharias Janssen）父子がレンズを組み合わせた複合顕微鏡を発明した		Barnard, 1870-1949）が限外顕微鏡を発明した
1610	ドイツの天文学者ケプラー（Johannes Kepler, 1571-1630）は現代と同じような複合顕微鏡を発明した	1932	オランダの物理学者ゼルニケ（Frits Zernike, 1888-1966）が位相差顕微鏡を発明した
1665	イギリスの科学者フック（Robert Hooke, 1635-1703）が複合顕微鏡を用いてコルクを観察し，細胞を発見した．顕微鏡観察の結果をまとめMicrographiaを刊行した．	1936	ドイツ生まれのアメリカの物理学者ミュラー（Erwin Mueller, 1911-1977）が電界放出顕微鏡を発明した
		1938	ドイツの工学者ルスカ（Ernst Ruska, 1906-1988）は電子顕微鏡を開発した
1675	レーウェンフック（Anton Leeuwenhoek）は単純顕微鏡を使って精子や微生物を発見した	1940	カナダの科学者ヒリアー（James Hillier, 1915-）が実用的な電子顕微鏡を発明した
1826	イギリスの生物学者スミス（Dames Smith, 没年1870）は色収差，球面収差の少ない顕微鏡を発明した	1951	ミュラー（Erwin Mueller）は電界イオン顕微鏡を発明した
1827	イタリアの科学者アミチ（Giovanni Amici, 1786-1863）は色収差のない反射式顕微鏡を発明した	1978	ヒューズ研究所でアメリカの科学者たちが走査型イオン顕微鏡を発明した
		1981	スイスの物理学者ビーニッヒ（Gerd Binning, 1947-）とローラー（Heinrich Rohrer, 1933-）が走査型トンネル顕微鏡を発明した
1861	イギリスの化学者リード（Joseph Reade, 1801-70）はケトルドラム型集光装置を考案した	1985	ビーニッヒ（Gerd Binning）は原子間力顕微鏡を発明した
1912	イギリスの顕微鏡学者バーナード（Joseph	1987	ハウス（James van House）とリッチ（Arthur Rich）はポジトロン顕微鏡を発明した

検定交雑　test cross

遺伝子型が不明な個体中の，隠れた*劣性対立遺伝子を同定するために行う交雑のこと．検定交雑の際は，この個体を，着目している対立遺伝子について*同型接合の個体（すなわち同型接合で劣性の個体）と交雑する．この同型接合で劣性の個体は，調査の対象となる個体の親である場合もある（→ 戻し交雑）．

原尿（一次尿）　glomerular filtrate

糸球体の毛細血管からろ過された，*ネフロン（腎単位）内のボウマン嚢の内腔の体液（→ 限外ろ過）．原尿は血漿タンパク質や細胞などのより大きな物質を含まないこと以外は，血漿と同じ組成である．

顕微解剖（顕微操作）　microdissection (micromanipulation)

光学顕微鏡の高倍率のもとで，生きている細胞を解剖するために用いられる技術．針，メス，*マイクロピペットやレーザーのような機械的操作のできる微細な器具を利用する．例えば，その器具を使って，単核を一つの細胞から取り出し，もう一つの細胞に移植することに使われる（→ 核移植）．

顕微鏡　microscope

小さい物の拡大像を作り出す装置．単純顕微鏡は両凸の拡大ガラスもしくは同等のレンズ系からなり，手でもてるものか単純な枠に入れられている．複合顕微鏡は二つのレンズもしくは複数のレンズ系を用いており，1番目のレンズによって形成された実像を2番目のレンズがさらに拡大する（図参照）．これ

舷部 limb
1. 萼片，花弁，葉の拡大した上部のこと．
2. 合弁*花冠の上部の拡大部のこと．

限雄性の holandric
父系によってのみ伝えられる形質を形容する語である．このような形質は，Y染色体上にのみ存在する遺伝子座により決定され，したがって雄のみに存在する．

原裸子植物 progymnosperms
デボン紀中〜後期（3億6千〜3億5千万年前）に繁栄した絶滅種の植物であり，現在の裸子植物（針葉樹・ソテツ）の祖先を含む．これらは葉態枝をもつ低木や高木であり，高さは12 mを超えるものもある．原裸子植物は，2面の維管束形成層を進化させ，（より原始的なヒカゲノカズラ類やトクサ類のように）内側の面に木部を形成するだけでなく，外側の面に篩部を形成する．さらに，茎の径が成長するにつれて，形成層は外側に押し出されるため，形成層の細胞は法線方向に細胞分裂するようになり，そのため限りなく機能できるようになった．これらの特徴は，より効果的な維管束系と強靱な木部を有する太い幹への成長を可能にした．またこのグループでは，*Archaeopteris*（→テローム説）のような特定メンバーの間で，最初の本当の単葉が認められた．しかし繁殖は種子ではなく，胞子により行われた．

複合顕微鏡

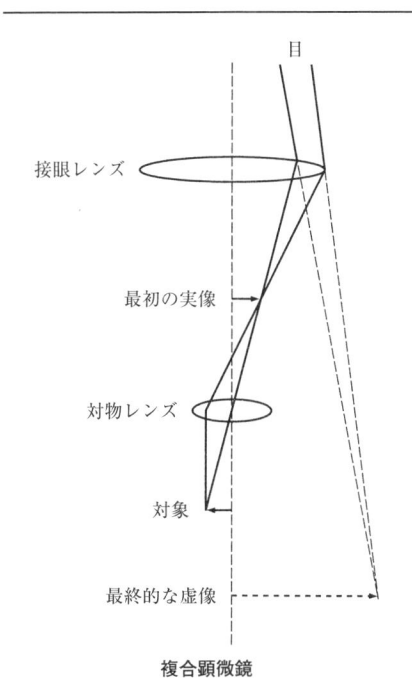

らのレンズは，通常管の両端に装着され，対象に対して距離を変えるための制御装置を備えている．集光装置と鏡，それにしばしば顕微鏡とは別の光源が付属して，対象に照明を与える．広く使われている双眼顕微鏡は，片方の目が一方の光学系を通して対象をみて，もう片方の目がもう一つの光学系を通してみたときに，対象の像が重なるような二つの別の装置からなる．これによって立体視ができるようになる．年表を参照．→ 電子顕微鏡，ノマルスキー顕微鏡，位相差顕微鏡，紫外線顕微鏡

顕微鏡写真法 photomicrography
顕微鏡を通して観察される物体の画像を永久的な記録（顕微鏡写真）として得るための写真法．

顕微操作 micromanipulation ── 顕微解剖

原表皮 protoderm
植物の茎頂と根端の*頂端分裂組織から作られる組織で，後に表皮になるものである．

コ

小顎 maxilla (pl. maxillae)

昆虫や甲殻類，ムカデ，ヤスデにおける対になった*口器の一つ．これは*大顎のうしろにあり，これらが横に動くことにより摂食を補助する．甲殻類は2対の小顎をもっているが，昆虫では二つ目の対は互いに融合し*下唇を形成している．

コアセルベート coacervate

タンパク質や脂質，核酸などの巨大分子の凝集体で，安定な*コロイド単位を形成し，生物細胞に類似した性質を示す．多くのものは脂質の膜で包まれ，例えばグルコースなどの物質をより複雑な分子であるデンプンなどの分子に変換することのできる酵素を含むことができる．コアセルベートの小液滴は，適切な条件下では自発的に形成され，そこから生命が誕生した生命体の前段階の可能性がある．

孔 foramen

動物の部分もしくは組織，特に骨や軟骨における穴．例えば，「大後頭孔」は*脊髄が通過する頭蓋骨の底部の開口部．

広 eury-

範囲が広いことを示す接頭語．例えば *euryhaline* aquatic organism（広塩性水棲生物）は，広い塩濃度にわたって生きることができる．→ 狭

綱 class

生物の*分類で使われる階級の一つで，類似したあるいは密接に関連した目から構成される．類似した綱は門にまとめられる．例として哺乳綱（哺乳類），鳥綱（鳥類），双子葉植物綱（双子葉類）がある．

抗ウイルス（性）の antiviral

ウイルスの感染に対抗してウイルスを殺すまたは抑制する薬剤などの性質を示す語．抗ウイルス性の薬剤にはいくつかの種類があり，現在使われているものには，ヘルペスウイルスに抵抗性の効果がある*アシクロビル，HIV の感染に処方する*逆転写酵素阻害薬であるジドブジン（AZT）などがあげられる．ヒトの体内には，本来，抗ウイルス性の物質が備わっており，*インターフェロンと呼ぶ．これは，いまや遺伝子工学で生産することができ，ときどき治療に用いられる．しかしながら，多くの抗ウイルス性の薬剤は，非常に毒性が強く，またウイルスは急速に進化するため，薬剤の効果はすぐに落ちてしまう．

好塩基球 basophil

*白血球の一種で，顆粒を含む細胞質に取り囲まれた，分節多葉の核をもつ（→ 顆粒球）．好塩基球は，赤色骨髄中の幹細胞により継続的に生産され，アメーバ運動を行う．*肥満細胞と同様に，好塩基球は体内の感染または負傷を受けた部位において，生体防衛の一環として，ヒスタミンとヘパリンを生産する（→ 炎症）．

恒温性 homoiothermy

環境の温度変化に対抗して，動物がその内部の体温を，代謝過程を用いて比較的一定の値に保つことをいう．恒温性は，鳥類と哺乳類にみられ，これらは*内温動物とされる．動物組織の代謝によって発生する熱と環境中に失われる熱は，体温を一定に保つために，様々な方法で調節され，その結果体温は哺乳類では 36〜38℃，鳥類では 38〜40℃ となる．脳の*視床下部が血液の温度を監視し，神経系とホルモンの双方を用いて体温調節を支配する．これにより，震えや発汗などの短期的な反応と，気候の季節的変化に対応して代謝を長期的に適応させる順化の双方が行われる．内温動物は，体温維持を保障するために，一般的に羽毛か毛皮をもつ．体内の温度が比較的高いことにより，筋肉と神経系の速い動作が可能になり，また寒冷な気候の下でも活発に活動することができる．しかし，ある種の動物では，*冬眠している間は，恒温性が維持されない．→ 変温性

口蓋 palate

脊椎動物の口腔の上部にあり，*口腔と鼻腔を隔てている．哺乳動物では骨性の硬口蓋

光化学系 I, II photosystems I and II

　光合成における光依存的反応には，葉緑体のチラコイド膜中の*光合成色素の二つの系がかかわっている．それぞれの光化学系には光エネルギーをとらえるための約300個のクロロフィルがあり，それぞれクロロフィル a からなる反応中心へとエネルギーが渡される．光化学系 II のクロロフィル a 分子は P 680 として知られ，680 nm の波長の光を利用する．光化学系 I のクロロフィル a は P 700 として知られ，700 nm の光を吸収する．光エネルギーは反応中心で電子を高エネルギーに励起し，電子受容体が電子を利用できるようにする．これによって P 680 と P 700 は光を吸収すると正に帯電するようになるか，もしくは酸化されることになる．光化学系 II は失った電子の代わりに，水の*光分解を行う*酸素発生複合体と呼ばれるタンパク質複合体から供給された電子を取り込む．

$$2H_2O \longrightarrow 4H^+ + 4e^- + O_2$$

生成した酸素はガスとして放出され，水素イオンは光化学系 I からの電子とともに，$NADP^+$ を還元する（→ 光リン酸化）．

光化学スモッグ photochemical smog

　太陽からの紫外光存在下で窒素酸化物が炭化水素と反応して生成する有毒なスモッグのこと．この反応は非常に複雑で，生成物の一つはオゾンである．→ 大気汚染

効果器 effector

　神経インパルスによって刺激を受けたとき，生理学的な応答を示す細胞や器官．例としては筋肉や腺がある．

光学異性体 optical isomers —→ 光学活性

光学活性（旋光性） optical activity

　直線偏光の偏光面を回転することができる物質の能力のことで，その回転は結晶，液体，溶液などを偏光が通過するときに起こる．光学活性は物質分子が不斉であり，それぞれが鏡像体である二つの異なった構造が存在するような場合に生じる．その二つの異なった型は，「光学異性体」や「鏡像異性体」などと呼ばれる（図参照）．そのような型の存在は鏡像（光学的対掌体）とも呼ばれる．鏡像体の一つの型は光を1方向に回転させ，鏡像体のもう一方は同じ角度だけ逆方向に回転させる．二つの可能な型は，それぞれの回転方向によって*右旋性と*左旋性と呼ばれ，それぞれ（＋）-や（－）-の接頭語をつけて表され，例えば（＋）-酒石酸や（－）-酒石酸などのように異性体を区別するのに使われる（d-やl-などの接頭語はいまは使われない）．二つの異性体が等モル含まれた混合物は光学活性をもたず，それはラセミ混合物（あるいはラセミ化合物）と呼ばれ，（±）-で表される．加えて，ある分子では分子の一部が他の鏡像であるメソ型が存在することがあり，そのような分子は光学活性ではない．

　光学活性を示す分子は対称面をもたない．この最も一般的な例は，炭素原子が四つの異

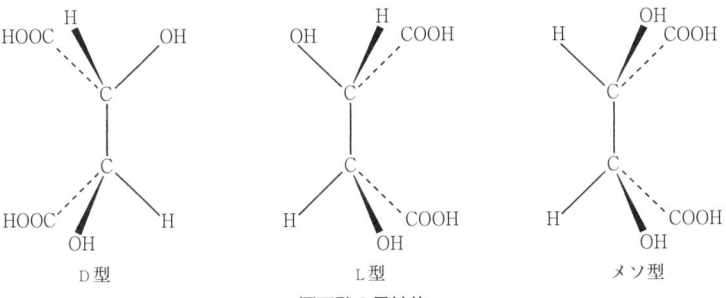

D型　　　　　　L型　　　　　　メソ型

酒石酸の異性体

なった基と結合している有機化合物である．この形の炭素原子はキラル中心といわれている．自然界で生じる化合物の多くは光学活性をもち，たいてい異性体のうちの一つだけが自然に存在する．例えば，グルコースは右旋性の形のみがみられ，異性体のもう一方である（−）-グルコースは実験室では合成できるが生物によっては合成されない．

光学顕微鏡 optical microscope ── 顕微鏡

光学繊維 fibre optics ── 光ファイバー

厚角組織 collenchyma

植物の組織の一つで（→ 基本組織），細胞壁にセルロースによる二次肥厚部をもつ生細胞により形成され，若い茎や葉の機械的支持と保護の働きを行う．厚角組織は，茎の皮質に一般的にみられる．→ 柔組織，厚壁組織

甲殻類 Crustacea

*節足動物中の一門で，自然界に分布する3万5000種以上の動物を含む．主に淡水や海洋に生息し，そこでプランクトンの主要な成分となっている．甲殻類にはエビ，カニやウミザリガニなど（→ エビ目）や陸生のワラジムシなどが含まれる．これらはすべて軟甲綱に分類される．またはフジツボ類（蔓脚綱），ミジンコ類（→ ミジンコ属），ホウネンエビ，カブトエビを含む鰓脚綱や，カイアシ類（→ カイアシ綱）も甲殻類に含まれる．その体節のある体はふつうははっきりとした頭部（*複眼，2本の対になった*触角と様々な口器をもつ），胸部と腹部をもっている．それらは，貝殻のような甲殻によって保護されている．それぞれの体節は対になった*二枝型付属肢をもつ．その肢は運動用，鰓として，または水中の食物をろ過するために利用される．頭部の付属肢は顎状のものに変化し，腹部のものは縮小したり失われることが多い．普通は，卵がふ化すると自由遊泳型の*ノープリウス幼生を生ずる．これは一連の脱皮や，あるいは変態を行うことにより成体になる．

降河性の katadromous

繁殖のために深海洋に移行するまで，生涯の大部分を淡水中で過ごす魚の海への移住を表す言葉．たとえばヨーロッパの湖や川にすむヨーロッパウナギ（Anguilla anguilla）は産卵のために西大西洋のサルガッソ海へ移動し，子ども（シラスウナギ）は3年かかってもとの湖や川に戻ってくる．→ 溯河性

睾丸 testis (testicle)

動物の雄に存在する，精子が作られる生殖器官．脊椎動物は二つの睾丸をもっており，精子に加えてステロイドホルモンを産生する（→ アンドロゲン）．多くの動物で，精巣は体腔内に存在するが，哺乳類では腎臓の近くで発達した後に，体腔の外側の*陰嚢へ収納される．脊椎動物の多くの睾丸は精細管の集合で，この管の内部は精子の発育を担う*セルトリ細胞に裏打ちされている（→ 精子形成）．睾丸は*輸精管により外部につながっている（→ 生殖器系）．

交感神経系 sympathetic nervous system

*自律神経系の一部．この系の神経末端から神経伝達物質であるノルアドレナリンやアドレナリンが分泌され，また交感神経系の作用は*副交感神経系の作用に拮抗する傾向があり，結果として，自律神経系が支配する器官のバランスをとっている．例えば，交感神経系は唾液腺の分泌を減少させるが，心拍数を上昇させ，血管を収縮させる．副交感神経系はこの反対の効果がある．

交感神経性緊張 sympathetic tone

主に*交感神経系からの刺激によって*緊張が続いている筋肉の状態．

口器 mouthparts

節足動物の頭部にある対になった付属肢で，摂食に使われるもの．多くの昆虫には，1個の*下唇，1対の*大顎および*小顎，1個の*上唇があるが，多くの場合，口器は刺すための吻針あるいは吸うための吻管へと変形する．甲殻類，唇脚類，倍脚類には1対の大顎と2対の小顎があり，食べ物を噛み砕いたり，保持したりするのに使われる．甲殻類には，さらに数対の*顎脚がある（→ 第一顎脚）．クモ型類には，*鋏角と*触肢がある．

好気呼吸 aerobic respiration

栄養素（炭水化物の場合が多い）を二酸化

炭素と水に完全に酸化し化学エネルギーを放出するタイプの*呼吸．大気中の酸素を必要とする過程である．この反応は以下の式に要約される．

$$C_6H_{12}O_6 + 6O_2 \longrightarrow 6CO_2 + 6H_2O + エネルギー$$

放出される化学エネルギーは主に*ATPの形で貯蔵される．好気呼吸の第一段階は*解糖である．解糖は細胞の細胞質で行われ，発酵や他の*嫌気呼吸にも共通して存在する．酸素の存在下でのさらなる酸化は*クレブス回路と*電子伝達系により行われ，これらにかかわる酵素は真核細胞の*ミトコンドリアに存在する．ある種の細菌や酵母を除くほとんどの生物は好気呼吸を行う（これらを好気性生物という）．

好気性生物 aerobe ──→ 好気呼吸

工業暗化 industrial melanism

工業汚染により黒く汚れた地域で動物の黒色（暗色）型が増加すること．最もよく引用される例はオオシモフリエダシャク（*Biston betularia*）の工業暗化で，19世紀に工業の発達した北イギリスで黒色型のオオシモフリエダシャクが目にみえて増加した．背景が暗色だと黒色型は鳥に容易に見つからないため，汚染された地域では暗色型が増加し，逆に汚染されていない地域では淡色型がよく生存するということが実験で示された．→ 方向性選択

抗凝血薬 anticoagulant

血餅の形成を防ぐ物質のこと．*ヘパリンは天然の抗凝血薬であり，血栓症や塞栓症などの処方に使われる．合成抗凝血薬には*ワルファリンなどがある．

攻撃 aggression

同種の他の動物もしくは競合する種を威嚇したり傷つけたりしようとする行動．同種の個体間の攻撃はしばしば一連の誇示行動や争いで始まり，いずれかの個体が引き下がり，勝利者が争っていた資源（食物や配偶者，*なわばり）や社会的順位の上昇を得ることで終了する（→ 優位者）．攻撃はまた*求愛行動においてもよくみられる．攻撃や威嚇表現は通常それをするもののサイズや強さを大きくみせる．例えば多くの魚はひれを逆立て，哺乳類や鳥類は毛や羽を逆立てる．特別な模様が顕著に現れ，意図的な行動が行われる．例えば，イヌは自らの歯をむきだす．いくつかの動物では，攻撃に用いる特殊な構造を進化させてきたものもいる（シカの角など）が，実際に相手を傷つけるのに用いられることはまれである．相手は通常逃げるか，*慰撫の姿勢をとる．死ぬまで戦うことはきわめてまれである．→ 敵対的行動，誇示行動，儀式化

高血圧（症） hypertension ──→ 血圧

抗血清 antiserum

特定の抗原に対して作られ，力価が明らかになった抗体，または幅広く混合した抗体を含む血清のこと．短期的な受動免疫を与えるときに用いられる．例えば，A型肝炎ウイルスに対して，免疫力をもたない患者に抗血清を投与する．抗血清は，特定の抗原を接種したウマのような大きな動物から，またはヒトの寄贈された血清を保存しておいたものから，得ることができる．

高血糖 hyperglycaemia

血流内に過剰量のブドウ糖が存在する状態で，*インスリンの生産不足により起こる糖尿病の際に生ずる．→ 低血糖

抗原 antigen

身体が異物と見なし，それゆえ身体に*免疫応答を引き起こす物質．特に，それに結合することのできる特定の抗体の形成を誘発する物質を抗原という．抗原は体内で作られたり，または体内に導入されたりする．通常は抗原はタンパク質である．組織適合性抗原は組織に存在しており，器官または組織の*移植片の拒絶反応に関与する（→ 組織適合性）．その例には，*HLA系にコードされている抗原のグループがある．もし患者の身体が，提供者の組織に存在する抗原を異物として見なしたら，移植組織片は拒絶される．→ 抗体，ハプテン

抗原性変化 antigenic variation

ある病原性の微生物，特にウイルスがその外側の表面の抗原となる部分を変化させる能力．この能力は，病原菌が宿主の免疫システ

ムにより，簡単に認識されたり殺されたりすることを防ぐ．

抗原提示細胞 antigen-presenting cell
マクロファージのような細胞がヘルパー*T細胞に*免疫応答の一部分として異物の抗原を提示すること．これらのリンパ球と異物の抗原との間での直接の反応はふつうではない．抗原提示細胞が異物のタンパク質を取り入れて処理し，そしてペプチド断片をMHCクラスII*組織適合性タンパク質との複合体として細胞表面に提示する．

口腔 mouth cavity (oral cavity) ⟶ 頬側口腔

口溝 oral groove
餌を口のなかに直接入れる，ある種の原生動物や水生の無脊椎動物にみられる繊毛のある溝のことで，ここを通り餌が口に導かれる．

光合成 photosynthesis
緑色植物やその他の*光合成生物が，太陽光存在下で二酸化炭素と水から有機化合物を合成する化学的な過程．植物や多くの藻類において，光合成は*葉緑体で行われ，二つの重要な反応過程がある．光を必要とする光依存的反応では太陽光からのエネルギーは*光合成色素（主に緑色の色素の*葉緑素）に吸収され，水の*光分解に用いられる．

$$H_2O \longrightarrow 2H^+ + 2e^- + \frac{1}{2}O_2$$

この反応によって電子が放出され，一連の電子伝達物質を通る．電子がこの経路を通る際にエネルギーが失われ，このエネルギーは*光リン酸化過程でADPがATPに変換するのに用いられる．水の光分解によって作られた電子とプロトンはNADPの還元に用いられる．

$$2H^+ + 2e^- + NADP^+ \longrightarrow NADPH + H^+$$

光依存的反応によって作られたATPとNADPHはそれぞれ，エネルギーと還元力を供給し，引き続く光非依存的反応（以前は暗反応と呼ばれた）を進行させる．光非依存的反応は，光依存的反応により作られたATPがないと進行しない．これらの反応過程で二酸化炭素は*カルビン回路として知られる代謝過程において炭水化物へと還元される．光合成は次の式に要約される．

$$CO_2 + 2H_2O \longrightarrow [CH_2O] + H_2O + O_2$$

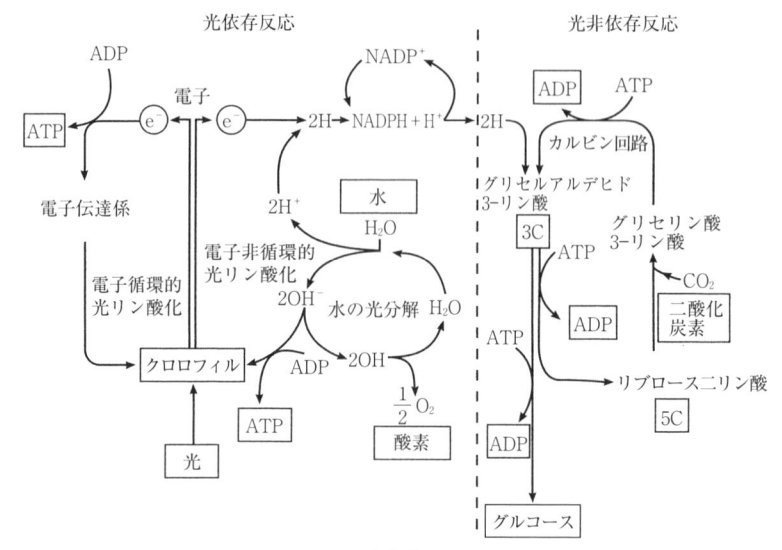

光合成

光合成を行わない他のすべての生物は，事実上直接的または間接的に植物に食料を依存しているため，光合成が地球上の全生命の基礎となる．

さらに光合成過程で放出される酸素が大気中のすべての酸素を事実上作り出している．

光合成色素 photosynthetic pigments

*光合成の光依存的反応において光エネルギーをとらえるのに必要な色素．植物，藻類，シアノバクテリアでは緑色色素のクロロフィル a（→ 葉緑素）が青色や赤色の光を吸収する一次色素である（→ 光化学系I, II）．*カロテノイドや他の様々な色素は光エネルギーを吸収し，クロロフィル a 分子へと伝達する*補助色素である．

光合成従属栄養生物 photoheterotroph

光合成において太陽光のエネルギーを用いて有機物性の前駆体から有機物を合成する生物．例えばある状況下では，紅色*硫黄細菌は水素源として（硫化水素よりむしろ）有機酸を用いる．→ 光合成生物

光合成生物 phototroph

太陽光のエネルギーを用い，光合成によって有機物を作り出す生物のこと．多くの光合成生物は*光合成独立栄養生物であり，一部の細菌は*光合成従属栄養生物である．

光合成的炭素還元回路 photosynthetic carbon reduction cycle ⟶ カルビン回路

光合成独立栄養生物 photoautotroph

緑色植物や光合成細菌のような独立栄養生物で，光合成過程によって太陽からのエネルギー（太陽エネルギー）を用いて無機物から有機物を合成する．→ 独立栄養，光合成生物

硬骨魚 bony fishes ⟶ 硬骨魚綱

硬骨魚綱 Osteichthyes

硬骨魚（硬骨からなる骨格をもった海水や淡水の魚）からなる脊椎動物の綱のこと．骨質の鰓蓋に覆われた鰓をもち，薄くて重なっている骨*鱗の層は体表面全体を覆っている．硬骨魚は静水学的器官として働く*浮袋をもっており，それによりどんな深さの水中でも停止できるようになる．ある種の魚においては，この浮き袋が肺として機能する．→ 肺魚類，真骨上目，軟骨魚綱

抗コリンエステラーゼ anticholinesterase

*コリンエステラーゼという酵素を阻害する物質のことで，この酵素は神経シナプスにおける神経伝達物質であるアセチルコリンの分解を行う．抗コリンエステラーゼは，ある種の薬や神経ガス，殺虫剤などを含んでおり，シナプスにおけるアセチルコリンの増強を引き起こし，神経や筋肉の機能の破壊を引き起こす．脊椎動物においては，これらの薬剤によって呼吸器系筋肉が麻痺し，死に至ることがある．→ 農薬，殺虫剤

交叉 crossing over

*相同染色体間に生ずる染色分体の部分交換．第一*減数分裂前期の終盤において，染色体が分離を始めてもそれらは，いくつもの箇所で依然としてつながっている（→ キアズマ）．それらの箇所で染色分体は切断され，再び結合するがその部分が交換される（図参照）．よって交叉は染色体中の遺伝子の組合せを変更する．→ 組換え

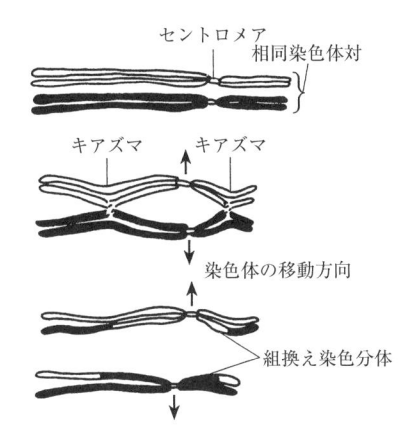

相同染色体対の二つにおけるキアズマの交叉

虹彩 iris

脊椎動物といくつかの頭足類の軟体動物の目の角膜と水晶体の間にある着色した筋組織の輪．中央に穴（瞳孔）があり，これを通って目に光が入る．括約筋と散大筋からなる．括約筋の収縮反射は明るいときに起こり，瞳

孔の直径を小さくする (→ 瞳孔反射). 散大筋の反射は薄暗いときに起こり, 瞳孔の直径を大きくして目に入る光の量を増加させる. 虹彩の色は含まれるメラニン色素の量によって決定される. 青色の目はメラニンが比較的少ない場合であり, 灰色の目はそれよりも多く, 茶色の目はさらに多くなった場合である.

硬材 hardwood → 材
後鰓体 ultimobranchial bodies → C細胞
交叉価 COV → 交叉率
交雑
 1. cross
 (1) 特定の2個体間の交配. 意図的な交雑は, 様々な目的で行われる. それは例えば特定の形質の遺伝的性質を調べることや, 家畜や作物の品種を改良することなどである.
 → 戻し交雑, 相反交雑, 検定交雑
 (2) そのような交配によって生じた生物体.
 2. hybridization
 (1) 遺伝的に異なる親の交配による, 1個体またはそれ以上の*雑種生物の形成をいう.
 (2) 雑種細胞の形成. → 細胞融合(体細胞雑種形成)
 (3) → DNAハイブリダイゼーション
交雑帯 hybrid zone
 地理的な分布が重なる, 二つの関連した種の個体群の間に存在する地域で, この地域にはその二つの種の間の交配により生じた雑種が含まれる. その雑種は, 繁殖力が低く, 結果的にさらなる種間交配に対する障壁となり, したがって二つの種の間の遺伝子流動を制限すると考えられている.
交叉率 crossover value (COV)
 第一*減数分裂前期に生じる, *交叉によって交換された連鎖した遺伝子 (→ 連鎖) の存在率. 交叉率は, *組換えをおこしている子孫の存在率によって計算される. 交叉率は, 染色体上の遺伝子地図 (→ 染色体地図) の作成に用いられる. ある対になった遺伝子の交叉率が小さいときは, 染色体上でそれらの遺伝子が互いに接近した状態にあることを示している.
好酸球 eosinophil
 顆粒を含んだ細胞質 (→ 顆粒) をもつ*白血球の一つ. アレルギー反応を制御したり, 寄生者を破壊する酵素を生産する機能がある.
厚糸期 pachytene
 *相同染色体が完全に凝縮しまた対合する第一*減数分裂前期の期間のこと.
高次寄生者 hyperparasite
 他の寄生者の, 体内または表面に寄生する寄生者をいう. 最も普通の例は, *捕食寄生者の幼虫の体内か, その近くに産卵する昆虫である. 捕食寄生者は, それ自身が宿主の組織に寄生しており, その宿主はたいていはまた昆虫の幼虫である. 高次寄生者は, より厳密にいうならば高次捕食寄生者であり, 主に膜翅類 (スズメバチ, ハバチなど) に属するが, 双翅類や甲虫類のなかにもこの戦略をとるものがある.
鉱質コルチコイド mineralocorticoid → 副腎皮質ホルモン
膠質浸透圧 (コロイド浸透圧) oncotic pressure (colloid osmotic pressure)
 タンパク質やその他の巨大分子のコロイド (膠質) によって引き起こされる浸透圧の分圧で, 血管内において生じる. 血管壁は相対的にそれらの巨大分子に対して不浸透性である. 膠質浸透圧は静水圧 (血管から外部の領域や組織に向かう水分の流出を促進する働きがあるもの) の大部分を相殺している. したがって, もし膠質浸透圧がなくなってしまうと, 組織における体液の蓄積と浮腫が起こる危険性が増す.
向日性 heliotropism → 光屈性
光周期 photoperiod → 光周性
光周性 photoperiodism
 日長 (光周期) の変化に対する生物の反応. 多くの植物の反応は日長によって制御されており, 最も有名なものには, 多くの植物種における花成がある (→ フロリゲン, 中日植物, 長日植物, 短日植物). 植物において, 体内の*生物時計や*フィトクロム色素

は，両方とも光周性反応制御にかかわると考えられている（→ 暗期）．光周期によって決定される動物の活動には繁殖，*移動やその他の季節的な事象が含まれる．→ メラトニン

後獣類 Metatheria

有袋類からなる哺乳類の下綱．雌は腹部に袋（育児嚢）をもっており，そのなかに非常に未熟な状態の新生児が発育を完了できるように入っていく．彼らは母親の乳房の乳頭から栄養を得る．現在の有袋類は（カンガルーやコアラ，クスクス，バンディクートなどがいる）オーストララシアや（フクロネズミのいる）アメリカにのみ限定される．有袋類は8000万年前の白亜紀の後期に進化した．オーストラリアは何百万年もの間有袋類が隔離されていた場所であり，他の場所においては有胎盤哺乳類によって占められる多くのニッチに対して*適応放散を行っているという点で，形態の非常な多様性を示している．→ 真獣下綱，原獣亜綱

甲状腺 thyroid gland

脊椎動物の首の付け根に位置する2葉からなる内分泌腺．2種のヨウ素含有甲状腺ホルモンであるチロキシン（T_4→チロキシン）とトリヨードチロニン（T_3）を分泌する．これらは甲状腺で*サイログロブリンから作られ，体内のすべての代謝過程の速度を調節し，身体の発達や神経系の活動に影響を与える．甲状腺の発育と活動は，*脳下垂体前葉により分泌される*甲状腺刺激ホルモンによって制御される．また，甲状腺は*カルシトニンを分泌するC細胞を含む．

甲状腺機能亢進（症） hyperthyroidism

*甲状腺が過剰に活動することをいう．この状況は，*基礎代謝率が増大する原因となり，頻脈や体重減少などの症状を伴う．甲状腺機能亢進症は，しばしば*甲状腺腫を伴うことがある．→ 甲状腺機能低下（症）

甲状腺機能低下（症） hypothyroidism

*甲状腺の機能が低下した状態で，一般に*甲状腺刺激ホルモンの不足により生ずる．成人においては，甲状腺機能低下症により*基礎代謝率が低下し，組織の肥大と体重増加が生ずる（粘液水腫）．小児においては，骨と神経系の発達に甲状腺ホルモンが必要であり，甲状腺の機能低下により*クレチン病が生ずる．→ 甲状腺機能亢進（症）

甲状腺刺激ホルモン thyroid-stimulating hormone (TSH ; thyrotrophin)

脳下垂体前葉によって分泌されるホルモンであり，*甲状腺ホルモンのチロキシンとトリヨードチロニンの，甲状腺での合成と分泌を制御する．甲状腺刺激ホルモンの分泌は視床下部からの甲状腺刺激ホルモン放出ホルモン（TRH）によって調節される．TRHの放出は，血中のTSH，グルコース，チロキシンの濃度，体内の代謝速度を含む多くの因子に依存する．

甲状腺刺激ホルモン放出ホルモン thyrotrophin-releasing hormone (TRH) ⟶ 甲状腺刺激ホルモン

甲状腺腫 goitre

甲状腺が肥大し，首の部分が膨張すること．食事におけるヨウ素（甲状腺ホルモンの生産に必要である）が不足した場合に甲状腺がこの欠乏を補うために肥大する場合や，もしくは*甲状腺機能亢進症によって引き起こされる場合がある．

鉤状毛 barb

（植物学）かぎ状に曲がった毛のこと．

紅色植物門 Rhodophyta (red algae)

*藻類の一門で，*フィコシアニンや*フィコエリスリンなどの色素によりしばしば桃色や赤色を呈する．紅藻には単細胞性のものと多細胞性のものがあり，後者は枝分かれした平らな葉状体や線状の体をしている．これらは通常，熱帯地域の海岸でみられる．有性生殖には果胞子を用いる（→ 造果器）．

更新世 Pleistocene

*第四期の初期の世（→ 完新世）．約260万年前の鮮新世の終りから始まり，約1万年前の完新世のはじめまで続いた．更新世は一連の氷河に特徴づけられる氷河期として知られる．氷河期には氷河末端が赤道に向かって発達し，また氷河が後退する間氷期によって時代が区切られる．→ 氷河期

合成 synthesis
単純な化合物からより複雑な化合物を形成すること． → 生合成

後生篩部 metaphloem
植物の一次 *篩部のなかで，茎やその他の部分が伸長し終わったあとで発達する部分． → 原生篩部

合成心皮 syncarpy
花の雌性生殖器官（*心皮）がそれぞれ互いに結合している状態．例として，サクラソウにおいて観察される． → 離生心皮

後成的 epigenetic
DNA 配列の変化によらない遺伝的変化をさす．後成的な現象の例として例えば，*分子刷り込みといって，ある遺伝子の発現が，その遺伝子が父方由来か母方由来かによって変化する現象がある．その他の例として，いくつかの植物でいわれている「パラミューテーション」がある．ある種の遺伝子はいわゆるパラミューテーション対立遺伝子と同一ゲノム内に共存した後に，あたかも突然変異がその遺伝子に生じたようにふるまう．後代の植物において，もはやこのパラミューテーション対立遺伝子が存在しなくなっても，この変化は持続する．

後生動物（真正後生動物） Metazoa (Eumetazoa)
すべての多細胞動物からなる亜界．ただし*海綿動物門や*板形動物門は除外され，別の亜界の側生動物に位置する．

抗生物質 antibiotics
微生物，特に病気を引き起こす細菌やカビなどの成育を抑制もしくは死滅させる物質のことである．抗生物質は微生物（特にカビ類）から取得するか，もしくは化学合成する．一般的な抗生物質としては，*ペニシリン，ストレプトマイシン，テトラサイクリンなどがあげられる．それらは様々な感染症の処方として使われているが，生体の自然防御系を弱らせる傾向があり，またアレルギーを引き起こすこともある．抗生物質の過剰使用は耐性系統の微生物を生み出す原因となる．

後生木部 metaxylem
植物の一次 *木部のなかで，茎や，その他の部分の伸長が終わったあとに発達する部分（→ 原生木部）．後生木部の壁は，原生木部の壁より木質化している．

酵素 enzyme
生化学反応において *触媒の役割をするタンパク質．それぞれの酵素はそれぞれ特異的な反応または一群の類似した反応の触媒に特化している．多くはタンパク質でない *補因子の共存が，酵素の機能発現のために必要である．反応を受ける分子（基質）は酵素の特異的な *活性部位と結合し，短命な中間体（→ 酵素-基質複合体）を形成する．このことが反応速度をとても高める（最高 10^{20} 倍くらい）．酵素反応には，基質の濃度，温度，pH が影響し，これらはある範囲内である必要がある．他の分子が活性部位に競合して結合することもあり，これは酵素の *阻害や触媒的性質の非可逆的破壊につながる．

酵素は細胞の遺伝子発現によって作られる．酵素活性は，pH の変化，必須補酵素の濃度の変化，反応産物によるフィードバック阻害，より活性の低い型あるいは不活性な前駆体（*チモーゲン）からの他の酵素による活性化などによりさらに調節される．このような変化はホルモンやその他の神経系の制御下におかれている． → 酵素反応速度論

酵素は触媒をする反応によって六つのグループに分類される．(1) *酸化還元酵素，(2) *転移酵素，(3) *加水分解酵素，(4) *脱離酵素，(5) *異性化酵素，(6) *リガーゼ．それぞれの酵素の名前はたいてい最後に「アーゼ」(-ase) がつき，アーゼの前に基質の名前を付けて作られた．したがって例えば *ラクターゼはラクトース（乳糖）を分解する酵素で，加水分解酵素に分類されている．

紅藻 red algae ⟶ 紅色植物門
構造遺伝子 structural gene ⟶ オペロン
酵素-基質複合体 enzyme-substrate complex
基質が酵素の *活性部位と相互作用しているときにできる中間体．酵素-基質複合体の形成のあと，基質は化学反応を受けて，新しい生成物の分子に変換される．酵素-基質複合体の形成機構に関しては様々なメカニズム

が提唱されており，*誘導適合モデルや*鍵と鍵穴のメカニズムなどがある．

高速液体クロマトグラフィー high-performance liquid chromatography (HPLC)

混合物の分離や分析を行うための鋭敏な技術で，クロマトグラフィーカラムに試料を通す際に高圧をかける．

後側の（後方の，うしろの） posterior

1. 動物の後側の部分，すなわち動物が動いているときにあとに続く部分を示す．ヒトや2足動物（例として，カンガルー）では，後側の表面は*背側表面である．

2. 花茎や主茎の方向に面する花や腋芽の面を示す．→ 前側

酵素阻害 enzyme inhibition ⎯⎯ 阻害

酵素反応速度論 enzyme kinetics

酵素が触媒する反応の速度を研究する学問．反応速度の測定は，精製した酵素と基質を使って生成物の増加または基質の減少を *in vitro* で観察する．基質の濃度が増加すると，反応速度はある点までは基質濃度に比例して増加するが，ある濃度まで達すると反応速度はそれ以上，上がらなくなる（→ ミカエリス-メンテン曲線）．この状態は，酵素のすべての活性部位が基質で飽和している状態であり，酵素の量が増えない限り反応速度は上がらない．反応速度は阻害剤（→ 阻害），温度，pHによっても影響を受ける（→ 酵素）．

酵素免疫測定法 ELISA (enzyme-linked immunosorbent assay)

酵素の触媒反応による色の変化を利用して，サンプル中のタンパク質または抗原の量を正確に測定する感度の高い技術（→ 免疫検定法）．調べたいタンパク質に特異的な抗体をPVCシートなどの固体の基盤に吸着させておき，そこにある一定量の試料を加えると，試料中の調べたいタンパク質のすべての分子が抗体と結合する．次に，調べたいタンパク質上の別の部位に特異的に結合する二次抗体を加える．二次抗体には酵素が結合しており，この酵素は最後に加える4番目の試薬の色の変化を触媒する．この色の変化を光学的に読み取り，調べたいタンパク質の検量線を参照して，試料中に存在する調べたいタンパク質の濃度を読み取ることができる．ELISAは診断やその他の目的のために広く使われている．

抗体 antibody

ある種の白血球（*リンパ球）から分泌されるタンパク質（→ 免疫グロブリン）のことで，外来物質（*抗原）の体内への侵入に応答して，抗原を無害にするために産生される．抗原抗体反応は非常に特異的である．抗体の産生は*免疫応答の一部分であり，侵入した細菌，外来の赤血球（→ ABO式），吸入された花粉粒子やほこり，外来*移植組織などの抗原によって産生が誘導される．特異的な*モノクローナル抗体は，現在は様々な種類の*免疫検定法において使われている．

→ 免疫

合体節 tagma (pl. tagmata)

節足動物の体の一部で中胚葉性*体節の融合によって形成され，他の体節と区別できる機能と構造をもつ．基本的な合体節の構成は頭部，胸郭，腹部であるが，一般に節として知られる合体節の形態は，節足動物のなかでも多様性に富んでおり，それぞれのグループにおいて特徴的な様式を有している．例えば多くの甲殻類は*頭胸部と腹部があり，一方，クモ類は*前胴体部と*後胴体部をもつ．

厚タンパク質 scleroprotein

ある種の無脊椎動物，特に昆虫の外骨格でみられるタンパク質．厚タンパク質は比較的軟らかい幼虫の弾性タンパク質が，オルトキノンのかかわる自然のタンニン処理（硬化）により変化することにより形成される．オルトキノンは分泌されるとタンパク質のポリペプチド間に結合を作り，強くて硬い覆いとなる．

甲虫 beetles ⎯⎯ 甲虫目

好中球 neutrophil

*白血球の一種で，分葉した核と顆粒が含まれる細胞質をもつ（→ 顆粒球）．好中球は細菌を飲み込み（→ 食作用），*リゾチームや酸化剤のような種々の物質を放出する．

甲虫目 Coleoptera

カブトムシ類やゾウムシ類を含む昆虫の一

目で，約33万種が含まれ，動物界で最も大きい目である．前翅は硬化，肥厚し，鞘翅となり，背面の正中線で正確に合わさり前翅の下にある1対の後翅と腹部を保護する．口器は，一般的に咬み型となるが，クワガタのように鹿角を思わせる種も存在する．陸上と水中の多様な環境に甲虫類は生息し，多くは分解した有機物質を摂食するが，生きた植物を摂食するものも存在し，また他の節足動物を捕食するものもある．何種類もの甲虫とゾウムシが，貯蔵した穀物，材木，作物の，経済的に重大な害虫となっている．若虫は幼虫の形態をとり，一般的に変態を行い，蛹の時期を経て成虫となる．

後腸 hindgut
1. 脊椎動物の消化管のうしろの部分で，結腸の後部からなる．
2. 節足動物の消化管のうしろの部分．→ 中腸，前腸

腔腸 enteron (coelenteron) ── 胃水管腔

高張液 hypertonic solution
第二の溶液より低い*水ポテンシャルと，そしてそれに対応して高い浸透圧を示す溶液をいう．→ 浸透

腔腸動物 coelenterate
放射相称の体制をもつ無脊椎動物で，体壁は二つの細胞層からなり，体腔（胃水管腔）は単一の開口部である口のみで外界と連絡する．腔腸動物には，ヒドラ，クラゲ，イソギンチャク，サンゴ（→刺胞動物門）と，クシクラゲ（→有櫛類）もここに含まれる．

交通肢 ramus communicans (pl. rami communicantes)
脊髄神経から交感神経系（→自律神経系）の*神経節に至る神経線維を含む組織．交感神経節は脊柱の両側面につらなり，それぞれが交通肢により脊髄神経の腹根につながっている．

後テタヌス性増強（反復刺激後増強） post-tetanic potentiation ── シナプス可塑性

合点 chalaza
植物の*胚珠の一部で，珠心と珠皮が合一した部位．

後天性免疫不全症候群 acquired immune deficiency syndrome ── エイズ

交頭 cusp
*大臼歯の表面にみられる，鋭く突き上がった隆起部．相対する臼歯（上下の顎）の交頭は互いに相補的であり，咀嚼の際に食物をすり砕く効果を上げている．

喉頭 larynx
四肢動物の*気管の前方部分で，両生類，爬虫類，そして哺乳類では，喉頭に声帯がある．喉頭の壁にある軟骨の動き（喉頭筋による）が声帯の張力を変える．この張力の変化により，声帯の振動により生じる音のピッチが変化する．最終的に発声として放出される音声は，さらに口腔と鼻腔の共鳴によって修飾される．

行動 behaviour
内的および外的な刺激に対する，生物の反応の総体をいう．動物の行動は，本能的行動（→本能）と学習行動に分かれると考えられている．→動物行動

行動遺伝学 behavioural genetics
遺伝学の一分野で，動物行動に対する影響についての，環境因子と比較した遺伝的因子の相対的重要性の解明を行う．

後頭顆 occipital condyle
頭蓋骨の後頭骨から突き出ていて，第1頸椎（*環椎）とつながっている，一つまたは対になった骨のこぶ（knob）のこと．ヒトにおいては，大後頭*孔の両側に一つずつの後頭関節丘が存在する．ほとんどの魚類には後頭関節丘がないので，頭を動かすことができない．

喉頭蓋 epiglottis
哺乳類において舌の基部に近い咽頭の壁から生ずる，柔軟な軟骨の垂れ蓋．咀嚼時（→嚥下運動）に*声門（気管の開いた部分）を覆い，食物が気管に入ることを防いでいる．ただし，喉頭蓋は気管への食物の誤嚥防止に不可欠ではない．

行動圏 home range
動物が，そのなかで採食し，大部分のときを過ごす範囲をいう．その広さは，動物の大きさと摂食習性に依存して変化する．たとえ

ば，リカオンの行動圏は4000 km²にも達する場合があるが，一方アカネズミの行動圏は，1 ha未満と考えられている．動物の*なわばりは行動圏のなかに存在するが，なわばりと異なり，行動圏においては同種の他個体による侵入に対する防御は行われない．さらに，隣接する他個体や他の群れの行動圏はしばしば重なる．行動圏のなかには，核となる領域が存在し，そこには主な摂食の場所と水場が含まれ，動物の活動はその内部に集中すると考えられている．

後胴体部 opisthosoma
クモ型類やその他の*鋏角類に属する節足生物における体のうしろの部分（→ 合体節）のことで，足のついていない体節からなっている．→ 前胴体部

抗毒素 antitoxin
細菌の*毒素に反応して作られる抗体のこと．

好熱性の thermophilic
主に50℃以上の，非常に高温の環境で最適に生育することのできる現象を表す．好熱性生物は主に原核生物で，温泉や海底熱水噴出孔（好熱好酸菌）に存在する．80℃以上の環境で生育する超好熱性の細菌もおり，水の沸点以上の温度でも生存できる．プロトクティスタや菌類といったいくつかの真核生物にも60℃程度まで生育可能な生物が存在する．好熱性生物は高い温度下で繁栄するために様々な適応をしている．例えばタンパク質や核酸は，熱への安定性を得るために構造的な修飾を受けており，細胞機能を遂行できるようになっている．細胞膜もまた化学修飾されており，例えば飽和脂肪酸に含んだ脂質の含有量が多い．→ 中温性の，好冷性の

後脳（菱脳） hindbrain (rhombencephalon)
脊椎動物の胚の脳の3区画のうち一つをいう．呼吸や血液循環などの基本的な生理機能をつかさどる．*小脳，*脳橋，*延髄が後脳から発達する．→ 前脳，中脳

交配 mating → 性交
交配型 mating type
微生物，カビ，藻類における高等生物の雌雄に相当するもの．交配型は形態学的には同一であるため区別するのは困難である．このために，同じ種の異なる交配型は＋と－で区別される．交配型は有性生殖において互いに交配可能な異なった系統である．それらは新しい個体となりうる接合子を生じることができる．

交尾 copulation (coitus) → 性交
交尾期 mating season → 繁殖期
後鼻孔（内鼻孔） choanae (internal nares) → 鼻孔

抗ヒスタミン薬 antihistamine
体内での*ヒスタミンの影響を抑制する薬．花粉症のようなアレルギー性の反応に関する症状を取り除いたり，和らげたりするのに用いられる．抗ヒスタミン薬による副作用の一つに眠気を催すことがあるのでこれを利用して，乗物酔いの薬や睡眠薬に使われることもある．

興奮 excitation
1．細胞，特に神経細胞を刺激する活動や過程．
2．刺激を受けた細胞の応答

高分子 macromolecule
とても大きな分子．多くの核酸やタンパク質のように，天然と合成の重合体には高分子が含まれている．→ コロイド

興奮性シナプス後電位 excitatory postsynaptic potential (EPSP)
神経伝達の間にシナプス後ニューロンで生じる電位（→ シナプス）．*神経伝達物質（アセチルコリンのような）がシナプス前膜から放出され，シナプス後膜に結合し，シナプス後膜における*脱分極が起きたときにEPSPが生じる．EPSPが十分大きいと，シナプス後ニューロンにおいて*活動電位を誘導する．→ 促進，抑制性シナプス後電位

厚壁組織 sclerenchyma
細胞壁にリグニンを蓄積した植物組織．リグニンにより強度が増大したために厚壁組織は機械的支持という重要な機能を果たし，茎や葉の中肋でみられる．細胞壁には*壁孔があり，これは隣の細胞との物質移動を可能と

している．成熟した厚壁細胞（厚壁組織を形成する細胞）は死んだ細胞であるが，これはリグニンにより細胞壁が水分や気体に対して不浸透性になるからである．厚壁細胞は厚壁*繊維または*厚膜細胞の形態をとる．→ 厚角組織，柔組織

合弁花　gamopetalous

花弁が融合して*花冠筒部を形成している花のこと．→ 離弁花

口辺細胞　stomium

胞子を放出するある種の構造体の薄い細胞壁の細胞が集中した部分で，胞子を放出するときに破れる．例えば，シダ植物のオシダの胞子嚢の口辺細胞は環帯が乾いて収縮したとき破れる．

孔辺細胞　guard cell

葉の穴（*気孔）の開閉を制御する1対の細胞．それぞれの細胞はソーセージもしくは肝臓のような形をしており，細胞の壁の硬さには場所による違いがある．気孔を形成する側の壁は厚く硬いが，外側の壁は薄く柔軟性に富む．1対の細胞は水を吸収すると膨張し，薄い壁の領域は外側にたわみ，柔軟性のない厚い壁をそれに伴って引っ張るために，気孔は開く．水が失われると逆の効果が起こり，孔辺細胞は縮み気孔は閉じる．この細胞の内部と外部への水の行き来はカリウムイオン（K^+）の細胞内外への輸送により調節されている．日の出においては，K^+イオンは孔辺細胞のなかに輸送され，内部のイオン濃度が高まるために水が浸透によって内部に入る．そのため孔辺細胞は膨張し気孔は開く．気孔を閉じるためには，K^+イオンが孔辺細胞から排出され，水を浸透圧低下によって失わせ，孔辺細胞を縮ませる．

酵母　yeasts

*子嚢菌門の半子嚢菌綱に属する単細胞菌類の一群．単一の細胞あるいは細胞集団または細胞の連なりとなる．酵母は*出芽による無性生殖と，子嚢胞子の産生による有性生殖で繁殖する．*サッカロミセス属の酵母は糖の発酵を行い，製パンや醸造といった産業に用いられている（→ パン酵母）．

膠胞　colloblast ⟶ 粘着細胞

合胞体　syncytium (pl. syncytia)

細胞質の連続性を維持する動物細胞集団のこと．例えば，横紋筋細胞は合胞体を形成する．合胞体のなかには，細胞質架橋を通して，分離した細胞が互いに結合を維持するものもある．例えば，哺乳類の睾丸中で発達する雄性生殖細胞は，個々の精子が精細管の管腔に放出されるまで，分化の過程を通して互いに結合している（→ 精子形成）．→ 変形体

後方の　posterior ⟶ 後側の

酵母人工染色体　yeast artificial chromosome (YAC) ⟶ 人工染色体

硬膜　dura mater

脊椎動物において中枢神経系を覆う3種類の膜（*髄膜）のうち最も外側に位置し，最も強固な膜．頭蓋骨のすぐ内側に位置し，繊細な内部の髄膜（*クモ膜と*柔膜）を保護する働きがある．

厚膜細胞　sclereid

*厚膜組織の細胞の一種で，*繊維細胞よりも短い細胞をいい，その木質化した壁は一般的に分岐した*壁孔をもつ．厚膜細胞は種皮，木の実の殻，ナシの果実に多い．

厚膜胞子　chlamydospore

真菌の菌糸から産生される厚い壁をもつ無性胞子．これは休眠胞子であり成長条件に合わない環境に耐える能力をもつ．

剛毛

1.　chaeta (pl. chaetae)

環形動物にみられる*キチンでできた太い毛．ミミズでは各体節ごとに小さな集団になって皮膚から突き出しており，移動運動に役立っている．多毛類（ゴカイ類）の剛毛は多くのグループでパドル状の付属肢（いぼ足）の上の集団としてみられる．

2.　seta ⟶ 刺毛

コウモリ　bats ⟶ 翼手類

肛門　anus

多くの動物において*消化管の最終出口のこと．ここから，消化されなかった物質（*糞便）が排出される．

硬葉の sclerophyllous

小さな硬い常緑の葉をもつ茂みあるいは森林を示す．そのような葉は水分を保持することに適応したものであり，硬葉植物は夏に干ばつが起こる地中海性気候に特徴的である．硬葉植物は地中海の地域のほかにも，カリフォルニアや南オーストラリア，南アフリカ，チリにみられる．

抗利尿ホルモン antidiuretic hormone (ADH; vasopressin)

*脳下垂体後葉から分泌されるホルモンの一種で，腎臓における水分の再吸収を促進し，したがって体液の濃度を調節する．ADH は脳の視床下部における特定の神経細胞によって産生され，血流に乗って脳下垂体後葉まで運ばれる．ADH の不足は，尿崩症として知られる疾患を引き起こし大量の尿が排出されるが，天然もしくは合成の ADH ホルモンの投与によって治療される．→ ニューロフィジン．

向流 counterflow

並置した管に反対方向に流れる二つの液体の流れ．生物体内ではこのような配置によって，熱，イオン，分子などを豊富に含む液体から，欠乏している液体に効率よく移動することが可能となる．

向流熱交換 countercurrent heat exchange

温度の異なる液体が逆方向に経路のなかを流れることにより，液体が混合することなく熱を交換することを可能にする*向流機構．この例としてはペンギンの足のなかの血管系がある．動脈と静脈が接近して走ることで，足へ供給される動脈血の熱は，体幹部へと戻っていく静脈血へ伝えられる．この仕組みは凍結条件において体幹部の温度を維持するのに役立っている．

硬鱗 ganoid scale ⟶ 鱗

好冷性の psychrophilic

通常 15℃ 以下の比較的低温を至適温度として生存・成長し，20℃ 以上では成長できない生物を示す．好冷性微生物（psychrophiles）は，主に細菌・藻類・菌類から構成され，永続的に冷涼な気候にのみ限定される．例として，極域の氷は，しばしば藻類の密集した集積を含むことがある．このような生物はわずか一瞬の暖かさによって死滅するものが多い．好冷性微生物は，極端な寒さのなかを生き残ることができるために，様々に適応している．その適応のなかには，原形質膜中に高濃度の不飽和脂肪酸を含み，低温下に膜を半流動状態に維持することが含まれる．好冷性微生物はまた，比較的低温を至適温度として機能する酵素をもつ．耐冷性の生物は，より高温条件下（20～40℃）において最もよく生息・成長するが，低温条件下にも耐えることができる．→ 中温性の，好熱性の

航路決定 navigation

特定の場所へ辿り着くために，特定の経路を通っていくことができるような，動物がもつ複雑な機能のこと．航路決定は，多くの動物（特に，鳥や魚や昆虫などの*移動や回遊をする動物）における能力の重要な一面である．海岸線や山脈などのような目標地点は航路決定のための重要な目印となる地点であるが，多くの動物は，それらの助けなしで，太陽や星，磁場，におい，偏光などによってきちんと移動することができる．例えば鳥は，目印として太陽や星を使い，地球の磁場を感じることができる．一方で，サケは，生まれた川の特別なにおいを認識することができる．

小型動物相 meiofauna

1. （小型底生動物相）肉眼でようやくみることのできる，川，湖もしくは海の底に生息する動物．例えば小さい多毛類，二枚貝，センチュウなど．それらは*微小動物相と*大型動物相の中間の，0.1～1 mm にわたる大きさをもつ．

2. ⟶ 間隙動物群

個眼 ommatidium (pl. ommatidia) ⟶ 複眼

古気候学 palaeoclimatology

太古の地質時代の気候の研究．古気候学はその時代の堆積物や化石の研究に大きく依拠している．*大陸移動や*プレートテクトニクスの結果として大陸の位置が変化したために，古気候学の研究は困難さが増大してい

ゴキブリ cockroaches ⟶ カマキリ目
呼吸
1. breathing ⟶ 呼息，吸息，呼吸運動
2. respiration

動植物の体内で有機物がより単純な化合物へと分解され，エネルギーが放出される代謝過程．放出されたエネルギーは特定のエネルギー運搬分子（⟶ ATP）にわたされ，他の代謝過程で使われる．大部分の動植物では，呼吸は酸素を必要とし，二酸化炭素が最終産物の一つである．生体組織と外部環境の間の酸素と二酸化炭素の交換は，外部呼吸（⟶ 換気）と呼ばれる．多くの動物では，ガス交換は*呼吸器官（たとえば空気呼吸する脊椎動物では*肺）で行われ，*呼吸運動により支えられている．植物では 酸素は植物表面の気孔を通して取り込まれ，細胞間隙を通して，あるいは組織液中に溶けて各組織中に拡散していく．

細胞レベルの呼吸は内部（あるいは細胞または組織）呼吸と呼ばれ二つの段階に分けられる．最初の段階は*解糖で，グルコースはピルビン酸にまで分解されるが，酸素は必要でなく，*嫌気呼吸の一種である．第二の段階は*クレブス回路で，ピルビン酸は一連の回路状に連続した反応系に入り，二酸化炭素と水に分解される．これがエネルギーを生産する主たる段階で，酸素を必要とする．解糖とクレブスサイクルはすべての好気呼吸する動植物がもっている過程である（⟶ 好気呼吸）．

呼吸運動 respiratory movement
動物において，肺またはその他の*呼吸器官へ空気を出し入れするための筋肉運動．この運動の機構は種ごとに異なる．昆虫では腹部の筋肉が周期的に弛緩と収縮を繰り返し，*気管のなかの空気の流れを作り出す．両生類では口内の口腔底の筋肉がポンプのように働いて空気を肺に取り込んでいる．哺乳類の呼吸では*横隔膜の筋肉と肋骨の間にある*肋間筋が働いている．これらの筋の収縮で横隔膜は下へ下げられ肋骨は上昇し，肺が広がって空気が入る（⟶ 吸息）．弛緩により逆が起こり，空気は*呼息のときに強制的に外へ出される．

呼吸器官 respiratory organ
二酸化炭素ガスと酸素ガスの交換の起こる動物器官．この器官の表面膜は常に湿っていて，薄く，血液が十分に供給されている．例は空気呼吸をする脊椎動物の*肺，魚の*鰓，昆虫の*気管，クモ類の*書肺である．

呼吸計 respirometer
生物の酸素消費量を測る装置．簡単な呼吸計は容器（そのなかに酸素が入っている）と接続された*液柱圧力計からなる．二酸化炭素は容器から化学的に取り除かれているので，酸素の消費のみが測れる．ヒトの酸素消費は一般に肺活量計（スパイロメーターともいう）を用いて測り，呼吸の深さや回数も測れる．

呼吸孔 spiracle
軟骨魚の頭の両側にみられる小さな1対の穴．呼吸孔は第一*鰓裂が縮小したもので，この縮小は顎の結合を強化するための骨格の適応によるものである．現生の硬骨魚類の呼吸孔は完全に閉じている．四足類の第一鰓裂は中耳腔に発達した．

呼吸鎖 respiratory chain ⟶ 電子伝達鎖
呼吸色素 respiratory pigment
1. 可逆的に酸素濃度の高いときに酸素を結合し，低いときに解離する色素分子．多くは血液中に存在し（血色素），循環系を通して*呼吸器官から体内の組織へと酸素を運搬している．例外の一つは*ミオグロビンで筋肉中に存在する．脊椎動物では呼吸色素は赤血球中の*ヘモグロビンである．⟶ クロロクルオリン，ヘモシアニン，ヘモエリスリン
2. *電子伝達鎖の構成員として細胞呼吸にかかわっているすべてのタンパク質．一例は*シチトクロム．

呼吸商 respiratory quotient
略称は RQ．呼吸における生産された二酸化炭素の体積と消費された酸素の体積の比．通常，RQ は約 0.8 である．

黒化 melanism
しばしば環境への反応として，メラニン色

素の過剰生産によって引き起こされる体の黒色化．工業汚染地区では数種類の黒化したガが存在する（→ 工業暗化）．またクロヒョウはヒョウの黒化した型である．

国際単位系 Système International d'Unités ─→ SI 単位

黒色素胞 melanophore ─→ 色素胞

コケ mosses ─→ 蘚類植物門

古細菌（アーキア） Archaea (archaebacteria)

　メタンを作り出す*メタン細菌，非常に高温で酸性の環境（温泉のような環境 → 好熱性の）で生息できる好熱好酸性古細菌，世界中の海洋中に豊富にいて高濃度の塩分があるところでのみ生息できる好塩性古細菌などが含まれる原核生物の*ドメイン（または領域）のこと．古細菌は，脂質膜においてエステル結合ではなくエーテル結合を含んでおり，また*ペプチドグリカンが細胞壁にはないため，*真正細菌から区別される．しかしながら，古細菌は，生化学的性質によってではなく原則としてリボソームRNAの塩基配列の類似性に基づき分類されている．この分子生物学的な証拠は，古細菌が真正細菌や真核生物とは系統発生学的に異なることを示しており，それぞれが独立したドメインをなすと考えられている．古細菌は，微生物の化石として最も古く知られているものよりも前に存在していた最も初期の生命形態の子孫の可能性があると考えられている．

誇示行動 display behaviour

　他の動物の振舞いに影響を与えるために行われるお決まりの動きや態度．*求愛行動や*攻撃における多くの誇示は顕著であり種特異的で，特別な模様や体の部分が目立つように示される（例えば雄クジャクは求愛の際に尾を広げる）．他の誇示行動としては隠蔽的行動があり，捕食者が，誇示行動を行っている動物を潜在的な被食者として認識することを困難にしている．例えばシャクトリムシは小枝に似ており，体の一端で植物の茎につかまり，そしてもう一端を空中に突き出す．または，被食者は*威嚇誇示により捕食者をためらわせる．

五指肢 pentadactyl limb

　四足類の脊椎動物（両生類，爬虫類，鳥類，哺乳類）の特徴である5本指をもつ肢のこと．原始的な魚類が陸上生活へと適応する過程でひれから進化したものであり，現在の魚類にはみられない．この肢は三つの部分からなる（次ページの図参照）．上腕もしくは腿は単一の長い骨からなり，前腕もしくはすねは2本の長い骨からなり，手もしくは足は多くの小さな骨からなる．この基本設計は肢の機能に応じて，特に末端の骨の消失や融合により，多くの種で様々に変化している．

鼓室 tympanic cavity ─→ 中耳

古植物学 palaeobotany

　現存する*化石を用いて，地質時代の植物を研究する学問であり，*古生物学の一分野（→ 花粉学）．これは解剖学，生態学，進化学，分類学のような植物学の他の分野とも領域が重なっている．

コスミド cosmid

　cos遺伝子（λバクテリオファージ由来）を含む*遺伝子クローニングに利用されるハイブリッド*ベクター．*マーカー遺伝子として薬剤抵抗性遺伝子をもち他のプラスミド遺伝子も含む．コスミドはファージベクターやプラスミドベクターよりも大きなDNA断片を取り込むことが可能で，哺乳類の大きな遺伝子や多数の遺伝子を含むDNA断片のクローニングに特に適している．

コズミン鱗 cosmoid scale ─→ 鱗

古生代 Palaeozoic

　*顕生代の最初の時代のこと．*先カンブリア代の後の時代で下部古生代と上部古生代に分けられ，下部古生代は*カンブリア紀，*オルドビス紀，*シルル紀，上部古生代は*デボン紀，*石炭紀，*二畳紀からなり，5億4千万年前から2億5200万年前まで続き，*中生代に続く．

古生態学 palaeoecology

　*化石生物の生存当時の相互関係や環境との関係の研究．化石とその化石が含まれる岩石両方の研究がかかわる．生痕化石からも化石のもとになった生物の挙動に関する情報が得られると考えられている．

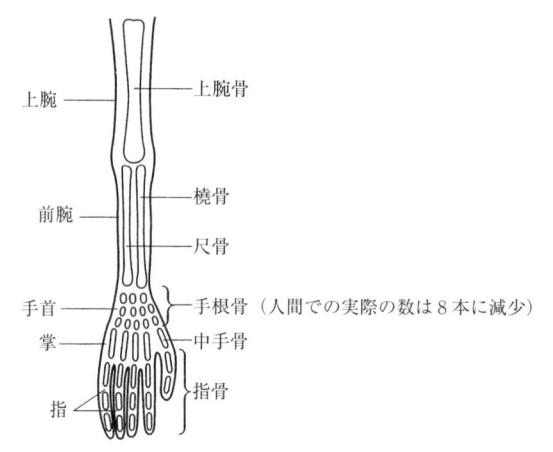

人間の腕で示す基本的な五指肢

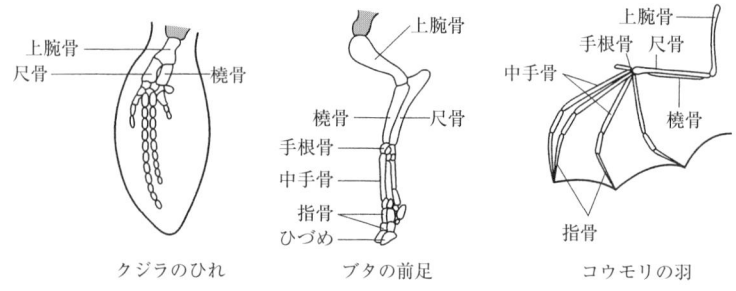

上腕 — 上腕骨
前腕 — 橈骨／尺骨
手首 — 手根骨（人間での実際の数は8本に減少）
掌 — 中手骨
指 — 指骨

五指肢から変形したさまざまな哺乳類の前肢

クジラのひれ（上腕骨、尺骨、橈骨）
ブタの前足（上腕骨、橈骨、尺骨、手根骨、中手骨、指骨、ひづめ）
コウモリの羽（上腕骨、手根骨、尺骨、中手骨、橈骨、指骨）

個生態学　autecology
種の水準での生態学の研究をいう．個生態学的研究では，ある特定の種に属する個体や*個体群についての，生息地，分布，生活環などを含む生態を探究することを目的としている．個生態学では，その生物の*生態的地位に関する全体的記述が行われていく．→ 群集生態学

古生物学　palaeontology
残された*化石に基づいた絶滅生物の体の構造，環境，進化，分布等に関する研究．古生物学は岩層の間の層序学的関係を示したり，過去の地質時代の地球の様子や気候を決定することによって地質学にも重要な貢献をしている．→ 古植物学，古生態学，古動物学

呼息　expiration (exhalation)
肺から気体が出る過程（→ 呼吸運動）．哺乳類では，*肋間筋の収縮と，腹部の器官の上方への圧力の助けを受けた横隔膜の伸張によって，胸腔の容量が減る．その結果，肺の気圧は大気圧を超え，気圧を調整するために肺から気流が出る（→ 吸息）．

呼息中枢　expiratory centre ⟶ 換気中枢

子育て　parental care
親が子に餌を与えたり，保護するために時間やエネルギーを費やすあらゆる行動パターンのこと．子育ては親の代償で子の*適応度を高めている行動のため，*利他的行為の一形態とされている．子育ての程度は生物により大きく異なっている．例えば魚類の多くで

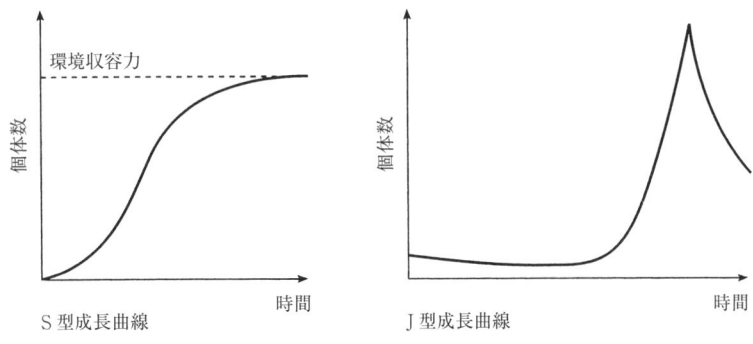

個体群成長曲線

はほとんど，もしくはまったく子育てはみられないが，ヒトや多くの哺乳類では子が青年期になるまで子育てが続けられる．

個体群（生態学） population
1. ある*群集内の同種の個体の集団．個体群の特質は，個体密度，*性比，出生率，死亡率，個体の移出，個体の移入のような要因により決まる．
2. ある特定の地域内における，特定の種や特定の属などの他の分類階級の生物の全体の個体数のこと．例えば，イギリスにおけるげっ歯類の個体数を示す場合などがある．

個体群成長 population growth
*出生率が*死亡率を上回る，個体移入が個体移出を上回る，またはこれらの要因が重なったときに起こる個体数の増加のこと．時間軸に対して個体群の規模をプロットすることにより得られる成長曲線は，S字型（シグモイド）かJ字型が典型的である（図参照）．シグモイド成長曲線の初期相は，指数関数的な成長を示す．環境がもつ容量が飽和したとき，すなわち食物，場所やその他の状況が一定数の個体を支え，個体数が増加しなくなったときに，曲線は水平になる．J字型成長曲線は，初期相では指数関数的に成長するが，それが急激に途絶え，個体数の急激な減少を示す．この減少は，獲物（食物）のライフサイクルの停止や，突然効力を発揮する*環境抵抗性を誘導する他の何らかの要因により，引き起こされる．→ 細菌増殖曲線

個体群動態 population dynamics
動植物の個体群中の個体数に起こる変動や，これらの変動を制御する要因に対する研究のこと．これらの要因は，例えば食物の供給のように，個体数に対する安定化効果を示し，個体群の密度に効果が依存する密度依存要因と，個体群密度と効果が関連しない要因（例えば，洪水のような災害）である密度独立要因とに区別される点が重要である．

古第三期 Paleogene ── 第三紀，付録

個体数ピラミッド pyramid of numbers
ある地域の*食物連鎖の*栄養段階を上がるにつれて見いだされる動物の個体数を，図示したものである（図参照）．1個体の生物が取り込んだエネルギーの一部だけが組織に変換され，次の栄養段階の消費者に利用可能となるために，各栄養段階で維持できる個体

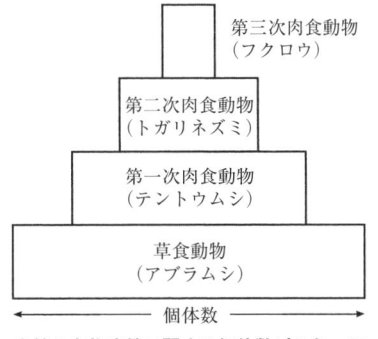

森林の食物連鎖に関する個体数ピラミッド

数は，それらに食料を供給するその下の栄養段階の個体数よりも，一般的には，はるかに少なくなる．→ 生物体量ピラミッド，エネルギーピラミッド

個体発生 ontogeny

生物が受精卵から成体まで発達する成長過程のこと．「個体発生は*系統発生を繰り返す」，すなわち発生の各段階，特に胚における発生段階は生物の進化の歴史を反映している，という説がかつて提唱された．しかし，いまはこの考えは受け入れられていない．→ 反復発生

固着した sessile

動物が永続的に何かの表面に付着して生活することで，すなわち固着性動物．多くの海洋動物，例えばイソギンチャク，カサガイがあげられる．

個虫 zooid

無脊椎動物の群体の1個体．特に*苔虫類の個体．

骨化（骨形成） ossification

*骨形成の過程のこと．結合組織内に骨の層を形成する*造骨細胞と呼ばれる特殊な細胞の働きによって行われる．膜内骨化においては，骨は結合組織内に直接形成される（→ 膜骨）．軟骨内骨化においては骨は軟骨が骨組織により置換されて形成される（→ 軟骨性骨）．

骨格 skeleton

体を機械的に支持する動物体の構造で，内部の器官を保護したり，筋肉を固定するための枠組みとなる．骨格には外部に存在するもの（→ 外骨格）と内部に存在するもの（→ 内骨格）がある．どちらも*移動運動するために*関節が必要である．高等脊椎動物の骨格は，多くの*骨から構成されている（→ 付属肢骨格，中軸骨格）．軟体動物は*流体静力学的骨格をもっている．

骨格筋 skeletal muscle ⟶ 随意筋

骨幹 diaphysis

哺乳類の外肢の骨の軸の部分をいい，未成熟な動物では骨の末端（→ 骨端）から，軟骨により隔てられている．

骨形成 ossification ⟶ 骨化

骨細胞 osteocyte

骨中にみられる細胞で，骨組織の維持のために必要とされる，呼吸や血液との物質交換のような細胞性の働きを行う．*造骨細胞由来である．

骨髄 bone marrow

骨の中心腔と内部の空隙に含まれる柔らかい組織．誕生時と若い動物では，すべての骨の骨髄は*血液細胞を作ることにかかわっており，これは*造血組織を含み「赤色骨髄」として知られている．成熟した動物では，長骨に含まれる骨髄は血液細胞を作ることをやめ，脂肪に置き換えられ，「黄色骨髄」として知られるものとなる．

骨髄組織 myeloid tissue

血液細胞を産生する赤色をした*骨髄中の組織．血管の周囲に存在し，血球細胞の前駆体となる様々な細胞を含んでいる．→ 造血組織

骨端 epiphysis

哺乳類で成長している骨（特に長い四肢骨）の末端の部分をさす．骨端は軟骨を間にはさんで骨幹と離れている．新しい骨は，骨幹と向かい合った軟骨の面から生み出され，一方新しい軟骨は軟骨盤の反対側の面から生み出される．骨が大人の大きさまで成長すると，骨端は骨幹と一緒になる．

骨盤 pelvis

1. ⟶ 下肢帯
2. 下肢体の内部に相当する下腹部のこと．

骨盤帯 hip girdle ⟶ 下肢帯

骨膜 periosteum

骨を覆っている外膜．結合組織，毛細血管，神経，そして*破骨細胞を含む様々な細胞を含有する．骨膜は骨の修復と成長に重要な役割を担う．

骨迷路 bony labyrinth ⟶ ラビリンス

固定 fixation

1. 顕微鏡検査のための標本の調製における最初の段階．組織は殺され，化学固定液中に浸漬され，可能なかぎり自然の状態で保存される．固定液はその構成タンパク質を変性させることにより細胞成分の変形を防止す

る．いくつかの一般的に用いられる固定液にはホルムアルデヒド，エタノール，ブアン固定液（以上，光学顕微鏡観察用），および四酸化オスミウム，グルタルアルデヒド（以上，電子顕微鏡観察用）などがある．固定は熱によって行われることもある．
 2. ──→ 窒素固定
固定相 stationary phase ──→ クロマトグラフィー
固定的動作パターン fixed action pattern ──→ 本能
コデイン codeine
 疼痛を緩和させる薬剤で，ケシの植物体から得られる．→ アヘン剤，鎮痛薬
古動物学 palaeozoology
 現存する*化石を用いて行う地質時代の動物の研究で，*古生物学の一分野．
コドン codon
 伝令*RNA分子のなかのヌクレオチドの三つ組で，通常，細胞内でのタンパク質の生合成の際に特定のアミノ酸を指定することによって，遺伝暗号の単位（トリプレット暗号）として機能する（→ 遺伝暗号）．一部のコドンはタンパク質の生合成の過程を支配する指令を指定する（→ 開始コドン，終止コドン）．またコドンという語は，mRNAのコドンに転写される前のDNAの対応する三つ組ヌクレオチドを示す場合もある．→ 読枠，アンチコドン
琥珀 amber
 黄色もしくは赤褐色の化石樹脂のこと．樹脂はある種の樹木や植物などから滲出したもので，しばしば保存された昆虫，花，葉などを含有し，それらは樹脂が固まる前に琥珀の粘着性の表面によって閉じこめられたものである．琥珀は宝石や装飾などに使われる．また，琥珀は擦ったときに電荷を生み出す性質がある（電気electricityという単語は，琥珀のギリシャ語名であるelectronから由来している）．琥珀は，世界中の白亜紀から更新世の間の地層に存在するが，最もよく見かけられるのは，白亜紀と新・古第三紀の岩石中である．

コハク酸塩 succinate
 四炭素脂肪酸であるコハク酸（ブタン二酸），$HOOC(CH_2)_2COOH$ の塩．コハク酸は代謝の中間体として，特に*クレブス回路の中間体として生体内で生じる．
コバラミン（ビタミン B_{12}） cobalamin (vitamin B_{12}) ──→ ビタミンB群
コバルト cobalt
 元素記号はCo．淡灰色の金属元素で，動物に必要な微量元素である（→ 必須元素）．動物を原料とした食物中に含まれ，またビタミン B_{12} の成分である．コバルトは植物にとっての*微量養素でもある．
小人症 dwarfism ──→ 成長ホルモン
鼓胞 bulla
 丸い中空の，頭蓋骨の突起．哺乳類では内部に*中耳を納めている．
鼓膜 tympanum (tympanic membrane; eardrum)
 *中耳から*外耳を分ける膜．これは音波に応じて振動し，振動を中耳の*耳小骨を経由して聴覚領域（*内耳の*蝸牛）に伝達する．両生類といくつかの爬虫類では外耳がなく，鼓膜は皮膚の表面に露出している．
コミュニケーション communication
 二つの生物間の相互作用の一種で，情報が一方から他方へ伝達されるものをいう．コミュニケーションは，同種の個体間で起こる種内コミュニケーションと，異なった種の成員の間で起こる種間コミュニケーションがある．コミュニケーションでは，一般的に一方の生物から他方への信号の伝達があり，この信号は視覚的，化学的，触覚的な場合と，音声による場合がある．同種個体間の視覚的信号は，*なわばりの占有と防衛，適切な配偶者の選択などのために，動物によって広く用いられる（→ 求愛行動，誇示行動，生物発光）．化学的および触覚的な信号も，このような活動において重要な役割を果たす（→ フェロモン）．社会性の種の活動はこれら3種の信号の伝達に大きく依存しており，古典的な例としては*ミツバチのダンスが知られており，このダンスにより蜜源への距離と方角がそのコロニーの他の成員に伝達される．

体色による視覚的信号は，異種の動物間における主要なコミュニケーションの手段となっている（→ 擬態，警戒色）．長距離や夜間における種内のコミュニケーションにおいては，音は視覚的信号よりも効果的である．ある種の昆虫は，*摩擦鳴により音を生じ，他方，鳥のさえずりや言語は，おのおの鳥類と人類の洗練された音声信号の例である．

植物においては，視覚的および化学的信号がコミュニケーションにおいて重要である．昆虫やその他の動物により受粉される被子植物では，それらの花の色彩，形態，香りに依存して，適切な花粉媒介者を引き寄せる．ある種の植物は，競争者や捕食者を抑制するために化学的信号を生産する（→ アレロパシー）．

ゴム gum
1. 植物から得られる多様な物質．典型的なものは有機溶媒に不溶であるが，水とはゼラチン状の，もしくは粘つく溶液を形成する．ゴム樹脂はゴムと天然樹脂の混合物である．ゴムはある種の植物（主に樹木）の若い木部導管から，傷付けられたことや刈り込みに反応して生産される．浸出物は，植物の表面に到達すると硬化し，その下の細胞が分裂して耐久性の治癒組織を形成するまで一時的な保護膜となる．多量のゴムの形成は，ある種の植物病害の病徴である．→ ムシラーゼ
2. → 歯肉

コムシ類 Diplura
小型から中型の，翅をもたない昆虫の目で，「フタマタシミ」として知られ，細長い体と突出した対をなす尾のような尾角と細長い1対の触角を有する．およそ800種が知られ，通常，2～5 mmの体長で，例外的に50 mmに達するものもある．目を欠き，部分的に隠れた口部をもち，土中，樹皮の下，腐植した植生など暗く湿った場所に生息するが，捕食者である種も存在する．体節の数は成長の段階を通して固定しており，脱皮は一生を通じて続く．分類学者のなかには，コムシ類を他の翅をもたない昆虫とともに*無翅昆虫亜綱に入れる者もいるが，コムシ類を上綱である*六脚類（上綱）のなかの独立した綱とする者もいる．

固有種 endemic
分布が1カ所または数カ所の生息地に限定されている植物種または動物種をさす．固有種はたいてい島にみられ，絶滅に対する抵抗性が弱い．

固有派生形質 autapomorphy ⟶ 派生形質

コラーゲン collagen
皮膚，腱，骨などの結合組織に広くみられる不溶性の繊維状タンパク質である．コラーゲンのポリペプチド鎖には主にアミノ酸のグリシンとプロリンが含まれ，三重らせんを形成し，さらに互いに結合して原繊維を形成する．この原繊維は高い引張り強度と，ある程度の弾性を示す．コラーゲンは，哺乳類の体を構成するタンパク質の総量の30％以上を占める．

コリン choline
$CH_2OHCH_2N(CH_3)_3OH$ で示されるアミノアルコール．*レシチンやスフィンゴミエリンなどの特定のリン脂質や，神経伝達物質の*アセチルコリンなどの成分として広く生命体に存在する．ときとして，コリンは*ビタミンB群に分類される．

コリンエステラーゼ（アセチルコリエンエステラーゼ） cholinesterase (acetylcholinesterase)
神経伝達物質である*アセチルコリンをコリンと酢酸塩に加水分解する酵素．コリンエステラーゼは神経細胞の*シナプスと筋細胞の*神経筋接合部より分泌される．有機リン系殺虫剤（→ 農薬）はコリンエステラーゼを阻害することにより*抗コリンエステラーゼ剤として作用する．

コリン作動性 cholinergic
*アセチルコリンを分泌する神経繊維と，それ自身がアセチルコリンによって刺激を受ける神経繊維を示す語である．→ アドレナリン作動性

ゴール gall (cecidium)
えい，こぶ，虫えいともいう．他の生物によって誘導される植物組織もしくは器官の異常な成長部分．ゴールは様々に変化した形態

をもつが，最もよくみられるのは茎，根，葉，つぼみにできる肥大部もしくは穴である．これらを形成する生物は細菌，ウイルス，カビ，線虫，ダニ，昆虫などである．ゴールの構造は，きわめて複雑でいくつもの異なる細胞の層が存在する場合もあれば，比較的単純で分化していない場合もある．しかし，概して周囲の通常の組織とは明確に異なっており，多くの場合これらを作る生物に特徴的である．ゴールの形成は細胞の拡大（肥大）もしくは増殖（増生）がかかわる．ゴール形成のメカニズムは 2, 3 の例で知られているにすぎない．細菌である*アグロバクテリウム・テュメファシエンスは根頭癌腫病の病原菌であるが，感染した宿主組織に腫瘍形成遺伝子をもつプラスミドを送り込むことで遺伝的変化を引き起こす．昆虫はゴール形成を引き起こす物質を唾液中に分泌するか，ある場合には植物のゲノムに影響を与えるウイルスや遺伝的キャリヤーを送り込む．

コルク（コルク組織） cork (phellem)

*コルク形成層により作られる，保護性，防水性の植物組織．植物の*二次成長の際に発達し，表皮に置き換わる．その細胞の細胞壁は*コルク質が楯積しており，放射状に配列している．そして，*皮目により割り込まれている部分を除いては細胞がお互い接近して密着している．コルク細胞はリグニンやタンニン，脂肪酸などのコルク特有の色のもととなる沈着物を含むものと，空気を含むものがある．コルクガシ（*Quercus suber*）は，商業的に使用されるコルクを生産する．

コルク形成層 cork cambium (phellogen)

木本の茎部の外層にみられる*形成層の一種．通常，内側の組織を完全に囲っている．コルク形成層の細胞は，分裂により，外側のコルク状組織（*コルクまたはコルク組織）と，内側の二次皮質（コルク皮層）を産生する．コルクやコルク形成層，コルク皮層は全体として周皮を形成し，これは非透過性の外層となり，成長により茎の外周が増大して外周の組織が裂けた場合に，茎の内部の組織を保護する．したがって，周皮は表皮の機能を代替する働きがある．

コルク質 suberin

*クチンに類似のろう性物質の混合体．特にコルク組織など，高木や低木の肥厚した細胞壁に存在する．コルク質の蓄積（コルク化）により不透水性防御層が形成される．→カスパリー線

コルク組織 phellem ⟶ コルク

コルク皮層 phelloderm ⟶ コルク形成層

ゴルジ，カミーロ Golgi, Camillo (1843-1926)

イタリアの細胞学者で，医者として働くかたわら細胞や組織の研究をした．のちにパビア大学教授．銀塩を用いて細胞を染色する方法を生み出し，それにより神経細胞を研究した結果，多くの他の神経細胞と結合を作っている脳の神経細胞（のちにゴルジ細胞と呼ばれる）の一型を発見した．この知見はスペインの組織学者カハール（Santiago Ramón y Cajal, 1852-1934）による，神経系におけるインパルスの伝達単位である*ニューロンの提唱につながった．ゴルジはまた，現在*ゴルジ体の名で呼ばれている細胞内小器官の発見で記憶されている．神経系の構造を明らかにした研究において，1906 年のノーベル生理医学賞をカハールとともに受賞した．

ゴルジ体 Golgi apparatus

真核*細胞の細胞質内にある小胞と重なった膜の集合体で，タンパク質やほかの物質（多糖など）を加工し，細胞膜に送って分泌させるため，あるいは細胞内の目的地に向けて送るために小胞に包み込む．タンパク質は*小胞体で合成された後に輸送小胞に入り，ゴルジ体に運ばれてくる．ゴルジ体で加工されたのち，タンパク質はゴルジ小胞につめ込まれ，分泌や貯蔵，リソソームへの輸送などにより分けられる．植物の細胞には通常ゴルジタイプの小胞が小さく並んだものが存在し，これを*ディクチオソームと呼ぶ．ゴルジ体は発見者であるカミーロ・ゴルジにちなんで名づけられた．

コルチコトロピン corticotrophin ⟶ ACTH

コルチ細胞 Corti cell

内耳に存在する*コルチ器にみられる*有毛細胞．コルチ細胞は音の検出に関与している．

コルチゾール cortisol (hydrocortisone)

副腎において産生されるホルモン（→ 副腎皮質ホルモン）で，グルコースの合成と貯蔵を促進する．したがって正常なストレス応答に関して重要な働きをする．炎症の制御や抑制，または体内の脂肪の蓄積の制御も行う．アレルギーやリウマチ熱，特定の皮膚病，副腎不全（アジソン病）などの処方に使用される．

コルチゾン cortisone

*副腎皮質ステロイドの仲間であるが，これ自体は生物学的に不活性であり，活性のあるホルモンである*コルチゾールから，副腎において自然に作られる．コルチゾンは，コルチゾールにきわめて近い構造をもつ．コルチゾンは，肝臓その他の組織において，代謝により活性型のホルモンに再転換される．コルチゾンは臨床的には，コルチゾールの不活性な前駆体（プロドラッグ）として用いられる．

コルティ器 organ of Corti

音に反応する，内耳の*蝸牛の感覚部分のこと．この器官はイタリア人解剖学者コルティ（A. G. G. Corti, 1822-88）にちなんで名づけられ，蝸牛管のなかへと突出し，互いに平行に走っている二重膜と基底膜から伸びて蓋膜と接触している感覚*毛細胞からなる（図参照）．音波が伝達されている間は基底膜が振動し，感覚毛が蓋膜に対して曲がり，これによってインパルスが発生し，これが聴神経を経由して脳に伝達される．

コルヒチン colchicine

イヌサフラン（*Colchicum autumnale*）から得られる*アルカロイドである．コルヒチンは，有糸分裂時の*紡錘体形成を阻害し，そのため有糸分裂後期に染色体が分離できなくなり，染色体の組数が増加することになる（→ 倍数体）．コルヒチンは，遺伝学，細胞学，育種の研究や，細胞分裂を阻害するためにがんの治療にも使われる．

コレカルシフェロール cholecalciferol
—→ ビタミンD

コレシストキニン cholecystokinin (CCK; pancreozymin)

十二指腸から産生されるホルモン．胆嚢の収縮を誘発し，腸管への胆汁の分泌を促す．また，膵臓を刺激し，消化酵素の分泌を促す．コレシストキニンの分泌は胃の内容物が小腸に接触することにより促進される．

コレステロール cholesterol

動物組織に広く存在し，ある種の植物・藻類にも存在する*ステロール（→ ステロイ

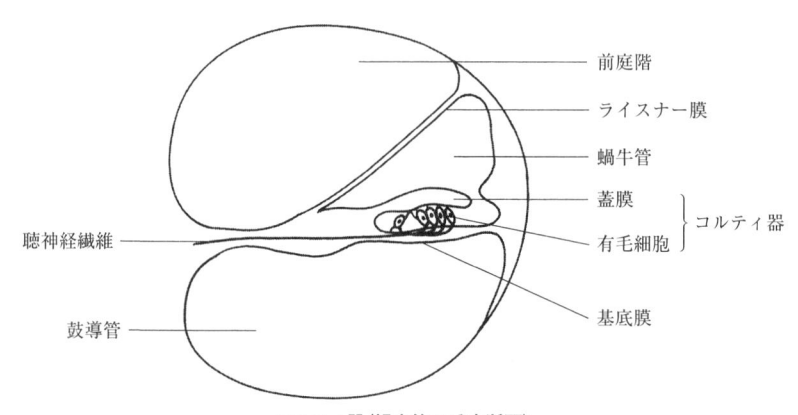

コルティ器(蝸牛管の垂直断面)

ド).遊離のステロールそのものの形で,または長鎖脂肪酸とのエステルとして存在する.コレステロールは腸管により吸収され体内に取り込まれるか,肝臓により合成される.血漿*リポタンパク質や,細胞膜を形づくっている脂質タンパク質複合体の主要な成分である.また,胆汁酸,性ホルモン,副腎皮質ホルモンなどの多様なステロイドの前駆体である.コレステロールの誘導体である,7-デヒドロコレステロールは皮膚において太陽光の作用によりビタミンD_3に変化する.コレステロールの過剰摂取による血中レベルの増加は*アテローム性動脈硬化症を誘発する.しかし,いまでは血管の障害は低密度リポタンパク質(LDLs)の血中レベルの上昇が原因であると考えられている.LDLsはコレステロールが血中を輸送される際の主要な形態である.

コロイド colloids

最初に1861年にグラハム(Thomas Graham, 1805-69)によって,デンプンやゼラチンのような,膜を通る拡散が不可能な物質として定義された.グラハムは,コロイドを,膜を通過できる無機塩などのクリスタロイドと区別した.のちに,コロイド溶液は粒子が分散したもので,真の溶液とは区別されるべきであることが認識された.この粒子は,通常の顕微鏡で観察するには小さすぎるが,典型的な分子に比べると,はるかに大型である.コロイドは現在では,分散相が連続相のなかに分布した,2相またはそれ以上の相をもつ系として理解されている.さらに少なくとも一つの相の大きさは非常に小さく,$10^{-9} \sim 10^{-6}$ mの範囲である.コロイドは多様な観点から分類される.

ゾルは液体中に小さい固体粒子が分散している状態である.この粒子は,巨大分子である場合と,小分子の集合体である場合がある.疎液ゾルは,分散相と液体との間に親和性がないものをいう.例として塩化銀を水中に分散させたものがある.このようなコロイドでは固体粒子に表面電荷が存在し,粒子が互いに凝集することを防いでいる.疎液ゾルは,本質的に不安定であり,やがて粒子は集合し沈殿物を形成する(→ 凝結).一方,親液ゾルは,真の溶液により類似しており,溶質分子は大きく,溶媒に対して親和性を示す.水中におけるデンプンはこのような系の例である.会合コロイドは,疎水性の部分と親水性の部分をもった分子の集合体により,分散相が形成された系である.水中におけるせっけんは会合コロイドである(→ ミセル).

乳濁液は分散相と連続相の両方がともに液体であるコロイド系で,例として水中の油や油中の水などがある.このような系では,分散した粒子を安定化させるために,乳化剤が必要である.

ゲルは,分散相と連続相の双方がゲル全体にわたる三次元的な網状組織を形成するコロイドであり,その結果,ゼリー状となる.一般的な例としてゼラチンがある.時にゲルの一方の成分が加熱などにより除去されると,あとにシリカゲルのような強固なゲルが残る.

その他のタイプのコロイドには,霧や煙のように,気体のなかに液体や固体の粒子が分散したエアロゾルや,液体または固体のなかに気体が分散した泡沫がある.

コロニー colony

1.(動物学)互いに依存して一緒に生活する同種の動物の集団をいう.サンゴや海綿などのある種の動物は,互いの体が連結しており,一つの単位として機能する.他の昆虫のコロニーなどでは,体は結合していないが高度な社会的組織化がみられ,各個体は異なる機能を果たすように分化する(→ 階級).

2.(微生物学)通常,細菌や酵母などの,1個の親細胞から発達したとみなされる微生物の集団をいう.*寒天平板培地の上に生育したコロニーは形,色,表面の生地,透明度などが異なり,したがって同定の手段として用いることができる.

コロニー刺激因子 colony-stimulating factor (CSF)

骨髄やその他の組織において,幹細胞からある種の血球細胞への分化を促進する数種の*サイトカインをいう.これには,造血幹細

胞からの顆粒球と単球/大食細胞の混合コロニーへの分化を促進するためにその名がつけられた糖タンパク質である GM-CSF, 顆粒球の生産のみを刺激する G-CSF, 単球/大食細胞の生産のみを促進する M-CSF が含まれる. *インターロイキン-3 (IL-3) は, すべての型の白血球と赤血球の生産を刺激するために, ときにマルチ CSF と呼ばれる.

根 root

「こん」と読む. **1**. (歯科学) *歯のうち, エナメル質に覆われておらず, 顎骨の歯槽に埋め込まれている部分. 門歯, 犬歯, 小臼歯は一つの根をもつが, 臼歯は通常, 複数の根をもつ.

2. (解剖学) 中枢神経系における神経の起点. すべての*脊髄神経には二つの根がある (→ 背根, 腹根).

根圧 root pressure

土中から吸収した水分を植物の根を経由して茎へと押し上げる圧力のこと. この圧力の存在は, 茎を切断すれば水分がにじみ出ることから示すことができる. *液柱圧力計を切断した茎に接続することにより, 根圧を測定する. 根圧は, 土中から根の細胞へと移動する水分の浸透作用と, 塩類を*木部組織へと移行させる能動輸送の両方により生じると信じられており, 能動輸送は水分の移動方向に沿った塩類の濃度勾配を維持していると考えられる. → 蒸散

コンカナバリン concanavalin → レクチン

根冠 root cap (calyptra)

根端を覆う, 円錐状の形態をしたもので, 根端分裂組織における細胞分裂の結果, 形成されるものである (→ 根冠形成層). 根冠は土中を伸長する根端を保護する. その細胞は摩擦により常に剝がされるが, 分裂組織により新しいものに入れ替わる. → ムシゲル

根冠形成層 calyptrogen

根の*頂端分裂組織のなかの領域で, *根冠を形成するための細胞分裂を行う.

根茎 rhizome

水平方向に伸びた地下茎の一種. 根茎は, 植物が一つの生育期から次の生育期までの間に生き延びるため, また, ある種の植物では無性繁殖するために用いられる. 根茎は, カウチグラスのもののように細い針金状のこともあれば, アヤメ類のもののように多肉質で太いこともある. ダイオウやオランダイチゴ, サクラソウでみられる小型のまっすぐな地下茎はしばしば根株と呼ばれる.

混合機能オキシゲナーゼ (モノオキシゲナーゼ) mixed function oxygenase (monooxygenase)

基質へ酸素原子を導入する酵素. 混合機能オキシダーゼは多くの重要な代謝経路の必須部分である. そのような酵素の例としては, フェニルアラニン 4-モノオキシゲナーゼ (=フェニルアラニン 4-ヒドロキシラーゼ), カテコール 2,3-オキシゲナーゼ (=メタピロカテナーゼ) などがある.

混合機能オキシダーゼ mixed function oxidase

代謝と排出をより効果的に行うために毒性化合物を酸化する, 動物にみられる酵素複合体. その複合体は広い範囲の動物種において, アルカロイド類, フェノール類, テルペノイド類, キノン類といった毒性の有機物質にさらされた場合に誘導される. その酵素複合体は脊椎動物では肝臓, 無脊椎動物では肝臓と同様の器官である肝膵臓に分布する. この酵素はエネルギーを使用して, 水酸基の形で 1 個の酸素原子を毒性分子に導入する. 植物を食べる昆虫にはこれらの酵素複合体が大量に存在し, 植物に含まれる自然毒を解毒している. そうした酵素複合体は昆虫が殺虫剤に対して抵抗性をもつようにしている場合がある.

根鞘 coleorhiza

イネ科植物の胚の幼根を包み保護する鞘状器官である.

痕跡器官 vestigial organ

進化の過程においてその大きさを小さくした器官のことで, その機能の重要性が低くなった, あるいはまったく必要なくなったことが原因である. 例としてヒトの盲腸やダチョウの翼がある.

コンセンサス配列 consensus sequence

DNAやRNA上の特定の領域に見いだされるヌクレオチド配列の一種であり、例えば別々の遺伝子のプロモーター領域（→ オペロン）には、偶然期待されるよりも著しく大きな頻度で、ある種の塩基配列が存在する。そのような塩基配列は遺伝子ごとに変化があるが、全体として最も可能性の高い配列を推定することができる。例として、原核生物のプロモーターの*プリブナウ配列がある。このコンセンサス配列という語は、ポリペプチドのアミノ酸配列にも用いられる。

根足虫類 Rhizopoda

プロトクティスタ界の門の一つで、アメーバや細胞性*粘菌が含まれる。これは移動や餌の取込みの際に使う*偽足をもつという特徴がある。根足虫は淡水や海水、土壌中に生息する。アメーバは二つに*分裂することで増殖するが、細胞性粘菌は細胞が集合して粘液性のかたまりとなり、このかたまりが胞子を産生する。→ アメーバ，原生動物

昆虫学 entomology

昆虫類を研究する学問。

昆虫綱 Insecta ⟶ 六脚類

昆虫発育抑制剤 insect growth regulator

昆虫の正常な発達や成育を妨げる様々な物質。これらのいくつかは害虫防除に用いられている。二つの主要な種類が作用形態によって区別されている。幼若ホルモン様物質（ジュベノイド）は幼虫の発育のホルモンによる制御を乱すため、変態が起こらなくなるか、あるいは弱く不妊の成虫となる。例としてはフェノキシカルブ、メトプレン、ピリプロキシフェンがある。対照的に、ジフルベンズロンやトリフルムロンのようなキチン合成阻害剤は、キチン形成を阻害し、それにより*脱皮後の古い外皮の更新を妨げる。合成阻害剤で処理した昆虫は脱皮できないか、体を防御できないような軟らかくて弱い外皮をもち、*脱皮時か脱皮後すぐに死ぬ。どちらの型の発育抑制剤も脊椎動物には害が低いが、農地で用いる際は、受粉媒介者や害虫の捕食者のように有益な昆虫の集団に対して壊滅的な影響を与えうる。昆虫発育抑制剤の最も一般的な用途は、食物の貯蔵の際や家屋における昆虫の抑制である。

コンティグ地図 contig map ⟶ 物理的地図

コントロール control

1．対照。他の条件で観察される結果と比較するために、実験の一部として加える標準となるものをいう。

2．制御。生物学的過程が自発的に制御されること。→ 制御機構

3．防除。→ 生物的防除，化学的防除

ゴンドワナ大陸 Gondwanaland ⟶ 大陸移動

コンパス植物 compass plant

葉を常に南北方向に向けている植物をいう。この配向をすることにより、植物は朝と夕方の日光を有効に利用し、一方、日中の強烈な日光を避けることができる。例としては、北米プレーリー原産のキク科植物であるコンパスプラント（*Silphium laciniatum*）がある。

根被 velamen

ある種のランなどの着生植物の気根の周りを取り巻く、白いスポンジ状の鞘。これは死んでなかが空洞の細胞からなる。これはその鞘の表面の水分を吸収する。

コンブ kelp

大きな褐色の海草（→ 褐藻植物門）かその灰。ヨード源として用いられる。

根毛 root hair ⟶ 根

根毛層 piliferous layer

*根毛のある、根の表皮部分。根の先端から根本側に4〜10 mmの領域にある。この根毛層より根本側は下皮組織が現れるために古い根毛層は脱落する。

根粒 root nodule

ある種の植物、特にマメ科植物の根におけるこぶで、そのなかには細菌（特に根粒菌であるが）が存在し、空中窒素を固定しアンモニアへ変換する能力をもつ。アンモニアは引き続き硝酸塩やアミノ酸へと変換される（→ バクテロイド，窒素固定）。根粒をもつ植物は、土中の硝酸塩濃度を増加させるので、土の肥沃度が増す。*輪作を行う際には、ふつ

うマメ科植物の栽培も含める．ハンの木（*Alnus*）やヤマモモ（*Myrica*）など，ある種の非マメ科植物も根粒を形成するが，なかに含まれる細菌は根粒菌ではなく糸状の放線菌類（*Frankia*）である．

サ

材 wood

硬い構造の力学的支持および水を通す働きをもつ組織であり，多くの多年生植物に存在して高木や灌木の組織の大部分を形成する．これは二次*木部と繊維細胞のような木部に随伴する細胞で構成される．オークやマホガニーのような被子植物の材は硬材と呼ばれ，マツやモミのような裸子植物の材は軟材といわれる．毎年の成長の季節に維管束形成層が細胞分裂することにより，新しい材は古い材の外側に加わる（→ 年輪）．最も外側の新しい材（*辺材）だけが水を通す機能をもち，内側の材（*心材）は構造の支持のみを行う．

細管 canaliculus (pl. canaliculi)

肝臓と骨で，細胞どうしの間にみられる，非常に小さい管．肝臓では，毛細胆管が胆管へ胆汁を輸送し，骨では細管が骨小腔をつないでいる．この腔は骨細胞を含んでいる．

鰓器官の branchial

鰓の，または鰓に関する．多くの魚は5対の鰓弓対をもち，これらは鰓の支持骨格であり，鰓室と呼ばれる空洞に納められている．咽頭の壁にある狭い*鰓裂を通って水が鰓室に入り込み，ガス交換が起こる．血液は導入鰓動脈を通って鰓に入り，導出鰓動脈を通って鰓から出ていく．

催奇性物質 teratogen

胎児に起こる先天的異常を引き起こす環境因子のこと．例として電離放射線（例：X線），栄養失調，薬剤（例：サリドマイド），毒性のある化学物質，ウイルス感染（例：風疹）がある．

再吸収 reabsorption ⟶ 選択的再吸収

細菌 bacteria

普遍的に存在する多様な微生物群であり，すべての細菌は単*細胞で，明らかな核膜を欠いており，特徴的な組成の*細胞壁をもつ（図参照）．細菌は，生物界の原核生物に対応する．しかし，細菌の分類については議論の余地がある．リボソームRNAの構造と塩基配列の違いに基づいて（→ 分子系統学），原核生物は進化的に二つの分類群に分けられることが認められている．従来，これらは細菌や原核生物界などいくつかの名称で呼ばれる一つの界にまとめられ，この界が，太古の細菌の子孫を含む*アーキア（古細菌）と，今日の膨大な細菌の大部分を含む*真正細菌の二つの亜界に分けられていた．しかし，現在ではこれらの原核生物の分類群は大きく異なることが明かになったため，それぞれを*ドメインの地位に昇格させて，アーキア（古細菌，複数の界を含む）と，細菌（唯一の界である真正細菌を含む）にするべきであると考えられるようになっている．一般的な用法としては，「細菌」という語には古細菌と真正細菌がともに含まれる．

細菌は種々の観点から分類することが可能で，その例としては，*グラム染色に対する

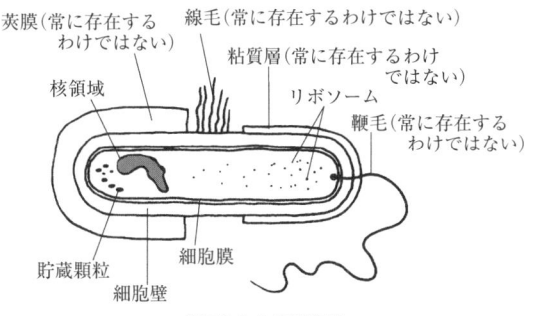

普遍化した細菌細胞

反応性，栄養要求性の基本的傾向（たとえば酸素要求性の有無→好気呼吸，嫌気呼吸），細胞の外部形態がある．1個の細菌の細胞は，球状（→球菌），棒状（→桿菌），らせん状（→らせん菌），コンマ形（→ビブリオ属細菌），コルク抜き状（→スピロヘータ科），真菌細胞に似た繊維状のものがある．大部分の細菌の大きさは0.5〜5 μmの範囲に入る．運動性のものが多く，*鞭毛をもち，細胞の外側に粘液質の*莢膜をもつ場合や，耐久性胞子（→内生胞子）を生産する場合もある．一般的に細菌は，単なる二分裂によって無性的にのみ繁殖するが，一部のものは一種の有性生殖を行う（→接合）．細菌は有機物質の腐敗や分解に大きく寄与し，炭素（→炭素循環），酸素，窒素（→窒素循環），硫黄（→硫黄循環）などの物質の循環を行う．一部の細菌は*光合成によって栄養を得ることができ，このなかには*シアノバクテリアが含まれる．腐生性のもの，寄生性で病気の原因となる細菌もある．細菌感染の際の病徴は，*毒素により発現する．

細菌学 bacteriology

細菌についての研究をいい，細菌の同定，形態，機能，繁殖，分類を扱う．人間を含む動物や植物の病原体としての細菌や，食品流通やその他の環境中における病原菌の抑制方法について，多大な努力が行われている．しかし，細菌学者は細菌の様々な利点，例えば抗生物質，酵素，アミノ酸の生産，廃水処理における役割などについても研究している．

細菌人工染色体 bacterial artificial chromosome → 人工染色体

細菌増殖曲線 bacterial growth curve

培養時の細菌数の時間変化を示す曲線をいう．滅菌した栄養培地を用いて，生育の至適温度で細菌を培養する．試料を1定時間おきに取り出し，細菌の生菌数の計数を行う．これにより1本の増殖曲線を描くことができるが，このなかには様々な相が含まれる（→図参照）．

誘導（潜伏）期においては，細菌の数はわずかに増加するだけで，その間に細菌は水分を吸収し，最初にリボソームRNAを，続い

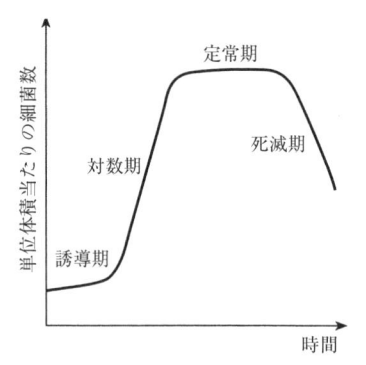

細菌増殖曲線

て酵素を合成し，新しい環境に適応していく．この期間の長さは，新たな培地に移植する前の細菌の培養に使われた培地の種類や，移植する前の細胞の相に依存する．細胞の寿命（世代時間）が短くなるにつれ，細胞は対数（指数）期に近づいていく．対数期には細胞は最高の増殖速度を示し，細菌数は時間に対し指数的に増加し，対数尺度においてグラフの傾きが直線となる（→指数増殖）．たとえば，大腸菌の世代時間は最短で21分である．増殖速度は，対数期の値を用いて算出される．時間が経過し細菌数が増加すると，細胞は定常期に入るが，この時期には栄養分と電子受容体が枯渇し，また二酸化炭素と有害な老廃物の蓄積のために培地のpHが低下する．細胞のエネルギーの蓄えが枯渇するにつれ，細胞分裂の速度は低下する．細菌の死滅速度が増加速度を上回ったときが死滅（末）期となり，栄養分の低下と毒素の増加につれて細胞数は低下する．→個体群成長

サイクリン cyclin

*細胞周期のいろいろな段階で調節にかかわるタンパク質の総称．それらの濃度は，周期の各ステージごとに変動し，有糸分裂からG1，S，そしてG2期へと進行する合図となっている．サイクリンは特定のタンパク質をリン酸化するプロテインキナーゼと協同して働く．たとえば，有糸分裂（M期）は高濃度のサイクリンBにより誘導されるが，これはあるプロテインキナーゼと結合して有糸*分裂促進因子（MPF）を形成している．

M期の末にはサイクリンBは低濃度となるが，その後はしだいに増加し，次のM期の直前にピークを迎える．

最高限界温度 upper critical temperature (critical thermal maximum)

ある生物が耐えうる上限の体温．最高限界温度を超えると細胞の成分や代謝が障害を受け，最終的にはその生物は死に至る．ほとんどの動物の最高限界温度は30〜45℃の間である．植物については，砂漠の植物であるアガーベやサボテンは60℃あるいはそれ以上でも耐えられるが，それらを除けば50℃以上に葉の温度が上昇しても生きられる植物はほとんどない．一部の特定の古細菌（→ 古細菌）などのある種の細菌は深海の100℃を超える温度の熱水噴出口付近に生息している（→ 好熱性の）．→ 最低限界温度

細静脈 venule

血液を毛細血管から受け取り，静脈へと輸送する細い血管．

再生 regeneration

障害などにより傷ついたり失われた臓器や組織を置き換えるために，新しいものが増殖成長すること．多くの植物は枝条の一部や葉から完全な個体を再生できる．これは園芸上，繁殖の基礎となっている（→ 挿木）．動物の再生能力はずっと劣るが，プラナリアや海綿では体の一部から全体を再生でき，甲殻類（たとえばカニ）や刺皮動物（たとえばヒトデ），それに一部の爬虫類や両生類では新たに尾や脚を再生できる（→ 自切）．しかし哺乳類では再生は傷口の回復などに限られている．

最大許容線量 maximum permissible dose
─→ 線量

最低限界温度 lower critical temperature

生物が耐えることのできる最低体温．この体温以下では，細胞構造，特に膜の生化学的特性が変化し反応が遅くなり，生物は通常の身体機能を維持することができなくなって死に至ることもある．体温が氷点下の場合は，身体中に含まれる水分が凍結し，結果として細胞体が破壊される危険がある．この低温限界温度は，生物が適応している「通常の」温度域に大きく依存するので様々である．よってトウモロコシやワタなどのように温暖な地域が原産地の植物は，寒冷な地域が原産地の植物よりも低温に対して敏感である．多くの動物は気温の季節的な低下に適応する戦略を有しており，しばしば代謝が大幅に低下する冬眠状態に入る．この状態においては，夏季の間の完全な活動を行っているときよりも，ずっと低い体温に耐えることができる．→ 最高限界温度

最適採餌理論 optimal foraging theory

1966年にマッカーサー（R. H. MacArthur）とピアンカ（E. R. Pianka）によって最初に提唱された説で，採餌に使う時間当たりの獲得するエネルギーの正味の量が最大になるような行動戦略をもつ動物が，自然選択によって選ばれるという仮説．採餌に使う時間とは，餌を探す時間とそれを獲得（殺したり食べたり）する時間を含む．この仮説は本来，「可能な食物の幅は広いのに，なぜ動物は自身の食料を限られた好みのもののみに制限するのか」という疑問を説明するために考案された．この仮説によると，動物は，より有益な食料を探すために長い時間を使うこと（すなわち，より多くのエネルギーを使うこと）と，豊富だが有益ではない食料を探して最小の時間を費やすこと（すなわち，より少ないエネルギーを使うこと）という対照的な二つの戦略をバランスをとって採用していると予測される．しかし，様々な要素によって最適な狩猟戦略から離れていく．例えば，捕食される危険性がある場合は，エネルギー的に最適になるような最も効果的な採餌戦略をとるよりは，動物はもっと安全な場所において利益の少ない食料を探すことを余儀なくされるであろう．

細動脈 arteriole

細い筋性の血管で，動脈から血液を受け毛細血管に流す．

サイトカイニン cytokinin (kinin)

*キニンともいう．プリン塩基の一つであるアデニンに関連した構造をもつ植物の*成長物質の総称．サイトカイニンは植物代謝のいろいろな場所にかかわっていて，*オーキ

シンの存在下に細胞分裂を促進し，また老化を抑制し，*頂芽優性を打破し，細胞の伸長を促進することも知られている．サイトカイニンは春，根で生産され茎に運ばれて芽の成長を促進する．種子の内胚乳のサイトカイニンの濃度は高く，胚の発生にかかわっていると考えられている．ゼアチンは自然界に存在するサイトカイニンの一例である．注意深く濃度を決めたサイトカイニンと*オーキシンの混合物は，未分化のカルスから植物のクローン化小植物体を作る*微細繁殖法のなかで用いられる．

サイトカイン cytokine
　リンパ系細胞から分泌され，リンパ系の他種細胞に対するシグナルとして作用する可溶性の因子の総称．リンパ球から分泌される*リンフォカインと，*マクロファージから分泌されるモノカインに大別される．しかし，サイトカインによっては，特に*インターフェロンと*インターロイキンはリンパ球とマクロファージの両方から分泌される．

サイトゾル（透明質） cytosol (hyaloplasm)
　細胞の細胞質のなかの準液性の可溶性成分．*細胞骨格の成分を含んでいる．細胞の細胞小器官はサイトゾル中に分散している．

サイトメガロウイルス cytomegalovirus
　ヘルペスウイルス科（→ ヘルペスウイルス）の一亜科．ヒトにおいてはふつう，一般の風邪よりも軽い症状を引き起こす程度である．しかし*免疫応答に欠陥のあるヒト（例：HIV患者，がん患者）においては，より深刻な症状を引き起こしうる．妊婦への感染は，その子どもに先天的な障害を与える可能性がある．

細尿管 uriniferous tubule ⟶ ネフロン

栽培 cultivation
　*農業や園芸において作物・植物を植えたり増殖などを行うこと．また，作物の収量および，品質を上げるための新しい方法に関する研究も含まれる．

栽培品種 cultivar
　農業，もしくは園芸などの手法によって栽培されることによって育成され，維持されてきた植物．英語 cultivar は cultivated variety に由来している．

再分極 repolarization
　神経細胞や筋肉繊維において神経インパルスの通過後，*静止電位が回復すること．再分極は神経細胞外からのカリウムイオンの拡散とナトリウムイオンの積極的な排出（→ナトリウムポンプ）によりもたらされる．

細胞 cell
　大部分の生きた生物体の構造上かつ機能的単位（→ 多核体，合胞体）．大きさは多様であるが，多くのものは顕微鏡によりみることができる程度のもので，直径が，平均 0.01～0.1 mm である．細菌や原生生物のよう

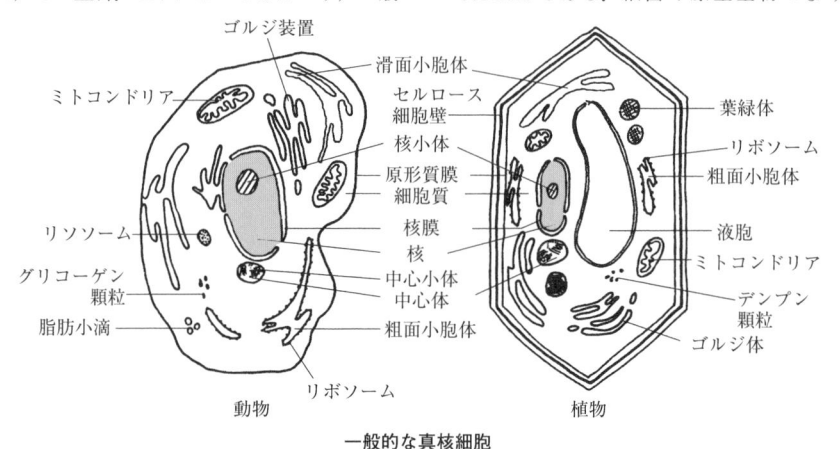

一般的な真核細胞

に，細胞が生命の単位として独立して存在するものや，植物や動物のように細胞がコロニーや組織を形成しているものがある．それぞれの細胞はタンパク質のかたまりが材料となっており，*細胞質やDNAを含む*核に分化している．細胞は*細胞膜が外界との境界になっており，この細胞膜は，植物や，菌類，藻類，細菌などの細胞では*細胞壁に取り囲まれている．細胞は大きく二つの種類に分類される．より原始的なものは細菌で，原核細胞である．核の物質は膜に包まれず，細胞の代謝に関与する物質は，細胞膜に結合して存在する．増殖は無性的であり，単純な細胞分裂を行う．真核細胞では，核は核膜に包まれており，細胞質は，膜により分けられ，相互接続する腔の系と細胞小器官に分離される．これらの例には，*ミトコンドリアや*小胞体，*ゴルジ体，*リソソーム，*リボソームなどがある（図参照）．生殖は無性（→有糸分裂），有性（→減数分裂）のどちらかにより行われる．植物や動物は真核細胞で作られているが，植物細胞は*葉緑体やその他の*色素体を有し，強固なセルロース細胞壁をもっている．→ 細胞生物学年表（p.179）

鰓棒　gill bar
ナメクジウオのような下等な脊索動物において，鰓裂の間の組織を支持するための軟骨．

細胞遺伝学　cytogenetics
細胞の構造や機能と関連した遺伝学の研究分野．例えば，交配実験の結果を，生殖細胞の形成時における染色体の挙動に基づいて解釈すること．

細胞液　cell sap
植物細胞の*液胞内に含まれる，液体のこと．これは糖類，アミノ酸，塩類，色素および老廃物などの有機物や無機物を含む溶夜である．

細胞外　extracellular
細胞外にある，または細胞外で起きること．*クチクラ化は細胞外の過程の例．

細胞外基質　ECM ── 細胞外マトリックス

細胞外マトリックス　extracellular matrix (ECM)
動物組織中の細胞の周りにある，粘り気のある主に水分からなる液体．細胞自身から分泌される．ECMは媒体であり，ここを通して細胞は，体の他の部分からの物質（栄養分，ホルモンなど）を受けとり，またECMを経由して他の細胞と交信する．ECMは，組織分化の際に細胞が遊走するための環境となり，また組織の一体性を保つために細胞を互いに結合する成分も含む．このマトリックスは，水を含んだ*プロテオグリカンからなる．その他の構成成分としては，水に溶けない繊維状のタンパク質である*コラーゲンが重要であり，様々な束状，鎖状，その他の構造を作る．ほかには，その他のマトリックス成分や，細胞膜の*細胞接着分子と結合する「マルチ粘着タンパク質」がある．ECMは，骨，軟骨，脂肪組織などの結合組織に多くあり，この場合，ときに「細胞間質」と呼ばれる．

細胞学　cytology
細胞の構造と機能を研究する分野．光学顕微鏡と電子顕微鏡の発達は細胞核（染色体を含む）やその他の細胞内小器官の構造を明らかにすることを可能にした．生きたままにせよスライドガラス上の染色された切片にせよ，細胞の顕微鏡観察はいろいろな病気，特に*癌の診断に重要である．

細胞学的地図　cytological map ── 物理的地図

細胞間　intercellular
細胞の間に位置すること，または生じること．→ 細胞内

細胞間結合　cell junction
細胞間の様々な形式による結合．*密着結合は隣どうしの細胞を密着させ，特に上皮細胞では，細胞と細胞の隙間を通した物質の出入りを防ぐようになっている．細胞の間の主な結合は，*接着結合と*接着斑であるが，隣どうしの細胞のコミュニケーションは，動物であれば*ギャップ結合，植物であれば*原形質連絡を通して起こる．

細胞間接着分子 intercellular adhesion molecule (ICAM) ⟶ 細胞接着分子

細胞口 cytostome
特定の原生生物にみられる口状の構造．ここを通して微粒食物を経口摂取する．典型的には細胞口は，細胞表面のくぼみの奥に位置する．

細胞呼吸 cellular respiration ⟶ 呼吸

細胞骨格 cytoskeleton
生きた真核細胞のマトリックスに広がる繊維の網．細胞小器官の支持骨格や，ある種の細胞間接着と細胞膜の固定，細胞の運動などに関与し，また，化学反応が生ずるために適した表面を供給することにも役立っている．細胞骨格は*微小管，*中間径繊維とアクチン*ミクロフィラメントとで構成されている．

細胞質 cytoplasm
*細胞の核を取り囲む物質．細胞小器官が内部に浮遊したマトリックス（⟶ サイトゾル）からできている．細胞質は高密度な外側の外質と，あまり密度の高くない内質とに分けられ，外質は細胞運動に関与し，内質は多くの細胞構造を含む．

細胞質遺伝 cytoplasmic inheritance
核ではなく，細胞の細胞質に含まれる遺伝子の遺伝．非常に少ない数の遺伝子のみがこの方法により遺伝する．この現象は，*ミトコンドリアや*葉緑体（植物に存在）などの細胞小器官が遺伝子をもち，独立して複製できることにより生ずる．雌性生殖細胞（卵）は大量の細胞質をもち，多くの細胞小器官を含む．結果的にその細胞小器官は胚の細胞すべてに分けられることになる．一方，雌性生殖細胞（精子や花粉）はほとんど核のみをもつ（訳注：本当は精子や花粉も細胞小器官を含んでいる）．そのため父親からの細胞質の細胞小器官の遺伝はありえないことになる．植物においては，雄性不稔は細胞質を介して遺伝する（訳注：核支配の雄性不稔や核と細胞質の両方の支配を受ける雄生不稔も存在する）．このような遺伝因子はメンデルの法則にはしたがわない．

細胞質分裂 cytokinesis ⟶ 細胞周期，細胞分裂

細胞質融合 plasmogamy
二つ（もしくはそれ以上）の細胞の細胞質の融合のこと．*受精における核の合一に先立って起き，また*ヘテロカリオシスの際に起きる．

細胞周期 cell cycle
細胞が細胞分裂を行った後に次の分裂を行うまでに通過する期の系列．細胞周期は大きく四つの期間に分類することができる．(1) M期．*有糸分裂（核分裂）と，細胞質分裂からなる．(2) G_1期．この期間は生合成と成長の速度が速い．(3) S期．細胞内DNA量が倍加し，染色体が複製される．(4) G_2期．細胞分裂を行うための最終準備の段階．この四つである．*間期はG_1, SそしてG₂期からなり，盛んに分裂している細胞における細胞周期に必要な時間のおよそ90%（16～24時間）を占める．M期は1～2時間程度である．G_1期の途中には制限ポイントとして知られる時期が存在しており，この時期を通過した後の細胞は，外部の条件に影響されることなく，残りの細胞周期を通過することに専念する．図参照．⟶ サイクリン

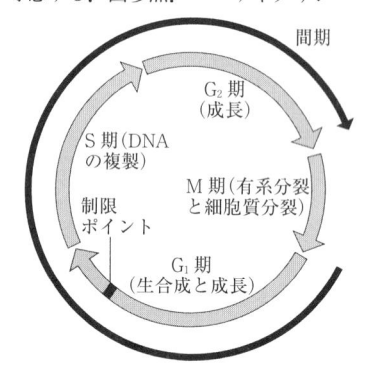

細胞周期

細胞皺縮 crenation
周りの溶液が細胞内の細胞質に比べて浸透圧が*高張である場合に起こる，細胞の収縮．水は，*浸透によって細胞から出ていき，原形質膜が収縮したり，細胞の中身が凝縮したりする．

細胞生物学　年表

1665	イギリスの物理学者フック（Robert Hooke, 1635-1703）が細胞（cell）という用語を作った
1831	ブラウン（Robert Brown）が植物細胞内に核を発見した
1838	ドイツの植物学者シュライデン（Matthias Schleiden, 1804-81）が植物は細胞の集まりからなることを提唱した
1839	シュワン（Theodor Schwann）が動物は細胞からなることを述べ，すべての生物が細胞からなると結論づけた
1846	ドイツの植物学者モール（Hugo von Mohl, 1805-72）が細胞の生体物質との意味で原形質（protoplasm）という用語を作った
1858	ドイツの病理学者ウィルヒョウ（Rudolf Virchow, 1821-1902）がすべての細胞が別の細胞から生まれることを主張した
1865	ドイツの植物学者ザックス（Julius von Sachs, 1832-97）が植物体のなかにのちにクロロプラスト（choloplasts）と呼ばれるクロロフィル（chlorophyll）を含んだ小胞を発見した
1876-80	ドイツの細胞学者シュトラースブルガー（Eduard Strasburger, 1844-1912）が植物細胞の細胞分裂を記述し，新たな核はすでに存在する核の分裂により生まれることを主張した
1882	ドイツの細胞学者フレミング（Walther Flemming, 1843-1905）が動物細胞の細胞分裂のプロセスを記述し，有糸分裂という用語を作った．シュトラースブルガーが細胞質と核質という用語を作った
1886	ドイツの生物学者ワイスマン（August Weismann, 1834-1914）が生殖質の連続性についての理論を発表した
1887	ベルギーの細胞学者ベネーデン（Edouard van Beneden, 1846-1910）が細胞内にあるクロマチンを含んだ糸状の構造体（のちに染色体と命名）の数が同種では常に同数であり，生殖細胞ではその半数であることを発見した
	ドイツの解剖学者ワルダイエル（Heinrich von Waldeyer, 1836-1921）が染色体という用語を作った
1898	ゴルジ（Camillo Golgi）がゴルジ体を発見した
1901	アメリカの生物学者マクラング（Clarence McClung, 1870-1946）が性染色体を発見した
1911	モーガン（Thomas Hunt Morgan）がはじめて染色体地図を作成した
1949	カナダの遺伝学者バー（Murray Barr, 1908-95）がバー小体を発見した
1955	ベルギーの生化学者であるド・デューブ（Christian de Duve, 1917-）がリソソームとペルオキシソームを発見した
1956	ルーマニア生まれの，アメリカの生理学者パレード（George Palade, 1912-2008）がマイクロソーム（のちにリボソームと改名）の役割を発見した
1956	アメリカの生化学者であるコーンバーグ（Arthur Kornberg, 1918-2007）がDNAポリメラーゼを発見した
1957	アメリカの生化学者カルビン（Melvin Calvin, 1911-97）が光合成の炭素固定回路（カルビンサイクル）の詳細について発表した
1961	南アフリカ生まれのイギリスの生化学者ブレンナー（Sydney Brenner, 1927-）がジャコブ（François Jacob, 1920-）とメセルソン（Mathews Meselson, 1930-）と共同で，メッセンジャーRNAを発見した
1964	アメリカの微生物学者ポーター（Keith Porter）とロス（Thomas F. Roth）が最初の細胞受容体を発見した
1970	アメリカの生物学者マーグリス（Lynn Margulis, 1938-2011）が真核生物の細胞小器官の起源に関する細胞内共生説を発表した
1971	ドイツ生まれのアメリカの細胞生物学者ブローベル（Günter Blobel, 1936-）が細胞内でタンパク質がどのように正しい場所に運ばれるかを説明したシグナル仮説を提唱した

細胞生物学　年表　(つづき)

1975	イギリスの生物学者ルーシー (J. A. Lucy) とコッキング (E. C. Cocking) が植物と動物細胞の融合に成功した
1979	最初の試験管ベイビーであるルイーズ・ブラウン (Louise Brown) が人工授精によりイギリスで生まれた
1982	イギリスの細胞生物学者ハント (Timothy Hunt, 1943-) が細胞周期をコントロールするタンパク質のサイクリンを発見した
	アメリカの神経学者プルシナー (Stanley Prusiner, 1942-) がプリオンを発見した
1983	マウスの胚にヒト成長ホルモンの遺伝子が組み込まれ, 「スーパーマウス」が作られた
1984	ヒツジの胚がはじめてクローニングされた
1986	アメリカの細胞生物学者ホルヴィッツ (Robert Horvitz, 1947-) が線虫のプログラム細胞死に関する遺伝子を同定. アメリカで遺伝子組換え生物を市場に出すことがはじめて許可された
1993	初のヒト胚クローニングの成功
1997	成熟した体細胞からクローンされた初の哺乳類, ヒツジのドリーの誕生
1998	アメリカで, ヒト組織の培養細胞を含んだ合成皮膚が, 治療のために使うことを許可された
2000	絶滅危惧動物であるガウルの成体の皮膚細胞のクローニングにより胚が得られ, ウシの子宮で発生が進行した
2002	多能性幹細胞がヒトの骨髄から単離された

細胞周辺腔 (ペリプラズム) periplasm (periplasmic space)

グラム陰性細菌の細胞質膜と外膜との間の空間. ゲル状の堅さの*ペプチドグリカンの薄い層と細胞の代謝にかかわる様々なタンパク質を含む.

細胞障害性 cytotoxic

生きた細胞に障害をもたらすの意味. この用語は細胞分裂を抑制し, がん細胞を破壊するために使用する薬剤の分野で使用されたり, ウイルスに感染した細胞を破壊する*T細胞に対して使用される.

細胞小器官 (オルガネラ) organelle

真核生物の*細胞内にある特定の機能をもつ微小構造のこと. オルガネラの例としては, 核, ミトコンドリア, リソソームなどがある.

細胞説 cell theory

1838年に*シュライデン, 1839年に*シュワンによって生み出された理論. 彼らはそれぞれ, 植物と動物は細胞によって構成されており, これらの細胞は全生物において機能的・構造的な基礎となっていると主張した. この説が発表される前に, フック (Robert Hooke, 1635-1703) は, 1665年, 顕微鏡によってコルクを観察し, 中空の箱状の構造体を発見した. これを細胞 (cell) と呼んだ. しかし, 彼はこの構造単位の重要性に気づかなかった. 実際にはそれは死細胞だったのである.

細胞接着分子 cell adhesion molecule (CAM)

例えば*細胞間結合の形成により, 細胞外マトリックス (ECM) や他の細胞に細胞を接着する, 動物細胞の細胞膜にあるタンパク質. 細胞接着分子は成長と発生の間に, 細胞どうしを認識させたり, 正しい細胞間相互作用を行わせるために重要である. 細胞接着分子は, たいてい膜から突き出していて, 多くはその他の細胞接着分子である他の分子に, 結合サイトを用いて接着する. 細胞接着分子にはいくつかのファミリーがあり, 最も大きいのが「カドヘリン」で, 上皮細胞の間の接着部や*接着斑でよく見つかる糖タンパク質である. 「インテグリン」は細胞外基質の構成物質であるコラーゲンやラミニンと細胞を結び付け, ヘミデスモソームのような細胞-細胞間マトリックス結合を形成し, 細胞と細胞接着分子の間のスポット溶接による接着点のような役割をする. 「セレクチン」と「細胞間接着分子 (ICAMs)」は, 血管の内皮細胞の表面にあり, 炎症が起きている場所に白

血球が移動することを助ける．「神経細胞接着分子（N-CAMs）」は，神経系と筋肉組織の発生の段階で正しい細胞同志を接着させるために重要である．

細胞体（周核体） cell body (perikaryon)

　*ニューロンの一部で，核を含む部分．この細胞体から伸び出して発達した突起として軸索と樹状突起があり，それぞれ神経インパルスの伝達と受容を行う．

細胞内 intracellular

　（生物学）細胞のなかに位置すること，または生ずること．→ 細胞間

細胞内共生説 endosymbiont theory

　アメリカの生物学者マーグリス（Lynn Margulis, 1938-2011）により提唱された理論で，真核生物は原核生物の祖先の間の共生的な連合体から進化したとするもの．独立して生存している好気性細菌と光合成シアノバクテリア（→ クロロキシバクテリア）は，核をもつより大きな原核細胞に取り込まれ，現在の真核生物にみられるミトコンドリアと葉緑体の前駆者として機能するようになった．このような出来事が何度も起こり，従属栄養性や光栄養性の原生生物を生じ，これから動物や植物，菌類の祖先が生じた．この理論には強い証拠があり，ミトコンドリアと葉緑体は，真正細菌のDNAに似た形状のDNAをもつことが発見されたことや，これらに原核生物型のリボソームがあることがあげられる．

細胞内膜系 endomembrane system

　見かけ上は別々である多くの細胞内構造の膜は，互いに関連した膜系の一部であるという仮説的コンセプト．新しい膜は小胞体で常に作られ，小胞の形態で様々な細胞小器官に輸送される，ということを意味する．つまり，核，小胞体，ゴルジ装置（またはディクチオソーム）の膜，細胞膜，液胞膜，ミトコンドリアと葉緑体の外膜（内膜ではない）は機能的に細胞内で連続的であるということを示している．

細胞培養 cell culture

　試験管内の培地によって植物や，動物，微生物細胞を培養すること．→ 培養

細胞板 cell plate

　有糸分裂の終わりに，分裂中の植物細胞のなかに形成される構造．二つの娘細胞の細胞質を分離する．細胞板は*ディクチオソームからできた小胞により形成され，*隔膜形成体の微小管によって*紡錘体の赤道付近に配置される．これらの小胞はペクチンやセルロース，*ヘミセルロースなどを含んでおり，新しい細胞壁の*中層や一次細胞壁に寄与する．最終的に細胞板は親細胞の細胞壁と融合し，親細胞を二つの娘細胞に分ける．

細胞分類学 cytotaxonomy → 分類学

細胞分裂 cell division

　一つの母細胞から二つまたはそれ以上の娘細胞が形成されること．まずはじめに核が分裂する．この後に娘核の間への細胞膜の形成を伴う，細胞質の分裂（細胞質分裂）が続く．*有糸分裂では最初の核と同一の娘核を二つ生産する．植物においては，新しい細胞の間に*細胞板が形成される．*減数分裂では，母細胞核の半分の数の染色体をもつ四つの娘核を生じる．→ 細胞周期

細胞壁 cell wall

　動物を除く植物や真菌，藻類，細菌の細胞の外側を囲う強固な外層．細胞の形を保持し，草本では植物体の機械的支持を担っている．多くの植物や藻類において，細胞壁は多糖体の*セルロースにより構成されていて，植物細胞壁は*リグニンの付加によって二次的に肥大する場合がある．真菌の細胞壁は主に*キチンからなる．細菌の細胞壁は多糖体とアミノ酸の高分子複合体である．→ ペプチドグリカン，グラム染色

細胞膜 cell membrane

　細胞にみられる膜をいうが，特に細胞の外側との境界となる*原形質膜をいう．それ以外の細胞膜には*核膜，植物細胞の液胞を包む*液胞膜，小胞体，ゴルジ体，ミトコンドリア，葉緑体，リソソームなどの種々の細胞小器官の膜がある．

細胞融解 cytolysis

　細胞崩壊ともいう．細胞の崩壊のことで，主に外膜の分解によって起こる．

細胞融合（体細胞交雑） cell fusion (somatic cell hybridization)

異なる組織や種の培養細胞を、結合させる技術。細胞は融合（→ 化学的融合誘導因子）し合体するが一般に核は分離したままである。しかし、細胞分裂のとき、一つの紡錘体が形成されその結果、それぞれの娘細胞は両親からの染色体セットを含む単一の核をもつようになる。ハイブリッド細胞の分裂の繰返しの結果、染色体（したがって遺伝子）の欠損などが生じることが多い。そのため、培養において特定の染色体の損失をある遺伝子産物の消失と関連づけることができる。そのため、この技術は、特定の染色体によるある形質の支配を同定するために使用されている。細胞融合に起因するハイブリッド細胞（→ ハイブリドーマ）はまた、*モノクローナル抗体を産生するために使用されている。

細胞溶解 lysis

生きた細胞の破壊。これは*リソソームや*リンパ球によって引き起こされ、通常の代謝過程として（細胞が損傷を受けたり、古くなり消耗したとき）、あるいは侵入した細胞（細菌など）に対する応答として起こる。*バクテリオファージは最終的には宿主細胞の溶菌を引き起こす。

細網内皮系 reticuloendothelial system → 単核食細胞系

鰓裂 gill slit

水生の脊椎動物やナメクジウオの咽頭から外部へと通じている裂目。ナメクジウオでは、*ろ過摂食のために機能する。魚類では鰓裂は*鰓を含み、多くの場合長い裂目が連続した形をしている。鰓裂は四足類の脊椎動物の成体（いくつかの両生類を除く）ではみられないが、すべての脊椎動物の胚において何らかの形でこれがみられることは、*脊索動物門の特徴である。

サイレント突然変異 silent mutation

生物体の表現型には影響しない、遺伝子コードにみられる変化のこと。

サイロカルシトニン thyrocalcitonin → カルシトニン

サイログロブリン thyroglobulin (TGB)

甲状腺で作られる糖タンパク質。約5000アミノ酸からなり、このうちのいくつかはチロシン残基である。TGBは甲状腺ホルモンであるチロキシンやトリヨードチロシンの前駆体である。ヨウ素はサイログロブリンのチロシン残基と結合し、その後加水分解されてヨードチロシンとなり、これらはさらに結合してトリヨードチロニン（T_3）やチロキシン（テトラヨードチロニンまたはT_4）を形成する。

杯細胞 goblet cell

杯状の細胞で、動物の腸や呼吸系の上皮、魚類の表皮に存在し、*粘液を分泌する。杯細胞は広がった上部と狭まった基部からなり、糖タンパク質を含む小胞が細胞内に存在する。

魚 fish → 軟骨魚綱（軟骨魚類）、硬骨魚綱（硬骨魚類）、魚上綱

さく果 capsule → カプセル

酢酸（エタン酸） acetic acid (ethanoic acid)

カルボン酸の一種、CH_3COOH。ある種の緑藻には炭素源として用いられる。補酵素A（→ アセチル補酵素A）と結合した形ですべての生物のエネルギー代謝に重要な役割を果たす。

蒴歯 peristome

（植物）ある種のコケの*蒴の開口部周辺の環状の歯のような構造。その歯は乾燥時には折れてねじれる傾向にあり、そのため蒴の口が開いて胞子が飛び出す。湿潤時には蒴の開口部は蒴歯により閉じられる。

柵状組織 palisade (palisade mesophyll) → 葉肉

作物 crop

人間にとって有用な種子や根、葉、その他の部分を収穫することを目的として栽培されている植物。→ 農業

鎖骨 clavicle

*肩甲骨と胸骨をつなぎ、*胸帯の一部を構成する骨である。ヒトでは襟骨を形成し、肩部の支柱として働いている。

坐骨 ischium
 *下肢帯の左右それぞれ半分を作る三つの骨のうち最も後部のものである．→ 腸骨，恥骨

鎖骨下動脈 subclavian artery
 鎖骨の下を通る対になった動脈と，腕に血液を送るためのその動脈の分枝．左側の鎖骨下動脈は大動脈に由来し，右側のものは無名動脈に由来する．

サザンブロット法 Southern blotting
 *制限酵素によるDNA切断で得られるDNA断片を分離，同定するためのクロマトグラフィー関連技術．断片の混合物は，アガロースゲル電気泳動を行った後に，一本鎖DNAを形成させるため変性させる．これらのDNAはニトロセルロースフィルター上に転写（ブロット）され，アガロースゲル中で分離した位置にしたがい，DNAはフィルター上で固定される．次に放射性標識した特異的*遺伝子プローブを加える．このプローブは，フィルター上の相補的断片と結合し，その結合状況はオートラジオグラフィーにより明らかになる．この技術は，サザン（E. M. Southern, 1938-）により考案された．これと似た技術でRNA断片の検出に関するものがあり，類推によりノーザンブロット法と呼ばれている．→ ウェスタンブロット法

挿木 cutting
 芽，葉，根や新茎のような母植物体の一部を母体から切り離して，これを土壌中に挿すと，根が発生して独立の新しい植物体になること．挿木を行うことは，植物を繁殖させるという目的で園芸に用いられている手法である．→ 栄養繁殖

左旋性 laevorotatory
 直線偏光の偏光面を左方向に回転させる（進行する光に対面する人からみて反時計回り）化学物質のことを意味する．→ 光学活性

サソリ scorpions ── クモ形綱

サッカスエンテリカス succus entericus
 十二指腸壁腺が生産する，水，ムコタンパク質，炭酸水素イオンからなるアルカリ性の分泌物．これは胃から小腸へ侵入する強酸性でかつタンパク質溶解性の消化粥を相殺する働きがあり，それゆえに十二指腸を傷害から守る．この分泌物は以前は消化酵素を含むと考えられていたが，いまでは十二指腸由来の酵素の分泌は刷子縁の細胞に限定されていることが知られている．

殺カビ剤 fungicide ── 農薬

サッカロミセス属 Saccharomyces
 酵母のうち，工業的に重要な一属．出芽酵母（S. cerevisiae）は少なくとも1000の系統があり，パンの製造（→ パン酵母），ビール醸造，ブドウ酒醸造に用いられ，また，*単細胞タンパク質やエルゴステロールの生産，細胞生物学や遺伝学の実験的な研究用としても用いられる．ビール製造における他の主要な酵母はビール酵母（S. uvarum，または S. carlsbergensis）で，α-ガラクトシダーゼを用いて二糖のメリビオースを発酵するという能力をもつという点で，この酵素を産生しないS. cerevisiaeと区別される．

殺菌（性）の bactericidal
 細菌を死滅させる効果をもつことを示す．通常使われる殺菌剤には，*抗生物質，*防腐剤，そして*消毒薬が含まれる．→ 静菌的

刷子縁 brush border
 高密度に密集した微繊毛をもつ上皮表面の領域（→ 微繊毛）で，ブラシの毛に似ている．これにより上皮の表面積が非常に増加し，物質の吸収を促進する．刷子縁は腎臓の曲尿細管や，小腸の内面にみられる．

雑種 hybrid
 少なくとも一つの形質が異なる両親の交配による子孫をいう．この語は，通常，異変種間，異種間などの大きく異なる両親の間の子孫に用いる．異なる動物種の間の雑種は，ウマとロバの間の雑種であるラバのように，通常は不妊となる．→ 雑種強勢

雑種強勢（ヘテロシス） hybrid vigour (heterosis)
 遺伝的に異なる両親を交配することにより得られた子が示す，活力の増強をいう．作物の異品種を交配して得られた雑種（F1雑種）は，しばしばもとの品種より丈夫で収量が高い．ラバは，雌馬と雄ロバとの間の子ど

もで，両親のどちらよりも寿命が長く，病気に抵抗性があり，力が強い．

雑種発育不全 hybrid dysgenesis
　実験室で飼育されている馴化型の生物と，野生型を交配した子孫に生ずる，不妊と染色体突然変異の増加をいう．雑種発育不全は，ショウジョウバエの飼育型の雌と野生型の雄を交配した場合に，最もよく研究されている．この現象は，野生型の雄に存在する転移因子（→ トランスポゾン）が，飼育型の雌のある系統の卵のなかで活性化されるため，引き起こされると考えられている．

雑食動物 omnivore
　動物と植物の両方を食べる動物のこと．例えばブタは雑食性である．→ 肉食者（動物），草食動物

雑草　weed　──→　病害虫

殺虫剤　insecticide　──→　農薬

サテライト DNA　satellite DNA
　真核細胞において，かなりの数（約 10^6）の，短いヌクレオチドのコピーからなる DNA．主に染色体のセントロメアやテロメア周辺に存在する．この DNA は高度な繰返し配列をもち，その結果特殊な塩基構成となり，遠心の際には細胞の大部分の DNA が含まれるバンドとはきわめて異なる位置に，いわゆる「サテライトバンド」を形成する．→ 反復 DNA，マイクロサテライト DNA，反復配列多型

作動薬　agonist　──→　アゴニスト

蛹　pupa（chrysalis）
　*内翅類の昆虫の生活環における個体発生の第三段階をいう．蛹の期間中には，移動と摂食は中断され，幼虫から成虫への*変態が進行する．蛹には三つの型がある．最も普通にみられるものは裸蛹または自由蛹と呼ばれる型であり，翅やその他の付属物は外から認めることができ，可動性である．被蛹と呼ばれる型では，チョウやガの蛹にみられるように，翅は体に固着し不動である．囲蛹と呼ばれる型では，イエバエやその他の双翅類にみられるように，樽形の硬い囲蛹殻のなかで裸蛹が形成される．

砂嚢　gizzard
　多くの動物で，消化管における筋肉質の部分で，食物を砕くために分化した．鳥類においては砂嚢は*前胃と十二指腸の間に存在し，収縮する際に砂嚢のなかに含まれる石や砂の助けを借りて食物を破砕する．→ 胃咀嚼器

砂漠化　desertification
　肥沃な大地が徐々に砂漠に変化することで，人間活動の結果による場合が多い．表土が失われると，さらなる土壌の侵食が進行し，結局その土地は作物の栽培や家畜の飼育に利用できなくなる．農地の不適切な管理が，砂漠化の主要な要因である．家畜の過放牧により地表の植物が失われ土壌が露出すると，侵食を受けやすくなる．過度に集約的な作物の栽培，特に単作（→ 農業）の場合，土壌の有機物と肥料分が枯渇して土壌の肥沃さが失われ，侵食を受けやすくなる．発展途上国の国々の多くでは，土壌の侵食につながる行為が国民の生活に結びついている場合が多く，砂漠化の進行を抑えることが困難である．砂漠化のもう一つの大きな要因は*森林伐採である．

サバンナ　savanna　──→　草原

サビキン類　rusts
　寄生性の菌で*担子菌門の一グループ．これらの多くの種は穀類の葉や茎に寄生し，感染植物の上には特徴的な胞子のさび色の縞模様が現れる．さび菌類のなかには複雑な生活環をもつものがあり，多くは異なった形態の胞子を形成し，また 2 種の異なる宿主植物を必要とするものがある．→ クロボキン類

さび胞子　aeciospore（aecidiospore）
　さび菌（→ サビキン類）に形成される無性胞子で，体細胞接合により生じる．二つの細胞の核は融合せず，胞子は二核となる．さび胞子は銹子腔と呼ばれる胞子嚢群に形成される．

サブスタンス P　substance P
　11 アミノ酸残基からなる*神経ペプチドで組織で広く見いだされており，特に神経系や腸に多い．副交感神経系の効果を媒介し，腸を収縮させ，また血管を拡張したり（血管拡

張），唾液腺からの唾液分泌を促進する．

サブチリシン subtilisin

枯草菌やその近縁種によって生産されるタンパク質分解酵素（→ プロテアーゼ）のグループをさす．サブチリシンは広い特異性をもち，幅広い pH 域で働く．サブチリシンカールスバーグ（subtilisin Carlsberg）はアルカリプロテアーゼで，*Bacillus licheniformis* に由来し，洗剤に広く使用されている．乳タンパク質であるカゼインのペプチド結合のおよそ 30〜40% はこの酵素によって加水分解される．

サフラニン safranin

光学顕微鏡で用いられる色素の一種で，木質化した組織，クチン化した組織，核を赤に，葉緑体を桃色に染める．主に植物の組織において，緑または青の色素とともに対比染色に使われる．

サポニン saponin

植物に広く認められる*グリコシド類で界面活性作用をもち水と一緒に振ると泡立つ．特にサボンソウ（*Saponaria officinalis*）に高濃度で含まれており，かつてその葉をゆでた水が，せっけんの代わりとして用いられた．化学的にいえば，サポニンは糖類（グルコースなど）がステロイドまたはトリテルペン類に結合したものからなる．類縁物質としてサポゲニン類という化合物があるが，これは糖類を含まない．これらは植物体内に含まれる忌避物質として植食者に対して働いていると考えられる．なぜなら，これらは苦く，摂取すると胃の不快感の原因となるからである．これらは魚類に対しても強い毒性を示す．血液中に注射すると原形質膜を溶かす作用により赤血球を破壊する．

サメエイ亜綱 Selachii

軟骨魚綱（軟骨魚）の主たる亜綱のことで，サメ，エイ，ガンギエイ，およびそれらに類似した絶滅種が含まれる．これらがもつ鋭い歯は，歯状の*楯鱗（歯状突起）から発達したもので摩滅するとすぐに新しいものに入れ替わる．

さや pod ⟶ 豆果

鞘ばね（翅鞘） elytra

虫が休んでいる間，膜状の後翅をカバーして守っている*甲虫目の厚い角質の前翅．

左右相称 bilateral symmetry

動物の体部や器官の配置の型の一つで，一つの平面のみに沿って，互いに鏡像関係にある二つの部分に，体を分けることができるものをいう．通常その平面は，背部と腹部の正中線を通る．左右相称の動物は，常に体の一端が運動の主要な役割を担う特徴をもつ．植物学で，この型の対称は，花に用いられる場合は通常 zygomorphy と呼ばれ，たとえばジギタリスやキンギョソウの花は左右相称花である．→ 放射相称

左右対称性 zygomorphy ⟶ *左右相称

作用スペクトル action spectrum

光化学反応が起こる際の，電磁放射の反応効率を，用いた放射光の波長に対する図としてプロットしたもの．例えば，可視光を用いた光合成の作用スペクトルは，670〜700 nm の領域にピークを示す．これは，同じ領域におけるクロロフィルの*吸収スペクトルの吸収極大と一致する．

サラセミア thalassaemia ⟶ 地中海貧血症

サリチル酸（1-ヒドロキシ安息香酸） salicylic acid (1-hydroxybenzoic acid)

天然に存在するカルボン酸，HOC_6H_4COOH である種の植物において認められる．これはアスピリンの製造や食品産業，染料産業において用いられる．

サルファ剤 sulpha drugs ⟶ スルホンアミド

サルモネラ *Salmonella*

腸に生息し，ヒトや動物の病気（サルモネラ病）を引き起こす，グラム陰性桿菌の一属．好気性あるいは通性嫌気性で，ほとんどが運動性である．サルモネラは宿主の外で長期間生存することが可能であり，例えば，汚水や地表水中でみられる．サルモネラに汚染された水や食物，特に卵や肉，ミルクなどの動物由来の食品，あるいは汚染した堆肥を施されて育った野菜を食べることでヒトに感染することがある．サルモネラは非衛生的な調

理によりヒトあるいは動物の保菌者から伝染することもある．多様なサルモネラが胃腸炎や敗血症を引き起こし，腸チフスやパラチフスはそれぞれ S. typhi と S. paratyphi により生じる．

酸 acid
水素を含み，水に溶解して解離し，正の水素イオンを作る化合物の総称．酸を HX と記すと，反応は通常以下のように書かれる．
$$HX \Longleftrightarrow H^+ + X^-$$
実際は，水素イオン（プロトン）は水和されるので，完全な反応は以下のようになる．
$$HX + H_2O \Longleftrightarrow H_3O^+ + X^-$$
H_3O^+ イオンはヒドロオキソニウムイオンと呼ぶ．酸の強さは，解離の程度に存在する．強酸（硫酸や塩酸など）は水中でほとんど完全に解離するが，弱酸（炭酸など）は部分的にしか解離しない．→ 緩衝液，pH 尺度，塩基

酸-塩基平衡 acid-base balance
pH が生理学的に許容される範囲内に収まるように行われる，血液や他の体液中の酸と塩基の濃度の調節（→ pH 尺度）．この調節は哺乳類の血液中のヘモグロビンや炭酸水素イオン，炭酸などの *緩衝液のシステムにより自然に行われる．同時に，このシステムは効率的に過剰な酸と塩基を除去し，血液中の pH が大きく変化しないようにしている．酸-塩基平衡はまた肝臓によるある種のイオンの選択的な除去や，肺における二酸化炭素の除去効率によっても影響される．

酸化 oxidation ── 酸化還元

酸化還元 oxidation-reduction（redox）
本来酸化とは単に酸素との化学反応のことをさしていた．そして逆の過程（酸素を失うこと）を還元と呼んでいた．水素との反応のこともまた還元と呼ぶようになり，のちにこれらの用語は，酸化とは電子を失うことで，還元とは電子を得ることというように，より一般的に発展した．この広がった定義はもともとの意味を含むとともに，もともとの意味には含まれなかった酸素が関与しない反応にも適用できる．しかしこの定義は電子の移動を伴う反応に限られ，すなわちイオン反応にのみ適用される．酸化還元の定義は酸化数（酸化状態）の概念を用いることで共有結合化合物間の反応にも拡張できる．酸化数は化合物中の原子がもつ電子の数を，純元素中でその原子がもつ電子の数と比較することで得られる．酸化数は二つの部分より構成される．

(1) 符号：これは電子が増えた（酸化数は負になる）か減った（酸化数は正）かを示している．

(2) 価数：これは電子分布が変化したときの電子の数を示している．

電子分布の変化は完全（無機化合物）か，部分的（共有結合化合物）である．酸化とは酸化数が増えることで，還元とは減ることである．そのため
$$2H_2 + O_2 \longrightarrow 2H_2O$$
では水に含まれる水素の酸化数は+1，酸素の酸化数は-2 となる．ここでは水素は酸化され，酸素は還元されている．容易に還元されうる化合物は酸化試薬となり，酸化されうる化合物は還元試薬となる．

酸化還元酵素 oxidoreductase
*酸化還元反応を触媒する酵素のこと．すなわちそれら酵素は分子間の水素や電子の移動に関与する．これら酵素には *オキシダーゼ，*脱水素酵素が含まれる．

酸化窒素（一酸化窒素） nitric oxide（nitrogen monoxide）
哺乳類やその他の脊椎動物におけるガス状のメディエーターで，特に心臓血管や神経系において多く認められる．酸化窒素は，酸素分子とアミノ酸の一種であるアルギニンから合成され，その反応は組織中の酸化窒素合成酵素が触媒する．合成された酸化窒素は近接した細胞へと拡散し，そして近接細胞において細胞内伝達物質であるサイクリック GMP の形成を促す．酸化窒素の機能は，平滑筋の弛緩や血管の拡張などがあげられる．また，血小板の凝集や接着を阻害し，いくつかの組織においてはおそらく神経伝達物質として機能し，神経の発達にも影響を与える．酸化窒素は免疫系におけるある種の細胞においても合成され，それは細胞障害性の過酸化亜硝酸のアニオン（⁻O-O-N=O）へと変換される．

このアニオンは，がん細胞や原生動物や後生動物などを含む病原体に対する非特異的な活性をもつ．

酸化的脱アミノ化 oxidative deamination

アミノ酸の異化にかかわる反応で，身体からのこれらの物質の排泄を助ける．酸化的脱アミノ化の例として，グルタミン酸デヒドロゲナーゼに触媒される，グルタミン酸から2-オキソグルタル酸への変換があげられる．→ 脱アミノ反応

酸化的脱カルボキシル化 oxidative decarboxylation

*クレブス回路における反応で，2分子の水分子から生成した酸素が二つの炭素原子の酸化に使われ，2分子の二酸化炭素が生成する．二つの炭素原子はクレブス回路において，六つの炭素をもつクエン酸から四つの炭素をもつオキサロ酢酸に変換される*脱炭酸反応によって生成する．

酸化的リン酸化 oxidative phosphorylation

*好気呼吸の最終段階に起きる反応で，ADPとリン酸からATPが形成される．これは*電子伝達系における電子の伝達と共役している．この反応はミトコンドリアで起こり（→ 化学浸透圧説），細胞が食物の酸化によって生成するエネルギーを貯蔵する基本的な方法である．→ リン酸化反応，リン/酸素比

サンガー，フレデリック Sanger, Frederick (1918-)

イギリスの生化学者で，ケンブリッジ大学およびイギリス医学研究機構に在職していた．ノーベル化学賞を2度受賞．最初はウシのインスリンのアミノ酸配列を決定し，インスリンを合成することを可能とした．2度目の受賞はウイルスDNA鎖の5400塩基の配列を決定したことで，彼の塩基配列を決定する技術は広く応用された（→ DNAシークエンシング）．

酸化防止剤 antioxidants

酸化反応の速度を低下させる物質．様々な酸化防止剤が食糧の保存のためやゴム，合成プラスチック，その他様々な物質の劣化を防ぐために用いられている．酸化防止剤のなかには，酸素*フリーラジカルを取り除くことによって酸化反応を阻害するものがある．このような効果を示す天然の酸化防止剤には，*ビタミンEやβ-*カロチン，*グルタチオンが含まれる．これらは体内にある毒素や汚染物質のような異物により引き起こされる組織のダメージを限定的なものとする．

残気量 residual volume

最大限吐き出した後に肺に残る空気の量で，これは自発的には肺から出ていかない．平均的に，ヒトでは約1 l である（→ 肺活量）．

散形花序 umbel

*総穂花序の一種で，柄のある花が花軸の同じ点から発生するものである．これは傘のスポークに似ている．花柄が花軸に付着する部分に包葉の集団が存在する場合がある．この花序はセリ科（ニンジン，ハナウド，パセリ，アメリカボウフウ）に特徴的で，花序は複散形花序が一般的である．

サンゴ coral

海産無脊椎動物のなかで，*刺胞動物門，花虫綱に属する定着性かつ群体性の生物群．サンゴのコロニーは自らが分泌した保護骨格に入った個々の*ポリプからできている．この骨格には，軟らかくゼリー状なものや角質なもの，または硬い石質のものがある．角質の骨格はアカサンゴ属，特にベニサンゴにより分泌され，これが宝石として用いられる赤珊瑚や貴珊瑚となる．石質の骨格はほぼ純粋な炭酸カルシウムからできていて，熱帯性の海にサンゴ礁を形成する．

サンゴ虫類 Anthozoa ⟶ 花虫綱

三次構造 tertiary structure ⟶ タンパク質

三次消費者 tertiary consumer ⟶ 消費者

三畳紀 Triassic

中生代の最初の紀．古生代最後の紀である二畳紀に続いて，約2億5200万年前に始まり，ジュラ紀が始まる約2億100万年前まで続いた．三畳紀の名称は，1834年にアルベルティ（F. von Ablerti）により，彼が中央

ドイツで研究した地層の三つの区分の積み重ねであるブンター，ムッシェルカルク，コイパーの並びにちなんで名づけられた．三畳紀の岩は二畳紀の地層と区別するのがしばしば難しく，新赤砂岩という言葉が二畳-三畳紀の岩に用いられる．三畳紀には，海洋動物が多様化し，軟体動物が主要な無脊椎動物となった．アンモナイトが栄え，衰退していく腕足動物に二枚貝が取って代わった．カメ，恐竜，海洋性の魚竜を含む爬虫類が主要な脊椎動物だった．トリアス紀ともいう．

三色説 trichromatic theory ⟶ 色覚

酸性雨 acid rain

pH 値が約 5.0 以下の降水で，降る地域の動物相および植物相に悪影響を与える．雨水は通常，二酸化炭素が溶解している（炭酸を形成している）ために pH 値は 5.6 である．酸性雨は，多様な環境汚染ガス，特に化石燃料の燃焼により生じる二酸化硫黄や，車の排気ガスに由来する窒素酸化物などの，大気中への放出により生ずる．これらのガスは大気中の水蒸気に溶け込み，雨や雪，ひょうのなかの硫酸や硝酸となる（湿性沈着）．もしくは，環境汚染物質は気体もしくは微粒子として沈着する（乾性沈着）．この双方のタイプの酸の沈着は，葉にダメージを与え光合成を弱めたり，土壌中の酸性度を高め必須元素を溶出させることにより植物の成長に影響を与える．この酸による土壌の汚染はまた，湖や川に土壌から流出する水を酸性化させ，魚類の生活に適さなくしてしまう．地衣類は特にpH の変化に敏感であり，酸汚染の指標として用いることができる．⟶ 指標種

酸性血症 acidosis

体液がより酸性に，すなわち pH が 7.4 以下になった状態で，身体が水素イオンを *緩衝する能力が低下する．身体から二酸化炭素を取り除く力が弱くなると，呼吸性酸性血症に至り，炭酸水素塩を取り除く力が減少すると，代謝性酸性血症になる．

酸性染色 acidic stains ⟶ 染色

酸成長説 acid growth theory

もともと 1970 年にクレランド（R. Cleland），ハーガー（A. Hager）とその共同研究者が提案した．オート麦（アベナ）などの穀物やその他のイネ科草本の子葉鞘のような特定の植物組織の細胞の伸長を，オーキシンが促進することを説明した仮説．オーキシンが細胞壁近傍の環境の酸性化を誘導し，そのため細胞壁内の堅い壁構造を緩める酵素を活性化すると主張する．このため細胞内部の膨圧によって細胞壁は拡大でき細胞が伸長する．オーキシンは細胞膜上の *オーキシン結合タンパク質に結合し，これも細胞膜上にある *プロトンポンプを活性化して水素イオンを細胞質から細胞壁に放出させるものと考えられている．その結果細胞壁の pH が低くなり壁の酵素を活性化する．

酸性プロテアーゼ acid protease

pH 2.0～5.0 の酸性条件で最大の活性と安定性を示し，pH 6.0 以上で不活性化されるタンパク質分解酵素（⟶ プロテアーゼ）．酸性プロテアーゼは低い *等電点をもち，塩基性アミノ酸の比率が低い．食品・飲料加工業においては，アスペルギルス由来のペプシンに似た酵素と，ケカビ由来のレンニンに似た酵素の二つのタイプが広く用いられている．

三尖弁（右房室弁） tricuspid valve (right atrioventricular valve)

三つの弁尖からなる弁であり，哺乳類の心臓の右心房と右心室の間に位置する．右心室が収縮して血液が肺動脈に送られるとき，心房への開口部を三尖弁が閉じて血液の逆流を防ぐ．弁が再び開くと血液が心房から心室へと流れる．⟶ 二尖弁

酸素 oxygen

元素記号 O で表される．無色無臭の気体元素．地殻中に最も多く含まれる元素（重量にして 49.2％）で，空気中にも容量にして 20.8％ 程度含まれる，主に酸素分子（O_2）として，また量は少ないもののオゾン（O_3）として存在する．空気中に含まれる酸素分子は *好気呼吸を行うすべての生物にとって非常に重要である．

酸素解離曲線 oxygen dissociation curve

周囲の媒体の酸素濃度の尺度となる酸素分圧（pO_2）に対して，ヘモグロビンの酸素飽和度（酸素分子で満たされたヘモグロビン上

酸素解離曲線

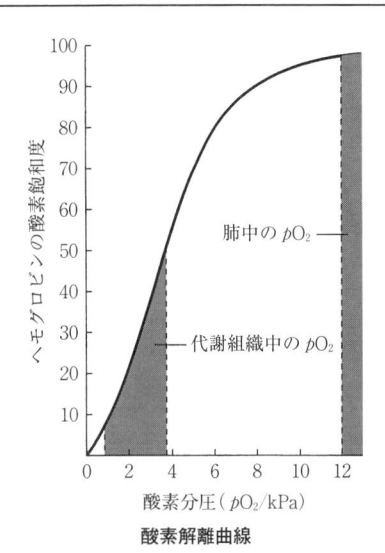

の酸素結合部位の比率）をプロットしたときに描かれる，S型のカーブ．カーブの急な立上りはヘモグロビンに対する酸素の高い親和性を示す．つまり少しの酸素分圧の増加に対してヘモグロビン上の酸素の飽和度が急激に増加するということである．そのため肺では酸素分圧が高いので血液は速やかに酸素で飽和する．逆に少し酸素分圧が低下するとヘモグロビンの飽和度は大きく低下する．酸素を多く利用する組織では酸素分圧が低く，酸素は速やかにヘモグロビンから解離し，組織中に放出される．→ ボーア効果

酸素欠乏（症） hypoxia

体組織において酸素が欠乏することをいい，低酸素分圧下での活動，*吸息が不完全な場合や，酸素の運搬に必要な赤血球やヘモグロビンの障害により生ずる場合がある．

酸素循環 oxygen cycle

環境中で生物，無生物間の酸素の循環のこと（→ 生物地球化学的循環）．酸素循環は*炭素循環や水循環（→ 水文循環）と密接にかかわっている．呼吸過程において酸素は生物に取り込まれ，そして炭素と一緒になり，二酸化炭素となって大気中に放出される．二酸化炭素は炭素循環に入るか，*光合成のため植物に吸収される．光合成では，化学的に分割された水から酸素が形成され，再び大気中に戻される．大気圏上層では酸素からオゾンが生成し，またオゾンが解離して酸素になる（→ オゾン層）．

酸素低下カーブ oxygen sag curve

汚水や汚染物質が川に放出されたとき，川の水の溶存酸素濃度を，物質が排出されたところから下流までの距離に対してプロットしたときに得られるカーブ（図参照）．水サンプルは汚水が排出された場所の上流，下流で採集される．汚水によって水中の酸素濃度が減少し，*生物化学的酸素要求量が増大する．これは腐生生物が汚水中で有機物を分解し，その過程で酸素を消費するためである．

酸素発生複合体 oxygen-evolving complex (OEC)

光化学系II（PS II）の反応中心近傍のタンパク質とマンガンイオンからなる小さな複合体で，*光合成の際，水分子を分離（酸化）して，酸素を生成する．この酸化反応によって水から低エネルギーの電子が供給されるが，この電子はPS IIでクロロフィル色素によって捕捉された光エネルギーによって励起される．この結果得られた高エネルギーの電子は電子伝達系を流れていく．PS IIはそれぞれのOECの四つのマンガンイオンからな

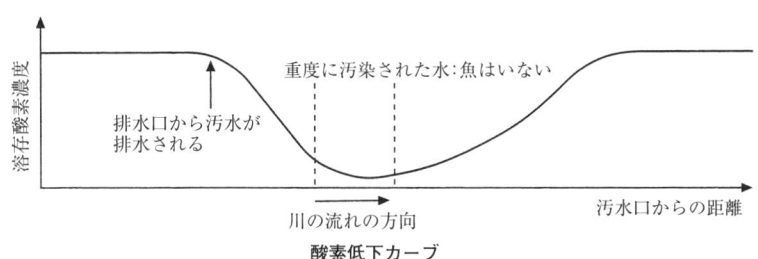

酸素低下カーブ

るクラスターから一つの電子を引き抜く．このクラスターに＋4の電荷が蓄積すると，OECは2分子の水を酸化し，それにより1分子の酸素と四つのプロトンが生成する．OECは葉緑体チラコイド膜のルーメン側に局在し，その機能に塩化物イオンを必要とする．→ 光化学系 I, II

酸素負債 oxygen debt

好気動物の代謝において十分な酸素が利用できないときの生理状態のこと（例えば活発な運動をしているときなど）．このような場合，身体がより多く必要とするエネルギーを満たすため，ピルビン酸が嫌気的（酸素のない状態）に乳酸に変換される．乳酸の分解には酸素が必要であり，組織中に蓄積する．再び酸素が利用できるようになると，乳酸は肝臓で酸化され，それによって負債はなくなる．

残存種 relict

分類学的多様性（進化的残存種）や地理的分布（地理的残存種）の見地から，以前存在した大きな生物集団の残存者として生き残った生物集団を示す．この言葉は，種，属，その他の分類群，または個体群，群集全体に対して使われる．

三炭糖 triose

三つの炭素原子を含む糖分子．→ 単糖

三倍体 triploid

染色体の数が半数体（n）の3倍（$3n$）である核や細胞，生物を示す語（→ 倍数体）．*相同染色体が欠けていることが減数分裂の際の対合を妨げるため（訳注：対合できない余分な相同染色体があると表現するほうが適切），三倍体の生物は通常は不稔・不妊である．三倍体は種子ができないので，植物の育種家には有用であることがある．例えばバナナの栽培では，不稔の三倍体のバナナは無性生殖で増殖できるが，種子をもつことはない．

三胚葉性の triploblastic

*外胚葉，*中胚葉，*内胚葉の三つの胚細胞の層からなる体をもつ動物を示す語．ほとんどの多細胞動物は三胚葉性であるが，例外的に腔腸動物は*二胚葉性である．

サンプリング sampling

統計学において，数多く存在するものを代表する少数を選び出すこと．無作為抽出では各個体は個体群の一部として等しい確率で選び出される．層別無作為抽出では個体群を階層に分け，その階層のなかからランダムにサンプリングし，異なった階層から抽出されたサンプルが集められる．系統抽出では，個体は一定間隔で選ばれる．例えば，個体群のなかから10番目ごとに選び出すなど．復元抽出では，個体は次の個体が選ばれる前にもとに戻される．

酸分泌細胞 oxyntic cell（parietal cell）

*胃液に含まれる*塩酸を生産する胃壁のあらゆる細胞のこと．酸分泌細胞は同時に小腸でのビタミン B_{12} の吸収にかかわる内因性因子も生産する（→ ビタミンB群）．

散房花序 corymb

開花枝条（→ 総穂花序）の一種で，花序の下部に付いた花の花柄は上部の花の花柄より長く，その結果，花序が全体として平頂となる．例としてはマガリバナやニオイアラセイトウがある．

三葉虫 trilobite

三葉虫綱（およそ4000種）に属する絶滅した海洋の節足動物．先カンブリア代から二畳紀（5億4100万年〜2億5200万年前）の堆積物にその化石がみつかっている．三葉虫は一般に小さく（体長1〜7 cm），楕円形の平たい体は頭部（背部は半円形の防御板に覆われている），胸部，腹部からなる．腹部は，高い中央部と平らな側部に分かれた三葉の外見をした背板が重なることで保護されている．頭部は1対の触覚のような付属肢と1対の複眼をもち，ほぼすべての体節に1対のY字型の（二枝形）付属肢をもつ．1枝は移動運動のためにあり，もう1枝は呼吸のためにある．三葉虫は海底に生息する腐食動物だった．

産卵 ovulation

卵巣から卵細胞が放出されること．哺乳類では*黄体形成ホルモンによって卵巣が刺激されることによって起こる．卵巣内で発達した卵細胞は卵巣表面に移動し，成熟すると卵

胞が破れ，体腔へと放出され，そこから卵管へ入る．→ 月経周期

産卵管 ovipositor

雌の昆虫腹部の後部末端にある器官で，ここから産卵される．1対の付属肢が変形したもので，多くの場合長く尖っているため，奥深い場所などに産卵することができる．ミツバチやアシナガバチの針は産卵管が変形したものである．

残留性の persistent

容易に分解されず，長期間残留し，環境に悪影響を与える*農薬や汚染物を示す．例えば除草剤の*パラコートや，殺虫剤の*DDTは散布後何年も土壌中に残留する．

シ

死 death

生物を生きている状態に維持する過程が，もはや機能しなくなった瞬間をいう．人間では，心拍が永続的に停止することで死を診断する．しかしながら，脳の大部分が機能を停止したあとでも，心臓は鼓動し続けることができる（→ 脳死）．外部の損傷や毒物の作用による細胞の死は，*ネクローシスとして知られている．これは個体発生の正常な一過程であるプログラム細胞死（→ アポトーシス）とは区別されなければならない．

ジアシルグリセロール diacylglycerol (DAG) ⟶ イノシトール

ジアスターゼ diastase ⟶ アミラーゼ

シアノコバラミン cyanocobalamin ⟶ ビタミンB群

シアノバクテリア Cyanobacteria

2群の光合成真正細菌からなる門である．その一つは藍色細菌で，以前は藍藻やシアノフィタと呼ばれ，この門の大部分を占める．もう一つは草緑細菌またはクロロキシバクテリアと呼ばれるグループである．両群ともに真核藻類や緑色植物と非常に類似した酸素発生型光合成を行い，同化産物を得ている．すべての藍色細菌は光合成色素としてクロロフィルaと，補助色素として*フィコビリンタンパク質を含む．細胞の青い色はこれらの色素の一つであるフィコシアニンが原因となっており，また赤い色素のフィコエリスリンを含むものがある．藍色細菌は単細胞であるが，ときに粘液質の鞘に包まれ，コロニー状や繊維状に連なった細胞を形成する．藍色細菌は水圏の全域に生息する．一部の種は，大気中の窒素を固定することが可能であり，それによって土壌の肥沃化に寄与している（→ 異質細胞，窒素固定）．共生を行う種もある（→ 地衣類）．クロロキシバクテリアは海洋と淡水にみられる．これらは藍色細菌と異な

り，クロロフィルaとbを含むが，フィコビリンタンパク質を含まず，色素の組成が植物の葉緑体のものと同一になっている．

CAM
 1. ⟶ 細胞接着分子
 2. ⟶ ベンケイソウ型有機酸代謝

GALP ⟶ グリセルアルデヒド-3-リン酸

JGA ⟶ 傍糸球体装置

CSF
 1. ⟶ 脳脊髄液
 2. ⟶ コロニー刺激因子

CNS ⟶ 中枢神経系

GABA ⟶ γ-アミノ酪酸

GFR ⟶ 糸球体ろ過率

CFCs ⟶ クロロフルオロカーボン

シェリントン，チャールズ・スコット，卿 Sherrington, Sir Charles Scott (1857-1952)

イギリスの生理学者．1913年にオックスフォード大学の生理学教授に就任．抗毒素に関する研究のあと，ヒトの反射反応の研究を開始した．ロシアの*パブロフと同じく，条件反射を発見した．ニューロンの機能に関する研究によって，1932年にノーベル生理医学賞をエドガー・*エイドリアンとともに受賞した．

ジェンナー，エドワード Jenner, Edward (1749-1823)

イギリスの医師．1796年(公表されたのは2年後)，牛痘から作ったワクチンを用いて種痘法をイギリスに導入したことで有名．

CoA ⟶ 補酵素A

しおれ wilting

蒸散によって失われる水が，土壌から吸収する水よりも多いときに植物に起こる状態．これは，細胞の*膨圧がなくなり植物体がしだれる原因となる．土壌に水が加えられると植物はしおれから通常は回復できるが，長期間にわたって水との接触がない場合は永続的にしおれて枯死することもある．ある種の植物ではしおれは過熱を避けるための機構として重要である．葉がしおれると植物は太陽光の直射を避けられる．太陽が沈むと植物は正常な速度で水分を蒸散し始めることができ，葉の細胞は膨圧を取り戻す．

しおれた flaccid

(植物学)植物組織が通常の状態よりも軟らかくなり，硬くなくなった状態を表す．水分が失われたために，その細胞の細胞質が縮み，細胞壁から離れて収縮したために生ずる．→ 原形質分離

耳介 pinna (auricle)

*外耳の体の外にみえる部分で，哺乳類の一部にある．軟骨組織からできており，音波を外耳道に伝える働きをする．一部の動物の耳介は動くことができ，音源の方向を検知する助けとなる．

紫外線(UV) ultraviolet radiation (UV)

紫色光と長波長のX線の間の波長，すなわち400から4 nmの間の波長をもつ電磁放射線．400～300 nmの範囲は近紫外線，300～200 nmは遠紫外線として知られている．200 nm以下は極紫外線あるいは真空紫外線として知られており，この波長の紫外線は空中酸素により吸収されるために真空の装置が必要となる．太陽は強いUVを出すが，大気中の*オゾン層により290 nm以下の波長の光が吸収されるため，地表に届くのは近紫外線だけである．紫外線は皮膚への影響の違いからUV-A (320～400 nm)，UV-B (290～320 nm)，UV-C (230～290 nm)の3種類に分類される．

一番波長の長いUV-Aは通常の量では害を及ぼさず，乾癬などの皮膚病の治療に用いられる．また，*ビタミンD製剤にアレルギーをもつ患者のために，ビタミンDを誘導させるためにも用いられる．UV-Bは最初に皮膚が赤くなり，その後色素が沈着する(日焼け)原因となる．過剰な被曝はひどい水膨れを引き起こす原因となる．UV-Cは最も波長が短く，特に害が大きい．短波長のUVは皮膚がんの原因となると考えられており，オゾン層の破壊によりこの危険性が高まっている．

実用的な目的で用いられるUVの多くは様々なタイプの水銀蒸気ランプで発生される．ふつうのガラスはUVを吸収するため，UVを扱う場合のレンズとプリズムは石英が

用いられる．

紫外線顕微鏡 ultraviolet microscope
石英でできたレンズとスライドガラスをもち，照明に*紫外線を用いる*顕微鏡．可視光よりも短い波長を用いることでより小さい物体の観察が可能で，また，ふつうの光学顕微鏡よりもさらに倍率を上げることもできる．最終画像は写真を撮ることにより，あるいは画像変換装置を使うことで蛍光板上に可視化する．

視覚 vision
*目により周囲の物体を認識する感覚．

視覚野 visual cortex (striate cortex)
脳の*大脳皮質にある領域で，ここでは目からの知覚情報が解釈される．

自家受精 self-fertilization ⟶ 受精
自家受粉 self-pollination ⟶ 受粉
自家不和合性 self-sterility
多くの雌雄同体の生物においてみられる現象で，同じ個体で作られた雄性と雌性の生殖細胞が受精卵を形成せず，あるいはもし形成したとしても胚にまで発達しないもの．植物では一般的に自家不和合性と呼ばれる（→ 不和合性）．

ジカルボン酸 dicarboxylic acid
分子内に2個のカルボキシル基をもつ*カルボン酸をいう．体系的化学命名法にしたがうと，ジカルボン酸は-dioic の接尾辞で示され，例えば，ヘキサン2酸($HOOC(CH_2)_4COOH$）は，hexanedioic acid となる．

篩管 sieve tube
植物の*篩部組織でみられる管で，*篩要素が連結したものでできている．

耳管 Eustachian tube
脊椎動物の*中耳と喉の奥（咽頭）をつなぐ管．普段は閉じているが，咀嚼の際には開き中耳に空気を送り込んで*鼓膜の両内外の空気圧を同じにする．イタリアの解剖学者バルトロメオ・エウスターキョ（Bartolomeo Eustachio, 1520?-74）にちなんでつけられた．

色覚 colour vision
異なる波長の光を検出し，それらの波長と波長に対応する色の違いを区別する，眼の能力をいう．哺乳類の眼では，*錐体が色覚を担っており，これは網膜の中心付近にある*中心窩のなかとその周囲に存在する．錐体は光感受性色素のアイオドプシンを含み，三色説によると，三つの型があり，各型は異なった錐体中に存在する．アイオドプシンの各型は，それぞれ赤色，青色，緑色のいずれかの光に対して感受性である．各型の錐体が受けた相対的な刺激により色が決定され，脳により解釈される．例えば，赤色感受性錐体と緑色感受性錐体が同程度に刺激されると，脳により解釈される色は黄色となる（→ 色覚異常）．

ある種の昆虫の*複眼もまた色を識別する能力をもつ．

色覚異常 colour blindness
異なった色を混同する視覚障害をいう．最も一般的なものは赤緑色盲である．これはX染色体上にある劣性遺伝子によるもので（→ 伴性），そのため男性のほうが色覚異常を示しやすいが，女性は*キャリヤーとなる場合がある．色覚異常は，*色覚をつかさどる3種類の錐体の1種類またはそれ以上の機能の障害や欠如により生ずる．第一盲の障害者では，赤色光感受性の錐体が欠如し，第二盲では，緑色光感受性の錐体が欠如する．第三盲はまれな色覚異常で，この障害者は青色光感受性の錐体が欠如するために，青色と緑色を区別できない．

磁気共鳴映像法 magnetic resonance imaging (MRI) ⟶ 核磁気共鳴
磁気受容器 magnetoreceptor
磁場，特に地球磁場（地磁気）を検出する器官や組織．何らかの形の磁気感覚は，昆虫，魚類，両生類，は虫類，鳥類，および哺乳類を含む多くの動物に認められる．しかし，磁気受容器官の本性はいまもあまり明らかになっていないままである．多くの種では，その脳内に磁性体の磁鉄鉱の小粒子が存在する．これが磁場を神経インパルスに変換すると考えられている．動物の光受容器も磁気感覚に関与する可能性があると考えられており，これを支持する証拠が様々な無脊椎動物と脊椎動物の種から得られている．ある説

では，地磁気に起因する電子スピン共鳴の変化が神経インパルスを誘発すると説明している．ある種の魚類，特にサメやエイでは*電気受容器が磁気受容器としても使われる．これは，それらの魚類自身が磁場中を横切って運動する導体として働くので，電磁誘導により非常に弱いが誘導電流が発生するために可能になると考えられている．海水は導体であり，魚の体と海水により電気回路が形成され，このため魚類自身の電気受容器官による誘導電流の検出が可能になる．この感覚は海洋環境中を航海する際に魚により活用される．

色素　pigment

組織を着色する化合物．色素には様々な役割がある．例えば脊椎動物の赤血球の*ヘモグロビンは，血液をその特徴的な赤色に染め，体中に酸素を運ぶことを可能にする（→呼吸色素）．他の生物色素には，植物の光合成色素であり植物体を緑色にそめる*葉緑素，紫外線から保護し，体をカモフラージュする色にも使われる動物の褐色色素である*メラニンが含まれる．

色素欠乏症　albinism

生物における遺伝性の着色の欠如（→メラニン）．色素の欠如した動物や人間は肌や髪，眼が無色である（目は組織内部の血管の色によりピンクにみえる）．色素欠乏症に関与する*対立遺伝子は通常に着色する対立遺伝子に対して*劣性である．

色素体　plastid

植物細胞内にある*細胞小器官で，しばしば大量に存在する．核を別にすれば，色素体は植物細胞中で最大のまとまった封入体である．便宜上色素体は色素を含んだものと(*有色体)，無色のもの(*ロイコプラスト)に分類されるが，頻繁に相互変化している．色素体は分裂組織や未成熟の細胞でみられる無色の原色素体から発達したものであるが，色素体はすでにある色素体の分裂によってもまた生じる．→葉緑体

色素胞　chromatophore

1.　多くの下等脊椎動物（たとえばカメレオン）にみられる皮膚や，甲殻類の外殻にみられる色素を含む細胞のこと．細胞質内の色素粒子の濃縮や分散により動物の色を変化させ外界と同じ保護色となる．色素胞のよく知られた例はメラニン保有細胞（黒色素胞あるいはメラノフォアともいう）で色素として*メラニンを含んでいる．

2.　光合成バクテリアの光合成色素群を含む細胞膜に結合した構造体のこと．→バクテリオクロロフィル

ジギタリス　digitalis

キツネノテブクロ（*Digitalis*）の乾燥葉や種子の調製品をいい，歴史的に，強心薬として用いられた．ジギタリス由来の現代の医療で用いられる処方薬にはジゴキシンとジギトキシンがあり，ともに強心*グリコシドとして知られる範疇の医薬品に属する．それらは心臓麻痺の治療に使われ，また心筋の収縮の力を強める働きがあるため，ある種の*不整脈にも用いられる．これらの物質の毒性は，心臓の正常な鼓動を撹乱する能力を，これらがもつことから生ずる．

シキミ酸経路　shikimic acid pathway

チロシン，フェニルアラニン，トリプトファンなど，芳香族アミノ酸の生合成を行う重要な代謝経路で，植物，細菌，菌類に存在するが，動物には存在しない．この一連の反応によってこれらアミノ酸が生成されることにより，動物もこれらを利用できるようになる．これらは動物の*必須アミノ酸で，食餌中のタンパク質に含まれている必要があり，様々な芳香族分子の前駆体としても必要である．この経路の最初のステップはエリスロース-4-リン酸（*ペントースリン酸回路由来）とホスホエノールピルビン酸（*解糖由来）の縮合である．続いて，この生産物が環化，還元され，中間生成物のシキミ酸が生じ，芳香族アミノ酸特有の芳香環構造も生じる．ホスホエノールピルビン酸がさらに結合してコリスミン酸を生成し，この物質からフェニルアラニン，チロシンを生成する経路か，トリプトファンを生成する経路のいずれかに分かれる．シキミ酸を次の中間体である3-エノールピルビルシキミ酸-5-リン酸に変換する酵素は，除草剤の*グリホサートにより阻害

される．したがってこの除草剤は，植物の芳香族アミノ酸の生合成を止める．

子宮 uterus (womb)

雌の哺乳類の器官で，胎児が発育する場所．ヒトでは一つであるが，他のほとんどの哺乳類では1対もつ．膀胱と直腸の間にあり，*ファロピウス管と*膣につながっている．内面（→ 子宮内膜）は卵の生産と協調して周期的に変化し（→ 月経周期，発情周期），受精卵が埋め込まれるための厚い海綿層を形成する．子宮の外壁（子宮筋層）は厚く，筋肉質である．子宮筋層が収縮することにより膣を通して十分発達した胎児を体外へと押し出す．

子宮筋層 myometrium

*子宮の大部分を形成する厚い平滑筋の層．*子宮内膜は，子宮筋層を裏打ちする．

糸球体 glomerulus (pl. glomeruli)

腎臓の尿細管にあるキャップ状の末端（*ボーマン嚢）によってつつまれた，絡まりあった毛細血管の束（→ ネフロン）．体液はこれらの毛細血管を通してボウマン嚢へとろ過され，ネフロンを流下する（→ 原尿）．

糸球体ろ過量 glomerular filtration rate (GFR)

単位時間当たりに糸球体の毛細血管から尿細管へとろ過される体液の量（→ 原尿）．GFRは主として血圧と糸球体の細動脈の直径の変化に影響を受ける．人間では，典型的なGFRは約125 ml min^{-1}であるが，このろ過された量の約99％は尿細管を通り尿になる際に再吸収される．GFRは通常，多糖類であるイヌリンを血流に注射し，それが尿中に出てくる速度を測定し，これを血漿中のイヌリン濃度で割ることで推測される．イヌリンは腎臓において再吸収されることも，分泌されることもないため，その尿中の量はGFRと直接相関する．

子宮内膜 endometrium

哺乳類の*子宮の内面にある粘膜．月経期にはがれる上部の粘液分泌層と，増殖して上部の層に分化する下部の層がある．→ 月経周期

軸 rhachis ⟶ 柱

軸索 axon

神経細胞（*ニューロン）の長い糸状の部分をいう．神経インパルスは*活動電位の形で，ニューロンの*細胞体から，軸索を通じて効果器あるいは脳に送り出される．→ 神経繊維

軸糸 axoneme

*波動毛（繊毛または真核生物の鞭毛）の中心部であり，2本の*微小管が中心に存在し，9本の微小管が周りを囲む構造をもつ．外側の微小管には，この波動毛の運動に重要な役割を演ずるタンパク質である*ダイニンが結合している．

軸椎 axis

第二*頚椎のことであり，*環椎（第一頚椎で，頭骨に接続する）に接続する．爬虫類，鳥類，哺乳類においては，軸椎と環椎の間の関節により，首を振る運動が可能となる．軸椎の体部は延長してくい状になり（歯突起），環椎の輪のなかに伸びて回転軸として機能し，その軸上で環椎（と頭骨）の回転が可能になる．

シグナル説 signal hypothesis

リボソームが，適切なタンパク質を細胞内オルガネラのミトコンドリアや葉緑体に輸送したり，タンパク質を細胞外に輸送するために細胞内部の膜に結合する現象を説明する仮説．この説では生合成中のポリペプチド鎖の先端部分がシグナルペプチドとなることが提案されている．これはリボソームから突き出したあと，シグナル認識粒子（SRP）と呼ばれるリボ核酸タンパク質粒子によって認識される．このリボソームとSRPの複合体が細胞内の膜に接すると，SRPはドッキングタンパク質（SRP受容体）と膜上で結合する．いったん停止したポリペプチドの合成は，このあと再開し，ポリペプチド（もしくは完全なタンパク質）は細胞膜を通過するが，そのときにシグナルペプチドはシグナルペプチド酵素によって切り離される．ひとたび翻訳が完了すると，リボソームは解離し，膜から離れる．シグナルペプチドは，膜に結合した糖タンパク質（シグナル配列受容体）と相互作用することにより，タンパク質を特

定の位置に挿入するための荷札の役目をすると考えられている．シグナル配列が正しいものでない場合は，リボソームはタンパク質が輸送される前に解離する．この仮説はブローベル (Gunter Blobel, 1936-) とミルスタイン (César Milstein, 1927-) を含むグループによって1970年代前半に提案され，現在では広く受け入れられている．

シグナル変換 signal transduction

細胞外のシグナル分子が細胞表面の受容体に結合することが，細胞内反応を引き起こす結果に至るための機構．このメカニズムはシグナル分子のタイプ（例：ホルモン，パラクリンシグナル，オートクリンシグナル）に依存するが，シグナル変換ではしばしば細胞内の＊二次メッセンジャー（例：環状AMP，カルシウムイオン）の濃度変化が生じ，これが次に様々な細胞活性を変化させる．多くの受容体はシグナル変換経路のスイッチとなる＊Gタンパク質と結合している．シグナル変換に重要なその他の要素としては，＊プロテインキナーゼがあるが，これはATPからリン酸を転移させることで酵素を活性化させる．

ジクマロール dicoumarol ⟶ クマリン

2,4-ジクロロフェノキシ酢酸 2,4-dichlorophenoxyacetic acid ⟶ 2,4-D

刺激 stimulus

生物の体内あるいは体外の環境変化で，その生物に生理学的あるいは行動的な変化を引き起こすもの．動物では特定の＊受容器が刺激に反応する．

歯隙 diastema

草食動物の切歯と白歯の間に存在する隙間をいう．この隙間は，歯が食物をすりつぶす際に，食物が保持されるための空間となる．肉食動物では，この空間は大きな犬歯により占められている．

刺激ろ過 stimulus filtering

外部環境中に存在する多大な量の刺激のなかから有用な感覚情報を分離する過程で，潜在的に有用な情報だけが脳に送られる．多くの感覚器官は，ある範囲内の刺激しか受け入れないように適応している．例えば，ヒトの目はスペクトルの可視領域の色だけをみることができ，そして紫外線や赤外線の領域はみることができない．その他の刺激ろ過の手段としては＊誘発因があげられ，これは反応を引き出す点でその他の刺激より重要で，誘発因が一度検出されると他の刺激は無視される．

止血 haemostasis

血管損傷後の血液の損失が抑えられることで，いくつかの生理学的過程によって生じる．まず出血は損傷を受けた血管が狭まることによって制限され，その内皮表面も互いに接着する．血管内皮への損傷はコラーゲンを露出させ，その部位に＊血小板を誘引する．これらの血小板は，その部位に接着し，またアラキドン酸を放出する．放出されたアラキドン酸は＊トロンボキサンA_2に変換される．トロンボキサンA_2は他の血小板を誘引し，こうして他の血小板が集まり血栓が形成される．傷口の周囲の損傷を受けていない部位は，血小板の凝集を妨げる働きをもつ＊プロスタサイクリンを放出し続け，不必要な血栓の形成を阻止する．その後，引き続き＊血液凝固の各段階が進行する．

始原細胞

1. initial 細胞群の一つ（下等植物では1個の細胞）で，分裂して植物組織や器官の細胞を生じる．頂端分裂組織，形成層，コルク形成層の細胞が始原細胞である．

2. primitive cell 生命の起原の研究において，地球上最初の細胞やその直接の子孫細胞も始原細胞と呼ぶ．

自己移植片 autograft ⟶ 移植片

趾行 digitigrade

イヌやネコなどの，最も速く走る動物の足並みの描写をいい，爪先のみが地面に触れ，脚の他の部分は地面から持ち上がっている状態である．→ 蹠行性，踵行性

視紅 visual purple ⟶ ロドプシン

耳垢 cerumen

みみあか．耳外の外耳道のなかにある耳垢腺から分泌される．デリケートな外耳の内壁組織を保護し，耳からの微生物の進入を防ぐ働きをする．

視（神経）交叉 optic chiasma

両方の*視神経からの繊維が反対側へと交叉している点のことで，X型の構造をしている．左右の眼の右側からの感覚情報は，右の外側膝状核を経由して脳内の右側の視覚野に伝えられ，一方，左右の眼の左側からの情報は左側の視覚野に伝えられる．このようにして脳の半分のそれぞれが，両眼からの感覚情報を受け取る．

試行錯誤学習 trial‐and‐error learning
⟶ 学習

死後硬直 rigor mortis

動物の死後，一時的に筋肉が硬直することにより体が硬くなること．これは，筋肉の収縮の際に，筋肉組織中のアクチンとミオシン繊維の間に形成された架橋を壊すためにATPが必要であるが，ATPは死後に産生されないことによる．

自己受容器 proprioceptor

体内の動き，圧力，伸縮（→ 伸展受容器）を感知する*受容器を示す．筋肉，腱，靱帯にて機能する自己受容器は，筋肉運動の調整，バランスや姿勢の維持のために重要である．

指骨 phalanges

脊椎動物の手足の*指を形成する骨．指骨は手の*中手骨，足の*中足骨とつながっている．基本的な五指肢においては第一指（ヒトでは親指）に2本の指骨，その他の指には3本の指骨がある．

歯骨 dentary

脊椎動物の下顎に存在し，歯を支える*膜骨の一種である．哺乳類では，歯骨は下顎の骨のすべてを形成している．

自己分解 autolysis

細胞，細胞小器官，組織の自己破壊の過程をいう．自己分解は，*リソソーム内に含まれるか，そこから放出された酵素の活動により起きる．→ 細胞溶解

自己免疫 autoimmunity

体の防御機構の病的状態の一つで，自分自身の組織に対する*免疫応答が誘起されるために，その組織は傷害を受けるか，あるいは破壊される．慢性関節リウマチ，全身性エリテマトーデス，重症筋無力症，甲状腺機能障害のいくつかは自己免疫病の例である．

歯根膜 periodontal membrane

*歯の根部を囲み，顎骨の歯槽に固定している結合組織の膜．歯根膜の繊維は根部を覆う*セメント質に埋め込まれており，それによって強く固着される．

刺細胞 thread cell (nematoblast; cnidoblast)

*刺胞動物門生物の外胚葉のみにみられる特殊化した細胞．刺細胞に含まれる刺胞は，コイル状に巻いた中空の長い刺糸が内部に存在する，液が充満した袋である．刺細胞の表面にある小さな感覚毛突起（刺細胞突起）に餌などが触れると，刺糸が突き抜けて餌に付着したり，巻きついたり，毒を注入したりする．クラゲの触手にある多数の刺細胞は毒針の産生を行う．

C細胞（傍濾胞細胞） C cell (parafollicular cell)

鰓嚢対の末端に由来する脊椎動物の細胞群の一つ．哺乳類ではこれらの細胞は*甲状腺や*副甲状腺に取り込まれている．他の脊椎動物では主に肺付近の後鰓体に存在する．

G細胞 G cells ⟶ ガストリン

四酸化オスミウム osmium tetroxide (osmium(IV) oxide)

分子式OsO_4で表される黄色の固体のことで，空気中でオスミウムを熱することによって作られる．電子顕微鏡における固定剤として使われる．

CGS単位系 c.g.s. units

センチメートル，グラム，秒を基準とした単位系．CGS単位系はメートル法の誘導単位系だが，定義の方法に問題がある*カロリーに基づいた熱量単位や，それぞれ，真空の誘電率を1としたCGS静電単位系や，真空の透磁率を1としたCGS電磁単位系の2種の電磁系の単位系と，適切でない結び付きがある．CGS単位系は現在，科学的な目的においては*SI単位系に置き換えられてきている．

CJD ⟶ クロイツフェルト-ヤコブ病

$\frac{2\ 1\ 2\ 3}{2\ 1\ 2\ 3}$ ヒト (32歯)　　$\frac{2\ 0\ 3\ 3}{1\ 0\ 2\ 3}$ ウサギ (28歯)　　$\frac{3\ 1\ 4\ 2}{3\ 1\ 4\ 3}$ クマ (42歯)

代表的な歯式

歯式　dental formula

動物の歯列の表記法．歯式は，8個の数字から成り立ち，4個は水平線の上，他の4個は水平線の下に書かれる．数字は左から右へ，上顎と下顎の片側の切歯，犬歯，小臼歯，大臼歯の数を示す．したがって上顎と下顎の歯の総数は，歯式の数字の合計を2倍したものとなる．代表的な歯式を図に示す．→ 永久歯

CCK　── コレシストキニン

支持根　prop root

ある種の植物の茎から出る，植物体を支える助けとなる，変化した根を示す．トウモロコシにみられるように，このような茎はたいてい丈が高くて細く，支持根は茎の伸長に伴い茎の上部からも出るようになる．多くの熱帯の樹木の幹の基部にて発達している板根はこれに類似しているが，より平らな形状を示す傾向にある．支柱根は支持根に比べ，太い．支柱根はマングローブの根元を湿地の柔らかい泥中にしっかりと固定している．

脂質　lipid

生物体に含まれる多様な有機化合物の一群で，クロロホルムやベンゼンといった有機溶媒には可溶だが，水に不溶である．脂質は二つのカテゴリーに分類される．一つは複合脂質であり，これは長鎖脂肪酸エステルであり，*グリセリド（これには動植物の*脂肪と*油が含まれる），*糖脂質，*リン脂質，*蠟を含んでいる．もう一つは，単純脂質であり，脂肪酸は含まれず，*ステロイドや*テルペンからなる（訳注：ここで使われる複合脂質，単純脂質の内容は，日本での用法と異なる部分がある）．脂質は生体中で多様な機能を示す．脂肪や油は動物や植物において，食物のエネルギーを貯蔵する便利で濃縮された貯蔵方法である．リン脂質や，コレステロールのような*ステロールは，生体膜（→ 脂質二重層）の主要な構成要素である．ワックスは体の表面で生体防水をしている．テルペンはビタミンA，E，Kやクロロフィルの構成成分であるフィトールを含んでおり，メントールやカンファーのように精油中に存在する．ステロイドは副腎ホルモン，性ホルモン，胆汁酸を含んでいる．

脂質はタンパク質と結合して*リポタンパク質（例えば細胞膜中のリポタンパク質）を形成することができる．バクテリア細胞壁では，脂質は多糖類と結合してリポ多糖を形成すると考えられている．

子実体　fructification ── 担胞子体

脂質二重層　lipid bilayer

*原形質膜における，脂質分子の配列様式で，ここでは脂質が二重のシートを形成している．それぞれの脂質分子は，水と親和性の低い疎水性尾部と，水と親和性の高い親水性頭部で構成されている．脂質二重層において，分子は親水性頭部が外向きに面し，脂質

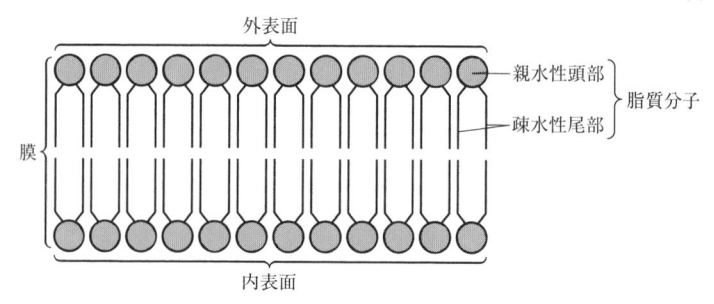

脂質二重層の構造

二重層の膜の内向きと外向きの表面を形成し，一方疎水性の尾部は外部の水環境を避けて，二重層の内側を向いて整列している．→ 流動モザイクモデル

示準化石 index fossil (zone fossil)
地質時代の特定の期間に，連続的に存在するある特定の分類群の動物*化石．これにより示準化石が発見された岩盤の年代を定めることができる．示準化石は水成岩のなかに存在する．示準化石は水成岩が形成された地質学的な年代を比較するための層序学の不可欠な道具である．示準化石には例えば*アンモナイトや*筆石がある．

視床 thalamus
（解剖学）脊椎動物の*前脳の一部で，視床下部の上に存在する．知覚情報を大脳皮質に中継し，活動電位を意識の感覚へと変換することにもかかわる．

矢状 sagittal
縦方向の正中面で二等分された生物の断面のこと．

視床下部 hypothalamus
脊椎動物の*前脳由来の脳の一部で，*視床と*大脳の下部の腹側表面に位置する．視床下部は広範な生理的過程を調節し，そのなかには体温の維持，水分平衡，睡眠，摂食が含まれ，そして視床下部が支配する*自律神経系と*神経内分泌系の両方を通して調節が行われる．視床下部の内分泌機能は，主に*脳下垂体が関与する．脳下垂体は，視床下部により生産された放出ホルモンに反応し，したがって視床下部は他の分泌腺におけるホルモン生産を間接的に支配することになる．

耳小骨 ear ossicles
キヌタ骨，槌骨，アブミ骨の三つの小骨のことで，哺乳類の*中耳内に位置し，鼓膜と*前庭窓の間に架橋を形成する．耳小骨の機能は，中耳を横切って鼓膜の振動を前庭窓に伝達（増幅も行う）することで，前庭窓はその振動を*内耳に伝える．中耳の筋肉は耳小骨の動きを抑える．これによって過剰な大騒音による衝撃から耳を保護する．

歯状突起（楯鱗） denticle (placoid scale)
→ 鱗

視神経 optic nerve
第二*脳神経のことで，それぞれの眼から脳に至る1対の感覚神経のこと．網膜の桿体や錐体によって受け取られた視覚刺激を判断するために脳に伝える．→ 視交叉

始新世 Eocene
*古第三紀の2番目の世．5600万年前の*暁新世の終りから始まり，3400万年前の漸新世の始めまで続く．チャールズ・ライエル卿(1797-1875)が，1833年に最初に提唱した．地質時代の区分の仕方によっては，暁新世は始新世の一部に含まれることがある．哺乳類は始新世に優勢となり，げっ歯目，偶蹄目，食肉目，奇蹄目（初期のウマを含む），クジラが最初に登場したのはこの時代であった．

雌ずい pistil
花の雌性生殖器官部分で，単一の*心皮（一心皮雌ずい）か心皮群（複合雌ずい）のどちらかで成り立っている．

歯髄腔 pulp cavity
（訳注：医学・歯学の分野では腔を「くう」と読む）歯の中心部を占め，歯根の先端で，歯の周囲の組織と細い通路により連絡する．歯髄腔は，内部に血管と神経繊維を含んだ結合組織である歯髄により満たされる．また歯髄腔の内壁には，*象牙質を分泌する*象牙芽細胞が存在する．

雌ずい群 gynoecium (gynaecium)
一つの花に存在する雌の生殖器官（*心皮）．→ 雄ずい群

指数増殖 exponential growth
現在の個体数に成長速度が比例する*個体群成長の仕方．個体数が少ないときは成長は遅いが，多いときはとても速くなる．時間軸に対して集団の個体数がグラフにプロットされたときには図のようなJの字型のカーブを示す（163ページの図参照）．動物や植物では，過度の混雑，栄養不足，病気などの要因が個体数の増加を抑制するため，増加はある時期に止まり，J型からS型（シグモイド）カーブになる．

シスチン cystine
2分子のシステインのスルフヒドリル基

(-SH)の間の酸化反応により生じた分子（→アミノ酸）．この酸化反応はポリペプチド内で近接するシステイン残基の間でしばしば生ずる．結果として生じる*ジスルフィド架橋（-S-S-）は，タンパク質分子の安定化において重要である．

システイン cysteine ⟶ アミノ酸

システム生態学 systems ecology

生態学の研究に数学的モデルや数学的関連性を用いること．

シス-トランス検定 cis-trans test

同じ形質機能に影響する二つの独立な突然変異が同じ*シストロンに生じたものか，あるいは別のシストロンに生じたものかを決定するために用いられる試験をいう．この試験では相同な染色体の対を一つの細胞（普通は細菌の細胞）内に存在させる．2種の突然変異が同じ染色体上にある場合をシスの位置にあるといい，2種の突然変異がそれぞれ別の相同な染色体上にある場合をトランスの位置にあるという．もし，突然変異がシスの位置にある細胞とトランスの位置にある細胞の双方が野生型の形質を示す場合は，これらの突然変異は異なるシストロンに属すると見なされる．もし，突然変異がシスの位置にある細胞は野生型を示し，トランスの位置にある細胞は突然変異型の形質を示す場合は，この二つの突然変異は同じシストロンに属すると見なされる．図参照．

シストロン cistron

特定のポリペプチド鎖や転移RNAやリボソームRNAなど機能性の*RNA分子をコードする情報を含むDNAの領域をいう．タンパク質の場合は，1種類のシストロンは1種類のメッセンジャーRNA（mRNA）分子の情報をコードする．機能単位としてのシストロンは*シス-トランス検定によって決定される．この検定では，一つのシストロンに起きた複数の突然変異は，同じ機能に影響を与える．

C_3経路 C_3 pathway

温帯地域における多くの植物による，*光合成の暗反応における代謝経路．この経路の出発物質は炭素原子を3個有するグリセリン酸-3-リン酸である．これは*カルビン回路の最初の反応で，二酸化炭素が*リブロース-1,5-二リン酸と結合したときに生成する．このような経路をとる植物はC_3植物と呼ばれる．→ C_4経路

ジスルフィド架橋（硫黄架橋） disulphide bridge (sulphur bridge)

二つのシステイン残基のチオール基（-SH）の間に形成される共有結合（S-S）で，多くはタンパク質のポリペプチド鎖内に形成される．容易に分解され，再構成する傾向があり，これらの結合は*タンパク質の三次構造に寄与している．

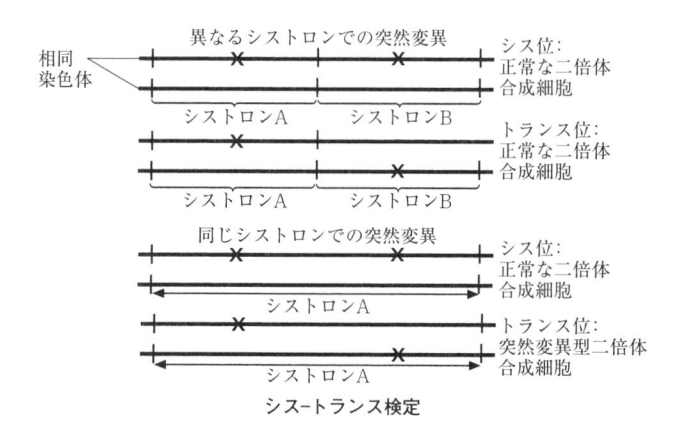

シス-トランス検定

雌性　female
 1．*有性生殖の間に，受精の過程で*雄性配偶子と融合する配偶子（生殖細胞）を示す．雌性配偶子は一般的に雄性配偶子よりも大きく，通常非運動性である（→ 卵球，卵子）．
 2．生殖器官が雌性配偶子のみを作る生物個体を示す（→ 両性）．

雌性産生単為生殖　thelytoky
 受精卵から雄が発生し，未受精卵から雌が発生するという，特定の動物の生殖時の現象のこと．アブラムシや，その他のある種の昆虫やダニでみられる．雄は二倍体であり，一方雌は一倍体で母方のゲノムのみを伝える．このような生殖の様式を雌性産生*単為生殖と表現する（→ 雄性産生単為生殖）．

雌性先熟　protogyny
 1．花の雌性生殖器官（心皮）が，雄性生殖器官（雄ずい）よりも前に成熟する状態を示す．これにより自家受粉を防ぐ．雌性先熟花の例として，オオバコとゴマノハグサがある．→ 雄性先熟，雌雄同熟，雌雄異熟
 2．雌雄同体や群体形成をする無脊椎動物において，雌雄同体動物の雌性生殖腺や群体中の雌性生殖個虫が雄性部分よりも先に性的に成熟する状態を示す．→ 雄性先熟

始生代　Archaean
 地質時代において最も初期の代（累代）で，地球上での最初の生命の証拠がある時代．初期の岩が形成されるおよそ40億年前からおよそ25億年前の*原生代の始まる前までにわたり，前地質時代の*冥王代の次にくる時代．*ストロマトライトと呼ばれる岩の形成が，35億年前かそれ以前に起こり，最も古い化石はすべてこの時代のものである．これらの岩は，糸状の紅色細菌や緑色細菌の活動によって作り出されたものと考えられている．これら原核生物がおそらく硫化水素を水の代わりに電子供与体として利用することによって，嫌気的に光合成を行ったものと思われる．これらの子孫のうちの一部が，水を電子供給体として使えるようになり，副産物として酸素を作り出し，最終的に好気性生物に必要な大気条件をもたらした．太古代ともいう．

自生の　indigenous
 ヒトによって導入された種とは異なり，ある地域にもともと存在している種を示す形容語．原産の．

歯舌　radula
 軟体動物にみられる舌状の器官で，角質の細長い小片であり，その表面に食物を削り取るための角質の歯の列が存在する．一部の種では，ものを削るためや穿孔のために歯舌が変形している．

自切　autotomy
 ある種の動物が自分の体の一部を脱離させ，失われた部分をその後に再生する現象をいう．自切は体の特定の部位の筋肉の収縮によって引き起こされる．自切は，動物が傷つけられたり，攻撃されたりした際に防護機構として働く（たとえば，ある種の爬虫類における尾の切断），また多毛類の無性生殖法として一般的であり，この場合は新しい頭部と尾部がともに再生する．

自接型顎懸架　autostylic jaw suspension
 肺魚（→ 肺魚類）や四足類にみられる顎の懸架の型で，上顎が頭蓋に直接結合する（図参照）．→ 二重連結型顎懸架，間接連絡型顎懸架

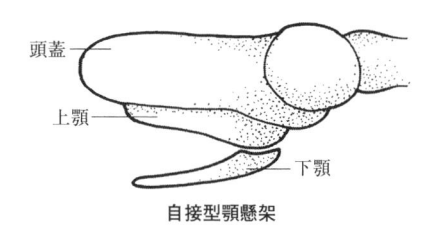

自接型顎懸架

脂腺　sebaceous gland
 哺乳類の*皮膚にみられる，小さな腺．この腺の導管は毛嚢に通じており，そこを通して*皮脂を皮膚の表面に放出する．

自然群　natural group
 どの分類階級においても，ある共通祖先から由来したと考えられる生物群を自然群という（→ 単系統）．例えば，ヒトと類人猿は，化石として残っている祖先であるドリオピテクス（もしくはその近縁種）から由来する自

然群であるとしばしば見なされる．理想的な自然分類において，すべての分類群は自然群であるべきである．→ 分岐論

自然史（博物学） natural history
1. 自然の生息状態における生物の研究．
2. すべての自然現象の研究．

自然選択 natural selection
*ダーウィン説によると，動物や植物の新しい種の進化をもたらすプロセスのこと．生物集団を維持するために必要な数以上の子孫が生まれるにもかかわらず，あらゆる集団の大きさは一定に維持される傾向にあると，ダーウィンは記した．ダーウィンはまた，集団のなかの個々の生物間に変異が存在することを見つけ，病気や競合や集団にかかるその他の力により，周りの環境にうまく適応できない個体は除去されると結論づけた．生き残ったものは，遺伝的に有利な性質（つまり，生存価をもった性質）を子孫に伝え，やがて集団の構成は環境の変化に対応して変化していく．長い年月にわたるこの機構により，生物はもとの集団とは異なっていき，そして新しい種が形成される．→ 適応放散，断続平衡説

自然発生
1. abiogenesis
*生命発生によって，生物が非生物から生じること．→ 2．
2. spontaneous generation
現在では信じられていない考え方であるが，生命体が非生命体から生まれることもあるというもの．例えば，腐敗の過程における微生物の発生や，家庭のごみから自然に害虫が発生したりすると，かつては考えられていた．パスツールやその他の研究者による滅菌した培地を使った実験から自然発生の考えは誤りであることが証明された．→ 生物発生説，生命発生

自然目 natural order
植物の分類において，*科に対応する分類階級の以前の名前．

歯槽 alveolus
アゴ骨にあるソケットのことで，*歯根膜によって歯が固定されている．

四足類 Tetrapoda
分類上，両生類や爬虫類，鳥類，哺乳類などの，四肢のある脊椎動物のすべてが含まれる，顎のある脊索動物（*顎口上綱）の一上綱のこと．四足類の肢の骨の形態は五つの指がある場合が基本である（→ 五指肢）．

子孫 offspring (progeny)
有性生殖もしくは無性生殖から生じた新しい独立した生物個体のこと．→ F_1，F_2

舌 tongue
脊椎動物の筋肉質の器官の一種であり，ほとんどの種では口の底についている．嚙んだり飲み込んだりするときに食物を動かすのに重要な役割を担い，陸生の種ではその上側の表面に多数の*味蕾をもつ．いくつかの高等脊椎動物において，特にヒトが話すときには，舌は音をはっきりと発音するために用いられる．

シダ ferns ⟶ フィリシノフィタ門

シダ種子類 seed ferns (Pteridospermales) ⟶ ソテツシダ類

シダ植物 Pteridophyta
旧来の分類体系における植物界の門の一つで，シダ類，トクサ類，ヒカゲノカズラ類，すなわち種子をつけない維管束植物が含まれる．これらは現在では別々の門となり，*フィリシノフィタ，*楔葉類，*ヒカゲノカズラ類，*マツバラン類となった．

シダ類 Pterophyta ⟶ フィリシノフィタ

Gタンパク質 G protein
哺乳類細胞においてシグナルを伝達する（→ シグナル変換）上で重要な役割を果たすタンパク質の一群．細胞膜の内側表面に存在し，細胞の外側表面に存在するホルモン受容体からのシグナルを，細胞内部で*二次メッセンジャーであるサイクリックAMPの形成を触媒する*アデニル酸シクラーゼに伝達する．GタンパクはGTPとGDPに結合する（→ グアノシン）．GTPとGタンパク質の複合体はアデニル酸シクラーゼを活性化できるが，GDPとGタンパク質の複合体は活性化できない．通常，Gタンパク質の不活性化は細胞表面のホルモン受容体によって制御

されているが，GTP-タンパク質複合体においてGTPがGDPへしだいに加水分解されることによっても制御されている．コレラ毒素は腸の上皮細胞のGタンパク質を変化させることでその効果を発揮する．これによりGタンパク質は連続して活性化状態となり，細胞のアデニル酸シクラーゼのレベルが異常に上昇する．これによる結果の一つとしては，ナトリウムイオンが積極的に腸内に送り込まれ，浸透によって水も腸内へ出てしまうことがある．このために下痢と脱水症状が生ずる．

シチジン cytidine

シトシン塩基が，糖であるD-リボースと結合したヌクレオシド．このヌクレオシドから誘導される，シチジン一，二，三リン酸（順にCMP，CDP，CTP）は，リン脂質合成などに代表される様々な生化学反応に関与している．

支柱根 stilt root ⟶ 支持根

室（房室） locule (loculus)

植物や動物体内における小腔．植物では子房室はその内部に胚珠を含み，葯室は発達する花粉粒を含む．

膝蓋 patella (kneecap)

ほとんどの哺乳類（ヒトを含む）の膝関節の前にある腱のなかに位置する小さな円形の可動骨のこと．膝蓋の役割は膝を守ることである．

膝蓋腱反射 knee-jerk reflex ⟶ 伸張反射

実験 experiment

科学的理論をテストするためにデザインされた試験あるいは過程．

実験分類学 experimental taxonomy ⟶ 系統学

櫛状突起 pecten

動物の様々なくし状の構造物のこと．鳥類の眼のなかにある櫛状突起は基本的に視神経に付随する血管網によって成り立ち，眼球のガラス体に突き出ている．その機能は不明だが，網膜に栄養や酸素を供給することにかかわっていると考えられる．この構造物の単純な形のものは爬虫類の眼においてもみられる．

湿生（遷移）系列 hydrosere

浅い開水面から森林や湿原への変化の途上にみられる植物群落の系列（→ 遷移系列）をいう．この過程は沈泥の堆積からはじまり，流速や水に含まれる栄養塩の状態に依存して，スイレンやヒルムシロのような沈水植物や浮葉植物が，最初に根づくことができるようになる．沈泥が増加し，有機物の残骸が堆積すると，アシ，スゲなどの植物が生育をはじめ，沼沢地を形成する．有機物が*泥炭の形で増加し，その場所がしだいに乾燥していくと，草本植物が優占する湿原と呼ばれる段階になり，次に低木と小高木が優占するカーとなる．最終的に下層土が十分に安定になり，成熟した森林に存在する大きな樹木が生育する．多雨や蒸発が少ない気候の場合には，異なる湿生系列となる場合がある．泥炭の形成速度が十分に速い場合には，沼沢湿原，すなわち降雨やその他の降水から水分と栄養塩をすべて得，常に冠水している隆起地形が形成される．

湿層処理 stratification

泥炭や砂の層の間に種子を入れ，その種子を発芽させるために，次に一定期間，それらを低温下におくこと．→ 春化

質的変異 qualitative variation ⟶ 不連続変異

湿度 humidity

大気中における水蒸気の濃度をいう．絶対湿度は，単位体積当りの空気に含まれる水蒸気の質量であり，通常$kg m^{-3}$で示される．便利な尺度として相対湿度があり，これは空気中の水蒸気量を，その温度と気圧における飽和水蒸気量に対する比としてパーセントで示したものである．

シッフ試薬 Schiff's reagent

アルデヒドやケトンを検出する試薬．二酸化硫黄により脱色されたフクシン染料の溶液からなる．脂肪族アルデヒドはただちに桃色を呈し，一方，芳香族ケトンは試薬と反応しない．芳香族アルデヒドや脂肪族ケトンはゆっくりと発色する．シッフ試薬はドイツの科学者シッフ（Hugo Schiff, 1834-1915）の名

をとって命名された．

質量分析 mass spectroscopy

化学分析において相対的な原子質量や同位体の相対量を計測するのに用いられる手法で，また化学分析用として生物学的な試料から単離された代謝物，薬剤や他の分子の同定に用いられる．質量分析計において，試料（通常は気体）はイオン化され，生じた正に帯電したイオンは高真空下の電場や磁場領域へと加速される．これらの電場・磁場は検出器に向けてイオンの屈折と収束を行う．電場・磁場の強さは変化させることができ，異なる型のイオンごとに検出器に衝突する．質量スペクトルは質量/電荷 (m/e) 値に対するピーク強度を表示したものである．有機物の分子に対して，質量スペクトルは一連のピークを示し，1個のピークは親イオンに一致し，それ以外のピークはイオン化の過程において作られたフラグメントイオンに相当する．異なる分子はスペクトル曲線の特徴的なパターンによって識別することができる．混合物の分析はガスクロマトグラフィー-質量分析によって行うことが可能である（→ 気液クロマトグラフィー）．

CD（白血球分化抗原） cluster of differentiation

ヒトの*T細胞の特定の部分母集団に関連した抗原．T細胞上に発現する分化抗原は，細胞の分化の段階，すなわち免疫応答における役割に応じて変化する．例えば，CD4抗原はヘルパーT細胞によって発現されるが，CD8抗原は細胞障害性T細胞とサプレッサーT細胞によって発現される．抗原は糖タンパク質で*モノクローナル抗体を使って特徴づけられる．

cDNA ── 相補的DNA

CTスキャナー CT scanner (computerized tomography scanner) ── 断層撮影

四頭筋 quadriceps

哺乳類の大腿骨の前部表面と側面を覆う一群の*伸筋をいう．これらの筋肉は基部で一つにまとまり，単一の腱で脛骨に付着する．四頭筋内の*筋紡錘により，膝蓋腱反射が引き起こされる（→ 伸張反射）．

シトシン cytosine

*ピリミジン誘導体．*ヌクレオチドや*DNA，*RNAなどに含まれる主要な核酸塩基の一つ．

シナプシス synapsis ── 対合

シナプス synapse

近接するニューロン（神経細胞）の間，すなわち軸索の終端（シナプス前ニューロン）と次の神経（シナプス後ニューロン）の樹状突起の間の結合のこと．化学シナプスにおいて，シナプス小頭と呼ばれるシナプス前ニューロンの軸索の膨らんだ末端は*神経伝達物質の小胞を含む．シナプスにおいて，二つの細胞（シナプス前ニューロンとシナプス後ニューロン）の膜はきわめて狭いシナプス間隙を介して近接している．神経*インパルスは，シナプス前膜から放出されシナプス間隙を通過してシナプス後膜へ拡散する神経伝達物質によって，シナプスを介して伝達される．これにより，このシナプスの存在する樹状突起にインパルスが生じ，シナプス後ニューロン本体への神経インパルスの伝播が引き起こされる．ほとんどのニューロンが一つ以上のシナプスをもっている．また，あるニューロンから近接するニューロンへと，イオンが直接ギャップ結合を通して流入する電気シナプスがきわめてまれに存在する．これは，例えば心臓や脊椎動物の中枢神経系のある部位に見いだされる．このような電気シナプスの配置により，ほとんど瞬間的な刺激の伝達が可能になる．→ 興奮性シナプス後電位

シナプス可塑性 synaptic plasticity

神経系のニューロン間の接合部（シナプシス）の結合もしくは有効性の変化のこと．これは，学習や記憶などを含む過去の行動や経験への反応の修正，もしくは個体の発達に伴う，動物の振舞いの修正の際にきわめて重要なプロセスである．様々な機構がシナプスの有効性の変化をもたらすが，その持続期間は1秒未満から数日，何週間までと多岐にわたる．例えば，運動終板に神経刺激が連続的に到着すると，約100〜200 msの間持続する増大したシナプス後電位を引き起こす（→ 促通）．もし運動ニューロンが長期間にわた

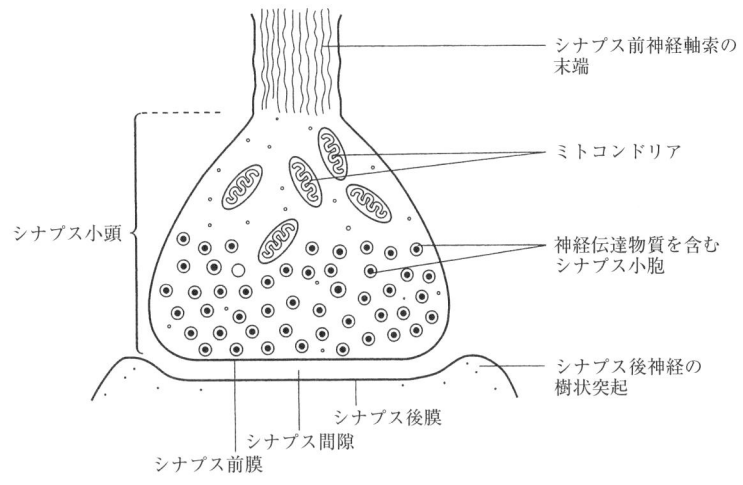

シナプス前神経軸索の末端

ミトコンドリア

シナプス小頭

神経伝達物質を含むシナプス小胞

シナプス後神経の樹状突起

シナプス後膜

シナプス間隙

シナプス前膜

シナプスの構造

って高頻度で刺激されると（例：強縮性刺激），シナプス前神経終末のシナプス小胞が欠乏するために，その後にシナプスの伝達効率が減少する期間（シナプス抑制）に入る．シナプス抑制からの回復に伴い，シナプスはしばしば反復刺激後増強を示す．この増強では，強縮性刺激の前に比べて，同じ刺激に対する応答の強度が増大する．このシナプスの応答は，血流のなかに存在するか，他の神経末によって近傍に放出される神経伝達物質を含む様々な因子によって調節される．例えば，ナメクジに似た軟体動物であるアメフラシでは，刺激に対する感受性の増大（行動性感作）はセロトニンの放出によって引き起こされる．これが，シナプスでの神経伝達物質の放出を促進し，結果として数分の間シナプス後電位の増強や持続時間の延長が生じる．このような学習や記憶の過程において，長期増強（LTP）と長期抑圧（LTD）が数時間，数日，あるいはそれ以上長い期間持続する効果を及ぼすことで，脳の神経回路において重要な役割を果たしていると考えられる．哺乳類の脳の研究によって，2種類の*グルタミン酸受容体であるAMPA，NMDA受容体がLTPとLTDにおいて重要な役割を果たしていることが明らかになった．

シナプス間隙　synaptic cleft　──→ シナプス

シナプス後膜　postsynaptic membrane
　*シナプスにおいて電気刺激を受け取る，ニューロンの末端にある膜．

シナプス小頭　synaptic knob　──→ シナプス

シナプトネマ構造　synaptonemal complex
　*減数分裂の第一分裂前期の*対合において，それぞれの相同染色体を結合させるタンパク質のリボン状複合体．複合体形成はテロメアから始まり，この時期にはテロメアは核膜に結合する．複合体形成は染色体に沿って進み，ジッパーのように結合部を整列させる．

歯肉　gingiva (gum)
　口内の上皮組織の一部で顎骨を覆う．歯根を取り囲む歯槽と連続している．

ジヌクレオチド　dinucleotide
　二つの*ヌクレオチドからなる化合物．

子嚢

1.　ascus (pl. asci)
　*子嚢菌門の菌がもっている特殊化された細胞のこと．この細胞は二つの半数体の核を含み，これらは有性生殖の際に融合し，その後減数分裂し，その結果子嚢のなかの8個の

子嚢胞子が生ずる.

2. theca ⟶ 萠

子嚢果 ascocarp
＊子嚢菌門の菌の生殖器官のこと．＊子嚢細胞を含んでいる．子嚢果は，閉じた球体（閉子嚢殻），小さな入口の付いたフラスコ型の構造（子嚢殻）またはカップ型をした構造で開いている（子嚢盤）のいずれかである．子嚢果は，子嚢を生ずる＊菌糸と栄養菌糸の二つからできている．

子嚢菌門 Ascomycota
菌類の一つの門で，以前は，子嚢菌綱や子嚢菌亜門として綱や亜門に分類されていた．＊酵母や，いくつかの食べられるキノコや，ライムギに＊麦角病を引き起こす *Claviceps purpurea* などが含まれる．多くのものが地衣類の菌側の共生体になる．有性生殖は，＊子嚢のなかで産生された子嚢胞子によって行われる．子嚢は，通常＊子嚢果のなかで集合して生ずる．

子嚢胞子 ascospore
子嚢菌門に属する菌の胞子のこと．→ 子嚢

シノモン synomone ⟶ 他感作用物質

自発的 autogenic
環境や生物の＊内因性の要素，すなわち環境や生物の内部由来の因子がもとになった変化に関係した，あるいはその変化が原因となったことを描写する形容語である．→ アロジェニック

ジヒドロキシフェニルアラニン dihydroxyphenylalanine ⟶ ドーパ

指標種 indicator species
特定の環境因子に非常に感受性が高いために，ある地域でのその存在（あるいは非存在）が，その因子の量に関する情報を提供することになる植物や動物種．例えば，いくつかの地衣類は空気中の二酸化硫黄（主要な汚染物質）の濃度に対して非常に感受性が高い．ある地域での地衣類の存在を調査することで，その地域一帯の二酸化硫黄の量に関するよい指標を得ることができる．

篩部 phloem (bast)
維管束植物において，栄養素を生産された場所（特に葉）から成長点のような必要な場所に運ぶための組織．篩部は植物の器官の長軸方向と平行な中空の管（篩管）からなり，末端どうしが接着した伸長した細胞（＊篩要素）から形成され，＊伴細胞と密接に結合している．これら細胞の末端の細胞壁は大なり小なり穿孔していて，物質が通過できるようになっている．若い植物や成熟した植物の新しく形成された組織の一次篩部は，＊頂端分裂組織の活動によって形成されている（→ 原生篩部，後生篩部）．多くの植物で二次篩部は維管束＊形成層によって後期に分化し，古い組織の初期に形成された篩部と置き換わる．→ マスフロー，木部

C_4経路（ハッチ-スラック経路） C_4 pathway (Hatch-Slack pathway)
熱帯植物による，＊光合成の暗反応における代謝経路．これらの植物はC_4植物として知られていて，サトウキビやトウモロコシ，そして乾燥した地域に育つ植物などが含まれる．大気中の二酸化炭素は，最初にホスホエノールピルビン酸カルボキシラーゼによりピルビン酸（PEP）と結合されて，炭素を4原子含むオキサロ酢酸を生成することで固定される（図参照．→ C_3経路）．オキサロ酢酸はリンゴ酸に変換し，そのリンゴ酸は二酸化炭素とピルビン酸に分解し，二酸化炭素は＊カルビン回路に入り，ピルビン酸はまたPEPに変換され，これにより常にPEPが供給されて炭素固定が継続される．PEPカルボキシラーゼは二酸化炭素に対して非常に高い親和性をもつため，このC_4経路ではたとえ二酸化炭素濃度が低い状況下であっても光合成が起こる．またこの経路は温度や光強度が高い場合であっても働くので，熱帯植物の光合成を効率よく行わせる．さらにリンゴ酸は一時的に蓄えられることが可能であり，カルビン回路で二酸化炭素が必要になったときに分解される．このことは砂漠の植物にとって重要なことである．砂漠の植物は日中，水分欠乏を防ぐために気孔を閉じる必要があるからである（→ ベンケイソウ型有機酸代謝）．C_4植物の葉の解剖学的構造は，この代謝経路に適応している．→ 維管束鞘細胞．

C_4経路

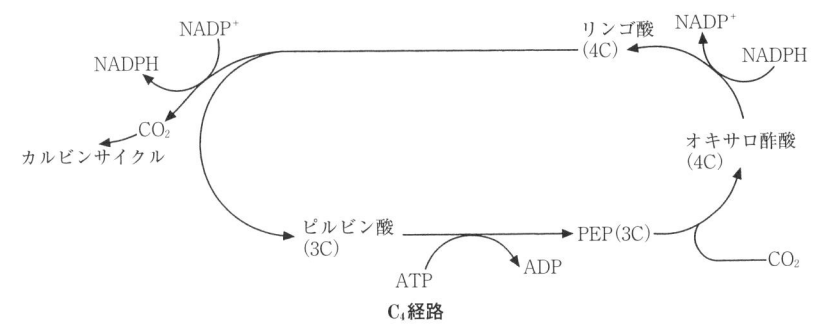

篩部タンパク質 phloem protein ⟶ Pタンパク質

四分子 tetrad
*減数分裂の第二分裂の終りに形成される四つの*半数性細胞のグループのこと.

四分胞子 tetraspore
特定の紅藻の生活環で，独立した二倍体の胞子体（四分胞子体）から減数分裂により形成される四つの胞子のうちの，ある一つのこと．四分胞子嚢中に四分胞子が形成され，有性の一倍体世代を発芽後に形成する．四分胞子体は*果胞子から発達する．

ジペプチド dipeptide
二つのアミノ酸が，一方のアミノ酸のアミノ基（$-NH_2$）ともう一方のアミノ酸のカルボキシル基（$-COOH$）で結合した化合物．このペプチド結合（→ ペプチド）は，1個の水分子の除去が行われる縮合反応によって形成される．

シーベルト sievert
線量当量のSI単位（→ 放射線単位）．スウェーデンの物理学者シーベルト（Rolf Sievert, 1896-1966）に由来する．

ジベレリン gibberellin
化学構造上テルペン誘導体である，植物の*成長物質のグループのこと．植物や菌類にみられる．キャベツの抽台など茎を伸ばすのに関与しており，また発芽の際に種子の貯蔵栄養の可溶化にかかわり，また花を咲かせたり果実を大きくしたりする．*ジベレリン酸などの商業的に入手可能なジベレリンは，小さな針葉樹に球果植物に球果をつけさせるなど，様々な種の生殖の成熟を制御するために使われる．

ジベレリン酸 gibberellic acid（GA_3）
植物の*成長物質であり，糸状菌の培養液中から抽出された．商業的に手に入る最も重要な*ジベレリンの一つである（化学構造式参照）．1954年に発見された（訳注：ジベレリンはイネ馬鹿苗病菌の培養液中からイネ苗に成長を誘起する物質として1926年に黒沢英一により発見され，1938年に薮田貞治郎，住木諭介により結晶化・命名された．GA_3 は1954年にP. J. Curtisらにより，上記培養液中から新規ジベレリンとして発見された．高等植物からは1958年にJ. MacMillanとJ. P. Suterにより GA_1 が単離された）．

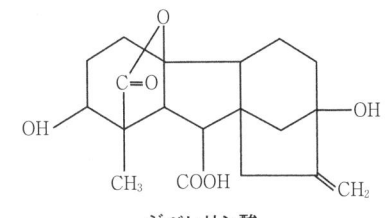

ジベレリン酸

刺胞 nematocyst ⟶ 刺細胞

子房 ovary
花の*心皮の基部にある袋状の器官で，一つかそれ以上の*胚珠を含む．受精後，子房壁は種子を内包する果実へと発達する．また心皮どうしが融合し，合生子房を形成する種もある．

脂肪 fat
通常の体温で固体である，主に*トリグリセリドである脂質の混合物．脂肪は食物エネルギーの貯蔵の手段として広く植物および動

物に存在し，炭水化物の2倍のカロリー値をもつ．哺乳類では脂肪は皮膚の下の層に蓄えられ（皮下脂肪），また特殊化した*脂肪組織として体内深くに存在する（→ 褐色脂肪）．脂肪の断熱する性質も，特に毛皮をもたない動物や寒冷な気候に棲むもの（例えばアザラシやクジラ）において重要である．

植物や魚類に由来する脂肪は一般的に動物のものよりも不飽和*脂肪酸の割合が高い．そのためそれらの融解温度はより低い傾向にあり，室温で軟らかくなる．高度不飽和脂肪酸は室温で液体であり，そのためより正確には*油と呼ばれる．

子房下生 hypogyny

花葉の配列の一型で，子房が*上位の場合をいい，すなわち萼，花弁，雄ずいより上の花床から子房が生ずる（図参照）．花被と雄ずいは，チューリップでみられるように，子房に対して下生するといわれる．→ 子房上生，子房周囲生

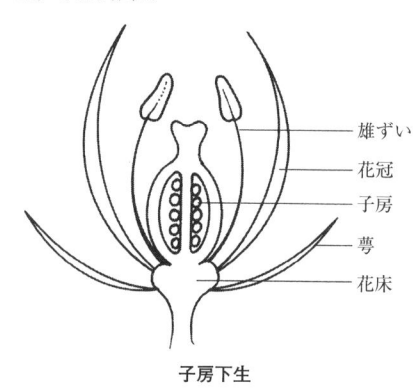

子房下生

脂肪細胞 fat cell (adipocyte)

*脂肪組織の細胞で，脂肪（トリグリセリド）が蓄えられている．脂肪細胞は脂肪をグリセリンと脂肪酸に分解することのできる酵素（リパーゼ）をもっている．生じた脂肪酸は血流によって肝臓へ輸送され，そこで*脂肪酸酸化に用いられる．

脂肪酸 fatty acid

炭化水素鎖とカルボキシル末端をもつ有機化合物（→ カルボン酸）．鎖の長さは一つの水素原子（ギ酸 HCOOH）から30近くの炭素原子にまでわたる．酢酸，プロパン酸（プロピオン酸），ブタン酸（酪酸）は代謝に重要である．長鎖の脂肪酸（8～10以上の炭素原子）の多くはふつう，アルコールのエステルとなって，特定の脂質，特にグリセリド，リン脂質，ステロールおよびワックスの成分として存在する．これらの長鎖脂肪酸は一般的に偶数の炭素原子をもち，直鎖をもつものが分枝鎖をもつものより多い．それらは飽和（例えば*パルミチン酸，*ステアリン酸）もしくは不飽和で，不飽和の場合は一つの二重結合（例えば*オレイン酸）もしくは二つかそれ以上の二重結合（多価不飽和脂肪酸，例えば*リノール酸，*リノレン酸）をもっている．→ 必須脂肪酸．

脂肪酸の物理的な性質は鎖の長さ，不飽和度，鎖の分枝によって決定される．短鎖の酸は刺激性の液体で，水に溶解する．鎖の長さが増大すると融点は上昇し水への溶解度は低下する．不飽和度の上昇と鎖の分枝は融点を低くする傾向にある．

脂肪酸酸化（β 酸化） fatty-acid oxidation (β-oxidation)

脂肪を代謝してエネルギーを放出する代謝経路．脂肪酸酸化は恒常的に起こるが，例えば飢餓の間などのように動物の炭水化物源が尽きてしまうときでなければ主要なエネルギー源にはならない．脂肪酸酸化は，主に動物細胞のミトコンドリアや植物細胞の*ペルオキシソームで起こる．一連の反応により脂肪酸の炭化水素鎖から1回に二つの炭素原子が取り出される．この二つの炭素を含む断片が*補酵素Aと結合し*アセチル補酵素A（アセチル CoA）を形成し，これは次いで*クレブス回路に入る．アセチル CoA の形成はすべての炭化水素鎖が消費されるまで繰り返し起こる．→ グリオキシル酸回路

子房周位生 perigyny

子房がカップ状または平らな花托のなかに位置し，花托の端から花被と雄ずいが生じているという花の配列のこと（図参照）．サクラやプラムの花でみられるように，子房に対し花被と雄ずいは子房周位生であるといわれる．→ 子房下生，子房上生

子房周位生

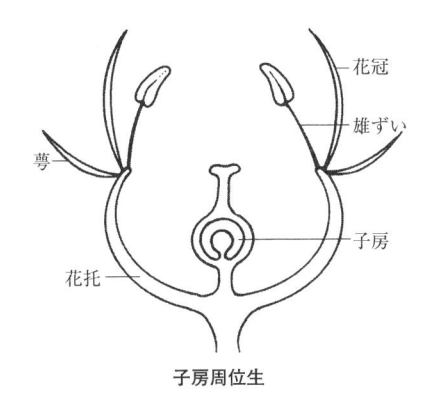

子房上生 epigyny

子房が完璧に花托に包まれることによって，花被，雄ずいが花托の最上部よりも上についている現象．つまり子房*下位である（図参照）．花被，雄ずいはラッパスイセンにみられるように「子房上」にある．→ 子房下生，子房周位生

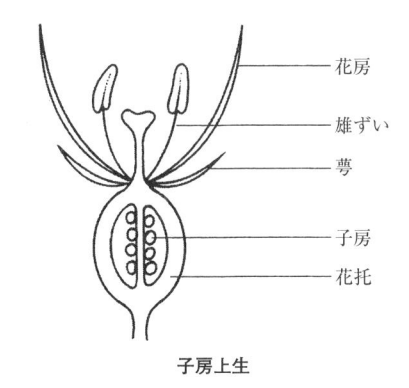

子房上生

脂肪組織 adipose tissue

*脂肪と油脂を含む細胞からなる体組織．主に皮膚の下部や（→ 皮下組織），肝臓や心臓など主要な器官の周囲にみられる．エネルギーの貯蔵，器官の隔離と保護のほか，熱の発生に働いている．→ 褐色脂肪，熱産生

脂肪体 fat body

1．両生類の腎臓の前側についている腹部器官．春の繁殖期のための準備として，冬眠の間に生殖腺に栄養を与える貯蔵脂肪からなる．

2．昆虫の体腔全体に広がっている脂肪組織の塊．そこに脂肪，タンパク質およびグリコーゲンが冬眠や蛹化のための貯蔵栄養として蓄えられる．

刺胞動物門 Cnidaria

水生の無脊椎動物の一門（ときに腔腸動物門と称される）で，ヒドラ，クラゲ，イソギンチャク，*サンゴを含む．刺胞動物の体は*二胚葉性であり，内外の体壁の二つの細胞層は*間充ゲルにより隔てられ，また体制は*放射相称を示す．体腔（胃水管腔）は囊状で，開口部が1カ所あり，口と肛門として機能する．この開口部は*刺細胞をもつ触手により取り囲まれる．刺胞動物には自由に遊泳できる*クラゲ型と定着性の*ポリプ型の両方がある．後者には，サンゴのように群体になるものと，ヒドラやイソギンチャクのように単生のものがある．刺胞動物の多くは，これらの二つの型の間を交代する生活環をもつ（→ 世代交代）．この門には，大部分の種が世代交代を示すヒドラやオベリアクラゲのようなヒドロ虫類，クラゲ世代が主な世代である鉢虫類（真正クラゲ類），クラゲ世代が存在しないサンゴやイソギンチャクのようなサンゴ虫類が含まれる．→ 腔腸動物，有櫛類

脂肪分解 lipolysis

生体内で蓄積された脂肪が分解すること．長期的なエネルギー保存物質のほとんどは脂肪や油に含まれているトリグリセリドである．必要なとき，例えば飢餓状態のとき，リパーゼ酵素はトリグリセリドをグリセロールと構成要素の脂肪酸に転換する．それらはその後組織に送られ，エネルギーを供給するために酸化される．

死亡率（死亡数） death rate (mortality)

ある特定の種あるいは個体群が，原因にかかわらず死亡する割合をいう．死亡率は個体群の大きさを支配する重要な要素である．→ 出生率

姉妹種 sister species

進化の過程で一つの種から分離した二つの子孫種のいずれかをいう．それゆえ，注目している種（もしくは群）に対し，姉妹種（もしくは姉妹群）は他のいかなる種（もしくは

群）よりも近縁であるが，これは双方が，他のいかなる種（群）とも共有していない祖先種（群）を共有しているからである．*分岐論の原理に基づく分類体系においては，姉妹種は常に同じグループに分類される．さらに，姉妹グループは*外群との比較において最初に用いられる．

シミ目 Thysanura

中型の無翅の昆虫の一目．伝統的に*無翅昆虫亜綱に属し，シミやイシノミから構成される．これらの体は一般的に，長い糸のような触角と体節のある尾状の長い胴体と，胴体の後端の左右から伸びた1対の尾角からなる．約350種のイシノミはほとんど夜行性で，藻類，地衣類や他の植物性物質を食べ，日中は落葉や樹皮の下などに隠れている．胸部をアーチ型にして腹部を曲げることで跳ねることができる．もう一つの主要な群は，セイヨウシミとマダラシミを含む約370種から構成される．これらはほとんど落葉や樹皮の下などにすむ腐食動物であるが，いくつかの種は砂漠で見つかり，他はヒトの住居にすむものとして知られている．これらの住居に生息する種は食物の残骸や紙，綿のような物質を食べる．現在ではイシノミを別の目であるイシノミ目に分類する専門家もいる．

翅脈 vein

昆虫の翅を強化するキチンでできた管．

翅脈相 venation

昆虫の翅の脈の配列．しばしば分類において重要である．

ジメチルベンゼン（キシレン） dimethyl-benzenes (xylenes)

化学式$(CH_3)_2C_6H_4$で表され，三つの構造異性体を有する．ベンゼン環において2カ所がメチル基に置換されている．例えば，1,2-ジメチルベンゼンはo-キシレンである．異性体の混合物は石油から得られ，光学顕微鏡の試料を調製する際に透徹剤として用いる．

死滅期 death phase ─→ 細菌増殖曲線

刺毛（剛毛） seta (pl. setae)

1. 多くの無脊椎動物でみられる剛毛状あるいは髪の毛状のもの．剛毛は表皮で作られ，昆虫のもののように中空のクチクラ質の突起で内部に表皮細胞の全部か一部を含むもの，あるいは環形動物の*剛毛のようにキチン質でできているもののいずれかからなる．

2. ─→ スポロゴン

シャイン-ダルガルノ配列 Shine-Dalgarno sequence

5から9個（一般的には7個）の塩基からなる配列で原核生物のメッセンジャーRNA（mRNA）の*開始コドンの前方に存在する．この配列はリボソームによって認識され翻訳の開始に先立ってメッセンジャーRNA分子の正しい位置に結合できるようにする．シャイン-ダルガルノ配列の，AGGAGGUという配列はリボソームの16Sサブユニットの相補的な配列と結合し，リボソームとmRNAの安定的な複合体を形成するのに必要である（訳注：正確にはリボソームの30Sサブユニットなかに16SリボソームRNAがあり，このRNAに相補的な配列がある）．この配列の役割は，シャイン（John Shine, 1946-）とダルガルノ（Lynn Dalgarno, 1935-）によって最初に提唱された．

社会的行動 social behaviour

互いに影響し合う動物が集団を形成した際に示す行動．社会的行動は，捕食動物の脅威を最少にするために単独ではなく群れになって移動する行動から，高度に組織化された社会における指定された役割の遂行にまでわたる．例えば，ミツバチのコロニーでは幼虫の世話，餌の収集，翅ではばたくことによる巣内の温度調節などのそれぞれの仕事は異なる個体が分担している．─→ 階級，真社会性の

弱光層 dysphotic zone ─→ 真光層

尺骨 ulna

脊椎動物の前腕にある2本の骨のうち大きいほうの骨（─→ 橈骨）．尺骨は手首の手根骨の外側および肘の上腕骨と関節でつながっている．

若虫 nymph

*外翅類の昆虫の幼若期のことで，特に，バッタ，ゴキブリ，ハサミムシなどの陸生の昆虫種において使われる．トンボ，カゲロウ，カワゲラなどの水生昆虫の幼若期のことは，幼生もしくはナイアッドと呼ぶことが多

い．若虫は成体と似ているが，羽と生殖器官が未発達なところが異なる．若虫は，さなぎの状態を経ずに直接成体へと成熟する．→ 幼生

弱毒化 attenuation

(医学) 病原性減弱，減毒．ある微生物の病原性を減少させる方法をいう．これは化学薬品による処理，加熱，乾燥，放射線照射，生存に不利な条件下における微生物の培養，他の宿主生物に順次接種していくことなどにより達成可能である．減毒された細菌またはウイルスは，ある種の*ワクチンに用いられる．

ジャコブ-モノー仮説 Jacob-Monod hypothesis

1961年，細菌の*遺伝子発現調節機構を説明するために，フランスの生物学者ジャコブ (F. Jacob, 1920-) と，モノー (J. Monod, 1910-76) により提案された仮説 (→ オペロン)．ジャコブとモノーは，乳糖を分解する酵素β-ガラクトシダーゼをコードしている遺伝子の発現を研究した．乳糖代謝を制御しているオペロンは，*ラクトースオペロンと呼ばれる．

ジャスモン酸塩 jasmonate

(訳注：以下の記述は，ジャスモン酸塩だけでなくジャスモン酸の誘導体についての記述も含む) 植物が昆虫，カビやその他の病原菌に攻撃された場合の防御応答にかかわると考えられている一群の化合物の総称．ジャスモン酸塩類は，主にジャスモン酸とジャスモン酸メチルで不飽和脂肪酸の一つ*リノレン酸から生合成され，植物体の傷害を受けた部分に蓄積する．ジャスモン酸塩は，防御タンパク質をコードしている遺伝子を活性化し，*ファイトアレキシンの急速な合成を促進する．しかし，ジャスモン酸塩は同時に他の多くの遺伝子の調節にもかかわり，発芽から根の伸長に至る多くの現象に影響していると考えられているので，植物の*成長物質の一つとみなしてよいであろう．

射精 ejaculation

尿道の強力で周期的な収縮による，勃起した陰茎から外部への精液の射出．射精は性的興奮の頂点への到達 (オルガスム) と同時に起こり，呼吸数や心拍数の増加などの身体の様々な生理学的な活動の変化が伴う．

シャルガフ，アーウィン Chargaff, Erwin (1905-2002)

ウクライナ生まれのアメリカの生化学者で，コロンビア大学で教授となった (1952-74)．*エーヴリーがDNAを肺炎球菌の遺伝物質であると確認したことに刺激され，彼はDNAの組成は種内で保たれるが，種間では組成が異なり，種の数ほどDNAのタイプがあることを発見した．しかし，プリン塩基の数はピリミジン塩基の数と同じであり，アデニンとチミン，シトシンとグアニンも同じ関係にある，という彼の発見は，*ワトソンと*クリックによる遺伝の化学的な基礎の解明における重要な手がかりとなった．

ジャンクDNA junk DNA ── 利己的DNA

シャント血管 shunt vessel

動脈を直に静脈に連結し，一定領域の毛細血管に血液が流れずに，直接静脈にバイパスして流れることを可能にしている血管．シャント血管は，その内径が収縮または拡張することにより血流を調節する．*内温動物においてはシャント血管は寒さに反応して拡張し，それにより末梢にいく血流を減らし，熱の無駄を防いでいる．

ジャンピング遺伝子 jumping gene ── トランスポゾン

種 species

1. 他の生物集団に対してよりも，その集団内部の個体が互いに類似しており，それ以上の集団に細分できない生物集団をいう．種の構成要件に関する正確な定義は，採用する種概念により異なる．*生物学的種概念によれば，種とはそれらの間で交配可能で，生殖能力のある子孫を生じる個体集団である．しかし他にも多くの種概念が提案されており，そのなかには*系統学的種概念や様々な*類型学的種概念がある．典型的には，種はある地域に広がる多数の局所的個体群から成り立つ．種の内部で，個体集団の一部は，地理的および行動学的要因のために生殖隔離が生じ

(→ 隔離機構)，やがて異なる形質が進化し，新しく異なる種が生じる場合があると考えられている．

2．生物の*分類に用いられる分類階級の一つ．類似の種は，属にまとめられ，また種が*亜種や*品種に分けられることがある．
→ 二命名法

種衣　cupule

イチイの種子を取り囲む，明るい赤色の組織．いわゆるイチイの実の果肉を形成している．

種以下の　infraspecific

種のなかで起こること．例えば「種以下の変異」は，同じ種の個体間で起こる*変異である．→ 種間の，種内の

雌雄異熟　dichogamy

花の雌雄の生殖器官が別々の時期に成熟する状態をいい，したがって同花受粉が確実に防止される．→ 雌雄同熟，雄性先熟，雌性先熟

雌雄異体の　dioecious

別個の植物個体において雄花と雌花をつける植物種を示す．雌雄異体（株）植物の例としては，ヤナギがある．→ 雌雄同体の

周囲の（外界の，外部環境の，アンビエント）　ambient

隣接した環境に存在する状況や因子などを表す語．例えば，アンビエントな温度とは，特定の環境における局所的な温度のことである．

自由エネルギー　free energy

系が仕事をする能力の尺度．ギブスの自由エネルギー（もしくはギブス関数）は $G = H - TS$ で定義される．ここで G は一定の圧力と一定の温度（T）での可逆過程において発生あるいは吸収されるエネルギーであり，H は系の*エンタルピーで，S は系の*エントロピーである．ギブスの自由エネルギーにおける変化 ΔG はある条件下で化学反応が起きるかどうかを示すのに有効である．もし ΔG が正であるなら，平衡状態（すなわち $\Delta G = 0$）から離れるようにエネルギーが供給されるときのみに反応は起きる．もし ΔG が負であるなら，反応は自発的に

平衡状態に向かって進行する．

縦隔　mediastinum

1．哺乳類の*胸郭の中間にある膜で，肺を隔てる．

2．左右の肺の間の空間で，心臓と食道によって占められる．

終期　telophase

細胞分裂の段階の一つ．*有糸分裂では，*分裂後期で互いに分離された染色分体が，終期に紡錘体の極に集められる．それぞれの染色分体の集団は核膜で囲まれ，母核と同数で同種の染色体をもった二つの娘核が形成される．第一*減数分裂終期においては，第一分裂後期で相同染色体対から分離された1セットの染色体が娘核を形成する．このとき，染色体の数は母核の半数である．第二減数分裂終期では染色分体から娘細胞の核が形成される（体細胞分裂と同様に）．ある生物では第一減数分裂が簡略化されたり，省略されたりする（→ 中間期）．

重金属汚染　heavy-metal pollution

鉛や水銀のような，*相対原子質量の大きな金属による環境の*汚染．これらの金属はガソリンに含まれる鉛，産業廃液，*酸性雨による土壌から湖や川への金属イオンの浸出など，多くの原因に由来する．これらは容易に生体分子に取り込まれ，生物学的に活性をもつ分子中の弱い結合力を有する不可欠な金属と置換することによって，あるいは酵素の非競争阻害薬（→ 阻害）として作用することによって毒性の効果を発揮する．

終結コドン　termination codon ── 終止コドン

集合管　collecting duct

哺乳類の*腎臓で，輸尿管に連なる腎盂に尿を排出する管をいう．原尿は，*ネフロンの*遠位尿細管から集合管に流出し，水はここで主に再吸収される．集合管の細胞は比較的水を通さない性質をもつ．しかし，*抗利尿ホルモンは集合管の透水性を増加させるため，水の再吸収が行われ，体の水分含量に応じて最終的な尿の濃度を調節することが可能となる．

シュウ酸 oxalic acid (ethanedioic acid)

結晶性固体で，構造式は $(COOH)_2$，水にわずかに溶解する．シュウ酸は強酸で毒性が高い．ある種の植物，スイバやルバーブの葉身に含まれる．

集散花序（衆繖花序，有限花序） cymose inflorescence (cyme; definite inflorescence)

枝上における花の配列状態（→ 花序）の一種．この型の花序では，花茎の先端の生長点が最初の花になる（図参照）．したがって花茎の先には，それ以上新しい蕾がつくことはなく，新しい蕾は，最初の花の下方の脇芽から生ずる．単散花序では先端で花が発達した後，一つにつき1側軸を出していく．それ以降の新しい花は，キンポウゲのように側部の芽と同じ側から発生していくものや，ワスレナグサのようにまったく反対側から発生するものもある（訳注：実際はワスレナグサの花序のほうが，新しい花が同じ側から生ずる．したがって図も逆が正しい）．岐散花序ではハコベのようなナデシコ科の植物にみられるように，1番目の花が発達した後，その葉脇の左右から分出した枝の先端に花をつける．→ 総穂花序

終止コドン stop codon (termination codon)

メッセンジャー*RNA上の*翻訳が終結する部位に存在する三つ組のヌクレオチド（→ コドン）のこと．終止コドンは*終結因子と呼ばれるタンパク質により認識され，このタンパク質はリボソームのA部位に結合する．これにより，終止コドンの位置でポリペプチド鎖の合成は完全に停止する．終止コドンは三つあり，UGA，UAA，UAG（→ 遺伝暗号）である．→ 開始コドン

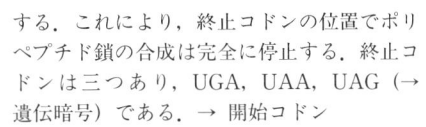

収縮 contraction

（動物生理学）体の組織や器官において，力を発生するために筋繊維が短縮することをいう．横紋筋においては，収縮はアクチンとミオシンのフィラメントの相互作用により生ずる（→ 筋節，滑り説，随意筋）．これは*移動運動のための力を発生し，動物の姿勢の保持と均整の取れた動きを保つ働きをする．→ 不随意筋

収縮胞 contractile vacuole

細胞内の膜に囲まれた腔で，水を取り込んで周期的に拡張し，そして急に収縮して細胞外に内容物を排出する．したがって収縮胞は，*浸透圧調節と排出のための器官である．収縮胞は淡水産カイメンや，アメーバ（一つの球状の収縮胞をもつ），ゾウリムシ（一つの中央胞に多数の小収縮胞が付着する）などの典型的な淡水産原生生物に普通にみられる．

修飾遺伝子 modifier gene

他の遺伝子の表現型に影響を与える遺伝子．例えば，ある遺伝子は目の色が青色か茶色かを支配するが，また他の（修飾）遺伝子は虹彩における色素の量や分布に影響を与えることによっても，その色に影響を与えることができる．

重積 intussusception

伸長している植物細胞壁内に存在する繊維

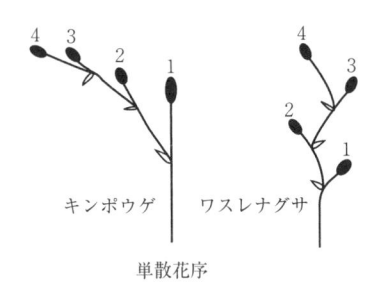

キンポウゲ　ワスレナグサ　　　　ハコベ

単散花序　　　　　　　　　二出集散花序

1＝最も古い花

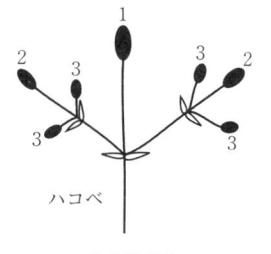

集散花序の種類

の間の空間に，新しいセルロース繊維が挿入されること．この種の成長は細胞壁の表面領域を増加させる．→ 並置

重層上皮 stratified epithelium
体の表面の，すり傷や刺し傷の生じやすいところに存在する，多数の細胞層からなる*上皮．*ケラチンを含む重層上皮は皮膚の外層を形成する．ケラチンを含まない重層上皮の細胞は，口や腟のような水分のある部位にみられる．

従属栄養 heterotrophic nutrition
栄養形式の一種で，通常は植物や動物組織などの有機物質の摂取と消化により，エネルギーを得るものである．消化による分解産物は，その生物が必要とする有機物質を合成するために使われる．すべての動物はこのようにして食物を得ており，従属栄養生物である．→ 摂餌，独立栄養

収束進化 convergent evolution
互いに類縁関係にない生物において，外見的に類似した構造を発達させることをいい，通常はそれらの生物が同種の環境に生息することが類似の理由である．例として，昆虫と鳥類の翼，鯨と魚類の流線形の体型がある．→ 適応放散

柔組織 parenchyma
1. だいたい球形で，比較的未分化の細胞からなる植物組織で，柔組織中には空隙があることが多い．皮層や髄は柔組織細胞で成り立っている（→ 基本組織）．
2. 大型の細胞で形成される緩い*結合組織．この組織は扁形動物などの単純な無体腔動物における組織間の間隙を埋める機能をもつ．

集団遺伝学 population genetics
同種の生物集団中における，遺伝的*変異の分布に対する研究．変化する可能性は，その個体群に存在する対立遺伝子の合計（遺伝子プール）に依存する．集団における対立遺伝子の頻度変化の推定値は，環境変化に対する生物集団の応答の指標となる．

重炭酸塩 bicarbonate ── 炭酸水素塩
集団選択（群淘汰） group selection
もともと，動物の社会集団における*利他主義の進化を説明するために提唱された機構．イギリスの動物行動学者であるワイン-エドワーズ（V. C. Wynne-Edwards, 1906-97）によって 1962 年に提唱されたもので，動物個体が，集団全体の利益のために，しばしば自身を危険にさらしたり（例としては捕食者の存在を群れに警告すること）生殖活動をやめたり（コロニーの働きバチ）することがあるという彼の観察に基づいている．その結果，利他的な個体を含む集団はそうした個体をもたない集団よりも選択的な優越が生じる．この現象は，自然選択は厳密に個体にのみ効果を及ぼすというダーウィニズムの通説と矛盾する．集団選択は現在では，見かけ上の利他的行動を説明するための*血縁選択という理論に取って代わられている．

雌雄同熟 homogamy
雄性と雌性の生殖器官が同時に成熟するような花の状態をいい，したがって自家受精が起こりうる．→ 雌雄異熟

雌雄同体の monoecious
同じ植物個体において雌花と雄花が別に生ずる植物種を示す．雌雄同体植物の例はトウモロコシやカバノキである．→ 雌雄異体の

十二指腸 duodenum
脊椎動物の*小腸の最初の部分．胃からの食物が十二指腸に入り，そこで，タンパク質，炭水化物，脂質の分解に必要である十二指腸の消化腺から分泌された酵素（→ サッカスエンテリカス），さらには胆汁（胆管から）や膵臓の酵素（膵管から）の作用を受ける．胃の酸性分泌液を中和することにより，十二指腸内は腸の酵素の作用に最適なアルカリ性の環境となっている．

終板 end plate
*神経筋接合部の運動神経末端の下にある筋肉細胞の細胞膜の領域．終板における*神経伝達物質の放出は筋繊維の収縮を引き起こす．

周皮 periderm ── コルク形成層
重複 duplication
（遺伝学）染色体の一部の倍加あるいは反復で，一般に減数分裂の*交叉段階で引き起こされる．ときにこの種の*染色体変異はあ

る集団のなかで利益をもたらすことがある．例えば，有益な遺伝子重複によって，1種類だったヘモグロビンがヒトやサルの四つの型へと進化する結果となった．それらの型のヘモグロビンのうち一つ（γ-ヘモグロビンあるいは胎児ヘモグロビン）は，酸素に対して強力な結合能を有し，母親の血液からの酸素の摂取能を最大限にする．

周辺種分化 peripatric speciation

*異所性種分化の一形態で，祖先集団は，地理的な障害やその他の要因によって主要集団の分布域から孤立することによって成立したものである．そのような祖先集団はわずかな個体や生殖する単一の雌だけを含むこともあり，その場合は主要集団に比べて非常に小さな遺伝子プールしかもたない．またこの集団は異なる選択圧を受ける可能性がある．これらの要因を合わせると，急速な進化的分岐を起こす可能性があり，もしも主要集団とはほとんど，もしくはまったく交配することがないのであれば，やがて新たな種ができることになる．→ 分断種分化

柔膜 pia mater

脊椎動物の脳や脊髄の周囲にある3層の膜（*髄膜）の最も内側のもの．柔膜は中枢神経系に最も近接した場所にあり，脳脊髄液を分泌する*脈絡叢は柔膜の延長である．

終末器官 end organ

末梢神経の終末の構造．終末器官の例は，運動ニューロンの末端の筋肉*終板と感覚ニューロンの末端の*受容器である．

就眠運動 nyctinasty (sleep movements)

昼と夜の間における光や温度の変化に反応して起こる植物器官の*傾性運動のこと．例としては多くの花の昼間と夜での開閉や，夜間におけるクローバや他の植物の小葉の折りたたみなどがある．

絨毛 villus (pl. villi)

ある種の組織や器官の表面から伸びる突起で，顕微鏡的な大きさ．絨毛は器官の表面積を増やすことに貢献している．小腸の内側には多くの絨毛がある．その形は指状（*十二指腸内部）から鍬様（*回腸内部）まで変化する．小腸の絨毛は可溶性の食物の吸収に特化しており，絨毛内部に血管とリンパ管を含む（→ 乳糜管）．

絨毛膜絨毛は哺乳類の胎盤の絨毛膜にみられ，そこでは胎児と母体の血液の間での物質の交換のため，表面積を広げる働きを行う．

絨毛膜性生殖腺刺激ホルモン chorionic gonadotrophin ⟶ 生殖腺刺激ホルモン

雌雄モザイク gynandromorph

ある細胞は遺伝的に雄で，別の細胞は雌，という具合に個体が遺伝的に*モザイクであるために雄と雌の形質をともにもつ動物．この現象は特に昆虫でみられるが，鳥類や哺乳類でもみられる．この現象は多くの場合，雌（XX）の*幹細胞のX染色体の欠失により起こるため，その細胞から生じる細胞はすべて雄となる．→ 間性

雌雄両性 bisexual ⟶ 両性
重量モル濃度 molality ⟶ 濃度
重力屈性 gravitropism ⟶ 屈地性
樹液 sap

植物の篩部組織でみられるショ糖を含む液体．この液は光合成により産生された炭水化物およびその他の有機物を，植物内で輸送し，また蓄積する媒体である．

珠芽 bulbil

特定の植物で花の付くべき場所，腋芽，茎の根本から発生する，小さい球根状の器官．もとの植物体から離れると，それが新しい植物へと発達する．

種間競争 interspecific competition ⟶ 競争

種間の interspecific

異種の生物間で生じること．この言葉は，例えばある形式の*競争や*コミュニケーションに用いられる．→ 種以下の，種内の

縮合反応 condensation reaction

化学反応の一種で，二つの分子が小さな分子（生体系では水）を放出して結合し，より大きな分子を形成するものである．→ エステル化，グリコシド結合，ペプチド結合

宿主 host

1．その体により，寄生者（→ 寄生）や*捕食寄生者に，食物と宿所を提供するような生物をいう．固有（一次）宿主とは，その

内部で寄生動物が性的に成熟するようなものをいい，中間（二次）宿主とは，その内部で，寄生動物が生活環のなかの幼虫期や無性期を過ごすものをいう．

2. すみ込み動物と近接して生活する生物をいう（→ すみ込み共生）．

珠孔 micropyle

受精の前に花粉管が通る，胚珠の表面にある小さな開口．珠皮によって珠心が不完全に覆われることによってできる．ほとんどの種子の種皮に水を吸収する開口として残っている．

手根 carpus

陸生脊椎動物にみられる，手頸または前肢の手頸に対応する部分であり，多くの小さい骨（手根骨）により形成されている．手根骨の数は種により異なる．例えば，ウサギでは手根骨は2列に並んでおり，第1列に三つの，そして第2列には五つの骨を含む．ヒトにおいても八つの手根骨がある．この多数の手根骨により，手と前腕の間の手頸関節部の柔軟さが得られる．→ 五指肢

主根 tap root ⟶ 根

手根骨 carpal (carpal bone)

陸生脊椎動物において手頸（→ 手根）を形作る，骨の一つひとつ．

種子 seed

被子植物や裸子植物において受精後に胚珠から発達する構造物のこと．ときおり種子は受精することなしに発達することがある（→ 無配偶生殖）．種子は*胚および栄養組織を含み，この栄養組織は*内胚乳である場合と栄養を貯えた*子葉の場合がある．被子植物の種子は子房壁が発達した*果実のなかに含まれている．裸子植物の種子は果実に包まれておらず，そのため裸子と名づけられている．種子は*種皮と呼ばれる保護膜に覆われている．種皮が発達する間に種子は乾燥し，発芽に適した状態になるまで休みの期間（休眠）に入る．

一年生植物では，冬季や乾燥期を種子という形ですごす．種子をもつように進化したことで植物は陸上に生息することが可能となった．なぜなら，下等植物と違い，種子植物は受精に水分を必要としないからである（訳注：陸上植物でも，コケとシダは受精に水分を必要とする）．

樹脂 resin

いろいろな樹木（特に針葉樹）から導管などへ分泌される酸性の天然物高分子化合物．樹脂は壊れやすいガラス状の物質として，あるいは精油中の成分として見いだされる．役割はおそらくガムや粘液と同じで，植物体を保護することであろう．

樹枝状突起 dendron

運動ニューロンの細胞体から生ずる太い細胞質の突起をいう．樹枝状突起は通常，その先が*樹状突起に分岐する．

種子植物

1. seed plant
種子を作る植物．種子植物の多くは*被子植物門あるいは*針葉樹類に属している．

2. Spermatophyta
植物の旧式の分類体系において，*種子繁殖する植物からなる門を示した．現在の分類体系では，種子植物は，いくつかの門に分けられ，そのなかで最も重要なものは*被子植物門と*針葉樹類である．

樹状図 dendrogram

家系図に類似した図式の一種で，異なった生物の間のある種の類似性を示す．樹状図は，*表型的分類により，あるいは*系統発生的な類似性に基づいて作られる．一方，分岐図は，*分岐学の体系に基づいた類似性を示す．

樹状突起 dendrite

運動*ニューロンの細胞体の*樹枝状突起から生ずる細く分岐した突起をいう．樹状突起は，他のニューロンの軸索と結合を形成し（→ シナプス），そこで受け取った神経刺激を細胞体へ伝達する．

珠心 nucellus

種子植物の胚珠の大部分を作り上げている組織．*胚嚢や栄養組織を含んでいる．小さな隙間である*珠孔を除いて，珠皮によって囲まれている．ある種の顕花植物においては受精のあとにも維持され，胚に栄養を与える．

種数多様度 species diversity ⟶ 生物多様性

受精（配偶子合体） fertilization (syngamy)

接合体を形成するための有性生殖の過程における雄性および雌性の配偶子（生殖細胞）の結合．配偶子核（核融合）および細胞質（細胞質融合）の融合を伴う．それぞれの配偶子は完全な染色体数の半分のみもち，受精や接合体形成によって，それぞれ半分が両親のおのおのから由来した完全に全数そろった染色体をもつ細胞ができる．動物においてはその過程は精子と卵子の核の融合を伴う．大部分の水生動物（例えば魚類）では体を取り囲んでいる水のなかに配偶子が放出され，受精は水中で起きる．大部分の陸生動物（例えば昆虫や多くの哺乳類）の間では受精は雌の体内に精子が導入され，体内受精が起こる．顕花植物においては*受粉のあと，花粉粒子が*花粉管を作り，それが雌性生殖器官（心皮）へと伸長して，雄性配偶子核が卵核と融合できるようになる（→ 重複受精）．

自家受精においては雄性および雌性配偶子は同一の個体からできる．植物の間では自家受精（自殖 autogamy とも呼ばれる）は，例えばコムギやカラスムギなど多くの栽培種で一般的である．しかし自家受精は*近親交配の一形態であり，遺伝物質の混合の余地がないものである．もしこれが多くの世代で繰り返されると子孫は交雑受精から得られるものよりも活発，生産的でないものになる．交雑受精（植物では他家受粉 allogamy とも呼ばれる）においては配偶子は異なった個体に由来する．植物において花粉は同じ植物の別の花か異なった植物からのものである（→不和合性）．

受精嚢 spermatheca (seminal receptacle) ⟶ 貯精嚢

受精能獲得 capacitation

精子成熟過程の最終段階．雌の生殖器官の内部において，精子が卵に侵入するときに生ずる．

受精毛 trichogyne ⟶ 造果器

受胎 conception

哺乳類の卵細胞の精子細胞による受精をいい，ファロピウス管のなかで行われる．受胎に続いて*着床が起こる．

出芽 budding

（生物学）無性生殖法の一種．新しい個体は親の体から離れて成長した芽体に由来する．動物においてはこの過程は芽生と呼ばれていて，ヒドラなどの腔腸動物では普通にみられ，海綿や他の無脊椎動物などにも存在する．菌類のなかでは出芽は酵母に特徴的なものである．

出産 parturition

*懐胎期間の終わりに幼生を出産する行動のこと．胎児の下垂体腺から ACTH が分泌されることによって，胎児の副腎から*副腎皮質ステロイドホルモンの分泌が増加し，それが子宮に作用して陣痛の筋肉収縮を起こすことによって出産は誘導される．

出産率 natality ⟶ 出生率

出糸突起 spinneret

クモやある種の昆虫にある，*絹糸を出す小さな管状の付属肢．クモは腹部の下面後部に4～6個の出糸突起をもっていて，多数の出糸腺が開いている．糸は液体として分泌され，そして空気に触れると硬くなる．この糸は使われる目的に応じて多様な型が生産される（例：クモの巣，卵塊の繭など）．昆虫の繭を紡ぎ出す出糸突起は，クモのそれとは相同器官ではない．例えば，カイコの出糸突起は咽頭に存在し，糸は絹糸の生産用に変化した唾液腺で作られる．

出生率 birth rate (natality)

ある種または集団が単位時間当りに生み出す子孫の数．出生率は種の繁殖力（繁殖能力）を測定するのに使われる．個体群の大きさを管理するためにも重要である．→ 死亡率

シュート（苗条） shoot

維管束植物の地上部．これは*幼芽から発達し，葉や芽や花をそなえた茎からなる．

受動免疫 passive immunity ⟶ 免疫

受動輸送 passive transport ⟶ 拡散

種内競争 intraspecific competition ──→ 競争

種内の intraspecific
　同種の生物間で起こること．この言葉は例えばある種の*競争や*コミュニケーションに用いられる．→ 種以下の，種間の

種皮 testa（seed coat）
　木化した，あるいは繊維状の被膜で，種子を守る．受精後に胚珠の珠皮が発達したもの．→ 臍，珠孔

樹皮 bark
　木質の幹と根の外部を覆う，大部分が死滅した細胞からなる保護層をいう．樹皮には，木部の外側の，篩部と周皮を含む生きた組織と死んだ組織が含まれる．樹皮の語は，*コルク形成層の働きにより剥離する周皮とその他の組織を，特別に指して使われる場合もある．カバのようなある種の樹木では，永続的なコルク形成層が存在するが，別の植物種の古い幹では，周皮の下に二次的なコルク形成層が生じ，数年おきに周皮層が追加される．その結果，リチドームと呼ばれる，コルク，死滅した皮質，死滅した篩部細胞を含む複合組織が形成される．

種阜 caruncle
　種皮上の小さい突起で，胎座，種子柄，珠孔から発達する．例としては，トウゴマ種子のいぼ状突起や，ヤナギランの種子の種皮の毛の房の束など．→ 仮種皮

受粉 pollination
　葯（雄性生殖器官）から柱頭（雌性生殖器官の受容部位）へと花粉を移すこと．同一の花のなかで起こる場合（自家受粉）と同種の異なる花間で起こる場合（他家受粉）とがある．他家受粉は，花粉の輸送を実行する受粉媒介者の行動（→ 風媒，虫媒，水媒）に影響される．→ 受精，不和合性

種分化 speciation
　既存の種からの一つあるいはそれ以上の種の発達．これは*同所性あるいは*異所性の個体群が親個体群から大きく分化したために，親個体群とそれらの派生個体群との間の相互交配がもはや生じなくなったときに生じる．→ 側所的種分化

珠柄 funicle
　顕花植物の子房内で胚珠を胎座に付着させる柄．胎座から合点へ至る維管束組織の繊維を含む．

ジュベノイド juvenoid ──→ 昆虫発育抑制剤

腫瘍 neoplasm（tumour）
　細胞の異常増殖したもので，良性腫瘍か悪性腫瘍の二つに分けられる．→ 癌

腫瘍壊死因子 tumour necrosis factor（TNF）
　事実上すべての細胞種において，細胞のシグナル経路の活性化と遺伝子発現の促進により，多数の応答を誘導するサイトカインとして働く2種のタンパク質．これらは生体の免疫防御の多く，特にがん細胞を破壊する能力に関係する．また，ナチュラルキラー細胞による，ウイルスに感染された細胞の破壊も助ける．TNF-α は主に単球とマクロファージによって作られる糖タンパク質であり，TNF-β は T 細胞により生成される．どちらも同じ細胞表面受容体と結合する．

受容器 receptor ──→ 受容体

受容者 recipient
　他（*ドナー）から臓器や組織を受け取る個体のこと．

主要組織適合複合体（MHC） major histocompatibility complex（MHC）
　免疫系の種々の成分の遺伝子を含む大きな遺伝子集団で，*組織適合性抗原や*補体系成分の遺伝子などが含まれる．人間においてMHCは第6番染色体に位置していて，*HLA系を含んでいる．他の脊椎動物種にも同様なMHC領域が存在する．あるMHC遺伝子は対立遺伝子に高い多型性が存在する．このため集団におけるMHCタンパク質の多様性は莫大になり，各個体はそのなかの特定の組合せをもつ．

受容体（受容器） receptor
　1．特定の刺激を感知し，感覚神経を通してインパルスの伝達を開始することに特化している1個の細胞または細胞群．目，耳，鼻，皮膚，その他の知覚器官は外部からの刺激に対応するために特有の受容器（→ 外受

容器）を備えている．受容器には体内の変化を感じ取るものもある（→ 圧受容器，化学受容器，電気受容器，磁気受容器，機械受容器，浸透圧受容器，自己受容器）．

2．特定のホルモン，神経伝達物質，薬物，その他の化学物質に結合して細胞内に変化をもたらすことができる特別なタンパク質からなる細胞膜の特定の部位．たとえば，タンパク性ホルモンが受容体に結合すると細胞内で*二次メッセンジャーの合成が開始される．

シュライデン，マティアス・ヤコブ Schleiden, Matthias Jakob (1804-81)

ドイツの植物学者で，1839年にイエナ大学の教授（植物学）に就任．その1年前，彼は植物はすべて，細胞からなるという説を発表．この説はのちに*シュワン（→ 細胞説）により動物にも拡張された．シュライデンは細胞の核の存在と重要性を認めていたが，新しい細胞は核の表面から出芽することで作られると信じており，これは間違いであった．

ジュラ紀 Jurassic

中生代の2番目の紀．ジュラ紀は，約2億100万年前に終わった三畳紀のあとに続き，約1億4500万年前の白亜紀のはじめまで続いた．ジュラ紀の名称は，1829年にブロンニャール（A. Brongniart）により，フランスとスイスの国境にあるジュラ山脈にちなんで名づけられた．ジュラ紀の岩石には，粘土岩と石灰岩が含まれ，このなかには動物や植物の化石が豊富に含まれる．化石となった植物には，シダ，ソテツ，イチョウ，イグサ，針葉樹が含まれる．重要な無脊椎動物化石には*アンモナイト（この化石によりジュラ紀が細分されている），サンゴ，腕足類，二枚貝類，棘皮動物などがある．ジュラ紀には，脊椎動物として爬虫類が優先し，最初の空を飛ぶ爬虫類である翼竜が出現した．最初の原始的鳥類である始祖鳥もまた出現した．

種鱗 ovuliferous scale

針葉樹と，近縁の樹木にみられる，雌花の*球花を形成する特殊化して木化した大型の葉．この種鱗の上に種子へと発達する胚珠を生じさせる．

ジュール joule

記号はJ．仕事とエネルギーの*SI単位で，1ニュートンの力の作用点が力の方向に1メートル動くときになされた仕事に等しい．1ジュール＝10^7エルグ＝0.2388カロリー．単位の名称はジュール（James Prescott Joule, 1818-89）にちなんで名づけられた．

シュワン細胞（神経鞘細胞） Schwann cell (neurilemma cell)

神経線維の*ミエリン鞘を形成する細胞．各細胞は軸索に沿って輪間節と呼ばれる伸長部を形成し，またたいてい近くのいくつかの軸索を同時に包む．隣り合う輪間節は小さな隙間（ランヴィエ絞輪）により離されており，ここでは軸索は裸の状態である．シュワン細胞は自身が発達するにしたがって軸索の周りを覆う．そのため，軸索はシュワン細胞膜の同心円層からなる．シュワン細胞の名称は*シュワンの名前に由来している．

シュワン，テオドール Schwann, Theodor (1810-82)

ドイツの生理学者で，医学を学んでいた．ベルリンで働いたあと，ベルギーに移り住んだ．1838年に*シュライデンが植物組織は細胞からなると発表．シュワンは動物組織においてもそれを証明し，1839年にすべての組織は細胞からなると結論づけた．これが*細胞説の基礎となった．シュワンはまた，発酵に関する研究を行い，酵素*ペプシンを発見した．*シュワン細胞は彼の名前に由来している．

順位制 dominance hierarchy ⟶ 優位者

春化 vernalization

植物を低温にさらすことで開花を促進させること．例えば，冬穀物は生育の初期に冷たい時期を経験しないと開花しない．そのため，翌年に開花させるために秋に播種する．しかし，もし発芽種子に人工的に春化を行うと，春に播種しても同じ年に開花させることができる．ニンジン（*Daucus carota*）のような越年生植物では，低温処理が行われるまでは開花せずにロゼット型のままでいる．春化が有効なものとなるためには，植物の組織

は代謝活性が高く，炭水化物（すなわちエネルギー）と酸素が供給されることが必要である．越年生植物における低温刺激を感知する場所は茎頂分裂組織に限られており，他の部位に対して低温処理を施しても効果がない．ジベレリンを含む植物成長調節物質やバーナリン（vernalin）と呼ばれる仮説上の物質が春化メカニズムに関与していると示唆している研究がいくつかあるが，決定的な事実はまだ明らかにされていない．

順化 acclimatization

1．生物が，生理学的なストレスにさらされるような自然環境の変化に段階的に適応すること．→ 順応

2．細胞に運ばれる酸素量を大きく減少させるような状況を補おうと生物が試みる過程のこと．

循環

1．circulation

循環とは，動物の組織や器官のなかを流れる，血液やリンパ液などの液体の流れであり，酸素や栄養物，老廃物などの輸送と交換を可能とするものである（→ 脈管系，リンパ系）．節足動物や多くの軟体動物などの小動物は開放血管系をもち，すなわち血液は内臓が存在する体腔へ送り出される．開放血管系では組織は血液と直接接触し，物質は拡散により交換される．大型動物にみられる閉鎖血管系では，血流の方向を一定にするための一連の弁を備えた血管のなかを，血液が流れる．→ 二重循環，血行力学，微小循環，単循環

2．recycling

(1) 使用後の物質を再利用するための回収と処理．例えば，紙，カン，ガラスはもとの材料まで分別され，再利用の原料となる．

(2) 生体の必須元素が生態中で生物圏と非生物圏の間をまわり続けること．→ 炭素循環，窒素循環，酸素循環，リン循環，硫黄循環

循環系 circulatory system

心臓，血管，血液，リンパ管，そしてリンパ液から構成され，それらが協調して体中の物質の運搬を行う．→ 二重循環，単循環，脈管系

循環的光リン酸化 cyclic phosphorylation (cyclic photophosphorylation) → 光リン酸化，光化学系Ⅰ，Ⅱ

春機発動期 puberty → 青年期

純系 pure line

植物あるいは動物の個体群で，すべての個体が何代にもわたり変化せずに維持されている特定の形質をもつものをいう．着目する形質に関し，それらの個体は*同型接合体になっており，純系化されたといわれる．

純粋隔離群の gnotobiotic

無菌状態，または無菌動物が既知の微生物菌株を人工的に接種された状態を示す．

純粋培養 axenic culture

1種類の微生物だけが生育している*培地をいう．このような培養は，特定の種について，生育に関する基本的要求性や，抗生物質あるいは他の化学物質による生育阻害の程度などを決めるために，微生物学では広く行われる．

順応 acclimation

温度など，特定の環境要因の変化に反応して生物に起こる生理学的変化．特に実験条件のもとでの変化についていう．温度順応の実験は，代謝率や筋肉の収縮，神経伝達や心拍数などの性質が，同じ生物種の，寒さや暑さに順応したメンバー間でどう異なるのかを明らかにする．こうした変化は天然では*順化の間に自発的に起こり，生物が低温や高温の条件下で生きることを可能にする．代謝の順応は重要な酵素の活性および濃度の変化で主に説明される．膜脂質の組成の，特に炭化水素鎖の飽和度の変化もまた生じ，環境条件が変化しても膜の安定性が維持されることを助けている．*熱ショックタンパク質は熱ストレスによりその発現が上昇し，熱ストレスにより障害を受けたタンパク質を保護し修復することを助ける．

瞬膜 nictitating membrane

両生類や爬虫類，鳥類，いくつかの哺乳類（ヒトは除く）における3番目の眼瞼（まぶた）を形成している透明な膜のこと．他の眼瞼とは無関係に，角膜を横切って開閉するこ

楯鱗 placoid scale (denticle) ⟶ 鱗

子葉 cotyledon (seed leaf)
種子植物の胚の一部．子葉の数は，植物を分類するうえで，重要な特徴となる．顕花植物において，*単子葉類では単一の子葉をもち，*双子葉類では二つの子葉をもつ．針葉樹では，イチイのように二つの子葉をもつものとマツのように5から10個もつものとがある．エンドウやソラマメなどの，*内胚乳のない植物では，子葉は発芽において使用する栄養分を貯蔵する．インゲンのように*地上発芽性の発芽をする種子では，子葉は土壌表面より出て一番はじめの光合成を行う葉となる．

視葉 optic lobes ⟶ 中脳

上位の superior
体の他の構造より上方に位置する構造を示す．例えば，植物の花において，子房が雄ずいなどの花の他の器官よりも上方に位置している場合，上位であると表現される．→ 子房下生，下位の

小羽枝 barbule
羽毛の*羽枝の両側に列を形成する微小な繊維をいう．*おおばねでは，小羽枝は隣どうしが鉤（小鉤）により互いに絡み合い，固い羽板を形成する．綿羽には小鉤が存在しない．

消化 digestion
生物が摂取した食物を，容易に体に吸収・同化されるように，化学的に簡単な形に分解することをいう．この作用には消化酵素の活動が必要である．また大部分の動物では消化は細胞外（*消化管内）で進行するが，多くの原生生物と刺胞動物では，例えば食物を飲み込んで食作用をする細胞のように，細胞内で消化が進行する．

漿果 berry
液果の一種をいい，1枚の心皮が発達したものと，数枚の心皮が融合したものから発達し，多くの種子を含むものがある．果皮は2層または3層からなるが，ある種の核果とは異なり，内層は固い石質にはならない．漿果の例としては，ブドウとトマトの果実がある．キュウリの果実のように，固い外皮を発達させる漿果は，ウリ状果と呼ばれる．柑橘類の果実のように内部が分かれ，強靱な外皮をもつものは，ミカン状果と呼ばれる．この外皮には油腺が存在し，外皮は髄（アルベド）と呼ばれる白色の中果皮で裏打ちされる．

消化管 alimentary canal (digestive tract ; gut)
食物の摂取，*消化，*吸収，そして消化できなかった物質の排泄にそれぞれ特化した一連の領域に分かれる動物の管状の組織（次ページの図参照）．ほとんどの動物では，管には食物を取り入れる口と排泄物を出す*肛門の二つの開口部がある．ヒドラやヒトデなどの刺胞動物やヒラムシなどの単純な動物は，消化管にただ一つの開口部をもち，口と肛門の二つの役目をともに果たしている．

松果眼 pineal eye ⟶ 中眼

小核 micronucleus ⟶ 核

上顎骨 maxilla (pl. maxillae)
脊椎動物の上顎にある歯を支える対になった大きな骨のおのおのの一つ．哺乳類では，切歯を除いた上顎の歯すべてが付着する．

消化系 digestive system
*消化の過程に関係する器官を総称して消化系という．哺乳類の消化系は，胃腸管（→消化管）と，歯，舌，肝臓，膵臓，胆嚢のような付属器官に分けられる．

硝化細菌 nitrifying bacteria ⟶ 硝化作用

硝化作用 nitrification
植物や動物の死体や老廃物のなかの窒素（ほどんどがアンモニアの形態である）が酸化されて最初に亜硝酸塩，次に硝酸塩になるという化学的過程のこと．それらの反応は主に，硝化細菌である「ニトロソモナス」や「ニトロバクター」によってそれぞれ起こる．アンモニアとは異なり，硝酸塩は容易に植物の根から吸収される．したがって，硝化作用は*窒素循環においてきわめて重要である．窒素を含んでいる化合物は，硝酸塩が欠乏し

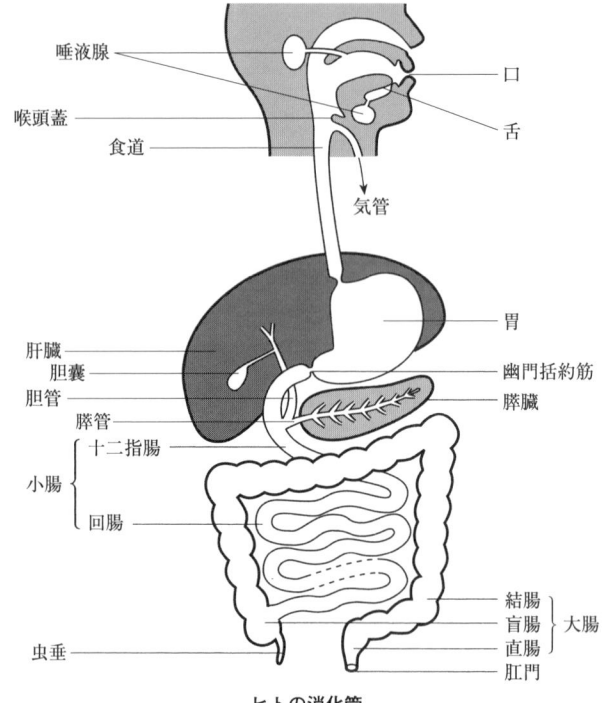

ヒトの消化管

図中ラベル: 唾液腺／喉頭蓋／食道／口／舌／気管／肝臓／胆嚢／胆管／膵管／十二指腸／回腸／小腸／胃／幽門括約筋／膵臓／結腸／盲腸／直腸／肛門／大腸／虫垂

た土壌に対する肥料として頻繁に利用される．→ 脱窒

消化粥 chyme
　部分的に消化された半流動性の食物．胃で作られ，十二指腸に入る．

松果体 pineal gland
　*前脳が伸びた部分．ヒトにおける役割は不明だが，他の脊椎動物ではホルモンである*メラトニンを分泌する内分泌腺として働く．

小花柄 pedicel
　個々の花と花軸をつなぐ茎のこと（→ 花柄）．小花柄をもたず，花柄に直接花が接続する植物もあり，無柄花と呼ばれる．

小臼歯 premolar
　哺乳類がもつ，（犬歯があるなら）*犬歯のうしろ，*大臼歯の前にある，幅広いうねのある歯．小臼歯は，食物をすりつぶし嚙むことに適応しており，乳歯と*永久歯の両方に存在する．

消去 extinction
　適切でなくなった行動をしなくなること．例えば，餌という刺激がなくとも，イヌがベルを聞いただけで唾液を出すように条件づけすることができる（→ 条件づけ）．しかし，餌なしでベルが鳴り続けると，イヌは次第に唾液を出さなくなる．

上犬歯 eye tooth
　上顎の*犬歯のこと．

条件づけ conditioning
　二つの事象の間の関係について動物が学習する過程をいう．古典的（パブロフの）条件づけにおいては，例えばベルやブザーの音のような中立的な刺激を提示し，そのあとに食物や電気ショックのような生物学的に重要な刺激を与えることを繰り返し，唾液分泌のようなある応答を誘導する．最終的に中立的な刺激は，それのみでももともとは生物学的に重要な刺激により呼び起こされたものと同様な

応答を生ずるようになる（条件反射）．例えば，*パブロフのイヌは食物の提示の前にメトロノームの音を聞かせることで，それに反応して唾液を分泌することを学習した．道具的（オペラント）条件づけにおいては，動物はある特定の反応をするたびに報酬を与えられ（罰せられ），このためその反応の頻度が増加する（減少する）．例えば，ラットは食物を得るためにレバーを押すことを学習する．→ 学習(機能)，強化

条件反射 conditional response (conditioned reflex)
古典的*条件づけにおいて，最初は効果のなかったある刺激に対する学習応答を発達させることをいう．

小孔（口） ostium (pl. ostia)
1. *海綿動物の体壁の気孔のことで，ここを通じて水が体腔へと入る．
2. 心門ともいう．節足動物の心臓にある穴のことで，ここを通じて血液が血体腔から入ってくる．

上向性神経束 ascending tracts ⟶ 脊髄

小骨 ossicle
動物の様々な骨格部分に存在している小さい骨あるいはキチン質の構造のこと．小骨という言葉はふつう，哺乳類の中耳に存在する一連の骨に対して使われる（→ 耳小骨）．

蒸散 transpiration
植物による水蒸気の大気への放出．主に葉の孔（気孔）を通して起こる．気孔の主要な機能はガス交換である．蒸散で失われた水分は，*木部導管のなかを根から上方へ移動する間断ない水柱（と溶解した栄養素）により補給される．この水の柱の流れは蒸散流として知られ，蒸散凝集力説（→ 凝集力）によると*根圧や木部道管内の凝集力と表面張力の組合せによって維持される．→ 吸水計

硝酸塩 nitrate
硝酸の塩．硝酸のエステルは硝酸エステルという．塩の場合は，イオン NO_3^- を含んでいる．

昇糸性 heterotrichy
ある種の糸状藻類にみられ，藻体が匍匐性の糸状体と上方に突出した糸状体からなる場合をいう．

照射 irradiation
なんらかの形の放射線にさらされること．しばしば*電離放射線の照射を意味する．→ 食品保存

照射損傷 radiation damage
高エネルギー電子，核粒子，核分裂片，高エネルギー電磁放射などへの曝露の結果として，生物と無生物に生ずる有害な変化をいう．生物では照射損傷により細胞の遺伝的構造が変化し，細胞分裂の阻害や細胞死が生ずる．ヒトが多量に照射された際には，細胞の変性の結果として放射線宿酔，多量の照射により放射線熱傷が起こり，また何種類かの長期的な障害が生じ，そのなかで最も深刻なものは，白血病を代表とする種々の癌である．

子葉鞘 coleoptile
イネ科植物の胚の幼い葉条を包み保護する鞘状器官である．これは第一葉の伸長につれて裂開する．カラスムギの子葉鞘の成長運動を研究する実験より，植物の成長物質であるインドール酢酸（IAA）が発見された．

ショウジョウバエ *Drosophila* (fruit fly)
ショウジョウバエ属のハエは遺伝学的，発生学的な生物学の研究において多く用いられる．これはその幼虫が唾液腺（→ 多糸性）のなかに巨大染色体を有するためである．これらの染色体は顕著な横縞をもち，顕微鏡で観察することにより，染色体の変異や遺伝子活性を明らかにすることができる．ショウジョウバエは短い生活環をもち，多数の子を生むため，遺伝学研究のモデル動物にも適している．

小触角 antennule ⟶ 触角

上唇 labrum
昆虫の*口器の上側の唇．口の上方で頭部に接続するキチン質の板からなり，摂食に用いられる．

小進化 microevolution
比較的小スケールにおける進化．新しい種の発生や種レベル下の新しいグループ，つまり品種や亜種といったものの出現にかかわっている．→ 大進化

小舌 ligule

1. ある種の顕花植物の葉から出た膜質で鱗状のもの．多くのイネ科植物は葉身の基部に小舌をもつ．

2. ヒカゲノカズラ類（例えば，イワヒバ属）における，若葉の基部の上側表面で発達する小さな膜状構造．植物が成長するとしぼむ．

常染色体 autosome

細胞内の*性染色体以外の染色体をいう．

篩要素 sieve element

*篩部を作る植物細胞のこと．篩要素は一続きの管（篩管）を形成し，葉，茎，根を細かい網目状に連絡している．栄養素は一つの篩要素から他の篩要素へ篩域や篩板と呼ばれる穴を通して運ばれる（→ マスフロー）．篩要素は，ほとんど細胞質を含まず無核である．これらの代謝活動は被子植物では*伴細胞，裸子植物では蛋白細胞というものにより支えられていると考えられている．

醸造 brewing

ビールが造られる過程．*サッカロミセス属の酵母（Saccharomyces cerevisiae, S. uvarum, S. carlsbergensis）によってオオムギ穀粒からの糖分の*発酵が起き，アルコール（エタノール）が生産される．第一段階としてオオムギ穀粒は水で浸漬される．この段階は麦芽にする過程として知られる．穀粒は発芽を始め，穀粒に含まれる天然酵素（アミラーゼ，マルターゼ）はデンプンをマルトースへそしてグルコースへと分解していく．次の段階は，窯焼きや焙煎である．これで，穀粒は乾燥し，砕かれる．ビールの色は，この行程における温度に依存している．高い温度では濃い色になる．次の行程は，麦芽汁化であり，砕かれた穀粒に特定の温度の水を加え，残っているデンプンを糖へ分解する．できあがった液体は醸造の原料となる．これは，麦芽汁と呼ばれる．糖をアルコールへ変換するために麦芽汁へ酵母を加え，続いてホップを加える．ホップはビールに香味をつける．ホップはカラハナソウ属のつる植物セイヨウカラハナソウ（Humulus lupulus）の雌花で樹脂（フムロン，コフムロン，アドフムロン）を含んでおり，それがビール特有の苦みになるのである．

上大静脈 precaval vein ⟶ 大静脈

沼沢 swamp ⟶ 湿生系列

沼沢湿原 bog ⟶ 湿生系列

条虫綱 Cestoda (tapeworms)

扁形動物（→ 扁形動物門）の一綱．脊椎動物の腸内に存在するリボン状の寄生虫であるサナダムシが含まれる．サナダムシは宿主の腸内で部分的に消化された食物によって囲まれている．そのために全身の体表面を通してその栄養分を吸収することができる．体は固着のための鉤や吸盤を具えた頭節（頭）と，雌雄の両生殖器官をもつ一連の片節からなる．サナダムシの生活環は二つの宿主を必要としている．一次宿主は通常，二次宿主の捕食者である．有鉤条虫はヒトを一次宿主とし，二次宿主はブタである．幾千の受精卵を含む熟成した片節は糞便とともに一次宿主を離れ，なかの受精卵は胚に発生し，幼生となる．この幼生は二次宿主（→ 嚢虫）の腸やそのほかの組織のなかで発育する生活環をもつ．

小腸 small intestine

胃と大腸の間にある*消化管部分．小腸はさらに*十二指腸と*空腸と*回腸とに細分化される．ここでは食物の最終的な消化と吸収が行われている．

焦点を合わせる focusing

（動物生理学）ある範囲の距離にある対象について鮮明な像を得るために，レンズによって目の*網膜上に光源からの光の方向づけおよび集中を行う過程．→ 遠近調節

壌土 loam ⟶ ローム層

消毒薬 disinfectant

病気を引き起こす微生物の成長を阻害したり，殺したりする物質．そしてそれらは一般にヒトの組織にも毒性を示す．消毒薬はクレゾール，さらし粉，フェノールなどを含む．それらは手術用器具，病室，家庭用排水の洗浄に使用され，十分に希釈して*防腐剤としても使用される．

小脳 cerebellum

脊椎動物の*脳の一部であり，筋肉の活動

や，筋肉の緊張そして釣合いなどを調整したり制御することに関係している．哺乳類においては，二つの結合した半球から形成されていて，この半球は中心の白質と外側の灰白質よりできている．灰白質には多くの*プルキニェ細胞を含んでいる．小脳は延髄の上に位置しており，一部は大脳の下にくる．

上胚軸 epicotyl
芽生えの*子葉よりも上の茎の部分．地下発芽性種子では，発芽の際に上胚軸は急速に成長し，地上に茎を出す．→ 胚軸

上皮 epithelium
細胞間の物質がわずかに含まれるだけで，密にシート状に並んだ細胞からなる脊椎動物の組織．体の外側や，体腔の壁を覆い，たいてい下部には*基底膜が横たわっている．腺や感覚器官の一部になることもある．上皮の機能としては，防御，吸収，分泌，感覚があげられる．細胞の種類は多様で，*扁平上皮，*繊毛上皮，立方体の形をした細胞からなる「立方上皮」，長方形をした細胞からなる「円柱上皮」がある（→ 重層上皮）．上皮は*外胚葉，*内胚葉からできる．→ 内皮，中皮

上皮細胞増殖因子 EGF → 表皮成長因子

消費者 consumer
*食物連鎖において，自分より下（すなわち先行する*栄養段階）の生物を摂食する生物をいう．緑色植物を摂食する植食動物は第一次消費者であり，植食動物のみを摂食する肉食動物は第二次消費者であり，第三次消費者は他の肉食動物を摂食する肉食動物である．食物連鎖の末端の消費者は，最高位の肉食者として知られている．→ 生産者

小柄 sterigma (pl. sterigmata)
ある種の真菌類でみられる，その先に胞子をつける小さな柄．担子菌類では小柄は担子器の突起として発達し，その先端に担子胞子を生じる．

小胞 vesicle
生きた細胞の細胞質内にある，小さく，ふつうは液体で満たされ，膜で包まれた袋．小胞は例えば*ゴルジ体の一部分，*リソソーム，*微小体として存在する．

小胞子 microspore → 小胞子母細胞，胞子葉

小胞子細胞 microsporocyte → 小胞子母細胞

小胞子嚢 microsporangium → 胞子嚢

小胞子母細胞 microspore mother cell (microsporocyte)
植物における二倍体細胞で，減数分裂によって分裂し四つの一倍体小胞子（→ 胞子葉）を生じるもの．顕花植物では小胞子母細胞は有糸分裂によって葯の花粉嚢内で形成され，生産された小胞子は花粉粒子へと成長する．

小胞子葉 microsporophyll → 胞子葉

小胞体 endoplasmic reticulum (ER)
動植物*細胞の細胞質内にある膜系．細胞膜と核膜のリンクを作る（→ 嚢），タンパク質合成の場である．細胞内のタンパク質，脂質の運搬にもかかわる．粗面小胞体は表面に*リボソームをもつ．そのリボソームで作られたタンパク質は小胞に包まれ，*ゴルジ体に運ばれる．滑面小胞体にはリボソームがなく，リン脂質や脂肪酸合成を含む重要な代謝反応の場となっている．

小苞葉 bracteole
個別の花の花梗に生じた小型化した葉．

漿膜
1． chorion
爬虫類，鳥類，哺乳類にみられる，胚，卵黄嚢，尿膜を包み込む膜．哺乳類において漿膜の一部は*胎盤の胚由来部分になる．→ 胚外膜

2． serous membrane (serosa)
結合組織の薄膜により表面に結合した単層の*中皮からなる組織．漿膜は外部には開かれていない体腔の内面を覆っており，*腹膜，*肋膜，*囲心嚢がその例である．

静脈 vein
心臓へと血液を運ぶ血管．多くの静脈中には脱酸素化血液が流れている（*肺静脈は例外）．大静脈はより小さな静脈が集まって太くなり，その静脈は*細静脈が合流することで形成される．静脈の壁は薄く，内径は比較的大きい．静脈内に存在する弁により血液の流れが常に心臓の方向に向いている．→ 動

脈
静脈洞 sinus venosus
　脊椎動物の胚の心臓に存在する薄い壁の室のことであり，脱酸素化血を一つの心房に運ぶ．これは，成魚ではそのまま存続するが，高等な脊椎動物では後に左心房と合体する．

正面線図 body plan
　あらかじめ決められた，体の部分の数，配置，大きさにしたがって器官が発達するための青写真．正面線図はその生物の遺伝子（*ホメオティック遺伝子）によって決定され実施されるが，栄養不足や毒物（*催奇形物質）にさらされることなどの環境因子にも影響される．

小葉 microphyll
　ヒカゲノカズラ類やスギナにみられる単一の分岐していない主脈をもつ葉の型．そのような葉は，一般的に数mmにも満たない．
→ 大葉

常緑の evergreen
　一年中，葉がある植物を示し，そのような植物ではそれぞれの葉は一斉に落ちるのではなく独立に2～3年で落ちる．常緑の葉は，過剰な水の蒸散を防ぐために小型化したり，何らかの適応が行われることが多い．例として針葉樹の針状の葉やモチノキのろう状のクチクラが表面に存在する葉があげられる．→ 落葉性

上腕骨 humerus
　四足類脊椎動物の前肢の長骨をいう．これは*関節窩により*肩甲骨と接続し，また肘で*関節丘（上腕骨顆）を介して*尺骨と*橈骨とに接続する．

上腕三頭筋 triceps
　上腕骨と平行に走り，腕を伸ばす働きがある．*上腕二頭筋と反対の向きに腕を動かす筋である．→ 拮抗作用，随意筋

上腕二頭筋 biceps
　上腕の長骨（*上腕骨）に沿って伸びる筋で，一端で*橈骨と，他端で肩の骨（*肩甲骨）と結合する．上腕二頭筋の収縮により，肘関節の部分で腕が曲がる（→ 屈筋）．上腕二頭筋は収縮により腕を伸ばす働きをもつ上腕三頭筋と，拮抗して働く（→ 拮抗作用）．

→ 随意筋

女王物質 queen substance
　*フェロモンの一種であり，$trans$-9-keto-2-decenoic acid である．ミツバチの女王バチの大顎腺から分泌され，その群れの働きバチの卵巣の発達を抑える．また女王物質は働きバチの行動にも影響し，新たな女王に成長する幼虫を育てる特別な小房である王台を，働きバチが維持管理することを阻止する働きがある．女王バチが老化すると，女王物質の分泌は減少する．すると働きバチは，将来の女王バチを育てる王台を作製し，そこで*ロイヤルゼリーを与えて幼虫を育てる．

除去修復 excision repair
　生きている細胞でみられる*DNA修復の形の一つで，DNAの二本鎖のうちの1本に存在する，損傷を受けたまたはミスマッチになった塩基が切り取られ，もう片方のDNA鎖を鋳型として正しい塩基が組み込まれること．この過程には様々な酵素がかかわっている．たいていDNAグリコシラーゼが損傷を認識し，傷んだ塩基を切り取る．そしてエンドヌクレアーゼが，塩基が取り除かれたDNA鎖の塩基が除去された部分の片側にニックを入れ，傷んだ鎖域を取り除くためにエキソヌクレアーゼが入り込めるようにする．エキソヌクレアーゼによって生じたギャップはDNA*ポリメラーゼによって修復され，修復されてできたDNA鎖の新しい部分は，*DNAリガーゼによって既存の下流側のDNA鎖に再結合される．→ ミスマッチ修復

食栄養生物 phagotroph (macroconsumer)
　生物や有機粒子を取り込むことによって摂食する従属栄養生物で，摂食したものは自分の体内で消化する．→ 浸透栄養生物

殖芽 turion
　鱗葉と粘液に覆われた休止芽であり，トチカガミのようなある種の水生植物によって作られる．徒長枝は冬になると枝先から離れ，次の季節に新しい植物を成長させるまでの冬の間は，休眠状態で池や湖の底にとどまる．

食塊（ボーラス） bolus
　舌の活動によって口のなかにできる唾液と混合した咀嚼された食べ物の球．ボーラスは飲み込むときに食道を通過可能な大きさにされている（→ 嚥下運動）．

食細胞 phagocyte
　異物粒子，細胞の残骸，病気を引き起こす微生物を飲み込んだり，分解したりできる細胞（→ 食作用）．ある種の原生動物やある特定の哺乳類細胞（*マクロファージや*単球）は食細胞である．食細胞はほとんどの動物の自然免疫機構における重要な要素である．

食作用 phagocytosis
　身体に侵入した異物や微小食物粒子がある動物細胞（*食細胞として知られる）によって飲み込まれて，分解される過程．食細胞の細胞膜は粒子をつかまえるために陥入し，その後その周囲で閉じて嚢や*液胞を形成する．液胞は粒子を分解する酵素を含む*リソソームと融合する．→ エンドサイトーシス，飲作用

触肢 pedipalp
　クモ形動物の前から2番目の対になった付属肢で，*鋏角のすぐうしろにある．大きな鋏角をもつ種では，通常触肢は歩脚や感覚器として機能しており，そうでないものでは防御，餌の捕殺，掘削など様々な役割に適応している．

食餌 diet
　ある生物の食物の要求性をいう．人間の食餌を構成する食物は，ビタミン類，無機塩類（→ 必須元素），食物*繊維，水分，炭水化物，脂肪（エネルギーの供給），タンパク質（体の成長と維持に必要）を含むべきである．バランスのとれた食餌には，これらの*栄養素が正しい比率で含まれ，この比率は年齢，性別，体格，その個人の活動量に応じて変化する．食餌において異なった型の食物が適切に与えられない場合は，*栄養失調となる．

触手 tentacle
　水生の無脊椎動物がもち，主に摂食するために用いられる，柔軟な付属器官のこと．触手の間を水が流れることで，食料を捕獲することができ，口器の開口部へ向けて運ぶことができる．多くの刺胞動物といくつかの棘皮動物（ナマコを含む）は触手をもち，また頭足類には，表面に吸盤の列のある触手が存在する．

触手冠 lophophore
　苔虫動物門，箒虫動物門，腕足動物門などの水棲無脊椎動物に特徴的な器官で，ろ過摂取を行う際に機能する．口内に食物片を浮遊させて送り込む，繊毛を有するくぼんだ触手のうねから成り立っている．

食虫植物 insectivorous plant ── 肉食植物

食虫動物 insectivore
　昆虫を食べる動物．特に食虫類（ハリネズミ，トガリネズミなど）の哺乳類．

食中毒 food poisoning
　もともと有毒な食物，もしくは特定の型の病原微生物によって汚染された食物によって引き起こされる急性疾患．イギリスにおける最もふつうの型の食中毒は，家畜の消化管に生息する*サルモネラ属の細菌によって引き起こされるものである．他の食中毒の原因となる細菌には黄色ブドウ球菌（*Staphylococcus aureus*），ウェルシュ菌（*Clostridium perfringens*），*Campylobacter jejuni*，*リステリア（*Listeria monocytogenes*），および病原性*大腸菌（*Escherichia coli*）である．凍結および他の型の*食品保存法により細菌の増殖を妨げることが可能であり，肉を食べる前に完全に調理をすることにより微生物を殺せる．しかし，もし調理前に冷凍肉の中央部分が完全に溶けていなかった場合，調理の間に細菌を殺すのに十分に高い温度に到達しない可能性があるので，食中毒が起こりうる．ボツリヌス中毒として知られる，前記のものとは異なる型の食中毒はボツリヌス菌（*Clostridium botulinum*）によって生産される毒によって引き起こされ，この菌は保存の悪い缶詰食品のなかで増殖する．

食虫類 Insectivora
　ハリネズミ，モグラ，トガリネズミを含む，主に夜行性の小型の哺乳類からなる目．硬い感覚毛で覆われた長い鼻をもち，歯は昆虫や他の小さな餌をとらえることや砕くこと

に特化している．食虫目は1億3千万年前の白亜紀に進化して以来ほとんど変化していない．

食道 oesophagus (gullet)
　*咽頭と胃の間にある*消化管の部分のこと．食道は筋肉質の管状器官であり，食物を管に沿った波のような収縮（*蠕動）によって食道を通過させ胃へ移す働きがある．

食肉類 Carnivora
　主に肉を食べる哺乳類．イヌやオオカミ，クマ，アナグマ，イタチ，ネコなどが含まれる．肉食動物は典型的には非常に鋭い視力，嗅覚，聴覚をもつ．下顎と頭蓋との関節は非常に堅く，下顎の側方移動は不可能である．このことと顎の筋肉の配置により非常に力強く噛みつくことが可能である．歯は肉を刺して引き裂くために特殊化しており，犬歯は大きく，尖っており，頬の歯は剪断のために特化しているものもある．→ 裂肉歯

触媒 catalyst
　それ自体永続的に化学変化することなく，化学反応速度を増加させる物質．触媒は，触媒のない場合に比べ*活性化エネルギーのより低い反応経路を提供する．それゆえ，平衡に達するまでの反応時間は早くなるが，平衡の位置は変化しない．*酵素は生化学的反応の触媒であり，各酵素が触媒する反応はそれぞれきわめて特定のものに限られる．

触媒 RNA catalytic RNA ── リボザイム

触媒活性 catalytic activity
　特定の化学反応の速度を速める作用で，ある特定の反応条件のもと，酵素やその他の触媒によって生ずる．*カタールか $mol\ sec^{-1}$ で測定される．

触媒作用 catalysis
　*触媒を用いることにより化学反応速度が変化する過程．

食品添加物 food additive
　食品の品質，質感，外見，安定性を向上し，また，味や色を改良するために食品の生産もしくは加工の間に添加する物質．添加物の量は通常微量であり，着色料，甘味料，保存料（→ 食品保存），*酸化防止剤，乳化剤および安定剤などの種類がある．多くの国では，食品添加物は，安全性の確認された化合物の承認リストにあるものを使用する必要があり，また個々の食料品の食品表示に記載しなければならない．

食品保存 food preservation
　様々な技術によりなされる，食品の損傷の防止．これらは*食中毒を引き起こしうる細菌やカビによる，食品の腐敗と汚染を防止することを目的とする．例えば，脱水は微生物が増殖しないように食品から水分を除去する．食品に塩を与えること（塩漬け）は微生物から浸透により水分を失わせる．酢漬けは細菌が増殖しないように酢（酢酸）を与えて pH を低下させる．温度を 90℃ にする食品加熱（ゆがくこと）は食品を分解する原因となる多くの酵素を変性させ，また多くの細菌を殺す．次いで食品はカンやビンといった気密容器のなかに詰められる．細菌を殺すために牛乳を加熱して高温にすることは，*低温殺菌法の基本原理である．食品の凍結は細菌の増殖を妨げるが，それらを必ずしも殺さない．したがって調理により完全に火を通すことが必須となる．*凍結乾燥においては，通常，食品は急速に凍結されて真空中で脱水される．調理済みの食品は，安息香酸ナトリウム，プロピオン酸，二酸化硫黄などの化学薬品の添加（→ 食品添加物）によって保存されうるが，それらのなかには有害な副作用をもつものもある．照射法は最近開発された食品保存の方法であり，食品を γ 線照射することによって細菌を殺す．

植物 plant
　植物界のあらゆる生物をさす．植物は生活環からあらゆる他の生物とは区別される．半数体の雌と雄の配偶体は，二倍体の成体から減数分裂によって作られた胞子から発達し，有糸分裂によって配偶子を形成する．受精によって二倍体の胚が作られ，半数体の雌性配偶体のなかで初期発生を行う．ほとんどの植物は単純な無機物から有機物を作り上げる*光合成によって炭水化物を生産する．この過程に必要な光エネルギーは，動物にはみられない色素複合体である*葉緑素によって吸

収される．植物は*細胞壁をもっていることでも動物とは異なっている（細胞壁の構成成分は通常*セルロースである）．植物は餌を探す必要がないために動かないし，外界の刺激にはゆっくり反応する．植物界の分類は付録を参照のこと．

植物エクジソン phytoecdysone —→ エクジソン

植物回転器 clinostat
通常は芽生えのような植物の全体を回転させる装置で，これにより正常な状態ではある特定の方向から作用する，すべての刺激の影響を取り除くことができる．この装置は，重力の影響を消去して植物の器官の成長の研究を行う際に，最もしばしば用いられる．

植物学 botany
植物の科学的研究で，植物の解剖学，形態形成学，生理学，生化学，分類学，細胞学，遺伝学，生態学，進化学，地理的分布学を含む．

植物相 flora
ある与えられた時点および生息地において通常存在するすべての植物生命体．→ 微小植物相，動物相

植物着生生物 epiphyte
ほかの植物の上に育つ植物であるが，寄生もしなければ地上に根を張るわけでもないもの．たくさんのコケ類や地衣類，いくつかの熱帯ランが植物着生生物に含まれる．

植物地理学 plant geography (phytogeography)
世界中の植物の分布の研究で，この分布を決定する環境要因の影響について特に重点的に研究している．

植物の phyto-
植物を意味する接頭辞．例えば phytopathology（植物病理学）は植物の病気を研究することである．

植物プランクトン phytoplankton
光合成を行う*プランクトンで，主に珪藻や渦鞭毛虫のような，顕微鏡でしかみえない藻類からなる．海洋表面近くにはこのような生物が1 m^{3}当たり何百万といると考えられている．植物プランクトンは他のすべての水生生物の食糧の基礎となっているので非常に重要であり，一次*生産者である．→ 動物プランクトン

植物ホルモン phytohormone —→ 成長物質

食糞 coprophagy
栄養分を得る手段として糞便を摂取すること．食糞性動物は，ウシの糞を摂食するタマコロガシ類などを含み，またウサギは自身の糞便を経口摂取する．

食物 food
炭水化物，タンパク質，脂肪などの*栄養素を含む物質で，ここから生物は成長や生存のためのエネルギーを得る．動物のように従属栄養の生物は食物（→ 食餌）を摂取し，植物のような独立栄養生物は自らの食物物質を生産する．

食物繊維 dietary fibre —→ 繊維

食物網 food web
相互につながり合う*食物連鎖の系．食物網においては，ある特定の生物は一つ以上の栄養段階で摂食する．例えば池の食物網において淡水産のカラスガイは緑藻を直接摂食し，この場合一次消費者となる．しかし，それ自体が一次消費者である原生動物も摂食しうる．この場合カラスガイは二次消費者となる．食物網は分解者を通常含まないが，これらの生物は食物網を通じたエネルギーの流れにおいて非常に重要である（→ エネルギー流）．

食物連鎖 food chain
緑色植物（一次生産者）から始まる一連の生物を経由したエネルギーの移動のことであり，この食物連鎖のなかでは，おのおのの生物がその下位の生物を摂食し，そして，その生物はそれよりも上位の生物により摂食される．そのため，植物は草食動物によって食べられ，そして草食動物は肉食動物によって食べられる．その肉食動物はさらに別の肉食動物により捕食される．食物連鎖のなかで生物が占める位置はその生物の*栄養段階として知られる．実際には多くの動物はいくつかの異なった栄養段階で摂食し，*食物網として知られるより複雑な摂食関係の集合を生ず

食料供給 food supply
(人間生態学) 人が消費するための食料を生産すること. → 農業

食料生産 food production ⟶ 農業

蹠行性 plantigrade
ヒトを含む多くの哺乳類の歩き方のことで, 脚の下端表面全体が地面につく歩き方を示す. → 趾行性, 蹄行性

助細胞 synergids
顕花植物の*胚嚢にある二つの核のことで, 卵球あるいは卵細胞の近くに存在し, それらとともに卵装置を形成する.

処女膜 hymen
誕生時に女児の膣口を覆っている粘膜のひだである. 通常は, 思春期に月経血を流出させるために処女膜に穴があくが, しかしこの開口部が小さい場合は, 最初の性交の際に破られる.

除草剤 herbicide ⟶ 農薬

除虫菊製剤 pyrethrum
シロバナムシヨケギク (*Chrysanthemum cinerariifolium*) の花から作られる殺虫剤 (→ 農薬) である. 除虫菊製剤は昆虫のクチクラを通過し, 速効性で, 他の動物や植物には毒性がなく, 容易に生分解される.

触角 antenna
多くの節足動物の頭部にある, 可動性の対になった鞭のように長い付属肢のこと. 一般的には嗅覚や触覚などを感知する役割を果たす (→ 毛状感覚子). 昆虫, ヤスデ, ムカデ類などでは, 触角は頭部にある付属肢のうちの最初の対であるが, 多くの昆虫では特殊化して変形している. 甲殻類では, 触角は頭部の付属肢の 2 番目の対であり, 最初の対 (小触角) は感覚機能をもつが, 触角は泳ぎや接触のために使われる.

触覚 touch
物体や物質の触感を認識できるようにする感覚. 触覚の受容体は*皮膚にあり, ヒトでは指の先端に集中している (→ マイスナー小体).

触角腺 antennal gland (green gland)
甲殻類の 3 番目の体節にある対になった管 (体腔管) のことで, 第二触角の基部周辺で外部へと通じている. 浸透圧調節器官として機能する. 例えば, 淡水に棲むザリガニ (*Astacus*) の触角腺では, 体液が血管から末端嚢へとろ過され, 迷路管を通りイオンが再吸収され, それにより低張の尿が産生され, 腎尿細管を通って膀胱へ蓄積する.

ショットガンクローニング shotgun cloning
制限酵素を用いて DNA をランダムに小さな断片に分断し, 生物のゲノムをすべてクローニングする方法. それぞれの断片はクローニングベクターに組み込まれ, 宿主生物に導入される. 断片は*DNA ライブラリーとして維持される. → 遺伝子クローニング

ショ糖 saccharose (cane sugar) ⟶ スクロース

初乳 colostrum
分娩の直前から直後にかけて乳腺から分泌される液体で, 窒素分, 抗体, ビタミンに富む. 分娩後数日の間に初乳から成乳へと, 徐々に組成が移り変わってゆく.

書肺 lung book
いくつかのクモ類の呼吸器官. 書肺は腹部の腹側で対をなしており, 腹部表面に細長い切れ込み状開口部をもつ小袋のなかに納められている外胚葉由来の多数の葉状物の重積した構造により構成される. 気体の交換は外胚葉の重積構造を通した拡散により行われる.

徐波睡眠 slow-wave sleep ⟶ 睡眠

鋤鼻器官 vomeronasal organ
一種の嗅覚器で, 多くの陸生脊椎動物においてみられるが, ヒトではその存在ははっきりとはわからない. 鋤鼻器官は 1 対の盲管状の袋で, 口腔あるいは鼻腔内に開いている. 鋤鼻器官の内面には, 嗅上皮が存在し, これらの細胞は空気中の化学物質に対する受容タンパク質を発現している. 鋤鼻器官は同種内の間で使われる化学的な信号である*フェロモンに対して特に反応する傾向があり, その受容タンパク質は, 鼻上皮で発現しているタンパク質ファミリーとは異なるタンパク質フ

ァミリーに属する．また，鋤鼻受容体の軸索は，脳内において嗅神経の軸索とは違う場所につながっている．

徐脈 bradycardia
心拍数が減ること．→ 頻脈

除雄 emasculation
自家受粉または近隣の花から受粉することを防ぐために，花の雄ずいを取り除くこと．

シーラカンス coelacanth
ラティメリア属（*Latimeria*）の硬骨魚で，アフリカ南東岸沖のコモロ諸島周辺のインド洋で *L. chalumnae* の最初の現生の個体が1938年に発見されるまで，絶滅したと信じられていた．第二の種である *L. menadoensis* は1999年に東南アジアのセレベス海で発見された．シーラカンスは両生類の祖先と同じ目（総鰭目-葉状鰭の魚類）に分類される．シーラカンスは大型の魚で，体長 1～2 m，体重 80 kg 以上，三つに分かれた尾びれをもつ．体は厚く大型の鱗で覆われ，胸びれは海底を移動するときに支えとして働く．卵胎生である．シーラカンスの化石は約4億年前の地層に最も多量に含まれ，7千万前以降の地層には化石はみられない．

シラミ lice ⟶ ハジラミ目，シラミ目

シラミ目 Siphunculata (Anoplura) ⟶ 正脱翅類

自律神経系 autonomic nervous system (ANS)
脊椎動物の *末梢神経系の一部であり，運動神経を経由して平滑筋と心筋（不随意筋）および体の腺を支配する．自律神経系は *副交感神経系と *交感神経系に分けられ，これらは同じ器官に対して拮抗的に働くことが多い（次ページの図参照）．ANSの活性は主に脳の *延髄と *視床下部により支配される．

尻振りダンス waggle dance ⟶ ミツバチのダンス

視力 visual acuity
視覚の鋭敏さのことで，お互いに近くにある物体を区別する目の能力．これは目に入ってきた光で網膜上に鮮明な像を形成するために焦点を合わせるための目の能力で決まる．視力は *錐体細胞に依存し，これは *中心窩に最も集中している．中心窩は網膜の中心近くに存在するため，焦点の合った光を受け取るために最適な位置に存在する．さらに，各錐体細胞は *網膜内の一つの双極細胞にシナプス結合している．そのため，視神経繊維を通して別々の信号を脳まで送ることができる．

シルル紀 Silurian
オルドビス紀に続き，デボン紀の前にくる古生代の地質学的年代．シルル紀は約4億4400万年前から始まり，約2500万年間続いた．シルルという名前はイギリスのサウスウェールズに住んでいた古代ブリテンの部族にちなんでおり，マーチソン（Roderick Murchison, 1792-1871）により名づけられた．彼はサウスウェールズでシルル紀の岩石を発見した．シルル紀の生物は，ほとんどが海産であったが，その後期には原始的植物が陸上に上陸し始めた．三葉虫や筆石類はあまりみられなくなり，腕足動物は大繁栄し多様化した．ウミユリ類も登場し，サンゴも数を増した．シルル紀にみられる唯一の脊椎動物は原始的な魚で，最初の有顎類がシルル紀後期に登場した．カレドニア造山運動（造山期）はシルル紀の終わりにその頂点に達した．

歯列 dentition
ある動物種における歯の型，数，配列のことをいう．これは簡潔に *歯式により示される．→ 永久歯，二生歯性の，一生歯性の，多生歯性の，異型歯の，同型歯の

シロイヌナズナ属 *Arabidopsis*
アブラナ科に属する顕花植物の一種．この属の一種である *A. thaliana*（シロイヌナズナ）は，ゲノムサイズが小さく単純（染色体は5対）であり染色体の半分以上がタンパク質をエンコードしているため，分子遺伝学と発生生物学の分野において幅広く研究対象に用いられている．また，生育させることも非常に容易であり，6～8週間で生活環が一完結する．ゲノムの全塩基配列が2000年に解読された．

人為選択 artificial selection
選択的 *繁殖を行うことで生物種を改変すること．好ましい特徴をもつ動物や植物が，

シンイ

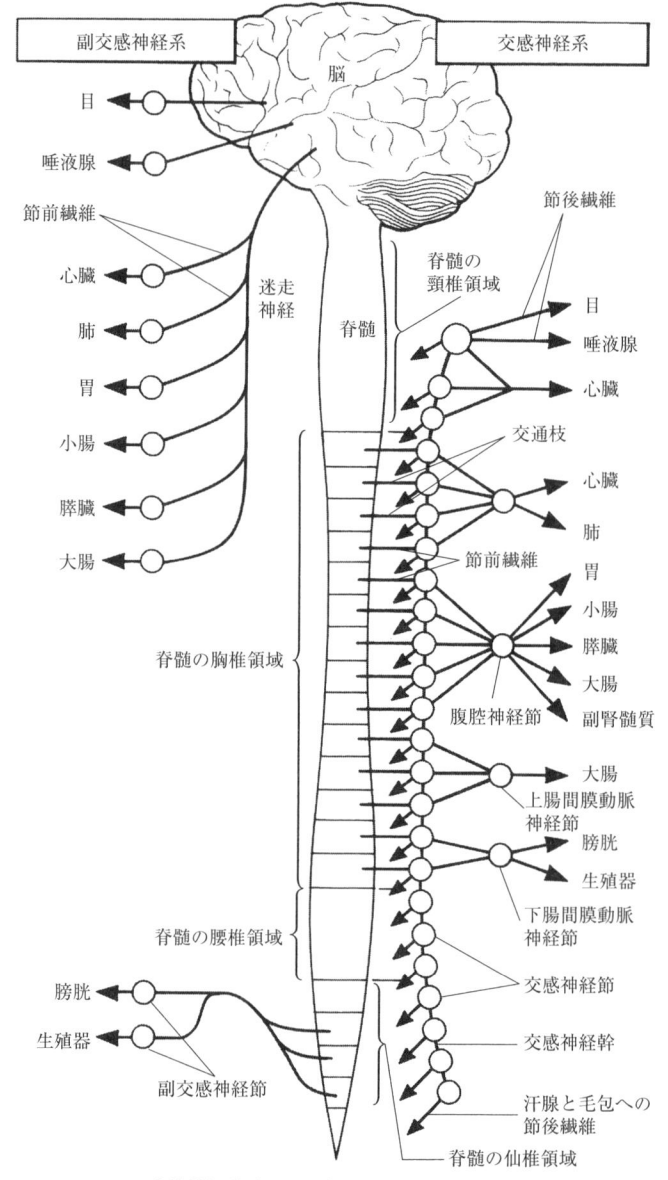

自律神経系（ANSの各神経系の一側を示す）

特定の目的のために*遺伝子型を変えるために交配され，新しい系統が作り出される．例えば，ヒツジは羊毛の質を改善する目的で人為選択によって品種改良されている．伝統的な交配技術は，常に改良されてきているが，最近では遺伝子工学の技術の向上により遺伝

子操作や胚操作による品種改良に置き換えられつつある．商業的に重要な動物種や植物種のゲノム塩基配列の解読により，表現型の解析に代わって，望まれる遺伝子が受け継がれる状況を分子生物学的方法により直接検出することが可能になった．これらの方法は，選択の新しい方法を開拓してきており，人為選択の方法をより洗練されたものとし，目的の表現型の生物を効率的に選択することを可能にした．

腎盂 pelvis
*腎臓内の円錐形の腔で，尿細管から腎盂に尿が集まり，尿管に流出する．

進化 evolution
現在の植物や動物の多様性が，最も初期の原始的な生物から少しずつ変化を経て生み出された過程で，少なくとも30億年間続いているとされる．18世紀半ばまで，生き物の種は神によって個々に創造され，その種が存在するかぎり，変化しないと考えられていた（→ 特殊創造）．*ラマルクは，どのようにして一つの種が他の種に進化してきたかを説明する理論を出版した最初の生物学者であるが（→ ラマルク説），*ダーウィンの「種の起源」が1859年に出版されるまでは特殊創造説が深刻な挑戦を受けることはなかった．ラマルクと異なり，ダーウィンはもっともらしい進化のメカニズムを説き，化石の記録や比較解剖学，発生学の証拠を示した（→ ダーウィン説，自然選択）．ダーウィン説の現代版は，ダーウィンの頃から発展してきた遺伝学の知見を取り込んで，いまでも最も受け入れられている種の進化説となっている（→ 断続平衡説）．さらに議論されていることとして，種より上位の集団の進化とその関係を明らかにすることがある．→ 大進化，小進化，モザイク進化

深海帯 abyssal zone
およそ2000 m以下の海の深い部分で，光がほとんど届かない．深海生物は寒く暗い状況における高圧に適応している．→ 無光層

新外套（新皮質） neopallium (neocortex)
脊椎動物の脳における大脳の皮質の一領域のこと．新皮質は哺乳類で最も高度に発達しており，前脳の大部分を覆っている表面層を形成している．運動や感覚情報の統合をつかさどる主要な領域である．

真核生物 eukaryote (eucaryote)
明確な核のなかに遺伝物質が入っている*細胞からなる生物．原核生物以外のすべての生物は真核生物である．→ ユーカリア，原核生物

腎管（排泄管） nephridium (pl. nephridia)
多くの無脊椎動物にある排出器官で，外胚葉が内側に向かって伸びることによって形成され，単一もしくは枝分かれしている管からなり，その内端には繊毛がある．排出物は，腎管のなかに拡散し，繊毛の働きによって体外へ送り出される．最も原始的なタイプは原腎管として知られており，*焔細胞を含む管糸からなり，扁形動物や輪虫類 (rotifers) において認められる．後腎管 (metanephridium) はミミズやその他の環形動物にあり，体腔管と一緒になって*体腔と通じている．体内の開口部は腎口 (nephrostome)，体外への開口部は外腎門として知られている．後腎管は外見上は尿細管に似ている．

唇脚綱 Chilopoda
*単肢動物門に属し，ムカデを含む陸生の虫に似た*節足動物の一綱．これらは比較的長い触角と1対の毒牙を備えた．胴体から独立した頭部が特徴的であり，また15から177の体節があり，各節に同形の1対の肢がある．ムカデは素早い運動をすることができる肉食動物であり，湿っぽい環境でみられる．→ 多足亜門

心筋 cardiac muscle
脊椎動物独自の特殊化した形の*筋．各心筋繊維は両端が細まり1個の核を含んだ小型の細胞からなる．細胞には二つの型があり，一つは収縮繊維で横紋があり，多数の筋原繊維を含む．もう一つは伝導繊維または*プルキニェ繊維と呼ばれるもので，著しく分枝し筋肉全体に電気信号を伝達する．そして，自発的な収縮を示し，神経による刺激を必要としない（→ ペースメーカー）．しかし，心臓へ伸びる迷走神経は収縮の速度に影響を与えることができる（→ 頻脈）．

伸筋 extensor
四肢が伸びるための筋肉．→ 随意筋，屈筋

心筋層 myocardium
心臓の筋肉の壁．心臓内の場所により心筋の厚さは異なり，これは収縮時に心臓内で発生する血圧の大きさを反映している．左心室は心臓のなかで最もたくさん働く部位であり，その心筋層は心臓のなかで最も厚い．心筋層の内側表面は心*内皮の層で裏打ちされており，血管の内皮へと続いている．

真菌類 Eumycota
生物分類において，粘菌と区別した「真の菌類」を含む門．

神経 nerve
多くの*神経繊維と支持組織（→ グリア）で構成されている紐状組織で，結合組織の鞘に囲まれている．神経は，中枢神経系と体の組織や器官とをつないでいる．運動神経繊維だけをもつ神経（運動神経），感覚神経繊維だけをもつ神経（感覚神経），それらの両方をもつ神経（混合神経）などがある．個々の神経繊維は神経内で非常に近接しているが，生理的応答はお互いに独立している．

神経インパルス nerve impulse ── インパルス

神経下垂体 neurohypophysis ── 脳下垂体

神経管 neural tube
脊椎動物の初期胚における中空のチューブ状の組織で，のちに脳や中枢神経系へと発達する．外胚葉性の*神経板の折りたたみにより形成され，中心を通る管をもつ．ときに*神経板の折りたたみが正常に行われずに正しく閉じないことがあり，その結果，胎児において，二分脊椎症のような神経管欠損症（neural tube defects）を引き起こすことがある．

神経筋接合部 neuromuscular junction
中枢神経からの神経インパルスを伝達する運動ニューロンと筋繊維が結合する点のこと．神経から筋繊維に伝わるインパルスは，神経伝達物質によって伝達され，それは二つのニューロンの間の*シナプスを通ってインパルスが伝達される場合と同様である．神経伝達物質は，運動ニューロンの末端部で小胞から小隙へ放出され，そこで神経伝達物質は筋繊維の*終板へ拡散し，膜が脱分極する．脱分極が，ある閾値に達したとき，筋繊維の活動電位が誘発される．

神経系 nervous system
多細胞生物における組織や細胞のシステムで，これにより情報が感覚細胞から器官や効果器官（たとえば筋や腺など）へと伝達される．神経系は*中枢神経系（脊椎動物では*脳や*脊髄，無脊椎動物では*神経索や*神経節）と*末梢神経系からなる．その働きは情報を受け取り伝達し解釈することであり，その後，効果器官に適切な応答を指令することである．また，複数の生理的な機能が必要とされる協調的な応答をつかさどる．神経組織は*ニューロンと支持組織からなり，ニューロンは*インパルスの形で情報を伝える．

神経血管組織 neurohaemal organ
神経分泌細胞の末端の集合からなる他から区別できる集まりのことで，ここで神経ホルモンが近接する血液中や毛細血管へと分泌される．神経血管組織は，脊椎動物と無脊椎動物の両方に広く存在する．→ 神経分泌

神経原繊維 neurofibril
神経*軸索の細胞質中の繊維のこと．神経原繊維は，*神経細糸や神経細管（微小管）を含む．この微小管は，タンパク質やほかの物質を細胞質内で輸送する役割を果たす．

神経細管 neurotubule ── 神経原繊維

神経細糸（ニューロフィラメント） neurofilament
神経細胞の軸索に認められる，*中間径繊維の一つのタイプのこと．神経細糸は，軸索の細胞質を支えている*細胞骨格の成分としての機能を果たす．

神経細胞 nerve cell ── ニューロン

神経細胞接着分子 nerve‐cell adhesion molecules ── 細胞接着分子

神経索 nerve cord
神経繊維の大きな束で，体の縦軸に走っており，*中枢神経系の重要な部分を形成している．多くの無脊椎動物は，密接した神経索

の対をもっていて，体の中央腹側に位置し，分節状に配置された*神経節が存在する．*脊索動物門のすべての動物は，背側に中空の神経索をもっており，脊椎動物ではこれを*脊髄と呼ぶ．

神経支配 innervation

器官へ遠心性と求心性の神経繊維が分布すること．

神経鞘細胞 neurilemma cell (Schwann cell) ─→ シュワン細胞

神経成長因子 nerve growth factor (NGF)

1．ニューロンやその周辺組織（たとえば星状細胞やシュワン細胞など）から生産されるポリペプチドのことで，ニューロンの成長を促進する．神経成長因子はこれ以外の組織からも生産され，それはBリンパ球（→ B細胞）を刺激する効果や，*肥満細胞によるヒスタミンの分泌を促す効果などをもつ．

2．ニューロンの成長や生存を促進する多様な類似するポリペプチドのことで，ニューロトロフィンなどを含む．

神経節 ganglion

多くの*細胞体や*シナプスを含む神経組織の塊で，通常は結合組織鞘に囲まれている．脊椎動物ではほとんどの神経節は中枢神経系の外側に位置する．例外は脳に存在する*大脳基底核である．無脊椎動物では神経節は神経索に沿ってみられ，最も前にある1対（脳神経節）は脊椎動物の脳と相同である．すなわち，無脊椎動物の神経節は中枢神経系の一部分を構成している．

神経節細胞 ganglion cell ─→ 網膜

神経繊維 nerve fibre

*ミエリン鞘のような関連組織を含んだ*ニューロンの*軸索．神経繊維の長さや直径は，同じ生物内であっても大きな多様性がある．→ 巨大神経繊維

神経伝達物質 neurotransmitter (transmitter)

*シナプスや*神経筋接合部を通って神経インパルスの伝達を媒介する化学物質．例えば，*アドレナリン，*ノルアドレナリン，*ドーパミン，アドレナリン作動性神経における*セロトニン，コリン作動性神経における*アセチルコリン，*グルタミン酸，*γ-アミノ酪酸などがあげられる．神経伝達物質は軸索の末端にあるシナプス小頭で，シナプス間隙へ放出される．神経伝達物質は反対の膜（シナプス後膜）まで拡散し，そこで受容体を刺激し，次のニューロンにおける神経インパルスの発生を促す．神経筋接合部においては，神経伝達物質は筋繊維の細胞膜に神経インパルスを伝える．

神経毒 neurotoxin

神経に物質的なダメージを与えたり，神経の機能を低下あるいは変化させる化学物質．神経毒の例は，6-ヒドロキシドーパミンであり，これは交感神経細胞の神経末端にダメージを与える．この化合物は，構造的にドーパミンやノルアドレナリンに似ていて，神経細胞に存在する輸送系によって神経末端に入り込むことができる．

神経内分泌系 neuroendocrine system

高等動物の体において，ある活性を神経やホルモンによる刺激によって二重に支配している系のこと．例えば，*下垂体後葉や*副腎髄質は，ホルモンの分泌のための神経刺激を直接受け取るが，一方で下垂体前葉は視床下部から分泌された*放出ホルモンによって刺激される．

神経ネットワーク neuronal network (neural network)

互いに結合したニューロンの回路のこと．すべてのタイプの行動は情報（神経インパルス）に依存しており，その情報は神経ネットワーク全体を通じて個々のニューロン間のシナプスを介して伝達される．神経ネットワークは，反射弓（→ 反射）のような単純なものから，脳における情報処理にかかわる複雑な回路まで幅がある．しかし，神経ネットワークの活性は，主にそれを構成するニューロンの数や，ニューロンに結合しているシナプスの性質に大きく依存している（たとえば興奮性や抑制性など）．複雑な行動の根底にある神経ネットワークには，特定の機能を果たす感覚および運動の副回路が存在する．そのような機能は例えば，感覚神経からの入力を分別する機能や，繰り返し運動（徒歩や水泳

のような)を生み出すような機能があげられる．加えて，神経ネットワークは経験によって変化するという柔軟性をもつ．→ シナプス可塑性

神経胚 neurula ⟶ 神経板

神経板 neural plate
外胚葉の一片のことであり，脊索の上にあり，脊索動物の初期胚(→ 原腸胚)の中枢軸に沿って存在し，中枢神経系へと発達する．神経板は折りたたまれて*神経管を形成し，この過程は神経管形成(neurulation)と呼ばれている．神経管を形成している段階における胚は神経胚として知られている．

神経分泌 neurosecretion
神経分泌細胞による*神経ホルモンの分泌のことで，神経分泌細胞は神経細胞と内分泌細胞の両方の性質をもっている．例えば視床下部で神経分泌細胞が見いだされ，それらは脳の他の部分からの神経インパルスを受け取り，血中へ神経ホルモンを放出することによって下垂体へシグナルを伝達する．他のニューロンと同様に，神経分泌細胞は細胞体から構成され，そこから末端領域をもつ細い軸索が伸びている．一般的にその細胞体は中枢神経系内部で集団を形成している．分泌物質は細胞体において合成され，軸索を通って末端領域まで到達し，そこで隣接した血中へと分泌される．いくつかの末端領域は，*神経血管組織という明確な組織を形成することがある．分泌物質の放出は，細胞体から軸索へと伝わる活動電位によって引き起こされ，これは通常のニューロンにおける神経伝達物質の放出の場合と同じである．

神経ペプチド neuropeptide
ニューロンの活動に影響を与える様々なペプチドをいう．例としては視床下部の放出ホルモン，抗利尿ホルモンや，十二指腸壁の細胞から放出される消化管ペプチド(*血管作用性小腸ペプチドなど)がある．神経ペプチドは，神経伝達物質や神経伝達物質の働きを修飾する補助伝達物質として，あるいは神経ホルモンとして，さらにあるものは場所に応じてそれら三つの役割をすべて行うこともある．

神経ホルモン neurohormone
内分泌腺からではなく，特定の神経細胞から生産されるホルモンの一種で，神経末端から血流のなかへ分泌されるか，細胞や器官(神経ホルモンがその成長や機能をコントロールしているもの)へ直接分泌される(→ 神経分泌)．神経ホルモンの例は，*ノルアドレナリン，*抗利尿ホルモン，昆虫の変態や脱皮に関係するホルモンなどがある(→ エクジソン，幼若ホルモン)．→ 神経ペプチド

神経網 nerve net
シナプスや融合によってお互いに結合した神経細胞のネットワークのこと．ある種の無脊椎動物(例えば腔腸動物や棘皮動物など)の神経系は，体壁中の神経網によってもっぱら構成されている．

腎口 nephrostome ⟶ 腎管

人口過剰(過密) overpopulation
人口が急激に増加し，空間や食料などの利用可能な資源で支えられなくなるほどの数になることで，たいていは人類の人口増加のことをさす．これは出生率が死亡率を大きく上回るか，移入者数が転出者数を大きく上回る，あるいは両要因が複合的に絡み合うときに起こる．→ 個体群成長

人工受精 artificial insemination (AI)
妊娠を引き起こす目的で，性交によらないで注射器などの用具を用いて子宮内に精子を注入し受精を期待する方法．選択的な家畜の*繁殖や，またヒトにおいては男性の性交不能や不妊の治療に用いられる．女性の排卵時に行われる．

人工染色体 artificial chromosome
本物の染色体の特徴をある程度備えたクローニング*ベクターの種類で，比較的大きなDNA断片をクローニングするときに用いる．大腸菌人工染色体(BAC)は，大腸菌から見いだされたF因子プラスミドがもとになっている(→ 性因子)．BACには，およそ30万塩基対の外来DNA断片を挿入することができる．また，BACのなかには，宿主のなかでプラスミドの複製をするのに必要な大腸菌の遺伝子やBACを含んでいる大腸菌を選択する際に必要な遺伝子(たいてい

は抗生物質耐性遺伝子）が，いくつか含まれている．より大きな DNA 断片をクローニングする際に用いられるのが，酵母人工染色体 (YAC) である．YAC は，パン酵母 (Saccharomyces cerevisiae) のなかで見つけられた環状のプラスミドに由来する直鎖状のベクターである．YAC には，100 万塩基対までの DNA 断片を挿入することができる．YAC は，動原体をもち，酵母宿主の紡錘体に結合することができ，細胞分裂の間に通常の染色体と同様に分離をすることができる．YAC にはまた染色体の末端にキャップをする DNA 配列である*テロメアが付加されている．したがって，YAC は小さな染色体として振る舞うことができる．YAC は真核生物の遺伝子のクローニングを行うときや大きなゲノムをもつ生物体（たとえば哺乳類）の*DNA ライブラリーを作製するときや，遺伝子の機能を調べるときに用いられる．

真光層 euphotic zone (epipelagic zone ; photic zone)

光合成により固定されるエネルギー量が呼吸により失われる量より多くなるほどの，正味の一次生産に十分な光が差し込む湖または海の上部の層．その深さは，水の濁度，栄養供給の状態，波の干渉，温度に依存する．例えば，栄養に富んだ水質であれば，表面近くにプランクトンが大量発生して影を作るため，真光層の深さは浅くなる．真光層の深さは典型的には 1 m から 30 m の範囲で湖や海岸水に存在し，海洋においてはまれに 200 m 以上の範囲にまで及ぶ．200 m から 1000 m の水深では，限られた光合成を可能とするくらいの青色光が届く．これはときには「弱光層」または「中深層域」と呼ばれる．これより下の層は，光がまったく届かない*無光層となる．

真骨上目 Teleostei

*硬骨魚綱の主な上目で，約 2 万種を含む．真骨上目の魚は広大で様々な生息地に存在し，形態は非常に多様である．ウナギやタツノオトシゴ，カレイ，サケはこのグループである．白亜紀（およそ 7 千万年前）から魚類のなかで真骨上目の魚は優占的地位を占めて

いる．

心材 heartwood (duramen)

木の幹や枝の中心部の木材．死んだ*木部細胞から構成され，リグニンを含み重くて厚く，構造的な支えとなる．多くの心材の細胞は木材を黒色にする油，ゴム，樹脂を含む．→ 辺材

心室 ventricle

*心臓内に存在する室で，*心房から血液を受け取り，動脈系へと押し出す．両生類や魚類では心室を一つもつが，哺乳類，鳥類，爬虫類では二つもち，片方は脱酸素化血液を肺に送り込み，もう片方は酸素を豊富に含んだ血液を体中の残りの部分に送り出す．

真社会性の eusocial

社会性のアリ，シロアリ，カリバチ，ハチなど（→ 膜翅類）の最も発達したとされる動物社会を示す．たいてい，高度な分業と協力が行われ，餌集め，防御，養育などの特定の仕事を行う*階級が存在する．繁殖は生殖力をもつ個体たちのなかのエリート個体が担当し，不妊の労働者がその支援をする．さらに，一つのコロニーのなかで世代が重なることで，コロニーは何年も維持され続ける．いくつかの脊椎動物は同じようなレベルの真社会性をもつ．例えばハダカデバネズミはカースト制があり，生殖機能のない成熟ネズミは，餌を探すか，巣穴を守るか，ただ周りのネズミを暖めるために存在する．

真獣下綱（有胎盤類） Eutheria (Placentalia)

胎児が母親の子宮のなかで育てられ，*胎盤から栄養を得る，哺乳類の下綱．胎児は胚発生の間は完全に守られており，温度も一定に保たれる．胎盤を有する哺乳類は白亜紀（約 1 億年前）に進化したとされる．現代の真獣下綱は，世界のすべての型の生息環境に存在する．*偶蹄類，*食肉類，*クジラ類，*翼手類，*食虫類，*奇蹄類，*霊長類，*長鼻類，*げっ歯類などを含む．→ 後獣類，原獣亜綱

心周期 cardiac cycle

1 回の心臓の鼓動における一連の過程．心房の収縮（→ 心臓収縮期）と弛緩（→ 心臓

拡張期），それに伴う心臓弁の開閉からなる．心房と心室が弛緩しているとき心臓の圧力は低下し，下大静脈からの血液は心房へと流入し，次いで心室へと抜ける．左心室と大動脈，右心室と肺静脈の間にある大動脈弁，*肺動脈弁は閉鎖し，それにより血液は流入できるが，心臓から血液が出ることはできず，このため心室圧力が増加する．心臓の圧力が増加すると，心房が収縮を始め，高圧の血液は心室に流れ，*三尖弁と，*二尖弁が閉じる．それに続き心室が収縮し，血液は大動脈と肺動脈へと拍出され，心周期が終わる．安静時の心拍数においてヒトの心周期は約0.85秒にわたる．

浸潤 imbibition
　水に溶解しない物質による水分の取込み，これによりその物質は膨張する．浸潤はセルロース（および植物細胞壁の他の構成成分），デンプン，いくつかのタンパク質を含む，多くの生体物質の性質である．浸潤は発芽前の乾燥種子でも起こり，また植物細胞による水分の取込みは浸透作用と浸潤により生じる．

親水性の hydrophilic
　水に親和性を示すことを形容する語．

深水層 hypolimnion
　湖水の下層をいう．→ 水温躍層

新生経路 *de novo* pathway
　*生体分子が単純な前駆体分子から合成される代謝経路をいう．ヌクレオチドの合成がその例である．

真正後生動物 Eumetazoa ⟶ 後生動物

真正細菌 Eubacteria
　現在の生物分類体系の3ドメイン説における*細菌からなる原核生物の界（または亜界）．嫌気性細菌も好気性細菌も含まれ，事実上どの環境にも生きているとされる．いくつかは他の生物の体のなかまたは外に棲み，病気を引き起こすことがある．真正細菌は，いまでは，進化学的な見地から，他の原核生物である古細菌とは区別されている（→ 古細菌）．真正細菌と古細菌は基本的にはリボソームRNAの配列によって区別されている（→ 分子系統学）．しかしながら真正細菌には他にも古細菌と区別できる特徴がある．例えば，真正細菌は事実上すべてがペプチドグリカンを含む細胞壁をもち，その膜脂質はグリセロールにエステル結合でつながった脂肪酸を含むが，他方で古細菌はペプチドグリカンをもたずエーテル結合をもつ脂質を含むとされる．

真正染色質 euchromatin ⟶ クロマチン

真正双子葉類 eudicot
　三つの発芽孔が存在する花粉（三溝粒）をもっている双子葉植物．受粉の際に三つの発芽孔の一つから花粉管が伸びる．真正双子葉類は，モクレン科のような原始的な双子葉植物と対照的である（こちらの花粉には発芽孔は一つしかない）．近年の分子系統分類では，原始的双子葉類は真正双子葉類より単子葉類に近いとされる．

新生代 Cenozoic (Cainozoic; Kainozoic)
　6500万年前に始まり現在にまで続く地質学的年代．新生代は*中生代のあとに始まり，古第三紀，新第三紀，*第四紀に細分される．新生代はしばしば，哺乳類の時代として知られ，この時代に哺乳類は多種にわたる進化を遂げ優勢な集団を形成した．鳥類と顕花植物もこの時期に繁栄した．この代は，ヒマラヤやアルプスなどの主要な山脈の形成の時期である．

腎性の renal
　*腎臓の，あるいは腎臓と関連したこと．たとえば腎臓動脈と腎臓静脈は，それぞれ血液を腎臓へ，あるいは腎臓から運んでいる．

新石器時代 Neolithic
　英語では New Stone Age とも書く．形容詞として使う場合はNを小文字にする．中東において紀元前9000年頃に始まり紀元前6000年前頃に終わり，ヒトが農業を発展させた最初の時代で，磨製石器が使われた．

深層 profundal
　内陸の湖の深層水域，およびそこに存在することを示す語．光強度，酸素濃度，そして（夏と秋の間）温度は，表層と比較して著しく低い．→ 潮間帯の，潮下帯の

心臓 heart
　中空の筋肉からなる器官で規則的な収縮によって循環系（→ 循環）に血液を送り出す．

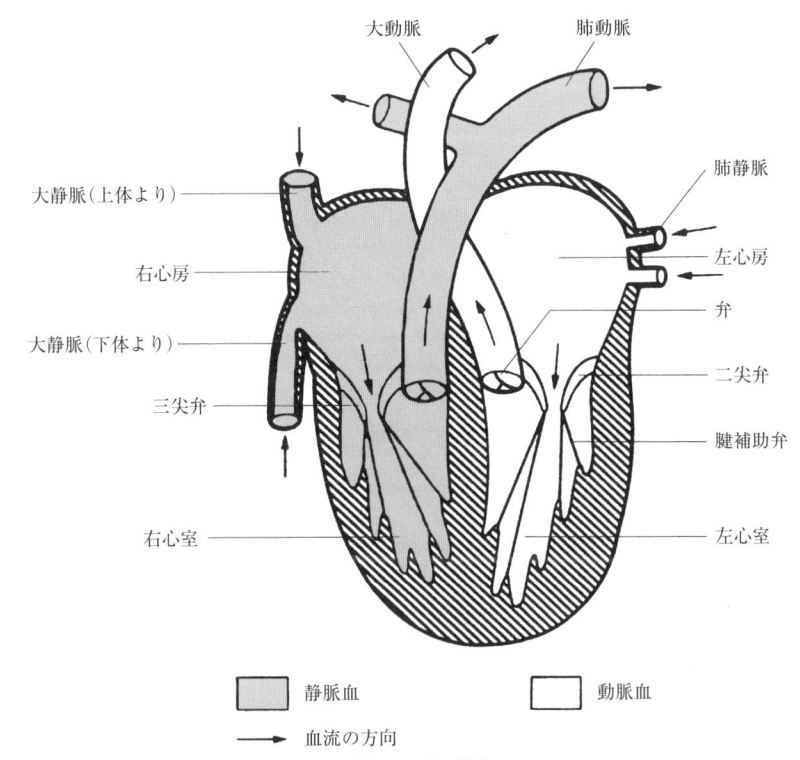

哺乳類の心臓の構造

脊椎動物の心臓は特殊化した筋肉（→ 心筋）からなる厚い壁（→ 心筋層）をもち，*囲心嚢に囲まれている．哺乳類の心臓は二つの心房と二つの心室の，合計四つの小室をもち，右側と左側は互いに完全に分離されていて，動脈血と静脈血とが混ざることはない（図参照）．肺静脈からの動脈血は左心房のところから心臓に入り，左心室を通ってから*大動脈を経て心臓を出る．*大静脈からの静脈血は右心房を通って右心室を経て肺動脈へと汲み出され，酸素を血液中に取り込むため肺へと運ばれる．三尖弁と二尖弁は血液の逆流を防ぐ．心臓の収縮は洞房結節（→ ペースメーカー）によって開始や調節がなされ，平均的な成人において心臓は1分間当たりおよそ70回収縮する．→ 心周期，心拍出量

心室や心房の数（1あるいは2）もしくは動脈血と静脈血の分離の程度以外に関しては，他の脊椎動物の心臓は哺乳類の心臓に似ている．しかしながら無脊椎動物では心臓の形態や機能に関して様々な種類がある．

腎臓　kidney

脊椎動物の*排出と*浸透圧調節にかかわる主要な臓器．これを通して窒素排泄物（主に*尿の形）と余剰な水分，イオンなどが体外へ放出される．哺乳動物では腹部に1対の腎臓があり（次ページの図参照），それぞれが外側に皮質，内側に髄質をもち，腎単位*ネフロンと呼ぶ管状のユニットからできている．血液からの窒素排泄物はネフロンを通してろ過され尿になる．ネフロンは腎臓内の集水池様の空洞（腎盂）に排水し，それは*尿管，さらに*膀胱へと導かれる．

心臓拡張（期）　diastole

心臓拍動の時期の一つで，収縮期と次の収縮期の間である．心臓拡張期には心筋は弛緩

哺乳類の腎臓

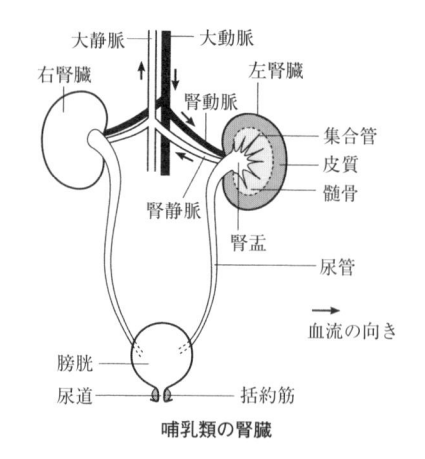

し，心室は血液で満たされる．→ 心臓収縮（期），血圧

心臓血管中枢 cardiovascular centre

自律神経からの感覚情報の統合に基づく心血管系の支配を行う脳の一領域．この中枢は交感神経と副交感神経を経由し，あるホルモンの作用により，心拍速度に影響を与える．

心臓収縮（期） systole

心臓の心室が収縮して血液を動脈に送る際の，心臓の鼓動のフェーズ．→ 心臓拡張（期），血圧

心臓性 cardiac

心臓に関連するもの．

靱帯 ligament

*コラーゲンを主成分とする弾力性があるが柔軟な帯状の組織で，可動*関節のところで二つかそれ以上の骨を連結している．また，靱帯は関節における骨の不正な運動を抑制していて，したがって脱臼の防止において重要である．

真体腔 coelom

脊椎動物と大部分の無脊椎動物の*体腔の主要部を形成する，液体に満たされた空所である．これは*中胚葉が内外に分かれることにより形成される．繊毛管（体腔輸管）が体腔と外部をつなぎ，老廃物と配偶子の放出が可能となる．高等動物では体腔輸管は，卵管その他に特殊化している．環形動物や脊椎動物では真体腔は大きく，かつしばしば細分化され，環形動物では流体静力学的骨格として機能する．節足動物においては，真体腔は生殖腺と排出器官の内腔に限定され，血液で満たされた*血体腔が主要な体腔になった．

新第三紀 Neogene → 第三紀，付録

伸張反射 stretch reflex（myotatic reflex）

筋肉が伸ばされたときに起こる*反射応答で，膝蓋腱反射がその例である．筋肉の伸長により*筋紡錘に神経インパルスが生じる．このインパルスは感覚ニューロンにより脊髄に伝達される．脊髄で感覚ニューロンは運動ニューロンとシナプスを形成する．この反射弓は同じ筋肉の収縮を指令する．そのため，インパルスはもとの経路を戻っていく．この反射には1個のシナプスを介した神経インパルスの伝達のみが含まれているので，応答が速く，単シナプス反射と呼ばれる．

シンチレーション計数管 scintillation counter

放射線の計数器の一種で，光子や粒子が通過することで励起された励起原子が基底状態に戻る際に放出する閃光を利用している．閃光を生じる媒体は通常固体あるいは液体で，光電子増倍管とともに使われる．光電子増倍管は各閃光に対し，電流のパルスを生成する．パルスを計数することで，材料の放射能が計算可能となる．放射性標識した薬品などの生物体内における分布は，薬物の投与後，異なる器官から採取した組織をシンチレーション計数管を用いて計数することで調べることができる．

伸展受容器 stretch receptor

筋肉や腱にみられる特殊化した細胞あるいは細胞群（→ 筋紡錘）で，機械的圧力に感受性がある．筋肉や腱が伸長したとき，その伸びは特別な感覚神経細胞により感受され，神経インパルスに変換され，中枢神経系に伝達される．

心電図 electrocardiogram（ECG）

心臓の電気的活動のグラフまたはトレース．胸の心臓のある部分と，通常，両手と一方の足に固定された電極から活動が記録される．異常な心電図パターンは，心臓の異常か病気を意味するとされる．

心土 subsoil ── 土壌
浸透 osmosis
　*半透膜を通して水の濃度の高い部分から低い部分へ移動する水分子の正味の移動のこと．生物における水の分布は浸透に大いに依存しており，水は半透性の原形質膜を通して細胞内に入ってくる．半透膜を通して溶液のほうへ純水が流入することを止めるのに要する圧力は浸透圧と呼ばれ，これは溶液の基本的な性質である．したがって，水は浸透圧の低いほうから浸透圧の高いほうへと動く（→ 膠質浸透圧）．*水ポテンシャルの見地からは，水は水ポテンシャルの値が高い（負の値が小さい）ところから，水ポテンシャルの値が低い（負の値が大きい）ところへ移動する．水ポテンシャルと浸透圧は，ともに浸透を説明するために使われるが，いまでは植物の研究においては水ポテンシャルのみを使うことが推奨されている（→ 原形質分離，膨圧）．動物は浸透の効果に逆らう様々な方法を進化させた（→ 浸透圧調節）．動物の体液についてはいまだに浸透圧という言葉が使われている（→ 高張液，低張液，等張の）．

浸透圧 osmotic pressure ── 浸透

浸透圧受容体 osmoreceptor
　細胞外の溶液の濃度上昇に反応する，脳の視床下部にある受容体のこと．この結果，*抗利尿ホルモン（ADH）が放出され，続いて水分が保持されるので体液の*ホメオスタシスが維持される．

浸透圧調節 osmoregulation
　動物や原生生物の体における含水量と塩分濃度の調節のこと（→ 浸透調節型動物）．淡水産の生物種における浸透圧調節は，*浸透によって動物の体内に入ろうとする水に対抗しなければならない．原生動物類の*収縮胞や，淡水産の魚類のよく発達した糸球体をもつ*腎臓のような，様々な方法が過剰な水分を取り除くために発達してきた．海水産の脊椎動物にはこれとは反対の問題がある．つまり，過剰な水分の損失を防ぎ，腎臓にわずかな糸球体と短い尿細管をもつことで塩分の排出を高めている（→ 塩類細胞）．陸生の脊椎動物は，水分と塩分の再吸収を増すためのらせん型の長い*尿細管をもつことで，乾燥の危険を減らしている．

浸透圧調節物質 osmolyte
　細胞内の浸透圧*濃度を高く維持することによって乾燥から細胞を保護している化合物のこと．浸透圧調節物質は*浸透圧調節の過程において効果を示し，細胞が高い濃度の液体に触れている腎臓で特に使われる．浸透圧調節物質として知られている化合物は，*ポリオール，アミン（*トリメチルアミンなど），ある種のアミノ酸，尿素などがあげられる．

浸透栄養生物 osmotroph
　周囲の溶液中の有機物を吸収することによって栄養を得る従属栄養生物のこと．→ 食栄養生物

浸透順応型動物 osmoconformer
　体液の浸透圧が外部環境と平衡している動物のこと．多くの海洋性無脊椎動物の体液の浸透圧とイオン濃度は，それらがすんでいる海水と同じになっている．それらの生物は*浸透圧調節のために多くのエネルギーを使うことを回避している．しかしそれらの生物は，一般的には細胞内の*浸透圧調節物質の濃度を変化させることで細胞の容積を維持している．→ 浸透調節型動物

浸透調節型動物 osmoregulator
　外部環境の浸透圧が変化しても，内部の浸透圧を一定に保つことができる動物のこと．脊椎動物やいくつかの水生無脊椎動物（特に淡水の無脊椎動物）は*浸透圧調節のためにエネルギーを使って細胞の容積を維持し，細胞内の代謝にとって最適な状態を作り出す（恒常性の維持）．→ 浸透順応型動物

腎毒 nephrotoxin
　腎臓を標的にした毒のこと．腎毒の一般的な例は，水銀塩や，*パラコートのようなある種の除草剤である．

心内膜 endocardium ── 心筋層

新熱帯区 Neotropical region ── 動物地理区

心拍出量 cardiac output
　1分間当たりに心室から送り出される血液の量．肺循環を回る血液量も同じ値となる．

静止時，正常なヒトの心拍出量はおよそ毎分5リットルで，最も激しい運動を行っているときに最大毎分22リットルとなる．心拍出量は，1分当りに拍動する数で示される心拍数と，1回の拍動で拍出される血液の量である心拍出量から計算することが可能である．

ジーンバンク gene bank ⟶ DNAライブラリー

心皮 carpel

花の雌性生殖器．心皮は一般的に*柱頭，*花柱，そして*子房から形成されている．心皮は，平板化した大胞子葉の二つの縁の融合により進化したものと考えられている（→胞子葉）．花は一つ（一心皮）または複数（多心皮）の心皮をもち，それらは遊離している離生心皮か，融合している合生心皮である．→ 雌ずい

真皮 dermis (corium; cutis)

脊椎動物の*皮膚を形成する層の一つで，*表皮の下の厚い層である．真皮は繊維状の結合組織からなり，そのなかに血管，感覚神経の末端，（哺乳類では）毛嚢，皮脂腺，汗腺管を含む．真皮の下には*皮下組織が存在する．

靱皮 bast

*篩部の旧称である．

腎被膜 renal capsule ⟶ ボーマン嚢

心房 atrium (auricle)

*心臓の室で，静脈から血液を受け入れ，強力な筋収縮により血液を*心室に送り込む．魚類では心房が一つであるが，他の脊椎動物には二つ存在する．

心房性ナトリウム利尿ペプチド（ANP；心房性ナトリウム利尿ホルモン） atrial natriuretic peptide (ANP; atrial natriuretic hormone)

ペプチドホルモンの一種で，心臓の心房の壁に存在するある種の細胞により生産され，ナトリウムイオンの尿中への排泄（ナトリウム排泄増加）を促進する．血圧上昇や血量の増加によって心房の壁が伸張することにより，ANPの分泌は誘発される．ANPは腎臓におけるナトリウムの再吸収と，副腎からの*アルドステロンの分泌を抑制する．結果的に，尿中へのナトリウムの排泄が増加し，浸透により水分も尿に移行し，血量と血圧が低下する．

新北区 Nearctic region ⟶ 動物地理区

シンモーフォシス symmorphosis

1981年にワイベル（Ewald Weibel），テイラー（Charles Richard Taylor）によって提唱された仮説で，生物体は，「設計（auricle）の経済学」に忠実にしたがって作られており，そのため生物体の様々な構造的な変量と機能的な変量の間には密接な関連があるというものである．したがって，生物体の要求を超えて，その生物体のある変量が不必要に過剰な値をとることはない．この仮説は，当初哺乳類の呼吸系を調べることにより検証された．その結果，その研究において，血液，心臓，骨格筋毛細血管，ミトコンドリアなど，肺以外の酸素輸送に関係する器官はその生物体の機能的能力に対応していることが示された．しかし，それぞれの生物的要素のなかには，複数の生理学的機能をもつものもある．例えば，血液や血管は排泄系の役割もある．それゆえ，一つの系において見かけ上余分な能力は，他の系において必要だと考えられる．

針葉樹類 Coniferophyta

種子植物の一門で，マツ，モミ，エゾマツなどの針葉樹からなる．針葉樹にはデボン紀の後期にまでさかのぼる豊富な化石資料が存在する．雄性と雌性の*球花で配偶子が作られ，受精は通常，風媒花粉により行われる．胚珠とそのなかで発達する種子は，（*被子植物の種子のように心皮のなかに包まれるというよりは）無防備の状態で育つ．これら針葉樹の種における内部組織や細胞構造は，被子植物ほどには優れていない．針葉樹は，典型的には冷温帯に生育する常緑樹であり，針状や鱗状に小型化した葉をもつ．針葉樹の材は，被子植物の樹木の硬材に対して軟材と呼ばれ，材木やパルプとして広く用いられる．→ 裸子植物

新ラマルク説 neo-Lamarckism

獲得形質の遺伝というラマルク説に基づいた，進化の現代仮説（→ ラマルク説）．*ル

イセンコ学説の根拠のないドグマ（教義）や，マウスにおける後天的免疫寛容の遺伝という議論の余地のある実験を含んでいる．

森林　forest

優占的な植物が木である植生で，森林は主要な*バイオーム（生物群系）となっている．温帯樹林は適度もしくは豊富な降雨および穏やかな温度のところに成立する．温帯林はヨーロッパ，アジア，北アメリカの温帯においては落葉樹（カシ，セイヨウトネリコ，ニレ，ブナ，カエデなど）が優占し，しばしば落葉混成樹林を形成して育つ．また，チリなどの温帯林では，常緑広葉樹（ナンキョクブナなど）が優占する．北方地域の寒帯樹林は常緑針葉樹が優位を占めている（→ タイガ）．熱帯森林は，規則的な多量の降雨によって性格づけられる*雨林，および東南アジアにおいてみられる乾季が多量の降雨の季節と交互に訪れるモンスーン樹林を含む．また，降雨が少ない北アメリカ南西部，アフリカ南西部，および一部地域の中央および南アメリカ，オーストラリアにおいてみられる有棘樹林は，小さなとげのある樹木が優位を占めており，これはサバンナ森林地帯（→ 草原）および半砂漠へしだいに移行する．

森林再生　reforestation

伐採や焼却，あるいは自然災害によりいったんは失われた森林の再植林（→ 森林伐採）．森林再生は大規模な森林破壊が起こったブラジルのような国では特に重要である．しかし，植林された森の種の多様性（→ 生物多様性）はもとの森林に比べ少ない．森林再生は地球的規模での二酸化炭素放出に対抗し，二酸化炭素ガスを植物体に固定している．こうして，森林再生は*温室効果による地球温暖化を抑えることに貢献している．

森林伐採　deforestation

燃料用の木の採集の目的，あるいは，鉱業や農業に用いる地面を確保する目的で，森林を大規模に伐採することをいう．森林はしばしば高地に存在し，雨水を蓄えるために重要である．これらの高地，特にインドとバングラデシュのそれにおける森林伐採は，低地の平原の洪水を引き起こす原因となった．また森林伐採は，土壌侵食の増大やその結果としての砂漠化をもたらし（→ 砂漠化），地域社会における作物収穫高の減少と経済的問題を引き起こした．樹木の伐採と焼却は大量の二酸化炭素を放出するため，世界的な二酸化炭素の量を増加させ，*温室効果の一因となる．特に南米の熱帯雨林で明らかであるが，一般に熱帯雨林は動物相や植物相が豊かであり，これらが失われることは*生物多様性の全体的減少や，また薬として役に立つ可能性のある植物の種の喪失につながる．森林伐採を減少させようとする運動は存在するが，経済的圧力により森林伐採は継続している．

浸漏計（ライシメーター）　lysimeter

植生で覆われた土地からの水分の損失を計測するのに使用される器具．土壌と植物の両方から蒸発する水分量が計測される．

ス

髄

1. medulla
   (1) (動物学) 副腎 (副腎髄質) や腎臓 (腎髄質) を含めた，様々な器官の中心組織．
   (2) (植物学) → 2

2. pith
   (1) (medulla とも記す) 植物の茎の中心の維管束組織の内側にみられる*柔組織の円筒．軽いために様々な商業的用途に用いられ，これを使ったヘルメットの生産がよく知られている．
   (2) (科学的用法ではない) 多くの柑橘類の果実の外皮の下の白い組織．

随意 voluntary

意識的思考により制御されること．→ 随意筋，不随意

随意筋 (骨格筋，横紋筋) voluntary muscle (skeletal, striped, or striated muscle)

意識により制御される筋肉で，一般的に骨格に結合している．それぞれの筋肉は長い筋繊維の束でできており，それぞれ*筋繊維鞘で包まれており，そして*筋形質，*筋小胞体，多くの核を含む．筋肉全体は強い結合組織鞘である筋外膜で覆われており，両端は非伸長性の組織である腱によって骨と結合している．それぞれの筋繊維のなかにはより小さな繊維 (筋原線維) が通っており，明暗が交互になった帯をもつ．これは筋肉の収縮能力に必要なタンパク質の繊維を含み，顕微鏡下では典型的な縞模様として見える．筋原線維の機能単位は*筋節 (サルコメア) である．図参照．

動かない骨と結合している筋肉の端は，筋肉の始点と呼ばれる．動く骨に結合している端は付着点と呼ばれる．筋肉が収縮すると短く，太くなり，骨と骨との距離が短くなる．筋肉はそれ自身では伸びることができないため，もう一つの筋肉 (伸筋) が必要である．

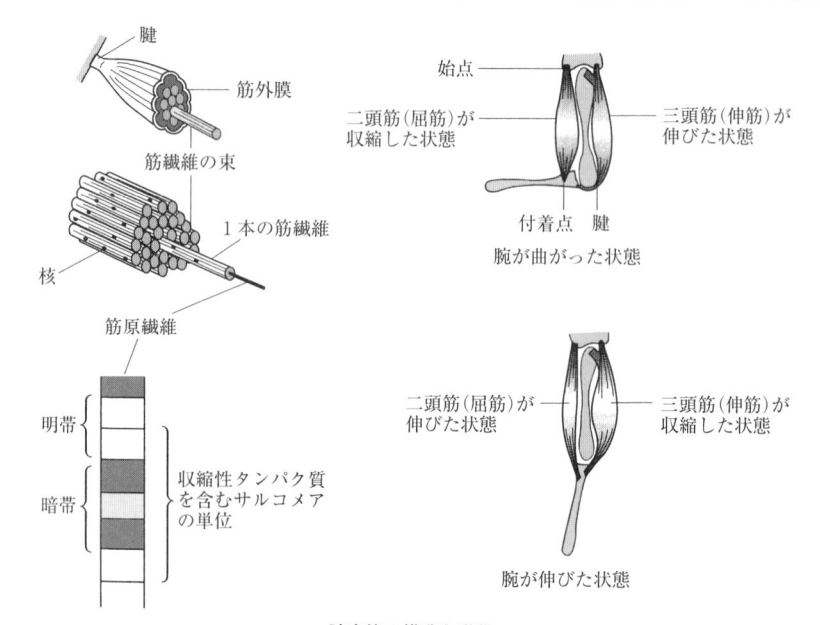

随意筋の構造と動作

これは骨を逆方向に移動させ，先ほどの収縮した筋肉を伸ばす（屈筋として知られる）．屈筋と伸筋は拮抗筋として表記される．図参照．

水温躍層 thermocline

湖水の中層（変水層）に存在し，熱的に鉛直方向の水の層別を生じさせる，温度勾配が急な層域のこと．変水層は，上方の比較的温かい表水層と，下方の冷たい深水層の間に存在する．水温躍層により1m深くなるごとに1°C温度が下がることが説明できる．特に風が異なる深さの水をかき混ぜるような浅い湖では，水温躍層の寿命は短い．しかし温帯の湖では夏期の大部分にわたり，また熱帯の湖ではときにはほぼ一年中，水温躍層は存在しうる．水温躍層は表水層から深水層への酸素の拡散を妨げるので，湖の富栄養化を加速させる（→ 富栄養の）．

錘外 extrafusal ── 錘内の

水管系 water vascular system ── 棘皮動物

水圏 hydrosphere

地球表面の水をいう．地球表面の約74%は水で覆われ，その水の97%（約10^{21} kg）は海洋に含まれる．氷冠と氷河には約3×10^{19} kg，河川には約10^{15} kg，湖沼と内海には約2×10^{17} kg，また地下4000mまでの地下水には約8×10^{19} kgが含まれている．大気中には約10^{16} kgの水分が含まれるだけである．

水耕 hydroponics

土壌ではなく培養液を用いて，ある種の作物を育てる商業的技術である．この作物の根は，適切な比率で必須無機塩類を含む，通気された溶液に浸されている．この技術は，植物の成長に対する，無機元素の欠乏の影響を評価するために研究室で使われる，様々な水栽培の方法に基礎をおいている．

水腫 oedema ── 浮腫

穂状花序 spike

*総穂花序の一種で，オオバコ属やハクサンチドリ属のように，単一で分岐しない花序軸に無柄の花がつくもの．イネ科（スゲ（訳注：スゲはカヤツリグサ科であり，イネ科ではない）やシバ）では花は小穂と呼ばれる花序にまとまる（図参照）．コムギの花序にみられるように，これらの小穂はまとまって，複穂状花序になることがある．→ 苞穎，外花穎

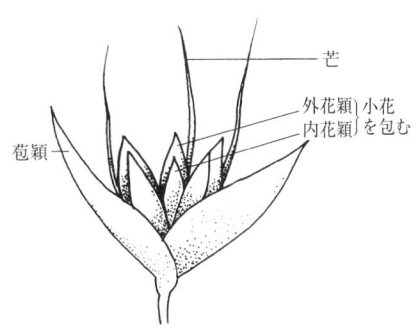

小穂の構造

水生植物 hydrophyte

非常に湿った土壌に生育するか，あるいは体の一部または全体が水に沈んだ状態で生育する植物をいう．水生植物における体の構造の変化には，機械的支持組織と維管束組織の減少，根系の減少あるいは欠如，浮葉になるかまたは細分した，クチクラの存在しない葉への特殊化が含まれる．水生生物の例としては，スイレンとヒルムシロ属の水草などがある．→ 塩生植物，中生植物，乾生植物

膵臓 pancreas

脊椎動物の十二指腸と脾臓の間にある腺のこと．膵臓は膵管（→ 腺房）を経て十二指腸へ分泌される，消化酵素やその前駆体（主に*トリプシン，*キモトリプシン，*アミラーゼ，*リパーゼ）を含む膵液を分泌し，ホルモンである*セクレチンの制御下にある．膵臓はまた血糖値を調節するホルモンである*インスリンや*グルカゴンを生産する*内分泌腺として機能する*ランゲルハンス島細胞群をもつ．

垂層の anticlinal

（植物学）器官や部分の表面に対して直角であること．垂層細胞分裂においては，分割面は植物体の表面に対して直角である．→ 並層の

水素結合 hydrogen bond

静電相互作用の一種で，一つの分子に含まれる電気陰性度の高い原子（フッ素，窒素，酸素）と，他の分子または同じ分子に存在する電気陰性度の高い原子に結合した水素原子との間に働く結合である．水素結合は，電気陰性度の高い原子が電子を引き付けるために，双極子と双極子の間の強力な引力となっている．したがって，水分子では酸素原子がO-H結合の電子を吸引する．水素原子には，核を遮蔽する内殻電子が存在せず，その結果，水素の陽子と隣接分子に存在する酸素原子の孤立電子対との間の静電相互作用が生ずる．各酸素原子には，二つの孤立電子対が存在し，そのため二つの水素原子と水素結合を形成することができる．水素結合の強さは，正常な共有結合の強さのおよそ1/10である．しかし，水素結合は物理的性質に著しい影響を与える．したがって，水素結合により，水の異常な性質と，比較的高い沸点が説明できる．水素結合は，生物に対してもまた非常に重要である．水素結合は，DNA鎖の塩基の間にも形成される（→ 塩基対形成）．水素結合はまた，タンパク質のC=O基とN-H基の間にも形成され，二次構造を維持する役割をもつ．

水素受容体 hydrogen acceptor ⟶ 水素伝達体

水素伝達体（水素受容体） hydrogen carrier (hydrogen acceptor)

水素原子あるいは水素イオンを受容する分子であり，その受容過程で還元される（→ 酸化還元）．電子伝達系は，呼吸の過程でエネルギーをATPの形で生成する役割があり，一連の水素伝達体を含んでおり，このなかには*NADと*FADが存在し，これらはブドウ糖の分解により生じた水素を，電子伝達系の次の伝達体に伝える役目をする．

錐体 cone

（動物解剖学）すべての昼行性の脊椎動物の*網膜にみられる光感受性受容体細胞の一型である．錐体は色に関する情報（→ 色覚）を伝達するために特殊化しており，目の*視力のもととなっている．錐体は明るい光の下で最高の性能を示す．錐体は網膜上で均等に分布せず，*中心窩に集中し，網膜の縁部には少ない．→ 桿体

錐体細胞 pyramidal cell

脳の大脳皮質にみられるニューロンの一種である．錐体細胞の細胞体はピラミッド形で，樹状突起は，細胞体と軸索の両方から伸びる．

膵島 pancreatic islets ⟶ ランゲルハンス島

錘内の intrafusal

随意筋の*筋紡錘に存在する筋繊維の一種を示す．被膜に囲まれた2～12の錘内繊維が，主要な（錘外）繊維と平行に並ぶ筋紡錘のそれぞれの内部に存在する．それぞれの錘内繊維は，繊維の両端にある収縮する（極）領域と，それに結合した中心部の収縮しない（赤道）領域からなる．赤道領域は伸張受容器と結合している．

水媒 hydrophily

まれな受粉形式の一つで，水により花粉が花に運ばれるものをいう．これは，二つの方

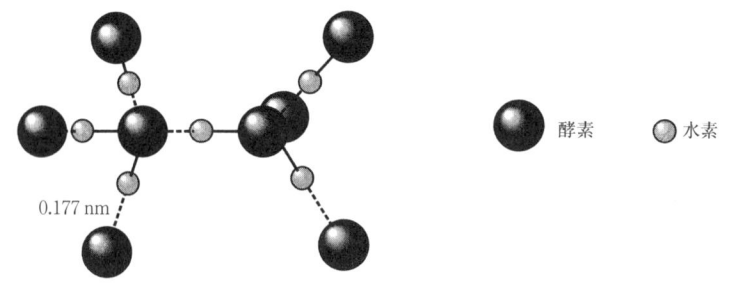

0.177 nm

● 酸素　　● 水素

水分子の間の水素結合（点線で示す）

法のいずれかで行われる．カナダモ(*Elodea canadensis*)においては，雄花が離脱し，雌花と出会うまで下流に流れていく．海産の種であるアマモでは，繊維状の花粉粒が水中を運ばれていく．→ 風媒，虫媒

水分屈性 hydrotropism

水分に反応して植物の器官が成長することをいう．たとえば，根は土壌の中で水分に向かって伸びる．→ 屈性

水平細胞 horizontal cell ── 網膜

髄膜 meninges

脊椎動物の脳と脊髄を囲んでいる三つの膜，すなわち*柔膜，*クモ膜，および外側の*硬膜．柔膜とクモ膜は*脳脊髄液を含むクモ膜下腔によって分けられている．

睡眠 sleep

容易にもとに戻せる意識と代謝活動の減退状態をさし，多くの動物に定期的にみられる．一般に身体的弛緩を伴い，ヒトやその他の動物の睡眠のはじまりは，脳の電気的活動の変化として*脳電図の波が低頻度で高振幅(徐波睡眠)に変化することがみられる．睡眠時の脳波図には，高頻度で低振幅の波(覚醒時にみられる波形に類似している)の期間が散在していて，これは不眠や夢，高速眼球運動(REM)に関係している．これは，レム(あるいは逆説)睡眠と呼ばれしばしば脈拍の増加や瞳孔拡大を伴う．脳の様々な部位が睡眠に関係しており，特に*脳幹の網様体がかかわっている．

睡眠運動 sleep movements ── 就眠運動

水文循環（水循環） hydrological cycle (water cycle)

地球上における大気，陸上，海洋の間の水の循環をいう．水は，地球上の海洋やその他の水塊から蒸発し，大気中の水蒸気となる．これは凝縮して雲になり，地球表面に降水(雨，あられ・ひょう，雪)として戻ると考えられている．この降水の一部は，蒸発や植物による蒸散を通じて大気に直接戻る．一部は陸地の表面を地表流として流れ，河川を経由して最終的に海洋に流れ込む．一部は土壌に浸透して地下を流れ，貯留地下水となる．

数値分類学 numerical taxonomy ── 分類学

スクアレン squalene

コレステロールの生合成の中間体．スクアレンは30個の炭素原子からなる炭化水素である．スクアレンを酸化することで直接生じるスクアレン2,3-エポキシドは動物，植物，真菌においての*ステロールの生合成経路における最後の共通段階である．

スクラーゼ sucrase

糖消化酵素で，小腸の刷子縁から産生され，二糖類であるスクロースを単糖類であるグルコースとフルクトースに分解する．

スクロース sucrose (cane sugar; beet suger; saccharose)

グルコース1分子とフルクトース1分子が結合してできる糖．植物で広く見いだされ，特にサトウキビやテンサイで豊富である(15〜20%)，これから抽出，精製されるスクロースは食用の砂糖として使用される．200°Cに熱せられると，カラメルに変化する．

ステアリン酸 stearic acid (octadecanoic acid)

固体の飽和*脂肪酸で，$CH_3(CH_2)_{16}COOH$．これは広く(*グリセリドとして)動物，植物の油脂中に存在する．

ステロイド steroid

四環性の母核の飽和化合物であるシクロペンタノペルヒドロフェナントレン由来の脂質の総称(次ページの化学構造式参照)．最も重要なステロイド誘導体のいくつかはステロイドアルコール(*ステロール)である．その他のステロイドとしては腸における脂肪の消化を助ける*胆汁酸や性ホルモン(*アンドロゲン，*エストロゲン)，副腎皮質で作られる*副腎皮質ステロイドホルモンがあげられる．*ビタミンDもまたステロイド誘導体である．

ステロール sterol

8〜10の炭素原子を含む炭化水素の側鎖をもち*ステロイド母核を含むアルコールのグループ．ステロールは遊離のステロール，あるいは脂肪酸エステルのいずれかの形で存在する．動物がもつステロール(動物ステロール)には*コレステロールやラノステロール

ステロイド核　　コレステロール(ステロールの一種)　　テストステロン(アンドロゲンの一種)

ステロイドの構造

などがある．植物がもつ主なステロール(植物ステロール)にはβ-シトステロールがあり，菌類のステロールには*エルゴステロールなどがある．

ストリキニーネ　strychnine
ある種の植物に含まれる，無色で毒性のある結晶性アルカロイド．

ストレスタンパク質　stress protein　→熱ショックタンパク質

ストレプトマイシン　streptomycin　→アクチノバクテリア，抗生物質

ストロマ　stroma
器官の枠組みを形成する組織で，例えば生殖細胞を取り巻く卵巣の組織，あるいは*葉緑体のゲル状のマトリックスでグラナを取り囲む部分があげられる．

ストロマトライト　stromatolite
座布団状の石質の塊で，石灰質を分泌する大繁殖した多数の*シアノバクテリアにより形成される．ストロマトライトは極端に塩分濃度の高い湾などの，通常はシアノバクテリアの数を減らす働きをする他の生物が生きられない地域においてのみみられる．このようなシアノバクテリアは，約39億年前からの原生代と始生代に栄えていた．この時代に作られた岩石中にみられる微生物化石の白い輪は，ストロマトライトの遺物である．

ストロンチウム　strontium
元素記号 Sr．軟らかく黄色がかった金属元素．アイソトープであるストロンチウム-90(半減期28年)は放射性降下物のなかに存在し，カルシウムとともに代謝されるので，骨に集中する．

スーパーオキシドジスムターゼ　superoxide dismutase (SOD)
生物一般に広く分布する酵素で，以下の反応で酸素分子と過酸化水素を生成して，スーパーオキシドアニオンラジカル (O_2^-(訳注：$O_2\cdot$が正しい)) を取り除く．

$$O_2^- + O_2^- + 2H^+ \longrightarrow O_2 + H_2O_2$$

生成された過酸化水素は*カタラーゼの働きにより取り除かれる．組織を傷つけるスーパーオキシドアニオンは，酸素分子の部分的還元によって生じる*フリーラジカルであり，様々な毒物(薬物や化学毒物を含む)の代謝的分解の際や，細菌やウイルスの感染細胞における免疫反応の一部として生じる．

スーパーコイル　supercoiling
二重らせんがよりねじれてしまい，強固なコイル構造になったDNAの形態．これは一般的にDNAの天然にみられる形態で，これにより効率的にDNAを濃縮することができ，結果として生体細胞内に包含することができる(→クロマチン)．ネガティブスーパーコイルでは，右巻き二重らせんに存在する時計回りのらせんと逆方向にねじれが加えられており，この結果，らせん数の減少が生じる．ポジティブスーパーコイルではスーパーコイルのねじれが二重らせんのねじれと同方向に加えられており，らせん数を増加させる．スーパーコイルはDNA複製の際に一時的にほどかれ，またスーパーコイルの程度は遺伝子の転写に影響を与える．スーパーコイルの変化は，*トポイソメラーゼによって生ずる．

スピロヘータ科　spirochaete
柔軟な，コルク抜きのようならせん形をした細菌で，細胞の外鞘の内側にある長軸方向

に伸びた回転する多数の繊維により生じる細胞の屈曲により動く．多くのスピロヘータはグラム陰性（→ グラム染色）で，嫌気性，生物体の死骸を食物とする．これらは，特に汚水でみられる．また，ある種のものはヒトや動物の病原菌となり，梅毒の病原体である梅毒トレポネーマがその一例である．

スフィンゴ脂質 sphingolipid ── リン脂質

スフェロソーム spherosome (oleosome)
植物細胞の細胞質でみられる小さな球状のオルガネラ．直径1mmにまで大型化することがあり，単一膜で囲まれ脂質の合成と貯蔵を行う．

スプライシング splicing ── イントロン，RNAプロセシング

スプライソソーム spliceosome ── イントロン，RNAプロセシング

スペクトリン spectrin
赤血球の細胞膜の下に存在する繊維質のネットワーク（*細胞骨格）の一部を形成するタンパク質で，赤血球の両凹の形態の維持にかかわると考えられている．

スペクトル spectrum (pl. spectra)
波長あるいは周波数が，増加あるいは減少する順に並べられた，ある範囲の電磁エネルギー．物体あるいは物質からの放射スペクトルは，それらが加熱されたり，電子やイオンの照射を受けたり，光を吸収した際に，ある波長の範囲で生じる特徴的な電磁放射である．物質の吸収スペクトルは連続したスペクトルの電磁波を物質に通過させてから分光器に通して検出することで得られる．連続したスペクトルを物質に通すことで取り除かれた電磁エネルギーは暗線あるいは暗帯として現れる．一方，この物質の放射スペクトルには，吸収スペクトル上の暗線や暗帯と正確に同じ位置に，輝線や輝く帯が出現する．

放射および吸収スペクトルは，連続スペクトル，バンドスペクトル，線スペクトルのいずれかになる．連続スペクトルは比較的広い範囲にわたって，連続した波長の電磁波の放射や吸収が生じる．これは白熱する物体，液体，圧縮気体から生じる．線スペクトルは，不連続の輝線からなり，励起した原子やイオンがより低いエネルギー準位に戻るときに発生する．バンドスペクトル（近接した線スペクトルの集団）は，分子ガスや化学物質に特徴的である．葉緑体やその他の光合成色素の吸収スペクトルは，光合成の研究において重要である．→ 作用スペクトル

スペーサー DNA spacer DNA
転写される配列の間に存在するDNAの非反復配列で，遺伝子と遺伝子を分離させること以外，はっきりした機能は見つかっていない．

滑り説 sliding filament theory
筋収縮を説明するために提唱された機構であり，横紋筋の*アクチン，*ミオシンフィラメントが互いに滑り込み，筋繊維の長さを短くする（→ 筋節）．アクチンフィラメント上のミオシンが結合可能な部位は，アクチンフィラメント中の*トロポニン分子にカルシウムイオンが結合すると露出するようになる．この露出により，アクチンとミオシンの間に架橋が可能になる．このアクチン，ミオシン間の架橋はエネルギー源としてATPを必要とする．ミオシン分子の頭部に付着しているATPの加水分解は，頭部部位の構造を変化させ，アクチンフィラメントに頭部を結合させる．ミオシンの頭部からのADPの分離は，さらに構造を変化させ，アクチンやミオシンを互いにスライドさせる機械的なエネルギーを産み出す（次ページの図参照）．

スペルマトゾイド spermatozoid ── アンセロゾイド

スポロゴン sporogonium
コケ類の*胞子体世代のこと．スポロゴンは吸収足，蒴柄，および内部に胞子を作る蒴からなる．スポロゴンは完全にあるいは部分的に*配偶体に依存している．

すみ込み共生 inquilinism
二つの異なる種の個体間の関係であり，一方の共生動物は他方（宿主）の体の表面や内部，あるいは宿主の巣穴のなかにすみ，避難場所やある場合には宿主の食物の一部を得ている．例えば，あるカはウツボカズラのツボにたまる液体に生息して繁殖し，ツボによる

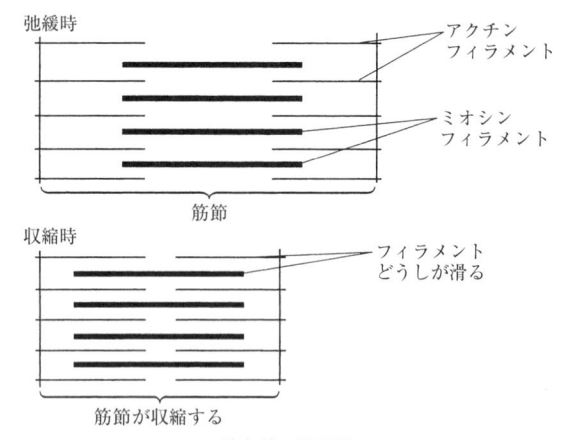

保護の恩恵を受け，植物がとらえた餌からの栄養を利用している．多くの社会性昆虫の巣は共生動物に住居を与えている．ハネカクシ科の甲虫（*Atemeles pubicollis*）で明らかにされたように，共生動物は食物を得て攻撃を避けるための巧妙な戦略を発達させている．この幼虫はアリのコロニーにすみ，成虫のアリから食物を受け取るためにアリの幼虫の「物乞い」のポーズをする．

刷り込み imprinting

1．（行動）若い動物の生育の初期の臨界期の間にみられる特殊な学習形態．近くにある大きな動く物体を認識して近づくことを学習する．この物体は単純な模型や他種（ヒトを含む）の個体でも十分であるが，自然界ではふつうは母親である．*ローレンツによる若いアヒルとガチョウを用いた研究で，刷り込みが最初に報告された．→ 学習

2．（遺伝学）—→ 分子刷り込み

スルホンアミド sulphonamides

スルホンアミド基（$-SO_2NH_2$）を含む有機化合物のこと．スルホンアミドはスルホン酸のアミドである．多くは抗菌性を示し，サルファ剤としても知られている．サルファ剤には，スルファジアジン（$NH_2C_6H_4SO_2NHC_4H_3N_2$），スルファチアゾール（$NH_2C_6H_4SO_2NHC_3H_5NS$），その他がある．これらは細菌の増殖を阻害することで効果を示し，特に腸や泌尿器への細菌の感染に使用される．

スローウイルス slow virus

準ウイルス性あるいは亜ウイルスのグループで，以前はヒツジのスクレイピー病や牛海綿状脳症に関係していると考えられていた．これらの病気は現在では一般的に異常な*プリオンタンパク質によるものと考えられている．

セ

ゼアチン zeatin
　天然に存在する*サイトカイニン．1963年にトウモロコシ（*Zea mais*）の種子からはじめて見つかった．

正遺伝学 forward genetics
　ある特定の機能を支配する遺伝子を同定することを目的とする，遺伝学研究の伝統的なアプローチ．変異体の表現型が遺伝学的に制御された機能についての糸口を与えており，共遺伝する遺伝的マーカーが，変異の原因となっている遺伝子を含むゲノムの領域を示している．この情報により，遺伝子が，例えば*ポジショナルクローニングを用いて単離およびクローニングされ，そしてその塩基配列が決定される．→ 逆遺伝学

性因子 sex factor
　ある種のバクテリアの細胞質に見いだされる*プラスミドで，*接合の開始や遺伝子の輸送にかかわる．大腸菌で知られている性因子はF因子で，これは接合によりドナー（提供者）細胞（F⁺）からレシピエント（受容者）細胞（F⁻）へ移行する．時にF因子はF⁺細菌の染色体に合体し，高頻度組換え（*Hfr*）細胞を形成することがあるが，この細胞はF因子に近い宿主の染色体の一部を接合によりレシピエントに導入することができる．

精液 semen
　pH 7.2～7.6の弱アルカリ性の液体で，精子と様々な分泌物からなり，雄の哺乳動物により性交のときに放出される．精液は*射精により雌の体内に導入される．精子は*睾丸で作られ，様々な分泌物は*前立腺，*精嚢，*カウパー腺から分泌される．精液は射精後に精子を活性化させる酵素も含んでいる．

正円窓 round window (fenestra rotunda)
　中耳と内耳（→ 耳）の間にある，膜で覆われた孔で，*前庭窓の下に位置する．*蝸牛中の外リンパを通った圧力波は中耳腔に突き出している正円窓を通り中耳に放出される．

生化学 biochemistry
　生命体（特にその構成成分であるタンパク質，炭水化物，脂質，核酸といった化学物質）の構造や機能を，化学的手法を用いて解明する学問．生化学は20世紀中葉からクロマトグラフィー，分光器，X線結晶解析，放射性同位元素による標識実験，電子顕微鏡といった技術とともに急速に発達した．これらの技術を用いることで生物学的に重要な物質が単離され，*解糖系や*クエン酸回路といった代謝経路におけるこれらの物質の役割の分析がなされた．これにより生物が，どのようにしてエネルギーを得ているか，どのようにして生体分子を合成あるいは分解しているのか，どのようにして周りの環境を感知し応答しているのか，どのようにしてそれらの情報が伝わり，遺伝子発現しているのかが明らかとなってきた．生化学は，生理学，栄養学，遺伝学といった他の学問分野とともに重要であり，これらの新知見は，医療，農業，工業など人類の様々な営みに強い影響を与えている．年表を参照．

生化学的進化（分子進化） biochemical evolution (molecular evolution)
　時とともに起きる，生物体における分子レベルの変化をいう．これらには，DNA上の単一のヌクレオチドの欠失，付加，置換から，遺伝子群の一部の再配列や，遺伝子群全体やゲノム全体の重複までが含まれる．このような*突然変異は，遺伝子によりコードされているタンパク質の機能的な変化をもたらす場合があり，新しい遺伝子やタンパク質が進化することさえある．

生化学的分類学 biochemical taxonomy
　→ 分子系統学

生化学燃料電池 biochemical fuel cell
　バイオマス（化学エネルギー）を電力（電気エネルギー）に変換するために，生物学的反応を利用する装置をいう．その応用としては，産業廃棄物や*汚水から電力を発生させることなどが考えられている．C1化合物資化性菌（唯一の炭素源としてメタンやメタノ

生化学　年表

1833	フランスの化学者ペイアン (Anselme Payen, 1795-1871) によりジアスターゼが発見された（最初の酵素の発見）
1836	シュワン (Theodor Schwann) により消化酵素ペプシンが発見された
c.1860	パスツール (Louis Pasteur) により発酵は，酵母と細菌に存在する「発酵素」により起きることが示された
1869	ドイツの生化学者ミーシャー (Johann Friedrich Miescher, 1844-95) により核酸が発見された
1877	パスツールの「発酵素」が酵素であることが示された
1890	ドイツの化学者フィッシャー (Emil Fischer, 1852-1919) により，酵素の働きを説明するために*鍵と鍵穴のメカニズムが提唱された
1901	日本の化学者高峯譲吉 (1854-1922) により，アドレナリンが分離された（はじめてのホルモンの分離）
1903	ドイツの生物学者ブフナー (Eduard Buchner, 1860-1917) により，チマーゼが発見された
1904	イギリスの生物学者ハーデン (Arthur Harden, 1865-1940) により，補酵素が発見された
1909	ロシア生まれのアメリカの生化学者レヴィーン (Phoebus Levene, 1869-1940) によりRNA内にリボースが存在することが発見された
1921	カナダの生理学者バンティング (Frederick Banting, 1891-1941) とアメリカの生理学者ベスト (Charles Best, 1899-1978) により，インスリンが分離された
1922	フレミング (Alexander Fleming) により，リゾチームが発見された
1925	ロシア生まれのイギリスの生物学者ケイリン (David Keilin, 1887-1963) により，シトクロムが発見された
1926	アメリカの生化学者サムナー (James Sumner, 1877-1955) により，ウレアーゼが結晶化された（はじめての酵素の単離）
1929	ドイツの化学者フィッシャー (Hans Fischer, 1881-1945) により，ヘモグロビン中のヘムの構造が決定された ローマン (K. Lohman) が，筋肉からATPを単離した
1930	アメリカの生化学者ノースロップ (John Northrop, 1891-1987) により，ペプシンが分離された
1932	スウェーデンの生化学者テオレル (Hugo Theorell, 1903-82) により，筋肉のタンパク質であるミオグロビンが分離された
1937	クレブス (Hans Krebs) により，クレブス回路が発見された
1940	ドイツ生まれのアメリカの生化学者リップマン (Fritz Lipmann, 1899-1986) により，ATPが細胞内で化学エネルギーの運搬体であることが提案された
1943	アメリカの生化学者チャンス (Britton Chance, 1913-2010) により，タンパク質-基質の複合体の形成を通して酵素が働くことが発見された
1952	アメリカの生物学者ハーシー (Alfred Hershey, 1908-1997) により，DNAが遺伝情報を運んでいることが証明された
1953	クリック (Francis Crick) とワトソン (James Watson) により，DNAの構造が解明された
1955	サンガー (Frederick Sanger) により，インスリンのアミノ酸配列が明らかにされた
1956	アメリカの生化学者コーンバーグ (Arthur Kornberg, 1918-2007) により，DNAポリメラーゼが発見された アメリカの分子生物学者バーグ (Paul Berg, 1926-) により，のちにtRNAとして知られる核酸が分離された
1957	イギリスの生物学者アイザック (Alick Isaacs, 1921-67) により，インターフェロンが発見された
1959	オーストリア生まれでイギリスの生化学者ペルツ (Max Perutz, 1914-2002) により，ヘモグロビンの構造が明らかにされた
1960	南アフリカ生まれのイギリスの分子生物学者ブレンナー (Sydney Brenner,

生化学 年表（つづき）

	1927-）とフランスの生化学者ジャコブ（François Jacob, 1920-）により, メッセンジャーRNAが発見された
1961	イギリスの生化学者ミッチェル（Peter Mitchell, 1920-92）により, 化学浸透圧説が提唱された
	アメリカの生化学者ニーレンバーグ Marshall W. Nirenberg）により, トリプレットによる遺伝コードが解読する方法が開発された
1969	アメリカの生化学者エーデルマン（Gerald Edelman, 1929-）により, 免疫グロブリンGのアミノ酸配列が明らかにされた
1970	アメリカのウイルス学者テミン（Howard Temin, 1934-94）とボールティモア（David Baltimore, 1938-）により, 逆転写酵素が発見された
1970	アメリカの分子生物学者スミス（Hamilton Smith, 1931-）により, 制限酵素が発見された
1973	アメリカの生化学者コーエン（Stanley Cohen, 1935-）とボイヤー（Herbert Boyer, 1936-）が制限酵素を用いて組み換えDNAを作製した
1977	サンガーにより, バクテリオファージ φX174の全塩基配列が決定された
1984	イギリスの生化学者ジェフレイ（Alec Jeffreys, 1950-）により, DNAフィンガープリンティングが考案された
1985	アメリカの生化学者マリス（Kary Mullis, 1944-）によりポリメラーゼ連鎖反応法が発明された
1986	アメリカの薬理学者ファーチゴット（Robert Furchgott, 1916-2009）とイグナロ（Louis Ignarro, 1941-）により, 血管系におけるシグナル分子として一酸化窒素が重要であることが示された
1988	アメリカの生化学者アグレ（Peter Agre, 1949-）により, 細胞膜から水チャネルのタンパク質（アクアポリン）が分離された
1994	DNAチップの技術が開発された
1998	アメリカの生化学者マッキノン（Roderick MacKinnon, 1956-）により, 脳細胞のカリウムイオンチャネルの三次元構造が明らかにされた
2000	アメリカの分子生物学者であるスタイツ（Thomas A. Steiz）の研究グループにより, リボソームのX線結晶解析による詳細な構造が明らかにされた

ールを利用する生物）を対象に, 生化学燃料電池への利用を目ざした研究が行われている.

生活環 life cycle

一つの世代の配偶子の融合から始まって, 次の世代の配偶子の融合に至る, ある生物種が経験する一連の事象を全体として生活環という. ほとんどの動物において, 配偶子は両親の生殖組織のなかの生殖細胞の*減数分裂によって作られる. 次に接合子は二つの配偶子の融合により形成され, 最終的に両親と本質的によく似た生物に発育する. 植物では, しかしながら, 減数分裂の結果, 胞子が生じ, この胞子は*配偶体世代の植物となるが, これは胞子を形成する*胞子体世代の植物と, しばしば非常に異なる形態を示す. 胞子体世代は配偶体世代が形成した配偶子が融合することにより再生する. → 世代交代

生活形 life form ── 相観

正基準標本 holotype ── 基準標本

制御遺伝子 regulatory genes

体成分を形成することにかかわる構造遺伝子の発現を調節することにより, 発生を制御する遺伝子. これらは*転写因子をコードしており, 転写因子は他の遺伝子の調節部位と相互作用し, 発生の経路の活性化や抑制を引き起こす. 哺乳類と昆虫といったまったく異なる生物における発生でも大部分は, 構造的に非常に類似した遺伝子により制御されていることから, 制御遺伝子は大昔のこれらの共通祖先がもつ遺伝子から由来したことが考えられる. 制御遺伝子の主な例は哺乳類の*Hox遺伝子のような, *ホメオティック遺伝子があげられる.

制御機構 control mechanism

代謝経路や，酵素により触媒される反応などの，生物学的過程を調節する機構，あるいは*内部環境（→ ホメオスタシス）の維持を助ける機構をいう．→ フィードバック

生菌数 viable count

培養物内の生きた細胞の数．

静菌的 bacteriostatic

細菌の増殖と繁殖を遅延させるか阻害する作用を示す形容語である．*抗生物質の一部は静菌的に作用する．→ 殺菌（性）の

性決定 sex determination

種において雌雄の間の区別を確立する機構．これはたいていの場合，遺伝子により支配されている．*性染色体により，あるいは対比的相同染色体の対により性が決定されるとき，同数の雌雄が生じる．ある種の生物，例えばミツバチでは，雌は受精した卵から発生したもので，雄は未受精の卵から発生している．これにおいては，雌雄は同数ではない．環境因子もまた，発達中の個体の性決定に大きな影響を与えることがある．例えば，ある種のカメでは温度が一腹の子の性比に影響する．28℃ より高温で卵をかえすと雄が優勢になるが，26℃ 未満の低温では，より多くの雌が生まれる．

生検 biopsy

生きている生物の，病気にかかっている可能性のある器官または組織から，小切片を切り出すこと．生検は通常，病気の性質を明らかにするために顕微鏡によって解析される．

制限因子 limiting factor

環境因子のなかで，それが減少，増加，欠乏，あるいは存在することにより，生物や個体群の成長，代謝の過程あるいは分布が制限されるものをいう．たとえば，砂漠の生態系では，少雨と高温が定着の制限因子であると考えられている．代謝過程が，複数の因子によって影響を受ける場合，最少量の法則によると，その代謝過程の速度は，それらの因子のなかで最少値に最も近い因子によって制限されることになる．例えば光合成は，光，温度，二酸化炭素濃度などの多くの因子に影響されるが，温かく晴れた日には，光と温度は最適な状況になるので，二酸化炭素濃度が制限因子になると考えられる．

制限酵素 restriction enzyme (restriction endonuclease)

外来 DNA を特異的な部位で切断する酵素．制限酵素は多くのバクテリアが生産し，侵入してきたウィルスの DNA を切断（したがって破壊）して細胞を守っている．バクテリアの細胞は自分自身の制限酵素からの攻撃を防ぐため，DNA 複製の際，DNA 塩基を修飾している．制限酵素は遺伝子工学において広く用いられている．→ DNA フィンガープリンティング，DNA ライブラリー，DNA シークエンシング，遺伝子クローニング，制限地図

精原細胞 spermatogonium (pl. spermatogonia)

睾丸の精細管の壁にある二倍体の細胞であり，第一*精母細胞を産み出す．→ 精子形成

生元素 bioelement

生体を構成している分子に用いられている元素．ヒトの体における最も一般的な生元素は（多い順から）酸素，炭素，水素，窒素，カルシウム，リンである．その他の生元素としては，ナトリウム，カリウム，マグネシウム，銅があげられる．→ 必須元素

制限断片長多型 restriction fragment length polymorphism (RFLP)

同種の個体間で DNA 上の制限部位に違いがある現象をいう．このため同種の個体間で，制限酵素による DNA 切断の結果生じる断片の長さに違いがでる．遺伝子領域間の非コード領域の DNA（たとえば*イントロン）の塩基置換により制限部位が消失したり，新たな制限部位が生じる．RFLP は遺伝学において，ゲノム解析における（→ 制限地図），あるいは特定の遺伝子を同定する（→ 遺伝子追跡法）有効な手段となっている．

制限地図 restriction mapping

*制限酵素によって切断される DNA 上の位置を決める手法．いろいろな制限酵素を単独に，あるいは組み合わせて DNA を切断し，生じた断片の数とサイズを電気泳動で解

析することで，もとのDNA上の制限部位の順番を示す「制限地図」が描ける．次に，これは古典的な*連鎖地図上に取り込むことができる．制限地図は遺伝的な解析を行うとき，決まりきった手法である．制限部位を変えるような遺伝子の欠損や転座は，得られる断片のパターンの変化で知ることができる．この手法は，たとえば胎児の特定の遺伝子異常を診断することに利用できる．制限酵素断片を電気泳動で分離し，*サザンブロット法のように*遺伝子プローブを利用して同定する．胎児DNAから特定の制限酵素断片が欠失していると，問題の制限部位を含む遺伝子に病的な変異が存在する可能性があると診断できる．

制限点 restriction point ⟶ 細胞周期

性交 sexual intercourse (coitus; copulation; mating)

*有性生殖において，雄の体内からの精子が雌の体内に入る過程．哺乳類においては，雄の陰茎は血液で満たされ勃起して硬くなり，雌の腟に挿入することが可能になる．陰茎を押し込む動きにより，精子を含んだ*精液を腟に送り込む*射精が起きる．

性行為感染症 sexually transmitted disease (STD)

性交やその他の性的行為によって一個人から他人へ感染する病気をいう．これらの病気は伝統的に「性病」と呼ばれてきた．これらには，淋菌という細菌による「淋病」，梅毒トレポネマという細菌の感染による「梅毒」，ヘルペスウイルスによる「性器ヘルペス」，レトロウイルスである*HIVの感染による*エイズがあげられる．性行為感染症の伝染は，性交を行う相手を限定し，これらの病気の原因となりうる微生物がいる体液にさらされる危険性を軽減するコンドーム（→ バースコントロール）を用いることで減少する．

生合成 biosynthesis

生きている細胞が分子を生産することで，*同化に必須である．

生痕化石 trace fossil ⟶ 化石

精細管 seminiferous tubules ⟶ 睾丸

精細胞 spermatid

*精子形成の途上で形成される非運動性の細胞で，その後成熟した精子へと分化する．四つの精細胞が第一*精母細胞の2回の減数分裂のあとに形成され，そのため半数の染色体を含んでいる．

生産者 producer

*食物連鎖において，上位者（言い換えれば，次の*栄養段階）のエネルギー源と見なされる生物のこと．日光を化学的エネルギーに変換する緑色植物は，一次生産者である．緑色植物のエネルギーを摂取し，肉食動物のエネルギー源となる草食動物は，二次生産者である．→ 消費者

生産力 productivity (production)

（生態学における）生物，集団，群集が単位時間当たりに取り込むエネルギー（総生産力）あるいは，それを食べる動物が体組織として再合成することに使えるような単位時間当たりに取り込まれるエネルギー（純産生力）．これら二つの生産力（生産速度）の違いは，排出や呼吸作用を通して，失われるエネルギーの速度に依存する．したがって，総一次生産力は植物（または他の一次*生産者）が日光エネルギーを吸収する速度であり，純一次生産力は植物組織に取り込まれるエネルギーの速度である．これは1年当たりの1m^2当たりのキロジュール($kJm^{-2}y^{-1}$)で示される．陸上の植物では，例えば木の根は草食動物に食べられることがないというように，純生産力の多くは実際には*消費者によって消費されない．→ エネルギー流，二次生産力

精子 spermatozoon (sperm)

雄の動物の成熟した運動性生殖細胞（→ 配偶子）で睾丸により作られる（→ 精子形成）．これの頭部は*半数性の核を含んだ部分と受精において卵を貫く*先体からなり，そして中間部は運動のためのエネルギーを供給する*ミトコンドリアが存在し，尾部には1本の*波動毛が存在し，精子を前進させるためむち打ち運動を行っている．

精子競争 sperm competition

ある雄の精子が他の雄の精子と，単一の雌

における卵細胞への受精をめぐって行う競争．精子競争は同じ雌と何回も交尾するげっ歯類で起こりうるもので，げっ歯類では休息期間をはさんで何度も交尾を行い，その休息期間の間に，精子は卵に到達する．もし，第二の雄が第一の雄の休息期間に雌と交尾をした場合は，第一の雄の精子の運動は妨害され，第二の雄の精子の卵への受精が成功すると考えられている．精子競争がある動物の一部では，妨害を最小限にする特色が進化した．例えば，ガやチョウでは雄は交尾のあとに雌の生殖器の入口を固める．それによって他の雄と交尾することを妨げる．巧妙な機構がハエの *Johannseniella nitida* にみられ，ここでは雌は交尾している雄の生殖器以外の部分を食べてしまい，生殖器のみが雌の体に残り，それ以上の交尾は避けられる．

精子形成 spermatogenesis

睾丸のなかで起こる一連の細胞分裂の過程であり，これにより精子が形成される．睾丸のなかにある精細管の内部で生殖細胞は育ち，体細胞分裂により*精原細胞ができる．精原細胞は体細胞分裂により*精母細胞を形成する．精母細胞は減数分裂により*精細胞を形成する．精細胞は，もとの生殖細胞の半数の染色体をもち，このあとに精子へと発達していく．

静止電位 resting potential

神経インパルスを伝達していないときの神経細胞の細胞膜を介した電位差のこと．静止電位は*ナトリウムポンプにより維持されている．→ 活動電位

性周期 sexual cycle ⟶ 月経周期，発情周期

成熟 maturity

1. 生物が成長して成体の外見を呈し，生殖可能になったときに到達する，生活環のなかの一つの段階．
2. 配偶子の形成に至った段階（*配偶子形成）で，前駆体細胞の減数分裂とそれらの細胞の機能的に完成した配偶子への分化に続く段階．

成熟化 maturation

1. 完全な成熟に至る過程で，特に受精可能な卵子と精子を与える*生殖細胞の成熟における最後の過程．
2. 動物が成長する際の，経験にかかわらず神経と筋との協調を改良する神経筋系の変化．

正常化選択 normalizing selection ⟶ 安定性淘汰

正常屈性 orthotropism

関連した刺激に対して平行に屈曲する*屈性（植物の成長の応答）の傾向のこと．例えば，重力に対応して主茎や根が垂直方向に成長すること（重力屈性）などがあげられる．→ 傾斜屈性

星状膠細胞 astrocyte ⟶ グリア

星状体 aster

*中心体から放射状に伸びる，星芒状に配列した微小管をいう．動物細胞では，細胞分裂が始まると紡錘体の末端に星状体が明瞭に認められるようになる．星状体は，細胞の境界に対する紡錘体の位置決定を補助し，核分裂が終了したときに細胞質の分割を誘発すると考えられている．

生殖 reproduction

親と似た形の新個体を作り出すこと．これにはいろいろな方法があり（→ 有性生殖，無性生殖），これにより種は保存されたり繁栄する．

生殖器系 reproductive system

*有性生殖にかかわる諸器官．顕花植物の生殖器系は*花のなかにあり，花ずい（雄性器官）と心皮（雌性器官）からなる．哺乳動物の生殖器系は雄では睾丸，副睾丸，輸精小管，陰茎など，雌では卵巣，輸卵管，子宮などからなる（図参照）．

生殖器床 receptacle

ヒバマタなどある種の藻類で，生殖器官である生殖器巣がある，葉状体の広がっている部分をいう．

生殖器巣 conceptacle

小さな開口部（オスティオール）をもつフラスコ型の腔所で，ヒバマタなどのある種の褐藻の肥大部の先端にみられる．これは生殖器官を含む．

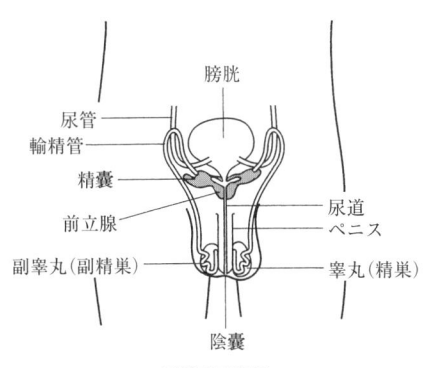

男性生殖器系

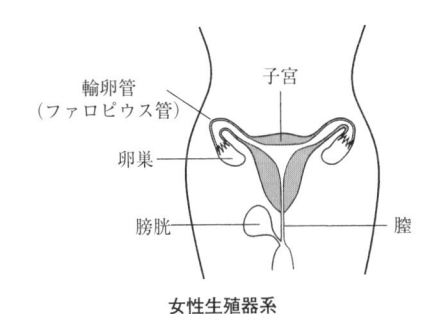

（膀胱／尿管／輸精管／精嚢／前立腺／副睾丸(副精巣)／陰嚢／尿道／ペニス／睾丸(精巣)）

女性生殖器系

（輸卵管(ファロピウス管)／卵巣／膀胱／子宮／膣）

生殖細胞 germ cell

最終的に*配偶子を生ずる一連の細胞（生殖系列）の，特にはじめの細胞．哺乳類では生殖細胞は卵巣内の卵原細胞と，精巣内の精原細胞からなる．→ 卵形成，精子形成

生殖質 germ plasm ── ワイスマン説

生殖上皮 germinal epithelium

1. *中皮と連続した卵巣表面の上皮細胞の層．これらの細胞は卵にはならない（以前はそうなると考えられていた）．

2. 精巣の細精管の内面に並ぶ上皮細胞の層であり，精原細胞となる（→ 精子形成）．

生殖腺 gonad

動物がもつ，生殖細胞（配偶子）を作る通常1対の器官．最も重要な生殖腺は，精子を生産する雄の*精巣であり，また卵子（卵細胞）を生産する雌の*卵巣である．生殖腺はまた，第二次性徴を司るホルモンを生産する．

生殖腺刺激ホルモン gonadotrophin (gonadotrophic hormone)

哺乳類の*脳下垂体前葉から分泌され，精巣や卵巣などの生殖腺 (gonad) の生殖活動を促進するホルモンの総称．脳下垂体の生殖腺刺激ホルモンには*濾胞刺激ホルモンと*黄体形成ホルモンがある．絨毛真性生殖腺刺激ホルモンは高等哺乳類の胎盤で作られ，*黄体の維持にかかわる．女性の尿に多量の「ヒト絨毛真性生殖腺刺激ホルモン」が存在することは，妊娠の兆候である．

性染色体 sex chromosome

生物種の性決定機構に作用する染色体．多くの動物では性染色体に二型があり，例えば哺乳類では，常染色体に近い大きさのX染色体とそれより小さいY染色体がある．雌は2個の相同のX染色体をもつので*同型性となる．一方，雌は1個のX染色体と1個のY染色体をもち，*異型性となる．チョウガ，鳥類，爬虫類などの他の動物群では，性染色体の状況は哺乳類と逆になり，雄は2個の相同のW染色体をもち，一方雌は1個のW染色体と1個のZ染色体をもつ．性染色体は，生殖器官の発達や二次性徴を支配する遺伝子を運ぶ．これらの染色体はまた，性に関連のない（→ 伴性）その他の遺伝子を運ぶ．→ 性決定，精巣決定因子

成層 stratification

層を形成して存在する構成成分の重なりの配置．堆積岩や*土壌は成層構造を示す．成層はまた*重層上皮にもみられる．また温度成層のみられる湖もある（→ 水温躍層）

精巣 testicle ── 睾丸

生層位学 biostratigraphy

なかに含まれる化石をもとに岩石層の特徴づけをすること．このことには，生存帯を確定するために様々な化石の集団を同定し，またその分布と連続性を確立することが含まれる．生存帯には一般的に，地域が異なっても特定の岩石層で共通に見いだされる化石や化石集団が含まれる．理想的には，生層位学の層位の決定に使われる化石は，地央的スケールの時間では限られた期間に出現するものであり，そのためその化石は地層の垂直な配列

のなかでかなり狭い層に限定して出現する．例えば，数種の異なるアンモナイト種の連続的な存在は，世界中で中生代の岩石層を知るために重要な手がかりとなる．生存帯はすなわち生層位学の基本単位をなす．これにはいくつかのタイプがあり，例として，特定の化石系統群が共存し重なり合うことにより決定される「群集帯」や，一つのグループまたは種の例外的な豊富さによって決定される「アクメ層」がある．

精巣決定因子 testis-determining factor (TDF; SRY protein)

哺乳類の性決定において，重要な役割を担うタンパク質のこと．Y染色体上のSRY (sex reversal on Y) 遺伝子にコードされていて，精子形成を誘導することにより，胚発生を基本の雌性経路から雄性経路へ変更する．雄の発生経路は，その後精巣から雄の性ホルモンであるテストステロンが放出されることで強化される．

成層圏 stratosphere

地球の大気層の一つであり，対流圏の上に存在し地表面から約50 km上方にまで広がっている．この成層圏の温度はほぼ一定であるが，この層の上層領域では，なかに含まれるオゾンが紫外線放射を吸収しているので温度が上がっている．→ オゾン層

精巣輸出管 vas efferens

精子を運ぶ様々な小さい導管．爬虫類，鳥類，哺乳類では精子を精巣の細精管から*副精巣まで運ぶ．無脊椎動物では精子を精巣から輸精管まで運ぶ．

生息場所 habitat

生物がすむ場所で，その物理的特徴や優占する植物の種類で特徴づけられる．例えば生息場所としての淡水は，小川，池，川，そして湖を含む．→ 微小生息場所

生存曲線 survival curve

ある生物種の集団において生存と年齢の関係をグラフにしたもの．生存は，ある一定時間後に生き残っている個体数の，最初の個体群のなかの個体数に対するパーセンテージとして表すことができる．ある種の生物，例えば細菌のような多くの子孫を生む生物では，

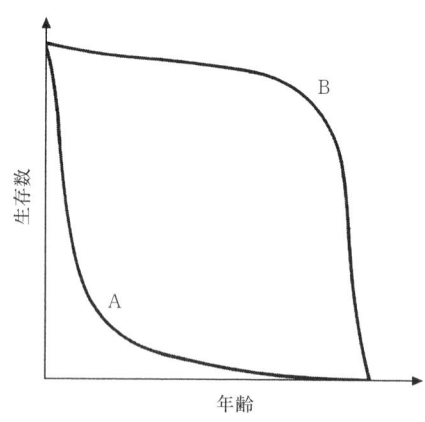

生存曲線

発達初期における生存率が非常に低い（グラフのAの曲線．→ r淘汰）．他の型の，子孫を生む数が少ない生物では，生存期間が長い傾向にある（グラムのBの曲線．→ K淘汰）．このタイプの生存曲線は先進国のヒト個体群で顕著である．

生存帯 biozone → 生層位学

声帯 vocal cords

弾力性のある一対の膜で，空気呼吸をする脊椎動物の*喉頭内に張り出している．声色は喉頭を呼気が通り抜けるときに声帯が振動することで発生する．発せられた音の音程は声帯の張力に依存しており，これは喉頭内の筋肉と軟骨により制御されている．

生体異物の xenobiotic

生体系にとっての異物．生体異物は薬物，農薬，発がん物質を含む．そのような物質の*解毒は主に肝臓で行われる．

生体エネルギー学 bioenergetics

生体内で起こるエネルギーの流れや変換に関する学問．典型的なものとして，(食べ物や日光から) 得たエネルギーの総量を測定し，それらを新しい組織を作り出すために使われた部分，個体の死や排泄や (植物においては) 蒸散によって失われた部分，また (呼吸を通じて) 熱として環境中に放出された部分の各エネルギー量に分けることがあげられる．

生態学 ecology

生物と，生物的および非生物的な自然環境との関係の研究．この目的のために生態学者は，対象の生物について，その生物の作る*個体群，その生物が含まれる*群集，その生物が一部を形成する*生態系といった観点から生物を研究する．生態学的関係の研究は進化的変化の本質やその機構について有用な情報を提供する．生態学においてここ約25年間で得られたものは，環境に対する人間活動の影響（とりわけ*汚染の影響）に関する多くの知見であり，*保全の重要性がより強く認識されるようになった．

生態系 ecosystem

生物学的な*群集とそれに付随した物理的環境．栄養素は生態系のなかで明確な経路をたどって，異なる生物の間を移動する．例えば，土壌中の栄養素は植物によって吸収され，その植物は草食動物によって摂食され，今度は草食動物が肉食動物によって捕食されると考えられている（→ 食物連鎖）．生物は生態系のなかでそれらの地位に基づいて様々な*栄養段階へと分類される．栄養素とエネルギー（訳注：エネルギーのすべてが生態系を循環するわけではない）は閉回路状に生態系を循環する（例えば，上記の場合，栄養素は動物の排泄物や腐敗物から土壌へと戻る）．
→ 炭素循環，窒素循環

生体染色 vital staining

生体に安全な染料を用いて，生きた組織を染めて顕微鏡で観察する技術．染料を生きた動物に注射し，染色された組織を取り出し，調べる（生体内染色），または生きた組織を直接取り出し，その後染色する（超生体染色）．原生動物など，顕微鏡でしか見えないほど小さい生物は染色液に完全に浸す．生体染色染料にはトリパンブルー，バイタルレッド，ヤーヌスグリーンなどがあり，ヤーヌスグリーンは特にミトコンドリアの観察に適している．

生態的地位 ecological niche

環境におけるある生物の地位や役割．生物の生態的地位は消費する食物の種類，その生物に対する捕食者，気温に対する耐性などによって定義される．もし二つの種が同一の地位を占めている場合，それらは安定的に共存することはできない．

生態的同位種 ecological equivalents

類似した生育環境に居住し互いに似ているが，系統分類学的には無関係の生物．生態的同位種は*収束進化の結果として生ずる．例えば，サメ（魚類）とイルカ（哺乳類）は海洋の環境に生息し，互いの外見は類似している．

生態的ピラミッド ecological pyramid
── 生物体量ピラミッド，エネルギーピラミッド，個体数ピラミッド

生体フィードバック biofeedback

本来は自律神経系によって制御されている心拍や血圧などの生体機能を被験者がコントロールできるようになる技術．脈拍計や脳波計，筋電図といったモニターデバイスの助けにより生体フィードバックは容易になり，高血圧や偏頭痛，てんかんなどの治療に有効であろう．

生体分子 biomolecule

生物の調節や代謝に関与するあらゆる分子（→ 代謝）．生体分子には炭水化物，脂質，タンパク質，核酸，水分子が含まれ，それらの一部は*高分子である．

生体リズム biological rhythm ── 生物リズム

正脱翅類（シラミ目） Siphunculata (Anoplura)

二次的に翅を失った昆虫の一目で，シラミの仲間からなる．哺乳動物に外部寄生して吸血し，突き出た鼻のような形の吻をもち，皮膚に突き刺し吸血する．これらは，ヒトや家畜をいらだたせる害虫であり，また，チフスなどの病気を運ぶ．ヒトジラミ（*Pediculus humanus*）には2型があり，アタマジラミ（*P. humanus capitis*）とコロモジラミ（*P. humanus corporis*）である．

成虫 imago

昆虫の生活環のなかで，変態のあとの性的に成熟した段階の成体．

成虫原基 imaginal disc

成虫の特定の組織へと発生する昆虫の幼虫

の未分化細胞の一群。成虫原基は*胚盤葉に由来する。成虫原基は蛹の段階まではそれ以上発達せず，ホルモンである*エクジソンの制御下で，眼や触角，翅のような成虫の表皮組織に分化を始める。それぞれの原基の細胞の発生運命は決定されており，原基の種々の領域は特定の組織になる。例えば，ショウジョウバエ（*Drosophila*）の脚の原基の*発生運命地図は細胞群の同心円として描くことができ，内側の領域は脚の末端の組織（跗節，脛節）となり，最も外側の領域は胴体に近い組織（腿節，転節，基節）となる。

成長（生長） growth

細胞分裂や細胞の拡大による，生物の乾燥重量や体積の増加。成長（生長）は，樹木のように生物の一生を通して続くこともある一方，ヒトや他の哺乳類のように成熟とともに止まることもある。→ 相対成長，指数増殖

成長（増殖）因子 growth factor

特にポリペプチド性のものが重要であるが，新しい細胞の成長の促進や細胞の生存に重要な役割を果たす，様々な化学物質。細胞表面の受容体に結合する。ある種類の成長因子は新たな細胞の増殖を引き起こし（*表皮成長因子，*インスリン様成長因子，造血成長因子，*造血組織），細胞の移動を促し（繊維芽細胞増殖因子），傷の治癒に働く（血小板由来増殖因子（PDGF））。胚の段階で発生にかかわる成長因子もある。例えば，*神経成長因子は感覚ニューロンや交感神経ニューロンからの軸索や樹状突起の成長を促す。増殖因子のなかには，多量生産されると癌にみられるような，異常な成長の制御に関与するものもあると考えられている。

生長計 auxanometer

植物の組織の成長や運動を研究するために使われる，あらゆる機械装置や測定具をいう。一つの形式の生長計では，茎の高さの増加が，目盛を指し示す針の動きに変換されるような記録装置からできている。

成長物質（植物ホルモン） growth substance (phytohormone; plant hormone)

植物によって合成され，成長と分化を制御する有機化合物。通常，茎頂など特定の場所で作られ，他の場所へ輸送され，そこで効果を発揮する。→ アブシシン酸，オーキシン，サイトカイニン，エチレン，ジベレリン

成長ホルモン（ソマトトロピン） growth hormone (GH; somatotrophin)

哺乳類の脳下垂体から分泌され，タンパク質の合成と手足の長骨の成長を促すホルモン。このホルモンはまた，グルコースではなく脂肪を分解しエネルギー源として用いることを促進する。成長ホルモンの生産は若い間が一番多い。その分泌は視床下部で作られる，対照的な働きをもつ2種類のホルモンにより制御されている。一つは成長ホルモン放出ホルモン（ソマトリベリン）であり，成長ホルモンの放出を促進する。もう一つは*成長ホルモン抑制ホルモン（ソマトスタチン）であり，成長ホルモンの放出を抑制する。ヒト成長ホルモン（hGH）の過剰産生は児童期の巨人症や，成人の*末端肥大症を引き起こす。極端に少ないと小人症となる。ウシソマトトロピン（BST）はウシの乳や肉の生産を高めるのに用いられている。

成長ホルモン抑制ホルモン（ソマトスタチン） somatostatin (growth hormone inhibiting hormone: GHIH)

視床下部から分泌されるホルモンで，下垂体前葉からの*成長ホルモンの分泌を阻害する（→ 放出抑制ホルモン）。ソマトスタチンの分泌は，成長ホルモンが糖代謝に及ぼす効果の結果としての血糖値の上昇など，様々な要因によって刺激される。また，ソマトスタチンは，膵臓の*ランゲルハンス島のδ（もしくはD）細胞においても生産され，グルカゴンやインスリンの放出を抑制する。

性淘汰 sexual selection

特に動物の雄の，ある種の*二次性徴が進化する原動力となった自然選択のこと。最もよい求愛行動をとる，したがって最も明るい色，その他をもった雄を，雌は配偶者に選んでいるとされる。これらの特色は雄性の子孫により受け継がれ，世代を重ねるにつれ誇張された表現になる傾向がある。

生得行動 innate behaviour

同一の性や種の正常に育てられたすべての

個体において類似した形で現れる，遺伝的な行動の型．→ 本能

青年期 adolescence
　幼年期の終りから成人期のはじまりまでの10代の間に現れるヒトの成長の1期間．生殖系の発達に伴う多様な身体的・精神的な変化によって特徴づけられる．生殖器官が働き始める思春期から始まり，女性における月経の開始（→ 月経周期），両性における*二次性徴の現れに特徴づけられる．男性においては第二次性徴はテストステロンというホルモンに制御され，喉頭の拡大により声が太くなり，ひげや陰毛が現れ，骨格と筋肉が急速に発達し，*脂腺からの分泌が増加する．女性の第二次性徴はエストロゲンに制御され，胸部の発達，骨盤の拡大，身体中の脂肪の再分配，陰毛の出現を含む．

精嚢 seminal vesicle
　1．多くの無脊椎動物や下等な脊椎動物の雄がもつ嚢のことで，精子の貯蔵に使われる．
　2．雄の哺乳類において*精液の液体成分を輸精管に分泌する1対の腺．この分泌物はアルカリ性で，雌の生殖管の酸性状態を中和する．またフルクトースを含み，精子のエネルギー源として使われる．

正のフィードバック positive feedback
　→ フィードバック

正倍数体 euploid
　染色体数が半数体の染色体数（n）の整数倍ある核，細胞，または生物をさす．例えば*二倍体（$2n$），*三倍体（$3n$），*四倍体（$4n$）の核や細胞は正倍数性である．→ 異数体

性比 sex ratio
　*個体群における雌と雄の数の比のこと．雌雄の間では死亡率は異なることがあるので，性比は各年齢層で異なることがある．

生物化学的酸素要求量 biochemical oxygen demand (BOD)
　水中の有機質性汚染物質を分解する微生物によって吸収される酸素の量．水中の有機物性汚染物質の量を測る指標として用いられている．BODは酸素濃度のわかっている水を20℃で5日間保持することで計算される．酸素濃度を5日後にもう一度測定する．BODが高いことは，微生物が多いことを示しているが，このことは高レベルの汚染物質が存在することを示唆している．

生物学 biology
　生物に関する学問であり，生物の（肉眼や顕微鏡を用いた）構造研究や，機能，起源，進化，分類，相互作用，分布などに関する研究を含んでいる．

生物学的種概念 biological species concept (BSC)
　種とは，互いに交配して繁殖できるメンバーからなるグループであり，生殖的に他のグループから隔離されているという概念．この概念は，19世紀後半から20世紀前半にかけて，それまでは博物学者によって好まれていた*類型学的種概念に置き換わった．この概念の中心には，有性生殖の役割がある．有性生殖により，種内のメンバーは遺伝子プールを共有し，遺伝的組換えを通して種のメンバーの統一性が保たれる．*隔離機構によって異なるグループ間の交配が妨げられると，それによって遺伝子の流動が行われなくなり，グループの遺伝的な分岐が起こる．しかし，生物学的種概念は，ある種のカビやバクテリアのグループのように無性の生物には必ずしも適用できない．また，この概念は，特に植物やカビ，原核生物で種間交配が生ずる場合にも充分には当てはまらない．

生物季節（学） phenology
　植物の開花や，動物の繁殖，渡りのような周期的事象が時間的調節やその他の面で，気候や他の環境の要因によって影響を受けていることの研究．

生物群集 biocoenosis
　ある時点のある地域に生息しているすべての生物の集合．*バイオームと同等の意であり，東ヨーロッパの環境に関する文献でよく用いられている．

生物圏 biosphere
　生物が生きている地表，海，空気の全域．

生物検定（生物学的定量） bioassay (biological assay)
　生物への効果を測定することにより，ある

物質の定量を行うような統制された実験をいう．たとえば，植物ホルモンのオーキシンは，ホルモン濃度とエンバク子葉鞘の湾曲の程度が比例するので，子葉鞘の湾曲への効果を観察することで，ホルモンの量を測定できる．

生物工学 bioengineering
1. 人工的に作られた，組織，器官や器官のコンポーネントを，ダメージを受けたり失われたり，あるいは機能不全になった体のパーツと交換して利用すること．たとえば義足，心臓人工弁，心臓ペースメーカーなどがある．→ 組織工学
2. 工学的知識を医学や動物学に応用すること．

生物進化 organic evolution
環境の変化に応答して，生物集団の遺伝的組成の変化が生じる過程のこと．→ 適応，進化，生化学的進化

生物戦争 biological warfare
炭疽菌やボツリヌス菌などのバクテリア，ウイルス，カビなどの微生物を使用してヒトや家畜，穀物に病気を引き起こしたり死に至らしめる兵器を使用すること．これに関する実験は多くの国々で公式には禁止されているが，遺伝子工学やその他の技術を用いることですでに存在する微生物から病原性をもつものを作り出すことを目指した研究が行われている．

生物相 biota
特定の地域に生息する植物，動物，微生物を含むすべての生物．→ 群集

生物体 organism
動物や植物や*微生物のように，生殖，成長，生存ができ，独立して生きている個体．

生物体量 biomass ── バイオマス

生物体量ピラミッド pyramid of biomass
ある特定の生息場所で，*食物連鎖の*栄養段階を上がるにつれて見いだされる有機物の量（→ 生物体量）を，段階別に1 m²当たりの乾物重（$g m^{-2}$）として測定し，図示したものである．生物体量は，食物連鎖の段階を一つ上るたびに減少する．生物体量ピラミッドは，*個体数ピラミッドよりも，食物連鎖全体を通したエネルギーの流れに関する正確な表現になっている．しかし，生物量の回転率の季節的変動がそれぞれの栄養段階に存在し，このためある時点で採取された生物体量が，通年の平均値よりも高いかまたは低くなることがあると考えられている．食物連鎖におけるエネルギーの流れを最もよく示すものは，*エネルギーピラミッドである．

生物多様性 biodiversity (biological diversity)
生物種の多様性（species diversity）．あるいは植物，動物，微生物といった分類群の自然環境やある地域の環境における多様性．あるいは，種内における遺伝的多様性．安定した生態系の維持には，高い生物多様性を維持することが重要である．熱帯雨林のような環境は豊富な生物種の多様性をもっているが，継続的な環境破壊の脅威にさらされている（→ 森林伐採，砂漠化）．そのような生態系には，多種類の希少な種が生息しており，おのおのの種の個体数は少ないことが多い．したがってこれらの種は，特に環境破壊に敏感である．自然環境における生物多様性は，人類が利用しうる遺伝的資源の大切なプールでもある．例えば，植物の野生種は新薬のソースとして利用され続けており，また新しい作物品種の開発は病原体に対する抵抗性を高めるが，これらの多くは野生の植物から遺伝子を導入することにより作られる．

生物多様性傾度 biodiversity gradient
緯度の上昇につれて，生物体量と種の数がしだいに減少すること．寒冷なところよりも熱帯で生物が豊富であることを説明する理論はいくつか存在する．最も簡単な説明は，惑星上では極地に比較すると赤道の表面積が広いので，種が進化することのできる空間が赤道のほうに多く存在するというものである．他の説明として，熱帯は相対的に環境が安定しており，種が高度に特殊化することができ，その結果，他のどの生態系よりも多くの種がつめ込まれることになったというものである．さらに熱帯では，太陽エネルギーの入力が他の地域より多いために，可能な資源が増大し，寒冷な地域に比較すると，豊富な生

物体量と個体数が可能になった．

生物地球化学的循環（栄養循環） biogeochemical cycle (nutrient cycle)

　生物と，その周囲の岩石，水，大気などの無生物の間での元素の循環のこと．生物地球化学的循環としては，*炭素サイクル，*窒素循環，*酸素循環，*リン循環，*硫黄循環などがあげられる．

生物蓄積 bioaccumulation

　多様な化学物質で汚染された環境で生きる生物中で，*農薬のような化学物質の濃度が増加することをいう．これらの化学物質は，必ずしも環境中で分解されるとは限らず（非生分解性），また生物によって代謝されるとも限らない．したがってそれらの物質が吸収・蓄積される速度は，排せつされる速度より大きくなる．それらの化学物質は，通常は脂肪組織に蓄積する．*DDTは難分解性農薬として知られており，容易には分解せず，*食物連鎖により生物蓄積する．したがって各栄養段階の生物ごとに，DDTの濃度の増大が起こる．

生物地理学 biogeography

　植物や動物の地理的分布を取り扱う生物学の一分野．→ 植物地理学，動物地理学

生物的因子 biotic factor

　対象となる生物以外の生物からなり，ともに「生物的環境」を作り上げている，生物を取り巻く環境の因子．これらの因子は，例えば競合者，捕獲者，寄生者，餌，共生者などとして，生物に多くの面で影響を与える．生物の分布やその数は，生物的環境との相互関係によって影響を受ける．→ 非生物的因子

生物的防除 biological control

　生物学的な手段によって*病害虫を防除すること．病原抵抗性作物の育種，捕食生物や寄生生物などの天敵の導入といった方法があげられる．実際，この技術は，殺虫剤や除草剤を使うことよりも，利点が多い．例としては，オーストラリアのウチワサボテンの防除のために，ガの一種である *Cactoblastis cactorum* を導入し，幼虫にこの植物の新梢を食べさせることや，テントウムシによりカンキツ類に害を与えるイセリアカイガラムシを捕食させることがあげられる．有害昆虫には，遺伝子的な防除も行われている．すなわち，放射線によって不姙化した大量の雄を放ち次世代を残さない交尾をさせることにより，害虫の数を減らすことができる．この方法は，ウシの傷口に卵を産む性質をもつラセンウジバエの防除に用いられている．生物的防除は*農薬の使用などの化学的防除に比べて問題が少ないと考えられている．しかし，自然の生物のバランスを崩さないように注意する必要がある．例えば，捕食動物は，無害で有用な生物についても捕食してしまうことがある．

生物時計 biological clock

　多くの動植物で存在すると考えられているメカニズムで，行動や生理の周期的な変化を作っている．生物時計は，動物の冬眠のような生体内の*生物リズムの多くに関与している．生物時計は，人工的に一定の環境下におかれても維持されるが，通常生物が同期するために使っている特別なシグナルを取り除いた環境では最終的にはずれていく．ショウジョウバエを用いた研究により，生物時計の分子的な基盤が明らかにされており，同様のメカニズムが哺乳類を含む他の動物でも存在すると考えられている．これには様々なタンパク質が関与しており，*per* 遺伝子にコードされるPERや *tim* 遺伝子にコードされるTIMといった自分自身の発現を制御する転写因子も含まれていることが知られている．これらのタンパク質は，負のフィードバックループを形成しており，タンパク質の濃度が周期的に増減する．それらの周期のタイミングは，転写やmRNAの細胞質への移動，翻訳，PER-TIMの二量体の形成に必要な時間によって決定されている．PERとTIMは，PER-TIM二量体の状態でのみ核に移行することができる．また，TIMを含む数種のタンパク質は，感光性で，昼間は分解されてしまう．それによって生物時計は昼夜のサイクルと同調される．

生物燃料 biofuel

　生物資源に由来する固体，液体，気体燃料．生体由来の有機物は潜在的なエネルギー

資源であり，世界で依然増え続けているエネルギー需要に応えるために開発が進められている．生物燃料の例としては，ナタネ油があげられるが，これは改造したエンジンによりディーゼル燃料の代わりとして使用できる．ナタネ油のメチルエステルはナタネメチルエステル（RME）と呼ばれ，非改良のディーゼルエンジンでも使用することができ，バイオディーゼルとして知られている．その他の生物燃料としては，*バイオガスや*ガソホールがあげられる．

生物発光 bioluminescence

生物による熱を発生しない発光．このような現象は，ツチボタルやホタル，バクテリア，カビ，深海魚において観察されており，動物において，これらは，（魚の形を隠したりすることにより）防御手段となるか，あるいは生殖のシグナルや，種を見分ける手段となると考えられている．この光は，ルシフェリンの酸化によって作られ，この反応はルシフェラーゼという酵素によって触媒される．ルシフェリンの構造には種特異性がある．生物発光には，連続的に起こっているもの（バクテリア）や断続的に起こっているもの（ホタル）がある．→ 発光器

生物発生説 biogenesis

生物は，それ自体と同様の生物から発生し，無生物から発生することはないという原則．→ 自然発生

生物繁栄能力 biotic potential (intrinsic rate of increase)

記号はr．理想的な条件において，ある個体についての繁殖能力をもつまで生存する子どもの数．自然環境ではほとんど実現されないが，個体の繁栄能力の尺度となる．高い生物繁栄能力をもつ生物は*r淘汰を受ける．

生物物理学 biophysics

物理的視点からの生物学の研究で，生命現象を研究するために物理学の法則と技術を応用する．

生物リズム biorhythm(biological rhythm)

*生物時計によって生成・維持される，行動や生理現象のおおまかで周期的な変化．よく知られている例として，植物や動物の*概年周期，*概日リズムがある．→ インフラディアンリズム，ウルトラディアンリズム

生分解性 biodegradable —→ 汚染

精母細胞 spermatocyte

睾丸の二倍体の細胞で減数分裂により四つの*精細胞（→ 精子形成）を産み出す．第一精母細胞は*精原細胞から発達する．第二精母細胞は第一精母細胞の第一減数分裂により出現し，これらは第二減数分裂のあとに二つの精細胞を産み出す．

性ホルモン sex hormones

性的発達を支配するステロイドホルモンのこと．最も重要なのは，*アンドロゲンと*エストロゲンである．

生命の起源 origin of life

無生物の物質から生物が発生した過程のことで，一般に35億から40億年前の地球上で起こったと思われている．原始地球の大気は，アンモニア，メタン，水素，水蒸気などの有機物質の基本構成成分すべてを含んでいる化学スープのようであったと考えられている．これらの物質は，太陽と雷雨からのエネルギーを使って，化学進化の過程を経て，アミノ酸やタンパク質やビタミンのような，より複雑な分子となった．最終的には，すべての生命の基本である自己複製する核酸が誕生した．最初の生物は，単純な膜に囲まれているそのような分子からなっていただろう．→ プロティノイド

生命発生 biopoiesis

無生物であるが自己複製をする複雑な有機分子から生き物が発生すること．生命の起源のプロセスはこのようなものであったと考えられている．→ 生命の起源

声門 glottis

*咽頭から気管（喉笛）に至る穴．哺乳類では*声帯の存在する空間としても機能する．→ 喉頭蓋，喉頭

精油 essential oil

芳香性の植物の腺から分泌される特有な香りをもった自然の油．*テルペンが主な構成成分．エッセンシャルオイルは，水蒸気蒸留か，低温にした脂肪または溶媒（アルコール

など）による抽出か，加圧によって抽出され，香水や香料，薬として使われる．シトラスオイルやフラワーオイル（バラ，ジャスミンなど），クローブ油などが例としてあげられる．

生卵器 oogonium (pl. oogonia)
　藻類や菌類における雌性生殖器官（*配偶子嚢）のこと．

生理学 physiology
　栄養，呼吸，生殖，排泄のような，植物や動物の生命維持機能を扱う生物学の分科．

生理食塩水 physiological saline
　細胞の病理学的変化や変形が起こらずに，実験中の動物組織が数時間生きていられる液体培地．このような液体は生体の体液と等張で，同じpHの塩類溶液である．よく知られた例はイギリスの生理学者リンガー（S. Ringer, 1835-1910）によって考案されたリンガー液で，塩化ナトリウム，塩化カルシウム，炭酸水素ナトリウム，塩化カリウム溶液の混合物である．

生理分化 physiological specialization
　一つの種内に，外見的には変化がないが，生理的には様々な型ができること．このようなものは生理品種と名づけられる．例えば広い地域で病害抵抗性の作物品種が植えつけられると，多くの病原菌類は強い選択圧に応じて新しい生理品種を発達させる．

赤芽球 erythroblast
　赤色*骨髄組織にある赤血球に分化する細胞をさす．核をもち，最初は色がないが，発達につれて*ヘモグロビンで満たされてくる．哺乳類では核が消失する．→ 赤血球生成

脊索 notochord
　弾性のある棒状の骨格で，すべての脊索動物（→ 脊索動物）の胚もしくは成体における神経索と消化管の間に縦に長く伸びている．その機能は体の強化と支持であり，主に筋肉の支持に働く．ナメクジウオでは幼体が成体に育った後にも脊索が残存するが，脊椎動物の成体においては*脊柱によってほとんど置き換えられる．

脊索動物 Chordata
　体の背側に中空の神経管が存在し，また発生のある段階で，柔軟な棒状の骨格（*脊索）をもち，咽頭から*鰓裂が開くことに特徴づけられる動物門．*尾索動物亜門（ホヤ），*頭索類（ナメクジウオ），*無顎類（無顎の脊椎動物），*顎口亜門（顎口類）（有顎の脊椎動物）の四つの亜門が存在する．無顎類，顎口類は一般に脊椎動物や有頭類として知られ，脊索が胚や幼生のときにのみ存在し，出生する前や変態する前に*脊柱（背骨）に置換される．これにより脊椎動物はより高度な運動が可能となり，また感覚器の改良が進み，頭蓋により囲まれた，脳の拡大が可能となった．いくつかの分類体系では，脊椎動物に属さない二つの亜門を門の地位に昇格させ，有顎と無顎の脊椎動物を一つにまとめ第三の門にする．この門は有頭類（門）と呼ばれ，脊椎動物亜門のみを含む．旧来の無顎類と顎口類の二つの亜門は，この場合，それぞれ脊椎動物亜門の上綱とされる．

脊髄 spinal cord
　脊椎動物の中枢神経系の一部で，脳のうしろに位置し，*脊柱の内部に納められている．脊髄は，横断面がH字型で中空の*灰白質の芯部の外側を，*白質の外層が取り囲んだ構造をしている．中空部の中心管には*脳脊髄液が存在する．白質には長軸方向に伸びる多数の神経繊維が神経束に分かれたものが含まれる．上行性神経束は感覚ニューロンから

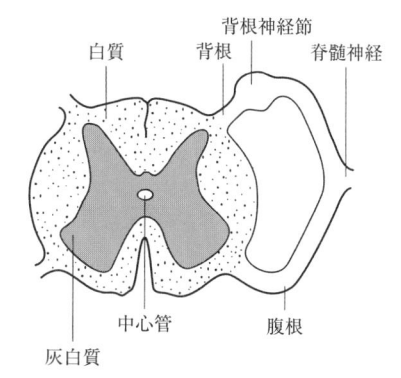

脊髄の横断面

なり，脳へ神経インパルスを伝える．下行性神経束は運動ニューロンからなり，脳からの神経インパルスを伝達する．脊髄からは対になった*脊髄神経が出る．

脊髄小脳路 spinocerebellar tracts
感覚情報を伝えるニューロンの経路で脊髄から脳の小脳へつながっている．

脊髄神経 spinal nerves
*脊髄から出ている神経の対（→ 脳神経）．ヒトでは31対である（各椎骨から一対ずつ出ている）．それぞれの神経は*背根と*腹根が合一したものからなり運動・感覚繊維をともに含む（すなわちそれらは混合されている）．脊髄神経は*末梢神経系の重要な部分を形成している．

脊髄反射 spinal reflex ── 反射

石炭 coal
太古の植物が堆積し変性作用を受けて生じた，褐色または黒色の炭素質の堆積物をいい，多くは沼沢地やその他の多湿の環境の植物から形成された．植物は分解されると泥炭層となり，次いで海面の上昇または陸地の沈降により海中に沈み，上に積もった海底堆積物により地中に埋もれ，その後の圧力上昇と高温により，泥炭は石炭に変化した．石炭には二つの種類が知られており，植物の遺体からできた陸植（木質）炭，藻類や胞子，粉々になった植物体からできた腐泥炭がある．

炭化作用の過程（高温高圧による変化）は長期にわたるため，堆積物は進行性の変化を示し，酸素に対する炭素の比率は上昇し，揮発性物質や水分は除去される．この過程の各時期は，石炭の等級として表される．石炭の主な等級は，低いものから*褐色で水分含量が高く軟質の褐炭，主に火力発電所で用いられる亜瀝青炭，生産量が最も多い石炭である瀝青炭，半瀝青炭，炭素含有量が86～92%である半無煙炭，炭素含有量が92～98%であり硬く黒色の無煙炭がある．

炭層の大部分は，石炭紀と二畳紀の間に形成された．より後のジュラ紀のはじめと第三紀にも石炭が形成された．炭層は主要な大陸のすべてに存在し，主要な産出国には，アメリカ，中国，ウクライナ，ポーランド，イギリス，南アフリカ，インド，オーストラリア，ドイツがある．石炭は燃料，化学工業原料として使われ，副産物にはコークスとコールタールがある．

石炭紀 Carboniferous
古生代のなかの一紀．デボン紀の後のおよそ3億5900万年前に始まり，2億9900万年前から始まるペルム紀（二畳紀）の前まで続く．ヨーロッパではこの期間を石炭紀前期と石炭紀後期に分けており，それぞれがおおよそ，北アメリカのミシシッピ期とペンシルベニア期に一致している．石炭紀前期では海進が起こり，浅瀬の海でこの時期に特徴的な石炭を含む石灰石が堆積した．動物相は，有孔虫，サンゴ，外肛動物，椀足動物，海ツボミ類やその他の無脊椎動物を含む．石炭紀後期では石うす用砂岩と呼ばれる，三角州をなす環境下において堆積した頁岩と砂岩の混合物が形成される．その上には，石炭，砂岩，頁岩，粘土が交互に重なった石炭鉱床が石うす用砂岩に代わってみられるようになる．石炭はシダ種子類やヒカゲノカズラ類，その他の植物により構成されている広大な沼沢森林から作られた．この期間に，魚類は継続して多様化していき，両生類はより豊富になった．

脊柱（背骨） vertebral column (backbone; spinal column; spine)
脊椎動物に存在する柔軟性のある骨の柱で，体の長軸に沿って下まで伸びており，主要な支持骨格となっている．また，*脊髄を囲んで保護し，さらに背部の筋肉の付着部位を提供する．背骨は一連の骨（→ 脊椎）から成り立っており，それらの骨の間は軟骨の*椎間板で仕切られている．脊椎は，頭蓋骨とは*環椎の部分で，肋骨とは*胸椎の部分で，下肢帯とは仙骨（→ 仙椎）の部分で関節を介してつながっている．

脊椎 vertebra
*脊柱を構成する骨．哺乳類ではふつう，各脊椎は椎心あるいは椎体と呼ばれる部分と，横突起と呼ばれる椎心の側面から突出した部分からなる．椎心からは神経弓が生じ，脊椎は神経弓のなかを通る．特化した様々な機能や，また生物種によって骨の数が変わる

ことから，脊椎は五つのグループに分けられている．例えばヒトでは七つの*頸椎と12の*胸椎，五つの*腰椎，五つの融合した*仙椎，五つの融合した*尾椎（*尾骨を形成する）である．

脊椎動物　vertebrate
動物の大きなグループである，背骨（→脊柱）をもつ，*脊索動物門に属する動物をいう．脊椎動物には魚類，両生類，爬虫類，鳥類，哺乳類が含まれる．

赤道面　equator ── 紡錘体

セクレチン　secretin
胃からの塩酸に反応して小腸の前部（*十二指腸，*空腸）で産生されるホルモン．これは膵臓からのアルカリ性の膵液の分泌と，肝臓での胆汁の産生を刺激する．セクレチンの機能が最初に実証されたのは1902年で，ホルモンとして最初に記された物質である．

セクロピン　cecropin
大腸菌のようなグラム陰性菌に対して活性のあるペプチドの一種．細菌の感染に応答しアカスジシンジュサン（cecropra moths）から生産され，これは細菌の細胞膜を破壊する．

世代　generation
ある個体群のなかにおいてほぼ同じ年齢である生物集団．遺伝学研究において子孫を得るために掛け合わされる生物を「親世代」と呼び，その子を雑種第1世代と呼ぶ．→ F_1, F_2, P

世代交代　alternation of generations
生物の*生活環のうちで，二つかそれ以上の異なった形態（世代）が生じることで，それぞれの世代は外見，習性，生殖様式などが互いに異なる．単細胞の原生生物，ある種の下等動物（刺胞動物や寄生性の扁形動物など），植物などでみられる．例えばマラリア原虫は複雑な生活環をもち，有性生殖と無性生殖の世代が交代する．植物においては，有性生殖世代は*配偶体と，無性生殖世代は*胞子体と呼ばれ，そのどちらかの形態が生活環において優位を占め，一倍体と二倍体の状態変化も伴う．維管束植物においては二倍体の胞子体が優位を占めており，それが胞子

を形成し，胞子が発芽して小さな一倍体の配偶体となる．コケ類においては，配偶体が主要な植物体であり，胞子体は胞子を生ずる蒴である．→ 挿入仮説，変形仮説

世代時間　generation time
細胞分裂が一度始まってから次の細胞分裂が始まるまでの間隔のこと．細菌では20分ほどの短時間のものもある．→ 間期

節
1. node
(1) （植物学）一つまたはそれ以上の葉がそこから生ずる植物の茎の部分のこと．茎の頂部にある節は，お互いがきわめて近接しており，鱗茎を作る単子葉植物種においては近接した状態が保たれる．茎の古い部分では，節は「節間」と呼ばれる茎の部分によって分けられている．
(2) （解剖学）器官や体の一部における自然な肥大や隆起のこと．例えば，心拍動を支配する洞房結節（→ ペースメーカー）や*リンパ節などがあげられる．
2. tagmosis ── 合体節

節果　lomentum
1心皮から形成された乾裂開果の一型で，細長い果実中に種子が2列に並び，種子と種子の間にくびれが入ることで1種子を含んだ室に分かれるもの．*豆果の一部（例えばアカシアの果実）と*長角果の一部（例えばハマダイコンの果実）（訳注：アブラナ科の果実は心皮が2枚であり，節長果として，節果と区別される）は，このように果実が各室に分離する．

石灰処理　liming
カルシウムを増加させ，酸度を低下させるために，石灰（水酸化カルシウム）を土壌に施すこと．

舌顎軟骨　hyomandibular ── 舌骨弓
石化作用　petrification ── 化石

節間　internode
1．（植物学）植物の茎の二つの*節の間の部分．
2．（神経学）ランビエ絞輪の二つの節の間の神経繊維の有髄領域．→ ミエリン鞘

接眼　ocular ── 接眼レンズ

接眼レンズ eyepiece (ocular)

光学的な装置のレンズまたはレンズ系のなかで，目に最も近いところにあるレンズ．たいてい，装置によって映し出されたイメージを拡大する役割がある．

赤血球 erythrocyte (red blood cell)

血液細胞のなかで最も多い細胞で，赤い色素である*ヘモグロビンを含んでおり，酸素運搬を担当している．哺乳類の赤血球は円盤状で核がない．その他の脊椎動物では，楕円形をしており核がある．ヒトでは，血液中にある赤血球の数は$1 mm^3$当たり 450 万～550 万個とされる．これらの寿命はだいたい 4 カ月で，その後，脾臓と肝臓で壊される．→ 赤血球形成，白血球

赤血球生成 erythropoiesis

赤色骨髄のなかで起こる，赤血球の形成 (→ 造血組織)．顕微鏡で観察できる最も早い幼若な細胞は「前赤芽球」であり，造血幹細胞から「初期赤芽球」「中期赤芽球」「後期赤芽球」へと発達していき，ヘモグロビンの多くがこの段階で合成される．哺乳類では核がその後に細胞から消え，両面が凹んだ形である「網状赤血球」となる．網状赤血球は血液に放出され 2 日で成熟した赤血球となる．→ エリトロポエチン

接合 conjugation

1. 二つの生殖細胞の融合，特にそれらが同じ大きさである場合に用いる (→ 同形配偶)．

2. アオミドロのようなある種の藻類や，大腸菌のようなある種の細菌，原生生物の繊毛虫類にみられる有性生殖の一種をいう．二つの個体は，それらの細胞の一方または双方より伸びた突起から形成された接合管によって合体する．一方の細胞（雄性とする）からの遺伝物質は，この管を通り，他方の雌性細胞の遺伝物質と合体する．細菌においては，接合は*性因子により支配，開始される．

接合期 zygotene

第一*減数分裂前期の第二段階であり，このときに相同染色体の*対合が起こる．相同染色体対上の相同領域どうしが密に接触し，この過程には対合装置を形成したタンパク質やDNAが関係する．

接合菌門 Zygomycota

パンカビ (ケカビ) を含む腐生あるいは寄生性の菌類の門．これらの菌糸には隔壁がなく，*胞子嚢内に形成される胞子嚢胞子による無性生殖，あるいは*接合胞子による有性生殖で繁殖する．

節口綱（腿口類） Merostomata → 鋏角類

接合子 zygote

受精した雌性*配偶子．卵や胚珠内部の卵細胞核が精子や花粉粒の核と融合した産物．→ 受精

接合胞子 zygospore

耐久性のある厚い壁のある接合子であり，いくつかの藻類と菌類 (→ 接合菌門) により形成される．接合胞子は二つの配偶子が融合した結果生じる．これらの配偶子はどちらも親の特化した（生卵器のような）生殖器官に保持されない性質がある．接合胞子は発芽の前に休眠期に入る．→ 卵胞子

舌骨弓 hyoid arch

魚類の鰓を支える，7 個の骨質のV字形の弓状の鰓の 2 番目のものをいう．背側の部分は舌顎軟骨として特殊化し，顎懸架に含まれる (→ 二重連結型顎懸架，間接連絡型顎懸架)．四足類においては，舌骨弓の背部は鐙骨 (*耳小骨の一つ) を形成するように進化した．腹側の部分は舌骨を形成し，舌を支える．

摂餌 ingestion (feeding)

*従属栄養生物が大きい食物を取り込み，あとに消化する (→ 消化) 方法．動物の栄養摂取の主要な機構である．→ 大形食の，微小食の

接種 inoculation

1. → ワクチン

2. 微生物や他の細胞を増殖させるために，それらの細胞の試料を*培地に少量入れること．

接種材料 inoculum

培養を開始するために用いる，細菌やウイルス，他の微生物を含む少量の材料．

舌状花花冠 ligule
　*頭状花序の一部の小花の花冠筒から伸びた，ひも状の延長部．このような小花は舌状花と呼ばれる．

摂食 feeding ⟶ 摂餌

接触屈性 thigmotropism (haptotropism)
　植物の気中部器官が物理的接触に対して反応する成長の一種．例えばスイートピーの巻髭は支柱などに触れると支柱の方向に巻きつくように屈曲する．⟶ 屈性

接触傾性 haptonasty ⟶ 傾性運動

接触殺虫剤 contact insecticide
　殺虫剤（⟶ 農薬）のなかで，経口摂取されるよりも，クチクラから吸収させることにより，あるいは気門を遮断することにより，標的の昆虫を殺すものをいう．

屑食者 detritivore
　*デトリタスを餌とする動物をいう．屑食者の例としてミミズ，ニクバエ，ウジ，ワラジムシがある．屑食者は，腐敗してゆく動植物由来の有機物質の分解に重要な役割を果たす．⟶ 分解者

節足動物 arthropod
　無脊椎動物のなかで特徴的に，体の外層として強固な外骨格の保護層である*クチクラをもつもので，したがって定期的に脱皮することによってのみ成長が可能となる（⟶ 脱皮）．節足動物は，100万種以上に及び，生息域は，世界中の海，淡水や陸上の多岐にわたる．節足動物の体は，体節からなる（⟶ 分節化）．この体節によって，体は頭部，胸部，腹部に分けられる．これらの体節で分けられた体には，様々な付属肢がついており，*口器，脚，翅，生殖器官，感覚器官として様々に変化している．主要な体腔はその内部に内臓を含み，またこれは血液で満たされた*血体腔となっており，この内部に心臓も存在する．昔の分類では，節足動物1門として節足動物門（Arthropod）となっていたが，現在では，節足動物中の様々な集団の起源や関係がいまだはっきりとしないことが明らかとなった．いまのところは体節で区切られた体についている付属肢の基本的な構造の違いに応じて (1) *甲殻類（エビ，フジツボ，カニなど），(2) *六脚類（昆虫類），*唇脚綱，*倍脚綱を含む*単肢動物門，(3) *クモ形綱（クモ，サソリ，ダニ）を含む*鋏角類の三つの門に分けられている．

絶対嫌気性菌 obligate anaerobes ⟶ 偏性嫌気性菌

絶対不応期 absolute refractory period ⟶ 不応期

接着結合（接着帯） adherens junction (zonula adherens)
　細胞結合の一種で，特に上皮細胞にみられ，隣接する細胞の外側を取り囲む強化され連結されたベルトを形成する．これは細胞表面の側面に位置するカドヘリン分子の帯からなっており（⟶ 細胞接着分子），細胞膜を通して細胞内のアクチンマイクロフィラメントの円周状のベルトと結合している．隣接する細胞のカドヘリンのバンドが互いに連結されており，細胞層の安定化と統一化に寄与している．⟶ 密着結合

接着帯 zonula adherens ⟶ 接着結合

接着斑（デスモソーム） desmosome (macula adherens)
　上皮組織の隣接した細胞の間に形成されるつぎ当て状の結合であり，細胞どうしを結びつけることにより組織を強化し，同時に細胞間の空隙で物質が移動することも可能となる．接着斑は，25 nmの細胞間隙を貫通する繊維の束からできている．これらの繊維は細胞膜の下に存在するタンパク質からなる板に結合し，細胞内にはこの板からさらに繊維が伸長する．半接着斑は接着斑と類似の構造であるが，細胞と*細胞外マトリックスを結びつける．⟶ 細胞間結合

Z線（Z帯） Z line (Z band)
　横紋筋繊維において隣接した*筋節を分ける薄い膜．電子顕微鏡下で明帯の中央に存在する薄く暗い線としてみることができる．それぞれの細い（アクチン）繊維の中心点はZ線に固定され，筋繊維が収縮するときにはZ線の膜上でミオシン繊維を引っ張る．

絶滅 extinction
　最後の1個体が死んでしまい，種，あるいはその他の範疇生物集団に属する生きている

生物がこの世界からなくなってしまう非可逆的な状態．絶滅は地域規模でも地球規模でも起きる．生息地を壊す，大量に資源として捕獲する，などの人間の行為が絶滅を引き起こすこともある．*食物連鎖の最上部の種（大きい肉食鳥など）は，個体数が少ないことと，食物連鎖のどのレベルでの有害な変化にも影響を受けることから，絶滅の危機に会いやすい．→ 大（量）絶滅

絶滅危惧種 endangered species
　国際自然保護連合（International Union for the Conservation of Nature and Natural Resources: IUCN）から，その個体数が危機的なレベルにある，または生息地が劇的に減少したという理由で，急速な*絶滅の危機にあると定義された植物種または動物種．もし現在の状態が続いた場合，これらの種はほぼ確実に絶滅する．IUCNからは絶滅危惧種のリストが発行されており，そこには他の水準で生存に危険が迫っている種も掲載されている．

ゼニゴケ liverworts ⟶ 苔類植物門
背骨 backbone ⟶ 脊柱
セミオケミカル semiochemical
　生物の振舞いに影響を与える化学物質．これらの化学物質には，同種の生物間の意思伝達に使用される*フェロモンや，異種の生物の間で化学的シグナルとして作用する*他感作用物質が含まれる．陸上の生物は嗅覚や味覚によって空気中，地上の化学シグナルに反応するのに対し，水中の生物はそれらが生息している水環境のなかに溶けているもしくは分散している化学物質に大いに影響される．合成セミオケミカル，特に人工の性フェロモンなどは，農業，園芸において有害生物，特に害虫の数を減らすために幅広く使用されている．例えば，雄の昆虫を罠におびきよせる誘惑物として，あるいはその地域の性的誘引物質の濃度を上げることによって雄を攪乱し，結果として交尾を阻害することに使用できる．

セメント cement (cementum)
　歯を下顎に固定するための骨質の薄層．*歯の歯根の象牙質を覆い，歯ぐきより下側に位置する．顎骨の歯槽の内面を覆う*歯根膜に付着している．

ゼラチン gelatin (gelatine)
　コラーゲンを水とともに沸騰させ水分を蒸発させることで得られる，無色あるいは淡黄色の可溶性タンパク質．水を加えると膨張し，熱水に可溶性で，この溶液を冷やすとゲルになる．ゼラチンは細菌学では培地に，薬学ではカプセルや座薬に用いられる．またゼリーやそのほかの食料品で使われている．

セリワノフテスト Seliwanoff's test
　溶液中においてフルクトースのようなケトースの存在を検証する生化学的な試験．この方法はロシアの化学者セリワノフ（F. F. Seliwanoff）により開発された．等量の水と塩酸の溶液にレゾルシノールの結晶を溶かした試薬を数滴たらし，この試料を加熱すると，ケトースが存在する場合は赤い沈殿が生ずる．

セリン serine ⟶ アミノ酸
セルシウス温度 Celsius scale
　標準圧力において水が凍結する温度を0℃，沸騰する温度を100℃とした，温度のスケール．この二つの基準の温度のあいだを100等分する．セルシウス温度（℃）と*ケルビン温度の目盛の間隔は同一である．このセルシウス温度は以前から百分度スケール温度（centigrade scale）として知られるものと同じである．百分度の名前は1948年から1度の1/100との混乱を避けるために公式に変更された．セルシウス温度は，スウェーデンの天文学者である，セルシウス（Anders Celsius, 1701-44）にちなんで名づけられた．彼は現在使われる形式と逆のスケール（氷点100°，沸点0℃）を1742年に発明した．

セルトリ細胞 Sertoli cells (sustentacular cells)
　*睾丸の精細管にある細胞のこと．これはイタリアの組織学者のセルトリ（Enrico Sertori, 1842-1910）にちなんでつけられたもので，セルトリ細胞は*精細胞を保護し，発達中と成熟した精子にともに栄養物質を運ぶ．この細胞はまた，「インヒビン」というホルモンを生産する．このホルモンは*濾胞

刺激ホルモンを阻害し，したがって精子の生産を調節する

セルフスプライシング self-splicing → リボザイム

セルラーゼ cellulase

セルロースをセロビオース（二糖の一種で2個のグルコース分子が $\beta\text{-}(1,4)$ 結合することによりできている）とグルコースを含む糖に加水分解する，糖質分解酵素．セルラーゼはセルロース単位どうしをつなぐ $\beta\text{-}$ グルコシド結合を切断する．セルラーゼは植物の*器官脱離で重要な役目を果たすが，微生物のセルラーゼは草食動物が植物を消化する際に働く．→ 反芻類

セルロース cellulose

枝別れ構造のないグルコースの長鎖により構成されるポリサッカロイド（図参照）．すべての植物や，多くの藻類，ある菌類などの細胞壁の主成分であり，細胞壁の強剛性の原因である．食物*繊維の重要な成分である．セルロースは普通ミクロフィブリルとして存在し，50～60個のセルロース分子が平行に長く並んでいる．セルロースの繊維性の性質は綿や，人工絹などの生産のための織物産業の分野で重要なものである．

セルロース分解性 cellulolytic

セルロースを消化できることを示す．例えば，反芻動物の胃のなかに存在するセルロース分解性細菌．これは，*セルラーゼを用いてセルロースを分解する．

セレクチン selectin → 細胞接着分子

セレブロシド cerebroside

*糖脂質の多くのクラスのうちの一つで，単糖の単位がスフィンゴ脂質に結合しているもの（→ リン脂質）．最も普通にみられるセレブロシドはガラクトセレブロシドであり，糖としてガラクトースを含んでいる．神経組織の原形質膜やニューロンの髄鞘のなかに大量にみられる．

セロトニン serotonin (5-hydroxytryptamine: 5-HT)

5-ヒドロキシトリプタミン．アミノ酸のトリプトファンの誘導体で（構造式参照），血管の直径に影響を及ぼし，また*神経伝達物質の機能を果たす．セロトニンは，*肥満細胞，*好塩基球，そして*血小板から放出され，炎症とアレルギー反応を引き起こす化学伝達物質として働く．脳のなかでセロトニンは気分に影響すると考えられている．多くの抗うつ剤は脳中の神経末端によるセロトニンの再吸収を阻害し，したがって脳中のセロトニン濃度を上昇させる．→ リゼルギン酸ジエチルアミド

セロトニン

尖 cusp

*弁の舌の部分をいう．

腺 gland

動物もしくは植物において，特定の物質を分泌するために分化した一群の，あるいは単一の細胞．動物においては2種類の腺が存在し，ともに分泌物を合成している．*内分泌腺は産物を直接血管に分泌する．*外分泌腺は管もしくは管のネットワークを通して体腔もしくは体表面に産物を分泌する．分泌細胞

セルロース

はそれらの産物を含む小滴(小胞)をもつことによって特徴づけられる. → 分泌

植物の腺は, その植物が生産するある種の物質を分泌することに特化している. 分泌物は単一の細胞内にとどまるか, もしくは特殊な孔もしくは管に分泌されるか, または体外に分泌される. 例としては, ある種の葉がもつ水腺(*排水組織)や蜜腺(*蜜), 食虫植物のもつ消化腺などがある.

線 ray
1. (光学) 細いビーム状の輻射.
2. (植物学) → 放射組織

線維 fibre ⟶ 繊維

遷移 succession
(生態学) 群集形成の初期段階から静的な極相群集に到達するまでの, ある地域において連続的に群集が変化すること. 天候や定着した生物により引き起こされた変化など, 多くの要因が遷移に影響する. 例えば, 長年をかけて低木が深い土壌の層を形成し, その結果高木の成長を支えられるようになり, 高木が結果として低木を覆う. → 遷移系列

繊維 (線維) fibre
1. 細胞壁がリグニンによって高度に (通常完全に) 厚くなった, 伸張した植物細胞 (→ 厚壁組織). 繊維は維管束組織, 通常は木部に認められ, 植物を構造的に支えている. 繊維の語はしばしば漠然と木部要素を意味することにも用いられる. 多くの種, 例えばアマの繊維は商業的に重要である.
2. 筋繊維, 神経繊維, コラーゲン繊維, あるいは弾性繊維といった, 動物の体における様々な糸状の構造のあらゆるもの.
3. (食物繊維, 粗質物) エネルギーを生産するための消化, 吸収がなされない食物の部分. 食物繊維は, セルロース, ヘミセルロース, リグニン, ペクチンの四つのグループに分けられる. ショ糖といった高度に精製された食物は食物繊維を含まない. 繊維を多く含む食物に全粒穀物食品や小麦粉, 根菜, 木の実および果物がある. 食物繊維は憩室症, 便秘症, 虫垂炎, 肥満症, 糖尿病といった西洋現代文明病の多くを予防するのに有用であると考えられている.

前胃 proventriculus
1. 鳥類の胃の前半部. ここで消化酵素が分泌される. 食物は, 前胃を経由して*砂嚢に入る.
2. → 胃咀嚼器

繊維芽細胞 fibroblast
*結合組織の細胞間物質に繊維を分泌する細胞. その細胞は長く平らで星型をしており, 膠原繊維の近くに存在する. 繊維芽細胞はしばしば細胞培養中でよく成長する.

遷移系列 sere
最終的に極相の群集に至る植物群集の*遷移の一そろいのこと. 遷移系列は時間とともに変化する異なる植物群集の連続から構成されている. これらの途中に出現する群集は, 「遷移段階」あるいは「途中相」として知られている.

繊維質食品 roughage ⟶ (食物) 繊維

繊維状タンパク質 fibrous protein ⟶ タンパク質

繊維素溶解 fibrinolysis
*プラスミン酵素 (フィブリナーゼ, フィブリノリジン) による*フィブリンタンパク質の分解. 循環器系から血餅が取り除かれる際に起こる.

繊維軟骨 fibrocartilage ⟶ 軟骨

線エネルギー付与 linear energy transfer (LET)
運動する電子や陽子といった高エネルギーの荷電粒子が物質中を通過することによって, その飛跡に沿った単位長さ当たりの, 飛跡に沿った原子や分子により吸収されるエネルギー. LET は, 荷電粒子が生物組織を通過するときに特に重要となる. というのは, LET は放射線の線量の効果を変化させるからである. LET は粒子の電荷の二乗に比例し, また粒子の速度が低下すると, LET は増大する.

浅海水層 neritic zone
大陸棚上の海の領域で, 200 m より浅いところのこと (光合成ができる生物にとってのおおよその最深部). → 海洋帯

腺下垂体 adenohypophysis ⟶ 脳下垂体

全か無かの反応 all-or-none response
　悉無応答ともいう．完全なシグナル強度を伴った反応もしくはまったく反応が起こらないかのどちらかしか起こりえない反応のことで，そのどちらになるかは刺激の強さに依存し，中途半端な反応は起こらない．例えば，神経細胞は完全な神経インパルスを伝えるか，もしくは休息状態を維持するかのどちらかである．刺胞動物において刺激された*刺細胞は，完全に射出しているか否かのどちらかである．

先カンブリア代 Precambrian
　おおよそ50億年前の地球の形成から，約5億4千万年前のカンブリア紀のはじめまでの時代を示す．「先カンブリア」という言葉は，特定の地質時代を示すためにはもはや使われないが，一般的な形容詞として残っている．先カンブリア代は，いまでは三つの時代に分けられている．すなわち，*冥王代，*始生代，*原生代である．最後の原生代は，現在の時代（*顕生代）のはじまりへとつながっている．化石は少ないが，化石の一種の*ストロマトライトがシアノバクテリアやその他の細菌の集団が繁栄していたことを示している．しかしながら，先カンブリア代の岩石は，変成作用を後に受けたために，岩石と出来事とを結びつけることが非常に困難である．先カンブリア代の岩石が露出している最も広い地域は，カナダ（ローレシアン）楯状地，バルト楯状地のような楯状地の地域である．

前期（有糸分裂の） prophase
　染色体が収縮し，セントロメアの部分を除き染色体の長軸に沿って分割して染色分体になる，細胞分裂の初期．*有糸分裂（体細胞分裂）では，染色体は互いに分離した状態を維持する．第一*減数分裂では，相同染色体が互いに対合する（→ 対合）．第一減数分裂の前期の終わりまでに，二つの相同染色体は離れ始める．

前胸腺 prothoracic gland　→ エクジソン

前胸腺刺激ホルモン prothoracicotropic hormone（PTTH）
　脳の両側にある腺（アラタ体）から分泌される昆虫のホルモンであり，前胸腺からの脱皮ホルモンである*エクジソンの分泌を刺激誘導する．タバコスズメガ（*Manduca sexta*）から分離されたPTTHは，二つの同種のペプチド鎖から構成される約30 kDaのタンパク質である．

前形成層 procambium（provascular tissue）
　根や芽条の*茎項分裂組織により形成される植物の組織．植物の長軸に対して平行に伸長する細胞からなる．前形成層は，のちに一次*維管束組織に分化する．

線形動物 Nematoda
　線虫からなる無脊椎の*擬体腔動物の一門．滑らかで，細く円柱状の，分節をもたない体制であり，体の両端は細くなっている．また，生涯で4回，成長するために堅い外側の角質を脱ぐ．自由生活している小さな（微視的な）線形動物は世界中のいたるところに存在し，生体有機物の再利用や分解において重要な役割をもつ．多くの寄生性線虫はそれよりもかなり大きく，ヒトの深刻な病気の原因となっているバンクロフト糸状虫（*Wuchereria*）やメジナ虫（*Dracunculus*）などがあげられる．

旋光性 optical activity　→ 光学活性

潜在学習 latent learning
　*学習の一種で，この型の学習では動物にただちに報酬が与えられず，学習したことがらは潜在したままとなる．その代表的な例は，自分の周囲を探索する動物にみられる．自分のなわばり内の地形についての学習結果は，その動物にただちに利益を与えることはない．しかし将来，捕食者から逃げる際や食物を探す際に重要となる．昆虫の多くは，自分の巣の近くの目印の詳細を，方位測定の飛行をすることにより学習する．こうすることにより，遠方から戻る際でも昆虫は巣にたどりつくことができるようになる．

全実性の holocarpic
　成熟したときに，菌体全体が生殖のための

胞子嚢に分化する菌類を形容する語である．
→ 分実性の

前シナプス膜 presynaptic membrane
　神経細胞間のシナプス間隙のなかに神経伝達物質を放出するニューロン膜のこと（→ シナプス）．

線条体 corpus striatum ── 大脳基底核

染色 staining
　通常は透明な細胞や生物体の薄い組織切片を一つあるいはそれ以上の染色液に浸し，顕微鏡でみやすくなるようにすること．染色は様々な細胞や組織の構成成分の間のコントラストを高める．染色剤はたいていは陽イオンや陰イオンを含んだ有機塩である．もし，陰イオン（有機陰イオン）が発色の原因となっている場合，その染料は酸性染料と呼ばれ，例えば*エオシンがそれである．もし，陽イオン（有機陽イオン）が発色の原因である場合，その染料は塩基性染料と呼ばれ，例えば*ヘマトキシリンがそれである．中性染料は，陽イオンと陰イオンの両方に発色団が含まれるもので，例として*ライシュマン染色がある．細胞の構成成分がもし酸性染料に染まるのであれば，好酸性と表現され，塩基性染料に染まるなら，好塩基性，中性染料に染まるなら，好中性と表現される．生体染色剤は細胞を傷つけることなくそれらを生かしたまま構成成分を染色し（→ 生体染色），非生体染色剤は死んだ組織に用いられる．
　対比染色は二つあるいはそれ以上の染色液を連続して用いて，おのおのの染色液が細胞や組織の異なる構成成分を染め分ける．一時染色は，ただちに試料を顕微鏡観察するために用いられるが，色はすぐに褪せて組織はその後損傷を受ける．永久染色では，細胞が変形することはなく，相当な時間にわたり保存される組織に用いられる．
　電子染色とは，電子顕微鏡で観察する試料に使われるもので，その染色剤は電子の透過を遮るため，高電子密度である．電子染色の染色剤としては，クエン酸鉛，リンタングステン酸（PTA），酢酸ウラニル（UA）がある．

染色質 chromatin ── クロマチン

染色質削減 chromosome diminution
　線形動物の胚において，発生初期に体細胞から生殖細胞が分離する現象．体細胞の染色体は崩壊する傾向をもち，無傷なものはほんのわずかなものとなる．一方で完全な無傷の状態に，生殖細胞の染色体は維持される．

染色体 chromosome
　植物と動物（真核）細胞の核内にみられる数本からそれ以上の糸状の構造体．染色体は*クロマチン（染色質）からなり，染色体上には直列に*遺伝子が並んでいる．これらの遺伝子はその個体の性質を決めている．核の分裂時でないと，個々の染色体は光学顕微鏡では見えない．しかし，核の分裂の第一段階で染色体は凝縮し，染色すると光学顕微鏡の下で見えるようになる．それぞれの染色体は*セントロメア（動原体）（→ 減数分裂，有糸分裂）の部分で結合した2本の*染色分体からなる．細胞内の染色体の数は種ごとに一定でありかつ固有の数値である．*二倍体生物の正常な体細胞では染色体はペアで存在する（→ 相同染色体）．配偶子を形成する生殖細胞では二倍体の染色体数から半減し，それぞれの細胞は染色体対のうちの一方だけをもっている．たとえば，ヒトの体細胞は染色体を46本（22対の常染色体と1対の*性染色体）もち，生殖細胞の染色体数は23本である．染色体の数や構造の異常は個体の異常を引き起こすことがある．*ダウン症は，そのような異常の結果である（→ 染色体変異）．
　細菌細胞やウイルスは一つの染色体しかもたない（訳注：実際には例外がある）．真核生物細胞と違い，より単純でヒストンをもたず，単鎖または二重鎖のDNA（ある種のウイルスではRNA）のみから形成されている．→ 人工染色体

染色体ウォーキング chromosome walking
　*物理的地図を作るときに使われる技術で，DNAライブラリーから重なりのあるクローンを順次選んでいくことで，染色体上の遺伝子の並び方を決める．例えば既知の*マーカー遺伝子の近くの遺伝子を同定するためにそのマーカー遺伝子から効率的に両方向にウォーキングし，より詳細なゲノムマッピングを

する技術がある．前提としてマーカー遺伝子を含む最初のクローンは断片化され，それぞれの断片はサブクローニングされ，最初のマーカーからより遠くの隣接したり重複したりする断片を検出するための*遺伝子プローブとして使われる．そしてまた，この隣接した断片は再びサブクローニングされ，最初のマーカーからより遠くの隣接したり重複したりする断片を検出する遺伝子プローブとして使われ，これが繰り返される．クローン断片はそして，染色体上の順番に並び替えられる．より洗練された技術として，染色体ジャンピングという技術があり，ここでは断片の末端部のみが同定されていて，中間の領域をジャンプしてウォーキングすることを可能にする．これは物理地図を描くスピードを速め，また染色体ウォーキングには適していない，*反復DNAの並びをさけてウォーキングすることが可能になる．

染色体ジャンピング chromosome jumping
→ 染色体ウォーキング

染色体地図 chromosome map
　生物体の染色体の長さ方向に沿った遺伝子，遺伝子マーカー，他の遺伝的な目印の相対的な位置を示す地図．染色体地図には基本的に互いに相補う2種類が存在する．一つは*連鎖地図で，各遺伝子座の間の組換え値を求める研究により作られ，各遺伝子の相対的位置関係を示す．もう一つは*物理的地図で，染色体内の物質的な配列を示すものであり，染色体の分染によるバンドのパターンを示したもの（細胞学的地図の一種）や，DNAの塩基配列を示したものがある．どちらの染色体地図も様々な方法により作られ，その方法は対象の生物の型，ゲノムの複雑さ，既知のデータの量に応じて選択される．現在では，多くの種の生物の染色体に関するデータが蓄積されてデータベースになっており，インターネットを通じて，遺伝学者やその他の人々に自由に公開されている．

染色体変異 chromosome mutation
　染色体構造のはなはだしい変化．生物体に対して非常に有害な効果を示す．染色体変異は減数分裂の*交叉の時期において対形成のミスが生じたときに起きる．染色体変異の主なタイプとしては，*転座，*重複，*欠失，*逆位などがある．→ 点突然変異，突然変異

染色分体 chromatid
　細胞分裂の初期に*染色体より形成される，糸状の鎖．それぞれの染色体はその長軸に沿って二つの染色分体に分かれ，それらは最初の間は動原体の部分で一つに結合している．それらは細胞分裂の後期に完全に分かれる．染色体のDNAは正確に複製されるので，各染色分体は，もとの染色体と完全に同じ遺伝子をもち，DNAの量もまったく同量の娘染色体となる．

全身獲得抵抗性 systemic acquired resistance (SAR)
　局部的に損傷を受けた植物において，感染に対して全身の免疫が高まる状態．局部的感染に対する植物の過敏感反応（→ 過敏感反応）によって何らかの物質が産生され，数時間から数日の間，障害を受けた部位から遠く離れた部位を含む，植物体全体の抵抗性を引き起こす．現在では，その物質の一つがサリチル酸（2-hydroxybenzoic acid）だという有力な証拠があり，またそのアセチル化誘導体である*アスピリンは一般に鎮痛薬として知られている．あるモデルでは，障害を受けた部位でサリチル酸が合成され，それが篩管を通じて遠隔部位に移動することが提案されている．その部位でサリチル酸は，いわゆる感染特異的タンパク質（pathogenesis-related proteins）の遺伝子を活性化する．これらのタンパク質には，例えば*キチナーゼのような微生物の細胞壁を分解することのできる酵素や，微生物の酵素を阻害するタンパク質などが含まれる．サリチル酸の誘導体であるメチルサリチル酸は，サリチル酸よりも揮発性が高く，損傷部位から揮発性シグナルとして放出されると考えられている．

鮮新世 Pliocene
　新第三紀の2番目，そして最後の地質時代．中新世のあとで，更新世の前になる．約530万年前に始まり，260万年前まで続いた．哺乳類はこの時代に現在のような形になったと考えられ，ヒトの初期の祖先であるアウス

トラロピテクス（→ 猿人類）も現れた．

漸新世 Oligocene
古第三紀の3番目の地質時代のこと．始新世に続いて約3400万年前に始まり，中新世が始まるまで約1100万年間続いた．この時代は哺乳動物の発展が続いたことが特徴であり，最初のイノシシやサイやバクなどが出現した．

漸深層域 bathypelagic zone ── 無光層

漸増（神経活動の） recruitment
運動ニューロンの刺激応答をさらに強めるために活性化される運動ニューロンが増加すること．

前側の anterior
1．前方を向いている動物の体の部分を表す言葉．すなわち，動物が動くときに先導する部分である．ヒトやそのほかの二足歩行動物では，前部の表面は*腹側の表面に対応する．
2．それぞれ花柄や主茎とは離れた側の花や腋芽の側面を表す言葉である．→ 後側の

先体 acrosome
精子の前部もしくはその周辺を帽子状に取り囲む膜状構造で，精子の卵への進入を助ける．先体は酵素を含んでおり，受精に先立ち卵と精子が接触したときに放出される．酵素は卵の外膜を分解することにより精子を侵入させる．無脊椎動物の精子の先体にはアクチン繊維を含むものがあり，この繊維は伸長して卵への進入を助ける．

選択的交配 selective breeding ── 交配

選択的再吸収 selective reabsorption
*原尿が腎臓の*ネフロンを通過するときに，その成分のいくつかが吸収され血液中に戻されることをいう．グルコース，アミノ酸，塩分などが濃度勾配に逆らって再吸収されるが，ネフロンから毛細血管への輸送にはエネルギーが必要である（→ 能動輸送）．アンモニアや尿素など，他の成分は吸収されるよりは分泌され（→ 分泌），一方，カリウムなど，あるイオンは体全体のイオンバランスの状況に応じて，尿細管からの分泌と吸収のどちらもが起こりうる．

センチ centi-
記号c．メートル法において1/100を示すために用いる接頭語．例えば，0.01メートルは1センチメートル（cm）である．

センチモルガン centimorgan
記号cM．→ 地図単位

線虫（セノラブディティスエレガンス）
Caenorhabditis elegans
遺伝学や発生生物学に使われるモデル動物で，土壌中に棲む下等動物の一種．1998年，多細胞生物ではじめてゲノムの塩基配列がすべて解読された．ゲノムは，1万9100種類ほどのタンパク質をコードする遺伝子を含んでおり，全ゲノムサイズは97 Mbである．成熟した線虫は決まった数（959個）の細胞からなり，各細胞の発生の過程を追うことができる．これは，発生のメカニズムにおける遺伝的制御や細胞死（*アポトーシス）の役割，また神経系の形成などを知るために価値のある知見をもたらした．

前腸 foregut
1．脊椎動物の消化管の前方の領域で，十二指腸の前方部分まで．
2．節足動物の消化管の前方部分．→ 後腸，中腸

仙椎 sacral vertebrae
*脊柱のなかで，腰椎と尾椎の間にある椎骨のこと．仙椎の役割は*下肢帯と脊柱をしっかりとつなぐことであり，ふつうは仙椎が融合して一つの骨（仙骨）を形成することで確固たる支持をする．動物により仙椎の数が異なる．両生類は一つの仙椎をもち，爬虫類は二つ，哺乳類は三つあるいはそれ以上の仙椎をもつ．

前庭 vestibule
体腔につながる室，あるいは腔と腔をつなぐ室のこと．例えば，哺乳類の生殖器系において，前庭は外陰部と*膣内をつなぐ．

前庭階 vestibular canal
内耳の*蝸牛内の管で，*前庭窓へとつながる．*外リンパを含み，圧力波は前庭窓から*ライスナー膜を通って蝸牛管内の内リンパへと伝わる．→ コルティ器

前庭器 vestibular apparatus
　内耳の一部位で，平衡をつかさどる．前庭器は蝸牛へとつながっている．三*半規管からなり，頭部の動き（→ 膨大部）を感知し，*卵形嚢と*球形嚢では頭部の位置を感知する（→ 聴斑）．→ 耳

前庭窓（卵円窓） oval window (fenestra ovalis)
　*正円窓の上部にあり，中耳と外耳（→ 耳）の境にある，膜に覆われた空孔．鼓膜の振動は*耳小骨によって中耳を経て伝えられ，前庭窓を通して内耳に伝播する．前庭窓小窩は3番目の耳小骨（アブミ骨）につながっている．→ 前庭階

前適応 preadaptation
　移動した新しい生息地にたまたま高度に適応した，あるいは生物が環境条件の変化に対して生き残る可能性を高くする，生物の解剖学的構造，生理学的過程，あるいは行動パターンのこと．例として，特定の魚類において発達した肺は，これら魚類が乾燥した陸上の新しい環境に適応し始める以前には，最初はおそらく浮力を助けるものであった．→ イグザプテーション

先天性の congenital
　生まれつきあること．体の先天性障害は，*ダウン症候群のように遺伝性の因子が原因の場合や，薬物（サリドマイドなど），化学物質（ダイオキシンなど），感染（*リステリア属や*サイトメガロウイルスなど）などの環境因子や傷害が原因になる場合がある．

先天性免疫 innate immunity →→ 免疫

蠕動 peristalsis
　消化管中の食物を移動させる不随意筋の収縮と弛緩のうねりのこと．腸管壁の環状筋が順次収縮することにより起こる．

前胴体部 prosoma
　融合した頭部と胸部（頭胸部）からなり，鋏角やその他の付属肢をもつ，クモ形類の動物とその他の*鋏角類に属する節足動物の，体の前部（→ 合体節）を示す．→ 後胴体部

前頭葉 frontal lobe
　それぞれの脳半球の前方部分で，これは抽象的な思考のような高度な精神機能に関係している．

セントラルドグマ Central Dogma
　遺伝子の情報の流れが，*DNAから*RNAそしてRNAタンパク質に向かうという，分子遺伝学者によって考えられた基本的な信念．しかし現在では，*レトロウイルスの複製の場合にみられるように，RNA分子のなかに含まれる情報はDNAに戻すことができることが知られている．→ 遺伝暗号

セントロメア centromere (kinomere; spindle attachment)
　細胞分裂のとき*紡錘体へ付着する*染色体の一部（→ 減数分裂，有糸分裂）．この付着は，*動原体と呼ばれる板状構造を介して行われる．セントロメアの位置は各染色体を区別する指標となり，セントロメアが中央にある染色体は中部動原体型 (metacentric)，セントロメアが染色体の中心からずれるものを末端動原体型 (acrocentric)，セントロメアが染色体の末端に存在するものを端部動原体型 (telocentric) という．セントロメアは通常，細胞分裂の際に染色体が凝縮しその狭突部として現れる．セントロメアには*反復DNAが，存在する．

前脳 forebrain (prosencephalon)
　脊椎動物の胚の，脳の三つの区画のうちの一つ．前脳は成体における*大脳，*視床下部，*視床を形成するよう発生する．→ 後脳，中脳

前脳胞 prosencephalon —→ 前脳

前発がん物質 procarcinogen
　活性のある*発がん物質の前駆体．前発がん物質自体は，常に発がん性があるとは限らないが，それが代謝されたあとに活性のある発がん物質に変換される．例えば，ジエチルスチルベストロールという薬（もはや医薬品として使用されていない合成エストロゲン）は，エポキシド中間体に代謝され，これが子宮頸がんを引き起こす．

潜伏 incubation
　感染症の進行において，感染初期から最初の症状が現れるまでの間の段階．

潜伏ウイルス latent virus
　複製を行うことなく宿主の生物中にとどま

るウイルスのことである．単純性疱疹の病原体である単純ヘルペスウイルスを含む潜伏ウイルスは，最初の感染のあとに宿主の免疫が弱ったときなどに，複製が誘導され，細胞を溶解させることがある．

潜伏期 latent period
　刺激の受容から被刺激性組織の反応のはじまりの間の短い時間のこと．収縮する筋肉の場合，潜伏期は約 0.02 秒にわたっている．それは*筋小胞体からカルシウムイオンが放出されるために必要な時間である．

全分泌 holocrine secretion ⟶ 分泌

前変異 premutation
　それ自体は正常な個体を生じるが，後の世代には完全な変異体となる可能性がある遺伝子の変異体（対立遺伝子）．ヒトの家系の遺伝学的解析により，前変異はいくつかの遺伝病と関連することが明らかとなった．例えば，ハンチントン舞踏病の病原遺伝子は，健全個体では，この遺伝子をコードする配列の開始地点付近に，6〜39 回の一連となる CAG 繰返し配列をもつ．罹病個体では，この領域が伸びて 36〜180 回の CAG 繰返し配列になる．30 回台前半の CAG 繰返し配列をもつ個体は，ハンチントン舞踏病の前変異をもつことになる．遺伝子内のこの領域は減数分裂の間にやがて増幅され，この個体の子孫に病気を引き起こすのに十分な長さの異常な対立遺伝子となる．

腺房 acinus (pl. acini)
　膵臓など，多小葉性腺の最小単位．膵臓の各腺房は腺房細胞の中空な集合体からなっており，膵液中に分泌される消化酵素を生産する．膵腺房から出ている管は最終的に膵管に合流する．

繊毛 cilium (pl. cilia)
　10 μm の長さにまでなることのある短く微小な毛状の構造体で，多くの細胞の表面，特に脊椎動物の*上皮の一部や，ある種の原生動物に存在する．繊毛は通常は集合して存在し，真核生物の鞭毛より短いが，どちらの細胞小器官も同じ構造をもち，まとめて波動毛（→ 波動毛）と呼ばれる．繊毛が振動することにより，細胞の移動や，細胞の周囲の液体の流れが生ずる．→ 軸糸

繊毛上皮 ciliated epithelium
　*上皮の一領域で，急速に振動することのできる毛状の付属器官（→ 繊毛）をもつ円柱状ないしは立方体状の細胞からなる．繊毛上皮は，気管，気管支，鼻腔などの上皮表面に付着した，粒子や液体を移動させる機能をもつ．繊毛上皮は粘液を分泌する*杯細胞の近くにしばしば存在する．

繊毛摂食 ciliary feeding
　摂食方法の一種で，ナメクジウオや多くの水棲の無脊椎動物で用いられる．繊毛の運動により，動物に向かい，そして通過する水流が生じ，その水流のなかの微生物は繊毛により濾し取られる．

繊毛虫類 Ciliophora
　プロトクティスタの一門で，繊毛をもつ*原生動物，すなわち繊毛虫を含み，ゾウリムシも含まれ，これらは小核と大核（→ 核）の 2 種の核をもつ．繊毛は摂食と移動に用いられる．繊毛虫類は*接合による有性生殖を行う．

センモウヒラムシ *Trichoplax* ⟶ 板形動物門

泉門 fontanelle
　頭蓋骨に存在する間隙．新生児は泉門をもって生まれ，これは頭蓋の骨が癒着するにつれて縮小し，この頭蓋骨の融合はおよそ生後 18 カ月で完成する．

前葉体（シダ類の） prothallus
　ヒカゲノカズラ類，トクサ類，シダ類における，独立生活を営む*配偶体世代である小さく平らな多細胞体．これらの植物のうちのいくつかの種では，単一の前葉体が雄性と雌性の両方の生殖器をもつ．その他の種では，前葉体が雄性と雌性とに分離している．

前立腺 prostate gland
　尿道を取り囲み，尿道が膀胱から出るところに開く，哺乳類の雄にある腺．射精の際に，わずかにアルカリ性の液体を*精液中に分泌し，精子を活性化させるとともに，精子が互いに固着するのを防ぐ．

線量 dose
　物質が*電離放射線に曝露された程度を示

す尺度．吸収線量はそのような曝露の結果として単位質量当たりの物質に吸収されたエネルギーである．国際単位はグレイ（gray）であるが，しばしばラド（rad）で示される（1 rad＝0.01 gray. → 放射線単位）．最大許容線量は国際放射線防護委員会によって定められた，人間や器官についての，一定時間内での許容される吸収線量の上限を示す．

蘚類 Musci → 蘚類植物門

蘚類植物門 Bryophyta

維管束組織をもたず，未発達の根状の器官（仮根）をもつ単純な体制の植物からなる門．蘚類は淡水や岩の表面など様々な湿った環境に生息する．ほかの種の植物の上に生息するものもある．蘚類は配偶体世代と胞子体世代との間で明美な*世代交代を示す．蘚類は直立あるいは匍匐した葉状茎をもつが，これは配偶体世代であり，*半数体である．配偶体は蒴を付けた葉のない茎を生じるが，これは胞子体世代で，*二倍体である．胞子体は，配偶体に水分や栄養分を依存している．この蒴のなかにできる胞子は放出され，新たな植物に育つ．

以前は，この門（Bryophyta）に苔類とツノゴケ類も含まれていたが，現在は別の門（→ 苔類植物門，ツノゴケ植物門）となり，蘚類は蘚類植物門のなかの綱（蘚類綱）となった．'bryophytes'の語は，いまでも非公式には，蘚類植物門，苔類植物門，ツノゴケ植物門のすべてを示す語として使われている．

ソ

叢 plexus

神経や血管の，小さく分岐した網状構造で，例えば腕神経叢があり，これは脊椎動物の前肢へ伸びる網状になった脊髄神経の分枝である．→ 脈絡叢

相加 summation

1．（神経生理学）*シナプス後ニューロンの活動電位を引き起こすのに十分なシナプスの刺激の伝達によって1カ所以上のシナプス後膜に引き起こされる電位の変化の組み合わされた効果．相加は，一つもしくはいくつかのシナプス後電位が単独ではシナプス後ニューロンの興奮を引き起こすことが不十分なときに起きる．これは，一つのニューロンのなかの異なるシナプスにおいて同時に生じた（空間的相加），もしくは同じシナプスにおいて迅速に連続して生じた（時間的相加），二つ以上の電位変化の効果から成り立つ．

2．→ 相乗作用

桑果 sorosis

花序の穂全体が一まとまりになって形成された*複合果の一種．クワの実やパイナップルがこの例．

痩果 achene

1枚の心皮から形成され，1個の種子を含む乾燥した閉果．例としては，クレマチスにみられる羽状の付属体のついた痩果がある．痩果は*穎果，*下位痩果，*堅果，*翼果といった多様なものがある．→ イチゴ状果

造果器 carpogonium (pl. carpogonia)

紅藻（→ 紅色植物門）の雌性配偶子嚢．雌性配偶体の先端にみられる．造果器はフラスコ型をしており，そこから細く伸びた受精毛が伸びている．有性生殖の際に非運動性の雄性配偶子は造果器から放出され，受精毛に付着する．受精の後，造果器は*果胞子を含む嚢果へと発達する．

双殻類（二枚貝類） Bivalvia (Pelecypoda ; Lamellibranchia)

水生の軟体動物の一綱でカキ，ホタテガイ，ハマグリなどを含む．横方向に平らな体と，ちょうつがいで結合した2枚の貝殻（すなわち二枚貝）が特徴である．肥大化した鰓は繊毛で覆われており，鰓の間を通過する水に含まれる微小な餌の粒子をろ過する機能もある．双殻類は海底か湖底に棲み，定住性であるため頭と足が縮小している．

走化性 chemotaxis ── 走性

相観 physiognomy

（生態学）生物全体の大きさや形のこと．高木林（trees），低木帯（shrubs），草地（herbs）といった記述はしばしばある地域の植生の一般的な外観を表すために用いられる．さらに植物相観は環境条件に深く関連するため，世界中の類似した気候の場所で，類似した生活形の植物が優占する傾向にある．生活形や相観区分を定義することで，相観を洗練させる様々な取組みがなされており，特に有名なのがデンマークの生態学者であるラウンケル（Christen Raunkiaer, 1876-1960）によるものである．彼の生活形を分類する方法は，植物が厳しい条件で生き延びる様式に基づいており，特に越年（あるいは越冬）する芽と地表面との位置関係に基づいている．彼は植物を *一年生植物，*地中植物（地下に越冬器官を作る植物），*半地中植物（草本性の多年性植物），*地表植物（小型の低木），*地上植物（大型の低木や高木）の五つに分類することを提案した．

走気性 aerotaxis ── 走性

増強 potentiation

ある現象に関して，二つの物質や出来事が単独で与えられた場合の効果と比較して，より大きな効果を産み出す，二つの物質や出来事を同時に与えた場合の相乗作用． → 相乗作用

双極細胞 bipolar cell ── 網膜

双極ニューロン bipolar neuron

細胞から異なる方向に伸びている，軸索と樹状突起からなる突起物を2組もつ*ニューロン．多くの感覚ニューロンは双極ニューロンである． → 多極ニューロン，単極ニューロン

藻菌類 phycomycetes

旧式の分類体系における，すべての原始的な*菌類のことで，多くが水中（魚類に寄生するミズカビなど）や湿った場所でみられる．多くは単細胞生物であり，菌糸体を形成するものも一般的に細胞と細胞の間の隔壁をもたない．この隔壁のない点で，隔壁をもつ*子嚢菌類や*担子菌類とは区別される．藻菌類には*接合菌門が含まれる．

象牙芽細胞（造歯細胞） odontoblast

脊椎動物の歯の*象牙質を形成している細胞．造歯細胞は*歯髄腔の内面にみられ，象牙質のなかに伸長する突起をもつ．

象牙質 dentine

*歯の大部分を形成する骨状物質．組成は骨に近いが，神経繊維，毛細血管，*象牙芽細胞の突起を納める多数の象牙細管が，象牙質のなかを通っている．象牙（ivory）は，象の牙を形成する物質であり，象牙質からできている．

造血組織 haemopoietic tissue

造血過程により血球を産生する組織．脊椎動物において胚や胎児の段階の造血組織は骨髄，リンパ節，卵黄嚢，肝臓，脾臓，胸腺であるが，生後は赤色骨髄（→ 骨髄組織）で造血が行われる．造血組織で赤血球や白血球を作り出す異なる種類の*幹細胞は本来すべて造血幹細胞（あるいは血球芽細胞）に由来する．異なる種類の血球の産生はホルモンや*サイトカインを含む「造血成長因子」によって調節される． → 赤血球生成

草原 grassland

優占植物が草本である陸上の主要な*バイオーム．このバイオームでの降水量は樹木の旺盛な成長を促すほど十分ではなく，また樹木の成長は草食動物によっても抑制される．サハラ以南のアフリカの多くをカバーする熱帯草原（サバンナ）ではアカシアやバオバブなどの樹木が間隔をあけて生育しており，また，草食動物の大群とそれらの捕食者がこの草原に養われている．アジアにおけるステップや北米のプレーリー，南米のパンパ

スなどの温帯草原は，樹木が少なく，かなりの部分が農業に使われている．
双懸果 cremocarp
　各心皮が一つの種子をもった，2心皮からなる*分離果となる乾果．その心皮は最初から分離しており，果実の散布前は，果実の中心となって支えている繊維（心皮間柱）についた不裂開の分果を形成する．双懸果は，セリ科（ニンジンなどの仲間）に特有である．
走光性 phototaxis
　光に反応して細胞（配偶子など）や単細胞生物が動くこと．例えばある種の藻類（クラミドモナスなど）は感度のよい眼点で光を受容し，より光合成を行うために光の強い場所へ移動する．→ 走性
総合説進化論 modern synthesis ── ネオダーウィニズム
総合的病害虫管理 integrated pest management (IPM)
　様々な物理的，その化学的，生物学的手法を組み合わせて昆虫その他の農作物の病害虫を防除する方法．化学農薬への依存，それによる作物の汚染や，農産物中の有害な残留物を最小限にすることを目的としている．多くの害虫において従来の殺虫剤に対する抵抗性が高まっており，これによりもたらされる危険に対抗する助けにもなる．総合的病害虫管理は現在では，綿，米，アルファルファ，柑橘類を含むある種の畑作物において世界的に，また多くの温室作物で行われている．総合的病害虫管理を効果的にするためには，害虫に対するだけでなく自然の害虫捕食者についての生理学，生態学，生活環の十分な知識が必要である．これによりたくさんの防除手法から選び出した最も適切な戦略の選択が可能になる．これらの手法には次のものが含まれる．害虫の天敵を助けたり，ある状況での新しい害虫捕食者を誘導する*生物的防除．従来の植物育種や遺伝子工学（→ *遺伝子組換え生物）のいずれかを用いた作物の害虫抵抗性の改良．混作や適期の栽培のような病虫害の程度を小さくするような農業の実践．*昆虫発育抑制剤のような殺虫剤その他の化学物質の選択的な使用．これらは益虫と環境への最小限の影響で最大限の防除効果をもたらす．
造骨細胞（骨芽細胞） osteoblast
　*骨に存在する細胞で，骨基質を形成するコラーゲンその他の物質を分泌する細胞のこと（→ 類骨）．造骨細胞は骨髄のなかの骨芽前駆細胞由来であり，ゆくゆくは*骨細胞になる．→ 骨化
走査型電子顕微鏡 scanning electron microscope ── 電子顕微鏡
造歯細胞 odontoblast ── 象牙芽細胞
創始者効果 founder effect
　ある生物種の全個体のなかの少数の個体，おそらくひと握りの個体によって集団が創始されるときに起こる現象．確率的な偶然によって，この創始者の構成員が遺伝的にその種全体を代表するものでなくなり，新たな集団の遺伝的構成がその生物種の主要な集団とはきわだって異なるようになる．そのため創始者効果はもとの種からの進化的分岐の可能性を増大させ，結果として新たな種を出現させる可能性を増大させる．→ 周辺種分化
相似の analogous
　非常に異なる祖先から進化したが，外見上は似ている生物の特徴を表す語である．チョウと鳥の羽などは，相似器官である．→ ホモプラシー
総状花序 raceme
　*総穂花序の一型で，花序軸が長く伸び，有柄の花が側生する．例にはハウチワマメの花序がある．→ 円錐花序
相乗作用 synergism (summation)
　二つの物質（例：薬物，ホルモン）の合同の作用によって，各物質の単独の効果を足した場合より大きな効果を生む現象．→ 増強
双子葉類 Dicotyledoneae
　被子植物の二つの綱の一つ（→ 被子植物門）であり，種子のなかに2枚の双葉（*子葉）をもつことにより単子葉類から区別される．双子葉類は通常，網状の葉脈をもち，茎のなかには環状維管束が存在し，花葉数は4，5，あるいはその倍数となる．双子葉類には多くの食用植物（例えばジャガイモ，エンドウ，インゲンマメ），観賞植物（例えばバ

ラ、セイヨウキヅタ、スイカズラ)、硬材の樹木(例えばカシ、シナノキ、ブナ)が含まれる. → 単子葉類、真正双子葉類

草食 grazing

*草原における、特にウシやヒツジなどの動物による植生の消費. 過剰な草食は*砂漠化を招く可能性がある.

増殖因子 growth factor ⟶ 成長因子

草色細菌 grass-green bacteria ⟶ クロロキシバクテリア

草食動物 herbivore

草木を食べる動物で、特に有蹄類(ウシ、ウマなど)のような植物を食する哺乳動物. 草食動物は植物を噛み砕くために適応した歯とセルロースを消化するために適応した消化管(→ 盲腸)をもつことが特徴とされる.

総穂花序 racemose inflorescence (indefinite inflorescence)

花をつける枝条(→ 花序)の一型で、花茎の先端の成長域が育つ間は新しい花蕾を作り続けるものをいう. その結果、花茎の先端に最も若い花、基部に最も古い花が位置することになる. 扁平な花序では、最も若い花は中心部、古い花は外側に位置する. 総穂花序には*頭状花序、*尾状花序、*散房花序、*総状花序、*肉穂花序、*穂状花序、*散形花序が含まれる(図参照). → 集散花序

走性 taxis (taxic response: tactic movement)

細胞(例えば配偶子)や、微生物が外部刺激へ応答し運動すること. ある微生物には光感受部位があり、光の強い場所へ向かったり、遠ざかったりすること(それぞれ正・負の*走光性)ができる. 多くの細菌は、化学物質の刺激に対し、応答して動く(走化性). 特に大気中の酸素が刺激となることを走気性(酸素走性)という. 走性応答は繊毛や鞭毛、またはその他の移動のための器官をもつ細胞に限定されている. この用語は高等動物の運動を表すことにはあまり使用されない(訳注:日本では昆虫や魚類などの行動にも走性の語を用いる). → 走地性、キネシス、屈性

増生 hyperplasia

なかに含まれる細胞の数が増加することにより、組織や器官が増大することをいう.

造精器 antheridium (pl. antheridia)

藻類、カビ、コケ植物類、ヒカゲノカズラ類、トクサ類、シダ植物などにみられる雄性生殖器官のこと. 雄性配偶子(アンセロゾイド)を産生する. 造精器は単一の細胞からなる場合と、細胞壁をもつ場合があり、細胞壁

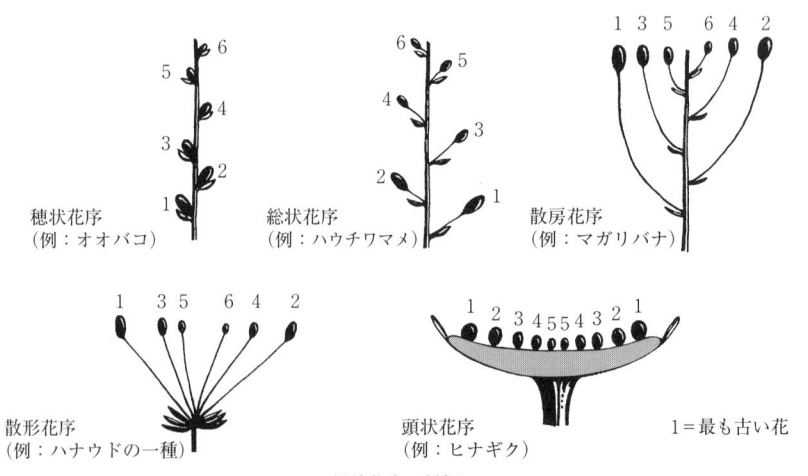

穂状花序
(例:オオバコ)

総状花序
(例:ハウチワマメ)

散房花序
(例:マガリバナ)

散形花序
(例:ハナウドの一種)

頭状花序
(例:ヒナギク)

1=最も古い花

総穂花序の種類

は発達する配偶子の周りを取り囲む1層または数層の生殖に関与しない層を形成する．→ 造卵器

双生児　twins

同一の母親から同時に生まれた2個体．双生児は同一の卵から発生する場合と（→ 同型双生児），二つの別々の受精卵から発生する場合がある（→ 二卵性双生児）．

早成種　precocial species

発生の比較的後期においてふ化する種の鳥．このような種の子どもは，ふ化してすぐ巣を離れ移動できる．これらは離巣性とも表現される．→ 晩成種

創造説論者　creationist

生命の起源と進化に関する*特殊創造説の提案者，支持者．

相対原子質量　relative atomic mass (r.a.m.; atomic weight)

単に原子量ともいう．r.a.m.と略称されることもある．記号 A_r. ある元素の天然に存在する状態の平均原子質量の，炭素12原子の質量の1/12に対する比．

相対成長　allometric growth

成長が規則的かつ系統的なパターンで起きることで，このためある生物の組織や体の一部分の大きさや質量は，その生物の体全体に対する比率で表される．その相対式は $Y=bx^a$ で表され，Y は組織の質量，x は生物の質量，a は組織の成長係数，b は定数である．

相対増殖速度　relative growth rate

植物の*生産力の指標で，ある特定の期間内に単位重量の植物が示した重量増加を乾燥重量で示したもの．

相対不応期　relative refractory period　→ 不応期

相対分子質量（分子量）　relative molecular mass (molecular weight)

記号 M_r. ある元素や化合物が自然に存在する状態における分子一つの平均質量の，炭素12原子の質量の1/12に対する比．この値は，その分子を構成する原子の原子量を加算した値に等しい．

相対密度　relative density

略称 r.d. 基準物質の密度に対するある物質の密度の比．液体や固体の相対密度は，水の最大密度に対する（通常は20℃における）密度の比．この値は昔は比重と呼んでいた．

走地性　geotaxis

細胞や微生物が重力に反応して動く性質．例としては，刺胞動物の幼生が正の走地性にしたがい海底に向かって泳ぐものなどがある．→ 走性

走鳥類（古顎下綱）　Ratitae (Palaeognathae)

ダチョウ，キーウィ，エミューなど飛べない鳥のグループ．これらは長い脚，丈夫な骨，小さな翼，平坦な胸骨，巻毛の羽をもつ．これらは飛べる祖先から由来したと思われ，単系統ではないと考えられている．

相同染色体　homologous chromosomes

同じ構造的特徴をもつ染色体をいう．*二倍体の核では，減数分裂のはじめに相同染色体の対を認めることができる．各対の一つは母親由来であり，他方は父親由来である．相同染色体では，染色体に沿った遺伝子のパターンは同じであるが，それらの遺伝子の性質は異なることがある（→ 対立遺伝子）．

相同な　homologous

1．（生物学）共通の祖先から遺伝で受け継いだために，一群の種に共有されている形質を形容する語である．このような形質は，相同と呼ばれ，種あるいはより高次の分類群の進化的関係を決定するために，*分岐論で使われる．相同は，二つの型に分けることができる．共有された派生的な相同（共有派生形質）（→ 派生形質）は，特定の群に特異的で，*単系統群を決定するために使われる．共有された祖先的な相同（→ 原始形質）は，その群に特異的ではなく，またその群の種を生じた祖先の種からの子孫の種のすべてが保有しているわけでもない（→ 側系統的）．相同な形質は同一の進化的な起源をもつが，それらは異なった機能を発達させている場合もある．たとえば，コウモリの翼，イルカの胸鰭，ヒトの腕は，相同な器官であり，祖先の魚類の1対の胸鰭から進化してきた．→ 相

似の

2.（分子生物学）異なった核酸（またはタンパク質）の対応する部分のヌクレオチド配列（またはアミノ酸配列）が，それらが共通の祖先分子から進化したために，類似性を示すことをいう．この語は，進化的な関係が伴わない場合や証明されない場合で，単に類似した配列を示す際にも，しばしばより緩やかで不正確な意味合いで用いられる．→ オルソロガス，パラロガス，保存配列

挿入 insertion

（遺伝学）余分な核酸塩基がDNA配列に加わる*点突然変異．この結果，タンパク質合成の*翻訳段階で塩基配列の読み間違いが起こる．

挿入仮説 interpolation hypothesis

維管束植物の進化の間に胞子体世代が出現したことを説明する仮説．これは，初期の植物が完全に半数体の配偶体であったことが前提である．あるときに接合子が減数分裂的ではなく有糸分裂的に「発生し」，原始的な二倍体の胞子体を生じた．したがって，胞子体世代は生活環に「挿入された」あるいは補間された．胞子体は進化して複雑さを増し，現代の種子植物のような，より目立った形態になった．一方で配偶体はしだいに小さくなった．→ 変形仮説

挿入配列 insertion sequence ⟶ トランスポゾン

造嚢器 ascogonium

子嚢菌門の菌の雌性配偶子嚢のこと．ここから，*造嚢糸が発生する．

造嚢糸 ascogenous hyphae

子嚢菌門の菌体にある菌糸のこと．この菌糸は，*造精器と融合したあとの*造嚢器から成長する．造嚢糸は，二つの核をもつ細胞からできている．二つの核のうち，一つの核は雄性造精器由来で，もう一つの核は雌性造嚢器由来のものである．この状態を，細胞が真の二倍体ではないことから，2nというよりはむしろn+nとして記述する．*子嚢（→ 子嚢）は，造嚢糸から発生する．

総排泄腔 cloaca

骨盤領域に存在する腔で，大部分の脊椎動物では，消化管と輸尿精管の末端が開いている．しかしながら，有胎盤類では肛門と尿生殖器の開口部とに分離している．

相反交雑 reciprocal cross

*交雑の結果を確認するための，雌雄の役割を反転させた交雑のこと．たとえば，ある交雑実験で背の高い木の花粉（雄）を背の低い木の柱頭へ運べば，相反交雑では背の低い木の花粉を高い木の柱頭に受粉させる．

総苞 involucre

いくつかの顕花植物やコケ植物の保護構造．顕花植物ではこれは*頭状花序を付ける種（すなわちキク科の植物）や*散形花序を付ける種（すなわちセリ科の植物）での花房の下に生じる多数の*包葉の輪からなる．コケやゼニゴケでは総苞は葉状体から伸びた組織であり，発達中の*造卵器にドーム状にかかる．

僧帽弁 mitral valve ⟶ 二尖弁

相補的DNA complementary DNA (cDNA)

DNAの一種で，すなわち，メッセンジャー*RNA (mRNA) を鋳型として細胞内の通常の*転写の過程の逆を行い，研究室で調製されたものである．これの合成は*逆転写酵素により触媒される．したがってcDNAは，mRNAの鋳型に相補的な塩基配列をもち，ゲノムDNAとは異なり，非翻訳配列（*イントロン）を含まない．cDNAは，原核生物の宿主細胞内で真核生物の遺伝子を発現させるための*遺伝子クローニングや，ゲノムDNAの特定の塩基配列の位置を突き止めるための*遺伝子プローブとして用いられる．

草本 herb

*草本植物で，すなわち硬い木質の組織を形成しない種子植物．

草本性の herbaceous

永久的な木質組織をほとんど含まない植物についていう．このような植物の地上部分は成長期間のあとは枯れる．*一年生植物では植物全体が枯死し，*二年生植物や*多年生植物では不良環境下において土中で生き残るために分化した器官（例えば，鱗茎あるいは

球茎）をもつ．

造卵器 archegonium (pl. archegonia)

コケ植物，ヒカゲノカズラ，トクサ，シダ，裸子植物の，多細胞のフラスコ型をした雌性生殖器．これらの植物は，造卵器植物として記述され，造卵器をもたない藻類とは区別される．膨張した基部は腹部と呼ばれ，卵球（雌性配偶子）を含んでいる．卵球のほうに，雄性配偶子が泳いでたどりつけるように造卵器の狭い頸部の細胞は液化する．このように造卵器は，雄性配偶子に対して雌性配偶子にたどりつくための手段を提供することより，陸上の環境に適応した構造といえる．→ 造精器

相利共生 mutualism

二つの種間の相互作用で，それにより双方に利益があるもの（*共生という用語が相利共生の同義語としてしばしば用いられる）．よく知られている相利共生に，シロアリとその消化管にすむ特殊な原生動物との共生がある．シロアリと違って，その原生動物はシロアリが食べた樹木のセルロースを消化して糖として放出することができ，そして放出された糖をシロアリが吸収する．シロアリは樹木を食料とすることができるという利益を得る，一方で原生動物は食料と生存に適した環境が供給される．→ 菌根

藻類 algae (sing. alga)

クロロフィルを含み（そのために光合成をすることができ），水中もしくは陸上の湿気のある環境に生息する，系統的により集めの単純な生物の一群．藻類は単細胞あるいは多細胞（糸状，リボン状，あるいは板状）からなる．以前は植物だと考えられていたが，藻類は現在，*プロクティスタ界の一員に分類され，さらに主にそれが保持する光合成色素の組成，細胞壁組成，貯蔵物質の種類によって異なる門に分類される．→ 珪藻類，緑藻植物門，カゲヒゲムシ類，褐藻植物門，紅色植物門

以前，藍藻として知られていた生物は，現在では細菌に分類されている（→ シアノバクテリア）．

阻害 inhibition

（生化学）（酵素阻害）阻害物質と呼ばれる物質によって酵素の触媒反応の速度が減少すること．競合阻害は，阻害物質分子が基質分子と似ていて酵素の*活性部位に結合し，正常な酵素活性を妨げるときに起こる．競合阻害は基質の濃度をあげることで覆すことができる．非競合阻害では，酵素や*酵素−基質複合体の活性部位以外の「アロステリック部位」として知られる部位に阻害物質が結合する．これにより活性部位の形が崩れ，酵素は反応を触媒できなくなる．非競合阻害は基質の濃度の上昇によって覆すことはできない．多くの物質の毒性はこのようにして生じる．反応生成物による阻害（フィードバック阻害）は酵素活性の制御に重要である．→ アロステリック酵素

遡河性の anadromous

サケなどの魚の移動（回遊）のことで，海洋において生涯のほとんどの時間を過ごし，河や小川の上流に移動して産卵を行うことを示す．→ 降河性

束 fascicle

1．神経もしくは筋繊維の小さな束．
2．──→維管束

族 tribe

一つの科のなかで，類似しているか近い関係にあるいくつかの属を含む分類階級で，植物や動物の*分類に用いられる．例えば，タケ連，イネ連，キビ連，カラスムギ連はイネ科の連である（訳注：日本ではtribeの訳語として動物分類では族，植物や細菌の分類では連を用いる）．

属 genus (pl. genera)

多くの類似した，もしくは非常に近縁な種を含む，生物の*分類に用いられる分類階級．生物，特に植物の一般名はときに属の名に似ているか，同じであることがある（例：ユリ，クロッカス，キンギョソウ）．近縁な属は科にまとめられる．→ 二命名法

側系統の paraphyletic

分類学上の用語で，特定の単一共通祖先をもつ子孫の集団のなかから一つ，もしくはそれ以上の子孫を除いた生物集団のことを示

す．例えば進化分類学で使われる爬虫類という分類群は，爬虫類と共通祖先をもつ鳥類，哺乳類を除いているため，側系統である．そのような分類は，*分岐学による分類体系を構築する際は正しくないとされる．というのは分岐学では*単系統群のみが許容されているからである．しかし進化分類学上は側系統群または進化段階という概念は生物学的類似性を反映させるため，許容されることもある．爬虫類はその構成員が互いに非常に近縁であり，鳥類，哺乳類と同じ単系統群に属してはいるが，はっきり区別できる，外温性（冷血であること）のような特定の基本的な特徴を共有しているため，一つの集団として爬虫類という名称が用いられている．→ 多系統の

側根 lateral root ⟶ 根

足根骨 tarsus
陸生脊椎動物の踝（または後肢において該当する部分）で，多数の小さい骨からなる（付骨）．付骨の数は種によって異なる．例としてヒトの付骨の数は七つである．

側糸 paraphysis (pl. paraphyses)
コケ（蘚苔類），褐藻類やある種の糸状菌（子嚢菌と担子菌）の生殖器官の周囲にある不妊の糸状体細胞のこと．

側所的種分化 parapatric speciation
*種分化の一形式で，空間的には直接隣り合っているものの，生息環境が異なっている生物の二つの群集間で遺伝子の自由な交換が起こっている状態をいう．二つの群集の個体は互いに交配可能だが，その子孫はいずれの生育環境でもあまりうまく生育できないため，自然選択によってそれら群集の間の交配数を減少させる機構が進化する．

促進

1. acceleration
*異時性の一つの形で，進化の過程において，生物の発生が加速し，成体になるまでに必要な発生の時間は延びないにもかかわらず祖先の発生段階の最後に新たな段階が付け加わること．加速の結果として生ずる形態は*過無形成の一例であり，結果として生じる個体発生は*反復発生説に適合している．

2. facilitation
（生態学）一つの種の存在が2番目の種による集落形成の可能性や速度を増大させる，*遷移の間に観察される現象．最初の種は2番目のものにとってより好ましくなるような環境の変化をいくつか引き起こす．例えば，前に存在する植物が，風からの生きた避難所となったり草食動物から保護したりすることによって，他の種の種子や実生が発芽できるようになる．あるいは，新しく入ってきた種が十分に成長できるように土壌の性質，例えばpHを変化させるなどする．

促進拡散 facilitated diffusion
細胞のエネルギーの支出を必要とせずに，原形質膜内に位置する特異的膜貫通担体（→ 輸送タンパク質）が関与する過程により起こる生細胞の原形質膜を横切る分子の輸送．担体は膜の一方の表面で分子と結合して形を変化させ，その結果分子は膜を通って反対側へ放出される．この過程により，他の方法では膜を通ることのできない分子が膜を通って拡散できるようになる．→ 能動輸送

側心体 corpus cardiacum (pl. corpora cardiaca)
昆虫の脳のすぐうしろに位置する1対のか細い*神経血管組織のこと．脳から伸びた神経分泌細胞の末端と固有の神経分泌細胞を含み，血液で満ちている隣接する空間へ放出するホルモン（*羽化ホルモン）を溜め込んでいる．

続成作用 diagenesis ⟶ 化石生成

側生動物 Parazoa ⟶ 後生動物

側線管 lateral-line canal
魚の感覚器で，頭部や体の両側面に存在する溝からなり，この溝の内には感覚*有毛細胞が存在する．感覚毛は水圧の変化を感じ，捕食者などの動くものを検出するのに使用する．また，水中を泳ぐ際に進行状況を監視するのにも使われている．それらの溝とその内部の毛は，集まって「側線器官」を形成する．

促通 facilitation
（神経生理学）シナプス後膜における引き続いた刺激の効果であり，*興奮性シナプス

後電位（EPSP）を発生させる．単一の活動電位では隣接した神経細胞の間で結合部位を通過することができない場合があるが，シナプスは後続の活動電位に対してより反応しやすくなる．

側面屈性 diatropism ⟶ 傾斜屈性

鼠径の inguinal

鼠径の，鼠径に関する，鼠径に位置する．例えば，雄の胎児の腹腔にある精管を含む鼠径管（inguinal canal）．

組織 tissue

一つ以上の特定の機能を行うために集められた，構造が類似した細胞の集団．例えば，動物の神経組織は，刺激を感知して伝達することに特化している．肺や腎臓のような器官は，多数の異なる種類の組織を含む．

組織液 tissue fluid

水，イオン，溶解したガスや栄養素からなる液であり，血液が毛細血管から細胞間隙へと限外ろ過（→ 限外ろ過）されるときに形成される．動脈性毛細血管では，血圧によってほとんどの血液成分が毛細血管壁を介して移行する．血液細胞とほとんどの血漿タンパク質は毛細血管内に保持される．組織液は体細胞を取り巻き，栄養素と老廃物の交換を促進する．静脈性毛細血管の末端では，組織液は浸透圧によって毛細血管に引き込まれる．

組織化学 histochemistry

化学反応を用いて，組織の化学成分の分布を研究することをいう．組織化学では，*染色，光学および電子顕微鏡，*オートラジオグラフィー，*クロマトグラフィーなどの技術を用いる．

組織学 histology

顕微鏡を用いた生物組織を対象とする研究をいう．細胞を研究対象とする組織学の一分野は，特に*細胞学として知られる．

組織球 histiocyte ⟶ マクロファージ

組織工学 tissue engineering

合成または半合成の組織を作ることであり，外科においてヒト組織の代わりに用いられる．生体高分子，培養細胞，増殖因子の多様な組合せを用いて，皮膚，骨，軟骨，角膜，脊髄組織を含む，多種類の組織が開発・研究されている．例えば，医療での使用が認められたはじめてのものは，ヒト培養細胞の二つの層が浸透したコラーゲンゲルの薄いシートからなる人工皮膚の一種である．コラーゲンゲルの外表面のケラチン生成細胞は「表皮」を形成し，内表面の線維芽細胞は「真皮」を形成する．合成の骨や軟骨のような硬い組織は，一般に生体高分子を足場にして，そこに自然な組織の材料を分泌するために培養した骨細胞や軟骨細胞を混合して作る．この足場は骨折した部位など本来の位置に挿入されるか，試験管内で新しい骨の全体を構築するのに用いることができる．培養細胞や生体自体の細胞による定着と増殖の成功のために，この足場は適当な増殖因子による処理が必要である．例えば骨細胞は骨形成タンパク質と呼ばれる物質を必要とする．

組織適合試験 tissue typing

臓器移植の前に，移植患者と提供者となる可能性のある人のそれぞれについて，ヒト白血球抗原（→ HLA系）を識別すること．提供者と移植患者の組織型がほぼ適合しなければ，移植した臓器は拒絶される．

組織適合性 histocompatibility

ある生物からの組織が，他の生物の免疫系により許容される程度をいう．いかなる動物においても，その免疫系が自分自身の組織を外来の細胞や組織から区別し，外来のもののみを攻撃することは基本的性質である．この自己認識は，細胞の表面に存在する，組織適合性タンパク質（組織適合性抗原）と呼ばれる標識分子のセットにより，主に担われている．これらのタンパク質は，ヒトではヒト白血球抗原またはHLAとも呼ばれ，脊椎動物では，*主要組織適合複合体（MHC）と呼ばれる遺伝子群によりコードされている．各種は特異的なMHCタンパク質のセットを保有し，また各生物種の内部において，MHCタンパク質は高度な多型を示す．この多型が，ヒトの移植手術において，提供者の組織を患者に厳密に適合させることが困難な理由となっている（→ HLA系）．MHCタンパク質はまた，白血球の免疫応答においてきわめて重要な役割を果たしており，特に

*T細胞が外来の抗原を認識することを可能にしている．MHCは，ともに糖タンパク質である二つのクラスの組織適合性タンパク質をコードしている．クラスIタンパク質は，臓器移植の際の拒絶反応を支配し，また細胞傷害性Tリンパ球がウイルス感染細胞を認識することを助ける．クラスIタンパク質は体内のほとんどの細胞の表面にみられる．クラスIIタンパク質は，外来の抗原をヘルパーT細胞に提示する際のレセプターとして働く（→抗原提示細胞）．クラスIIタンパク質の分布は，マクロファージ，B細胞，活性化T細胞などの，ある型の免疫系細胞に限られる．

組織適合性抗原 histocompatibility antigen ─→ 組織適合性，HLA系

組織培養 tissue culture

生物の組織が，体外の適切な培養液中で増殖すること．培地（または栄養培地）は固体中（例：*寒天中）あるいは液体中（例：*生理食塩水中）に栄養混合物を含む．組織培養は細胞の増殖と分化を制御する因子についての情報を得るのに有益である．植物組織の培養により完全な植物の再生が可能であり，この方法を用いて商業用の増殖（例：ランの栽培）や，分裂組織の培養によるウイルスフリー作物の生産が可能である．→ 外植，微細繁殖，組織工学

咀嚼 mastication

食物を噛み砕く過程のことで，顎や歯の運動を含む．咀嚼は食物を小さく砕くことによって，消化のために食物の表面積をより大きくし，*食塊の形成を可能にすることで食道の通過が可能になる．

疎水性の hydrophobic

水への親和性がないことを形容する語である．

ゾステロフィルム植物 zosterophyllophytes (zosterophylls)

デボン紀に生息していた絶滅した維管束植物の一群．多くの点で*リニア植物に類似している小さな草本である．例えば，主要な属であるゾステロフィルム属は沼沢地に生育して約15 cmに成長し，二また(等分)に分枝する葉のないむき出しの茎をもつ．しかし，この植物群の他のものでは，二叉分枝ではない側枝を出す形式と茎上に鱗状の突起を進化させた．さらに胞子を形成する器官と木部の配列は，これらの植物がリニア植物から分かれて進化したことを示す．ゾステロフィルム植物はリニア植物から進化し，種子植物ではなくヒカゲノカズラ植物（例：トウゲシバ）へと続く進化系列のものと考えられている．

ソテツシダ類 Cycadofilicales (Pteridospermales; seed ferns)

石炭紀に栄えた絶滅した裸子植物の一目．シダ植物と種子植物の両方にまたがる性質があり，種子により増殖する一方でシダ植物のような葉をもっていた．内部の構造もシダと種子植物の性質をあわせもっている．

ソテツ類 Cycadophyta

種子植物の一門で（→ 裸子植物），多くの絶滅した種を含んでいる．数少ない現存する種として，ソテツ（*Cycas*）やフロリダソテツ（*Zamia*）などの植物群があげられる．ソテツ類は熱帯や亜熱帯の地域に分布し，20 mもの高さに成長するものもある．幹からシダ状の葉を伸ばし，樹冠を形成する．これらの種は，現生の種子植物のなかで最も原始的なものである．

素嚢 crop

一部の動物の消化管の前にある，膨大した部分．ここで食物は一時的に貯蔵され，予備的に消化されることもある．鳥類の食道と*前胃の間に存在する壁の薄くなった嚢が，これに当てはまる．雌のハトでは素嚢乳（crop milk）を分泌する腺が素嚢に存在する．その分泌物は雛鳥の給餌に使われる．

ソマトトロピン somatotrophin ─→ 成長ホルモン

ソマトメジン somatomedin ─→ インスリン様成長因子

粗面小胞体 rough endoplasmic reticulum (rough ER) ─→ 小胞体

ゾル sol

液体の連続相に分散した小さな固体粒子からなる*コロイド．

ソーン thorn

植物のとげの一種であり，茎針，棘針茎ともいう．先端が鋭く尖った硬い側枝で脇芽の成長点が変化したもの．一部の植物では，ソーンの形成とそれに伴う脇芽成長点の発育抑制は乾燥への適応であると考えられている．ソーンの例は，ハリエニシダやサンザシのとげがある．→ プリックル，棘

タ

第一胃 rumen
　反芻動物において四つある胃のうちの一番目（訳注：最も食道に近いものから順に第一胃～第四胃と名づけられている）．→ 反芻類

第一顎脚 maxillula
　ある種の甲殻類において*口器の一部となる，対になった付属肢．大顎と小顎の間にあり，食物の小片を口の深部まで運ぶための毛やとげをもっている．

第一曲尿細管 first convoluted tubule ── 近位尿細管

第一次消費者 primary consumer ── 消費者

第一盲 protanopia ── 色覚異常

第一相代謝 phase I metabolism
　薬物や毒物のような異物を身体が排泄できる形態まで変換するときの最初の段階．この場合の共通する反応は酸化，還元，加水分解である．これによって生じた代謝産物はもともとの化合物より化学的に反応性が高く，第二段階の反応に進むことを可能とする（→ 第二相代謝）．

体液 body fluid
　動物にある液体のすべてで，血液，リンパ液，組織液，尿，胆液，汗，滑液が含まれる．体液は通常，運搬，排出，潤滑作用にかかわっている．組織や器官に栄養や酸素を送るほか組織から排出物を運び出し除去する．

ダイオキシン（2,3,7,8-テトラクロロジベンゾ-*p*-ダイオキシン） dioxin (2,3,7,8-tetrachlorodibenzo-*p*-dioxin)
　除草剤*2,4,5-Tの製品に含まれる毒性のある物質で，ベトナム戦争で枯葉剤として使用されたオレンジ剤のなかに不純物として存在した．環境汚染物質として広く発生するダイオキシンと総称される化合物のグループのなかでは最も毒性が高く，燃焼過程や様々な工業的な製造過程における副産物として発生する．ダイオキシンの分解は非常に遅く，食物連鎖において濃縮される可能性がある．また，動物体内においてそれらは脂肪に蓄積される．ダイオキシンへの高レベルでの暴露は皮膚の損傷（塩素痤瘡）や先天奇形を引き起こす可能性が高い．それらの毒性のため，ダイオキシンの工業的な放出を削減する目的で，多くの国が厳しい規制を行っている．

体温調節 thermoregulation
　生理的，行動的な手段で体温を調節すること．鳥類や哺乳類などの動物ではかなり一定に体温を保つことができる（→ 恒温性）．一方，他の動物では環境の温度によって体温が変化する（→ 変温性）．→ 異温動物, 熱産生

退化 degeneration
　進化の過程において，ある器官の縮小や完全な消失が起こることを退化という．人間の虫垂は退化の過程の結果であり，今日では明確な機能をもたない．外部の器官の退化により，動物は本来より原始的にみえるようになり，例えば，手足が退化しているために，クジラは哺乳類ではなく魚類だと，初期の動物学者は思い込んでいた．→ 痕跡器官

袋果 follicle
　（植物学）登熟した際になかの種子を放出するために側面の一方が開裂する乾果．袋果は一つもしくはそれ以上の種子をもった1枚の心皮から形成される．袋果は単独では存在せず，集団を形成して1個の果梗上にまとまる（分離複果）．例えば，ヒエンソウ，オダマキおよびトリカブトが袋果を形成する．

タイガ taiga
　主として，常緑針葉樹林（主にマツやモミ，トウヒ）からなる陸上の*バイオームで，亜北極のアメリカ大陸とユーラシアでみられる．シベリア北東部のような特定の地域では，カラマツやカバノキのような落葉性の針葉樹と広葉樹が優勢である．タイガの大部分は地表から1mほどが永久凍土になっており，地中の深くまで水が浸潤することを妨げている．これは湿原がくぼ地にできることを意味している．1年のうち6カ月以上は気温が氷点下以下だが，残りの3～5カ月は短い生育の時期である．タイガの土壌は酸性で

不毛である．→ 凍土帯

大核 meganucleus ── 核

大顎類 Mandibulata ── 単肢動物門

体環 annulus

(動物学) 動物における環状の構造物のことであり，例えばミミズや他の環形動物などの体節などのこと．

台木 stock ── 接木

大気汚染 air pollution (atmospheric pollution)

自然環境に様々な悪影響を与える物質の大気中への放出のこと．多くの大気汚染物質は対流圏に放出される気体であり，地球の地表面から8km上空にまで至る．火力発電所などにおける化石燃料の燃焼は，その過程で二酸化硫黄や二酸化炭素などの気体を発生させるため，大気汚染の主要な原因となっている．これらの双方の気体，特に二酸化炭素の放出は，*温室効果に寄与している．車の排ガスで放出される二酸化硫黄と一酸化窒素は，*酸性雨の発生に関与する大気汚染物質である．一酸化窒素はまた*光化学スモッグの発生にも関係している．→ オゾン層，汚染

大臼歯 molar

小臼歯のうしろの，顎の後部に存在する，哺乳類の成体の生歯における歯の上面が広範囲に隆起した歯 (→ 永久歯)．両顎のおのおのに二つかそれ以上の大臼歯があり，それらの表面は，食事の際に口中の食べ物を粉砕するための隆起あるいは*交頭となっている．ヒトでは3番目 (そして最もうしろにある) 大臼歯は成人になるまで現れない．これらは，「親知らず」として知られている．

体腔 body cavity

動物の体の内部の空洞で，無脊椎動物の多くとすべての脊椎動物にあり，主な器官を含んでいる．脊椎動物と多くの無脊椎動物の体腔は*真体腔である．無脊椎動物の体腔は，心臓の後部にある横中隔によって腹腔と胸腔に分けられている (→ 腹部，胸郭)．哺乳類では隔膜は*横隔膜である．

大孔 osculum (pl. oscula)

1．海綿動物 (→ 海綿動物門) の体壁における口のような穴であるが，実際は排出口で，体腔からここを通り水が出ていく．

2．サナダムシの頭 (頭節) 上の吸着盤のことで，それにより宿主の腸壁に付着することができる．

体腔の somatic

腸とその付属物以外の体の器官や組織を説明する言葉．この言葉は特に随意筋，感覚器官，神経系において用いられる．→ 内臓の

体腔輸管 coelomoduct ── 真体腔

対向流濃縮系 countercurrent multiplier system

腎臓の*ヘンレ係蹄にみられる能動輸送系で，ネフロンの集合管における濃縮尿の産生

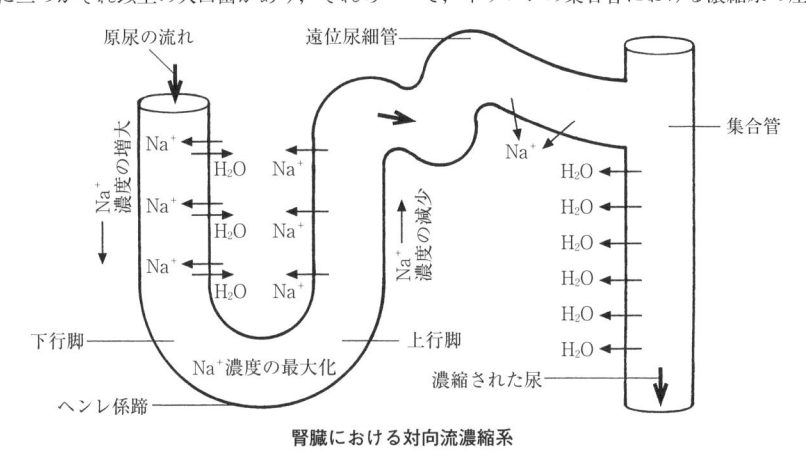

腎臓における対向流濃縮系

を行う．ナトリウムイオンと塩素イオンはヘンレ係蹄の上行脚から能動輸送される．しかし，上行脚の透水性が低いため，水はそのまま維持される．これによりナトリウムイオンと塩素イオンの大きな濃度勾配が腎髄質に形成され，その濃度はヘンレ係蹄の屈曲部で最も高くなる．ヘンレ係蹄から遠位尿細管へと通過したこの液体はヘンレ係蹄の内部に存在したときよりも濃縮度は低下するが，腎髄質の浸透圧が高いために，集合管の外へ水が拡散することで，濃縮された尿が産生される．図参照．

腿口類 Merostomata ── 節口綱

太古代 Archaean ── 始生代

胎座 placenta
被子植物の子房壁組織の隆起部分で，胚珠がくっつく場所である．胎座上の胚珠の並び方（胎座型）は様々で，心皮の数やそれらが離れているか（→ 離生心皮），くっついているか（→ 合成心皮）によって決まる．

体細胞交雑 somatic cell hybridization ── 細胞融合

体細胞性の somatic
生殖細胞以外の動物や植物の細胞を示す言葉．したがって体細胞性*突然変異は遺伝しない．

第三胃 omasum
反芻動物の胃を形成している四つの部屋のうちの3番目のこと．→ 反芻類

第三紀 Tertiary
新生代の紀のうちで地質学的に古い紀のこと（→ 第四紀）．白亜紀に続き6500万年前から始まり，260万年前の第四紀のはじまりまで続く．第三紀は古い順に*暁新世，*始新世，*漸新世，*中新世，*鮮新世に分けられる．第三紀では現代の哺乳類が生まれ，低木や草本，顕花植物が発達した（訳注：現在では古第三紀と新第三紀に分けられ，第三紀という語は使われていない．→ 付録）．

第三色盲 tritanopia ── 色覚異常

胎児 fetus (foetus)
哺乳類，特にヒトの*胚であり，胚発生が，成体の形態の主要な特徴が認められる段階に到達したときのもの．ヒトにおいては妊娠して8週間目から出産までの胚が胎児と呼ばれる．

代謝 metabolism
生物のなかで起こる化学反応の総計．反応に参加したり，その反応によって形成される種々の化合物を「代謝産物」と呼ぶ．動物では多くの代謝産物は食物の消化によって得られる．一方，植物では（二酸化炭素や水やミネラルのような）基本的な開始物質だけが外部に由来している．大部分の化合物の合成（*同化作用）や分解（*異化作用）は多くの反応段階を経て行われ，その反応系列は代謝経路と呼ばれる．代謝経路は直線的なもの（例えば*解糖）も，環状のもの（例えば*クレブス回路）もある．代謝経路におけるおのおのの段階での化学変化は通常小さく，生物的触媒である酵素によって効率的に促進される．このようにして吸収されたり放出されたりするエネルギー量は最小となり，*内部環境を一定に保つうえで役立っている．*代謝速度を制御するために種々の*フィードバック機構が存在している．

代謝型受容体 metabotropic receptor
細胞の受容体であり，リガンドが結合することによって活性化されると，細胞内二次メッセンジャーを介して細胞代謝の変化の引き金を引く．→ グルタミン酸受容体，イオンチャネル型受容体

代謝活性化 bioactivation
比較的に不活性な前駆体から，化学的に活性な生成物が生じる代謝過程をいう．

代謝経路 metabolic pathway ── 代謝

代謝産物 metabolite ── 代謝

代謝速度 metabolic rate
与えられた時間内に，動物によって使われたエネルギーの分量．動物の代謝速度は，温度や活動レベルを含むいくつかの相関する要因によって影響を受ける．動物の休息時の代謝速度は*基礎代謝率（BMR）として知られている．

代謝廃棄物 metabolic waste
代謝における総体としての*廃物．

退縮 involution
器官や生体の大きさの減少．老化過程で起

こるように，これは機能の衰退に関連するかあるいは妊娠のあとに子宮が通常の大きさに戻るときのように，増大に続いて起こる．

体循環 systemic circulation
酸素の豊富な血液を心臓の左心室から体内の組織へと送り出し，酸素の少ない血液を組織から心臓の右心房へ送る鳥類や哺乳類の循環系の一部分のこと．→ 肺循環，二重循環

対称性 symmetry
生体の各部位の並びの規則性．→ 左右相称，放射相称

帯状分布 zonation
一つの群集中の異なる種が分かれて帯状に分布すること．環境の違いによりこの分布は作られる．帯状分布のはっきりした例は，乾燥に耐える能力にしたがって異なる種類の海藻（ヒバマタ属）が異なる地帯を占めている磯である．例えば，完全に水中に沈むことのない飛沫帯でみつかる種は，長期間水中に沈む岸から離れた地帯でみつかる種よりも露出に適応している．動物，特にフジツボのように動かない種も磯で帯状分布を示す．これも海藻のように乾燥に耐える能力の差による．種間の競争も帯状分布に寄与する．

大静脈 vena cava
脱酸素化血液を心臓の右心房へと運ぶ2本の大きい静脈．上大静脈（前大静脈）は頭部や前肢からの血液を受け入れる．下大静脈（後大静脈）は胴体と後肢からの血液を受け入れる．

大進化 macroevolution
比較的大スケールの進化のことをいい，例えば顕花植物や哺乳類などのような，生物のある分類群全体の出現などが大進化に含まれる．

対数期 log phase ── 細菌増殖曲線

対数目盛 logarithmic scale
計量尺度において1単位の増加や減少が測定値の10倍の増加や減少を示す尺度．デシベルやpHは，よく知られる対数尺度の1例である．

耐性 tolerance
1．渇水のような環境条件の極端な変化に耐える生物の能力．

2．薬剤や（殺虫剤のような）他の化合物への*抵抗性の獲得．これらを長期使用したあとに起こる．生物に対して所定の効果を生むために，ますます多くの化合物の使用が必要となる．

胎生 viviparity
（動物学）動物における繁殖の一形態で，この場合，発達中の胎児は母体から直接，*胎盤経由あるいは他の器官により栄養を取り込む．胎生はある種の昆虫や節足動物，一部の魚類，両生類，爬虫類そして大部分の哺乳類においてみられる．→ 卵生，卵胎生

体性感覚ニューロン somatic sensory neuron ── 感覚ニューロン

胎生現象 viviparity
（植物学）1．ある種の植物における*無性生殖の一形態．タマネギなどでは，花が芽状の構造体に変化し，これがもとの植物から離れ，新たな植物体となる．

2．ある種のイネ科植物やオリヅルランでみられるように，親の花序の上で若い植物の発達すること（訳注：花序上に新植物体が発達する場合，オリヅルランのように脇芽が発達するものと，マングローブ植物などのように花序に実った果実内で種子が発芽するものがある）．

大成葉 macrophyll ── 大葉

体節 somite
動物の胚でみられる，中胚葉から発達してきた組織の節のつらなりのこと．脊椎動物の胚では脊索の背側にあって，脊柱や肋骨，真皮，横紋筋を形成していく．*分節化する無脊椎動物では，この胚に存在する原体節は，成体の体節になっていく．

腿節 femur
*転節に結合する昆虫の肢の3番目の分節．→ 底節

大（量）絶滅 mass extinction
地質学の時間尺度からみて相対的に短期間で大量の種が絶滅すること．化石記録によっておよそ20例の大量絶滅の証拠が明らかとなり，それらはおよそ5億4100万年前の顕生代の開始以降のことである．そのような絶滅は岩石中の特徴的な化石集団における急激

な変化を引き起こし，地学者によって名づけられた地層名にその変化が反映されている．それゆえ，大量絶滅は地学的な地層や，地層に対応する時代区分の境界線を示すことが多い．最大の大量絶滅は二畳紀の終わり（およそ2億5200万年前）に起こり，すべての海洋無脊椎動物のうち（三葉虫を含む）80％以上が消滅した．そして白亜紀の終わり（6500万年前）にはすべての生物の属のうち50％ほどが絶滅し，そのなかには事実上すべての恐竜が含まれる（→ アルヴァレズイベント）．地球上の生物相におけるそのような大変動は進化の過程で意味深い効果をもち，例えば空白の生態学的地位が残ることにより，そのなかに生き残ったグループが入り込み，適応・放散することができた．付録参照．

大腿 femur

陸生脊椎動物の大腿骨．一方の端が股関節を介して下肢帯と，もう一方が（*関節丘を介して）*脛骨とつながっている．

代替呼吸経路 alternative respiratory pathway

多くの植物において行われている細胞性呼吸の経路のことで，シアン化合物などの阻害物質が存在しているときに電子伝達と酸素の水への還元を行う（シアン化合物などは動物における呼吸を完全に停止させる）．したがって，この経路は植物と動物において共通している電子伝達経路の代替経路である．通常の*電子伝達鎖における構成因子のように，代替呼吸経路の構成因子もミトコンドリア内膜に局在している．この経路における主要な酵素は代替酸化酵素（alternative oxydase）と呼ばれ，電子を直接酸素へと受け渡し，リン酸化によってATPを合成する部位を少なくとも2カ所飛び越えて進む．したがって，電子の形で代替呼吸経路を流れたエネルギーは，ATPとして保持されるよりも主に熱に変換される．一つの仮説として，この経路は，余分なエネルギーの燃焼のメカニズムではないかと考えられている．光合成によって作られ炭水化物の形で保持されているエネルギーが，植物が対応可能な量を一時的に超えてしまったときにこの経路が使われるという説である．そのほかに，代替呼吸経路はある組織における短時間で熱を発生させるシステムとして使われているかもしれない，という興味深い観察結果がある．例えば，ザゼンソウ（*Symplocarpus foetidus*）の肉穂花序において，受粉前に温度が10℃ほど上昇することが知られており，これによって受粉媒介昆虫を引きつける揮発性の化合物を放出する．

大腿の femoral

大腿もしくは大腿骨の，あるいはそれに関連するもの．例えば，大腿動脈（femoral artery）は大腿の正面を下行する．

苔虫類 Bryozoa (Ectoprocta)

主に海産の，水生無脊椎動物の門で，コケムシやその他の種（sea mat）からなる．苔虫類は，岩，海草，貝殻などに付着する，50 cmかそれ以上のコロニーを形成する．コロニーを構成する個体（個虫）は1 mmほどの長さで，外見上は刺胞動物の*ポリプに似ており，水中の有機物や小さい餌をとらえる繊毛のある触手でできた*触毛冠に囲まれた口をもつ．いくつかの種は，体を引き込むことができる角質またはカルシウム質の外骨格をもつ．→ 内肛動物

大腸 large intestine

脊椎動物の*小腸と*肛門の間にある，消化管の部分のこと．大腸は，*盲腸，*結腸，*直腸からなっていて，その主要な働きは，水分の吸収と大便の形成である．

大腸菌 *Escherichia coli* (*E. coli*)

腸内に存在するグラム陰性好気性細菌（→ 大腸菌群）で微生物研究や遺伝学研究によく用いられる．運動性の棒状の細胞は乳糖を発酵し，たいていは害のない共生生物であるが，いくつかの株は病原性があり，ひどい食中毒をもたらす．大腸菌の研究から原核生物の遺伝学の多くが明らかにされた．また大腸菌は，特に*遺伝子クローニングや外来遺伝子の発現のための宿主として，よく使われている．

大腸菌群 coliform bacteria

脊椎動物の消化管内にみられるグラム陰性桿菌の一群であり，水中におけるこれらの細

菌の存在は，糞便汚染の指標となる．好気呼吸または発酵によりエネルギーを獲得し，乳糖を発酵するものもある．よく知られた大腸菌群細菌には，*大腸菌や*サルモネラ菌がある．

大動脈 aorta

高等脊椎動物における太い血管のことで，酸素と結合した血液は，左心室から大動脈を通り*心臓を出ていく．大動脈は，多くの小さな動脈に分岐して，さらに体内のすべての生細胞に酸素と必須の栄養素を補給するために分岐していく．→ 背側大動脈，腹側大動脈

体動脈弓 systemic arch

四足類の脊椎動物の胎児がもつ，大動脈から軀幹と後脚まで血液を運ぶ対になった血管．体動脈弓は第四*大動脈弓に由来する．成長した両生類や爬虫類では，対の両方の弓を保持するが，鳥類や哺乳類では対の片方しか存在しない．

大動脈弓 aortic arches (arterial arches)

脊椎動物の胚における六つの対になった動脈のこと．*腹側大動脈から*背側大動脈まで鰓裂の間を通ってつながっている．弓は前から後ろに向かってIからVIの番号がついている．四足類の成体では，IとIIは欠失している．IIIは*頸動脈となり，IVは（鳥類と哺乳類では片側が欠失している）胴体と肢に血液を供給する*体動脈弓となる．Vは欠失しており（→ 動脈管），IVは，肺に血液を供給する肺弓を生じる（→ 肺動脈）．魚類の成体では，四から六の弓が鰓に血液を供給する鰓弓となる．

大動脈体 aortic body ── 換気中枢
大動脈弁 aortic valve ── 半月弁
胎内 in utero

妊娠中に哺乳類の子宮内で起こる事象．

第二次消費者 secondary consumer ── 消費者

第二相代謝 phase II metabolism

異物を身体から排泄するための代謝の第二段階（→ 第一相代謝）．この代謝過程では化学基（例えばグリシン残基やアセチル基）を付加し，これによって化合物の毒性を低めて，排泄を容易にする．

第二尿細管 second convoluted tubule ── 遠位尿細管
第二盲 deuteranopia ── 色覚異常
ダイニン dynein

多くの真核生物細胞にみられるタンパク質で，*ATPアーゼ活性を有し微小管に結合している．ダイニンは*波動毛（繊毛や鞭毛）の微小管と結合し，ATPの加水分解によって得られたエネルギーを用いて微小管に沿って移動し，波動毛を屈曲させる．細胞の細胞質内に存在するダイニンは，微小管に沿って，細胞小器官の移動を引き起こす．

大脳 cerebrum

脊椎動物の*脳の最も大きな部分．二つの大脳半球より構成されている．胚における*前脳より発生する．この半球は外側に複雑に入り組んだ灰白質（*大脳皮質）の層をもっている．ここには100億もの神経細胞が存在すると考えられている．その下には*白質がある．大脳の二つの半球は*脳梁により連結されている．大脳の機能は複雑な感覚と神経機能の統合である．また，長期記憶・短期記憶を含む学習の過程で決定的な役割を演じていると考えられる．

大脳基底核 basal ganglia

脳内の小型の神経組織の集まりで，*大脳と他の神経系を結ぶ．大脳基底核は，随意運動の下意識の調節にかかわっている．大脳基底核のなかで最大のものは，線条体である．

大脳半球 cerebral hemisphere

脊椎動物の*大脳の二つの半球．

大脳皮質 cerebral cortex (pallium)

多くの脊椎動物における*大脳半球の外層を形成する*灰白質の層．哺乳類において最も高度に発達している．この皮質は随意運動のコントロールや，視覚，聴覚，触覚などの感覚の統合を担っている．また，記憶や言語，思考などの中枢も含まれている．

第VIII因子（抗血友病性因子） Factor VIII (antihaemophilic factor)

血液の*凝固因子の一つ．第VIII因子は，活性化第IX因子（IXa）による第X因子の活性化を促進する可溶性タンパク質であり，

活性化された第X因子（Xa）は*プロトロンビンをトロンビンへ変化させ，それにより凝血中のフィブリンマトリクスの形成を引き起こす．*血友病は第VIII因子の欠失，不足によるものであり，この因子を含んだ血漿もしくは血漿濃縮物の投与によって治療される．今日では第VIII因子は遺伝子工学的に操作された細胞培養から得ることができる．そうした製剤ではウイルス，特にHIV（AIDSウイルス）の混入の危険性を避けることができる．

胎盤 placenta
　哺乳類やその他の胎生動物の胎児が子宮壁に着床するための器官．胎児組織と母体組織から構成され，*漿膜と*尿膜の伸長部分が子宮壁内へ向かって成長するため，胎児と母体の血液の間で物質（酸素や栄養素）の交換が行われる（しかし胎児と母体との間では直接的な血液の交換はされない）．胎盤は最終的に*後産の一部として排出される．

堆肥 compost
　植物廃棄物と家畜排泄物のような有機物を混合して腐朽させたもので，*肥料として用いられる．これらの有機物質は，主に菌類や細菌などの好気性の腐生栄養性生物により分解される．分解の一部は，*屑食者によっても行われる．堆肥は主に自家用の規模で用いられていたが，近年，廃棄物の焼却に代わって大規模な堆肥化が行われるようになった．

ダイビオンティック dibiontic
　*世代交代が含まれる生活環を示す形容語である．→ モノビオンティック

対物レンズ objective
　光学器械を通して検鏡する対象物に最も接近しているレンズ，あるいは複数のレンズを組み合わせたレンズ系．

胎便 meconium
　哺乳動物の新生児が最初に出す糞便で，通常濃い緑色をしている．

大胞子 megaspore ── 大胞子細胞，胞子葉

大胞子細胞 megasporocyte ── 大胞子母細胞

大胞子嚢 megasporangium ── 胞子嚢

大胞子母細胞（胚嚢母細胞） megaspore mother cell (megasporocyte)
　植物における二倍体の細胞で，減数分裂によって分裂し4個の半数体の大胞子を生じる（→ 胞子葉）．顕花植物では大胞子母細胞（もしくは胚嚢母細胞）は胚珠のなかにある．大胞子母細胞から生ずる大胞子の一つは*胚嚢へと発達し，ほかは未発達となる．

大胞子葉 megasporophyll ── 胞子葉

大葉 megaphyll
　葉身のなかに，分岐したもしくは平行な維管束をもつ，シダ植物や種子植物における葉の型．シダ植物の大葉はフロンド（frond）とも呼ばれる大型の羽状複葉である．大葉は以前は大成葉（macrophyll）とも呼ばれた．→ 小葉

第四胃 abomasum
　反芻類の胃の四つ目で，最後の区画．内容物は*第三胃から送り込まれ，小腸に内容物をわたす．第四胃は酸性条件でありタンパク質の分解が起こるため，「本来の胃」と呼ばれる．→ 反芻類

第四紀 Quaternary
　新生代の2番目の紀で，新第三紀に続いておよそ260万年前から始まり，現在までを含む．第四紀は*更新世と*完新世の二つにさらに分けられる．地質時代の第四紀の始まりは，この紀における世界的な寒冷化をもとにして決められている．欧州と北米では，第四紀の間に4回の主な氷期が存在し，その時期には氷が赤道に向って発達した．氷期は間氷期により隔てられ，その時期には気候が温暖化し，氷河と氷床は後退した．最後の氷期は約1万年前に終了した．第四紀の間に，ヒトは陸上における優占種となった．寒冷な条件に適応した動物の例としては，マンモスやケナガサイがある．

大陸移動 continental drift
　地球上の大陸は，かつて単一の陸塊を形成していたが，その後に互いが相対的に移動して離れたことを唱える説をいう．この説は最初，1858年にA. Sniderにより提唱され，1912年にウェゲナー（Alfred Wegener, 1880-1930）により大きく発展させられた．

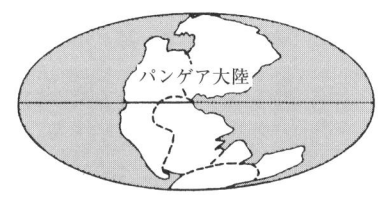

(a) 2 億年前 — パンゲア大陸

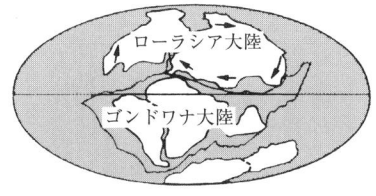

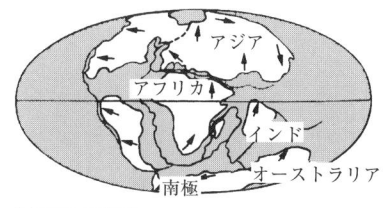

(b) 1 億 3500 万年前 — ローラシア大陸, ゴンドワナ大陸

(c) 6500 万年前 — アジア, アフリカ, インド, オーストラリア, 南極

大陸移動

彼は, 南アメリカ大陸の形がアフリカ大陸の形にぴったり合うことや, 岩石の型, 植物相, 動物相, 地質学的構造の分布などを証拠として, 現在の大陸の分布は, 一つまたは二つの大きな陸塊の分裂による結果であるとした. そのもとの大陸をパンゲアと名づけ, これが北のローラシアと南のゴンドワナランドに分かれたと考えた (図参照). この説は, およそ50年の間, 大部分の地質学者には受け入れられなかった. しかし1960年代のはじめのヘス (Harry Hess, 1906-69) による海洋底拡大説と, それに続く*プレートテクトニクスの発展により, 大陸の移動を説明する機構が明かになった.

対立遺伝子 allele (allelomorph)

遺伝子が取りうる型のうちの一つ. 二倍体の細胞には, 通常一つの遺伝子に二つの対立遺伝子が存在し (一つずつが両親のそれぞれに由来する), *相同染色体の同一の相対的な位置 (*遺伝子座) を占めている. これらの対立遺伝子は, 同じ, もしくは片方がもう一方 (*劣性と表現される) に対し*優性であり, 生物が特定の形質のどの側面を発現するかを決定している. 集団中には, 莫大な対立遺伝子が存在し, それぞれがユニークな塩基配列をもっている.

対立遺伝子頻度 allele frequency (gene frequency)

集団中の同一*遺伝子座の遺伝子のすべての*対立遺伝子において, ある対立遺伝子が存在する割合. 分数で表される.

対流圏 troposphere

地球大気の最下層であり, 地表から約10 kmの高さまで広がる (その厚さは極での7 kmから赤道での28 kmまで変化する). 対流圏のなかで気温は高度が上がるにつれて低下するが, 対流圏のなかでは*気温の逆転が起こりうる.

苔類 Hepaticae → 苔類植物門

苔類植物門 Hepatophyta

苔類からなる一門で, 維管束組織を欠き原始的な根様の器官 (仮根) をもつ下等な植物. 苔類は湿った場所 (淡水も含む), あるいは他の植物の着生植物として生育する. 蘚類 (→ 蘚類植物門) のように, 苔類は配偶子を生じる半数体の型 (配偶体) と胞子を生じる二倍体の型 (胞子体) の間で顕著な世代交代を行い, 栄養などに関して後者は前者に依存している. 植物体 (配偶体) は平らな葉状体になり地上を這うようにして成長するもの (葉状苔類, 例えばミズゼニゴケ) や多くの小葉状の裂片を作るもの (茎葉状苔類) がある. 配偶体からは, 子嚢 (胞子体) を付け

る無葉の柄が生じる．子嚢で作られた胞子は放出されて，新たな植物体に育つ．苔類は以前は蘚苔植物門（Bryophyta）のなかに苔類綱としてまとめられていたが，現在では蘚苔植物門のなかに蘚類だけが含まれる．

多因子 polygene —→ ポリジーン

多因子遺伝 polygenic inheritance (multifactorial inheritance; quantitative inheritance)

　例えば身長や肌の色のように，多くの遺伝子（*ポリジーン）がそれぞれ個別に小さな影響力をもつ，特定の形質の決定．このようにして調節されている形質は，*連続変異を示す．

ダーウィン説 Darwinism

　「種の起原」（1859）のなかで*ダーウィンにより提唱された*進化の理論であり，個体群のなかに存在する変異に対して働く*自然選択の過程を通して，より単純な祖先型から今日の種が進化したと考えるものである．「種の起原」ははじめて出版されたときに大きな反響を引き起こした．なぜなら種は不変のものではなく，また個別に創造されたものでもないとする，まさに*特殊創造説の教理に反する考えを提案していたからである．しかしながら，ダーウィンにより提示された多くの証拠はしだいに大部分の人々を納得させた．そして個体群のなかで変異が生ずる仕組みと，その変異が次代に伝えられる機構が，主な未解決の問題として残された．これらの問題は，1900年代にメンデルの行った古典遺伝学的研究が再発見されることで解決され，現代の*ネオダーウィニズムの理論を導いた．

ダーウィン，チャールズ Darwin, Charles (1809-82)

　イギリスの博物学者で，エディンバラ大学で医学を学び，次いで教会の牧師を目指してケンブリッジ大学で神学を学んだ．しかし博物学への興味から，1831年にイギリス軍艦ビーグル号付の博物学者となることに同意し，世界一周航海に同行した．5年後に航海から戻り，彼が観察した地質学上の成果を出版した．彼は*自然選択による*進化理論も公表したが，「種の起源」（1859）を刊行するまでに20年もかかり，しかも*ウォレス（Alfred Russel Wallace）により表明された，ダーウィンの進化論と同様な考えに促されて刊行されたものであった．その後の彼の著作には，「男女淘汰論」（1871）などがある．→ ダーウィン説

ダーウィンフィンチ類（ガラパゴスフィンチ類） Darwin's finches (Galapagos finches)

　ガラパゴス諸島に固有の14種のフィンチで，*ダーウィンがイギリス軍艦ビーグル号での航海の途上で研究した．それぞれの種が別々の食物を利用するように適応している．本土では，これらの食物に対する他の鳥類との競争がより激しかったため，これらのフィンチ類は生息しない．ダーウィンは，すべてのガラパゴスフィンチ類は本土から迷いこんだ少数の祖先の子孫であると信じ，そしてこれが彼の進化論の重要な証拠となった．→ 適応放散

ダウン症 Down's syndrome

　通常は二つである第21番目染色体が三つとなる染色体の欠陥で（→ トリソミー），それによって先天的な精神遅滞が生じる．患者は短く平らで広い顔，斜めにつり上がった目（モウコ系人種のようである），短い指，弱い筋肉を有する．ダウン症は*羊水穿刺により出産前の検査が可能である．イギリスの医者ダウン（John Down, 1828-96）の名に由来し，彼は最初にダウン症の発病について研究した．

唾液 saliva

　口の*唾液腺から分泌される，水状液．口のなかに食物が存在することにより，また食べ物の香りや食べ物を想像することが刺激となり，唾液が分泌される．唾液には食物を円滑に運び，食道に容易に流し込む働きをするムチンと呼ばれるものが含まれ，またある種の動物の唾液にはデンプンの消化を開始する*アミラーゼ（プチアリン）が含まれている．昆虫の唾液には消化酵素が豊富に含まれており，吸血性昆虫の唾液には抗凝血物質が含まれている．

唾液腺 salivary glands
　陸生動物の多くがもつ，*唾液を口のなかに分泌する腺．ヒトでは，舌下腺，顎下腺，耳下腺の3対がある．ある種の昆虫の幼虫の唾液腺細胞では巨大な染色糸（→ 多糸性）が存在し，これは遺伝学やタンパク質合成の研究に広く用いられている．

多回繁殖 iteroparity
　一生のうちに何回も繁殖する戦略．多年生植物，動物の多くが多回繁殖生物である．一定の繁殖期をもち，かつ繁殖集団が異なる年齢の個体からなる場合は重複多回繁殖を示すといい，温帯地方の樹木がその例である．ヒトのように繰り返し繁殖が可能で，またその時期も年間のいつでもよい場合は，連続多回繁殖という．→ 一回繁殖

多核体 coenocyte
　多くの核を含み，単一の細胞壁により包まれた原形質の塊をいう．ある種の藻類と真菌にみられる．→ 細胞，変形体，合胞体

他家受精 cross-fertilization ── → 受精
他花受粉
　1．allogamy
　植物の他家受精．→ 受精
　2．cross-pollination ── → 受粉

他感作用物質 allelochemical
　ある種の生物により生産され，他種の生物の行動や成長に影響を及ぼす物質（→ セミオケミカル）．他感作用物質はいくつかの種類に分けることができる．カイロモンは受容した生物の利益になるが，生産者には不利になる物質である．例えば，キャベツなどの多くの植物は捕食者である昆虫を引きつける香り物質を放出する．一方，寄生者はしばしば宿主により放出された*フェロモンを利用して適切な宿主に寄生する．ある種の昆虫の捕食者はその獲物を同様にして見つけだせる．アロモンは受容者には何の効果もないが放出したものに利益がある物質である．例えば，ベニボタル科甲虫類は刺激物質を出して捕食者となりうる生物に不愉快な食べ物であることを警告する．これにより彼らは捕食されることを免れているものの，捕食者となりうる生物への影響は中立的である．ある種のランの花は，花粉媒介者であるハチやスズメバチの性ホルモンを擬したアロモンを放出する．それぞれの昆虫のオスはランの花と交尾しようと試み，その過程で花粉を媒介するため，ランにとっては利益となる．しかし，だまされたオスの昆虫にとってのコストはほとんどない．シノモンは生産者と受容者の双方に利益があるものである．例えば，甲虫により食害を受けた松の木はしばしばテルペンを放出し，害を及ぼす甲虫に寄生する*捕食寄生者の昆虫を引きつける．そのため捕食寄生者は適切な宿主を見つけ，その木の病害は制御される．→ アレロパシー

多極ニューロン multipolar neuron
　一つの軸索と，細胞体から様々な場所へ伸びるいくつかの樹枝状突起をもつ*ニューロン．ほとんどの脊椎動物の運動ニューロンと介在ニューロンは多極ニューロンである．→ 双極ニューロン，単極ニューロン

托葉 stipule
　ある種の植物の葉柄や葉の付け根からの突起．栽培用のエンドウの托葉は葉状の光合成器官である．シナノキの托葉は鱗型で冬芽を守っている．それに対してエセアカシアの托葉はとげに変化している．

多形質的 polythetic
　生物のある分類群への所属が，その分類群中の生物と多数の形質を共有するか否かにより決まるような分類の方法を示す．

多形性（多型性） polymorphism
　同一種の動物や植物のなかで，ある形質について明瞭に異なる二つ以上の型が存在すること．例えば社会性昆虫における労働者，雄，女王のような*階級制度がその具体例である．これは，環境多型性（→ 環境多型性），すなわち，この場合では幼虫が異なるタイプの食物を摂取することによって，遺伝的要因よりもむしろ環境要因により生じた差異である（訳注：社会性昆虫で女王は雌なので，雄と女王は，実際には遺伝的に異なっている）．遺伝的形質の結果として差異が生じる，遺伝多形性もまた存在する．遺伝多形性には二つの形が存在する．一つは，一時多型現象で，特定の形質が個体群のなかに広まる

途上にあるもので，このため各形質の相対的な比率が変化していく．もう一つは，個体集団中に二つ以上の形質が一定割合で共存しており，それぞれの形質が有利，不利の両要素をもっている平衡多型である．平衡多型の例としては，主に中央アフリカの黒人に認められる遺伝病の，血液色素であるヘモグロビンが異常型（ヘモグロビン S）となり赤血球が鎌状になる鎌状赤血球貧血症の発生がある．このような集団には，3 種の異なるタイプの個体が存在する．一つは，正常な二つのヘモグロビン遺伝子をもち（AA）この遺伝病を発病しない個体，もう一つは，一つは正常でもう一つは異常な遺伝子をもち（AS），鎌状赤血球の形質をもつが一般に病徴が認められない個体，そして，二つの異常遺伝子をもち（SS），慢性的そして最終的に致死性貧血の症状を呈する個体である．通常このような有害遺伝子は，自然淘汰の過程を経ることにより集団中から排除されるはずであるが，このケースでは，鎌状赤血球の形質をもつ人々は中央アフリカの風土病である重篤な型のマラリアに対して抵抗性を示すため，この遺伝子は維持される．→ 突然変異，制限断片長多型，一塩基多型

多形態性 pleiomorphism
　個体がその生活環のなかではっきりと異なった形態をとって存在すること．例えばチョウはいも虫，蛹，翅のある成体になる．

多系統の polyphyletic
　二つ以上の異なる祖先に由来する子孫を含むが，それらの祖先よりも根源的な単一の共通祖先に由来する他の子孫を含まない生物の集団を示す．このような集団は，収束的進化（→ 収束進化）によるものであろう，ある種の共通した特徴に基づいて作られる．しかし，進化的な近縁性を必ずしも反映せず，それゆえに系統学的分類基準としては受け入れられない．例として，哺乳類と鳥類は内温動物（温血動物）という形質を共有しているが，哺乳類と鳥類では直接の祖先がまったく異なり，この形質はそれらの系統で別個に獲得進化した特徴であることが明確であるため，「内温動物」というグループづけは多系統的である．→ 単系統の，側系統の

多型の polytypic
　いくつかの亜種や品種が，異なる地域に存在する種を示す．→ 単型の

多酵素系 multienzyme system
　一連の生化学的な反応経路を形成する細胞内の酵素の集合体．これは，第 1 番目の酵素の反応産物が直接，次の酵素に引きわたされ，ただちに 2 番目の反応を受けるようなものである．酵素反応の速度はおおよそ酵素と基質の濃度に依存しており，両者とも比較的高濃度量が必要となる．RNA やタンパク質の合成などにかかわる多酵素系は細胞の代謝の速度を高く保つのに役立っている．これは，中間産物が直接的に次の酵素に引きわたされるため，中間産物が高濃度である必要がなくなるためである．

多細胞の multicellular
　組織，器官，もしくは個体が多数の細胞から成り立っていることを表す．→ 単細胞（性）の

多散花序 cyme　→ 集散花序

多産地の polytopic
　複数の地域において起源し，存在する分類群を示す．

多糸性 polyteny
　DNA が繰り返し複製し，そのあとに DNA の分離が起こらない（→ 核内有糸分裂）染色体，核，細胞の状態．その結果ケーブル状の巨大染色体が生じ，これは，1000 本にものぼる平行な染色分体から構成され，顕著な横縞の形成がしばしば認められる．多糸性は，双翅類の特定の昆虫の細胞，特に *ショウジョウバエの唾腺にて顕著に観察される．これらの昆虫の発生段階における特定のステージにおいて，巨大染色体に突出部（パフと呼ばれる）が観察される．パフにはメッセンジャー RNA が伴っており，遺伝子の転写部位である．

多シナプス反射 polysynaptic reflex
　脊髄の少なくとも一つ以上の連結ニューロン（介在ニューロン）を介して，感覚ニューロンから運動ニューロンへと伝達される神経インパルスにより生じる *反射応答．例え

ば，皮膚の痛み受容体への刺激により，複数のシナプスと複数の運動ニューロンが関与し，生物や生体の一部を刺激から回避する，逃避反射が始まる．

多精子受精 polyspermy
　受精の過程において，実際にはただ一つの精子の核が卵の核と融合するものの，複数の精子が卵のなかに入ること．多精子受精は，多黄卵をもつ動物（例えば鳥類）において起こる．

多生歯性の polyphyodont
　動物の生涯を通じて，連続して歯が抜け，生え変わる歯牙発生のタイプを示す．サメやカエルは，多生歯性の歯牙発生を行う．→ 二生歯性の，一生歯性の

多足亜門 Myriapoda
　ある種の動物分類において*単肢動物門に属する*節足動物の亜門の一つ．ムカデ綱(*唇脚綱)，ヤスデ綱(*倍脚綱)，エダヒゲムシ綱（少脚綱），コムカデ綱（結合綱）が含まれる．多足亜門にはムカデ綱とヤスデ綱のみが含まれる分類体系も存在する．

脱アセチル反応 deacetylation
　ある分子からアセチル基（-COCH$_3$）が脱離することをいう．脱アセチル反応は*クレブス回路を含むいくつかの代謝経路や，*染色質の可逆的凝縮において重要な反応である．

脱アミノ反応 deamination
　ある化合物からアミノ基（-NH$_2$）が脱離することをいう．酵素的な脱アミノ反応は肝臓内で起こり，アミノ酸の代謝，特にそれらの分解と引き続く酸化において重要である（→ 酸化的脱アミノ化）．アミノ基はアンモニアとして脱離し，そのまま，尿素あるいは尿酸として排出される．

脱水素酵素 dehydrogenase
　生化学的反応において，水素原子の脱離（*脱水素反応）を触媒する酵素のことをいう．脱水素酵素は多くの代謝経路に存在するが，細胞呼吸の*電子伝達系反応を駆動する点で特に重要である．これらの酵素は，*NADや*FADなどの補酵素を電子受容体として用いる．

脱水素反応 dehydrogenation
　水素が，ある化合物から脱離する化学反応をいう．有機化合物は脱水素反応により，炭素-炭素の単結合が二重結合に変換される．生体内では，脱水素反応は通常は*脱水素酵素に触媒されて進行する．

脱制止 disinhibition
　（動物行動学）いくつかの対立する衝動が存在する状況において，その衝動が伯仲した結果，転移行動が触発される傾向をいう．→ 転移行動

脱炭酸 decarboxylation
　ある分子から二酸化炭素が脱離することをいう．脱炭酸は，*クレブス回路や*脂肪酸の生合成経路のような多くの代謝経路において重要な反応である．→ 酸化的脱カルボキシル化

脱窒 denitrification
　土壌中の硝酸塩が分子状窒素に還元され，大気中に放出される化学作用である．この作用は，脱窒細菌（すなわち，*Pseudomonas denitrificans*）により行われる．この細菌は他の生物の呼吸の場合と同様に，硝酸塩を他の化学反応のエネルギー源として用いる．→ 硝化作用，窒素循環

脱皮 ecdysis (moulting)
　1．節足動物のクチクラ層が周期的に失われること．脱皮は古いクチクラ層の内部において，いくつかの物質が再吸収されることと新しく柔らかいクチクラ層の形成によって開始される．残された古い外皮は後に裂けて，ここから動物が現れ，新しい外皮がまだ軟らかいうちに水分を吸収するかあるいは空気を吸い込むことで体を大きく成長させる．この外皮はキチンやカルシウム塩によって強固なものとなる．昆虫や甲殻類において，脱皮は*エクジソンホルモンによって調節されている．→ 羽化ホルモン，脱皮誘発ホルモン

　2．成長を可能とするための，爬虫類（ワニを除く）の表皮の外層の周期的な更新．

脱皮誘発ホルモン ecdysis-triggering hormone
　昆虫の神経分泌細胞によって産生されるペプチドホルモンで，他のホルモン（*エクジ

ソンと *羽化ホルモン）と共同して作用を示し，外皮の脱皮を誘発する（→ 脱皮）．

脱分極 depolarization

神経細胞や筋肉細胞の，細胞膜の内外の電位差が減少することをいう．神経がインパルスを伝達する場合，軸索に沿った *活動電位の通過の際に，神経細胞膜の脱分極が生じる．

脱落歯（乳歯） deciduous teeth (milk teeth)

哺乳類の2セットの歯のうちの最初に出現するもの．これら乳歯は，それらに置き換わる歯（*永久歯）より小さく，また乳歯には *大臼歯がないので，永久歯に比べ本数が少ない．→ 二生歯性の

脱離（脱着） desorption

表面に吸着した原子，分子，イオンが取り除かれること．

脱離酵素 lyase

二重結合を裂開し，基質へ新しい官能基を付加するか，あるいは二重結合の形成を触媒する型の酵素の総称．

脱硫 desulphuration

ある化合物から硫黄が脱離することをいい，様々な代謝経路でみられる．脱硫は，様々な含硫有機化合物の毒性に関係している．脱硫によって細胞内に放出された硫黄原子は，非常に親電子的であり，タンパク質に結合してその機能を変化させる可能性があると考えられている．

多糖類（グリカン） polysaccharide (glycan)

単糖分子が結合してできた長い鎖をもつ炭水化物の一群．ホモ多糖は，単一のタイプの単糖から構成される．ヘテロ多糖は2種類以上の異なるタイプの単糖から構成される．多糖類は，数百万の分子量をもつ場合があり，またしばしば複雑に分岐している．重要な例として，デンプン，グリコーゲン，セルロースがあげられる．

タートラジン tartrazine

*食品添加物の一種（E 102）で，食品を黄色に染める．タートラジンは免疫系に有害である可能性があるので，いくつかの国では禁止されている．

ターナー症候群 Turner's syndrome

2本目の *性染色体の欠損による女性の遺伝病（そのような女性は正常な XX でなく XO）．これは卵巣や月経周期の欠如に特徴づけられる．この病気の女性は，外性器は存在するが不妊で二次性徴がない．この症候群は，これを最初に記載したアメリカの内分泌学者ターナー（H. H. Turner, 1892-1970）にちなんで名づけられた．

ダニ mites (ticks) ⟶ ダニ目

多肉植物 succulent

多肉質の葉や幹に水を蓄えることによって水分を保持する植物．多肉植物は乾燥地域や，水分が十分にあるものの，塩湖のように容易に水分が得られない地域でよく見いだされる．これらの植物では，蒸散により水分を失うことを工夫して防いでいる．例えば，サボテンの葉は縮小してとげに変化している．
→ ベンケイソウ型有機酸代謝，乾生植物

ダニ目 Acarina

マダニや小型のダニを含む，*クモ形綱に属する小型の節足動物の目．3万以上の種が記載されており，おそらくこの20倍以上の知られていない種が，世界中の陸上と水中の様々な生息地に分布している．多くは自由生活性で土壌中や植物上で生活し，有機物質を摂食したり他の小さな節足動物を捕食したりしているが，かなりの数のものが植物ならびに家畜や人間を含む動物の寄生者である．成虫の身体は球形もしくは卵型であり，四対の肢をもつ．クモとは異なり，腰のくびれはなく，腹部は前体部と融合している．身体の正面の頭部には，種により切断したり嚙み砕いたり刺したりすることに適した口が存在する．卵は孵化すると三対の肢をもつ幼虫になり，脱皮して成虫と似た幼虫となる．3 cm までの体長になるマダニは脊椎動物の外部寄生虫であり，宿主の肌から血液を吸って栄養をとっている．これらのダニは脳炎やライム病などの幅広い病気を伝達する．小型のダニは4 mm くらいまでであり，マダニより小さく，寄生もしくは独立生活を営む．これらのダニは羽や髪の毛，肌からの分泌物や剝が

れ落ちた肌などを摂食し，人間や家畜に疥癬を引き起こすものもある．ヒョウヒダニ（*Dermatophagoides*）はアレルギーや皮膚炎を引き起こしうる．ハダニは植物にダメージを与える寄生者であり，耕地や温室の栽培作物に感染する．

多年生植物　perennial

何年にもわたって生存する植物．多年生木本植物（高木や低木）では永続的な地上部分をもち，毎年成長し続ける．多年生の草本植物（木質ではないもの）の地上部は毎年秋には枯れるが，春には地下部（→ 越年）から新しいシュートが形成される．ルピナスやショクヨウダイオウは多年生草本植物の例である．→ 一年生植物，二年生植物，短命植物

多粘着タンパク質　multiadhesive protein
→ 細胞外マトリックス

多胚　polyembryony

1. 植物の一つの種子のなかに，複数の胚が形成されること．しばしば受精した卵細胞から一つの胚が発生する一方で，他の胚は胚珠中の他の組織から無性的に形成される．

2. 動物の単一の接合子から，複数の胚が形成されること．*同型双生児は，このようにして生じる．

タバコモザイクウイルス　tobacco mosaic virus (TMV)

硬い桿状のRNA含有ウイルスであり，広範囲の植物，特にタバコで葉の変形や水疱形成の原因となる．昆虫が植物組織を摂食するときに伝播される．TMVは最初に発見されたウイルスである．

タペータム　tapetum

グアニン結晶を含む反射層で，夜行性脊椎動物の目の*脈絡膜に存在する．目の網膜へ光を反射するために視界を改善し，また暗闇で目を輝かせる原因になる．

卵　egg

1. 鳥類や昆虫などの産卵する動物の受精卵（*接合子）が，体内から現れたあとのものを示す．卵は*卵膜で覆われており，乾燥などの環境的なダメージから卵を保護している．

2. （または卵細胞）動物や植物における成熟した雌性生殖細胞．→ 卵球，卵（らん）

多面発現の　pleiotropic

生物中で一つの対立遺伝子が一つ以上の効果をもつこと．例えば鎌状赤血球貧血症で赤血球に変形を引き起こす対立遺伝子は，またこれらの血球に容易に破裂を引き起こし，貧血を起こす．

多毛類　Polychaeta

各体節が，多数のとげ（*剛毛）を生ずる1対の平らな肉質の突出部（疣足）をもつ，環形動物門の一綱．すべての多毛類は水中に生息しており，そのほとんどが海洋に生息する．自らがすむために砂のチューブを作るカンザシゴカイ（*Sabella*），砂や泥のなかに穴を掘るゴカイ（*Arenicola*），イソメ（*Nereis*）などが多毛類に含まれる．

多様性（変異）　variation

植物あるいは動物の個体の間での違い．多様性は環境条件の影響の結果として生じることがある．例えば水分の供給，光の強度が植物の高さや葉の大きさに影響する．生物の生涯の間に獲得されたこの種の違いは，次世代には引き継がれない．なぜなら遺伝子は影響を受けないからである．遺伝的多様性は遺伝子構成の違いによるもので，これは遺伝する（→ 連続変異，不連続変異）．遺伝的多様性の最も大きな要因は*突然変異と*組換えである（→ 交叉）．*異系交配によってもその割合は増える．広い遺伝的多様性は環境変化におけるその種の生き残り能力を高める．なぜならある種の個体が特定の変化に耐性をもつ機会が増えるからである．そのような個体は生き残り，有利な遺伝子を子孫に残す．

多量養素　macronutrient

植物が比較的多量に必要としている化学元素．多量養素は，炭素，水素，酸素，窒素，リン，カリウム，硫黄，マグネシウム，カルシウムおよび鉄（訳注：鉄は微量養素とされることが多い）を含んでいる．→ 必須元素，微量養素

単為結実　parthenocarpy

受精することなしに果実が形成されること．これによってできた果実は種子がなく，植物の生殖には貢献できない．バナナやパイ

ナップルがその例である．植物*成長物質が単為結実に関係すると考えられており，トマトやその他の果実の商業的生産においては，オーキシンにより単為結果が誘導されることがある．

単為生殖 parthenogenesis

無精卵から個体が発生すること．多くの植物（セイヨウタンポポやヤナギタンポポなど）や一部の動物でときどき起こるが，これが主要な，もしくは唯一の生殖方法である種もいる．例えば，ある種のアブラムシ（アリマキ）では雄はいないか，非常にまれである．雌によって形成される卵はすべての染色体（二倍体）を含み，遺伝的に同質である．その結果，単為生殖する生物の種内における多様性は非常に限定されている．→ 雄性産生単為生殖，雌性産生単為生殖

段階群 grade

ある種の形態学的形質を共有する生物の一群．必ずしも進化的な関係があるわけではない．例えば，体腔をもつすべての生物は一つの段階群と見なすことができる．段階群は系統学的な血統を表す*分岐群と対照をなす．

短角果 silicula

二心皮子房から形成された*さく果の一種．これは長軸方向に短くなり，縦に2室（小室）に分かれる．短角果は*長角果より幅が広い．短角果の例としてイワナズナやマガリバナの果実があげられる．

単核食細胞系（細網内皮系） mononuclear phagocyte system (reticuloendothelial system)

体の組織内における*マクロファージおよびそれらの前駆体（単球）のネットワーク．それらは骨髄，肝臓，脾臓およびリンパ節に集まっている．

単眼 ocellus

昆虫や他の無脊椎動物においてみられる単純な眼のこと．典型的には，光感受性細胞と一つの角質レンズ（cuticular lens）から構成されている．

単球 monocyte

脊椎動物における*白血球の最も大きな形態．インゲンマメ形の核をもち，活発に食作用を行いバクテリアや細胞片を摂取する（→食細胞）．

単極ニューロン unipolar neuron

細胞体から伸びる主要突起である軸索が1本である*ニューロンをいう．単極ニューロンには多くの感覚ニューロンや多くの脊椎動物の運動ニューロン，介在ニューロンがある．→ 双極ニューロン，多極ニューロン

単系統の monophyletic

系統学において，ある単一の共通の祖先のすべての子孫を含む生物のグループを表現する．*分岐論においてはそうした分類群は「クレード」と呼ばれ，分類体系を構築する際に妥当として認められる唯一の分類群である．そのため，単系統群の獣亜綱（Theria）は有袋類や有胎盤哺乳類だけでなく，絶滅した中生代の同族のものも含む．それらのすべては，より縁の遠い卵生哺乳類（原獣亜綱からなる）によっては共有されない，直接の共通の祖先を共有している．同様に，鳥とワニは単系統群の主竜類（Archosauria）の現生の代表者であり，彼らは他のどの現生の爬虫類の子孫よりも互いに近縁である．結果として，現代の多くの分類体系で用いられる爬虫類の分類は鳥類（および哺乳類）を除外しているため，単系統的ではなく，*側系統的である．→ 多系統の

単型の monotypic

地理的な分布範囲の全体を通じて，その種の個体の間にほとんど変異がみられない種を示す．そのため，品種や亜種は認められないものである．→ 多型の

単孔類 monotremes ⟶ 原獣亜綱

単細胞タンパク質 single-cell protein (SCP)

細菌，酵母や単細胞藻類のような微生物で作られるタンパク質で，ヒトや動物の食物の成分として用いるために抽出，利用される．

単細胞（性）の unicellular

組織，器官，生物体などが一つの細胞でできていること．例えば，ある種の藻類や菌類の生殖器官は単細胞性である．単細胞性の生物には細菌，原生動物，ある種の藻類が含まれる．→ 非細胞の，多細胞の

炭酸 carbonic acid
　弱酸の一種．H_2CO_3．二酸化炭素が水に溶解した溶液の状態．
$$CO_2 + H_2O \rightleftharpoons H_2CO_3$$
この酸は溶解した二酸化炭素と平衡状態で，また炭酸水素イオンと水素イオンとに電離する．この反応は*炭酸脱水酵素により触媒され，赤血球に組織細胞からの二酸化炭素が拡散したときに起こる．→ 炭酸水素塩

炭酸水素塩（重炭酸塩） hydrogencarbonate (bicarbonate)
　*炭酸の塩の一種で，水素原子の一つが置換されたものをいう．したがって，炭酸水素イオン HCO_3^- を含む．→ 緩衝液

炭酸脱水酵素 carbonic anhydrase
　赤血球や腎臓細胞などに存在する酵素で，二酸化炭素と水からの炭酸の生成，引き続く，電離反応を触媒する．
$$CO_2 + H_2O \rightleftharpoons H_2CO_3$$
$$H_2CO_3 \rightleftharpoons H^+ + HCO_3^-$$
この反応は最も早い反応の一つとして知られていて，体からの二酸化炭素の除去と尿のpHの調整をしている．また，組織から血液へ，そして血液から肺の肺胞への二酸化炭素の移動を促進している．→ 塩素移動，ヘモグロビン酸

担子器 basidium (pl. basidia)
　*担子菌門に属する菌類に特徴的な細胞で，ここで核分裂と減数分裂が行われる．この結果，4個の担子胞子が形成され，この胞子は担子柄（小柄）により担子器に外生する．

担子菌門 Basidiomycota
　菌類の一つの門で，以前は綱として担子菌綱，または亜門として担子菌亜門として分類されていた．有性生殖は，棍棒状または筒状の*担子器の上に形成される担子胞子により行われる．担子器は，シイタケのような形状のキノコ，ホコリタケ状のキノコ，サルノコシカケ状のキノコのような子実体上に，しばしば集合して存在する．例外としては，*サビキン類，*クロボキン類があり，これらは明確な子実体を形成しない．

単軸 monopodium
　マツのような植物における主軸の成長様式．先端が成長を続ける単一の主茎が存在し，またそこから側枝を生ずる．→ 仮軸

単枝形付属肢 uniramous appendage
　付属肢の一種で，昆虫や*単肢動物門に属するものに特徴的である．枝分かれしない一連の分節からなる（→ 底節，転節，腿節）．→ 二枝形付属肢

短日植物 short-day plant
　たいていは12時間以下の日照という短日条件におくことで花成が誘導されたり促進される植物．例えば，オランダイチゴやキクがあげられる．→ 光周性，中日植物，長日植物

単肢動物門（単肢動物類） Uniramia (Mandibulata)
　*節足動物の門の一つで，*唇脚綱（ムカデ類），*倍脚綱（ヤスデ類），少脚綱，結合綱（ムカデ様の動物），*六脚類（昆虫）を含む．これらは*単枝形付属肢が特徴である．

単シナプス反射 monosynaptic reflex
　感覚ニューロンからの情報が，脊髄中の1個のシナプスだけを通して適切な運動ニューロンに伝達される型の単純な*反射．膝蓋腱反射は，単シナプス反射の例である（→ 伸張反射）．→ 多シナプス反射

担子胞子 basidiospore
　*担子菌門に属する菌類に特徴的な胞子をいう．→ 担子器

断種 sterilization
　動物やヒトで子孫が残せないように手術すること．男性では通常*輸精管を結束後に切除することで断種する（精管切除）．また女性では，手術で恒久的にクリップのような器具で卵管をはさんで閉鎖することが多い．→ バースコントロール

胆汁 bile (gall)
　*肝臓により生成される苦い味のする緑黄色のアルカリ性液体で，*胆嚢に貯蔵され，脊椎動物の*十二指腸に分泌される．胆汁は，胆汁酸塩の働きで脂肪の消化と吸収を助ける．胆汁酸塩は，脂肪性の基質に化学的に作用して，脂肪の小滴の表面張力を低下させるので，小滴は分散，乳化される．胆汁はまた，腸の筋肉の収縮（*蠕動運動）を刺激す

ると考えられている．また胆汁は，血液の色素の*ヘモグロビンが分解して作られる，胆汁色素のビリルビンやビリベルジンを含む．

単出集散花序 monochasium ── 集散花序

単循環 single circulation
　魚類でみられる循環系のことで，血液が体内を1周して体循環を完了するまでに心臓を1回通る型の循環系．→ 二重循環

誕生 birth ── 出産

単子葉類 Monocotyledoneae
　被子植物（*被子植物門）のなかの植物の二つの綱のうちの一つで，種子のなかに一つの*子葉をもつことで見分けられる．一般的に単子葉類は平行な葉脈，茎のなかに散在した維管束系，また三つ，もしくは三の倍数となった花器をもつ．単子葉植物の種は作物（例えば穀類，タマネギ，イネ科の牧草），花卉類（例えばチューリップ，ラン，ユリ），および非常に少数の木本性の種（例えばヤシ）を含む．→ 双子葉類

炭水化物 carbohydrate
　一般式 $C_x(H_2O)_y$ で示される，有機化合物の一群．炭水化物の最も単純なものは*糖であり，例えばグルコースやショ糖などである．*多糖類は巨大分子量で複雑な炭水化物であり，例えばデンプンやグリコーゲンそしてセルロースなどの例がある．炭水化物は生きた生物において非常に重要な役割を演じる．糖，特にグルコースとその誘導体は，食物をエネルギーに転換するときに必須の中間体である．デンプンや他の多糖体は植物，特に種子や塊茎などでエネルギー貯蔵物質として働き，ヒトを含む動物の主要なエネルギー源となる．セルロース，リグニンなどの物質は細胞壁を構成し，また植物における木質の組織を形成する．キチンは多くの無脊椎動物の体の甲羅にみられる構造多糖である．炭水化物はまた，動物細胞の表面被膜や，細菌の細胞壁にみられる．

弾性繊維 elastic fibres ── エラスチン
弾性軟骨 elastic cartilage ── 軟骨
単性の unisexual
　動物あるいは植物において，雄または雌のどちらかの生殖器をもつが，両方はもたないもの．高等動物のほとんどは単性であるが，植物はしばしば*両性である．雄ずいまたは心皮のどちらかをもち，両方はもたない花も単性と呼ばれる．→ 雌雄同体の，雌雄異体の

胆石 gallstone
　過剰のコレステロールにより胆嚢で形成され，*胆汁中に析出する硬いボール状の物質．胆石は胆管につまり，邪魔をすることがある．

炭素 carbon
　元素記号 C．非金属元素ですべての有機化合物に存在し，それゆえ，すべての生物体の形成のために必須元素である．植物，動物の*必須元素であり，植物の光合成による，大気中の二酸化炭素の同化産物に由来している（→ 炭素循環）．生物における炭素の遍在的な性質は他の炭素原子，水素原子，酸素原子，窒素原子，そして硫黄原子と安定共有結合を形成することができる能力による．その結果，多様な炭素原子による鎖状・環状の化合物を形成する．2種類の安定同位体が存在し（陽子数12と13），4種類の放射性同位体が存在する（陽子数10, 11, 14, 15）．炭素14は*放射性炭素年代測定法に使用される．

断層撮影 tomography
　他の面を除いて，人体の選択した面のみを，X線を使用して撮影すること．CT（コンピュータ断層撮影）スキャナーは環型のX線装置であり，水平になった患者の周りを180°回転し，少しずつ角度をかえて多数のX線測定をする．得られた大量の情報から，スキャナー自体のコンピュータにより検査した組織の三次元画像を構築する．患者がさらされるX線の照射量は通常のX線撮影に用いる量の約20％だけである．

単層培養 monolayer culture
　培地を入れたフラスコやペトリ皿上で，単層で細胞を成育させる*培養の型．→ 懸濁培養

単層立方上皮 cuboidal epithelium ── 上皮

断続平衡説 punctuated equilibrium
　N. Eldredge と Stephen J. Gould により

1972年に公表された仮説である．この説では，進化的な歴史において，大部分の変化はきわめて急速に突発的に生じ，その持続時間は典型的には10万年以内であり，その時間内で新種の形成が起こることを提案している．これらの種形成の事象の間には，進化的にはほとんど変化のない，およそ数百万年にわたる比較的安定な長い期間が存在する．この説は，進化は漸進的で連続的な過程であるという正統的なダーウィン説の考え方とは矛盾しており，論争やしばしば白熱した討論を引き起こした．この説の提唱者は，アンモナイトの仲間の軟体動物のような化石生物の系統の研究結果を説の基礎にしている．これらの系統では，ある種とその後に続く種の間の中間段階が欠如しており，これを，種形成はしばしばきわめて急速に起こるので，化石の記録として残らないことの証拠として引用している．その後の精査により，すべてではないがいくつかの系統で，断続平衡説を支持する結果が得られているが例外もみつかり，そのためこの説は普遍的には成立しないと考えられている．たとえばげっ歯類の系統では，種形成の時期と同様に，種形成と種形成の間の時期においても，形態的変化が生ずることが示されている．

炭素循環　carbon cycle

環境中における化学元素の主要な循環系の一つ（→ 生物地球化学的循環）．二酸化炭素の状態の炭素は大気中から取り込まれ，*光合成において植物の組織のなかへ取り込まれる．そして，植物が食べられることによって，動物の体内へと移動する（→ 食物連鎖）．動植物そして，分解者の呼吸によって，二酸化炭素は大気中へと戻される．化石燃料，例えば石炭やピートなどの燃焼もまた，大気中へ二酸化炭素を放出する．図参照．

炭素同化作用　carbon assimilation

大気中の二酸化炭素中の炭素を有機分子に取り込むこと．*光合成により行われる．→ 炭素循環

タンデムアレイ　tandem array

（遺伝学）染色体に沿って順番に，一つの遺伝子コピーが連続していること．例えば*核小体形成体は最大250コピーの単一種のrRNA遺伝子を直列に含んでいる．ヒストンタンパク質の遺伝子群もタンデムアレイとして並んでいる．このようなアレイは細胞で多量の遺伝子産物が合成されることを保障している．

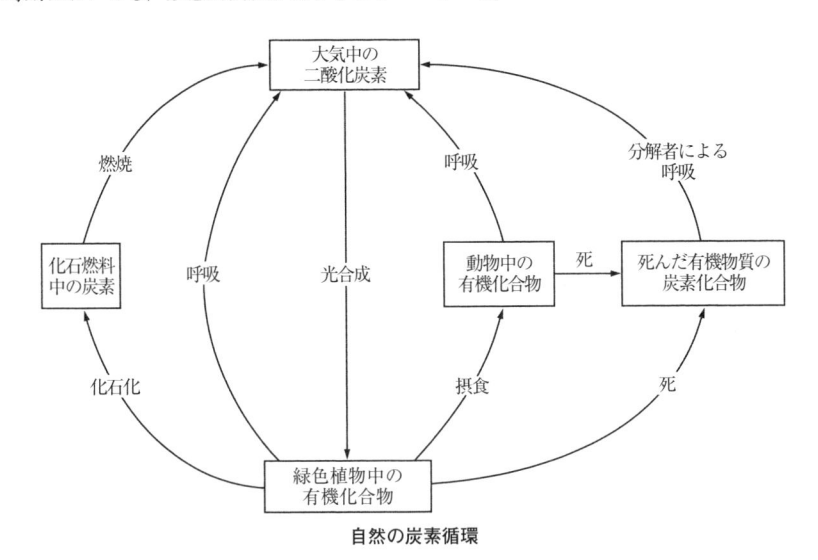

自然の炭素循環

単糖 monosaccharide (simple sugar)

希薄な酸の働きによっては、より小さな単位に分解できない炭水化物。単糖はそれが含む炭素原子の数によって分類される。トリオースは三つ、テトロースは四つ、ペントースは五つ、ヘキソースは六つ炭素原子を含む。それぞれは分子がアルデヒド基（-CHO）やケトン基（-CO-）を含んでいるかどうかによって、さらにアルドースやケトースに分けられる。例えば、グルコースは六つの炭素原子とアルデヒド基をもっているので、「アルドヘキソース」である。また、フルクトースは「ケトヘキソース」である。アルデヒド基やケトン基は、単糖の還元性の原因となり、これらの酸化により糖酸を得る。またリン酸と反応して、細胞の代謝に重要なリン酸エステル（例えば*ATP中のリン酸エステルなど）を生産する。単糖は、直鎖か環状の分子のどちらかとして存在する（図参照）。また、単糖は右旋性と左旋性の形態の両方を生じ、*光学活性を示す。

タンニン tannin

植物の葉や、未熟な果実、樹皮に一般的に存在する複雑な有機化学物質の一群のこと。その働きはよくわかっていない。動物が不快と感じる味により、動物に食べられることを避けたり、病原体が植物の体内に侵入することを妨げると考えられている。商業的にも特に革製品の生産やインクとして使用されているものがある。

胆嚢 gall bladder

*輸胆管に付着した小さな袋であり、ほとんどの脊椎動物に存在する。*肝臓で作られる*胆汁は、胆嚢に貯蔵され、十二指腸に食

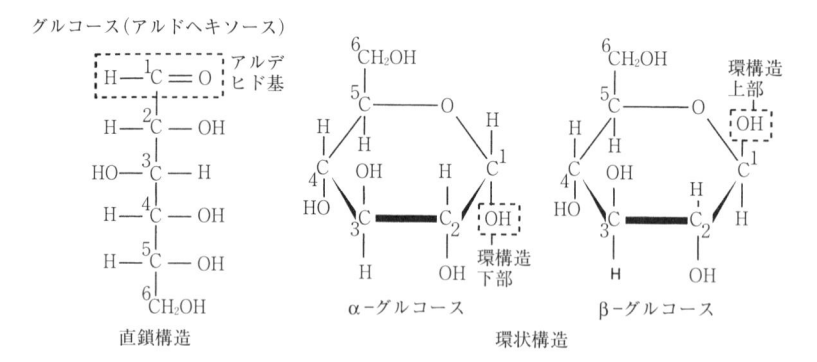

単糖

物（特に脂質）が入ると放出される．

タンパク細胞 albuminous cell ⟶ 伴細胞

タンパク質 protein

すべての生命体において見いだされる，有機構成成分の大きな一群である．タンパク質は炭素，水素，酸素，窒素から構成され，またタンパク質のほとんどが硫黄も含む．分子量は6000から数百万の範囲である．タンパク質分子は，特定の順序でつながった*アミノ酸からなる，一つか複数の長い鎖（*ポリペプチド）から構成される．この配列はタンパク質の一次構造と呼ばれる．これらのポリペプチドは，コイル構造（→ αヘリックス）やひだ状構造（→ βシート）をとることもあり，この性状や大きさが二次構造と表現される．コイル構造やシート構造をとったポリペプチドの三次元での形は，三次構造と呼ばれ，この機能的な単位を*ドメインと呼ぶ．四次構造はポリペプチド構成単位の立体構造中の相互関係を示すものである．

タンパク質は大ざっぱに，球状タンパク質と繊維状タンパク質に分類される．球状タンパク質はコンパクトな丸い分子であり，通常は水溶性である．最も重要なものは，生化学的反応を触媒する*酵素である．他の球状タンパク質には，体内の異物と結合する*抗体，*ヘモグロビンのようなキャリヤータンパク質，貯蔵タンパク質（例えばミルクの*カゼインや卵白の*アルブミン），特定のホルモン（例えば，*インスリン）がある．繊維状タンパク質は，一般的に水に対して不溶性であり，長いコイル構造やシート構造からなり，これがタンパク質に強度や弾力を与える．このカテゴリーには，*ケラチンや*コラーゲンが該当する．アクチンとミオシンは筋肉の主要な繊維状タンパク質であり，これらの相互作用により筋肉の収縮が起こる．*血液凝固にはフィブリンと呼ばれる繊維状タンパク質が関与している．

50℃以上に加温されたり，強い酸やアルカリにさらされたときに，タンパク質は特異的な三次構造を失い，不溶性の凝塊（例えば，卵白の加熱による凝固があげられる）を形成する．これにより通常，タンパク質の生物学的特性が不活化する．

タンパク質一次配列決定 protein sequencing ⟶ タンパク質シークエンシング

タンパク質工学 protein engineering

人間が利用するための改良を行うために，タンパク質（特に酵素）の構造を変える技術．これは，タンパク質をコードするDNA配列の人工的な改変を伴うものであり，それによって例えば既存のタンパク質に新しいアミノ酸が挿入される．新しく合成されたDNA領域は，細胞や，その他の*転写・*翻訳に必須な因子を含むシステムにより，新しいタンパク質を作るために使用される．あるいはまた，ポリペプチド鎖が化学薬品の制御下にて構築される固相合成（solid state synthesis）により，新しいタンパク質は合成される．固相合成では，ポリペプチド鎖の片方の末端は固体の支持体に固定され，固定されていないほうのフリーの末端に付加するアミノ酸は化学薬品の選択により決定される．この過程の間，目的に応じて化学薬品を変更することもできる．合成後，ポリペプチドは回収され，精製される．タンパク質工学は，バイオテクノロジーに利用されている酵素（いわゆるデザイナーエンザイム）を合成するために使われる．タンパク質の三次元構造は，その機能にとってきわめて重要であり，コンピュータを利用したモデリングにより解析できる．

タンパク質合成 protein synthesis

生細胞において，染色体のDNAがもつ遺伝情報のとおりに，アミノ酸成分からタンパク質を構築する過程を示す．この情報は，細胞の核においてDNAから転写されるメッセンジャー*RNAにコードされる（→ 遺伝暗号，転写）．特定のタンパク質のアミノ酸配列は，メッセンジャーRNAのヌクレオチド配列により決まる．メッセンジャーRNAにより運ばれた情報は，リボソームにて，翻訳プロセスにより，タンパク質のアミノ酸配列へと*翻訳される．

タンパク質シークエンシング protein sequencing

タンパク質やその構成ペプチドのアミノ酸配列を決定するプロセスをいう．最も一般的に使われる技術はエドマン分解（エドマン，Pehr Edman により発明された）であり，これは末端のアミノ酸残基を順番に取り外し，クロマトグラフィーにより同定するものである．各ステップは自動化され，現在，全体のプロセスは一つの機械，シークエネーター（配列決定装置）により行われる．大きなポリペプチドの場合は，解析の前に小さなペプチドへと切断する必要がある．このシークエンス解析の結果を，*DNA シークエンシングにより推定されたアミノ酸配列と比較する場合も多い．研究しているタンパク質をコードする遺伝子は，例えば*ウェスタンブロット法を利用して，*DNA ライブラリーからスクリーニングすることにより見つけられる．しかしながら，遺伝子の塩基配列は新生の，すなわち翻訳後修飾前のタンパク質のアミノ酸配列のみを示している．実際に機能しているタンパク質の配列は，タンパク質シークエンシングによる化学的解析によってのみ解明することができる．

タンパク質ターゲッティング protein targeting

新規に合成されたタンパク質が，細胞中の正しい場所に輸送されるプロセスを示す．タンパク質ターゲッティングは，タンパク質中にある短いアミノ酸配列（シグナル配列として知られている）により決定され，これは正しい行き先（例えばミトコンドリアや，植物細胞の場合ではクロロプラスト）へとタンパク質を導く．タンパク質合成の間（翻訳に共役）や合成が完了したあと（翻訳後）のいずれかにおいて，輸送は行われる．

タンパク質ブロッティング protein blotting ⟶ ウェスタンブロット法

タンパク質分解 proteolysis

酵素がタンパク質を切断すること．→ プロテアーゼ

タンパク質分解酵素 proteolytic enzyme ⟶ プロテアーゼ

弾尾類 Collembola

小型の無翅昆虫の目の一つで，トビムシ類をいう．体長 10 mm 未満で，特別な留め金により腹部の下側に保持された，特殊なフォーク状の器官がばねとして働き，跳躍することができる．口器の大部分は，頭部のくぼみに隠れている．大部分のトビムシは，腐食動物であるが，一部はマメ科植物の害虫である．一部の専門家は弾尾類を他の無翅昆虫とともに*無翅昆虫亜綱に入れるが，他の専門家は，弾尾類は六脚上綱（*六脚類）のなかで独立の綱を形成し，*カマアシムシ類と最も近縁であると考えている．

短匍枝 offset ⟶ ほふく茎

弾分蒴果 regma

フウロソウ科に特徴的な乾燥果．*非裂開型分離果に似ているが，種一粒ごとの部分に分かれ，それぞれがはじけて一粒の種を放出する．

短分散型核内反復配列 SINE (short interspersed element)

ゲノム全体に散在し，比較的短い配列（500塩基対以下）の多数のコピー（$>10^5$）からなる，真核生物で見いだされる散在型の中程度*反復 DNA．SINE はタンパク質に翻訳されず，ほとんどはイントロン中にあり，機能未知で*レトロトランスポゾンの退化したコピーだと考えられている．ヒトや他の霊長類において最も有名な例として *Alu ファミリーがあげられる．

担胞子体 sporophore (fructification)

ある種の真菌類でみられる空中に伸びる胞子形成体のこと．例えば，キノコの柄とカサの部分があげられる．

短命植物 ephemeral

（植物学）普通の植物の1回の生育期よりかなり短い期間で生活環を終える*一年生植物のこと．したがって1年間に何度も世代を繰り返すことができる．ノボロギクやアカバナなどのやっかいな雑草の多くは短命植物である．砂漠のいくつかの短命植物には，雨後に一気に短い生活環を終えるものがある．

短命動物 ephemeral

（動物学）カゲロウのような短命な動物．

担輪子幼生 trochophore

多毛類，軟体動物とその他のある種の無脊椎動物の幼生で，海洋プランクトンである．独楽形をしており，ふつうは繊毛の二つの帯が体を取り巻いている．

チ

チアミン thiamine ⟶ ビタミンB群

地衣類 lichens

菌類（通常は*子嚢菌の一種）と，緑藻類またはラン藻類，との共生（→ 共生）により形成された共同体からなる生物の一群である．共生菌（ミコビオント）は，通常，地衣類の体の大部分を占めており，藻類やラン藻類の共生藻（フィコビオント）の細胞は，共生菌の菌体中に分散して存在する．共生藻は光合成を行い，その光合成産物の大部分を共生菌に送り，共生菌は共生藻の細胞を保護する．地衣類は*粉芽，*裂芽，あるいは菌類の胞子により増殖するが，胞子で増殖する際には，発芽のときに適切な共生藻をみつける必要がある．地衣類の生育は遅いが，他の植物にとって寒冷にすぎる場所や乾燥しすぎる場所でも生育することができる．地衣類の体制には，平らな外皮状のものと直立して分枝するものがある．多くの地衣類は*植物着生生物として，特に樹木の幹の上に生育する．ある種の地衣類は大気汚染にきわめて弱く，*指標種として使われていた．地衣類は，通常は菌類として共生菌の分類群のなかに入れられる．しかし共生菌と共生藻を，菌藻植物門（Mycophycophyta）として一つの分類群にまとめるべきだと考える者もいる．

チェイン，アーンスト・ボリス，卿 Chain, Sir Ernst Boris (1906-79)

ドイツ生まれのイギリスの生化学者．1933年に研究生活をケンブリッジ大学にて始める．2年後オックスフォード大学の*フローリーのもとに移り，そこで，*ペニシリンを単離，精製した．彼らはまた，ペニシリンの大量生産の方法も開発し，最初の臨床試験を行った．彼らは，ペニシリンの発見者*フレミングとともに，1945年ノーベル生理医学賞を受賞した．

知覚 perception
　感覚によって検知した生データと過去の経験をともに用いた感覚情報の解釈．→ 感覚

地下性の hypogeal
　1．地下発芽性ともいう．双葉（子葉）が地下に残留する型の種子の発芽をいう．地下性の発芽の例としては，ナラ・カシ類とベニバナインゲンがある．→ 地上発芽性の
　2．トリュフやラッカセイのように，地下で発達する子実体や果実をいう．

置換 substitution
　（遺伝学）DNA配列の一塩基対が他の塩基対に置き換わる*点突然変異．2種類の置換変異がある．トランジション変異は，ピリミジン塩基（チミン，シトシン）が他のピリミジン塩基に置き換わることか，プリン塩基（アデニン，グアニン）が他のプリン塩基に置き換わること．トランスバージョン変異はピリミジン塩基がプリン塩基に置き換わるか，その逆のこと．ほとんどの置換はタンパク質鎖の1アミノ酸の変化をもたらし，そのタンパク質の機能に変化をもたらすこともあれば，またもたらさないこともある．鎌状赤血球貧血は置換変異の例であり，ヘモグロビンのβ鎖の6番目のアミノ酸のトリプレットコードのチミンがアデニンに置き換わることによって引き起こされる．

置換骨 replacing bone ⟶ 軟骨性骨

地球温暖化 global warming ⟶ 温室効果

チクロ cyclamates
　$C_6H_{11} \cdot NH \cdot SO_3H$で表される酸の塩で，この酸の$C_6H_{11}$はシクロヘキシル基である．チクロのナトリウムやカルシウム塩は，かつて清涼飲料水などの人工甘味料として使用されていた．しかし，その摂取による発がん性が疑われてから使用は禁止となった．

チクロカルシウム calcium cyclamate
　有機カルシウム塩．$(C_6H_{11}NHSO_3)Ca \cdot 2H_2O$．強い甘味を有し，過去において甘味料として利用された．発がん性が疑われ，1969年，イギリスにおいて使用が禁止された．

恥骨 pubis
　*下肢帯（骨盤帯）の左右の各半分を構成する3種類の骨の一つである．恥骨は，骨盤を形成する3種の骨のなかで最も前方に存在する．哺乳類と，爬虫類の大部分においては，左右の恥骨はわずかに可動性の関節である恥骨結合により接続されている．→ 腸骨, 坐骨

致死アレル lethal allele (lethal gene)
　もしも表現型として発現した場合には，最終的にその生物の死をもたらすような遺伝子の突然変異型のこと．多くの致死遺伝子は劣性である．例えば鎌状赤血球貧血症（→ 多形性）は，異常で活性のないヘモグロビンの生産が原因の，劣性致死遺伝子による病気である．

地質時代区分 geological time scale
　地球の歴史をその誕生からいままでのおよそ46億年にわたりカバーする時代区分．時代区分は長いほうから，累代 (eon)，代 (era)，紀 (period)，世 (epoch)，期 (age)，クロン (chron) といった時間間隔の階層に分けられる．→ 付録

地質年代学 geochronology ⟶ 年層年代測定法

地上植物 phanerophyte
　ラウンケルの分類による植物の生活形の一つ（→ 相観）．地上植物は越冬芽を地上より高い場所にもつ大きな灌木や高木のことである．芽は干ばつ，凍結の危険性を負うため，これら植物は熱帯などのように凍結や干ばつのほとんどない地域で主にみられる．

地上発芽性の epigeal
　双葉（子葉）が地上に出て，本当の葉として機能する型の種子の発芽をさす．地上発芽はスズカケノキやヒマワリでみられる．→ 地下発芽性の

地図単位（センチモルガン） map unit (m.u.; centimorgan)
　染色体上の遺伝子（あるいは他の遺伝子座）の間の距離を測るための単位で，*交叉によって生じたそれら遺伝子間の組換えの頻度に等しい．1 m.u. あるいは1センチモルガンは1%の組換え頻度に相当し，すなわち

100回の減数分裂当たり1回，それら二つの遺伝子が組み換えられる．地図単位は*連鎖地図を作成する際に用いられ，絶対的で物理的な距離ではなく，遺伝子座間の相対的な距離を表す．地図単位は短い距離では加法的であるが，遠距離の遺伝子間では複数の交叉が生じうるため，離れて存在する遺伝子に対してはあまり適さない．→ 交叉率

地中海貧血症（サラセミア） thalassaemia
*ヘモグロビンの α 鎖または β 鎖の合成を制御する DNA 配列の*置換変異によって引き起こされる血液の疾患のこと．症状は貧血と成長遅滞である．

地中植物 geophyte
ラウンケルの生活形分類による植物の生活形の一つ（→ 相観）．地中植物は越年する芽が地中に存在し，球茎や鱗茎，根茎を形成する草本である．

膣 vagina
子宮から体外へと続く筒状のもの．生殖行動中に精子が膣のなかに放出され，また，十分に発達した胎児がここを通って産まれる．多くの哺乳動物において，性的に受け入れない時期の膣はふさがれており，発情期にのみ開く．膣の内面は粘液を出し，摩擦や感染性生物の侵入を防ぐ．

窒素 nitrogen
元素記号 N．色のない気体元素で，空気中に存在し（2窒素 N_2 の形で，空気中に体積にして約78%の量が含まれている），生物中のタンパク質や核酸にとって必要不可欠な成分元素である（→ 窒素循環）．

窒素固定 nitrogen fixation
大気中の窒素が生命体において有機化合物へと同化され，それによって*窒素循環へ入っていく化学過程．窒素固定は*ニトロゲナーゼという酵素によって行われ，その能力はある種の細菌（例：*Azotobacter, Anabaena*）に限定される．いくつかのバクテリア（たとえば *Rhizobium* や *Bradyrhizobium* など）は，エンドウやソラマメのようなマメ科植物の根にある細胞（これらの細菌は，根に特徴的な*根粒を形成する）と連帯して窒素を固定することができる（→ バクテロイド）．したがって，マメ科植物の栽培は土壌窒素を増加させる方法の一つである．またある種のマメ科でない植物も窒素固定細菌の宿主であり，たとえばハンノキ（alder tree）は *Frankia* というストレプトミセス様の細菌を含む根粒を形成する．大気中の窒素を固定して**肥料を生産するために様々な化学反応が用いられており，バークランド-アイデ（Birkeland-Eyde）法，シアナミド（cyanamide）法，ハーバー（Haber）法などがあげられる．

窒素酸化物 nitrogen oxides
一酸化窒素（NO）や一酸化二窒素（N_2O）のような窒素の酸化物（NO_x）で，その多くが大気汚染物質であり，*酸性雨にも含まれている．窒素酸化物は，車や航空機，工場などの排気として排出される．→ 大気汚染

窒素循環 nitrogen cycle
環境における化学元素の主要な循環の一つ（→ 生物地球化学的循環）．土壌中の硝酸塩は植物の根に吸収され，*食物連鎖によって動物へと伝わる．分解細菌は，植物や動物の死体や老廃物における窒素を含む化合物（特にアンモニア）を，硝酸塩へと戻すことができ（→ 硝化作用），その硝酸塩は土壌中へと放出され，植物はそれを再度吸収することができる．窒素はすべての生物にとって必須であるが，ほとんどの生物は大気中に存在する膨大な量の窒素を直接利用できない（→ 炭素循環）．しかしながら，いくつかの特定の細菌は窒素を同化することができるため（→ 窒素固定），他の生物は窒素を間接的に利用できる．稲妻もまた，大気中の窒素と酸素を結合することにより窒素の酸化物を作ることができ，そこで作られた窒素の酸化物は土壌中に入って硝酸塩になり，植物が利用可能になる．土壌中の窒素のうちいくらかは，脱窒細菌によって大気へと戻る（→ 脱窒）．次ページの図参照．

窒素性塩基 nitrogenous base
窒素を含んでいる塩基化合物．この用語は特に，アデニンやグアニン，シトシン，チミンのような核酸を構成している有機環状化合物に使われる．

窒素循環

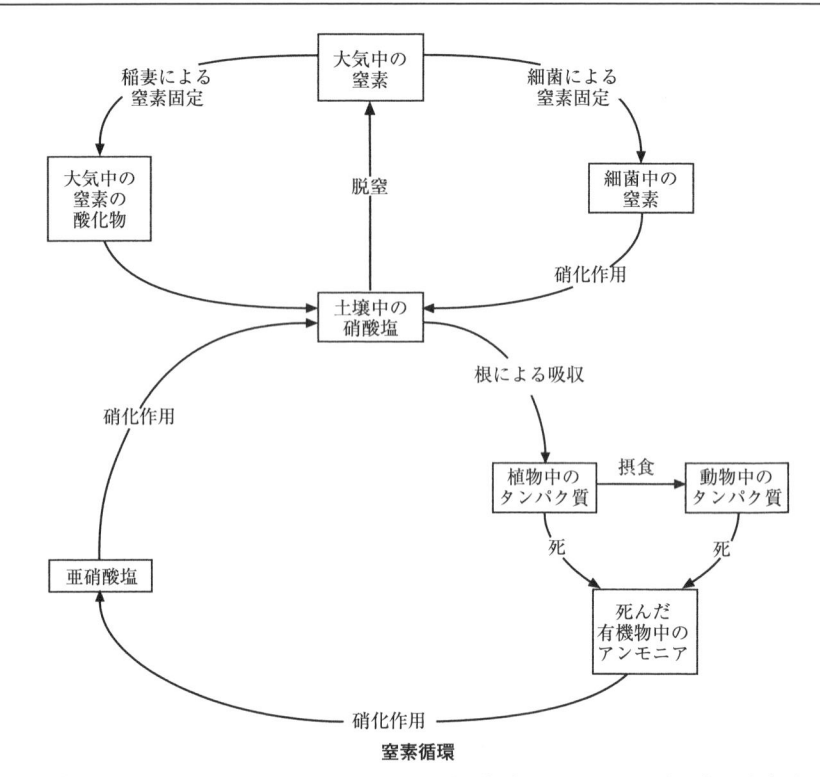

窒素廃棄物 nitrogenous waste

窒素を含む代謝*老廃物.*尿素や*尿酸は,陸生動物における最も一般的な窒素廃棄物である.淡水魚はアンモニアを排出し,海魚は尿素と*トリメチルアミンオキシドの両方を排出する.

チトクロム cytochrome

鉄を含んだ*ヘムをもつタンパク質の一種で,ミトコンドリアやクロロプラストにおける*電子伝達系の一部となる.電子は,還元された Fe II と酸化された Fe III イオンの可逆的変化によって,伝達される. → チトクロム酸化酵素

チトクロム酸化酵素 cytochrome oxidase

ミトコンドリアの呼吸鎖の末端に存在する2種のチトクロム(チトクロム a と a_3)からなる複合酵素である(→ 電子伝達鎖).この酵素は,酸素の還元を行い,電子伝達系で,この酵素に先行するチトクロム c から4個の電子を受け取り,これらを4個の水素イオンと2個の酸素原子と結合させて,水を作る.

知能 intelligence

動物における*記憶や*学習,思考の統合.知能は,動物が以前に経験したことのない出来事やものを関連づける能力としても定義される(→ 洞察学習).ヒトの知能は一般に知能指数(IQ)として表される.IQ は精神年齢(標準試験によって測られる)を実年齢で割り,100 をかけた値である.

地表植物 chamaephyte

ラウンケルの生活形分類のなかの植物の生活形の一つ(→ 相観).地表植物は基本的に低木であり,冬芽は地上に生ずるが,風への露出を最少にするために地表近くに存在するものである.

チマーゼ zymase

糖分解酵素(→ 解糖)の混合物を含むビール酵母の抽出液であり,発酵を行うことが

できる．

チミジン thymidine
一つのD-リボース分子と共有結合した一つのチミン分子からなるヌクレオシド．

チミン thymine
*ピリミジン誘導体であり，*ヌクレオチドや核酸*DNAの主要な構成塩基の一つである．

チモーゲン zymogen
不活性な酵素の前駆体であり，その後分泌されると化学的に変化して活性な酵素の形になる．例えば，タンパク質消化酵素の*トリプシンは，膵臓からチモーゲンのトリプシノーゲンとして分泌される．これは小腸で他の酵素エンテロキナーゼの作用によって活性な形に変化する．

着床 implantation (nidation)
(発生学) 哺乳類の受精卵が子宮の壁に定着すること．受精卵はそこで発生を続ける．卵管で受精したあとに，卵は球状の細胞集団(胚盤胞)の形で子宮に入る．胚盤胞の外側の細胞は子宮壁の細胞を破壊して穴を形成し，胚盤胞はそこに沈む．

着床前遺伝子診断 preimplantation genetic diagnosis (PGD)
「健全」な胚の選抜を可能にするために行う，病気を起こす遺伝子をもつ初期胚の選別．この技術は，基本的に多数の胚が得られる試験管内受精に用いられる．8ステージ(発生段階)の胚から一つの細胞を取り出し，遺伝子試験が行われる．例としては，遺伝子プローブを用いた*蛍光インシトゥハイブリダイゼーションやPCRにより，特定の病気の対立遺伝子の有無を試験することがある．診断結果が満足なものであれば，胚を母親の子宮に着床させ，発生させる．このステージで一つの細胞を取り除くことは，あとに続く胚発生には影響しない．PGDは，特に遺伝病の経歴があり不妊問題をもつカップルに対して，助けとなる．しかしながらPGDの使用は，子どもの性の選抜や，特定の希望する特徴を選択する，いわゆる「デザインされた子ども」を創り出すなどの，非治療的な使用目的にも応用可能である．イギリスを含む特定の国では，議論の余地のあるPGDの申込みは，禁止されている．

着床前診断 PGD → 着床前遺伝子診断

チャネル channel
(細胞生物学) 細胞膜中に存在するタンパク質分子によってできた細孔で，細胞内外へ特定の物質の拡散を促進する．これらの物質は通常帯電しているか脂質不溶性の物質である．→ イオンチャネル，リガンド作動性イオンチャネル，電圧作動性イオンチャネル

チャパラル chaparral
夏期の降雨量が少ない温帯にみられる発育が抑制された森林の一型．乾燥抵抗性の常緑の低木が優占して高密度の林を形成しオークやユーカリ属などに属す小高木が混在する．これらはアメリカ西部や地中海地域（ここでは，この森林をマキと呼ぶ）に典型的にみられる植生である．

中栄養の mesotrophic
湖のような水体において，そのなかに含んでいる栄養分の量が*富栄養湖と*貧栄養湖の間の中間状態を表す．

中央値 median
一連の数もしくは値を大きさの順に並べたときの，中央の位置に存在する数，もしくは値．

中温性の mesophilic
中位の温度，典型的には10～40℃において最適な生存と成長を行う生物を表す．多くの生物のほとんどは中温性であり，すべての温帯および熱帯気候の生物群系の主要部分を占める．→ 好冷性の，好熱性の

中型動物相 mesofauna → 大型動物相

中果皮 mesocarp → 果皮

中眼 median eye (pineal eye)
目に似た構造でレンズや網膜が存在し，多くの脊椎動物の化石に加えて，いくつかのトカゲ，ムカシトカゲ(Sphenodon)や円口目(ヤツメウナギ)の頭頂部に認められる．他の脊椎動物の*松果体に相当し，光受容体として働いて光の強度の変化を感知し，動物の生理や行動を修正すると考えられている．

中間期 interkinesis
いくつかの生物において*減数分裂の第

一，第二核分裂の間に存在する短い期間．染色体がほどけ始め，少なくとも核膜の部分的な再構成が起こる．しかし，他の生物では減数分裂は後期Ⅰから中期Ⅱに連続して進み，終期Ⅰや間期，前期Ⅱを多少とばす．

中間径繊維 intermediate filament

真核生物の*細胞骨格の一部を形成する，多数の微細なタンパク質繊維．直径約10 nmであり，細胞骨格の他の構成成分である細い*ミクロフィラメントと，太い*微小管と比較すると，中間の大きさである．中間径繊維は比較的頑丈で，細胞内で三次元の網目を形成して核や他の細胞小器官を構造的に支える．それぞれの繊維はいくつかのねじれたタンパク質サブユニットの糸からなる．中間径繊維はタンパク質サブユニットの性質が異なるものが何種類か存在し，しばしば細胞が存在する組織によって異なる．例えば，体を保護する皮膚の細胞中に存在するものは*ケラチンサブユニットからなり，これは細胞が死ぬと髪や爪，毛を形成する．白血球の中間径の繊維はビメンチンからなる一方で，筋のものはデスミンサブユニットからなる．

中期 metaphase

核膜が壊れて*紡錘体が形成され，セントロメアが紡錘体の赤道面へ染色体を引き寄せる細胞分裂の段階．*減数分裂の第一分裂中期では染色体のペア（2価）が引き寄せられる一方，*有糸分裂や減数分裂の第二分裂中期では個々の染色体が引き寄せられる．

中耳（鼓室） middle ear (tympanic cavity)

脊椎動物の頭蓋中の*内耳と*外耳の間にある，空気で満たされた腔．*耳管を経由して咽頭に通じており（したがって外気に通じる），哺乳類では（*鼓膜を通して）外耳から（*前庭窓を通して）内耳へ聴振動を伝える働きをする三つの*耳小骨がある．

中軸骨格 axial skeleton

脊椎動物の*骨格の縦方向に伸びる主要部分で，*頭蓋，*脊柱，胸郭を含む．→ 付属肢骨格

中日植物 day-neutral plant

日長に関係なく開花することができる植物．例えば，キュウリやトウモロコシがある（→ 光周性）．→ 長日植物，短日植物

中手 metacarpus

陸生脊椎動物の手（もしくは前肢のうちの手に対応する部分）であり，手首（→ 手根）や指（→ 指骨）の骨とつながっている多くの棒状の骨（中手骨）からなるもの．中手骨の数は種によって様々である．基本的な*五指肢では5本あるが，この数は多くの種では少なくなっている．

中手骨 metacarpal

*中手に含まれる骨のおのおの．

中心窩 fovea (fovea centralis)

いくつかの脊椎動物に存在する，目のレンズと反対側の*網膜中の浅いくぼみ．この領域は上を覆う神経層が薄く*錐体細胞が集中している．そのため色やはっきりとした強い像の知覚に特殊化している．両眼の網膜に同時に光の焦点が合うと知覚の明瞭さが増す．→ 両眼視

中心小体 centriole

*中心体に存在する構造で，主に動物細胞にみられる．2個の短い円筒からなり，これらは微小管からできており，互いに直交している．この構造が存在する細胞では，中心小体は細胞周期の間期に複製され，有糸分裂の前期に各中心体に伴い，中心小体は細胞の両極に移動する．以前は中心小体が紡錘体の微小管の集合にかかわると考えられていたが，いまではそれは疑わしいと見なされている．中心小体は大部分の高等植物細胞には存在せず，また細胞から中心小体を取り除いても紡錘体の形成には影響しない．→ 波動毛

中新世 Miocene

新第三紀の最初の時代であり，およそ2300万年前の漸新世の終りから約530万年前の鮮新世のはじまりまで続く時代．反芻類（シカ，ウシおよびレイヨウ），げっ歯類（ビーバー，ヤマアラシおよびテンジクネズミ），およびサルを含むいくつかの現在みられる哺乳類の分類群が出現した．漸新世の間の気候の冷涼化により，中新世の間に針葉樹を犠牲にして，ナラ，カシやカエデといった落葉広葉樹へと植生が移行することになった．

中深層 mesopelagic zone ⟶ 真光層

中心束 leptoid

ある種のコケ類で光合成産物（糖）の輸送に使われる，維管束植物の篩管に似た細長い細胞．成熟した中心束は，その細胞の核を失うが，細胞質はそのまま保たれ，隣接する細胞との間にはっきりした連絡を形成する．

中心体 centrosome (cell centre; centrosphere)

真菌を除く真核細胞の特定の領域で，核の隣に位置している．細胞分裂の際には，ここから*紡錘体の微小管が生じる．動物細胞では，中心体はまた主な*微小管形成中心となる．多くの動物細胞の中心体は*中心小体の対を含む．有糸分裂や減数分裂の*中期において中心体は二つの領域に分かれ，それぞれが一つの中心小体を含む．この二つの領域は細胞の両脇に移動し，それらの間に，微小管による*紡錘体が形成される．

中心柱 stele

*維管束植物の維管束（すなわち*木部，*篩部）と，内皮と（もしあれば）内鞘を合わせたもの．中心柱組織の配置は実に多様である．根の中心柱はしばしば硬い芯となり，これは根が張力や圧縮に耐えるのに適している．茎においては，中心柱はしばしば外皮と髄の間に中空の円筒として存在し，皮質と髄を区分する．中心柱が円筒状の配置になることで，茎を曲げようとする力に対し，抵抗力が高まる．単子葉植物や双子葉植物は，通常中心柱組織の配列により区別することができる．単子葉植物では維管束は茎の内部一帯に散在しており，それに対して双子葉植物（そして裸子植物）では髄の周りを囲むように配置されている．

虫垂 appendix (vermiform appendix)

*盲腸の末端から突出する細長い棒状の構造物．ヒトでは，リンパ組織を含んだ*痕跡器官であり，通常は消化の過程では何の機能も果たしていない．虫垂炎は，虫垂の炎症によって引き起こされる．

中枢 centre

（神経学）特定の機能を支配する神経細胞群により構成される神経系の一部．例としては呼吸中枢がある．脊椎動物の脳幹にあり，呼吸運動を支配している．中枢の刺激により機能が活性化され，中枢の破壊は機能の阻害や減弱をもたらす．

中枢神経系 central nervous system (CNS)

すべての神経の機能を統合する神経の部分．無脊椎動物では，単純に数本の*神経索とそれに付随する*神経節から成り立っている．脊椎動物においては*脳と*脊髄により構成されている．脊椎動物の中枢神経系は*反射弓をもち，特定の刺激に対して自動的かつ急速な応答を可能にしている．

中性 neuter

雌雄のどちらの生殖器も持ち合わせていない生物のこと．雄ずいも雌ずいももっていない栽培観賞花卉は中性花と呼ばれる．

中生植物 mesophyte

十分な水と栄養素を含んだ土壌で生育するのに適応した植物．このような植物は水を保存するように適応していないため，乾燥状態にさらされると容易に萎れる．大部分の顕花植物は中生植物である．→ 塩生植物，水生植物，乾生植物

中生代 Mesozoic

約2億5200万年前の*古生代の終りから約6500万年前の*新生代のはじまりまでにわたる地質学的時代．*三畳紀，*ジュラ紀および*白亜紀からなる．恐竜，翼竜，魚竜を含む爬虫類が支配的な生物となっていたため，中生代は「爬虫類の時代」としてよく知られている．これらの大部分は中生代の終わり以前に絶滅した．

中性の neutral

酸性でも塩基性でもない液体または物質を示す．中性の液体は，プロトン化している溶媒と脱プロトン化した溶媒とを等しい数だけ含む．

中層 middle lamella

主にペクチンからなる物質の薄い層で，隣接した植物細胞の壁を結合させる．→ 細胞板

中足 metatarsus

陸生脊椎動物の足（もしくは，後肢のなか

で足に相当する部分）であり，足首（→ 足根骨）やつま先（→ 指骨）の骨とつながっている多くの棒状の骨（中足骨）からなる．中足骨の数は種によって様々であり，基本的な*五指肢では5本あるが，この数はいくつかの種では少なくなっている．

中足骨　metatarsal
　*中足に含まれる骨のおのおの．

中腸　midgut
　1．脊椎動物の消化管の中間部位で，消化および吸収に関与する．小腸の大部分からなる．
　2．節足動物の消化管の中間部位．→ 前腸，後腸

柱頭　stigma
　花の心皮の先端の，分泌があるように粘つく表面をもつ部分で，花粉を受け取る．昆虫に受粉を助けてもらう花では柱頭は花のなかに存在するのに対し，風に受粉を助けてもらう花の場合は柱頭は花の外に出る．

肘頭突起　olecranon process
　上腕骨と*尺骨の間の関節を越えて突き出している，脊椎動物の前肢の尺骨にある骨の突起のこと．

中脳　midbrain (mesencephalon)
　脊椎動物の胚の脳における三つの部位の一つ．*前脳や*後脳とは違い，中脳は付加的な部分を形成するためにさらに細分化が起こることはない．哺乳類では，中脳は*脳幹の一部であるが，両生類や爬虫類，鳥類などでは中脳の天井が統合のための優位中枢である中脳蓋として拡大しており，一対の視葉を含むこともある．

虫媒　entomophily
　虫によって花粉が運ばれ受粉すること．虫媒花はたいてい鮮やかな色でよい香りを出し，蜜を分泌する．いくつかの種（サクラソウなど）では，他家受粉が確実に起きるように花ごとに構造も違う．ラン，キンギョソウなどがその他の虫媒花の例である．→ 風媒，水媒

中胚葉　mesoderm
　*外胚葉と*内胚葉の間にある*原腸胚内の細胞層．発生後に筋肉や循環系，生殖器となり，脊椎動物ではまた排出系や骨格にもなる．→ 胚葉

中皮　mesothelium
　腹腔や胸郭の内側の表面を覆う，また心臓を囲んでいる薄い板状の細胞の単層で，*腹膜や*肋膜（→ 漿膜）の一部となっている．*中胚葉由来である．→ 内皮，上皮

稠密体　dense body
　不随意（平滑）筋の繊維中に多数みられる構造体の一種で，ここに筋細胞内のアクチンフィラメントが結合している．稠密体は，機能的には随意筋の*Z線に相同である．

チューブリン　tubulin
　細胞の*微小管を形成するタンパク質．

チョウ　butterflies　──→　鱗翅目

腸
　1．gut　──→　消化管
　2．intestine
　胃のあとにある*消化管の一部．その主な機能は胃からの食物の最終的な消化，溶解した食物の吸収，水分の吸収，*糞便の産生である．→ 大腸，小腸

超遺伝子　supergene
　同じ形質に影響し，強固にリンクする遺伝子群のことで，見かけ上一つのユニットとして遺伝する．例えば，超遺伝子は，陸生カタツムリの殻の色やパターンや，あるチョウの擬態に必要な羽の色や形を決定することが知られている．超遺伝子の強固なリンクは，子孫に完全な形でその形質を示す対立遺伝子を継承するのに有利である．いかなる組換えにも対抗しうる．超遺伝子はクロモソームの部分的*逆位から生じ，減数分裂の際に逆位の部分で交叉が生じると，不均等な組換え染色分体が生じ，したがってこのような染色分体を含む接合子は生きられない．それゆえ，逆位に関連して，組換えの起きていない接合子のみが生産され，この部位の遺伝子座における組換え率は極端に小さくなっている．

腸液　intestinal juice
　粘液を含む弱アルカリの液体であり，*リーベルキューン腺に並ぶ細胞から小腸の内腔に分泌される．腸液は膵液とともにアルカリ性の環境を作り，胃からの糜粥に含まれて小

腸に入ってきた消化された食物分子が吸収されるのを助ける．

超遠心 ultracentrifuge
コロイド粒子の沈降係数の測定，あるいはタンパク質や核酸のような高分子を分離するために溶液を高速で遠心することのできる遠心分離機．超遠心機は電動で，6万rpmの速度まで出せる．

超音波学 ultrasonics
2万Hzを超える周波数をもつ圧力波の研究およびその使用．周波数が高いため超音波は人間の耳では聞こえない．超音波は医学的診断，特にX線を使うと有害な影響を及ぼしうる妊娠などの状態で用いられる．

超音波破砕機 sonicator
超音波を用いて細胞を破砕する装置．超音波は，細胞の懸濁液に挿入された金属棒を通して懸濁液に伝達される．振動は細胞膜の破壊を引き起こし，細胞内の含有物は周囲の溶液中へと放出される．

聴覚 hearing
音を感知する感覚．脊椎動物における聴覚器官は*耳である．高等な脊椎動物では音波によって生じる空気圧の変化は外耳と中耳において増幅され，内耳に伝達されると蝸牛（→ コルティ器）のなかにある感覚細胞が振動を感知する．生じた情報は聴神経を経て脳に伝達される．耳は異なる強さ（音量）や周波数（音の高低）を聞き分けることができる．

長角果 siliqua
二心皮子房から形成された*さく果の一種．*短角果と似てはいるが，横幅よりも長軸方向に長い．例えば，ニオイアラセイトウの果実でみられる．→ 節果

聴覚の auditory
*耳に関係したものを示す形容詞．たとえば，耳道（auditory meatus）は，耳介から鼓室（鼓膜）を結ぶ導管である．

潮下帯の sublittoral
1．大陸棚より上で，低潮線より下の海の浅い場所の名称や現象を示す．
2．沿岸帯より下で深さが6～10mまでの範囲の湖の名称や現象を示す．

頂芽優性 apical dominance
植物体において，頂芽が成長することによって側芽の成長が抑制されること．オーキシン（頂芽で作られる）とアブシシン酸の作用によってもたらされる．

潮間帯の littoral
海や湖の周辺部の浅い水域，特に海では高潮線と低潮線の間にはさまれた水域を示す，あるいはその水域に存在することを示す語．この水域では十分な光が水底部にまで到達するので，根のある水生植物が生育できる．→ 深層，潮下帯の

腸間膜 mesentery
その両端が*腹膜と結合している薄い組織の膜で，動物の体腔内に存在する腸やその他の内臓を支持する．脊椎動物では背側腸間膜がよく発達しており，胃や腸を固定し，腸へいく血管や神経を含んでいる．生殖器や生殖輸管も腸間膜によって支えられている．

腸間膜動脈 mesenteric artery
腸に血液を運ぶ動脈．

長期増強 long-term potentiation (LTP)
⟶ シナプス可塑性

長期抑圧 long-term depression (LTD)
⟶ シナプス可塑性

超構造 ultrastructure
生きた細胞で極微小物体の，ほぼ分子レベルの構造で，電子顕微鏡を用いて解明される．

超好熱菌 hyperthermophile ⟶ 好熱性の

腸骨 ilium
*下肢帯の左右それぞれ半分を構成する三つの骨のうち最大のもの．腸骨には靱帯によって仙骨（→ 仙椎）に結びついている骨の平らになった翼状部がある．→ 坐骨，恥骨

超雌 metafemale
ショウジョウバエ（*Drosophila* sp.）で通常二つのところ三つのX染色体をもつもの．そうしたハエでは常染色体に対する性染色体の不均衡のために成長が阻害され，しばしば蛹からかえらない．→ 超雄

長日植物 long-day plant
通常12時間以上の昼光などの長日によっ

て開花の誘導や促進が引き起こされる植物．ホウレンソウや春オオムギが例としてあげられる．→ 光周性，中日植物，短日植物

聴神経　auditory nerve
耳から脳へ感覚情報を伝達する神経．→ コルティ器

超正常刺激　supernormal stimulus
1．（動物行動学）ある反応を引き起こす正常な刺激よりも，より強い反応を引き起こす刺激のこと．例えば，雌のセグロカモメは自分が生んだ小さな卵に比べてより大きな与えられた卵のほうを抱く．超正常刺激は誇張された*誘発因である．
2．（神経生理学）通常の刺激よりも強い刺激で，相対*不応期に神経繊維の反応を誘発することができる．

調節（動物発生）
1．accommodation
（動物行動学）継続的に変化する環境条件に反応して行われる，動物の神経系，感覚系による環境への適応．
2．regulation
動物の発生において，それぞれの段階において起こりうる異常を修正して発生が正常に行われるように働く仕組み．調節胚または調節卵は，発生の初期において失った部分を補正する能力があり，以後の発生に影響を与えない．これらの胚では，さらに先に進むまで，細胞の発生の方向が*運命決定されていない．調節は*双生児の発生にも関連し，一つの胚から二つの胚が生じると一卵性双生児となる．

調節遺伝子　regulator gene ── オペロン

調節酵素　regulatory enzyme
細胞内でいろいろな代謝系のスイッチのオン-オフを行い，調節にかかわる酵素．調節酵素は不活性体，活性体となれる酵素で，*アロステリック酵素や*キナーゼにより活性が調節される酵素などがある．

調節タンパク質　regulatory protein (gene-regulatory protein)
遺伝子調節タンパク質ともいう．*転写の過程でRNAポリメラーゼにより転写されるDNAの転写領域に影響を与えるタンパク質の総称．*転写因子を含むこれらのタンパク質は細胞内のタンパク質合成を調整している．

調節動物　regulator
外界とはほとんど関係なく一定の内部環境を維持できる生物．主にホメオスタシスにより達成される（→ ホメオスタシス）．そのような生物は環境の変化の激しい生息環境で優占することが多い．

頂端分裂組織　apical meristem
植物体のシュートと根のそれぞれの先端で細胞が分裂している領域のこと．ここでは，絶え間なくそれぞれに新しい茎と根の組織が作り出されている（→ 分裂組織）．作り出された新しい組織は，全体として植物体一次組織として知られている．→ 基本分裂組織，前形成層，原表皮，形成層

頂点の肉食動物　top carnivore ── 消費者

聴斑　macula
感覚*有毛細胞の斑状の集まりで，重力に対する体の姿勢に関する情報を与え，内耳の*卵形嚢および*球形嚢の内部に存在する．有毛細胞の毛の部分は，炭酸カルシウムの粒子を含むゼラチン質のキャップである耳石の中に埋め込まれている．重力に反応した炭酸カルシウム粒子の動きは平衡石を下方に引くことになるので，有毛細胞の毛が曲げられ，脳への神経インパルスが発せられる（図参照）．

長鼻類　Proboscidea
ゾウからなる哺乳類の目．これらは草食性で，筋肉質の鼻（*吻）を使い，飲み，水浴びをして，食物を集める．牙は常に成長する上の門歯であり，また多数のうねがある白歯は次から次へと作られ，一生を通して古い歯は生え替わる．この目は始新世時代において進化したもので，昔は今日よりも多くの種があり，絶滅したマンモスを含み，広範囲に分布していた．現代のゾウはたった2種しか存在しない．アフリカ種とインド種である．

重複受精　double fertilization
顕花植物に特有の過程で，二つの雄性配偶子核が花粉管を下って移動し，*胚嚢内の異

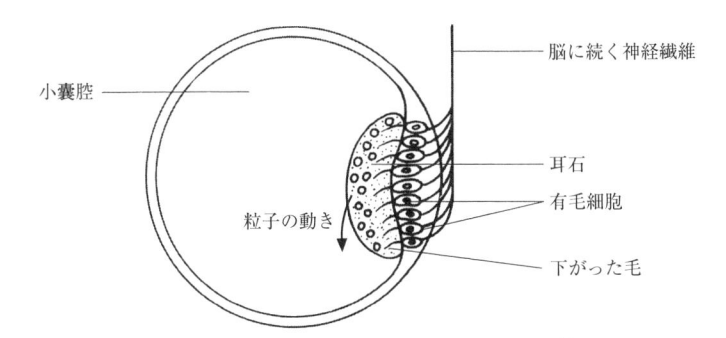

聴斑（重力に対して頭部が90°に保たれているとき）

なる雌性核と別々に融合する。第一の雄性核が卵細胞と融合し受精卵を形成し，第二の雄性核が2個の *極核と融合し三倍体の核を形成し，これは内胚乳へと発達する．

超雄　metamale
ショウジョウバエ（*Drosophila* sp.）で3コピー（通常2コピーの代わりに）常染色体をもつもの．一つのX染色体（および性決定に役割を果たさない一つのY染色体）を含む通常の性染色体対に対する常染色体の不均衡のために成長が阻害され，そうしたハエは典型的には弱く不妊である（訳注：ショウジョウバエでは雄性決定遺伝子が常染色体上に存在するのでこの記述のようになる）．→ 超雌

聴力計　audiometer
個人の聴力を測定するための，周波数と強度を指定した音を発生できる装置．

鳥類　Aves (birds)
鳥．脊索動物門（→ 脊索動物）に属す，二足歩行する脊椎動物の一綱で，*羽毛，翼，嘴をもつ．鳥類は，おそらくジュラ紀（2億100万年～1億4500万年前）に，爬虫類の祖先から進化したので，現在の鳥類は爬虫類のような鱗のある脚をいまだにもっている．鳥類は温血である（→ 恒温性）．皮膚は乾燥して柔らかく，汗腺をもたないので，あえぐことにより体温を下げる．鳥類の効率的な肺と，4室に別れた心臓（これにより酸素を含む血液と含まない血液は完全に分離される）により，十分に酸素が組織に供給される．このようにして鳥類は，*飛行に必要な高い活性水準と体温を維持している．胸骨には，飛行筋の付着のために竜骨突起が存在する．骨格は非常に軽く，骨の多くは中室の管状で，その内部に強度を与えるために支柱が存在し，また *気嚢も存在して体重を減少させ，かつ飛行の際に多量の酸素を供給する働きを行う．羽毛は，飛行の際に非常に重要な役割を果たし，体型を流線形に整え，熱の喪失を防ぐ断熱材として働く．

鳥類の多くは，大きな群れの形成，巣作り，抱卵，子育てなどを行うためのつがいの形成など，高度に社会的な行動を示す．受精は体内受精で，雌は硬い殻をもつ卵を生む．
→ 走鳥類

調和配偶（同類交配）　assortative mating
非任意交配の一型で，個体が自分自身と類似した表現型をもつ配偶者を選択する場合（正調和配偶）や，自分自身とは異なった表現型をもつ配偶者を選択する場合（逆調和配偶）がある．たとえば，ヒトは自分自身に類似した身長の配偶者を選ぶ傾向がある．

チョーク　chalk
非常に小さな微粒子からできた白色の岩で，*化石化した海洋性プランクトンの骨格からできている．この骨格は円石（coccoliths）として知られるものである．大部分は炭酸カルシウム（$CaCO_3$）でできている．*白亜紀に特徴的な岩石である．これを黒板で使用するチョークと混同してはいけない．黒板で使用するチョークは硫酸カルシウムからできている（訳注：日本のチョークには，硫酸カルシウムでできたものと，炭酸カ

ルシウムでできたものがある).

直細動脈 vasa recta
脊椎動物の腎臓において，*糸球体を出た輸出細動脈が枝分かれして伸びる壁の薄い血管（→ ネフロン）．直細動脈は*ヘンレ係蹄に隣接してU字型のループを形成し，最終的には腎静脈に合流する．

直腸 rectum
*結腸と*肛門の間にある*消化管．主たる機能は排出までの*糞便の貯蔵．

直腸腺 rectal gland
軟骨魚の排出腔に見いだされる塩分の排出腺．

貯精嚢（受精嚢） spermatheca (seminal receptacle)
ある種の雌や両性動物（例：ミミズ）でみられる，交尾の相手からの精子を卵が受精可能になるまで貯蓄しておく囊あるいは貯蔵場所．

貯蔵栄養 food reserves
細胞および組織内に貯蔵された脂肪，炭水化物，もしくは（まれに）タンパク質貯蔵栄養のことであり，重要なエネルギーの貯蔵物として機能しており，生物が必要とするときに放出されATP生産のために使われる．例えば動物において，*脂肪は脂肪組織に蓄えられ，炭水化物は貯蔵化合物の*グリコーゲンの形態で，肝臓や筋細胞に蓄えられる．植物においては*デンプンが主要な貯蔵化合物であり，永年器官（→ 越年）および種子（発芽時に可溶化する）に認められる．油はいくつかの種で重要な貯蔵物質である（例えばヒマの種子）．

貯蔵化合物 storage compound ⟶ 貯蔵栄養

チラコイド thylakoid
平たい嚢状の膜からできた構造物であり，重なり合って植物の*葉緑体のグラナ（→ グラナ）を形成する．クロロフィルや他の光合成色素はチラコイド膜に存在する．チラコイド膜は*光合成の明反応のための場所である．（→ 光リン酸化）．水の光分解（→ 光化学系I, II）はチラコイド膜の間の空間で起こる．

チラミン tyramine
生理活性を示すアミンで，チロシンから生成する．チラミンはアドレナリンに似た効果を示し，心臓の活動を活発にし，血圧を上げる．天然には体内の組織に存在するが，麦角，ヤドリギ，腐敗した動物の組織，チーズなどにおいても見いだされる．モノアミン酸化酵素阻害薬（MAO阻害薬）と呼ばれる，ある種の抗うつ薬はチラミンの正常な代謝を阻害し，危険なほど血圧を高くする．そのため，そのような薬を処方された人はチーズを食べないように忠告される．

地理的隔離 geographical isolation
同じ生物種もしくは生殖集団が山や水域などの物理的障壁によって隔離されること．地理的隔離は最終的には集団を適応放散によって異なった種へと分化させる．→ 異所性の，種分化

チリモ類 desmids
チリモ綱に属する単細胞緑藻をいう．アオミドロにみられるように，これらの緑藻は，精巧な葉緑体をもつ．チリモ類は，一つの細胞が半分ずつに分かれ，その間が細い首でつながり，各半分は残り半分の鏡像となる特徴をもつ．細胞の外壁は様々な突起物でかたどられ，さらに粘液質の鞘で覆われており，この細胞の行うゆっくりしたすべり運動に関係すると考えられている．チリモ類は，主に淡水中で観察できる．

治療係数 therapeutic index (therapeutic window)
薬剤の薬効は毒性のない最大投与量と，薬効の出る最小投与量の比で表現される．治療係数は一般的に，投与量の安全範囲の尺度として使用される．しかし，薬剤に対する反応に個人差があり，正確に計算することはできない．

治療上の半減期 therapeutic half-life
（薬理学）薬剤投与量の半量が排出されるためにかかる時間のこと．効果的で毒性のない投与間隔を計算することに用いる．放射ラベルした薬剤を治療量投与して，半量の放射能が尿中に放出される時間を計測して，半減期を計算する（→ 標識）．

チロキシン thyroxine (T_4)

*甲状腺の主要なホルモン（図参照）．→ サイログロブリン

$$HO-\underset{I}{\underset{|}{\bigcirc}}-O-\underset{I}{\underset{|}{\bigcirc}}-CH_2-\underset{\underset{H}{|}}{\overset{NH_3^+}{\overset{|}{C}}}-COO^-$$

チロキシン

チロシン tyrosine → アミノ酸

チロース tylose

細胞壁の*壁孔を通って隣接した木部道管や仮道管の内腔に突き出た柔細胞が，風船のように膨大したもの．チロースはおそらく傷害を受けたことが原因となり，一般に古い木部組織に形成され，道管を封鎖して菌類や病原菌が植物体内に拡散するのを防ぐ．チロースはタンニン，粘性物質，色素などで満たされ，芯材に暗色を与え，その壁は薄いままである場合と，木化する場合がある．

沈降素 precipitin

特異的可溶性*抗原と結合して沈殿を形成する*抗体のこと．この言葉はしばしば沈殿そのものにも適用される．→ 凝集

鎮痛薬 analgesic

意識を失うことなしに痛みを取り除くことができる物質のことで，痛みの閾値を上げる，もしくは痛覚耐性を上昇させる．鎮痛薬には様々な種類があり，例えばモルヒネやその誘導体（→ オピエート）は中枢神経系に作用することで鎮痛作用を起こし，それ以外にも非ステロイド性抗炎症薬（*アスピリンなど）や局部麻酔薬などがある．

ツ

椎間板 intervertebral disc

*脊柱の骨を隔てる軟骨組織の円板．椎間板は脊柱にある程度の柔軟性を与え，また，衝撃を吸収する．

対合 pairing (synapsis)

*減数分裂の第一分裂前期にできる*相同染色体間における密接な結合のこと．二つの染色体は一緒に行動し，それらの間でタンパク質の*シナプトネマ構造を形成し，長軸方向の対応する場所できっちりと組み合わさる．これによって形成された構造は二価染色体と呼ばれている．

椎体 centrum → 脊椎

通気根 pneumatophore

空気中に伸びる負の屈地性を示す根で気体の交換を行う器官として働く．通気根は，水に浸かって酸素が欠乏している土壌で育つマングローブや他の植物で作られる．→ マングローブ湿地

通性嫌気性生物 facultative anaerobes

酸素の存在下でも欠乏下でも生育するためにその代謝を変化させることのできる，特定の細菌，カビ，およびいくつかの動物の内部寄生体といった生物．最もよく知られた通性嫌気性菌は，醸造に用いられる*サッカロミセス属の酵母 *Saccharomyces cerevisiae* である．→ 嫌気呼吸

接木 graft

生物組織の分離された部分が，同じ生物であれ異なる生物であれ，他の組織に結び合わされ，結果として組織どうしの融合が起こり成長すること（この単語はまた組織どうしの接合の過程を表すのにも用いられる）．植物組織における接木は，植物を，特にある種の低木や果樹を人工的に増殖させるのに園芸上よく用いられる．目的の変種の若枝や芽（接穂）を，普通種もしくは近縁野生種の根株（台木）に接ぐ．接穂は目的の形質（花の形

や果実の収養）を維持しており，台木に光合成により栄養を供給する．台木は接穂に水やミネラル塩を供給し，接穂のサイズや活力にのみ影響を与える．

接木雑種 graft hybrid

ある植物の部分（接穂）が，他の遺伝的に異なる植物（台木）に接木されてできた，植物の*キメラの一種．接木により融合した部分から伸びてきた枝条は，台木と接穂の両方の組織を含む．

接穂 scion ⟶ 接木

つち骨 malleus (hammer)

哺乳類の*中耳の三つの*耳小骨の一番最初の骨．

つつきの順位 peck order ⟶ 優位者

ツノゴケ植物門 Anthocerophyta (Anthoceratophyta)

約100種の非維管束植物からなる植物の門であり，世界中の温帯や熱帯地域における木の幹や川堤やその他の湿気をおびた場所に生息するツノゴケ（もしくは有角ゼニゴケ類）を含む．葉状のゼニゴケ類（→苔類植物門）とよく似ているが，長い角の形をした緑色の胞子体を作る点が異なり，その胞子体は縦方向に割れて胞子を放出する．ツノゴケの細胞は各細胞に1個の葉緑体をもち，陸上植物としては特異的であるが，その内部にはデンプンの産生にかかわる*ピレノイドをもつ．いくつかの種においては雄個体と雌個体が独立しているが，それ以外の種では雄および雌の生殖器官が同一個体に共存している．運動性の精子は水の表面被膜上を泳いで雌の配偶子と受精し，その結果できた胚は若い胞子体へと成長する．若い配偶体は胞子の発芽によって直接できる．ツノゴケ類は，以前は*蘚類植物門の一つの綱（ツノゴケ綱 Anthocerotae）として分類されていた．

ツノゴケ類 hornworts ⟶ ツノゴケ植物門

つば annulus

（植物学）キノコ類の柄に残る切れ切れの組織からなる輪のこと．縁膜（velum）とも呼ばれ，キノコのかさの下部表面を覆っていた膜が破れてできたものである．

ツボカビ類 Chytridiomycota

ツボカビは微生物の一門で，土壌や淡水中に生息し，真菌類に類縁がある．菌体（葉状体）は単細胞か*多核体で，糸状の菌糸や仮根を生じ，分岐する網状組織（菌糸体）を形成する種もある．細胞壁にはキチンを含み，またセルロースを含む種もある．ツボカビは，酵素を細胞外に分泌して物質を消化し，栄養を摂取する．ツボカビ類は波動毛をもった運動性の細胞（遊走子）を生ずる．有性生殖が標準的であり，配偶子が接合して接合子となり，これは遊走子を生ずるか，または直接発芽して新たな葉状体となる．ツボカビ類はときに原生生物，ときに菌類として分類される．

ツルグレン漏斗 Tullgren funnel

土壌や落ち葉から昆虫のような小さな動物を除去・回収するのに用いられる装置．漏斗の広い口の上に固定した粗い篩にサンプルをおき，金属の反射笠に入った100ワットの電球を漏斗から25 cm上に設置する．電球からの熱がサンプルを乾かし暖めるため，動物は下に移動して漏斗の篩を通過し，下の回収用の皿や管に落ちる．動物が逃げるのを防ぐために，皿には水やアルコールを入れておく．

テ

Ti プラスミド Ti plasmid ⟶ アグロバクテリウム・ツメファシエンス

ディアキネシス diakinesis
*減数分裂の第一分裂前期の最終期をいい，*相同染色体の分離はほぼ完了し，染色体の*交叉が生ずる．

tRNA ⟶ RNA

TSH ⟶ 甲状腺刺激ホルモン

TATA ボックス TATA box (Hogness box)
真核生物遺伝子の*プロモーター領域において，RNA ポリメラーゼが結合するための主要認識部位で，高度に保存されている塩基配列のこと．ホグネスボックスとも呼ばれる．転写開始点の約 25 塩基上流に存在し，TATAAAA という7塩基の*コンセンサス配列からなり，原核生物のプロモーターの*プリブナウボックスに類似している．

DN アーゼ（デオキシリボヌクレアーゼ） DNase (deoxyribonuclease；DNAase)
DNA の分断を触媒する酵素．DN アーゼ I は膵臓から分泌される消化酵素で，DNA を短いヌクレオチド断片に分解する．他の多くの*エンドヌクレアーゼや*エキソヌクレアーゼも DNA を分断し，それらには*制限酵素や DNA 修復や複製に関与する酵素が含まれる．

DNA（デオキシリボ核酸） deoxyribonucleic acid
たいていの生物の遺伝物質で，細胞内の核のなかにある*染色体の大部分を占める．そして，細胞内の*タンパク質合成を制御することによって遺伝特性の決定において中心的な役割を果たす（→ 遺伝暗号）．また，DNA は葉緑体やミトコンドリア内においてもみられる（→ 核外遺伝子，ミトコンドリア DNA）．DNA は*ヌクレオチドの二本鎖から構成される核酸で，含まれる糖はデオキシリボース，塩基は*アデニン，*シトシン，*グアニン，*チミンである（→ RNA）．二本鎖は互いにらせん状に巻いており，特異的な相補的塩基（→ 塩基対形成）の間で水素結合によって互いに結合することでらせん状のはしご型の分子を形成する（二重らせん → スーパーコイル）．次ページの図を参照．
細胞分裂の際，二つの娘分子のおのおのがその親分子と同一になるような様式で DNA も複製する（→ DNA 複製）．→ 相補的 DNA

DNA アーゼ DNAase ⟶ DNase

DNA 依存型 RNA ポリメラーゼ DNA-dependent RNA polymerase ⟶ ポリメラーゼ

DNA 鑑定法 DNA profiling ⟶ DNA フィンガープリンティング

DNA クローニング DNA cloning ⟶ 遺伝子クローニング

DNA 結合タンパク質 DNA-binding proteins
真核生物，原核生物の両方において，DNA に結合可能な一群のタンパク質で，転写の過程で RNA ポリメラーゼの DNA への結合を制御することによって，*遺伝子発現のアクベーターあるいはリプレッサーとして働く（→ 転写因子）．DNA 結合タンパク質は*DNA 複製にも関与し，ほどけた鋳型の一本鎖 DNA 内のヌクレオチドに結合することによって，DNA 鎖が再び巻かないように安定させる．DNA 結合タンパク質には*ヒストンを含めない．

DNA シークエンシング（遺伝子シークエンシング） DNA sequencing (gene sequencing)
ある DNA 断片のヌクレオチド配列を明らかにする方法．二つの手法が用いられる．マクサム-ギルバート法（アラン・マクサムとウォルター・ギルバートにちなんで名づけられた）は*制限酵素で DNA を分断し，結果として生じた小断片の一端を ^{32}P-リン酸でラベリングする．断片には四組の異なる反応を施し，それぞれの組が ATGC のなかの特定の1種類の一塩基あるいは複数種の塩基の

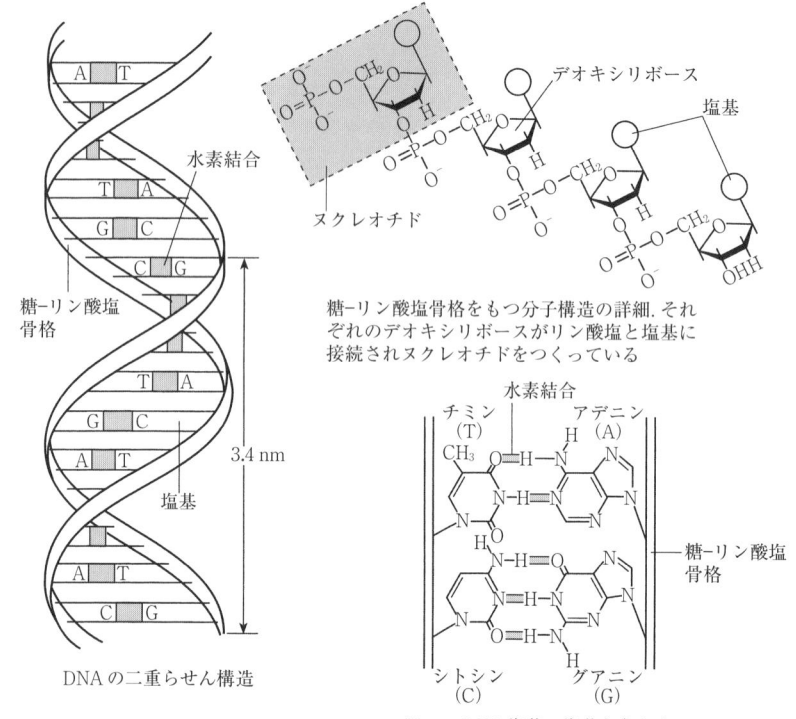

糖-リン酸塩骨格をもつ分子構造の詳細．それぞれのデオキシリボースがリン酸塩と塩基に接続されヌクレオチドをつくっている

四つのDNA塩基．塩基どうしを水素結合でつないでいる

DNAの分子構造

箇所でDNAを切断する．切断された断片はそれらのDNA鎖の長さに応じて電気泳動によって分離され，オートラジオグラフィーによって検出される．そのDNA断片の塩基（ヌクレオチド）配列はそれぞれゲルの四つのレーンにおけるバンドの位置によって推定される．サンガー法（フレデリック*サンガーにちなんで名づけられた）は，ジデオキシ法とも呼ばれるが，配列決定の対象の遺伝子DNAから得られた一本鎖DNAを鋳型として，新たなDNA鎖の合成を行う．新たなDNA鎖の合成はデオキシリボヌクレオチドのジデオキシ (dd) 化された誘導体を加えることで，四つのいずれの塩基においても停止させることができる．例えば，ddATPを加えることによって，合成はアデノシンの位置で終了し，ddGTPを加えることによってグアノシンの位置で終了するといった具合である．サンガー法で新たに合成されたDNA鎖には，ラジオラベルされたヌクレオチドが含まれ，前に説明したマクサム-ギルバート法と同様に，最終的には，電気泳動とオートラジオグラフィーにより検出される．サンガー法の大きな利点は，*逆転写酵素を用いてRNAテンプレートから一本鎖DNAを作製することによりRNAのシークエンシングを簡便に行うことができることである．これによって例えば，リボソーマルRNAの塩基配列を*分子系統学で用いることが可能になる．さらにはラジオアイソトープの代わりに蛍光色素をラベルとして使用すれば，サンガー法は完全に自動化される．断片の分離のあと，四つの反応のすべての産物を蛍光分光器により検出しコンピュータで分析するため，

塩基配列を印刷出力することができる．DNAの塩基配列決定は現在，大きなスケールで行われており，例えば全ゲノムのヌクレオチド配列が決定されつつある（→ ヒトゲノムプロジェクト）．

DNA修復 DNA repair

DNA上で表現されている遺伝子配列が維持されることを助け，そして*DNA複製の際に突然変異により生ずる複製の誤りが蓄積することを防ぐ様々なメカニズムをいう．遺伝子配列におけるエラーはただ一つでも複製過程を妨害することにより細胞死を誘導する可能性がある．DNA修復のメカニズムはDNAが相補的な二本鎖からなるために働く．DNA鎖の損傷を受けた部位やミスマッチ配列は酵素によって除去され，*DNAポリメラーゼによって正しい配列に置き換えられる．ホスホジエステル骨格はその後*DNAリガーゼにより接続される．→ 除去修復，ミスマッチ修復，複製後修復，プルーフリーディング

DNAチップ DNA chip → DNAマイクロアレイ

DNAのメチル化 DNA methylation

DNAの構成要素である塩基にメチル基が付加されること．原核生物，真核生物の両方において，ある一定のDNA塩基は一般的にメチル化された状態である．細菌においては自身の制限酵素による攻撃から，このメチル化が細胞内のDNAを保護する．そして制限酵素は外来のメチル化されていないDNAを切断し，細菌の染色体からウイルスDNAを除去する．メチル化はDNA修復を助けるうえで重要な役割を果たしており，新たに複製されたDNAにおいて*DNA修復酵素がミスマッチ塩基を修復する際に，新たなDNA鎖ともとの鎖とを区別する目印となる．そして，メチル化はDNAの転写を制御するうえにおいてもいくつかの役割を果たしている．

DNAハイブリダイゼーション DNA hybridization

異なる起源から得たDNAの相同性を決定する方法．二つの起源，たとえば異なる種の細菌から得られた一本鎖DNAを混合し，雑種二本鎖が形成される割合を測定する．雑種二本鎖分子が形成される傾向が高いほど，相補的な塩基配列の割合，つまりは遺伝子の相同性が高い．この手法は種間の遺伝的関係を決定する一つの手段である．

TNF → 腫瘍壊死因子

DNAフィルターアッセイ DNA filter assay

クローニングされた細胞において*組換えDNAの存在を決定するために使用される手法．この操作は遺伝子導入の操作を行った細胞集団のなかに形質転換されていない細胞が多く含まれるため必要不可欠である．細胞集団をペトリ皿に塗布したあと，特殊なフィルター膜を用いてペトリ皿中の平板培地上に形成されたコロニーの細胞の一部を膜上に付着させ，コロニーのパターンを形成し，その後，付着した細胞を溶かす．細胞から出たDNAは加熱により膜に結合し，ペトリ皿の上のコロニーのパターンと同じパターンがDNAにより膜上に形成される．組換えDNAの存在は*遺伝子プローブと*オートラジオグラフィーを用いることによって明らかになる．

DNAフィンガープリンティング（遺伝的フィンガープリンティング） DNA fingerprinting (genetic fingerprinting)

ゲノム全体で特定の短いヌクレオチド配列の反復パターン（*反復配列多型と呼ばれる）を明らかにすることにより，個人のDNAを分析する技術である．このパターンは個人に固有のものであるといわれており，それゆえにこの手法は法医学，父親判別，獣医学において同定の目的に用いられる．もし必要であるなら，*PCRを用いて微量のDNAを増幅すれば，血液，精液，毛髪などの身体の組織の微小なサンプルからでも十分量のDNAを得ることが可能である．*制限酵素はDNAを切断するために使用され，マーカー配列を特異的な*遺伝子プローブと*サザンブロット法を用いて検出する．→ マイクロサテライトDNA，RAPD

DNA複製 DNA replication

DNAが自身の正確なコピーを作製する過

程のことで，DNA＊ポリメラーゼによって制御されている．複製は1秒当たりおよそ50ヌクレオチド（哺乳類）から500ヌクレオチド（細菌）の速度で起こる．もととなるDNA分子の二本鎖の相補的な塩基の間に形成されていた水素結合は切断され，DNA鎖はほどけて，おのおののDNA鎖が自身に対する新たな相補鎖の合成の鋳型となる（→DNA結合タンパク質，プライモソーム）．DNAポリメラーゼは遊離型のヌクレオチドを連結して，鋳型の相補鎖を作りながら二つの一本鎖の鋳型を下流へと移動する（→塩基対形成）．この過程は鋳型鎖上のすべてのヌクレオチドに対して適切な遊離型のヌクレオチドが付加され，二つの同一のDNA分子が形成されるまで続く．この過程はそれぞれの新たな分子がもとになったDNA分子の半分を含むので，半保存的複製として知られている（→保存的複製，分散複製）．ときに，もとのDNAの正確な配列が複製されない変異が起こることがある．しかしながら，＊DNA修復のメカニズムがこの可能性を減少させる．真核生物において，複製は複製起点と呼ばれる多数の地点からそれぞれのDNA分子に沿って開始され，おのおのの箇所で同時に進行する．→不連続複製

DNAブロッティング DNA blotting ── サザンブロット法

DNAプローブ DNA probe ── 遺伝子プローブ

DNAホトリアーゼ DNA photolyase
　紫外線（UV）照射によって誘導されたDNAへの損傷を修復する，細菌や他の生物でみられる酵素．暗所ではこれがUV光によって形成されたチミンダイマーに結合し，続いて青色光が照射されると光エネルギーを吸収し，それをダイマーの分離や正常な構造への修復に利用する．この過程は光回復と呼ばれ，大腸菌のDNAホトリアーゼは*phr*遺伝子（"photoreactivation"に由来して名づけられた）によってコードされている．

DNAポリメラーゼ DNA polymerase ── ポリメラーゼ

DNAマイクロアレイ（DNAチップ） DNA microarray (DNA chip)
　多種類の短いDNA分子を含む＊マイクロアレイの一種であり，例えば遺伝子の転写を分析したり，特殊な遺伝子の変異を検出する際に用いられる．オリゴヌクレオチドDNAマイクロアレイは数千種類もの短い合成一本鎖DNA分子から構成され，おのおのが25～30のヌクレオチドからなる．そしておのおのが目的のヌクレオチド配列に相補的な配列をもち，特異的に結合するよう設計されている．細胞や組織におけるメッセンジャーRNA（mRNA）の全体（つまり＊トランスクリプトームのことである）の発現量を測定することにより，アレイは迅速で簡便な遺伝子発現の定量方法を提供する．このような定量を行うためには，mRNAを一本鎖の相補的DNA（cDNA）に変換し，蛍光ラベルをcDNAに付加し，ラベルしたcDNAをDNAマイクロアレイに接触させしばらく静置する．cDNAはマイクロアレイの相補的なオリゴヌクレオチドに結合し，その後余分なcDNAは洗浄される．マイクロアレイはラベルが蛍光を発するように励起光を照射され，コンピュータ化されたスキャナーがマイクロアレイ上の各座標における蛍光強度を測定し，それによってcDNA量を計測する．DNAマイクロアレイは例えば遺伝性の乳がんにおける*BRCA*遺伝子などの特定の遺伝子における変異を検出するように設計することも可能である．その際には検査を受ける個人のDNAは変性され，マイクロアレイに対するそのDNAの結合能が，同一のマイクロアレイに対する正常な（対照）DNAの結合能と比較される．二つの結合パターンにおける相違は，異常をもつ可能性のある配列の位置を正確に示し，精密な検査を可能にする．

DNAライブラリー（遺伝子ライブラリー，遺伝子バンク） DNA library (gene library; gene bank)
　ある生物の全遺伝的構成要素に相当するクローニングされたDNAの集合．これが存在する場合には，いかなる特定の遺伝子のスクリーニングや同定も容易に行えるようにな

る．DNAライブラリーはゲノムDNAを*制限酵素あるいは物理的手法を用いて断片化することによって作製される．これらの断片はクローニングされ（→ 遺伝子クローニング），組換え断片を含む細胞は遠心分離により集められた後に凍結される．一方，ファージ*ベクターは培養物で維持される．ライブラリーに含まれる個々の遺伝子は特異的な*遺伝子プローブを用いた*サザンブロット法により，あるいはその遺伝子のタンパク質産物を*ウェスタンブロット法により検出することによって同定される．DNAライブラリーはこのように遺伝子工学で用いる素材の貯蔵庫である．ヒトのゲノムのような大きなゲノムは酵母の*人工染色体のように大きなDNA断片を収容できるベクターを用いることによって，最も効率的にクローニングされ，細胞培養において維持できる．

DNAリガーゼ DNA ligase

二つのDNAを一つに連結することができる酵素であるため，*DNA修復の際には重要な役割を果たす．DNAリガーゼは外来のDNA（例えば，*遺伝子クローニングに用いられる相補的DNAなど）を共有結合の形成によりベクタープラスミドに確実に結合させることができるため，組換えDNA技術（→ 遺伝子工学）においても用いられる．

dl型 *dl*-form ⟶ 光学活性

低温殺菌法 pasteurization

結核，チフス，ブルセラ症などの病気を引き起こす細菌を殺すために牛乳を処理すること．牛乳を65℃で30分間，もしくは72℃で15分間加熱した後，10℃以下に急冷する．この方法はフランスの微生物学者パスツール（Louis Pasteur, 1822-95）によって考案された．→ 食品保存

低温生物学 cryobiology

非常に低い温度が，生物体や組織，細胞にどのような影響を及ぼすかについて研究する学問．ある動物の組織が氷冷環境においても生存できる，という能力により，これらを後に*移植片として使うため冷凍保存することが可能になる．

T管 T tubules ⟶ 横行管

ディクチオソーム dictyosome

植物の細胞内にみられる，扁平な膜状の小胞が杯状に配列したものをいう．ディクチオソームは小胞体からきたタンパク質を修飾し，また糖を多糖類に重合すると考えられている．そして細胞内の目的地（例えば細胞壁）へ輸送して，分泌，貯蔵するために，それらの物質を包装する．動物細胞においてはまた植物細胞でもまれに，多数のディクチオソームが集合して*ゴルジ体を形成する．

低血糖 hypoglycaemia

血漿中のブドウ糖の濃度が正常の水準より低下した状態で，脱力，めまい，発汗の原因となる．→ 高血糖

定向進化 orthogenesis

進化的変化の性質に関する初期の学説の一つであり，生物がその遺伝的構成要因によって，あらかじめ方向づけられている特定の方向に沿って進化すると提案している説のこと．生物の生存に影響することが実験的に示されている選択圧やそれ以外の外部からの影響などについての近年の理解により，定向進化は起こりそうにないことが明らかにされている．

抵抗性 resistance

1．（微生物学）病原性の微生物が抗生物質やその他の薬剤などにどの程度まで耐えるかを指す語．しばしば抗生物質耐性遺伝子は*プラスミドや*トランスポゾン上にあり，種を超えて広がりうる．

2．（生態学）**a**．*病害虫が殺虫剤に抵抗する程度をさす．これは殺虫剤を分解したりその効果を減少させる遺伝子が害虫の集団のなかにどのくらい広がっているかに依存する．**b**．→ 環境抵抗性

3．（免疫学）ある動物がもっている，感染に対する免疫性のこと．

蹄行性 unguligrade

有蹄動物（例えばウマやウシなど）の歩き方のこと．足の先のみが地面に接しており，他の部分は地面から離れている．→ 趾行性，蹠行性

抵抗性反応 resistance response

ある生物体の健康を脅かす可能性のある刺

激に対する長期的な応答．抵抗性反応の一例は刺激に対する ACTH（*副腎皮質刺激ホルモン）の放出である．このホルモンは鉱質コルチコイドホルモン（たとえば*アルドステロン）の生産を高め，*警告反応の結果として代謝が活性化され，その結果過剰に生産された水素イオンの排出を高める．抵抗性反応は状態が正常に戻れば消失する．

帝国単位 Imperial units

ポンドとヤードに基づくイギリスの単位系．以前使われた f. p. s. 系は工学で用いられ，帝国単位におおまかに基づいていた．すべての科学的な目的では*SI 単位が現在では用いられている．帝国単位は一般的な目的でもメートル単位に取って代わられている．

T 細胞 T cell (T lymphocyte)

細胞性*免疫を担う*リンパ球のこと．T 細胞は骨髄由来だが，成熟するために胸腺へと移動する（それで T(thymus：胸腺)細胞という）．T 細胞の亜集団はそれぞれ免疫応答において異なった役割をもち，表面抗原により特徴づけられる（→ 白血球分化抗原）．ヘルパー T 細胞は，マクロファージや B リンパ球のような細胞が，クラス II 組織適合性タンパク質（MHC）によって表面提示している外来性の抗原を認識する（→ 組織適合性）．ヘルパー T 細胞は，抗原提示細胞のクラス II MHC タンパク質を認識する T 細胞受容体をもつ．誘導細胞から放出されたインターロイキン 1 は，ヘルパー T 細胞を刺激し，他のサイトカインの放出の引き金となるインターロイキン 2 を放出させる（→ インターロイキン）．結果的に B リンパ球の増殖とエフェクター T 細胞，すなわち細胞障害性 T 細胞，遅延型過敏反応性 T 細胞，およびサプレッサー T 細胞が生じる．

細胞障害性 T 細胞はウイルスに感染した細胞が表面提示している外来性抗原を認識し，細胞障害性タンパク質を放出することにより，感染細胞を破壊する．サプレッサー T 細胞は他のリンパ球の働きを制御するために重要である．また，自己トレランスを保つためにも必須である．遅延型過敏反応性 T 細胞による遅延型過敏反応は，様々な*リンフォカインをこの細胞が放出することによって引き起こされる．

TCA サイクル TCA cycle ─→ クレブス回路

定住性 philopatry

動物が生まれた場所の周辺にとどまったり，戻ったりする傾向のこと．

定常期 stationary phase ─→ 細菌増殖曲線

堤靱帯 suspensory ligaments ─→ レンズ

ディスコミトコンドリア類 Discomito-chondria

分類上，ミトコンドリアにおいて円盤状のクリステをもち，生活環において有性生殖を欠くことを特徴とする運動性の単細胞生物から構成される原生生物の一門．四つの綱があり，そのすべてが従来の分類における鞭毛性原生動物に含まれる．*ミドリムシ綱は，主としてミドリムシそのものに代表される光合成生物から構成され，溝のある外皮（上皮）をもつ．マクムシ綱は鞭毛の基部に存在する大型化したミトコンドリア（キネトプラスト）によって特徴づけられ，自由生活をする生物（ボドヒゲムシなど）と，トリパノゾーマのような寄生生物を含む．第三の綱アメーバマスティゴータは，アメーバ状の形態から鞭毛をもつ形態へと自身で変形を行い，生活環境の栄養状態に依存して，またもとの形態へと戻る．最後に偽繊毛虫綱は真性繊毛虫に類似し（→ 繊毛虫類），自由生活を行う海洋生物で体表に繊毛が列をなすが，繊毛虫にみられる 2 種類の異なる核はもたない．

底生生物 benthos

海洋や湖沼の水底に見いだされる植物相と動物相をいう．底生生物には，底を這うもの，穴を掘るもの，基物に付着するものなどがある．→ 遊泳生物，ニューストン，プランクトン

底節 coxa

昆虫やクモ類，あるいはある種の節足動物の関節肢の脚基をなす肢節．胸部に接続する．→ 腿節，転節

d 体 d-form ─→ 光学活性

泥炭 peat

湿地帯で植物が部分的に分解することによって生成した暗褐色または黒色の繊維質の植物の残骸のかたまり（→ 湿生系列）で，窪地に蓄積すると考えられている．泥炭が沈降して圧力と熱を受けると *石炭に変換されると考えられている．特にアイルランドやスウェーデンで，泥炭は土壌改良資材や燃料として用いられる．

低張液 hypotonic solution

その溶液に接する第二の溶液より高い *水ポテンシャルと，それに対応して低い浸透圧を示す溶液をいう．→ 浸透

TDF ⟶ 精巣決定因子

DDT

ジクロロジフェニルトリクロロエタン (dichlorodiphenyltrichloroethane)．$(ClC_6H_4)_2CH(CCl_3)$で表される無色の結晶性有機物で，クロロベンゼンとトリクロロメタナールとの反応により合成される．DDTは，1940年代と1950年代に農業で大規模に用いられた，塩素を含有する数ある *農薬のなかで最も有名なものである．この化合物は安定で，土壌に蓄積される．また脂肪組織に濃縮され，食物連鎖の上位に存在する肉食者においては有害な水準に達する．現在は，DDTと類似の農薬の使用は制限されている．

定量的構造活性相関（キューサー） quantitative structure-activity relationship (QSAR)

薬物の化学構造と生物への活性の相関を定量的に解析するための，統計的手法である．新たな薬物の活性や毒性を予測するために，しばしばQSARは使われる．新たな薬物の代謝を予測する際にも，同様な方法が使われることがある（定量的構造代謝相関）．

定量的構造代謝相関 quantitative structure-metabolism relationship (QSMR) ⟶ 定量的構造活性相関

Tリンパ球 T lymphocyte ⟶ T細胞

ティンバーゲン，ニコ（ラス） Tinbergen, Niko (laas) (1907-88)

オランダ生まれのイギリス人動物学者で動物行動学者．はじめはライデン大学で働き，1947年にオックスフォードに移り，1966年に動物行動学の教授となった．コンラート・*ローレンツとともに動物行動学の先駆者であり，自然環境中の動物を研究対象とした．のちにティンバーゲンは，動物行動学の法則をヒト，特に自閉症の子どもに当てはめることを試みた．彼はローレンツとカール・フォン・*フリッシュとともに，ノーベル生理医学賞を受賞した．

デオキシリボ核酸 deoxyribonucleic acid ⟶ DNA

デオキシリボース（2-デオキシリボース） deoxyribose (2-deoxyribose)

ペントース（五炭糖）の一種で，*リボースの誘導体であり，*DNAの構成単位であるヌクレオチド（デオキシリボヌクレオチド）の成分である．

デオキシリボヌクレアーゼ deoxyribonuclease ⟶ DNアーゼ

デカ deca-

記号 da．10倍を表示するのにメートル法で用いられる接頭辞．例えば10ヘルツは1デカヘルツ (daHz) である．

適応 adaptation

1．（進化学）生物の，より環境に適応するような構造や機能の変化．遺伝するような適応が *自然選択されると，最後には新たな種の成立につながる．種がある特定の環境への適応を高めると，その種の，その環境における突然の変化に適応する能力は減少しやすい．

2．（生理学）通常遭遇する状況よりもより極端な状況に適するように，感覚器官の感受性の程度が変化する（上がる，もしくは下がる）こと．目がとても明るいもしくはとても暗い光でも見えるように適応するのは一例である．

適応度 fitness

（遺伝学）記号 W．ある与えられた時間，集団における個体もしくは遺伝子型の相対的な繁殖の成功度合い．次世代に対して最も多くの子孫を残す個体が最も適応している．そのため適応度はどのくらいよく生物が環境に対して適応しているかを反映しており，それ

は生存を決定している．→ 包括適応度，淘汰係数

適応放散（分岐進化） adaptive radiation (divergent evolution)

動物や植物の単一の種からの多くの異なる形への進化．もとの集団のサイズが大きくなると，その種はそれらは起原の中心から新たな生息地や食料源を求めて広がっていく．やがて多くの集団がそれぞれの特異的な生息地に適応するようになり，結果としてこれらの集団は互いに新たな種となるに十分なほど異なってしまう．よい一例はオーストラリアの有袋類が肉食動物，草食動物，穴を掘る動物，空を飛ぶ動物などに適応して進化したことである．小さい規模の例としては，ガラパゴスフィンチの適応放散をダーウィンが目にし，進化説の決定的証拠となったことがある．→ ダーウィンフィンチ

デキストリン dextrin

デンプンをアミラーゼにより麦芽糖に加水分解する際の，中間体として得られる多糖類．

デキストロース dextrose ⟶ グルコース

敵対的行動 agonistic behaviour

*攻撃に伴う行動で，脅迫や身体攻撃，慰撫，乱闘を含む．この行動は多くの場合縄張りの防御を伴っている．例えば，守っている側の威嚇表現に対応して侵入者は慰撫表現を示し，傷害を与え合う戦いは避けられる．

デシ deci-

記号 d．1/10 を表示するのにメートル法で用いられる接頭辞．例えば，0.1 メートルは 1 デシメートル（dm）である．

デシベル decibel

二つの力の強度を比較するために用いられる単位で，通常は音や電気信号に用いられる．デシベルはベルの 1/10 であるが，ベルではなくデシベルが必ず用いられる．二つの力 P と P_0 について，$n=10\log_{10}(P/P_0)$ となるとき，二つの力の強度は n デシベル異なるという．ここで P は測定すべき音の強度，P_0 は基準となる音の強度で，たいてい同じ周波数で，聞こえる限界の弱さの音の強度が使われる．

人間の可聴度は 1（やっと聞こえる）から 10^{12}（痛みの原因となる）の範囲であるために，デシベルで用いられる対数尺度は都合がよい．1 デシベルは 26% の増加を意味し，耳で感知できる最小の変化である．

テストステロン testosterone

雄の主要な性ホルモンのこと．→ アンドロゲン

デスモ小管 desmotubule ⟶ 原形質連絡

テータム Tatum, Edward ⟶ ビードル

鉄 iron

元素記号 Fe．銀色の展性と延性のある金属元素であり，地殻中では 4 番目に豊富な元素である．生物は微量元素（→ 必須元素）として鉄を必要とする．鉄は *ヘモグロビンや*チトクロムの構成要素として重要であり，*フェリチンの形で肝臓に蓄積される．動物における鉄の欠乏は *貧血を引き起こす．

テトラコサクチド tetracosactide ⟶ 副腎皮質刺激ホルモン

デトリタス detritus

*分解者の活動の結果，生物の死骸が分解されて生じた有機物質の粒子をいう．デトリタスは，*屑食者の餌となり，またデトリタスの食物連鎖においては屑食者それ自身が，以下のように肉食動物により捕食される．

デトリタス → 屑食者 → 肉食動物

デボン紀 Devonian

地質学上の時代区分の一つで，古生代のなかの一紀であり，約 4 億 1900 万年前のシルル紀の終りから，3 億 5900 万年前の石炭紀のはじめまでの期間である．デボン紀は 1839 年に，セドウィック（Adam Sedgwick, 1785-1873）とマーチソン（Roderick Murchison, 1792-1871）により命名された．デボン紀は，海洋堆積物に見いだされるサンゴ類，腕足類，アンモナイト類，ウミユリ類などの無脊椎動物の化石堆積物に基づいて，さらに七つに細分される．この時代の大陸堆積物も多量に存在し，礫岩，赤色泥岩，および砂岩が含まれる旧赤色砂岩層を形成する．旧赤色砂岩に含まれる化石には魚類と最

初の陸上植物が含まれる（→ リニア植物，トリメロフィトン類，ゾステロフィルム植物）．デボン紀の最初に筆石類は絶滅し，三葉虫は衰退した．

デーム deme
同一の*分類群に属する生物の集団をいう．この用語は，その集団が他の集団とどう異なるかを示す，様々な接頭辞とともに用いられる．例えば，エコデームは特定の生態学的地位を占める集団，サイトデームは細胞学的に互いに異なる集団，ガモデームは互いに遺伝的に異なる集団を示す．

テラ tera-
記号T．メートル法で使われる接頭語で100万の100万倍を示す．例として10^{12}ボルトは1テラボルト（TV）である．

テルペン terpenes
植物に存在する不飽和炭化水素の一群のこと（→ 精油）．テルペンは$CH_2 : C(CH_3) CH : CH_2$のイソプレンのユニットからなる．モノテルペンはユニットが二つの$C_{10}H_{16}$であり，セスキテルテルペンは三つのユニットからなる$C_{15}H_{24}$であり，ジテルペンは四つのユニットからなる$C_{20}H_{32}$である．テルペノイドとして知られるテルペン誘導体には植物*成長物質のアブシシン酸やジベレリンがあり，またカロテノイドやクロロフィルといった光合成色素がある．

テローム説 telome theory
シダや種子植物の葉（大葉）は茎の終端の枝（テローム）が変態することで進化したという説．この説の想定によれば，まず，茎が原始的で等価（二叉の）に枝分かれする代わりに，側枝のある主軸を発達させたと考える．次におのおのの側枝群は三次元的に枝を伸ばす代わりに平面的に枝を伸ばすようになった．最後にテロームの各側枝群の個々の枝と枝の間の空間は，光合成する薄い柔組織で網目状に埋められた．*トリメロフィトン類や*原裸子植物，特に *Archaeopteris*（アルカエオプテリス）属の樹木は，デボン紀後期に存在したが，この属で前述の一連の変化が生じたことが化石によって証明された．

テロメア telomere
染色体の端に存在し，各回の*DNA複製を完全にするための短い繰返し配列のこと．テロメア配列の数残基程度は毎回の細胞分裂で失われる．最終的に（平均的な細胞で60～100回細胞が分裂すると）その細胞は死ぬ（老化テロメア説はこの現象に基づいている．→ 老化）．テロメアはテロメアーゼというRNAとタンパク質からなる酵素により複製されているが，テロメアーゼは高等動物の正常細胞では不活性化されている（訳注：高等動物の正常な体細胞にテロメラーズ活性が存在する例がいまでは知られいる）．腫瘍におけるテロメアーゼの存在はがん細胞の制御されない増殖と関連している．酵母やプロトクティスタ，高等動物の生殖細胞ではテロメアーゼは通常活性化しており，染色体は適正な長さを保っている．

電圧作動性イオンチャネル voltage-gated ion channel
チャネルが存在する細胞膜内外の電位の変化に反応して開閉する*イオンチャネルのこと．電圧作動性チャネルにはいくつか種類があり，それぞれ特定のイオンを選択的に通す．軸索に沿った*活動電位の伝達に関与する2種類のものが特に重要であり，これらは電圧作動性ナトリウムチャネルと電圧作動性カリウムチャネルである．ナトリウムチャネルは軸索の原形質膜の最初の脱分極に反応して急速に開き，ナトリウムイオン（Na^+）が流入する．脱分極はまた，カリウムチャネルが遅れて開く引き金となり，カリウムイオン（K^+）を流出させ，膜電位を静止状態に戻すように働く．電位依存性カルシウムチャネルもまたある種の細胞において脱分極電流を運ぶ．ナトリウムチャネルタンパク質は正に帯電した電位感知領域をもち，細胞膜が脱分極したときに，この領域は細胞膜の外表面で負電荷に向かい移動する．このときにチャネルを開き，ナトリウムイオンを通過させる．数ミリ秒，チャネルが開いているうちに，電位感知領域はもとの場所に戻り，チャネル不活化部分が移動してチャネルを閉鎖することでチャネルタンパク質は静止状態に戻る．

転位 migration → 移動
転移 metastasis → 癌
電位 electric potential
　記号はV. 電場のなかの電位を定めたい地点に，無限遠方から単位電荷をもってくるときに必要なエネルギーが電位の値となる．電位の単位はボルト．電場や電気回路内の2地点の間の電位差は2地点のおのおのの電位の値の差に等しく，すなわち，一方の地点から他方の地点に単位電荷を動かす際に行われる仕事の量に等しい．
転移酵素 transferase
　ある分子から別の分子への原子団の転移を触媒する酵素類．
転移行動 displacement activity
　ある状況において示される，その動物のおかれた状況とは無関係だと思われる動物の行動．転移行動は相反する衝動の葛藤が生じた際にしばしば観察される．例えば，攻撃と回避の衝動が同時に生じるような攻撃的な場面において，鳥は転移行動として身繕いする場合がある．
電位固定 voltage clamp
　細胞の膜*チャネルを流れるイオンを測定するための実験法．この方法では，イオン電流が電流そのものに等しくなり，測定を容易にしている．細胞を三つの電極をつないだ溶液中に入れる．この電極は二つは細胞内で一つは細胞外にある．細胞内の電極の一つは膜内部の電位の測定に使用し，細胞外の電極電位と比較する．もう一つの細胞内の電極は細胞内に電流を流す．細胞膜の内部の外部に対する負の電位が減少（脱分極）あるいは増加（過分極）する場合は，これらの効果が電極により検出可能である．
電界イオン顕微鏡 field-ionization microscope (field-ion microscope : FIM)
　*電界放射顕微鏡と原理的には同一であるが，真空ではなく低圧の気体（通常はヘリウム）に囲まれた金属先端へ高い正電圧がかけられる点が異なる電子顕微鏡の一種．この場合，「電界イオン化」によって像が形成される．つまり金属先端の加熱していない固体表面に強い正電圧をかけることで，周囲の原子や分子から表面に電子が移動し，正イオンが生ずる．蛍光スクリーンに当たるイオンによって像が形成される．金属先端の表面上の個々の原子の像が観察でき，特定の場合には吸着された原子が検出される．
電解質 electrolyte
　陽イオンや陰イオンの存在によって電気伝導性をもつ液体のこと．例として，ナトリウムイオン（Na^+）と塩素イオン（Cl^-）を含む塩化ナトリウム液があげられる．生物学や医学では，通常，電解質はイオンそのものをさす．
電界放射顕微鏡 field-emission microscope (FEM)
　真空容器内で，蛍光コーティングしたガラススクリーンからいくらか離れた位置にある金属先端へ高い負電圧をかける電子顕微鏡の一種．その先端は「電界放出」，つまり強い電場をかけることによる，熱されない鋭い金属先端からの電子の放出によって電子を放出する．放射された電子は，金属先端に露出した原子面の個々の状態を反映して，蛍光スクリーン上に拡大されたパターンを形成する．その装置の解像度は金属原子の振動によって制限されるため，液体ヘリウムで先端を冷却すると解像度が上昇する．先端を形成する個々の原子はスクリーン上に表示されないが，吸着した物質の個々の原子は表示されて，またその作用が観察可能となる．
電気泳動 electrophoresis (cataphoresis)
　電場中の荷電したコロイド粒子の動きをもとにしてコロイドの分離と分析を行う技術．様々な実験的方法がある．U型チューブの底部にサンプルを入れ，それぞれの腕に緩衝液を加えると，緩衝液とサンプルの間にはっきりした境界ができる．電極をそれぞれの腕に設置し電流を流すと，電場の影響による境界線の動きを観察する．粒子の移動速度は電場，粒子の電荷，粒子の形や大きさなどに依存する．電気泳動は，もっと単純に，緩衝液を吸収させたろ紙などの吸着剤に二つの電極が接触している状態でも実施できる．サンプルを二つの電極の間に設置し，電流を流す．混合物のなかの異なる成分は異なる速度で移

動するので，サンプルは電気泳動後にいくつかのゾーンに分かれる．成分はその移動速度で同定することができる．ゲル電気泳動では，担体は通常ポリアクリルアミド，アガロース，またはデンプンで作られたゲルである．電気泳動は電気的クロマトグラフィーとも呼ばれ，タンパク質(→ ポリアクリルアミドゲル電気泳動)，核酸，炭水化物，酵素などの混合物質の研究で非常によく使われる．医学では，電気泳動は体液のタンパク質の組成を知るために使われる．

電気原子価結合（イオン結合） electrovalent bond (ionic bond)

一つの原子から他の原子へと一つ，またはそれ以上の電子が移ることから生じる*化学結合．その結果，反対に荷電したイオンができる．例えば，塩化ナトリウムはナトリウム原子と塩素原子からなるが，ナトリウムから塩素へ電子が移動し，Na^+イオンとCl^-イオンを作り出す．これら2種のイオン間の静電的な引力によって結合ができる．

電気受容器 electroreceptor

電流を感知することに特化した器官．このような器官は海産魚類にかなり一般的にみられ，餌や敵を感知するのに使われる．最もよく知られている例は，サメやエイの頭に埋め込まれている「ローレンツィニ瓶器」である．それぞれがゼリー状物質で満たされたカップのような構造をしており，これらが上皮表面に管によってつながっている．この管はしばしば数cmに達し，内部にやはりゼリー状物質が満たされている．体表の穴と管により接続されているので，体の周囲の水のなかの電流を，瓶器のなかの感覚毛細胞が感知する．サメは非常に高感度な電気受容器をもっているため，砂に埋まった休息中のツノガレイの呼吸筋から出る，非常に弱い数μAほどの電流も感知することができる．サメやエイはまた，ローレンツィニ瓶器を地球の磁場を感知する*磁気受容体としても利用している．同じような器官は，例えば海産のナマズ類であるゴンズイ属のような硬骨魚類にもみられる．何種かの魚は，自身で弱い電流を発生させ，それを警報装置として使用したり，位置を知るために使ったり，また同じ種類のコミュニケーションのために使ったりする．初電場に何らかの干渉があった場合，脅威となる侵入者からの警告や同種からのシグナルとして電気受容器が電流の変化を感知することができる．

電気板 electroplax

ある魚類の*発電器官のなかで見いだされる細胞の一種．

転座 translocation

(遺伝学) *染色体変異の種類の一つ．染色体の一部が離脱して別の染色体につき，その結果として前者の染色体から遺伝情報が失われる．

甜菜糖 beet sugar ⟶ スクロース

転子 trochanter

脊椎動物の大腿骨にある突起であり，そこに筋が付着する．

電子 electron

すべての原子に存在する素粒子で，核の周りに電子殻と呼ばれる組になって存在する．電子が原子から離れたとき，これらは「自由電子」と呼ばれる．

電子顕微鏡 electron microscope

細胞器官やウイルス，DNA分子といった，非常に小さい対象の拡大画像を得るために，光ビーム（光学顕微鏡）の代わりに電子ビームを使う顕微鏡のこと．光学顕微鏡では，解像度が光の波長によって限定される．しかし高エネルギー電子は光よりも大幅に波長が短い（例えば，10^5 eVに加速された電子は0.04 nmの波長をもち，0.2~0.5 nmの解像度が得られる）．透過型電子顕微鏡(図参照)は電子レンズ（電磁場を形成するコイル，または間に電場が作られる電極）によって鋭く集束された電子ビームをもつ．このビームは，50 nm未満の厚さの非常に薄い金属処理された試料を通過し，蛍光板に到達する．到達した電子により蛍光が発生し可視的像が得られる．この像は撮影可能である．走査型電子顕微鏡は，解像度と拡大率は下がるものの，厚いサンプルの立体的像をみるときに使われる．小さい対象（花粉など）の表面の特徴を観察するのによく使われる．この

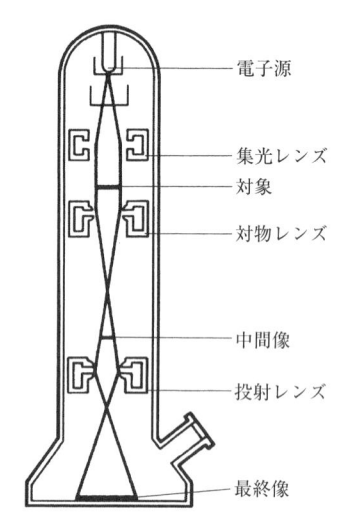

透過型電子顕微鏡の原理

タイプの装置は，一次電子のビームが標本を走査し，一次電子が反射したものと，標本から放出された二次電子が回収される．回収した電子による電流は，別の電子ビームの制御に用いられる．このビームはTVモニター内の蛍光スクリーンを，一次電子と同じ周期で走査しており，その結果TVモニター上に標本の像が形成される．解像度はおおよそ10～20 nmに限定される．→ 電界放射顕微鏡，電界イオン顕微鏡

電磁スペクトル electromagnetic spectrum

電磁放射の存在する波長の範囲．最長の波長は電波（10^5～10^{-3} m），次に長いものは赤外線（10^{-3}～10^{-6} m），次に狭い波長の範囲の可視光（4～7×10^{-7} m），*紫外線（10^{-7}～10^{-9} m），*X線（10^{-9}～10^{-11} m），そして最短のγ線（10^{-11}～10^{-14} m）がある．

電子伝達 electron flow

*電子伝達鎖に存在する電子伝達体の系列に沿って電子が移動すること．

電子伝達鎖（電子伝達系） electron transport chain (electron transport system)

一連の電子伝達体を介して電子の移動が起きる，連続的な生化学的酸化還元反応．電子伝達鎖（呼吸鎖とも呼ばれる）は*好気呼吸の最終ステージである．ミトコンドリアでは，*クレブス回路で生成したNADH，$FADH_2$の電子が，*ユビキノンや一連の*チトクロムを含む*キャリヤー分子からできている電子伝達鎖のなかを移動する．個々の電子伝達体は，可逆的酸化還元反応を行うことにより電子を受け取り，それを電子伝達鎖の次の電子伝達体にわたす．これが電子伝達と呼ばれる過程である．*チトクロム酸化酵素は電子と水素イオンを酸素と結合して水を発生させる（図参照）．この過程はATP合成と連動している（→ 化学浸透圧説，酸化的リン酸化）．電子伝達は*光合成の際に葉緑体のチラコイド膜でも起きる．その電子伝達体には*プラストキノン，*プラストシアニン，*フェレドキシンがある．→ 光リン酸化

転写 transcription

生細胞が*タンパク質合成（→ 遺伝暗号）の最初の段階として*DNAの遺伝情報をメッセンジャー*RNA（mRNA）分子に写し取る過程（訳注：mRNAに限らず，rRNAやtRNAなどRNAがDNAの遺伝情報をもとに合成されるときはすべて転写という）．転写は細胞核または原核生物の核領域で起こり，*転写因子によって制御される．転写では，鋳型DNAから相補的mRNAを形成す

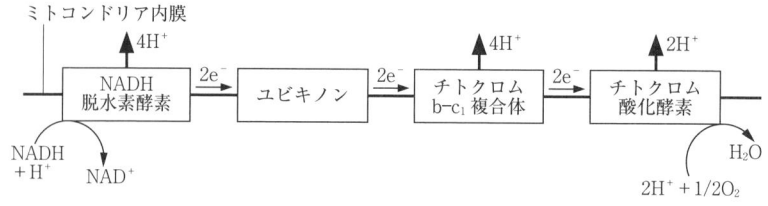

ミトコンドリアの電子伝達鎖

るために，RNA*ポリメラーゼがヌクレオチドを組み立て（→ プロモーター），（真核細胞では）のちに一次転写産物からの非コード配列の除去が起こり（→ RNAプロセシング），機能をもつmRNA分子が形成される．転写という言葉は*逆転写酵素による鋳型RNAからの一本鎖DNAの組み立てにも適用される．→ 翻訳

転写因子 transcription factor
　*転写の過程において，RNAポリメラーゼのDNA分子への結合を増加または減少させることにより，遺伝子の活性を制御できる一群のタンパク質．このような働きは転写因子がDNA分子に結合する能力をもつために可能となる（→ DNA結合タンパク質）．転写因子は*フィンガードメインを含んでおり，またこのドメインはしばしば繰返し配列となり，マルチフィンガーループと呼ばれる．基本転写因子群は多くの遺伝子の転写を活性化する．これらは転写開始部位の近くのプロモーター領域に結合し，RNAポリメラーゼが遺伝子のコード領域へ正しく位置することを確実にする．制御転写因子は一つか少数の遺伝子を制御し，コード領域からある程度離れたところに位置することのある制御領域に結合することにより，遺伝子のスイッチがオンとオフのどちらかになるかを決定する．遺伝子が組織依存的に発現し，発生の間は胚のなかで遺伝子が適切な時間と場所で発現することを確実にするうえで，制御転写因子は重要である．ただ一つの遺伝子の制御に数百の転写因子が関係する場合があると考えられている．

転写減衰 attenuation
　（遺伝学）原核生物における遺伝子発現の調節機構の一つで，特に機能的遺伝子集団（*オペロン）にみられ，たとえば大腸菌においてトリプトファンを合成する酵素をコードする trp 遺伝子群などにみられる．転写減衰は，酵素の生成物（この場合にはトリプトファン）が培地中に過剰に存在する際に働き，オペロンの転写が劇的に減少し，最大値の10%ほどになる．この転写減衰は，RNA転写産物中の最初の部分である，構造遺伝子上流の転写減衰域と，培地中のトリプトファンが相互作用することが原因であると考えられている．

転写酵素 transcriptase ⟶ 逆転写酵素

転写後修飾 post-transcriptional modification ⟶ RNAプロセシング

転写後ジーンサイレンシング post-transcriptional gene silencing ⟶ RNA干渉

転節 trochanter
　昆虫の肢の第二節で，*底節と*腿節の間にある．

伝染 transmission
　（医学）ヒトからヒトへ*感染が拡大すること．これは様々な経路で起こる．例えば，性的接触（→ 性行為感染症）を含む感染したヒトとの密接な接触，病気の*媒介動物や*キャリヤーとの接触，病原菌に汚染された飲食物の摂取，咳やくしゃみによってできる汚染された水滴を吸い込むことなどである．

転送細胞 transfer cell
　物質の短距離，大量輸送に特化した植物細胞の一種．転移細胞は一次細胞壁の内表面に多数のこぶと稜線をもつ．これらは隆起の輪郭に沿って原形質膜の表面積を大きく増加させる．拡大した原形質膜は多数の*輸送タンパク質を収容でき，細胞の内外への物質輸送を担う．転送細胞は主に塩分泌腺や，光合成産物（糖）を篩部の篩要素に積み込んだり取り出したりする領域にみられる．

伝達 transmission
　（神経生理学）あるニューロンから他のニューロンへと，神経*インパルスが*シナプスを介して一方向に伝わること．→ 神経伝達物質，伝播

伝達物質 transmitter ⟶ 神経伝達物質

転動 nutation ⟶ 転頭運動

転頭運動（転動） nutation
　植物の成長に伴って起こる植物器官のらせん運動のことで，回旋運動としても知られている．それは攀援（はんえん）植物にみられ，植物が巻きつくのに適した支えを見つけるのを助けている．例えば，ツルアリインゲン（runner beans）の茎の先端や，スイートピーの巻きひげの，巻きつく運動などがある．

点突然変異 point mutation (gene mutation)

遺伝子中のDNA塩基配列の変化のことで,そのような変化の起こった遺伝子は*突然変異体遺伝子,もしくは突然変異体対立遺伝子と呼ばれる(→ 突然変異).DNAの塩基配列はいくつかの方法で変わりうる.例えば*挿入,*置換,*欠失,*逆位などである.点突然変異の結果としてタンパク質合成段階の翻訳のときに遺伝コードの読誤りが起き,作られるタンパク質のアミノ酸配列が変化する(訳注:点突然変異は,塩基対置換とフレームシフトによる突然変異の総称だが,点突然変異が生じても,アミノ酸配列が変化しないこともある).これによってタンパク質の機能が影響を受けることもあれば,受けないこともある.→ 遺伝子間サプレッサー,ミスセンス変異,染色体変異,一塩基多型

伝播 propagation

(神経生理学)神経*インパルスをニューロン軸に沿って伝達するプロセス.→ 伝達

デンプン starch

グルコースの重合体の*アミロースや*アミロペクチンの2種類が様々な割合で組み合わさって形成される*多糖類のこと.デンプンは,植物の特に根,塊茎,種,果実で炭水化物からなるエネルギー源として貯蔵される.デンプンはそれゆえ動物の主なエネルギー源となる.デンプンは消化されると最後には,グルコースとなる.デンプン細粒は冷水には溶解しないが,加熱によりデンプン粒子は破裂し,ゾル状の水溶液になる.

電離放射線 ionizing radiation

その放射線が通過する媒体中で電離を引き起こすのに十分なほど高いエネルギーをもつ放射線.高エネルギー粒子(電子,陽子,α粒子)の流れや,短波長の電磁放射線(紫外線(訳注:電離を引き起こすエネルギーをもつのは波長の短い紫外線),X線,γ線)からなる.このタイプの放射線は,原子や分子にエネルギーが直接移動した結果,あるいは電離により生じた二次電子を介して,物質の分子構造に甚大な被害を与える原因となる.生物の組織では,電離放射線の影響は非常に深刻であり,通常は水分子からの電子の放出やその結果として生じる高反応種による生体物質の酸化や還元が影響する.

$$2 H_2O \longrightarrow e^- + H_2O^* + H_2O^+$$
$$H_2O^* \longrightarrow .OH + .H$$
$$H_2O^+ + H_2O \longrightarrow .OH + H_3O^+$$

ラジカルの前の点は不対電子を示し,*は励起種を意味する.

転流 translocation

(植物学)植物内で無機物や有機化合物が移動すること.二つの主要な過程がある.一つは土壌から可溶性無機物を取り込み,導管(*木部)を通して,根から様々な器官へと運ぶことである.二つ目は葉などで合成された有機物を葉の上流や下流の様々な器官,特に成長点へと運搬することである.この移動は*篩部の管を通して行われる.→ マスフロー

ト

糖（サッカライド） sugar（saccharide）
 比較的低分子で一般的に甘味をもつ水溶性の*炭水化物．単純な構造の糖を*単糖類という．より複雑な糖は2個から10個の単糖が互いに結合したものからなる．*二糖類は二つの単糖からなり，三糖類は三つの単糖からなる．シュガーという名称は*スクロース（サトウキビやテンサイの糖）を特別にさすことも多い．

同位体 isotope
 同じ元素で，原子核中に同数の陽子をもちながら中性子の数が異なる原子のこと．水素（陽子1，中性子0），重水素（陽子1，中性子1），トリチウム（陽子1，中性子2）はいずれも水素の同位体である．自然界の元素は通常，いくつかの同位体の混合物である．

動因 drive
 動物が特有の行動を実行するに至る*動機づけ．二つのタイプがあり，一次的動因は体組織の直接的な要求の結果として起こり（例えば食料や水分に対する生理的要求），二次的動因は習得的な行動の結果として起こる．

豆果（莢果） legume（pod）
 乾果の一種で，1心皮から形成され，一つもしくは多数の種子を含み，成熟すると裂開する．豆果はマメ科植物に特徴的にみられる．豆果はしばしば破裂するように果実の両側のへりに沿って裂け，果実は半分ずつに分離して，種子が露出する．特別な豆果として*節果（ふしざやか）がある．

頭化 cephalization
 動物において，主要な感覚器や口，脳などがまとまって前面の末端に集中する傾向．これらの器官は通常，そのために分化した体の部分である頭に含まれる．

同化
 1．anabolism
 タンパク質，脂質やその他の生体の構成因子を分子もしくは単純な前駆体から合成する代謝合成のこと．この過程にはATPの形でのエネルギーが必要である．→ 代謝，異化作用
 2．assimilation
 成長，生殖，修復の過程で，生物が摂取した物質を代謝により自己の有用な物質に作り変えること．

頭蓋
 1．cranium（brain case）
 脊椎動物の*頭蓋の一部に当たり，脳を囲んで保護している．多数の平らな骨の融合からなり，それらは不動結合（縫合）をしている．
 2．skull
 頭部の骨格のこと．哺乳類では脳を囲む*頭蓋骨と顔や顎の骨からなる．頭蓋の個々の骨の間の関節は，下顎と頭蓋の基部の関節を除いて固定している（→ 縫合）．頭蓋の基部には大きな穴（大後頭孔）が存在し，そこを脳から伸びる脊髄が通っている．

透過型電子顕微鏡 transmission electron microscope ⟶ 電子顕微鏡

同化ステロイド anabolic steroid
 特に筋肉などの組織の発達を促進するステロイド化合物のこと．自然に存在する同化ステロイドには，男性ホルモン（*アンドロゲン）があげられる．合成した男性ホルモンは，衰弱を伴う病気のあとに体重を増加させるために医学的に使われている．運動選手が筋肉を増強するためにこれを使用することは，肝臓に損傷を与えるため，大部分の競技の規則によって禁止されている．

導管
 1．duct
 生物が有する管や通路で，物質の分泌や排出に関与する（→ 腺）．
 2．meatus
 体のなかの小さな管や路のこと．例えば哺乳類における*外耳の「外耳道（externa anditory meatus）」であり，これは外部開口部と鼓膜をつなげている．
 3．vessel
 （植物学）*木部内の管で，この導管は連結

した*導管細胞よりなる．導管は植物の根からの水分を枝条や葉に効率よく移動させることができる．

導管細胞 vessel element

顕花植物の*木部内にみられる細胞の一種で，その多くは端と端をくっつけて水分を通す導管となっている．導管細胞はしばしば非常に長く，また側面のほとんどがリグニンの蓄積による厚い細胞壁により覆われている．しかし，その細胞の末端の細胞壁は，上下の細胞との連絡のため，穴があいている．→ 仮導管

動機づけ motivation

外部刺激に対する動物の反応の一時的な可逆変化の原因となる内部状態．このために，食物を奪われ続けた動物は，奪われていない動物に比べ嗜好的ではない食物をより受け入れやすい．つまり，この違いは食物に対する動機づけの変化に起因する．成熟や*学習，もしくは傷害が原因となった反応性の変化は通常，容易に可逆的にはならず，それゆえに，動機づけが変化したことによる反応性の変化ではないと見なされる．多くの別々の*動因（例えば食衝動や性衝動）によって動機づけを記述するための初期の試みは一般的な賛同を得られなかった．なぜなら一つには，衝動は互いに相互作用しているからである．例えば，水の欠乏はしばしば動物の摂食する意思に影響する．

頭胸部 cephalothorax

多くの甲殻類や蛛形類（→ 前胴体部）の頭部と胸部が融合したもので，腹部と結合している．→ 合体節

同型歯の homodont

歯が形態的分化をせずにすべて同じ形になる動物を形容する語である．哺乳類を除く脊椎動物の大部分は同型歯性である．→ 異型歯の

同型性 homogametic sex

二つの同形の*性染色体（例XX）をもつことにより決定される性をいう．ヒトと他の哺乳類の大部分においては，雌性に対応する．同型性により生産される生殖細胞（配偶子）は，すべて同種の性染色体（すなわち X 染色体）をもつ．→ 異型性

同型接合の homozygous

ある生物や細胞で，相同染色体上の着目する遺伝子座において*対立遺伝子が同一である状態をいう（それらの遺伝子は優性か劣性のいずれかになる）．同型接合の生物は同型接合体と呼ばれ，その生物と遺伝的に等しい生物と交配した場合に，同じ形質の子孫を生ずる．

同型双生児（一卵性双生児） identical twins (monozygotic twins)

1個の受精卵から2個の遺伝的に同一な部分に分かれることにより生じた2個体．それぞれの遺伝的に同一な部分はゆくゆくは別々の個体となり，したがってこれらの双生児はあらゆる点で同一である．→ 二卵性双生児

同型配偶 isogamy

大きさや構造が同様な配偶子の形成と融合が生じる有性生殖．これはいくつかの原生生物，例えばある種の原生動物や藻類で起こる．→ 異型配偶

凍結乾燥 lyophilization ─→ 凍結乾燥法

凍結乾燥法 freeze drying (lyophilization)

熱に敏感な物質から水分を除去すること．物質を凍らせ，高真空下におき，低い温度（−40℃かそれ以下）に維持する．真空によって生じる（低い）圧力によって水は，液体状態を通過することなく固体から気体状態へ変化する．これによって水以外の構成成分を変化させることなく物質から水が除去される．凍結乾燥は組織（例えば血漿）や食物を保存することや，溶液を濃縮するのに用いられる．

凍結防止剤 cryoprotectant

凍結から生体組織を守る物質．凍結防止剤は，寒冷地に住み組織液の凍結を制限する戦術を採用している生物の生存にとって重要である．そのような生物としては，ある種の昆虫，軟体動物，センチュウ，さらには一部のカエル，トカゲやカメがある．グリセロールや類似の多価アルコール（ポリオール）などは*不凍分子として知られる．別のグループは細胞内で膜に結合することで，膜に水分子が結合することを抑え，その結果細胞構造を

保護する．昆虫における例としては，プロリンやトレハロースがある．→ 氷核物質

動原体（キネトコア） kinetochore
　核分裂の際，紡錘体の*微小管が染色体のセントロメアに付着するための板状の構造のこと．高等生物では，クロマチンにぴったりと押しつけられた，タンパク質とRNAが含まれる3層構造からなる．動原体はモーターとして働き，セントロメアを微小管に沿って紡錘体極へ引きつける．この過程には*ダイニンなどのモータータンパク質と，微小管サブユニットの解離がかかわっていると信じられている．

動原体を欠いた染色体の acentric
　動原体を欠いた過剰な染色体断片を示す．こうした断片は通常細胞分裂の際に適切に配置されないために失われる．

統合 integration
　(神経生理学) 脳における，分かれているが関連している神経作用の協調．例えば，内耳や目からの知覚情報はともに平衡覚に必要である．これらの刺激は脳によってこれらだけでなく，姿勢を制御する筋を調整する様々な運動神経の作用と統合される．

瞳孔 pupil　⟶　虹彩

透光層 photic zone　⟶　真光層

瞳孔反射 pupillary reflex
　光の強度の変化に反応して瞳孔の直径が変化することをいう．光の強度が増加すると，片方の網膜だけが直接刺激された場合でも，両方の瞳孔が縮小する（→ 虹彩）．これは*共感性反射として知られている．光の強度が減少すると，瞳孔の拡張が逆に生じる．

橈骨 radius
　(解剖学) 四足類の脊椎動物の前肢の下半部には2本の骨があり，そのうちの細いものをいう（→ 尺骨）．橈骨は手首で尺骨と手首骨の一部に接続しており，肘で*上腕骨と接続している．この橈骨の洗練された関節により，ヒト（と何種類かのその他の動物）は，前腕をひねることができる（→ 回内運動，回外運動）．

頭索類 Cephalochordata
　脊索動物類の一門か一亜門で，小さな魚に似た，海産無脊椎動物であるナメクジウオ類だけを含む．これらには，ナメクジウオ属（*Branchiostoma* (*Amphioxus*)）と *Epigonichthys* 属の2属23種が含まれる．体長約5～15 cm，ナメクジウオは，鰓裂をもち，また脊索を成体になっても持ち続ける．これは体の全長にわたって伸びており主な支持骨格となる．咽頭はろ過摂食に適応している（→ 内柱）．

糖鎖生物学 glycobiology
　特に*糖タンパク質を中心とした，炭水化物や炭水化物の複合体の研究．

洞察学習 insight learning
　動物が他の状況で得た経験を応用することで新しい状況に対応する学習の形式．洞察学習では，試行錯誤学習に完全に頼る代わりに，全体としての状況をみて問題を解決することが要求される．チンパンジーは洞察学習の能力がある．→ 学習

糖脂質 glycolipid
　糖を含む脂質．分子の脂質部分の土台が通常グリセロール（→ グリセリド）もしくはスフィンゴシンからなり，糖が主にガラクトース，グルコース，イノシトールからなる．糖脂質は生体膜の構成成分である．動物の細胞膜においては，糖脂質は脂質二重膜の外側に認められる．最も単純な動物の糖脂質は*セレブロシドである．植物の糖脂質は糖部分がほとんどの場合ガラクトースであるグリセリドである．これは葉緑体の最も主要な構成脂質である．

等至性 equifinality
　発生中の胚や若い動物が，一つ以上のルートで構造や行動のパターンを形成する能力のこと．

同質倍数体 autopolyploid
　染色体の複数のセットがすべて同じ種から由来した*倍数体の生物をいう．たとえば，*コルヒチンなどによる有糸分裂の間の染色体数の倍加により，同質四倍体として知られる四倍体が生ずる．→ 異質倍数体

等翅目 Isoptera
　社会生活を営む外翅類の昆虫の一目であり，シロアリが含まれる．これらの主に熱帯

性の昆虫は，翅のない労働者と兵士，一次と二次の翅のある生殖個体を含む複雑な*階級制度をもつ．シロアリのコロニーは一対の生殖個体が基礎を築き，巣は木や土壌のなかに作られる複雑な管系からなる．シロアリは腸の微生物叢にセルロース消化を頼っており，家屋を侵略した場合には木製の構造物への大きな被害の原因となる．

同種移植 allograft ⟶ 移植

同種間 allogenic ⟶ アロジェニック

同種寄生性 autoecious

1種類の宿主植物の上だけで生活環を完了するサビキン類（→ サビキン類）を示す形容語である．例としては *Puccinia menthae*（ハッカのさび病菌）がある．→ 異種寄生性

頭状花序 capitulum

花序の一種（→ 総穂花序）で，ヒナギクやタンポポなどのキク科の植物に特徴的である．花序の先端は平板化していて，花梗のない小さな花を多数付け，苞葉からできた総苞によってその周りを取り囲んでいる．このような配列により頭状花序は，単一の花のような外観を示す．

同所性 sympatric

近縁の生物で，生息地が近接して理論的には交配できるが，振舞いや開花期などが異なることにより交配できないことを表現する言葉．→ 隔離機構，異所性

糖新生 gluconeogenesis

脂肪やタンパク質などの，炭水化物以外の原料からグルコースを合成すること．肝臓におけるグリコーゲンの供給が不足したときに起こる．この回路はすなわちピルビン酸からグルコースを作り出すような*解糖系の逆転した反応であり，アミノ酸やグリセロール，*クレブス回路の中間体などの多くの原料を利用することができる．大量のタンパク質や脂肪の異化は通常，飢餓状態やある種の内分泌系の病気のみにより起こる．

透析 dialysis

透析とは，溶液中のデンプンやタンパク質などの高分子とブドウ糖やアミノ酸などの低分子を，半透膜による選択的拡散によって分離する方法である．例えば，デンプンとブドウ糖の混合液をセロファンのような半透性物質でできた密閉容器に入れ，それをビーカーの水に浸すと，より小さなブドウ糖の分子は半透膜を通過して水中に拡散するが，デンプン分子は内側に残る．生物の原形質膜は*半透膜であり，窒素の老廃物を排出するために腎臓では細胞の機能として透析が行われている．人工腎臓（透析機）では，透析の原理を用いて病気となった腎臓の機能を代行している．

頭節 scolex ⟶ 条虫綱

頭足類 Cephalopoda

ヤリイカやコウイカ，タコ，絶滅した*アンモナイトを含む最も進化した軟体動物の綱．頭足類は保護性の軟骨により覆われた高度に集中した中枢神経系をもつ．目はよく発達した網膜をもち，脊椎動物の目によく似ている．すべての頭足類は捕食性の肉食動物であり噴出による推進力により泳ぐことが可能である．また運動性に富む触手で獲物をつかまえ保持することができる．

淘汰 selection

選択の語も訳として用いる．一つあるいはそれ以上の要因により個体群中の個体の死亡率の相違を引き起こす過程，そして特定の形質が後代に優先的に伝わる過程．→ 人為選択，方向性選択，分断性淘汰，自然選択，性淘汰，安定性淘汰

淘汰圧 selection pressure

ある特定の形質をもつ生物が環境要因により排除または優先される程度を示す．これは*自然選択の強さの程度を示す．

淘汰係数 selection coefficient

記号 s または t で表される．特定の生物，表現型，遺伝子型の繁殖成功度に対抗して働く力の総量の尺度．0から1の間で変動し，*適応度（W）は $W = 1 - s$ で表される．そのため，淘汰係数が増すと適応度は減少する．

糖タンパク質 glycoprotein

タンパク質と共有結合した炭水化物からなる複合タンパク質．ゴルジ体において，*グリコシル化の過程を経て作られる．糖タンパク質は細胞膜の重要な構成成分であり，*脂

質二重層を通り外側に伸びている．またこれは粘液など，潤滑に関与する体液の構成成分でもある．細胞表面のホルモン受容体の多くが糖タンパク質として同定されてきた．ウイルスによって作られる糖タンパク質は宿主細胞の表面に結合し白血球の受容体のマーカーとして働く．ウイルスの糖タンパク質はまた標的分子として働き，ウイルスがある種の宿主細胞を検出するのを助けている．例えば，*HIVの表面の糖タンパク質は，ウイルスが白血球細胞をみつけ感染するのを可能にしている．

等張の isotonic

同じ浸透圧をもつ溶液を示す形容語（→ 浸透）．

同定検索表 key (identification key)

外面的な特徴に関して一連の選択を行って生物標本の種を同定するために用いる表．各段階ごとにいくつかの（二分法では二つの）形質が記載されていて，それぞれが検索表のなかで次の段階の形質の記載へと連なっている．標本に一致する形質を選ぶと次の段階へ進み，そしてまた二つに分かれ，これを続けることで種が同定できる．

等電点 isoelectric point

タンパク質が正味の電荷をもたず，したがって電場のなかで移動しない状態での溶媒のpH．タンパク質はその等電点で最も容易に沈殿する．この性質はタンパク質やアミノ酸の混合物を分離するのに利用できる．

凍土帯 tundra

樹木がないことと永久的に凍結した底土に特徴づけられる陸上の*バイオーム．凍土帯は北アメリカとユーラシアにある*タイガの北に横たわり，植物はイネ科植物，スゲ，地衣類，コケ，ヒース，低木が優勢である．1日の平均気温が約10℃となる，年間で最も暖かい成長の季節は2～4カ月しか続かず，その間に表土が30 cmの深さまで融けて根が入ることができる．しかし，この層の下では土壌は永久的に凍結し（永久凍土層），水は土壌を浸透できずに，成長の季節を通して表面の窪みにとどまる．→ タイガ

導入遺伝子 transgene

ある生物から取り出され，別の生物の生殖細胞系列に導入された遺伝子．そのためこの遺伝子はゲノムの一部として複製され，受容者の細胞のすべてに存在することになる．導入された生物は*遺伝子組換え生物といわれる．→ 遺伝子組換え生物

糖尿 glycosuria ── インスリン

糖尿病 diabetes ── 抗利尿ホルモン，インスリン

逃避 flight

脅威となる状況に反応して発生する動物の生存機構の一種．潜在的に危険な状況は*アドレナリンの放出を誘導し，動物は血圧および心拍数を上昇させて血流を筋肉や心臓に振り向けることによって，「闘争もしくは逃避」のための準備を行う．→ 警告反応

動物 animal

動物界のメンバーをいい，一倍体の卵子と精子との融合によってできる胚から発達する多細胞の生物のこと．自らは食料を作ることができないため，他の生物や有機物を食べる必要がある（→ 従属栄養）．したがって，動物は食物を探すために通常は可動性であり，環境の変化を検出するための特殊な感覚器官を進化によって発達させてきた．*神経系は，感覚器官が受け取った情報を整理することで，環境からの刺激に対して素早く応答することができる．動物*細胞は*植物細胞のようなセルロースからなる細胞壁をもたない．動物界の分類については，付録を参照．

動物学 zoology

解剖学，生理学，生化学，遺伝学，生態学，進化，行動を含む動物の科学的な学問研究．

動物原性感染症 zoonosis (pl. zoonoses)

ヒトに伝染する可能性のあるヒト以外の脊椎動物の感染症．狂犬病と炭疽病がよく知られている例である．ある種のカやツェツェバエは種々の線虫による動物原性感染症を媒介する．

動物行動 animal behaviour

動物の外部環境への応答反応の構成要素となる営みのこと．ある種類の行動（例えば摂

食や生殖など）はすべての動物において認められるが，それらの活動は生物種が異なれば異なる行動として表現され，異なる進化過程によって発達してきた．いくつかの行動はある生物種にきわめて特徴的であり（→ 本能），そうでないものはより多様であり，先天的な性質と個体の生涯における*学習との相互作用に依存している．生理学者は体（例えばホルモン濃度）の変化がどのように行動を変化させるかを研究しており，心理学者は学習の仕組みを研究している．また，動物行動学者は動物全体における行動の研究をしており，行動が個体の生涯においてどのように発達するか，行動がどのように自然選択によって進化してきたかを研究している（→ 動物行動学）．

動物行動学 ethology
　*動物行動を対象にして生物学を研究する分野．動物行動学的方法論の中心は，動物の行動は（体の特徴と同じように），自然淘汰による進化の支配を受ける，とすることにある．動物行動学者は，その動物の行動が，いかにして自然界におけるその動物の繁殖を最大にしたか，を説明するすべを模索する．それには，自然界において重要な刺激の認識（→ 透発因）や，行動発達のなかでの*学習と生得の素質の相互作用などの解明が含まれる（→ 本能）．この研究分野は*ローレンツや*ティンバーゲンが先駆者である．

動物性鞭毛虫門 Zoomastigota (Zoomastigina)
　寄生性または自由生活性の従属栄養の*原生動物を含む原生生物の一門．移動運動のために一つ以上の*波動毛（鞭毛）をもつ．現在のいくつかの分類体系ではこの門は修正され，ミトコンドリアを欠くものは Archaeprotista におかれ，平らなクリステのあるミトコンドリアをもつ *Trypanosoma*（睡眠病の病原体）や *Naegleria* を含む他のものは*ミドリムシ綱とともに Discomitochondria におかれた．

動物相 fauna
　与えられた時点，生息地に通常存在するすべての動物．→ 大型動物相，微小動物相，植物相

動物地理学 zoogeography
　動物の地理的分布に関する学問．海，砂漠，山脈のような自然の障害によって，地球はいくつかの*動物地理区に分けられる．各地理区の動物相の特徴は，（完全にではないが）特に*大陸移動の過程と，様々な大陸が孤立したときの生物進化の段階に依存すると考えられている．例えば，白亜紀以降は孤立しているオーストラリアには最も原始的な土着の哺乳類動物相があり，これは有袋類と単孔類の動物のみからなる．→ ウォレス線

動物地理区 faunal region
　動物種の明瞭で特徴的な集合の存在する地球上の領域．*動物地理学において通常六つの動物地理区が認められている．すなわち，アフリカのサハラ以南およびアラビア南部のエチオピア区，熱帯アジアおよび近隣の大陸諸島の東洋区，ヨーロッパおよび熱帯以北のアジアの旧北区，熱帯メキシコを除く北アメリカの新北区，熱帯メキシコを含む中央および南アメリカの新熱帯区，主にオーストラリアとニューギニアを含むオーストラリア区である．その地理区は，無脊椎動物が含まれることもあるが，主に陸生，淡水に生息する脊椎動物，特に哺乳類や鳥類によって記述される．その概念は19世紀のスクレーター（P. L. Sclater）や*ウォレス（A. R. Wallace）といった博物学者によって提唱され，大陸移動の証拠として考えられている（→ ウォレス線）．しかし，地域の動物相の性質を決定するのに重要なもう一つの因子は，その種の起源の中心からの移動の歴史であり，これは山脈のような物理的障壁の存在に影響される．気候，つまり緯度も重要な因子である．

動物デンプン animal starch ── グリコーゲン

動物プランクトン zooplankton
　動物性の*プランクトンのこと．動物プランクトンには主な動物の門の生物群がすべて含まれており，生育段階も卵，幼生，成体などがある．あるものは肉眼でみることができるが，大部分のものは拡大しないとみることができない．海面の近くでは，1 m³ 当たり

何千もの動物プランクトンが存在する．

同胞 siblings

共通の両親をもった個体たちのこと．

洞房結節 sinoatrial node ── ペースメーカー

同胞種 sibling species (cryptic species)

二つかそれ以上の生物のグループで，外見やその他の伝統的分類手法によって容易に区別することができないが，相互の交配が成功しないものをさす．例えば，北アメリカ原産のコオロギの多くの種は同じ地域に生息しているが，鳴き声以外では区別できない．

動脈 artery

心臓から体内の組織に血液を送る血管のこと．多くの動脈は，酸素を含んでいる血液を運んでいる（*肺動脈はその例外）．大動脈は小さな動脈に分岐していき，*細動脈となる．すべての動脈は筋壁でできており，収縮することによって体内に血液を送り込むことを助けている．動脈壁に脂肪が蓄積すると，動脈硬化症を引き起こし，最終的には血液の流れを止めてしまう．→ 静脈

動脈円錐 conus arteriosus

脊椎動物の胚の心臓にある肥厚した壁をもつ小さい膨大部で，単一の心室から血液を受け入れ，腹側大動脈に送り出す．これは魚類の成体では明瞭な構造として，両生類の成体では構造が変化しながらも残存するが，高等な脊椎動物では，大動脈と肺動脈の根本に一体化する．

動脈管 ductus arteriosus

哺乳類の胎児において大動脈と肺動脈とを連結する血管で，胎児の不活性な肺を血液が迂回することが可能になる．第六*大動脈弓に由来し，通常出産後まもなく閉鎖する．

冬眠

1. torpor ── 異温動物
2. hibernation

冬期の食料欠乏と寒気を生き延びる手段として，一部の動物にみられる睡眠に類似した状態をいう．冬眠の際，体温，心拍数やその他の生命活動の低下などの様々な生理的変化が起こる．またそれらの動物は体脂肪を蓄えることで冬眠を生き延びる．冬眠する動物には，コウモリ，ハリネズミ，多くの魚類，両生類，爬虫類が含まれる．→ 休眠，夏眠

透明質 hyaloplasm ── サイトゾル

透明帯 zona pellucida

哺乳類の卵細胞の原形質膜を取り囲む*糖タンパク質の層．一次卵母細胞の周りにゼリー層として発達し，*顆粒膜細胞に取り囲まれる．

東洋区 Oriental region ── 動物地理区

洞様血管 sinusoid

ある種の器官に存在する微細な血管あるいは血液で満たされた空間．このような器官，特に肝臓では，洞様血管が毛細血管におきかわっている．洞様血管は，血液とそれが流れる組織の間のより直接的な接触を可能にする．

糖類 saccharide ── 糖

同類合着 cohesion

（植物学）ある種の花においてみられる花弁の融合のような，同種の組織の合体をいう．

トカゲ lizards ── 有鱗目

特異体質 idiosyncrasy

ある個体が薬物や異物に対して示す異常な反応．ふつうは特異体質か否かが遺伝的に決定される．免疫学的な特異体質である個体は，特定の物質に対して「過敏」であるといわれる．

トクサ類 horsetails ── 楔葉類

特殊化 specialization

1. 特に環境に対する生物の*適応力の増加．
2. ── 生理分化

特殊創造 special creation

聖書の創世記の内容と一致する信条で，すべての生物種は個々に神により現在の形に創造され，変化を受けていないという考え．これは，生命の起源として*ダーウィン説が登場するまで一般的に受け入れられていた．この考えは，最近ではキリスト教の信仰活動にみられ，特にアメリカにおける原理主義運動を行っている人々の間に復活した．これは，いまだダーウィンの進化論では説明できない部分が残っているからである．しかし，特殊

創造は化石の証拠や遺伝の研究と矛盾し，創造科学の偽科学的な論争は，論理的検証に耐えられない．

毒素　toxin
生物，特に細菌によって作られる毒物．内毒素は細菌が死ぬか崩壊したときにだけ放出される．外毒素は細菌によって周りの培地に分泌される．生体内では毒素は，*免疫応答を引き起こす*抗原として働く．

毒物学　toxicology
毒物に関する研究を行う科学．毒物学はパラケルスス（Paracelsus, 1493-1541）によってはじめは発展し，生物に対するすべての異物（*生体異物）の有害な作用の研究を行う．

独立遺伝の法則　Law of Independent Assortment ── メンデルの法則，独立組合せ

独立栄養　autotrophic nutrition
栄養形式の一つで，この場合，生物は自らが必要とする有機物質を無機物から合成する．炭素と窒素の主な源は，おのおの二酸化炭素と硝酸塩である．緑色植物はすべて独立栄養であり，合成を行う場合のエネルギー源に光を用い，すなわち光合成独立栄養である（→ 光合成）．ある種の細菌もまた光合成独立栄養であるが，他に化学合成独立栄養の細菌があり，化学反応から得られるエネルギーを使用する（→ 化学合成）．→ 従属栄養

独立組合せ　independent assortment
一つの遺伝子の対立遺伝子が，他の遺伝子の対立遺伝子が分離する仕方と無関係に，生殖細胞（配偶子）に分配される．これにより配偶子ではすべての起こりうる対立遺伝子の組合せが等しい頻度で起こる．しかし実際には同一の染色体上に位置している複数の遺伝子は一緒に遺伝する傾向があるので，遺伝子の独立組合せは起こらない．しかし，対立遺伝子対 Aa と Bb が異なる染色体対にあれば，AB, Ab, aB, ab の組合せは配偶子で同等の起こりやすさである（訳注：メンデルの独立の法則は，Mendel's low of independens assortment）．→ 減数分裂，メンデルの法則

トコフェロール　vitamin E (tocopherol)
脂溶性のビタミンで，いくつかの類似した構造をもつ化合物からなる．不足すると異なる種類のいくつかの病気を引き起こす．例えば筋ジストロフィー，肝臓障害，不妊症など．このビタミンについては，穀類や緑色野菜がよいビタミン源である．ビタミンEは細胞膜内の不飽和脂肪酸の酸化を防ぐため，細胞膜の構造を保つことができる（→ 酸化防止剤）．

土壌　soil
風化した岩や有機物（*腐植質），水や空気によりできたさらさらの粒子の層で，地球表面の大部分を覆い，植物の成長を助ける．土壌の形成は，母材（すなわち，土壌が形成されるもとになる物質），気候，地域の地形，土壌にすむ生物体，その土壌ができてきてからの時間により左右される．土壌はしばしば土壌構造や土性をもとに分類される．土壌構造は個々の土壌粒子が互いに結合して形成した凝集体などの様態である．土壌構造の型には，板状構造，塊状構造，粒状構造，団粒状構造などがある．土性はそこに含まれる様々な大きさの粒子の比率を示す．主な土性には，砂土，シルト，*粘土，*壌土の4種がある．このなかで，壌土は一般的に農業に最も適すとされている．というのは，壌土にはすべての大きさの粒子が含まれているからである．多数の明確な水平層が土壌の鉛直方向に区別される．これは土壌層位として知られている．大部分の壌土では四つの基本的な層位がみられる．最も上のA層位（表土）には有機物が含まれ，次いでその下のB層位（下層土）はほとんど有機物を含まず，著しい溶脱が生じる．さらにその下のC層位には風化した岩，最下層のD層位には岩盤がみられる．

土壌学　pedology
土壌を研究する学問で，土壌の由来，性質，利用方法を含む．

土壌侵食　soil erosion
豪雨のような気候や物理的原因により土壌の層が貧弱になったり，除かれたりすること．この過程は*森林伐採のような人間活動

により著しく促進される．土壌侵食は農業用地の減少の原因となり，もしそのまま止まらない場合はついには*砂漠化する．

土壌要因　edaphic factor
　特定の地域でみられる土壌の物理的あるいは化学的組成に関係した*非生物的因子．例えば，強アルカリ性の土壌はその地域で生育する植物の多様性を制限する土壌要因となる可能性がある．

徒長枝　turion　⟶　吸枝

突起様構造　trichome
　植物の表皮細胞から出る毛のような突起．根毛やイラクサの葉の刺毛など．

突然変異　mutation
　細胞中の遺伝物質の突然のランダムな変化で，これにより，その細胞とその細胞由来のすべての細胞の外見や振舞いが，正常な細胞と異なる可能性を生じさせるもの．突然変異の影響を受けた生物（特に，外見の変化を伴うもの）は突然変異体という．体細胞突然変異は非生殖細胞に影響を与えるので，これは1個体の組織に限定されるが，生殖系列突然変異は生殖細胞あるいはその前駆体において生じるもので，この変異はその個体の子孫へ伝わり，異常な発達を引き起こす原因となる．自然の状態では突然変異の起こる率は低いが，放射線やいくつかの化学物質によって，その率は増加する（→ 変異原）．突然変異の多くは*点突然変異で染色体の DNA 中の外見上はわからない変異からなるが，いくつか（*染色体変異）は染色体の形もしくは数に影響を与える．染色体変異の例としては，*ダウン症候群を引き起こすものがある．突然変異の多くは有害であるが，ごく一部に生物の*適応度を増加させうるものがあり，それらが自然選択によって何世代かを通じて集団中に広がることがある．したがって，突然変異は遺伝的変異の根本源であり，進化には必須のものである．

突然変異体　mutant
　遺伝的変化，特に外見上の変化（すなわち，*遺伝子型の変化により*表現型が変化したもの）の起こった遺伝子あるいは生物．
　→ 突然変異

突然変異頻度　mutation frequency
　集団中である特定の*突然変異が起こる平均の頻度．この頻度は放射線によって，あるいはマスタードガスや過酸化水素のような化学物質にさらされることによって，増大しうる．

ドット-ブロット　dot-blot
　特定の DNA や RNA のヌクレオチド配列を検出する手法．核酸の試料をニトロセルロース膜に吸着させ，その試料中における存在の有無を調べようとしている特定の塩基配列に結合する適正な*遺伝子プローブが加えられる．一定時間のインキュベーションのあと，過剰なプローブは洗浄され，研究目的のヌクレオチド配列が*オートラジオグラフィーによって検出される．

ドデカン酸　dodecanoic acid　⟶　ラウリン酸

ドナー　donor
　1．（外科手術）自身の組織や器官を他人（臓器被提供者）に提供する個人．ドナーは輸血のために血液を，移植のために腎臓や心臓を提供する．
　2．（遺伝学）例えば，遺伝子工学によって形質転換細胞を作り出すときなどのように他の細胞への挿入のために遺伝物質を与える細胞のことをいう．
　3．（化学）電子，原子，官能基を他の化学種に与える化学種（例えば分子，官能基，原子など）．

ドーパ（ジヒドロキシフェニルアラニン）　dopa (dihydroxyphenylalanine)
　アミノ酸チロシンの誘導体．これは副腎で特に高度に蓄積しており，*ドーパミン，*ノルアドレナリン，*アドレナリン合成の前駆物質である．左旋性の L ドーパは脳内のドーパミン量が減少する病気であるパーキンソン病の治療の際に投与される．

ドーパミン　dopamine
　*ノルアドレナリンや*アドレナリン合成の前駆物質である*カテコールアミンの一種．特に脳において神経伝達物質としても機能する．

ド・フリース，フーホ・マリー de Vries, Hugo Marie (1848-1935)

オランダの植物学者，1878年にアムステルダムで植物学教授となった．彼は生物の進化における遺伝的変異の重要性を認識した最初の人である．植物において彼の遺伝的形質に関する理論を研究するために，1892年に一連の植物交雑の実験を開始した．4年のうちに，彼は交雑の子孫における形質の*分離の証拠を得たが，それは*メンデルが34年前に発表したが無視されていた同様な結果を，再発見しただけであった．

トポイソマー topoisomer

一般に大きく複雑な分子の異性体であり，他の類似した異性体からはねじれの程度や環構造の連結のような位相の点で区別される．例えば，DNAのトポイソマーは二重らせんの*スーパーコイルの程度によって区別される．

トポイソメラーゼ topoisomerase

トポイソマー，特にDNAの*トポイソマーを作るか状態を変化させる酵素．そのような酵素は，DNA分子の*スーパーコイルの程度を変えることで生細胞のなかにDNAが詰め込まれる状態を変化させる．例えば，E. coli で見つかったトポイソメラーゼであるDNAジャイレースは，DNA二重らせんの両鎖を切断し，鎖の別の部分をそのギャップに通し，その後ギャップを閉じることで負のスーパーコイルを導入する．これは細菌の染色体の環状DNAにねじれを生じさせる．別種のトポイソメラーゼがDNAの二重らせんのうちの1本の鎖を一時的に切断して他方の鎖を通すことで，スーパーコイルを取り除くことができる．

ドーマク，ゲルハルト Domagk, Gerhard (1895-1964)

新薬の研究のためイー・ゲー・ファルベン社に勤務していたドイツの生化学者．1935年に染料プロントジルが抗菌効果をもつことを発見し，これは初のサルファ剤となった（→ スルホンアミド）．彼は1939年にノーベル生理医学賞を与えられたがヒトラーによって強制的に辞退させられ，結局1947年に受賞した．

ドメイン domain

1. （生化学）*タンパク質の三次構造の機能単位．それは*αヘリックスと*βシート構造に折りたたまれたアミノ酸の連鎖で構成され，球状の構造を形成する．異なるドメインはポリペプチド鎖の比較的直線状の部位で連結し，タンパク質分子を形成する．ドメインはタンパク質構造内である程度移動することが可能である．→ フィンガードメイン

2. （分類学）分類体系のなかで，一つかまたは，それ以上の*界から構成されている最上位の分類カテゴリー．ウーズ（C. R. Woese）らは生物を Archaea（アーキア，*古細菌），Bacteria（細菌，真正細菌 → 細菌），Eukarya（ユーカリア，*真核生物）の三つのドメインに（領域と訳すこともある）分類した．

トランジション transition（遺伝学）── 置換

トランスクリプトミクス transcriptomics

細胞や組織あるいは生物のRNA転写産物（すなわち*トランスクリプトーム）の研究．トランスクリプトーム，すなわち遺伝子発現のパターンが，組織の種類や発生段階，ホルモン，薬物，病気のような様々な要因に応答して，どのように変化するかを決定することを，トランスクリプトミクスは扱っている．トランスクリプトミクスは*プロテオミクスを相補し，また重複する．

トランスクリプトーム transcriptome

細胞や生物の遺伝子のRNA転写物の完全な一そろい．RNA転写産物すなわちメッセンジャーRNA（mRNA）の種類と相対は，相補的DNAプローブを用いた細胞内容物の解析，特に*DNAマイクロアレイにより調べることができる．そのような解析により，ある時点における細胞の遺伝子の発現パターンがわかる．→ トランスクリプトミクス

トランスフェクション transfection

1. （遺伝子工学）真核細胞が外から入ってきたDNAを，複製して娘細胞へわたすことのできる形，すなわち，その細胞株や生物の遺伝的構成が変化する形で取り込むこと．

細菌における*形質転換と同義である．受容細胞の性質に依存した多様なトランスフェクションの技術が考案されている．最も一般的な方法はエレクトロポレーション，マイクロインジェクション，*バイオリスティクスである．→ 遺伝子組換え生物（囲み欄）

2．（微生物学）細菌が，細菌ウイルス（バクテリオファージ）由来の DNA を取り込むこと．→ 形質転換

トランスフェリン transferrin

血漿タンパク質（β-*グロブリンの一種）．鉄と結合して肝臓に輸送し，貯蔵する（→ フェリチン）．また，骨髄の細胞に輸送し，そこで鉄をヘモグロビンの形成に用いる．一つのトランスフェリン分子は二つの鉄イオンと結合できる．

トランスポゾン（転移性遺伝要素） transposon (transposable genetic element)

いわゆる「ジャンピング遺伝子」として知られている可動性の遺伝要素である．あちこちに移動したり，自身の複製を作りゲノム中の他の場所に挿入したりすることにより，ゲノム中の多くの部位に溶け込むことができる．最も単純なものは挿入配列として知られ，典型的にはおよそ 700～1500 塩基対からなり，多数の短い反復配列を両端にもつ．大きくより複雑なものは複合トランスポゾンであり，おそらく機能遺伝子を含む中央部と両端に存在する挿入配列から構成される．トランスポゾンは 1940 年代に*マクリントックがトウモロコシではじめて発見し，それ以来，他の真核生物や原核生物で見つかっている．それらは遺伝子発現の抑制や染色体の欠失・逆位の原因となるため，生物の遺伝子型と表現型の両方に影響する．しかし，多くの真核生物のトランスポゾンは*レトロトランスポゾンである．レトロトランスポゾンはレトロウイルスの複製に似た方法で自身の RNA コピーを作る．トランスポゾンは真核生物の*反復 DNA のかなりの部分を占めている．

トランゼクト transect

ある場所一帯を横切る直線で，この直線に沿って，恒常的または定期的に生態学的測定を行うもの．したがって，低潮線より上の異なる高さに存在する生物の数や種類を研究する生態学者は，海岸線に対して垂直な多数のトランゼクトに沿って 5 m 間隔で試料をとる．

トリアジン triazines

三つの炭素原子と三つの窒素原子を含む複素環をもとにした，有機化合物の一群である．ジマジンやアトラジンのような農業除草剤として，トリアジンのいくつかは一般に用いられている．トリアジン除草剤の作用は光合成の電子伝達の阻害である．それらはまず植物の根を通して吸収されて光化学系 II の特定の部位に結合し，結果として電子伝達鎖の重要な電子受容体である*プラストキノンの結合を妨げる．一部の作物はトリアジンに抵抗性がある．例えば，トウモロコシの根はトリアジンを不活性にする酵素を含むため，トウモロコシを残した選択的な除草に有用である．トリアジン除草剤の適用を広げるため，抵抗性遺伝子を他の作物種に導入する試みが行われている．しかし，標的遺伝子が核ゲノムではなく葉緑体ゲノムの一部であることがこれらの試みの妨げとなっている．また，多くの雑草が現在ではトリアジン抵抗性に進化した．

トリアス紀 Triassic ── 三畳紀

ドリオピテクス *Dryopithecus*

絶滅したサルの属で，化石はヨーロッパやアジアで発見され，起源は中新生の中頃（約 1600～1700 万年前）にまでさかのぼる．ドリオピテクスとその近縁のプロコンスル属の化石は，しばしばドリオピテクス類と呼ばれる．ドリオピテクスはいくつかの系統の分岐点で，そのうちの 3 系統が生きのびて，1 番目はチンパンジーとゴリラ，2 番目は初期のヒト科動物，3 番目はオランウータンの祖先になったと考えられている．

トリカルボン酸回路 tricarboxylic acid cycle ── クレブス回路

トリグリセリド（トリアシルグリセロール） triglyceride (triacylglycerol)

グリセロール（プロパン-1,2,3-トリオール）のエステルであり，その三つのヒドロキ

シル基がすべて脂肪酸でエステル化されている．トリグリセリドは脂肪と油の主要な構成成分であり，生物において濃縮された食物エネルギー源となる．また，料理用の脂肪や油，マーガリンなどに使われる．トリグリセリドの物理的，化学的特徴はそれらに含まれる脂肪酸の性質に依存する．単純トリグリセリドでは三つの脂肪酸がすべて同一であるが，混合トリグリセリドでは2または3種類の異なる脂肪酸が含まれる．

トリソミー（三染色体性） trisomy

相同染色体の1対がさらに染色体を得て染色体数が $2n+1$ となっている（→ 異数体）核や細胞，生物の状態．トリソミーは*ダウン症候群やパトー症候群（余分な13番染色体が存在する，13トリソミー），エドワード症候群（余分な18番染色体が存在する，18トリソミー）を含む，ヒトの多くの遺伝的異常の原因となる．

トリチウム化合物 tritiated compound →標識

トリプシノーゲン trypsinogen → トリプシン

トリプシン trypsin

タンパク質を消化する酵素（→ エンドペプチダーゼ，プロテアーゼ）．これは膵臓から十二指腸に不活性な形（トリプシノーゲン）で分泌される．そこでトリプシノーゲンは十二指腸の刷子縁で生成された酵素（エンテロキナーゼ）により活性化されてトリプシンとなる．この活性化酵素は小腸の前部におけるタンパク質消化に重要な役割を演じる．また，トリプシンは膵液中の他のプロテアーゼを活性化する（→ カルボキシペプチダーゼ，キモトリプシン）．

トリプトファン tryptophan → アミノ酸

トリプレット暗号 triplet code → コドン，遺伝暗号

トリメチルアミン trimethylamine

窒素化合物 $(CH_3)_3N$．腎臓の細胞内で*浸透圧調節物質として働く．この化合物はトリメチルアミンオキシドに変換されることもある．トリメチルアミンオキシドは多くの海産魚によって排出され，海産魚に特徴的なにおいを与える．

トリメロフィトン類 trimerophytes

絶滅した陸生植物の一群であり，デボン紀の後期（3億8000万年～3億6000万年前）に繁栄していた．この群の植物のなかから，子植物とシダの祖先が進化した．それらは大型の草本または小さな低木で，およそ3mまでの高さになった．また，祖先の*リニア植物に比べて分岐の型が著しく変化した．等分（*二又の）の分岐であった祖先から，一方の枝が優勢になり横の枝が小さくなる傾向を示すようになり，いくつかは胞子を形成する器官をもち，他は葉として機能するようになった．さらに，分岐の型がより規則的になった．この傾向は，明白な主幹と多数の小さな側枝をもつ植物である *Pertica quadrifolia* のような形態で頂点に達した．

トリヨードチロニン triiodothyronine (T_3)

*甲状腺によって分泌されるホルモン．→ サイログロブリン

トルナリア tornaria

何種かのギボシムシにみられる繊毛のある幼生（→ 半索動物）．

トレオニン threonine → アミノ酸

トレーシング（放射性トレーシング） tracing (radioactive tracing) → 標識

トレランス tolerance

（免疫寛容）免疫系の細胞が「自己の」組織に対して免疫応答することを抑制する現象．リンパ球前駆体（すなわち*B細胞と*T細胞両方の前駆体）は生体自身の組織のマーカー，特に*組織適合性タンパク質を認識できる必要がある．また，リンパ球前駆体は，これらのマーカータンパク質に多様な「自己」抗原が結合した場合でも，それらの自己抗原とは反応してはならない．これらを確実にするため，リンパ球前駆体の発達と成熟の間に一連の選択過程を経る．選択が失敗した前駆体T細胞は除去され，寛容のあるクローンだけが産生される．「寛容」という言葉は，本来なら免疫応答が生じるべき外来抗原に曝露された動物で，免疫応答が生じな

いことに対しても使われる．この現象は，(おそらく免疫系が自己寛容を発達させている時期である) 胎児期の間に，その外来抗原に曝露された後に通常は生じる．

トレンス試薬 Tollens reagent

アルデヒドの検出に用いられる試薬であり，ドイツ人化学者トレンス (B. C. G. Tollens, 1841-1918) にちなんで名づけられた．硝酸銀に水酸化ナトリウムを加えて酸化銀 (I) を得て，これをアンモニア水に溶解する (錯イオン $[Ag(NH_3)_2]^+$ となる) ことで作られる．試料は試験管内でこの試薬とともに加熱される．アルデヒドは錯体の Ag^+ イオンを金属の銀に還元し，試験管の内側に明るい銀の鏡を形成する (それゆえに銀鏡反応と呼ばれる)．これはケトンでは起こらない．

トロポニン troponin

*アクチンフィラメントに沿って規則的な間隔でみられる三つのポリペプチド鎖の複合体．筋収縮のときトロポニンはカルシウムイオンと結合し，*トロポミオシンを動かしてアクチンフィラメントの結合部位を露出させる．これによりアクチンとミオシンの相互作用が起こるようになる．→ 滑り説

トロポミオシン tropomyosin

筋の*アクチンフィラメントにみられるタンパク質．この分子はフィラメントに沿って走る二つの細長いひも状サブユニットで構成される．筋の安静時には，ミオシンとの相互作用が起こるアクチン分子の結合部位をトロポミオシン分子が覆う．筋の収縮時には，トロポミオシンは*トロポニンによって動かされ，アクチンとミオシンの相互作用が可能になる．→ 滑り説

トロンビン thrombin

フィブリノーゲンのフィブリンへの変換を触媒する酵素．→ 血液凝固，プロトロンビン

トロンボキサン A_2 thromboxane A_2

*プロスタグランジンから作られる物質であり，血液凝固を促進し，また血管の収縮 (血管収縮) の原因である．血小板が局所的な組織の損傷によって活性化されたときにトロンボキサン A_2 が放出され，他の血小板を損傷部位に誘引し，血小板血栓を形成する．したがってトロンボキサン A_2 の働きは*プロスタサイクリンと反対である．

トロンボプラスチン (組織因子，第 III 因子) thromboplastin (tissue factor; Factor III)

損傷した組織細胞の表面に発現する膜糖タンパク質であり，凝血の形成を導く反応カスケードを開始する．リン脂質とカルシウムイオンの存在下で第 VII_a 因子 (訳注：実際は第 VII 因子がトロンボプラスチンと結合後，VII_a になる) と複合体を形成し，この複合体は第 X 因子を Xa に変換し，これが今度は*プロトロンビンを*トロンビンに変換する．→ 血液凝固

トンボ dragonflies ── トンボ目

トンボ目 Odonata

トンボやイトトンボを含む*外翅類の昆虫の一目のことで，そのほとんどが熱帯地方に分布する．成虫のトンボは大きな 1 対の*複眼と，2 対の繊細な膜質の翅をつけている小さな胸部と，細長い腹部をもつ．空を飛ぶ昆虫のなかでは強く，空を飛んでいるかもしくは休憩している他の昆虫を捕食する．卵を水辺もしくは水中に産み，新しくふ化した若虫は水生で，成虫に似ていて未発達の翅をもつ．若虫は鰓呼吸で，小さな水生動物を捕食する．若虫は陸生の成虫への最後の脱皮をする際に水から出る．

ナ

ナイアシン niacin ⟶ ニコチン酸
内因子 intrinsic factor ⟶ ビタミンB群
内因性の endogenous
　内生的．生物の内部から起因する物質，刺激，器官など．例えば，環境による刺激によらない成長リズムは内因性リズムといわれる．植物の側根は主根の表面からではなく常に内部から生ずるので，内生的に生ずるといわれる．→ 外因性の
内温性の endothermic
　*内温動物の，内温動物に関連した．
内温動物（恒温動物） endotherm (homoiotherm)
　環境温度と独立して発熱し，体温を維持することのできる動物．鳥類と哺乳類は内温動物である．「温かい血が流れている」とも表現される．→ 恒温性，外温動物，異温動物
内花穎 palea ⟶ 外花穎
内果皮 endocarp ⟶ 果皮
内腔（ルーメン） lumen
　導管，管，その他の管状あるいは囊状の器官によって囲まれた空間．血管や消化管の中心腔はその一例である．
内肛動物 Entoprocta
　小さい水生の無脊椎動物の一門で，一般的に触手のあるカップ状の体をもち，また柄部で基物に付着する．全長はたいてい10 mm以下である．150種ほどが知られており，広く分布し，ほとんどが海産である．多くはコロニーを形成し，沿岸の海草や岩，貝殻や，その他の表面にマットを形成する．それぞれの個体は体の先端に繊毛のある4～36本の触手冠をもち，口と肛門を取り囲んでいる．触手により食物を得るための水流が生じ，粘液により小さいプランクトンやその他の粒子をとらえ口まで運ぶ．消化はU型の腸で起こり，排出は肛門を通して起こる．心臓や血管はなく，神経系は口から肛門までの間の一つの神経節からなる．この神経節から触手や体，柄部に神経が伸びている．可溶性の窒素廃棄物は胃壁からのエクソサイトーシスで腸に排出され，また繊毛の生えた*焔細胞によっても集められ，孔から放出される．繁殖は出芽による無性生殖と有性生殖をともに行う．多くの外肛動物は両性具有で，自由に泳ぐ幼生を生む．付着型の成熟動物に変態する前に，幼生は基物に付着する．体の壁と腸の間はゼリーのような間葉で埋められており，これはこれまで偽体腔とみられ，線形動物などの*擬体腔動物と同類と考えられていた．苔虫類（→ 苔虫類）と類似の発生を行うことから，この二つのグループが近い関係にあるともいわれている．
内骨格 endoskeleton
　脊椎動物の*骨格や海綿の骨片のような，動物の体のなかにある，体を支える骨組み．内骨格の機能は，体を支えることと，脊椎動物では内蔵を守ること，そして筋肉が動きを生み出すためのてこのシステムを提供することである．→ 外骨格
内婚 endogamy
　近縁の両親の生殖細胞が合体すること．すなわち*近親交配．→ 外婚
内耳 inner ear
　脊椎動物の頭蓋の側頭骨に囲まれた組織であり，平衡覚と聴覚の器官を含む．液体（内リンパ）を含み，液体（外リンパ）に囲まれ，骨の穴（骨迷路）に閉じ込められた柔らかい中空の感覚組織（膜迷路）からなる．内耳は*球形嚢と*卵形嚢という二つの室からなり，そこからはそれぞれ*蝸牛と*半規管が生じる．
内視鏡診断 endoscopy
　腸や生殖器などの空洞臓器の内部を，イメージをスクリーンに映し出す*光ファイバーを内蔵した柔軟なプローブ（内視鏡）を使って診断する方法．
内質 endoplasm ⟶ 細胞質
内受容器 interoceptor
　生物の内部環境からの刺激を検出する*受容器．血中酸素濃度の変化を検出する*化学

受容器が例である．→ 外受容器

内鞘　pericycle

＊内皮のすぐ内側にあり，根の維管束系の最も外側の層からなる植物組織．側根は内鞘から発生する．

内翅類　endopterygote

羽のある昆虫類のうち，＊完全変態を行うもので，すなわち，卵から成虫とは似ていない翅のない＊幼生が孵化するもの．翅は＊蛹になる最終的な脱皮の前に体内で発達する．成虫は蛹から出現する．このような変態を完全変態という．内翅類には，甲虫類（＊甲虫目），アリ，ハチ，カリバチ（＊膜翅類），ハエ（＊ハエ目），チョウ，ガ（＊鱗翅目）が含まれる．→ 外翅類

内生胞子　endospore

悪い環境にあるときに形成されるもので，ある種の細菌の休眠するステージのこと．内生胞子では細菌細胞は部分的に乾燥した芯に変化し，何層ものタンパク質コートにつつまれる．環境が好ましくなったら胞子は発芽し，もとの栄養増殖型に戻る．内生胞子は，おそらく数千年の長期にわたりそのままで生きていることができる．2500〜4000万年前の琥珀中に保存されていた先史時代のハチの腸から得た胞子が無事発芽した事例がある．

内臓感覚ニューロン　visceral sensory neuron ⟶ 感覚ニューロン

内臓の　visceral

内部の器官（内臓）に関係のあることを示す語で，動物の体腔内にある，すなわち，哺乳動物の胸腔と腹腔内に存在する臓器に対して用いる．→ 体性の

内柱　endostyle

ナメクジウオ類（頭索動物），いくつかの被嚢動物，ヤツメウナギの幼生の咽頭の壁にある，繊毛のある溝で，粘液分泌腺がある．内柱から分泌される粘液は，繊毛運動によって咽頭に向かって流れる水中の食べ物の粒子をとらえる．

内転筋　adductor (depressor)

手足を内側，動物の身体の向きに引っ張る働きをするタイプの筋肉．→ 外転筋

内毒素　endotoxin ⟶ 毒素

内突起　apodeme

節足動物の外骨格から内側部分に突き出している突起のことで，脚を動かす筋肉が付着する．

内胚乳　endosperm

種子植物に特徴的な栄養組織で，種子のなかで，発達する胚をとり囲んでいる．＊胚嚢の核から発達し，その細胞は三倍体である．その後，有胚乳種子では内胚乳は存続し，大きさを増していく．無胚乳種子では栄養分が胚，特に＊子葉によって吸収されるため，内胚乳は消えていく．穀物や油料作物などの内胚乳をもつ種子をつける植物は，内胚乳のなかに含まれる栄養のために育てられている．

内胚葉　endoderm (entoderm)

消化管と消化腺に発達する＊原腸胚の内側の細胞層．→ 胚葉

内皮

1．endodermis

維管束組織のすぐ外側にある，植物の根部の＊皮層の最も内側の層．内皮細胞壁が様々に変化することで，維管束系に出入りする物質の運搬が制御されている（→ カスパリー線）．いくつかの植物では内皮が茎にもみられる．

2．endothelium

リンパ管，血管や心臓の内面を裏打ちする板状細胞の単一層．＊中胚葉より形成される．→ 上皮，中皮

内皮膜　velum ⟶ つば

内部環境　internal environment

ある生物の体内で細胞を取り巻く環境，特に＊組織液の組成に関係する．内部環境の概念はフランスの生理学者クロード・ベルナール（Claude Bernard, 1813-78）が最初に提唱した．彼は，内部環境を一定に維持することは，変化する外部環境のなかで生物が生存するために必要であると述べた．細胞膜を介した物質の選択的な吸収は，動物と植物の両方における内部環境の調節に大きな役割を担う．動物では加えて，体液をホルモンや神経系の働きによって制御することができる．→ ホメオスタシス

内部寄生者 endoparasite
　宿主の体のなかに棲む寄生者．→ 寄生

内分泌学 endocrinology
　*内分泌腺の構造と機能，およびそこで作られる*ホルモンの研究．

内分泌腺（無導管腺） endocrine gland (ductless gland)
　*ホルモンを作り，離れた標的器官または標的細胞に働くように血流に直接分泌する動物の分泌腺のすべて．内分泌腺は，成長や生殖器の発達といった体のなかのゆっくりで長期的な活動を制御する傾向がある．哺乳類の内分泌腺には，*脳下垂体，*副腎，*甲状腺，*副甲状腺，*卵巣，*睾丸，*胎盤，膵臓の一部（→ ランゲルハンス島）がある．内分泌腺の活動は，ホルモンの効果の増大が，それ以上のホルモンの生産を抑えるといったような，標的器官，細胞からの直接的または間接的な負のフィードバック制御により調節されている．→ 神経内分泌系，外分泌腺

内壁 intine —— 花粉

内リンパ endolymph
　脊椎動物の*内耳の膜迷路を満たす液体．→ 蝸牛，半規管，外リンパ

投げ縄構造 lariat —— RNAプロセシング

ナシ状果 pome
　リンゴや洋ナシに特徴的な果実のタイプを示す．花の*花床が果肉として発達し，これが融合した心皮を完全に包む．受精のあと，心皮は種子を含む果実の芯を形成する．→ 偽果

ナトリウム sodium
　元素記号 Na で表される．軟らかく銀色の元素で，動物の*必須元素．これは*酸-塩基平衡の維持，細胞外液の体積の調節，神経インパルスの伝達などにかかわる（→ ナトリウムポンプ）．

ナトリウムポンプ sodium pump
　真核生物の細胞膜を横切ってナトリウムイオンを汲み出す機構．この過程では，ATPという形でのエネルギーを必要とする*能動輸送を行っている．ナトリウムポンプのなかで最も重要な型はナトリウム・カリウムポンプ（Na^+/K^+-ATPase）であり，これは細胞膜に存在する*輸送タンパク質で，ナトリウムイオン（Na^+）とカリウムイオン（K^+）の交換を行い，細胞膜内外での両イオンの濃度差を維持する．この濃度差は細胞の機能にとって重要であり，例えばニューロンの*静止電位の形成などに必要である．

ナトリウム利尿ペプチド natriuretic peptide
　ナトリウムイオンを尿中に排出すること（ナトリウム利尿）を促進するペプチドホルモンのこと．はじめて発見されたものは，*心房性ナトリウム利尿ペプチド（atrial natriuretic peptide：ANP）であり，これは心臓の上室（心房）から生産される．ほかには，中枢神経系から生産される脳性ナトリウム利尿ペプチド（brain natriuretic peptide：BNP）やC型ナトリウム利尿ペプチド（type C natriuretic peptide：CNP）などがある．

ナノ nano-
　記号 n．10の-9乗を表すために，メートル法で使用される接頭辞．例えば，10の-9乗メートルは，1ナノメートル（nm）である．

ナノアレイ nanoarray —— マイクロアレイ

ナメクジウオ lancelet —— 頭索類

慣れ habituation
　1．単純な学習の一種で，連続的，あるいは反復された*強化と関連しない刺激に対する動物の応答が，徐々に衰えていくこと．
　2．身体的ではなく精神的に薬物に依存する状態で，投薬量を増やすことは望まないが，その使用を続けたいという欲求をもつ．

なわばり territory
　動物や動物の群れが様々ななわばり行動によって，同種の他個体の侵入から守っているある固定された領域のこと．なわばり（食物源や隠れ家，営巣地がある）の外側では他の個体は排斥されない（→ 行動圏．多くの哺乳類は，においによるマーキングによりなわばりの境界を示し，鳥類は不審な侵入者をなわばり宣言歌により追い払う．なわばりの隣

り合った動物どうしでは互いのなわばりを尊重し，明らかな*攻撃を減少させる．ある動物では1年のうちある時期のみ，通常は繁殖期だけなわばりを作る（→ 求愛行動，レック）．

ナンキンムシ bugs ── 半翅目

軟骨 cartilage (gristle)

サメなどの軟骨魚類の成魚の骨格にみられる硬いが弾力性のある結合組織．他の脊椎動物では，軟骨は胚の骨格にみられ，動物が成熟していくにつれ大部分が*骨に置換されていく（特定の部分は軟骨のまま保持される）．軟骨はその内部に軟骨細胞として包埋されるようになった細胞（軟骨芽細胞）から分泌される．コンドロイチン硫酸塩と呼ばれるグリコサミノグリカン（ムコ多糖）のマトリックス（基質）から主にできている．軟骨はまた，コラーゲン繊維と，弾性繊維を含む．硝子軟骨は多量のグリコサミノグリカンからできていて，つるつるのガラス状の外観を呈している．この種の軟骨は関節に可動性を与え，関節を支持する働きをする．コラーゲン維繊を多量に含む繊維軟骨は，硝子軟骨より強いが弾性がない．これは，椎間板のような部分でみられる．弾性軟骨は黄色い色を呈しており，これは多量の弾性繊維の存在によるものである（→ エラスチン）．この軟骨は耳の耳翼などの特定の器官の形の保持に関与している．

軟骨魚綱 Chondrichthyes

軟骨の骨格をもつ魚類が含まれる脊椎動物の綱．ガンギエイ，エイ，サメなど軟骨魚綱の多くが，亜綱である板鰓類に分類される（→ サメエイ亜綱）．多くの軟骨魚類は海洋性かつ肉食性であり，強力な下顎をもつ．硬骨魚とは異なり浮袋をもたない．したがって非対称的な尾により定常的に泳ぎ続けることで沈むことを防ぐ．鰓のスリットを覆うような鰓蓋は存在せず，一つ目のスリットは*呼吸孔に変化している．受精は体内で行い，結果として生み出される卵は少数で卵黄をもち，大型でよく保護されている．軟骨魚類のなかには，胎生発生を示すものもある．→ 胎生

軟骨魚類 cartilaginous fishes ── 軟骨魚綱

軟骨細胞 chondrocyte

*軟骨の基質を作り出す細胞．

軟骨質 chondrin

コンドロイチン硫酸塩とそこに包埋された軟骨細胞より構成される*軟骨の基質．

軟骨性骨（置換骨） cartilage bone (replacing bone)

胚の骨格の軟骨が置換されることで形成される*骨．軟骨内骨形成と呼ばれるこのプロセスは骨を分泌する*造骨細胞により行われる．→ 膜骨

軟骨内骨化 endochondral ossification ── 骨化

軟骨膜 perichondrium

繊維状結合組織の密度の濃い層で，軟骨の表面を覆っている．

軟材 softwood ── 材

ナンセンス変異 nonsense mutation

DNA配列における*点突然変異の一種のことであり，通常はアミノ酸を指令しているコドンが*終止コドンの一つに変わる変異のこと．これにより翻訳が終結され，ペプチド鎖の合成が不完全なまま終わってしまう．

軟体動物 Mollusca

軟らかい体をもつ無脊椎動物の一門で，頭，移動運動に使う腹側の筋肉質の足，および皮膚の蓋（*外套，多くの種では保護の貝殻を分泌する）で覆われている内臓隆起とに分化した未分節の体からなることにより特徴づけられる．呼吸は鰓（*櫛鰓）によって，もしくは肺のような器官によって行われ，摂食器官は*歯舌である．軟体動物は海，淡水，陸に生息し，*腹足類（カタツムリ，ナメクジ，カサガイなど），*双殻類（二枚貝，例えばムラサキガイ，カキ），および*頭足類（イカおよびタコ）を含む六つの綱に分類される．

二遺伝子雑種交配 dihybrid cross

異なる遺伝子座によって支配される二つの異なる形質をもつ系統間での交配．メンデルはエンドウの豆の色や形といった形質を利用し，二遺伝子交雑を行った．優性形質である丸くて黄色の種子（$SSYY$）と，劣性形質であるしわがあり緑色の種子（$ssyy$）をつける系統間で交雑を行うと，すべてその子孫は丸くて黄色の種子をつけ，二つの対立遺伝子に関して異型接合体（$SsYy$）となった．さらにこれらの子孫どうしで交雑を行うと，F_2 世代では，丸くて黄色：丸くて緑色：しわがあって黄色：しわがあって緑色の種子をつけるものの割合が，9：3：3：1 となった（図参照）．メンデルはこれらの結果を独立の法則の根拠とした（→ メンデルの法則）．→ 一遺伝子雑種交配

におい smell ⟶ 嗅覚

2回循環湖 dimictic lake

湖水中のある深さに存在する*水温躍層をはさんで表水層と深水層に水層が分かれる湖であるが，この水層は半永久的なものではなく年に2回の割合で湖水が循環する．水温躍層は気候の季節変化によって消滅する時期がある．部分循環湖は半永久的な成層をもつ湖の一種である．

二核化 dikaryosis

*ヘテロカリオシスの最も代表的な形態．

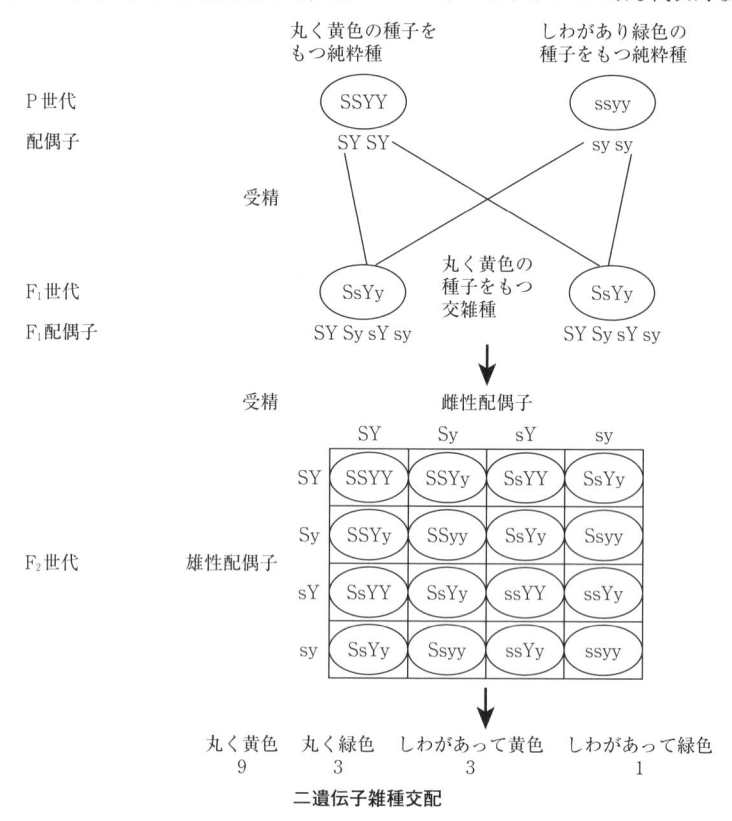

二遺伝子雑種交配

→ 二核共存体

二核共存体 dikaryon
　異なる株に由来する二つの半数体の核をもつ真菌の菌糸体の細胞．核は対になって近接しているが融合していないため，厳密には細胞は複相ではない．二核化は担子菌類や子嚢菌類で起こる．→ ヘテロカリオシス

二価染色体（遺伝学） bivalent ⟶ 対合

肉茎 peduncle ⟶ 腕足動物門

肉腫 sarcoma ⟶ 癌

肉食者（動物） carnivore
　肉を食べる動物で，特に *食肉類に属すもの．例としてはトラやオオカミがある．肉食動物は強い下顎と非常に発達した犬歯をもっている．肉食者は *捕食者であるか腐食動物である．→ 消費者，草食動物，雑食動物

肉食植物（食虫植物） carnivorous plant (insectivorous plant)
　硝酸塩欠乏条件下において，小動物，特に昆虫を消化することによって硝酸塩を追加補給する植物．このような植物は昆虫を引きつけ，つかまえ，そしてそれらの消化のためのタンパク質分解酵素を産生するように，多様に進化してきた．例えば，ハエトリソウ（ディオネア）は，縁に棘の付いた蝶番のある葉をもち，この葉は，降りてきた昆虫を，ぱちんと葉を折り曲げることでつかまえる．モウセンゴケ（ドロセラ）は，粘着性の物質を分泌する腺毛をもった葉により昆虫を捕え消化する．そしてウツボカズラ（ネペンテス）とヘイシソウ（サラセニア）は，水差し状の形をした葉をもち，ここに昆虫が落ちて水に溺れ，底部で酵素により消化される．

肉穂花序 spadix
　大きな肉質の花序軸をもった花枝（*穂状花序の一種）で，小さくたいていは単性の花をつける．肉穂花序は，大きな花弁状の苞葉である仏焰苞に保護されており，サトイモ科の植物（例：カラー）の特徴である．

二形性 dimorphism
　一つの種の生物において，明確に異なる二つの型の個体が存在する状態．明白な例としては，ある種の動物における性差があげられ，二つの性は色や大きさなどの点において異なる．二形性はコケやシダなどの，*世代交代を示す．いくつかの下等植物においても現れる．

ニコチン nicotin
　タバコに含まれる，色のない有毒な *アルカロイド．殺虫剤に使われる．

ニコチンアミド nicotinamide ⟶ ニコチン酸

ニコチンアミドアデニンジヌクレオチド nicotinamide adenine dinucleotide ⟶ NAD

ニコチン酸（ナイアシン） nicotinic acid (niacin)
　*ビタミンB群のビタミン．植物や動物において，アミノ酸の一種であるトリプトファンから生産される．アミド誘導体であるニコチンアミドは，補酵素 *NADとNADPの構成成分である．NADやNADPは水素受容体として多くの代謝にかかわっている．ニコチン酸の欠乏は，人間ではペラグラ（*ニコチン酸欠乏症）という病気の原因となる．ニコチン酸を摂取するためのよい源は，トリプトファンに富んだタンパク質を除けば，肝臓や，ラッカセイやヒマワリなどのひきわりである．

ニコチン酸欠乏症 pellagra
　*ニコチン酸の不足により起こる病気で，皮膚炎や精神疾患を起こす．

ニコチン性の nicotinic
　*アセチルコリン受容体の大きな二つのクラスのうちの一つを示す．それらの受容体に対するアセチルコリンの効果は *ニコチンによって擬態されてしまうため，こう呼ばれる．ニコチン性受容体は骨格筋の神経筋接合部や，脊椎動物の自律神経系の交感神経と副交感神経の両方の神経節節後細胞などに存在する．それらは速応性の受容体であり，受容体の作用薬によって直接活性化される固有の *イオンチャネルをもつ．→ ムスカリン性の

二酸化硫黄 sulphur dioxide (sulphur(IV) oxide)
　化学式 SO_2．無色の液体もしくは刺激臭のある気体で，空気中で燃焼する硫黄に由来する．二酸化硫黄は発電所において化石燃料の

燃焼で産生され，二酸化硫黄は水に溶解し，硫酸と亜硫酸の混合物を形成する．→ 酸性雨，大気汚染

二酸化炭素 carbon dioxide

無色，無臭の気体．CO_2．水に *炭酸として溶ける．大気中に体積比 0.04% で存在しているが，植物による *光合成により消費され，また，*呼吸や燃焼により生産されるので，大気中の滞留時間は短い．

大気中の二酸化炭素濃度はこの 100 年間でおよそ 12% 増加している．この原因は膨大な量の化石燃料の燃焼と広範囲の熱帯 *雨林の破壊によるものである．二酸化炭素は同一期間の地球平均気温で 0.5°C の上昇の原因であると考えられてきている．これは，*温室効果によるものである．大気中の二酸化炭素濃度は，その放出を抑えるいくつかの試みにもかかわらず増加し続けており，近い将来に地球温暖化は加速すると予測されている．

二枝形付属肢 biramous appendage

節足動物の *甲殻類に特徴的な，付属肢のタイプの一つ．もとの原節から，内側の内肢と外側の外肢の二つの枝が分かれる（図参照）．それぞれの肢には一つかそれ以上の節がある．この一般的な構造にはたくさんのバリエーションがあり，枝には特殊化した伸長部がしばしば存在し，副肢（底節の上），外突起（外肢の上），内突起（内肢の上）がある．→ 単枝形付属肢

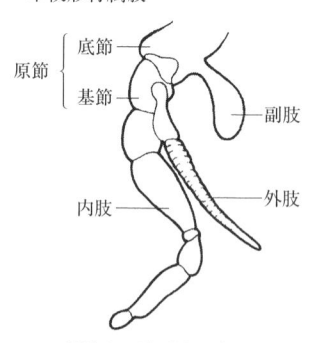

一般的な二肢形付属肢

二次構造 secondary structure ── タンパク質

二次生産力 secondary productivity

草食動物や分解者のような従属栄養生物（→ 従属栄養）がバイオマスを形成する，あるいはエネルギーを固定する速度．これらのエネルギーはすべて直接あるいは間接的に光合成植物や他の独立栄養生物からきている．それらの生産力は生態系の *栄養段階の数や *食物連鎖の長さを決定する．栄養段階の数や食物連鎖の長さは，二次生産力が大きいほど，増大すると考えられている．→ 生産力

二次成長（二次肥厚） secondary growth (secondary thickening)

維管束 *形成層や，*コルク形成層の活動により，植物の枝条や根の太さが増大すること．これは多くの双子葉植物，裸子植物でみられるが，単子葉植物ではみられない．二次成長により形成される組織は二次組織と呼ばれ，その結果として生じる植物あるいは植物の部位は二次植物体と呼ばれる．→ 一次成長

二次性徴 secondary sexual characteristics

直接的に性交に関与するわけではないが，性的に成熟した動物の外部構造のなかで，生殖行為において重要であるもの．そのような構造の発達は性ホルモン（アンドロゲン，エストロゲン）により調節されており，季節的（例えばシカの枝角あるいは雄のトゲウオの体色など）あるいは永続的（例えば女性の乳房，あるいは男性のひげ）である．ヒトでは二次性徴は *青年期に発達する．

二次肥厚 secondary thickening ── 二次成長

二次メッセンジャー second messenger

細胞内の化学物質で，細胞内に入れない化学的メッセンジャー（例えばホルモンや神経伝達物質，成長因子など）からの信号への応答を開始するもの．細胞内に入れない化学的メッセンジャーは例えば脂質可溶性でなく，そのため原形質膜を通過できないことから標的細胞に入ることができない．一般的な二次メッセンジャーは *環状 AMP で，細胞内で環状 AMP が作られるための信号は，*G タンパク質により細胞表面のホルモン受容体か

ら伝達される．イノシトール1,4,5-三リン酸（→ イノシトール）やカルシウムイオンは環状 AMP 以外の二次メッセンジャーの例である．

二重循環 double circulation

哺乳類にみられる循環システムの一種で，体内の血液循環が完結する前に2回心臓を経由して血液が流れる（図参照）．血液は心臓から肺へ送り込まれ，全身の他の器官や組織に分配される以前に心臓に戻る．心臓は二つの分離された分室に分かれており，肺から戻った酸素を含む血液が，全身の他の部位からの酸素が除去された血液と混ざるのを防いでいる．→ 肺循環，体循環，単循環

二重らせん double helix ⟶ DNA

二重劣性 double recessive

ある特定の形質に対して二つの*劣性の対立遺伝子を有する生物．

二重連結型顎懸架 amphistylic jaw suspension

顎の懸架の一種類のことで，ある種のサメ類でみられ，上顎が頭蓋に固定され，さらに下顎骨によっても支えられているもの（→ 舌骨弓）．図参照．→ 自接型顎懸架，間接連絡型顎懸架

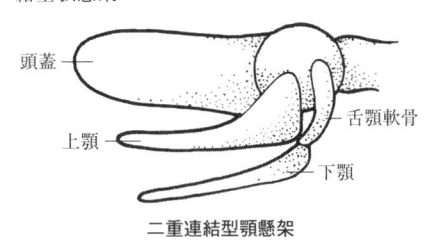

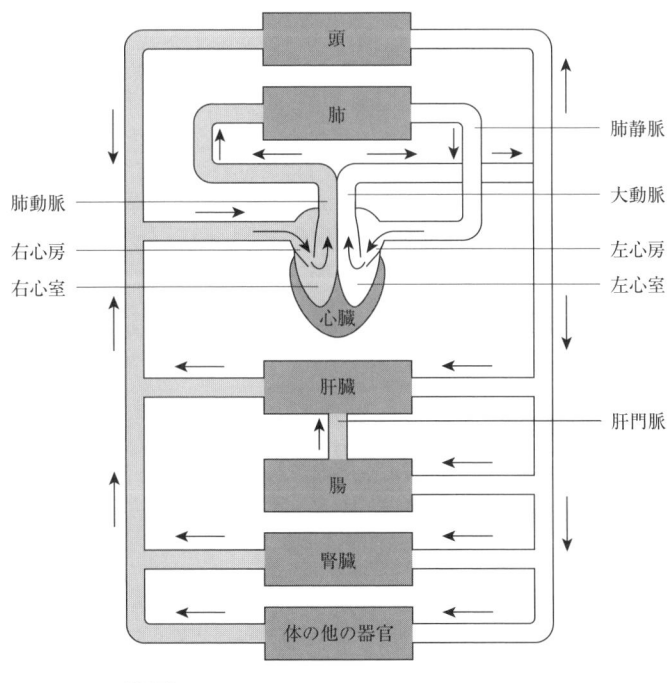

二重連結型顎懸架

哺乳類における二重循環

二畳期 Permian
古生代の最後の地質時代．石炭紀の後，2億9900万年前から始まり2億5200万年前に中生代が始まるまで続く．これはイギリスの地質学者マーチソン（Roderick Murchison, 1792-1871）によってロシアのペルム州にちなんで1841年に名づけられた．場所によっては大陸的環境が卓越し，これが次の三畳紀まで続いているところもあった．これらの環境では新赤色砂岩が堆積した．この時代，三葉虫，床板サンゴ，四放サンゴ，海ツボミを含む多くの動物群が絶滅した（→ 大量絶滅）．両生類や爬虫類は優勢な陸上動物であり続け，シダ類，ヒカゲノカズラ類，スギナ類に代わって裸子植物が優占種として置き換わった．ペルム紀ともいう．

二生歯性の diphyodont
引き続いて生ずる2組の歯によって特徴づけられる歯の生え方のこと．つまり抜け替わる歯（*乳歯）が最初に生じ，次にそれが*永久歯（成人歯）に置き換わる．哺乳類は二生歯性の歯を有する．→ 一生歯性の，多生歯性の

二尖弁（左房室弁，僧帽弁） bicuspid valve (left atrioventricular valve ; mitral valve)
鳥類と哺乳類の心臓の，左心房と左心室の間に存在する2片に分かれた弁をいう．左心室が収縮し，血液を大動脈に送り込むときに，二尖弁は左心房からの入口を閉じ，血液の逆流を防ぐ．この弁は，血液が左心房から左心室に流れ込むときには再び開く．→ 三尖弁

二足歩行 bipedalism
二本足のみで直立姿勢を維持でき動くことができる能力．鳥類や人類は二足歩行である．二足歩行の発達はヒト科の進化に重要であった．

日周 diurnal (daily)
24時間ごとに1回起こる出来事を意味する．

日周リズム diurnal rhythm ── 概日リズム

ニッスル小体 Nissl granules (Nissl bodies)
*ニューロンの細胞体のなかにみられる粒子のことで，顆粒状の小胞体と*ポリソームなどで構成されており，RNAに富み，塩基性色素によって強く染色される．ドイツの神経学者でニッスル小体を発見したニッスル（F. Nissl, 1860-1919）の名をとって命名された．

ニッチ niche ── 生態的地位

二糖類 disaccharide
二つの結合した*単糖からなる糖．例えば，スクロースは1分子のグルコースと1分子のフルクトースが結合し形成される．

ニトロゲナーゼ nitrogenase
大気の窒素を固定することができる微生物のなかに存在する重要な酵素の複合体（→ 窒素固定）．ニトロゲナーゼは，大気中の窒素をアンモニアへと変換する反応を触媒し，そして合成されたアンモニアは，亜硝酸や硝酸，アミノ酸などの合成に利用される．ニトロゲナーゼ複合体中の二つの主要な酵素は「ジニトロゲナーゼリダクターゼ」と，「ジニトロゲナーゼ」である．

ニトロソアミン nitrosamines
発がん性物質の一群であり，一般式としてRR'NNOで表される．RとR'は種々の可能な構造の側鎖である．ニトロソアミンはたばこの煙の成分であり，多くの器官（特に肝臓，腎臓，肺など）における癌の原因となる．ニトロソアミンの例としてはジメチルニトロサミンがあげられ，これは側鎖として二つのメチル基（CH_3-）をもつ．

二年生植物 biennial
生活環を完了するために，2度の成長期が必要な植物をいう．この型の植物は，最初の年に栄養分を蓄積し，この栄養分は2年目に花と種子の生産の際に消費される．例としてはニンジンとアメリカボウフウ（パースニップ）がある．

二倍体 diploid ── 複相

二倍体生物 diplont
その生活環において*複相の段階にある生物．→ 半数体生物

二胚葉性の diploblastic
　*外胚葉と*内胚葉（これらの間に非細胞の*間充ゲルが存在する場合もある）のわずか2層によって構成される体壁をもつ動物を示す語．腔腸動物（すなわち刺胞動物や有櫛動物）は二胚葉性である．→ 三胚葉性の

二分裂 binary fission ⟶ 分裂

二本鎖 duplex
　縦方向に密接しながら並列した2本の架橋結合した重合鎖からなる生体分子．この用語は特に*DNAの二本鎖構造に対して用いられる．

二命名法 binomial nomenclature
　2語のラテン語化した名前（学名）を用いて生物を命名する方式で，スウェーデンの植物学者の*リネウス（リンネ）(Linnaeus, Carl Linné)により考案された．これはまた，リンネ式命名法体系としても知られている．最初の部分は属名（→ 属）であり，2番目の部分は種小名（specific epithet，ないし specific name）である（→ 種）．ラテン名は，通常イタリック体で表され，大文字で始まる．たとえば，普通のカエルの学名である *Rana temporaria* においては，*Rana* は属名であり，*temporaria* は種小名である．種名の後には，通常はその種の発見者の名前の省略形が続く．たとえば，普通のヒナギクの学名は，*Bellis perennis* L.（L. は Linnaeus の省略形）である．現在は数種類の国際的な命名規約が存在し，それらにより生物を命名する規則が定められている．→ 分類，分類学

乳化 emulsification
　（消化における）十二指腸で脂肪球を小さな液滴に分散させること．これによって脂肪球の表面で働く，膵臓の*リパーゼが，脂肪を脂肪酸とグリセロールに分解する表面積を大きくできる．乳化は胆汁酸塩の作用により行われる．→ 胆汁

乳酸（2-ヒドロキシプロパン酸） lactic acid (2-hydroxypropanoic acid)
　α-ヒドロキシカルボン酸の一種．構造式は $CH_3CH(OH)COOH$ で表され，酸味をもつ．乳酸は活動中の筋組織で酸素が不足したとき（→ 酸素負債）にピルビン酸から作られ，後に肝臓に移動してグルコースに変換される．活発な運動を行うと筋肉中に乳酸が蓄積し，こむらがえりのような痛みの原因となる．ある種の細菌による発酵によっても乳酸は生成し，また酸乳に特徴的である．

乳酸桿菌 lactobacillus (pl. lactobacilli)
　ラクトバチルス属に属するグラム陽性嫌気性桿菌をいう．これらの菌による発酵の最終生成物は乳酸である．乳酸桿菌は食品工学において，チーズ，ヨーグルト，そのほか牛乳からできる様々な食品の生産で役に立っている．

乳歯 milk teeth ⟶ 脱落歯

乳清 whey ⟶ 凝乳

乳腺 mammary glands
　哺乳類の雌における乳を生産する器官（おそらく，汗腺が変化したもの）で，子どもに栄養分を与える（→ ミルク，初乳）．数（2〜20）や位置（胸か腹部）は種によって様々である．たいていの哺乳類では腺の出口は乳頭として突出している．乳頭（nipples）は多くの乳管開口をもっているが，偽乳頭（teats）は貯蔵腔から導かれた一つの管からなる．

乳濁液 emulsion
　1種類の液体の小さな粒子が，他の液体中にばらまかれて存在する*コロイド．乳濁液は通常，油のなかに水が混じっているもの，または水のなかに油が散っている状態を総称する．食餌のなかの油脂は十二指腸のなかで消化を促進するために脂肪の粒子が細かくされ，乳濁液となる（→ 乳化）．

乳頭 nipple ⟶ 乳腺

乳糖 milk sugar ⟶ ラクトース

乳び（乳糜） chyle
　食品から吸収した物質（主に乳化した脂肪）を含む*リンパからなる乳状の液体．多くの乳びは，脂肪が吸収される小腸の*絨毛のなかのリンパ管（*乳糜管）において産生される．

乳糜管 lacteal
　小腸の*絨毛の内部にある微小なリンパ管の盲管．消化された脂肪は乳糜管に吸収され

(→ 乳糜) *胸管を通って血流に流れ込む.

乳様突起 mastoid process

中耳の空洞と連結している空洞が内部に含まれる, 頭蓋骨の側頭骨にある突起. ヒトでは, そこが中耳から感染の広がる経路となる.

ニューストン（水表生物） neuston

水域の表面に生息する生物のこと. 淡水に最も多く生息しており, アメンボ, ある種の水生甲虫, 浮遊植物などが含まれる. → 底生生物, 遊泳生物, プランクトン

ニュートン newton

記号 N. 力の *SI 単位で, 1 kg の質量の物質に 1 m s^{-2} の加速度を与えるのに必要な力である. ニュートン (Sir Isaac Newton, 1642-1727) の名をとって命名された.

ニューロトロフィン neurotrophin ⟶ 神経成長因子

ニューロフィジン neurophysin

*オキシトシンと*抗利尿ホルモンに結合するシステインに富む2種のタンパク質のことで, それらは神経下垂体の後葉においてそれらのホルモンとともに分泌される. *オキシトシンと結合するものをニューロフィジン I, *抗利尿ホルモンと結合するものをニューロフィジン II と呼ぶ. それらはホルモンとしての活性をもたず, 分泌されたあとはそれぞれのホルモンへと分解される.

ニューロン（神経細胞） neuron (neurone; nerve cell)

伸張し枝分かれした細胞で, *神経系の基本的な単位であり, *インパルスの伝達のために特殊化している. ニューロンは核や*ニッスル小体を含む*細胞体, *樹状突起（入ってきたインパルスを受け取り細胞体へわたす）, そして*軸索（細胞体からときには長

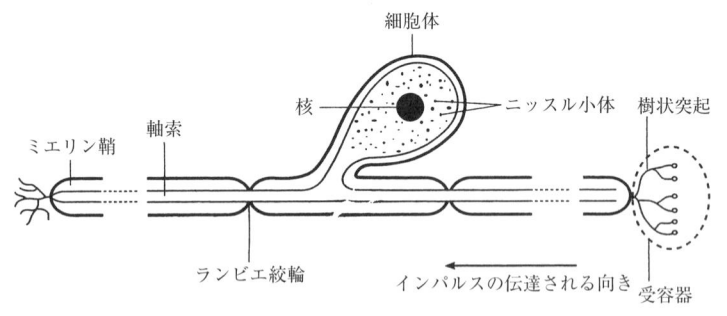

感覚ニューロン

インパルスの伝達される向き

運動ニューロン

い距離を越えてインパルスを伝導する）などから構成されている．インパルスは，一つのニューロンから隣のニューロンへは*シナプスを経由して伝わる．*感覚ニューロンは受容器から中枢神経へ情報を伝達する．*運動ニューロンは中枢神経から，筋のような*効果器へ情報を伝達する（図参照）．→ 双極ニューロン，多極ニューロン，単極ニューロン

ニューロン仮説 neuron theory
現在受け入れられている仮説で，神経系は神経細胞（*ニューロン）から構成され，個々の神経細胞は*シナプスによって機能的に接続しているが，物理的には分けられているという仮説．この仮説は，神経系の細胞の細胞質は連続的であるという仮説に取って代わった．

尿 urine
動物の排泄器官で形成される水溶液で，代謝によりできた廃棄物を取り除くためにある．高等動物では尿は*腎臓で作られ，*膀胱にためられる．そして*尿道または*総排泄腔を通り排泄される．水を別にすると尿の主成分としては，窒素代謝の最終産物が1種類あるいはそれ以上含まれている．すなわち，アンモニア，尿素，尿酸，クレアチニンなどである．他にも様々な無機イオン，ウロクロムやウロビリンなどの色素，アミノ酸，プリンなども含まれることがある．尿の正確な組成は多くの要因によって決められる．特に個々の種の生息場所に尿の組成は関係し，すなわち水生動物では多量の尿を出すが，陸生動物では水分を節約する必要があるため，尿の量が非常に少ない（ヒトでは1日当たり約1.0～1.5リットルある）．

尿管 ureter
脊椎動物にみられる，尿を*腎臓から*膀胱へと運ぶ管．

尿細管 renal tubule
脊椎動物の腎臓の*ネフロンの一部分で，*原尿から水分や塩分を再吸収する．→ 近位尿細管，ヘンレ係蹄，遠位尿細管

尿酸 uric acid
大部分の哺乳類，鳥類や陸上爬虫類，昆虫などのプリン代謝の最終産物であり，また哺乳類を除くほとんどの動物（→ 尿素）において，排出される窒素代謝物の主要な形態である．きわめて不溶性であるため，尿酸は固体の状態で排泄される．これは，乾燥した環境において貴重な水分を節約するためである．関節の滑液に尿酸が蓄積すると痛風の原因となる．

尿酸排出性 uricotelic
動物において，窒素廃棄物を*尿酸という形で排出することを示す．尿酸排出性動物には鳥類，爬虫類が含まれる．→ アンモニア排出性，尿素排出性

尿素（カルバミド） urea (carbamide)
水溶性の固体で，$CO(NH_2)_2$で表される白い結晶．尿素は哺乳類や他の*尿素排出性動物において窒素排出の主な最終産物であり，*尿素回路により合成される．尿素は工業的にはアンモニアと二酸化炭素から合成され，尿素ホルムアルデヒド樹脂や製薬原料として使われたり，反芻動物の家畜の非タンパク性窒素源として，また窒素肥料として使われる．

尿素回路（オルニチン回路） urea cycle (ornithine cycle)
毒性が非常に高いアンモニアと，二酸化炭素をより毒性の低い*尿素へと変換する生化学的な一連の反応で，これは，過剰なアミノ酸の脱アミノ反応に由来する窒素代謝物の排出においてみられる．これらの反応は哺乳類の肝臓や，よりわずかではあるが他の動物でも起こる．尿素は最終的には*尿の水溶液中に排出される．

尿素排出性 ureotelic
窒素を含む廃棄物を*尿素の形で排出する動物を示す．ほとんどの陸生脊椎動物は尿素排出動物で，アミノ酸を分解する際に作られるアンモニウムイオンを尿素に変換する．→ 尿素回路，アンモニア排出性，尿酸排出性

尿道 urethra
哺乳動物において，尿を*膀胱から体外へ排出するための管．雄では，尿道は陰茎内を通り，*輸精管と結合している．そのため，尿道は精子の通路としても機能する．

尿道球腺 bulbourethral glands ── カウパー腺

尿膜 allantois
　胎生の爬虫類や鳥類，哺乳類に発達する膜の一つで，後腸が発達したもの．膀胱として働き，爬虫類と鳥類では卵のなかの不要な排泄物の貯蔵を行う．また爬虫類，鳥類，哺乳類では胚に酸素を，また哺乳類では栄養分を供給する器官として（→ 胎盤）用いられる．→ 胚体外膜

2,4,5-T
　2,4,5-トリクロロフェノキシ酢酸（2,4,5-トリクロロフェノキシエタン酸）のこと．合成*オーキシンで以前は除草剤や枯葉剤に広く使用されていた．毒性のある*ダイオキシンが混入することがあり，いまでは多くの国で禁止されている．

2,4-D
　2,4-ジクロロフェノキシ酢酸（2,4-dichlorophenoxyethanoic acid）．合成*オーキシンの一種で，双子葉類の雑草に対する除草剤として用いられる．→ 農薬

二卵性双生児 fraternal twins (dizygotic twins)
　1回の妊娠で産まれ，それぞれ別個の受精卵から発生した二つの個体．二つの卵細胞は別々の*対立遺伝子の組合せをもっており，受精する二つの精子も同様である．そのため二卵性双生児は1回の出産で一人ずつ生まれた兄弟姉妹と遺伝的相同性が同様になる．→ 同型双生児

任意交配の panmictic
　全体として交配が任意で，いずれの2個体も同等に交配できる集団を示す．任意の交配（完全混合）は*ハーディー-ワインベルクの平衡が成立するための仮定の一つであるが，集団の空間的分化や*調和配偶が認められる自然集団では，おそらく一般的ではない．

人間工学 ergonomics
　働き手と働く環境の相互作用を工学の観点から研究する学問．

妊娠 pregnancy ── 懐胎期間

妊性 fertility
　自身を複製するための生物の潜在的な能力．植物や動物の有性生殖においては，ある与えられた時間内に生産された受精卵の数．実際的にはこれを通常測定することができず，それに代わる信頼性のある指標は成熟した種子や産卵された卵や親から生まれた子どもの数である．しかしこれらの数は発生に至らなかった受精胚の数を除いてあるので，これらの値は厳密には*繁殖力と呼ばれる．

ニンヒドリン ninhydrin
　アミノ酸と反応させると青い色を発色する化合物．ニンヒドリンは，一般的にタンパク質のアミノ酸組成を調べるときのクロマトグラフィーの際に使われる．

ヌ

ヌクレアーゼ nuclease
　核酸をヌクレオチドに分解する酵素のこと．ヌクレアーゼは小腸中に存在する．→ DNアーゼ，エンドヌクレアーゼ，エキソヌクレアーゼ

ヌクレオシド nucleoside
　窒素を含む*プリン塩基や*ピリミジン塩基と，糖（リボースもしくはデオキシリボース）とが結合したものからなる有機化合物のこと．*アデノシンなどが例としてあげられる．→ ヌクレオチド

ヌクレオソーム nucleosome
　真核生物の染色体を構成している物質である*クロマチンの基本単位．約160塩基対のDNAが*ヒストンタンパク質のコアに巻きついたものからなる．隣り合ったヌクレオソームはコアに巻きついていないDNAによってつなげられており，ヒモが通ったビーズのようにみえる．このヌクレオソームのヒモは直径30 nmの円筒コイル状に巻いており，完全に凝集した染色体においてはさらなるコイル形成が起こる．

ヌクレオチダーゼ nucleotidase
　ヌクレオチドの分解を触媒する酵素のこと．小腸の上皮細胞に存在し，核酸の分解に重要な役割を果たしている．

ヌクレオチド nucleotide
　窒素を含む*プリン塩基や*ピリミジン塩基と，糖（リボースもしくはデオキシリボース）と，リン酸基とが結合したものからなる有機化合物のこと．*DNAや*RNAはヌクレオチドの長い鎖である（ポリヌクレオチド）．→ ヌクレオシド

ネ

根 root
　（植物学）維管束植物において，重力や水分に反応し，地表から下へと伸びる部分．根は植物を土に固定し，水分や無機塩類を吸収する．茎と違い，葉や芽，花を形成せず，葉緑素をもたない．*幼根（胚期根）からは，1本の太い主根とそこから派生する側根からなる主根系，あるいは同じ太さで多数の根からなるひげ根系のいずれかが植物の種に応じて生じる．根端の*頂端分裂組織からは保護するためのさやである*根冠と，根の一次組織が生ずる．根の維管束組織は通常放射中心柱を形成する（図参照）．この維管束の配列の形式により根と茎を区別することができる．茎では維管束組織はしばしば輪状の真正中心柱を形成する．根端から少し基部側では，表皮から根毛が生え，水分と塩類の吸収面積が増大する．この根毛よりもさらに基部側の部分から側根が生える．
　根は様々に変化する．ニンジンのように，冬に生き延びるために栄養分をためて膨れ上がるものもある．ランのように養分を吸収する気根をもつものもあれば，ツタのようによじ登るために短い付着根をもつものもある．インゲンマメやエンドウのようなマメ科植物

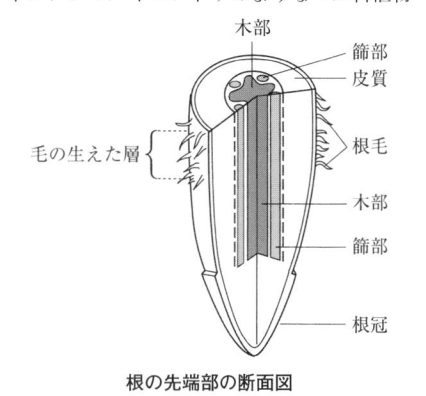

根の先端部の断面図
（木部，篩部，皮質，根毛，毛の生えた層，木部，篩部，根冠）

の根には*根粒が形成され，窒素固定という重要な役割を果たす．他にも*支持根や支柱根，板根など，植物を支えるものや*通気根などがある．

ネアンデルタール人　Neanderthal man
約3万〜20万年前（いまよりもだいぶ地球が寒かった頃）のヨーロッパや西アジアに生存していた化石人類のこと．ネアンデルタール人はホモサピエンスの亜種と考えられていたが，現在は独立した種（種名：*H. neanderthalensis*）として一般的に認められている．現存している化石が示すには，ネアンデルタール人はかなり背が低く，がっちりした体格で，ひたいが低いが，脳の大きさは現代の人間と同じかそれよりも少し大きかった．彼らは放浪し穴居生活をしており，また死者を埋葬していた．ネアンデルタール人は，より発達した石器技術をもって進出してきたホモサピエンスによっておそらく撲滅され，突然絶滅してしまった．その名前は，1856年に化石が見つかったドイツのネアンデル谷に由来している．

ネオダーウィニズム（総合説進化論）　neo-Darwinism (modern synthesis)
1920年から1950年の間に形成された，*進化過程に関する現代の説で，古典遺伝学からの証拠と，*自然選択による進化のダーウィン仮説とを合わせたものである（→ ダーウィン説）．選択の対象となる遺伝的多様性が生まれる原因を説明するために，遺伝子や染色体に関する現代の知識を用いたものである．遺伝的多様性の原因は，伝統的なダーウィン説では説明できなかった．

ネオテニー（幼形成熟）　neoteny
成熟した動物において，幼若な体形もしくは幼形的特徴を保持すること．例えば，サンショウウオの一種のアホロートルがあげられ，成体となった後にも幼生の鰓を保持している．ネオテニーは，類人猿の幼若形態から発達したと信じられているヒトのような，特定のグループの進化における重要な機構と考えられている．→ 異時性

ネガティブフィードバック　negative feedback　──→　フィードバック

根株　rootstock　──→　根茎
ネクサス　nexus　──→　ギャップ結合
ネクトン　nekton　──→　遊泳生物
ネクローシス　necrosis
様々な化学物質や毒物により引き起こされる細胞*死のこと．これにはしばしばタンパク質の変性が関与している．また，細胞やその内容物の形態変化（ミトコンドリアの膨大や*核崩壊など）や*リソソームの出現などが，ネクローシスに先行して起こる．→ アポトーシス

熱細胞　heater cell
筋細胞の一種で，ある種の魚類（バショウカジキやマカジキなど）においてみつかり，熱産生に特化している．熱細胞は筋原繊維を欠いているが筋小胞体を保有する．細胞が興奮すると貯蔵されていたカルシウムイオンが筋小胞体から細胞質へと放出され，ミトコンドリアによる著しいエネルギー代謝の引き金となる．これによって最高250 W/kgまでの率で，エネルギーが熱の形で放出される．

熱産生　thermogenesis
体温を上げるために組織内部で熱を産生すること．特に鳥類や哺乳類のような，自らの体温を狭い範囲で保持する動物（*内温動物）で起こるが，ある種の冷血な脊椎動物や無脊椎動物にもみられる．二つの種類の熱産生があり，一つはよく知られる震えである．拮抗筋の組による素早い繰返しの収縮による．ほとんど動かないので，ATPの化学エネルギーは機械的エネルギーよりもむしろ熱を生み出す．震えを伴わない熱産生は*脂肪細胞（脂肪組織）で生じ，肝臓へ脂肪を送りATPへ変換する代わりに，貯蔵されている脂肪を脂肪組織内で分解し，その場で熱を生み出す．この過程は交感神経系で活性化され，二つの方法でなしとげられる．脂肪細胞の膜を介した非生産的な循環的イオン輸送と，脂肪細胞のミトコンドリアでATP合成と電子伝達を非共役化させることによる．正味の結果として，細胞内のATPからのエネルギー放出が生じ，また脂肪の酸化をATP合成の代わりに熱産生に使うことになる．特定の哺乳類は*褐色脂肪という特別な脂肪組

織を有し，この組織は著しい熱を体に急速に供給することができる．例えば，褐色脂肪の酸化が刺激されることで冬眠中の動物が覚醒する際に急速に体温が上昇する．褐色脂肪はヒトの赤ん坊や他の動物の新生仔にも，低体温から守るために蓄えられている．

熱ショックタンパク質 heat-shock protein (HSP)

温度上昇に対する応答として，生きた細胞によって産生される様々なタンパク質の総称．真核生物と原核生物の両方に存在し，基本的に*分子シャペロンとして機能し，細胞のタンパク質が熱によってほどけた場合に保護し，再び正しく折りたたまるようにする．熱ショックタンパク質にはいくつかのファミリーがあり，キロダルトン (kDa, 訳注：相対分子質量に kDa を使うのは誤り) で表した相対分子質量に基づいて命名され，分子量の大きい HSP のファミリーには HSP 100, HSP 90, HSP 70, HSP 60 があり，動物細胞における HSP の主成分となっている．分子量の小さい HSP ファミリーには 17〜28 kDa の範囲の分子量のものがあり，植物では一般的である．その他のタンパク質では*ユビキチンが熱ショックタンパク質として知られ，分解される予定のタンパク質のマーカーとして働く．また熱ショックタンパク質の多くは天然または人工的な多くのストレス，たとえば低酸素濃度，浸透圧変化，電離放射線，毒物などによって誘導されるため，「ストレスタンパク質」とも呼ばれる．

熱発光 thermoluminescence

固体を加熱したときに生じる光のこと．電離放射線の照射の結果として固体中に捕捉された電荷キャリヤーが結合して光を放射することにより熱発光が起こる．この過程は，陶器が焼かれてから何年経過したかを推測するために用いられる，熱ルミネッセンス年代測定法に使用されている．作られた年代がわからない陶器を熱することによる発光と，年代がわかっている同じ材質の試料を熱したときの発光を比較することで，対象物がいつ作られたかをかなり正しく見積もることができる．

熱変性 thermal denaturation ⟶ 変性

熱量 calorific value

与えられた物質を完全に燃焼させたときに発生する，単位重量当たりの熱．熱量は燃料のエネルギーを表現するために使用されている．通常はメガジュール毎キログラム ($MJ\ kg^{-1}$) で表現される．また食品のエネルギー含量を測定するためにも使用されている．すなわち，食品が体内で酸化されたときに生産されるエネルギーである．この場合の単位はキロジュール毎グラム (kJg^{-1}) であるが，非専門的な状況ではいまだにキロカロリー (kcal) がしばしば使用される．

熱量計 calorimeter

*熱量のような熱的性質を測定するための多様な種類の装置．⟶ ボンベ熱量計

熱履歴タンパク質 thermal hysteresis protein ⟶ 不凍分子

熱ルミネッセンス年代測定法 thermoluminescent dating ⟶ 熱発光

ネフロン nephron

脊椎動物の*腎臓の排出単位のこと (図参照)．血液中の多くの成分は，糸球体からネ

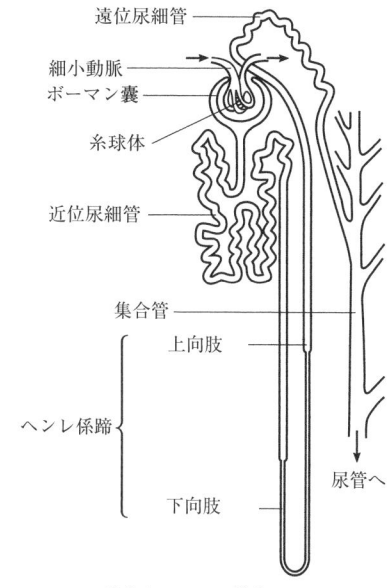

単位ネフロンの構造

フロンの片末端にある*ボーマン囊へろ過される．こうしてできた*原尿はネフロンの全長を通り，水，塩，グルコース，アミノ酸などは周りの毛細血管のなかへ再吸収される（→ 近位尿細管，ヘンレ係蹄，遠位尿細管）．大部分の水は*集合管で再吸収され，その結果，窒素を含んだ廃棄物（多くの哺乳類においては*尿素）や無機塩を含む濃縮された溶液が，ネフロンの集合管から尿管へ，尿として排出される．

ネマトブラスト nematoblast ── 刺細胞

粘液 mucus

その表面を保護し，かつ滑らかにし，細菌，ちり，微粒子，その他のものをトラップするため*杯細胞が*粘膜表面に分泌する粘りのある物質．粘液は水，様々な*ムコタンパク質（ムチンと総称される），細胞および塩分からなる．

粘菌類 slime moulds

小さく単純な生物で陸上の湿気のある土地に広く生息している．これらは，生活環の段階に応じて遊離細胞（粘菌アメーバ），あるいは多核な細胞の集合体（→ 変形体）のいずれかの形態をとる．変形菌類（真正粘菌類）では，変形体の多数の核の間は細胞膜によって区切られていない多核細胞であるが，細胞性粘菌類では，粘菌アメーバ細胞が集合して偽変形体を形成したあとも，各細胞の細胞膜は維持されている．細胞壁は一般的にはみられない．粘菌類は*アメーバ運動をし，微細な食物粒子を摂取する．粘菌類は，胞子により子孫を残す．粘菌類は以前は真菌類に分類されていた．現在では，二つの門に分けることができて，プロトクティスタ界の，変形菌類（真正粘菌類）と*根足虫類（細胞性粘菌とその他のアメーバ）に分類される．

年層年代測定法（地球年代学） varve dating (geochronology)

年層と呼ばれる沈殿した粘土の薄層を用いて，絶対的な年代測定を行う技術．その年層は特にスカンジナビアにおいて一般的にみられ，明帯と暗帯が冬と夏の堆積物に相当する．これらのほとんどが更新世の地層においてみられ，そこでは年層堆積物の末端部を氷床の年ごとの後退と対応づけることができる．ただし，一部の年層は現在も形成されているものがある．年層を数えることで化石の絶対年代を最大約2万年前まで明らかにすることができる．

年代測定法 dating techniques

岩石の年代，古生物学的標本，考古学的遺跡等の年代を決定する方法．相対年代測定では互いに関係のある標本の年代の決定を行い，例えば層位学により化石の層序関係の決定を行う．絶対測定（編年）では絶対年代の推定を行い，主に二つの手法に分けられる．第一の手法では*年輪年代学や*年層年代測定法のように，発達の速度が季節的に変化するものを用いる．第二の手法では既知の速度で起こる測定可能な変化を利用し，*化学的年代測定法，放射能年代測定法（放射年代測定法）（→ 放射性炭素年代測定法，フィッショントラック法，カリウム–アルゴン年代測定法，ルビジウム–ストロンチウム年代測定法，ウラン–鉛年代測定法），*熱ルミネッセンス年代測定法がある．

粘着細胞 lasso cell (colloblast)

クシクラゲ（*有櫛類）の細胞の一種で刺胞動物の*刺細胞に似ている．粘着細胞は触手に存在する．それぞれの粘着細胞には二つの突出しているフィラメント（一つは直鎖状で一つはらせん状）があり，またフィラメントの頭部は粘着性であり，獲物をつかまえるのに使う．

粘土 clay

*土壌の無機成分の一つで，主に直径0.002 mm以下の粘土鉱物（主成分は水和ケイ酸アルミニウム）の粒子からなる．→ 凝結

粘膜

1．mucosa

粘膜の一種，特に哺乳類の胃および腸壁の内部表面をなすもの．これらの器官では粘膜は外側の筋肉の層である，（*粘膜下組織に隣接する）*粘膜筋板も含む．

2．mucous membrane (mucosa)

結合組織に支持される上皮からなる組織の層．上皮のなかには*杯細胞があり，表面に

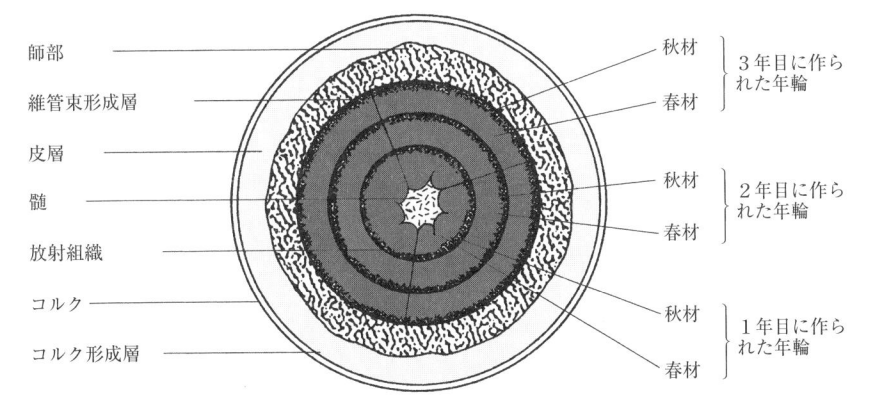

3年生木茎の横断面に示される年輪

ラベル（左）：師部／維管束形成層／皮層／髄／放射組織／コルク／コルク形成層

ラベル（右）：秋材／春材 ｝3年目に作られた年輪／秋材／春材 ｝2年目に作られた年輪／秋材／春材 ｝1年目に作られた年輪

*粘液を分泌する．また，上皮は繊毛をもつことが多い．粘膜は，消化管や気道などの外部に通じる体腔の内側表面を覆う．→ 漿膜

粘膜下組織 submucosa
　たとえば胃や腸の内部にある*粘膜の下にある*輪紋状結合組織．

粘膜筋板 muscluaris mucosae
　哺乳類の胃腸の*粘膜の最も外側の部分を形成する平滑筋の薄い層．

年輪（成長輪） growth ring (annual ring)
　木の茎（幹）の横断面にみることができる輪．維管束*形成層の変動的な活動により1年間に形成される*木部を示している．温帯の気候においては，太い導管により特徴づけられる，薄い色で柔らかい「春材」が春や初夏に形成される．晩夏になると成長が遅くなり，細い導管が形成されるために濃い色で密度の濃い「秋材」ができる（図参照）．樹木の年齢は年輪の数を数えれば決定できる．ある環境下では，二つもしくはもっと多い数の成長輪が1年間に形成されることがあり，このときは偽の年輪が生ずる．

年輪年代学 dendrochronology
　絶対*年代測定法の一つで，樹木の*年輪を用いる．この方法は，同じ地域に存在する木々は，気候条件の影響で同一の特徴的な年輪のパターンを示す事実に依存している．したがって，生きている木々のおのおのの年輪から正確な年代を決定し，その年輪のパターンを用いて，化石木や木片の標本（すなわち建造物に使われている材木や考古学的遺跡から出土した遺物）の生存期間と現在生きている木々の生存期間に重なりがあると，それらの年代を推定することが可能となる．イガゴヨウ（*Pinus aristata*）は5000年以上の寿命をもち，8000年以上昔の標本の年代推定に用いられた．年輪年代学により正確に年代が調べられた化石標本は，*放射性炭素年代測定法の校正に用いられてきた．年輪年代学は，過去の気候状況を研究する場合にも役に立つ．年輪の切片に存在する微量元素を分析することで，過去の大気汚染についての情報を得ることもできる．

脳 brain

1．脊椎動物の中枢神経系の前方の大きい部分で，頭蓋によってしまわれている．脊髄とつながっており，脳は三つの膜（→ 髄膜）に囲まれており，中心腔（*脳室）を満たす脳脊髄液に浸されている．神経活動の主な統合中枢になっていて，感覚器官から（神経パルスとして）情報を受容し，認識し，「指令」を筋肉とその他の*効果器に対して出す．知性と記憶もつかさどる場所である．脊椎動物の胚の脳は三つのセクションがあり（→ 前脳，後脳，中脳），発生とともに特化した部位に分化していく．成熟したヒトの脳の主な部分は，二つの大脳半球からなる*大脳，*小脳，*延髄，*視床下部からなる（図参照）．

2．無脊椎動物の体の前方の*神経節の集合しているところ．

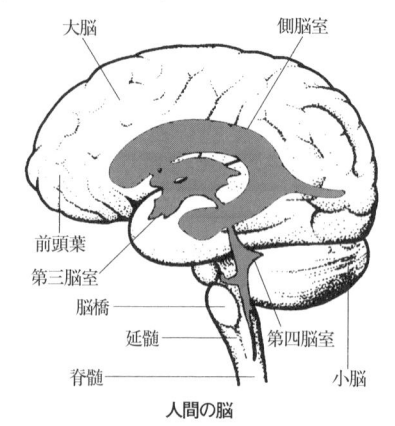

人間の脳

嚢 bladder

1．（植物学）(1) タヌキモ（Utricularia）のような水生の食虫植物の，変形した沈水葉．これは1カ所に口が開いた中空の袋を形成し，その口には弁が付いており，小さな水中の無脊椎動物を吸いこんだあとにふたをする．(2) ヒバマタ（Fucus vesiculosus）のような海藻の，葉状体の空気の入った空洞．

2．(1) 動物において液体や気体をためておく，様々な袋状の器官．→ 胆嚢，浮袋

(2) cisterna (pl. cisternae)
*小胞体（ER）や*ゴルジ体の分枝を形成する膜に結合した袋をいう．小胞体の嚢は互いに連続し，核膜とも連続する．粗面小胞体においては嚢は平坦な袋であるが，滑面小胞体においてはより管状の形態となる．

嚢果 cystocarp ── 造果器
脳蓋 brain case ── 頭蓋
脳外套 pallium ── 大脳皮質
脳下垂体 pituitary gland (pituitary body ; hypophysis)

脳の基部にある*視床下部と細い柄によって接続している豆粒くらいの大きさの内分泌腺．前葉と後葉の二つからなる．前葉（腺性下垂体）は*成長ホルモン，*生殖腺刺激ホルモン，*プロラクチン，*甲状腺刺激ホルモン，*副腎皮質刺激ホルモンのようなホルモンを分泌する．これらのホルモンは，成長や他の内分泌腺の活性を制御するため，前葉はしばしばマスター内分泌腺と称される．前葉の活性自体は視床下部で生産される特殊な*放出ホルモンによって制御される（→ 神経内分泌系）．後葉（神経性下垂体）は，ホルモンの*オキシトシンと*抗利尿ホルモンを分泌する．

脳幹 brainstem

*延髄，*中脳，*脳橋からなる脳の部分．脊髄と似ていて，脊髄につながっている．中脳は，脳の高次中枢から始まる呼吸などの反射活動を網様体を通して制御し統合する．

脳橋 pons (pons Varolii)

延髄と中脳とを連結する，脳神経線維の太い路．脳橋の機能は，脳の別の部位からの神経インパルスを中継することである．脳橋は，発見者であるイタリアの解剖学者バロリー（C. Varoli, 1543-75）にちなんで名づけられている．

農業 agriculture

作物を育て，家畜を飼育するために土地を耕作する研究と実践．20世紀半ばからの食

物生産への高まる需要は，農業技術とその実践に多くの発展をもたらし，作物生産と家畜の生産は大きく高まった．しかしながら，こうした近代の集約農業技術の進歩，特に*肥料と*農薬の使用量の増大は，環境に大きな影響を与えた．いまや広く行われている作物の単一栽培（1種類の作物を広い領域で集約して育てる）は，作物害虫にとっては理想的な環境であるために，殺虫剤の使用量の増大が必要とされる．単一栽培はまた，非常に広い土地を必要とし，そのために野生の生物の生息地は破壊されてきた．作物生産と家畜の飼育のため森林を取り除く必要が生じ，*森林伐採を招いた．技術の進歩は土壌を耕す深さを制御できる油圧装置と，自動で種を土壌にまくことができる種子ドリルを備えた耕転機を生み出し，そのために人力で耕すことは不必要になった．多くの開発途上国の食物供給は自給自足の農業に依存しており，生産された作物や家畜は農家とその家族が食べるのみである．そうした国々では焼畑農業がよく行われており，ある地域の植物が切り倒され焼き払われるとともに，無機物が土壌に返される．その地域は土壌の養分が失われるまで作物栽培に用いることができ，その場所はその後何年も放棄され他の場所が耕作される．

栽培植物および家畜動物の選択的*交配は農業生産性に甚大な影響を与えた．現代の栽培植物の品種は栄養価が高く，病気に強く，また動物は牛乳や肉やその他の生産物の収量が高まるように選ばれて交配されてきた．遺伝子工学の発達によって，商業栽培には，他の生物由来の収量や栄養学的性質や貯蔵性が高まるような遺伝子が組み込まれたトマトやダイズといった，遺伝子組換え植物の導入が可能になった．遺伝子の改変はまた除草剤への耐性を付与することができ，このために雑草のより効率的な防除が可能になった．それだけでなく，害虫や他の病害や病気への抵抗性を付与することも可能になった．同様の技術の動物生産への応用も研究されている．→遺伝子組換え生物

農耕　farming　——→　農業

脳死　brain death

脳の生きた機能が永久になくなること．息が止まり，*脳幹によって制御されるその他の反射（*瞳孔反射を含む）がなくなり，*脳電図の表示がゼロになることで脳死が判断される．脳死が宣告されたとき，臓器移植のための臓器が取り出される場合があるが，これは心臓の停止が脳死に必ずしも伴わないためである．

脳室　ventricle

脊椎動物の脳内にあり，液体で満たされた四つの互いに連結した空洞．その空洞のうちの一つは*延髄にあり，二つは大脳半球（→大脳）に，そして四つ目は*前脳の後部にある．脳室は*脈絡叢により血液からろ過された脳脊髄液を含む．

脳神経　cranial nerves

脊椎動物において，脳から直接出ている10～12対の神経．これらは頭部，頸部や内臓などの器官の運動をつかさどり，また感覚を与えている．脳神経の例として，*視神経（II），*迷走神経（X）が含まれる．*脊髄神経とともに脳神経は，*末梢神経系において重要な役割を果たしている．

脳神経反射　cranial reflex　——→　反射応答

脳脊髄液　cerebrospinal fluid（CSF）

*リンパ液と同様の組成をもつ液体．脊椎動物の中枢神経系を浸している．*脈絡叢より*脳室へと分泌され，脳や脊髄の腔や脳室を満たす．そして脳表面にある静脈により再吸収される．主な機能は中枢神経系の機械的傷害からの保護である．

嚢虫　bladderworm（cysticercus）

サナダムシの幼生時代（→ 条虫綱）．反転した頭節を含む液体の詰まった袋からなる．二次宿主の筋肉で発育し，幼生が感染した組織を食べた一次宿主の体内において成熟する．

脳電図　electroencephalogram（EEG）

脳の電気的活動のグラフまたはトレース．頭皮に貼られた電極が脳の異なる部位からの電気的な波を記録する．脳波パターンは個人の意識レベルを反映し，てんかんや腫瘍，脳の損傷といった脳の障害を見つけるために使

うことができる．→ 脳死

濃度 concentration

ある溶液において，溶媒の単位量当たりに溶けている物質の量をいう．濃度は多様な様式により示される．単位体積当たりに溶けている物質の量（記号 c）は，$mol\ dm^{-3}$ や $mol\ l^{-1}$ という単位で表される．それを現在では「濃度」と呼んでいる（以前は「モル濃度（molarity）」と表現していた）．質量濃度（記号 ρ）は単位体積当たりの溶媒に溶けた溶質の質量であり，$kg\ dm^{-3}$，$g\ cm^{-3}$ などの単位が使われている．質量モル濃度（モラリティ（molarity），記号 m）は，単位質量当たりの溶媒に溶けた物質の量であり，ふつうは $mol\ kg^{-1}$ の単位が使われる．

能動免疫 active immunity

外部からの抗原に対する体の応答によって得られる *免疫．

能動輸送 active transport

生細胞の膜を通した物質の移動で，多くの場合 *濃度勾配に逆らって起こる．そのためこの過程は代謝エネルギーを必要とする．有機分子や無機イオンが細胞や細胞小器官に輸送されたり，外部に排出されたりする．輸送される物質は膜に埋め込まれた *輸送タンパク質に結合し，輸送タンパク質が膜を通して物質を輸送し，逆側で放出する．能動輸送は主に細胞におけるイオンの正常なバランス，特に神経細胞と筋細胞の働きに必須である，ナトリウムイオンとカリウムイオンの濃度勾配を維持するのに寄与している．→ 促進拡散

濃度勾配（拡散勾配） concentration gradient (diffusion gradient)

溶液やガスにおいて，溶質の粒子が高密度の領域と，粒子がより低密度の領域の間の濃度差をいう．*拡散の過程により，その粒子が溶液やガス内で均等に分布するまで，ランダム運動によって，粒子は高濃度の領域から低濃度の領域に移動する．

農薬 pesticide

農作物に被害を及ぼしたり，人間にとっての病害虫を殺すために用いられる化合物のこと．農薬には，不必要な植物や雑草を枯らす除草剤（*2,4-D や *パラコートなど），害虫を殺す殺虫剤（*除虫菊製剤など），菌類を殺す殺菌剤，げっ歯類を殺す殺鼠剤（*ワルファリンなど）を含む．農薬における問題は，それらがしばしば非特異的であり，有害生物以外の生物にも毒性をもちうること，生物的に分解されにくい農薬もあり，その場合は環境中に残留し，生物中に蓄積することである（→ 生物蓄積）．マラチオンやパラチオンのような有機リン系殺虫剤は生分解性であるものの，ミツバチのような益虫を殺してしまうとともに，人間の呼吸器系や神経系に有害である．これらの殺虫剤は *コリンエステラーゼ酵素の働きを阻害することによって，*抗コリンエステラーゼとして働く．ジエルドリンやアルドリン，*DDT のような有機塩素系殺虫剤は残留性が高く，生分解されにくい．

脳梁 corpus callosum

*白質を連絡する帯で，二つの大脳半球どうしをつなげている．これによりお互いの大脳半球どうしの情報の交換が可能になる．

芒 awn

植物の一部や器官の先端から突き出す堅い剛毛．通常，イネ科植物の花序の苞には芒が存在する（→ 穂状花序）．

ノーザンブロット法 Northern blotting
→ サザンブロット法

ノックアウト knockout

特定の遺伝子，あるいは遺伝子群を不活性にする技術．単細胞生物でも多細胞生物でも遺伝子操作により，特定の遺伝子を欠損のある相同遺伝子に置き換えることができる．実験動物（特にハツカネズミ（マウス））にこの方法を適用して，ある遺伝子の欠損が発生や生存にどのような影響を与えるかがわかる．ノックアウトマウスを作るには，正常なマウスの卵細胞に欠損のある遺伝子DNAを注入し，欠損遺伝子の異型接合体となっている胚を選択する．このような胚から育った親どうしを交配すると，子の25％はノックアウト遺伝子の同型接合体となり，したがってこのようなマウスに対する遺伝子ノックアウトの影響を評価することができる．もっと簡単な

方法は*RNA干渉を利用して，組織培養細胞中の特定の遺伝子の発現を抑制すること（遺伝子抑制という）である．この方法では，細胞は細胞核内部の特定のRNA転写物と結合するよう設計された小さな二重鎖RNAが導入される．この二重鎖RNAは標的のRNA転写物を分解するか，あるいはRNA転写物がタンパク質に翻訳されることを阻害する．

のど　gullet　⟶　食道

ノープリウス　nauplius

多くの海水または淡水にすむ甲殻類の，自由に泳ぐ幼生のこと．分節化していない体をもち，体の前に一つの目（ノープリウス眼），触角，大顎，三つの対になった肢をもつ．

ノマド　nomad

（細胞学）その形成部位から遊走，移動する細胞のこと．あるタイプの*食細胞はノマドの一つである．

ノマルスキー顕微鏡（微分干渉顕微鏡）
Nomarski microscope (differential-interference contrast microscope)

光学顕微鏡の一種で，生きた染色されていない透明な試料（例えば細胞や微生物など）をみるのによく使われる．陰影のついた像によって，オルガネラやその他の構造物の輪郭の深さや表面の特徴が浮き彫りになる．平面偏光のビームが入射されるが，その入射ビームはプリズムによって平行な複数のビームに分割されるため，それにより試料の非常に近い領域を複数のビームが通りすぎることになる．試料の厚みや屈折率の微妙な違いがビームが試料を通過後に，2番目のプリズムによってそれらのビームが合わさった後にビームどうしの干渉を引き起こす．位相が同じビームはお互いに増強しあって明るい像を作るが，位相が異なるビームはお互いに打ち消しあって暗い像を作る．ポーランド生まれの，物理学者であるノマルスキー（Georges Nomarski, 1919-97）の名をとって命名された．→ 位相差顕微鏡

ノミ　fleas　⟶　ノミ類

ノミ類　Siphonaptera

二次的に羽を失った昆虫のうち，ノミによって構成される目．ノミの体は側部から圧迫された形で，うしろに向かった多くの棘が並ぶ．ノミは哺乳類や鳥類の吸血性外部寄生虫で，口部を宿主に突き刺すことができるように適応しており，血が凝固しないように唾液を注入し，吸血する．長く剛毛の多い脚部は，弾力性のある体壁に蓄積されたエネルギーを比較的遠距離を跳ぶこと（水平方向に300 mm以上）に用いることができる．宿主をいらだたせること以外にも，ノミは有名な腺ペストの病原菌などの病原体を伝播させることがあり，それらはネズミノミ（*Xenopsylla cheopsis*）によってネズミからヒトへ移行しうる．やや白いイモムシ状の脚をもたない幼虫は有機物を餌とする．2回の脱皮のあと，糸をはいて繭を作り，成虫へと変態を遂げる．

ノルアドレナリン（ノルエピネフリン）
noradrenaline (norepinephrine)

*副腎により生産されるホルモンで，*交感神経系の神経末端からも神経インパルスの化学伝達物質として分泌される（→ 神経伝達物質）．ノルアドレナリンの一般的な活性のほとんどは*アドレナリンと似ているが，緊急事態への準備のためよりは，むしろ体を正常に維持することに関係する．

ノルエピネフリン　norepinephrine　⟶　ノルアドレナリン

ハ

葉
 1. frond ⟶ 大葉
 2. leaf

茎頂の側面の表層の組織集団である葉原基から発達する扁平な構造体である．それぞれの葉は葉腋に側芽をもつ．葉は茎の上に決まった配列様式（→ 葉序）で並び，また通常有限成長を示す．おのおのの葉は，広く平らな*ラミナ（葉身）とその基部の葉脚からなり，葉脚は葉を茎に接続させるが，葉柄がさらに存在することもある．コケ植物類の葉は，単に突起物であって，配偶体世代の植物体上に発達したものなので，維管束植物の葉とは相同の器官ではない．葉は，大きさや形，葉脈の配列の形式，茎との接続様式，そして葉質などの点においてかなりの多様性を示す．葉は単葉である場合と，小葉に分割されて全体として複葉になる場合がある（図参照）．葉のタイプは次のようになっている．
*子葉（種子葉）．鱗片葉，これは葉緑素を欠いており根茎上に発達したり，冬芽に存在して，芽の内部の葉を保護する．普通葉：光合成や蒸散を行う，主要な器官である．花葉や*苞葉：萼片や花弁，雄ずいや心皮などで，生殖を専門にしている．葉は，特別な目的のために修飾される場合がある．例えば，鱗茎葉の基部は，越冬のために栄養を蓄えて肥大する．ある種の植物では，外敵からの防護のために葉は縮小してとげになり，それらが行っていた光合成機能は*扁茎のような他の器

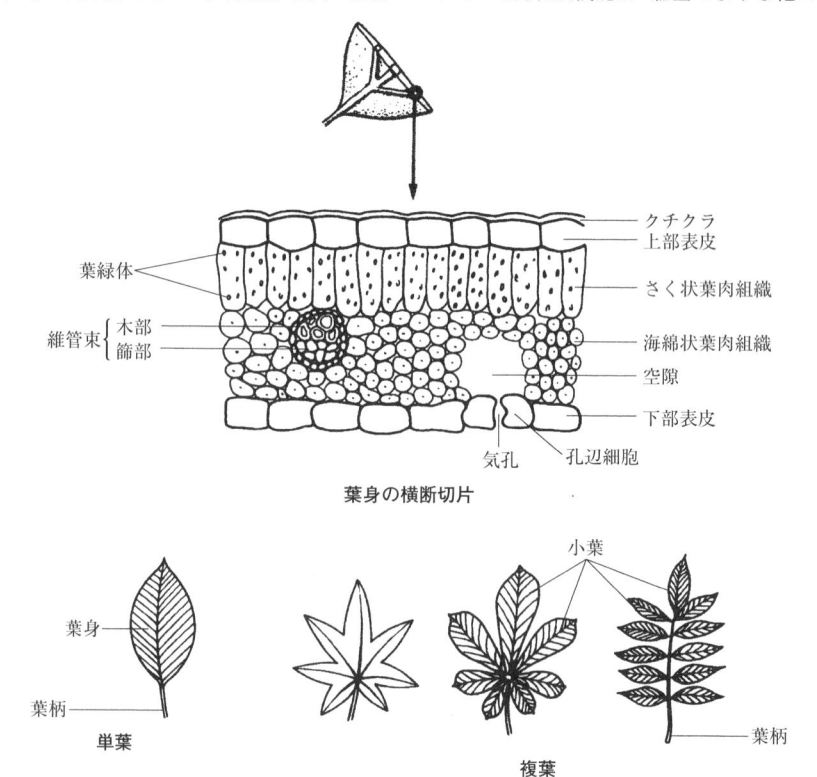

葉身の横断切片

単葉

複葉

官により担われている．

歯

1. tooth (pl. teeth)

脊椎動物の，主に食物を噛むために使われる硬い構造物であるが，攻撃や毛繕いなど他の機能にも用いられる．魚類や両生類では歯は口蓋の全面にあるが，高等脊椎動物では顎に集中している．歯は軟骨魚類で楯*鱗の変形物として出現・進化し，中心に*歯髄腔があり表面（歯冠）の外側を*エナメル質で覆われた骨質の*象牙質のかたまりという構造に，歯が楯鱗由来であることが反映されている．顎骨に組み込まれた歯の部分は歯根である（図参照）．哺乳類では四つの異なる型の歯があり，異なる機能に特化している（→ 犬歯，切歯，大臼歯，小臼歯）．それらの数は種によって変化する（→ 歯式）．→ 脱落歯，永久歯

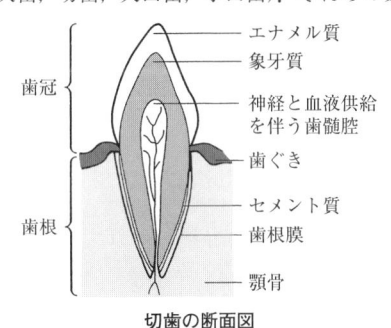

2. teeth ⟶ 脱落歯，永久歯，歯列

胚 embryo

1. 動物の発生の最も初期の段階で，受精卵がはじめて分裂したとき（→ 卵割）から，ふ化または出産まで，卵殻または母親の生殖器官のなかにいる段階．人間の胚（図参照）は妊娠8週以降からは*胎児と呼ばれる．

2. 発芽前に，接合子から発達した植物の構造体．種子植物では，接合子は胚珠のなかの*胚嚢にある．胚細胞と胚柄と呼ばれる構造が有糸分裂によって形成され，胚柄は胚をその周囲の栄養に満たされた組織に埋め込む．胚細胞は連続的に分裂し，やがて*幼根（若い根），*幼芽（若い芽），2枚の*子葉となる．胚組織の周囲の胚珠組織も変化し，最終的には胚を取り囲んで*種子となる．

肺 lung

空気呼吸を行う脊椎動物の*呼吸器官．1対の肺が胸部の胸郭内に位置する．肺は表面積を増やすために折りたたまれ，湿った薄い膜から構成される．酸素と二酸化炭素の交換は，膜の片側にある毛細血管と膜の反対側にある空気との間で行われる．肺には*気管支を通して空気が供給される．哺乳類や爬虫類では，肺の膜は多数の嚢（→ 肺胞）を形成

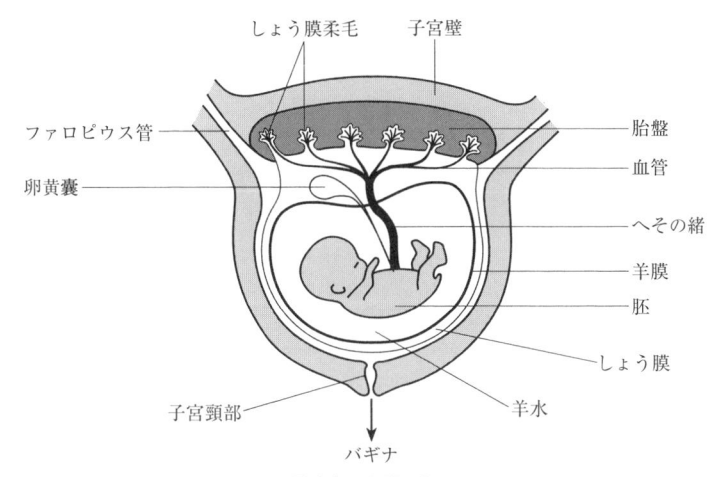

切歯の断面図

（歯冠：エナメル質，象牙質，神経と血液供給を伴う歯髄腔；歯根：歯ぐき，セメント質，歯根膜，顎骨）

発達中の人間の胚

（しょう膜柔毛，子宮壁，ファロピウス管，卵黄嚢，胎盤，血管，へその緒，羊膜，胚，しょう膜，子宮頸部，羊水，バギナ）

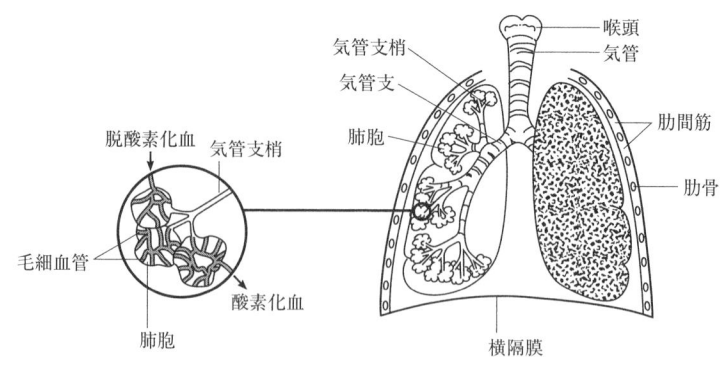

哺乳類の肺と空気の動き （右肺は内部構造を示す）

[図のラベル：喉頭、気管、気管支、気管支梢、肺胞、肋間筋、肋骨、横隔膜、脱酸素化血、毛細血管、酸素化血]

しており、それらは*気管支梢を経由して気管支に連結している（図参照）．肺自体は筋組織を有しておらず、*呼吸運動によって換気されるが、その機構は種によって様々である．

配位結合 coordinate bond → 共有結合

バイオインフォマティクス bioinformatics

コンピュータシステムを用いて、DNAやタンパク質の配列情報を収集し、保管し、分析する学問．ゲノムプロジェクトやタンパク質の研究から生じた多量のデータは様々なデータバンクに保有され、インターネットを介して世界中の研究者が手に入れることができる．多くのコンピュータプログラムが作られており、これらを用いることで、新規な配列とこれまで知られている配列の相同性などを知ることができる．これらにより、アミノ酸配列や遺伝子配列からタンパク質の構造や機能を予測することができる．新たに発見された生物（特に細菌や原生生物）のゲノム配列の解析により、それらの生物が発現するタンパク質の一覧や、生態を推定することができる．また、異なる生物種のゲノム配列の比較により、それらの生物の進化上の関係も知ることができる．→ ゲノミクス

バイオガス biogas

メタンと二酸化炭素の混合物で、家庭や工場、農業の廃水などの嫌気的な分解の結果として発生する．これらの分解反応は、メタン生成菌（→ メタン細菌）によって行われるが、これらの嫌気性生物はバイオガスの主成分であるメタンを生成し、これを集めることで家庭での暖房や調理や光などのためのエネルギー資源として使うことができる．バイオガスを生成するためには特殊な消化槽が用いられており、中国やインドで広く使われている．燃料供給だけでなく、これらのシステムは病原性の微生物を含んでいる*汚水を消化し、未処理の家庭用や農業の廃水による人体への危険を除去することができる．

バイオシステマティックス biosystematics → 系統学

バイオセンサー biosensor

固定された生物由来の作用物質を使用して、化合物を感知、または測定する装置．作用物質には、酵素、抗体、細胞器官、または細胞全体がある．固定された作用物質と、分析しようとしている分子との反応は電気シグナルに変換される．このシグナルは、反応産物の生成、電子の動き、その他の因子の発生（光など）によって生ずる．バイオセンサーは医学診断にも使われ、これは抗生物質、ビタミン、その他の重要な生物分子を含む生物生産物、さらには合成有機化合物などの*生体異物を、迅速で感度よく、特異的に分析することができる．

バイオタイプ biotype

1. 遺伝学的に非常に似ているか、あるいは同一の、一つの種のなかでの個体のグループ．

2. 生理 *品種.

バイオテクノロジー biotechnology

医薬や工業に使われる物質を生産するために生物学的プロセスを応用する技術. 例えば, 抗生物質, チーズ, ワインの生産は菌類や微生物の活動に依存している. *遺伝子工学は, ホルモンやワクチン, *モノクローナル抗体などの新しい物質を生産させるために細菌の細胞を変化させたり, 植物や動物に新たな特徴を導入することができる.

バイオマーカー biomarker

体液中の濃度異常により特定の病気や中毒の状態を調べることができる指標となる代謝産物. 例えば, 血中のグルコース濃度の異常は, 糖尿病(→ インスリン)であることを示している.

バイオマス biomass

一定のタイプの生物あるいは一定空間内に生育するすべての生物の総量であり, 例えば, 世界の木のバイオマス, セレンゲティ国立公園のゾウのバイオマス, といった使い方をする. バイオマスは通常, 1平方メートル中の*乾燥重量をグラムで表示したもので測られる. → 生物体量ピラミッド

バイオーム biome

優占する植生のタイプによって分けられる, 大規模な地域にまたがる生態学的な集団や集団の複合体のこと. バイオームの生物たちは, その地域の気候に適応している. 隣接するバイオームどうしは互いに重なっており, 明確な境界は存在しない. バイオームの例としては, *凍土帯, 熱帯*雨林, *タイガ, *チャパラル, (温帯および熱帯)*草原, *乾荒原があげられる.

バイオメカニクス biomechanics

生物のシステム, 特に協調運動を行う生物系に機械工学の原理を応用したもの. バイオメカニクスはまた, 骨や血液のような生体物質の特性も対象にする. 例えば, 動物が静止しているときと動いているときの両方における骨にかかるストレスを解析するとき, バイオメカニクスが使われる. その他, 魚の泳ぎに関連して流体力学や, 鳥の飛翔に関連して航空力学がバイオメカニクスに含まれる. 動物は, その形が複雑なことや, その動きに多数の部分が関与していることから, 実際のバイオメカニクスの計算を行うことはときに難しい(例えば, たくさんの筋肉がヒトの足の動きにはかかわっている).

バイオリアクター bioreactor

1. 工業用培養装置(industrial fermenter)のこと.

酵素やその他の化学物質を工業生産する際に, 生産者となる微生物を育てる大きなステンレスタンク. タンクを蒸気滅菌した後, プローブを用いて温度, 圧力, pH, 酸素濃度が酵素生産に最適な条件に保たれている培地に酵素生産微生物が接種される. *攪拌器が培地を混ぜ, 常に一定の空気を培地内に送る. 培地が滅菌されていること, 微生物の増殖に必要な栄養素が含まれていることが必要である. 栄養素が使われつくすと, 生産物は分離される. もし生産物が細胞外にできるものである場合, 微生物が増殖している間に細胞外液を培地から取り出すことができるが, 細胞内にある場合は培養が終わったあと菌体を収穫しなければならない. 一部のバイオリアクターは*連続培養用に設計されている.

2. バイオリアクターは, 酵素や菌体を触媒として物質の変換や合成を行う反応容器, 装置システムのこと. 化学工業において反応容器や装置をリアクターと呼ぶことに対応している.

バイオリスティクス biolistics

生細胞に遺伝物質を導入する技術. 特に植物細胞において, DNAでコーティングされた微小な粒子を特別な銃で打ち込む技術. 直径約1μmの微粒子が, 特別に改造された口径の小さい銃により打ち出され, 細胞に最小限のダメージしか与えず細胞壁と細胞膜を貫通する. それによって生きたままの植物細胞に外来のDNAを導入できる(→ 遺伝子組換え生物). この技術は二重膜を通過して, 生きたままの葉緑体やミトコンドリアにDNAを導入することにも使われている.

媒介動物 vector

ある動物あるいは植物から他の個体へ, または動物からヒトへと病原微生物を受動的に

媒介する動物で，通常昆虫である．→ キャリヤー

肺活量 vital capacity
　空気を最大限吸ったあとで吐き出すことができる空気の総量．平均的な人間の肺活量は約4.5リットルで，練習を積んだ男性の運動選手では6リットルあるいはそれ以上も可能である．ただし，肺のなかには常に空気が多少残っている（→ 残気量）．

肺活量計 spirometer ── 呼吸計

倍脚綱 Diplopoda
　*単肢動物門の一綱で，ヤスデの仲間の蠕虫様の陸生の*節足動物．倍脚綱の特徴としては，1対の短い触角のある明瞭な頭部を有し，20～60以上の体節をもち，おのおのの体節に2対の脚をもつことである．湿気のある生育環境を好み，ヤスデは動きが鈍く，枯葉を常食とする．→ 多足亜門

肺魚 lungfish ── 肺魚類

肺魚類 Dipnoi
　硬骨魚類の一亜綱または一目に分類される一群で，肺魚が含まれ，この群の魚は，肺を有し空気呼吸を行う．アフリカ，オーストラリア，南アメリカの，夏期にはよどんだり干上がるような淡水の湖沼に生息する．肺魚はこのような状況下で，泥に穴を掘り，呼吸のための小穴を残して泥の奥に入って*夏眠に入って生き延びており，6カ月もしくはそれ以上，生存が可能である．肺魚の起源は，デボン紀（4億1900万～3億5900万年前）にまでさかのぼり，現在の*両生類と多くの特徴を共有する．

配偶子 gamete
　他の配偶子と融合して接合子となる生殖細胞．配偶子の例としては，卵子と精子がある．配偶子は*半数性細胞であり，通常の（二倍体の）染色体の半分の数の染色体をもつ．したがって二つが融合すると，二倍体の染色体の数に戻る（→ 受精）．配偶子は*減数分裂によって形成される．配偶子はしばしばサイズが異なるものがあり，小さい（通常雄の）配偶子は小配偶子として知られ，大きなほうの（通常雌の）配偶子は大配偶子として知られる．→ 有性生殖

配偶子合体 syngamy ── 受精

配偶子形成 gametogenesis
　配偶子の形成過程．配偶子は通常*減数分裂により形成されるが，シダ類の配偶体世代でみられるように，ときには*有糸分裂により形成される．哺乳類においては，雌性配偶子形成は*卵形成と呼ばれ，卵巣で行われる．雄性配偶子形成は*精子形成と呼ばれ，精巣で行われる．

配偶子嚢 gametangium
　配偶子を形成する器官．この単語は，通常藻類，菌類，コケ類，シダ類に限られる．→ 造精器，造卵器，生卵器

配偶体 gametophyte
　植物の生活環における世代の一つであり，配偶子を形成する性器官をもつ．配偶体は半数体である．またコケ，ゼニゴケ類の生活環における主要な大型の段階であり，*胞子体世代は部分的に，もしくは完全に配偶体に依存する．ヒカゲノカズラやトクサ，シダの仲間においては*前葉体が配偶体に当たる．種子植物においては非常に退化しており，花粉が雄性配偶体，胚嚢が雌性配偶体に当たる．→ 世代交代

敗血症 sepsis
　柔組織や血液の感染症で，病原体の微生物が肌の傷から体内に侵入したあとにたいていは発病する．この結果，病原体やそれらの*毒素により，組織の破壊が起こる．

背甲 carapace
　1．カニなどの甲殻類の*外骨格の背の部分．頭部や胸部などのいくつかの体節を保護するために広がっている．
　2．カメの甲羅の背中の半球状の部分．肋骨と椎骨が融合した骨の板でできており，角質の上皮性の層により保護されている．甲羅の腹側（腹甲）は同様であるが平らである．

背骨 backbone ── 脊柱

背根 dorsal root
　背側の*脊髄に入り込む脊髄神経の一部で，知覚神経のみを含む．これらの神経繊維の細胞体は，背根が脊髄からちょうど出たところに存在する膨大部である背根神経節（→ 神経節）を形成する．→ 腹根

胚軸 hypocotyl
　双葉（*子葉）柄より下で，幼根より上の部分の，芽生えの幹の部分をいう．*地上発芽性の芽生えにおいては，胚軸は急速に成長し，地上に子葉を持ち上げる．胚軸部（遷移部）で，維管束の配列は根の配列様式から，茎の配列様式に変化する．→ 上胚軸

胚珠 ovule
　*珠心，*胚嚢，*外皮からなる種子植物の雌性繁殖器官の一部分．裸子植物の胚珠は雌花の球花の種鱗上に位置するが，被子植物の胚珠は心皮に囲まれている．受精後の胚珠は種子になる．

排出
　1． egestion
　腸内に残った食物の廃物を身体から排除することで，特に肛門を通じて腸内から未消化物を排除することを示す（→ 排便）．英語のegestionという用語は，身体から排除される老廃物が身体の組織における代謝活性によって産生される際に使われる用語であるexcretionとは混同されるべきでない．

　2． excretion
　分泌ともいう．生物の代謝活動の結果できた排泄物を体の外に出すこと．排泄物には水分，二酸化炭素，窒素化合物などがある．排出は生物の*内部環境を一定に保つために重要である（→ ホメオスタシス）．排出の最も簡単な方法として，たとえば，植物は廃棄物を体から拡散により放出するが，しかし多くの動物は排出のために特化した器官を発達させている（→ マルピーギ管，腎管）．脊椎動物の排出器官の例として，肺（二酸化炭素と水），*腎臓（*窒素廃棄物と水）があげられる．それに加え，哺乳類では少量の尿素，塩分，水が皮膚から汗として排出される．

肺循環 pulmonary circulation
　鳥類と哺乳類の循環系の一部であり，酸素含量の低い血液を心臓の右側から肺に運搬し，酸素を吸収した血液を心臓の左側に戻す．→ 体循環，二重循環

杯状体 cupule
　ヒカゲノカズラ類の植物において，その成長過程で胞芽（休眠中の芽）を保護する役割をもつもの．これは，六枚の葉状体からなる．

肺静脈 pulmonary vein
　肺で酸素を吸収した血液を，肺から心臓の左心房に運搬する静脈である．

排水 guttation → 排水組織

排水組織 hydathode
　ある種の植物の葉の*表皮に見いだされる孔をいう．*気孔と同様に，排水組織は二つの三日月形の細胞に囲まれているが，しかしそれらは孔辺細胞と異なり，孔の大きさを調節しない．排水組織は，たとえば空中湿度が非常に高いときなどの*蒸散が阻害される場合に，植物が水を分泌するために用いられる．このような機構による水分の喪失は，排水と呼ばれる．

倍数体 polyploid
　2セット以上の染色体（→ 二倍体）をもつ核，またこのような核を有する細胞や生物を示す．例えば，*三倍体植物は3セットの染色体をもち，四倍体植物は4セットの染色体をもつ．倍数性は，動物より植物において，はるかに一般的である．特に多くの作物が倍数体である（例えばパンコムギは6倍体，$6n$ である）．*コルヒチンを用いた化学的処理により，倍数体を作製することができる．→ 異質倍数体，同質倍数体

排泄管 nephridium → 腎管

背側 dorsal
　地面や他の支持物から最も離れたところにある植物や動物の表面，すなわち上面などを示す．脊椎動物ではその下を背骨が走る面が背側面である．したがってヒトやカンガルーなどの直立型（二足歩行型）の哺乳類では後方を向いた（*後方の）表面である．→ 腹側

背側大動脈 dorsal aorta
　脊椎動物の胎児において*大動脈弓からの血液を胴体や四肢に流すための動脈．成体の魚類において背側大動脈は，上鰓動脈からの酸素を含む血液を，全身の器官に供給する動脈の分枝に通す主な経路となっている．四足動物の成体では背側大動脈は*体動脈弓から生ずる（→ 大動脈）．→ 腹側大動脈

胚体外膜（胚膜） extraembryonic membranes (embryonic membranes)
動物の*胚から防御と栄養吸収のために形成される組織で，発生自体にはまったく関与しない．四つの膜は，ヒトでは「胎膜」と呼ばれ，*漿膜，*羊膜，*尿膜，*卵黄囊からなる．

培地 culture medium
微生物の生育や増殖を行わせるためや，組織や器官の培養物を維持することに用いられる栄養物質．固体・液体の両方の場合がある．→ 寒天

肺動脈 pulmonary artery
心臓の右心室から，酸素含量の低い静脈血を肺に導く動脈であり，肺で血液は酸素を受け取る．

肺動脈弁 pulmonary valve ⟶ 半月弁

梅毒 syphilis ⟶ 性行為感染症

ハイドロイド hydroid
ある種のコケ類の皮層にみられる，特殊化した細長い導水細胞をいう．ハイドロイドは末端どうしが縦につながっており，成熟すると細胞質を失い，末端の細胞壁が一部失われ，水を通すようになり，原導管を形成する．

排尿 micturition
膀胱からの尿の排泄．尿道と膀胱の結合部に存在する括約筋の随意的な弛緩のあと，*排尿筋の反射的収縮によって起こる．

排尿筋 detrusor muscle
*膀胱壁に存在する平滑筋で，交感神経繊維が分布し，膀胱壁の張力がある強さに高まると，その反射応答として収縮する．

肺の pulmonary
肺の，あるいは肺に関係したの意味．

胚囊 embryo sac
顕花植物の*胚珠にて発達する大きな細胞．ずっと小さくはあるが，下等植物の雌性*配偶体と同等のものである．一般的に，*胚囊母細胞の分裂によって八つの核をもつ（図参照）．二つの*助細胞とともに卵装置を形成する*卵球（卵細胞）は，精核によって受精し*胚となる．二つの*極核は第二の精核と結合し，三倍体の核をもつ*内胚乳を形成

胚囊

する．残りの3個の核が反足細胞を形成する．

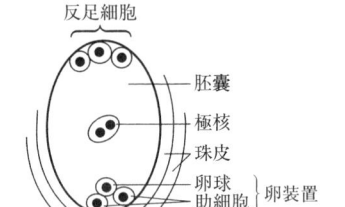

胚囊母細胞 megaspore mother cell ⟶ 大胞子母細胞

ハイパー hyper-
接頭辞の一つで，過度の，超えて，高度の，の意を示し，例えばhyperpolarization（過分極）がある．

背板 tergum
節足動物の背部表面にみられる保護用のクチクラのこと．

胚盤 scutellum
イネ科植物の種子における胚と内胚乳の間にある組織．これはイネ科植物の子葉が変形したもので，内胚乳の消化や吸収に特化している．

胚盤胞 blastocyst ⟶ 胞胚，着床

胚盤葉 blastoderm
*胞胚の中央の空洞（胞胚腔）を囲む細胞の層．昆虫の卵のように卵黄のある卵では，胚盤葉は卵黄を包む層を形成する．→ 成虫原基

ハイブリドーマ hybridoma
雑種細胞の一種で，腫瘍細胞（骨髄腫）と抗体を生産する正常な*B細胞の融合により作製される（→ 細胞融合）．得られた雑種細胞株は，大量の正常な抗体を生産し，これはクローン化された細胞株から得られる抗体であるために，モノクローナル抗体と呼ばれる（→ モノクローナル抗体）．

胚柄 suspensor
配偶体組織のなかに植物胚を固定する細胞鎖のこと．顕花植物では，胚柄は胚を胚囊に接着し，内胚乳へ胚を押し込むために伸長す

る.

排便 defecation

直腸壁の筋肉の収縮による，直腸からの糞便の排泄のことをいう．直腸の末端（肛門）に随意筋である括約筋が存在し，この筋肉の弛緩により排便が起こる．乳児では肛門括約筋の随意支配は発達しておらず，直腸内に糞便が存在することに対する反射応答として，排便が自動的に起こる．

ハイポ hypo-

接頭辞の一つで，下の，下に，低，の意を示し，例えばhypogyny（子房下生），hyponasty（下偏成長）がある．

肺胞 alveolus

哺乳類と爬虫類の*肺にある空気の入った小さな袋で，*気管支梢の末端に存在する．肺胞は，多数の毛細血管のある，湿った微細な膜で裏打ちされており，呼吸における気体（酸素と二酸化炭素）の交換が行われる所である．

胚母細胞 embryo mother cell ⟶ 胚嚢母細胞

胚葉（初期胚葉） germ layers (primary germ layers)

*原腸胚期の動物胚の細胞層で，動物の身体を構成する多様な組織に分化する．二つ，もしくは三つの胚葉があり，外側の層（→ 外胚葉），内側の層（→ 内胚葉），そしてほとんどの動物では中間の層（→ 中胚葉）がある．→ 発生

培養

1. culture

微生物の細胞や，動植物を起源とする細胞の一団．それらの細胞は栄養物質，温度，pH，酸素，浸透圧，光，圧力や水分含量などの特定の条件下で育てられる．細胞培養は，多様な科学の研究のために実験室で用いられている．*培地は，生育に適切な環境を提供する場である．→ 回分培養，連続培養，単層培養，器官培養，懸濁培養，組織培養

2. incubation

細菌や他の微生物の*培養物を増殖に最適な温度に維持する処理．

排卵 orulation ⟶ 産卵

ハーヴェイ，ウィリアム Harvey, William (1578-1657)

イギリスの内科医で1609年からロンドンの聖バーソロミュー病院に勤務し，1618年以降は国王の侍医となった．1628年に発表した血液*循環の発見で最も有名である．

ハエ flies ⟶ ハエ目

ハエ目 Diptera

真性のハエ，もしくはハエを含む2枚翅（双翅）を有する昆虫の一目．ハエは全部でわずか1対の翅を有し，これは前翅である．後翅は平衡器官として働く小さな棍棒状の平均棍に変化している．ハエ類は典型的な液体食者であり，食物を突き刺したり，吸ったり，舐めたりすることに適応した口部をもち，花の蜜，腐敗した有機物，血液などを餌としている．昆虫を捕食する種が存在し，一部の種は寄生性を示す．ハエ目の幼生（ウジ）は，基本的に蠕虫様で目立たない頭部をもち，蛹を経て成体への変態を行う．多くのハエやその幼虫は，作物を食害したり（ミバエなど），病原微生物の媒介動物（イエカ（*Musca domestica*）やその他ある種のカ）となるので深刻な害虫であるといえる．

白亜紀 Cretaceous

地質学上の，中生代における最後の紀に相当する．ジュラ紀に続く時代であり，およそ1億4500万年前から6500万年前に暁新世が始まるまで続いたとされる．この時代の名前は，creta（ラテン語でチョーク）に由来し，これは西ヨーロッパの白亜紀の地層で多量の*チョークが堆積していた特徴のためである．白亜紀は中生代のなかでも，最も長期であった．被子植物がはじめて陸上に現れ，中生代型の爬虫類は白亜紀初期にその全盛期を迎えた．白亜紀末には恐竜類，飛行性の爬虫類やアンモナイトなどの*大量絶滅が起こった．その原因は，巨大隕石の地球への衝突による，環境の大変化ではないかと考えられている．→ アルヴァレズイベント，イリジウム異常

白化 chlorosis

緑色の色素である葉緑素の合成が抑制された，植物の茎や葉の異常な状態．淡黄色を呈

する．光や無機質の欠乏や，病原菌（特にウイルス）の感染，遺伝的要因に起因する．

麦芽（モルト） malt
*醸造の際，オオムギを発芽させたときにできるβ-*アミラーゼによってデンプンを加水分解したもの．→ マルトース

麦芽汁 wort ── 醸造

麦芽糖 malt sugar ── マルトース

白筋 white muscle
魚にみられる筋組織の一種であり，速い収縮に特化した速筋繊維からなる．白筋は速く泳ぐ動作や逃避反応に用いられる．ゆっくりとした泳ぎに用いられる赤筋よりも体の深いところに位置し，体軸と平行というよりはらせん状に並んでいる．この配置により，白筋が収縮するときに体は大きく曲がる．

白質 white matter
脊椎動物の中枢神経系を構成する組織の一部．主に白っぽい*ミエリン鞘に覆われた神経線維からなる．→ 灰白質

ハクスリー，アンドリュー，卿 Huxley, Sir Andrew ── エクルズ，ジョン・カルー，卿

薄層クロマトグラフィー thin-layer chromatography
液体混合物を*クロマトグラフィーを用いて分析する技術の一つ．固定相は吸収剤（例：アルミナ）を薄く板（主にガラス）の上に広げ，オーブンで乾かすことで作られる．板の一端に近い部分に試料を滴下し，スポットを下にして，板を溶媒のなかに浸ける．溶媒は毛細管現象で薄層を伝っていき，試料中の内容物が異なる移動度で板を上がっていく（移動度は混合物中の各物質が固定相に吸着される度合いに応じて変わる）．その後板を乾かし，スポットの場所をマークする．一定時間内でのスポットの移動度により，試料中の構成物を同定することができる．この技術では薄層の厚さと温度に注意することが必要である．

バクテリオクロロフィル bacteriochlorophyll
クロロフィルの一型で，光合成細菌，特に紅色光合成細菌，緑色光合成細菌にみられる．バクテリオクロロフィルには数種類あり，バクテリオクロロフィルaからgと名づけられている．たとえば，バクテリオクロロフィルaとバクテリオクロロフィルbは，植物にみられるクロロフィルaとクロロフィルbに類似した構造をもつ．紅色光合成細菌は，種類により，この二つのバクテリオクロロフィルのどちらかをもつ．バクテリオクロロフィルは特殊な膜系（クロマトフォア）中に存在する．紅色光合成細菌では，クロマトフォアは細胞膜から生じて細胞内に存在するシート，筒，あるいは小胞の形で存在するが，緑色光合成細菌では細胞膜の下に存在する筒状の構造体（クロロソーム）となる．

バクテリオファージ（ファージ） bacteriophage (phage)
細菌に寄生するウイルスをいう．おのおののファージは，特定の型の細菌にのみ感染する．大部分のファージ（ヴィルレントファージ）は感染すると，内部で急速に増殖し，宿主細胞を破壊（溶菌）する．しかし，ある種のファージ（溶原性ファージ）は，最初に感染した後に宿主内で休眠状態となり，ファージの核酸は宿主の核酸に入り込み，それと一緒に増殖し，ファージが感染した娘細胞を生産する（→ 溶原性）．溶菌は，最終的には環境因子により引き起こされる．ファージは，実験的に細菌を同定する目的や，たとえばチーズ生産のような細菌の関係する製造工程の制御の目的に使われる．また，ファージは細菌の遺伝的性質を変えうるため，たとえばクローニング*ベクターのように，遺伝子操作における重要な道具となっている．→ ラムダファージ

バクテリオロドプシン bacteriorhodopsin
葉緑素のような色素を用いずに，光エネルギーを利用してATPを作る好塩性（耐塩性）古細菌の *Halobacterium salinarum* により作られる，膜タンパク質の一種である．光によって活性化されると，このタンパク質は，細胞外に水素イオンをくみ出し，そのために濃度勾配が生じ，ATPが合成されるようになる．バクテリオロドプシンは7本の α

ヘリックス鎖からなり，これらは細胞膜中に伸長し，短いアミノ酸の鎖で互いに連結する．バクテリオロドプシンには補欠分子団のレチナールが含まれるが，この物質は脊椎動物の桿体に含まれる色素である*ロドプシン中にも見いだされる．

バクテロイド bacteroid

宿主植物の根粒内で，窒素固定細菌が窒素固定活性を発現するときに示す形状をいう．たとえば，リゾビウム属細菌は，マメ科の宿主の根の細胞に感染したときに，大型の不規則な形状の分枝した細胞に変化する．これらのバクテロイドは，宿主細胞の膜が変化したペリバクテロイド膜に包まれ，*ニトロゲナーゼのような窒素固定の鍵酵素とその他の成分を合成するように分化する．感染の過程が進行するにつれ，バクテロイドは*根粒内部に収容され，窒素固定に必要なエネルギーを宿主に全面的に依存するようになる．その代わり，バクテロイドは宿主に同化可能な形態の窒素であるアンモニアを供給し，これはアミノ酸に取り込まれる．→ 窒素固定

破骨細胞 osteoclast

骨の表面上に存在している細胞で，骨基質の破壊の機能をもち，それにより，成長や修復の間に骨のさらなる発達と再構築をするための細胞のこと．→ 副甲状腺ホルモン，骨膜

はさみ chela

節足動物の付属肢の末端の分節が，その一つ前の分節と対向する構造をとる場合，はさみという．はさみは，ウミザリガニでみられるように，しばしばペンチのように機能するために，大型に変形する．はさみをもつ付属肢はキレート（chelate）と呼ばれる．

ハサミムシ earwigs ─→ ハサミムシ目

ハサミムシ目 Dermaptera

昆虫の一目であり，ハサミムシ類である．典型的なハサミムシ類は，細長い円筒形の体に咬み型口器と，腹部の後端に強靱で湾曲したはさみ（尾角）をもち，このはさみを獲物の捕獲や求愛に用いる．一部の種は1対の羽をもち，未使用時には腹部の上に扇状に折り畳まれる．他の種は羽をもたない．ハサミムシ類の大部分は，夜行性で雑食性である．

バー小体 Barr body

凝集したX染色体（→ 性染色体）からなる構造物で，哺乳類の雌の，分裂していない細胞核内に見いだされる．バー小体の存在は，性別判定において競技者の性別の確認に使われる．名称は，1949年にバー小体を発見したカナダの解剖学者バー（M. L. Barr, 1908-95）にちなんでいる．

破傷風 tetanus

破傷風菌（*Clostridium tetani*）というバクテリアによる疾患で，この菌は一般的に開放性の創傷から体内に侵入する．バクテリアで産生される毒素は神経を刺激し，下顎の筋肉から痙攣していく（これにより非公式に破傷風は咬痙（lock jaw）と呼ばれることもある）．

柱（軸） rachis (rhachis)

1．中軸，花軸．複葉や花序の主軸．
2．羽軸．*羽毛の中軸．
3．背骨．

ハジラミ目 Mallophaga

鳥類に寄生するハジラミからなる二次的に翅を失った昆虫の一目．ハジラミは背腹性の平らな卵型の体をもつ微少な生き物で，小さい目，咬み型口器をもつ．これらは，鳥の外部寄生虫で，死んだ皮膚の一部や羽の断片，ときには血液なども餌にしている．ハジラミは不完全変態で，卵からは成虫とよく似た幼虫がふ化する．

パスカル pascal

圧力の*SI単位で，1パスカルは1 m^2 当たり1ニュートンの力が加わっていることに等しい．

バースコントロール（避妊） birth control (contraception)

通常は性的活動を妨げずに，妊娠を故意に阻止する方法．自然的または人工的な方法がある．自然的な方法は，人工的方法に対する宗教的，倫理的禁忌からよく用いられ，排卵が起こる時期に性交を行わない「周期（避妊）法」や，あまり信頼のできない方法だが，射精の前に陰茎を膣から出す「中絶性交」がある．周期（避妊）法をするには女性

の生理周期をモニターすることが必要で，周期が不順な女性には安定した方法ではないことがある．人工的方法では，器具やその他の薬剤（避妊薬）を使う．器具には陰茎にかぶせて精液を捕捉するゴムの鞘である「コンドーム」や，子宮頸部にかぶせるゴムのカップである「ペッサリー」がある．*着床を防ぐための避妊法には，医者によって金属またはプラスチックのコイルである「避妊リング(IUD)」を子宮に入れるもの（ときに耐えがたい出血を伴う）や，性交後3日以内に飲まなければならないモーニングアフターピルがある．その他，排卵を防ぐ*経口避妊薬がある．*断種は通常不可逆的と考えられているが，もとに戻す試みは可能である．一時的な関係や性交の履歴を知らない相手との関係においては，ヘルスワーカーは，妊娠だけでなく*性行為感染症を防ぐ最も安全な方法として他のすべての避妊法とともにコンドームの使用を勧めている．

パスツール，ルイ Pasteur, Louis (1822-95)

フランスの化学者，微生物学者．パリのエコールノルマールとソルボンヌ大学に戻る前は，ストラスブール大学（1849-54），リール理科大学（1854-57）で研究をしていた．1888年から死ぬまでの間，パスツール研究所の所長を務めた．1848年に*光学活性を発見し，1860年，光学活性には分子構造が関係していることを見いだした．1856年には*発酵の研究を始め1862年までに*自然発生説が誤りであることを証明した．1863年には*低温殺菌法（もともとはワインのための殺菌法であった）を開発した．また病気の研究に進み，コレラ（1880），炭疽病（1882），狂犬病（1885）のワクチンの開発を行った．

破生 lysigeny

分泌物が蓄積する空洞（こわれた細胞の破片によって周囲を囲まれている）を形成するための局所的な植物細胞の脱落．柑橘類の葉にある油腺が例としてあげられる．→ 離生

派生形質（状態） apomorphy (derived trait)

ある特定の種とその子孫のすべてに，進化していくなかで新しく獲得されたある形質のこと．系統発生学の用語として，種または集団の特徴を定義するのに用いられる．それゆえ，羽をもっていることは鳥類に特徴的であり，羽をもっているものは鳥類のメンバーとしてすべて定義される．ある一つの種に限定される派生形質のことは固有派生形質と呼ばれる．固有派生形質は，その種の近縁種からの分岐の程度を示すことはできるけれども，それのみではその種の系統発生学的な関係についてそれ以上の情報を与えることはできない．例として話す能力があり，ヒト（ホモ・サピエンス）のみにこの能力があり，他の霊長類にはこの能力はみられない．二つまたはそれ以上の種や集団で共有される派生形質は共有派生形質と呼ばれる．そのような形質は，厳密に*単系統性の集団またはクレードを定義でき，分岐学の分類システムの基礎を築いている．→ 分岐論，原始形質

バソプレッシン vasopressin ⟶ 抗利尿ホルモン

パターン形成 pattern formation (patterning)

発生過程で体の基本構造の対称性と繰返しを設定すること．例えば動物胚でのパターン形成は，組織や器官が正しい場所や方向に発生するための枠組みを提供するため，体軸，体節の数と極性や他の基準を決定する．この過程は母性効果遺伝子や初期胚遺伝子にコードされ，複雑に協調して発現する多くの*モルフォゲンの相互作用によって調節されている．

パターン認識 pattern recognition

様々な変数に基づいてデータを分類するときに用いる統計処理の一分野．この種の統計解析は，特に非常に多くの個体について様々な特性の観察によって得られた生物学的データを解釈するときに有効である．

ハチ bees ⟶ 膜翅類

パチーニ小体 Pacinian corpuscle (lamellated corpuscle)

圧力を感知する皮下層にある感覚受容体のこと．結合組織からなる卵形の被膜に覆われた神経末端から成り立っている．この受容体

はイタリア人解剖学者のパチーニ (Filipo Pacini, 1812-83) にちなんで命名された．

鉢虫類 Scyphozoa ⟶ 刺胞動物門

爬虫綱 Reptilia

はじめて完全に陸生となった脊椎動物を含む綱で，水分の蒸散を防ぐために皮膚は鱗板の層で覆われ，乾燥した地表で生息できる．主に肋骨を使った呼吸運動（横隔膜はもっていない）により肺を使って大気中酸素を吸っている．爬虫類は冷血動物であるが（→ 変温性），行動様式により1日を通してほぼ同じ体温を保つことを可能にしている．体内受精で多くの爬虫類は卵を地上に産む．卵の殻は多孔質で，乾燥を防ぐとともにガス交換ができるようになっている．ある種の爬虫類では卵は孵化寸前まで母親の胎内にあり幼生死亡率を低くしている（→ 卵胎生）．この綱には*恐竜や*翼竜など多数の化石種のほかに，現代のワニ，トカゲ，ヘビ（→ 有鱗目），カメが属している．

発エルゴン反応 exergonic reaction

エネルギーが放出される化学反応（→ 吸エルゴン反応）．*発熱性反応はエネルギーが熱として放出される発エルゴン反応．

発芽 germination

1. 種子が芽生えを形成する最初の成長段階．幼芽や幼根が発生し，上と下にそれぞれ伸びていく．発芽に必要な栄養は種子の*内胚乳組織あるいは子葉，またはその両方から供給される．→ 地上発芽性の，地下性の

2. 胞子，もしくは花粉粒の成長の最初の兆候．

麦角 ergot

バッカクキン（→ 子嚢菌門）が穀物やその他のイネ料植物の穀粒に寄生し形成する，黒くて固い殻に覆われた菌糸の塊．麦角は，バッカクキンの作る一種の菌核で，休眠状態にあるが，適した環境下では発芽し，菌糸を伸ばしたり子嚢果を生ずる．LSDに似たアルカロイドを含み，血管を収縮させ，片頭痛や出血の治療にも使われる．感染した穀物を食すと，麦角中毒にかかり，中世にセイントアンソニーの火として知られていた壊疽，幻覚といった症状が出る．

発がん性 oncogenic

癌の発症の原因となる化学的，生物的，環境的な要因のこと．ウイルスのなかには脊椎動物に発がん性を示すものがあり，特に*レトロウイルス（ニワトリのラウス肉腫ウイルスを含む）があげられ，また発がん性の疑いのあるウイルス（例えば*アデノウイルスや*パポバウイルス）もいる．これらのウイルスの多くは，正常な宿主細胞をがん細胞へと変化させる遺伝子（*がん遺伝子）を含んでいる．→ 成長因子

発がん物質 carcinogen

*癌を発生させる作因．例えば，たばこの煙や特定の化学合成物質．*電離放射線（X線や紫外線など．訳注：紫外線は電離放射線に含めないことが普通である）があげられる．

バックグラウンド放射線 background radiation

宇宙線や，岩石，土壌，大気中に存在する放射性同位元素が原因となり生じる，地表と大気中の低強度の*電離放射線をいう．これらの放射性同位元素は天然のものや，放射性降下物，原子力発電所からの排ガス由来のものがある．

白血球 leucocyte (white blood cell)

血液とリンパ液のなかに存在する核をもった色のない細胞．リンパ節と赤色骨髄で作られ，アメーバ運動ができる．また，白血球は，*抗体を生産し，傷ついたところまで血管壁を通りぬけて移動し，そこで死んだ組織，異物や細菌を囲み，健全な組織から隔離する．白血球には，二つの主要なタイプがある．細胞質に顆粒のない*リンパ球や*単球のような細胞（→ 無顆粒白血球）と，顆粒を含む細胞質をもつ*好塩基球，*好酸球，*好中球など（*顆粒球）である．

白血球分化抗原 cluster of differentiation ⟶ CD

白血病 leukaemia ⟶ 癌

発現配列標識（EST） expressed sequence tag：EST

部分的なDNA配列で，たいてい200～400ベースほどの*相補的DNAクローン

(cDNA) である．メッセンジャー RNA から逆転写によって cDNA が用意されるため，EST はある組織や器官で発現された遺伝子のマーカーとして使うことができる．EST 配列データはデータベースに載っており，研究者は例えば対象のタンパク質の，部分的なアミノ酸と対応する配列がないかを検索する．そのようにしてみつかった EST 配列は，*DNA ライブラリーから，対応するクローンを探すための DNA プローブ構築に使われる．

発現ベクター　expression vector

遺伝子工学で使われる，ある遺伝子をクローニングするだけでなく，宿主細胞のなかで発現させる*ベクター．発現ベクターはオペレーターやプロモーターなどの適切な調節配列を含んでおり，宿主細胞内でメッセンジャー RNA を発現させ，目的のタンパク質を合成させる．このようなベクターは，例えば哺乳類のタンパク質を細菌に作らせるには必須である．原核生物で使われる発現ベクターは，たいていプラスミドかファージか，プラスミド-ファージハイブリッド（ファージミド）である．いくつかの真核生物のタンパク質は，例えば糖鎖の付加など，生成中，またはその後で大きく修飾されることがある．原核生物の宿主細胞は，このような修飾ができないので，このようなタンパク質では真核細胞による発現システムが使われなければならない．例えば，昆虫の DNA ウイルスであるバキュロウイルスベクターは，昆虫の細胞培養でよく使われている．「分泌ベクター」は，発現タンパク質に細胞膜を介した輸送をするためのシグナルペプチドを付加する機能があり，宿主細胞による新規のタンパク質の発現も分泌も両方行う．

発酵　fermentation

例えば酵母といった特定の微生物において起こる*嫌気呼吸の一形態．アルコール発酵はピルビン酸（*解糖系の最終産物）がエタノールと二酸化炭素に変化する一連の生化学反応からなる．これはパン焼きや*醸造工業の基盤となっている（→ パン酵母）．乳酸発酵は多くの微生物や（酸素が不足したときに）動物細胞において起こり，その最終産物が乳酸である．微生物は多様な発酵を行い，エタノールや乳酸ばかりでなく，その他のプロピオン酸や酪酸，酢酸やメタンなども生産する．

発光器　photophore

光を作り出すために特化した腺や器官（→ 生物発光）．発光器は深海に生息する無脊椎動物や魚類に共通した特徴であり，特徴的な光の配列をみせるために体表上に線や他のパターンで並べられている．発光器には光を作り出す化合物や，生物発光する共生細菌が含まれる．様々な魚類の粘液腺やある種の深海タコの吸盤を含む，多くの異なる組織の細胞が変化して形成された発光器が知られている．

発酵度　attenuation

（菌学）ビール，ワイン，蒸留酒の製造などで，酵母による炭水化物のアルコールへの変換の程度をいう．

発情期　oestrus (heat)　──→　発情周期

発情周期（性周期）　oestrous cycle (sexual cycle)

性的に十分成熟した妊娠していない雌の哺乳動物の大部分（大部分の霊長類を除く）にみられる，生殖活性の周期のこと（→ 月経周期）．次の四つの期間がある．

(1) 発情前期（卵胞期）：*グラーフ卵胞が卵巣内で発達し，エストロゲンを分泌する．

(2) 発情期：通常は排卵が起こり，雌は交尾する準備ができ，雄に対して性的に魅力的になる．

(3) 発情後期（黄体期）：破裂した濾胞から*黄体が発達する．

(4) 発情間期：黄体から分泌された*プロゲステロンによって子宮での着床の準備が促される．

これらの周期の長さは生物種によって異なる．大型の哺乳動物は明確な繁殖期を伴った主に年1回の周期をもち（単発情性といわれる），雄もよく似た発情周期をもつ．他の種は1年に何回もの周期をもち（多発情性といわれる），雄はいつも発情期にある．

発色団 chromophore
　不飽和結合（たとえばC=C）を含み可視光，*紫外線を吸収する原子団のこと．発色団はその化合物の色の原因である．たとえば，網膜の桿細胞の光応答色素である*ロドプシンの発色団はレチナールである（訳注：この項，原書が間違っているので訂正してある）．

発生 development
　生物で生ずる複雑な成長と成熟の過程をいう．細胞分裂と*分化は発生における重要な過程である．脊椎動物では，三つの発生の段階が存在する．(1) *卵割，この段階では接合子は細胞分裂して細胞の集まりである*胞胚を形成する．(2) 原腸形成，この段階では細胞は配列し3種の一次*胚葉を形成する（→ 原腸胚）．(3) 器官形成，この段階では，さらに細胞が分裂・分化し器官の形成が起こる．多くの無脊椎動物（例えば昆虫）と両生類の発生には，*変態の過程が含まれる．すべての生物で，発生は様々な遺伝子の時間的，空間的に協調した発現により指令され，遺伝子産物の複雑な相互作用により調節される（→ モルフォゲン）．初期発生は胚の遺伝子に加えて母性効果遺伝子の影響を受ける場合もある（→ 母性効果遺伝子）．発生に関係する遺伝子は非常に広範な生物の間で保存されている場合が多く，例えば*Hox 遺伝子族は大部分の動物で頭尾軸に沿った構造を決定する．→ ホメオティック遺伝子，形態形成，一次成長

発生運命地図 fate map
　胚の異なった部分から発生する成体構造を示す，胚発生を描写するのに用いられる図．

発生学 embryology
　受精卵から新しい成熟個体になるまでの発生を研究する学問．発生学の扱う範囲はしばしば，卵の受精からふ化，または出生までに限定される．→ 胚

バッタ目 Orthoptera
　*外翅類の昆虫に属する大きな目のことで，バッタ，イナゴ，コオロギ（分類体系によってはゴキブリも）などを含む（→ カマキリ目）．跳躍用に変化した大きなうしろ足，咬み型口器，*摩擦鳴によって音を生み出すことなどが特徴である．コオロギやキリギリス類（例えばフタホシコオロギ類やヤブキリ属など）は長い糸状の触角をもち，前翅の翅脈どうしを擦ることによって摩擦音を出す．聴覚器官は前肢にある．バッタとイナゴ類（例えばヒナバッタ属やトノサマバッタ属など）は，短い触角をもち，前翅の翅脈が硬化した部分とうしろ足の突起を擦ることで摩擦音を出す．聴覚器官は腹部にある．

パッチクランプ法 patch clamp technique
　神経の電位依存性膜貫通チャネルの活性の測定法の一種．チャネル数個のみを含む膜の小片を単離し，膜の両側を微小電極で密封する．

ハッチ-スラック経路 Hatch-Slack pathway
　この経路はハッチ（M. D. Hatch）とスラック（R. Slack）の名前にちなんで名づけられた．→ C_4 経路

発電器官 electric organ
　シビレエイ（*Torpedo*），電気ウナギ（*Electrophorus electricus*）などのような特定の魚類の体や尾に存在する器官．発電器官に接触すると電気ショックが与えられ，餌食または捕食者を気絶させるため，あるいはいくつかの種においては周囲の水に弱い電場を形成し，航法援助手段として用いられる．この器官は分化した筋細胞（電気板または電函）からできており，神経刺激がくるとこの細胞を挟んだ電位差は大きく上昇する．電気板は非常に高い全電圧を得るために直列に重なっている．

発熱性の exothermic
　周りに熱を放出する化学反応を示す．→ 吸熱性の，発エルゴン反応

ハーディー-ワインベルクの平衡 Hardy-Weinberg equilibrium
　*対立遺伝子（→ 対立遺伝子頻度）の相対数が均衡することをいい，(1) 交配は無作為である，(2) 自然淘汰がない，(3) 移住がない，(4) 突然変異は起こらない，という仮定が成立すると遺伝子頻度は世代をこえて，ある大きな集団内で維持される．このような安

定した集団においては二つの対立遺伝子 A（優性），a（劣性）に関して，A の頻度を p，a の頻度を q とすると，考えられる三つの遺伝子型（AA, Aa, aa）はハーディー-ワインベルクの方程式によって以下の通り表される．

$$p^2 + 2pq + q^2 = 1$$

ここで p^2 は AA（ホモ優性）の個体の頻度，$2pq$ は Aa（ヘテロ）の個体の頻度，q^2 は aa（ホモ劣性）の個体の頻度である．方程式は集団内のホモ劣性である個体の数がわかっているとき，対立遺伝子の頻度を計算するために使用できる．方程式と平衡の法則はイギリスの数学者ハーディー（G. H. Hardy, 1877-1947）とドイツの内科医ワインベルク（W. Weinberg, 1862-1937）にちなんで名づけられた．

波動毛 undulipodium (pl. undulipodia)

真核生物の細胞上の突起の一種で，柔軟性があり細長く伸びたもの．これは移動や，細胞表面を取り巻く液体の流れを作るために使われる．「波動毛」という言葉は真核生物の「鞭毛」あるいは*繊毛（両者は同じ構造をしている）をさし，細菌の*鞭毛との構造の違いを強調するために使われる．原生生物や精細胞の多くは波動毛を使って泳ぐ．そして様々な生物は摂食行動に用いる水流を作るため，あるいは残骸を上皮表面から取り除くために波動毛を使う．すべての波動毛には直径約 $0.25\,\mu m$ の軸があり，縦に*微小管が整列してできている．この微小管は*軸糸と呼ばれ，伸長した原形質膜に覆われている．軸糸は中央を走るシングレットの微小管が2個，そして表面近くを走るダブレットの微小管が9個あり，9＋2構造という特徴を示す．基部で軸糸は基底小体と結合している．これは*中心小体に似た短い円筒で，9個のトリプレット微小管から形成される．基底小体は軸糸微小管の集合を誘導し，また細胞内に存在する，波動毛の根状構造を形成する細胞骨格繊維と微小管の複雑な配列の一部となる．繊毛は鞭毛より短く，むち様の力強い一打により移動し，引き続き逆向きの回復拍動を行う．鞭毛は基部から先端にかけて連続した波を発生する．繊毛と鞭毛の両者とも，微小管のダブレットが相対的に滑り運動を起こすことにより軸が曲がる．滑り運動の機構には隣り合うダブレット間で次々に分子間に架橋が形成されまた解離することがかかわっている．この架橋はタンパク質である*ダイニンにより構成され，その形成にはATPの形でエネルギーを必要とする（図参照）．

パトリスティック patristic

共通する祖先から生じた生物の間の類似性を意味する．→ ホモプラシー

花 flower

被子植物（顕花植物）における構造体で有性生殖のための器官が含まれる．多くのイネ科植物における小さく緑色で取るに足らない風媒花から，壮観で鮮やかな色をした虫媒花にわたるように，花は形態的に非常に変化に富んでいる．花はしばしば*花序にまとめられ，そのいくつか（例えばタンポポの花序）はきわめて密集しているために単一の花に似

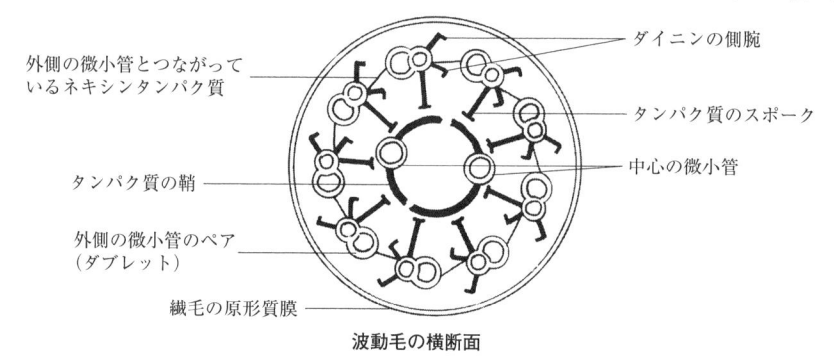

波動毛の横断面

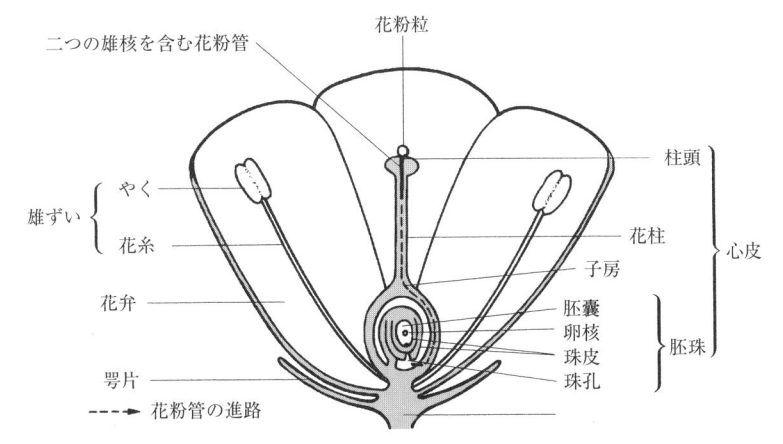

受粉時の一心皮花の断面図

図中のラベル: 二つの雄核を含む花粉管／花粉粒／柱頭／花柱／心皮／やく／雄ずい／花糸／子房／胚嚢／卵核／珠皮／珠孔／胚珠／花弁／萼片／花粉管の進路

る．典型的には花は萼片，花弁，雄ずい，および心皮をつけた花托からなる（図参照）．花の各部分は種子や果実を形成するための受粉や受精が起こるように適応している．萼片は通常緑色で葉状であり，花蕾を保護している．虫媒花の花弁は昆虫や，ときに他の動物をひきつけるために，多くの巧妙な方法で適応変化している．例えば，いくつかの花は短い口をもった昆虫をひきつけるために，浅く開いた*花冠をもち，露出した位置に花蜜があるように変化している．長い口をもった昆虫による受粉に適応した花は，隠れた位置に花蜜のある，花弁が融合した長い花冠をもっている．昆虫の口は花蜜に届く前に薬や柱頭に触れるようになっている．対照的に風媒花は目立たず，薬は花冠の外につき出し，柱頭は花粉粒子をつかまえるように羽毛状の表面をもっている．

自家受粉するように適応している種もあり，これは小さな花をもち，花蜜をもたず，雄ずいと心皮が同時に成熟する．

鼻 nose

脊椎動物の顔にある突起で，鼻孔（→ 鼻孔）や*鼻腔の一部を含んでいる．したがって，鼻は嗅覚系の一部（→ 嗅覚）を形成していて，また呼吸器系の外部への開口部である．

羽 wing ── 飛行

羽型鞭毛 tinsel flagellum

真核生物の鞭毛（→ 波動毛）の一種であり，軸に沿って多数の毛のような突起（マスチゴネマ）をもつ．これらはある種の原生生物，特に菌類に類似した卵菌類とサカゲツボカビ類に存在する．マスチゴネマは性質の異なるものがあり，固体の棒状のタンパク質のものと，管状のものがある．これらは鞭毛によって生じる力を増大させる．

バーネット，フランク・マックファーレン，卿 Burnet, Sir Frank Macfarlane (1899-1985)

オーストラリアのウイルス学者でメルボルンのウォルター・イライザホール医学研究所で多くの仕事をした．1930年代初期，彼はニワトリの胚でインフルエンザウイルスを培養する方法を確立した．彼はのちに*免疫寛容は抗原に繰り返しさらすことが必要であることを発見した．これによって，彼は*メダワーとともに1960年のノーベル生理医学賞を受賞した．彼はまた，*クローン選択説を提唱した．

パネート細胞 Paneth cells ── リーベルキューン腺

パパイン papain

西インド諸島原産のパパイヤ（Carica papaya）の果実内にあるタンパク質分解酵素（→ プロテアーゼ）．消化薬や，肉を柔ら

かく加工するのに使われる．

ハバース管 Haversian canals
緻密*骨の内部に存在する，なかに血管や神経が通っている細い管．基本的に骨表面に対して平行に並んでいる．各管は，何層もの骨の層板（ラメラ）に囲まれており，まとめてハバース系と呼ばれる．ハバース系は互いに骨成分により接着している．ハバース系はイギリスの解剖学者のハバース（Clopton Havers, 1657-1702）にちなんで名づけられた．

パピラ papilla
器官の表面，もしくは生物の表面から突出した錐状の隆起物．パピラは例えば舌上，腎臓中，また植物では，多くの花弁表面にみられる．

ハーブ herb
薬や料理で使用する植物．料理用ハーブはたいてい食物の香りづけのために葉が使われ，例えばミントやパセリがある．

パフ puff ⟶ 多糸性

ハプテン hapten
抗体と結合できるが，担体タンパク質と結合しない限り*免疫応答反応を引き起こさない外来の分子．*過敏感反応において内因性タンパク質と結合したハプテンが原因となり，身体の免疫系が，そのハプテンと内因性タンパク質をともに攻撃するようになる．

パブロフ，イワン・ペトロヴィッチ Pavlov, Ivan Petrovich（1849-1936）
ロシアの生理学者．1886年にサンクトペテルブルク大学の生理学教授に就任．消化生理の研究を行っている際に，食物をほんの少しみるだけで消化液の生成が促進されることを発見した．この研究により1904年ノーベル生理医学賞を受賞している．パブロフは，イヌその他の動物を用いて古典的*条件づけの実験を行った．⟶ 学習

ハーベスティング harvesting
1．実った農作物（⟶ 農業）の取入れに関する過程．収穫．
2．細胞培養から細胞を回収すること，あるいは*移植の目的で提供者から臓器を摘出すること．

破片分離 fragmentation
ある種の無脊椎動物に起こる無性生殖の方法．生物の一部がちぎれ，その後分化して新しい個体に発生する．特に，ある刺胞動物や環形動物に起こる．ときに分離の前に再生が起こって鎖状に親から出芽した個体を生じる場合もある．

パポバウイルス papovavirus
宿主に腫瘍を形成させる*DNAウイルスの一群．パピロマウイルスはすべての脊椎動物に良性腫瘍（例えばいぼ）を形成し，ポリオマウイルスはある種の脊椎動物に悪性腫瘍を形成する．

パラコート Paraquat
双子葉と単子葉の雑草をともに除草できる有機除草剤の商標名（⟶ ビオロゲン色素）．ヒトにも有毒で，摂取すると肝臓，肺，腎臓に毒性がある．パラコートは簡単に分解されず，環境中では土壌粒子に吸着されて残存する．⟶ 農薬

腹びれ pelvic fins ⟶ ひれ

パラミューテーション paramutation ⟶ 後成的

パラモルフ paramorph
分類上の位置づけが定まっていないために，より明確な記載のない種内での変異形態．

パラロガス paralogous
祖先遺伝子の重複によって生じた*相同な遺伝子のこと．これらコピーは引き続く子孫系統のゲノム中で種形成とは独立にそれぞれ（平行に）進化し，そのため塩基配列や場合によっては機能の類似性を示す．ホメオティック遺伝子のなかには*Hox遺伝子として知られる一群の遺伝子があり，これらは13種の高度に保存されたパラログからなり，これらのなかには線虫やハツカネズミのように縁の遠い生物からともに見いだされたものがある．これは，これら遺伝子が多分，先カンブリア代の頃の共通の先祖中のホメオティック遺伝子の子孫である証拠であると考えられている．⟶ オソロガス

バリン valine ⟶ アミノ酸

バルビツール酸誘導体 barbiturate
　中枢神経系に対する鎮静作用をもつバルビツール酸由来の薬剤をいう．バルビツール酸誘導体はもともとは鎮静剤や催眠薬として使われたが，有害な副作用があるために，これらの薬剤を臨床で用いることは少なくなった．これらを長期間使用すると中毒になる可能性がある．臨床で用いられる特別なバルビツール酸誘導体には，不眠症の治療に用いられるブトバルビタール，麻酔薬として用いられるチオペンタールなどがある．

バールフェズ試験 Barfoed's test
　バーフォード試験，ともいう．溶液中の単糖（還元糖）を検出するための生化学的試験で，スウェーデンの医師バールフェド（C. T. Barfoed, 1815-99）により考案された．バールフェズ試薬は酢酸と酢酸銅の混合物で，試験液に加えて煮沸する．もしも還元糖が存在すると，酸化銅(I)の赤色沈殿が生ずる．この反応は，より弱い還元剤である二糖類の存在下では陰性となる．

パルミチン酸（ヘキサデカン酸） palmitic acid (hexadecanoic acid)
　飽和脂肪酸で，構造は $CH_3(CH_2)_{14}COOH$．パルミチン酸のグリセリドは植物，動物の油，脂肪中に広くみられる．

半規管 semicircular canals
　脊椎動物の感覚器官で，身体の平衡（バランス感覚）の維持に関与している．この器官は*内耳に存在し，三つの輪になった管からなり，それらはお互いに対して直角に位置し，*卵形囊に結合している．この管には液体（内リンパ）が入っており，頭部や体の動きに反応して流れる．各管の卵形囊への結合部位の一方は膨大部（*瓶状部）となり，内部に感覚細胞があり，空間の3平面のいずれに対する内リンパの動きに対しても，感覚細胞は反応する．そしてこれら感覚細胞は，脳への神経インパルスを発生させる．

半寄生 hemiparasite (semiparasite)
　1．寄生性の植物で，根系の発達が不完全で，他の植物との連結を形成することで水分や無機物の一部あるいはすべてを得ている．半寄生植物はクロロフィルをもち光合成によって自ら栄養を作り，一部の半寄生植物では宿主植物なしにある程度の成長は可能である場合もある．宿主の通道組織から吸器（→吸器）と呼ばれる特殊な構造を用いて樹液を吸収する．コゴメグサ（*Euphrasia* spp.）などは自分の根を寄主の根に付着させ，一見すると土壌に育つ普通の植物のようにみえるが，他の半寄生植物は宿主の地上部分の上で成長する．ヤドリギは木の枝に寄生する有名な例である．
　2．条件的な寄生．→ 寄生

反響定位 echolocation
　暗所で物体を検出するために，ある種の動物（コウモリ，特定の鳥類，イルカなど）が用いる手段．動物は一連の甲高い音を発し，これが物体から反射し耳や他の感覚器によって検出される．反響の方向と音を発してから受信するまでの時間から，たいてい物体の位置は非常に正確にわかる．

パンクレアチン pancreatin
　*膵臓から抽出された消化酵素の混合液．

パンクレオチミン pancreozymin ── コレシストキニン

板形動物門 Placozoa
　センモウヒラムシただ一種からなる単純な水生動物の一門．これは透明で円盤状の平らな体をもち，直径0.2～3 mm，頭や尾，付属肢がない．はい進むために用いる繊毛で覆われ，腹部表面から酵素を分泌して餌をとる．腹部の一部は貫入して一時的な胃を形成する．成体は4種類のみの数千個の細胞からなり，DNAは動物のなかで最小である．板形動物は二分裂や出芽による無性生殖をするが，実験室で培養すると有性生殖も観察される．しかし自然状態の生活環の詳細はよくわかっていない．他の動物，特に*海綿動物門との進化関係は推測の域を出ない．リボソームRNA塩基配列の分子生物学的研究から，板形動物はより複雑な祖先が二次的に単純化した子孫で，海綿動物とは近縁ではないと示された．

半月弁 semilunar valve
　心臓にある二つの*弁で，肺動脈（肺弁），大動脈（大動脈弁）の両方をさす．半月弁は

肺動脈と大動脈がそれぞれ右心室，左心室に血液が逆流するのを防ぐ．したがって，一定方向への血流を維持する．各半月弁は三つのポケット弁からなり，心臓から血液を押し出す収縮力が弱まったときに，これらのポケットが血液で満たされて弁が閉じる．

パン酵母 baker's yeast

酵母 Saccharomyces cerevisiae（→サッカロミセス属）に属する菌株で，パン生地を膨張させる目的で製パンに用いられる株のこと．小麦粉に水を加えると，なかに含まれる酵素の*アミラーゼが，小麦粉のなかのデンプンをブドウ糖に分解する．その後にパン酵母を加えると，ブドウ糖は*好気呼吸の基質としてパン酵母に使われる．酵母の呼吸により生じる二酸化炭素は，パン生地のなかに気泡が形成される原因となる．気泡はオーブンで加熱することにより膨張し，パンに特有の質感を与える．

板根 buttress root ⟶ 支持根
板鰓亜綱 Elasmobranchii ⟶ 軟骨魚綱
伴細胞 companion cell

被子植物の*篩部に見いだされる細胞の一種である．おのおのの伴細胞は，通常は*篩要素に密着する．伴細胞の機能は不明であるが，近接する篩要素の活性を調節し，また篩要素への糖の出入れにかかわると考えられている．裸子植物においては，同様の機能がタンパク細胞に認められ，この細胞は裸子植物の篩要素に近接して存在することが認められる．

半索動物 Hemichordata

二つの綱からなる軟体の海洋無脊椎動物の門で，腸鰓類（ギボシムシ）は円筒状の体をもち穴を掘る動物で，翼鰓類はつぼ状の体で群体を形成する．体腔は三つの部位に分かれ，体は吻管，襟，胴の三つに分かれる．脊索動物のように半索動物は*鰓裂をもつが脊索がない．ギボシムシのなかには繊毛をもつ幼生（トルナリア）を経た発生を行うものがおり，棘皮動物の幼生と類似する点がある．

半翅目 Hemiptera

真正カメムシ類からなる，*外翅類の昆虫の一目．半翅目の昆虫は基本的に2対の翅をもつ楕円形の平らな体を有し，休憩時にはその翅は腹部を覆うように折りたたまれる．前翅は硬化するが，前翅の基部のみ硬化するもの（カメムシ亜目），もしくは全体が均一に硬化するもの（ヨコバイ亜目）に分かれる．口器は穴をあけたり，吸引するために変形し，二重管からなる長く細い吻針になっている．多くのカメムシ類は植物の樹液を餌とし，アブラムシ，ヨコバイ，カイガラムシ，コナカイガラムシなどの深刻な農業上の有害生物である．他のカメムシ類は肉食性であり，この目は多くの水生の種を含み，泳ぐめと呼吸のガス交換に適応した肢をもつタガメ類などがいる．

反射応答 reflex

特定の刺激に対する自動的かつ先天的な応答．反射応答は速いが，それは反射弓と呼ばれる単純な神経回路に仲介されるからである．一番単純な場合，反射弓は一つの受容体に結合した一つの感覚神経細胞からできていて，神経細胞は脊髄の運動ニューロンに信号を送る．このような反射応答は単一シナプス脊髄反射として知られ，*伸張反射がその例である．その他の骨髄反射は一つ以上のシナプスがかかわり（→ 多シナプス反射）火など痛い刺激から手を引く引き込み反射がその例である．脳神経反射は脳神経と脳のなかの経路により引き起こされ，瞬き反射や飲み込み反射がその例である．→ 条件づけ

反射弓 reflex arc ⟶ 反射応答
反射行動 reflex action

刺激に応答した自動的な行動．→ 反射応答

繁殖

1. breeding

有性*生殖と，子の出産の過程．植物と動物の両方において，選択的な繁殖が，*農業で両親の有効な形質を併せもつ子の生産の目的で利用されている（→ 人工受精）．*近親交配は，近い血縁関係にあるものどうしの交配により，*同型接合の表現型をもつ，均一な子を生産することである．コムギやトマトのような自家受精する植物は，近親交配をすることになる．*異系交配は無関係の個体ど

うしの交配により，*異型接合の表現型をもつ多様な子を生産することである．

2. propagation（植物学）⟶ 無性繁殖

繁殖期 breeding season (mating season)
哺乳動物，鳥類を含む多くの動物が交尾を行う1年のなかの特別な時期．このため1年の特定の時期だけ子どもが産まれることが保証されている．環境条件や食物が最適な1年のなかの特定の時期に動物が繁殖を行うことが可能になるために，このタイミングは重要なのである．多くの動物において，繁殖期は春か夏である．交尾へと向かわせる刺激は光周反応の結果である（→ 光周性）．光周反応は日長によって制御されていると考えられている．

繁殖力 fecundity
ある与えられた期間における，生物（高等動物においては一般的にその種の雌）によって生み出される子孫の数．通常生殖齢に達したとされるすべての生物は何度も自身を置き換えられるほどの繁殖力をもつ．ダーウィンはこのことを記し，それとともに個体数はそれにもかかわらずかなり一定である傾向にあるという事実も記した．彼は，これらの観察により*自然選択による進化の法則を提唱するに至った．→ 妊性

半数性の haploid
対をなしていない染色体の1組をもつ核，細胞，生物を示す．染色体数が半数であることはnで示される．*減数分裂後の生殖細胞は半数性である．このような細胞（→ 受精）が融合し，通常（*二倍体）の染色体数に戻る．

半数体生物（単相体） haplont
生活環の*半数体の段階にある生物．→ 二倍体生物

半数致死量 lethal dose 50 (median lethal dose) ⟶ LD_{50}

反芻類 Ruminantia
ウシ目（→ 偶蹄類）のなかの一亜目で，ヒツジ，ウシ，ヤギ，シカ，レイヨウを含む．これらは4室からなる胃（図参照）をもつという特徴がある．食道は最初の，そして

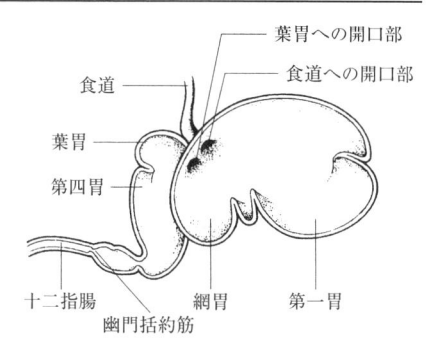

反芻類の胃の断面図

一番前方にある室（網胃）に流れ込む．2番目でかつ最大の室である第一胃（ルーメン）への連絡は自由に行われる．食物はここで非常に多くの嫌気性細菌や原生生物により発酵し，セルロースや他のふつう消化できないような植物性の物質が*セルラーゼなどのそれら微生物の酵素により分解される．反芻類の動物は定期的に第一胃からの物質を吐き戻して噛み，もう一度飲み込むという動作を繰り返す．この動作はいわゆる「反芻」と呼ばれ，繊維質の食物を分解する助けとなる．その消化産物は網胃から第三胃（葉胃）に入る．ここでは水分や他の栄養分が吸収され，その後最後の第四胃（皺胃）に入る．ここはふつうの胃とほぼ同じ機能をもち，胃壁から胃酸と消化酵素が分泌される．

伴性 sex linkage
ある遺伝的形質が一方の性で他方の性よりもはるかに多く出現する傾向をいう．例えば，赤緑色盲や*血友病は女性よりも男性に多くみられる．これは，X *性染色体上の遺伝子が正常な色覚や血液凝固を支配しているからである．女性はX染色体を二つもっている．もし悪影響を及ぼすような異常な対立遺伝子があったとしても，もう一方のX染色体の正常な対立遺伝子が補う．しかしながら，男性は一つしかX染色体をもっておらず，異常な対立遺伝子は補われることはない．→ キャリヤー

晩成種 altricial species
発生の初期段階で孵化が起こる鳥のこと．晩成種の雛は羽毛をもたずに生まれ，巣に相

対的に長期間居残る傾向にある．それらは留巣性と表される．→ 早成種

反足細胞 antipodal cells
　珠孔の反対側に位置する，被子植物の成熟した*胚嚢中の三つの単相の細胞．

半地中植物 hemicryptophyte
　ラウンケルの分類体系（→ 相観）における植物の生活形態の一種．半地中植物は基本的にイネ科植物のような草本の多年生植物で，土壌表面に休眠芽ができ，葉や茎の根元によって保護される．

半透膜 partially permeable membrane (semipermeable membrane)
　水分子やある種の溶質は透過させるものの大きな溶質分子は透過させない膜のこと．生体膜について記述するときはsemipermeable membrane よりも partially permeable membrane の語句が好まれる．→ 浸透

パントテン酸 pantothenic acid
　*ビタミンB群に属するビタミンの一つ．脂肪，炭水化物，ある種のアミノ酸の酸化に必須な機能をもつ*補酵素Aの構成因子である．このビタミンは多くの食べ物，特に穀類，豆類，卵黄，肝臓，酵母に含まれるため，パントテン酸の欠乏はほとんど起こらない．

パンネットの方形 Punnett square
　メンデルの法則における遺伝的交配の*F2世代に生じるすべての可能な遺伝子型の表記法の一つであり，R. C. Punnett により考案された．すべての可能な雄性配偶子を格子の横軸上に並べて記入し，またすべての可能な雌性配偶子を格子の縦軸上に並べて記入する．次に，それら配偶子の様々な組合せを，格子の内部に記入することにより，すべての遺伝子型を示すことができる．p.356 の*二遺伝子雑種交配の説明図を参照．

反応 reaction → 化学反応

万能性 pluripotent → 幹細胞

反応能 competent
　適切に刺激された際に，胚の組織が，ある特定の組織に分化できる能力をもつ場合に，反応能をもつと表現する．→ 誘導，喚起作用

反応物 reactant → 化学反応

反復刺激後増強 post-tetanic potentiation → シナプス可塑性

反復 DNA repetitive DNA
　ゲノム中で塩基配列が繰り返されているDNA．真核生物ではしばしばみられ，たとえば哺乳動物では全DNAの半分以上と見積もられ，いくつかのタイプに分類されている．有用なものもあるが，多くは機能不明であり，ジャンクか*利己的DNAと見なされている．重要なタイプの一つでは，特定の遺伝子や一連の遺伝子が反復して遺伝子族を構成していたり，またヒストンやリボソームRNAの遺伝子の繰り返しであり，これらはしばしば縦列に繰り返されている．典型的には10塩基対以下の短い塩基配列の繰り返しDNAも存在し，おのおののクロマチンのセントロメアの両腕に沿って何百キロベースにも及び，セントロメアの異質染色質を形成している．全DNAを遠心分離すると，これらは特有のバンドを形成し，*サテライトDNAと呼ばれる．縦列に繰り返される短い反復配列はそれぞれのクロマチンの末端（テロメアDNA）にもみられる．どちらの反復配列も染色体構造を維持するために重要である．別のタイプの反復配列は，遺伝子内の非コード部分のイントロン内や遺伝子と遺伝子の間などゲノムの至るところに存在し，スペーサーDNAとして機能しているらしい．これらのなかには*反復配列多型（VNTRs）があり，これは15～100塩基対の配列が，ゲノム内の多数の箇所に数百から数千の繰り返しを形成しており，ミニサテライトDNAが代表的である．*マイクロサテライトDNAと呼ばれるものは短い配列（2から10塩基対）の反復である．多くの*トランスポゾンもゲノム中に無数のコピーとして存在し，反復DNAの一例である．

反復配列多型（ミニサテライトDNA） variable number tandem repeats (VNTR; minisatellite DNA)
　真核生物においてみられる，短い（15～100塩基対）DNA配列がタンデム（縦列）に繰り返される遺伝子座で，ヒトでは一般的

に1~5kbの長さがある．このようなVNTR遺伝子座の対立遺伝子は，すべてが同じ繰返し単位の配列をもつが，繰返しの回数が異なる．VNTR座は*反復DNAの一種であり，特にヒトの法医科学における*DNAフィンガープリンティングにおいて有益である．VNTR配列は無傷のDNAサンプルを制限酵素で処理し，それを*遺伝子プローブを用いて*サザンブロット法を行うことにより検出される．一方，VNTR座は*ポリメラーゼ連鎖反応により増幅できるため，増幅したDNAを電気泳動により分離し，その結果を遺伝子プローブを用いなくても比較できる．各VNTR座にはふつう多くの異なる対立遺伝子があるため，2人の個人がこれらのVNTR座の一部においても同じ対立遺伝子の組合せを偶然にもつ可能性はほとんどない．そのため，DNAサンプルは特定の人物をかなり正確に特定することができることになる．

反復発生 recapitulation

個体発生段階では，進化の特定の段階を繰り返す，すなわち*個体発生において*系統発生が繰り返されるという学説．この説は*ヘッケルにより提唱された．→ 促進

半保存的複製 semiconservative replication

一般的に受け入れられている*DNA複製方法のことで，*DNAヘリックスの二本鎖が解け，一本鎖上に露出した塩基とフリーのヌクレオチドが対になり，2本の新しいDNA分子を形成する．それぞれの鎖は片方はもともとのDNAで，もう片方は新しく合成されたものである．→ 保存的複製，分散複製

P *P* (parental generation)

交配実験を始めるために選ばれた個体のことで，これらを交配してできたものは*F_1世代である．純系（同型接合）個体のみがP世代として選ばれる．

ヒアルロニダーゼ hyaluronidase

*ヒアルロン酸を分解する酵素であり，したがってヒアルロン酸の粘度を低下させ，そして結合組織の透過性を向上させる．ヒアロニダーゼは，注射や塗布により施用される医薬の吸収と拡散を増加させるために，医療で用いられる．

ヒアルロン酸 hyaluronic acid

*グリコサミノグリカンの一種で，結合組織の*基質に含まれる．ヒアルロン酸は細胞どうしを結合させ，また関節における潤滑作用にかかわる．ヒアルロン酸は，負傷部位への細胞の遊走に関係すると考えられている．この活性は，*ヒアルロニダーゼがヒアルロン酸を分解することにより消失する．

PEP ⟶ ホスホエノールピルビン酸

ビウレット試験 biuret test

タンパク質を検出するための生化学的試験で，尿素が加熱されたときに形成されるビウレット（$H_2NCONHCONH_2$）という物質にちなんでつけられた．水酸化ナトリウムを試験液とともに混合し，1%硫酸銅（II）水溶液をゆっくりたらす．タンパク質やペプチドのなかの*ペプチド結合の反応によって起こるすみれ色の輪によって陽性反応がわかる．遊離アミノ酸ではこのような反応は起こらない．

BAC ⟶ （細菌）人工染色体
BSE ⟶ 牛海綿状脳症
BSC ⟶ 生物学的種概念
PSC ⟶ 系統学的種概念
pH ⟶ pH尺度
PHA ⟶ フィトヘムアグルチニン

pH 尺度 pH scale

対数尺度の一つで溶液の酸性度やアルカリ性度を表す．第一近似として，溶液のpHは $-\log_{10} c$ として表され，c は1立方デシメートル当たりの水素イオンのモル数で表した容量モル濃度である．25℃における中性溶液では水素イオンが $10^{-7}\,\mathrm{mol\,dm^{-3}}$ の濃度であり，つまりこれはpH 7である．pHが7より小さいときは酸性であることを示し，7より大きいときはアルカリ性であることを示す．pHは「水素ポテンシャル」を意味する．この尺度は1909年にソレンセン (S. P. Sørensen, 1868-1939) によって導入された．

ビオチン biotin

*ビタミンB群のなかに含まれるビタミンの一つ．二酸化炭素を固定する反応を触媒するいくつかの酵素の*補酵素となる．通常，動物では腸内細菌によって適切な量が生産される．生の卵白を摂取しすぎるとビオチンの欠乏が起きる．これは卵白に*アビジンというビオチンに特異的に結合するタンパク質が含まれており，ビオチンの腸への吸収を妨げるためである．その他のビオチンの摂取源として，穀物，野菜，牛乳，肝臓がある．

ビオトープ biotope

ある環境条件の特徴のセットを備えている地域で，結果的にある特定の動物相と植物相が存在する (*生物相)．

ビオロゲン色素 viologen dyes (bipyridylium dyes)

二つのつながったピリジン環を基本とする有機化合物で，農業で使う除草剤では*パラコートやジクワットがビオロゲン色素系除草剤として有名である．これらはふつうすべての非木本植物を殺し，非選択的除草剤として使われる．これは光合成における電子伝達を阻害し，スーパーオキシドアニオンを生成することで葉緑体や他の細胞成分に障害を与える．これらの除草剤は動物に対しても非常に毒性があり，その使用は厳密に管理されている．

非解読鎖（非コーディング鎖） anticoding strand (noncoding strand; template strand)

DNAの二重鎖のうち，慣例ではDNAから転写されるメッセンジャーRNA (mRNA) の相補鎖のこと（ただしRNAはチミンの代わりにウラシルをもつ）．転写において，mRNAの重合のための鋳型として使われる鎖であり，それと反対側の鎖のDNA分子である*解読鎖とは相補的である．→ アンチセンスDNA

被殻 frustule

珪藻 (→ 珪藻類) の細胞壁で，これは二酸化ケイ素が沈着している．この壁はお互い行李状に重なり合う二つの部分からなる．

尾角 cerci

カゲロウやハサミムシ，ゴキブリなどの特定の昆虫の腹部末端の体節に存在する，はさみ状の対をなす関節のある付属器官．

ヒカゲノカズラ門 Lycopodophyta ── ヒカゲノカズラ類

ヒカゲノカズラ類（ヒカゲノカズラ門） Lycophyta (Lycopodophyta; Clubmoss)

クラブモス（ヒカゲノカズラ属）やそれと近縁の属（イワヒバ属を含む）からなる*維管束植物の一門で，多数の絶滅種を有し，石炭紀に全盛を迎え，その頃のこの群の植物には現在石炭となって残っている巨大な樹木を形成する種が含まれていた．ヒカゲノカズラ類は根があり，また茎は非常に多くの小葉によって覆われている．生殖は胞子により行われ，胞子嚢は通常は胞子嚢穂を形成する．

微化石 microfossil

顕微鏡下でのみ観察することができるほどの小さな*化石．微化石はバクテリアや，珪藻，原虫，植物の花粉や骨格の断片のような生物の一部からなる．微化石は，小さなサンプルのみ入手可能な岩の地質学的な層位の対比において重要である．特に花粉の微化石の研究は，*花粉学として知られる．

皮下組織 subcutaneous tissue

*真皮 (→ 皮膚) の下の組織．粗性*結合組織，筋肉，脂肪からなる (→ 脂肪組織)．動物のなかには（例えばクジラや冬眠性哺乳

類など），皮下組織を保温層もしくは養分備蓄層とするものもいる．

光回復 photoreactivation ⟶ DNA ホトリアーゼ

光屈性 phototropism (heliotropism)

光に反応して植物が成長すること．地上部の茎はふつう光に向かって成長するが，気根は光から遠ざかるように伸びる．光屈性反応は光を受けた場所での，植物の成長物質である*オーキシンの分布の違いによって制御されていると考えられている．オーキシンの分布の違いにより茎や根の偏差成長が生ずる．⟶ 屈性

光傾性 photonasty ⟶ 傾性運動

光形態形成 photomorphogenesis

光の影響下での植物の発達．植物の成長や分化のすべての重要な過程は，光によって誘導される．この過程には種子の発芽，茎の成長，葉緑体の形成，花成が含まれる．これらの光応答には様々な種類の光感受性分子，特に*フィトクロムが介在する．フィトクロムは転写制御によってこれらの応答を起こすと考えられているが，詳細な機構はわかっていない．

光呼吸 photorespiration

光存在下で植物に生じる代謝経路で，*リブロース-1,5-ビスリン酸への二酸化炭素の固定に関与する酵素であるリブロース二リン酸カルボキシラーゼ/オキシゲナーゼ（*リブロース二リン酸カルボキシラーゼ/オキシケナーゼ）が二酸化炭素の代わりに酸素を受容し，2原子の炭素をもつ化合物，グリコール酸塩を生成する．グリコール酸塩に含まれる固定された炭素のほとんどはペルオキシソームやミトコンドリアのかかわるグリコール酸回路における一連の反応で回収され，葉緑体に戻る．しかし炭素のなかには二酸化炭素として失われるものもある．呼吸と違って，ATPの生成は起こらない．C_3植物（⟶ C_3経路）の光呼吸は，空気中の酸素がルビスコと結合することによって光合成の効率を低下させる効果がある．またC_4植物（⟶ C_4経路）では二酸化炭素に対するホスホエノールピルビン酸カルボキシラーゼの親和性が非常に高いため光呼吸の影響はほとんどない．酸素はルビスコの競合阻害剤であるため，酸素濃度が上昇したり，あるいは二酸化炭素濃度が低下したりした場合に，光吸収は増大する．

光受容体 photoreceptor

光に反応する感覚細胞または感覚細胞群．通常，光受容体は光を吸収したときに化学変化を起こし，神経系を刺激する色素を含んでいる．⟶ 目

光発芽 photoblastic

光により発芽が影響される種子を示す．光によって発芽が促進される種子は「好光性発芽（正の光発芽）」，光によって発芽が阻害される種子は「嫌光性発芽（負の光発芽）」を示すと呼ばれる．光に対する反応には明らかに*フィトクロムが介在している．

光ファイバー optical fibre

光を伝達することができるガラス繊維のことで，側壁を介した光の漏出が非常に少ない．ステップインデックス型ファイバーは，直径が6〜250 μmの純粋なガラスのコアが，屈折率の低いガラスもしくはプラスチックの外装材によって覆われている．外装材は通常，10〜150 μmの厚さである．コアと外装材の境界線は円筒型の鏡のような役割を担い，伝達されるすべての光の内部反射が起こる．この構造により，光ビームは数kmもの距離を伝達される．グレーデッドインデックス型ファイバーにおいては，軸の内部から外部へ向けて，ガラス層の屈折率が徐々に低下する．この配置による屈折とファイバー内部の全反射の組合せによって，光がファイバーの外壁を越えて逃げることを防ぐことができ，異なる角度で入射した光線が同じ時間で伝達されるようにする．

光ファイバーシステムは，光ファイバーを使用し，暗号化した信号や断片化された像（この場合，ファイバーの束を用いる）の形の情報を，送信者から受信者へと伝達できる．光ファイバーシステムは，例えば，胃や膀胱などのヒトの体の内部を調べるための医療用器械（内視鏡やファイバースコープなど）などに用いられている．

光分解 photolysis

光,もしくは紫外線の照射によって起こる化学反応の一種.水の光分解ではクロロフィルの吸収した太陽光からのエネルギーを用いて酸素ガスや電子,水素イオンが生成し,ゆえにこれは*光合成の鍵反応となる.→ 光リン酸化,光化学系 I, II

光防護 photoprotection

光の有害な効果から植物の光合成装置を保護すること.光強度が最高になる時間帯には,植物は吸収したエネルギーの半分以下しか利用できない.余分なエネルギーは光酸化の危険を生じさせ,そして反応性の高いスーパーオキシドラジカルの形成により,細胞中の葉緑素や他の多くの細胞内成分が破壊される恐れが生じる.過剰なエネルギーの多くはとらえられ,*キサントフィルサイクルのカロテノイドによって熱として消散される.また葉緑体もスーパーオキシドラジカルを除く働きを行う*スーパーオキシドジスムターゼを含む.

光リン酸化 photophosphorylation

*光合成の光エネルギーを用いて無機リン酸と ADP から ATP を合成すること(→ 酸化的リン酸化).これには非循環的および循環的光リン酸化の二つの経路があり,葉緑体のチラコイド膜に存在する.非循環的光リン酸化では水の*光分解によって生じる電子は*光化学系Ⅰと Ⅱ において高エネルギーレベルまで励起され,*電子伝達鎖の担体分子(→ フェレドキシン,プラストシアニン,プラストキノン)を経由して NADP 還元酵素まで伝達される.この酵素は電子を NADP$^+$ に伝達し,NADPH を作り,これが光合成の光非依存的反応の還元力として働く.循環的光リン酸化では光化学系Ⅰで生じて高エネルギーレベルに励起された電子が電子伝達系を通って光化学系Ⅰに戻り再利用される.電子伝達の両方の経路で,*チトクロムの集合体であるチトクロムb6f複合体により,H$^+$ イオン(プロトン)がチラコイド膜を横切って汲み出される.これが ATP 合成酵素による ADP から ATP への光リン酸化を駆動する,プロトン勾配を作り出す(→ 化学浸透圧説).

非還元糖 nonreducing sugar

他の分子に電子を与えることができない糖のことで,したがって,還元剤として働くことができない.スクロースは最も一般的な非還元糖である.スクロースは,グルコースとフルクトースとが連結している部分にアルデヒド基とケトン基を含むことが,*還元糖として働かない原因である.

ヒキガエル toads ── 両生類

微気候 microclimate

狭い地域,もしくはある生物の特定の*生息場所における局地的な気候で,これは,これらの地域を取り囲む,より広い地域の大気候とは異なる.

非競争阻害 noncompetitive inhibition ── 阻害

鼻腔 nasal cavity

脊椎動物の頭にある空所で,感度の高い嗅覚の受容体に富んだ膜でその内部は裏打ちされている(→ 嗅覚).外鼻孔によって外界とつながっており,(空気呼吸する脊椎動物では)内*鼻孔によって呼吸器系へとつながっている.

鬚 palp

無脊椎動物の口の近くにある,長い感覚器官.多毛類の触覚用頭部付属肢,二枚貝類の軟体生物における摂食用の水流を作り出す組織である繊毛のある唇弁,甲殻類の*大顎の先端部分,昆虫の第一,第二*小顎の嗅覚器官部分がそれらの例である.

ピコ pico-

記号は p.メートル法で 10^{-12} を表す接頭辞.例えば 10^{-12} ファラッド(F)は 1 ピコファラッド(pF)である.

飛行 flight

能動的あるいは受動的(滑空)に行われる,空中を*移動運動する形態.飛行のメカニズムは主に鳥,コウモリおよび昆虫で進化してきた.これらの動物は,体重に対して表面積の割合が上昇するような,翼の存在によって飛行に適応している.鳥は強力な飛行筋,すなわち上腕骨の下側から胸骨まで走り,翼を下に打ちおろすための下制筋,およ

び拮抗的に働き，上へ打ちあげる動作を生む挙筋をもっている．昆虫における飛行は鳥と同様な方法で行われるが，翼の運動を制御する筋肉は胸部についている．哺乳類，爬虫類および魚類のわずかな種は，鳥や昆虫ほどではないが飛行するように進化してきた．例えば，ムササビ（皮翼目．訳註：ムササビはげっ歯類でヒヨケザルが皮翼類であり，どちらも滑空できる）は肢についた膜をもち，これが開いて飛膜として機能するため，滑空できる．

鼻孔 nares (nostrils)

脊椎動物の*鼻腔を形成する対になった開口のこと．すべての脊椎動物は外側に開いている外鼻孔をもっており，いくつかの種では*鼻に開いている．内鼻孔（後鼻孔）は，空気呼吸をする脊椎動物（肺魚を含む）にのみ存在し，口腔のなかに通じている．哺乳類では，鼻腔は二次*口蓋を越えて後方へと通じている．

p53 ⟶ がん抑制遺伝子

皮骨 dermal bone ⟶ 膜骨

腓骨 fibula

陸生の脊椎動物における膝と足首の間の二つの骨の，より小さく外側にあるもの．→ 脛骨

尾骨 coccyx

類人猿やヒト（つまり尾のない霊長類）の*脊柱の最後の骨をいう．3～5個の*尾椎の融合により形成される．

ひこばえ tiller

植物の幹の根元で腋芽から発達する枝条．木が切られたときに生じるように，ひこばえはしばしば主幹の傷害に応答して作られる．

ピコルナウイルス picornavirus

小さな RNA (pico は小さいという意味なので，小さな RNA ウイルスということ）を含むウイルスの一群で，脊椎動物の消化器官や呼吸器官に共通して存在する．これらウイルスはそれら器官に中程度の病原性を示すが，このウイルスのなかには中枢神経系を攻撃し小児麻痺を引き起こすポリオウイルスや，ウシ，ヒツジ，ブタに口蹄疫を起こす病原ウイルスもある．

非再生可能エネルギー源 nonrenewable energy sources

地球の有限な鉱質資源（*化石燃料を含む）使い切ることになるエネルギー源．再生不可能なエネルギー源の枯渇についての問題は，化石燃料を燃やすことは*大気汚染や*温室効果を促進させることなどの問題も含めて，枯渇することのない「再生可能エネルギー源」の使用増加や開発を促している．再利用エネルギー源は，太陽（太陽熱利用や太陽電池）や風力（風力発電），水力（水力発電）などを含む．

微細繁殖 micropropagation

栄養系による試験管内での植物の増殖．典型的には，腋芽成長を促進する特別な培地上で，切り出した成長点を培養すること．新しい苗条は切り離されて培養され，そのサイクルを繰り返し，最終的に根の成長を促進する培地上に苗条が移され，小植物ができる．微細繁殖は特定の遺伝子型を育種し維持することができ，また，この過程は急速であって，植物を病気にかからないように維持することができるため，農業や園芸，林業などで利用されている．→ クローン

B細胞（Bリンパ球） B cell (B lymphocyte)

骨髄の幹細胞由来の*リンパ球であるが，胸腺で成熟していないものをいう（→ T細胞）．鳥類においては，総排泄腔の嚢 (bursa) で成熟するので，B細胞の名がある．各B細胞は，その表面に特定の抗原を認識する受容体のセットを保有している．B細胞上のクラス II MHC 受容体に，対応する抗原が結合すると（→ 組織適合性），ヘルパーT細胞により認識され，抗原-受容体複合体にT細胞そのものが結合する．これが刺激となりT細胞が*リンフォカインを放出し，これが原因となりB細胞は繰り返し分裂を行い，細胞クローンを形成する（クローン増殖）．これらは*形質細胞に成熟し，特定の抗体（→ 免疫グロブリン）を多量に生産する能力をもつようになり，この抗体は血液とリンパのなかを循環し，対応する抗原に結合する．形質細胞は，抗体を数日間にわ

たり生産した後に死滅する．しかし，クローンからの細胞の一部は，免疫記憶細胞の形で生存し，これらは次に同じ抗原に遭遇した場合には，最初よりも急速な免疫応答を引き起こす． → クローン選択説

非細胞の acellular

独立した細胞からなっていないが，しばしば一つ以上の核をもつ組織や生物のこと（→ 合胞体）．非細胞構造の例としては筋繊維がある． → 単細胞の

尾索動物亜門 Urochordata (Tunicata)

海洋性無脊椎動物の脊索動物の一亜門で，その体は一般的にセルロース様の物質でできた保護被囊に包まれており，脊索と背部の中空の神経索は自由遊泳性のオタマジャクシ様の幼生期にのみ見いだされる．咽頭の機能はろ過摂食（→ 内柱）に特化している．この亜門には三つの綱があり，これらは付着性のホヤ類（Ascidiacea），漂泳性のサルパ類（Thaliacea），そして漂泳性の幼形類（Larvacea，これは成長しても幼生期の形態を維持する）である．

皮脂 sebum

*脂腺から*皮膚の表面に分泌される物質．脂肪質のやや防腐性の物質で，皮膚や髪の毛の保護，潤滑，防水を行い，また乾燥を防いでいる．

PCR → ポリメラーゼ連鎖反応

被刺激性 irritability → 感受性

被子植物 angiosperms → 被子植物門

被子植物門 Anthophyta (Argiospermophyta ; Magnoliophyta)

花の咲く植物（被子植物）を含む門のこと．配偶子は*花のなかで作られ，胚珠と胚珠のなかで発達する種子は心皮によって包まれている（→ 針葉樹類）．被子植物は現在の主要な植物の形態である．被子植物は植物界のなかで最も発達した構造組織をもち，それにより非常に多様な環境において生育することができる．被子植物門には二つの綱があり，種子に一つの種子葉（子葉）を含む*単子葉類と，種子に二つの種子葉を含む*双子葉類である．

皮質 cortex

（動物学）多くの器官の最も外側の層．副腎（副腎皮質），腎臓そして，大脳半球（*大脳皮質）の皮質がその例としてあげられる．

微絨毛 microvillus

上皮細胞の自由表面にある数多くの微小な指状の突起．微絨毛の表面は細胞膜で覆われており，内部の細胞質は細胞質本体へと続いている．その機能は，おそらく細胞の表面部分の吸収や分泌を増加させることであり，微絨毛は腸の絨毛上に多量に存在して*刷子縁を形成している．

非循環的光リン酸化 noncyclic phosphorylation (noncyclic photophosphorylation) → 光リン酸化

尾状花序 catkin

花を付ける枝条の一型で（→ 総穂花序），長い軸に柄のない単性の小さな花を生じる．通常，雄性尾状花序は茎からぶら下がっていて，雌性尾状花序は短くしばしば直立する．例としては，カバノキやハシバミなどがある．尾状花序をもつ多くの植物は風媒に順応していて，雄花は大量の花粉を生産する．ヤナギは例外であり，蜜を分泌する花をつけ，昆虫により受粉する．

微小管 microtubule

微視的な管状構造体で，外側の直径は24 nm，長さは様々であり，広い範囲の真核細胞にみられる．微小管は球状タンパク質チューブリンの多くのサブユニットからなっており，単一，二つ組，三つ組，もしくは束になって存在する．微小管は，細胞の形を維持するのに役立っており（→ 細胞骨格），また繊毛や真核生物の鞭毛（→ 波動毛），*中心小体にもみられ，核分裂の間には*紡錘体を形成する．さらに微小管は物質の細胞内輸送や細胞内小器官の移動に役立っている．微小管の形成は*微小管形成中心（MTOC）で開始される． → ミクロフィラメント，中間径繊維

微小管形成中心 microtubule-organizing centre (MTOC)

そこから*細胞骨格の微小管が伸び出す細

胞の領域．大部分の動物細胞は単一のMTOC，*中心体をもっており，核の近くに存在し，また核分裂中における紡錘体の形成に関与している（→ 有糸分裂）．対照的に，植物細胞は典型的には多くのMTOCをもっており細胞の内部表面に沿って走るように帯状の微小管の列を形成する．

微小循環　microcirculation

血液を組織細胞へ供給する毛細血管やそこに連なる血管のネットワークからなる血液循環系の一部．動脈はその末端でしだいに狭くなる血管，つまり細動脈，メタ細動脈，毛細血管を形成するように順に分かれていく微小循環の血管床を生じている．毛細血管は典型的には長さ1 mm，直径3～10 μmであり，赤血球が通れるちょうどの広さである．毛細血管は毛細血管後細静脈を通して静脈系に結合しており，順に大きな静脈につながっている．毛細血管床への血流はそれぞれの細動脈の末端における毛細血管前括約筋によって制御されており，そして血液は直接動静脈結合もしくは吻合を通して毛細血管を迂回することができる．

微小食の　microphagous

小さい粒子の形態で食物を取り込む従属栄養生物の摂食方法を示す．*ろ過摂食と*繊毛摂食がこの種の摂食の例である．→ 大形食の

微小植物相　microflora

1．目視でみることのできない植物や藻類．通常は顕微鏡の助けで観察することができる．

2．特別な*微小生息場所に生きている植物や藻類．

微小生息場所　microhabitat

特定の生物や微生物の局所的な生息地．通常，一つの大きな*生息場所のなかには，それぞれ別々の環境状態である多くの異なる微小生息場所がある．例えば，小川の生息場所では，局所的な領域における酸素濃度やpH，水の流れの速度や，他の因子に依存した異なった微小生息場所が存在する．

微小体（ミクロボディー）　microbody

典型的には一重の膜によって仕切られた，0.2～1.5 μmの球状の小胞である細胞内小器官の類．微小体は様々な物質の酸化を行うための酵素を含んでおり，小胞体から発生する．*ペルオキシソームやグリオキシソーム（→ グリオキシル酸回路）が微小体の範疇に含まれる．

微小電極　microelectrode

生理学的に適切な電解液（例えば塩化カリウム）に満たされた*マイクロピペットで，その先端は細胞機能に大きな障害を与えず細胞のなかへ細胞膜を貫いて挿入できるようになっているもの．例えば，神経細胞を伝播している活動電位の経過などの電位の変化を検出できるようになっている．2番目の電極は細胞外の液体に浸しておき，両極は増幅器を通してオシロスコープへ接続されている．

微小動物相　microfauna

1．目視ではみることができない動物．通常は顕微鏡の助けで観察することができる．→ 大型動物相

2．ある特定の*微小生息場所に生きている動物の集合全体．

被食者　prey

捕食動物の食糧源である動物のこと．→ 捕食

ヒス束　bundle of His

哺乳類の心臓にある特殊化した心筋繊維．*房室結節よりの電気刺激を受け取り，*プルキニェ繊維ネットワークを通じて伝達する．これにより，心室すべての部分の急速な興奮が可能になり，収縮の波を惹起し，血液を大動脈と肺静脈へと送り出す．この繊維はスイスの解剖学者ヒス（Wilhelm His, 1831-1904）によって命名された．

ヒスタミン　histamine

枯草熱などのアレルギー反応の際に放出される物質である．アミノ酸のヒスチジンから合成され，ヒスタミンは様々な組織に存在するが，結合組織に濃縮される．ヒスタミンは毛細血管を拡張させ，また透過性を増大させるため，結果的に局所的な腫脹，かゆみ，くしゃみ，涙や鼻水などの症状が現れることになる．ヒスタミンの効果は，*抗ヒスタミン薬の投薬により抑えられる．

ヒスチジン histidine ⟶ アミノ酸

ヒストン histone

　動植物の染色体の*DNAに伴って見いだされる一群の水溶性タンパク質をいう．これらには，塩基性（正に荷電した）アミノ酸であるリジン，アルギニン，ヒスチジンが高い割合で含まれる．これらのタンパク質は，細胞分裂の際の染色体の濃縮とらせん化にかかわり，また非特異的な遺伝子活性の抑制にも関係する（→ 染色質）．ヒストンは，脊椎動物の精子細胞（→ プロタミン）や細菌には存在しないが，ヒストンにきわめて類似したタンパク質が，古細菌のテルモプラズマ（*Thermoplasma*）のゲノムから見いだされている．

微生物 microorganism (microbe)

　顕微鏡の助けなしでは観察することのできない生物．微生物は，細菌や，ウイルス，原生生物（一部の藻類を含む），カビからなる．→ 微生物学

微生物学 microbiology

　例えば細菌や，ウイルス，カビなどの微生物の科学研究．もともと，これはそれらの効果（例えば病気や腐敗を引き起こす）を対象にしたものだったが，20世紀に入ってからは，微生物の生理学，生化学や遺伝学に重点が移ってきた．現在，微生物はすべての生命に共通する生化学的，遺伝学的過程の研究のための重要な媒体として認識されている．微生物は急速に増殖するので，遺伝学の研究のために，研究室内で莫大な数の細胞を培養することが可能である．

非生物的因子 abiotic factor

　生物が生息している生態系の非生物的環境を構成するすべての非生命因子．*土壌要因や生物学的環境に影響を与えうるすべての*気候・地理学・大気要因が含まれる．→ 生物的因子

B染色体 B-chromosome ⟶ 過剰染色体

皮層 cortex

　（植物学）植物の茎と根における表皮と維管束系の間の組織．*柔組織細胞からなり，構造的な分化の程度が低い．皮層は*頂端分裂組織により作られる．→ 内皮

脾臓 spleen

　脊椎動物の内臓で胃のうしろ側に位置し，基本的には*リンパ組織の集合である．ここには，リンパ球を生産し，外部からの粒子を攻撃するという機能がある．脾臓は赤血球の貯蔵を行い，循環の量を調節する．またここは，古くなった赤血球の破壊も行う部位で，赤血球に含まれていた鉄を備蓄する．

微速度撮影 time-lapse photography

　植物の成長のようなゆっくりとした過程の記録に用いられる撮影の形態．一定の時間間隔で，1コマずつ対象を連続してフィルムに焼きつける．作られたフィルムはその後，通常の映画の速さで投影され，その過程が非常に高速で行われたようにみることができる．

ひだ gill

　（植物学）キノコの傘の裏面の中央部から四方に広がっているうね状の組織のこと．胞子はこのひだの上に形成される．

肥大 hypertrophy

　それを構成する細胞の体積増加による，組織や器官の体積の増加をいう．機能不全や病気が原因となって器官の作業負荷が増大したことへの応答として，しばしば肥大が生ずる．→ 増生

ビタミン vitamin

　数ある有機化合物のうちで，生物において健康状態を維持するために比較的少量が必要であるもの．主要なビタミンは約14種類ある．それらは，水溶性の*ビタミンB群（9種類含む）と*ビタミンC，脂溶性の*ビタミンA，*ビタミンD，*ビタミンE，*ビタミンKである．ほとんどのビタミンBとビタミンCは植物，動物，微生物により作られ，ふつうは*補酵素として働く．ビタミンA，D，E，Kは動物，特に脊椎動物にのみ存在し，代謝に関する様々な役割を果たす．動物は多くのビタミンを自分自身で作り出せないため，適当量を食べ物から摂取する必要がある．食物にはビタミンの前駆体（プロビタミンと呼ばれる）が含まれる場合があり，これらは体のなかに入ると化学変化を受けてそのビタミンに変換される．多くのビタミン

ビタミン

1897	オランダの医師エイクマン（Christiaan Eijkman, 1858-1930）がニワトリに玄米を食べさせることで脚気を治す
1906-07	イギリスの生化学者ホプキンス（Sir Frederick Hopkins）が成長に必要な補助食物成分の存在を発表
1912	ポーランド生まれのアメリカの生化学者フンク（Casimir Funk, 1884-1967）が抗脚気因子（アミンの一種）を米の外皮から抽出し，これに"vitamine"(vital amin（生きたアミン），のちにvitaminとなる）と命名
1913	アメリカの生化学者マッカラム（Elmer McCollum, 1879-1967）がビタミンA（レチノール）を発見，命名．抗脚気因子をビタミンBと命名
1920	マッカラムが抗くる病因子をビタミンDと命名
1922	アメリカの発生学者エバンス（Herbert Evans, 1882-1971）がビタミンE（トコフェロール）を発見
1926	ドイツの化学者ウィンダウス（Adolf Windaus, 1876-1959）が太陽光によりエルゴステロールがビタミンDに変換されることを発見
1931	ドイツの化学者カーラー（Paul Karrer, 1889-1971）がビタミンAの構造を決定（およびビタミンAを合成）
1932	ハンガリー生まれのアメリカの生化学者セントージェルジ（Albert Szent-Györgyi, 1893-1986）とアメリカの生化学者キング（Charles King, 1896-1986）がそれぞれビタミンC（アスコルビン酸）を単離する
1933	ポーランド生まれのスイスの化学者ライヒシュタイン（Tadeus Reichstein, 1897-1996）とイギリスの化学者ハース（Walter Haworth, 1883-1950）がそれぞれビタミンCを合成 アメリカの化学者ロジャー・ウィリアムス（Roger Williams, 1893-1988）がビタミンB群のパントテン酸を発見
1934	デンマークの生化学者ダム（Carl Dam, 1895-1976）がビタミンKを発見
1935	カーラーとオーストリア出身のドイツの化学者クーン（Richard Kuhn, 1900-67）がそれぞれビタミンB_2（リボフラビン）を合成
1937	アメリカの化学者ロバート・ウィリアムズ（Robert Williams, 1886-1965）がビタミンB_1（チアミン）を合成
1938	カーラーがビタミンEを合成 クーンがビタミンB_6（ピリドキシン）を単離，合成
1939	ダムとカーラーがビタミンKを単離
1940	セントージェルジとアメリカの生化学者ヴィニョー（Vincent Du Vigneaud, 1901-78）がビタミンH（ビタミンB群のビオチン）を発見 ロジャー・ウィリアムスがパントテン酸の構造を決定 アメリカの生化学者ドイジ（Edward Doisey）がビタミンKを合成
1948	アメリカの生化学者フォルカース（Karl Folkers, 1906-97）がビタミンB_{12}（シアノコバラミン）を単離
1956	イギリスの化学者ホジキン（Dorothy Hodgkin, 1910-94）がビタミンB_{12}の構造を決定
1971	アメリカの化学者ウッドワード（Robert Woodward, 1917-79）とスイスの化学者エッセンモーザー（Albert Eschenmoser, 1925-）がビタミンB_{12}を合成

は光と熱で分解される．例えば調理などの際に分解される．→ 年表

ビタミンA（レチノール） vitamin A (retinol)

脂溶性のビタミンで，哺乳類や他の脊椎動物は合成できない．そのため食物から取り入れる必要がある．緑色植物にはビタミンAの前駆体が含まれており，特にカロチンは腸壁と肝臓においてビタミンAに変換される．ビタミンAのアルデヒド誘導体であるレチナールは視覚色素である*ロドプシンの構成成分である．不足すると夜盲症や眼球乾燥症（角膜の乾燥と肥厚），さらには全盲となる．代謝の他の側面におけるビタミンAの役割

はあまり明らかになっていないが，*ATP産生と上皮細胞の成長の制御に関与しているのかもしれない．

ビタミンK vitamin K

脂溶性ビタミンでいくつかの類似した構造の化合物からなり，血液凝固に必須なプロトロンビンを含むいくつかのタンパク質の合成における補酵素として働く．ビタミンKは腸内細菌によって作られるため，このビタミンの不足が原因の大量出血はまれである．緑色野菜と卵黄がよいビタミン源である．

ビタミンC（アスコルビン酸） vitamin C (ascorbic acid)

無色結晶性の水溶性ビタミンで，特に柑橘や緑色野菜にみられる．ほとんどの生物はグルコースからビタミンCを合成するが，ヒトや他の霊長類と様々な種では食物から摂取しなければならない．健全な結合組織を維持するためには必須であり，不足すると壊血病を引き起こす．ビタミンCは熱と光によって容易に分解する．

ビタミンD vitamin D

脂溶性のビタミンで，2種のステロイド誘導体からなる．ビタミンD_2（エルゴカルシフェロールまたはカルシフェロール）は酵母に存在し，ビタミンD_3（コレカルシフェロール）は動物に存在する．ビタミンD_2はステロイドの一種に紫外線が作用することで形成され，D_3は皮膚内において太陽光がコレステロール誘導体に作用することで作られる．魚の肝油はこのビタミンを含む代表的な食物である．ビタミンDは*副甲状腺ホルモンの分泌に応答して活性型に変化し，この反応は血中カルシウム濃度が下がったときに起こる．活性化することで腸からのカルシウムの取り込みを上昇させ，骨の合成のためにより多くのカルシウムを供給できるようになる．ビタミンDが不足すると成長期の動物では*くる病，成熟した動物では骨軟化症を引き起こす．両症状とも弱いかつ変形した骨が特徴的である．

ビタミンB群 vitamin B complex

水溶性ビタミンの一グループで，特に*補酵素として機能する．植物と多くの微生物はビタミンBを産生することができるが，ほとんどの動物にとって食事由来のビタミンBは必須である．ビタミンBは熱と光で分解されやすい．

ビタミンB_1（チアミン）は補酵素であるチアミンピロリン酸の前駆体で，これは炭水化物の代謝において機能する．不足するとヒトでは*脚気，鳥類では多発性神経炎を引き起こす．ビール酵母，小麦麦芽，インゲンマメ，エンドウマメ，青野菜に多く含まれている．

ビタミンB_2（リボフラビン）は青野菜，酵母，肝臓，ミルクに含まれる．これは補酵素である*FADやFMNなどの構成成分で，これらの補酵素は*電子伝達系の酸化的リン酸化反応だけでなく，主要な栄養分の代謝においても重要な役割を果たす．ビタミンB_2が不足すると舌や唇の炎症や口内炎を引き起こす．

ビタミンB_6（ピリドキシン）は穀物，酵母，肝臓，ミルクなどに広く存在する．補酵素（ピリドキサルリン酸）の構成成分で，アミノ酸の代謝に関与する．不足すると成長の遅れ，皮膚炎，ひきつけ，その他の症状を引き起こす．

ビタミンB_{12}（シアノコバラミンあるいはコバラミン）は微生物によってのみ合成され，自然の源はもっぱら動物が起源である．肝臓には特に豊富に含まれている．B_{12}の一つの形態は，脂肪酸の酸化やDNA合成などの多くの反応における補酵素として機能する．また，*葉酸（もう一つのビタミンB）と共同してアミノ酸であるメチオニンの合成において機能し，また，赤血球細胞を作る際にも必要とされる．ビタミンB_{12}は内因子と呼ばれる糖タンパク質が存在する腸でのみ吸収され，ビタミンB_{12}が欠乏あるいは内因子がないと悪性貧血を引き起こす．

ビタミンB群には他に*ニコチン酸，*パントテン酸，*ビオチン，*リポ酸がある．→コリン，イノシトール

P-タンパク質（篩部タンパク質） P-protein (phloem protein)

植物の篩部組織の樹液を通す*篩要素に多

量に認められるタンパク質のこと．このタンパク質は成熟した篩要素において，繊維状ネットワークから独立した結晶体まで，植物の種により様々な形態をとる．一つの一般的な特徴はゲルを形成する能力であり，篩要素の破壊された部位に栓を形成することにより篩部内を転送されている栄養素の流出を防ぐ，穿刺修復物質として機能する．完全に機能している篩要素において，P-タンパク質は主に内壁に沿って存在する．

尾椎　caudal vertebrae

*仙椎につながる尾部の骨（→ 脊椎）．尾椎骨の数は種により異なり，例えばウサギでは15個だが，ヒトの場合*尾骨としてそれらの尾椎骨が融合している．

引込め反射　withdrawal reflex ── 多シナプス反射，反射

必須アミノ酸　essential amino acid

ある生物が十分に作ることができない*アミノ酸のこと．つまり食事から摂取する必要がある．ヒトでは，必須アミノ酸は，アルギニン，ヒスチジン，リシン，スレオニン，メチオニン，イソロイシン，ロイシン，バリン，フェニルアラニン，トリプトファンである．これらはタンパク質合成に必要であり，これらの欠乏は成長を抑制したり，その他の症状を引き起こしたりする．ヒトで必要なアミノ酸の多くが，他のすべての多細胞動物や大部分の原生動物でも必須である．

必須元素　essential element

生物が正常な成長，発達，生存をするために必須な元素．いくつかは有機物に含まれており（炭素，水素，酸素，窒素），植物，微生物，動物すべてが，生物ごとに異なる量の無機物の形における元素を必須としている．組織に含まれる多量元素（0.005％以上）は，カルシウム，リン，カリウム，ナトリウム，塩素，硫黄，マグネシウムである（→ 多量養素）．「微量元素」はもっと低濃度で存在し，その必要量は少ない．鉄，マンガン，亜鉛，銅，ヨウ素，コバルト，セレン，モリブデン，クロム，珪素がこれらで最も重要なものである（→ 微量養素）．それぞれの元素が一つ以上の代謝における役割をもっている．ナトリウム，カリウム，塩素のイオンは細胞や体液内の主要な電解質成分であり，したがって，これらの電気的および浸透圧的な状態を決定する．カルシウム，リン，マグネシウムはすべて骨に存在する．カルシウムはまた，細胞のシグナル伝達と神経，筋肉の活動にも必須であり，リンは化学的エネルギー運搬体（*ATP）や核酸の鍵となる成分である．硫黄はアミノ酸合成に主に必要である（植物や微生物において）．微量元素は*補助因子やあるいは複雑な分子の成分となって働き，たとえばヘムにおける鉄やビタミン B_{12} におけるコバルトなどがある．→ 無機栄養素欠乏症

必須脂肪酸　essential fatty acids

ヒトを含む動物の食餌に含まれている必要がある*脂肪酸．必須脂肪酸には*アラキドン酸，*リノール酸，*リノレン酸があり，これらはすべて炭化水素鎖に沿って同じ二つの位置に二重結合があり，*プロスタグランジンの前駆体として働く．必須元素の欠乏は，皮膚病や体重減少，生理不順などを引き起こす．成熟したヒトでは1日に2～10gのリノール酸か同等のものが必要とされる．

ピット　pit

被覆小窩．→ エンドソーム

ピットフォールトラップ　pitfall trap

小さな無脊椎動物をつかまえるためのわなで，ブリキでできており，地中におかれ，その縁は地面の高さにある．このわなにはえさが入れてあり，また石で地表面より上に浮かせたタイルで覆われているので，雨がブリキのなかに入ることはない．

泌乳　lactation

*乳腺からの乳の排出．これは一般的に，子どもの誕生のあとで起こり，乳児が乳を吸う行動によって刺激される．泌乳は，ホルモン，特に*プロラクチンと*オキシトシンによりコントロールされる．

泌乳刺激ホルモン　lactogenetic hormone ── プロラクチン

PTH　── 副甲状腺ホルモン

PDGF　── 増殖因子

PTTH　── 前胸腺刺激ホルモン

ピテカントロプス　Pithecanthropus　⟶ ヒト属
非同類交配（逆調和配偶）　disassortative mating　⟶　調和配偶
ヒトゲノムプロジェクト　Human Genome Project

　ヒト*ゲノム全体の地図を作成するために，1988年に開始された国際協調プロジェクトであり，その結果，ヒトの遺伝子の単離と配列決定が行われた（→ DNAシークエンシング）．これには，*DNAライブラリーの作成が含まれていた．半数体のヒトゲノムは，約 3×10^9 塩基対からなり，3万から3万5000個の遺伝子が含まれると推定される．配列全体の草案は2000年に完成し，2001年2月に公表され，高品質の配列は，予定より2年早く2003年4月に完成した．

ヒト絨毛膜性生殖腺刺激ホルモン　human chorionic gonadotrophin (hCG)　⟶　生殖腺刺激ホルモン
ヒト成長ホルモン　human growth hormone (hGH)　⟶　成長ホルモン
ヒト属　Homo

　霊長類の一属で，現生人類（H. sapiens，唯一の現生種）と様々な絶滅種を含む．最古のヒト属の化石は，H. habilis と H. rudolfensis のものであり，これらは最初に220～240万年前にアフリカに出現した．両種ともに単純な石器を使用した．H. habilis は，身長1～1.5mで，*猿人類より脳が大きく，人間らしい体型をしていた．H. erectus は，約160万年前にアフリカで H. ergaster から分岐し，後にアジアに広まった．H. erectus の化石は Pithecanthropus（ピテカントロプス）と以前は呼ばれており，ジャワ原人と北京原人が含まれる．彼らは，眼の上に著しい隆起があり，また額とおとがいがないこと以外は，現在の人類に類似している．彼らは粗雑な石器と火を使用した．H. ergaster はまた H. heidelbergensis（ハイデルベルク人とボックスグローブ人が一例）を生じたと考えられている．この種は，現在では，80万年前から少なくとも7万年前の H. sapiens の出現に至る原人的特長と現代人的特長が混合したヒト属の化石をすべて含んでいる．それらのなかには H. neanderthalensis（*ネアンデルタール人）と H. sapiens の両方の祖先が含まれる．→ クロマニョン人

ヒト免疫不全ウイルス　human immunodeficiency virus　⟶　HIV
ビードル，ジョージ・ウェルズ　Beadle, George Wells (1903-89)

　アメリカの遺伝学者．彼はいくつかの大学教授職を経た後に，スタンフォード大学に行き，テータム (Edward Tatum, 1909-75) とともに研究を行った．彼らはカビを用いて，遺伝子の機能は酵素の生産を支配することであり，この酵素は次に代謝経路を支配するという考えを導いた．彼らは，変異体遺伝子は機能しない異常酵素に対応することを見いだした．この「一遺伝子一酵素仮説」（→ 一遺伝子一ポリペプチド鎖仮説）により，彼らは1958年にノーベル生理医学賞を受賞した．

5-ヒドロキシトリプタミン　5-hydroxytryptamine　⟶　セロトニン
ヒドロキシル　hydroxyl

　化合物のなかに存在する水酸基（-OH），または水酸化物イオン（OH^-）を示す．

ヒドロキソニウムイオン　hydroxonium ion　⟶　酸
ヒドロコルチゾン　hydrocortisone　⟶　コルチゾール
ヒドロ虫類　Hydrozoa　⟶　刺胞動物門
泌尿（器）系　urinary system

　*浸透圧調節や*排出を行う器官や組織の集まり．哺乳動物の泌尿器系は，二つの*腎臓が，それぞれ尿管により膀胱につながっている系である．

避妊　contraception　⟶　バースコントロール
被囊類　tunicates　⟶　尾索動物亜門
皮膚
　1．cutis　⟶　真皮
　2．skin
　脊椎動物の外表面の層（図参照）．*表皮と*真皮の2層からなり，複雑な神経と血液供給がなされている．皮膚は様々な特殊な構造

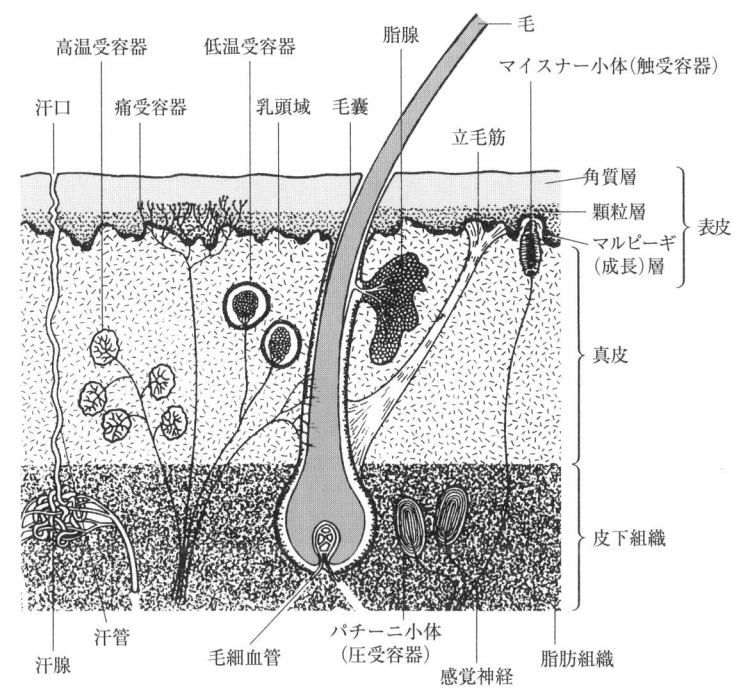

哺乳動物の皮膚の構造

が付属することがあり，それらには*毛，*鱗，*羽毛などが含まれる．この皮膚は機械的な傷害，水分不足，有害な生物（病原菌）の侵入から体を守る重要な働きをもっている．また感覚器官でもあり，痛みや温度，圧力といった刺激に対する受容体を内部に含む（→ マイスナー小体，パチーニ小体）．恒温動物では，皮膚の髪や毛皮や羽毛，*汗腺で体温を調節するのを助けている．

ビブリオ属細菌 vibrio

コンマ形をした細菌．一般に，ビブリオ属細菌はグラム陰性（→ グラム染色）で，運動性があり，好気性である．土壌や水圏に広く分布し，ほとんどが腐生性で，有機物を栄養にするが寄生性のものもいる．例えば，*Vibrio cholerae* はコレラの病原体である．

微分干渉顕微鏡 differential-interference contrast microscope ⟶ ノマルスキー顕微鏡

ピペット pipette

液体を希望の量だけ計り取り，他に移すのに用いられる目盛のついたチューブ．→ マイクロピペット

肥満細胞 mast cell

多数の顆粒を細胞質に含む巨大な細胞で，例えば血管や皮膚の周囲の結合組織でみられる．肥満細胞の顆粒は，炎症を引き起こす*ヒスタミン，*セロトニンや様々な走化性因子（その領域に白血球を誘引する物質）を含む．顆粒の内容物は組織傷害に対する応答あるいはアレルギー反応の一部として細胞から放出される．放出は肥満細胞に結合している抗体（IgE）に対する抗原の結合が引き金となる．この細胞は凝血塊の形成を阻害する抗凝固物質であるヘパリンもまた放出する．

皮目 lenticel

木本の茎にある浮き上がった孔のことで，大気と内部組織の間で気体の交換を行っている．この孔は*コルク形成層によって作られ

る．コルク形成層は，その一部のある部分でかさばってすきまの多いコルクを形成する．このコルクは外側の組織をおし上げ，そこに皮目ができる．

百分度スケール centigrade scale ─→ セルシウス温度

秒 second
記号 s で表される．時間の SI 単位であり，1 秒は，セシウム 133 原子の基底状態の，二つの超微細準位間の遷移に対応する放射の 9192631770 周期の継続期間に相当する．

病因学 aetiology
特に疾患の原因を研究する学問分野．

漂泳性の pelagic
海洋や湖沼を遊泳，漂流する生物をさし，底にすむ生物（→ 底生生物）とは区別される．漂泳生物は *プランクトンと *ネクトンに分けられる．

病害虫 pest
作物や家畜その他に害を与えて，人間の安寧を妨げる菌類，昆虫，げっ歯類，植物などの様々な生物のこと．雑草は，雑草が必要とされていない場所，多くの場合は耕地において作物と空間，光，栄養等を競合することから，植物病害虫である．病害虫は *農薬や *生物的防除法によって抑制される．

氷河期 ice age
地球の歴史上，氷河が赤道に向かって広がり，気温が低下した時代．最後の大きな氷河期は更新世（ときに大氷河時代として知られる）のもので約 1 万年前に終わった．更新世には少なくとも四つの大きな氷河期があり，それらは気温が上がり氷河が後退した間氷期によって隔てられている．現代は氷河期と氷河期の間なのか，更新世氷河期の一つの間氷期なのかわかっていない．氷河期は先カンブリア代（5 億年前以上昔）やペルム期と石炭期の境（2 億 9900 万年前）にもあったことがわかっている．

氷核物質 ice-nucleating agent
氷の結晶の形成を促進する物質であり，ちりや食物の粒子のような，微小な固体の粒子や，高分子が含まれる．寒冷な気候に生息する昆虫や軟体動物，線虫のような生物の一部は，温度が氷点下に下がったときに体内の細胞外水分の凍結を緩やかにするために「氷核タンパク質」を生成する．これらのタンパク質の構造は水分子の結合を促し，急速で有害な氷の形成を妨げる．しかし，消化器官内の粒子も氷核物質として働くため，凍結に耐性のない生物は凍結条件下では消化器官を空にしなければならない．→ 凍結防止剤

病気 disease
身体のいずれかの部位（細胞，組織，器官）の正常な機能が乱されること．様々な微生物や環境的な要因が病気を引き起こす可能性がある．機能的な障害はしばしば組織の構造的変化を伴う．

表現型 phenotype
生物の観察可能な形質のこと．表現型はその生物の遺伝子（→ 遺伝子型），*対立遺伝子間の優性関係，そして遺伝子と環境との相互作用によって決定される．

表現型模写 phenocopy
遺伝的に決定された *表現型ではないが，遺伝的に決定された表現型とよく似ている表現型．これは食物などのような環境的な影響だけで，対応する遺伝的形質と非常によく似た発達的な形質を引き起こすことができるときによくみられる．例えばビタミン D の摂食欠乏は骨の病気である *くる病の原因となるが，この環境が原因となったくる病の形態は，遺伝的に決定された（食料由来ではない）骨の無機成分の吸収不良や骨の無機質の過度の流出を原因とする遺伝的くる病の形態とは，ほとんど区別することができない．

病原性 virulence
微生物がもつ，病気を引き起こす能力．→ 病原体

病原体 pathogen
病気を引き起こす微生物のこと．病原体にはウイルス，多くの細菌，カビ，原生動物が含まれる．→ 感染

表型的分類 phenetic
できるだけ多くの外見的な特徴の，類似点や相違点に基づいて生物を *分類する方式を示す．表型的分類法は進化的な血縁を反映することを目的としないものの，実際はそれを

反映することもある．→ 系統発生の
標識 labelling
　化合物中の安定な原子を，同じ元素の放射性同位体に置き換えること．これによりこの物質が放った放射線をたどって生物学的，機械的なシステム中でのこの化合物のふるまいを解析することができるようになる．ときには，放射性同位体とは異なる安定同位体が使われ，その際にはこの化合物の経路は質量分析計でたどることができる．放射性同位体もしくは安定同位体のどちらかが含まれている化合物は「標識化合物」と呼ばれて，使われる原子は標識と呼ばれる．もし化合物のなかの水素原子がトリチウムに置き換えられていたら，その化合物は「トリチウム化化合物」と呼ばれる．放射線を出す以外には，標識された放射性化合物は，化学的，物理的には安定なもとの化合物のときと同じように振る舞う．そしてその存在は簡単に発見できる．この放射性標識の方法は，化学，医学分野で広く利用されている．

標準偏差 standard deviation
　統計学でデータのばらつきを示す尺度の一つ．値の組 $a_1, a_2, a_3, \ldots, a_n$ があるとき，平均値 m は $(a_1+a_2+\cdots+a_n)/n$ で与えられる．それぞれの値の（絶対）偏差は，平均値からのその値のずれの絶対値で，たとえば $|m-a_1|$ などである．標準偏差は，偏差の二乗の平均値の平方根であり，すなわち下式である．

$$\sqrt{(|m-a_1|^2+\cdots+|m-a_n|^2)/n}$$

表水層 epilimnion
　湖における上層の水．→ 深水層，水温躍層

氷雪藻類 cryophyte
　氷や雪のなかでも生育できる，生物体．多くの cryophyte は藻類であるため，氷雪藻類の訳があてられ，緑藻の *Chlamydomonas nivalis* や一部の珪藻類などを含む．また，cryophyte は渦鞭毛藻類，コケ類，細菌や真菌類も含んでいる．

表層域 epipelagic zone —→ 真光層
表土 topsoil —→ 土壌

表皮 epidermis
　1．（動物学）動物の体の最も外側の細胞層．無脊椎動物の表皮はたいていは単層の細胞のみでできており，非透過性の*クチクラに包まれている．脊椎動物の表皮は，*皮膚の2層のうち薄いほうをさす（→ 真皮）．表皮は活発に分裂をする細胞からなる基底膜（→ マルピーギ層）と，その上のケラチンを多量に含む細胞層からできている（→ 角質生成）．表皮細胞の最も外側の層（*角質層）は水に耐性のある防御層となっている．表皮は様々な特殊な構造を備えることがある（例：*羽毛，*毛など）．
　2．（植物学）植物を覆っている最も外側の細胞の層．*クチクラがかぶさっており，傷害や乾燥から身を守ることが主な機能である．外皮細胞のいくつかは孔辺細胞（→ 気孔）や様々なタイプの毛になったりする（→ 根毛層）．樹木では，茎の外皮の機能は周皮組織（→ コルク形成層）に取って代わられており，成熟した根では，表皮が剥がれ落ち*下皮に置き換わる．

表皮成長因子 epidermal growth factor (EGF)
　サイトカインとして働く小さいタンパク質で，細胞表面の受容体（表皮成長因子受容体）と結合することで皮膚や結合組織の細胞分裂を刺激する．表皮成長因子は，細胞膜に結合した大きな EGF 前駆体タンパク質のもつ複数の EGF ドメインの個々の EGF への切断により生成する．EGF は培地に添加され，動物細胞の分裂を促進するのに使われる．→ 成長因子

表面張力 surface tension
　単位の記号 γ．表面が弾性のある皮膚のように振る舞うことのできる液体の特性のこと．この特性は分子間力に起因し，液体内の分子が他の分子によって全方向から均等に引きつけられる一方で，液体表面の分子が下方向の分子からしか引きつけられないことによって生じる．表面張力は，その力に垂直な単位長さの表面を引き出すために必要な力により定義される．表面張力は $\mathrm{N\ m^{-1}}$ の単位で測定される．1 m四方の表面を増やすのに必

要なエネルギーとしても表面張力は定義することができ，すなわちJm^{-2}の単位でも測定できる．分子間の水素結合により水の表面張力は強く，水滴や泡，メニスカス（水柱の表面がカーブすること）を形成する原因となっている．毛管中の水の上昇（毛管現象）や多孔性物質による液体の吸収，表面を湿らせる液体の性質も同様である．毛管現象は植物にとって非常に重要で，水分の輸送にかかわり，植物体のなかで重力に逆らって水を移動させる．

病理学 pathology
　病気となった組織や器官の変化の研究のこと．これには患者や死体から採取された組織試料の解析，X線写真やその他の証拠についての研究が含まれる．臨床病理学では病理学で得られた知見を医学現場，特に診断検査や治療の開発に応用する．実験病理学では病気の過程を実験動物，培養細胞その他の方法を用いて研究する．

肥沃度 fertility
　植物の成長を助けるための土壌の相対的能力．これは物理的な因子，例えば粒子サイズや水分含量，および化学的な因子，例えば養分や可給態養分の濃度からなっている．

日和見性 opportunistic
　新しい資源を素早く使って生存することができる生物種に対して使う言葉で，例えば新しい環境中にすぐに定着できるようになる種などに対して用いる．そのような生物種は特徴的に*r淘汰を示す．

ピラノース pyranose
　5個の炭素原子と1個の酸素原子からなる六員環をもつ*糖をいう．

ピリドキシン pyridoxine ⟶ ビタミンB群

ビリベルジン biliverdin ⟶ 胆汁

ピリミジン pyrimidine
　窒素を含む有機塩基の一種であり（化学式参照），わずかに水に溶ける．この物質は生物学的に重要な一群の誘導体を生じ，特に*ウラシル，*チミン，*シトシンがよく知られており，これらは*ヌクレオチドと核酸（DNAとRNA）のなかに存在する．

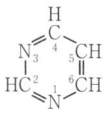

ピリミジン

肥料 fertilizer
　土壌の生産性を上昇させるために土壌に添加される物質．肥料は*堆肥といった天然起源のものや，合成化学物質，特に硝酸塩やリン酸塩などからなる．合成肥料は作物の収量を劇的に上昇させうるが，雨によって土壌から浸出して湖に流れ込むと富栄養化の過程をも促進する（→ 水の華，富栄養の）．窒素固定できる細菌が肥沃度を上昇させるために土壌に添加されることもある．例えば熱帯の国でシアノバクテリウムの「アナベナ」が土壌の肥沃度を上昇させるために水田に添加されている．

微量元素 trace element ⟶ 必須元素

微量養素 micronutrient
　植物が比較的少量必要とする化学元素．微量養素は，典型的には補因子や補酵素のなかに認められる．銅，亜鉛，モリブデン，マンガン，コバルト，ホウ素などが含まれる．→ 必須元素，多量養素

ビリルビン bilirubin ⟶ 胆汁

Bリンパ球 B lymphocyte ⟶ B細胞

ヒル leeches ⟶ ヒル類

ピルトダウン人 Piltdown man
　1912年，サセックスのピルトダウンでドーソン（Charles Dawson, 1864-1916）が発見したとされる化石で*Eoanthropus dawsoni*と名づけられ，現代のヒトの本当の祖先を代表するものとして記載された．頭蓋骨はヒトに似ているものの，アゴはサルに似ていた．1953年，年代測定法によりこの標本は偽物とわかった．

ヒル反応 Hill reaction
　フェリシアン化カリウムなどの適切な電子受容体が周囲の水溶液に加えられている場合に，単離した葉緑体に光を照射すると酸素が放出される反応をいう．この反応は，ヒル（Robert Hill, 1899-1991）により1939年に発見された．この電子受容体は，*光合成の

明反応における天然の電子受容体である $NADP^+$ の代わりとして機能している．

ピルビン酸（2-オキソプロパン酸） pyruvic acid (2-oxopropanoic acid)

無色の液状の有機酸，$CH_3COCOOH$ である．ピルビン酸は重要な代謝中間物質の一つで *解糖により生じ，*クレブス回路に必要とされるアセチル CoA に変換される．嫌気的条件下では，ピルビン酸は乳酸やエタノールに変換される．

ヒル類 Hirudinea

ヒルを含む淡水産および陸生の環形動物の一綱である．これらは，体の前端と後端に吸盤をもつが，剛毛はもたない．一部の種は脊椎動物や無脊椎動物に対する吸血性の寄生者であるが，大部分は捕食者である．

ひれ fins

水生の脊椎動物の運動器官．魚類では典型的には一つもしくはそれ以上の，バランスを保つ機能をもつ背びれ，および尻びれ（ときに連続している）がある．また，尾の周囲に主たる推進器官である尾びれがある．さらに二つの対となったひれがあり，上肢帯（胸帯）についている胸びれ，下肢帯（骨盤）についている，かじをとるのに用いられる腹びれがある．これらの対になったひれは四足類の肢に相同のものである．ひれは多くの柔軟性に富んだ鰭条によって強化されている．鰭条は軟骨質のもの，骨質で関節のあるもの，角質のもの，あるいは繊維質で関節のあるものがある．

非裂開の indehiscent

熟しても種子や胞子を放出するための開裂をしない果実や子実体を示す語．その代わりに果皮が腐ったり，果実が動物に食べられて果皮が消化されたときに放出が起こる．→ 裂開

非裂開型分離果 carcerulus

*分離果の一種の乾燥した果実．中心の軸に接着する1粒の種子を含んだ多数の断片（分果）から構成されている．この型の果実はタチアオイなどに特徴的である．

ピレノイド pyrenoid

多くの藻類とツノゴケ類（→ ツノゴケ植物門）の *葉緑体に見いだされる球状のタンパク質性の小体をいう．ピレノイドは，デンプンの貯蔵に関係し，周囲にデンプン層がしばしば存在する．

疲労 fatigue

（筋肉のような）組織，細胞やその他を，長時間連続して刺激したあとに生ずる，神経刺激に対する反応レベルの減退．

ピロール pyrrole

窒素を含む有機化合物の一種であり（化学式参照），*ポルフィリンの構造の一部を形成する．

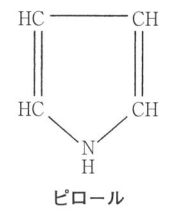

$$\begin{array}{c} HC = CH \\ \| \quad \| \\ HC \quad CH \\ \diagdown N \diagup \\ H \end{array}$$

ピロール

貧栄養の oligotrophic

栄養素の供給が貧しく，光合成による有機物質形成率の低い，湖のような水塊を示す語．→ 腐植栄養の，富栄養の，中栄養の

貧血 anaemia

赤血球が非常に少ない状態や，赤血球が十分な量のヘモグロビンをもたないとき，もしくは，赤血球がそれ以外の点において異常であるときに起こる症状のこと．貧血は血液が減少したときや，ヘモグロビンや赤血球の合成に必要な因子（鉄分や，葉酸，ビタミン B_{12} など）が欠乏したときによく起こる．赤血球の破壊の増加は，ある種の薬剤や深刻な感染症などによって起こり，またヘモグロビンのある異常な型は鎌状赤血球貧血を引き起こす．→ 多型性

品種

1. breed

飼育された動物の *変種，またはまれに植物の栽培された変種．栽培された植物は品種または，より正確には *栽培品種と呼ばれる．動物品種の例はフリージアン牛やシェトランドシープドックなどがあげられる．

2. form

一変種のなかの異なった型に用いられる，

生物の*分類に用いられる分類階級.

3．race

(1) (生物学) 生物の*分類に使われる分類階級の一つであり，一つの種のなかで地理的，生態学的，生理学的，または染色体的に，その種の他の集団と区別できる個体群をいう．この用語はしばしば*亜種と同じ意味で用いられる．例えば生理品種は，外見は同じだが生理機能が異なる．これらには，一つの作物種の異なる変種に感染するように適応した，カビの系統などが含まれる．

(2) (人類学) 人種．いくつかの遺伝的特徴で他と区別できるヒトの型である．主要な人種として，モンゴロイド，コーカシアン，ニグロイド，オーストラロイドがある．

瓶状部 ampulla ⟶ 膨大部

頻脈 tachycardia

心拍数の上昇．心臓は交感神経により心拍を速められ，副交感神経により心拍を抑えられるといった，拮抗する制御を受けている．心拍は普段の状態でだいたい毎分70回である．運動をして交感神経が活性化され頻脈が起こると，心拍は毎分110回程度に上昇する．運動直後に休憩すると，副交感神経の活性化により心拍は毎分60回程度に低下する（徐脈）．

貧毛類 Oligochaeta

わずかな*剛毛をもっている雌雄同体の環形動物の一綱のこと．貧毛類は淡水や陸生の環境にとても多い．この綱に属する最もなじみのある生物は，ミミズや淡水のイトミミズである．

フ

ファイトアレキシン phytoalexin

菌類や細菌の感染に応答して植物から生産される抗菌物質で，侵入した微生物の成長を阻害することで植物の防御に寄生する．ファイトアレキシンの化学的性質はそれぞれ異なる．例えば豆類では主にイソフラボノイドが使われ，ナス科ではテルペンが使われることが多い．侵入した病原体が生産する低分子のポリサッカライドやタンパク質のような物質は，感染部位周辺におけるファイトアレキシンの生産を誘導する*エリシターとして働く．ファイトアレキシンの生産は*過敏感反応として知られる広範な防御反応の一つである．

ファイトケラチン phytochelatin

高濃度の重金属（例えばカドミウム，亜鉛，鉛，銅，水銀）にさらされている植物中にみられる硫黄分の多い一群のペプチドのことで，無毒化をしていると考えられている．ファイトケラチンは特異なペプチドで，一般式が（γ-グルタミン酸-システイン）$_n$-グリシン（→ グルタチオン）で，nが2から11の構造をしており，細胞質中で金属イオンと結合している．毒性のある金属イオンを液胞へ運び，そこで有機酸によって閉じ込められていると考えられる．

ファージ phage ⟶ バクテリオファージ

ファージミド phagemid ⟶ 発現ベクター

ファストグリーン fast green

セルロース，細胞質，コラーゲンおよび粘液を緑に染める，光学顕微鏡観察で用いられる緑色の色素．対比染色として*サフラニンとともに植物組織を染めるのに頻繁に用いられる．同様の色素である「ライトグリーン」とは異なり容易に色褪せない．

ファミリー family

（分子生物学）族．アミノ酸配列において

相同性のあるタンパク質の一群であり，推定上の共通の祖先タンパク質から進化的に分岐したことにより，しばしば機能においても同様であるもの．例えば，様々なタイプあるいはサブタイプの*アドレナリン性受容体はタンパク質ファミリーとして考えられている．
→ 遺伝子族

ファレート pharate
　覆い隠された状態．一つ前の発生段階の外皮のなかにいる幼生，もしくは成体のこと．例えば新しく変態をした成虫は出てくることを誘導する適切な環境的なきっかけを認識するまで，数時間，もしくは数日間はさなぎの外皮に覆われた状態にある．

ファロピウス，ガブリエル Fallopius, Gabriel (1523-62)
　イタリアの解剖学者．ピサ大学（1548年から）およびパドヴァ大学（1551年から）で解剖学の教授であった．彼の発見で最も知られたものはヒトの骨格系および生殖系についてであり，子宮と卵巣を結びつける管を同定し，のちに彼にちなんで名づけられた（輸卵管，*ファロピウス管）．

ファロピウス管（輸卵管） fallopian tube (oviduct)
　哺乳類における，*卵巣から子宮へ卵細胞を運ぶ管．卵は筋および繊毛の働きにより運ばれる．*ファロピウスにちなんで名づけられた．

フィコエリスリン phycoerythrin
　紅藻類やシアノバクテリア中で主に働く補助光合成色素．これは*フィコビリンタンパク質であり，有色の補欠分子団としてフィコエリスロビリンが含まれており，このためフィコエリスリンは赤くなる．

フィコシアニン phycocyanin
　シアノバクテリアや紅藻類中で主に働く補助光合成色素．これは*フィコビリンタンパク質であり，有色の補欠分子団としてフィコシアノビリンが含まれており，このためフィコシアニンは青くなる．

フィコビオント phycobiont ── 共生藻
フィコビリンタンパク質 phycobiliprotein
　シアノバクテリア，紅藻類，光合成クリプト植物にみられる一群の色素の一つで，*チラコイド膜に付着し，光合成の*補助色素として働く．これらの色素は，有色のテトラピロールであるフィコビリン（→ ポルフィリン）が補欠分子団となり，これに結合するタンパク質からなる．主要なフィコビリンタンパク質は*フィコシアニンと*フィコエリスリンである．細胞内ではフィコビリンタンパク質はフィコビリソームと呼ばれる複雑なクラスターを形成している．

フィコプラスト phycoplast
　ある種の藻類で有糸分裂に続く細胞分裂を行う微小管の配列のこと．植物や多くの藻類の分裂中の細胞でみられる*隔膜形成体とは違い，フィコプラストは紡錘体軸とは垂直で，新しく形成された細胞壁の面と並行に微小管が並ぶ．新しい細胞壁はすでにある細胞壁から寄せ集められたり，*細胞板が堆積することによって形成されると考えられる．

FISH ── 蛍光インシトゥハイブリダイゼーション

フィッショントラック法 fission-track dating
　物質の内部に含まれるウラン原子核の核分裂片によって内部に作られた飛跡を調べることによる，ガラスや他の鉱物の年代を推定する方法．分裂を誘導するために対象に中性子を照射し，照射前後の飛跡の密度と数を比較することによって，対象が凝固してから経過した時間を推定することができる．

部位特異的変異誘発 site-directed mutagenesis
　望み通りの変異を遺伝子の塩基配列の特定の部位に導入することができる，遺伝子工学に用いられる技術．この技術により，正確かつ特異的な変異を導入することができる．例えば，変化がそのタンパク質の構造や機能に影響を与えるかどうかを検証するために，その遺伝子がコードするタンパク質のアミノ酸配列を修正することが可能である．最初に，目的の遺伝子をクローニングし，一本鎖DNAを作る．この目的のために広く使われているベクターはバクテリオファージM13である．次に，20～30塩基の長さで目的の変異

を入れた人工オリゴヌクレオチドを設計する．これを（変異を入れた部位は別として）一本鎖 DNA に相補的に結合させ，一本鎖 DNA を鋳型にして，DNA ポリメラーゼを用いて延長させる．この 2 本の鎖はやがて導入された細胞内で複製されるときに分離し，クローニングされ，変異の入った遺伝子が導入されたクローンを選別する．

フィトクロム phytochrome

光の有無を検出できる植物の色素で，種子の発芽，花成の開始など日長がかかわる多くの過程の制御にかかわる．フィトクロムは *発色団（クロモフォア）と呼ばれる光を検出する部分が，低分子のタンパク質と結合してできている．また物理的性質，特に細胞膜への結合能の異なる二つの相互変換型をとる．日光にさらされると不活性型のフィトクロムは赤色光（波長 680 nm）を吸収し，タンパク質の部分の立体構造が変化して細胞膜に容易に結合できるようになる．また吸収スペクトルも変化して約 730 nm の近赤外領域のスペクトルの光を吸収するようになる．このフィトクロムの生理学的に活性な形は P_{fr}（近赤外 far red にちなむ）と呼ばれる．暗所で P_{fr} は数時間かけて不活性形の P_r（赤色 red にちなむ）へと変換される．→ 光形態形成，光周性

フィトテルム phytotelm

植物上でみられる水の小さな塊．例えばウツボカズラの袋の内容物や木の洞のなかの小さな水たまりがある．しばしば一時的であることが多いが，フィトテルムには豊富な生物が存在し，生態学的研究のよい対象となるような独立した動物群集が存在することがある．

フィードバック feedback

その行為を制御するために系の出力の一部を用いること．正のフィードバックにおいては出力は入力を強めるのに用いられ，負のフィードバックでは出力は入力を弱めるために用いられる．多くの生物学的過程は負のフィードバックに依存している．種の個体数が増加すると，その 1 個体当たりの食物は減少し，その結果個体数は減少しはじめる．多くの生化学的な過程はフィードバック *阻害によって制御されている．フィードバック機構は生物内部の平衡状態を維持するのに重要な働きを担っている（→ ホメオスタシス）．

フィトヘムアグルチニン phytohaemagglutinin (PHA)

正常ならば抗原の攻撃に対応したリンパ球の変化を，抗原なしに誘導する植物由来のあらゆる化合物のこと．これらの変化には細胞の大型化，RNA や DNA 合成量の増大，細胞分裂が含まれる．PHA に対する応答は慢性ウイルスに感染している患者などの，細胞性 *免疫の応答能を試験するのに使われる．

フィブリノーゲン fibrinogen

適切に活性化されると不溶性の *フィブリン繊維に変換される，血漿中に溶解したタンパク質．→ 血液凝固

フィブリン fibrin

傷の部分で繊維を形成して血餅の基盤となる不溶性のタンパク質．→ 血液凝固

フィラメント filament

1．（動物学）鳥の羽の *羽枝のような細長い毛状の構造．

2．（植物学）花糸．花の *雄ずいの柄．これは葯を支持し，主に維管束組織からなる．

3．（細胞生物学）→ 中間径繊維，ミクロフィラメント

斑入り variegation

植物の葉，花弁，その他の部位において，その周囲と違った色のまだら模様，斑点あるいは筋状の部分が生じること．これはその部位の色素の不足や，周囲と異なる色素を含むことによる．斑入りは例えば *タバコモザイクウイルスなどの感染，あるいは斑入りの部分の細胞が，斑入りの周囲と遺伝的に異なることなどにより引き起こされる．

フィリシノフィタ（シダ類） Filicinophyta (Pterophyta)

主に陸生の維管束植物（→ 維管束植物）の一門で，シダ類のこと．シダ類は，通常根茎か短く直立した茎から生ずる大きく目立つ葉（葉状体 → 大葉）をもつ，多年生の植物である．ワラビがよく知られたシダの例であ

る．木生シダのみが，かなりの高さに到達する茎をもつ．若葉が成熟した葉に開くときに，特徴的な伸長を行う．繁殖は特殊化した葉（*胞子葉）の下側に生ずる胞子によって行われる．

フィンガードメイン finger domain
一連のアミノ酸残基が金属原子と結合することでタンパク質内で生じる指状の構造．フィンガードメインはしばしば*転写因子内で反復して認められる．→ ドメイン，亜鉛フィンガー

フィンガープリンティング fingerprinting
→ DNAフィンガープリンティング，ペプチドマッピング

風積土 aeolian soil
風によりある場所から別な場所へ運ばれた土のこと．

風土病 endemic
ある地域に常に存在する病気または害虫．例えばアフリカの一部地域の風土病はマラリアである．

封入体 inclusion body
ウイルスの感染により植物や動物の細胞内で形成される様々な粒子状構造体．封入体は細胞質のタンパク質に埋め込まれることがある．

風媒 anemophily (wind pollination)
花粉が風によって運ばれる花の受粉様式のこと．風媒花の例としては，イネ科植物や針葉樹の花などがある．→ 虫媒，水媒

富栄養の eutrophic
豊富な栄養が供給され，光合成による有機物の生産速度が速い（湖などの）水塊を示す．*汚水や*肥料による湖の汚染が湖を富栄養湖にしていく（これが富栄養化の過程である）．これは，藻類（→ 水の華）の過剰な成長を促進し，これらの死滅と引き続く分解によって，*生物化学的酸素要求量が上がり，酸素量が低下することで湖のなかの魚やその他の動物が死ぬ．→ 腐植栄養の，中栄養の，貧栄養の

フェオフィチン pheophytin
*光合成の明反応における最初の電子受容体．フェオフィチンは励起状態の光化学系II（→ 光化学系 I, II）から電子を受け取り，別の受容体 Q_A を介して *プラストキノンへと受け渡す．フェオフィチンはクロロフィル a のマグネシウムイオンが二つの水素イオンに置き換わったものである．光のエネルギーを化学的エネルギーに変換するのに重要な役割を担っている．

フェニルアラニン phenylalanine → アミノ酸

フェニルケトン尿症 phenylketonuria
アミノ酸フェニルアラニンの代謝の欠陥によって，子どもに重度の精神遅滞をもたらす遺伝的な疾患．この病気はフェニルアラニン水酸化酵素の欠失や不足によって，体液にフェニルアラニンが蓄積することによって引き起こされる．また尿中にケトンであるフェニルピルビン酸の高濃度の蓄積もみられることからこの名がついた．この病気は欠陥のある劣性遺伝子をホモにもつと起こる．つまり患者の両親はこの遺伝子をヘテロにもっている．*遺伝子検査の出現によりフェニルケトン尿症とキャリヤーの両方の正確な診断が可能となった．

フェノールフタレイン phenolphthalein
pH指示薬に用いられる色素．pH 8 以下では無色だが，pH 9.6 以上では赤色に染まる．弱酸や強塩基の滴定に用いられる．また下剤としても使用される．

フェムト femto-
記号 f．メートル法における 10^{-15} を示すのに用いられる接頭辞．例えば 10^{-15} 秒は 1 フェムト秒 (fs)．

フェリチン ferritin
肝臓や脾臓の組織に主にみられるが，また体のほとんどすべての細胞においても存在するタンパク質で，鉄分の貯蔵に用いられる．フェリチン分子は球体であり結晶核をもち，4000 の鉄原子を貯蔵することができる．その鉄原子は *ヘモグロビンの合成が必要になったときに放出される．→ トランスフェリン

フェーリング試験 Fehling's test
ドイツの化学者フォン・フェーリング (H. C. von Fehling, 1812-85) によって考案

された，溶液中の*還元糖やアルデヒドを検出する化学試験．フェーリング溶液はフェーリングA（硫酸銅（II）溶液）およびフェーリングB（アルカリ性2,3-ジヒドロキシブタン二酸（酒石酸ナトリウム）溶液）からなり，それらを等量，試験溶液に加える．煮沸したのち，陽性の結果であれば酸化銅（I）の赤れんが色の沈殿の形成が示される．強力な還元剤であるメタナールは金属銅も形成するが，ケトンは反応しない．この試験は*ベネディクト試験によって取って代わられ，現在ではほとんど用いられない．

フェレドキシン ferredoxin
硫黄と結合する鉄を含んだタンパク質で，*光合成の電子伝達鎖において*キャリヤー分子となる．光化学系Iから電子を受容し，それらをNADP還元酵素に受け渡してNADP$^+$の還元のために使用する（→ 光リン酸化，光化学系I, II）．フェレドキシンは植物における*窒素固定にもかかわる．

フェロモン（エクトホルモン） pheromone (ectohormone)
ある生物から，別の生物（たいていは同種の生物）への特殊なシグナルとして環境中に放出される化学物質（→ セミオケミカル）．フェロモンはある種の動物，特に昆虫や哺乳類の社会的行動において重要な役割を担っている．フェロモンは配偶者を引きつけたり，足跡をつけたり，コロニー内の社会的結束や連携を促進するのに用いられる（→ 女王物質）．フェロモンはたいてい揮発性の高い有機酸やアルコールで，きわめて低濃度でも効果がある．

フェン fen ⟶ 湿性遷移系列

フォイルゲン試験 Feulgen's test
分裂している細胞核の染色体中のDNAの分布を観察することのできる組織化学的試験．ドイツの化学者フォイルゲン（R. Feulgen, 1884-1955）によって考案された．組織切片を最初に希塩酸で処理しDNAのプリン塩基を除く．そして糖デオキシリボースのアルデヒド基を露出する．次いでアルデヒド類と結合してマゼンタ色の化合物を形成する*シッフ試薬に浸す．

不応答期 refractory period
インパルス伝達ののち，軸索や筋肉繊維の膜が再びインパルスを伝達できるようになるまでの時間（→ 活動電位）．この時間はおおよそ3 ms続き，次のインパルスが生じない絶対不応期と，異常に強い刺激が与えられればインパルスが生じる相対不応期とに分けられる．

不完全菌類 Deuteromycota (Fungi Imperfecti; imperfect fungi)
見かけ上有性生殖が知られていないすべての菌類を分類に含めるために，いくつかの生物分類体系において使われる分類群で，通常は門の分類階級とされる．これらの菌類は，"imperfect fungi"または"Fungi Imperfecti"と呼ばれ，子嚢や担子器の形成能力を失った子嚢菌や担子菌が大部分であると考えられており，どちらの菌類でも，有性生殖する近縁種や同種の有性生殖型を見いだすことができる場合がある．例えば，アオカビ属は伝統的に不完全菌類に分類されてきたが，現在では子嚢菌のタラロミセス属が有性期であることが明らかにされている．

不完全変態の hemimetabolous
昆虫の発生の一形式で，不完全あるいは部分的な変態であり，典型的なものは段階的にしだいに成虫に近い形態になっていく幼虫時代を有することを示す．例えば，翅の原基は通常，遅くとも幼虫の後期には出現する．これは*外翅類の昆虫の諸目の特徴である．不完全変態を示す種の幼虫のことを特に*若虫と呼ぶ．→ 不変態の，完全変態の

不完全優性 incomplete dominance
形質を制御するどちらの*対立遺伝子も優性ではない状態および，両方の対立遺伝子の部分的な影響の結果として生物が示す外見上の特徴．例えば，赤と白の花の対立遺伝子をもつキンギョソウはピンクの花を咲かせる．→ 共優性

腐朽（腐敗） decay ⟶ 分解

不均一核内リボ核タンパク質 heterogeneous nuclear ribonucleoprotein (hnRNP) ⟶ ヘテロ核RNA，リボ核タンパク質

副芽　accessory bud
　腋芽の横あるいは上に位置する芽．→ 葉腋

複眼　compound eye
　昆虫と甲殻類の眼であり，多数の個眼という視覚的単位から構成されている．各個眼の構造は，外層のクチクラがレンズを覆い，その下に6～8個の網膜細胞が存在し，光感受性の感桿を取り囲んでいる．隣接する個眼は，色素細胞により分離されている．複眼は凸レンズ状で，網膜細胞からの神経繊維が，視神経に集まる．複眼には二つの型が存在する．連立像眼は昼行性の昆虫に典型的にみられ，個眼のおのおのはその長軸に平行な光線を結像させ，その結果，視野の限られた領域の像が個々の個眼で得られ，詳細なモザイク像を作り出す．重複像眼は夜行性の昆虫に典型的であり，個眼を仕切る色素は細胞の末端に移動し，その結果，個眼は視野のより広い範囲から光を受け，像は多くの近接する個眼が受けたものと重複する．この結果，明るいが細部の鮮明さを欠いた像が得られる．

副形質　deutoplasm
　卵の*卵黄中にみられる栄養物質をいう．

復元　renaturation
　再生ともいう．*変性したタンパク質や核酸が，もとの構造を回復しそれに伴って活性も回復すること．一部のタンパク質は変性の条件（温度やpHなど）を戻すことで再生できる．

腹甲　plastron → 背甲

複合果　composite fruit
　果実の一種で，単一の花からではなく花序から発達するものである．→ 偽果，桑果，円錐体，イチジク状果

副交感神経系　parasympathetic nervous system
　*自律神経系の一部．この神経系の末端は*神経伝達物質としてアセチルコリンを放出し，*交感神経系と拮抗している．例えば副交感神経系は唾液腺分泌の増加，心拍の減少，（*蠕動の増加による）消化の促進，血管の拡張を行うが，交感神経系は反対の作用を行う．

複合顕微鏡　compound microscope → 顕微鏡

副甲状腺　parathyroid glands
　2対の*内分泌腺で，高等脊椎動物では甲状腺のうしろ側に位置するか，内部に埋め込まれている．副甲状腺は血中のカルシウム濃度を調節する*副甲状腺ホルモンを分泌する．→ C細胞

副甲状腺ホルモン　parathyroid hormone (PTH; parathormone; parathyrin)
　血中のカルシウム濃度の低下に応答して*副甲状腺から分泌されるペプチドホルモン．このホルモンは，(1)*破骨細胞を増加させ，骨組織を分解し，血中へカルシウムを放出させる，(2) 腎管へのカルシウムやマグネシウムイオンの再吸収を増加させることによって，血中の濃度を維持する，(3)*ビタミンDを活性体に変換し，腸内におけるカルシウムの吸収を増加させることによって，血中のカルシウム濃度を通常レベルに維持する．副甲状腺ホルモンは*カルシトニンと反対の働きをする．

腹根（前根）　ventral root
　*脊髄神経の一部で，脊髄から腹側へと出ている部分．運動神経繊維を含む．→ 背根，脊髄

複糸期　diplotene
　*減数分裂第一前期のなかで，対をなす*相同染色体が分離を開始する時期．相同染色体は，この時期にはキアズマを形成している多数の部分でまだ結合している（→ キアズマ）．

副腎　adrenal glands
　腎臓の直上部に位置する1対の内分泌腺（そのために腎上体（副腎腺）としても知られる）．副腎の内部の髄質は*クロム親和性組織からなり，*アドレナリンや*ノルアドレナリンのホルモンを分泌する．外部の皮質は少量の性ホルモン（*アンドロゲンと*エストロゲン）と多様な*副腎皮質ホルモンを分泌し，身体に幅広い影響を与える．→ 副腎皮質刺激ホルモン

副腎髄質　adrenal medulla
　*副腎の内部であり，*アドレナリンが生産

される.

副腎腺 suprarenal glands ⟶ 副腎

副腎皮質 adrenal cortex

*副腎の外部層であり, *副腎皮質ホルモンなどのいくつかのステロイドホルモンを生産する.

副腎皮質刺激ホルモン(コルチコトロピン) ACTH (adrenocorticotrophic hormone; corticotrophin)

*脳下垂体前葉で作られるホルモンで, 副腎からのホルモン(*副腎皮質ホルモン)の分泌を制御する. 分泌は副腎皮質刺激ホルモン放出ホルモンによって制御され, 数時間ごとに短い時間で大量に起こり, ストレスによって増加する. 副腎皮質刺激ホルモンのアナログであるテトラコサクチドは副腎の機能を試験するために注射して投与される.

副腎皮質ホルモン corticosteroid

*副腎の皮質により産生されるホルモン. グルココルチコイドは体内で糖質, タンパク質, 脂質の利用を制御するホルモンで, *コルチゾールや*コルチゾンなどが含まれる. 鉱質コルチコイドは電解質と水のバランスを制御する. → アルドステロン

複製後修復(組換え修復) postreplicative repair (recombinational repair)

新しいDNA鎖にある, 複製の失敗により生じた大きなギャップを埋めるDNA修復の型. 修復の過程が最もよくわかっている大腸菌では, 壊れた鋳型鎖のチミンダイマーのところで, DNAポリメラーゼが数百塩基分の鋳型を複製せずに飛ばし, 鋳型鎖と新しく合成された娘鎖とが対合できていない大きなギャップを残す. 主にRecAタンパク質(recA遺伝子座にコードされる)という酵素の活性により, 修復が行われる. RecAタンパク質は, 別のダメージのない新しく合成された二本鎖DNAの相補鎖を充てることにより, ギャップを埋める. 酵素は, 壊れた鋳型鎖の非対合領域を包み, 姉妹鎖の二本鎖DNA中に入れ込む. ここで, 壊れた鋳型鎖はオリジナルの姉妹鎖(別の鋳型鎖)の相補的な領域と対合し, 新しく合成された鎖に置き換わる. この対合領域の両末端は, エンドヌクレアーゼによりニックが入り, これにより壊れたオリジナルの鋳型鎖に「詰物」鎖が結合した部分が姉妹鎖から切り離される. それから, 姉妹鎖の「詰物」のための鎖がとられた部分は, DNAポリメラーゼIにより埋められる. チミンダイマーはダメージを受けたオリジナル鎖に残っているが, このあとの段階で切り出される. 最も重要なことは, DNAの完全性(整合性)が維持されていることである. 複製後修復にかかわる酵素やプロセスの多くが, *組換えにもまた関与している.

副精巣 epididymis

脊椎動物で精子が蓄積されている長いコイル状の管. 爬虫類, 鳥類, 哺乳類では, 管の片方が*睾丸につながっており, もう片方が*輸精管につながっている.

複相 diploid

おのおのの種により決まっている*半数性の染色体数の2倍の染色体を有する核, 細胞, 生物体のこと. 複相の状態の染色体数は$2n$と明示される. 2組の染色体は両親に由来し, 一組は雌性の親でもう一組は雄性の親に由来する. 動物において生殖細胞を除くすべての細胞は複相である.

腹側 ventral

植物あるいは動物において地面あるいは茎に最も近いあるいは隣り合った面. すなわち動物なら下側の面を示す. ヒトなどの二足歩行をする動物では前方(*前側)をさす. → 背側

腹側大動脈 ventral aorta

脊椎動物の胚にある動脈で, 血液を心室から*大動脈弓へと運ぶ. 成魚では入鰓動脈へと枝分かれし, 鰓へ血液を供給する. 成体の四足類では*大動脈上行部となる. → 背側大動脈

腹足類 Gastropoda

マイマイ, エゾバイ科の貝, カサガイ, ウミウシ, ナメクジ, などの巻貝を含む軟体動物の一綱. それらの軟体動物は触角のあるよく発達した頭部, 大きく扁平な足, そしてコイル状に巻いた貝殻をもつ. 海水, 淡水, 陸に生息する. 陸にすむ種と, 淡水にすむ一部

の種では，*外套腔は内部の鰓の代わりに肺として働く．

複対立遺伝子 multiple alleles
同一*遺伝子座を占める*対立遺伝子群で，三つもしくはそれ以上の選択的な遺伝子の発現形質がある状態．しかし，生物1個体においては二つの対立遺伝子のみが存在できる．例えば，*ABO式の血液型分類は三つの対立遺伝子によって制御されているが，一つの個体にはこの対立遺伝子は三つのうちの二つしかない．

複二倍体 amphidiploid
もともとは異なる二つの生物種より由来した二倍体の染色体をもった，生物，細胞，核のこと．系統学的に近くない生物種どうしを掛け合わせた場合，基本的には減数分裂時に染色体のパートナーがないことにより，通常は不稔になる．しかし，両親由来の染色体が倍加した場合，それぞれのセットどうしでの*対合が可能となり，減数分裂により稔性のある配偶子ができる．例えば，キャベツ（Brassica sp.）とダイコン（Raphanus sp.）の雑種のF1世代は，不稔である．しかし，そのような交雑により得られた植物は，ごくまれに稔性のあるF2世代植物となる種子を作ることがある．これらの種子は，おのおのが両親由来の染色体をすべてもつ二つの非還元配偶子が融合した結果として生ずる．したがって，F1雑種における18染色体（9染色体ずつが親から受け継がれている）の代わりに，F2世代は36の体細胞性の染色体をもつことになる．したがって，両者の祖先種の染色体をすべて二倍体としてもつことになる．減数分裂の過程では，通常の二倍体植物と同じような染色体の対合が行われるため，結果としてできた雑種は通常の純粋雑種であるため，Raphanobrassica と命名された．→ 異質倍数体

腹板 sternum
節足動物の外骨格のおのおのの体節の腹側の一部分．

腹部
1. abdomen
動物の胴体のうしろ側の領域．脊椎動物の腹部は胃・腸や他の排泄や生殖のための器官を含んでいる．哺乳類において特によく定義されており，*胸郭と*横隔膜で分けられている．多くの昆虫やクモなどの節足動物では分節化している．

2. venter
*造卵器の膨らんだ基部のことで，そこで卵細胞（卵球）が発達する．

腹膜 peritoneum
脊椎動物の腹腔の内張りになり，また腹部器官を覆っている組織（→ 漿膜）の薄い膜．→ 腸間膜

フコキサンチン fucoxanthin
褐藻類にクロロフィルとともに含まれる主な*カロテノイド色素（→ 褐藻植物門）．

付骨 tarsal (tarsal bone)
陸生脊椎動物の踝（→ 足根骨）を構成する骨の一つ．

浮腫（水腫） oedema
体の組織において*組織液がたまったもので，冒された部分の腫れの原因となる．局在性の浮腫は，*炎症の間に生じる．全身の浮腫は，クワシオルコル（→ 栄養失調）や心不全や腎不全などの様々な病気から生じる．また，薬の副作用や有毒化学物質への反応としても生じる．

腐植栄養の dystrophic
陸生の植物に由来する多量の非分解性有機物を含む，湖のような水の集合形態．腐植栄養湖は栄養素が乏しいため非生産的で，このような湖は泥炭地域でよくみられ，泥炭沼地へと発達する．→ 富栄養の，中栄養の，貧栄養の

腐植質 humus
土壌の有機成分を構成する暗色無定形のコロイド状物質をいう．腐植質は，動植物の遺体や排出物の分解により形成され（→ 落葉落枝），化学組成は複雑でかつ試料に依存して変化する．腐植質はコロイドであり，水分を保持することが可能で，したがって土壌の保水性を改善することができる．腐植質はまた，土壌の肥沃さと耕作への適性を増大させる．酸性腐植（モル）は針葉樹林帯に見いだされ，主に糸状菌により分解が行われる．塩

基性腐植（ムル）は，典型的には草原や落葉広葉樹林に見いだされ，ミミズなどの小動物と微生物が含まれる豊富な生物群の存在を可能とする．

腐食動物 scavenger
死体を餌にする動物．ハイエナなどの腐食動物は肉食動物が殺した動物を餌にすると考えられているが，*屑食者でもあると考えられている．

不随意筋（平滑筋） involuntary muscle (smooth muscle)
その活動が意志の制御下にない筋であり，*自律神経系が意志の代役をする．不随意筋は横紋のない長い紡錘状細胞から構成される．これらの細胞は単独か集団またはシート状で，表皮内，毛囊の周囲，消化管，気道，尿生殖路，循環系に存在する．この細胞はゆっくりと自律的なリズムで収縮するか，引き伸ばされたときに収縮し，疲労することなく長期間にわたって持続した収縮（緊張）を示す．→ 随意筋

不随意の involuntary
（生物学）個体の意志の制御下にない．筋や腺などの不随意な応答は必要なときに自動的に起こる．腺の分泌や心拍，蠕動のような，不随意な応答の多くは*自律神経系に制御され，*不随意筋により行われる．

腐生生物 saprotroph (saprobe; saprobiont)
死亡した生物から栄養を吸収する生物．腐生生物の多くは細菌や菌類である．腐生生物は*食物連鎖のなかで重要であり，分解を行い，植物の生育のための栄養分の放出を行う．→ 寄生

不整脈 arrhythmia
通常の心臓のリズムが乱れること．心臓内の血量が減少したとき，または，心臓の*ペースメーカー（洞房結節）における欠陥によって起こる．

斧足綱 Pelecypoda ⟶ 双殻類

附属肢骨格 appendicular skeleton
脊椎動物の，主要な体幹の骨である*中軸骨格と連結する骨を一括して付属肢骨格という．附属肢骨格は，*下肢帯と*胸帯に加えて2対の外肢（例えば，脚，羽，腕）からなっている．

蓋 operculum
1. （動物学）開口部を覆っている皮膚弁もしくは蓋のこと．たとえば，魚や両生類の幼生における鰓孔を覆っている鰓蓋や，多くの腹足類の軟体動物において，貝殻のなかに自身がいるときに殻の入口を覆う堅い石灰質の貝蓋などがあげられる．
2. （植物学）蘚類の*朔における円錐状の蓋のことで，胞子を放出するときに強制的に離されるもの．

浮体 air bladder ⟶ 浮袋

二叉の dichotomous
1. 植物の分枝の型の一つを示し，この型では，茎頂（頂芽）が二つの等しい茎頂に分かれ，一つの成長期のあとで再び同様に分枝することで，枝分かれが起きる．二叉分枝はシダやコケでよくみられる．
2. ⟶ 同定検索表

ブタンジオン酸 butanedioic acid ⟶ コハク酸塩

プチアリン ptyalin
炭水化物を消化する酵素の一種である（→アミラーゼ）．プチアリンは哺乳類の*唾液中に存在し，デンプンの消化の初期段階を担う．

付着生物 periphyton
淡水の植物の茎や葉に付着して生きる生物のことを一括して付着生物という．

付着端 sticky end (cohesive end)
二本鎖DNAの端から対にならない一本鎖が突出しているもの．これは相補的一本鎖と結合することができる．すなわち，もう1本の結合性端と結合し，1本の大きな二本鎖分子を形成することができる．付着端は*ベクターへのパッケージングなど，遺伝子工学においてDNA断片の結合の手段として使用される．

付着点（筋肉の） insertion ⟶ 随意筋

仏焔苞 spathe ⟶ 肉穂花序

フッ化ナトリウム sodium fluoride
結晶化合物のNaF．これは，猛毒であるが大変希薄な溶液として（少なくとも1

ppm 以下），歯が虫歯にならないように歯のエナメル質の水酸化物イオンをフッ素イオンに置換するための水道水への*フッ化物添加に用いられる．

フッ化物添加 fluoridation

虫歯を防ぐために飲料水にごく微量のフッ素塩（例えばフッ化ナトリウム，NaF）を添加する過程．フッ化物は成長する歯のフルオロアパタイト（→ アパタイト）のなかに取り込まれ，*虫歯の発生率を減少させる．しかし，フッ化物毒性の危険が伴うと主張されることもある．

復帰変異 reversion

（遺伝学における）1回目の突然変異が2回目の突然変異により，その遺伝子型あるいは表現型が野生型に復帰すること．そのような復帰によるその遺伝子または生物は復帰突然変異体と呼ばれる．

物質量 amount of substance

記号 n．物質中に実在している物の量のこと．実在している物とは具体的には，原子，分子，イオン，電子，光子などや，それらの集団のことである．例えば，ある元素の物質量は，そこに存在する原子の数と比例する．物質量の国際単位（SI単位）は*モルである．

フットプリンティング footprinting

タンパク質が結合するDNAの領域，例えばRNAポリメラーゼが結合する，遺伝子のDNA領域を検出する技術．タンパク質が核酸（つまりDNA）の核酸分解酵素による切断を防ぎ，そのため切断処理後に未分解のDNA「足跡（フットプリント）」が単離され，特徴づけられる．

物理吸着 physisorption —→ 吸着

物理的地図 physical map

（遺伝学）染色体やゲノムの断片を形成している物質（核タンパク質）の並びを示す地図（→ 染色体地図）．物理地図には数種類あり，尺度や細部が大きく異なる．最も粗い物理地図は有糸分裂期の全染色体を染色することで明暗の横縞のバンドを得ることによって，染色体のバンドパターンを記述したものである．この細胞学的地図はそれぞれの染色体の特徴づけを可能とし，またたとえば欠失や重複といった全体的な異常を示すこともできる．より大きな縮尺のものはコンティグ地図である．これは*DNAライブラリーを集め，重なり合う部分，あるいはコンティグと呼ばれる近接する断片を集めて並べることでDNAの部分配列のクローンの並び順を示すものである．このような断片はほぼ遺伝子と同程度の長さである．いったんコンティグが正しく並べられると，それぞれの断片の基本的な塩基配列が決定され（→ DNAシークエンシング），染色体DNAの塩基配列全体をつなぎ合わせることができる．→ 連鎖地図

不定 adventitious

器官やその他の構造が通常と異なる場所から生じること．例えば，ツタにおいては不定根がその茎から生じる．

筆石 graptolites

古生代に普遍的に存在した，絶滅した海洋性の群体性動物．筆石は*刺胞動物門と近縁であると一般的に考えられている（訳注：現在は半索動物門に属するという意見が有力）．単一の，あるいは分枝した幹状のキチン質からなる外骨格をもち，その幹に沿って存在する小さなカップ（萼部）に個虫が存在する．これらの骨格の化石は，すべての大陸の古生代の岩石から見いだされる．特にオルドビス紀やシルル紀の層から豊富に見いだされ，それらの地層の*示準化石として用いられる．シルル紀の終りに多くの筆石は絶滅したが，2, 3のグループは石炭紀前期まで生き延びた．

不適合 incompatibility

移植や輸血が著しい*免疫応答や拒絶反応を引き起こしたときの状態．

プテロプシダ Pteropsida

旧来の分類体系において，真正シダ類（フィリシノフィタ）と種子植物を含む維管束植物の一亜門を示すか，または真正シダ類のみを含む*シダ植物の一綱を示す．

ブドウ球菌 *Staphylococcus*

球形の非運動性のグラム陽性細菌の一属で，広く分布し，腐生あるいは寄生性であ

る．この菌の細胞集団はブドウのような形をして密集している．多くの種が肌や粘膜にすみ，そしてある種のものはヒトや動物に対して病原体となりうる．S. aureus の感染はヒトのおできや膿瘍の原因となる．そして，この種はまた*毒素も産み出し，これは胃腸管の炎症を起こし結果としてブドウ球菌食中毒となる．ある種の菌株は抗生物質に耐性があり，これらによる感染を治療することは大変困難である．例えば，メチシリン耐性黄色ブドウ球菌 (methicillin-resistant S. aureus, MRSA) のいくつかの菌株は現在ほとんどの抗生物質に耐性があり，患者が死亡する原因となる．

ブドウ糖 grape sugar ⟶ グルコース

不凍分子 antifreeze molecule

生物によって作られる物質の一種で，氷点下の温度環境にいるときに組織や体液が凍ることを防ぐために使われる．寒冷環境にいる動物の多くが，氷点下状態におかれたときに組織における氷の形成を防ぐ手段を身につけている．これを達成するための一つの方法は，血中に溶質を蓄積させ，浸透圧を高め，*過冷却点を下げることである．塩や糖類などがこのために使われるが，生物は相対的に不活性な分子も産生する．特に，グリセロールや，ソルビトールやリビトールなどの他の多価アルコール（ポリオール）を，この目的のために産生する．例えば，高濃度のグリセロールによって，ある種の耐寒性の無脊椎動物は $-60°C$ もの低温下においても生き延びることができる．北極地域に生存している硬骨魚類のいくつかの科においては，不凍ペプチドや不凍糖ペプチドなどを生産し，それらは比較的低濃度においても効果的な不凍分子として機能する．不凍分子は氷の結晶格子の末端部分に結合してさらなる水分子の追加を阻害し，熱履歴現象と呼ばれる現象を起こし，凍結する点を溶解点よりもだいぶ下げる．したがって，それらのペプチドは熱履歴ペプチドとも呼ばれる．似たようなペプチドは，ある種の昆虫類やクモ類，ダニ類などにおいてもみられる．⟶ 凍結防止剤

不動毛 stereocilium (pl. stereocilia)

比較的短く，動作性のない毛で，感覚*有毛細胞の上側表面に約20〜300が整列している．不動毛は通常1本のより長い*運動毛を伴うが，不動毛の内部には，波動毛に特有の微小管の9+2構造が存在しない代わりに，不動毛の内部には多数の細い長軸方向に並んだアクチン繊維が存在する．運動毛の屈折は不動毛の整列に影響し，それによって，隣りにある感覚ニューロンのインパルスのパターンが変わる．

不稔の sterile

（生物）子孫を残せないこと．⟶ 雑種，不和合性，自家不稔性，断種

腐敗 putrefaction

微生物による有機物の分解，特に悪臭を放つアミンの生産を伴う，タンパク質性物質の嫌気的分解をいう．

部分循環湖 meromictic lake ⟶ 2回循環湖

部分接合体 merozygote

染色体の数が*半数性の数より多く，完全な*二倍体より少ない細菌の細胞．部分接合体は一つの細菌細胞からの遺伝物質が*接合や*形質導入，*形質転換の際に，もう一方の細胞へ部分的にのみ移行する場合に起こる．

部分分泌 merocrine secretion ⟶ 分泌

不分離 nondisjunction

*減数分裂の際，*相同染色体の対が分かれずに細胞の同じ極へ移動するという現象．そのため，娘細胞に存在する染色体の数は不均等になる．*クラインフェルター症候群は，性染色体の不分離が原因である．

不変態の ametabolous

変態が起こらず，幼虫が成体と非常に似ている（生殖器官を除く）昆虫の変態の一形式を表す．例えば，シミなどがあげられる．⟶ 不完全変態の，完全変態の

不飽和の unsaturated

分子内に二重結合や三重結合をもつ化合物を示す．不飽和化合物では置換反応に加え，付加反応も起こる．⟶ 脂肪酸，飽和の

フマル酸 fumaric acid
　HCOOHC：CHCOOH．カルボン酸の一つで，*クレブス回路の中間体であり，コハク酸の脱水素反応により生じる．

プライマーゼ primase
　DNAの*不連続複製に必要な短いプライマー配列を作り出す酵素．この酵素はRNAポリメラーゼの一種で，10～12ヌクレオチドの長さのRNAの短い断片を合成し，このRNA断片は，二重らせんから開かれたDNAのラギング鎖に接着する．各プライマー配列は，DNAポリメラーゼによる岡崎フラグメントの合成開始に必須なフリーの3'-OH基を提供する．のちに，岡崎フラグメントが連続する新しいDNA鎖中に組み込まれる前に，これらのプライマーは，取り除かれる．→ プライモソーム

プライモソーム primosome
　大腸菌のような原核生物において，DNA複製を開始するためにDNA分子と結びつく，酵素と補助タンパク質の複合体．プライモソームの主な構成因子は，DNAポリメラーゼ（→ ポリメラーゼ）のためのプライマーとして機能する，短い一本鎖RNA鎖を合成する，*プライマーゼ酵素である．プライモソームは，複製のためにDNAの二本鎖を解くヘリカーゼ酵素も含む．

ブラウン運動 Brownian movement
　液体媒質のなかで懸濁したとき，1μm程度の粒子の，連続的でランダムな運動．この現象をはじめて観察したのは植物学者の*ブラウンであり，1827年，水中の花粉粒子の研究をしていたときであった．それは，はじめ生物的な力の現れではないかと考えられていた．のちにこれは，絶えず運動している溶媒分子が粒子に衝突するためであると理解された．粒子が小さいほどブラウン運動は激しくなる．ブラウン運動はコロイド溶液の粒子や死細胞の原形質や核質に観察される．

ブラウン，ロバート Brown, Robert (1773-1858)
　スコットランド生まれのイギリスの植物学者．陸軍の軍医を務めたあと，バンクス(Joseph Banks, 1743-1820)に1798年に出会った．3年後，バンクスは彼をオーストラリアの沿岸の調査に博物学者として推薦し，そこで彼は4000種もの植物標本を採取し，その分類には5年もかかった．この仕事の間，彼ははじめて裸子植物と被子植物の違いを明らかにした．1827年，*ブラウン運動を発見した．

プラーク plaque
　1．歯垢ともいう．歯の露出表面の全体，もしくは一部を覆っている有機物の薄い膜．溶解した食べ物（ほとんどが糖分）と細菌を含む．プラーク中の細菌は糖分を代謝し，酸を生成する．酸は歯のエナメル質表面を溶解し，最終的には歯を腐食させる（*虫歯）．
　2．バクテリオファージによって細菌が*細胞溶解したために生ずる培地上で成長したバクテリア集落中の透明な領域．

ブラジキニン bradykinin ── キニン

プラストキノン plastoquinone
　葉緑体中にみられるキノンで，*光合成の光依存的反応における電子伝達系の*キャリヤー分子として機能するもの．→ 光リン酸化

プラストグロブル plastoglobulus (pl. plastoglobuli)
　植物細胞の色素体中に見いだされる濃く染まった粒子，しばしば非常に多数存在する．プラストグロブルは脂質色素からなり，例えば成熟果実中にみられる着色した色素体(*有色体)中に特に多い．また葉緑体中にもプラストグロブルはみられるが，緑色のクロロフィルに隠されている．秋に葉が枯れ始めてクロロフィルが分解されると，この色素が現れて赤や黄色に染まる．

プラストシアニン plastocyanin
　葉緑体のなかでみられ，*光合成の光依存的反応における電子の*キャリヤー分子として働く銅を含んだ青色のタンパク質である（→ 光リン酸化）．プラストシアニンは銅分子と相互作用するアミノ酸残基からなっているため，青色の化合物となる．

プラストーム plastome
　ミトコンドリアや葉緑体のような，細胞質中の細胞小器官に含まれるすべての遺伝物質

のこと．

プラスミド plasmid

DNA からできている，染色体とは独立に存在し，複製される細菌細胞内の構造物．プラスミドはある種の細胞活性に対する遺伝的指令を備えている（例えば抗生物質に対する耐性など）．バクテリアのコロニー中で細胞から細胞へと伝播できる（→ 性因子）．プラスミドは *遺伝子クローニングに使われる組換え DNA を作るための *ベクターとして広く使われている．

プラスミノーゲン plasminogen

*プラスミンの不活性な前駆体．プラスミノーゲンは血液塊に吸着し，*繊維素溶解時にプラスミンに変換する．

プラスミン plasmin (fibrinase; fibrinolysin)

血漿中に存在する酵素で，血液塊中のフィブリン繊維を破壊したり，プロトロンビンや *凝固因子のような血液凝固にかかわる因子を不活性化することで血の塊を分解する．これは *繊維素溶解時に起こる．プラスミンは *プラスミノーゲンという不活性な前駆体からできる．

ブラッシン（ブラシノステロイド） brassin (brassinosteroid)

植物組織中に非常に低い濃度で存在し，ホルモンのような効果をもつと考えられているステロイド誘導体のこと．ブラッシンは花粉，葉，茎，花で見つかる．抽出物は *オーキシンに似た働きをもち，例えば 10^{-7} mol dm^{-3} ほどの低濃度を与えたときでも胚軸と上胚軸組織の伸張を刺激する．しかしその機能の詳細はまだよくわかっていない．

プラナリア planarians → 渦虫類

プラヌラ planula

多くの刺胞動物の，繊毛をもち自由遊泳する幼生のことで，中実の細胞塊でできている．最終的には適切な表面に固着し，*ポリプへと生育する．

フラノース furanose

4個の炭素原子と，1個の酸素原子を含む五員環をもつ *糖．

フラビンアデニンジヌクレオチド flavin adenine dinucleotide → FAD

フラビンタンパク質 flavoprotein → FAD

フラボノイド flavonoid

一群の天然のフェノール性化合物であり，この多くが植物色素である．フラボノイドには，*アントシアニン，フラボノールおよびフラボンが含まれる．フラボノイドの分布パターンは植物種の分類研究に用いられてきた．→ カルコン

プランクトン plankton

小さな *漂泳性生物で，海洋や湖沼で流れに逆らわずに漂流したり，浮いている．プランクトンには藻類，原生動物，様々な動物の幼生，ワームなどの多くの顕微鏡でしかみえない生物を含んでいる．他の多くの水生生物群の重要な食糧となっており，*動物プランクトンと *植物プランクトンに分けられる．→ 底生生物，ネクトン，ニューストン

プリオン prion

哺乳類の脳にて見いだされた普遍的細胞タンパク質（PrP）の異常形態であり，ヒツジのスクレイピー病，*牛海綿状脳症，ヒトの *クロイツフェルト-ヤコブ病の病原因子と考えられている．正常な PrP 遺伝子の変異により作り出された異常プリオンタンパク質は，正常なタンパク質のフォールディング異常を誘導し，凝集反応を引き起こす．これの脳における蓄積が，脳細胞にしだいにダメージを与え，破壊する．プリオンタンパク質は，感染組織の注射や摂取により，同種か近縁種の別個体に伝播されうるものであり，ウシとヒトのように，近縁種ではない生物種間でも伝播する可能性がある．

フリーズフラクチャー freeze fracture

凍結割断法ともいう．電子顕微鏡で細胞膜やオルガネラの内部を視覚化するための生物試料処理法．細胞を -196°C で凍結し割ると，割断面が *脂質二重層の中央を通り，二つに分かれる．次いで露出した表面を炭素と白金でコートし，細胞由来の有機物質を酵素で消化する（freeze etching）．割断面の，炭素-白金レプリカが残るので，電子顕微鏡を

用いて観察する．

ブリックル prickle

硬く鋭い，身を守るための突起（とげ）であり，その多くは植物の表面を覆っている．皮層組織と維管束組織をもっているので，表皮性の突起（とげ）とは異なる．→ 棘，ソーン

フリッシュ，カール・フォン Frisch, Karl von (1886-1982)

オーストリアの動物学者．1925年ミュンヘン大学の動物学研究所長となる．フリッシュはミツバチが食物のありかを仲間に示すために「ダンス」を行うことを発見したことで知られる（→ ミツバチのダンス）．この業績により，1973年コンラート・*ローレンツ，ニコ・*ティンバーゲンとともにノーベル生理医学賞を受賞した．

フリップフロップ flip-flop

*脂質二重膜の一方の表面からもう一方への脂質分子の移動（横断拡散）．これは非常にゆっくりとした速度で起こる．これは膜の同じ表面で，脂質分子が隣り合う分子とその位置を交換する（側方拡散）速度が非常に早いのとは対照的である．

プリブナウ配列（−10配列） Pribnow box (minus 10 sequence)

原核生物の遺伝子において，転写開始点の約10塩基前に存在する*プロモーター領域にある，TATAATのヌクレオチドの*コンセンサス配列．アデニンとチミジンが大部分を占めることは，この領域における二本鎖DNA間の水素結合が比較的弱く，RNAポリメラーゼによる転写が起こるための二本鎖の乖離がより容易であることを意味している．→ TATA ボックス

フリーラジカル free radical

不対価電子をもった原子もしくは原子団．フリーラジカルは，イオンを形成せずに化学結合が切断されたときに形成される．ペアになっていない電子のために大部分のフリーラジカルは非常に反応性に富む．例えば，通常の代謝過程あるいは毒や感染に対する反応として体内に生じるスーパーオキシドフリーラジカルは，細胞と組織に損傷を与える効果が

ある．→ 酸化防止剤，スーパーオキシドジスムターゼ

プリン purine

窒素を含む有機塩基の一種であり（化学式参照），わずかに水に溶ける．この物質は生物学的に重要な一群の誘導体を生じ，特に*アデニンと*グアニンがよく知られており，これらは*ヌクレオチドと核酸（DNAとRNA）のなかに存在する．

$$\begin{array}{c} H \\ | \\ N_1{=}C_6{-}N_7 \\ HC_2 \quad C_5 \quad CH_8 \\ N_3{-}C_4{-}N_9 \\ | \\ H \end{array}$$

プリン

フルエンス fluence

植物において光合成の研究で広く用いられる，光の量の尺度．小さな球体に入射する放射エネルギーを，その球の大円の面積で割った値として定義され，二つの方法で表記される．光量子フルエンス（単位：$mol\ m^{-2}$）は球にそそぐ光量子の数を測定する．一方，エネルギーフルエンス（単位：$J\ m^{-2}$）は球に投射するエネルギーを測定する．そのため入射速度はそれぞれ光量子光強度（単位：$mol\ m^{-2}\ s^{-1}$），およびエネルギー光強度（単位：$J\ m^{-2}\ s^{-1}$）である．現在植物学で用いられる多くの放射測定器は，植物によって利用されるスペクトルの部分のみ記録する．つまり，400〜700 nmの範囲の波長の放射である．これは光合成有効放射（photosynthetically active radiation: PAR）と名づけられており，実用的に用いられる光強度は，しばしばこの範囲の波長に限定されている．

プルキニェ細胞 Purkyne cell (Purkinje cell)

神経細胞の一種で，それらの大部分は*小脳皮質に存在する．プルキニェ細胞は大きな細胞体をもった*多極ニューロンであり，そこから数本の樹枝状突起が生じ，その先の高度に分岐した*樹状突起は，平らな扇状となり小脳の表面に向けて伸長する．プルキニェ細胞は，チェコの生理学者プルキニェ（J. E. Purkyne, 1787-1869）にちなんで名づけられ

た.

プルキニェ繊維 Purkyne fibres (Purkinje fibres)

哺乳類の心臓に存在する特殊化した筋繊維で，*ヒス束から発した心室に広がる網状構造となる．心臓の*ペースメーカーである洞房結節で生じた活動電位は，著しく分岐したプルキニェ繊維のために，きわめて急速に心室に伝わる．このため両方の心室は，ほぼ同時に収縮する．

フルクトース fructose (fruit sugar; laevulose)

$C_6H_{12}O_6$，単糖でグルコースの立体異性体である（→ 単糖）（天然果糖はD型であるが実際には左旋性である）．フルクトースは緑色植物，果物，蜂蜜に存在し，分子内に成分としてフルクトースを含むスクロース（ショ糖）よりも甘味がある．フルクトースの誘導体は生物のエネルギー代謝において重要である．いくつかのフルクトースの多糖誘導体（フルクタン）はある植物においてエネルギー貯蔵用の炭水化物である．

フルクトース1,6-ビスリン酸 fructose 1,6-bisphosphate

*解糖の第一段階でATPを消費し，グルコースをリン酸化することにより生成される中間体．

ブルナー腺（十二指腸腺） Brunner's glands (duodenal glands)

十二指腸の粘膜下の腺で，粘液とアルカリ性の液体を分泌する．このアルカリ性の液体は胃から送られてくる，酸性の*消化粥を中和する．この名前はスイスの解剖学者である，ブルナー（J. C. von Brunner, 1653-1727）にちなんで命名された．

プルーフリーディング proofreading

（遺伝学における）生細胞における正確な*DNA複製を行うために機能する修復機構．これは，複製プロセスを触媒するDNAポリメラーゼ酵素がもつ機能である．この酵素は，伸長鎖の末端のミスマッチを起こしている塩基を認識し，正しいヌクレオチドに変更するためにミスマッチのある末端を取り除いて，その後に正しい相補塩基配列に置き換えることにより，修正が行われる．→ DNA修復

プルラン pullulan

グルコース単位が重合して形成される水溶性の多糖類で，粘性があり，また酸素を透過させない性質をもつ．プルランは，接着剤，食品の包装，成型品に用いられる．この物質は，*Aureobasidium pullulans* というカビから得られる．

プレートテクトニクス plate tectonics

地球の表面は地殻プレートによってできており，地質時代を通して動いており，その結果，大陸が今日の場所にあるという理論．この理論は地震や火山に加えて山のできる場所についても説明している．堅いリソスフェアプレートは大陸と海洋の地殻がマントル上部と一緒になってできており，流動性のあるアセノスフェアの上にある．これらのプレートはお互いに対して地球上を相対運動している．六つの主なプレート（ユーラシア，アメリカ，アフリカ，太平洋，インド，南極）が他の無数の小さなプレートとともに認められている．プレートのへりは地震と火山が両方とも起こる地域となる．

二つのプレートが互いに離れていくとき，発散型（または形成型）のプレート境界が生じる．この境界は中央海嶺により，その存在を知ることができ，この中央海嶺でマントルから玄武岩質の物質がわき出し，新たな海洋地殻が作られる．この過程は海洋底拡大として知られる．発散型境界で新たな地殻が作られることによる地球表面の面積の拡大は収束型（衝突型）境界で古い地殻が破壊されることにより相殺される．収束型境界はまた沈込み帯として知られ，海溝によって特徴づけられる．この境界では一つのプレート（たいていは海洋プレート）がもう一方（大陸，もしくは海洋プレート）の下に向かってもぐり込んでいる．地殻は部分的に溶けて上昇し，海溝に並行してプレート上に火山山脈を形成する．二つの大陸プレートがぶつかって圧縮されると，山脈が形成される．3番目の型のプレートの境界は平行移動型境界と呼ばれ，二つのプレートが滑り合う場所である．

フレミング，アレキサンダー，卿 Fleming, Sir Alexander (1881-1955)

スコットランド生まれのイギリスの細菌学者．彼はロンドンの聖メアリ病院医学校で医学を学び，そこですべての人生を全うした．1922年，細菌を破壊する酵素*リゾチームを同定し，1928年抗生物質の*ペニシリンを発見した．彼は最初にペニシリンを精製した*フローリー，*チェインとともに1945年ノーベル生理医学賞を受賞した．

フレームシフト frameshift

翻訳過程においてトリプレットとして読まれるDNAの塩基配列の変更のことで，一つのヌクレオチドの欠失または挿入により生じる．欠失した（あるいは挿入された）塩基は異常なトリプレットを生じ，引き続くそれぞれのトリプレットグループの変化も生じさせる．そのためフレームシフト変異はメッセンジャーRNAに，それに対応した変化した*コドンを生み，異常なタンパク質の合成を生じさせる．例えば，以下のmRNA配列における2番目のコドンのウラシル（U）の欠失は，

AUU CAU CGG UAG ACC
UGU AUG

フレームシフトを起こした配列を生ずる．

AUU CAC GGU AGA CCU
GUA UG

不連続複製 discontinuous replication

DNA分子の複製における新しいDNA鎖の合成の様式で，DNAが一連の短い断片として合成され，それらが続いてつなぎ合わされること．新たなDNA鎖のうちの一方のみ，ラギング鎖と呼ばれるものがこの方法で合成される．もう一方のDNA鎖（リーディング鎖）は，ヌクレオチドが連続的に付加されることによって末端まで到達する，連続複製によって合成される．この相違は，もとになるテンプレート鎖の方向が異なるために生ずる．リーディング鎖のテンプレートは3′→5′の方向に並んでいる（糖残基中の原子の番号によると），これはリーディング鎖自体は逆の5′→3′の方向で並ぶことを意味しており，複製フォークにおいてテンプレート鎖がほどける際に前進するDNAポリメラーゼによって3′側のOH基にヌクレオチドが連続的に付加する．しかしながら，ラギング鎖のテンプレートは5′→3′の方向に並んでおり，ラギング鎖自体は3′→5′の方向に並ぶためDNAポリメラーゼの複合体は複製フォークから後退するようにして移動しなければならない．ラギング鎖の合成はリーディング鎖のように連続的ではなく，一連の繰返しの行程を経て不連続に行われる．不連続複製ではテンプレートに対して相補的な短いDNA断片（岡崎フラグメント）が作られ，これらの長さは原核生物では1000～2000ヌクレオチド，真核生物では100～200ヌクレオチドと異なる．DNA断片は連続的なヌクレオチド鎖を形成する*DNAリガーゼによって共有結合し，ラギング鎖の複製が完成する．→ DNA複製，プライマーゼ

不連続変異（質的変異） discontinuous variation (qualitative variation)

ある集団のなかで観察される，明らかに定義できる形質上の相違．一つの遺伝子座にある異なる*対立遺伝子によって決定される性質は，エンドウがしわ型か丸型を示すという例にあげられるように，不連続的な変異を示す．→ 連続変異

プロウイルス provirus

ある種のウイルスが宿主細胞に感染した際の中間段階である．例えば*レトロウイルスでは，ウイルスのゲノムが宿主のDNAに挿入されるが，このウイルスゲノムが転写されるようになるまでに，何度も複製が行われることがある．レトロウイルスの場合，一本鎖のウイルスのRNA鎖が，*逆転写酵素により二本鎖DNAに変換される．その後，宿主細胞のDNAに，このウイルスDNAは挿入され，しかる後に新たなRNAウイルスを形成するために転写が行われる．ウイルスDNAの挿入に伴い，レトロウイルスの保有するがん遺伝子も宿主に導入され，この宿主細胞ががん細胞に変化する危険も生じることになる．プロウイルス，特に*HIVのプロウイルスは転写を開始する前に，長期間休眠する場合がある．→ プロファージ

プログラム細胞死 programmed cell death
── アポトーシス

プロゲステロン（黄体ホルモン） progesterone

主に卵巣の*黄体や胎盤で作られるホルモンであり，受精卵細胞が着床するための子宮内膜を形成させる．仮に着床が失敗した場合，黄体は退化し，プロゲステロンの分泌はそれに応じて止まる．仮に着床が起こった場合，妊娠のはじめの数カ月間は*黄体形成ホルモンと*プロラクチンの影響下で，黄体がプロゲステロンを分泌し続け，その後胎盤がこの機能を引き継ぐ．妊娠の間，プロゲステロンは妊娠に対応した子宮の構造を維持し，卵巣からのさらなる排卵を止める．精巣でも少量のプロゲステロンが分泌される．→ プロゲストーゲン

プロゲストーゲン progestogen

自然に分泌されるか，あるいは合成品も存在する，正常な妊娠の過程を維持するホルモンの一群を示す．最もよく知られているのが，*プロゲステロンである．多量のプロゲストーゲンは，*黄体形成ホルモンの分泌を妨げ，それによって排卵を止め，腟の粘液の粘度を変えることにより，受胎を起こりにくくする．それゆえに，これらは*経口避妊薬の主要成分として用いられる．

プロコンスル *Proconsul*

化石が発見されている絶滅した類人猿の属で，ケニアにある5千万年前の地層からそのほとんどが見つかり，*P. africanus* の種名が与えられた．プロコンスルの化石は1948年に発見されたが，これは中新世の類人猿の頭蓋骨化石としてははじめてのものであった．プロコンスルは，*ドリオピテクス属によく似ており，おそらく近縁であると考えられている．

プロジェネシス progenesis

他の点ではまだ未成熟な発生ステージ（→ 幼生生殖）である生物の体内で，配偶子が成熟すること．プロジェネシスは，*幼形進化につながる．

プロスタグランジン prostaglandin

*必須脂肪酸に由来し，動物に対して多様な生理学的効果を引き起こす，有機化合物の一群．プロスタグランジンは大半の生物体組織にて検出される．これらは，非常に低濃度条件で平滑筋の収縮を起こす機能をもつ．天然・合成のプロスタグランジンは，ヒトや家畜に対して堕胎や分娩のために使われる．二つのプロスタグランジン誘導体は，血液循環に対して反対の作用をもつ．*トロンボキサン A_2 が血液凝固を起こす一方で，*プロスタサイクリンは血管の拡張を引き起こす．プロスタグランジンは炎症にも関与しており，患部組織から放出される．→ アスピリン

プロスタサイクリン（プロスタグランジン I） prostacyclin (prostaglandin I)

血管の内壁に存在する内皮細胞により通常作られるタイプの*プロスタグランジン．これは血小板の凝集反応を妨げることにより血液凝固を防ぎ，血管を拡張する（血管拡張）．したがって，これはトロンボキサン A_2 の拮抗物質である．

プロタミン protamine

脊椎動物の精細胞の染色体*DNA に結合しているのが認められる，比較的低分子量のタンパク質の一群．これらは，約67%のアルギニンを含む単一のポリペプチド鎖からなる．プロタミンは，生殖細胞染色体のDNAを高度に凝縮した状態でパッケージングするのに役立つ．

プロテアーゼ（ペプチダーゼ，プロテイナーゼ，タンパク質分解酵素） protease (peptidase; proteinase; proteolytic enzyme)

タンパク質分解過程において，タンパク質のより小さい*ペプチド断片やアミノ酸への加水分解を触媒する酵素を示す．例として，*ペプシンや*トリプシンがあげられる．タンパク質を構成アミノ酸へと完全に分解するためには，通常数種のプロテアーゼを連続して作用させることが必要である．→ 酸性プロテアーゼ

プロテアソーム proteasome

細胞の細胞質中に見いだされるタンパク質の大きな複合体であり，細胞のタンパク質を小さなペプチド単位へと分解する．プロテアソームはダメージを受けたタンパク質の処分

や，細胞における役割を終えたタンパク質の除去に関与している．したがってプロテアソームは，細胞のストレス応答，毎日の細胞の生命活動の両方において，きわめて重要な役割を担っている．プロテアソームは，空洞をもつ円筒形を呈し，触媒部位が空洞の内側の壁に面している，プロテアーゼ酵素から構成される．他のタンパク質複合体が円筒の入口を保護している．分解されることが運命づけられたタンパク質は，通常*ユビキチンという小さなタンパク質により標識され，プロテアソームに入る前に立体構造が解かれ，プロテアソームでペプチドへと分解される．一方，プロテアソームは寿命の短い「正常」なタンパク質を，そのN末端のアミノ酸配列により認識すると考えられている．

プロテイナーゼ　proteinase　——→　プロテアーゼ

プロテイノイド　proteinoid

140℃以上の高温条件下のような，無機的条件下でのアミノ酸重合により形成されるタンパク質様物質．1970年代に比較的マイルドな高温条件下（70℃）でも，ある種の無機触媒（例，リン酸）の存在下において，プロテイノイドは形成されうることが明らかとなった．プロテイノイドは，水中では凝集してプロテイノイドミクロスフェア，または前細胞と呼ばれる小さな丸い構造体を形成する．これらは生きた細胞にある程度似た性質を示し，例えば選択的透過性のある膜状の外層をもち，また水の浸透圧により膨張したり縮んだりする能力や，出芽や2分裂する能力をもつ．このようなミクロスフェアは，生命を生み出した化学物質が原始的な形の代謝系を進化させ，はじめての生細胞出現への道を開くために，適した乗り物を提供することができたと提唱されている．

プロテインキナーゼ　protein kinase

ATPから細胞内のタンパク質へのリン酸基転移を触媒する酵素であり，それによりタンパク質の生物学的活性に影響を与える（→キナーゼ）．プロテインキナーゼは標的タンパク質の特定のアミノ酸残基をリン酸化するものであり，通常その残基はセリン，スレオニンかチロシンのいずれかである．それらは，酵素活性の増加，減少において，または細胞表面にあるレセプターからの*シグナル変換において，重要な役割を担う．プロテインキナーゼ自身の活性は，サイクリックAMP，カルシウムイオン，その他の細胞内化学物質により制御される．プロテインキナーゼの効果は，細胞内のホスファターゼ酵素の作用により，もとに戻る．

プロテオグリカン　proteoglycan

*結合組織のマトリックス内に見いだされる一群の糖タンパク質であり，小さなタンパク質単位に結合した多糖類の側鎖（→ グリコサミノグリカン）からできている．

プロテオミクス　proteomics

特定の細胞や生物中で合成される全タンパク質の研究を示す（→ プロテオーム）．この研究領域は急速に，かつ広範囲に拡大しつつあり，またこの研究は，生物学や医学の多くの分野にとって基本的に重要である．これは，細胞はどのようなタンパク質を作り，どんな状態で，いつ，細胞はタンパク質を作るのか，量はどのくらいか，タンパク質の機能はどれだけ異なるのか，タンパク質はどこで機能しているのか，どのようにしてタンパク質は別種のタンパク質を含めた他の細胞構成成分と相互作用するのか，というようなことを決定することを目標とする．さらにプロテオミクスは，例えば，発生，病気，老化の過程において，プロテオームに影響する細胞内・細胞外の因子を見いだすことも目指している．→ トランスクリプトミクス

プロテオーム　proteome

特定のときにおいて，細胞や生物中で合成されるタンパク質の全容．これはゲル電気泳動，ハイスループット液体クロマトグラフィー，マススペクトロメトリーのような技術を使い，タンパク質を同定するための自動データベース検索と組み合わせることにより，細胞のタンパク質構成成分を解析することにより明らかとなる．ゲノムと異なり，プロテオームは細胞内・細胞外の因子の影響により絶えず変化している．→ プロテオミクス

プロトクティスタ Protoctista
　単細胞か単純な多細胞の生物で，動物，植物，菌類のいずれにも分類することのできなかった真核生物から成り立つ界．プロトクティスタには，*原生動物，*藻類，*渦鞭毛虫，*卵菌門，*粘菌類が含まれる．→ 原生生物

プロトプラスト（エネルギド） protoplast (energid)
　細胞の生命単位で，細胞膜により囲まれた細胞質と核からなる．細菌と植物の細胞のプロトプラストは，それらの細胞の細胞壁を取り除くことにより作ることができる．プロトプラストは細胞の代謝や生殖にかかわるプロセスの研究などに使われる．

プロドラッグ prodrug
　生物に対して活性のある状態になるためには，肝臓においてさらなる代謝を必要とする薬．プロドラッグの例として，はじめにコルチゾンに代謝され，それから薬物活性化合物であるヒドロコルチゾンに代謝される，免疫抑制薬のアザチオプリンがある（訳注：アザチオプリンはコルチゾンには代謝されず，メルカプトプリンに代謝されて活性を示す．そのものは生理活性を示さないコルチゾンが代謝されてヒドロコルチゾンになって活性を示すことは正しい）．

プロトロンビン prothrombin (Factor II)
　血液*凝固因子のうちの一つ．プロトロンビンは，血液凝固におけるフィブリンマトリックスの形成を触媒する，トロンビン酵素の前駆体である．プロトロンビン合成は肝臓で起こり，ビタミンKの適当な供給に左右される．→ 血液凝固

プロトンポンプ proton pump
　生体膜を通過してプロトン（H⁺）を輸送するキャリヤータンパク質あるいはタンパク質複合体．このようなポンプは，膜の片方側のプロトンをもう一方に比べ高濃度にするために，例えばATPなどのエネルギーを使用する．このプロトン濃度勾配は，その後に，原形質膜を通過してのイオンや小分子の輸送を含めた様々なプロセスを稼動させるために，細胞に利用される．プロトンポンプは，胃の粘膜細胞による胃酸分泌にも関与している．プロトンポンプの概念は，ミトコンドリアやクロロプラストにおける電子伝達系によるATP生産を説明する*化学浸透圧説の中心概念である．この説では，ポンプはATP加水分解ではなく電子伝達系により稼動しており，プロトン濃度勾配は呼吸により放出されたエネルギー，あるいは光合成色素により取り込まれたエネルギーを保存する手段となっている．このエネルギーは，その後に*ATP合成酵素によりATPとして貯蔵される．→ 酸成長説

プロファージ prophage
　テンペレートファージが宿主細胞に取り込まれたあとの*バクテリオファージDNA．ウイルスDNAの取込み過程は，*溶原性として知られる．

プロモーター promoter
　（タンパク質合成における）*転写の開始を指示するDNA分子の領域．真核生物の遺伝子では，通常プロモーターは転写開始点に非常に近接した，しばしばTATA配列を含む（したがって*TATAボックスと呼ばれる）プロモーター中心をもつ．他のプロモーター因子は，プロモーター中心の上流に位置するものと転写開始点がある．*転写因子と呼ばれるタンパク質がプロモーターに結合し，転写を行う酵素であるRNA*ポリメラーゼを遺伝子のコード領域に対して正しい位置に誘導する．

プロラクチン prolactin (lactogenic hormone ; luteotrophic hormone ; luteotrophin)
　脳下垂体前葉より分泌されるホルモン．*泌乳刺激ホルモン，*黄体刺激ホルモンともいう．*ルテオトロピンは同様な働きをする．哺乳類では，これがミルクを出すために乳腺を刺激し（→ 泌乳），卵巣の黄体を刺激して*プロゲステロンホルモンを分泌させる．母体のプロラクチンの分泌は，乳児の吸乳により増加する．鳥では，プロラクチンはそ嚢腺を刺激し，そ乳を分泌させる．

フロリゲン florigen
　花成ホルモンともいう．花芽形成は光周性に支配されるが，これを誘導する物質があ

り，葉から茎頂へと移動するという仮説が1937年チャイラヒャン（Chailakhyan）により提唱され，花芽形成誘導物質をフロリゲンと名づけた．しかしながら，長年にわたりこの物質の実体が証明されず，その存在を疑問視する学者も現れたが，2007年にHd 3 a/FTと呼ぶタンパク質がフロリゲンであることが証明され，さらにフロリゲンの植物体内の移動やその受容体も同定されるなど，花芽形成を誘導する分子機構も明らかになった．

フローリー，ハワード・ウォルター，男爵 Florey, Howard Walter, Baron（1898-1968）

オーストラリアの病理学者で，1922年オックスフォード大学へ移った．ケンブリッジ大学やシェフィールド大学で（*リゾチームの研究で）働いたのち，1935年にオックスフォード大学へ戻った．そこで*チェインと協力し，1939年までに彼らは*ペニシリンの単離，精製に成功した．彼らは大量にペニシリンを生産する方法も開発し，その最初の臨床試験を行った．2人はペニシリンの発見者である*フレミングとともに1945年ノーベル生理医学賞を受賞した．

プロリン proline ⟶ アミノ酸
フロログルシノール phloroglucinol
　植物のリグニンを赤色に染める赤色色素（通常塩酸で酸性にして用いる）．

不和合性 incompatibility
　ある花からの花粉が，同じ植物体（自家不和合性）や，他の遺伝的に類似した植物の花を受精させることができない現象．これは自家受精（類似したものどうしの交配）を防ぎ，他家受精（遺伝的構成が異なる個体間の交配）を促進するための，遺伝的に決定された機構である．→ 受精，受粉

吻 proboscis
　1．ゾウの鼻．筋肉質で自由に曲げられる伸長した鼻．指のような末端をもち，これにより，ものをつかみ動かし，水を扱い，食物を集めるなどが可能である．
　2．ハエ（双翅目）のような，一部の無脊椎動物がもつ伸長した口器．

粉芽 soredium（pl. soredia）
　*地衣類の無性生殖でみられる繁殖体の一種で，藻類細胞が核になり，周囲を共生真菌の菌糸が囲んでいる小さな構造体．粉芽は直径25〜100 μmで胞子のように放出され，空気の流れにのって飛散する．→ 裂芽

分化 differentiation
　発生しつつある組織や器官において，単純なものから複雑な形態への変化が起こり，その結果それらが個別の機能に特殊化することをいう．胚*発生，*再生，そして植物における分裂組織の活動（→ 分裂組織）において分化を観察できる．動物における組織形成や細胞分化は，実験動物，特に*ショウジョウバエ（Drosophila）を用いて最も集中的に研究された．この昆虫では，母親の濾胞細胞の母性効果遺伝子によりコードされ，発達する胚に拡散する*モルフォゲンと呼ばれるタンパク質により，初期胚の段階で体の全体的な設計が定まる．様々なモルフォゲンが濃度パターンを形成し，これが胚の異なった領域の遺伝子を異なる程度に活性化し，体節の基本型を生み出す．胚自体に存在する一群の遺伝子である体節遺伝子は，この基本型をさらに精密化する．各体節のなかの脚のような付属肢の分化は，*ホメオティック遺伝子により支配される．

分果 mericarp ⟶ 分離果
分解（腐朽） decomposition (decay)
　*分解者の働きにより，有機物質がその成分に化学的に分解されることをいう．

分解者 decomposer
　生物の遺体や，動植物の老廃物の化学的分解により，エネルギーを得る生物をいう．分解者の大部分は細菌や菌類であり，死生に酵素を分泌して分解産物を吸収する（→ 腐生生物）．硝化細菌などの多くの分解者は，他の生物が消化することが困難な有機物を分解することができるように特殊化している．分解者は*生態系において重要な役割を果たしており，有機成分を無機物にして環境に戻し，植物が再び同化できるようにする．→ 屑食者，炭素循環，窒素循環

分化全能性の totipotent
 1. 適当な増殖培地を与えれば，母体から分離したときに完全な新しい植物に発達することのできる能力をもつ，分化した植物細胞を示す語．
 2. 発生運命が不可逆に決定する前の段階の胚細胞を示す語．このとき胚細胞は，適当な刺激を与えられれば，どのような分化細胞にも発達できる能力をもつ．

分岐群 clade
 共通の祖先をもつ生物群．→ 分岐論

分岐進化 divergent evolution ── 適応放散

分岐図 cladogram ── 分岐論

分岐論 cladistics
 分類法の一つで，動物や植物がそれらの進化的関係に厳密にしたがって，分岐群と呼ばれる分類群に当てはめられていくものである．この進化的関係は，祖先が共通（→ 単系統）であることを示すと見なされる，ある共有される*相同的形質（共有派生形質 → 派生形質）に基づいて導き出される．この考え方には，二つの新種は共通の祖先から徐々に進化して生じるのではなく，共通の祖先から分岐によって突然形成されるという仮定が，暗に含まれている．さらに進化的関係を見いだすには，真の相同的形質を非相同，すなわち収斂進化の結果から区別する必要がある（→ ホモプラシー）．これらの関係を示した図は分岐図と呼ばれ，二叉分枝の集合からできている．図に示すように，おのおのの分枝点は共通祖先からの分岐を示す．したがって，AからFの種は共通祖先Xを共有するので一つの分岐群を形成し，そしてAからDの種は祖先X_2を共有し，AからFの種で形成される分岐群とは異なった分類階級の分岐群を形成する．分岐群は共通祖先由来の子孫のすべてを含まなければならないので，CからFの種は分岐群を形成しない．

分光学 spectroscopy
 分光器やその他の機器を用いた，*スペクトルの測定と解析の方法に関する学問．分光器は生化学や毒物学のような生物学的な検査の分野で，代謝産物や生物学的重要性のあるその他の物質の同定に広く使われる．→ 質量分析

分散 dispersal
 植物や固着性の動物の子孫が撒き散らされること．移動することのできない生物は分散によって親子間の*競争を減らすことによってより高い生存率を示すようになる．それはまた新たな生息地への移住を促進する．顕花植物は風，水，動物などの媒介によって分散される果実や種子を作り出す．多くの種において特殊化された構造が分散を助けるために進化した．→ 果実

分散複製 dispersive replication
 *DNA複製の形式の一つで，この形式ではm*RNA合成の鋳型として働くために，二重らせん構造がほどけて分離する以前に，DNA鎖が切断され無作為な方式で組換えが起こる．この現象が自然界で起こっている証拠はない．→ 保存的複製，半保存的複製

分子系統学 molecular systematics (biochemical taxonomy)
 異なった生物の進化的な関連を決定するために，アミノ酸配列や塩基配列を使用すること．研究されるそれぞれの生物由来の機能的に相同な分子の配列を比較し，それらの間での違いの数を決定することが基本となる．相違の数が多ければ多いほど，それらの生物はより遠い関係であると考えられる．さらに，塩基置換の数，それに相当するアミノ酸置換は一般的に時間に比例しているため，種分化の時間経過の指標を示しうる（→ 分子時計）．この情報は，化石の記録に空白が存在する際に，より正確な系統樹を作るために，他の形態学，生理学，および発生学からの証

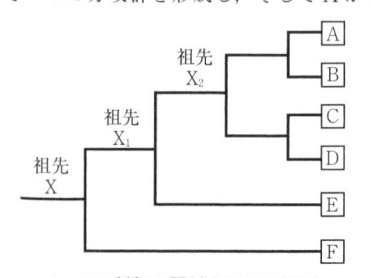

A～F 6種類の関係を示す分岐図

拠と結びつけるときに特に有用であることが判明している．特に微生物学における分子系統学は，*細菌に二つのまったく別の系統，古細菌と真正細菌が存在する観点を与えた点で，細菌の系統学を一変した．

分子シャペロン　molecular chaperone

新しく合成されたもしくは変成したタンパク質が，機能のある三次元構造をとるように折りたたまれるのを助ける，生物の細胞内の一群のタンパク質．シャペロンはタンパク質に結合し，ポリペプチド鎖内で不適切な相互作用が起こらないようにするため，タンパク質が正しく折りたたまれた構造をとる．この過程にはATPの形態におけるエネルギーが必要である．シャペロンの一種の「シャペロニン」と呼ばれる種類は，大腸菌や葉緑体やミトコンドリアに存在する．それらは*熱ショックタンパク質であり，上昇した温度に反応して生産され，熱によって部分的に変成したタンパク質をリフォールディングすることによって，熱による障害から細胞を防御することを助けると考えられている．

分子進化の中立説　neutral theory of molecular evolution

1960年代後期に木村資生（1924-94）らによって提唱された理論で，分子レベルにおける進化的変化のほとんどすべては，*自然選択よりはむしろ*遺伝的浮動などのランダムな過程によって起こるという説．木村らは，機能的に重要な形質を決定する場合においては自然選択が重要であることを認識しつつ，集団中の個体間において高分子構造に認められる変異の大部分は，適応的な意味をもたず，個々の生物の生殖の成功において重要ではないと考えた．したがって，対応する変異座位の頻度は純粋にランダムな現象によって支配されているといえる．この説は，正統のネオダーウィニズムによる視点（ほとんどすべての進化的変化は適応度をもち自然選択によって生じてきたとする説）と対照的である．例えば，多くのタンパク質はアミノ酸配列の*多形性をもち，それが電気泳動で検出できるような移動度の多様性の原因となる．それらのタンパク質の多形はみかけ上はどれも等しく適応的であるようにみえ，中立主義者は，進化とは基本的にはそれらの多形の間で無秩序な遷移が起きることだと主張し，選択主義者はそれらの多形は微妙な機能的変化をもつようにみえ，わずかな環境変化のような選択圧に対して影響を受けやすいのだと反論している．中立説がタンパク質や塩基配列の多形性にどれくらい適用できるのかは，いまだに論争や議論の的となっている．

分子刷込み　molecular imprinting

ある遺伝子が父親と母親のどちらから遺伝したかにより，遺伝子の発現に違いが生じる現象．今日，遺伝子は雌もしくは雄の痕跡をもち，それは子孫でその遺伝子が発現する際に影響を与えると考えられている．例えば，ヒトにおけるハンチントン病の発症は父親から原因遺伝子を受け継いでいる場合（多くの場合そうである），中年まで遅延する一方で，母親から受け継いだ場合は子どものときから症状の兆候が現れる．様々な他の遺伝的な障害も，もととなる欠陥のある遺伝子に依存するが，同様に異なった発現パターンを示す．一つの説では，生殖細胞において遺伝子が特徴的な雄もしくは雌のメチル化のパターンをもって化学的にマークされ，そのメチル化のパターンは子孫の体細胞における発現に影響を与えると考えられている．

分子生物学　molecular biology

生物に関係する，巨大分子の機能や構造，特にタンパク質や核酸である*DNAおよび*RNAを研究する学問．分子遺伝学は遺伝子の解析に関係する分子生物学の専門化した一分野である（→ DNAシークエンシング）．

分実性の　eucarpic

葉状体の一部が栄養増殖部位，残りが生殖部位に分化する菌類をさす．→ 全実性の

分子時計　molecular clock

進化の間に核酸（DNAもしくはRNA）の塩基置換の数，またそのために核酸によってコードされるタンパク質におけるアミノ酸残基の置換の数が，時間に比例するという概念．したがって，化石の証拠などから決定された，分岐年代が既知であるいくつかの種の

DNAあるいはタンパク質の配列を比較することで，平均置換速度を計算可能であり，これにより，分子時計を校正することができる．様々な種の生物における異なったタンパク質の比較研究から1年間における1残基当たりのアミノ酸置換の平均数が典型的にはおよそ10^{-9}であることが示されている．この結果は，異なった生物の巨大分子の対応する配列において，かなり一定の速度で分子進化が起こっていることを示している．

分子マーカー molecular marker

DNA塩基配列が集団内の異なった個体の間で変化するような，生物のゲノムにおける場所（遺伝子座）．そうしたマーカーは一般的に個体の表現型に明らかな効果を与えないが，DNAの生化学的な解析によって決定されうるものであり，染色体マッピング，DNAフィンガープリンティングおよび遺伝学的スクリーニングを含む様々な目的に用いられる．制限酵素，ポリメラーゼ連鎖反応のような遺伝子ツール，加えて増大する多くのDNA配列データの出現は，自動化したハイスループット検査と結びついて，*制限断片長多型（RFLP），*反復配列多型（VNTRs），*マイクロサテライトDNA，および*一塩基多型（SNPs）を含むいくつかの種類の分子マーカーを明らかにしてきた．

分生子（分生胞子） conidium (conidiospore)

ペトカビやその他のカビなどのある種の菌類にみられる胞子の一種で，特別に分化した菌糸である分生子柄の先端の狭窄により生じる．分生子の鎖はこのようにして作られ，菌糸の先端から1個ずつ切り離される．

分生胞子 conidiospore → 分生子

分節 segmentation

1. → 分節化
2. → 卵割

分節化（体節制） metameric segmentation (metamerism; segmentation)

それぞれ同じ器官を含んだ多くの区画（環節もしくは体節）に動物の体が（頭部を除く → 頭化）区分されること．分節化は環形動物（例えばミミズ）に最も顕著にみられ，筋や血管，神経などがそれぞれの節で反復されている．これらの動物では分節化は体外的にも体内的にも明確である．節足動物やすべての脊椎動物の胚発生でも分節化は体内で生じるが，筋，骨格および神経系の一部に分節化は制限されて外見的には示されない．

分断種分化 dichopatric speciation

*異所性種分化の一類型で，地理的な障壁の形成によって，既存の個体群の一部が他と隔てられ生ずる．例えば，各氷河期が始まるときに氷河が発達することにより，それ以前は連続的に分布していた種が別々の安全な地域に取り残され，おのおのの亜個体群はやがて別の種に分化した例などがある．→ 周辺種分化

分断性淘汰 disruptive selection

集団のなかである表現型の両極端が選ばれる*自然選択．環境的要因が明瞭な変化を示すとき，例えば夏の高温や冬の低温などはあるがその中間がないとき，分断性淘汰は高頻度で起こる．この場合，集団は高温と低温にともに耐えられるように多様に適応する．

分泌 secretion

1. 生きた生物の細胞により外部の媒質へ特定の物質が生産・放出されること（分泌物もsecretionと呼ぶ）．分泌細胞はしばしば特化しており，集合して*腺を形成する．ここで作られる物質は直接血液に分泌される（内分泌 → 内分泌腺）か，あるいは導管を通って排出される（外分泌 → 外分泌腺）．分泌はそれらの放出様式により分類される．部分分泌（漏出分泌）は分泌を続ける細胞がいかなる永続的変化をも受けることなく分泌を続ける．離出分泌では分泌細胞は細胞膜の一部と結合した分泌小胞を排出する．そして，全分泌は蓄積された分泌小胞を放出するために細胞全体が破壊されるものである．排出予定の物質は細胞内の*ゴルジ体によりあらかじめ準備され，膜状の小胞内に包まれる．

2. 濃度勾配に逆らって物質が細胞外に汲み出される過程．分泌は尿が腎臓の*ネフロンを通過する際に，尿の組成を調節するという点で重要な役割を果たしている．

分泌ベクター secretion vector ⟶ 発現ベクター

糞便 faeces
消化管から*肛門を通って排出される廃棄物．糞便は，栄養分と水分の消化・吸収の過程のあとに残った消化できない食物残渣と，細菌や腸の内壁から脱落した死細胞からなる．

噴門の cardiac
胃の食道に最も近い部分に関係した．

分離 segregation
生殖細胞を形成する際に起こる，*対立遺伝子対の分離のことで，生殖細胞には，対立遺伝子対の片方だけが含まれることになる．分離は*減数分裂における*相同染色体の分離の結果によるものである．→ メンデルの法則

分離果 schizocarp
乾燥した閉果の一種で，心皮が，種子を一つずつ含む分果に分かれるものである．分果は*弾分蒴果のように裂開性のものや，または*双懸果や*非裂開型分離果のように裂開しないものがある．

分離の法則 Law of Segregation ⟶ メンデルの法則

分類 classification
生物を，生理学的，生化学的，解剖学的またはその他の関係に基づいて，一連の集団に整理することを分類という．人為分類は，一種類または少数の特性に基づいており，同定を容易にするためや，ある特定の目的のために行われる．例えば，鳥類はしばしば習性や生息地により海鳥，鳴き鳥，猛禽などと分類され，一方また菌類は食用か有毒かにより分類される．このような人為分類は進化的な関係を反映していない．自然分類は類似性に基づいており，また階層的に整理される．自然分類で通常使われる最も小さい集団は*種である．種は属にまとめられ（→ 属），分類の階層はさらに*連（族），*科，*目，*綱，*門（→ 門），*界へと上の階層にまとめられ，分類体系によっては最終的に*ドメインにまとめられる．伝統的な植物の分類では，門は phylum ではなく division の語が用いられていた．自然分類では，階層の上方になるほど，一つの集団のなかの成員の間の類似性は低くなる．今日の自然分類では，可能なかぎり多くの特性を考慮に入れることに努めており，進化的関係（→ 分岐論）を反映することを目指している．自然分類は予測的であり，ある生物が，ある属の特徴を示すためにある特定の属に入れられると，その生物はその属の多くの他の特徴も保有するであろうと予想できる．→ 二命名法，分類学

分類階級 rank (category)
生物分類における階級のこと．たとえば領域（ドメイン），界，門，綱，目，科，属，種．

分類学 taxonomy
現存の，および絶滅した生物についての*分類の規則，実践，理論を扱う研究．対象となる生物の命名，記載，分類は，多くの分野からの証拠をもとに行われる．古典的分類学は，形態学と解剖学に基づいている．細胞分類学は，異なる生物の染色体数，染色体の形態，およびその大きさを比較する．数値分類学は，数学的手法を用いて生物の類似性と差異を評価し，分類群を設定する．→ 系統学

分類群 taxon (pl. taxa)
生物の階層*分類の各*分類階級で認められる名称をつけられた生物群のこと．したがって，アゲハチョウ科，鱗翅目，六脚綱，単肢動物門は，それぞれ，科，目，綱，門の階級における分類群の名称の例である．

分裂 fission
いくつかの単細胞生物，例えば珪藻，原生動物および細菌などに起こる無性生殖の型．親細胞は分裂して，二つ（二分裂）もしくはそれ以上の（多分裂）同じ娘細胞を形成する．

分裂後期 anaphase
細胞分裂における時期の一つ．*有糸分裂において，それぞれの染色体における染色分体が紡錘体の両極へと移動する．第一*減数分裂後期においては，対合した相同染色体が分裂して反対側へと移動し，第二減数分裂後期においては体細胞有糸分裂と同様に染色分

分裂真皮 meristoderm

ある種の褐藻類の葉状体の外部分裂層．分裂真皮の細胞は葉状体の広さを増加させるように分裂する．

分裂前中期 prometaphase

染色体が紡錘糸に接着し，二つの紡錘体の極を結ぶ直線に対して直角になるように細胞中央面に並ぶ時期で，細胞分裂*中期のはじめに当たる．

分裂促進因子（卵成熟促進因子） mitosis-promoting factor (maturation-promoting factor : MPF)

体細胞が有糸分裂するのに引き金となる，また卵母細胞が卵細胞として成熟する役割を担っているタンパク質複合体．サイクリン依存性キナーゼに結合したサイクリンB（→ サイクリン）からなり，染色体の凝集，紡錘体の形成および核膜の消失を含む有糸分裂の過程を引き起こすタンパク質のリン酸化を触媒する．サイクリンとMPFのレベルは細胞が有糸分裂に入る際に上昇し，分裂の間にピークに達し，後期には低下する．

分裂組織 meristem

新しい植物組織へ分化する細胞を生ずる，活発に分裂する細胞からなる植物組織．最も重要な分裂組織は芽条や根の先端部（→ 頂端分裂組織）に存在し，また植物のより古い部分のなかにある側生分裂組織（→ 形成層，コルク形成層）も，重要である．

へ

ベーア，カール・エルンスト・フォン
Baer, Karl Ernst von (1792-1876)

エストニア生まれのドイツの生物学者・発生学者．はじめに医学と比較解剖学を学び，1817年にケーニヒスベルク大学の動物学教授になった．10年後に彼は哺乳類の卵を発見し，そしてグラーフ濾胞から胚までの卵の発生を追跡した．彼は，異なった動物において，同じ*胚葉から同種の器官が発達することを示した．彼はまた，広い範囲の異なる種の初期胚が互いに類似していることも示し（生物発生原則），*ダーウィンの進化論の重要な証拠を与えることになった．

平滑筋 smooth muscle ── 不随意筋

平均 mean

n 個の数の平均値．つまりそれらの数の合計を n で割ったもの．

平均値の標準誤差 standard error of the mean (SEM)

*標準偏差がサンプル数の平方根により割られたもの．集団の標準偏差はデータのばらつきを示す尺度であるのに対して，SEMは集団から得られたデータの*平均値の正確さの尺度である．

閉経 menopause

女性の一生のなかで排卵や月経が終わるとき（→ 月経周期）．通常45歳から55歳の間に起こる．卵巣における，性腺刺激ホルモン，*濾胞刺激ホルモンおよび*黄体形成ホルモンの効果が減少し，濾胞が正常に成長しなくなる．卵巣によって分泌されるエストロゲンやプロゲステロンのバランスが変わり，体重増加や「のぼせ」(hot flushes) のような身体的な症状や気分の変化が起こることが多い．これらの症状はエストロゲンやプロゲステロンを用いた長期の「ホルモン交換療法」によって治療しうる．

平衡 balance
 1．（動物生理学）体の姿勢がつりあいを保つことをいう．脊椎動物では，体の平衡は内耳の*前庭器により検出，維持される．
 2．（栄養学）→ 食餌

平行系統 parallelophyly
 同じ祖先から受け継いだ遺伝的傾向によって二つの近縁な系統から同様の特徴をもつ生物が独立に出現すること．このような現象はある場合にはみかけ上の*ホモプラシーの原因になりうると考えられている．

平衡砂（耳石） otolith
 炭酸カルシウムの粒子を高い比率で含むゲル状の塊．内耳の*聴斑の構成成分である．

平衡細胞 statocyte
 *平衡石を含む植物細胞のこと．

平行進化 parallel evolution
 同じ条件の強い選択圧が働くことによって，近縁な生物が同様な進化行程に沿って進化すること．この現象が本当に存在するか否かは議論になっており，多くの人が，すべての進化は最終的に*収束進化か分岐進化のいずれかになると主張している．→ 適応放散

平衡石 statolith
 1．→ 平衡胞
 2．植物細胞中の膜に包まれたデンプン粒の集団（→ アミロプラスト）で，重力に対するセンサーとして働いていると信じられている．デンプン平衡石は根の先端の細胞や枝条中の維管束のそばの組織でみられ，重力の作用により細胞の底部に平衡石は沈む．平衡石により，細胞膜を通した成長物質の輸送の引き金が引かれる機構の詳細は明らかになっていない．一説によると，平衡石は細胞内の小胞体などの膜系に圧力を加え，これが異方的な成長の原因となるという．

平衡多型 balanced polymorphism → 多型性

平衡胞 statocyst (otocyst)
 多くの無脊椎動物でみられる平衡器官．これは，内面に感覚毛が生じ，炭酸カルシウム塩や砂などの細粒（平衡石）と液体で満たされた嚢からなる．動物が動くと平衡石は異なる場所の毛を刺激し，そして体や体の部分に関する位置感覚を提供する．脊椎動物の耳にある*半規管は同じような原理で作用し，似たような機能をもっている．

閉鎖循環系 closed circulation → 循環
閉鎖帯 zonula occludens → 密着結合
閉子嚢殻 cleistothecium → 子嚢果
並層の periclinal
 （植物学）器官やその一部の表面と平行であることを示す．並層細胞分裂では，分裂面は植物体の表面に平行である．→ 垂層の

並体結合 parabiosis
 二つの生物，もしくは生体の一部を外科的に連結することで，共通の循環系を共有し，ホルモンや他の内分泌物質を交換できる．これは例えば，虫の内分泌を研究するための実験技術で，異なる時期の幼虫によって生産されるホルモンの成体における効果をみるために用いられる．

並置 apposition
 細胞膜との接続部分で植物細胞壁の内側の表面にセルロースの層が付加されること．このタイプの成長の結果，細胞壁は厚く強くなり，これは細胞の伸長が完結したときに起こる．→ 重積

平板計測 plate count
 培地中の生細胞数の測定法の一種．細菌培地の平板計測は，その細菌の細胞を含む希釈液を平板培地に接種することにより行われ，その結果培地上に現れた細胞数を数える．

壁孔 pit
 植物細胞の二次細胞壁にあるへこみ，もしくは孔で隣接細胞への物質の移動を容易にする．一次細胞壁上の壁孔に対応するものは初生壁孔域と呼ばれ，原形質連絡が集中している場所であり，壁孔の発達がここで通常起きる．壁孔は中層と一次壁からなる壁孔膜と二次細胞壁のくぼみである壁孔腔から構成される．壁孔は通常，隣接細胞間の中葉のどちらの側にも対になって存在する（壁孔対と呼ばれる）．

壁細胞 parietal cell → 酸分泌細胞
壁側の parietal
 体腔，もしくは他の構造物の壁に関係することを示す．

ヘキソース hexose
炭素原子6個を分子内に含む*単糖をいう．

ベクター vector
（クローニングベクター）宿主細胞のゲノムに外来DNA断片を挿入するための*遺伝子クローニングに使われる媒体．細菌宿主ではいくつかのベクターのタイプが使われている．すなわち，*バクテリオファージ，*人工染色体，*プラスミド，そしてこれらの合成派生物である*コスミドである．外来DNAのベクターへの導入は，特定の*制限酵素によりベクターを切断し，生じた2カ所の末端に*DNAリガーゼにより外来DNAを結合させることで行われる（挿入ベクター）．いくつかのファージベクターでは，ウイルスゲノムの一部が酵素的に取り除かれ，外来遺伝子に置き換わる（置換ベクター）．*レトロウイルスは，組換えDNAを哺乳動物の細胞に効率よく導入するためのベクターとして利用できる．植物においては*$Agrobacterium\ tumefaciens$と呼ばれる，クラウンゴールを作る細菌の腫瘍誘発（Ti）プラスミドの派生物がベクターとして用いられる．→ 発現ベクター

ペクチン pectin
*ペクチン質の一種．スクロースを加えるとゲルを形成するので，ジャム作りに用いられる．

ペクチン質 pectic substances
主に糖酸からなるポリサッカライドのこと．植物細胞壁や隣接細胞壁間の*中層の重要な構成成分である．ペクチン質は通常不溶性であるが，熟した果実や病原体に感染した組織では可溶性に変化し，それは組織が柔らかくなることで示されている．

ヘクト hecto-
記号はh．メートル法で100倍を表す接頭辞．例えば，100クーロンは1ヘクトクーロン（hC）．

ベクレル becquerel
記号Bq．放射能に関するSI単位（→ 放射線単位）．この単位は，ベクレル（A. H. Becquerel, 1852-1908）による放射能の発見にちなんで名づけられた．

ペースメーカー pacemaker
1．*洞房結節のこと．哺乳動物の心臓にある小さく特殊な筋肉細胞の塊であり，大静脈の開口部近くにある右心房壁にある．この細胞は心臓の鼓動を開始，持続させ，それは周期的で自発的な収縮によって，心房の収縮を引き起こす（→ 房室結節）．この細胞自体は心拍数を決める自律神経系によって制御されている．同様なペースメーカーは他の脊椎動物の心臓にも存在する．
2．胸に外科的に埋め込まれ，心臓の鼓動を保持する，電池もしくは原子力電池によって動く装置．これらの装置は，心臓自体のペースメーカーが機能不全だったり，病気のときに用いられる．

臍 hilum
植物の種皮上に存在する，種子が*珠柄を通して果実と結合していた跡をいう．これは果実と種子を区別する特徴である．

へその緒 umbilical cord
臍帯．哺乳類において，胎児を*胎盤につなぐ紐．なかには1本の静脈と2本の動脈があり，胎児と胎盤の間に血液を運ぶ．へその緒は生まれたあとに切断されることで新生児は胎盤から切り離される．その後新生児のへその緒は縮んで傷跡がへそとして残る．

ペタ peta-
記号P．10^{15}倍を示すためにメートル法で用いられる接頭辞．例えば10^{15}メートルは1ペタメートル（Pm）となる．

β-ガラクトシダーゼ β-galactosidase
⟶ ラクターゼ

ベタキサンチン betaxanthin ⟶ ベタシアニン

β細胞 beta cells（β cells）⟶ ランゲルハンス島

ベタシアニン betacyanin
アカザ科，サボテン科，スベリヒユ科などのアカザ目の植物に主にみられる，赤い色素の一群をいう．たとえばこれらはビートの赤い色の原因であり，窒素を含むグリコシル化された分子で，赤や桃色の植物色素を多く含んでいるアントシアニン類とは異なった化学

構造をもつ．ベタキサンチンと呼ばれる黄色色素の一群は，同じ植物群にのみ存在し，ベタシアニンと類似した化学構造をもつ．ベタシアニンとベタキサンチンはともに，ベタレインと総称される．

βシート beta sheet (β-pleated sheet)
*タンパク質にみられる二次構造の一種で，伸長したポリペプチド鎖が互いに平行に並び，N-H基とC=O基の間の水素結合により結びついている（図参照）．βシートは，球状タンパク質の多くにみられ，また絹に含まれるタンパク質であるフィブロインを含むある種の繊維状タンパク質において，同種のポリペプチド鎖を結びつける働きをする．→ αヘリックス

β遮断薬（βアドレナリン性受容体遮断薬） beta blocker (beta-adrenoceptor antagonist)
アドレナリン性*β受容体に選択的に結合する薬物の一群をいい，体内に存在する神経伝達物質であるアドレナリンとノルアドレナリンによる受容体の刺激を阻害する．プロプラノロール，オクスプレノロール，ソタロールのようなβ遮断薬は，高血圧，狭心症や，不整脈のような心臓血管系の疾患の治療に用いられる．これらはまた，鎮静剤，偏頭痛や，目薬として緑内障の治療にも用いられる．β遮断薬は，運動やストレスによる心拍数，心拍出量，血圧への影響を緩和し，心筋への酸素供給を改善する．腎臓から分泌される酵素である*レニンの放出も減少させる働きがあり，その結果，動脈の血圧が全体として低下する．

β受容体 beta adrenoceptor (beta adrenergic receptor) ⟶ アドレナリン性受容体

ベーツ型擬態 Batesian mimicry ⟶ 擬態

ヘッケル，エルンスト・ハインリヒ Haeckel, Ernst Heinrich (1834-1919)
ドイツの生物学者で1862年イェーナ大学において動物学および比較解剖学の教授となった．ダーウィンの熱烈な信奉者で，はじめて動物を原生動物（単細胞性）と後生動物（多細胞性）に分類した．しかしながら，生命の起源に関し，原始生命形態が発生するための，元素の自発的な結合に関して誤った考えをもっていた．彼の*反復発生説は，生物個体の胚発生はおのおのの種の進化を反復するというものだが，この理論はもはや受け入

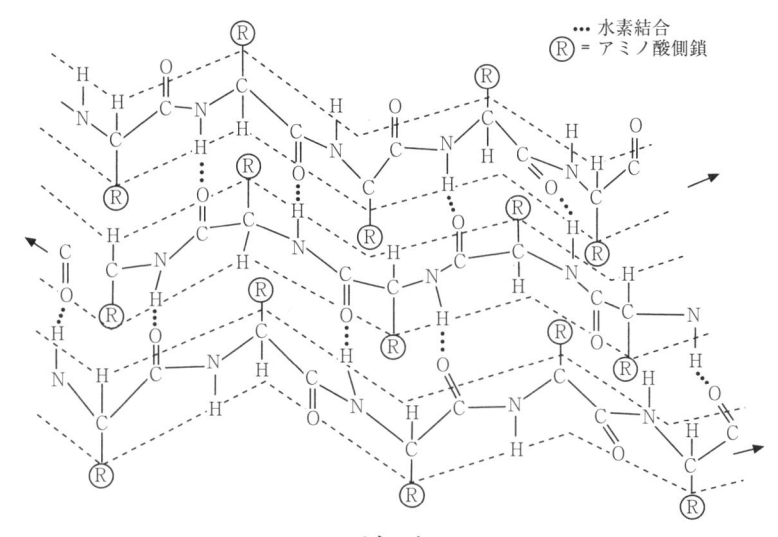

βシート

れられていない.

ベーツソン，ウィリアム Bateson, William (1861-1926)

イギリスの遺伝学者で，ケンブリッジ大学で研究を行った．1900年に，彼は再発見された*メンデルの研究を翻訳，擁護した．そしてニワトリを用いた遺伝の研究に入り，とさかの形がメンデルの法則にしたがう比率で遺伝することを示した．また，ある種の形質は，一つ以上の遺伝子により支配されることも見いだした．彼はスイートピーを用いた実験において，ある種の形質は一緒に遺伝することを示した．しかし，この現象を説明する*モーガンの*連鎖の説を，彼は受け入れなかった．ベーツソンは，1905年に genetics (遺伝学) の語を造った.

ヘテロ核RNA heterogeneous nuclear RNA (hnRNA)

細胞核内の新たに転写されたRNA (メッセンジャーRNA前駆体) の周囲に集合する，一群のRNA分子をいう．hnRNAにはタンパク質が結合し，不均一核内リボ核タンパク質 (hnRNP) を形成する．メッセンジャーRNA前駆体が染色体から離れ，スプライソソーム (→ イントロン) による修飾を受けた後でも，成熟メッセンジャーRNAは種々のタンパク質と結合を続け，メッセンジャーリボ核タンパク質 (mRNP) を形成しており，次に細胞核から搬出される．→ RNAプロセシング

ヘテロガミー heterogamy

ある種のアブラムシでみられるように，生活環のなかで両性生殖世代と単為生殖世代が*世代交代することをいう．

ヘテロカリオシス heterokaryosis

1個の細胞の中に二つ以上の遺伝的に異なる核が存在することをいう．ヘテロカリオシスは，天然ではある種の菌類にみられ，これは異なった菌株が，それらの核を融合させることなく細胞質を融合させることにより生ず る．複数の核を含む細胞，菌糸，菌糸体はヘテロカリオンとして知られており，最も一般的な型のヘテロカリオンは*二核共存体である．ヘテロカリオシスは，異なった種からの細胞成分の間の相互作用を調べるために試験管内で作られる場合もある (→ 細胞融合).

ヘテロカリオン heterokaryon ⟶ ヘテロカリオシス

ヘテロシス heterosis ⟶ 雑種強勢

ヘテロタリック heterothallic

通常は＋株と－株と表されるような，異なる型 (*交配型) の個体からの細胞，葉状体や菌糸が*接合することにより有性生殖する藻類や真菌類をいう．→ ホモタリック

ヘテロ二本鎖DNA heteroduplex DNA

二つの鎖が異なるDNA分子に由来する二本鎖DNA．ヘテロ二本鎖DNAは，遺伝的組換えの際に形成され (→ ホリデイ中間体)，$in\ vitro$ の*DNAハイブリダイゼーションにおいても形成されることがある.

ヘテロプラスミー heteroplasmy

一つの細胞や生物のなかに，遺伝的に異なるミトコンドリアが混在することをいう．生物では一般的に，母親から卵細胞を経由して*ミトコンドリアDNAが遺伝し，雄性配偶子からの寄与はなく，したがって個体中のミトコンドリアは遺伝的に均質である．しかし，なかには雄性系統からの漏れがある種も存在する．たとえば，ハツカネズミでは1000に一つの割合で，父親由来のミトコンドリアが存在する．例外的に，二枚貝のようなある種の生物では，ミコトンドリアは，見かけ上は両親から等しく遺伝する．→ ホモプラスミー

ペトリ皿 Petri dish

ガラス製，もしくはプラスチック製で，ぴったりした蓋のついている浅く円形の平らな底の皿．細菌や他の微生物を培養するために主に実験室で用いられる．ドイツの細菌学者であるペトリ (J. R. Petri, 1852-1921) によって考案された.

ヘドロ sludge ⟶ 汚水

ペニシリン penicillin

菌類の $Penicillium\ notatum$ に由来する*抗生物質．これは特にペニシリンGとして知られ，総称してペニシリンと呼ばれる類似する物質群に属している．ペニシリンは多くの細菌に効果があり，細菌の細胞壁合成を抑

制する．細菌の引き起こす様々な感染症に処方される．

ペニス　penis
哺乳類の雄の生殖器官（一部の鳥類や爬虫類にもある）で，体内受精を確実に行うため雌の生殖器官に精液を導入するのに用いられる．この内部に精子が通る管（*尿道）を含む．ペニスは性交活動前に血液や血リンパ液が充満すること，あるいは筋肉によって勃起し，それにより腔（排出腔）に挿入できるようになる．哺乳類では尿もペニスを通って体外に排出される．

ベネディクト試験　Benedict's test
溶液中の*還元糖を検出するための生化学的試験で，アメリカの化学者ベネディクト(S. R. Benedict, 1884-1936)により考案された．ベネディクト試薬は，硫酸銅に，ろ過したクエン酸ナトリウム水和物と炭酸ナトリウム水和物の混合物を加えたもので，これを試験液に加え煮沸する．高濃度の還元糖が存在する場合は赤い沈殿が，低濃度の場合は黄色い沈殿が生ずる．ベネディクト試験は，*フェーリング試験と同様な目的に使われ，より高感度である．

ペーパークロマトグラフィー　paper chromatography
固定相がろ紙である*クロマトグラフィーによって混合物を分析する手法．分析する混合物を紙の端近くに付着させ，その紙を溶媒に対して垂直に吊して，末端を溶媒に浸すと，毛細管現象によって混合物とともに溶媒が紙上を上昇する．セルロースに対する吸着度の違いや，紙上の液相と紙中の吸着水との分配度によって，混合物の成分は異なる速度で上昇する．紙を溶媒から引き上げて乾燥すると，それぞれの成分は紙上を一直線に点在する．無色の物質は紫外線照射や着色反応する試薬（たとえばニンヒドリンはアミノ酸を青色に染める）によって検出する．各成分は展開時間に移動した距離の違いによって同定される．

ヘパリン　heparin
*抗凝血薬の特性をもつグリコサミノグリカン（ムコ多糖）で脊椎動物の組織，特に肺や血管に存在する．ヘパリンの塩は血栓の予防や溶解の治療で処方される．

ヘビ　snakes ── 有鱗目

ペプシノーゲン　pepsinogen
*ペプシン酵素の不活性な前駆体．ペプシノーゲンは胃壁から胃腔へ分泌され，塩酸やペプシンそのものの働きによってペプシンに変換される．

ペプシン　pepsin
脊椎動物の胃内でタンパク質をポリペプチドに分解する酵素．不活性な前駆体，*ペプシノーゲンとして分泌される．

ペプチダーゼ　peptidase ── エンドペプチダーゼ，エキソペプチダーゼ，プロテアーゼ

ペプチド　peptide
二つまたはそれ以上のアミノ酸がペプチド結合によってつながった有機化合物のこと．このペプチド結合は，カルボキシル基($-COOH$)とアミノ基($-NH_2$)から水脱離を伴う反応によって形成される（図参照）．ジペプチドは二つのアミノ酸，トリペプチドは三つのアミノ酸を含み，それ以上の場合も同様である．*ポリペプチドは10個以上のアミノ酸を含むものをさし，ふつうは100～300個のアミノ酸を含む．天然由来のオリゴペプチド（アミノ酸は10個以下）にはトリペプチドのグルタチオン，下垂体ホルモンである抗利尿ホルモン，そしてオクタペプチドであるオキシトシンを含む．ペプチドはタンパ

$$\underset{\text{アミノ酸1}}{H-N-\underset{H}{\overset{H}{C}}-\underset{}{\overset{R}{C}}-\overset{O}{\underset{}{C}}-OH} + \underset{\text{アミノ酸2}}{H-\underset{H}{\overset{H}{N}}-\underset{H}{\overset{H}{C}}-\overset{R'}{\underset{}{C}}-\overset{O}{\underset{}{C}}-N} \longrightarrow \underset{\text{ジペプチド}}{H-\underset{H}{\overset{H}{N}}-\underset{H}{\overset{H}{C}}-\overset{R}{\underset{}{C}}-\overset{O}{\underset{}{C}}-N-\underset{H}{\overset{H}{C}}-\overset{R'}{\underset{}{C}}-\overset{O}{\underset{}{C}}-OH} + \underset{\text{水}}{H_2O}$$

── ペプチド結合

ペプチド結合の形成

ク質の分解，例えば消化などによっても生成する．

ペプチドグリカン peptidoglycan
真正細菌の細胞壁構成成分である巨大分子で，真核生物にはない．トリペプチド（アラニン，グルタミン酸，リジンもしくはジアミノピメリン酸を含む）で架橋された*アミノ糖（N-アセチルグルコサミンとN-アセチルムラミン酸）鎖からなり，細胞壁を形作り，強化している．一部の古細菌は類似のポリサッカライドであるシュードペプチドグリカンをもっている．これはN-アセチルムラミン酸がN-アセチルタロサミヌロン酸に置換されたものである．

ペプチドマッピング peptide mapping (peptide fingerprinting)
タンパク質の部分分解のあとに電気泳動やクロマトグラフィーを行うことによって，(紙やゲル上で) ペプチドの二次元パターンを形成する技法．ペプチドパターン（フィンガープリント）はそれぞれのタンパク質に特異的であり，またこの技法はペプチドの混合物を分離するのにも用いることができる．

ヘマトキシリン haematoxylin
光学顕微鏡において，青色染料として酸化された状態（ヘマテイン）で使用される化合物で，特に動物組織の塗抹標本や切片標本の染色に使用される．これは核を青色に染色し，細胞質を染色する*エオシンが対比染色剤として，しばしば一緒に用いられる．ヘマトキシリンは鉄ミョウバンのような媒染剤を必要とし，媒染剤が組織に染料を結合させる．使用する媒染剤の種類，酸化方法，pHなどを変えることにより，異なる型のヘマトキシリン染色剤を作ることができる．その例として，デラフィールドヘマトキシリン，エールリヒヘマトキシリンがある．

ヘミセルロース hemicellulose
植物の細胞壁に見いだされる*多糖類．この分子の側鎖がセルロースミクロフィブリルに結合し，架橋した繊維網をペクチンとともに形成している．

ヘム haem (heme)
鉄を含む分子（図参照）で*補助因子もしくは*補欠分子団としてタンパク質と結合し，「ヘムタンパク質」を形成する．これらは*ヘモグロビン，*ミオグロビン，*チトクロームである．基本的にヘムは鉄を結合した*ポルフィリンであり，ポルフィリン内の4個の窒素原子がキレートとして鉄（II）イオンを保持する．この鉄はヘモグロビンとミオグロビンの場合は可逆的に酸素と結合を行い，また，シトクロームの場合は鉄（II）イオンと鉄（III）イオン間の変換によって電子を伝達する．

ヘム

ヘモエリスリン haemoerythrin
蠕形動物，特に星口動物の血液内に存在する鉄を含む赤い*呼吸色素．その構造は補欠分子団が異なる化学構造をもつ以外は，*ヘモグロビンと基本的に同一である．

ヘモグロビン haemoglobin
血液中で酸素運搬体として動物に広く存在する球状のタンパク質の一群．脊椎動物のヘモグロビンはα鎖，β鎖として知られる2対のポリペプチド鎖（グロビンタンパク質を形成する）からなり，おのおのの鎖が折りたたまれて*ヘム基に結合部位を供給している．四つのヘム基がおのおの一つの酸素分子と結合し，オキシヘモグロビンを形成する．解離は酸素が不足している組織で起こり，酸素が放出されヘモグロビンが再生する（→ボーア効果，ヘモグロビン酸，酸素解離曲線）．ヘム基は一酸化炭素（*カルボキシヘモグロビンを形成）などの，ほかの無機分子とも結合する．脊椎動物においてヘモグロビンは赤い血液細胞（*赤血球）に含まれる．

ヘモグロビンS haemoglobin S
鎌状赤血球症において産生される，ヘモグロビンの異常な形態．→ 多型性

ヘモグロビン酸 haemoglobinic acid
赤血球内で水素イオンがヘモグロビンと結合すると生ずる非常に弱い酸．炭酸（→ 炭酸脱水酵素）の解離によって水素イオンが産生されると，オキシヘモグロビンのヘモグロビンと酸素への分離が促進される（→ ボーア効果）．酸素は組織中の細胞へと拡散し，ヘモグロビンは過剰な水素イオンを結合してヘモグロビン酸を形成する結果，*緩衝液として働く．

ヘモシアニン haemocyanin (hemocyanin)
ある種の節足動物（カニやウミザリガニなど）や軟体動物の血液の液体成分に存在する，銅を含む呼吸系タンパク質の一群．ヘモシアニンは二つの銅原子をもち，可逆的に酸素と結合し，無色のデオキシ型（Cu I）と青色のオキシ型（Cu II）とに変換する．いくつかの種においてヘモシアニン分子は数百万の分子量の巨大ポリマーを形成する．

ヘリカーゼ helicase ⟶ プライモソーム

ヘリックス-ターン-ヘリックス helix-turn-helix (helix-loop-helix)
DNAに結合するある種のタンパク質に特徴的な構造的モチーフ．ターンと呼ばれる短い非らせん状の部分によって結びつけられた二つの*αヘリックスからなる．ヘリックスの一つがDNA分子のヌクレオチドの特異的な配列を認識し，DNA二重らせんの溝にはまり，もう一方のヘリックスがDNAに結合した状態を安定化させる．このモチーフはDNA結合タンパク質でみつかったいくつかのモチーフのうちの一つである．→ ロイシンジッパー，亜鉛フィンガー

ペルオキシソーム peroxisome
植物や動物細胞にみられる単一細胞膜からなる小さな細胞小器官（*微小体の一種）．酸化過程にかかわる酵素を含み，強い毒性をもつ過酸化水素（H_2O_2）を生成するものもある．そのためペルオキシソームは過酸化水素を水と酸素に分解する酵素である*カタラーゼも備えている．植物細胞においてペルオキシソームは脂肪酸の酸化を主に行う場であり，この点について動物細胞でも同様に非常に重要な役割を担っている．特に肝臓柔組織や腎臓近位尿細管の細胞のペルオキシソームは，血液から吸収した毒素の解毒を行っている．植物ではペルオキシソームは光合成の副産物のある種のものを解毒し，また*光呼吸によって生成するグリコール酸をグリオキシル酸に酸化する．このグリオキシル酸は，ペルオキシソームに加えてミトコンドリアや葉緑体の関与する一連の反応により再利用される．

ヘルツ hertz
記号はHz．周波数の*SI単位で，1Hzは1秒当たり1サイクルに相当する．ドイツの物理学者ヘルツ（Heinrich Hertz, 1857-94）にちなんで命名された．

ヘルパーT細胞 helper T cell ⟶ T細胞

ヘルペスウイルス herpesvirus
DNAをもつ複雑なウイルスの一群で，ヒトや多くの他の脊椎動物にしばしば再発性の感染を引き起こす．口唇ヘルペスの原因である単純ヘルペス，水痘や帯状疱疹を引き起こすウイルスであるワリセラヘルペス，腺熱の原因であり癌のバーキットリンパ腫に関与しているEBウイルス，そして*サイトメガロウイルスを含む．

ペルム紀 Permian ⟶ 二畳期

ヘルムホルツ，ヘルマン・ルードヴィヒ・フェルディナンド・フォン Helmholtz, Hermann Ludwig Ferdinand von (1821-94)
ドイツの生理学者であり物理学者．1850年に彼は神経インパルスの速度を計測し，1851年には検眼鏡を発明した．物理学ではエネルギー保存則（1847）を発見し，*自由エネルギーの概念を導入した．

ヘロイン（ジアセチルモルフィン） heroin (diacetylmorphine)
モルフィン（→ アヘン剤）の合成誘導体である*麻酔薬．この化合物は脂質に類似した性質のため脳によって容易に吸収され，鎮静剤や強力な*鎮痛薬として使用される．習

慣性があり麻薬利用者によって濫用される.

弁 valve
隙間を通る液体の流れを制限する,あるいは管に沿って一定方向に液体の流れを制限する構造.心臓の弁(→ 二尖弁,半月弁,三尖弁),静脈,あるいはリンパ管の弁は組織でできた2,3個の折りぶた(cusp(先端の尖ったもの))からなり,内壁にしっかりと固定されている.血液やリンパが順方向に流れるときには,弁は壁に押しつけられているが,逆流が起こると弁は管あるいは隙間を閉ざし,さらなる逆流を防ぐ.

変異原 mutagen
集団の突然変異体(→ 突然変異)の数を増大させる要因となるもの.突然変異原は*遺伝子のDNAを変化させ遺伝暗号系を阻害するか,あるいは染色体に損傷を与えることによって作用する.様々な化学物質(例えば*コルヒチン)や放射線(例えばX線)が変異原とされている.

辺縁系 limbic system
表情の表出にかかわり,気分や本能をコントロールし,長期記憶で主要な役割を果たす脳内の領域の集まり.辺縁系は,*海馬や*視床下部を含む.

変温性 poikilothermy
動物の体内温度が,周囲の環境の温度に依存して受動的に変化すること.鳥類と哺乳類を除くすべての動物は変温性であり,*外温動物と呼ばれる.体温を一定に保てないけれども,非常に低い,もしくは高い温度に対しては,それを生存に適した温度に調節する対応を行う.例えば組織の組成(特に細胞の浸透圧)を変化させ,血流を体の周辺組織により多くふり向けるよう調節を行い(熱の喪失や吸収を増大させる),また変温動物は日向や日陰を積極的に探すことができる.代謝の季節変化はたいていホルモン制御下にある.特に暑い気候では外温動物は暑さを逃れるために*夏眠を行う. → 恒温性

片害作用 amensalism
二つの生物種間の相互作用の一種で,片方の生物にとっては有害だが他方の生物には何の作用も起こさないもの.片害作用の一般的な例としては,植物において,他の植物の生育を阻害するような化学毒素の分泌があげられる. → アレロパシー

変換 transduction
*受容体細胞が検出した刺激が電気刺激に変換されること.電気刺激は神経系によって運ばれる. → シグナル変換

扁茎(葉状茎) cladode (cladophyll)
偏平になった茎や節間で,葉に似た形態となり,機能も葉と同様である.これは,葉よりも*気孔の数が少なく,水分の損失を減少させるための適応の一つである.葉状茎をもつ植物の例としてはアスパラガスがある.

変形仮説 transformation hypothesis
ほとんどの維管束植物の生活環において,胞子体が大型の形態となる過程を説明した仮説.これは,初期の維管束植物が外見の非常に類似した配偶体世代と胞子体世代をもち,どちらも上方に育つ分枝のある形態であったことを仮定している.長い間に,配偶体は小さく単純になる一方で,胞子体は発達してより複雑な形態になった.最終的に,現代の種子植物のように,配偶体は胞子体のなかに保持されるようになった.したがって,現代の胞子体は形態の変形によって進化した. → 挿入仮説

変形菌門 Myxomycota ⟶ 粘菌類

変形細胞(遊走細胞) amoebocyte
動物の細胞の一種で,位置が固定されておらず,組織間を移動することができる細胞のこと.amoebocyteの名称は,アメーバ類に対する類似性(特にその動き)にちなんで命名され(→ アメーバ運動),進入した細菌類などの外来性の粒子を食べる.例えば,海綿動物や哺乳類の血液中(*白血球など)にみられる.

ベンケイソウ型有機酸代謝 crassulacean acid metabolism (CAM)
*C_4経路によってなされる光合成の一種で,夜間に気孔を開いて二酸化炭素を吸収し,それをリンゴ酸として固定する形式.日中の気孔が閉じているときは,*カルビン回路で使用される二酸化炭素がリンゴ酸から生成される.これによって日中,植物は気孔を

閉ざした状態のままで，蒸散による水分欠乏を防ぐことができる．つまり，この型の代謝は乾燥地域に生息する植物にとって重要である．ベンケイソウ型有機酸代謝は砂漠地域の多肉植物に一般的にみられ，そのなかにはサボテン類，ユーフォルビア類，ある種のシダ類などが含まれる．ベンケイソウ型有機酸代謝の名称は，最初にこの代謝が，マンネングサ類やクモノスバンダイソウ類などが含まれるベンケイソウ科の植物を用いて研究されたために付けられた．

変形体 plasmodium (pl. plasmodia)

多くの細胞核を含む細胞質の塊で，真正*粘菌類の生活環の一段階である．変形体は粘菌の栄養成長期に当たり，腐食した木の表面の粘性のある層としてよく観察される．これはゆっくりしたアメーバ運動を行い，腐食した有機物の粒子を取り込む摂食を行う．

扁形動物門 Platyhelminthes

無体腔の無脊椎動物の一門で，扁平で体節のない体で特徴づけられる扁形動物からなる．頭端部にある程度細胞が集まった単純な神経系をもつ．口は単純に枝分かれした腸につながっており，肛門はない．扁形動物は雌雄同体だが，ふつう自家受精は行わない．多くの種は寄生性である．この門には*渦虫類（プラナリア），*吸虫類（吸虫），*条虫綱（サナダムシ）が含まれる．

辺材（白材） sapwood (alburnum)

木の幹あるいは枝の外側部分の木材．水分の伝導を行い，また体の構造を支える生きた*木部細胞が含まれる．→ 心材

弁鰓類 Lamellibranchia ── 双殻類

変種 variety

植物や動物の*分類において，*種レベル以下の分類に用いる分類階級．変種に分類される個体は，同じ種の他の変種と明確に違うが，同種内の異なる変種間の交配は可能である．変種の特徴は遺伝子で引き継がれる．変種の例として，家畜品種や人種（→ 品種）などが含まれる．→ 栽培品種，亜種

変性

1. degeneration

病気などが原因となり，細胞，組織や器官が変化し，結果的に機能の損傷や喪失が起き，場合によっては病気などに冒された部分が壊死したり崩壊することを変性という．

2. denature

生物学的活性の減少や消失の原因となる，タンパク質や核酸の構造変化が起こることをいう．変性することにより，タンパク質のポリペプチド鎖や核酸の二本鎖がほどけ，二次構造や三次構造が失われる．変性は，熱（熱変性），化学物質，極端な pH などが原因となり生ずる．生卵とゆで卵の間の違いは，変性による結果として大部分説明できる．→ 復元

偏性嫌気性菌（絶対嫌気性菌） obligate anaerobes

呼吸に酸素を使うことができない生物のこと．偏性嫌気性菌は酸素によって成長を阻害されるか，もしくは生存することができない．→ 嫌気呼吸

片節 proglottid (proglottis)

サナダムシの体節の一つ．→ 条虫綱

変態 metamorphosis

多くの無脊椎動物や両生類の生活環のなかで起こる，幼生から成体型への急速な転換．例としてはオタマジャクシから成体のカエルへの変化や，蛹から成体の昆虫への変化がある．変態には多くの場合，リソソームによる幼生組織の破壊が含まれており，昆虫においても両生類においてもホルモンによってコントロールされている．

扁虫 flatworms ── 扁形動物門

扁桃腺 tonsil

*リンパ組織の集合体．高等脊椎動物ではいくつかの扁桃腺が口の後部や咽頭に位置する．ヒトでは口の後部に口蓋扁桃，舌の下部に舌扁桃，咽頭に咽頭扁桃（またはアデノイド）がある．これらは*リンパ球を生産して感染に対する防御を行うと考えられている．

ペントース pentose

分子中に五つの炭素原子をもつ糖のこと．→ 単糖類

ペントースリン酸経路 pentose phosphate pathway (pentose shunt)

グルコース-6-リン酸をリボース-5-リン酸

へ変換し,さらに NADPH を生成する一連の生化学的反応のことで,脂肪酸合成経路などの他の代謝経路へ還元力を供給する(訳注:グルコース-6-リン酸から 6-ホスホグルコノラクトン,グルコン酸-6-リン酸をへて直接できるのは,リブロース-5-リン酸だが,これが変換され,リボース-5-リン酸になる).リボース-5-リン酸やその誘導体はATP,補酵素 A,NAD,FAD,DNA,RNA といった分子の構成成分である.植物においてペントースリン酸経路は二酸化炭素から糖を合成する役割を担う.動物ではこの経路は肝臓や脂肪組織などの様々な場所に存在する.

扁平上皮 squamous epithelium

*上皮の一種で扁平な細胞からなり,それゆえに物質が通過する際の距離が短い.このタイプの上皮は肺の肺胞や腎臓のボーマン嚢にみられる.

鞭毛 flagellum (pl. flagella)

1.(原核生物において)細菌の細胞表面から突出した長細い構造の一種.その基部で回り,細菌を前方に推進させる.鞭毛は数マイクロメートルまでの長さをもち,フラジェリンタンパク質の多数のサブユニットからなり,その基部ではいくつかの輪からなる系が細胞壁および細胞膜中に鞭毛を固定している.これらの輪を取り囲んでモータータンパク質とスイッチタンパク質が存在し,これがフィラメントに回転運動を与え,また回転の方向を逆転させることができる.鞭毛は一つ,もしくは一群となってついており,例えば細菌の細胞の極にある場合や細胞表面全体に散在することもある.

2.(真核生物において) ⟶ 波動毛,羽型鞭毛

片利共生 commensalism

常にともに生活している2種の動物あるいは植物の種間相互関係の一つで,そこでは一つの種(片利共生寄生者)は共生から利益を受けるが,一方,もう一つの種は大きな影響を受けない.例えば,多くの海産の環形動物が作る巣穴には片利共生寄生者が存在し,隠れ家として利用する利益を得ているが,環形動物には影響しない.

ヘンレ係蹄 loop of Henle

腎臓の*ネフロンの近位尿細管と遠位尿細管の間に存在するヘアピン構造を示す尿細管の部位.ヘンレのループは皮質から髄質へと伸び,水分の透過性の高い薄い下行脚と透過性の低い厚みのある上行脚とから構成される.ループの壁を通過するイオンや水分の複雑な移動は,*対向流濃縮系として機能することを可能にし,結果として*集合管に濃縮された尿が産生される.ドイツの解剖学者ヘンレ(F. G. J. Henle, 1809-85)の名にちなんで名づけられた.

ホ

ボーア効果 Bohr effect

デンマークの生理学者ボーア（Christian Bohr, 1855-1911）により発見された，ヘモグロビンから酸素が解離する際のpHの影響．二酸化炭素濃度の増加は血中の酸性度を増し，ヘモグロビン分子による酸素の取込みの効率を下げる．これは*酸素解離曲線を右に移動させ，ヘモグロビンから酸素を放つ傾向を高める（→ ヘモグロビン酸）．つまり，二酸化炭素濃度の高い活発に呼吸をしている組織では，ヘモグロビンは酸素を容易に放出し，（肺胞への連続的な拡散により）血中二酸化炭素濃度の低い肺では，ヘモグロビンは酸素と容易に結合する．

房 atrium

動物における様々な腔や小室をいい，たとえばナメクジウオや他の脊索動物の鰓裂を囲む腔などがある．

膨圧 turgor

*液胞が水で膨張して原形質が細胞壁に押しつけられているときの植物細胞の状態である．この状態では*浸透によって水が細胞に入ろうとする力が，細胞壁が原形質に及ぼす圧力によって細胞液で生じた静水圧（→ 圧ポテンシャル）と釣り合っている（→ 水ポテンシャル）．膨圧は植物の硬さの維持に役立っているため，膨圧が減少すると植物は*しおれる．→ 原形質分離

苞穎 glume

イネ科の小穂（→ 穂状花序）の基部にみられる1対の包葉．→ 外花穎

包括適応度 inclusive fitness

生物の行動や生理の制御に影響する遺伝子に対して働く自然選択の結果として，生物が最大にしようと（無意識に）企てる性質．これは個体自身の繁殖成功（たいていは成体になるまで生き残った子孫の数として計られる）と，血縁個体の繁殖成功に対するその個体の行動の効果も含む．なぜなら，集団の他個体よりも血縁個体のほうが，その個体と同一の遺伝子を共有している可能性が高いからである．血縁個体間の相互作用が起こる場合には（多くの動物や植物の生涯の間に起こる），*血縁選択が作用する．

方形区（コドラート） quadrat

生態学で用いられる標本抽出の単位で，地面に設定した小型の方形の区画からなる．この内部に存在する調査対象のすべての種を記録し，測定を行う．全体をくまなく調査することが実際的でないときは，調査区域の全体像を得るため，方形区を広い範囲に設置することがある．また，*トランゼクトに沿って標本抽出をするために使われることもある．

方形骨 quadrate

硬骨魚類，両生類，爬虫類，鳥類の上顎に存在する1対の骨で，下顎骨と接合する．哺乳類において，方形骨は縮小して中耳の小型の骨（砧骨）となる（→ 耳小骨）．

縫合 suture

二つの体構造の結合部の線のこと．例として，頭蓋骨の骨の固着した結合や，植物におけるインゲンマメやエンドウマメのさやの縁の合わせ目がある．

膀胱 bladder

（解剖学）中空の筋肉質な器官で，多くの脊椎動物に存在し，尿を排出する前にためておく器官となっており，英語ではurinary bladderとも呼ばれる．哺乳類では，*腎臓から*尿管を通して尿が膀胱に移動し，*尿道から体外に尿が排出される．

方向性選択 directional selection

ある集団内において特定の有利な変異を確立する方向に進む*自然選択をいい，その方向に*表現型が変化する結果となる．方向性選択の例としては，工業地帯で起こるゴマダラガ（*Biston betularia*）の暗黒色型の増加があげられ，そのような状況下では大気汚染によって黒ずんだ木の幹に対して暗色の翅をもつガのほうが明るい色の翅をもつガよりもより高度にカムフラージュされる（→ 工業暗化）．→ 分断性淘汰，安定性淘汰

傍細胞経路 paracellular pathway

細胞と細胞の間の経路のこと．例えば腎単位の近位尿細管のように，構成細胞間の*密着結合が完全に連続していない（すなわち「漏れやすい」状態にある）場合，物質は傍細胞経路によって上皮組織を通って移動する．傍細胞経路は能動的輸送手段を欠き，物質は単に拡散によって移動することができるだけである．→ 経細胞経路

ホウ砂カーミン borax carmine

光学顕微鏡に使われる赤い染色液で，核と細胞質をピンクに染める．動物組織の大きな切片を染めるのに使われる．

胞子 spore

最初にその他の生殖細胞（→ 配偶子）との融合を経ることなく個体へと発達しうる生殖細胞のこと．胞子は植物，真菌類，バクテリア，ある種の原生動物でみられる．胞子はただちに，あるいは休眠のあとに親に似た個体や，あるいは生活環のなかの親とは異なる段階の個体へと発育する．植物では，*世代交代があり，*胞子体世代により胞子が形成され，その胞子は発芽して*配偶体世代になる．シダにおいては，葉の下側表面上の茶色の生殖器官の並びが胞子形成体である．

傍糸球体装置 juxtaglomerular apparatus (JGA)

腎臓の*ネフロン（腎単位）にみられる組織の一部で，血圧の調節や体液と電解質の調節に重要である．JGA は，糸球体の近くで（ボーマン嚢に入る）輸入細動脈と，遠位尿細管が近づいた部分に存在し，2種類の特化した細胞からなっている．糸球体輸入細動脈壁にある大きな平滑筋細胞は傍糸球体細胞，すなわち顆粒細胞を形成し，傍糸球体細胞が細動脈内の血圧の低下を検知すると放出されるタンパク質加水分解酵素*レニンを含む顆粒を含んでいる．JGA は遠位尿細管に隣接する領域に化学受容体細胞も含み，これらは密集して並んでいるので密斑と呼ばれる．密斑は腎尿細管内のろ液のナトリウムイオン濃度の低下（血漿中のナトリウム濃度低下の指標となる）を検知し，傍糸球体細胞からのレニンの放出を促す．レニンの血流中への放出は*アンジオテンシンの濃度を上げ，それが血圧を上昇させ，副腎皮質からの*アルドステロンの分泌と下垂体後葉からの*抗利尿ホルモンの分泌を促進する．アルドステロンは遠位尿細管からのナトリウムイオンの再吸収を促進し，抗利尿ホルモンは水の再吸収を促進する．

胞子体 sporophyte

植物の生活環における世代の一段階で胞子を形成する．胞子体は*複相であるが，胞子は*半数性である．コケ類の胞子体は，生活上で部分的にか完全に*配偶体世代に依存しているが，ヒカゲノカズラ類，トクサ類，シダ類，種子植物の生活環では，大型で主要な世代となる．→ 世代交代

胞子虫類 Sporozoa ── アピコンプレックス門

房室 loculus ── 室

房室結節 atrioventricular node (AVN)

心臓の右心房と右心室の間にある繊維状の環に位置する，特殊化した*心筋繊維の集団である．AVN は心房と心室の間にある唯一の刺激伝導経路で，電気的刺激はここを通り伝達される．したがって心房の収縮に続いて，AVN は*ヒス束経由で心室の収縮を開始させる．

房室弁 atrioventricular valve ── 二尖弁，三尖弁

胞子嚢 sporangium (pl. sporangia)

植物体でみられる生殖のための構造体で無性の胞子を産出する．大胞子嚢は雌性配偶体へと育つ大胞子を作り出し，種子植物では*胚珠が大胞子嚢に当たる．小胞子嚢は雄性配偶体へと育つ小胞子を作り出し，種子植物では*花粉嚢が小胞子嚢に当たる．→ 胞子葉

胞子嚢群 sorus

1. 小さな茶色い点の列としてみることができる，シダの葉の裏表面に存在する胞子を産み出す構造体．

2. ある種の藻類（例：コンブ）の葉状体にある生殖を行う場所．

3. ある種の真菌類でみられる胞子を産み出す構造体のこと．

胞子嚢柄 sporangiophore
　一つあるいはそれ以上の胞子嚢をつける．単一あるいは分枝した柄．

胞子母細胞 spore mother cell (sporocyte)
　減数分裂により四つの半数体の胞子を作る二倍体の細胞．→ 大胞子母細胞，小胞子母細胞

放射性炭素年代測定法 carbon dating (radiocarbon dating)
　生物由来の考古学的標本の年代の測定方法の一種．宇宙線の照射の結果，ごく少ない量の大気中の窒素原子核は連続的に，核変化を起こす．つまり，中性子の照射により核が炭素14へと変化する．これら放射性炭素の一部は生きた木や草のなかに*光合成の結果として二酸化炭素の形状で取り込まれる．その木が切られたとき，光合成は停止し，放射性炭素は減衰していき，安定な炭素原子に対する放射性炭素の比率は減少する．検体の$^{14}C/^{12}C$の比を測定することが可能であり，その木がいつ切られたかを計算することができる．この方法は，4万年程度までの古い検体で矛盾しない数値を示しているが，この測定の精度は過去における宇宙線の強度の仮定に依存している．この測定方法はリビー (Willard F. Libby, 1909-80) とその共同研究者たちによって1946年から47年にかけて開発された．

放射性同位体 radioisotope (radioactive isotope)
　ある元素の同位体のなかで放射能をもつものをいう．→ 標識

放射性廃棄物（核廃棄物） radioactive waste (nuclear waste)
　放射性核種を含有する，すべての固体，液体，あるいはガス状の廃棄物をいう．これらの廃棄物は，放射性鉱石の採掘と加工，原子力発電所やその他の原子炉の正常な運転，核兵器の製造の際や，病院や研究施設で発生する．高レベル放射性廃棄物は，すべての生物に対して非常に危険であり，また半減期が数千年におよぶ放射性核種を含むために，それらの処分はきわめて厳密に管理されている．使用済み核燃料などの高レベル廃棄物は人為的に冷却する必要があり，したがって処分の前に数十年にわたり，廃棄物を出した者が保管する必要がある．加工工場の廃泥や原子炉の部品などの中レベル廃棄物は固化して，コンクリートと混合し，ドラム缶に詰め，発電所の特定の場所に一時保管され，その後に深い鉱山のコンクリートの部屋や海底下に埋める．放射性物質でわずかに汚染された固体や液体などの低レベル廃棄物は，コンクリートで内張りされた堀の特別の場所でドラム缶に入れて処分する．イギリスにおいては，原子力産業と政府により1988年にNirex社という企業が低レベル核廃棄物の処分のために設立され，カンブリア州のドリッグスの地下処理場で処分が行われた．また，スコットランドのドンレーとカンブリア州のセラフィールドに，核燃料再処理工場がある．以前は，中レベルと低レベルの放射性廃棄物は，ドラム缶にコンクリート詰めにして大西洋の海底で処分されていたが，1983年に国際協定により海洋投棄は禁止された．

放射性標識法 radioactive tracing ── 標識

放射線（医）学 radiology
　X線，放射性物質や他の電離放射線を，医療の目的，特に診断（放射線診断学）や，癌とその合併症の治療の目的（放射線治療学，放射線治療）で使用したり研究することをいう．

放射線撮影（法） radiography
　粒子線や，X線，γ線などの短波長の電磁波を用いて，写真フィルムや蛍光スクリーン上に不透明な物体の透過像を得る方法や工程をいう．得られた写真は放射線写真と呼ばれる．この工程はX線を使用して，*放射線医学による診断に広く用いられる．→ オートラジオグラフィー

放射線生物学 radiobiology
　生物学の一分野で，生物に対する放射性物質の効果の研究と，代謝の研究における放射性標識の利用法について取扱う（→ 標識）．

放射線単位 radiation units
　電離放射線の*線量や放射性核種の放射能を示すために用いられる測定単位．ベクレル

(Bq) は放射能のSI単位であり，放射性核種が壊変する率を示し，1ベクレルは平均して1秒当たり1個の自発的な原子核の変換が生じることを示し，したがって $1\,Bq=1\,s^{-1}$ となる．以前使われていた単位であるキュリー(Ci) は，$3.7\times10^{10}\,Bq$ に等しい．もともと，キュリーは1gのラジウム226の放射能を基準に決められた．

グレイ (Gy) は，吸収線量のSI単位であり，1グレイは電離放射線によって単位質量当たりに物質に与えられたエネルギーが1kg当たり1ジュールであることを示す．以前使われていた単位であるラド (rd) は $10^{-2}\,Gy$ に等しい．

シーベルト (Sv) は，線量当量のSI単位であり，1シーベルトは電離放射線による吸収線量に，規定された無次元の因子を乗じた値が，$1\,Jkg^{-1}$ であることを示す．放射線の種類が異なると生物組織に異なった影響を与えるため，線量当量と呼ばれる重みづけされた吸収線量が用いられる．この際，吸収線量は，国際放射線防護委員会により規定された無次元の因子をかけることで補正される．以前使われた線量当量の単位であるレム (rem)（もともとは roentgen equivalent man の頭字語である）は，$10^{-2}\,Sv$ に等しい．

SI単位では，電離放射線の照射線量は，$C\,kg^{-1}$ で表され，1kgの純粋な乾燥空気中で正負どちらかの電荷1クーロンを生じさせるイオン対を発生させるようなX線または γ 線の量である．以前使われた単位であるレントゲン (R) は，$2.58\times10^{-4}\,Ckg^{-1}$ に等しい．

放射線治療 radiotherapy ── 放射線(医)学

放射線不透過性の radiopaque (radio-opaque)

X線と γ 線に対して不透明な媒体を形容する語である．例として，消化管の放射線診断に使われるバリウム塩がある．

放射相称 radial symmetry (actinomorphy)

生物や器官における部分の配置のうち，その構造の中央を通っていかなる方向に切断しても，できた各半分が，常に互いの鏡像になるものをいう．通常，植物の茎と根は放射相称となる．一方，クラゲなどの刺胞動物やヒトデなどの棘皮動物は放射相称の体制をもち，またその成体は固着生物であることが多い．actinomorphy の語は，例えばキンポウゲの花のような，放射相称の花を記述するために用いる．→ 左右相称

放射組織 medullary ray (ray)

植物の茎や根における，維管束組織の円柱を通って放射状に走る垂直な *柔組織の板．それぞれの板は厚みとして一つから多くの細胞でできている．一次放射組織は若い植物に存在し，二次肥厚を示さないものであり，皮層から髄まで通り抜けるものである．二次放射組織は，維管束*形成層によって作り出され，木部や篩部組織で終結する．放射組織は栄養物質を貯蔵および輸送する．

放射年代 radioactive age

放射性崩壊に関連した変化により決められた，考古学上あるいは地質学上の標本の年代をいう．→ 放射性炭素年代測定法，フィッション・トラック法，カリウム-アルゴン年代測定法，ルビジウム-ストロンチウム年代測定法，ウラン-鉛年代測定法

放射年代測定法 radiometric dating (radioactive dating) ── 年代測定法，放射年代

放射能 radioactivity

ある種の原子核が，α 粒子（ヘリウム原子核），β 粒子（電子あるいは陽電子），あるいは γ 放射（短波長の電磁波）を放出し，自発的に崩壊することをいう．自然放射能は，天然に存在する放射性同位元素の自発的な崩壊のために生ずる．放射性崩壊の速さは，化学変化や，通常の環境中におけるどのような変化によっても影響されない．しかし，中性子やその他の素粒子で照射することにより，種々の核種について放射能を誘導することができる．→ 放射線単位

放出ホルモン（放出因子） releasing hormone (releasing factor)

視床下部で生産されるホルモンで，*脳下

垂体前葉から血管中へのホルモン放出を刺激する．各ホルモンには特異的な放出ホルモンがある．例として，甲状腺刺激ホルモン放出ホルモンは，*甲状腺刺激ホルモンの放出を刺激する．

放出抑制ホルモン release-inhibiting hormone (RIH)

他のホルモンの分泌を抑制するホルモンを示す．視床下部は脳下垂体の前葉（腺性下垂体）からのホルモン分泌を抑制するいくつかのホルモンを生産する．これらには，MSH抑制ホルモン（メラニン細胞刺激ホルモンを抑制する），プロラクチン抑制ホルモン，*成長ホルモン抑制ホルモンが含まれる．これらのRIHは，神経分泌細胞により，視床下部-下垂体門脈血管中に放出され，この血管中をホルモンは下垂体柄を通り下垂体前葉に運ばれる．

胞子葉 sporophyll

*胞子嚢（胞子を形成する構造体）を作り出す葉のこと．シダ類では，胞子葉は通常の葉であるが，その他の植物では胞子葉は変形し，ヒカゲノカズラ類やトクサ類の胞子嚢穂，裸子植物の球花，被子植物の花のような特殊な構造体となっている．多くの植物では2種類の違う大きさの胞子を作る（小さいものが小胞子，大きいものが大胞子）．小胞子を作る胞子葉は小胞子葉，大胞子を作る胞子葉は大胞子葉と呼ばれる．

紡錘体 spindle

細胞分裂の際に細胞質中の*微小管から形成される構造物．紡錘体は染色分体（→有糸分裂）あるいは染色体（→減数分裂）を反対方向に引き離し，それらを細胞の両端（極）に集合させる．紡錘体は中央部が太く，両端に近づくにつれ細まる．紡錘体の形成は，微小体形成中心である*中心体により支配される．細胞分裂に先立って中心体が分裂し，2個の娘中心体は細胞の反対の極に移動する．各中心体はおのおの3組の微小管（紡錘糸）を形成する．1組目は*星状体と呼ばれる微小管の束で，細胞表面に向かって伸びる．2組目は細胞の中心に伸び，両極の中間にある紡錘体赤道部で，反対の極から伸びた微小管と重なりあう．3組目は細胞の中心に伸び，染色分体あるいは染色体と結合する．紡錘体は細胞分裂中期に完成し，このとき染色分体は動原体の部分で紡錘糸と結合し，紡錘体の赤道面に配列する．分裂後期の間に紡錘糸は短縮し，結合した染色分体を細胞の両極へ引き寄せる．また赤道で重なりあっていた紡錘糸は，能動的に互いにすべり運動を行い，紡錘体全体を伸長させる．→ 筋紡錘

紡錘体付着部 spindle attachment ── セントロメア

縫線 raphe

1．植物の倒生胚珠と*珠柄の間にみられる種子の癒合線．

2．ある種の珪藻の蓋殻にみられる溝．

3．もとは分かれていた組織などの癒着によりできた溝，すじ，あるいは稜線．

放線菌類 Actinomycetes ── アクチノバクテリア

膨大部（瓶状部） ampulla

1．内耳にある*規管のおのおのの末端部分の拡大部のこと．各膨大部には受容体（感覚有毛細胞）がたくさんあり，感覚*有毛細胞はゼラチン質のキャップに埋め込まれており，おのおのの半規管が含まれる平面方向への運動を検出する．頭部の運動により，その運動の方向とは反対側へとキャップとそのなかにある感覚有毛細胞が曲がり（次ページの図参照），これが受容体を刺激して神経インパルスを生み出す．このインパルスは脳によって特定の方向への運動として解釈される．

2．小さな小胞，あるいは袋状の突起．

3．ローレンツィニ瓶器のこと．→ 電気受容器

胞胚 blastula

受精した卵の*卵割期に続く動物の*発生のステージ．このステージはたいてい，中空の球に似ており，中央に空洞（胞胚腔）があり，その周囲に分裂する細胞（卵割球）が層（胚類葉）を形成する．脊椎動物では，胞胚は「胚盤」を卵黄の表面に作る．哺乳類では，胞胚期は「胚盤胞」として知られる．→ 原腸胚

胞胚腔 blastocoel ── 胞胚

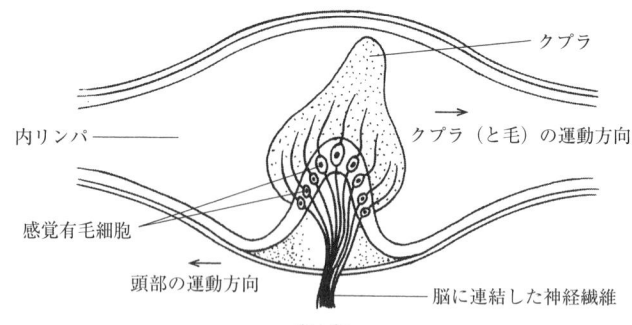

図中ラベル: クプラ／内リンパ／クプラ（と毛）の運動方向／感覚有毛細胞／頭部の運動方向／脳に連結した神経繊維／膨大部

防腐剤 antiseptic

人体の細胞には基本的には毒性がないが，病原性微生物の成長を抑制したり，殺したりする物質のこと．一般的な防腐剤には，過酸化水素や界面活性剤のセトリミド，エタノールが含まれる．これらは，小さい傷口の処置にも使用される．→ 消毒薬

包埋 embedding

顕微鏡観察のサンプルを作る段階の一つで，脱水の後にサンプルをワックスまたはプラスチックで埋めていくこと．包埋されたサンプルは非常に薄く切られ，細胞構造，細胞の微細構造の観察が可能になる．

包膜 indusium

ある種のシダにおける腎臓の形をした*胞子嚢群の覆いで，発達中の胞子嚢を保護する．胞子嚢群が成熟すると，胞子嚢を露出するために，包膜は枯れて縮む．

苞葉 bract

変形した葉で，その葉腋に花か花序があるもの．苞葉はしばしば鮮やかな色をしていて花弁かと間違えられることもある．例えば綺麗なポインセチアやブーゲンビレアの花は，苞葉でできており，本当の花は比較的目立たない．→ 総苞

抱卵 incubation

鳥類やいくつかの爬虫類や卵生哺乳類の受精卵を，胎児の発生がうまくいくように最適な温度に維持すること．抱卵の期間は，産卵のあとから，ふ化の前までである．

放浪種 fugitive species

よりよい分散能力によって，競争上優位な種と共存することのできる種．放浪種はより競合的な種がその空間を占め，放浪種が排除される前に，環境のなかで（例えば火事や嵐のために）新たに利用可能となったどんな空間も，より早く探し当ててコロニー形成を行い繁殖する．例えば，シーパーム（褐藻 *Postelsia palmaeformis*）はアメリカの北西海岸沖においてイガイの層のなかでむき出しの場所にコロニー形成する．その空間が波の作用によって作り出されたときに，藻が裸の岩に付着するが，周囲のイガイが侵入するにつれしだいに排除される．結局はどの場所からも追いやられるが，放浪種な藻は利用可能となるむき出しの空間が十分に生ずるならば，イガイと共存することができる．

飽和の saturated

単結合（二重，三重結合ではない）のみをもつ分子からなる化合物を示す語．飽和化合物は置換反応は起こすが，付加反応は起こせない．→ 脂肪酸，不飽和の

ホグネス配列 Hogness box ⟶ TATAボックス

ホグネスボックス Hogness box ⟶ TATAボックス

補欠分子団 prosthetic group

タンパク質に強く結合した非ペプチド性の無機・有機成分．補欠分子団には，脂質，炭水化物，金属イオン，リン酸基などがある．いくつかの*補酵素は補欠分子団として考えることがより正確である．

保健物理学 health physics

医療物理学の一分野で，原子物理学に関係

した電離放射線やその他の危険による障害から，医療，科学あるいは工業の労働者を保護することを目的とする．この分野の主な活動内容は，放射線の最大許容*線量の決定，放射性廃棄物の処理，放射線で危険な設備の遮蔽の確立などである．

補酵素 coenzyme

生化学反応を触媒する際に，酵素分子に結合して働く非タンパク質性の有機化合物をいう．通常，補酵素はある化学基を授受することで，基質-酵素相互作用に関与する．多くのビタミンは補酵素の前駆体である．→ 補助因子

補酵素A coenzyme A (CoA)

複雑な構造の有機化合物で，酵素とともに多様な生化学反応，特に*クレブス回路でのピルビン酸の酸化，また脂肪酸の酸化と合成に関与する（→ アセチルCoA）．補酵素Aは，主にB群ビタミンの*パントテン酸，ヌクレオチドの*アデニン，リボースに結合したリン酸基からできている（図参照）．

補酵素Q coenzyme Q —→ ユビキノン

母指（足の） hallux

四足類の脊椎動物の後肢にある最も内側の指．ヒトでは大きな指であり，二つの指骨を有する．一部の哺乳動物は母指をもたず，多くの鳥類では止まり木に止まるための適応として後方に向いている．→ 母指（手の）

母指（手の） pollex

四足類の脊椎動物の前肢にある最も内側の指．二つの指骨を含み（→ 五指肢），ヒトや高等霊長類では手の親指のことであり，同じ手の他の指と向かい合せにでき（すなわち他の指と向かい合わせ，触れることができる），手による優れた操作能力をもたらす．母指をもたない哺乳類も存在する．→ 母指（足の）

ホジキン，アラン，卿 Hodgkin, Sir Alan —→ エクルズ，ジョン・カルー，卿

ポジショナルクローニング positional cloning

遺伝子産物に対する情報がまったくない状態で，病気に関連する遺伝子などの，ある遺伝子を単離しクローニングする技術．この技術は適切な遺伝子マーカー（→ マーカー遺伝子）の存在に依存しており，問題となる病気とマーカーの遺伝の追跡が可能であるようなものである．既存の遺伝子マップを参照することにより，マーカーは病原遺伝子がのっている染色体領域を指し示す．マップ領域にあるマーカーのDNA配列に基づくDNAプローブを，*DNAライブラリーからクローン断片を選抜するために使用する．*染色体ウォーキングの操作により，連続してオーバーラップするクローンのセット（contig）を構築する．それから，目的の病原遺伝子を含む領域を特定するために，その領域のDNA配列を決定し，解析する．遺伝子の塩基配列を決定することにより，該当するタンパク質の推定機能や構造を推測できる．囊胞性線維症，ハンチントン舞踏病，フリートライヒ失調症を含む，多数の重大な病原遺伝子が，この方法により特定されてきた．→ 物理的地図

補充 anaplerotic —→ アナプレロティック

補助因子 cofactor

ある種の酵素の正常な触媒活性のために不可欠な，非タンパク質成分をいう．補助因子

HS—CH₂—CH₂—N—C—CH₂—CH₂—N—C—CH—C—CH₂—O—P—O—P—O—CH₂

↑
アセチルCoAを形成する
アセチル化の位置

補酵素A

には，有機化合物（*補酵素）や無機イオンがある．補助因子は酵素の立体構造を変化させて酵素を活性化したり，また補助因子が実際に化学反応に関与することもある．

補償点 compensation point

植物において光合成速度と呼吸速度が等しくなった点をいう．この点では，呼吸による二酸化炭素の放出速度が，光合成による二酸化炭素の吸収速度と等しいことを意味する．暗黒から光の強度を増大させてゆくと，やがて補償点に到達する．補償点を超えて光の強度が高まると，光飽和点に達するまで光合成速度は直線的に増大するが，光飽和点を超えると光合成速度はもはや光の影響を受けなくなる．

圃場容水量 field capacity

過剰の水分が流出した後の，土壌に残った水の量．土壌の細孔の毛細管力によって保持されており，土壌の物理的性質を反映している．

捕食 predation

二つの動物集団間において，一方（捕食者）がもう一方（被食者）を食物にするために狩る，つかまえる，殺すという，相互作用のこと．捕食者と被食者の関係は，多くの食物連鎖において重要なつながりとなる．また，特に捕食者が単一種の被食者に依存する場合において著しいが，捕食者と被食者両方の集団規模を調整するために，捕食は重要である．「捕食」という言葉は，ある生物が別の生物（動物か植物）を食糧にするすべての捕食関係に対しても，よりルーズな意味合いで用いられる．

捕食寄生者 parasitoid

別の動物（宿主）のなか，もしくは表面で生息し，宿主を食い，最終的には殺してしまう動物のこと．捕食寄生者とは本当の*寄生と捕食者との中間と見なされると考えられている．多くのハチや他の膜翅類の昆虫，またハエのなかにも生活環のなかで捕食寄生をするものがある．これらは他の昆虫の幼虫のなか，もしくは上に産卵するところが共通している．ふ化した捕食寄生者は自由生活の成虫になるまでの発達段階で，宿主の組織を餌として用いる．殺傷寄生者は産卵時に宿主を麻痺させるか，殺してしまう．しかし一般的には寄生している間は宿主を生かしておく飼い殺し寄生者という形態をとるものが多い．捕食寄生のなかでは，まれに宿主が幼虫であることを長びかせ，変態をさせないようなものもある．→ 高次寄生者

捕食者 predator

*捕食により食糧を得る動物のこと．すべての肉食者が捕食者ではないが，すべての捕食者は*肉食者である．

補助色素 accessory pigment

光エネルギーを捕捉し，主たる色素であり光合成反応を開始するクロロフィル a に引き渡す*光合成色素．補助色素は*カロテノイドや*フィコビリンタンパク質，クロロフィル b, c, d を含む．

補助単位 supplementary units ⟶ SI 単位

補助雄 complemental males

ある種の動物に存在する小型の雄をいい，雌の体内や表面で生活し，通常は生殖器官以外の部分が多少とも退化する．補助雄は，いくつかの蔓脚類のようなある種の甲殻類に存在し，正常個体は雌雄同体であるが，補助雄は卵巣が退化し，消化管を失い，より大きな配偶者の外套腔内で半寄生的存在として生活する．これにより，他殖が起こることが保証される．

ホスファゲン phosphagen

動物組織にみられる化合物で，高エネルギーリン酸結合の形で化学エネルギーを蓄えている．最も一般的なホスファゲンは脊椎動物の筋肉や神経系でみられる*クレアチンリン酸と，ほとんどの無脊椎動物でみられるアルギニンリン酸である．組織が活動するときに（筋肉の収縮など），ホスファゲンはリン酸基を放出し，それによってADPから*ATPを生成する．ホスファゲンは組織の活動が停止しATPが利用できるようになると再合成される．

ホスファターゼ phosphatase

有機化合物からリン酸基の除去を触媒する酵素．→ アルカリホスファターゼ

ホスファチジルコリン phosphatidylcholine ⟶ レシチン

ホスファチド phosphatide ⟶ リン脂質

ホスホエノールピルビン酸 phosphoenolpyruvate（PEP）

　C_4植物が光合成を行うときに，炭酸固定の基質となる三つの炭素をもつ化合物（⟶ C_4経路）．PEPはまた*解糖系（PEPはピルビン酸の直接の前駆体）や，*グリオキシル酸回路の中間体となる．

ホスホキナーゼ phosphokinase ⟶ キナーゼ

ホスホグリセリン酸 phosphoglyceric acid（PGA；3-phosphoglycerate）⟶ グリセリン酸-3-リン酸

ホスホジエステル結合 phosphodiester bond

　核酸分子中の糖-リン酸骨格中にみられ，酸素原子の架橋によってリン酸基と糖をつなぐ共有結合．⟶ DNA

ホスホリパーゼ phospholipase

　グリセロリン脂質（⟶ リン脂質）の極性リン酸基を含む頭部の特定の結合を切断する様々な酵素のこと．例えばホスホリパーゼCはリン酸-グリセロールの結合を切断し，二次伝達物質であるイノシトール-1,4,5-三リン酸（IP$_3$）やジアシルグリセロール（DAG）を，細胞膜のホスファチジルイノシトールから遊離させるのに重要である（⟶ イノシトール）．ホスホリパーゼA_2は膵液から発見され，グリセロールのC2からアシル残基（脂肪酸など）を切断することによって，摂取したグリセロリン脂質を分解するのを助ける．

ホスホリラーゼ phosphorylase ⟶ リン酸化反応

母性効果遺伝子 maternal effect genes

　母体の濾胞細胞において発現する遺伝子で，その産物（メッセンジャーRNAやタンパク質）は卵細胞に拡散して初期の発生に影響を与える．その産物の濃度勾配が卵の細胞質に形成され，受精，接合体の細胞分裂の際に，この勾配が接合体の遺伝子発現に影響を与えて胚の局部的な分化を引き起こす．例えば，多くの型の胚で母性効果遺伝子が，どちらが頭でどちらが尾であるかの極性決定の原因となっている．

保全 conservation

　環境の過剰な劣化と衰退を防ぐための，地球の自然資源の賢明な利用をいう（⟶ 砂漠化）．保全には次のことが含まれるべきである．（*森林伐採と過剰な漁業により）食品と燃料の供給が危機に瀕しており，それらの代替品の探索に関する研究，*公害の危険に対する自覚，自然の生息地の保護と維持および新たな生息地の創成（例えば自然保護区，自然公園および*学術研究上重要地域）である．

補足遺伝子 complementary genes

　相互依存した二つまたはそれ以上の遺伝子で，そのため，一方の優性*対立遺伝子は，他の遺伝子の優性対立遺伝子も存在する場合にのみ，その生物の*表現型に効果を示すことができる．

保存的複製 conservative replication

　DNA複製の仮説の一つで，*DNA複製においては，一つのDNA分子によってもう一つの新しい分子の合成が開始されるが，古いDNA分子はそのまま完全に残るという仮説をいう．より好ましい仮説（⟶ 半保存的複製）では，DNA分子は分離して二つの鋳型となり，おのおのの鋳型にしたがい，分子のもう半分が合成されることが提案されている．⟶ 分散複製

保存配列 conserved sequence

　異なるポリヌクレオチド（またはタンパク質）上の対応する部分の塩基（またはアミノ酸）配列で，偶然だけから期待されるよりも高い相同性を示すものをいう．例えば，もしすべての対応するDNA配列上で一つの位置が同じ塩基により占められている場合，その位置は完全に保存されているという．もし，調べた試料のなかの約75％に，ある所定の位置に同じ塩基が出現した場合，これは部分的に保存されているという．これを拡張することにより，通常はコンピュータ解析を用いて，配列の他の位置の保存性も同様に評価できる．配列の保存の程度は，異なる遺伝子あ

るいはタンパク質の間の構造的または機能的相同性の程度を示すと考えられ，それらの進化的関係の可能性についての手がかりを与える（→ 相同な）．

補体 complement

*免疫応答に続く生体防御を助ける，血漿や体液に存在する一群のタンパク質をいい，これらをコードする遺伝子は，*MHCの一部となっている．抗原抗体反応に続き，補体は化学的に活性化され，抗原抗体複合体に結合する（補体結合）．これによりある種の細菌の溶菌が引き起こされ，あるいはオプソニン作用と呼ばれる過程により，標的細胞が食作用をより受けやすくなる．この補体反応により，食作用を行う白血球（*食細胞）が体内の患部へ誘引される．

Hox 遺伝子 *Hox* genes

広範囲の動物において，頭尾軸（前後軸）に沿った構造の発生を支配する，*ホメオティック遺伝子の一群をいう．*Hox* 遺伝子は，ある染色体の上にクラスターとしてまとまっており，たとえば有顎類では，*Hox* 遺伝子のクラスターが4個存在する．哺乳類では，これら4個のクラスターは別々の染色体上に存在し，*Hox A*, *Hox B*, *Hox C*, *Hox D* と名づけられ，また個々の遺伝子は *A1*, *A2*, *B1*, *B2* のように番号がつけられている．線虫類，節足動物，頭索動物では，単一のクラスターが存在する．*Hox* 遺伝子は高度に保存されており，DNA配列および機能はきわめて類似する．個々の遺伝子は，祖先遺伝子の重複により生成した数種類の*パラロガス遺伝子の一つに分類される．さらに，研究されたすべての動物の胚において，*Hox* 遺伝子は共直進性を示し，頭から尾にかけての体節におけるそれら遺伝子の発現の並び方は，ホメオティック遺伝子クラスター上の直線的配列に対応する．

ポックスウイルス poxvirus

外膜に包まれた形態をとることが多いDNAウイルスの一種であり，一般的に脊椎動物の皮膚に発疹を引き起こす．天然痘（痘瘡），牛痘（ワクシニア），粘液腫症を引き起こすウイルスが含まれる．ポックスウイルスには，癌を引き起こすものもある．

ボツリヌス毒 botulinum toxin

ボツリヌス菌から生産される神経毒で，致命的な*食中毒を起こす．既知の毒素のなかで，最も毒性の高い毒．筋肉障害を含むいくつかの症状に対して微量を治療のために使うこともある．

哺乳類 Mammalia

およそ4250種類を含む脊椎動物の一綱．哺乳類は温血動物（→ 恒温性）で，典型的には汗腺をもちその分泌物の汗で皮膚を冷却する．また体を保護する毛の覆いをもつ．すべての哺乳類の雌は*乳腺をもっている．乳腺は子どもを育てるために乳を分泌する器官である．哺乳類の歯は切歯，犬歯，小臼歯，臼歯に分けられ，中耳は音を伝導する三つの*耳小骨を含む．4室に分かれた心臓は，動脈血と静脈血の分離を完全にし，そして*横隔膜の筋肉は呼吸運動にかかわり，これらの2つが，体組織への酵素の供給を保証している．よく発達した感覚器や脳とともに効率的な酸素供給の能力は，哺乳類が活動的な生活を行うこと，そして様々な生息地に移住することを可能にした．哺乳類は，約2億2500万年前の三畳紀時代に肉食性爬虫類から進化した．以下の二つの亜綱がある．原始的で卵を生む*原獣亜綱（単孔類）と，その他の哺乳類をすべて含む獣亜綱である．獣亜綱は，下綱である*後獣類（有袋類），そして*真獣下綱（有胎盤類）に分かれる．

骨 bone

多くの脊椎動物の*骨格の形成に用いられている固い結合組織．これはコラーゲン繊維（30%）のマトリックスに主にリン酸カルシウム（ハイドロキシアパタイト，$Ca_{10}(PO_4)_6(OH)_2$）からなる骨塩（70%）が染み込んだものからなり，ここにマトリックスを分泌する*造骨細胞と*骨細胞が埋め込まれている．骨は通常，胚*軟骨に置き換わって生じ，緻密骨と海綿骨の二つからなる．緻密骨の外側は同心円をなす層（ラメラ）として形成され，小さい穴（*ハバース管）を囲んでいる．図参照．内部の海綿骨は化学的に緻密骨に似ているが，骨質の棒がネットワークを作る．

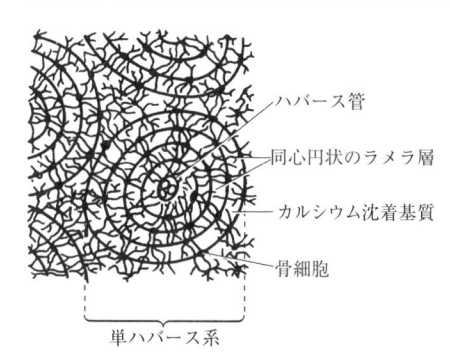

```
        ハバース管
        同心円状のラメラ層
        カルシウム沈着基質
        骨細胞
  単ハバース系
    緻密骨の構造
```

棒の間のスペースは骨髄または（鳥では）軽さを保つために空気が入っている．→ 軟骨性骨，膜骨，骨膜

ほふく茎 runner

土の表面を水平に沿って伸びる茎のことで，腋芽あるいは頂芽から新しい植物が生まれる．ほふく茎はハイキンポウゲやオランダイチゴなどでみられる．例えばバンダイソウなどのひこばえは短いほふく茎である．

葡匐枝 stolon

長い気中側枝で，その側枝の先端の芽が地面に着くと，新たな娘植物体となるもの．このようにして増える植物はブラックベリーやカラントなどの低木がある．園芸家はしばしば葡匐枝をピンで地面に固定し，このような植物の増殖を行う．このような過程を，取り木という．

ボーマン嚢 Bowman's capsule (renal capsule)

*腎臓ネフロンのカップ型の末端．その上皮は，血液からネフロンへの糸球体ろ過液の通り道となる*有足細胞を含む．イギリスの生理学者ボーマン（Sir William Bowman, 1816-92）の最初の発見にちなんで名づけられた．

ホミニッド hominid

ヒト科の霊長類のことであり，現生人類や*ヒト属に含まれる人類の祖先（化石人類）がこれに当たる．

ホメオスタシス homeostasis

生物が，その体液の化学組成やその他の*内部環境を調節し，その結果，最適な速さで生理的過程の進行が可能になることをいう．これには，外部と内部の環境の変化を*受容器によって監視し，それに応じて体液の組成を一定にすることが含まれ，この過程においては*排出と*浸透圧調節が重要となる．ホメオスタシスによる恒常性を保つための調節作用の例としては，*酸-塩基平衡，体温の調節などがある．→ 恒常性，変温性

ホメオティック遺伝子 homeotic genes

*Hox遺伝子を含む遺伝子群であり，真核生物の胚組織の初期発生と分化の決定において中心的な役割を果たしている．これらの遺伝子は，DNAに結合して他の様々な遺伝子の発現を調節するタンパク質である*転写因子をコードしている．このタンパク質内にホメオドメインと呼ばれる構造ドメインが存在し，ここにDNA結合活性が存在する．ホメオドメインは，ホメオティック遺伝子に特徴的な塩基配列にコードされている（→ ホメオボックス）．これらの遺伝子は，体節全体の発生を変更する突然変異の存在から，最初にショウジョウバエ（*Drosophila*）で同定された．ショウジョウバエには，二つの主要なホメオティック遺伝子の遺伝子群が存在し，アンテナペディア遺伝子群は頭部と胸部の前方の分化を支配し，バイソラックス遺伝子群は後部の発生を支配する．たとえば，バイソラックス遺伝子群の一つの変異により，正常な場合は，平均棍（平衡器官 → ハエ目）を生ずる胸節が，2枚の翅を生ずる体節に変化する．脊椎動物では，四つのホメオティック遺伝子群があり，異なった染色体上に存在する．

ホメオドメイン homeodomain → ホメオボックス

ホメオボックス homeobox

約180塩基対の長さのヌクレオチド配列で，多くの真核生物で高度に保存され，ホメオドメインと呼ばれるアミノ酸配列をコードしているものである．真核生物の*調節タンパク質の多くに存在し，この*ドメインは調節タンパク質とDNA分子の結合に関与する重要な領域である．ホメオボックスは，ショ

ウジョウバエの*ホメオティック遺伝子のなかで最初に同定され，それ以降，ヒトを含む多くの動物や植物のホメオティック遺伝子内に見いだされてきた．

ホモタリック homothallic
同じ菌株由来の細胞，葉状体，あるいは菌糸の間で*接合により有性生殖を行う，藻類と真菌類の種を表す語である．→ ヘテロタリック

ホモプラシー（非相同） homoplasy
二つの異なった，しかししばしば類縁関係のある生物群における，起源の共通性にはよらない，ある形質の類似をいう．このような類似は，収斂進化，並行進化，あるいは進化的逆転のために生じたと考えられ，したがって系統樹を作成するために共有形質を調査するときに，間違いの原因になることがある（→ 分岐論）．たとえば，コウモリと鳥の翼は収斂形質であり，したがって非相同な形質である．したがって，*相同な派生形質と非相同な形質を区分するために，あらゆる努力が払われている（→ 派生形質）．→ 相似の，パトリスティック

ホモプラスミー homoplasmy
1個の細胞や生物体のなかに遺伝的に等しいミトコンドリアが存在することをいう．これは，大部分の生物群における通常の状態であるが，例外があることが知られている（→ ヘテロプラスミー）．

ポリアクリルアミドゲル電気泳動 PAGE (polyacrylamide gel electrophoresis)
タンパク質の大きさと組成を決めるために使われる*電気泳動の一種．タンパク質はポリアクリルアミドゲルのマトリックス中に入れられ，電場をかけられる．タンパク質分子は正極に向かって移動し，小分子であるほどゲル孔中をより速い速度で進む．その後，タンパク質はクマシーブルーのような染色剤によって検出される．

ポリオール polyol (polyhydric alcohol)
複数の水酸基をもつ化合物．この言葉は，たいてい，生物学的に重要な分子であるミオ*イノシトール，*グリセロール，ソルビトール（多くの植物の果実に共通して含まれる），リビトール（細菌の細胞壁中に見いだされる）を含む糖アルコールに制限される．あるポリオールは，腎臓細胞にて*浸透圧調節物質として働き，あるいは*不凍分子として機能する．

ポリシストロニック polycistronic
単一の*RNA分子中に，複数のポリペプチドが別々にコードされているメッセンジャーRNAのタイプを示す．細菌のメッセンジャーRNAは，一般的にポリシストロニックである．→ モノシストロニック

ポリジーン（多遺伝子） polygene
例えばヒトの身長のように，量的形質に影響する遺伝子の一群．→ ポリジーン形質，多因子遺伝

ポリジーン形質 polygenic characters
*ポリジーンにより調節される表現型形質．ポリジーン形質は*連続変異を示し，それぞれのポリジーンが問題の特定形質に対して与える影響は少ない．→ 多因子遺伝

ポリセパラス polysepalous
分離した萼片から構成される萼をもつ花を示す．→ ガモセパラス

ポリソーム polysome ⟶ ポリリボソーム

ホリデイ中間体 Holliday intermediate
遺伝的組換えにおける中間体構造で，1964年にロビン・ホリデイにより提案された．この構造では，二つの相同な二本鎖DNA分子が，各分子からの1本のDNA鎖を含む互換的な交叉により結合する．この構造は，各染色体からの一本鎖DNAが切断され，交叉の箇所でもう一方の鎖に結合することにより生ずる．異なったDNA分子からの鎖が対になる領域（ヘテロ二本鎖DNA配列）は伸長していき，次にホリデイ中間体の二つの鎖は切断される．DNA配列の切断点は次に修復され組換え産物が生ずる（図参照）．

ポリヌクレオチド polynucleotide ⟶ ヌクレオチド

ポリプ polyp
円柱形の体をもち，強固な台座に体の片方の末端を固定し，体の反対側には触手に環状に囲まれた口をもつ，*刺胞動物門のライフ

2個の相同なDNA分子　　　　　　　　　　　　　両鎖の切断点

各分子の1本の鎖を切断　　　　　　　　　　　ヘテロ二本鎖領域の伸長
ホリデイ中間体

交叉した鎖の交換点　　　　　　　　　　　　　組換え産物

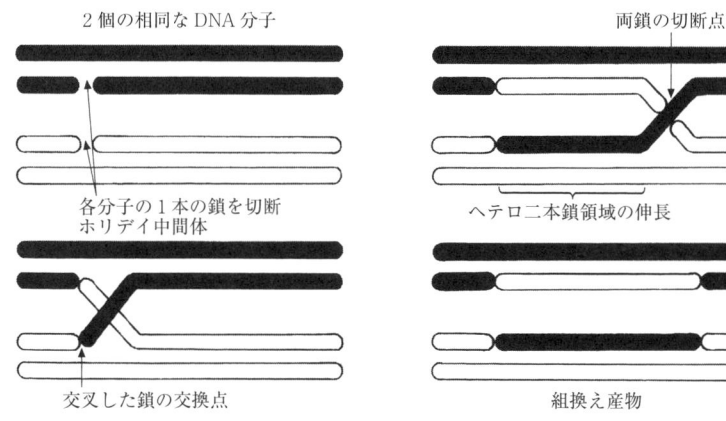

ホリデイ中間体

サイクルにおける定着ステージ．単体のポリプ（例としてヒドラ）もあれば，コロニー形成をするもの（例としてサンゴやウミサカズキガヤ類）もある．ポリプは，無性的な出芽により新しいポリプや*クラゲを生じる，典型的な無性生殖を行う．クラゲは，有性生殖を行い，新しいポリプを生む．イソギンチャクは，有性生殖をして新しいポリプを生ずる，単体のポリプである．

ポリペプチド　polypeptide

10以上のアミノ酸から構成される*ペプチド．タンパク質は，たいてい100～300アミノ酸からなるポリペプチドからできている．より短いもののなかには，グラミシジンのような抗生物質や，39アミノ酸からなる*副腎皮質刺激ホルモンのようなホルモンが含まれる．ポリペプチドの特徴は，構成要素であるアミノ酸のタイプと配列により決まる．

ポリマー　polymer

繰返し単位（モノマー）から構成される巨大分子物質．多糖類のように，天然ポリマーは多くの種類が存在する．

ポリメラーゼ　polymerase

ポリマー分子の伸長を触媒する酵素を示す．RNAポリメラーゼ（I型からIII型）は，既存のDNA鎖（DNA依存RNAポリメラーゼ）やRNA鎖のどちらかを鋳型として使い，RNA合成を触媒する．I型は，リボソームRNAの合成を，II型はメッセンジャーRNAの合成（→転写），III型はトランスファーRNAの合成を担っている．DNAポリメラーゼは*DNA複製の過程において，既存のDNA鎖を鋳型として用いて，新しいDNA鎖の伸長反応を触媒する．RNA依存DNAポリメラーゼは，より一般的には*逆転写酵素として知られている．

ポリメラーゼ連鎖反応　polymerase chain reaction（PCR）

特定のDNA配列の多数のコピーを作製するための，DNA断片の複製に使われる技術．一般的にPCRは，*DNA配列決定に用いる遺伝子試料を増幅するために，*遺伝子クローニングの代わりに行われる．この技術は，*DNAフィンガープリンティングや*マイクロサテライトDNAの検出に用いる痕跡量の微量な遺伝子試料を増幅できることから，科学捜査法において非常に有用であることが証明されてきた．二本鎖DNAを加熱処理により分離し，単量体ヌクレオチドと高度好熱性細菌から得られた耐熱性のDNA*ポリメラーゼと一緒に，一本鎖DNAの短い断片（プライマー）を加える．加熱処理と冷却処理の連続サイクルにおいて，それぞれのサイクルで，プライマーの下流側DNA配列が二本鎖に合成され，それによって迅速に増幅される．→RAPD

ポリリボソーム（ポリソーム） polyribosome（polysome）

タンパク質を合成する*翻訳の過程における，単一のメッセンジャーRNA分子と多数のリボソームとが結びついた結合体．真核生物では，ポリソームは粗面小胞体の表面と核の外膜に接着している．細菌では，それらは細胞質中に遊離している．

ポーリン porin

細胞膜貫通型の，水で満たされたチャネルを構成する一群のタンパク質．グラム陰性細菌の外膜では，大半のポーリンは三つの同じサブユニットから構成されており，直径約1 nmのチャネルを形成するために，複合体を形成して，外膜の内外を完全に貫通する．これらは親水性の低分子量物質の取込みと排出を行う．特異的結合部位をもち，特定の物質のみを通過させるものも存在する．チャネルの孔は開閉が可能であり，これは病原細菌の薬剤耐性において重要な意味をもつ．類似したポーリンタンパク質が，真核細胞のミトコンドリアの外膜に存在し，また真核生物の原形質膜上に存在することも現在知られており，浸透現象に関連する細胞への水の出入りの動きに対する制御を行うと考えられている．

ボルチン volutin

ポリリン酸顆粒のことで，シアノバクテリアを含むある種の細菌によって貯蔵栄養として用いられる．

ポルフィリン porphyrin

窒素を含む四つの連結したリング（テトラピロール核）から構成される環状基をもつ，有機色素の一種．この窒素原子は，しばしば金属イオンに配位している．ポルフィリンには側鎖が異なる様々な種類がある．ポルフィリンには，マグネシウムを含む*葉緑素や，鉄を含みヘモグロビン，ミオグロビン，チトクロムの*補欠分子団を形成する*ヘムなどが含まれる（図参照）．

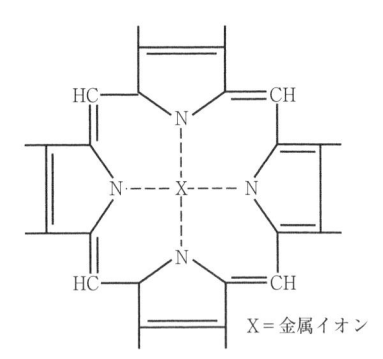

X ＝ 金属イオン

ポルフィリンの一般的構造

ホルモン hormone

1. *内分泌線や特殊化した神経細胞（→神経ホルモン）により生産され，血流中に非常に少量が分泌され，体の離れた部位に存在する特定の組織や器官の機能や成長を調節する物質をいう．たとえば，ホルモンの*インスリンは，体によりグルコースが利用される速度と様式を調節する．他のホルモンには，*性ホルモン，*副腎皮質ステロイド，*アドレナリン，*チロキシン，*成長ホルモンなどがある．

2. 植物の*成長物質．

ホロ酵素 holoenzyme

酵素分子とその*補助因子からなる複合体をいう．この状態でのみ，酵素は触媒活性を示す．→ アポ酵素

本能 instinct

特定の形式で行動する生まれつきの傾向．その発達は特別な学習経験に決定的には依存せず，したがって正常に成育した同性，同種のすべての個体で類似した形式がみられる．多くの本能的な行動は「固定的行動パターン」の形式をとる．これらは，一度始まると外部からの刺激に影響されずに固定化した形式で行われる動作である．例えば，カエルの捕食時の舌の動きは何かをつかまえたかどうかにかかわらず同じ形式で行われる．しかしいくつかの複雑な本能的行動は，完全になるには動物がいくつかの学習をする必要がある．例えばトリの鳴き声は本能的要素からなるが，他のトリや居住環境などの影響によって変化し，より複雑になる．

ボンベ熱量計 bomb calorimeter

燃焼熱を測定する装置．これは堅固な容器でできており，このなかにサンプルを過剰な

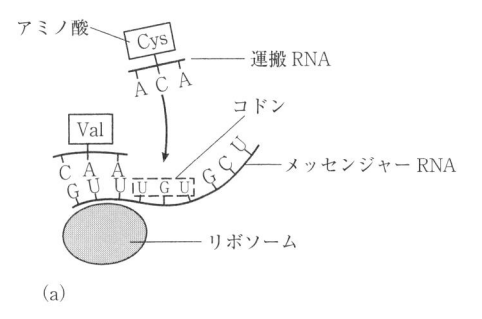

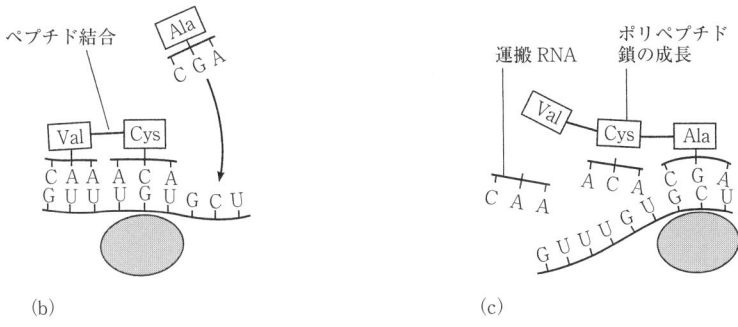

タンパク質合成の際の翻訳の各段階

酸素とともに封入し，電気的に点火する．定容条件下における発熱量を温度の上昇によって測定することができる．食べ物の*熱量を測定したり，*エネルギーピラミッドを構築するのに必要なバイオマスのエネルギー量を測定したりするのに使われる．

翻訳 translation

生細胞において，塩基トリプレット(*コドン)が連続した配列の形でメッセンジャー*RNA (mRNA) にコードされている遺伝情報が，*タンパク質合成の際にポリペプチド鎖のアミノ酸配列に翻訳されること(図参照)．翻訳は細胞質の*リボソーム上で起こる (→ 開始因子)．リボソームはmRNAに沿って移動し，それぞれのコドンを順番に「読む」．それぞれ特定のアミノ酸を結合した運搬 RNA (tRNA) 分子が，mRNAに沿ったそれぞれの正しい位置に運ばれ，コドンの塩基とそれに相補的なtRNAの塩基トリプレット (→ アンチコドン) の間で塩基対が形成される．このようにしてアミノ酸は正しい配列に並び，ポリペプチド鎖を形成する (→ 延長)．翻訳は*解離因子によって終結する．

マ

マイクロ micro-

記号 μ．メートル法における，100万分の1を表すために用いられる接頭辞．例えば 10^{-6} メートルは1マイクロメートル(μm)．

マイクロRNA microRNA (miRNA) → RNA干渉

マイクロアレイ microarray

ガラススライドやビーズ上に生体分子や他の物質を，ターゲットとなる物質もしくは活性について自動的に同時に多重検査できるように，規則正しく微小規模に配置したもの．マイクロアレイは幅広い応用がきく強力な分析ツールとなっている．DNA分子（→DNAマイクロアレイ）やタンパク質（抗体や抗原），炭水化物，他の有機分子，あるいは個々の生きている細胞でさえ配列させるようにデザインすることができる．これらの物質は，それぞれがグリッド上で固有の座標や番地で同定できるように，規則正しい顕微的な格子パターンでガラス基質に塗られる．マイクロアレイ上の特定の番地に存在する物質と標的試薬（抗体や相補的核酸など）との反応によりラベル（例えば蛍光染色）が活性化されたり，結合したりする．次いで，マイクロアレイはスキャナーによって読まれ，自動的にそれぞれの番地のラベルの量，すなわち標的試薬の量を測定することができる．さらに小さな規模のナノアレイがすでに開発され，この技術のさらなる範囲と速度を増加させている．

マイクロインジェクション microinjection

*マイクロピペットを用いて細胞，細胞内小器官，他の顕微的な構造（例えば毛細血管）に物質を注入する技術．例えば，細胞成分がみえるのを助けるために色素を導入したり，細胞レベルでの効果を調べたりするために薬やその他の物質を導入するのに用いられる．遺伝学では，マイクロインジェクションはDNA断片や核全体を細胞に導入するのに用いられる．

マイクロサテライトDNA microsatellite DNA

真核ゲノム全体を通してちりばめられている多数の非常に短い塩基配列からなる高度*反復DNAの一型．それぞれ一般的に2～10塩基の短い配列からなり，どの遺伝子座においても様々な回数，その配列が縦列（タンデム）に繰り返されている．そのため，例えばある人のある遺伝子座ではCAという配列が17回繰り返されている一方で，別の人では15回の繰返しである．全体として同じ配列が多くの異なった遺伝子座に存在し，ゲノムを通じて数万回繰り返されることもある．個人個人でのそうした繰返しの数における違いはDNAを性格づけるための重要な*分子マーカーとなる（→DNAフィンガープリンティング）．DNAのある特定の領域における，繰返しの数は，その領域を増幅するための*ポリメラーゼ連鎖反応（PCR）を用い，PCR産物のサイズをゲル電気泳動によって調べることによって決定される．ある遺伝子座における異なった長さのタンデム配列をもった2人の個人のDNAからは，異なったサイズのPCR産物が得られ，それは電気泳動後のゲルにみられる異なったバンドとして明らかとなる．マイクロサテライトDNAは*サテライトDNAに類似した名であるが，超遠心において目にみえるサテライトピークを形成するわけではない．→反復配列多型

マイクロピペット micropipette

非常に細い，典型的には直径 1 μm 以下の先端をもつガラスピペット．一つの細胞や他の微小構造に挿入し，例えば，物質を注入することができる（→マイクロインジェクション）．マイクロピペットは通常，先端を確実に動かせるような機械装置であるマイクロマニピュレーターによって保持する．→微小電極

マイコフィコフィタ Mycophycophyta → 地衣類

マイコプラズマ mycoplasmas

真正細菌の一群であり、堅い細胞壁がなく、最も小さい生物（直径0.1~0.8 μm）と考えられている。腐生性または寄生性で、動物の粘液と滑膜や、昆虫、植物中にみられる（植物においては篩管にすんでいるようである）。ウシの肺疫を含む様々な病気の原因であり、それゆえ、以前は牛肺疫菌様微生物（PPLO）として知られていた。大きさが小さく柔軟な細胞壁をもつため、直径0.2 μmのフィルターを通過することができ、また単クローン性抗体やワクチンなどのバイオテクノロジー製品における主な汚染菌の代表であり、加えて培養細胞の汚染菌の代表でもある。マイコプラズマ属も含めた8属120種以上がこれまでに記載されている。一部の専門家はマイコプラズマをアフラグマバクテリア門に分類している。

マイスナー小体 Meissner's corpuscles

*皮膚の真皮の乳頭領域に認められる、触覚のための受容体。ドイツの解剖学者であるマイスナー（Georg Meissner, 1829-1905）にちなんで名づけられたもので、結合組織によって囲まれる樹状突起の集団からなっている。小体は乳頭やペニスの先端に加え、手のひら、指先および足底に大量に存在することが認められている。

−10配列 minus 10 sequence ⟶ プリブナウ配列

マオウ門 Gnetophyta ⟶ 裸子植物

マーカー遺伝子 marker gene

1. 特定の細菌のコロニー、またはバクテリオファージプラークを同定するために使用される遺伝子。このような遺伝子はクローニング*ベクターへと組み込まれ、目的とするベクターを含むコロニーの単離や増殖が可能となる。典型的にはマーカー遺伝子は特定の抗生物質に対して抵抗性を付与するか、もしくはコロニーの色を変化させる。

2. 遺伝子マーカー（genetic marker）。近くに位置する他の遺伝子の標識として使える遺伝子。そのようなマーカーは染色体における遺伝子の並びの地図の作成、特定の遺伝子の遺伝の追跡に用いられる。というのは、マーカーの近くに位置する遺伝子は、たいていその特定の遺伝子とともに遺伝するからである。マーカーは例えば目の色などの容易に観察できる特徴を制御しているもので、表現型として容易に識別されるものでなければならない。→ 分子マーカー

巻込み involution

いくつかの脊椎動物の胚の発生の間に起こる、細胞集団の胚内部への旋回や回転。

マキシセル maxicell

細胞本来の染色体RNAが著しく損傷するまで紫外線照射された細菌の細胞で、染色体DNAに比べて損傷が比較的少なくなるために、*プラスミド上の遺伝子が優先的に発現されるようになる。

巻髭 tendril

多くのつる性植物にみられる、分岐があることもあればないこともある組織。巻髭は変化した茎や葉、小葉、葉柄である。巻髭は硬い構造物に接触すると、その周囲に巻きつく応答を示す（→ 接触屈性）。その構造物に接触した細胞は水分を失い、外側の細胞より体積が減少する。これにより巻髭は湾曲する。

膜 membrane

1. 組織や他の物質からなる薄いシート。体腔を裏打ちしたり、仕切りを形成したり、様々な構造を連結したりする。

2. 細胞の境界を形作る*原形質膜のような、生きている細胞のなかにある、主に脂質とタンパク質からなる柔軟性のあるシート状の様々な構造。→ 細胞膜

膜骨（皮骨） membrane bone (dermal bone)

結合組織のうちに直接形成される*骨。すなわち軟骨の骨への置換によってではなく、膜内*骨化によって形成されるもの（→ 軟骨性骨）。いくつかの顔の骨や、頭蓋骨、鎖骨の一部は膜骨である。膜の小さい領域がゼリー状になり、カルシウム塩を引きつける。骨形成細胞は骨基質を形成しながら、これらの領域を壊し、最終的に細胞は骨基質中に埋まる。

膜翅類 Hymenoptera

昆虫の目の一つで、アリ、ミツバチ、スズ

メバチおよびヒメバチを含む．膜翅類の昆虫は，一般に胸部と腹部の間にくびれた腰部をもつ．後翅の前縁に存在する小型のかぎの列により，小型の後翅は大型の前翅に連結される．翅のない種類も存在する．口器は典型的には咬み型であるが，ミツバチなどの進化した膜翅類のなかには，花蜜などの液状の食物を吸うために，管状の吻をもつものもある．細長い*産卵管は，鋸歯状の産卵管で植物組織を切ったり，穿孔したり，敵や獲物を刺すために使われる．変態を行い，*蛹の段階を経由して成体になる．膜翅類では，*単為生殖が一般的にみられる．

アリと，ミツバチとスズメバチのあるものは集団で生活し，しばしば多数の個体がいくつかの*階級に分かれ，調和した複雑な社会に組織化されている．たとえばヨウシュミツバチ (*Apis mellifera*) の集団は，働きバチ（不妊のメス），*雄蜂（繁殖力をもつオス），そして通常 1 匹の繁殖力をもつ雌（女王バチ）からなる．女王バチのただ一つの役割は，卵を生むことである．女王バチは，体内に貯蔵された精子の放出の有無を調節することにより，卵の性別を調節する．未受精卵は雄になり，受精卵は雌になる．働きバチは，種々の役割を果たすが，そのなかには発育中の幼虫の子育て，巣箱のなかの蜜蠟でできた巣室（ハチの巣）の構築，群れの防衛，花蜜と花粉を集めることなどが含まれる．より体の大きい雄バチの唯一の役目は，若い女王バチが結婚飛行を行う際につがいになることである．

膜性骨化 intramembranous ossification
⟶ 骨化

マグネシウム magnesium
　元素記号 Mg．生物体にとっての*必須元素である銀色の金属元素である．種々の酵素の補因子として機能し，植物において*葉緑素の構成成分である．動物では，神経インパルスの伝達に関与している．

膜迷路 membranous labyrinth
　脊椎動物の*内耳を形成している軟らかい管状の感覚器官で，骨迷路のなかにある．

マクリントック，バーバラ McClintock, Barbara (1902-92)
　アメリカの植物学者，遺伝学者であり，カーネギー研究所のコールドスプリングハーバー研究所で研究を行う．彼女は，染色体上を動き，他の遺伝子を越えて制御を及ぼす「動く遺伝子」（→ トランスポゾン）の発見で最も有名である．彼女はトウモロコシを用いて実験を行ったが，のちにそうした制御因子が細菌や他の生物にもあることが発見された．この仕事により 1983 年のノーベル生理医学賞を受賞した．

マクロファージ macrophage
　食作用を行う大きな細胞（→ 食細胞）で，細菌や原生生物などの病原微生物や老廃細胞を捕食することができ，体内の免疫系の一部となっている．マクロファージは骨髄中で前駆体細胞（前単球）から分化し，血液中の遊走単球になり，その後，成熟マクロファージとして様々な組織に定着し，それらにはリンパ節，結合組織（組織球），肺（肺胞マクロファージ），肝臓の洞様血管の内皮（*クッパー細胞），皮膚（ランゲルハンス細胞），神経組織（小膠細胞）などがある．脾臓の洞様血管の内皮にはマクロファージが存在し，老朽化した血小板と赤血球を血中から除去して破壊する．マクロファージによる食作用は，感作 T 細胞によって放出されるサイトカインであるマクロファージ活性化因子により促進される．組織中のマクロファージは，また様々なサイトカインを分泌することで炎症に関与する．マクロファージは全体として単核食細胞系を形成する．

摩擦鳴 stridulation
　昆虫において，その体の一部分を体の他の部分と擦り合わせることによって音をたてること．使われる体の部分は種によって様々である．摩擦は直翅類（バッタ，コオロギ，セミ（訳注：セミは半翅類であり直翅類ではない．また発音の方法でも摩擦鳴は用いない））に特有で，この音の目的はたいていは求愛のために用いられるが，縄張り行動や警戒にも用いられる．

麻酔薬 anaesthetic

動物に痛み刺激を意識しないようにさせる化合物のこと．麻酔薬は，体の一部分の感覚を取り除くときは部分麻酔として使われ，完全な無意識状態にするためには全身麻酔として使われる．

マスカレイド（擬態） masquerade

ある環境において何らかの無生物の物体に生物が類似することであり，それによってその生物は捕食者から効果的に「隠れる」ことができる．多くの昆虫は特定の形態や色を進化させ，葉，小枝や自然環境の他の特徴に類似させることで，捕食者が視覚的に昆虫を検出するのを困難にする．例えば，鳥の糞に類似した幼虫，葉に類似した羽をもつチョウ，その名にふさわしく棒のように体を伸ばして生きるナナフシ（英名では棒虫となる）などがある．→ カムフラージュ

マスチゴネマ mastigoneme ⟶ 羽型鞭毛

マスフロー（圧流） mass flow (pressure flow)

植物の篩部組織におけるショ糖の流れを説明する仮説．ソース（生産の場）ではショ糖が篩部 *伴細胞から *篩要素へと能動的に分泌され，篩要素の浸透圧が上昇するため，篩要素への水の移動が起こる．管内の水圧（静水圧）によって，ショ糖は管を通ってシンク（消費の場）へと移動し，ここでは反対の過程がその場で起こる．つまりショ糖は能動的に篩部要素から伴細胞，そしてその次にその周囲の組織へと運搬され，ソースからシンクへの濃度勾配を形成する．他の溶質は同時に異なる方向へと篩部内を移動しているが，圧流説では，別の溶質はショ糖の流れる篩部要素とは別の篩部要素で輸送されることを仮定すれば，圧流説は成立すると主張している．

末梢神経系 peripheral nervous system

*中枢神経系を除いたすべての神経系．すべての *脳神経，*脊髄神経とそれらの分岐からなり，中枢神経系と *受容器，*効果器を結びつける．→ 自律神経系

末端動原体 telocentric ⟶ セントロメア

末端反復配列 long terminal repeat (LTR)

典型的には 250〜600 塩基の二本鎖 DNA が，宿主 DNA に組み込まれたレトロウイルス DNA やある種の *レトロトランスポゾンの両末端において反復する．一方の LTR は宿主の細胞にレトロウイルス DNA の転写開始を指令し，もう一つの LTR は，転写されて作られた RNA 初期転写産物を細胞内酵素が修飾するように指令する．

末端肥大症 acromegaly

通常脳下垂体腺腫により引き起こされる *成長ホルモンの過剰生産（もしくはそれへの過剰反応）が原因となり成人に起こる慢性症候群．骨の緩やかな増大が引き起こされることにより，顔に特徴的な粗悪な表情が示され，手足が肥大する．

マツバラン類 Psilophyta

原始的な *維管束植物の一門で，現生のものはマツバラン属（*Psilotum*）とイヌナンカクラン属（*Tmesipteris*）の 2 属であり，それに加え，デボン紀に繁栄した多くの絶滅種がこれに属す．マツバラン類には根ではなく仮根が存在し，また *二又分枝する茎があり，この茎には葉が存在しない場合や鱗葉が存在する場合がある．

窓 fenestra

*中耳と *内耳の間の二つの繊細な膜の一方．上方の膜は前庭窓（→ 前庭窓）であり，下方の膜は蝸牛窓である（→ 正円窓）．

マトリックス matrix

（組織学）例えば骨や軟骨などの組織の成分で，これらの組織の細胞は，このマトリックスのなかに埋まっている．→ 細胞外マトリックス

マトリックポテンシャル matric potential

記号 Ψ_m．原形質膜や土壌粒子といった，系の不溶解構造物，つまりマトリックスに対する水分子の吸着による *水ポテンシャルの成分．常に負の値であり，例えば，大部分の水が土壌粒子に強く結合している土壌のような，比較的乾燥した系の生細胞の外部でのみ，マトリックポテンシャルは大きな負の値となる．

麻薬（麻酔薬） narcotic
　痛みを軽減し昏睡状態を誘発する薬で，モルヒネやそのほかの*アヘン剤などがある．そのような麻薬は習慣性があり依存症を引き起こすため，医学での利用は厳密にコントロールされている．

繭 cocoon
　多くの無脊椎動物により作られる卵や幼生を保護するための覆いをいう．例えば，多くの昆虫の幼虫は繭を作り，このなかで蛹が成長し（カイコガの繭からは絹がとれる），またミミズは発生途上の卵を保護する繭を分泌する（→ 環帯）．

マラリア malaria
　寄生虫である原生動物「プラスモジウム」が原因となる病気．この寄生虫は，その複雑な生活環を完結するためには，ヒトと吸血を行うハマダラカ属のカの雌の二つの宿主を必要とする．ヒトでの発熱や貧血といった症状は，生活環の無性生殖期の間における，赤血球細胞への寄生虫の侵入と破壊が原因となる．→ アピコンプレックス門

マルターゼ（α-グルコシダーゼ） maltase (α-glucosidase)
　小腸のなかで二糖類であるマルトースをグルコースに加水分解する膜結合性の酵素．

マルトース（麦芽糖） maltose (malt sugar)
　酵素の*アミラーゼがデンプンに作用して生じた糖で，二つのグルコース分子が共有結合した形のもの．マルトースは種子の発芽の際，高い濃度で生じる．モルトウイスキーやビールの生産に使用される麦芽は，オオムギの種子を発芽させて，次にそれらをゆっくりと乾燥することで生産される．

マルピーギ管 Malpighian tubule
　昆虫やムカデやクモ類において，窒素性廃棄物の排泄を行う器官．血体腔のなかに存在している．昆虫ではマルピーギ管は腸に向けて開いている．マルピーギ管は血液中から尿酸を選択的に抽出し，水分や塩分とともに後腸に排出し，糞中に排泄される．水分と塩分の再吸収はマルピーギ管でもある程度行われるが，主に後腸で再吸収される．→ 隠腎管系

マルピーギ小体 Malpighian body (Malpighian corpuscle)
　腎臓の*ネフロンの一部で，細尿管のカップ状の末端と，それが包んでいる*糸球体からなる．これは，発見者であるイタリアの解剖学者，マルピーギ (M. Malpighi, 1628-94) にちなんで名づけられた．

マルピーギ層（胚芽層） Malpighian layer (stratum germinativum)
　哺乳類の*皮膚における*表皮の最内部の層のことで，繊維性*基底膜によってその下にある真皮から分けられたものである．活発に細胞分裂（*有糸分裂）が起こっている表皮の領域はこの部分だけである．この分裂で作り出された細胞がときを経て成熟するにつれ，それらの細胞は，表皮層を上方に移動し，表面で絶えず脱落している古い細胞と置き換わる．

マンガン manganese
　元素記号 Mn．灰色のもろい金属元素で，生物が生きていくために必要な微量元素である（→ 必須元素）．数種の酵素のための補因子として働いている．

マングローブ湿地 mangrove swamp
　熱帯の海岸にみられるマングローブの木（ヤエヤマヒルギ属の植物）が優占する植生．浸水した土は塩濃度が高く，他の*塩生植物と同様にマングローブはそれらの状態に適応している．これらは気根（呼吸根）をもっていて，ここを通してガス変換を行い，通気の悪い土壌の悪影響を防いでいる．

マンナン mannan —— マンノース

マンニトール mannitol
　マンノースまたはフルクトースから誘導された多価アルコールで，$CH_2OH(CHOH)_4CH_2OH$ と表記する．キノコのなかにある主要な可溶性糖であり，また褐藻類に含まれる重要な貯蔵炭水化物である．マンニトールは食品の甘味料として利用されている．また医学では体液貯留を軽減するために*利尿薬として使われる．

マンノース mannose
　組成式 $C_6H_{12}O_6$ で表される*単糖であり，

グルコースの立体異性体であり，天然には「マンナン」と呼ばれる重合体の形でのみ存在する．これは，バクテリアや菌類，植物などで発見されており，貯蔵エネルギー養分として役立っている．

ミ

ミエリン myelin
神経系の*シュワン細胞が作り出す*リン脂質のこと．ミエリンは神経繊維の周辺に絶縁層を作る（→ ミエリン鞘）．

ミエリン鞘（髄鞘） myelin sheath (medullary sheath)
脂肪物質の層で，ほとんどの脊椎動物と一部の無脊椎動物の神経細胞の軸索を取り囲み，電気的に絶縁している．ミエリン鞘により，神経インパルスの伝達がさらに速くなる（最高 120 m s^{-1}）．ミエリン鞘は*シュワン細胞由来の膜による層から成り立っている．ミエリン鞘は軸索に沿ってところどころ「ランヴィエ節」によって遮られている．鞘形成された軸索の区間を「節間」という．

ミエローマ myeloma ── 癌

ミオグロビン myoglobin
酸素の運び手として筋組織のなかに広く存在する球状タンパク質．1本のポリペプチド鎖と，可逆的に酸素分子と結びつく*ヘム基を含む．酸素分子と解離するのは外界の酸素濃度が比較的低いときのみで，例えば激しい運動によって，血液から供給される酸素よりも多くの酸素を筋肉が必要とするときである．このようにミオグロビンは非常時の酸素の貯蔵場所としての役割を果たす．

ミオシン myosin
*アクチンと相互作用して，筋の収縮や細胞運動を引き起こす収縮性タンパク質．筋繊維中でみられるタイプのミオシン分子は，他のミオシン分子と結合し，太いミオシンフィラメントの凝集体を形成する尾部と，アクチンやATP分子との結合部位のある球状の頭部からなる．→ 筋節, 滑り説

ミカエリス-メンテン曲線 Michaelis-Menten curve
基質濃度と，相当する酵素によって制御される反応速度の間の関係を示したグラフ．ミ

カエリス（L. Michaelis, 1875-1949）とメンテン（M. L. Menten, 1879-1960）にちなんで名づけられたもので，この曲線は1種類の基質が関与する酵素反応にのみ適用される．このグラフは，その酵素反応の最大速度（V_{max}）の半分の速度になるために必要となる基質の濃度である，ミカエリス定数（K_m）を求める計算を行うのに用いられる．ミカエリス定数は基質に対する酵素の親和力の尺度となる．ミカエリス定数の値が低いときは高い親和性を示し，逆もまた真である．→ 酵素反応速度論

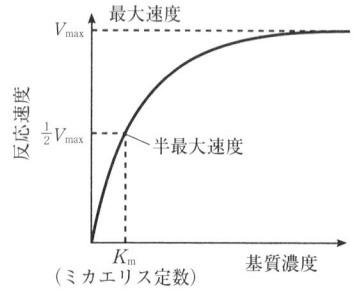

ミカエリス-メンテン曲線

味覚　taste
異なった物質の風味を区別できるという感覚．→ 味蕾

味覚受容体　gustatory receptors —→ 味蕾

ミカン状果　hesperidium —→ 漿果

ミクソウイルス　myxovirus
ヒトや他の脊椎動物に様々な病気を引き起こすRNAウイルスの一つのグループの名称．インフルエンザなどのオルトミクソウイルスは呼吸器系の病気を引き起こす．パラミクソウイルスは，耳下腺炎（おたふく風邪），麻疹（はしか），家禽ペスト（鶏ペスト）などの病原体を含む．

ミクロ　micro-
とても小さいことを示す接頭辞．例えばmicrogamete（小配偶子）やmicronucleus（小核）など．

ミクログリア　microglia —→ グリア，マクロファージ

ミクロソーム　microsome
細胞や組織が破壊された際に生じる*小胞体の断片．ミクロソームは遠心分離によって単離することができ，通常，酵素活性やタンパク質合成といった小胞体の機能的性質の研究に用いられる．

ミクロトーム　microtome
顕微鏡観察用に動物や植物の組織の薄い切片（厚さ3〜5μm）を切るために用いられる装置．ミクロトームには種々の型があり，基本的にはおのおのスチールナイフ，標本を支える台，ナイフに向けて標本を動かすための装置を備えている．標本は通常ワックスで包埋されることによって支えられているが，凍結ミクロトームを使用する場合は標本も冷凍する．ウルトラミクロトームは電子顕微鏡のためにより薄い切片（厚さ20〜100 nm）を切るために使われる．生物試料はプラスチックや樹脂で包埋し，ガラスやダイヤモンドのナイフで切断して，切った断片は隣接したウォーターバスの水の表面に浮かべるようにする．

ミクロフィブリル　microfibril
微視的繊維．植物の細胞壁はおよそ直径5 nmのミクロフィブリルを含んでおり，それぞれが50〜60本の平行なセルロース鎖からなり，それらが結合して，棒や平らなリボンを形成している．セルロースミクロフィブリルは互いに直角になるようにして層状に整列されている．

ミクロフィラメント　microfilament
微視的なタンパク質の繊維のことで，およそ直径が7〜9 nmであり，真核細胞の*細胞骨格の主要な要素の一つをなしている．それぞれのミクロフィラメントは，*アクチンタンパク質の球状サブユニットが連なる鎖からなり，この鎖が2本らせん状にねじれた二本鎖からなる．それらはサブユニットの除去や付加によって伸縮可能で，クロスリンクするタンパク質によって結合して三次元ネットワークを形成する．ミクロフィラメントの束はしばしば細胞表面の直下に位置し，典型的には細胞の長軸に平行に走り，あるものは細胞膜に結びついている．モータータンパク質で

ある*ミオシンの助けにより，ミクロフィラメントは相対的に互いにスライドすることができ，筋細胞にみられるような収縮運動や，*アメーバ運動のような細胞の変形を生み出す．それらはまた細胞内における物質輸送や，*原形質流動として知られる細胞質や細胞内小器官の末梢流動にもかかわっている．そのため，ミクロフィラメントは，例えば発芽した花粉粒子から成長する花粉管など，細胞伸長において重要な役割を担っている．→ 微小管，中間径繊維

ミジンコ属 *Daphnia*

鰓脚綱ミジンコ目（枝角類）に属する甲殻類の一属．ミジンコ属は，透明な背甲と，高度に分岐した1対の遊泳用の触角と中央に一つの複眼のある尖った頭部をもつ．5対の胸部付属肢は，効率的なろ過摂食器官を形成する．有性生殖を行わず，*単為生殖により繁殖する場合がある．一部の種は*形態輪廻を示す．

水 water

無色の液体 H_2O．気相の水は H-O-H の角度が105°の単独の H_2O 分子からなる．液体の水の構造はまだ議論の余地がある．H_2O の水素結合 $H_2O\cdots H$-O-H により水は高度な構造をとり（→水素結合），X線散乱の研究に支持される現在のモデルでは，絶えず解離と再結合をしている短距離の領域が水に存在する．液体状態のこの配列は約0℃での水の密度を作るのに十分である．この密度は，比較的開いた構造をしている氷の密度よりも高く，最大密度は3.98℃のときである．水の上に氷が浮いて氷の下に水がたまる，すべての水生生物にとって重要な生物学的意義のある，よく知られた現象を，水の密度の温度依存性から説明することができる．極性およびイオン性化合物の両方にとって水は強力な*溶媒であり，水溶液中の分子あるいはイオンはしばしば強く水和する．純粋な液体の水は自己イオン化によって非常に弱く H_3O^+（ヒドロキソニウムイオン）と OH^-（ヒドロキシルイオン）に解離し，それゆえ陽イオン H_3O^+ の濃度を上昇させる化合物は酸性で，陰イオン OH^- の濃度を上昇させる化合物は塩基性である（→酸）．水中のイオン輸送の現象や，親水性および疎水性物質への物質の区分は，ほとんどすべての生化学の主な要点である．

水循環 water cycle ── 水文循環

ミスセンス変異 missense mutation

*点突然変異の一種で，あるアミノ酸を指定するコドンを，別のアミノ酸を指定するように転換させるもの．ミスセンス変異により翻訳の過程でポリペプチド鎖内に誤ったアミノ酸が導入され，その結果欠点のあるタンパク質が生成されることがある．

水チャネル aquaporin ── アクアポリン

水の華 algal bloom

湖などの陸水に起こる，藻類や他のプランクトン，特にシアノバクテリアの量の急激な増加．プランクトンの密度は日光が水中の深い場所へ透過するのを妨げるまで増えることがある．水の華は藻類や細菌の増殖に必要な窒素やミネラルイオン量の増加により起こる．窒素の増加の原因は陸上から水系に達する*肥料や，*汚水の流入である．水の華は水系の富栄養化に寄与する．→ 富栄養化の，赤潮

水ポテンシャル water potential

記号 Ψ．同一の温度と圧力下での生物系における水の化学ポテンシャルと，純水の化学ポテンシャルの差．水分子のみが浸透できる膜によって純水から分離された溶液中の水分子に働く力として明示され，*溶質ポテンシャル Ψ_s と*圧ポテンシャル Ψ_p の和として表現できる．

$$\Psi = \Psi_s + \Psi_p$$

水ポテンシャルはキロパスカル（kPa）で表示する．純水の水ポテンシャルは0であり，水溶液の濃度が増加するにつれて負の値がますます大きくなる．水は水ポテンシャルが高い（負が小さい）ところから，水ポテンシャルが低い（より負である）ところに移動する傾向がある．植物の*浸透現象は現在では水ポテンシャルの言葉を用いて説明される．土壌やその他の細胞外の系では，*マトリックポテンシャルと呼ばれる他の因子が水ポテンシャルに著しく寄与する．

ミスマッチ修復 mismatch repair
　*DNA修復の一種で，生細胞中で新たに複製されたDNA中のミスマッチ塩基を正しく入れ替えるもの．例えば，もし鋳型鎖のグアニン（G）に対し正常のシトシン（C）ではなく，チミン（T）が対合した場合にそのような異常はミスマッチ修復系により検出される．ミスマッチTを含むある程度の長さの鎖が切り出されて，残った鎖を鋳型として正しい塩基Cを含む鎖によってそのギャップが修復される．ミスマッチ修復系は，親DNAのねじれ解消や，複製が起こる場所であるY字型フォークのすぐ後ろに続いているため複製のエラーを早急に直すことができる．ミスマッチ修復はDNA修復の大部分を占めている．

ミセル micelle
　*コロイドを形成している分子の凝集体．例えば，リン脂質は水溶液中で，非極性の炭化水素基が中央で親水性の極性基が外側に配置する分子の小集団であるミセルを形成している．小腸において，脂肪の消化産物は，胆汁酸塩の働きによってミセル状に分散され小腸への吸収が促進される．

蜜 nectar
　植物の「蜜腺」（花托や花のその他の部分における分泌性細胞）により生産される甘い液体のこと．受粉媒介する昆虫や動物を誘引する．

蜜腺 nectary ── 蜜

密着結合（閉鎖帯） tight junction (zonula occludens)
　二つの隣接した細胞の原形質膜の間の領域で，それらの間が密着しており，細胞間空間がないような結合のこと．この種類の結合は互いの細胞を融合させ，細胞間での物質の拡散に対して選択的な障壁となる．密着結合は腸の上皮細胞では一般的である．そこでは密着結合は腸内腔を細胞間液から隔離する働きをする．→ 細胞間結合

密度依存要因 density-dependent factor
　個体群の大きさを制限する要因で，その効果が個体群に含まれる個体数に依存するものをいう．例えば，病気は個体が密集するほど蔓延が促進されるため，大きな個体群ほど病気により顕著に増加が制限される．→ 環境抵抗性

密度独立要因 density-independent factor
　個体群の大きさを制限する要因で，その効果が個体群に含まれる個体数に無関係なものをいう．このような効果の例としては地震がある．地震の場合は，個体群の大きさにかかわらず，その個体群のすべての個体を殺傷する．

ミツバチのダンス dance of the bees
　動物間の*コミュニケーションの有名な例で，フリッシュ（Karl von Frisch, 1886-1982）によりはじめて解析された．えさを見つけたあとに帰巣したミツバチの働きバチは，巣板の上でダンスを踊るが，このなかには蜜源からの距離と方向についての暗号化された情報が含まれる．例えば，尾部を振る動きにより特徴づけられる尻振りダンス（8の字ダンス）は，100 m以上離れた蜜源の方向を示す．他の働きバチは，ダンスの尻振り行動の激しさを感知し，その指示にしたがい蜜源を発見する．

密斑 macula densa ── 傍糸球体装置

ミトコンドリア mitochondrion (pl. mitochondria)
　真核*細胞の細胞質のなかにある構造体で好気呼吸を行うもの．*クレブス回路や*電子伝達系が存在し，したがって細胞のエネルギー生産の部位である．ミトコンドリアは形や大きさ，数が多様であるが，典型的なものでは卵型もしくはソーセージ型をしている．細胞質から二重の膜によって隔てられており，内膜は指状の突起物の形に折りたたまれている（クリステ）．また，自身のDNAをもっている（→ ミトコンドリアDNA）．ミトコンドリアは，細胞のなかに数多く存在し，高い代謝活性をもっている．

ミトコンドリアイヴ mitochondrial Eve
　何人かの生物学者によって主張される，すべての人類の祖先である仮説上の女性．世界中のグループの人々からとった*ミトコンドリアDNAの分析により，約20万年前にミトコンドリアイヴはおそらくアフリカに生き

ていただろう考えられた（それゆえ「アフリカンイヴ」としても知られる）．ミトコンドリアDNAは速く変異が入り（核DNAより10倍速い），ヒトにおいては女系のみを通して受け継がれる（したがって*交叉による組換えが起こらない）ために，特に最近の遺伝学的歴史を調べるのに有用である．ミトコンドリアDNAの異なるサンプルにおける均一性は，現代の人間はアフリカのある一つの地域から比較的最近進化したことを示している．この見解は，世界中の異なるグループからとった，男系にのみ遺伝するY染色体の研究によって強められてきた．

ミトコンドリアDNA mitochondrial DNA (mtDNA)

ミトコンドリア中に存在する環状DNA．哺乳類では，ミトコンドリアDNAは全体の細胞内DNAの1％に満たないが，植物ではその量は変化に富む．リボソームDNAおよびtRNAをコードし，また数少ないミトコンドリアタンパク質（動物では30種まで）もコードするが，ミトコンドリアタンパク質の遺伝子のほとんどは核DNAに存在している．ヒトのミトコンドリアDNAは13種のタンパク質といくつかのRNAをコードしている．ミトコンドリアDNAはいくつかの例外はあるものの（→ ヘテロプラスミー）一般的に女系のみを通して遺伝する．→ ミトコンドリアイヴ

ミドリムシ綱 Euglenida

波動毛（繊毛）によって移動することができる，ミドリムシ（ユーグレナ）を含む，ほとんどが単細胞の原生生物の綱．ミドリムシ綱の生物の多くは光合成を行い，淡水に棲み，分類の仕方によっては緑藻（緑色植物門）のなかに分類される．しかしながら，ミドリムシ綱の生物には細胞壁がなく，タンパク質の*外皮で覆われ，いくつかは無色で光合成ができないため捕食をする．ミドリムシ綱はときにミドリムシ植物門にも分類されるが，現在，普通はより大きな門のなかに含まれる．この門は*ディスコミトコンドリアといい，他の三つの生物群もこの門に含まれ，有性生殖がなく，共通のミトコンドリアの構造（円盤状のクリステが特徴）をもっている．

ミニ細胞 minicell

1. 桿状の細菌の異常な分裂によって生ずる，染色体DNAをもたず，成長もしくは分裂できない小さくほぼ丸い細胞．細胞に導入されたDNA，例えばクローニング*ベクターの形態のもの，によってコードされる核酸およびタンパク質を発現するのに実験的に用いられる．

2. （微小核細胞 microcell）原形質の薄膜および細胞膜によって囲まれる核からなり，様々な数の染色体を含む，実験的に生産される細胞．細胞融合によって，一つもしくはいくつかの染色体を通常の細胞に導入するためにベクターとして用いられる．

ミニサテライトDNA minisatellite DNA
── 反復配列多型

ミネラル塩 mineral salts

健康に成長し，そして体を維持するために生物が摂取，吸収することを必要とする無機塩．動物では微量元素塩（→ 必須元素），および植物では*微量養素に対応する．

身震い shivering ── 熱産生

耳 ear

音の検出や平衡の維持に特化した脊椎動物の感覚器官．耳はいくつかの部分に分けられ，*外耳，音波を集め伝導する*中耳，平衡感覚と聴力（魚類を除く）に関与する器官を含む*内耳に分類される（次ページの図参照）．耳という語はしばしば哺乳類の外耳の*耳介を示すのに用いられる．

脈管系 vascular system

動物の体組織全体に広がっており，液体が循環するために特化した管のネットワーク．単純な無脊椎動物を除き，すべての動物は血管系をもつ．これは呼吸ガス，栄養分，排泄物，他の代謝産物などの細胞内外への移動を可能とする．脊椎動物では血管系には筋肉質の*心臓が存在し，心臓は血液を太い血管（*動脈）へと送り込み，しだいに細く枝分かれし，組織と密接に接触する*毛細血管まで血液は送り込まれる．その後血液はもう一つの管のネットワーク（*静脈）を経由して心

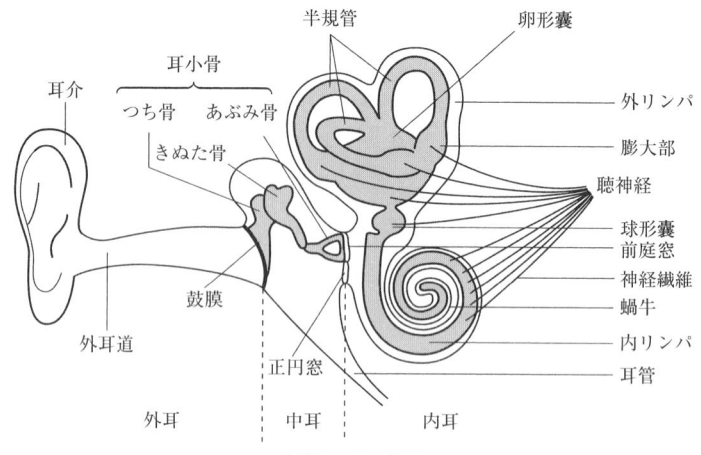

哺乳類の耳の構造

臓まで戻る．この*循環は組織が機能するための*内部環境を安定化し（→ ホメオスタシス），化学的なメッセンジャー（*ホルモン）を体中に行き渡らせ，そして，免疫システムを使って病原体や損傷から体を守る手段を提供する．水管系（water vascular system）は*棘皮動物に特徴的である．

脈系 venation
葉のなかの葉脈（維管束）の配列．双子葉植物の葉は中央に主脈（中肋）があり，主脈から側脈が分岐し，側脈がさらに枝分かれしてネットワーク（網状脈）を形成する．単子葉植物の葉は平行な脈（平行脈）をもつ．

脈搏 pulse
（生理学）動脈を通過する，血管の拡張の一連の波動であり，左心室の収縮により心臓から押し出された血液の圧力により生ずる．ヒトでは，手首のように動脈が皮膚の表面の近くを通る部分で，容易に脈搏を感知することができる．

脈絡叢 choroid plexus
脳の*脳室に存在する血管の発達した膜．*柔膜の伸展によってできていて，脳室に*脳脊髄液を分泌する．また，血液と脳脊髄液の間の物質交換をつかさどる．

脈絡膜 choroid
血管のよく発達した色素層．脊椎動物の目において網膜と硬膜の間に存在する．眼球前部では，脈絡膜は*毛様体や*虹彩へと変化する．

ミュラー擬態 Müllerian mimicry ──→ 擬態

味蕾 taste bud
ほとんどの脊椎動物に存在する小さい感覚器官で，味を知覚することに特化している．陸上動物では味蕾は*舌の上面に集中している．味蕾は味覚受容体を有しており，甘み，塩辛さ，苦味，酸味の四つのタイプに分けられる．味蕾は特定の味についての情報を神経繊維を通して脳に伝える．ヒトの舌の表面には四つのタイプの味蕾がそれぞれ異なる場所に配置されている．魚では，体全体に味蕾が分布しており，周囲の水についての情報を得ることができる．

ミラシジウム miracidium
吸虫（flukes）の最初の幼生の段階であり，一次宿主の排泄物のなかに生み出された卵がかえったもの．その葉状の体は繊毛に覆われており，次の成長を続けるための二次宿主へ向かって繊毛を用いて泳いでいけるようになっている．

ミリ milli-
記号 m．1/1000 を表すメートル法の接頭辞．例えば，0.001 メートルは 1 ミリメート

ル (mm).
mmHg
高さ1mmの水銀によって標準重力下で及ぼされるに等しい圧力の単位．133.332 パスカルに等しい．
ミルク milk
哺乳類において*乳腺から分泌される液体．子のためにバランスのとれた高い栄養食物となる．牛乳は，87%の水，3.6%の脂質（中性脂肪，リン脂質，コレステロールなど），3.3%のタンパク質（多くはカゼイン），4.7%のラクトース（乳糖），および微量のビタミン（特にビタミンAと多くのビタミンB群），ミネラル（特にカルシウム，リン，カリウム，ナトリウム，マグネシウム，塩素）で構成されている．種によって組成は様々である．人間の母乳は牛乳よりタンパク質は少なく，ラクトースが豊富である．
ミロン試薬 Millon's reagent
タンパク質の検出に用いられる，硝酸水銀と亜硝酸を含む溶液．サンプルに試薬を加えて，95°Cで2分間熱する．赤色沈殿の形成はタンパク質の存在を示している．この試薬はフランスの化学者ミロン（Auguste Millon, 1812-67）にちなんで名づけられた．

ム

無核（性）の anucleate
細胞内に核が含まれない状態のこと．例えば，成熟した*赤血球には核がない．
無顎類 Agnatha
顎をもたない海洋性，あるいは淡水性脊椎動物の亜門あるいは上綱．軟骨質の骨格をもち魚類に似た動物であり，堅い歯と，吸引用によく発達した口をもつ．現存する無顎類はヤツメウナギとメクラウナギのみであり（円口綱），寄生者あるいは腐肉食者である．化石としてみられる無顎類は骨質板状の鎧に覆われており，知られているなかで最も古い化石の脊椎動物である．これらはシルル紀からデボン紀，3億5900万年から4億4400万年前にさかのぼる．→ 顎口亜門
ムカデ centipedes ── 唇脚綱
無顆粒白血球 agranulocyte
顆粒を含まない細胞質と，大きな球形の核をもつ白血球の総称（→ 白血球）．*リンパ球や*単球がその例としてあげられる．無顆粒白血球はリンパ系か骨髄で生産され，すべての白血球の30%を占める．→ 顆粒球
無機栄養素欠乏症 mineral deficiency
生きている生物における，窒素，カリウム，リンのような必須ミネラル栄養素の不足．ミネラル欠乏病の原因となる．例えば，カルシウムの欠乏は人間にとって不十分な骨の発育の原因となり，窒素の欠乏はクワシオルコル病の原因であり，これはタンパク質の摂取の減少によるものである（→ 栄養失調）．植物では，ミネラル欠乏によって発育阻止と*白化が起こる．微量元素（→ 必須元素）の欠乏も病気を引き起こす．例えば鉄分の欠乏は人間では貧血の原因となり，植物では白化の原因となる．
無菌 asepsis
菌がない状態のこと．*滅菌作業により菌がない環境になる．

無菌の sterile
（物体，食品等）微生物の汚染がないこと．→ 滅菌

無限花序 indefinite inflorescence ⟶ 総穂花序

無光層 aphotic zone (bathypelagic zone)
湖や海で光が差し込まない領域のこと．*真光層の下に位置する．無光層には藻類や植物プランクトンが含まれず，生息動物は，肉食性の動物や，堆積物やデトリタスを餌とする生物であり，真光層から流入するエネルギーにすべて依存している．およそ1000 mくらいの深さから下方の層であるか，またはそれより浅くとも濁った領域や*深海帯も含まれる．

ムコ多糖 mucopolysaccharide ⟶ グリコサミノグリカン

ムコタンパク質 mucoprotein
結合した炭水化物成分が比較的大きな多糖となっている*糖タンパク質．ムコタンパク質は水を含んで容易にゲルを形成し*粘液中のムチン成分となる．ムコタンパク質の鎖はジスルフィド結合によって端と端がつながり，非常に長いムチン糸を形成する．水中に放出されるとムチン糸のネットワークが広がり急速に多量の粘液となる．

無酸素（嫌気条件） anoxic
酸素がない，もしくは酸素に関連しない，もしくは酸素を要求しないこと．例えば，嫌気性細菌の培養は無酸素培養と呼ばれる．

無酸素反応器 anoxic reactor
培養されている生物が嫌気性，もしくは，利用している反応が酸素を要求しないような*バイオリアクター（生物反応器）のこと．

ムシゲル（粘液） mucigel (slime)
植物の分泌物，細菌および土壌粒子の混合物で，植物の根の先端を取り囲む．*根冠から分泌される*ムシラーゲと呼ばれる複合多糖がムシゲルには含まれており，またムシゲルは土壌中を根の先端が成長していく際の潤滑に役立っている．しかし，根の先端はアミノ酸や糖も放出し，それらは細菌の成長も促し，土壌中の養分がそれらの細菌により可溶化され根による養分吸収に役立っていると考えられている．

無翅昆虫亜綱 Apterygota
変態はわずかであるか，あるいは行わない，小さな原始的な翅のない昆虫の亜綱のこと．*シミ目，*コムシ類，*弾尾類，*カマアシムシ目が含まれる．→ 有翅昆虫亜綱，六脚類

虫歯 dental caries
歯が腐食することをいい，主に歯に付着した細菌が糖分から生産する酸による歯のエナメル層の破壊のことである．この細菌は，ショ糖から合成される粘質物質のデキストランにより歯に付着する．細菌の細胞とその他の老廃物はデキストランと結合し，*歯垢となる．もし虫歯を治療せずに放置すると，象牙質と歯髄に虫歯が広がり，最終的に歯の感染と喪失が起こる．

ムシラーゲ mucilage
水生植物の細胞壁，およびその他のある種の種皮中にしばしば存在する複合多糖の大きなグループ．ムシラーゲは乾燥時は固く，濡れた場合に粘性を示す．*ゴムのようにおそらく一般的な保護機能をもつか，植物をつなぎ止める働きをすると考えられる．→ グリコカリックス，ムシゲル

ムスカリン性の muscarinic
*アセチルコリン受容体の二つの主要な種類のうちの一つを表す．ベニテングタケ（*Amanita muscaria*）および他のある種のキノコ類によって生産される毒性のアルカロイドであるムスカリンによって，この受容体へのアセチルコリンの効果が真似されるためにそう呼ばれる．ムスカリン性受容体は脊椎動物の副交感神経系の繊維が分布する標的細胞，例えば，平滑筋，心筋，腺の細胞に存在する．この受容体は*Gタンパク質結合性の受容体であり，細胞内の二次伝達物質を通して*イオンチャネルを活性化する．→ ニコチン性の

無性芽生殖 gemmation
未分化細胞（無性芽）の小さなかたまりが植物の表面において発達するような*栄養繁殖の型．これらは親の体から離れ，他の場所に拡散し新しい個体を作る．無性芽生殖は

蘚類や苔類などの下等植物だけでみられる．

無性生殖　asexual reproduction
　配偶子を形成することなしに，1個体の親のみから新しい個体が産み出される生殖のこと．大部分が，下等動物や微生物，植物で起こっている．微生物や下等動物では，主な方法に*分裂（原生生物）や*破片分離（水性の環形動物）や*出芽（刺胞動物や酵母）があげられる．植物における無性生殖の主な方法は，*栄養繁殖（鱗茎，球茎，塊茎）や*胞子の形成による．胞子形成は，コケ，シダやその他の世代交代する植物で，胞子体と配偶体の間の休眠段階として存在する．藻類の一部と菌は，個体の複製を行うために胞子を形成する．→ 有性生殖

無脊椎動物　invertebrate
　脊柱（背骨）のない動物．無脊椎動物はすべての無脊索動物だけでなく，より原始的な脊索動物も含む（→ 脊索動物）．

無体腔の　acoelomate
　*真体腔（→ 体腔）をもたない，真正後生動物亜界の左右相称動物のこと．無体腔動物の例としては，扁形動物があげられる．

ムチン　mucin　→　粘液
無導管腺　ductless gland　→　内分泌腺
胸びれ　pectoral fins　→　ひれ
無配偶生殖（アポミクシス）　apomixis (agamospermy)
　植物体の生殖過程において，表面上は通常の有性生殖と似ているが配偶体の融合が起こらない生殖のこと．アポミクシスを起こす顕花植物では，花粉によって受精が起こらず，胚は胚珠のなかの*複相細胞の分裂によって単純に発生する．→ 単為結実，単為生殖

無配種　agamospecies
　有性生殖が行われない，主にクローンの集合体に代表される生物種．多くの細菌やある種の植物や菌類が例としてあげられる．有性生殖が起こらないことにより*生物学的種概念が適用できないため，系統学者は非常に近縁な非生殖系統を区別するために，ある観察できる形質に頼ることになる．結果として，無配種間の境界はしばしば定義しにくい．→ 類型学的種概念

無柄の　sessile
　柄があることが期待されるいかなる器官においても，柄をもたない場合は「無柄の」といわれる．例えば，葉には通常，葉柄があるが，オウシュウナラ（*Quercus robur*）の葉は枝に直接付着し，葉柄をもたない．

無名動脈　innominate artery
　大動脈から分岐し，*鎖骨下動脈（腕の主要な動脈）と右の*頸動脈（血液を頭部に供給する）に分かれる短い動脈．

無融合種子形成　agamospermy　→　無配偶生殖

無羊膜類　anamniote
　*羊膜をもたない脊椎動物のこと．それらの生物の胎児は水中で発達する必要がある．無羊膜類は，無顎類，魚類，両生類などを含む．→ 有羊膜類

メ

目 eye

みるための器官．単細胞生物の*眼点が最も原始的な目である．もう少し発達した目は，節足動物（昆虫など）の*単眼と*複眼である．頭足類（イカやタコなど）や脊椎動物は最も高等な目をもつ（図参照）．正常な場合，目は1対あり，球状に近く，液体で満たされている．光は*角膜で屈折し，*虹彩の中央の瞳孔を通って*レンズに達する．レンズは網膜上に光を集めて像を結ぶ．これらの像は網膜にある光感覚細胞で受容され（→錐体，桿体），光感覚細胞は，視神経を経由して脳に刺激を送る．

芽 bud

1．（植物学）小さく折りたたまれ巻かれた葉を付けた短い茎をもった，短縮した未熟な枝条．芽の外側の葉は，しばしば鱗状であり，弱い内側の葉を保護している．頂芽は茎や分枝の先端に存在し，一方，脇芽は*葉腋で発達する．しかし，特定の環境においては芽は植物の表面上のどこにでも発生しうる．休眠したままの芽もあるが，多くのものは頂芽を除去することで活動的になる．腋芽から側枝の発生を誘発する目的で，頂芽を除去することはガーデニングで一般的な技法となっている．→ 頂芽優性

2．（生物学）*出芽の過程において，親個体から分離し成長発生し，新しい個体になる芽体のこと．

冥王代 Hadean

地球の歴史のうえで最も初期の時代であり，およそ46億年前の，惑星の構成要素が集合していく時期から約40億年前の最古の岩石（それゆえに地質学の記録の始まりであるといえる）の時期までである．初期の地球はおそらく，熱い内部と湿気を含んだ表面からなる岩石の多い惑星で，液体の水からなる海があった．生命体が存在した証拠は見つかっていない．→ 始生代

鳴管 syrinx

鳥の発音器官で，気管の末端の気管支への分岐部に存在する．多くの振動膜からなる複雑な構造をもつ．

明所視 photopic vision

眼のなかの錐体が主要な受容体であるとき，つまり非常に明るいときに起こる視覚の種類．色は明所視によって認識される．→暗所視

迷走神経 vagus nerve

10番目の*脳神経で，1対の神経が多くの主要な体内の器官へと分枝を出す．心臓，肺，内臓への運動神経繊維および内臓からの感覚神経繊維がある．

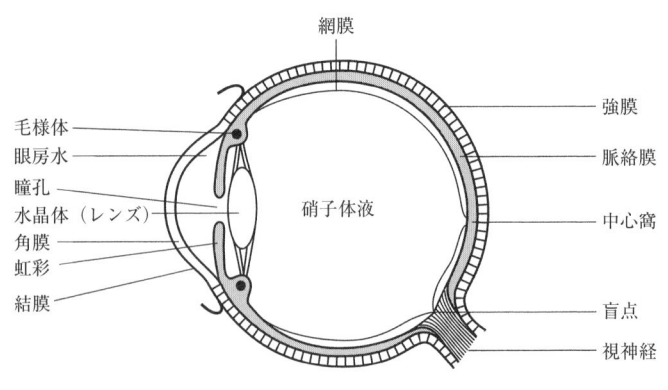

脊椎動物の目の構造

迷走神経性緊張 vagal tone

心臓において発生する効果のことで，副交感神経繊維（*迷走神経に含まれる）のみが心拍数を制御しているときの状態．副交感神経繊維は1分間当たり約70回の心拍数を約60回まで低下させる．

明帯（I帯） I band

細い（*アクチン）繊維のみを含む横紋筋繊維の領域．明帯は*筋節の両末端に明るいバンドとしてみえる．

明反応 light-dependent reaction ⟶ 光合成

メガ mega-

1. 大きなサイズを表す接頭辞．例えば大核（meganucleus）や*大胞子嚢など．
2. 記号M．メートル法で100万倍を表すのに用いられる接頭辞．例えば10^6ボルトは1メガボルト（MV）．

メガベース megabase

記号Mb．ポリヌクレオチド（つまりDNAやRNA）分子，またはそうした分子の部分の大きさを測るのに用いられる長さの単位．1 Mb＝10^6塩基もしくは塩基対．

メタセントリック metacentric ⟶ セントロメア

メタボロミクス metabolomics

様々な生理学的，あるいは成長段階における状況下，または遺伝的変化（例えば変異）に対する反応において，細胞の代謝産物（⟶メタボローム）全体がどのように変化しているかを調べる研究．

メタボローム metabolome

特定の生理学的あるいは成長段階といった，一定の状況下における細胞内にみられる代謝産物の総体．メタボロームは様々な形式のハイスループットな質量分光法を用いて決定される．核酸や他の大型の分子は除外され，細胞の代謝状態の「スナップショット」を与えるものである．⟶ メタボロミクス

メダワー，ピーター・ブライアン，卿 Medawar, Sir Peter Brian (1915-87)

イギリスの免疫学者．ブラジルで生まれオックスフォード大学で学び，オックスフォード大学，バーミンガム大学，ロンドン大学で動物学の研究・教育を行った．医学・生物学に移り，マウス胚を用いた実験で組織移植の拒絶反応について研究し，獲得*免疫寛容の現象を実証した．この仕事により，1960年*バーネット卿とともにノーベル生理医学賞を受賞した．

メタン細菌 methanogen

メタンを生産する様々な種類の古細菌（⟶ 古細菌）．これらは *Methanobacillus* や *Methanothrix* といった属からなる．メタン細菌は，湿地，沼地，活性汚泥（*汚水処理中に形成される）および反芻動物の消化器系といった酸素欠乏環境において認められる*絶対嫌気性菌である．大部分はそのエネルギーを，メタンの生成を伴う，二酸化炭素の還元と水素の酸化によって得ている．

$$CO_2 + 4H_2 \longrightarrow CH_4 + 2H_2O$$

ある種のメタン細菌では，ギ酸，メタノール，酢酸が基質として用いられることもある．メタン細菌は*バイオガスの生産において重要である．

メチオニン methionine ⟶ アミノ酸

メチレンブルー methylene blue

光学顕微鏡下で動物組織の核染色をするために用いられる青い色素．生体染色やバクテリア染色にも適している．

芽接ぎ budding

（園芸）つぎ穂の芽を台木（通常は台木の樹皮の下）に挿入するつぎ木の方法．

滅菌 sterilization

食物や傷，外科の器具などを汚染した微生物を破壊する過程．滅菌の一般的なやり方としては，高温で処理（⟶ オートクレーブ，低温殺菌法）したり，*消毒薬や*防腐剤を用いる．

メッセンジャーRNA messenger RNA ⟶ RNA

メッセンジャーRNA前駆体 pre-messenger RNA ⟶ RNAプロセシング

メートル metre

記号m．長さのSI単位であり，39.37インチに等しい．公式には，真空中で1秒の1/299792458の間に光が伝わる距離と定義されている．この定義は1983年10月に，国際

度量衡総会（General Conference on Weight and Measures）において，1960年のクリプトンランプに基づく定義，すなわち核種クリプトン86の原子の準位 $2p^{10}$ と $5d^5$ との間の遷移に対応する光の真空中の1650763.73波長分の長さに代わって，採用された．この定義は標準長の白金-イリジウム棒に基づいたより古いメートル法の定義（1927年制定）に代わって使われていた．

メニスカス meniscus —→ 表面張力

メラトニン melatonin

*セロトニンを前駆体とするホルモンで，脊椎動物の松果体や網膜によって分泌される．松果体によって分泌されたメラトニンは生物の環境の明暗サイクルに連動しており，夜が最も多く，昼は最も少なくなる．このホルモンは，季節繁殖性の動物における生殖サイクルなどの，日ごと，および季節ごとの生理的変化の制御に関与している．メラトニンはまた色素沈着の変化の制御も行っており，皮膚における黒色素胞中の*メラニン色素を凝集させる引き金となるので，皮膚を白化する．

メラニン melanin

アミノ酸チロシンから生合成されるポリマーの一群で，脊椎動物において目や皮膚，髪の色素沈着の原因となる色素である．メラニンは黒色素胞（メラニン細胞）と呼ばれる特殊化した表皮細胞によって生産される．これらの細胞のなかでのメラニンの分散は*メラニン細胞刺激ホルモンと*メラトニンによって制御されている．ある種の無脊椎動物，菌類および微生物などでもメラニン色素は合成される．タコやイカの「スミ」はその有名な例である．遺伝性*色素欠乏症はメラニン合成に必要なチロシナーゼという酵素の欠損によって起こる．

メラニン細胞刺激ホルモン melanocyte-stimulating hormone (MSH)

下垂体前部において分泌されるホルモンで，両生類のような下等脊椎動物の皮膚の*色素胞におけるメラニン顆粒の凝集を刺激する（訳注：赤色素胞，虹色素胞に対しては凝集作用があるが，黒色素胞に対してはメラニン顆粒を拡散させる作用がある）．ヒトや他の哺乳類においてMSHの役割は明らかになっていない．

免疫 immunity

病原性生物による感染，またはそれらの毒（毒素）の有害な影響に対して，動物が比較的非感受性である状態．免疫は*免疫応答を引き起こす血中の*抗体と白血球（*リンパ球）の存在に依存する．先天性（自然，生得）免疫は個体が生まれたときから備わっている．後天性免疫には能動と受動の2種類がある．能動免疫は，感染または*免疫化によって侵入してくる異物（*抗原）に対して生体が抗体を産生するときに起こる．このタイプの免疫は，Bリンパ球が，血液循環する抗体を産生する体液性免疫（→ B細胞）か，Tリンパ球の働きによる細胞性免疫（→ T細胞）である．受動免疫は，すでに特定の抗原に対して免疫をもつある個体から得た血清を注射することにより誘導される．母親の抗体が胎盤や母乳を経由して子に移動することでも獲得できる（→ 初乳）．能動免疫は長持ちするが，受動免疫は短命である傾向がある．→ 自己免疫

免疫応答 immune response

異物または危険性のある物質（*抗原），特に病原微生物に対する生体の反応．応答は特別な白血球（*B細胞）による，*抗体として知られるタンパク質の生成を含んでいる．抗体は抗原と反応し，抗原を害のないものにする（→ 免疫グロブリン）．抗原抗体反応は特異性が高い．→ アナフィラキシー，免疫

免疫化 immunization

人工的な手段により個体に*免疫をもたせること．能動免疫（ワクチン接種）は，特別に処理した細菌やウイルスあるいはその毒素を，*抗体産生を刺激するために経口あるいは注射によって導入することによる（→ ワクチン）．受動免疫は前もって産生された抗体を注射することにより誘導される．

免疫寛容 immunological tolerance —→ トレランス

免疫グロブリン immunoglobulin

*抗体として働く生体のタンパク群（*グロ

ブリン）の一つ．それらは*B細胞と呼ばれる分化した白血球により産生され，血清や他の体液中に存在する．抗体分子は典型的に四つのポリペプチド鎖（二つのH鎖と二つのL鎖）からなるY型の構造をしている．「Y」のそれぞれの腕は抗原結合領域をもつ．免疫学的，物理学的性質の違いで五つのクラスがある．血液，リンパ液，組織液の主要な免疫グロブリンは免疫グロブリンG（IgG）である．これは微生物に結合して食細胞（*マクロファージ）による微生物の飲み込みを促進し，細菌の毒素とウイルスでは毒性が中和される．またIgGが*補体に結合することにより，標的細胞が溶解し，また胎児を保護するために胎盤を通過することができる．免疫グロブリンM（IgM）は，予防注射や感染の後に産生される最初の抗体である．血液やリンパ液中に見つかり，IgMは基本的な五つのY型の集合体であり，その10個の結合領域で微生物や他の抗原を拭い取ることができる．また，補体を活性化できる．免疫グロブリンA（IgA）は，唾液，涙，母乳や粘液質の分泌物に見つかり，そこでの役割はウイルスや細菌が生体に進入したときにその毒性を中和することである．それは血清にも存在する．免疫グロブリンD（IgD）は血清中に非常に低濃度で存在するが，抗体分泌B細胞の表面に現れ，その活性を調節している．IgMと協力して抗原受容体として働いている．免疫グロブリンE（IgE）も通常は血液や結合組織中に非常に低濃度で存在するが，アレルギー反応において重大な役割を担う．*肥満細胞と結合し，抗原の存在によって誘導されると，ヒスタミンが放出されて炎症や他の一般的なアレルギー症状の原因となる．→ 免疫

免疫蛍光検査 immunofluorescence

蛍光化合物によって標識された抗体により，組織サンプル中の特定のタンパク質を同定するために用いられる手法．標識された抗体は目的のタンパク質と結合し，生じた複合体はその蛍光により顕微鏡下で同定できる．組織サンプル中のタンパク質と酵素は，この方法で同定でき，位置も定まる．

免疫原性 immunogenicity

ある抗原がある*免疫応答を引き起こせる能力．

免疫検定法 immunoassay

特定の抗体に対する抗原としての結合を利用して特定の物質の量を測定する手法．固相免疫測定法では特定の抗体をPVCシートのような，抗体を支持する固体支持物に結合させる．試料を加えるとなかに含まれる検出対象の抗原が抗体に結合する．次に固定化された抗体とは，目的の抗原の別の部位に特異的に結合する二次抗体を加える．これは濃度がわかるように放射性あるいは蛍光の標識がされているので，既知の標準抗原と比較することにより，試料中に存在する調べたい抗原の濃度を決定できる．この技術は*酵素免疫測定法や*ウェスタンブロット法を含む．この原理はある種の*マイクロアレイにも用いられている．

免疫電気泳動法 immunoelectrophoresis

*電気泳動により分離した抗原を同定する解析手法．電気泳動後のゲルに泳動方向と平行な溝を作り，そこに求める抗原に特異的な抗体を注ぎ入れる．ゲル中の抗原が対応する抗体と接触すると沈殿が形成されて目でみえるようになり，また分離することもできるようになる．

免疫抑制 immunosuppression

*免疫応答の抑制．免疫抑制は臓器移植のあとに，宿主が移植された臓器を拒絶することを防ぐために必要である（→ 移植）．リンパ球の細胞分裂を阻害する化学物質や放射線の照射によって人工的に誘導される．免疫抑制はある病気（特に*エイズ）においては自然に起こる．

メンデル説 Mendelism

*メンデルによって1866年に提案され，二つの法則によって公式化された，古典*遺伝学の基礎を築いた遺伝理論（→ メンデルの法則，粒子遺伝）．メンデルは個々の形質が遺伝的な「因子」によって決定されていると提案し，改良された顕微鏡によって細胞構造の詳細が明らかになると，メンデルの因子の行動は，*減数分裂する際の染色体の行動に

メンデルの法則 Mendel's laws
　メンデルの,遺伝における理論を要約する二つの法則(→ メンデル説).分離の法則ではおのおのの遺伝的形質が二つの因子(現在では *対立遺伝子と呼ばれる)によって制御され,その因子は分離してそれぞれ別の生殖細胞にわたるというものである.独立の法則では生殖細胞が形成される際に,2対の因子の組が互いに独立して分離するというものである(→ 独立組合せ).これらの法則は遺伝学の基盤となった.

メンデル,ヨハン・グレゴール Mendel, Johann Gregor (1822-84)
　オーストリアの遺伝学者で,1843年からブリュン(現在のチェコ共和国のブルノ)で修道僧として生活した.彼の名声は,結果的に *メンデルの法則として要約される遺伝の法則を生み出すことになる,1856年に始めた植物の育種実験に基礎をおいている.彼の仕事は生前には無視されたが,*ド・フリースとその他の人々によって1900年に再発見されることとなった.

モ

網胃 reticulum
　反芻動物の胃を形作る四つの室の第一番目.→ 反芻類

毛顎動物 Chaetognatha
　海に棲む真体腔を有する無脊椎動物の門の一つ.頭部にはえさをとらえるためのかぎがあり,胴と尾に1対の側鰭と尾鰭がついている.彼らは排泄,循環,そして呼吸に関する器官を欠いており雌雄同体である.

毛細管現象 capillarity ── 表面張力

毛細気管 tracheole ── 気管

毛細血管 capillary (blood capillary)
　脊椎動物の循環系において最も細い血管.すべての生細胞に *細動脈から血液を供給する.毛細血管の血管壁の厚さは細胞の一つ分でありそのために,酸素や栄養分が血管壁を通過することが可能で,血管を取り囲む組織に供給される.また,尿素や炭酸ガスなどの老廃物を細静脈へと,排泄のために輸送する.毛細血管は組織のなかの一部分の要求に応じて縮小・拡大することが可能である.→ 微小循環

毛細リンパ管 lymph capillary ── リンパ系

毛状羽 filoplumes
　少数の互いに付着していない羽枝をもつ羽軸からなる微小な毛状の *羽毛.これらはおおばねの間にみられる.

毛状感覚子 sensillum (pl. sensilla)
　昆虫や他の節足動物において見いだされる毛髪状もしくは釘状の様々な感覚器官で,基部に受容体細胞が集まり,その細胞の樹状突起が感覚子内部に伸びている.これは幅広い化学物質や機械的刺激に反応し,においや味にともに反応する化学受容体として,または触覚受容体,骨格の関節部の動作を検知する機械受容体,聴覚受容体として働く.感覚子は *剛毛のように表面から突き出すか,表皮

に埋め込まれている．毛状感覚子を構成する細胞はすべて，一つの母細胞に由来しており，それらは様々な異なるクラスの刺激に反応できる受容体細胞を含んでいる．特に触角には，多くの嗅覚用毛状感覚子が存在する．化学物質が毛状感覚子に一つ，もしくは複数の孔を通じて入り，樹状突起に神経インパルスを誘発する．例えば，カイコガ (*Bombyx mori*) の雄は1万7000もの毛状感覚子をそれぞれの触角に備え，雌の性フェロモンに反応する．また，それぞれの毛状感覚子には約3000の孔があり，この重要なにおい分子がわずか数分子でも反応できるようになっている．

盲腸
1. caecum
脊椎動物における，*小腸と*結腸の間の消化管の嚢．盲腸 (*虫垂も含めて) は草食動物では大きく，また，高度に発達している (例えばウサギやウシなど)．このなかには，セルロースを分解するために必須な細菌が多く含まれている．ヒトにおいては盲腸は*痕跡器官であり，十分に発達していない．
2. vermiform appendix —→ 虫垂

盲点 blind spot
血管と神経繊維が視神経に入る網膜の部分．ここには杆体や錐体がないため視覚像が得られない．

毛嚢 hair follicle
*毛の根部を含む哺乳動物の皮膚にある狭い管状のくぼみ．毛嚢の内表面は上皮細胞で覆われ，毛嚢は表皮と真皮を通過し，その基部は皮下組織に達する．*脂腺の導管は毛嚢に開いている．

網膜 retina
目の内面にある，光に感受性のある膜のこと．網膜は2層からなっている．外側の層 (色素上皮) は色素をもち，これは光の背面からの反射による視覚の鋭敏さの低下を防ぐ．内側の層は神経細胞，血管，二つのタイプの光感受性の細胞 (*杆体細胞，*錐体細胞) を含む．光が水晶体を通過し，個々の杆体細胞や錐体細胞を刺激することで神経インパルスが発生し，このインパルスは双極細胞と神経節細胞を経由して視神経に伝達され，脳に達する．この脳で視覚的イメージが形成される．情報は水平細胞やアマクリン細胞のネットワーク経由で，網膜内で水平方向にもまた運ばれる (図参照)．

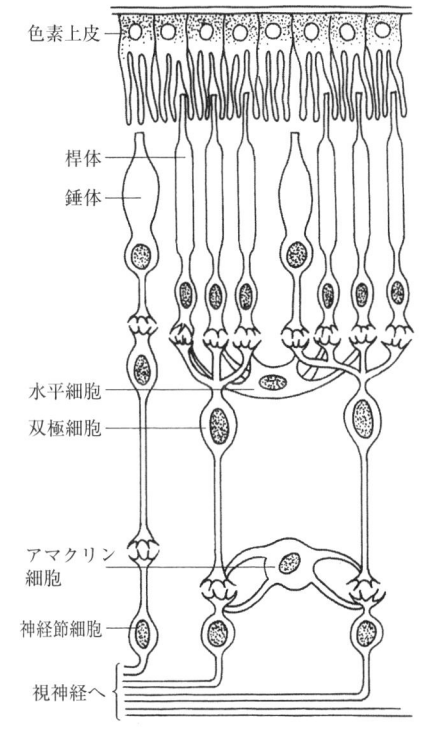

網膜の構造

毛様体 ciliary body
脊椎動物の目の*レンズの周囲を囲み，支持している環状の帯状組織．このなかには毛様体筋が含まれ，これは目のレンズの形を変化させる (→ 遠近調節)．毛様体は*眼房水を分泌する．

網様体 reticular formation —→ 脳幹
毛様体筋 ciliary muscle —→ 毛様体
モーガン，トーマス・ハント Morgan, Thomas Hunt (1866-1945)
アメリカの遺伝学者．ブリンモア女子大学助教授 (1891-1904)，コロンビア大学 (1904-28)，カルフォルニア工科大学 (1928-45) に

おいて教授となる．染色体が，メンデルの遺伝因子（遺伝子）の運搬者であることを証明した．ショウジョウバエ（*Drosophila*）を用いた実験により，*連鎖の現象を示し，メンデルの*独立遺伝の法則は，異なる染色体上に存在する遺伝子の間でのみ厳密に適用できると述べることで，この法則を修正した．連鎖は*交叉によって分離しうることを示し，最初の*染色体地図を作成するに至った．この研究によりモーガンは1933年のノーベル生理医学賞を受賞した．

目 order

（分類学）生物の*分類に使われる分類階級の一つで，一つあるいはいくつかの似ている，もしくは非常に近縁な科からなる．類似した目が集まり綱（class）を形成する．典型的な目の名前の語尾は，植物学では-*ales*であり，例えばRosales（バラ目，バラや果樹の仲間），動物学では-*a*であり，例えばCarnivora（食肉目）となる．

木部 xylem

維管束植物において水や溶存している無機栄養を輸送する組織．顕花植物では，端と端が結合した細胞（*導管細胞）から形成される中空の導管からなる．導管細胞の端壁は水を通すために穴が開いている．針葉樹やシダのようなあまり進化していない維管束植物では，木部を構成する細胞は*仮導管と呼ばれる．植物が若いときや，成長した植物の茎頂や根端では，頂端分裂組織により一次木部が形成される（→ 原生木部，後生木部）．二次成長する植物では，植物の大部分でこの木部が維管束*形成層によって作られた二次木部に置き換わる．木部の細胞壁はリグニンによって厚くなり，二次木部ではこの厚くなる程度が最も高くなる．木部は植物の機械的強度に大きく貢献している．*材は主に二次木部から作られる．→ 繊維，篩部

モクレン門 Magnoliophyta ⟶ 被子植物門

モザイク mosaic

1．異なる遺伝型をもつが，同じ接合子から発生した細胞から成り立つ生物．→ キメラ，雌雄モザイク

2．植物におけるウイルス性の病気の一種．葉に黄色のパッチを生じ，斑入りの外見を呈する（→ 斑入り）．例えば*タバコモザイクウイルスによって起こるタバコモザイク病．

モザイク進化 mosaic evolution

異なった速度での，生物の異なった部分の進化．例えば，人類が霊長類の祖先から分岐して以来ヒトの形質の多くの面は比較的ゆっくりと進化したか，もしくはまったく進化しなかったが，一つの顕著な例外は神経系であり，それがヒトに圧倒的な選択的優位性を与えた．同様に，分子レベルにおいても，いくつかのタンパク質は急速に進化する一方で，他のものは数百万年にもわたって変化しないままである．このような表現型形質の異なる側面の間の高度な進化的独立性により，柔軟性が生じる．例えば，集団は変化する環境のなかで新たな選択圧に直面したときに，最も決定的な形質要素のみが進化する必要が生ずるが，大部分の形質は進化する必要がない．

戻し交雑 back cross

親世代（P）の個体と雑種第1代（F1）との交配をいい，隠れた*劣性対立遺伝子の存在を調べるために行う．もしある個体が*優性形質を表現している場合，その個体はその形質に関する2個の優性対立遺伝子をもつ（同型接合）か，1個の優性対立遺伝子と1個の劣性対立遺伝子をもつ（異型接合）かのどちらかである．そのどちらであるかを確かめるためには，その個体を劣性形質を表現している個体と交配する．もしすべての子が優性形質を表現した場合，その個体は同型接合性であり，もし子の半数が劣性形質を表現した場合，その個体は異型接合性である．→ 検定交雑

モネラ界 Monera ⟶ 原核生物

モノアミンオキシダーゼ monoamine oxidase（MAO）

酸化によって，体のなかにあるモノアミン（例えば*アドレナリンや*ノルアドレナリン）を分解する酵素．この酵素を阻害する薬は抑うつ状態を治療するのに用いられる．

モノオキシゲナーゼ mono‐oxygenase
⟶ 混合機能オキシゲナーゼ

モノカイン monokine ⟶ サイトカイン

モノカルチャー（単作） monoculture ⟶ 農業

モノグリセリド monoglyceride ⟶ グリセリド

モノクローナル抗体 monoclonal antibody
　単一の親細胞から分裂した多数の同一細胞の一つによって生産される特異的な*抗体.（それらの細胞の集団は一つの*クローンであり，それぞれの細胞は「モノクローナル」であると呼ばれる）．親細胞は，通常の抗体生産細胞（リンパ球）と，マウスの*リンパ組織の悪性腫瘍から得られた細胞との融合によって得られる（⟶ 細胞融合）．得られた*ハイブリドーマ細胞は急速に増殖し，大量の抗体を生じる．モノクローナル抗体は，混合物中の特別な抗原を同定するのに用いられ，そのため血液型を決定するのに用いられる．それらはまた，高度に特異的な，そのため効果的である*ワクチンを産生することもできる．何よりも，広範な生物学的試料の同定，定量に対する安価で簡便なキットをもたらすことによって，医学的，生物学的な診断を変えた（⟶ 免疫検定法）．

モノシストロニック monocistronic
　1個の*RNA分子当たり一つのポリペプチドのみをコードしうるメッセンジャーRNAの型をいう．真核細胞におけるほとんどすべてのメッセンジャーRNAはモノシストロニックである．⟶ ポリシストロニック

モノソミー monosomy ⟶ 異数体

モノビオンティック monobiontic
　単一の独立した世代のみがある，つまり*世代交代がないという生活環を表現する語．

モノマー（単量体） monomer
　一つの単位から成り立つ分子（もしくは化合物）で，他のものと結合してダイマー（二量体）やトリマー（三量体），ポリマー（多量体）を形成しうる．

モーリッシュ試験 Molisch's test ⟶ アルファナフトール試験

モリブデン molybdenum
　元素記号 Mo．銀白色の硬い金属元素で，生命体が必要とする微量元素である．⟶ 必須元素

モル mole
　記号 mol．*物質量のSI単位．質量12の炭素 0.012 kg に存在する原子と同数の要素単位を含む物質量に等しい．要素単位は原子，分子，イオン，ラジカル，電子などであって特定されなければならない．化合物の1モルは，グラムで表された*相対分子質量と等しい量である．

モル当たり molar
　*物質量当たり，通常は1モル当たりの物理量を示す表現．例えば，化合物のモル熱容量は単位物質量当たりの化合物の熱容量である．つまり，これは通常，$J K^{-1} mol^{-1}$ で表現される．

モル濃度 molarity ⟶ 濃度

モルヒネ morphine
　アヘンに存在するアルカロイド（⟶ オピエート）．鎮痛薬や麻薬であり，苛酷な痛みを和らげるために医療用に使われる．

モルフォゲン morphogen
　胚の部分の発生運命を決定する物質．発生中において異なったモルフォゲンが胚のなか，もしくは周囲の母体の組織の細胞によって生産される．それらは胚の組織を通じて拡散し，それぞれ独自の濃度勾配を形成し，共同して胚発生の基礎となる化学的なパターンを形成する（⟶ パターン形成）．それらのモルフォゲンの勾配の複雑な相互作用が胚の異なった領域における遺伝子の活性を調節し，最終的に胚の異なった領域に適切な組織や器官の*分化，すなわち形態形成をもたらす．例えば，*ショウジョウバエ (*Drosophila*) の発生においては，卵の先とうしろの端は母体の濾胞細胞のビコイド (bicoid)，およびナノス (nanos) 遺伝子によってそれぞれコードされるタンパク質によって「案内標識」がつけられる．これらの遺伝子のメッセンジャーRNAは卵細胞の反対の端に蓄積し，引き続いてその産物は受精卵において拡散し，それにより発生の開始時に極性を確立する．

これらは，しだいに正確な方法で遺伝子活性に影響を与えるようになっていくモルフォゲンのカスケードの開始を表している．

門

1. division

一つあるいはいくつかの類似した綱からなる，植物の*分類に伝統的に使用された分類階級．一例としては，種子植物門（種子を形成する植物）がある．現在の分類体系ではdivisionはphylumに置き代えられた．

2. phylum (pl. phyla)

一つあるいはいくつかの類似した，もしくは近縁な綱からなる，生物の*分類に用いられる分類階級．例として紅色植物門，子嚢菌門，コケ植物門，鋏角類，脊索動物門などがある．門をまとめると界となる．また伝統的な植物分類では門を示す語として，phylumの代わりにdivisionを用いる．

門歯（切歯） incisor

平らで尖ったのみの形をした哺乳類の*歯．食べ物を噛んだり，げっ歯類ではかじったりすることに適応している．ヒトでは切歯と呼び，ふつうそれぞれのあごに2対の切歯（中切歯と側切歯）がある．→ 永久歯

門脈 portal vein (portal circulation; portal system)

ある毛細血管ネットワークから血液を集め，心臓に戻すことなく，体の別の領域にある別の毛細血管ネットワークへと直接的に輸送する静脈のこと．→ 肝門脈系

ヤ

葯 anther
　植物の*雄ずいの上部にある2部に分かれた部分のことで，一般的には黄色をしている．各部は，多量の花粉粒子が入った二つずつの花粉囊からなり，その花粉は葯が破裂するときに放出される．

薬物動力学 pharmacokinetics
　動物の体内における外来物質，特に薬剤の動きのこと．ある化合物の薬動学に影響する過程には，その薬剤の吸収，身体組織のいたるところでの分布，化合物が体内に残留する時間の長さ，除去（例えば代謝や排出）される速度が含まれる．

薬理学 pharmacology
　薬物の性質と生体における効果を研究すること．臨床薬理学は病気の治療における薬の作用とかかわるものである．

薬力学 pharmacodynamics
　身体における薬の作用の研究．→ 薬物動力学

薬理ゲノム学 pharmacogenomics (pharmacogenetics)
　遺伝子が薬の作用に与える影響の研究．膨大なデータを解析するためのコンピュータシステムの急速な発達と相まり，*ヒトゲノムプロジェクトによってヒトの遺伝学に関する知見が飛躍的に広がったことで，薬の発見と発達に大変革が起こっている．*ゲノミクスと薬理学を合わせたこの手法により薬の作用の理解が発展し，新たな可能性をもつ薬剤分子が提示され，コンピュータをもとにした薬剤の標的の探索が可能となった．さらに個人の遺伝子データの解析により，特定の患者，あるいは患者群の遺伝的な性質に合うオーダーメイド薬剤の可能性をもたらした．このようにより詳細に薬剤を選択することによって，薬剤をより効果的にし，かつ副作用のリスクを低めることができる．

ヤスデ millipedes ─→ 倍脚綱

野生型 wild type
　自然環境にいる集団のほとんどの構成員がもつ*対立遺伝子の示す形質を野生型という．野生型の対立遺伝子の形質は，通常，*優性である．

野生化動物 feral animal
　イヌやネコのような家畜のなかで，野生状態に戻ったもの．

ユ

優位者 dominant
(動物行動学) 以前の攻撃的な接触による成功のために, 食物や配偶者と接する際に同種の他者に対して優位な行動が許容される動物を示す. 優位性の低い動物は優位性の高い個体に対してしばしば*慰撫行動を示すため, 明白な*攻撃は最小限にとどめられる. 安定的なグループでは直線的な順位性やつつきの順位 (ニワトリではじめて観察されたことからこう呼ばれる) が存在し, 階級のうえで上位者に対しては従順な態度を示し, 下位の者に対しては優越した態度を示す.

遊泳生物(ネクトン) nekton
水中を活発に泳ぐ*漂泳性生物のこと. 例えば, 魚やクラゲ, カメ, クジラなどがあげられる. → 底生生物, ニューストン, プランクトン

有管細胞 solenocytes ── 焔細胞

有機栄養生物 chemoorganotroph
有機物の酸化によってエネルギーを得る生物, 特に微生物. → 化学合成無機栄養生物

雄原核 generative nucleus
被子植物の*花粉粒にある二つの核のうちの一つ (→ 花粉管核). 細胞分裂して二つの精細胞核が生じる (→ 重複受精).

有限花序 definite inflorescence ── 集散花序

融合 fusion
複数の細胞, 核, 細胞質が一つに結合すること. → 細胞融合, 受精

融合遺伝 blending inheritance
両親からの遺伝物質が子孫に融合して現れる, という初期の理論. メンデルはこれが起きないことを示した (→ メンデルの法則). 交配実験によると, 共優性の対立遺伝子 (→ 共優性) と*ポリジーンにより融合の現象が現れるが, 対立遺伝子は交配後の続く世代でも独立性が保たれることが示されている. → 粒子遺伝

有翅昆虫亜綱 Pterygota
昆虫類の一亜綱で, 典型的なものは翅をもつが, 二次的に翅を失ったものも含まれる. 有翅昆虫類は, *外翅類と*内翅類に分けられる. → 無翅昆虫亜綱

有櫛類 Ctenophora
海洋性の無脊椎動物の一門で, クシクラゲ類 (例えばテマリクラゲ) が含まれる. 近縁の*刺胞動物とともに有櫛類は*腔腸動物に含まれる. 有櫛類の動物は, *粘着細胞のある触手をもち, それらは獲物の捕獲に利用される. また, 何百何千もの繊毛をもっているがこの繊毛は, 基部で融合しており, これがさらに縦列に並んで櫛板を形成する. 繊毛を激しく動かすことによって, 有櫛類はプランクトンの間を自由に泳ぎ回ることができる.

有糸分裂 mitosis
母細胞と同数, 同種の染色体を含んだ核をもつ二つの娘細胞を生じる核分裂の型. 分裂期の変化ははっきりと光学顕微鏡でみることができる. それぞれの染色体は二つの*染色分体へ縦に分かれ, 染色分体は引き離されて娘核の染色体を形成する. その過程は*前期, *中期, *分裂後期, *終期の4段階に分けられ, それぞれしだいに変化していく (次ページの図参照). 有糸分裂では, すべての個々の細胞が互いに, またもとの受精卵と遺伝的に同一であることが保証されている. → 細胞周期

有色体 chromoplast
植物細胞における各種の色素を含む*色素体. 赤, オレンジ, 黄色の有色体はカロチノイド色素を含有し, 花や果実の色づきと関連している. → プラストグロブル, 葉緑体, ロイコプラスト

雄ずい stamen
花の雄性生殖器官の一部分. これは細い不稔の軸 (花糸) の上に稔性をもつ部分 (*葯) がのっている.

雄ずい群 androecium
花の雄性生殖器官 (*雄ずい) の集合体こと. → 雌ずい群

前期

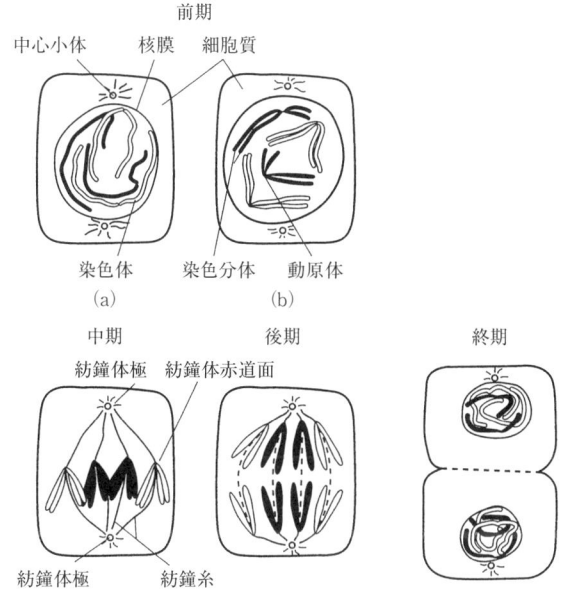

中心小体　核膜　細胞質

染色体　染色分体　動原体
(a)　　　　(b)

中期　　　後期　　　終期

紡鐘体極　紡鐘体赤道面

紡鐘体極　紡鐘糸

2対の相同染色体を含む有糸分裂の各段階

有髄神経繊維 medullated nerve fibre

軸索を絶縁する*ミエリン鞘を有することによって特徴づけられた神経ミエリン．

雄性 male

1. *有性生殖における受精の過程で，*雌性配偶子と融合する配偶子（生殖細胞）を意味している．雄性配偶子は一般的に雌性配偶子より小さく，通常運動性がある（→ 精子）．

2. 雄性配偶子だけを生産する生殖器官をもつ個体．→ 両性

優性 dominant

（遺伝学）二つの異なる*対立遺伝子が生物の細胞に存在するとき，*表現型として発現する対立遺伝子のことを示す．例えば，エンドウの背丈は高性（T）とわい性（t）の二つの対立遺伝子によって支配されているのだが，両方が存在するとき（Tt），つまり細胞が*異種接合の場合，Tが優性でtが*劣性であるため，その植物体の背丈は高くなる．→ 共優性，不完全優性

優生学 eugenics

遺伝学を基本として，人類の集団の質を改善する方法を研究する学問．「正の優生学」は選択的な繁殖計画によりこれの実現を目指す．「負の優生学」では*キャリヤーである可能性のある，将来親になる可能性のある者に助言することで，有害な遺伝子（血友病や色盲など）を排除しようとする．

雄性産生単為生殖 arrhenotoky

ある動物の生殖において，受精卵を産むとそれが雌になり，未受精卵を産むと雄になる現象のこと．ある種の分類群の昆虫，すなわちスズメバチやミツバチなどの膜翅目昆虫，またダニ，ワムシ，線虫にみられる．雄は半数体で母親由来のゲノムしかもっていない．半数性の雄の誕生は，雄性産生性の*単為生殖が起きたことを示す．一方，雌は二倍体である．擬似雄性産生単為生殖においては，受精卵から雄と雌の両方が生まれ，雄も雌ともに二倍体となるが，しかし雄はその後，すべての細胞または生殖細胞のどちらかで父方のゲノムが不活化して効果的に半数体となる．

これは実際にあるカイガラムシとダニにおいて行われている. → 雌性産生単為生殖

有性生殖 sexual reproduction

*受精の過程が含まれ，そこで二つの生殖細胞（*配偶子）の融合を行う，生殖の方式．通常，特に動物では二つの親を必要とし，一方は雄，もう一方は雌である．しかしながら多くの植物の場合は，生殖器官として雌雄両方の器官をもち，自殖を行う場合があり，これは両性動物でもみられる．配偶子は*減数分裂で形成され，減数分裂は親の生殖器官内で行われる特殊な細胞分裂のことで，遺伝物質の再分配と染色体数の半減がみられる．減数分裂はこのようにして配偶子の遺伝的変異性，そして配偶子の融合の結果として産み出された子孫の遺伝的変異を生じさせる．*無性生殖と異なり，有性生殖は，それゆえ種に多様性をもたらす．しかし，有性生殖は，雄性と雌性の配偶子を受精へと導く仕組みに依存しており，それゆえに受精を確実に行うために，様々なメカニズムが進化した．

雄性先熟 protandry

1. 花において，雌性生殖器官（心皮）よりも前に雄性生殖器官（雄ずい）が成熟する状態を示す．これにより自家受粉が起こりにくくなる．雄性先熟である花の例として，キヅタやセイヨウキョウチクトウ，アカバナがあげられる．→ 雌性先熟，雌雄同熟

2. 雌雄同体や群体形成をする無脊椎動物において，雌雄同体動物の雄性生殖腺や群体中の雄性生殖個虫が雌性部分よりも先に性的に成熟する状態を示す．→ 雌性先熟

雄精体 spermatium (pl. spermatia)

非運動的な雄性細胞で紅藻類やある種の菌類（例：*サビキン類）でみられる．

誘性的な epigamic

繁殖相手をひきつけようとすること．誘性的な特徴として，ある種のオスの鳥が明るい羽をもつことがあげられる．

有節植物門 Arthrophyta ⟶ 楔葉類

優占種 dominant

（生態学）ある*群集のなかで最も著しく豊富で特徴的な種を示す．この用語は一般に植物生態学において植物種，例えばマツ林のマツに対して用いられる．

優占種群落 consociation

極相の植物*群集の一種で，特定の一種の植物が優占しているものをいい，例としてマツ群集がある．→ 優占種，アソシエーション

遊走細胞 amoebocyte ⟶ 変形細胞

遊走子 zoospore

一つ以上の鞭毛をもち，それにより運動性のある胞子．胞子嚢（遊走子嚢と呼ばれる）から放出される．多くの藻類およびジャガイモ疫病菌（*Phytophthora infestans*）やその他の*卵菌門の菌類のようなある種の原生生物によって作られる．

遊走子嚢 zoosporangium ⟶ 遊走子

有足細胞 podocyte

*ボーマン嚢にみられる上皮細胞の一種．有足細胞には大きな脚のような突起があり，それぞれ一連の小さな突起をつける．この小さな突起は他の有足細胞からの小さな突起とともにたくさんの隙間を作るように織り重ねられ，ここでろ過が行われる．これらの隙間（幅は約 $0.1\,\mu m$）はすべての血漿成分を通すが，血球細胞の障壁として働く．

有胎盤類 Placentalia ⟶ 真獣下綱

有袋類 marsupials ⟶ 後獣類

有蹄動物 ungulate

草食性の哺乳類で，ひづめのある足をもつもの（→ 蹄行性）．有蹄動物は*偶蹄類と*奇蹄類の二つの目に分けられる．

誘導 induction

1. （発生学）未分化胚組織の分化を引き起こす天然の刺激の能力．

2. （産科学）ホルモンである*オキシトシンの注射などの人工的な手法による出産の開始．

誘導期 lag phase ⟶ 細菌増殖曲線

誘導適合モデル induced-fit model

酵素と基質の関係について提案された機構．酵素が基質にさらされることにより，酵素と基質が結合しやすいように酵素の*活性部位が形を変化させることを，このモデルでは仮定する（→ 酵素-基質複合体）．この仮説は一般的に*鍵と鍵穴のメカニズムよりも

誘導物質 inducer ⟶ オペロン

有頭類 Craniata ⟶ 脊索動物

有胚植物 embryophyte

真の植物．すなわち胚から発生し，多細胞生物である．この語は胚を欠く藻類と，植物を分けるために使われる．

誘発因（リリーサー） sign stimulus (releaser)

ある反応を誘発するために必要な刺激に含まれる特徴．例えば，赤い腹（トゲウオの雄の繁殖期の特徴）はライバルの雄の攻撃を扇動する誘発因であり，たいへん簡単な魚の模型でも下側が赤いと攻撃される．同様にヨーロッパコマドリの雄はリリーサーとして赤い胸に誘発され，なわばり争いを始める．彼らには一束の赤い羽でも十分な争いの刺激源となる．⟶ 刺激ろ過

有望な怪物 hopeful monster

仮想的な新しい表現型，あるいは奇形生物のことであり，個体発生のパターンを著しく変更するような突然変異により生ずるものである．主張されるところでは，このような個体は，非常に革新的な体制を備え，この革新的体制により，この個体は，直接の祖先の生存環境とまったく異なる環境への適応の準備がなされる．この概念は，1933年に遺伝学者の R. ゴールドシュミットにより提案された．この概念により，新しい分類群が，正統派のネオダーウィニズムの学者に好まれるような，多数の小さな適応的変異を生じる漸進的な自然淘汰の過程によるのではなく，単一の大進化をもたらす跳躍により生じうることが理論的に示された．大部分の者は，有望な怪物を信じがたいと見なし，また化石による証拠も存在しない．

有毛細胞 hair cell

毛様の繊毛をそなえた細胞で，水や空気などの周囲の媒体の動きを感知するのに特化している．したがって，機械的刺激を電気刺激に変換し，有毛細胞に連結した知覚神経に神経刺激として送り出す．有毛細胞は哺乳類の耳や，魚類や両生類の側線などの，様々な種類の脊椎動物の感覚器官に存在する．細胞の頂端の表面から突き出た繊毛の配列は有毛細胞に特徴的である．これらは基本的に1本の長い*運動毛および20～300本の非常に短い*不動毛を含む．繊毛の軸は通常，内耳の*瓶状部におけるクプラのような付属構造のなかに埋め込まれている．付属構造の動きによって繊毛は曲がり，有毛細胞の膜電位が変化し，求心性感覚ニューロンのインパルスのパターンを変える．

幽門括約筋 pyloric sphincter ⟶ 括約筋, 胃

有羊膜類 amniote

胎児が羊水で満たされた袋（*羊膜）で完全に覆われている脊椎動物のこと．羊膜の進化により，胎児の発達に不可欠な羊水という環境が作り出され，これによって動物は水から離れた場所でも子を産むことができるようになった．爬虫類，鳥類，哺乳類が有羊膜類である．⟶ 無羊膜類

有鱗目 Squamata

爬虫類のトカゲやヘビを含む目のこと．これらはいまから1億7千万年前に出現し，そして様々な生息地へと広がっていった．ほとんどのトカゲは四本の足，長い尾，鼓膜，動くまぶたをもっている．ヘビは手足のない爬虫類で鼓膜はなく，目はごく薄い固定したまぶたに覆われ，顎の関節の接続は非常にゆるく，大口を開けて獲物全体を楽に飲み込むことができる．

ユーカリア Eukarya

原生生物，菌類，植物，動物を含むすべての真核生物を含む上界（または*ドメイン）．3ドメイン分類では，他の二つの（原核生物の）ドメインは，*アーキア（古細菌からなる）とバクテリア（*真正細菌ただ一つの界からなる）である．

癒合 symphysis ⟶ 結合

油浸レンズ oil-immersion lens ⟶ 液浸対物レンズ

輸精管 vas deferens

精巣（または*副精巣）から体外へと，精子が通る1対の導管のおのおの．哺乳動物では*尿道を経由して精子が放出される．

油性 oleaginous

油や脂質を生産すること，あるいは含むこと．油性微生物には通常20～25％の油が含まれているため，従来のオイル源の代わりとして，あるいは新しいオイル源としての可能性についてバイオテクノロジーの観点から関心が集まっている．油性真核微生物によって作られるオイルの大部分は植物油に似ている．

輸送タンパク質 transport protein

膜内外の物質の通過を担う，細胞膜を貫通するタンパク質．いくつかの輸送タンパク質は孔や*チャネルを形成しており，特定のイオンや分子はこれを通って通過できる．これらのチャネルタンパク質はしばしばシグナルに応答して開閉が可能であり，*リガンド作動性イオンチャネルや*電圧作動性イオンチャネルが含まれる．他の種類の輸送タンパク質は膜の表面で物質と結合して形を変え，その物質を膜の反対側の表面に放出する．この種の輸送タンパク質には*ユニポーターとコトランスポーターが含まれる．ユニポーターは一つの物質のみを輸送し，コトランスポーターは二つ以上の異なる物質を輸送する．輸送タンパク質は輸送系を動かすためにエネルギーを必要とすることが多い．このエネルギーはATPの加水分解や，すでに存在する濃度勾配によって供給される．→ 能動輸送

輸胆管 bile duct

*肝臓または，存在する場合は*胆嚢から，十二指腸へ胆汁が輸送される管をいう．

ユニット unit

長さ，質量，時間などの物理量の標準単位．それらの倍数により物理量の大きさを表現する．科学的な目的では以前のユニットのシステム（単位系）は，いまでは*SI単位に置き換えられている．

ユニポーター uniporter

分子を1方向だけに，濃度勾配を減少させる方向だけに膜を通過させる*輸送タンパク質（訳注：ユニポーターのなかには能動輸送を行うものもある）．→ アンチポーター，共輸送体

指 digit

手指や足指をいう．陸棲脊椎動物では，五本指（→ 五指肢（台湾，中国：五趾型肢））が四肢の構造の基本型である．この指の数はヒトと他の霊長類では保存されているが，他の種のなかには指の数が減少しているものもある．例えばカエルでは，前肢は4本指，後肢は5本指であり，哺乳類の有蹄類では指の数が減少し，先端は角質で覆われ蹄となる．

ユビキチン ubiquitin

小さなタンパク質（76アミノ酸残基からなる）で，原核生物や真核生物に広くみられる．*プロテオソームに分解される予定のタンパク質に結合して標識を行う．ユビキチン化と呼ばれる，ATP依存性反応によってリシン残基と共有結合する．ユビキチンは細胞の普段の活動にもストレスに対する細部応答においても重要で，*熱ショックタンパク質であると考えられている．

ユビキノン（補酵素Q） ubiquinone (coenzyme Q)

互いに類似した構造のベンゾキノン誘導体の一群で，細胞呼吸の*電子伝達系において電子の担体の機能を担う．ユビキノン分子には側鎖があり，生物種が異なれば長さも異なるが，機能は似ている．

ヨ

陽イオン cation
　ナトリウムイオン（Na$^+$）などの正に荷電した*イオン．→ 陰イオン

溶液 solution
　液体（*溶媒）と気体あるいは固体（溶質）の均一な混合物．溶液は，分散した溶質分子と溶媒分子が混合している．ここでは，たいてい溶媒と溶質の分子間に相互作用がみられる．例えば，NaClが水に溶けているときはナトリウムイオンは極性の水分子を引きつけ，電気陰性度の高い酸素は正電荷をもつナトリウムイオンのほうへ向く．これは水和と呼ばれている．

葉腋 axil
　葉や枝と，それらの付着する茎とで形成される角の部分．脇芽（側芽）は，葉脇に発達する．脇芽の存在により，葉は小葉と区別される．

幼芽 plumule
　（植物学）将来，新梢に発達する胚の一部のこと．幼芽は茎の先端と第一葉からなる．*地上発芽性の芽生えでは，幼芽は子葉とともに地表面に上ってくる．*地下性の発芽をする芽生えでは，幼芽は単独で現れる．→ 幼根

幼形進化 paedomorphosis
　祖先型生物の幼生，もしくは若年期の特徴が子孫の成体の形に置き換わる進化の過程．幼形進化は*プロジェネシスや*ネオテニーによって起こると考えられており，自由遊泳性の被嚢類の幼生からより高等な脊索動物への進化の際に生じたと考えられている．つまり変態は最終的に失われ，幼生の形態のまま繁殖可能になるまで性成熟が促進されたということである．

幼形成熟 neoteny ── ネオテニー

溶血 haemolysis
　赤血球の破壊．病気を引き起こす微生物，毒物，誤った輸血による血中の抗体，ある種のアレルギー反応などが原因となることが多い．貧血症を引き起こす．

葉原基 leaf buttress ── 原基

溶原性 lysogeny
　溶原性ファージ（→ バクテリオファージ）と細菌との関係を示す語．自身の染色体に溶原性ファージのDNAが組み込まれている細菌は溶原菌（リソゲン）と呼ばれる．そしてこのときウイルスDNAは*プロファージと呼ばれる．

幼根 radicle
　植物の胚の一部で，将来根系に発達する部分である．幼根の先端は根冠で保護され，珠孔を向いている．発芽の際に，幼根は種皮を破り土壌に向かって下方に育つ．→ 幼芽

葉酸 folic acid (folacin)
　*ビタミンB群に属すビタミンの一つ．その活性型であるテトラヒドロ葉酸は，アミノ酸，プリンおよびピリミジンの代謝にかかわる様々な反応における*補酵素となる．これは腸内細菌によって合成され，食物，特に緑葉野菜に広く存在している．欠乏は低成長や栄養性貧血を引き起こす．

溶質 solute
　*溶液ができるときに溶媒中に溶け込む物質のこと．

溶質ポテンシャル solute potential
　記号ψ_sで表される．溶質分子の存在により生じる*水ポテンシャルの成分．溶質ポテンシャルの値は，常に負になる．これは溶質が系の水ポテンシャルを低下させるからである．

幼若ホルモン juvenile hormone
　昆虫の脳の近くにある1対の内分泌腺（アラタ体）から放出されるホルモン．このホルモンは変態を阻害し，幼虫の状態を維持する．

葉序 phyllotaxis (phyllotaxy)
　植物の茎上での葉の並び方．葉はふつう各節で輪生状，もしくは対になっているか，茎上に単独でついている．対になってついている2枚の葉は1枚ずつ茎の反対側に生じ，たいていその上の対と下の対に対して直角にな

っている．単独で茎につく葉は茎上で交互，もしくはらせん状についている．葉序は一般的に，上の葉の影が下の葉になるべく重ならないように，茎上の葉が並んだ結果である．

葉状茎 cladophyll ⟶ 扁茎

葉状植物門 Thallophyta
葉や茎，根がないような比較的単純な植物を含む，昔の分類体系における植物界のなかの一門．藻類やバクテリア，菌類，地衣類を含む．

葉状体 thallus
真の根や，茎，葉，維管束系がない，比較的未分化の植物体のこと．藻類や菌類，蘚類，苔類にみられ，ヒカゲノカズラ類やトクサ類，シダ類の配偶体世代にもみられる．

羊水穿刺 amniocentesis
胎児の状態を調べるために妊娠した女性から羊水のサンプルを取り出すこと．中空の針を女性の腹部と子宮壁を貫いて挿入し，羊水を抜き出す．胎児の表面から羊水中へと剥がれ落ちた細胞を化学的にあるいは顕微鏡的に調べることで，脊椎披裂や*ダウン症や，その他の深刻な生化学的もしくは染色体の異常を検出することができる．

幼生 larva (pl. larvae)
卵からふ化するような多くの無脊椎動物，両生類，魚類のライフサイクルにおける幼若段階．形態において成体と異なり，通常，有性生殖は不可能である（→ 幼生生殖）．*変態が起こることによって成体となる．幼生は共食いする場合もあるが，そうでなければ自活する．幼生の例としては，カエルのオタマジャクシ，チョウの幼虫，多くの海洋動物の有織毛プランクトン幼生などがある．→ 若虫

幼生生殖 paedogenesis
幼生，もしくは成体前の形態のままの動物による生殖．幼生生殖は*ネオテニーの一形態で，特にサンショウウオの幼形成熟体であるアホロートルできわ立っている．アホロートルは甲状腺に欠陥があるために幼生の形態のままであるが，繁殖可能であり，自分自身によく似た個体を産む．甲状腺ホルモンであるチロキシンを投与すると，変態が起こる．

ヨウ素 iodine
元素記号 I．暗いすみれ色の非金属元素であり，生物では微量元素（→ 必須元素）として必要とされる．動物ではこれは甲状腺ホルモンの構成要素として甲状腺に濃縮される．

溶脱作用 leaching
溶媒浸出による，固体混合物からの可溶性成分の溶出．

葉枕 pulvinus
ある種の植物の，葉や小葉の基部に存在する一群の細胞で，急速に水分を放出し，葉の位置を変化させる．オジギソウ（*Mimosa pudica*）では，日没，植物への接触，傷刺激の際に生じる葉の折りたたみは，葉枕により引き起こされる．→ 運動細胞

腰椎 lumbar vertebrae
背骨の下方部にあたる*脊椎で，*胸椎よりも下方，*仙椎よりも上方に位置する．哺乳類において，腰椎は背筋を付着させるための突起を生じている．

葉肉 mesophyll
葉身（ラミナ）の内部組織であり，*柔組織細胞からなる．二つの異なった形態が存在する．柵状葉肉（組織）は上側の表皮のすぐ下に位置し，葉の表面に対し直角に伸びる細胞からなる．これらは，非常に多くの*葉緑体を含み，その主要な機能は光合成である．海綿状葉肉（組織）は葉身の残りほとんどを占めている．これは球状のまばらに並んだ細胞からなり，柵状葉肉よりも葉緑体の量は少ない．これらの細胞の間に*気孔と通じる空隙がある．

溶媒 solvent
*溶液ができるときに，他の物質を溶かす液体を溶媒という．極性溶媒はたとえば水のような化合物で，分子内である程度の電荷の分離が生じる．これらの溶媒は，イオン化合物やイオン化する共有結合化合物を溶解することができる．非極性溶媒はたとえばベンゼンのような化合物で，イオン化合物は溶解できないが，非極性物質は溶解させる．

葉柄 petiole
茎に対して葉身をつないでいる柄のこと．

葉柄のない葉は無柄と呼ばれる.
羊膜　amnion
　胎児を包んでいる膜のことで，爬虫類，鳥類，哺乳類の羊膜腔内にみられる．羊膜腔は羊水で満たされており，このなかにいる胎児は乾燥や外部からの圧力から保護されている．→ 胚体外膜

羊膜卵　amniotic egg
　爬虫類，鳥類，産卵性の哺乳類などの，胎児が*羊膜内で発達する生物（*有羊膜類）がもつ卵の種類のこと．卵の殻はカルシウムが主成分か，もしくは皮でできている．

葉脈　vein
　葉中に存在する維管束（→ 脈系）．

葉面積指数　leaf area index (LAI)
　ある地域に存在する植物の総葉面積を，それらの植物が占める地表面積で割った値．植物が密集している森林のような地域では，LAI は高い．

幼葉態　aestivation
　（植物学）萼片や花弁など，花芽の部分の配置．

葉緑素（クロロフィル）　chlorophyll
　すべての光合成生物体においてみられる一群の色素の総称．重要なものとして，クロロフィル a（図参照），とクロロフィル b があり，陸上のすべての植物に存在し，緑色の源となる．クロロフィル分子は *光合成の明反応において光吸収の主要な部位である（→ 光化学系 I, II）．葉緑素は *ポルフィリンにマグネシウムが結合したもので，*チトクロムや*ヘモグロビンのヘムに関連する．→ バクテリオクロロフィル

葉緑組織　chlorenchyma
　葉緑体を含み，光合成を行う *柔組織．葉緑組織は植物の葉の葉肉組織を構成していて，特定の植物種の茎にもみられる．→ 厚角組織，厚壁組織

葉緑体　chloroplast
　多くの葉緑素を含む細胞小器官（→ 色素体）．*光合成を行う植物や藻類などの細胞でとても多くみられる．緑色植物の葉緑体は典型的にはレンズの形をしており，二重膜で囲まれている．葉緑体は膜状の構造を含み，これは *チラコイドと呼ばれる．これは何十にも積み重ねられていて（→ グラナ），ゲル状のマトリックス（ストロマ）に囲まれている．光合成の明反応はチラコイド膜で起き，暗反応はストロマで行われる．

翼果　samara
　乾燥した単一種子の閉果であり，果皮は硬く，分散を助ける長い膜状の翼を形成する．例としてトネリコやニレの果実があげられる．セイヨウカジカエデの果実は二つの翼果に分かれており，厳密にいえば *分離果である．→ 痩果

翼手類　Chiroptera
　コウモリが含まれる空を飛ぶ哺乳類の一目．その膜状の翼は非常に長く伸びた前肢と指によって支持されていて，後肢や尾部へ体の脇に沿って伸展する．コウモリは休息時に体温が低下し，また冬期には自らの体温を下げ冬眠することで，食物が不足している時期を過ごす．多くのコウモリは夜行性であり，その耳は大きく発達し *反響定位のために特殊化している．コウモリは反響定位を用いて食物をとり障害物を避ける．コウモリは昆虫，果実，花の蜜，血液など多様なものを摂食する．

抑制　inhibition
　（生理学）ある神経刺激による，神経や（筋肉のような）効果器の活動の妨げや減少．

抑制はしばしばある過程の促進と対になる．例えば，随意筋の収縮を促進するインパルスには，拮抗筋の収縮を妨げる抑制インパルスが伴う．

抑制性シナプス後電位 inhibitory post-synaptic potential（IPSP）

（*γ-アミノ酪酸のような）抑制性の神経伝達物質がシナプス内に放出され，シナプス下膜の内外の電位差の増加が生じる（過分極）ときに，シナプス後ニューロンに生じる電位．これによりニューロンはインパルスを伝達しにくくなる．→ 興奮性シナプス後電位

翼竜 pterodactyls ── 翼竜類

翼竜類 Pterosauria

飛行能力をもつ絶滅した爬虫類の一目で，翼蜴とも呼ばれ，ジュラ紀から白亜紀（1億8千万年前から7千万年前）に生存していた．翼竜はくちばし状の口部をもち，また長く延びた前肢の第四指が皮膜を支える．翼竜は関節のある長い尾をもち，羽毛をもたず，滑空による飛行だけが可能であったと推定されている．

四次構造 quaternary structure ── タンパク質

余剰染色体 supernumerary chromosome ── 過剰染色体

予定域（の） presumptive

まだ*運命決定は行われていないが，胚のなかにおけるその位置のおかげで，最終的には特定の種類の組織に分化するであろう胚組織のことを示す．

ヨードプシン（アイオドプシン） iodopsin ── 色覚

読枠 reading frame

メッセンジャーRNA上の（またはDNAから推定される）ポリペプチドをコードしている塩基配列．遺伝子コードのそれぞれのコード単位（*コドン）は連続した三つの塩基から構成されることから，読枠は翻訳開始位置が決まれば正確に設定される．例えば，翻訳が正しい塩基と1塩基ずれて開始された場合，まったく異なるコドン配列が認識され，誤ったポリペプチドが翻訳されるか，まったく翻訳が起こらない．機能をもつ遺伝子の特質は，転写されることにより開いた読枠（オープンリーディングフレーム，ORF）を作り出すことである．ORFは翻訳を開始する位置を正確に指定するための*開始コドン，典型的には長いポリペプチドを構成するアミノ酸を指定するコドンの配列（加えて多くの真核生物の遺伝子では*イントロン），そして翻訳の終結を指定する*終止コドンが含まれる．

四倍体 tetraploid

一倍体（n）の4倍の染色体数（$4n$）をもつ核や細胞，生物のこと．→ 倍数体

ラ

ライシュマン染色 Leishman's stain

血液の塗抹標本に対する中性染色液の一種で，この染色液は，イギリスの外科医である，ライシュマン（W. B. Leishman, 1865-1926）が発明した．この染色液は，*エオシン（酸性色素）と*メチレンブルー（塩基性色素）の混合物のアルコール溶液で，通常使用前に緩衝液で薄める．この液は，血液中の異なる成分を赤から青の色調の範囲で染色する．同様な染色液である，ライト染色は，多くのアメリカの研究者に支持されている．

ライスナー膜 Reissner's membrane

内耳の*蝸牛にある膜で蝸牛管と*前庭階を分けている．ドイツの解剖学者エルンスト・ライスネル（Ernst Reissner 1824-1878）にちなんでいる．

ライトグリーン light green ⟶ ファストグリーン

ライト効果 Sewall Wright effect

これはアメリカの統計学者のライト（Sewall Wright, 1889-1988）にちなんでいる．⟶ 遺伝的浮動

ラウリン酸（ドデカン酸） lauric acid (dodecanoic acid)

白色結晶性の*脂肪酸の一種．$CH_3(CH_2)_{10}COOH$．ラウリン酸グリセリドは天然油脂（例：ヤシ油とパーム核油）に存在する．

ラウンドアップ Roundup ⟶ グリホサート

ラギング鎖 lagging strand ⟶ 不連続複製

***lac* オペロン** *lac* operon

大腸菌におけるラクトース代謝を支配する*オペロン．この機構は1961年，ジャコブ（François Jacob, 1920-2013）とモノー（Jacques Monod, 1910-76）が，β-グルコシダーゼの生合成の調節について説明を行うために最初に提唱した．そしてこの機構は他のすべてのオペロンの構造のモデルとして用いられた．⟶ ジャコブ-モノー仮説

ラクターゼ lactase（β-galactosidase）

ガラクトース残基の加水分解を触媒することによって，乳糖（ラクトース）をグルコースとガラクトースに分解する酵素．

ラクトース（乳糖） lactose (milk sugar)

グルコースとガラクトースが結合して形成される二糖．乳腺で作られ，ミルクのなかにだけ含まれている．例えば，牛乳には4.7%ラクトースが含まれている．乳糖は，砂糖より甘くない．

ラクナ lacuna

生物の組織に存在するギャップや腔のこと．具体的には，ある種の植物の茎の中心部にある中空部や，骨細胞が存在する骨の小腔などのことである．

落葉性の deciduous

各成長期の終りにすべての葉を脱落させる植物をいい，たいてい，温帯では秋，熱帯では乾季のはじめが落葉期となる．季節的に葉を落とすことにより，葉からの蒸散により植物から水分が失われることが抑えられる．落葉性の植物の例としては，バラやトチノキがある．⟶ 常緑の

落葉落枝（リター） litter (leaf litter)

土壌中にある未分解の死んだ有機物質．落ち葉や他の植物残渣（leaf litter），動物の糞便などによって構成される．*分解者や*屑食者によって分解されたあとは落葉落枝が*腐植質となる．

ラジオイムノアッセイ（RIA） radioimmunoassay (RIA)

微量の生体分子を検出するための鋭敏な定量法であり，その抗原分子に対する抗体に結合している放射性標識された抗原分子を，未標識の抗原分子が置換する能力に基づく．⟶ 免疫検定法

裸子植物 gymnosperm

胚珠とその内部で育つ種子が，被子植物のように子房に包まれず保護されていない植物（裸子植物とは，裸の種子という意味である）．古典的な分類体系では，これらの植物は種子植物門のなかの一綱である裸子植物綱

に分類されていたが，現在は異なる門に分かれている．*針葉樹類（毬果植物類），*ソテツ類（ソテツ），イチョウ門（イチョウ），そしてマオウ門（例えば奇想天外）である．→ 原裸子植物

らせん菌　spirillum

硬くらせん形をしたバクテリア．一般的にはらせん菌はグラム陰性（→ グラム染色）で，好気性，高運動性であり1本あるいは房になった鞭毛をもつ．これらは，土壌や水中にすみ，有機物を食物とする．

ラッパ細胞　trumpet cell

細長い細胞であり，多数のラッパ細胞が端と端でつながり，褐藻の体のいたるところに光合成産物（糖）を輸送する．端壁は穴が開いて篩になっており，*篩部の篩要素の配置に類似している．しかし，ラッパ細胞と篩要素は相同構造ではなく収束進化の一例である．

ラディエーション　radiation

1. （物理学）放射．電磁波や光子の形で伝わるエネルギーをいう．→ 電磁スペクトル

2. （物理学）放射線．粒子の流れで，特に放射線源からのα粒子やβ粒子の流れ，あるいは原子炉からの中性子の流れなどに対して使う．→ バックグラウンド放射線

3. （進化）→ 適応放散

ラテックス　latex

ある種の草本植物や木にみられる，混合組成からなる乳状液体．その働きは明らかではないが，傷の修復（→ ゴム）を助けているのかもしれないし，植物の栄養に関与しているのかもしれない．ゴムの木のようなある種の植物のラテックスは商業目的のために集められている．

ラド　rad　──　放射線単位

ラビリンス　labyrinth

脊椎動物の*内耳を構成する腔や管の集合体．それは，膜状の構造の集まり（膜迷路）から成り立っていて，ほぼ同形の骨の内腔（骨迷路）のなかにおさまっている．

ラマピテクス　Ramapithecus

1200～1400万年前に生息し，絶滅した霊長類の一属．ラマピテクスの化石はインド，パキスタン，近東，東アフリカなどで発見された．最初にあごの骨の一部がみつかり，あごの左右で噛んでいたことや口がそれほど突き出ていないことなどヒトに近い特徴をもっていたとされたが，のちにあご全体の化石がみつかりヒト科ではないことがわかった．専門家たちは，ラマピテクスはヒト科ではなくアジアの大型霊長類（例えばオランウータン）の祖先と考えている（→ ドリオピテクス，猿人類）．

ラマルク，ジャン・バティスト・ピエール・アントワーヌ・ド・モネ，ナイト爵　Lamarck, Jean Baptiste Pierre Antoine de Moner, Chevalier de (1744-1829)

フランスの博物学者．1778年に彼はフランス植物誌を出版し，このなかには二分法による同定*検索表が含まれていた．彼は後に無脊椎動物の分類を研究し，7巻の無脊椎動物誌（1815-22）を出版した．1809年に彼は，後に*ラマルク説（その後，ダーウィン説により否定された）として知られることになる*進化論を唱えた．

ラマルク説　Lamarckism

歴史的に一番早期に考えられ，表面的にもっともらしい進化仮説の一つ．1809年にフランスの博物学者である*ラマルクによって提唱された．個体の変化はその生涯の間に獲得され，主に継続的な必要性に対応した器官の使用の増加や減少によって起こり，その変化は子孫に受け継がれる，と彼は考えた．したがって，キリンの長い足と首は，木の葉を食べるためにキリンが首を伸ばしたためであると説明される．これは，獲得形質の遺伝といわれていて，完全に立証されたことは一度もない．そして，ラマルクの説は大部分が，メンデルとその後継者による遺伝学説（→ メンデル説）により置きかえられた．→ ルイセンコ学説

ラミナ　lamina

1. 薄く，通常平らな葉身のことで，ここで光合成や蒸散が起こる．葉身の大部分は葉脈（*維管束）によって分断された，*葉肉細胞の集まりから成り立っている．

2. コンブ類のような藻類の葉状体の葉部分. → 柄（キノコの）

ラムダファージ lambda phage

大腸菌細胞に感染するテンペレート*バクテリオファージの一種. 大腸菌内で, ラムダファージは*溶原性と呼ばれる状態で無活動のプロファージとして存在するか, または複製を行い, 宿主細胞を溶菌して新しいファージ粒子を放出するかのいずれかを行う. ファージ粒子は1個の直径64 nm の二十面体の頭部と長さ150 nm の尾部からなる. 頭部にはファージゲノムの二本鎖DNAが含まれる. ラムダファージは, ウイルス感染と複製のモデルとして詳細な研究が行われ, また遺伝学の研究と遺伝子工学において広く使われている. 改変したラムダファージは, 遺伝子クローニングの*ベクターとして, 特に比較的長い外来DNAのパッケージングに使われている.

ラメラ lamella (pl. lamellae)

1. （植物学）**a**. 植物の葉緑体のなかで, *グラナの間にみられる膜の折りたたみ対のこと. **b**. 多くのキノコや毒キノコのかさの下側にある胞子ひだのこと. → 中層
2. （動物学）膜からなる薄層一般についていう. 特に緻密骨を構成する組織の薄層についていう.

ラモニ・カハール, サンチアゴ Ramón y Cajal, Santiago ⟶ ゴルジ, カミーロ

卵 ovum (pl. ova ; egg cell)

1. （動物学）動物の雌の成熟した生殖細胞（→ 配偶子）で, 卵巣から生産される（→ 卵形成）. 球形で, 核をもち, *卵膜に包まれており, 動くことができない.
2. （植物学）植物の*卵球.

卵黄 yolk

胚が用いるために卵に蓄えられた栄養. 主にタンパク質（タンパク質性卵黄）あるいはリン脂質と脂肪（脂肪性卵黄）からなる. 卵生動物（例, 鳥類）の卵は比較的大きい卵黄をもつ.

卵黄嚢 yolk sac

鳥類, 爬虫類, 哺乳類の胚を囲む保護膜の一つ（→ 胚体外膜）. 胚は血管系を経由して卵黄嚢から栄養を得る. 鳥類と爬虫類では卵黄嚢は卵黄を囲んでいるが, ほとんどの哺乳類では液体が卵黄と置き換わっている.

卵黄膜 vitelline membrane ⟶ 卵膜

卵殻 chorion

卵巣において産生される昆虫の卵保護性の殻. 小さい細孔により貫かれ, 受精のために精子の進入を可能にする. → 卵膜

卵割 cleavage

（発生学）一つの受精卵の細胞が多細胞体である*胞胚に変化していくときの, 細胞分裂の系列をいう. 特徴としては, 卵割の間は成長は起こらず, 中央の腔所（割腔）の形成以外は胚の形は変化せず, また細胞質に対する細胞核物質（DNA）の比率は増大する.

卵管 oviduct

動物の卵細胞を卵巣から生殖器官の他の部位, もしくは体外へ輸送する管のこと. 卵は筋肉と繊毛の働きによって卵管を運ばれる. → ファロピウス管

卵球 oosphere (ovum ; egg cell)

植物やいくつかの藻類における運動性のない雌性配偶子のこと. 被子植物では, 胚珠の*胚嚢内の細胞であり, 他の植物では*造卵器のなかにある. ヒバマタのような藻類では, 卵球は受精前に水のなかへ放出されるまで生卵器によって保護されている. 多くの卵球はデンプンや油滴の形で栄養を蓄えている.

卵菌門 Oomycota

原生生物の一つの門のことで, ミズカビ（water moulds）, べと病菌, ジャガイモ疫病菌（*Phytophthora*）などを含み, かつては菌類の卵菌綱（Oomycetes）に分類されていた. 多核体であり, セルロースからなる細胞壁をもつ. 卵菌類は腐生性もしくは寄生性であり, 細い菌糸を食物源もしくは宿主内へと伸ばし, 栄養を得る. 胞子嚢から鞭毛をもった*遊走子が放出され, その遊走子によって無性生殖を行う. 造精器と生卵器の接合によって有性生殖が起こり, それによって接合子が形成され, キチン質からなる細胞壁を発達させ耐久性をもった卵胞子になる.

卵形成 oogenesis

動物の卵巣内における卵細胞の生産と成熟のこと．卵巣内の特別な細胞（卵原細胞）は，多数の卵細胞の前駆細胞（一次卵母細胞）を作るために有糸分裂を繰り返す．成熟するとこれらは，染色体の数を半減する減数分裂を始める．第一減数分裂で極体と二次卵母細胞が作られる．第二減数分裂では二次卵母細胞が卵子と第二極体を作る．卵母細胞は生まれたときに卵巣内に存在し，生産可能な卵の全体の数を表していると考えられている．

卵形嚢 utriculus (utricle)

*内耳にある室で，そこから*半規管が伸びる．そこには運動の方向や速さの検出にかかわる感覚上皮の集団が存在する．

ランゲルハンス細胞 Langerhans cells ⟶ マクロファージ

ランゲルハンス島（膵島） islets of Langerhans (pancreatic islets)

膵臓にある小さな細胞集団であり，内分泌腺として機能する．α (A) 細胞はホルモンの*グルカゴンを分泌し，β (B) 細胞は*インスリンを分泌し，δ (D) 細胞は*成長ホルモン抑制ホルモンを分泌する．ランゲルハンス島は，発見者であるドイツの解剖学者であり顕微鏡学者でもあるランゲルハンス (Paul Langerhans, 1847-88) にちなんで名づけられた．

卵原細胞 oogonium

有糸分裂によって卵母細胞を生じる，動物の卵巣内の未成熟な生殖細胞のこと（→ 卵形成）．

乱視 astigmatism

眼のレンズの欠陥の一種で，光軸を含むある平面内の光線が焦点を結んでも，光軸を含む他の平面内の光線が焦点を結ばない場合をいう．通常は角膜が球面でない場合に，眼は乱視となる．乱視は，水平面と垂直面で異なった曲率半径をもつレンズであるアナスチグマチックレンズを用いて矯正される．

卵子生殖（卵接合） oogamy

有性生殖の一種で，一般的には静止した大きな雌性配偶子の形成とそれに続く運動性の雄性配偶子との融合のあるもの．雌性配偶子は胚発生に必要な栄養を含み，雌性配偶子はしばしば親個体によって保持され守られている．

藍色細菌 blue-green bacteria ⟶ シアノバクテリア

卵生 oviparity

受精卵が母体から産み出され，母体外でふ化する生殖のこと．有袋類と有胎盤哺乳類を除くほとんどの動物が該当する．→ 卵胎生，胎生

卵成熟促進因子（MPF） maturation-promoting factor (MPF) ⟶ 分裂促進因子

卵接合 oogamy ⟶ 卵子生殖

卵巣 ovary

雌の動物にある，卵が作られる生殖器官．ほとんどの脊椎動物には卵巣が二つある（魚類には卵巣がくっついて単一の構造を形成するものもあり，鳥類では左側の卵巣のみが機能している）．卵の生産に加えて，卵巣はステロイドホルモンを作る（→ エストロゲン，プロゲステロン）．哺乳類では卵巣はいずれも*ファロピウス管の先端の開口部に近い部分にあり，濾胞を多く含んでおり，この濾胞中で卵が発達し，一定の周期で放出される（→ グラーフ卵胞，月経周期，卵形成，排卵，生殖器系）．

卵帯 chalaza ⟶ カラザ

卵胎生 ovoviviparity

受精した卵が母親の卵管のなかで発生，ふ化する生殖方式のこと．多くの無脊椎動物，一部の魚類，爬虫類（例えばクサリヘビ類）がこの方式をとっている．→ 卵生，胎生

卵着床 nidation ⟶ 着床

ランビエ節 node of Ranvier ⟶ ミエリン鞘

ランプブラシ染色体 lampbrush chromosome

動物，特にイモリやその他の両生類の卵母細胞にみられる染色体の一型で，染色体腕の主軸から生じた多数のループが特徴である．顕微鏡下では，この状態は，昔使われていた

オイルランプを磨く円筒形のブラシのようにみえる．このループは染色体がほどけた領域で，この部分のDNAは，共存するタンパク質とRNAマトリックスによって露出し，活発に転写される．

卵胞 ovarian follicle ⟶ グラーフ卵胞

卵胞期 follicular phase

グラーフ卵胞が成熟し，エストロゲンの影響下で子宮内膜が厚くなる*発情期（女性の月経周期）の段階．

卵胞子 oospore

ある種の藻類や菌類において，*卵接合の結果として作られる接合子のこと．卵胞子は栄養の貯えをもち，保護のための外側の被膜を発達させ，発芽前に休眠に入る．⟶ 接合胞子

卵母細胞 oocyte ⟶ 卵形成

卵膜

1. egg membrane

動物の卵細胞を覆う物質の層．一次卵膜は卵巣内で発達し，原形質膜に加えて卵表面を覆う．一次卵膜は昆虫，軟体動物，鳥類，両生類では卵黄膜，尾索類や魚類では卵殻，哺乳類では*透明帯と呼ばれる．昆虫はやはり卵殻と呼ばれる第二の厚い膜をもつ．二次卵膜は卵が体外へと産卵される際に卵管や生殖器の一部から分泌される．二次卵膜はカエルの卵の外部ジェリー層や，鳥類の卵の卵白や卵殻を含む．

2. fetal membranes ⟶ 胚体外膜

卵門 micropyle

いくつかの動物細胞や組織，例えば昆虫の卵などにある細孔．⟶ 漿膜

リ

リガーゼ ligase

酵素の一種で，ATP開裂により放出されたエネルギーを利用して共有結合の形成を触媒する．リガーゼは，DNAを含む生体分子の合成と修復において重要であり（→ DNAリガーゼ），また外来遺伝子をクローニング*ベクターに入れるという遺伝子操作技術の際に利用される．

リガンド ligand

1. （化学）配位子．電子対を金属原子に供与し，配位結合と呼ばれる共有結合の一種を形成するイオン，原子あるいは分子をいう．

2. （細胞生物学）あるタンパク質にきわめて特異的に結合する分子をいう．例として，酵素の基質や，細胞の受容体に結合するホルモンがある．

リガンド作動性イオンチャネル ligand-gated ion channel

*イオンチャネルの一種で，シグナル分子（リガンド）がチャネルタンパク質の細胞外受容体領域に結合すると開くものをいう．リガンドの結合によりチャネルタンパク質の立体構造が変化し，その結果，チャネルが開く．多くの神経伝達物質はイオンチャネルのリガンドとして働く．たとえば，神経筋接合部では，*ニコチン性アセチルコリン受容体がカチオンチャネルを形成し，このチャネルの細胞外領域に2分子のアセチルコリンが結合すると，このチャネルは開く．その結果，ナトリウムイオンが流入し，筋細胞膜の脱分極が生じる．他の型のリガンド作動性イオンチャネルは，シナプス部分と脳に見いだされる．

力価 titre

1. 検査液中に存在する感染性のウイルス粒子の数．

2. 血清試料中に存在する*抗体の量の指

標．希釈した試料を適切な抗原と混合し，目に見えるかたまりを形成する（→ 凝集）最も高い希釈率によって与えられる．

陸水学 limnology
　淡水生物の生息地や淡水生態系の研究．

リグナイト lignite　──　石炭

リグニン lignin
　二次肥大の際に植物細胞壁のセルロースのなかに蓄積される複雑な有機高分子化合物．木化（リグニン化）は細胞壁を木質化し，強固なものにする．→ 厚壁組織

リケッチア richettsia
　非常に小さな球状または棒状のグラム陰性細菌で，プロテオバクテリア門に属する．一つ例外があるものの，リケッチアは絶対寄生性であり，宿主の細胞外で増殖することができない．ダニやノミ，シラミといった節足動物に感染し，それらを通してヒトを含む脊椎動物に伝播される．このなかにはQ熱やロッキー山赤斑熱，発疹チフスの病原体が含まれる．*Rochalimaea* 属は宿主細胞外の培地で増殖可能な唯一の属であり，塹壕熱の原因となる *R. quintana* が含まれる．

利己的 DNA selfish DNA
　見かけ上機能をもたない DNA（ジャンク DNA としても知られる）の領域で，遺伝子として働く DNA 領域の間に存在している．*トランスポゾンがよい例である．ある種の*反復 DNA もまた利己的な性質をもつ．利己的 DNA は，自分自身のコピーを次の世代に伝えるためだけに存在しているように見えることから，そのように呼ばれている．確かに「分子寄生者」のように行動しており，利己的 DNA を内部に含む生物を生存機械として利用している．これは利己的 DNA 説と呼ばれる．脊椎動物や植物において非常に大量の利己的 DNA が見いだされている．利己的 DNA が存在する理由は，それが未知の機能をもつためであるか，あるいはゲノム内においてそれが増加することを細胞が制止できないからであろう．

リシン lysine　──　アミノ酸

リステリア属 *Listeria*
　桿状で運動性をもつ好気性グラム陽性菌の一属．そのうちの一種類である *L. monocytogenes* だけが病原菌であり，リステリア症を起こす．物理処理，化学処理に耐性を示し，大便中や食物などに混ざっていることがある．感染部位により，リステリア症はいろいろな症状を示す．中枢神経系に感染することにより髄膜脳炎の原因となる．しかし，子宮感染は流産や胎児の先天的障害の原因になると考えられている．

離生 schizogeny
　植物の細胞と細胞が局部的に離れることで，その結果空洞（周りは完全な細胞に囲まれている）を形成する．その空洞には分泌物が蓄積する．例えば，針葉樹の樹脂道や，ヒメウイキョウやアニスの果実の油導管などがある．→ 破生

離生心皮 apocarpy
　花の雌性生殖器官（*心皮）どうしが，お互いに癒着していないこと．例えば，キンポウゲの心皮がそうである．→ 合生心皮

リゼルギン酸ジエチルアミド lysergic acid diethylamide（LSD）
　潜在的な幻覚誘発特性（→ 幻覚発現物質）をもつリゼルギン酸の化学的誘導体．穀類の麦角菌に含まれ，1943年にはじめて合成された．LSD は*セロトニン受容体の*拮物質として働く．

離巣性の nidifugous　──　早成種

リソソーム lysosome
　動物細胞や単細胞真核生物でみられる膜に囲まれた嚢胞（オルガネラ）．加水分解酵素を含み，古くなったかあるいは欠陥のある細胞内成分や，または食物粒子や細菌などの周囲の環境から細胞が取り込んだものを分解する．リソソーム中の酵素はリソソーム内部の約 pH 4.8 の酸性状態で活性をもつように適応している．これによってリソソーム中の酵素が外にもれても，細胞質の中性の状態では活性化が防止されるため，細胞成分がリソソームの酵素によって攻撃されることはない．一次リソソームは内部に分解後の残骸を有さないが，不要な物質を含む小胞や細胞内小器官と融合して二次リソソームを形成し，このなかで不要な物質の消化が行われる．植物細

胞においては*液胞が加水分解酵素を有しており，これらがリソソーム内の加水分解酵素と同等であり，リソソームに類似した形式で物質の分解を行う．

リゾチーム lysozyme
　涙，唾液を含む分泌液や体液に広く分布する，抗菌作用を有する酵素．細菌の細胞壁に含まれる多糖類成分を分解し，細菌の細胞壁を破壊されやすくする．

利他主義（利他的行為） altruism
　動物の行動の一種で，自身の生存や生殖の機会を減少させるが，同種の他個体のそれらの機会は増加させるもの．例えば，タゲリという鳥（lapwing）は怪我をしているふりをすることで，捕食者が巣から離れるように誘き出すという危険を犯すが，それによって子孫を守ることができる．利他主義は，生物学的な意味においては，行為者の意識的な慈善を意味しない．もし利他行動の受け手が，集団全体に比較して利他主義者とより近縁であるならば，利他主義は*血縁選択によって進化しうる．→ 警告信号，包括適応度

律速段階 rate-limiting step
　代謝や一連の化学反応における最も遅い段階で，これが全体の反応速度を決めている．酵素反応の律速段階は，一般的に最大の*活性化エネルギーを必要とする段階，すなわち自由エネルギーが最大となる遷移状態の段階である．

立体異性 stereoisomerism
　同じ分子式と官能基をもつが，官能基の空間的配置が異なる化学物質（立体異性体）が存在することをいう．光学異性はこの一例である（→ 光学活性）．

リットル litre
　記号 l．メートル法における体積の単位で，1立方デシメートルに対する特別な名前である．以前は1気圧，4℃の純粋な水の1キログラムの体積として定義され1.000028 dm^{3}と同等であった．

立毛 pilomotor
　体毛の位置を変化させるための神経繊維や，その神経の支配を受ける筋肉を示す．*立毛筋は立毛に使われる筋肉である．

立毛筋 arrector pili
　皮膚の真皮に存在する小型の筋肉で，毛嚢の基部に結合する．寒さや恐怖により立毛筋が収縮すると，毛が垂直に引かれて，その結果，体の周囲に空気の断熱層が保持され，またヒトでは「鳥肌が立つ」ことになる．

リーディング鎖 leading strand ⟶ 不連続複製

リードスルー readthrough
　RNAポリメラーゼがシグナルの認識に失敗し，正常な終結シグナルや終結配列を超えてDNAの転写が継続されること．リードスルーは，変異により正常な終止コドンがアミノ酸をコードするコドンに変換された場合，翻訳でも起こる．その結果，次の終止コドンに当たるまでポリペプチド鎖が伸長し，いわゆるリードスルータンパク質が生成する．

リニア植物 rhyniophytes
　デボン紀の初期（4～3.8億年前）に栄え，絶滅した陸上の維管束植物の一群．短く上向きの地上茎（「茎」）をもち，これは数cmの高さで，ほふく茎あるいは球茎から伸びており，二つの等価な成長点を形成して，二又分枝した．「裸の」枝は葉がなく，枝の先端は多細胞性の胞子形成器官（胞子嚢）へと変化している．クックソニア（Cooksonia）やリニア（Rhynia．化石が豊富なチャートの地層のあるスコットランドのRhynieという地名に由来する）などのリニア植物は茎の中心に木質部の導管が連続した部分をもつ最初の真の維管束植物であった．1980年代に，胞子体リニオア植物に接して，胞子体と似た形の配偶体が共存している証拠が現れた．このことから，これらは同種の植物が世代交代した形態であり，しかも配偶体の縮小が現在の維管束植物にみられるような胞子体型が優勢になるような進化を引き起こしたのではないかと推測された（→ 変形仮説）．→ トリメロフィトン類，ゾステロフィルム植物

利尿 diuresis
　大量の水尿の産生．利尿は血管内の浸透圧を上昇させ，*抗利尿ホルモンによって阻害される．

利尿薬 diuretic

尿産生の速度を上昇させる薬剤あるいは物質で，それらは水分やある種の塩類が体内から失われる速度も上昇させる．多くの利尿薬は腎細尿管中の原尿からのナトリウムイオンや塩素イオンの再吸収を減少させ，その結果，水分の再吸収を低下させることにより働く．それらは心臓，腎臓や他の器官の不調によって引き起こされる水分貯留（浮腫）の治療や高血圧を抑制するために使用される．利尿薬は異なる作用機序によっていくつかのグループに分けられる．最も強力なのはフロセミドのようなループ利尿薬で主に *ヘンレ係蹄の細胞に存在する $Na^+/K^+/Cl^-$ 輸送体をブロックすることで作用する．他のグループはメトラゾンなどのチアジドからなり，*遠位尿細管にある Na^+/Cl^- 輸送体を阻害する．スピロノラクチンは *アルドステロンホルモンの受容体への結合をブロックすることで利尿効果を示す．マンニトールなどの浸透圧性利尿薬は原尿の浸透圧を高め，尿量を増やす．

リネウス，カロルス（カール・リンネ） Linnaeus, Carolus (Carl Linné) (1707-78)

スウェーデンの植物学者．彼はヨーロッパ中を旅行し，1735年までに100種以上の新種の植物を記載した．1749年に，彼は *二命名法による彼の分類体系を発表し，それは修正されながら，それ以来すべての生物について使われるようになった．

リノール酸 linoleic acid

二つの二重結合をもつ液状の多価不飽和 *脂肪酸の一つで $CH_3(CH_2)_4CH:CHCH_2CH:CH(CH_2)_7COOH$．リノール酸は多くの植物脂肪や植物油のなかに多量に存在する（例えば，大豆油，亜麻仁油，ラッカセイ油）．*必須脂肪酸の一つである．

リノレン酸 linolenic acid

三つの二重結合をもつ液状の多価不飽和 *脂肪酸の一つで，$CH_3CH_2CH:CHCH_2CH:CHCH_2CH:CH(CH_2)_7COOH$．リノレン酸は，大豆油，亜麻仁油などある種の植物油や，藻類中に含まれている．また，*必須脂肪酸の一つでもある．

リパーゼ lipase

脊椎動物の膵臓から分泌される酵素で，これは小腸のなかで，脂肪のグリセロールと脂肪酸への分解を触媒する．

リプレッサー repressor

遺伝子の発現を抑制するタンパク質．→オペロン

リブロース ribulose

ケトペントースの一つ（→ 単糖）で，$C_5H_{10}O_5$ で表される．光合成において二酸化炭素を固定する *リブロース二リン酸の構成成分．

リブロース-1,5-二リン酸 ribulose bisphosphate (RuBP)

五炭糖で，*光合成の暗反応（→ カルビン回路）の第一段階において二酸化炭素と結合し，2分子の三炭糖の中間体を形成する．RuBPの二酸化炭素との結合を触媒する酵素であるRuBPカルボキシラーゼ/オキシゲナーゼ（→ リブロース二リン酸カルボキシラーゼ/オキシゲナーゼ）はまた，*光呼吸に関与している．

リブロース二リン酸カルボキシラーゼ/オキシゲナーゼ（ルビスコ） ribulose bisphosphate carboxylase/oxygenase (rubisco)

光合成の *カルビン回路において重要な段階を触媒する酵素で，二酸化炭素の分子をリブロース二リン酸の分子に取り入れ，2分子のホスホグリセリン酸を作り出す．この反応は気体の二酸化炭素を有機態の炭素に固定し，植物および植物に依存するその他の生物に対してエネルギー源と炭素源を提供する．しかし，ルビスコは2種類の活性があり，炭酸固定の活性に加え，酸素とリブロース二リン酸の結合を触媒し，そしてリブロース二リン酸を1分子のホスホグリセリン酸と1分子のグリコール酸リン酸に分解する活性がある．これは *光呼吸と呼ばれる無駄な反応であり，光合成と競合する．ルビスコは自然界のなかで最も量の多いタンパク質であり，生命において重要な役割を果たしているということを反映している．

リーベルキューン腺（腸腺） crypts of Lieberkühn (intestinal glands)

小腸の内部表面の指のような形の突起物（→ 絨毛）の間に存在する管状の腺．これらの腺の細胞（パネート細胞という）は，*腸液を分泌しながら徐々に腸小窩や絨毛に沿って移動していく．最終的にはこれらの細胞は腸の内腔へはがれ落ちる．この腺の名前は，ドイツの解剖学者リーベルキューン（J. N. Lieberkühn, 1711-56）に由来する．

離弁花 polypetalous

分離している花弁から*花冠ができている花を示す．→ 合弁花

リボ核酸 RNA (ribonucleic acid)

*タンパク質合成に関与する生きた細胞内でみられる有機物複合体（核酸の一種）．ある種のウイルスではRNAが遺伝物質にもなっている．大部分のRNAが核内で合成されその後細胞質の様々なところに分配される．RNA分子は*ヌクレオチドの長い鎖からなり，ヌクレオチドには*リボースという糖とアデニン，シトシン，グアニン，ウラシルという塩基が含まれる（次ページの図参照 → DNA）．メッセンジャーRNA (mRNA) はDNAから転写された*遺伝暗号を細胞内の特別な場所（*リボソームとして知られる）に運ぶのに必須で，そこでは遺伝情報がタンパク質へと翻訳される（→ 転写，翻訳）．リボソームRNA (rRNA) はリボソーム内に存在し，一本鎖ではあるが，分子内で*塩基対を形成することでらせん領域を形成する．トランスファーRNA (tRNA, 可溶性RNA, sRNA) はリボソーム内でタンパク質が合成される際，アミノ酸を連れてくる役割をする．それぞれのtRNAはアミノ酸特異的で，mRNAのトリプレット塩基と相補的なトリプレット塩基をもつ（→ アンチコドン，延長）．RNAはタンパク質と結合して*リボ核タンパク質と呼ばれる複合体を形成する場合がある．→ アンチセンスRNA，RNAプロセシング

リボ核タンパク質 ribonucleoprotein (RNP)

真核生物のRNA合成の際にみられるタンパク質とRNAの複合体で，このタンパク質はRNAの梱包，凝縮に関与している（訳注：日本ではリボ核タンパク質という語は，RNA合成にかかわるもの以外にも，リボソームなどにも用いる．また本文で後述されているシグナル認識粒子はRNA合成にはかかわらない）．あるRNPは核に局在するが，核と細胞質の両方に存在するものもある．核に存在する最も一般的なRNPはヘテロ核RNA (hnRNP) であり，DNAの一次転写産物（→ 転写）に結合したタンパク質からなる．hnRNPは核内低分子RNA (snRNP) を伴うと考えられている．snRNPは一次転写産物からイントロン配列を取り除いてメッセンジャーRNAを作ると考えられており，成熟したメッセンジャーRNAは最終的には核の外に出る（→ RNAプロセシング）．三つ目のタイプは細胞質内低分子RNP (scRNP) と呼ばれ，細胞質で見いだされた．scRNPの例としてはシグナル認識粒子がある．これは一つのRNAといくつかのタンパク質との複合体であり，新たに合成されたポリペプチドが小胞体に侵入するのを助ける（→ シグナル説）．→ ヘテロ核RNA

リボザイム（触媒RNA） ribozyme (catalytic RNA)

RNA分子で，自分自身の分子構造変化を触媒することができるものをいう（訳注：リボザイムは酵素活性をもつRNAの総称で，RNasePのRNA成分のように，自身の構造変化を触媒しないものでも酵素活性をもつRNAならリボザイムに含める）．例えばセルフスプライシング*イントロンはリボザイムの例である（→ RNAプロセシング）．リボソームの大型サブユニット内にあるRNAもリボザイム活性をもつと考えられており，新たに入ってきたアミノ酸と伸長しているポリペプチド鎖の末端とのペプチド結合の形成を触媒している．これをペプチジルトランスフェラーゼ反応と呼ぶ（→ 翻訳）．リボザイムは*ウイロイドと非常によく似た特徴をもち，後者は事実上「逃げた」イントロンであると推測されている．

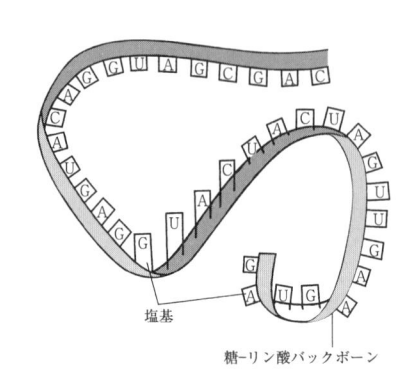

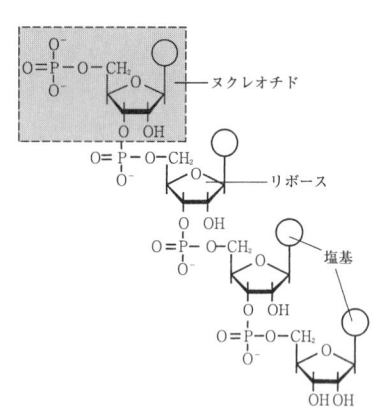

糖-リン酸バックボーンの分子構造の詳細．各リボース単位はリン酸基と塩基に結合しており，ヌクレオチドを形成する

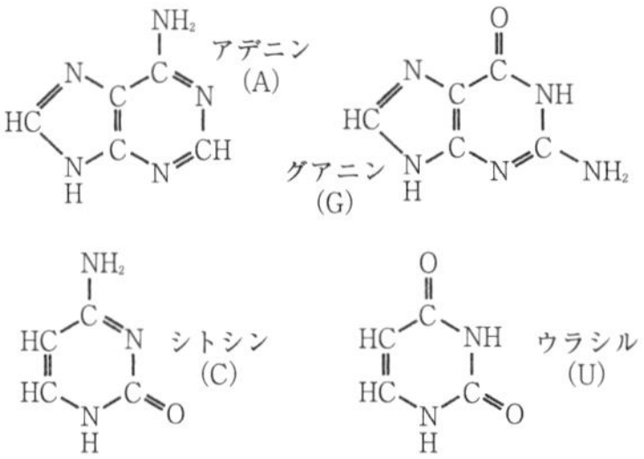

RNA の一本鎖構造

RNA の四つの塩基

RNA の分子構造

リポ酸 lipoic acid

*ビタミン B 群のビタミンの一つ．ピルビン酸脱水素酵素によるピルビン酸の脱炭酸に関与する*補酵素の一つである．好気呼吸の際の*クレブス回路に炭水化物が入る前に，この脱炭酸反応が起きる必要がある．リポ酸のよい供給源として，酵母と肝臓などがある．

リボース ribose

$C_5H_{10}O_5$ で表される*単糖で，自然界では滅多に単独で存在することはないが，RNA（*リボ核酸）の重要な構成成分である．その誘導体であるデオキシリボース，$C_5H_{10}O_4$ も染色体中で遺伝情報を保持する*DNA（デオキシリボ核酸）の構成成分としてリボースと同様に重要である．

リボソーム ribosome

生きた細胞内にある小さな球状体で，*タンパク質合成の場である．リボソームは 2 種類のサブユニット，大小各一つ，からなり，それぞれ RNA（リボソーム RNA と呼ばれる）とタンパク質からなる．リボソームの種類は沈降係数で表現され（すなわち，超遠心での沈降速度），沈降係数の大きさはスベド

ベリ単位（記号はS）で示される．原核生物のリボソームの沈降係数は70Sであり，これは50S（大）サブユニットと30S（小）サブユニットからなる．真核生物のリボソームは80Sであり，これは60Sと40Sサブユニットからなる．ふつう，細胞内には多くのリボソームが存在し，*小胞体に結合しているものもあれば細胞質に浮遊する状態のものもある．タンパク質合成の間，*翻訳の過程で，リボソームはメッセンジャーRNAと結合し*ポリリボソームとなる．

リポソーム liposome

水溶液をリン脂質ゲルに加えて，実験室で人工的に作られた小胞や嚢のこと．微視的球状態でかつ，膜で囲まれている．この膜は細胞膜に似ていて，リポソームの小胞全体は細胞内小器官に似ている．リポソームは生きている細胞に取り込まれるので，病気の細胞に比較的毒性の高い薬を輸送するために使われ，そこで最大の効果を発揮することができる．例えば，メトトレキサートという薬を含んだリポソームは，癌の治療に使われていて，患者の血液に注入することができる．がん細胞を体温より高い温度に加熱しておくとリポソームが血管を通るとき，膜は溶け，薬は解き放たれる．リポソームはまた，*遺伝子治療のベクターとして使うことができる．リポソームの膜のふるまいに関する研究は，膜の機能の研究に応用されている．特に，透過性の変化の観点から麻酔中の細胞の膜のふるまいを観察するために用いられている．

リボソームRNA ribosomal RNA ⟶ リボソーム，RNA

リポタンパク質 lipoprotein

脂質と結合したタンパク質からなる一群の化合物をいう．リポタンパク質は細胞膜や細胞内小器官の膜の主要な構成成分である．それらはまた，脂質が血液やリンパ液のなかを輸送されるときの輸送形態としてそれらの体液中に存在する．*コレステロールは，主に低密度リポタンパク質（LDL）の形で血流のなかを運搬され，細胞膜にあるLDL受容体により血中から取り除かれる．LDLは受容体と結合して，その後細胞に取り込まれる．一部の人では遺伝的欠陥としてLDL受容体が欠損しており，血中のコレステロール濃度が高くなる原因となり，アテローム硬化にかかりやすくなると信じられている．超低密度リポタンパク質（VLDL）は肝臓で作られ，LDLの前駆体であるが，一方，高密度リポタンパク質（HDL）はリポタンパク質のなかで最も小さく，コレステロールを組織から肝臓へ輸送する働きをもつ．→ キロミクロン

リポトロピン lipotropin

下垂体前葉で作られる2種のペプチドホルモンのいずれかで，貯蔵脂肪を動員して脂質成分を血流中に放出する働きを示す．β-リポトロピンは，前駆体であるプロオピオコルチン（プロオピオメラノコルチン）の開裂によって作られ，β-リポトロピン自体はγ-リポトロピンとβ-エンドルフィンに開裂される．

リボヌクレアーゼ ribonuclease ⟶ RNA分解酵素

リボフラビン riboflavin ⟶ ビタミンB群

流行病 epidemic

同時期に，個体群のなかの多くの成員がかかる病気（特に感染性の病気）が発生すること．→ 風土病

竜骨 keel (carina)

鳥やコウモリの胸骨から突き出している骨．飛ぶための強力な筋肉が付着している．ダチョウやエミュなどの飛べない鳥の胸骨に，竜骨はない．

粒子遺伝 particulate inheritance

親から子孫へ形質を決定する粒子的単位が伝達されること．片方の親のみがもつ*劣性形質は交配によって消失するが，再び交配することによって子孫にまた現れることをメンデル（Gregor Mendel）が観察した．メンデルはこの観察によって，続く世代でも形質を保つ遺伝「因子」（現在は*対立遺伝子と呼ばれている）についての学説を唱えた（→メンデルの法則）．→ 融合遺伝

留巣性（の） nidicolous ⟶ 晩成種

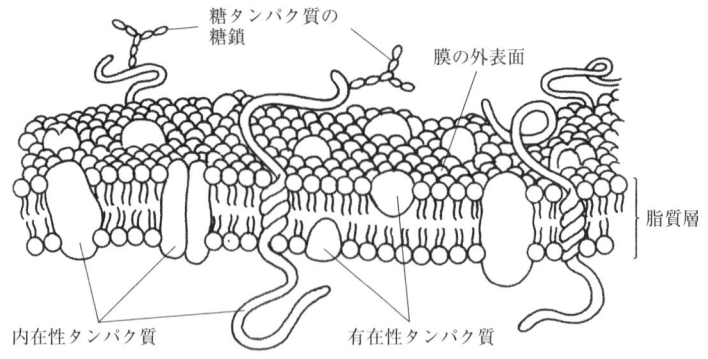

細胞膜の流動モザイクモデル

流体静力学的骨格 hydrostatic skeleton
　軟らかい体をもつ無脊椎動物にみられる支持組織であり，体腔内に含まれる液体の非圧縮性を利用している．たとえばミミズでは，体腔内部で体腔液が与圧されており，これにより内臓が支持されている．

流動モザイクモデル fluid mosaic model
　シンガー（S. J. Singer）およびニコルソン（G. L. Nicholson）によって1970年代に提唱された細胞膜の構造についての広く受け入れられたモデル．このモデルでは，*脂質二重層が細胞膜の基本構造を形成し，そのなかにタンパク質がランダムに埋め込まれている．これらのタンパク質はどちらかの脂質層に限定される（表在性タンパク質）か，もしくは両方を貫通し（内在性タンパク質），非対称的な構造を形成する（図参照）．この流動モザイクモデルによると，構成リン脂質および膜タンパク質分子の側方移動が可能である．

両眼視 binocular vision
　前方に向いた眼をもつ動物のみがもつ能力で，同時に両眼の網膜上に対象物体の焦点が合った像を形成することができる．これにより三次元的な視覚が可能になり，距離の判断に寄与する．

両性 hermaphrodite (bisexual)
　1．ミミズのように雌雄両方の生殖器官をもつ動物．
　2．花が雄ずいと雌ずいの両方を含む植物．これは多くの植物において一般的な配置である．→ 雌雄同体の，雌雄異体の

両性イオン zwitterion (ampholyte ion)
　同一の分子内に正と負の電荷をもつイオン．両性イオンは分子内に，酸性基と塩基性基の両方を含む化合物から，形成される．例えば，アミノ酸のグリシンの化学式はH_2NCH_2COOHである．しかし，中性条件下では両性イオンの$^+H_3NCH_2COO^-$の形で存在する．これは内部中和反応（カルボキシル基からアミノ基へのプロトンの移動）によって作られたと考えられている．したがって，グリシンはイオン性化合物に特徴的ないくつかの性質をもつ．例えば，高融点と水への溶解度が高いことである．酸性溶液中では，陽イオン$^+H_3NCH_2COOH$の形をとる．塩基性溶液中では，陰イオン$H_2NCH_2COO^-$が優勢である．zwitterionの名前はドイツ語のzwei，つまり2からきている．

両性混合 amphimixis
　真の有性生殖のことであり，雄性および雌性の配偶子の融合と接合子の形成が存在する有性生殖のこと．→ 無配偶生殖

両性代謝経路 amphibolic pathway
　同化経路と異化経路の両方を行う生化学的な経路のこと．両性代謝経路の重要な例としては*クレブス回路があげられ，炭水化物と脂肪酸の異化と，アミノ酸合成における同化前駆体（例えば$α$-ケトグルタル酸やオキサロ酢酸）の合成を行う．

両性の amphoteric

酸と塩基の両方の振舞いを示す化合物のこと．アミノ酸は，分子内に酸性基と塩基性基の両方をもつため，両性として表される．水のような溶媒は，水素イオンの放出と受容の両方を行うため，通常は両性として表されるが，英語ではamphiproticの語を用いる．
→ 溶媒

両生類 Amphibia

脊椎動物（→ 脊椎動物）の一綱で，カエル，イモリ，サンショウウオなどを含む．両生類はデボン紀（約3億7000万年前）に進化した，陸に棲んだ最初の脊椎動物であり，多くの両生類は陸生に適応した特徴をもつ．すべての成体の両生類は口の天井と鼻孔をつなぐ通路をもつことから，口を閉じたまま空気を吸い込む．湿った鱗のない肌はガス交換において肺を補助する．横隔膜をもたず，口と咽頭の筋肉が呼吸のポンプの役割を果たす．受精は通常は体外で行われ，卵は柔らかく乾燥しがちであるため，生殖は一般的には水中で行われる．両生類の幼生は水生であり，呼吸のために鰓をもち，成体になるために変態を行う．

量的遺伝 quantitative inheritance ⟶ 多因子遺伝

量的変異 quantitative variation ⟶ 連続変異

菱脳 rhombencephalon ⟶ 後脳

緑腺 green gland ⟶ 触角腺

緑藻 green algae ⟶ 緑藻植物門

緑藻植物門 Chlorophyta (green algae)

*藻類に含まれる大きな一門で，クロロフィル aとクロロフィル bをもち，栄養貯蔵物質としてデンプンを使用し，セルロースの細胞壁をもつ．この観点からすると，緑藻類は他の多くの藻類よりも高等植物に類似しているが，いまだに原生生物に分類されている．緑藻類は広く分布しており，多様な形を呈している．単細胞の種も多く存在し，鞭毛により運動能をもつものや，コロニーを形成するものがある．一方，多細胞性のものには，糸状の形をもつもの（アオミドロ (*Spirogyra*) など）や，偏平なもの（アオサ属の海藻 (*Ulva*) など）がある．

リリーサー releaser ⟶ 誘発因

リン phosphorus

元素記号は P．非金属の元素で，生物の多量*必須元素である．組織（特に骨や歯）や細胞の主要な構成成分であり，核酸やエネルギー輸送分子（ATPなど）の形成に必要であり，また様々な代謝反応にかかわっている．

臨界種 critical group

互いに類縁関係にある生物からなる大きな集団で，個体の間に変異が存在するが，母体の集団と同レベルの分類学的地位の，より小さな集団に分割できないもの．臨界種は，*アポミクシスによって繁殖する植物にみられる．例えば，約400種をもつキイチゴ属（クロイチゴなど）は，臨界種であるとされている．

リンガー溶液 Ringer's solution ⟶ 生理食塩水

鱗茎 bulb

一つの成長期から次の成長期までの間，植物の生存を可能にするための，植物の地下器官．鱗茎は短い短縮した茎をもつ変形した枝条である．頂芽が短縮茎の上面の中央に発達し，肥大した葉の基部に囲まれている．この基部には，前の成長期に蓄えた栄養が含まれる．薄い褐色の鱗のような葉は鱗茎の外側を保護している．貯蔵物質は成長期に使われ，これを用いて頂芽は葉や花を作り出す．新しい葉では光合成が行われ，作られた貯蔵物質は新しい鱗茎を形成するために葉の基部へと送られる．もし複数の芽が伸長したら，付加的な鱗茎が形成され，栄養繁殖が起きる．鱗茎を形成する植物の例としてはラッパズイセン，タマネギ，チューリップなどがある（次ページの図参照）．→ 球茎

輪形動物門 Rotifera

微小な（0.04〜2.00 mm）水生の*擬体腔動物の一門であり，頭部にある冠状に並んだ繊毛が特徴である．この繊毛は移動の際に使われ，ある種の輪形動物では捕食にも使用される．この冠状に並んだ繊毛が動く様は回転する車輪に似ている．輪形動物は顎をもち，

鱗茎の発達

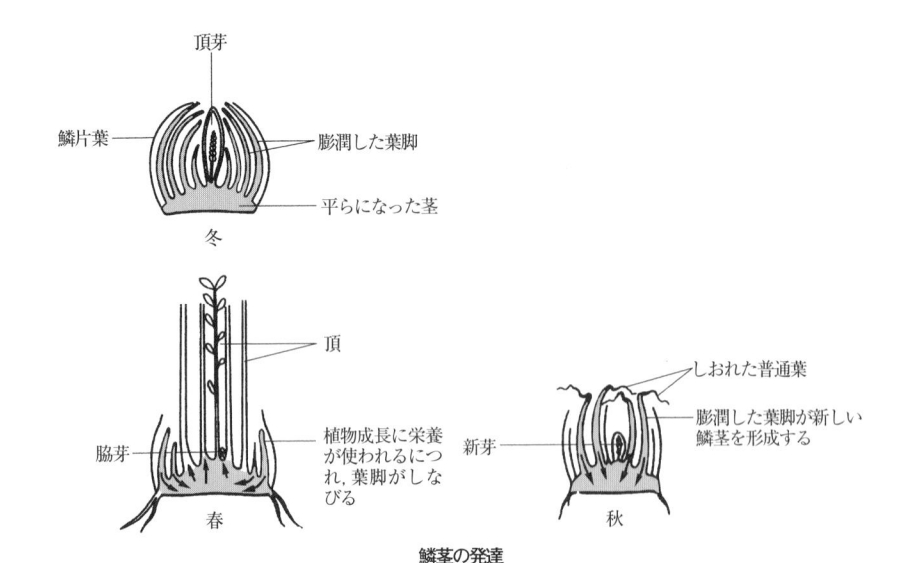

チキン層（被甲）により覆われている．循環系はもたず，ガス交換は体表面で行う．*単為生殖を行うものもいる．

リンゴ酸（2-ヒドロキシブタン二酸） malic acid (2-hydroxybutanedioic acid)

結晶性固体，化学式 $HOOCCH(OH)CH_2COOH$．L-リンゴ酸は生命体のなかに，*クレブス回路における中間代謝産物として存在している．またある植物では，光合成における中間代謝産物として存在する．リンゴ酸は特に熟していない果物（例えば，青リンゴ）の果汁のなかに見つけられている．

輪作 crop rotation

長期間にわたって同じ土地で順番に異なる作物を栽培することにより，その土壌の肥沃度を保つことと，病害虫からの悪影響を軽減させる農業的な手法．マメ科の植物は土にとっての窒素供給源であるため（→ 窒素固定，根粒），輪作において重要である．イギリスでは典型的な4段階の輪作に含まれる他の作物はコムギ，オオムギや根菜作物である．しかし，現在の農耕法においては農薬の利用によって，単一栽培が可能となっている．→ 農業

リン酸化反応 phosphorylation

通常ホスホリラーゼに制御される反応で生体分子にリン酸基を導入すること．リン酸基は不活性な有機物と容易に結合し，化学的に活性な化合物を形成する．多くの生化学反応の第一段階はリン酸化反応である．AMP や ADP から *ATP への変換は二つの主要な代謝経路中のリン酸化反応，すなわち，*酸化的リン酸化と*光リン酸化によって起こる．ヌクレオチドの形成にもリン酸化反応がかかわっている．多くの酵素活性もリン酸化反応によって制御されている．ある酵素はリン酸化されることによって活性化されるが（→ キナーゼ），一方，リン酸化によって不活性化されるものもある．これら酵素のリン酸化はホルモンや他の伝達物質の制御下にある．

リン/酸素比（P/O比） P/O ratio (phosphorus : oxygen ratio)

好気的呼吸を行う細胞において，*酸化的リン酸化の過程で，消費される酸素1分子（O_2）当たりの，ATP として取り込まれるリン（すなわちリン酸基として）の原子の数．従来は，*クレブス回路で生産される，還元型補酵素からの ATP 収量の計算は，それぞれ NADH が 3.0，$FADH_2$ が 2.0 とい

うように，整数のP/O値が使われてきた．この値を使うとグルコース1分子当たり，38ATPの純ATP収量が見込まれる．しかしながら，より最近になって，実験的証拠の新解釈により，2.5と1.5の非整数値が提唱され，これにより1グルコース分子当たり，純収量として31ATPが計算された．細胞質中のNADH（解糖により生じたもの）をミトコンドリアのマトリクスに輸送するのに，二つのメカニズムが使われるので，ATP生成の図式はさらに複雑になる．38ATP（または31ATP）の収量は，リンゴ酸/アスパラギン酸シャトルが使われる場合にのみ該当する．仮に，グリセロールリン酸シャトルと呼ばれる代替メカニズムが使用された場合，純収量は36ATP（または，現行のP/O率を用いて29.5ATP）に減少する．後者のメカニズムは，例えば昆虫の飛翔筋で見つかっている．

リン脂質 phospholipid (phosphatide)

一つのリン酸基と一つもしくはそれ以上の脂肪酸の両方をもつ，脂質の一群．グリセロリン脂質（あるいはホスホグリセリド）は*グリセロールをもとに形成されている．すなわちグリセロールの三つのヒドロキシル基は二つの脂肪酸と一つのリン酸基とエステル結合しており，またリン酸基は様々な簡単な構造をもつ有機物の官能基の一つと結合している（例えば*レシチン（ホスファチジルコリン）ではコリンと結合している．図参照）．スフィンゴ脂質はアルコールの一種のスフィンゴシンをもとに形成されており，アミノ基と結合した脂肪酸一つだけを含む．親水性の極性リン酸基と長い疎水性の炭化水素の「尾」をもっているため，リン脂質は水中で容易に膜状の構造を作る．リン脂質は細胞膜の主要な構成成分である（→ 脂質二重層）．

鱗翅目 Lepidoptera

ガやチョウから成り立つ昆虫の一目で，主に熱帯地に生息する．成虫は膜状の2対の羽をもち，その羽はたいてい派手な色合いで，通常は前翅と後翅が連結している．その羽や体や足は小さい鱗で覆われている．成虫の口部は，一般的に蜜や果汁などを吸う長い吻に変化している．チョウは典型的には胴体が小さく，日中に活動し，羽を垂直にたたんで休憩する．ガはチョウより胴体が太くて，夜行性であり種によって羽を様々な位置にたたんで休憩する．幼虫（イモ虫，毛虫）は，明確な頭部と，分節のある蠕虫状の体をしており大部分の体節には1対の足がある．幼虫は葉や草を摂食し，ときには作物にかなりの被害を与える．幼虫は*蛹を経て成虫になる変態を行う．鱗翅目のある群では唾液腺が変化してできた絹糸腺で作られる絹糸によって蛹が包まれる．また，ほかの種のものは繭を形成するために葉などを利用する．

リン循環 phosphorus cycle

環境中の生物的および非生物的な構成成分の間のリンの循環のこと（→ 生物地球化学的循環）．無機リン酸(PO_4^{3-}，HPO_4^{2-}，または$H_2PO_4^-$)は土壌や水中から植物に吸収され，食物連鎖にのって最終的に動物へわたる．生体内のリン酸は核酸や他の有機分子の

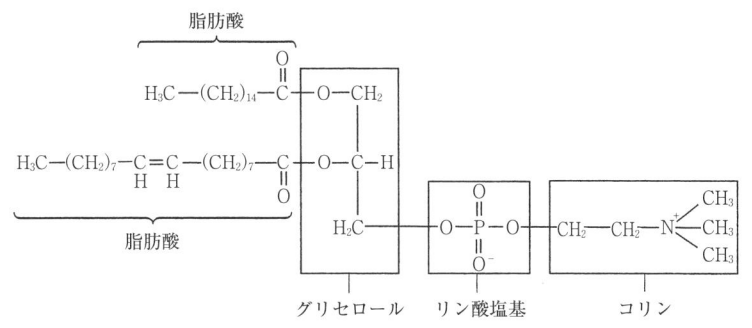

リン脂質レシチン（ホスファチジルコリン，ホスホグリセリドの一種）**の構造**

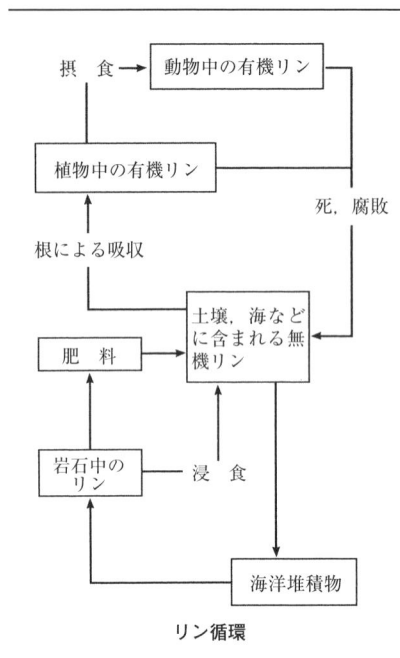

成分となる．植物や動物が死ぬとリン酸は放出され，バクテリアの作用によって非生物的環境へと戻る．地質学的な時間尺度では水域環境中のリン酸は岩石中に組み込まれ，その一部を形成し，やがて浸食により，それらのリン酸塩は土壌，海，河川，湖沼へと戻る．リンを含む岩石は肥料として採掘され，非生物的環境中への無機リン酸塩のさらなる供給源ともなっている．

輪状種 ring species

ループ状あるいはリング状の分布パターンを示す二つの種．例えば，二つの種の間に，互いに雑種形成可能な中間型が順次連なり，全体として周極分布をなすような場合である．輪状種の場合，連続したリング状の生物分布の二つの末端が出会った場所では，その二つの末端は互いに別種と見なすことのできる違いが生じている．したがって輪状種は，異なる個体群や亜種の間の違いが進化につれて最終的に新種を形成していくありさまを示すものである．

リンネ式分類 Linnaean system ⟶ 二命名法

リンパ lymph

*リンパ系内でみられる無色の液体で，リンパは細胞の間にある空間からリンパ系に流出する．リンパ（細胞間隙では*組織液と呼ばれる）は，*血漿に類似しており，主成分は水分で，そこに塩類やタンパク質が溶解している．脂質は懸濁状態でみられ，それらの存在は食物摂取の状態によって変化する．リンパは結局は心臓近くで血流内へ流入する．

リンパ球 lymphocyte

巨大な核と少量の細胞質を有する白色の血液細胞（*白血球）．リンパ球は*リンパ節で形成され，全白血球のおよそ1/4を占める．身体の防御機構に重要で免疫反応に関与しており，リンパ球が*抗原の存在により刺激されると*抗体が産生される．リンパ球には2種類あり，体内を循環する抗体を産生し体液性*免疫に関与するBリンパ球（→ B細胞）と細胞性免疫に関与するTリンパ球（→ T細胞）がある．→ キラー細胞

リンパ系 lymphatic system

組織液から血流へと*リンパを運ぶ脈管網．微細な*乳糜管（小腸）や毛細リンパ管（他の組織）は，より太い導管へ流入してまとまり，心臓に通じる静脈と連結する右リンパ本幹や*胸管を形成する．リンパ管には管にそってあちこちに*リンパ節が存在する．毛細リンパ管壁は浸透性が高いため，身体の組織を浸潤しているリンパは，毛細血管の壁を通過できないような大きな分子も流出させることができる．一般に脊椎動物のリンパはリンパ管の収縮と弛緩の反復，そしてまた隣接する筋肉の作用によって流れる．→ リンパ心臓

リンパ腫 lymphoma ⟶ 癌

リンパ心臓 lymph heart

一部の下等な脊椎動物の中枢のリンパ管にみられる，体を循環するリンパの流れを維持する一連の筋肉からなるポンプ構造を示す．多くの動物（すべての哺乳類を含む）はリンパ心臓をもたず，リンパの流れは一連の筋肉の収縮や弁によって維持される（→ リンパ系）．

リンパ節 lymph node

*リンパ組織の集合体で，多くは*リンパ系に沿ってあちこちに存在する．リンパ管内のリンパはリンパ節を通過して流れており，リンパ節では細菌や他の外来物のろ過が行われるため，それらが血流に流入し病気を引き起こすのを防ぐ．リンパ節は*リンパ球も産生する．ヒトの場合，主要なリンパ節は首，腋下，鼠径部に存在する．

リンパ組織 lymphoid tissue

*リンパ節，*扁桃腺，*脾臓，*胸腺においてみられる組織．リンパ球の産生を担っており，感染に対する身体の防御機構に寄与する．

鱗被 lodicule

イネ科植物の小花の基部に位置する二つの小さな鱗片のおのおの．それらは退化した花被で，授粉の時期に小花を開く働きを行う．

淋病 gonorrhoea ⟶ 性行為感染症

リンフォカイン lymphokine

*サイトカインの一種でリンパ球によって分泌され，他の型の細胞の活性に影響を与えることで細胞性*免疫に関与しているもの．*インターロイキン，マクロファージ活性化因子（MAF），マクロファージ遊走阻止因子（MIF）が例としてあげられる．

輪紋状結合組織 areolar connective tissue

*結合組織の一種で，繊維状タンパク質（*コラーゲンや*エラスチン）がより重まった繊維を含むゲル状の基質と，*繊維芽細胞や*肥満細胞，*マクロファージ，脂肪細胞のような細胞からできている．この組織は，体内の皮膚の下のいたるところや器官と他の組織の結合部位でみられる．

ル

類型学的種概念 typological species concept

集団としての種の概念であり，その種に属する集団の構成員は，その集団を他の種に属する集団と区別できるようなある特徴を共有しているというものである．このアリストテレスによる概念は初期の分類学者により自然界に適用されたが，19世紀の末期までに他の概念，特に*生物学的種概念に取って代わられた．こちらは事実上見分けのつかないようにみえる種（→ 同胞種）や，交雑によって生じた中間的な表現型における多くの事象をよりよく説明できた．しかし，無性生殖しかしない生物（→ 無配種）の分類を試みるときには，分類学者は類型的な方法を用いなければならない．→ 系統学的種概念

類骨 osteoid

主に*コラーゲンからなる軟らかい物質で，*造骨細胞から分泌され，石灰化していない骨基質を構成するもの．類骨は血液から析出したリン酸カルシウム（ヒドロキシアパタイト）と結合するとき，硬化した骨基質に変わる（→ オステオネクチン）．

類似相同の homeologous

部分的に相同でしかない染色体や遺伝子を示す語である．→ 相同染色体

涙腺 lacrimal gland (lachrymal gland)

一部の脊椎動物の眼瞼に存在している．涙腺で生産される液体（涙）は，露出した眼の表面を洗浄し滑らかにする．涙は，涙管を通り鼻に排出される．

ルイセンコ学説 Lysenkoism

ソ連において，およそ1940年から1960年までの間，遺伝学的研究を支配した公的なソビエトの科学政策．首唱者である農学者のルイセンコ（Trofim Lysenko, 1898-1976）の名にちなんでいる．ルイセンコ学説は伝統的な遺伝学において蓄積された進歩をすべて退

け，遺伝子の存在を否定し，生物の変異は単に環境変化によって生じると考えた．また，獲得形質の遺伝が存在するという信念に戻ることも行われた（→ ラマルク説）．西洋の科学者からルイセンコ学説に相矛盾する圧倒的多数の証拠が出されたにもかかわらず，ルイセンコ学説は共産主義理論を支援する考えであったため，この状況はしばらく続いた．

ルシフェラーゼ luciferase ⟶ 生物発光

ルシフェリン luciferin ⟶ 生物発光

ルテオトロピン luteotrophin ⟶ プロラクチン

ルビジウム–ストロンチウム年代測定法 rubidium-strontium dating

放射性同位体ルビジウム 87 から非放射性同位体ストロンチウム 87 への崩壊に基づく地質年代を測定する方法．天然のルビジウムには半減期が 4.7×10^{11} 年であるルビジウム 87 が 27.85% 含まれている．標本における ^{87}Rb/^{87}Sr の割合を測定することにより，標本の年代を（最大数十億年）推定することができる．

ルビスコ rubisco ⟶ リブロース二リン酸カルボキシラーゼ/オキシゲナーゼ

ルーメン lumen

記号 lm．光束の SI 単位で，1 ステラジアンの立体角において 1 カンデラの一様な点光源から放射された光束と同等である．

レ

齢 instar

二つの脱皮の間にある昆虫の幼虫の発育段階．ふつうは変態の前に，いくつかの幼虫の齢がある．→ 外翅類，異形化

冷血動物 cold-blooded animal ⟶ 外温動物

霊長類 Primates

サル，類人猿，ヒトを含む，哺乳類の目を示す．霊長類は，1 億 3 千万年前に樹上にすんでいた食虫動物から進化した．これらは，対向性の（すなわち他の指と向かい合わせ，触れることができる）手足の親指が特徴であり，このため手が器用である．また，*両眼視を可能にする，正面に向いた眼が特徴的である．脳は，特に大脳が比較的大きく，よく発達しており，これらの哺乳類に知能と迅速な反応をもたらす．子どもはたいてい単独で生まれ，大人になるために長い成長と発達の期間を経る．

レーウェンフック，アントン・ファン Leewenhoek, Anton van (1632-1723)

オランダの顕微鏡学者．彼は正規の教育をほとんど受けなかった．彼は小さなレンズを正確に磨き，単式顕微鏡を作製し，これを用いて赤血球，原生動物，および，精子をはじめて観察したことで知られる．彼は，ロンドンの王立協会へ定期的に寄稿し，協会は彼の発見の多くを会報の哲学会報（*Philosophical Transactions*）に掲載した．

レクチン lectin

ある特定の炭水化物残基に結合することができるという性質をもつ，植物，動物，真菌類，藻類，細菌に見いだされる多様なタンパク質群．したがって，コンカナバリン A のような植物の種子から得られるレクチンは，細胞表面に存在するオリゴ糖残基の間に架橋を形成することにより，細胞どうしを凝集させることができる．レクチンは診断や実験の

目的で広く使われており，例えば細胞培養中の変異細胞の検出，赤血球の*凝集を引き起こすことによる血液型の判定，細胞膜の表面のマッピングなどに使われる．植物中におけるレクチンの役割はまだ明らかになっていない．レクチンは種子中に特に多く含まれ，真菌やその他の病原菌の発育を阻害すると考えられている．マメ科植物では，レクチンは*根粒菌との共生の成立の際に，宿主のマメ科植物に適切な細菌の相手を認識する役目の一部を担うと考えられている．

レコン recon
変異が起こりうる最小のDNAの単位のこと．1レコンは1塩基対である．

レシチン（ホスファチジルコリン） lecithin (phosphatidylcholine)
リン酸基にアミノアルコールの*コリンがエステル結合したリン酸グリセリド（→ リン脂質）．レシチンは最も大量に存在する動物リン脂質であり（細胞膜の成分である），高等植物にも含まれているが，微生物にはめったにない．

レチナール（レチネン） retinal (retinene) → ロドプシン，ビタミンA

レチノール retinol → ビタミンA

裂芽 isidium (pl. isidia)
*地衣類の葉状体から出た突起であり，直径 0.01～0.03 mm で，藻類と菌類の細胞をともに含む．裂芽は葉状体の主体から切り離され，栄養繁殖体の役目を担う．→ 粉芽

裂開 dehiscence
種子や花粉を放出，分散するために，自発的に，しばしば激しく果実，さや，葯が裂けることをいう．例としてキングサリの莢やサクラソウの果実の裂開がある．このような構造の果実を裂開果（裂果）という．→ 非裂開の

レック lek
ある特定の地面で*なわばりに区切られており，ここは繁殖期に性的誇示と交尾を行うため，雄たちによって，激しく争われる．このような求婚の形式は，いろいろな鳥類にみられ，たとえばクロライチョウやクジャク，またある種の哺乳類にもみられる．最も高位の雄はレックの中央の小さななわばりを占め，その場所で，最高位の雄は，訪ねてきた雌たちを最も引きつけ，交尾する．

周囲のより広いなわばりは，下位の雄により占められており，これらの雄がつがいを作ることに成功する率は，上位の雄より少ない．繁殖期の間に時間の経過につれて若い下位の雄は，しだいに年をとった個体を，最もよいなわばりから追い出して，自分がそこを占めるようになる．レックのなわばりには，食物や巣の材料のような，繁殖期の雌にとって価値のある資源は含まれていない．ただし，一部の種の雄は，彼らが求愛のディスプレイを行う際に，休息所あるいはそれに似たものを作り上げる．

劣性の recessive
細胞内に二つの異なる*対立遺伝子が存在するとき，表現型として発現しない対立遺伝子を示す．劣性遺伝子によって運ばれる性質は，二つの劣性対立遺伝子が存在するとき，すなわち二重劣性のときのみ現れる．→ 優性

裂肉歯 carnassial teeth
鋭く尖った縁をもつ咬頭により修飾された，肉を剪断するための白歯と小白歯．トラやオオカミなどの*食肉類に典型的．食肉類では，下顎の最前部の白歯と上顎の最後部の小白歯が裂肉歯となる．

裂片 valve
いくつかに裂けて種子を散布するさく果やその他の乾果の分かれた部分の一つ．

レドックス redox → 酸化還元

レトロウイルス retrovirus
RNAウイルスの一種で，*逆転写酵素を用いて自身のRNAをDNAに変え，宿主のDNA内に組み込むことが可能である．ある種のレトロウイルスは動物の癌の原因となる*がん遺伝子（発がん遺伝子）をもち，ウイルスが宿主細胞に侵入して複製を開始したときに活性化される．このウイルスの特別な性質のために，レトロウイルスは真核細胞に遺伝物質を挿入するための*ベクターとして有用なものとなっている．一番よく知られているレトロウイルスは人間のAIDSの原因で

ある *HIV である. → プロウイルス

レトロトランスポゾン retrotransposon
　酵母, ショウジョウバエ, 哺乳類を含む, 様々な生物の DNA においてみられる *トランスポゾンの一種で, レトロウイルスと同様の複製機構により自身を複製する. 複製においては, このトランスポゾンは RNA に転写され, *逆転写酵素により RNA 転写産物から DNA のコピーが作られる. この DNA コピーは再び細胞のゲノム内に組み込まれることが可能である.

レニン renin
　タンパク質加水分解酵素 (→ プロテアーゼ) の一種で, 血圧を上昇させるホルモンである *アンジオテンシンの形成にかかわる. レニンは交感神経系の支配のもとで腎臓の傍糸球体細胞により血中に放出される (→ 傍糸球体装置). レニンの放出は血中ナトリウム濃度の低下や血圧の低下でも起こる. レニンは血液中を循環している前駆体タンパク質を切断し, 活性型ホルモンの前駆体であるアンジオテンシン I を生産する.

レプトテン期 leptotene
　*減数分裂の第一前期の最初で, このときに染色分体が認められるようになり, また *対合が始まる.

レプリコン replicon
　一つの複製開始点から一まとまりとなり複製される DNA 配列のこと. 細菌やウイルスのゲノムは一つのレプリコンからできている. 真核生物ではそれぞれの染色体がいくつものレプリコンからできている.

レブロース laevulose → フルクトース

レポーター遺伝子 reporter gene
　例えばある *プロモーターのような, 標的である別の遺伝子や DNA 配列に対する標識として使われる遺伝子. レポーターの発現は容易にモニターでき, 標的の配列の機能や位置を追跡することができる. 例えば, 遺伝子改変された細菌の集団内においてどの細胞が標的遺伝子をもつのかを特定したり, 異なる体組織間における標的遺伝子の発現量の差を示すことを可能にする. 例えば, β-ガラクトシダーゼ遺伝子 (lacZ) は, その活性が指示薬入りの平板培地の色変化により検出できる, 一般的なレポーター遺伝子である. レポーター遺伝子の使用法の一つは, *遺伝子組換え生物における外来プロモーターの機能を調べることである. *ベクター中でプロモーターがレポーター遺伝子の上流に挿入され, その後このベクターは生物にトランスフェクトされる. どれほど活性が高く, どの組織でプロモーターが機能するかは, レポーターの発現により評価される. 別の人目をひく例は, オワンクラゲ (*Aequorea victoria*) から得られた緑色蛍光タンパク質 (GFP) をコードするレポーター遺伝子である. この遺伝子を発現している組織は, 緑色蛍光を発することから, 容易に識別可能である.

レム rem → 放射線単位

レラキシン relaxin
　哺乳類の妊娠の末期に黄体や胎盤で生産されるホルモン. 恥骨結合を緩和し, 子宮頸管を拡張するので出産を容易にする.

連 tribe → 族

連結生活体 coenobium (pl. coenobia)
　単細胞生物のゆるやかな集合体で, 共通の膜に包まれて集団となり生活する. それらの細胞は, 集団の全個体が分泌した寒天質に包まれることが多い. 藻類と細菌はどちらも連結生活体を形成する. 例えば, 緑藻の一種であるオオヒゲマワリは約 20000 個の細胞による中空の球を形成し, それらの一部は生殖細胞となり, 残りは光合成を行う. 連結生活体に含まれる細胞は, 原形質糸により互いに結合する.

連合中枢 association centre
　脳の一領域で, 一次感覚野 (大脳皮質の一部で一次感覚刺激を受ける部分) と, 記憶中枢や運動野などの脳の他の部分を結びつけ, 一次感覚入力の意味づけと解釈を行う. 例えば聴覚連合野は, 「モー」という音を, 雌ウシから発せられたものであると解釈する.

連鎖 linkage
　減数分裂において *相同染色体が分離する際に, 同一染色体上にある二つの異なる遺伝子が, 一緒にとどまろうとする傾向. 染色体の *交叉あるいは *染色体変異により, 染色

体の断片が交換され，新たな遺伝子の組合せが作られると，連鎖は解消される．

連鎖球菌属 *Streptococcus*

自然界に広く存在する球状のグラム陽性細菌で，一般的に細胞が鎖状に連なるか，あるいは細胞の対となっている．多くは腐生性で，たいていは無害な状態で片利共生の形でヒトや動物の皮膚，粘膜，腸に存在する．その他のものは寄生性で，ある種のものは猩紅熱（*S. pyogenes*, A群連鎖球菌）や心臓内膜炎（*S. viridans*）や肺炎（*S. pneumoniae*）の病原菌になる．

連鎖体 hormogonium

糸状体制の藍藻により形成される糸状体で，親から離れ，栄養繁殖器官として機能する．

連鎖地図 linkage map

ある生物の染色体の長さ方向に沿った *遺伝子の相対的位置を示す地図．連鎖地図は，交配を行い，どの形質が一緒に遺伝するかを観察することにより作られる．*相同染色体上の二つの遺伝子の対が近くに存在するほど，生殖細胞が形成される際に，それらの遺伝子が分離して再配列することは少なくなる（→ キアズマ，交叉）．注目する遺伝子について *組換えが生じたことを示す子の割合は，したがってそれらの遺伝子の間の距離を反映し，染色体地図作成における距離の単位として用いられる（→ 地図単位）．このような古典的な連鎖地図から得られる情報は，制限酵素切断部位の連鎖地図である制限酵素地図（→ 制限地図）と組み合わせれば，注目する遺伝子に関するマーカーになりうる多数の部位を知ることができる．連鎖地図は，染色体DNAの塩基配列を知ることができる詳細な *物理的地図を作成するための有益な基礎となる．

レンショウ細胞 Renshaw cell

（脊髄の抑制性介在ニューロン）運動ニューロンの興奮レベルを制御する，中枢神経系のフィードバック回路にて発見された，抑制性の介在ニューロンを示す．レンショウ細胞は，運動ニューロンの軸索の側枝から入力信号を受け取り，他方で運動ニューロンの細胞体に抑制性シナプスを形成する．ストリキニーネはレンショウ細胞のグリシン作動性抑制性シナプスにおける伝達をブロックし，呼吸系の筋肉の麻痺から痙攣や死を引き起こす．これらの細胞は，アメリカの神経生理学者レンショウ（B. Renshaw）にちなんで名づけられた．

レンズ lens

多くの動物の目（もしくは目に類似した構造）における透明な両凸構造で，感光細胞に光を導く働きを行う．脊椎動物では，虹彩の後ろに中心のある柔軟な構造物で，提靱体によって，*毛様体に結合している．陸生種では，レンズの主要機能は網膜上に像の焦点を合わせることである．近くの物に焦点を合わせようとすると，毛様体にある環状筋が収縮し，レンズは凸になる．毛様体の放射筋の収縮によりレンズが平板化すると，遠くの物に焦点が合う．→ 遠近調節

連続培養 continuous culture

微生物や細胞を，成長のある特定の相に保ちながら，連続的に培養する技術をいう．例えば，細胞を定常的に供給することが必要な場合は，対数増殖期に維持された細胞培養が最良である．したがって，細胞の状態を連続的に監視し，細胞が定常期に入らないように必要に応じて調節を行う（→ 細菌増殖曲線）．もし，ある酵素や化学物質が特定の相でのみ生産されるなら，増殖をその相に維持する必要がある．

連続複製 continuous replication —— 不連続複製

連続変異（量的変異） continuous variation (quantitative variation)

ある個体群のなかで様々な値が観察されうるような形質の，変異の値の範囲をいう．*多因子遺伝の結果として生ずる形質は，連続変異を示す．例として，成人のヒト集団における足の大きさがある．→ 不連続変異

レントゲン roentgen

等価線量の旧単位（→ 放射線単位）．これは，X線を発見したレントゲン（W. K. Roentgen, 1845-1923）に由来する．

レンニン rennin (chymosin)

凝乳酵素，キモシンともいう．哺乳動物の胃の内層から分泌され乳を凝固させる酵素．可溶性のミルクタンパク質（カゼイノゲン）に働き，不溶性のタンパク質であるカゼインに変える．こうして乳は胃のなかにとどまり，タンパク質を消化する酵素の働きを受け続けることになる．

連絡結合 communicating junction ⟶ ギャップ結合

ロ

ロイコトリエン leukotrienes (LTs)

白血球や肺を含む様々な組織に存在する，*アラキドン酸から合成された化合物の総称．ロイコトリエンには少なくとも6種類の異なるタイプがあり，すべて*炎症の制御において重要な役割をもっている．*免疫応答において，ロイコトリエンは好中球や好酸球を感染部位へ引きつけ，毛細血管の透過性を増大させ，また*血管収縮の原因となる．

ロイコプラスト（白色体） leucoplast

色素を含まない，つまり色のない植物細胞の様々な*色素体のこと．ロイコプラストは通常光の当たらない組織にみられ，しばしばデンプン（アミロプラスト内）やタンパク質，もしくは油を貯蔵している．→ 有色体

ロイシン leucine ⟶ アミノ酸

ロイシンジッパー leucine zipper

タンパク質分子内の保存配列の一つで，最初に DNA 結合タンパク質で見いだされたが，後に他のタンパク質からも見いだされた．これらのタンパク質では，その一次配列中で7アミノ酸周期で4個か5個の連続したロイシン残基が繰り返されている．αヘリックスになったときには，ヘリックスの片側にロイシンが線状に並ぶことになる．このような2本のヘリックスが互いに横に並ぶことによって，ジッパーのファスナーのようにロイシンの配列が互い違いに並んで接着し，その結果二つのヘリックスの間に安定な結合が形成される．

ロイヤルゼリー royal jelly

働きバチの下咽頭腺や顎下腺から分泌される栄養価の高い食べ物で，ふ化したての幼虫に与えられる．働きバチになる予定の幼虫はふ化後3日間にロイヤルゼリーを与えられたあとは餌が花粉と花蜜に変わる．しかし，女王バチになる予定の幼虫は幼虫期の間はロイヤルゼリーのみを与えられ続ける．

ろう（蠟） wax

（生物学）通常は保護機能をもつ脂肪酸のエステル．ハチの巣の一部を形成する蜜ろう，葉や果実，種皮を覆うろうがあり，外皮の機能を補う水を通さない保護層として働く．いくつかの植物の種子は貯蔵栄養分としてろうを含む．

老化 senescence

生命体（あるいは生命体の一部分）において成熟から死の間に起こる変化，すなわち老齢化のこと．その特徴として，生存に必要な細胞成分を維持，新生するための細胞の働きが衰えるため，身体の機能低下が生じる．この結果，動物では身体的能力の低下，ヒトにおいてはしばしば精神的な能力も低下する．体の全部分が必ずしも同時期，同年齢あるいは同速度で老化するわけではない．例えば，木において秋に老化した葉が落葉するのは通常の生理的な過程である．老化の原因を説明するために様々な学説が提案された．「老化のテロメア説」は，体細胞の染色体末端（*テロメア）が，細胞分裂により染色体が複製されるごとに短縮することが発端となっている．これは，染色体の末端近くにある必須な遺伝情報が最後には失われ，したがって生存に必要な細胞機能が破壊され，細胞が死滅することを示している．また別の説に「老化のミトコンドリア説」がある．この説では，個人の一生を通じて*ミトコンドリア DNA 中に変異が蓄積する結果，年とともに酸化的リン酸化による ATP 合成の能力が低下すると説いている．

老化ミトコンドリア原因説 mitochondrial theory of ageing ── 老化

老視 presbyopia

ヒトにおいて一般に 45～50 歳を超えると現れる，眼の調節機能の衰退．眼のレンズの弾力性が失われた結果，遠くにあるものに対する視力は変化しないが，近くにあるものに対する眼の調節機能が衰える．この欠陥は，弱い収束レンズを使用した眼鏡により補正される．

老廃物 waste product

その後の代謝過程に必要ではなく，そのため体から排出される代謝産物．一般的な老廃物に（*尿素やアンモニアのような）*窒素廃棄物や二酸化炭素，*胆汁などがある．

ろ液 filtrate

ろ過によって得られるきれいな液体．

ろ過 filtration

フィルターを用いて固体の粒子を分離する過程．吸引ろ過においては液体は，真空ポンプによってフィルターを通して吸引される．*限外ろ過は圧力下でろ過される，例えば，血液の限外ろ過は脊椎動物の腎臓の*ネフロンのなかで起こる．

ろ過摂食 filter feeding

様々な機構によって小さな食物粒子が周りの水から濾し取られるような摂食の方法．多くの水生の無脊椎動物，特にプランクトンの類，およびいくつかの脊椎動物，特にヒゲクジラによって行われる．→ 繊毛摂食，くじらひげ

肋膜 pleura (pleural membrane)

胸膜ともいう．胸腔の内表面と肺の外表面を覆う二重の膜．肋膜は閉じた嚢を作る*漿膜で，胸腔側の膜と肺側の膜の間に狭い隙間（胸膜腔）がある．

肋間筋 intercostal muscles

*肋骨の間に位置し，肺を取り囲む筋．表面の外肋間筋と深部の内肋間筋から構成され，呼吸において重要な役割を担っている（→ 呼息，吸息）．

六脚類（昆虫類） Hexapoda (Insecta)

*単肢動物門の一綱で，約百万種の既知の種が知られている節足動物で，実際はさらに種の数が多いと考えられている．昆虫は，地球上のほぼ全域にわたり分布していると考えられている．体長は 0.5 mm から 300 mm を超え，昆虫の体は，頭部，3 節からなる胸部と通常 3 対の脚，1 から 2 対の翅，11 節からなる腹部からなる．頭部には 1 対の*触角，1 対の大きな*複眼，複眼の間に 3 個の*単眼がある．*口器は，昆虫の種類により，咬み型あるいは吸い型のいずれかに様々な適応をとげており，広い範囲の動植物性の物質を摂取することが可能となっている．昆虫は，乾燥を防ぐ高度に防水性の*クチクラ

と，大部分の種が*飛行による移動を可能とする体壁の伸長部である翅をもつことが，繁栄の大きな原因となっている．呼吸は気管系を通じて行う（→ 気管）．

昆虫の大部分は，雌雄に分かれており有性生殖を行う．一部のものは，有性生殖と無性的な*単為生殖を交互に行い，また雄が知られておらず，完全に無性的に繁殖するものもわずかに存在する．無翅昆虫類（*無翅昆虫亜綱）では，*変態は行われないか，わずかである．有翅昆虫類（*有翅昆虫亜綱）では，ふ化した幼生は脱皮を繰返して成長する．より原始的な*外翅類（*ハサミムシ目，*バッタ目，*カマキリ目，*半翅目を含む）では，*幼生は*若虫と呼ばれ，成体と似た姿をしている．より進化した*内翅類（*甲虫目，*ハエ目，*鱗翅目，*膜翅類など）では変態が起こり，幼生は幼虫と呼ばれており，静止した*蛹に変態し，そこから完成した成体が生ずる．昆虫は多くの生態系にとってきわめて重要で，経済的に重要な意味をもつものも多く，動植物の害虫や病原菌の媒介者となることもあれば，また花粉の媒介や，絹糸や蜂蜜などの生産を行う有益な価値をもつ場合もある．昆虫学者のなかには，六脚類を上綱と考え，頭部のくぼみに口器が納められている*カマアシムシ類，*弾尾類，*コムシ類と，口器が露出している昆虫類がそれぞれ綱として含まれると考える者もいる．

肋骨 rib

心臓や肺（→ 胸部）を取り囲み，それらを支持し，保護するため，全体として檻型となる細く曲がった一群の骨のおのおのをさす．肋骨は対になっており，背部で脊柱の*胸椎と，また（爬虫類，鳥類，哺乳類において）前部の*胸骨と関節でつながっている．肋骨の動きは肋骨の間にある*肋間筋により制御され，呼吸において重要な役割を果たしている（→ 呼吸運動）．

ロドプシン（視紅） rhodopsin（visual purple）

脊椎動物の網膜の*桿体細胞にみられる光応答色素．ロドプシンは，タンパク質成分のオプシンが，非タンパク質性の*発色団である*ビタミンA誘導体のレチナール（レチネン）と結合してできている．光が桿体細胞に当たると，レチナールにより吸収され，その立体構造を変化させ，そしてオプシン成分から分離する．これが神経インパルスの脳への伝達の開始となる．ロドプシンは非常に敏感で，これにより薄明視が可能となる．→ 暗順応

濾胞 follicle

（動物解剖学）その内部に包みこむ細胞または構造物を保護し栄養を与える機能をもつ細胞集団．例えば，*卵巣中の濾胞は発育している卵細胞を含んでおり，一方，*毛嚢は毛根を覆っている．

濾胞刺激ホルモン follicle‐stimulating hormone（FSH；follitropin）

哺乳類の脳下垂体前葉によって分泌されるホルモンで，雌においては卵を産生するための卵巣の特殊化した構造（*グラーフ卵胞）の成熟を，雄においては精巣での精子の形成を刺激する．排卵不全や精子生産の減少を治療するのに用いられる，受精率向上の薬の主要な成分である．→ 生殖腺刺激ホルモン

ローム層 loam

粘土，砂や沈泥と混合した有機物からなる肥沃*土壌である．ローム層には粘土，砂，沈泥の割合が異なる型が存在し，それがローム層に生育することのできる植物の種類に影響する．

ローラシア大陸 Laurasia ──→ 大陸移動

ローレンツ，コンラート・ツァハリアス Lorenz, Konrad Zacharias（1903-89）

オーストリアの動物行動学者で，医学を学び，1937年にウィーン大学で講師を務めた．彼は自分の屋敷で鳥類の行動を観察し，*刷り込みの研究を行った．この研究で彼は1973年に*フリッシュと*ティンバーゲンとともにノーベル生理医学賞を受賞した．

ワ

YAC ⟶ （酵母）人工染色体

Y器官 Y organ
　ある種の甲殻類の頭部にある1対の腺．ホルモンの*エクジソンを分泌し，脱皮の過程にかかわる．

ワイスマン説 Weismannism
　1886年にワイスマン（August Weismann, 1834-1914）により発表された生殖細胞の連続性の説．生殖細胞（精子と卵）の内容物はある世代から次の世代に変化せずにわたり，生体の他の部分が受けた変化の影響を受けないとした．したがって，これは獲得形質の遺伝を認めず，ネオダーウィニズムのもととなった．

Y染色体 Y chromosome ⟶ 性染色体

ワクチン vaccine
　液体製剤で，病原性微生物やその微生物由来の物質を処理したものであり，体内で*免疫応答を起こすようにし，その病気に対する抵抗を付与するために使われる（→ 免疫化）．ワクチンは経口あるいは注射（接種）により投与される．ワクチンは死滅しているが抗原としての機能をもつウイルスや細菌，また弱毒化された微生物（→ 弱毒化），特別に処理した微生物の*毒素あるいは抗原抽出物という形態をとっている．

ワクチン接種 vaccination ⟶ 免疫化

綿羽
　1. down feathers (plumules)
　鳥類の全身を覆って保温している小さく柔らかい羽根．雛鳥の場合，すべての羽毛が綿羽だけからできており，成鳥では*おおばねの間あるいは直下に綿羽が存在する．綿羽はふんわりとしているが，これは*羽枝が互いに結合しておらず，滑らかな羽板を形成しないからである．
　2. plumule
　（動物学）*綿羽（ダウンフェザー）のこと．

ワトソン-クリックモデル Watson-Crick model
　1953年にイギリスのケンブリッジ大学で*ワトソンと*クリックによって決定された，*DNAの二本鎖のねじれたはしごのような分子構造．一般には二重らせんとして知られている．

ワトソン，ジェームズ・デューイ Watson, James Dewey (1928-)
　1951年にケンブリッジ大学のキャヴェンディッシュ研究所に移り，*DNAの構造を研究したアメリカの生化学者．1953年に彼と*クリックは，現在受け入れられているDNA分子の二重らせん構造を発表した．1962年に彼らはウィルキンス（Maurice Wilkins, 1916-2004）とノーベル生理医学賞を分け合った．ウィルキンスはフランクリン（Rosalind Franklin, 1920-58）とともにDNAのX線回折を研究した．

ワルファリン warfarin
　3-(α-アセトニルベンジル)-4-ヒドロキシクマリン．合成*抗凝血薬として用いられる*クマリン誘導体．医療での治療に用いられ，また致死量で殺鼠剤としても用いられる（→ 農薬）．

腕足動物門 Brachiopoda
　海洋無脊椎動物の門，ホオズキガイ類．浅瀬に棲み，柔軟な柄（penduncle）によって固い基質に付着しており，背殻と腹殻の2枚の殻によって守られている．餌を集める*触手冠が貝殻から突き出している．腕足動物は古生代を生き抜いたが，現在では数が少なく，生きている腕足動物は関節のある貝殻をもつ *Terebratella* と筋肉のみで貝殻が支えられている *Lingula* を含む．

付録 1：SI 単位系

表 1.1 基本単位と無次元単位（7 個）

物理量	名称	記号
長さ	メートル	m
質量	キログラム	kg
時間	秒	s
電流	アンペア	A
温度	ケルビン	K
光度	カンデラ	cd
物質量	モル	mol

表 1.2 特別な名称をもつ SI 誘導単位（22 個）

物理量	名称	記号
平面角	ラジアン	rad
立体角	ステラジアン	sr
周波数	ヘルツ	Hz
エネルギー，仕事，熱量	ジュール	J
力	ニュートン	N
工率，放射束	ワット	W
圧力，応力	パスカル	Pa
電荷，電気量	クーロン	C
電位差（電圧），起電力	ボルト	V
電気抵抗	オーム	Ω
コンダクタンス	シーメンス	S
静電容量	ファラド	F
磁束	ウェーバ	Wb
インダクタンス	ヘンリー	H
磁束密度	テスラ	T
光束	ルーメン	lm
照度	ルクス	lx
吸収線量	グレイ	Gy
線量当量	シーベルト	Sv
放射線核種の放射能	ベクレル	Bq
セルシウス温度	セルシウス度	℃
酵素活量	カタール	kat

表1.3 SI接頭辞

名称	係数	接頭辞	記号	読み方
1 秭分の 1	10^{-24}	yocto	y	ヨクト
10 垓分の 1	10^{-21}	zepto	z	ゼプト
100 京分の 1	10^{-18}	atto	a	アト
1000 兆分の 1	10^{-15}	femto	f	フェムト
1 兆分の 1	10^{-12}	pico	p	ピコ
10 億分の 1	10^{-9}	nano	n	ナノ
100 万分の 1	10^{-6}	micro	μ	マイクロ
1000 分の 1	10^{-3}	milli	m	ミリ
100 分の 1	10^{-2}	centi	c	センチ
10 分の 1	10^{-1}	deci	d	デシ
1 倍	10^{0}			
10 倍	10^{1}	dece	da	デカ
100 倍	10^{2}	hecto	h	ヘクト
1000 倍	10^{3}	kilo	k	キロ
100 万倍	10^{6}	mega	M	メガ
10 億倍	10^{9}	giga	G	ギガ
1 兆倍	10^{12}	tera	T	テラ
1000 兆倍	10^{15}	peta	P	ペタ
100 京倍	10^{18}	exa	E	エクサ
10 垓倍	10^{21}	zetta	Z	ゼタ
1 秭倍	10^{24}	yotta	Y	ヨタ

表1.4 SIと併用されるがSIに属さない単位

名称	記号	SI単位による値
分	min	1 min = 60 s
時	h	1 h = 60 min = 3600 s
日	d	1 d = 24 h = 86400 s
度	°	$1° = (\pi/180)\,\text{rad}$
分	′	$1' = (1/600)° = (\pi/10800)\,\text{rad}$
秒	″	$1'' = (1/600)' = (\pi/648000)\,\text{rad}$
リットル	l, L	$1\,\text{L} = 10^{-3}\,\text{m}^3$
トン	t	$1\,\text{t} = 10^3\,\text{kg}$
ネーパ	Np	1 Np = 1
ベル	B	$1\,\text{B} = (1/2)\ln 10\,(\text{Np})$

付録2：動物界の簡略化した分類

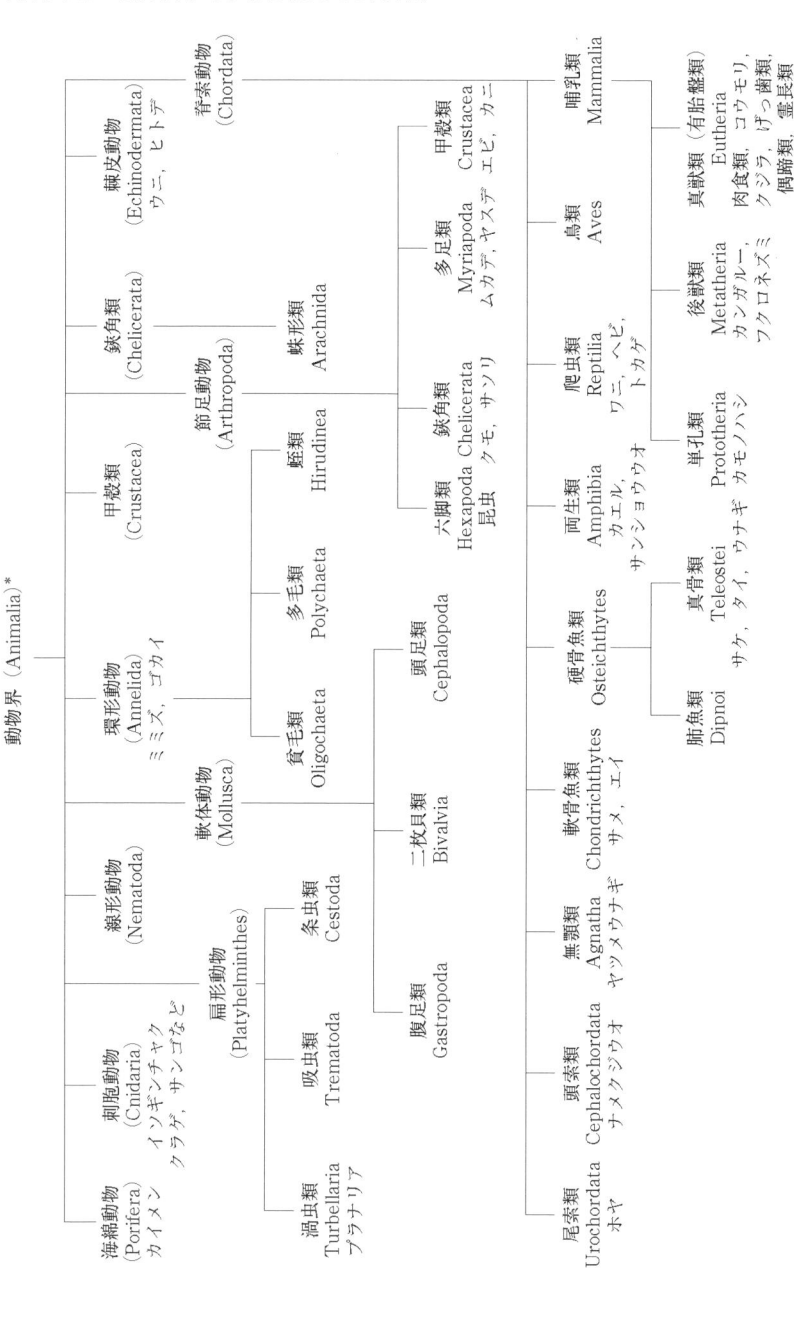

動物界 (Animalia)*

- 海綿動物 (Porifera) カイメン
- 刺胞動物 (Cnidaria) イソギンチャク、クラゲ、サンゴなど
- 扁形動物 (Platyhelminthes)
  - 渦虫類 Turbellaria プラナリア
  - 吸虫類 Trematoda
  - 条虫類 Cestoda
- 線形動物 (Nematoda)
- 軟体動物 (Mollusca)
  - 腹足類 Gastropoda
  - 二枚貝類 Bivalvia
  - 頭足類 Cephalopoda
- 環形動物 (Annelida) ミミズ、ゴカイ
  - 貧毛類 Oligochaeta
  - 多毛類 Polychaeta
  - 蛭類 Hirudinea
- 節足動物 (Arthropoda)
  - 甲殻類 Crustacea
  - 鋏角類 Chelicerata
    - 蛛形類 Arachnida
    - 鋏角類 Chelicerata クモ、サソリ
  - 六脚類 Hexapoda 昆虫
  - 多足類 Myriapoda ムカデ、ヤスデ
  - 甲殻類 Crustacea エビ、カニ
- 棘皮動物 (Echinodermata) ウニ、ヒトデ
- 脊索動物 (Chordata)
  - 尾索類 Urochordata ホヤ
  - 頭索類 Cephalochordata ナメクジウオ
  - 無顎類 Agnatha ヤツメウナギ
  - 軟骨魚類 Chondrichthyes サメ、エイ
  - 硬骨魚類 Osteichthyes
    - 肺魚類 Dipnoi
    - 真骨類 Teleostei サケ、タイ、ウナギ
  - 両生類 Amphibia カエル、サンショウウオ
  - 爬虫類 Reptilia ワニ、ヘビ、トカゲ
  - 鳥類 Aves
  - 哺乳類 Mammalia
    - 単孔類 Prototheria カモノハシ
    - 後獣類 Metatheria カンガルー、フクロネズミ
    - 真獣類（有胎盤類）Eutheria 肉食類、コウモリ、クジラ、げっ歯類、偶蹄類、霊長類

*：主要な門や綱のみを示した.

付録3：植物界の簡略化した分類

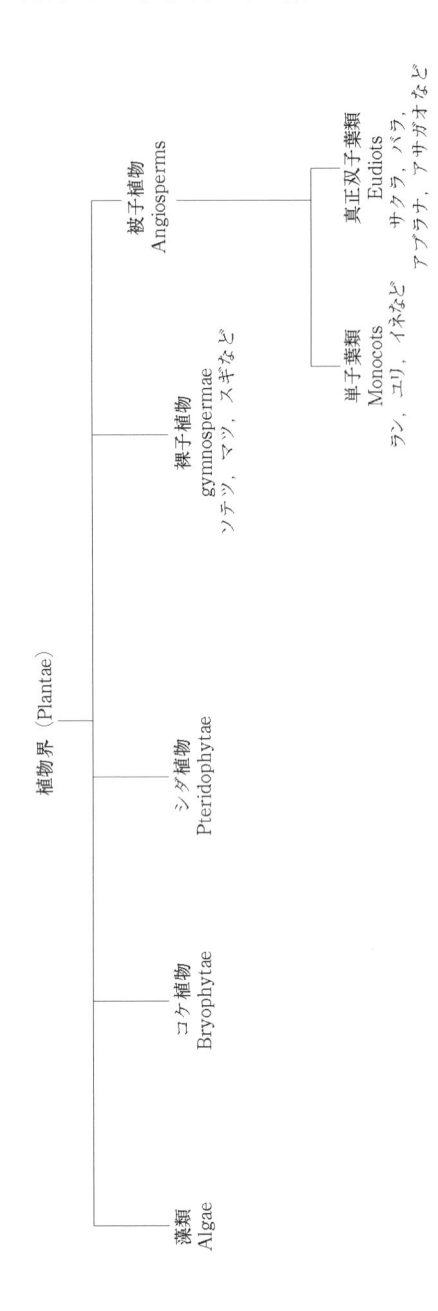

- 植物界 (Plantae)
  - 藻類 Algae
  - コケ植物 Bryophytae
  - シダ植物 Pteridophytae
  - 裸子植物 gymnospermae　ソテツ、マツ、スギなど
  - 被子植物 Angiosperms
    - 単子葉類 Monocots　ラン、ユリ、イネなど
    - 真正双子葉類 Eudiots　サクラ、バラ、アブラナ、アサガオなど

付録4：地質学の時代区分

代	紀	世	数字は100万年単位である
顕生代 — 新生代	第四紀 Quaternary	完新世	
		更新世	2.6
	新第三紀 Neogene	鮮新世	
		中新世	23
	古第三紀 Paleogene	漸新世	
		始新世	
		暁新世	65
顕生代 — 中生代	白亜紀 Cretaceous		145
	ジュラ紀 Jurassic		201
	トリアス紀（三畳紀） Triassic		252
顕生代 — 古生代	ペルム紀（二畳紀） Permian		299
	石炭紀 Carboniferous		359
	デヴォン紀（デボン紀） Devonian		419
	シルル紀（ゴトランド紀） Silurian		444
	オルドヴィス紀（オルドビス紀） Ordovician		485
	カンブリア紀 Cambrian		541
原生代	先カンブリア代 Precambrian		2500
太古代（始生代）			4000
冥王代			4600

付録5：主要な種の大量絶滅

絶滅イベント	時代（×100万年前）	最も影響を受けた生物	減少した見込み比率	原因
カンブリア紀末	500	三葉虫、腕足動物、コノドント（原始有歯脊椎動物、ソフトボディ節足動物	?	?海水面の変化
オルドビス紀末	444	棘皮動物、腕足動物、三葉虫、カイメン、コケムシ、オウムガイ	70-85	氷河化と海水面下降
デボン紀末	365	頭足類、サンゴ、腕足動物、苔虫類、棘皮動物、三葉虫、アンモナイト、無顎類、甲冑魚	70-83	全域冷却と深海における酸素レベルの減少
ペルム紀-トリアス紀（三畳紀）(P-Tr) 境界	252	サンゴ、ウミユリ、アンモナイト、腕足動物、苔虫類、三葉虫、陸上植物、昆虫、陸生脊椎動物	<95	?継続的温暖化を伴う火山活動
トリアス紀（三畳紀）末	208	腕足動物、アンモナイト、二枚貝と頭足類軟体動物、海棲爬虫類、コノドント、迷歯類（原始両生類）、昆虫類	80	?大陸移動による気候変化
白亜紀-古第三紀 (K-Pg) 境界	65	恐竜、翼竜、魚、腕足動物、プランクトン、植物	75-80	巨大隕石落下

欧文索引

A

α-glucosidase　α-グルコシダーゼ　466
ABA　アブシシン酸　6
A band　暗帯　16
abdomen　腹部　419
abductor　外転筋　68
abiogenesis　自然発生　202
abiotic factor　非生物的因子　402
abomasum　第四胃　296
ABO system　ABO式　51
abscisic acid　アブシシン酸　6
abscission　器官脱離　100
absolute refractory period　絶対不応期　269
absorbed dose　吸収線量　107
absorption　吸収　107
absorption spectrum　吸収スペクトル　107
abyssal zone　深海帯　233
Acarina　ダニ目　302
acceleration　促進　286
acceptor　アクセプター　1
accessory bud　副芽　417
accessory chromosome　過剰染色体　81
accessory pigment　補助色素　454
acclimation　順応　220
acclimatization　順化　220
accommodation　遠近調節　54
accommodation　調節（動物発生）　320
acellular　非細胞の　400
acentric　動原体を欠いた染色体の　341
acetabulum　寛骨白　93
acetate　アセタート　3
acetic acid　酢酸　182
acetone　アセトン　3
acetylation　アセチル化　3
acetylcholine　アセチルコリン　3
acetylcholinesterase　アセチルコリンエステラーゼ　3, 166
acetyl CoA　アセチルCoA　3
acetyl coenzyme A　アセチル補酵素A　3
acetylsalicylic acid　アスピリン　3

ACh　アセチルコリン　3
achene　痩果　279
acid　酸　186
acid-base balance　酸-塩基平衡　186
acid growth theory　酸成長説　188
acidic stains　酸性染色　188
acidosis　酸性血症　188
acid protease　酸性プロテアーゼ　188
acid rain　酸性雨　188
acinus　腺房　278
acoelomate　無体腔の　475
acquired characteristics　獲得形質　77
acquired immune deficiency syndrome　後天性免疫不全症候群　43, 156
acquired immunity　獲得免疫　77
acridine　アクリジン　2
acrocentric　アクロセントリック　2
acromegaly　末端肥大症　465
acrosome　先体　276
ACTH　副腎皮質刺激ホルモン　418
actin　アクチン　2
Actinobacteria　アクチノバクテリア　2
actinomorphy　放射相称　450
Actinomycetes　放線菌類　2, 451
Actinomycota　アクチノマイコータ　2
action potential　活動電位　84
action spectrum　作用スペクトル　185
activated sludge process　活性汚泥法　84
activation energy　活性化エネルギー　84
activator　アクチベーター　2
active centre　活性中心　84
active immunity　能動免疫　372
active site　活性部位　84
active transport　能動輸送　372
actomyosin　アクトミオシン　2
acycloguanosine　アシクログアノシン　3
acyclovir　アシクロビル　3
acylglycerol　アシルグリセロール　123
adaptation　適応　331
adaptive radiation　適応放散　332
adductor　内転筋　353
adenine　アデニン　4

adenohypophysis　腺下垂体　272
adenosine　アデノシン　4
adenosine diphosphate　アデノシン二リン酸　4
adenosine monophosphate　アデノシン一リン酸　4
adenosine triphosphate　ATP　49
adenosine triphosphate　アデノシン三リン酸　4
adenovirus　アデノウイルス　4
adenylate cyclase　アデニル酸シクラーゼ　4
ADH　抗利尿ホルモン　49, 159
adherens junction　接着結合　269
adipocyte　脂肪細胞　208
adipose tissue　脂肪組織　209
adjuvant　アジュバント　3
adolescence　青年期　261
ADP　アデノシン二リン酸　4, 49
adrenal cortex　副腎皮質　418
adrenal glands　副腎　417
adrenaline　アドレナリン　4
adrenal medulla　副腎髄質　417
adrenergic　アドレナリン作動性　5
adrenergic receptor　アドレナリン性受容体　5
adrenoceptor　アドレナリン性受容体　5
adrenocorticotrophic hormone　副腎皮質刺激ホルモン　418
adrenoreceptor　アドレナリン性受容体　5
Adrian, Edgar Douglas, Baron　エイドリアン, エドガー・ダグラス, 男爵　43
adsorption　吸着　108
adventitious　不定　421
aecidiospore　さび胞子　184
aeciospore　さび胞子　184
aeolian soil　風積土　415
aerobe　好気性生物　149
aerobic respiration　好気呼吸　148
aerotaxis　走気性　280
aestivation　夏眠　87
aestivation　幼葉態　493
aetiology　病因学　408
afferent　求心性の　107
affinity chromatography　アフィニティークロマトグラフィー　6
aflatoxin　アフラトキシン　6
afterbirth　後産　4
agamospecies　無配種　475
agamospermy　無配偶生殖　475
agamospermy　無融合種子形成　475
agar　寒天　97

ageing　加齢　90
agglutination　凝集　110
agglutinogen　凝集原　110
aggressin　アグレッシン　2
aggression　攻撃　149
agitator　攪拌器　78
Agnatha　無顎類　473
agonist　アゴニスト　2
agonist　作動薬　184
agonistic behaviour　敵対的行動　332
agranulocyte　無顆粒白血球　473
agriculture　農業　370
Agrobacterium tumefaciens　アグロバクテリウム・テュメファシエンス　2
AI　人工受精　236
AIDS　エイズ　43
air bladder　浮袋　40
air bladder　浮袋　420
air pollution　大気汚染　291
air sac　気嚢　104
akinete　休眠胞子　108
alanine　アラニン　11
alarm response　警告反応　131
alarm signal　警告信号　131
albinism　色素欠乏症　194
albumen　アルブメン　14
albumin　アルブミン　14
albuminous cell　タンパク細胞　309
alburnum　辺材（白材）　445
alcaptonuria　アルカプトン尿症　13
alcohol　アルコール　13
alcoholic fermentation　アルコール発酵　13
aldohexose　アルドヘキソース　14
aldose　アルドース　14
aldosterone　アルドステロン　14
aleurone layer　アリューロン層　11
algae　藻類　285
algal bloom　水の華　469
algin　アルギン酸　13
alginic acid　アルギン酸　13
alien　外来種　70
alimentary canal　消化管　221
alkali　アルカリ　13
alkaline phosphatase　アルカリホスファターゼ　13
alkaloid　アルカロイド　13
alkalosis　アルカローシス　13
alkaptonuria　アルカプトン尿症　13
allantois　尿膜　364
allele　対立遺伝子　297

allele frequency　対立遺伝子頻度　29
allelochemical　他感作用物質　299
allelomorph　対立遺伝子　297
allelopathy　アレロパシー　15
allergen　アレルゲン　15
allergy　アレルギー　15
allochthonous　異地性　26
allogamy　他花受粉　299
allogeneic　アロジェネイック　15
allogenic　アロジェニック　15
allogenic　同種間　342
allograft　同種移植　342
allometric growth　相対成長　283
allomone　アロモン　15
allopatric　異所性　24
allopolyploid　異質倍数体　23
all-or-none response　全か無かの反応　273
allosteric enzyme　アロステリック酵素　15
allosteric site　アロステリック部位　15
allozyme　アロザイム　15
alpha adrenergic receptor　アルファアドレナリン受容体　14
alpha adrenoceptor　アルファアドレナリン受容体　14
alpha helix　α ヘリックス　14
alpha-naphthol test　アルファナフトール試験　14
alternation of generations　世代交代　267
alternative respiratory pathway　代替呼吸経路　294
altricial species　晩成種　393
altruism　利他主義（利他的行為）　501
Alu family　Aluファミリー　44
Alvarez event　アルヴァレズイベント　11
alveolus　歯槽　202
alveolus　肺胞　381
Alzheimer's disease　アルツハイマー病　13
amacrine cell　アマクリン細胞　7
amber　琥珀　165
ambient　アンビエント　17, 212
ambient　外界の　65, 212
ambient　外部環境の　69, 212
ambient　周囲の　212
ameloblast　エナメル芽細胞　50
amensalism　片害作用　444
Ames test　エームス試験　52
ametabolous　不変態の　422
amine　アミン　10
amino acid　アミノ酸　7
aminopeptidase　アミノペプチダーゼ　9

amino sugar　アミノ糖　9
ammonia　アンモニア　17
ammonite　アンモナイト　17
ammonotelic　アンモニア排出性　17
amniocentesis　羊水穿刺　492
amnion　羊膜　493
amniote　有羊膜類　489
amniotic egg　羊膜卵　493
Amoeba　アメーバ属　10
amoebocyte　変形細胞　444
amoebocyte　遊走細胞　444, 488
amoeboid movement　アメーバ運動　10
Amoebomastigota　アメーバマスティゴータ　10
amount of substance　物質量　421
AMP　アデノシンーリン酸　4, 44
AMPA受容体　44
amphetamine　アンフェタミン　17
Amphibia　両生類　507
amphibolic pathway　両性代謝経路　506
amphidiploid　複二倍体　419
amphimixis　両性混合　506
amphioxus　アンフィオクサス　17
amphistylic jaw suspension　二重連結型顎懸架　359
ampholyte ion　両性イオン　506
amphoteric　両性の　507
ampulla　瓶状部　412
ampulla　膨大部（瓶状部）　451
amylase　アミラーゼ　9
amyloid　アミロイド　10
amylopectin　アミロペクチン　10
amyloplast　アミロプラスト　10
amylose　アミロース　10
anabolic steroid　同化ステロイド　339
anabolism　同化　339
anadromous　溯河性の　285
anaemia　貧血　411
anaerobe　嫌気生物　139
anaerobic respiration　嫌気呼吸　139
anaesthetic　麻酔薬　465
analgesic　鎮痛薬　323
analogous　相似の　281
anamniote　無羊膜類　475
anaphase　分裂後期　435
anaphylaxis　アナフィラキシー　5
anaplerotic　アナプレロティック　5
anaplerotic　補充　5, 453
anatomy　解剖学　69
ancestral trait　原始形質　141

androecium 雄ずい群 486
androgen アンドロゲン 17
anemophily 風媒 415
aneuploid 異数体 24
angiosperms 被子植物 400
angiotensin アンジオテンシン 15
angstrom オングストローム 63
anhydrobiosis 乾眠 98
anhydrobiosis 無代謝状態 124
animal 動物 343
animal behaviour 動物行動 343
animal starch 動物デンプン 122, 344
anion 陰イオン 36
anisogamy 異型配偶 22
Annelida 環形動物門 92
annual 一年生 26
annual rhythm 概年周期 68
annual ring 成長輪 369
annulus 環帯 97
annulus 体環 291
annulus つば 324
Anoplura シラミ目 231, 259
anoxic 嫌気条件 139, 474
anoxic 無酸素 474
anoxic reactor 無酸素反応器 474
ANP 心房性ナトリウム利尿ペプチド 44, 242
ANS 自律神経系 44, 231
antagonism 拮抗作用 102
antagonist 拮抗物質 102
antenna 触角 230
antennal gland 触角腺 230
antennule 小触角 223
anterior 前側の 276
anther 葯 485
antheridium 造精器 282
antherozoid アンセロゾイド 16
Anthoceratophyta ツノゴケ植物門 324
Anthocerophyta ツノゴケ植物門 324
anthocyanin アントシアニン 17
Anthophyta 被子植物門 400
Anthozoa 花虫綱 83
Anthozoa サンゴ虫類 187
antibiotics 抗生物質 154
antibody 抗体 155
anticholinesterase 抗コリンエステラーゼ 151
anticlinal 垂層の 245
anticoagulant 抗凝血薬 149
anticoding strand 非解読鎖（非コーディング鎖）396

anticodon アンチコドン 16
antidiuretic hormone 抗利尿ホルモン 159
antifreeze molecule 不凍分子 422
antigen 抗原 149
antigenic variation 抗原性変化 149
antigen-presenting cell 抗原提示細胞 150
antihaemophilic factor 抗血友病性因子 295
antihistamine 抗ヒスタミン薬 157
anti-oncogene がん抑制遺伝子 98
antioxidants 酸化防止剤 187
antipodal cells 反足細胞 394
antiporter アンチポーター（対向輸送体）16
antipyretic 解熱薬 137
antisense DNA アンチセンスDNA 16
antisense RNA アンチセンスRNA 16
antiseptic 防腐剤 452
antiserum 抗血清 149
antitoxin 抗毒素 157
antiviral 抗ウイルス（性）の 146
anucleate 無核（性）の 473
anus 肛門 158
anvil 砧骨 103
aorta 大動脈 295
aortic arches 大動脈弓 295
aortic body 大動脈体 295
aortic valve 大動脈弁 295
apatite アパタイト 5
aphotic zone 無光層 474
apical dominance 頂芽優性 319
apical meristem 頂端分裂組織 320
Apicomplexa アピコンプレクサ 5
apocarpy 離生心皮 500
apocrine secretion アポクリン分泌 6
apodeme 内突起 353
apoenzyme アポ酵素 6
apomixis アポミクシス 7, 475
apomixis 無配偶生殖 475
apomorphy 派生形質（状態）384
apoplast アポプラスト 7
apoptosis アポトーシス 6
aposematic coloration 警戒色 130
appeasement 慰撫 36
appendicular skeleton 附属肢骨格 420
appendix 虫垂 317
apposition 並置 437
Apterygota 無翅昆虫亜綱 474
aquaporin アクアポリン 1
aquaporin 水チャネル 1, 469
aqueous humour 眼房水 98
Arabidopsis シロイヌナズナ属 231

arachidonic acid アラキドン酸 10
Arachnida クモ形綱 119
arachnoid membrane クモ膜 119
arbovirus アルボウイルス 14
Archaea アーキア 1
Archaea 古細菌 161
Archaean 始生代 201
Archaean 太古代 292
archaebacteria アーキア 161
archegonium 造卵器 284
archenteron 原腸 144
areolar connective tissue 輪紋状結合組織 511
arginine アルギニン 13
Argiospermophyta 被子植物門 400
aril 仮種皮 80
arousal 覚醒 77
arrector pili 立毛筋 501
arrhenotoky 雄性産生単為生殖 487
arrhythmia 不整脈 420
arterial arches 大動脈弓 295
arteriole 細動脈 175
artery 動脈 345
Arthrophyta 楔葉類 137
Arthrophyta 有節植物門 488
arthropod 節足動物 269
articulation 関節接合 96
artificial chromosome 人工染色体 236
artificial insemination 人工受精 236
artificial selection 人為選択 231
Artiodactyla 偶蹄類 117
ascending tracts 上向性神経束 223
ascocarp 子嚢果 206
ascogenous hyphae 造嚢糸 284
ascogonium 造嚢器 284
Ascomycota 子嚢菌門 206
ascorbic acid アスコルビン酸 3, 404
ascospore 子嚢胞子 206
ascus 子嚢 205
asepsis 無菌 473
asexual reproduction 無性生殖 475
asparagine アスパラギン 3
aspartic acid アスパラギン酸 3
aspirin アスピリン 3
assimilation 同化 339
association アソシエーション 3
association centre 連合中枢 514
assortative mating 調和配偶（同類交配） 321
aster 星状体 256
astigmatism 乱視 498

astrocyte 星状膠細胞 256
atherosclerosis アテローム性動脈硬化症 4
atlas 環椎 97
atmospheric pollution 大気汚染 291
atomic weight 相対原子質量 283
ATP アデノシン三リン酸 4, 49
ATPase ATPアーゼ 49
ATP synthase ATPシンターゼ 49
ATP synthetase ATP合成酵素 49
atrial natriuretic hormone 心房性ナトリウム利尿ホルモン 242
atrial natriuretic peptide 心房性ナトリウム利尿ペプチド 242
atrioventricular node 房室結節 448
atrioventricular valve 房室弁 448
atrium 心房 242
atrium 房 447
atrophy 萎縮 23
atropine アトロピン 5
attenuation 弱毒化 211
attenuation 転写減衰 337
attenuation 発酵度 386
atto- アト 4
audibility 可聴度 83
audiometer 聴力計 321
auditory 聴覚の 319
auditory nerve 聴神経 320
auricle オーリクル 63
auricle 耳介 192
auricle 心房 242
Australian region オーストラリア区 61
Australopithecus 猿人類 56
autacoid (autocoid) オータコイド 62
autapomorphy 固有派生形質 166
autecology 個生態学 162
autochthonous 原地性 144
autoclave オートクレーブ 62
autoecious 同種寄生性 342
autogamy オートガミー 62
autogenic 自発的 206
autograft 自己移植片 196
autoimmunity 自己免疫 197
autolysis 自己分解 197
autonomic nervous system 自律神経系 231
autopolyploid 同質倍数体 341
autoradiography オートラジオグラフィー 62
autosome 常染色体 224
autostylic jaw suspension 自接型顎懸架 201
autotomy 自切 201
autotrophic nutrition 独立栄養 346

auxanometer 生長計 260
auxin オーキシン 60
auxin-binding protein オーキシン結合タンパク質 60
Avery, Oswald Theodore エーヴリー、オズワルド・テオドール 44
Aves 鳥類 321
avidin アビジン 5
AVN 房室結節 44, 448
awn 芒 372
axenic culture 純粋培養 220
axial skeleton 中軸骨格 316
axil 葉腋 491
axillary bud 脇芽 45
axis 軸椎 195
axon 軸索 195
axoneme 軸糸 195

B

β cells β細胞 438
β-galactosidase β-ガラクトシダーゼ 438
β-galactosidase ラクターゼ 495
β-oxidation β酸化 208
β-pleated sheet βシート 439
BAC 395
Bacillariophyta 珪藻類 132
bacillus 桿菌 92
backbone 脊柱 266
backbone 背骨 266, 270, 378
back cross 戻し交雑 482
background radiation バックグラウンド放射線 385
bacteria 細菌 173
bacterial artificial chromosome 細菌人工染色体 174
bacterial growth curve 細菌増殖曲線 174
bactericidal 殺菌（性）の 183
bacteriochlorophyll バクテリオクロロフィル 382
bacteriology 細菌学 174
bacteriophage バクテリオファージ 382
bacteriorhodopsin バクテリオロドプシン 382
bacteriostatic 静菌的 254
bacteroid バクテロイド 383
Baer, Karl Ernst von ベーア、カール・エルンスト・フォン 436
baker's yeast パン酵母 392
balance 平衡 437

balanced polymorphism 平衡多型 437
baleen くじらひげ 118
baleen 鯨鬚 132
barb 羽枝 40
barb 鉤状毛 153
barbiturate バルビツール酸誘導体 391
barbule 小羽枝 221
Barfoed's test バールフェズ試験 391
bark 樹皮 218
baroreceptor 圧受容器 4
Barr body バー小体 383
basal body 基底小体 103
basal ganglia 大脳基底核 295
basal lamina 基底膜 103
basal metabolic rate 基礎代謝率 102
base 塩基 54
basement membrane 基底膜 103
base pairing 塩基対形成 54
basic stains 塩基性染料 54
Basidiomycota 担子菌門 305
basidiospore 担子胞子 305
basidium 担子器 305
basilar membrane 基底膜 103
basket cell 籠細胞 79
basophil 好塩基球 146
bast 篩部 206
bast 靭皮 242
batch culture 回分培養 69
Batesian mimicry ベーツ型擬態 439
Bateson, William ベーツソン、ウィリアム 440
bathypelagic zone 漸深層域 276
bathypelagic zone 無光層 474
bats コウモリ 158
B cell B細胞 399
B-chromosome 過剰染色体 81
B-chromosome B染色体 402
Beadle, George Wells ビードル、ジョージ・ウェルズ 406
becquerel ベクレル 438
bees ハチ 384
beetles 甲虫 155
beet suger スクロース 247
beet sugar 甜菜糖 335
behaviour 行動 156
behavioural genetics 行動遺伝学 156
Benedict's test ベネディクト試験 441
benthos 底生生物 330
beriberi 脚気 83
berry 漿果 221

beta adrenergic receptor　β受容体　439
beta adrenoceptor　β受容体　439
beta-adrenoceptor antagonist　βアドレナリン性受容体遮断薬　439
beta blocker　β遮断薬　439
beta cells　β細胞　438
betacyanin　ベタシアニン　438
beta sheet　βシート　439
betaxanthin　ベタキサンチン　438
bicarbonate　重炭酸塩　214, 305
biceps　上腕二頭筋　226
bicuspid valve　二尖弁　360
biennial　二年生植物　360
bilateral symmetry　左右相称　185
bile　胆汁　305
bile duct　輸胆管　490
bilirubin　ビリルビン　410
biliverdin　ビリベルジン　410
binary fission　二分裂　361
binding site　結合部位　136
binocular vision　両眼視　506
binomial nomenclature　二命名法　361
bioaccumulation　生物蓄積　263
bioactivation　代謝活性化　292
bioassay　生物検定　261
biochemical evolution　生化学的進化　251
biochemical fuel cell　生化学燃料電池　251
biochemical oxygen demand　生物化学的酸素要求量　261
biochemical taxonomy　生化学的分類学　251
biochemical taxonomy　分子系統学　432
biochemistry　生化学　251
biocoenosis　生物群集　261
biodegradable　生分解性　264
biodiversity　生物多様性　262
biodiversity gradient　生物多様性傾度　262
bioelement　生元素　254
bioenergetics　生体エネルギー学　258
bioengineering　生物工学　262
biofeedback　生体フィードバック　259
biofuel　生物燃料　263
biogas　バイオガス　376
biogenesis　生物発生説　264
biogeochemical cycle　生物地球化学的循環　263
biogeography　生物地理学　263
bioinformatics　バイオインフォマティクス　376
biolistics　バイオリスティクス　377
biological assay　生物学的定量　261

biological clock　生物時計　263
biological control　生物的防除　263
biological diversity　生物多様性　262
biological rhythm　生体リズム　259
biological rhythm　生物リズム　264
biological species concept　生物学的種概念　261
biological warfare　生物戦争　262
biology　生物学　261
bioluminescence　生物発光　264
biomarker　バイオマーカー　377
biomass　生物体量　262
biomass　バイオマス　377
biome　バイオーム　377
biomechanics　バイオメカニクス　377
biomolecule　生体分子　259
biophysics　生物物理学　264
biopoiesis　生命発生　264
biopsy　生検　254
bioreactor　バイオリアクター　377
biorhythm　生物リズム　264
biosensor　バイオセンサー　376
biosphere　生物圏　261
biostratigraphy　生層位学　257
biosynthesis　生合成　255
biosystematics　バイオシステマティックス　376
biota　生物相　262
biotechnology　バイオテクノロジー　377
biotic factor　生物的因子　263
biotic potential　生物繁栄能力　264
biotin　ビオチン　396
biotope　ビオトープ　396
biotype　バイオタイプ　376
biozone　生存帯　258
bipedalism　二足歩行　360
bipolar cell　双極細胞　280
bipolar neuron　双極ニューロン　280
bipyridylium dyes　ビオロゲン色素　396
biramous appendage　二枝形付属肢　358
birds　鳥類　321
birth　誕生　306
birth control　バースコントロール　383
birth rate　出生率　217
bisexual　雌雄両性　215
bisexual　両性　506
biuret test　ビウレット試験　395
bivalent　二価染色体　357
Bivalvia　双殻類（二枚貝類）　280
bladder　嚢　370

bladder　膀胱　447
bladderworm　嚢虫　371
blastocoel　胞胚腔　451
blastocyst　胚盤胞　380
blastoderm　胚盤葉　380
blastopore　原口　140
blastula　胞胚　451
blending inheritance　融合遺伝　486
blind spot　盲点　481
blood　血液　133
blood-brain barrier　血液脳関門　134
blood capillary　毛細血管　480
blood cell　血液細胞　134
blood clotting　血液凝固　134
blood coagulation　血液凝固　134
blood corpuscle　血球　134
blood groups　血液型　134
blood pigment　血液色素　134
blood plasma　血漿　136
blood platelet　血小板　136
blood pressure　血圧　133
blood serum　血清　136
blood vascular system　血管系　135
blood vessel　血管　135
blue-green bacteria　藍色細菌　498
B lymphocyte　Bリンパ球　399, 410
BMR　基礎代謝率　102
BOD　生物化学的酸素要求量　261
body cavity　体腔　291
body fluid　体液　290
body plan　正面線図　226
bog　沼沢湿原　224
Bohr effect　ボーア効果　447
bolus　食塊（ボーラス）　227
bomb calorimeter　ボンベ熱量計　460
bone　骨　456
bone marrow　骨髄　164
bony fishes　硬骨魚　151
bony labyrinth　骨迷路　164
borax carmine　ホウ砂カーミン　448
botany　植物学　229
botulinum toxin　ボツリヌス毒　456
bovine spongiform encephalopathy　牛海綿状脳症　106
Bowman's capsule　ボーマン嚢　457
bp　塩基対　54
Brachiopoda　腕足動物門　518
bract　苞葉　452
bracteole　小苞葉　225
bradycardia　徐脈　231

bradykinin　ブラジキニン　423
bradymetabolism　緩徐代謝　94
brain　脳　370
brain case　頭蓋　339
brain case　脳蓋　370
brain death　脳死　371
brainstem　脳幹　370
branchial　鰓器官の　173
brassin　ブラッシン　424
brassinosteroid　ブラシノステロイド　424
breastbone　胸骨　110
breathing　呼吸　160
breed　品種　411
breeding　繁殖　392
breeding season　繁殖期　393
brewing　醸造　224
bronchial tube　気管支　100
bronchiole　気管支梢　100
bronchus　気管支　100
brown algae　褐藻　84
brown algae　褐藻類　84
brown fat　褐色脂肪　84
Brownian movement　ブラウン運動　423
Brown, Robert　ブラウン，ロバート　423
Brunner's glands　ブルナー腺　426
brush border　刷子縁　183
Bryophyta　蘚類植物門　279
Bryozoa　苔虫類　294
BSC　生物学的種概念　261, 395
BSE　牛海綿状脳症　106, 395
buccal cavity　頬側口腔　111
bud　芽　476
budding　出芽　217
budding　芽接ぎ　477
buffer　緩衝液　94
bugs　ナンキンムシ　355
bulb　鱗茎　507
bulbil　珠芽　215
bulbourethral glands　尿道球腺　70, 364
bulla　鼓胞　165
bundle of His　ヒス束　401
bundle sheath cells　維管束鞘細胞　21
Burnet, Sir Frank Macfarlane　バーネット，フランク・マックファーレン，卿　389
bursa　滑液嚢　83
butanedioic acid　ブタンジオン酸　420
butterflies　チョウ　318
buttress root　板根　392

C

cadherin　カドヘリン　85
caecum　盲腸　481
Caenorhabditis elegans　線虫（セノラブディティスエレガンス）　276
Cainozoic　新生代　238
calciferol　カルシフェロール　89
calcitonin　カルシトニン　88
calcium　カルシウム　88
calcium cyclamate　チクロカルシウム　312
calliclone　カリクローン　88
callus　カルス　89
calmodulin　カルモジュリン　90
Calorie　キロカロリー　114
calorie　カロリー　90
calorific value　熱量　367
calorimeter　熱量計　367
Calvin cycle　カルビン回路　89
Calvin, Melvin　カルビン，メルビン　89
calyptra　カリプトラ　88
calyptra　根冠　170
calyptrogen　根冠形成層　170
calyx　萼　73
CAM　細胞接着分子　180, 192
CAM　ベンケイソウ型有機酸代謝　192, 444
cambium　形成層　132
Cambrian　カンブリア紀　97
camouflage　カムフラージュ　87
Canada balsam　カナダバルサム　85
canaliculus　細管　173
canalization　キャナリゼーション　105
cancer　癌　90
cane sugar　ショ糖　230
cane sugar　スクロース　247
canine tooth　犬歯　141
capacitation　受精能獲得　217
capillarity　毛細管現象　480
capillary　毛細血管　480
capitulum　頭状花序　342
capsid　キャプシド　105
capsomere (capsomer)　キャプソメア　105
capsule　カプセル　85
capsule　さく果　182
carapace　背甲　378
carbamates　カルバメート　89
carbamide　カルバミド　89, 363
carbohydrate　炭水化物　306
carbon　炭素　306
carbon assimilation　炭素同化作用　307
carbon cycle　炭素循環　307
carbon dating　放射性炭素年代測定法　449
carbon dioxide　二酸化炭素　358
carbonic acid　炭酸　305
carbonic anhydrase　炭酸脱水酵素　305
Carboniferous　石炭紀　266
carbon monoxide　一酸化炭素　27
carboxyhaemoglobin　カルボキシヘモグロビン　89
carboxylase　カルボキシラーゼ　89
carboxyl group　カルボキシル基　89
carboxylic acid　カルボン酸　89
carboxypeptidase　カルボキシペプチダーゼ　89
carboxysome　カルボキシソーム　89
carcerulus　非裂開型分離果　411
carcinogen　発がん物質　385
carcinoma　癌　90
cardiac　心臓性　240
cardiac　噴門の　435
cardiac cycle　心周期　237
cardiac muscle　心筋　233
cardiac output　心拍出量　241
cardiovascular centre　心臓血管中枢　240
carina　竜骨　505
carnassial teeth　裂肉歯　513
Carnivora　食肉類　228
carnivore　肉食者（動物）　357
carnivorous plant　肉食植物　357
carotene　カロテン　90
carotenoid　カロテノイド　90
carotid artery　頸動脈　133
carotid body　頸動脈小体　133
carotid sinus　頸動脈洞　133
carpal　手根骨　216
carpal bone　手根骨　216
carpel　心皮　242
carpogonium　果器　279
carpospores　果胞子　86
carpus　手根　216
carr　カー　65
carrageenan (carrageen)　カラゲナン　87
carrier　キャリヤー　105
carrier molecule　キャリヤー分子　105
carrying capacity　環境収容力　92
cartilage　軟骨　355
cartilage bone　軟骨性骨　355
cartilaginous fishes　軟骨魚類　355
caruncle　種阜　218

caryopsis 穎果 43
casein カゼイン 81
Casparian strip カスパリー線 81
caspase カスパーゼ 81
caste 階級 65
casual 偶然 117
catabolism 異化作用 20
catalase カタラーゼ 83
catalysis 触媒作用 228
catalyst 触媒 228
catalytic activity 触媒活性 228
catalytic RNA 触媒 RNA 228, 503
cataphoresis 電気泳動 334
catecholamine カテコールアミン 85
category カテゴリー 85
category 分類階級 435
cathepsins カテプシン 85
cation 陽イオン 491
catkin 尾状花序 400
caudal vertebrae 尾椎 405
caveola カベオラ 86
C cell C細胞 197
CCK コレシストキニン 168, 198
CD 204
cDNA 相補的 DNA 204, 284
cecidium ゴール 166
cecropin セクロピン 267
cell 細胞 176
cell adhesion molecule 細胞接着分子 180
cell body 細胞体 181
cell centre 中心体 317
cell culture 細胞培養 181
cell cycle 細胞周期 178
cell division 細胞分裂 181
cell fusion 細胞融合 182
cell junction 細胞間結合 177
cell membrane 原形質膜 140
cell membrane 細胞膜 181
cell plate 細胞板 181
cell sap 細胞液 177
cell theory 細胞説 180
cellular respiration 細胞呼吸 178
cellulase セルラーゼ 271
cellulolytic セルロース分解性 271
cellulose セルロース 271
cell wall 細胞壁 181
Celsius scale セルシウス温度 270
cement セメント 270
cementum セメント 270
Cenozoic 新生代 238

centi- センチ 276
centigrade scale 百分度スケール 408
centimorgan センチモルガン 276, 312
centipedes ムカデ 473
Central Dogma セントラルドグマ 277
central nervous system 中枢神経系 317
centre 中枢 317
centrifuge 遠心機 55
centriole 中心小体 316
centromere セントロメア 277
centrosome 中心体 317
centrosphere 中心体 317
centrum 椎体 323
cephalization 頭化 339
Cephalochordata 頭索類 341
Cephalopoda 頭足類 342
cephalothorax 頭胸部 340
cercaria ケルカリア 138
cerci 尾角 396
cerebellum 小脳 224
cerebral cortex 大脳皮質 295
cerebral hemisphere 大脳半球 295
cerebroside セレブロシド 271
cerebrospinal fluid 脳脊髄液 371
cerebrum 大脳 295
cerumen 耳垢 196
cervical vertebrae 頸椎 132
cervix 頸部 133
Cestoda 条虫綱 224
Cetacea クジラ類 118
CFCs クロロフルオロカーボン 129, 192
cGMP 環状 GMP 94
c.g.s. units CGS 単位系 197
chaeta 剛毛 158
Chaetognatha 毛顎動物 480
Chain, Sir Ernst Boris チェイン，アーンスト・ボリス，卿 311
chalaza カラザ（卵帯） 87
chalaza 合点 156
chalaza 卵帯 498
chalcone カルコン 88
chalk チョーク 321
chalone ケイロン 133
chamaephyte 地表植物 314
channel チャネル 315
chaparral チャパラル 315
character 形質 131
Chargaff, Erwin シャルガフ，アーウィン 211
chela はさみ 383

chelicerae 鋏角 109
Chelicerata 鋏角類 109
chemical bond 化学結合 70
chemical control 化学的防除 71
chemical dating 化学的年代測定 71
chemical fossil 化学化石 70
chemical fusogen 化学的融合誘導因子 71
chemical reaction 化学反応 71
chemiosmotic theory 化学浸透圧説 71
chemoautotroph 化学合成独立栄養生物 71
chemolithotroph 化学合成無機栄養生物 71
chemoorganotroph 有機栄養生物 486
chemoreceptor 化学受容器 71
chemosynthesis 化学合成 70
chemosystematics 化学分類学 72
chemotaxis 走化性 280
chemotaxonomy 化学分類 72
chemotherapy 化学療法 72
chemotropism 化学屈性 70
chiasma キアズマ 99
chill haze 寒冷混濁 98
Chilopoda 唇脚綱 233
chimaera キメラ 104
Chiroptera 翼手類 493
chitin キチン 102
chitinase キチナーゼ 102
chlamydospore 厚膜胞子 158
chlorenchyma 葉緑組織 493
chloride secretory cell 塩類細胞 58
chloride shift 塩素移動 56
chlorocruorin クロロクルオリン 129
chlorofluorocarbons クロロフルオロカーボン 129
chlorophyll 葉緑素（クロロフィル） 493
Chlorophyta 緑藻植物門 507
chloroplast 葉緑体 493
chlorosis 白化 381
chloroxybacteria クロロキシバクテリア 128
choanae 後鼻孔 157
cholecalciferol コレカルシフェロール 168
cholecystokinin コレシストキニン 168
cholesterol コレステロール 168
choline コリン 166
cholinergic コリン作動性 166
cholinesterase コリンエステラーゼ 166
Chondrichthyes 軟骨魚綱 355
chondrin 軟骨質 355
chondrocyte 軟骨細胞 355
Chordata 脊索動物 265
chordotonal organs 弦音器官 139

chorion 漿膜 225
chorion 卵殻 497
chorionic gonadotrophin 絨毛膜性生殖腺刺激ホルモン 215
choroid 脈絡膜 472
choroid plexus 脈絡叢 472
chromaffin tissue クロム親和性組織 128
chromatid 染色分体 275
chromatin クロマチン 127
chromatin 染色質 274
chromatogram クロマトグラム 128
chromatography クロマトグラフィー 128
chromatophore 色素胞 194
chromophore 発色団 387
chromoplast 有色体 486
chromosome 染色体 274
chromosome diminution 染色質削減 274
chromosome jumping 染色体ジャンピング 275
chromosome map 染色体地図 275
chromosome mutation 染色体変異 275
chromosome walking 染色体ウォーキング 274
chrysalis 蛹 184
Chrysomonada カゲヒゲムシ類 79
Chrysophyta 黄色鞭毛虫類 73
chyle 乳び（乳糜） 361
chylomicron キロミクロン 114
chymase キマーゼ 104
chyme 消化粥 222
chymosin キモシン 104
chymosin レンニン 516
chymotrypsin キモトリプシン 104
chymotrypsinogen キモトリプシノーゲン 104
Chytridiomycota ツボカビ類 324
ciliary body 毛様体 481
ciliary feeding 繊毛摂食 278
ciliary muscle 毛様体筋 481
ciliated epithelium 繊毛上皮 278
Ciliophora 繊毛虫類 278
cilium 繊毛 278
circadian rhythm 概日リズム 67
circalunar rhythm 月周性 136
circannual rhythm 概年周期 68
circannual rhythm 概年リズム 69
circulation 循環 220
circulatory system 循環系 220
cisterna 嚢 370
cis-trans test シス-トランス検定 200

cistron シストロン 200
citric acid クエン酸 117
citric acid cycle クエン酸回路 117, 126
CJD クロイツフェルト-ヤコブ病 127, 197
clade 分岐群 432
cladistics 分岐論 432
cladode 扁茎 444
cladogram 分岐図 432
cladophyll 葉状茎 444, 492
class 綱 146
classification 分類 435
clathrin クラスリン 120
clavicle 鎖骨 182
clay 粘土 368
cleavage 卵割 497
cleistothecium 閉子嚢殻 437
climate 気候 100
climax community 極相群落 113
cline クライン 120
clinostat 植物回転器 229
clitellum 環帯 97
clitical thermal maximum クリテイカルサーマルマキシム 123
clitoris 陰核 36
cloaca 総排泄腔 284
clonal selection theory クローン選択説 129
clone クローン 129
cloning vector クローニングベクター 127
closed circulation 閉鎖循環系 437
clotting factors 凝固因子 110
Clubmoss ヒカゲノカズラ類（ヒカゲノカズラ門）396
cluster of differentiation CD 204
cluster of differentiation 白血球分化抗原 385
Cnidaria 刺胞動物門 209
cnidoblast クニドブラスト 119
cnidoblast 刺細胞 197
CNS 中枢神経系 192, 317
CoA 補酵素A 192, 453
coacervate コアセルベート 146
coadaptation 共適応 112
coagulatio 凝固 109
coagulation factors 凝固因子 110
coal 石炭 266
cobalamin コバラミン 165
cobalt コバルト 165
coccus 球菌 106
coccyx 尾骨 399
cochlea 蝸牛 72

cockroaches ゴキブリ 160
cocoon 繭 466
codeine コデイン 165
coding strand 解読鎖（コーディング鎖）68
codominance 共優性 112
codon コドン 165
coelacanth シーラカンス 231
coelenterate 腔腸動物 156
coelenteron 胃水管腔 24
coelenteron 腔腸 156
coelom 真体腔 240
coelomoduct 体腔輸管 291
coenobium 連結生活体 514
coenocyte 多核体 299
coenzyme 補酵素 453
coenzyme A 補酵素A 453
coenzyme Q 補酵素Q 453, 490
coevolution 共進化 110
cofactor 補助因子 453
cohesion 凝集力 110
cohesion 同類合着 345
cohesive end 付着端 420
coitus 交尾 157
coitus 性交 255
colchicine コルヒチン 168
cold-blooded animal 冷血動物 512
Coleoptera 甲虫目 155
coleoptile 子葉鞘 223
coleorhiza 根鞘 170
coliform bacteria 大腸菌群 254
colinearity 共線性 111
collagen コラーゲン 166
collecting duct 集合管 212
Collembola 弾尾類 310
collenchyma 厚角組織 148
colloblast 膠胞 158
colloblast 粘着細胞 368
colloid osmotic pressure コロイド浸透圧 152
colloids コロイド 169
colon 結腸 137
colony コロニー 169
colony-stimulating factor コロニー刺激因子 169
colostrum 初乳 230
colour blindness 色覚異常 193
colour vision 色覚 193
columnar epithelium 円柱上皮 56
commensalism 片利共生 446
communicating junction 連絡結合 516

communication　コミュニケーション　165
community　群集　129
companion cell　伴細胞　392
compass plant　コンパス植物　171
compensation point　補償点　454
competent　反応能　394
competition　競争　111
competitive exclution principle　競争排除則　111
competitive inhibition　競争的阻害　111
complement　補体　456
complemental males　補助雄　454
complementary DNA　相補的 DNA　284
complementary genes　補足遺伝子　455
composite fruit　複合果　417
compost　堆肥　296
compound eye　複眼　417
compound microscope　複合顕微鏡　417
computerized tomography scanner　CT スキャナー　204
concanavalin　コンカナバリン　170
concentration　濃度　372
concentration gradient　濃度勾配　372
conceptacle　生殖器巣　256
conception　受胎　217
condensation reaction　縮合反応　215
conditional response　条件反射　223
conditioned reflex　条件反射　223
conditioning　条件づけ　75, 222
condyle　関節丘　95
cone　球果（球花）　106
cone　錐体　246
conformer　一致動物　27
congenital　先天性の　277
conidiospore　分生胞子　434
conidium　分生子　434
Coniferophyta　針葉樹類　242
conjugation　接合　268
conjunctiva　結膜　137
connective tissue　結合組織　135
consensual　共感性　109
consensus sequence　コンセンサス配列　171
conservation　保全　455
conservative replication　保存的複製　455
conserved sequence　保存配列　455
consociation　優占種群落　488
consumer　消費者　225
contact insecticide　接触殺虫剤　269
contig map　コンティグ地図　171
continental drift　大陸移動　296

continuous culture　連続培養　515
continuous replication　連続複製　515
continuous variation　連続変異　515
contour feather　おおばね　59
contraception　避妊　383, 406
contractile root　牽引根　138
contractile vacuole　収縮胞　213
contraction　収縮　213
control　コントロール　171
control mechanism　制御機構　254
conus arteriosus　動脈円錐　345
convergent evolution　収束進化　214
convoluted tubule　曲尿細管　113
coomassie blue　クーマシーブルー　119
cooperation　協同作用　112
coordinate bond　配位結合　376
coordination　協調　111
Copepoda　カイアシ類　65
coprophagy　食糞　229
copulation　交尾　157
copulation　性交　255
coral　サンゴ　187
corium　真皮　242
cork　コルク　167
cork cambium　コルク形成層　167
corm　球茎　106
cornea　角膜　78
cornification　角化　73
cornification　角質生成　74
corolla　花冠　72
coronary vessels　冠血管　93
corpus allatum　アラタ体　11
corpus callosum　脳梁　372
corpus cardiacum　側心体　286
corpus luteum　黄体　58
corpus striatum　線条体　274
cortex　皮質　400
cortex　皮層　402
Corti cell　コルチ細胞　168
corticosteroid　副腎皮質ホルモン　418
corticotrophin　コルチコトロピン　167, 418
cortisol　コルチゾール　168
cortisone　コルチゾン　168
corymb　散房花序　190
cosmid　コスミド　161
cosmoid scale　コズミン鱗　161
cotyledon　子葉　221
cotyloid cavity　臼穴　93
coumarin　クマリン　119
countercurrent heat exchange　向流熱交換

159
countercurrent multiplier system　対向流濃縮系　291
counterflow　向流　159
courtship　求愛行動　105
COV　交叉価　152
COV　交叉率　152
covalent bond　共有結合　112
Cowper's glands　カウパー腺　70
coxa　底節　330
coxal glands　基節腺　101
C_3 pathway　C_3 経路　200
C_4 pathway　C_4 経路　206
cranial nerves　脳神経　371
cranial reflex　脳神経反射　371
Craniata　有頭類　489
cranium　頭蓋　339
crassulacean acid metabolism　ベンケイソウ型有機酸代謝　444
creatine　クレアチン　126
creatinine　クレアチニン　126
creationist　創造説論者　283
cremocarp　双懸果　281
crenation　細胞皺縮　178
Cretaceous　白亜紀　381
cretinism　クレチン病　126
Creutzfeldt-Jacob disease　クロイツフェルト-ヤコブ病　127
Crick, Francis Harry Compton　クリック, フランシス・ハリー・コンプトン　123
crista　クリステ　123
critical group　臨界種　507
critical thermal maximum　クリティカルサーマルマキシマム　123
critical thermal maximum　最高限界温度　175
Cromagnon man　クロマニョン人　128
crop　作物　182
crop　素嚢　288
crop rotation　輪作　508
cross　交雑　152
cross-fertilization　他家受精　299
crossing over　交叉　151
crossover value　交叉率　152
cross-pollination　他花受粉　299
Crustacea　甲殻類　148
cryobiology　低温生物学　329
cryophyte　氷雪藻類　409
cryoprotectant　凍結防止剤　340
cryptic coloration　隠蔽色　38

cryptic species　同胞種　345
cryptobiosis　クリプトビオシス　124
cryptochrome　クリプトクローム　123
Cryptomonada　クリプト植物　124
cryptonephridial system　隠腎管系　36
Cryptophyta　隠モナス類　124
cryptozoic　陰生　37
crypts of Lieberkühn　リーベルキューン腺　503
CSF　コロニー刺激因子　169, 192
CSF　脳脊髄液　192, 371
ctenidia　櫛鰓　117
Ctenophora　有櫛類　486
CT scanner　CTスキャナー　204
cuboidal epithelium　単層立方上皮　306
cultivar　栽培品種　176
cultivation　栽培　176
culture　培養　381
culture medium　培地　380
cupula　クプラ　119
cupule　殻斗　77
cupule　種衣　212
cupule　杯状体　379
curare　クラーレ　121
curd　凝乳　112
cusp　咬頭　156
cusp　尖　271
cuticle　クチクラ　118
cuticularization　クチクラ化　118
cutin　クチン　118
cutinization　クチン化　118
cutis　真皮　242
cutis　皮膚　406
cutting　挿木　183
Cuvier, George Léopold Chrétien Frédéric Dagobert, Baron　キュビエ, ジョルジュ・レオポルド・クレティアン・フレデリック・ダゴベール, 男爵　108
Cyanobacteria　シアノバクテリア　191
cyanocobalamin　シアノコバラミン　191
Cycadofilicales　ソテツシダ類　288
Cycadophyta　ソテツ類　288
cyclamates　チクロ　312
cyclic AMP　環状AMP　94
cyclic GMP　環状GMP　94
cyclic phosphorylation　循環的光リン酸化　220
cyclic photophosphorylation　循環的光リン酸化　220
cyclin　サイクリン　174

cyclomorphosis　形態輪廻　132
Cyclostomata　円口類　55
cyme　集散花序（衆繖花序）　213
cyme　多散花序　300
cymose inflorescence　集散花序（衆繖花序）　213
cypsela　下位痩果　67
cysteine　システイン　199
cysticercus　キスチケルクス　101
cysticercus　嚢虫　371
cystine　シスチン　199
cystocarp　嚢果　370
cytidine　シチジン　203
cytochrome　チトクロム　314
cytochrome oxidase　チトクロム酸化酵素　314
cytogenetics　細胞遺伝学　177
cytokine　サイトカイン　176
cytokinesis　細胞質分裂　178
cytokinin　サイトカイニン　175
cytological map　細胞学的地図　177
cytology　細胞学　177
cytolysis　細胞融解　181
cytomegalovirus　サイトメガロウイルス　176
cytoplasm　細胞質　178
cytoplasmic inheritance　細胞質遺伝　178
cytoplasmic streaming　原形質流動　140
cytosine　シトシン　204
cytoskeleton　細胞骨格　178
cytosol　サイトゾル　176
cytostome　細胞口　178
cytotaxonomy　細胞分類学　181
cytotoxic　細胞障害性　180

D

2,4-D　364
DAG　ジアシルグリセロール　191
daily　日周　360
dance of the bees　ミツバチのダンス　470
Daphnia　ミジンコ属　469
dark adaptation　暗順応　16
dark period　暗期　15
dark reaction　暗反応　17
Darwin, Charles　ダーウィン，チャールズ　298
Darwinism　ダーウィン説　298
Darwin's finches　ダーウィンフィンチ類　298
dating techniques　年代測定法　368
day-neutral plant　中日植物　316
DDT　331

deacetylation　脱アセチル反応　301
deamination　脱アミノ反応　301
death　死　191
death phase　死滅期　210
death rate　死亡率　209
deca-　デカ　331
Decapoda　エビ目　52
decarboxylation　脱炭酸　301
decay　腐朽　416, 431
decay　腐敗　416
deci-　デシ　332
decibel　デシベル　332
deciduous　落葉性の　495
deciduous teeth　脱落歯　302
decomposer　分解者　431
decomposition　分解　431
defecation　排便　381
deficiency disease　欠乏病　137
definite inflorescence　有限花序　213, 486
deforestation　森林伐採　243
degeneration　退化　290
degeneration　変性　445
deglutition　嚥下運動　55
dehiscence　裂開　513
dehydrogenase　脱水素酵素　301
dehydrogenation　脱水素反応　301
deletion　欠失　136
deme　デーム　333
denature　変性　445
dendrite　樹状突起　216
dendrochronology　年輪年代学　369
dendrogram　樹状図　216
dendron　樹枝状突起　216
denitrification　脱窒　301
de novo pathway　新生経路　238
dense body　稠密体　318
density-dependent factor　密度依存要因　470
density-independent factor　密度独立要因　470
dental caries　虫歯　474
dental formula　歯式　198
dentary　歯骨　197
denticle　歯状突起　199
denticle　楯鱗　221
dentine　象牙質　280
dentition　歯列　231
deoxyribonuclease　デオキシリボヌクレアーゼ　325, 331
deoxyribonucleic acid　DNA　325
deoxyribonucleic acid　デオキシリボ核酸

325, 331
deoxyribose デオキシリボース 331
depolarization 脱分極 302
depressor 内転筋 353
derived trait 派生形質（状態） 384
dermal bone 皮骨 399, 463
Dermaptera ハサミムシ目 383
dermis 真皮 242
descending tracts 下行路 79
desert 乾荒原（砂漠） 93
desertification 砂漠化 184
desiccation 乾燥 96
desiccator 乾燥器 97
desmids チリモ類 322
desmosome 接着斑（デスモソーム） 269
desmotubule デスモ小管 332
desorption 脱離（脱着） 302
desulphuration 脱硫 302
determined 運命決定 42
detoxication 解毒 137
detoxification 解毒 137
detritivore 屑食者 269
detritus デトリタス 332
detrusor muscle 排尿筋 380
deuteranopia 第二盲 295
Deuteromycota 不完全菌類 416
deutoplasm 副形質 417
development 発生 387
Devonian デボン紀 332
de Vries, Hugo Marie ド・フリース，フーホ・マリー 348
dextrin デキストリン 332
dextrorotatory 右旋性 40
dextrose デキストロース 125, 332
d-form d体 330
diabetes 糖尿病 343
diacetylmorphine ジアセチルモルフィン 443
diacylglycerol ジアシルグリセロール 191
diagenesis 続成作用 286
diakinesis ディアキネシス 325
dialysis 透析 342
diapause 休眠 108
diaphragm 横隔膜 58
diaphysis 骨幹 164
diastase ジアスターゼ 191
diastema 歯隙 196
diastole 心臓拡張（期） 239
diatoms 珪藻植物門 132
diatoms 珪藻類 132
diatropism 傾斜屈性 131

diatropism 側面屈性 287
dibiontic ダイビオンティック 296
dicarboxylic acid ジカルボン酸 193
dichasium 岐散花序 100
2,4-dichlorophenoxyacetic acid 2,4-ジクロロフェノキシ酢酸 196
dichogamy 雌雄異熟 212
dichopatric speciation 分断種分化 434
dichotomous 二又の 420
Dicotyledoneae 双子葉類 281
dicoumarol ジクマロール 196
Dictyoptera カマキリ目 87
dictyosome ディクチオソーム 329
diet 食餌 227
dietary fibre 食物繊維 229
differential-interference contrast microscope 微分干渉顕微鏡 373, 407
differentiation 分化 431
diffusion 拡散 74
diffusion gradient 拡散勾配 74, 372
digestion 消化 221
digestive system 消化系 221
digestive tract 消化管 221
digit 指 490
digitalis ジギタリス 194
digitigrade 趾行 196
dihybrid cross 二遺伝子雑種交配 356
dihydroxyphenylalanine ジヒドロキシフェニルアラニン 206, 347
dikaryon 二核共存体 357
dikaryosis 二核化 356
dilation 拡張 77
dimethylbenzenes ジメチルベンゼン 210
dimictic lake 2回循環湖 356
dimorphism 二形性 357
Dinoflagellata 渦鞭毛藻類 40
Dinomastigota 渦鞭毛虫 40
dinosaur 恐竜 113
dinucleotide ジヌクレオチド 205
dioecious 雌雄異体の 212
dioxin ダイオキシン 290
dipeptide ジペプチド 207
diphyodont 二生歯性の 360
diploblastic 二胚葉性の 360
diploid 二倍体 360
diploid 複相 418
diplont 二倍体生物 360
Diplopoda 倍脚綱 378
diplotene 複糸期 417
Diplura コムシ類 166

Dipnoi 肺魚類 378
Diptera ハエ目 381
directional selection 方向性選択 447
disaccharide 二糖類 360
disassortative mating 非同類交配 406
Discomitochondria ディスコミトコンドリア類 330
discontinuous replication 不連続複製 427
discontinuous variation 不連続変異 427
disease 病気 408
disinfectant 消毒薬 224
disinhibition 脱抑止 301
dispersal 分散 432
dispersive replication 分散複製 432
displacement activity 転移行動 334
display behaviour 誇示行動 161
disruptive selection 分断性淘汰 434
distal 遠位 54
distal convoluted tubule 遠位尿細管 54
disulphide bridge ジスルフィド架橋 200
diuresis 利尿 501
diuretic 利尿薬 502
diurnal 日周 360
diurnal rhythm 概日リズム 67
diurnal rhythm 日周リズム 360
divergent evolution 分岐進化 332, 432
diverticulum 憩室 131
division 門 484
dizygotic twins 二卵性双生児 364
dl-form *dl*型 329
DNA 325
DNAase DNAアーゼ 325
DNA-binding proteins DNA結合タンパク質 325
DNA blotting DNAブロッティング 328
DNA chip DNAチップ 327, 328
DNA cloning DNAクローニング 30, 325
DNA-dependent RNA polymerase DNA依存型RNAポリメラーゼ 325
DNA filter assay DNAフィルターアッセイ 327
DNA fingerprinting DNAフィンガープリンティング 327
DNA hybridization DNAハイブリダイゼーション 327
DNA library DNAライブラリー 328
DNA ligase DNAリガーゼ 329
DNA methylation DNAのメチル化 327
DNA microarray DNAマイクロアレイ 328
DNA photolyase DNAホトリアーゼ 328

DNA polymerase DNAポリメラーゼ 328
DNA probe DNAプローブ 34, 328
DNA profiling DNA鑑定法 325
DNA repair DNA修復 327
DNA replication DNA複製 327
DNase DNアーゼ 325
DNA sequencing DNAシークエンシング 325
dodecanoic acid ドデカン酸 347, 495
Domagk, Gerhard ドーマク, ゲルハルト 348
domain ドメイン 348
dominance hierarchy 順位制 219
dominant 優位者 486
dominant 優性 487
dominant 優占種 488
donor ドナー 347
dopa ドーパ 347
dopamine ドーパミン 347
dormancy 休眠 108
dorsal 背側 379
dorsal aorta 背側大動脈 379
dorsal root 背根 378
dose 線量 278
dot-blot ドット-ブロット 347
double circulation 二重循環 359
double fertilization 重複受精 320
double helix 二重らせん 359
double recessive 二重劣性 359
down feathers 綿羽 519
Down's syndrome ダウン症 298
dragonflies トンボ 351
drive 動因 339
drone 雄蜂 61
Drosophila ショウジョウバエ 223
drug 薬 118
drupe 核果 73
dry mass 乾燥重量 97
Dryopithecus ドリオピテクス 349
duct 導管 339
ductless gland 無導管腺 354, 475
ductus arteriosus 動脈管 345
duodenal glands 十二指腸腺 426
duodenum 十二指腸 214
duplex 二本鎖 361
duplication 重複 214
dura mater 硬膜 158
duramen 赤味 1
duramen 心材 237
dwarfism 小人症 165
dynein ダイニン 295

dysphotic zone 弱光層 210
dystrophic 腐植栄養の 419

E

ear 耳 471
eardrum 鼓膜 165
ear ossicles 耳小骨 199
earwigs ハサミムシ 383
EB virus EBウイルス 36
Eccles, Sir John Carew エクルズ, ジョン・カルー, 卿 46
eccrine secretion エクリン分泌 46
ecdysis 脱皮 301
ecdysis-triggering hormone 脱皮誘発ホルモン 301
ecdysone エクジソン 46
ECG 心電図 240
Echinodermata 棘皮動物 113
echolocation 反響定位 391
eclosion hormone 羽化ホルモン 40
ECM 細胞外基質 177
ECM 細胞外マトリックス 177
E. coli 大腸菌 294
ecological equivalents 生態的同位種 259
ecological niche 生態的地位 259
ecological pyramid 生態的ピラミッド 259
ecology 生態学 259
ecosystem 生態系 259
ectoderm 外胚葉 69
ectohormone エクトホルモン 416
ectoparasite 外部寄生者 69
ectoplasm 外質 67
Ectoprocta 外肛動物 66
Ectoprocta 苔虫類 294
ectotherm 外温動物 65
edaphic factor 土壌要因 347
EDTA 27
EEG 脳電図 371
effector 効果器 147
effector neuron エフェクターニューロン 52
efferent 遠心性の 55
egestion 排出 379
EGF 上皮細胞増殖因子 225
EGF 表皮成長因子 409
egg 卵 303
egg cell 卵 497
egg cell 卵球 497
egg membrane 卵膜 499
Ehrlich, Paul エールリヒ, パウル 54

eicosanoid エイコサノイド 43
ejaculation 射精 211
elaiosome エライオソーム 53
Elasmobranchii 板鰓亜綱 392
elastic cartilage 弾性軟骨 306
elastic fibres 弾性繊維 306
elastin エラスチン 53
electric organ 発電器官 387
electric potential 電位 334
electrocardiogram 心電図 240
electroencephalogram 脳電図 371
electrolyte 電解質 334
electromagnetic spectrum 電磁スペクトル 336
electromyogram 筋電図 116
electron 電子 335
electron flow 電子伝達 336
electron microscope 電子顕微鏡 335
electron transport chain 電子伝達鎖 336
electron transport system 電子伝達系 336
electro-olfactogram 嗅電図 108
electrophoresis 電気泳動 334
electroplax 電気板 335
electroreceptor 電気受容器 335
electrovalent bond 電気原子価結合 335
elicitor エリシター 53
ELISA 酵素免疫測定法 155
elongation 延長 56
Elton, Charles Sutherland エルトン, チャールズ・サザーランド 54
elytra 鞘ばね（翅鞘） 185
emasculation 除雄 231
Embden-Meyerhof pathway エムデン-マイヤーホフ経路 53, 68
embedding 包埋 452
embryo 胚 375
embryology 発生学 387
embryo mother cell 胚母細胞 381
embryonic membranes 胚膜 380
embryophyte 有胚植物 489
embryo sac 胚嚢 380
EMG 筋電図 18, 116
emulsification 乳化 361
emulsion 乳濁液 361
enamel エナメル 50
enamel organ エナメル器 50
encephalin エンケファリン 55
endangered species 絶滅危惧種 270
endemic 固有種 166
endemic 風土病 415

endergonic reaction 吸エルゴン反応 106
endocardium 心内膜 241
endocarp 内果皮 352
endochondral ossification 軟骨内骨化 355
endocrine gland 内分泌腺 354
endocrinology 内分泌学 354
endocytosis エンドサイトーシス 57
endoderm 内胚葉 353
endodermis 内皮 353
endogamy 内婚 352
endogenous 内因性 352
endolymph 内リンパ 354
endomembrane system 細胞内膜系 181
endometrium 子宮内膜 195
endomitosis 核内有糸分裂 78
endonuclease エンドヌクレアーゼ 57
endoparasite 内部寄生者 354
endopeptidase エンドペプチダーゼ 57
endoplasm 内質 352
endoplasmic reticulum 小胞体 225
endopterygote 内翅類 353
endoreduplication 核内倍加 77
end organ 終末器官 215
endorphin エンドルフィン 57
endoscopy 内視鏡診断 352
endoskeleton 内骨格 352
endosome エンドソーム 57
endosperm 内胚乳 353
endospore 内生胞子 353
endostyle 内柱 353
endosymbiont theory 細胞内共生説 181
endothelin エンドセリン 57
endothelium 内皮 353
endotherm 内温動物 352
endothermic 吸熱性の 108
endothermic 内温性の 352
endotoxin 内毒素 353
end plate 終板 214
energid エネルギド 430
energy エネルギー 51
energy flow エネルギー流 51
enhancer エンハンサー 57
enkephalin エンケファリン 55
enterogastric reflex 胃腸反射 26
enterokinase エンテロキナーゼ 57
enteron 胃水管腔 24
enteron 腔腸 156
enteropeptidase エンテロペプチダーゼ 57
enthalpy エンタルピー 56
entoderm 内胚葉 353

entomology 昆虫学 171
entomophily 虫媒 318
Entoprocta 内肛動物 352
entropy エントロピー 57
environment 環境 92
environmental polymorphism 環境多型性 92
environmental resistance 環境抵抗性 92
environmental selection 環境淘汰 92
enzyme 酵素 154
enzyme inhibition 酵素阻害 155
enzyme kinetics 酵素反応速度論 155
enzyme-linked immunosorbent assay 酵素免疫測定法 155
enzyme-substrate complex 酵素-基質複合体 154
Eocene 始新世 199
EOG 嗅電図 19, 108
eosin エオシン 45
eosinophil 好酸球 152
ephemeral 短命植物 310
ephemeral 短命動物 310
Ephemeroptera カゲロウ目 79
epicalyx 萼状総苞 77
epicarp 外果皮 65
epicotyl 上胚軸 225
epidemic 流行病 505
epidemiology 疫学 45
epidermal growth factor 表皮成長因子 409
epidermis 表皮 409
epididymis 副精巣 418
epigamic 誘性的な 488
epigeal 地上発芽性の 312
epigenetic 後成的 154
epiglottis 喉頭蓋 156
epigyny 子房上生 209
epilimnion 表水層 409
epinephrine エピネフリン 4, 52
epipelagic zone 真光層 237
epipelagic zone 表層域 409
epiphysis 骨端 164
epiphyte 植物着生生物 229
episome エピソーム 52
epistasis エピスタシス 51
epithelium 上皮 225
EPSP 興奮性シナプス後電位 157
Epstein-Barr virus EBウイルス 36
equator 赤道面 267
equifinality 等至性 341
ER 小胞体 225
ergocalciferol エルゴカルシフェロール 53

ergonomics 人間工学 364
ergosterol エルゴステロール 53
ergot 麦角 385
erythroblast 赤芽球 265
erythrocyte 赤血球 268
erythropoiesis 赤血球生成 268
erythropoietin エリトロポエチン 53
Escherichia coli 大腸菌 294
eserine エゼリン 47
essential amino acid 必須アミノ酸 405
essential element 必須元素 405
essential fatty acids 必須脂肪酸 405
essential oil 精油 264
EST 発現配列標識 385
ester エステル 47
esterification エステル化 47
ET エンドセリン 27, 57
etaerio イチゴ状果 26
ethanedioic acid エタン二酸 48
ethanedioic acid シュウ酸 213
ethanoate エタノアート 3
ethanoate エタン酸 48
ethanoic acid エタン酸 48, 182
ethanol エタノール 47
Ethiopian region エチオピア区 48
ethology 動物行動学 344
ethyl alcohol エチルアルコール 47
ethylene (ethene) エチレン 48
ethylenediaminetetraacetic acid EDTA 27
etiolation 黄化 58
Eubacteria 真正細菌 238
eucarpic 分実性の 433
eucaryote 真核生物 233
euchromatin 真正染色質 238
eudicot 真正双子葉類 238
eugenics 優生学 487
Euglenida ミドリムシ綱 471
Eukarya ユーカリア 489
eukaryote 真核生物 233
Eumetazoa 真正後生動物 154, 238
Eumycota 真菌類 234
euphotic zone 真光層 237
euploid 正倍数体 261
eury- 広 146
eusocial 真社会性の 237
Eustachian tube 耳管 193
euthanasia 安楽死 18
Eutheria 真獣下綱 237
eutrophic 富栄養の 415
evergreen 常緑の 226

evocation 喚起作用 91
evolution 進化 233
exa- エクサ 46
exaptation イグザプテーション 22
excision repair 除去修復 226
excitation 興奮 157
excitatory postsynaptic potential 興奮性シナプス後電位 157
excretion 排出 379
exercise 運動 42
exergonic reaction 発エルゴン反応 385
exhalation 呼息 162
exine エキシン 45
exocarp 外果皮 65
exocrine gland 外分泌腺 69
exocytosis エクソサイトーシス 46
exodermis 外皮 69, 85
exogamy 外婚 66
exogenous 外因性の 65
exon エキソン 45
exon shuffling エキソンシャッフリング 45
exonuclease エキソヌクレアーゼ 45
exopeptidase エキソペプチダーゼ 45
exopterygote 外翅類 67
exoskeleton 外骨格 66
exothermic 発熱性の 387
exotic 外来種 70
exotic 外来の 70
exotoxin 外毒素 68
experiment 実験 203
experimental taxonomy 実験分類学 203
expiration 呼息 162
expiratory centre 呼息中枢 162
explantation 外植 67
exponential growth 指数増殖 199
expressed sequence tag 発現配列標識 385
expression vector 発現ベクター 386
extensor 伸筋 234
external ear 外耳 66
exteroceptor 外受容器 67
extinction 消去 222
extinction 絶滅 269
extracellular 細胞外 177
extracellular matrix 細胞外マトリックス 177
extraembryonic membranes 胚体外膜 380
extrafusal 錘外 245
extranuclear genes 核外遺伝子 73
extremophile 極限微生物 113
eye 目 476

eye muscle 眼筋 92
eyepiece 接眼レンズ 268
eyespot 眼点 97
eye tooth 上犬歯 222

F

F_1 52
F_2 52
facilitated diffusion 促進拡散 286
facilitation 促進 286
facilitation 促通 286
Factor II プロトロンビン 430
Factor III 第III因子 351
Factor VIII 第VIII因子 295
facultative anaerobes 通性嫌気性生物 323
FAD 52
faeces 糞便 435
Fahrenheit scale 華氏温度 79
fallopian tube ファロピウス管 413
Fallopius, Gabriel ファロピウス, ガブリエル 413
false fruit 仮果 70
false fruit 偽果 99
family 科 65
family 群 65, 129
family ファミリー 412
farming 農耕 371
fascia 筋膜 116
fascicle 小束 21
fascicle 束 285
fascicular cambium 維管束内形成層 22
fast green ファストグリーン 412
fat 脂肪 207
fat body 脂肪体 209
fat cell 脂肪細胞 208
fate map 発生運命地図 387
fatigue 疲労 411
fatty acid 脂肪酸 208
fatty-acid oxidation 脂肪酸酸化 208
fauna 動物相 344
faunal region 動物地理区 344
feathers 羽毛 41
fecundity 繁殖力 393
feedback フィードバック 414
feeding 摂餌 268
feeding 摂食 269
Fehling's test フェーリング試験 415
FEM 電界放射顕微鏡 334
female 雌性 201

femoral 大腿の 294
femto- フェムト 415
femur 腿節 293
femur 大腿 294
fen フェン 416
fenestra 窓 465
fenestra ovalis 前庭窓（卵円窓）277
fenestra rotunda 正円窓 251
fenestration 開窓 67
feral animal 野生化動物 485
fermentation 発酵 386
ferns シダ 202
ferredoxin フェレドキシン 416
ferritin フェリチン 415
fertility 妊性 364
fertility 肥沃度 410
fertilization 受精 217
fertilizer 肥料 410
fetal membranes 卵膜 499
fetus 胎児 292
Feulgen's test フォイルゲン試験 416
F_0F_1 complex F_0F_1複合体 49, 52
fibre 線維 272
fibre 繊維 272
fibre optics 光学繊維 148
fibril 原繊維 144
fibrin フィブリン 414
fibrinase プラスミン 424
fibrinogen フィブリノーゲン 414
fibrinolysin プラスミン 424
fibrinolysis 繊維素溶解 272
fibroblast 繊維芽細胞 272
fibrocartilage 繊維軟骨 272
fibrous protein 繊維状タンパク質 272
fibula 腓骨 399
field capacity 圃場容水量 454
field-emission microscope 電界放射顕微鏡 334
field-ionization microscope 電界イオン顕微鏡 334
field-ion microscope 電界イオン顕微鏡 334
filament フィラメント 414
Filicinophyta フィリシノフィタ 414
filoplumes 毛状羽 480
filter feeding ろ過摂食 517
filtrate ろ液 517
filtration ろ過 517
FIM 電界イオン顕微鏡 334
finger domain フィンガードメイン 415
fingerprinting フィンガープリンティング

415
fins　ひれ　411
first convoluted tubule　近位尿細管　114
first convoluted tubule　第一曲尿細管　290
first filial generation　F_1　52
FISH　蛍光インシトゥハイブリダイゼーション　130, 413
fish　魚　182
fission　分裂　435
fission-track dating　フィッショントラック法　413
fitness　適応度　331
fixation　固定　164
fixed action pattern　固定的動作パターン　165
flaccid　しおれた　192
flagellum　鞭毛　446
flame cells　焔細胞　55
flatworms　扁虫　445
flavin adenine dinucleotide　FAD　52
flavin adenine dinucleotide　フラビンアデニンジヌクレオチド　424
flavonoid　フラボノイド　424
flavoprotein　フラビンタンパク質　424
fleas　ノミ　373
Fleming, Sir Alexander　フレミング，アレキサンダー，卿　427
flexor　屈筋　118
flies　ハエ　381
flight　逃避　343
flight　飛行　398
flip-flop　フリップフロップ　425
flocculation　凝結　109
flora　植物相　229
floral formula　花式　79
Florey, Howard Walter, Baron　フローリー，ハワード・ウォルター，男爵　431
florigen　フロリゲン　430
flower　花　388
flowering plants　顕花植物　139
fluence　フルエンス　425
fluid mosaic model　流動モザイクモデル　506
flukes　吸虫　108
fluorescence in situ hybridization　蛍光インシトゥハイブリダイゼーション　130
fluoridation　フッ化物添加　421
focusing　焦点を合わせる　224
foetus　胎児　292
folacin　葉酸　491
folic acid　葉酸　491
follicle　袋果　290

follicle　濾胞　518
follicle-stimulating hormone　濾胞刺激ホルモン　518
follicular phase　卵胞期　499
follitropin　濾胞刺激ホルモン　518
fontanelle　泉門　278
food　食物　229
food additive　食品添加物　228
food chain　食物連鎖　229
food poisoning　食中毒　227
food preservation　食品保存　228
food production　食料生産　230
food reserves　貯蔵栄養　322
food supply　食料供給　230
food web　食物網　229
footprinting　フットプリンティング　421
foramen　孔　146
forebrain　前脳　277
foregut　前腸　276
forest　森林　243
form　型　83
form　品種　411
forward genetics　正遺伝学　251
fossil　化石　82
fossil fuel　化石燃料　82
fossil hominid　化石人類　82
founder effect　創始者効果　281
fovea　中心窩　316
fovea centralis　中心窩　316
fragmentation　破片分離　390
frameshift　フレームシフト　427
fraternal twins　二卵性双生児　364
free energy　自由エネルギー　212
free radical　フリーラジカル　425
freeze drying　凍結乾燥法　340
freeze fracture　フリーズフラクチャー　424
Frisch, Karl von　フリッシュ，カール・フォン　425
frogs　カエル　70
frond　葉　374
frontal lobe　前頭葉　277
fructification　子実体　198
fructification　担胞子体　310
fructose　フルクトース　426
fructose 1,6-bisphosphate　フルクトース1,6-ビスリン酸　426
fruit　果実　80
fruit fly　ショウジョウバエ　223
fruit sugar　フルクトース　426
fruit sugar　果糖　85

fruit wall 果皮 85
frustule 被殻 396
FSH 濾胞刺激ホルモン 52, 518
fucoxanthin フコキサンチン 419
fugitive species 放浪種 452
fumaric acid フマル酸 423
fungi 菌類 116
fungicide 殺カビ剤 183
Fungi Imperfecti 不完全菌類 416
funicle 珠柄 218
furanose フラノース 424
fusion 融合 486

G

GA₃ ジベレリン酸 207
GABA γ-アミノ酪酸 98, 192
Gaia hypothesis ガイア仮説 65
galactose ガラクトース 87
Galapagos finches ガラパゴスフィンチ類 298
gall ゴール 167
gall 胆汁 305
gall bladder 胆嚢 308
gallery forest 河畔林 114
gallstone 胆石 306
GALP グリセルアルデヒド-3-リン酸 123, 192
Galvani, Luigi ガルヴァーニ, ルイジ 88
gametangium 配偶子嚢 378
gamete 配偶子 378
gametogenesis 配偶子形成 378
gametophyte 配偶体 378
gamma-aminobutyric acid γ-アミノ酪酸 98
gamma globulin γ-グロブリン 98
gamopetalous 合弁花 158
gamosepalous ガモセパラス 87
ganglion 神経節 235
ganglion cell 神経節細胞 235
ganoid scale 硬鱗 159
gap junction ギャップ結合 105
gas bladder 浮袋 40
gaseous exchange ガス交換 81
gas-liquid chromatography 気液クロマトグラフィー 99
gasohol ガソホール 83
gastric 胃の 35
gastric gland 胃腺 24
gastric juice 胃液 18
gastric mill 胃咀嚼器 25
gastrin ガストリン 81

gastrocoel 原腸 144
gastrodermis ガストロダーミス 81
Gastropoda 腹足類 418
gastrovascular cavity 胃水管腔 24
gastrula 原腸胚 144
G cells G細胞 197
gel ゲル 138
gelatin (gelatine) ゼラチン 270
gel filtration ゲルろ過 138
gemmation 無性芽生殖 474
gene 遺伝子 27
gene amplification 遺伝子増幅 33
gene bank 遺伝子バンク 328
gene bank ジーンバンク 242
gene cloning 遺伝子クローニング 30
gene expression 遺伝子発現 33
gene family 遺伝子ファミリー 34
gene flow 遺伝子流動 34
gene frequency 遺伝子頻度 34
gene frequency 対立遺伝子頻度 297
gene imprinting 遺伝子刷込み 33
gene library 遺伝子ライブラリー 34, 328
gene manipulation 遺伝子操作 33
gene mutation 遺伝子変異 34, 338
gene pool 遺伝子プール 34
gene probe 遺伝子プローブ 34
generation 世代 267
generation time 世代時間 267
generative nucleus 雄原核 486
generator potential 起動電位 103
gene-regulatory protein 調節タンパク質 320
gene sequencing 遺伝子シークエンシング 325
gene sequencing 遺伝子配列決定 33
gene silencing 遺伝子サイレンシング 30
gene splicing 遺伝子スプライシング 33
gene therapy 遺伝子治療 33
genetically modified organisms 遺伝子組換え生物 28
genetic code 遺伝暗号 27
genetic drift 遺伝的浮動 34
genetic engineering 遺伝子工学 30
genetic fingerprinting 遺伝子指紋法 31
genetic fingerprinting 遺伝的フィンガープリンティング 327
genetic load 遺伝荷重 27
genetic mapping 遺伝子マッピング 34
genetic marker 遺伝子マーカー 34
genetic polymorphism 遺伝子多型 33
genetics 遺伝学 27

genetic screening 遺伝子スクリーニング 31
genetic variation 遺伝子多型 33
gene tracking 遺伝子追跡法 33
genome ゲノム 138
genomics ゲノミクス 138
genotoxicity 遺伝毒性 35
genotype 遺伝子型 28
genotype frequency 遺伝子型頻度 28
genus 属 285
geochronology 地球年代学 368
geochronology 地質年代学 312
geographical isolation 地理的隔離 322
geological time scale 地質時代区分 312
geophyte 地中植物 313
geotaxis 走地性 283
geotropism 屈地性 118
germ cell 生殖細胞 257
germinal epithelium 生殖上皮 257
germination 発芽 385
germ layers 胚葉 381
germ plasm 生殖質 257
gestation 懐胎期間 67
GFR 糸球体ろ過量 192, 195
GH 成長ホルモン 260
GHIH 成長ホルモン抑制ホルモン 260
giant chromosome 巨大染色体 114
giant fibre 巨大神経繊維 114
gibberellic acid ジベレリン酸 207
gibberellin ジベレリン 207
giga- ギガ 99
gigantism 巨人症 113
gill 鰓 53
gill ひだ 402
gill bar 鰓棒 177
gill slit 鰓裂 182
gingiva 歯肉 205
Ginkgophyta イチョウ門 26
gizzard 砂嚢 184
gland 腺 271
glenoid cavity 関節窩 95
glia グリア 121
glial cells グリア細胞 121
global warming 地球温暖化 312
globin グロビン 127
globular protein 球状タンパク質 107
globulin グロブリン 127
glomerular filtrate 一次尿 26, 144
glomerular filtrate 原尿 144
glomerular filtration rate 糸球体ろ過量 195
glomerulus 糸球体 195

glottis 声門 264
glucagon グルカゴン 124
glucan グルカン 124
glucocorticoid グルココルチコイド 125
gluconeogenesis 糖新生 342
gluconic acid グルコン酸 125
glucosamine グルコサミン 125
glucosan グルコサン 125
glucose グルコース 125
glucuronic acid グルクロン酸 124
glucuronide グルクロニド 124
glume 苞穎 447
GluR グルタミン酸受容体 125
glutamate グルタミン酸イオン 125
glutamate receptor グルタミン酸受容体 125
glutamic acid グルタミン酸 125
glutamine グルタミン 125
glutathione グルタチオン 125
gluten グルテン 126
glycan グリカン 121, 302
glyceraldehyde 3-phosphate グリセルアルデヒド-3-リン酸 123
glycerate 3-phosphate グリセリン酸-3-リン酸 123
glyceride グリセリド 123
glycerine グリセリン 123
glycerol グリセロール 123
glycerophospholipid グリセロリン脂質 123
glycine グリシン 123
glycobiology 糖鎖生物学 341
glycocalyx グリコカリックス 121
glycogen グリコーゲン 122
glycogenesis グリコーゲン生合成 122
glycogenolysis グリコーゲン分解 122
glycolate pathway グリコール酸経路 123
glycolipid 糖脂質 341
glycolysis 解糖 68
glycoprotein 糖タンパク質 342
glycosaminoglycan グリコサミノグリカン 122
glycoside グリコシド（配糖体） 122
glycosidic bond グリコシド結合 122
glycosidic link グリコシド結合 122
glycosuria 糖尿 343
glycosylation グリコシル化 123
glyoxylate cycle グリオキシル酸回路 121
glyoxysome グリオキシソーム 121
glyphosate グリホサート 124
GMOs 遺伝子組換え生物 28
Gnathostomata 顎口上綱 74

Gnetophyta　マオウ門　463
gnotobiotic　純粋隔離群の　220
goblet cell　杯細胞　182
goitre　甲状腺腫　153
golden-brown algae　黄金色藻類　79
Golgi apparatus　ゴルジ体　167
Golgi, Camillo　ゴルジ, カミーロ　167
gonad　生殖腺　257
gonadotrophic hormone　生殖腺刺激ホルモン　257
gonadotrophin　生殖腺刺激ホルモン　257
Gondwanaland　ゴンドワナ大陸　171
gonorrhoea　淋病　511
G protein　Gタンパク質　202
Graafian follicle　グラーフ卵胞　120
grade　段階群　304
graft　移植　24
graft　接木　323
graft hybrid　接木雑種　324
gram　グラム　120
Gram's stain　グラム染色　120
granular cells　顆粒膜細胞　88
granulocyte　顆粒球　88
granulosa cells　顆粒膜細胞　88
granum　グラナ　120
grape sugar　ブドウ糖　125, 422
graptolites　筆石　421
grass-green bacteria　クロロキシバクテリア　128
grass-green bacteria　草色細菌　282
grassland　草原　280
gravitropism　重力屈性　118, 215
gray　グレイ　126
grazing　草食　282
green algae　緑藻　507
green algae　緑藻植物門　507
green gland　触角腺　230
green gland　緑腺　507
greenhouse effect　温室効果　63
grey matter　灰白質　69
gristle　軟骨　355
grooming　グルーミング　126
ground meristem　基本分裂組織　104
ground substance　基質　101
ground tissues　基本組織　104
group selection　群淘汰　130, 214
group selection　集団選択　214
growth　成長（生長）　260
growth factor　成長因子　260
growth factor　増殖因子　260, 282

growth hormone　成長ホルモン　260
growth hormone inhibiting hormone　成長ホルモン抑制ホルモン　260
growth ring　年輪　369
growth substance　成長物質　260
guanine　グアニン　117
guano　グアノ　117
guanosine　グアノシン　117
guanylate cyclase　グアニル酸シクラーゼ　117
guard cell　孔辺細胞　158
gullet　食道　228
gullet　のど　373
gum　ゴム　166
gum　歯肉　205
gustatory receptors　味覚受容体　468
gut　消化管　221
gut　腸　318
guttation　排水　379
gymnosperm　裸子植物　495
gynaecium　雌ずい群　199
gynandromorph　雌雄モザイク　215
gynoecium　雌ずい群　199

H

habitat　生息場所　258
habituation　慣れ　354
Hadean　冥王代　476
Haeckel, Ernst Heinrich　ヘッケル, エルンスト・ハインリヒ　439
haem　ヘム　242
haemagglutination　血球凝集反応　135
haematophagous　吸血性　106
haematoxylin　ヘマトキシリン　442
haemocoel　血体腔　137
haemocyanin　ヘモシアニン　443
haemocytometer　血球計数器　135
haemodynamics　血行力学　136
haemoerythrin　ヘモエリスリン　442
haemoglobin　ヘモグロビン　442
haemoglobinic acid　ヘモグロビン酸　443
haemoglobin S　ヘモグロビンS　442
haemolysis　溶血　491
haemophilia　血友病　137
haemopoietic tissue　造血組織　280
haemostasis　止血　196
hair　毛　130
hair cell　有毛細胞　489
hair follicle　毛嚢　481
hallucinogen　幻覚発現物質　139

hallux　母指（足の）　453
halophyte　塩生植物　56
hammer　つち骨　324
haploid　半数性の　393
haplont　半数体生物（単相体）　393
hapten　ハプテン　390
haptonasty　接触傾性　269
haptotropism　接触屈性　269
hardwood　硬材　152
Hardy-Weinberg equilibrium　ハーディー-ワインベルクの平衡　387
harvesting　ハーベスティング　390
Harvey, William　ハーヴェイ，ウィリアム　381
Hatch-Slack pathway　ハッチ-スラック経路　206, 387
haustorium　吸器　106
Haversian canals　ハバース管　390
hCG　ヒト絨毛膜性生殖腺刺激ホルモン　406
health physics　保健物理学　452
hearing　聴覚　319
heart　心臓　238
heartwood　心材　237
heat　発情期　386
heater cell　熱細胞　366
heat-shock protein　熱ショックタンパク質　367
heavy-metal pollution　重金属汚染　212
hecto-　ヘクト　438
helicase　ヘリカーゼ　443
helicotrema　蝸牛孔　72
heliotropism　向日性　152
heliotropism　光屈性　397
helix-loop-helix　ヘリックス-ターン-ヘリックス　443
helix-turn-helix　ヘリックス-ターン-ヘリックス　443
Helmholtz, Hermann Ludwig Ferdinand von　ヘルムホルツ，ヘルマン・ルードヴィヒ・フェルディナンド・フォン　443
helper T cell　ヘルパーT細胞　443
heme　ヘム　442
hemicellulose　ヘミセルロース　442
Hemichordata　半索動物　392
hemicryptophyte　半地中植物　394
hemimetabolous　不完全変態の　416
hemiparasite　半寄生　391
Hemiptera　半翅目　392
hemocyanin　ヘモシアニン　443
heparin　ヘパリン　441

hepatic　肝臓の　97
Hepaticae　苔類　297
hepatic portal system　肝門脈系　98
hepatocyte　肝細胞　93
Hepatophyta　苔類植物門　297
hepatotoxin　肝毒性薬物　97
herb　ハーブ　390
herb　草本　284
herbaceous　草本性の　284
herbicide　除草剤　230
herbivore　草食動物　282
heredity　遺伝　27
heritability　遺伝率　35
hermaphrodite　両性　506
heroin　ヘロイン　443
herpesvirus　ヘルペスウイルス　443
hertz　ヘルツ　443
hesperidium　ミカン状果　468
heterochromatin　異質染色質　23
heterochrony　異時性　23
heterocyst　異質細胞　23
heterodont　異型歯の　22
heteroduplex DNA　ヘテロ二本鎖DNA　440
heterogametic sex　異型性　22
heterogamy　ヘテロガミー　440
heterogeneous nuclear ribonucleoprotein　不均一核内リボ核タンパク質　416
heterogeneous nuclear RNA　ヘテロ核RNA　440
heterokaryon　ヘテロカリオン　440
heterokaryosis　ヘテロカリオシス　440
heteromorphosis　異形化　22
heteroplasmy　ヘテロプラスミー　440
heterosis　ヘテロシス　183, 440
heterospory　異形胞子性　22
heterostyly　異花柱性　21
heterothallic　ヘテロタリック　440
heterotherm　異温動物　20
heterotrichy　昇糸性　223
heterotrophic nutrition　従属栄養　214
heterozygous　異型接合の　22
hexadecanoic acid　ヘキサデカン酸　391
Hexapoda　六脚類　517
hexose　ヘキソース　438
Hfr　高頻度組換え型　48
hGH　ヒト成長ホルモン　406
hibernation　冬眠　345
hierarchy　階層構造　67
high-frequency recombinant　高頻度組換え型　48

high-performance liquid chromatography　高速液体クロマトグラフィー　155
Hill reaction　ヒル反応　410
hilum　臍　438
hindbrain　後脳　157
hindgut　後腸　156
hip girdle　下肢帯　80
hip girdle　骨盤帯　164
hippocampus　海馬　69
Hirudinea　ヒル類　411
histamine　ヒスタミン　401
histidine　ヒスチジン　402
histiocyte　組織球　287
histochemistry　組織化学　287
histocompatibility　組織適合性　287
histocompatibility antigen　組織適合性抗原　288
histology　組織学　287
histone　ヒストン　402
HIV　48
HLA system　HLA系（ヒト白血球抗原系）　48
hnRNA　ヘテロ核RNA　48, 440
hnRNP　不均一核内リボ核タンパク質　48, 416
Hodgkin, Sir Alan　ホジキン，アラン，卿　453
Hogness box　TATAボックス　325
Hogness box　ホグネスボックス　452
Hogness box　ホグネス配列　452
holandric　限雄性の　145
Holliday intermediate　ホリデイ中間体　458
holocarpic　全実性の　273
Holocene　完新世　95
holocrine secretio　全分泌　278
holoenzyme　ホロ酵素　460
holometabolous　完全変態の　96
holophytic　完全植物性の　96
holotype　正基準標本　253
holozoic　完全動物性の　96
homeobox　ホメオボックス　457
homeodomain　ホメオドメイン　457
homeologous　類似相同の　511
homeostasis　ホメオスタシス　457
hometic genes　ホメオティック遺伝子　457
home range　行動圏　156
hominid　ホミニッド　457
Homo　ヒト属　406
homodont　同型歯の　340
homogametic sex　同型性　340
homogamy　雌雄同熟　214

homoiotherm　恒温動物　352
homoiothermy　恒温性　146
homologous　相同な　283
homologous chromosomes　相同染色体　283
homoplasmy　ホモプラスミー　458
homoplasy　ホモプラシー（非相同）　458
homothallic　ホモタリック　458
homozygous　同型接合の　340
hopeful monster　有望な怪物　489
horizontal cell　水平細胞　247
hormogonium　連鎖体　515
hormone　ホルモン　460
hornworts　ツノゴケ類　324
horsetails　トクサ類　345
host　宿主　215
Hox genes　Hox遺伝子　456
HPLC　高速液体クロマトグラフィー　49, 155
HSP　熱ショックタンパク質　48, 367
5-HT　セロトニン　271
human chorionic gonadotrophin　ヒト絨毛膜性生殖腺刺激ホルモン　406
Human Genome Project　ヒトゲノムプロジェクト　406
human growth hormone　ヒト成長ホルモン　406
human immunodeficiency virus　HIV　48
human immunodeficiency virus　ヒト免疫不全ウイルス　406
human leucocyte antigen system　HLA系（ヒト白血球抗原系）　48
humerus　上腕骨　226
humidity　湿度　203
humoral　液性の　45
humus　腐植質　419
Huxley, Sir Andrew　ハクスリー，アンドリュー，卿　382
hyaline cartilage　ガラス軟骨　87
hyaloplasm　透明質　176, 345
hyaluronic acid　ヒアルロン酸　395
hyaluronidase　ヒアルロニダーゼ　395
hybrid　雑種　183
hybrid dysgenesis　雑種発育不全　184
hybridization　交雑　152
hybridoma　ハイブリドーマ　380
hybrid vigour　雑種強勢　183
hybrid zone　交雑帯　152
hydathode　排水組織　379
hydrochloric acid　塩酸　55
hydrocortisone　コルチゾール　168
hydrocortisone　ヒドロコルチゾン　406

hydrogen acceptor　水素受容体　246
hydrogen bond　水素結合　246
hydrogencarbonate　炭酸水素塩　305
hydrogen carrier　水素伝達体　246
hydroid　ハイドロイド　380
hydrolase　加水分解酵素　81
hydrological cycle　水文循環　247
hydrophilic　親水性の　238
hydrophily　水媒　246
hydrophobic　疎水性の　288
hydrophyte　水生植物　245
hydroponics　水耕　245
hydrosere　湿生（遷移）系列　203
hydrosphere　水圏　245
hydrostatic skeleton　流体静力学的骨格　505
hydrotropism　水分屈性　247
hydroxonium ion　ヒドロキソニウムイオン　406
1-hydroxybenzoic acid　1-ヒドロキシ安息香酸　185
2-hydroxybutanedioic acid　2-ヒドロキシブタン二酸　508
hydroxyl　ヒドロキシル　406
2-hydroxypropanoic acid　2-ヒドロキシプロパン酸　361
5-hydroxytryptamine　セロトニン　271
5-hydroxytryptamine　5-ヒドロキシトリプタミン　406
Hydrozoa　ヒドロ虫類　406
hygroscopic　吸湿性の　107
hymen　処女膜　230
Hymenoptera　膜翅類　464
hyoid arch　舌骨弓　268
hyomandibular　舌顎軟骨　267
hyostylic jaw suspension　間接連絡型顎懸架　96
hyper-　ハイパー　380
hyperglycaemia　高血糖　149
hypermetamorphosis　過変態　22, 86
hypermetropia　遠視　55
hypermorphosis　過形成　79
hyperopia　遠視　55
hyperparasite　高次寄生者　152
hyperplasia　増生　282
hyperpolarization　過分極　86
hypersensitivity　過敏感反応　85
hypertension　高血圧（症）　149
hyperthermophile　超好熱菌　319
hyperthyroidism　甲状腺機能亢進（症）　153
hypertonic solution　高張液　156

hypertrophy　肥大　402
hyperventilation　過呼吸症候群　79
hypha　菌糸　115
hypo-　ハイポ　381
hypocotyl　胚軸　379
hypodermis　下皮　85
hypogeal　地下性の　312
hypoglycaemia　低血糖　329
hypogyny　子房下生　208
hypolimnion　深水層　238
hypophysis　脳下垂体　370
hypothalamus　視床下部　199
hypothyroidism　甲状腺機能低下（症）　153
hypotonic solution　低張液　331
hypoxia　酸素欠乏（症）　189
H zone　H帯　48

I

IAA　インドール酢酸　1, 37
I band　明帯（I帯）　477
ICAM　細胞間接着分子　177
ice age　氷河期　408
ice-nucleating agent　氷核物質　408
ICSH　間質細胞刺激ホルモン　1, 58, 94
identical twins　同型双生児　340
identification key　同定検索表　343
idiogram　イディオグラム　27, 88
idiosyncrasy　特異体質　345
IF　開始因子　66
IFN　インターフェロン　37
IGF　インスリン様成長因子　1, 37
ileum　回腸　67
ilium　腸骨　319
imaginal disc　成虫原基　259
imago　成虫　259
imbibition　浸潤　238
immersion objective　液浸対物レンズ　45
immune response　免疫応答　478
immunity　免疫　478
immunization　免疫化　478
immunoassay　免疫検定法　479
immunoelectrophoresis　免疫電気泳動法　479
immunofluorescence　免疫蛍光検査　479
immunogenicity　免疫原性　479
immunoglobulin　免疫グロブリン　478
immunological tolerance　免疫寛容　478
immunosuppression　免疫抑制　479
imperfect fungi　不完全菌類　416
Imperial units　帝国単位　330

implant　移植物質　24
implantation　着床　315
imprinting　刷り込み　76, 250
impulse　インパルス　38
inbreeding　近親交配　115
incisor　門歯（切歯）　484
inclusion body　封入体　415
inclusive fitness　包括適応度　447
incompatibility　不適合　421
incompatibility　不和合性　431
incomplete dominance　不完全優性　416
incubation　潜伏　277
incubation　培養　381
incubation　抱卵　452
incus　砧骨　103
indefinite inflorescence　総穂花序　282
indefinite inflorescence　無限花序　474
indehiscent　非裂開の　411
independent assortment　独立組合せ　346
index fossil　示準化石　199
indicator species　指標種　206
indigenous　自生の　201
indoleacetic acid　インドール酢酸　37
induced-fit model　誘導適合モデル　488
inducer　誘導物質　489
induction　誘導　488
indusium　包膜　452
industrial melanism　工業暗化　149
infection　感染　96
inferior　下位の　69
inflammation　炎症　55
inflorescence　花序　81
infradian rhythm　インフラディアンリズム　38
infraspecific　種以下の　212
ingestion　摂餌　268
inguinal　鼠径の　287
inhalation　吸息　107
inhalation　吸入　108
inheritance　遺伝　27
inhibition　阻害　285
inhibition　抑制　493
inhibitory postsynaptic potential　抑制性シナプス後電位　494
initial　始原細胞　196
initiation codon　開始コドン　67
initiation factor　開始因子　66
innate behaviour　生得行動　260
innate immunity　先天性免疫　277
inner ear　内耳　352

innervation　神経支配　235
innominate artery　無名動脈　475
innominate bone　寛骨　93
inoculation　接種　268
inoculum　接種材料　268
inositol　イノシトール　35
inquilinism　すみ込み共生　249
Insecta　昆虫綱　171
Insecta　昆虫類　517
insect growth regulator　昆虫発育抑制剤　171
insecticide　殺虫剤　184
Insectivora　食虫類　227
insectivore　食虫動物　227
insectivorous plant　食虫植物　227, 357
insertion　挿入　284
insertion　付着点（筋肉の）　420
insertion sequence　挿入配列　284
insight learning　洞察学習　76, 341
inspiration　吸息　107
inspiratory centre　吸息中枢　108
instar　齢　512
instinct　本能　460
insulin　インスリン　37
insulin-like growth factor　インスリン様成長因子　37
integrated pest management　総合的病害虫管理　281
integration　統合　341
integrin　インテグリン　37
integument　外皮　69
intelligence　知能　314
intercalary　介在　66
intercellular　細胞間　177
intercellular adhesion molecule　細胞間接着分子　177
intercostal muscles　肋間筋　517
interfascicular cambium　維管束間形成層　21
interferon　インターフェロン　37
intergenic suppressor　遺伝子間サプレッサー　28
interkinesis　中間期　315
interleukin　インターロイキン　37
intermediate filament　中間径繊維　316
internal environment　内部環境　353
internal nares　内鼻孔　157
interneuron (interneurone)　介在ニューロン　66
internode　節間　267
interoceptor　内受容器　352
interphase　間期　91

interpolation hypothesis　挿入仮説　284
intersex　間性　95
interspecific　種間の　215
interspecific competition　種間競争　215
interstitial cell　間細胞　93
interstitial-cell-stimulating hormone　間質細胞刺激ホルモン　58
interstitial-cell-stimulating hormone　間質細胞刺激ホルモン　94
interstitial fauna　間隙動物群　93
intervening sequence　イントロン　37
intervertebral disc　椎間板　323
intestinal glands　腸腺　503
intestinal juice　腸液　318
intestine　腸　318
intine　内壁　354
intracellular　細胞内　181
intrafusal　錘内の　246
intramembranous ossification　膜性骨化　464
intraspecific　種内の　218
intraspecific competition　種内競争　218
intrinsic factor　内因子の　352
intrinsic rate of increase　生物繁栄能力　264
introgression　遺伝子浸透　31
introgressive hybridization　移入交雑　31
intron　イントロン　37
intussusception　重積　213
inulin　イヌリン　35
in utero　胎内　295
inversion　逆位（遺伝学）　104
invertebrate　無脊椎動物　475
in vitro　インヴィトロ　36
in vivo　インヴィヴォ　36
involucre　総苞　284
involuntary　不随意の　420
involuntary muscle　不随意筋　420
involution　退縮　292
involution　巻込み　463
iodine　ヨウ素　492
iodopsin　ヨードプシン（アイオドプシン）　494
ion　イオン　19
ion channel　イオンチャネル　20
ion exchange　イオン交換　19
ion-exchange chromatography　イオン交換クロマトグラフィー　20
ionic bond　イオン結合　335
ionizing radiation　電離放射線　338
ionophore　イオノフォア　19
ionotropic receptor　イオンチャネル型受容体　20

IP_3　1
IPM　総合的病害虫管理　1, 281
IPSP　抑制性シナプス後電位　494
iridium anomaly　イリジウム異常　36
iris　虹彩　151
iron　鉄　332
irradiation　照射　223
irrigation　灌漑　91
irritability　感受性　94
irritability　被刺激性　400
ischium　坐骨　183
isidium　裂芽　513
islets of Langerhans　ランゲルハンス島　498
isoelectric point　等電点　343
isoenzyme　イソ酵素　24
isogamy　同型配偶　340
isolating mechanism　隔離機構　78
isoleucine　イソロイシン　25
isomerase　異性化酵素　24
isomers　異性体　24
isoprene　イソプレン　25
Isoptera　等翅目　341
isotonic　等張の　343
isotope　同位体　339
isotype　アイソタイプ　1
isozyme　イソ酵素　24
itaconic acid　イタコン酸　25
iteroparity　多回繁殖　299

J

Jacob-Monod hypothesis　ジャコブ-モノー仮説　211
jasmonate　ジャスモン酸塩　211
jaw　あご　2
jejunu　空腸　117
jellyfish　クラゲ　120
Jenner, Edward　ジェンナー，エドワード　192
JGA　傍糸球体装置　192, 448
joint　関節　95
joule　ジュール　219
jugular vein　頸静脈　132
jumping gene　ジャンピング遺伝子　211
junk DNA　ジャンクDNA　211
Jurassic　ジュラ紀　219
juvenile hormone　幼若ホルモン　491
juvenoid　ジュベノイド　218
juxtaglomerular apparatus　傍糸球体装置　448

K

kainate カイニン酸 68
kainic acid カイニン酸 68
Kainozoic カイノゾイック 69
Kainozoic 新生代 238
kairomone カイロモン 70
kallidin カリジン 88
karyogamy 核合体 74
karyogram カリオグラム 27, 88
karyokinesis 核分裂 78
karyolysis 核融解 78
karyoplasm 核質 74
karyorrhexis 核崩壊 78
karyotype 核型 73
katadromous 降河性の 148
katal カタール 83
keel 竜骨 505
kelp コンブ 171
kelvin ケルビン 138
keratin ケラチン 138
keratinization 角質化 74
ketohexose ケトヘキソース 137
ketone ケトン 137
ketone body ケトン体 137
ketopentose ケトペントース 137
ketose ケトース 137
key 検索表 141
key 同定検索表 343
kidney 腎臓 239
killer cell キラー細胞 114
kilo- キロ 114
kilobase キロベース 114
kilocalorie キロカロリー 114
kilogram キログラム 114
kilogram calorie キロカロリー 114
kinase キナーゼ 103
kinesin キネシン 103
kinesis キネシス 103
kinetochore 動原体（キネトコア）341
Kinetoplastida キネトプラスチダ 104
kinetosome キネトソーム 103
kingdom 界 65
kinin キニン 103
kinin サイトカイニン 175
kinocilium 運動毛 42
kinomere キノメア 104
kinomere セントロメア 277
kin selection 血縁選択 134

Klinefelter's syndrome クラインフェルター症候群 120
klinostat クリノスタット 123
kneecap 膝蓋 203
knee-jerk reflex 膝蓋腱反射 203
knockout ノックアウト 372
K-Pg boundary K-Pg境界 138
Kranz anatomy クランツ解剖構造 121
Krebs cycle クレブス回路 126
Krebs, Sir Hans Adolf クレブス，ハンス・アドルフ，卿 126
K selection K 淘汰 137
Kupffer cells クッパー細胞 119
kwashiorkor クワシオルコル 129

L

labelling 標識 409
labium 陰唇 36
labium 下唇 81
labrum 上唇 223
labyrinth ラビリンス 496
lachrymal gland 涙腺 511
lac operon lac オペロン 495
lacrimal gland 涙腺 511
lactase ラクターゼ 495
lactation 泌乳 405
lacteal 乳糜管 361
lactic acid 乳酸 361
lactobacillus 乳酸桿菌 361
lactogenetic hormone 泌乳刺激ホルモン 405
lactogenic hormone プロラクチン 430
lactose ラクトース 495
lacuna ラクナ 495
laevorotatory 左旋性 183
laevulose フルクトース 426
laevulose レブロース 514
lagging strand ラギング鎖 495
lag phase 誘導期 488
LAI 葉面積指数 493
Lamarckism ラマルク説 496
Lamarck, Jean Baptiste Pierre Antoine de Moner, Chevalier de ラマルク，ジャン・バティスト・ピエール・アントワーヌ・ド・モネ，ナイト爵 496
lambda phage ラムダファージ 497
lamella ラメラ 497
lamellated corpuscle パチーニ小体 385
Lamellibranchia 双殻類(二枚貝類) 280
Lamellibranchia 弁鰓類 445

lamina　ラミナ　496
lampbrush chromosome　ランプブラシ染色体　498
lancelet　ナメクジウオ　354
Langerhans cells　ランゲルハンス細胞　498
large intestine　大腸　294
lariat　投げ縄構造　354
larva　幼生　492
larynx　喉頭　156
lasso cell　粘着細胞　368
latent learning　潜在学習　273
latent period　応答時間　59
latent period　潜伏期　278
latent virus　潜伏ウイルス　277
lateral-line canal　側線管　286
lateral meristem　形成層　132
lateral root　側根　286
latex　ラテックス　496
Laurasia　ローラシア大陸　518
lauric acid　ラウリン酸　495
Law of Independent Assortment　独立遺伝の法則　346
Law of Segregation　分離の法則　435
LD_{50}　53
L-dopa　Lドーパ　54
leaching　溶脱作用　492
leading strand　リーディング鎖　501
leaf　葉　374
leaf area index　葉面積指数　493
leaf buttress　葉原基　491
leaf litter　落葉落枝（リター）　495
learning　学習　74
learning in animal　動物の学習　75
lecithin　レシチン　513
lectin　レクチン　512
leeches　ヒル　410
Leewenhoek, Anton van　レーウェンフック，アントン・ファン　512
left atrioventricular valve　左房室弁　360
legume　豆果　339
Leishman's stain　ライシュマン染色　495
lek　レック　513
lemma　外花穎　65
lens　レンズ　515
lenticel　皮目　407
Lepidoptera　鱗翅目　509
leptoid　中心束　317
leptotene　レプトテン期　514
LET　線エネルギー付与　272
lethal allele　致死アレル　312

lethal dose 50　半数致死量　393
lethal gene　致死アレル　312
leucine　ロイシン　516
leucine zipper　ロイシンジッパー　516
leucocyte　白血球　385
leucoplast　ロイコプラスト（白色体）　516
leukaemia　白血病　385
leukotrienes　ロイコトリエン　516
levator　外転筋　68
l-form　L型　53
LH　黄体形成ホルモン　53, 58
lice　シラミ　231
lichens　地衣類　311
life cycle　生活環　253
life form　生活形　253
ligament　靱帯　240
ligand　リガンド　499
ligand-gated ion channel　リガンド作動性イオンチャネル　499
ligase　リガーゼ　499
light-dependent reaction　明反応　477
light green　ライトグリーン　495
light-independent reaction　暗反応　17
lignin　リグニン　500
lignite　リグナイト　500
ligule　小舌　224
ligule　舌状花花冠　269
limb　外肢　66
limb　肢部　145
limbic system　辺縁系　444
liming　石灰処理　267
limiting factor　制限因子　254
limnology　陸水学　500
LINE　53
linear energy transfer　線エネルギー付与　272
linkage　連鎖　514
linkage map　連鎖地図　515
Linnaean system　リンネ式分類　510
Linnaeus, Carolus (Carl Linné)　リネウス，カロルス（カール・リンネ）　502
linoleic acid　リノール酸　502
linolenic acid　リノレン酸　502
lipase　リパーゼ　502
lipid　脂質　198
lipid bilayer　脂質二重層　198
lipoic acid　リポ酸　504
lipolysis　脂肪分解　209
lipoprotein　リポタンパク質　505
liposome　リポソーム　505
lipotropin　リポトロピン　505

Listeria リステリア属　500
litre　リットル　501
litter　落葉落枝（リター）　495
littoral　潮間帯の　319
liver　肝臓　96
liverworts　ゼニゴケ　270
living fossil　生きた化石　22
lizards　トカゲ　345
loam　壌土　224
loam　ローム層　518
lock-and-key mechanism　鍵と鍵穴のメカニズム　72
locomotion　移動運動　35
locule　室　203
loculus　房室　203, 448
locus　遺伝子座　30
lodicule　鱗被　511
logarithmic scale　対数目盛　293
log phase　対数期　293
lomentum　節果　267
long-day plant　長日植物　319
long interspersed element　LINE（広範囲散在反復配列）　53
long-sightedness　遠視　55
long-term depression　長期抑圧　319
long terminal repeat　末端反復配列　465
long-term potentiation　長期増強　319
loop of Henle　ヘンレ係蹄　446
lophophore　触手冠　227
Lorenz, Konrad Zacharias　ローレンツ，コンラート・ツァハリアス　518
lower critical temperature　最低限界温度　175
LSD　リゼルギン酸ジエチルアミド　53, 500
LTD　長期抑圧　319
LTP　長期増強　319
LTR　末端反復配列　53, 465
LTs　ロイコトリエン　516
luciferase　ルシフェラーゼ　512
luciferin　ルシフェリン　512
lumbar vertebrae　腰椎　492
lumen　内腔　352
lumen　ルーメン　352, 512
lung　肺　375
lung book　書肺　230
lungfish　肺魚　378
luteal phase　黄体期　58
luteinizing hormone　黄体形成ホルモン　58
luteotrophic hormone　黄体刺激ホルモン　59
luteotrophic hormone　プロラクチン　430

luteotrophin　プロラクチン　430
luteotrophin　ルテオトロピン　512
lyase　脱離酵素　302
Lycophyta　ヒカゲノカズラ類　396
Lycopodophyta　ヒカゲノカズラ門　396
Lycopodophyta　ヒカゲノカズラ類　396
lymph　リンパ　510
lymphatic system　リンパ系　510
lymph capillary　毛細リンパ管　480
lymph heart　リンパ心臓　510
lymph node　リンパ節　511
lymphocyte　リンパ球　510
lymphoid tissue　リンパ組織　511
lymphokine　リンフォカイン　511
lymphoma　リンパ腫　510
lyophilization　凍結乾燥　340
lyophilization　凍結乾燥法　340
Lysenkoism　ルイセンコ学説　511
lysergic acid diethylamide　リゼルギン酸ジエチルアミド　500
lysigeny　破生　384
lysimeter　浸漏計（ライシメーター）　243
lysine　リシン　500
lysis　細胞溶解　182
lysogeny　溶原性　491
lysosome　リソソーム　500
lysozyme　リゾチーム　501

M

macroconsumer　食栄養生物　226
macroevolution　大進化　293
macrofauna　大型動物相　59
macromolecule　高分子　157
macronutrient　多量養素　303
macrophage　マクロファージ　464
macrophagous　大形食の　59
macrophyll　大成葉　293
macula　黄斑　59
macula　聴斑　320
macula adherens　接着斑　269
macula densa　密斑　470
magnesium　マグネシウム　464
magnetic resonance imaging　磁気共鳴映像法　193
magnetoreceptor　磁気受容器　193
Magnoliophyta　モクレン門　482
Magnoliophyta　被子植物門　400
major histocompatibility complex　主要組織適合複合体　218

malaria　マラリア　466
male　雄性　487
malic acid　リンゴ酸　508
malignant　悪性の　1
malleus　つち骨　324
Mallophaga　ハジラミ目　383
malnutrition　栄養失調　44
Malpighian body　マルピーギ小体　466
Malpighian corpuscle　マルピーギ小体　466
Malpighian layer　マルピーギ層　466
Malpighian tubule　マルピーギ管　466
malt　麦芽（モルト）　382
maltase　マルターゼ　466
maltose　マルトース　466
malt sugar　麦芽糖　382, 466
Mammalia　哺乳類　456
mammary glands　乳腺　361
mandible　下顎骨　71
mandible　大顎　59
mandible　嘴　118
Mandibulata　大顎類　291
Mandibulata　単肢動物類　305
manganese　マンガン　466
mangrove swamp　マングローブ湿地　466
mannan　マンナン　466
mannitol　マンニトール　466
mannose　マンノース　466
manometer　液柱圧力計　45
mantle　外套　68
MAO　モノアミンオキシダーゼ　482
map unit　地図単位　312
marker gene　マーカー遺伝子　463
marsupials　有袋類　488
masquerade　マスカレイド（擬態）　465
mass extinction　大（量）絶滅　293
mass flow　マスフロー　465
mass spectroscopy　質量分析　204
mast cell　肥満細胞　407
mastication　咀嚼　288
mastigoneme　マスチゴネマ　465
mastoid process　乳様突起　362
maternal effect genes　母性効果遺伝子　455
mating　交配　157
mating　性交　255
mating season　交尾期　157
mating season　繁殖期　393
mating type　交配型　157
matric potential　マトリックポテンシャル　465
matrix　マトリックス　465

maturation　成熟化　256
maturation-promoting factor　卵成熟促進因子　436, 498
maturity　成熟　256
maxicell　マキシセル　463
maxilla　小顎　146
maxilla　上顎骨　221
maxilliped　顎脚　73
maxillula　第一顎脚　290
maximum permissible dose　最大許容線量　175
M band　M帯　53
McClintock, Barbara　マクリントック，バーバラ　464
mean　平均　436
meatus　導管　339
mechanoreceptor　機械受容器　99
meconium　胎便　296
Medawar, Sir Peter Brian　メダワー，ピーター・ブライアン，卿　477
median　中央値　315
median eye　中眼　315
median lethal dose　半数致死量　393
mediastinum　縦隔　212
medulla　髄　244
medulla oblongata　延髄　56
medullary ray　放射組織　450
medullary sheath　髄鞘　467
medullated nerve fibre　有髄神経繊維　487
medusa　クラゲ　120
mega-　メガ　477
megabase　メガベース　477
meganucleus　大核　291
megaphyll　大葉　296
megasporangium　大胞子嚢　296
megaspore　大胞子　296
megaspore mother cell　大胞子母細胞　296
megaspore mother cell　胚嚢母細胞　380
megasporocyte　大胞子細胞　296
megasporocyte　胚嚢母細胞　296
megasporophyll　大胞子葉　296
meiofauna　小型動物相　159
meiofauna　メイオファウナ　93
meiosis　減数分裂　141
Meissner's corpuscles　マイスナー小体　463
melanin　メラニン　478
melanism　黒化　160
melanocyte-stimulating hormone　メラニン細胞刺激ホルモン　478
melanophore　黒色素胞　161

melatonin　メラトニン　478
membrane　膜　463
membrane bone　膜骨　463
membranous labyrinth　膜迷路　464
memory　記憶　99
memory cell　記憶細胞　99
Mendelism　メンデル説　479
Mendel, Johann Gregor　メンデル，ヨハン・グレゴール　480
Mendel's laws　メンデルの法則　480
meninges　髄膜　247
meniscus　メニスカス　478
menopause　閉経　436
menstrual cycle　月経周期　135
menstruation　月経　135
mericarp　分果　431
meristem　分裂組織　436
meristoderm　分裂真皮　436
merocrine secretion　部分分泌　422
meromictic lake　部分循環湖　422
Merostomata　節口綱　268
Merostomata　腿口類　268, 292
merozygote　部分接合体　422
mesencephalon　中脳　318
mesenteric artery　腸間膜動脈　319
mesentery　腸間膜　319
mesocarp　中果皮　315
mesoderm　中胚葉　318
mesofauna　中型動物相　315
mesoglea　間充ゲル　94
mesopelagic zone　中深層　317
mesophilic　中温性の　315
mesophyll　葉肉　492
mesophyte　中生植物　317
mesothelium　中皮　318
mesotrophic　中栄養の　315
Mesozoic　中生代　317
messenger RNA　メッセンジャーRNA　477
metabolic pathway　代謝経路　292
metabolic rate　代謝速度　292
metabolic waste　代謝廃棄物　292
metabolism　代謝　292
metabolite　代謝産物　292
metabolome　メタボローム　477
metabolomics　メタボロミクス　477
metabotropic receptor　代謝型受容体　292
metacarpal　中手骨　316
metacarpus　中手　316
metacentric　メタセントリック　477
metafemale　超雌　319

metamale　超雄　321
metameric segmentation　分節化（体節制）　434
metamerism　分節化（体節制）　434
metamorphosis　変態　445
metaphase　中期　316
metaphloem　後生篩部　154
metaplasia　異形成　22
metastasis　転移　334
metatarsal　中足骨　318
metatarsus　中足　317
Metatheria　後獣類　153
metaxylem　後生木部　154
Metazoa　後生動物　154
methanogen　メタン細菌　477
methionine　メチオニン　477
methylene blue　メチレンブルー　477
metre　メートル　477
MHC　主要組織適合複合体　52, 218
micelle　ミセル　470
Michaelis-Menten curve　ミカエリス-メンテン曲線　467
micro-　マイクロ　462
micro-　ミクロ　468
microarray　マイクロアレイ　462
microbe　微生物　402
microbiology　微生物学　402
microbody　微小体（ミクロボディー）　401
microcirculation　微小循環　401
microclimate　微気候　398
microdissection　顕微解剖　144
microelectrode　微小電極　401
microevolution　小進化　223
microfauna　微小動物相　401
microfibril　ミクロフィブリル　468
microfilament　ミクロフィラメント　468
microflora　微小植物相　401
microfossil　微化石　396
microglia　ミクログリア　468
microhabitat　微小生息場所　401
microinjection　マイクロインジェクション　462
micromanipulation　顕微操作　144, 145
micronucleus　小核　221
micronutrient　微量養素　410
microorganism　微生物　402
micropalaeontology　微古生物学　86
microphagous　微小食の　401
microphyll　小葉　226
micropipette　マイクロピペット　462

micropropagation　微細繁殖　399
micropyle　珠孔　216
micropyle　卵門　499
microRNA (miRNA)　マイクロ RNA　462
microsatellite DNA　マイクロサテライト DNA　462
microscope　顕微鏡　144
microsome　ミクロソーム　468
microsporangium　小胞子嚢　225
microspore　小胞子　225
microspore mother cell　小胞子母細胞　225
microsporocyte　小胞子細胞　225
microsporocyte　小胞子母細胞　225
microsporophyll　小胞子葉　225
microtome　ミクロトーム　468
microtubule　微小管　400
microtubule-organizing centre　微小管形成中心　400
microvillus　微絨毛　400
micturition　排尿　380
midbrain　中脳　318
middle ear　中耳　316
middle lamella　中層　317
midgut　中腸　318
migration　移動　35
migration　転位　334
milk　ミルク　473
milk sugar　乳糖　361, 495
milk teeth　乳歯　302, 361
milli-　ミリ　472
millipedes　ヤスデ　485
Millon's reagent　ミロン試薬　473
mimicry　擬態　102
mineral deficiency　無機栄養素欠乏症　473
mineralocorticoid　鉱質コルチコイド　152
mineral salts　ミネラル塩　471
minicell　ミニ細胞　471
minisatellite DNA　ミニサテライト DNA　394, 471
minus 10 sequence　－10 配列　425, 463
Miocene　中新世　316
miracidium　ミラシジウム　472
mismatch repair　ミスマッチ修復　470
missense mutation　ミスセンス変異　469
mites　ダニ　202
mitochondrial DNA (mtDNA)　ミトコンドリア DNA　470
mitochondrial Eve　ミトコンドリアイヴ　470
mitochondrial theory of ageing　老化ミトコンドリア原因説　517

mitochondrion　ミトコンドリア　470
mitosis　有糸分裂　486
mitosis-promoting factor　分裂促進因子　436
mitral valve　僧帽弁　284, 360
mixed function oxidase　混合機能オキシダーゼ　170
mixed function oxygenase　モノオキシゲナーゼ　170
M line　M 線　53
mmHg　473
modern synthesis　総合説進化論　281, 366
modifier gene　修飾遺伝子　213
molality　重量モル濃度　215
molar　大臼歯　291
molar　モル当たり　483
molarity　モル濃度　483
mole　モル　483
molecular biology　分子生物学　433
molecular chaperone　分子シャペロン　433
molecular clock　分子時計　433
molecular evolution　分子進化　251
molecular imprinting　分子刷込み　433
molecular marker　分子マーカー　434
molecular systematics　分子系統学　432
molecular weight　相対分子質量　283
Molisch's test　モーリッシュ試験　483
Mollusca　軟体動物　355
molybdenum　モリブデン　483
Monera　モネラ界　482
monoamine oxidase　モノアミンオキシダーゼ　482
monobiontic　モノビオンティック　483
monochasium　単出集散花序　306
monocistronic　モノシストロニック　483
monoclonal antibody　モノクローナル抗体　483
Monocotyledoneae　単子葉類　306
monoculture　モノカルチャー（単作）　483
monocyte　単球　304
monoecious　雌雄同体の　214
monoglyceride　モノグリセリド　483
monohybrid cross　一遺伝子雑種配合　25
monokine　モノカイン　483
monolayer culture　単層培養　306
monomer　モノマー（単量体）　483
mononuclear phagocyte system　単核食細胞系　304
mono-oxygenase　混合機能オキシゲナーゼ　170
mono-oxygenase　モノオキシゲナーゼ　483

monophyletic　単系統の　304
monophyodont　一生歯性の　27
monopodium　単軸　305
monosaccharide　単糖　308
monosomy　モノソミー　483
monosynaptic reflex　単シナプス反射　305
monotremes　単孔類　304
monotypic　単型の　304
monozygotic twins　一卵性双生児　340
Morgan, Thomas Hunt　モーガン，トーマス・ハント　481
morph　形態（モルフ）　132
morphine　モルヒネ　483
morphogen　モルフォゲン　483
morphogenesis　形態形成　132
morphology　形態学　132
mortality　死亡率（死亡数）　209
mosaic　モザイク　482
mosaic evolution　モザイク進化　482
mosses　コケ　161
moths　ガ　65
motivation　動機づけ　340
motor cell　運動細胞　42
motor neuron　運動ニューロン　42
moulting　換羽（毛）　91
moulting　脱皮　301
mouth　口　118
mouth cavity　口腔　150
mouthparts　口器　148
MPF　卵成熟促進因子　53, 436, 498
MRI　磁気共鳴映像法　193
mRNA　52
MRSA　52
MSH　メラニン細胞刺激ホルモン　52, 478
mtDNA　53
MTOC　微小管形成中心　53, 400
m. u.　地図単位　53, 312
mucigel　ムシゲル　474
mucilage　ムシラーゲ　474
mucin　ムチン　475
mucopolysaccharide　ムコ多糖　474
mucoprotein　ムコタンパク質　474
mucosa　粘膜　368
mucous membrane　粘膜　368
mucus　粘液　368
Müllerian mimicry　ミュラー擬態　472
multiadhesive protein　多粘着タンパク質　303
multicellular　多細胞の　300
multienzyme system　多酵素系　300
multifactorial inheritance　多因子遺伝　298

multigene family　遺伝子ファミリー　34
multiple alleles　複対立遺伝子　419
multipolar neuron　多極ニューロン　299
muscarinic　ムスカリン性の　474
Musci　蘚類　279
muscle　筋　114
muscle spindle　筋紡錘　116
muscluaris mucosae　粘膜筋板　369
mutagen　変異原　444
mutant　突然変異体　347
mutation　突然変異　347
mutation frequency　突然変異頻度　347
mutualism　相利共生　285
mycelium　菌糸体　115
mycobiont　共生菌（ミコビオント）　111
mycology　菌類学　116
Mycophycophyta　マイコフィコフィタ　462
mycoplasmas　マイコプラズマ　463
mycorrhiza　菌根　115
Mycota　菌界　114
myelin　ミエリン　467
myelin sheath　ミエリン鞘　467
myeloid tissue　骨髄組織　164
myeloma　ミエローマ　467
myocardium　心筋層　234
myocyte　筋細胞　115
myofibril　筋原繊維　115
myogenic　筋原性の　115
myoglobin　ミオグロビン　467
myometrium　子宮筋層　195
myopia　近視　115
myosin　ミオシン　467
myotatic reflex　筋伸長反射　115
myotatic reflex　伸張反射　240
myotome　筋節　115
Myriapoda　多足亜門　301
myrmecochory　アリ散布　11
Myxomycota　変形菌門　444
myxovirus　ミクソウイルス　468

N

n　50
NAD　50
NADP　51
nano-　ナノ　354
nanoarray　ナノアレイ　354
narcotic　麻薬（麻酔薬）　466
nares　鼻孔　399
nasal cavity　鼻腔　398

nastic movements　傾性運動　132
natality　出産率　217
natality　出生率　217
natriuretic peptide　ナトリウム利尿ペプチド　354
natural group　自然群　201
natural history　自然史（博物学）　202
naturalized　帰化　99
natural order　自然目　202
natural selection　自然選択　202
nature and nurture　氏と育ち　40
nauplius　ノープリウス　373
navigation　航路決定　159
Neanderthal man　ネアンデルタール人　366
Nearctic region　新北区　242
near point　近点　116
necrosis　ネクローシス　366
nectar　蜜　470
nectary　蜜腺　470
negative feedback　ネガティブフィードバック　366
nekton　ネクトン　366, 486
nekton　遊泳生物　486
nematoblast　刺細胞　197
nematoblast　ネマトブラスト　368
nematocyst　刺胞　207
Nematoda　線形動物　273
neocortex　新皮質　233
neo-Darwinism　ネオダーウィニズム　366
Neogene　新第三紀　240
neo-Lamarckism　新ラマルク説　242
Neolithic　新石器時代　238
neopallium　新外套　233
neoplasm　腫瘍　218
neoteny　ネオテニー　366
neoteny　幼形成熟　366, 491
Neotropical region　新熱帯区　241
nephridiopore　外腎門　67
nephridium　排泄管　233, 379
nephridium　腎管　233
nephron　ネフロン　367
nephrostome　腎口　236
nephrotoxin　腎毒　241
neritic zone　浅海水層　272
nerve　神経　234
nerve cell　神経細胞　234, 362
nerve-cell adhesion molecules　神経細胞接着分子　234
nerve cord　神経索　234
nerve fibre　神経繊維　235

nerve growth factor　神経成長因子　235
nerve impulse　神経インパルス　38, 234
nerve net　神経網　236
nervous system　神経系　234
net primary productivity　一次純生産力　26
neural network　神経ネットワーク　235
neural plate　神経板　236
neural tube　神経管　234
neurilemma cell　神経鞘細胞　219, 235
neuroendocrine system　神経内分泌系　235
neurofibril　神経原繊維　234
neurofilament　神経細糸（ニューロフィラメント）　234
neuroglia　神経膠　121
neurohaemal organ　神経血管組織　234
neurohormone　神経ホルモン　236
neurohypophysis　神経下垂体　234
neuromuscular junction　神経筋接合部　234
neuron (neurone)　ニューロン　362
neuronal network　神経ネットワーク　235
neuron theory　ニューロン仮説　363
neuropeptide　神経ペプチド　236
neurophysin　ニューロフィジン　362
neurosecretion　神経分泌　236
neurotoxin　神経毒　235
neurotransmitter　神経伝達物質　235
neurotrophin　ニューロトロフィン　362
neurotubule　神経細管　234
neurula　神経胚　236
neuston　ニューストン（水表生物）　362
neuter　中性　317
neutral　中性　317
neutral theory of molecular evolution　分子進化の中立説　433
neutrophil　好中球　155
newton　ニュートン　362
nexus　ネクサス　105, 366
NGF　神経成長因子　235
niacin　ナイアシン　352, 357
niche　ニッチ　360
nicotin　ニコチン　357
nicotinamide　ニコチンアミド　357
nicotinamide adenine dinucleotide　NAD　50
nicotinamide adenine dinucleotide　ニコチンアミドアデニンジヌクレオチド　357
nicotinic　ニコチン性の　357
nicotinic acid　ニコチン酸　357
nictitating membrane　瞬膜　220
nidation　着床　315
nidation　卵着床　498

nidicolous　留巣性（の）　505
nidifugous　離巣性の　500
ninhydrin　ニンヒドリン　364
nipple　乳頭　361
Nissl bodies　ニッスル小体　360
Nissl granules　ニッスル小体　360
nitrate　硝酸塩　223
nitric oxide　酸化窒素　186
nitrification　硝化作用　221
nitrifying bacteria　硝化細菌　221
nitrite　亜硝酸塩　3
nitrogen　窒素　313
nitrogenase　ニトロゲナーゼ　360
nitrogen cycle　窒素循環　313
nitrogen fixation　窒素固定　313
nitrogen monoxide　一酸化窒素　186
nitrogenous base　窒素性塩基　313
nitrogenous waste　窒素廃棄物　314
nitrogen oxides　窒素酸化物　313
nitrosamines　ニトロソアミン　360
NMDA receptors　NMDA受容体　51
NMR　核磁気共鳴　51, 74
node　節　267
node of Ranvier　ランビエ節　498
nodule　結節　136
nomad　ノマド　373
Nomarski microscope　ノマルスキー顕微鏡　373
noncoding strand　非解読鎖（非コーディング鎖）　396
noncompetitive inhibition　非競争阻害　398
noncyclic phosphorylation　非循環的光リン酸化　400
noncyclic photophosphorylation　非循環的光リン酸化　400
nondisjunction　不分離　422
nonreducing sugar　非還元糖　398
nonrenewable energy sources　非再生可能エネルギー源　399
nonsense mutation　ナンセンス変異　355
noradrenaline　ノルアドレナリン　373
norepinephrine　ノルエピネフリン　373
normalizing selection　安定性淘汰　17
normalizing selection　正常化選択　256
Northern blotting　ノーザンブロット法　372
nose　鼻　389
nostrils　鼻孔　399
notochord　脊索　265
nucellus　珠心　216
nuclear-cytoplasmic ratio　核/細胞質比　74

nuclear envelope　核膜　78
nuclear magnetic resonance　核磁気共鳴　74
nuclear pore　核孔　73
nuclear region　核様体　78
nuclear transfer　核移植　73
nuclear waste　核廃棄物　449
nuclease　ヌクレアーゼ　365
nucleic acid　核酸　74
nucleic acid hybridization　核酸ハイブリッド形成　74
nucleoid　核様体　78
nucleolar organizer　核小体形成体　77
nucleolus　核小体　77
nucleoplasm　核質　74
nucleoprotein　核タンパク質　77
nucleoside　ヌクレオシド　365
nucleosome　ヌクレオソーム　365
nucleotidase　ヌクレオチダーゼ　365
nucleotide　ヌクレオチド　365
nucleus　核　72
numerical taxonomy　数値分類学　247
nut　堅果　139
nutation　転頭運動　337
nutation　転動　337
nutrient　栄養素　44
nutrient cycle　栄養循環　263
nutrition　栄養（摂取）　44
nyctinasty　就眠運動　215
nymph　若虫　210

O

objective　対物レンズ　296
obligate anaerobes　絶対嫌気性菌　269, 445
obligate anaerobes　偏性嫌気性菌　445
occipital condyle　後頭顆　156
oceanic zone　海洋帯　70
ocellus　単眼　304
octadecanoic acid　ステアリン酸　247
ocular　接眼　267
ocular　接眼レンズ　268
Odonata　トンボ目　351
odontoblast　象牙芽細胞　280
odontoblast　造歯細胞　280, 281
OEC　酸素発生複合体　189
oedema　水腫　245
oedema　浮腫　245, 419
oesophagus　食道　228
oestrogen　エストロゲン　47
oestrous cycle　発情周期　386

oestrus 発情期 386
offset 短匍枝 310
offspring 子孫 202
oil 油 6
oil-immersion lens 油浸レンズ 489
Okazaki fragment 岡崎フラグメント 59
oleaginous 油性の 490
olecranon process 肘頭突起 318
oleic acid オレイン酸 63
oleosome スフェロソーム 249
oleosome オレオソーム 63
olfaction 嗅覚 106
olfactory lobe 嗅脳 108
Oligocene 漸新世 276
Oligochaeta 貧毛類 412
oligonucleotide オリゴヌクレオチド 63
oligotrophic 貧栄養の 411
omasum 第三胃 292
ommatidium 個眼 159
omnivore 雑食動物 184
oncogene がん遺伝子 91
oncogenic 発がん性 385
oncotic pressure 膠質浸透圧 152
one gene-one polypeptide hypothesis 一遺伝子一ポリペプチド鎖仮説 25
ontogeny 個体発生 164
oocyte 卵母細胞 499
oogamy 卵子生殖 498
oogamy 卵接合 498
oogenesis 卵形成 498
oogonium 生卵器 265
oogonium 卵原細胞 498
Oomycota 卵菌門 496
oosphere 卵球 497
oospore 卵胞子 499
open circulation 開放循環 69
open reading frame オープンリーディングフレーム 62
operant conditioning オペラント条件づけ 62
operculum 蓋 420
operon オペロン 62
opiate アヘン剤 6, 62
opiate オピエート 62
opioid オピオイド 62
opisthosoma 後胴体部 157
opportunistic 日和見性 410
opsin オプシン 62
opsonin オプソニン 62
opsonization オプソニン化 62
optical activity 光学活性 147

optical activity 旋光性 147, 273
optical fibre 光ファイバー 397
optical isomers 光学異性体 147
optical microscope 光学顕微鏡 148
optic chiasma 視(神経)交叉 197
optic lobes 視葉 221
optic nerve 視神経 199
optic vesicle 眼胞 98
optimal foraging theory 最適採餌理論 175
oral cavity 頬側口腔 111
oral cavity 口腔 150
oral contraceptive 経口避妊薬 131
oral groove 口溝 150
orbit 眼窩(眼球孔) 91
order 目 482
Ordovician オルドビス紀 63
ORF オープンリーディングフレーム 62
organ 器官 99
organ culture 器官培養 100
organelle 細胞小器官(オルガネラ) 180
organic evolution 生物進化 262
organism 生物体 262
organizer 形成体 132
organ of Corti コルティ器 168
organogenesis 器官形成 100
orgasm オルガスム 63
Oriental region 東洋区 345
origin of life 生命の起源 264
Orn オルニチン 63
ornithine オルニチン 63
ornithine cycle オルニチン回路 63, 363
orthogenesis 定向進化 329
orthologous オルソロガス 63
Orthoptera バッタ目 387
orthotropism 正常屈性 256
orulation 排卵 381
osculum 大孔 291
osmium(IV) oxide 四酸化オスミウム 197
osmium tetroxide 四酸化オスミウム 197
osmoconformer 浸透順応型動物 241
osmolyte 浸透圧調節物質 241
osmoreceptor 浸透圧受容体 241
osmoregulation 浸透圧調節 241
osmoregulator 浸透調節型動物 241
osmosis 浸透 241
osmotic pressure 浸透圧 241
osmotroph 浸透栄養生物 241
ossicle 小骨 223
ossification 骨化 164
ossification 骨形成 164

Osteichthyes 硬骨魚綱 151
osteoblast 造骨細胞（骨芽細胞） 281
osteoclast 破骨細胞 383
osteocyte 骨細胞 164
osteoid 類骨 511
osteonectin オステオネクチン 61
ostiole オスティオール（小孔） 60
ostium 口 118, 223
ostium 小孔 223
otocyst 平衡胞 437
otolith 平衡砂（耳石） 437
outbreeding 異系交配（外婚） 22
outer ear 外耳 66
outgroup 外群 66
oval window 前庭窓（卵円窓） 277
ovarian follicle 卵胞 120, 499
ovary 子房 207
ovary 卵巣 498
overpopulation 人口過剰（過密） 236
oviduct 輸卵管 413
oviduct 卵管 497
oviparity 卵生 498
ovipositor 産卵管 191
ovoviviparity 卵胎生 498
ovulation 産卵 190
ovule 胚珠 379
ovuliferous scale 種鱗 219
ovum 卵 497
ovum 卵球 497
oxalic acid シュウ酸 213
oxaloacetic acid オキサロ酢酸 59
oxidase オキシダーゼ 59
oxidation 酸化 186
oxidation-reduction 酸化還元 186
oxidative burst オキシディティブバースト 59
oxidative deamination 酸化的脱アミノ化 187
oxidative decarboxylation 酸化的脱カルボキシル化 187
oxidative phosphorylation 酸化的リン酸化 187
oxidoreductase 酸化還元酵素 186
2-oxopropanoic acid 2-オキソプロパン酸 411
oxygen 酸素 188
oxygen cycle 酸素循環 189
oxygen debt 酸素負債 190
oxygen dissociation curve 酸素解離曲線 188
oxygen-evolving complex 酸素発生複合体 189
oxygen sag curve 酸素低下カーブ 189
oxyhaemoglobin オキシヘモグロビン 60
oxyntic cell 酸分泌細胞 190
oxytocin オキシトシン 60
ozonation オゾン化 61
ozone hole オゾンホール 62
ozone layer オゾン層 62
ozonosphere オゾン層 62

P

P 395
p 53 399
pacemaker ペースメーカー 438
pachytene 厚糸期 152
Pacinian corpuscle パチーニ小体 384
paedogenesis 幼生生殖 492
paedomorphosis 幼形進化 491
PAGE ポリアクリルアミドゲル電気泳動 458
pairing 対合 323
Palaearctic region 旧北区 108
palaeobotany 古植物学 161
Palaeocene 暁新世 110
palaeoclimatology 古気候学 159
palaeoecology 古生態学 161
Palaeognathae 古顎下網 283
Palaeolithic 旧石器時代 107
palaeontology 古生物学 162
Palaeozoic 古生代 161
palaeozoology 古動物学 165
palate 口蓋 146
palea 内花穎 352
Paleogene 古第三紀 163
palindromic 回文性 69
palisade 柵状組織 182
palisade mesophyll 柵状組織 182
pallium 大脳皮質 295
pallium 脳外套 370
palmitic acid パルミチン酸 391
palp 鬚 398
palynology 花粉学 86
pancreas 膵臓 245
pancreatic islets 膵島 246, 498
pancreatin パンクレアチン 391
pancreozymin コレシストキニン 168
pancreozymin パンクレオチミン 391
Paneth cells パネート細胞 389
panicle 円錐花序 56
panmictic 任意交配の 364

pantothenic acid　パントテン酸　394
papain　パパイン　389
paper chromatography　ペーパークロマトグラフィー　441
papilla　パピラ　390
papovavirus　パポバウイルス　390
pappus　冠毛　98
parabiosis　並体結合　437
paracellular pathway　傍細胞経路　448
parafollicular cell　傍濾胞細胞　197
parallel evolution　平行進化　437
parallelophyly　平行系統　437
paralogous　パラロガス　390
paramorph　パラモルフ　390
paramutation　パラミューテーション　390
parapatric speciation　側所的種分化　286
paraphyletic　側系統の　285
paraphysis　側糸　286
parapodium　疣足　36
Paraquat　パラコート　390
parasexual cycle　擬似有性的生活環　101
parasitism　寄生　101
parasitoid　捕食寄生者　454
parasympathetic nervous system　副交感神経系　417
parathormone　副甲状腺ホルモン　417
parathyrin　副甲状腺ホルモン　417
parathyroid glands　副甲状腺　417
parathyroid hormone　副甲状腺ホルモン　417
Parazoa　側生動物　286
parenchyma　柔組織　214
parent　親　63
parental care　子育て　162
parental generation　P　395
parietal　壁側の　437
parietal cell　酸分泌細胞　190
parietal cell　壁細胞　437
parthenocarpy　単為結実　303
parthenogenesis　単為生殖　304
partially permeable membrane　半透膜　394
particulate inheritance　粒子遺伝　505
parturition　出産　217
pascal　パスカル　383
passive immunity　受動免疫　217
passive transport　受動輸送　74, 217
pasteurization　低温殺菌法　329
Pasteur, Louis　パスツール，ルイ　384
patch clamp technique　パッチクランプ法　387
patella　膝蓋　203

pathogen　病原体　408
pathogenesis-related proteins　感染特異的タンパク質　96
pathology　病理学　410
patristic　パトリスティック　388
pattern formation　パターン形成　384
patterning　パターン形成　384
pattern recognition　パターン認識　384
Pavlov, Ivan Petrovich　パブロフ，イワン・ペトロヴィッチ　390
PCR　ポリメラーゼ連鎖反応　400, 459
PDGF　405
peat　泥炭　331
peck order　つつきの順位　324
pecten　櫛状突起　203
pectic substances　ペクチン質　438
pectin　ペクチン　438
pectoral fins　胸びれ　475
pectoral girdle　胸帯　111
pedicel　小花柄　222
pedipalp　触肢　227
pedology　土壌学　346
peduncle　花柄　86
peduncle　肉茎　357
pelagic　漂泳性の　408
Pelecypoda　双殻類（二枚貝類）　280
Pelecypoda　斧足綱　420
pellagra　ニコチン酸欠乏症　357
pellicle　外皮　69
pelvic fins　腹びれ　390
pelvic girdle　下肢帯　80
pelvis　下肢帯　80
pelvis　骨盤　164
pelvis　腎盂　233
penicillin　ペニシリン　440
penis　ペニス　441
pentadactyl limb　五指肢　161
pentose　ペントース　445
pentose phosphate pathway　ペントースリン酸経路　445
pentose shunt　ペントースリン酸経路　445
PEP　ホスホエノールピルビン酸　395, 455
pepo　ウリ状果　41
pepsin　ペプシン　441
pepsinogen　ペプシノーゲン　441
peptidase　ペプチダーゼ　428, 441
peptide　ペプチド　441
peptide fingerprinting　ペプチドマッピング　442
peptide mapping　ペプチドマッピング　442

peptidoglycan ペプチドグリカン 442
peramorphosis 過無形成 87
perception 知覚 312
perennation 越年 49
perennial 多年生植物 303
perfusion techniques 灌流法 98
perianth 花被 85
pericardial cavity 囲心腔 24
pericardial membrane 囲心膜 24
pericardium 囲心囊 24
pericarp 果皮 85
perichondrium 軟骨膜 355
periclinal 並層の 437
pericycle 内鞘 353
periderm 周皮 214
perigyny 子房周位生 208
perikaryon 周核体 181
perilymph 外リンパ 70
perinuclear compartment 核周囲腔 77
perinuclear space 核周囲腔 77
period 月経 135
periodontal membrane 歯根膜 197
periosteum 骨膜 164
peripatric speciation 周辺種分化 215
peripheral nervous system 末梢神経系 465
periphyton 付着生物 420
periplasm 細胞周辺腔（ペリプラズム） 180
periplasmic space 細胞周辺腔 180
Perissodactyla 奇蹄類 103
peristalsis 蠕動 277
peristome 囲口部 23
peristome 蘚歯 182
peritoneum 腹膜 419
permanent teeth 永久歯 43
Permian 二畳期 360
Permian ペルム紀 443
pernicious anaemia 悪性貧血 1
peroxisome ペルオキシソーム 443
persistent 残留性の 191
pest 病害虫 408
pesticide 農薬 372
peta- ペタ 438
petal 花弁 86
petiole 葉柄 492
Petri dish ペトリ皿 440
petrification 石化作用 267
PGA ホスホグリセリン酸 455
PGD 着床前遺伝子診断（着床前診断） 315
pH 395
PHA フィトヘムアグルチニン 395, 414

Phaeophyta 褐藻植物門 84
phage ファージ 382, 412
phagemid ファージミド 412
phagocyte 食細胞 227
phagocytosis 食作用 227
phagotroph 食栄養生物 226
phalanges 指骨 197
phanerophyte 地上植物 312
Phanerozoic 顕生代 142
pharate ファレート 413
pharmacodynamics 薬力学 485
pharmacogenetics 薬理ゲノム学 485
pharmacogenomics 薬理ゲノム学 485
pharmacokinetics 薬物動力学 485
pharmacology 薬理学 485
pharynx 咽頭 37
phase-contrast microscope 位相差顕微鏡 24
phase I metabolism 第一相代謝 290
phase II metabolism 第二相代謝 295
phellem コルク組織 167
phelloderm コルク皮層 167
phellogen コルク形成層 167
phenetic 表型的分類 408
phenocopy 表現型模写 408
phenology 生物季節（学） 261
phenolphthalein フェノールフタレイン 415
phenotype 表現型 408
phenylalanine フェニルアラニン 415
phenylketonuria フェニルケトン尿症 415
pheophytin フェオフィチン 415
pheromone フェロモン 416
philopatry 定住性 330
phloem 篩部 206
phloem protein 篩部タンパク質 207, 404
phloroglucinol フロログルシノール 431
phonotaxis 音波走性 64
phoresy 運搬共生 42
phosphagen ホスファゲン 454
phosphatase ホスファターゼ 454
phosphatide ホスファチド 455
phosphatide リン脂質 509
phosphatidylcholine ホスファチジルコリン 455
phosphatidylcholine ホスファチジルコリン 513
phosphodiester bond ホスホジエステル結合 455
phosphoenolpyruvate ホスホエノールピルビン酸 455
3-phosphoglycerate ホスホグリセリン酸 455

phosphoglyceric acid　ホスホグリセリン酸　455
phosphokinase　ホスホキナーゼ　455
phosphokinase　リン酸化酵素　103
phospholipase　ホスホリパーゼ　455
phospholipid　リン脂質　509
phosphorus　リン　507
phosphorus cycle　リン循環　509
phosphorus: oxygen ratio　リン/酸素比（P/O比）　508
phosphorylase　ホスホリラーゼ　455
phosphorylation　リン酸化反応　508
photic zone　真光層　237
photic zone　透光層　341
photoautotroph　光合成独立栄養生物　151
photoblastic　光発芽　397
photochemical smog　光化学スモッグ　147
photoheterotroph　光合成従属栄養生物　151
photolysis　光分解　398
photomicrography　顕微鏡写真法　145
photomorphogenesis　光形態形成　397
photonasty　光傾性　397
photoperiod　光周期　152
photoperiodism　光周性　152
photophore　発光器　386
photophosphorylation　光リン酸化　398
photopic vision　明所視　476
photoprotection　光防護　398
photoreactivation　光回復　397
photoreceptor　光受容体　397
photorespiration　光呼吸　397
photosynthesis　光合成　150
photosynthetic carbon reduction cycle　カルビン回路　89
photosynthetic carbon reduction cycle　光合成的炭素還元回路　151
photosynthetic pigments　光合成色素　151
photosystems I and II　光化学系 I, II　147
phototaxis　走光性　281
phototroph　光合成生物　151
phototropism　光屈性　397
phragmoplast　隔膜形成体　78
phrenic nerve　横隔神経　58
pH scale　pH 尺度　396
phycobiliprotein　フィコビリンタンパク質　413
phycobiont　フィコビオント　111, 413
phycobiont　共生藻　111
phycocyanin　フィコシアニン　413
phycoerythrin　フィコエリスリン　413

phycomycetes　藻菌類　280
phycoplast　フィコプラスト　413
phyletic series　系統発生系列　133
phyllotaxis　葉序　491
phyllotaxy　葉序　491
phylogenetic　系統発生の　133
phylogenetic species concept　系統学的種概念　133
phylogeny　系統発生　133
phylum　門　484
physical map　物理的地図　421
physiognomy　相観　280
physiological saline　生理食塩水　265
physiological specialization　生理分化　265
physiology　生理学　265
physisorption　物理吸着　421
physostigmine　フィゾスチグミン　47
phyto-　植物の　229
phytoalexin　ファイトアレキシン　412
phytochelatin　ファイトケラチン　412
phytochrome　フィトクロム　414
phytoecdysone　植物エクジソン　229
phytogeography　植物地理学　229
phytohaemagglutinin　フィトヘムアグルチニン　414
phytohormone　植物ホルモン　229, 260
phytoplankton　植物プランクトン　229
phytotelm　フィトテルム　414
pia mater　柔膜　215
pico-　ピコ　398
picornavirus　ピコルナウイルス　399
pie chart　円グラフ　55
pigment　色素　194
pileus　菌傘　115
piliferous layer　根毛層　171
pilomotor　立毛　501
Piltdown man　ピルトダウン人　410
pineal eye　松果眼　221
pineal eye　中眼　315
pineal gland　松果体　222
pinna　耳介　192
pinocytosis　飲作用　36
pipette　ピペット　407
Pisces　魚上綱　113
pistil　雌ずい　199
pit　ピット　405
pit　壁孔　437
pitfall trap　ピットフォールトラップ　405
pith　延髄穿刺　56
pith　髄　244

Pithecanthropus ピテカントロプス 406
pituitary body 脳下垂体 370
pituitary gland 脳下垂体 370
placenta 胎座 292
placenta 胎盤 296
Placentalia 有胎盤類 237, 488
placoid scale 楯鱗 199, 221
Placozoa 板形動物門 391
plagiotropism 傾斜屈性 131
planarians プラナリア 424
plankton プランクトン 424
plant 植物 228
plant geography 植物地理学 229
plant hormone 植物ホルモン 260
plantigrade 蹠行性 230
planula プラヌラ 424
plaque プラーク 423
plasma 血漿 136
plasma cell 形質細胞 131
plasmagel 原形質ゲル 140
plasmalemma 原形質膜 140
plasma membrane 原形質膜 140
plasma protein 血漿タンパク質 136
plasmasol 原形質ゾル 140
plasmid プラスミド 424
plasmin プラスミン 424
plasminogen プラスミノーゲン 424
plasmodesmata 原形質連絡 140
plasmodium 変形体 445
plasmogamy 細胞質融合 178
plasmolysis 原形質分離 140
plastid 色素体 194
plastocyanin プラストシアニン 423
plastoglobulus プラストグロブル 423
plastome プラストーム 423
plastoquinone プラストキノン 423
plastron 腹甲 417
plate count 平板計測 437
platelet 血小板 136
platelet-derived growth factor 血小板由来増殖因子 136
plate tectonics プレートテクトニクス 426
Platyhelminthes 扁形動物門 445
pleiomorphism 多形態性 300
pleiotropic 多面発現の 303
Pleistocene 更新世 153
plesiomorphy 原始形質 141
pleura 肋膜 517
pleural membrane 肋膜 517
plexus 叢 279

Pliocene 鮮新世 275
plumule 綿羽 519
plumule 幼芽 491
pluripotent 万能性 394
plus strand プラス鎖 68
pneumatophore 気泡体 104
pneumatophore 通気根 323
pod 莢果 339
pod さや 185
podocyte 有足細胞 488
poikilotherm 変温動物 65
poikilothermy 変温性 444
point mutation 点突然変異 338
polar body 極体 113
polarity 極性 113
polar molecule 極性分子 113
polar nuclei 極核 113
pollen 花粉 86
pollen analysis 花粉分析 86
pollen sac 花粉嚢 86
pollen tube 花粉管 86
pollex 母指（手の）453
pollination 受粉 218
pollutant 汚染物質 61
pollution 汚染 61
polyacrylamide gel electrophoresis ポリアクリルアミドゲル電気泳動 458
Polychaeta 多毛類 303
polycistronic ポリシストロニック 458
polyembryony 多胚 303
polygene 多因子 298
polygene ポリジーン（多遺伝子）458
polygenic characters ポリジーン形質 458
polygenic inheritance 多因子遺伝 298
polyhydric alcohol ポリオール 458
polymer ポリマー 459
polymerase ポリメラーゼ 459
polymerase chain reaction ポリメラーゼ連鎖反応 459
polymorphism 多形性（多型性）299
polynucleotide ポリヌクレオチド 458
polyol ポリオール 458
polyp ポリプ 458
polypeptide ポリペプチド 459
polypetalous 離弁花 503
polyphenism 環境多型性 92
polyphyletic 多系統の 300
polyphyodont 多生歯性の 301
polyploid 倍数体 379
polyribosome ポリリボソーム 460

polysaccharide 多糖類 302
polysepalous ポリセパラス 458
polysome ポリソーム 458, 460
polyspermy 多精子受精 301
polysynaptic reflex 多シナプス反射 300
polyteny 多糸性 300
polythetic 多形質的 299
polytopic 多産地の 300
polytypic 多型の 300
pome ナシ状果 354
pons (pons Varolii) 脳橋 370
population 個体群 163
population dynamics 個体群動態 163
population genetics 集団遺伝学 214
population growth 個体群成長 163
P/O ratio リン/酸素比 (P/O 比) 508
Porifera 海綿動物門 70
porin ポーリン 460
porphyrin ポルフィリン 460
portal circulation 門脈 484
portal system 門脈 484
portal vein 門脈 484
positional cloning ポジショナルクローニング 453
positive feedback 正のフィードバック 261
postcaval vein 下大静脈 83
posterior うしろの 40, 155
posterior 後側の 155
posterior 後方の 155, 158
postreplicative repair 複製後修復 418
postsynaptic membrane シナプス後膜 205
post-tetanic potentiation 後テタヌス性増強 156
post-tetanic potentiation 反復刺激後増強 156, 394
post-transcriptional gene silencing 転写後遺伝子抑制 12
post-transcriptional gene silencing 転写後ジーンサイレンシング 337
post-transcriptional modification 転写後修飾 12, 337
potassium カリウム 87
potassium-argon dating カリウム-アルゴン年代測定法 88
potentiation 増強 280
potometer 吸水計 107
poxvirus ポックスウイルス 456
P-protein P-タンパク質 404
preadaptation 前適応 277
Precambrian 先カンブリア代 273

precaval vein 上大静脈 224
precipitin 沈降素 323
precocial species 早成種 283
predation 捕食 454
predator 捕食者 454
pregnancy 妊娠 364
preimplantation genetic diagnosis 着床前遺伝子診断 315
pre-messenger RNA メッセンジャーRNA前駆体 477
premolar 小臼歯 222
premutation 前変異 278
presbyopia 老視 517
pressure flow 圧流 4, 465
pressure potential 圧ポテンシャル 4
presumptive 予定域（の） 494
presynaptic membrane 前シナプス膜 274
prey 被食者 401
Pribnow box プリブナウ配列 425
prickle プリックル 425
primary consumer 第一次消費者 290
primary germ layers 初期胚葉 381
primary growth 一次成長 26
primary producer 一次生産者 26
primary productivity 一次生産力 26
primary structure 一次構造 26
primase プライマーゼ 423
Primates 霊長類 512
primitive cell 始原細胞 196
primitive streak 原条 141
primordium 原基 139
primosome プライモソーム 423
prion プリオン 424
Proboscidea 長鼻類 320
proboscis 吻 431
procambium 前形成層 273
procarcinogen 前発がん物質 277
procaryote 原核生物 139
prochlorophytes クロロキシバクテリア 128
prochlorophytes 原核緑色植物 139
Proconsul プロコンスル 428
prodrug プロドラッグ 430
producer 生産者 255
production 生産力 255
productivity 生産力 255
profundal 深層 238
progenesis プロジェネシス 428
progeny 子孫 202
progesterone 黄体ホルモン 59, 428
progesterone プロゲステロン 428

progestogen プロゲストーゲン 428
proglottid 片節 445
proglottis 片節 445
programmed cell death プログラム細胞死 6, 428
progymnosperms 原裸子植物 145
prokaryote 原核生物 139
prolactin プロラクチン 430
proline プロリン 431
prometaphase 分裂前中期 436
promoter プロモーター 430
pronation 回内運動 68
proofreading プルーフリーディング 426
propagation 伝播 338
propagation 繁殖 393
propane-1,2,3-triol プロパン-1,2,3-トリオール 123
prophage プロファージ 430
prophase 前期（有糸分裂の） 273
proplastid 原色素体 141
proprioceptor 自己受容器 197
prop root 支持根 198
prosencephalon 前脳 277
prosencephalon 前脳胞 277
prosoma 前胴体部 277
prostacyclin プロスタサイクリン 428
prostaglandin プロスタグランジン 428
prostaglandin I プロスタグランジンI 428
prostate gland 前立腺 278
prosthetic group 補欠分子団 452
protamine プロタミン 428
protandry 雄性先熟 488
protanopia 第一盲 290
protease プロテアーゼ 428
proteasome プロテアソーム 428
protein タンパク質 309
proteinase プロテイナーゼ 428, 429
protein blotting タンパク質ブロッティング 39, 310
protein engineering タンパク質工学 309
protein kinase プロテインキナーゼ 429
proteinoid プロテイノイド 429
protein sequencing タンパク質シークエンシング 310
protein synthesis タンパク質合成 309
protein targeting タンパク質ターゲッティング 310
proteoglycan プロテオグリカン 429
proteolysis タンパク質分解 310
proteolytic enzyme タンパク質分解酵素 310, 428
proteome プロテオーム 429
proteomics プロテオミクス 429
Proterozoic 原生代 142
prothallus 前葉体（シダ類の）278
prothoracic gland 前胸腺 273
prothoracicotropic hormone 前胸腺刺激ホルモン 273
prothrombin プロトロンビン 430
Protista 原生生物（プロティスタ）141
Protoctista プロトクティスタ 430
protoderm 原表皮 145
protogyny 雌性先熟 201
protonema 原糸体 141
protonephridium 原腎管 141
proton pump プロトンポンプ 430
proto-oncogene がん原遺伝子 93
protophloem 原生篩部 141
protoplasm 原形質 140
protoplast プロトプラスト 430
Prototheria 原獣亜綱 141
protoxylem 原生木部 144
protozoa 原生動物 143
Protura カマアシムシ類 87
provascular tissue 原維管束組織 138
provascular tissue 前形成層 273
proventriculus 前胃 25, 272
provirus プロウイルス 427
proximal 近位 114
proximal convoluted tubule 近位尿細管 114
PSC 系統学的種概念 133, 395
pseudocarp 偽果 99
Pseudociliata 偽繊毛虫類 102
pseudocoelomate 擬体腔動物 102
pseudogamy 偽受精 101
pseudogene 偽遺伝子 99
pseudoheart 偽心臓 101
pseudoparenchyma 偽柔組織 101
pseudopodium 偽足 102
pseudopregnancy 偽妊娠 103
Psilophyta マツバラン類 465
psychrophilic 好冷性の 159
Pteridophyta シダ植物 202
Pteridospermales シダ種子類 202
Pteridospermales ソテツシダ類 288
pterodactyls 翼竜 494
Pterophyta シダ類 202, 414
Pteropsida プテロプシダ 421
Pterosauria 翼竜類 494
Pterygota 有翅昆虫亜綱 486

PTH 副甲状腺ホルモン 405, 417
PTTH 前胸腺刺激ホルモン 273, 405
ptyalin プチアリン 420
puberty 春機発動期 220
pubis 恥骨 312
puff パフ 390
pullulan プルラン 426
pulmonary 肺の 380
pulmonary artery 肺動脈 380
pulmonary circulation 肺循環 379
pulmonary valve 肺動脈弁 380
pulmonary vein 肺静脈 379
pulp cavity 歯髄腔 199
pulse 脈搏 472
pulvinus 葉枕 492
punctuated equilibrium 断続平衡説 306
Punnett square パンネットの方形 394
pupa 蛹 184
pupil 瞳孔 341
pupillary reflex 瞳孔反射 341
pure line 純系 220
purine プリン 425
Purkyne cell (Purkinje cell) プルキニェ細胞 425
Purkyne fibres (Purkinje fibres) プルキニェ繊維 426
putrefaction 腐敗 422
Pycnogonida 海蜘蛛類 41
pyknotic 核濃縮した 78
pyloric sphincter 幽門括約筋 489
pyramidal cell 錐体細胞 246
pyramid of biomass 生物体量ピラミッド 262
pyramid of energy エネルギーピラミッド 51
pyramid of numbers 個体数ピラミッド 163
pyranose ピラノース 410
pyrenocarp 核果 73
pyrenoid ピレノイド 411
pyrethrum 除虫菊製剤 230
pyridoxine ピリドキシン 410
pyrimidine ピリミジン 410
pyrrole ピロール 411
pyruvic acid ピルビン酸 411

Q

QSAR 定量的構造活性相関（キューサー） 331
QSMR 定量的構造代謝相関 331
quadrat 方形区（コドラート） 447
quadrate 方形骨 447
quadriceps 四頭筋 204

qualitative variation 質的変異 203, 427
quantitative inheritance 多因子遺伝 298
quantitative inheritance 量的遺伝 507
quantitative structure-activity relationship 定量的構造活性相関 331
quantitative structure-metabolism relationship 定量的構造代謝相関 331
quantitative variation 量的変異 507, 515
quarantine 検疫期間 139
Quaternary 第四紀 296
quaternary structure 四次構造 494
queen substance 女王物質 226
quinone キノン 104

R

race 品種 412
raceme 総状花序 281
racemose inflorescence 総穂花序 282
rachis 柱 383
rad ラド 496
radial symmetry 放射相称 450
radiation ラディエーション 496
radiation damage 照射損傷 223
radiation units 放射線単位 449
radicle 幼根 491
radioactive age 放射年代 450
radioactive dating 放射年代測定法 450
radioactive isotope 放射性同位体 449
radioactive tracing 放射性トレーシング 350
radioactive tracing 放射性標識法 449
radioactive waste 放射性廃棄物 449
radioactivity 放射能 450
radiobiology 放射線生物学 449
radiocarbon dating 放射性炭素年代測定法 449
radiography 放射線撮影（法） 449
radioimmunoassay ラジオイムノアッセイ 495
radioisotope 放射性同位体 449
radiology 放射線（医）学 449
radiometric dating 放射年代測定法 450
radio-opaque 放射線不透過性の 450
radiopaque 放射線不透過性の 450
radiotherapy 放射線治療 450
radius 橈骨 341
radula 歯舌 201
rainforest 雨林 41
r.a.m. 相対原子質量 11, 283
Ramapithecus ラマピテクス 496

Ramón y Cajal, Santiago　ラモニ・カハール，サンチアゴ　497
ramus communicans　交通肢　156
randomly amplified polymorphic DNA RAPD　12
rank　分類階級　435
RAPD　12
raphe　縫線　451
rapid eye movement　急速眼球運動　107
rate-limiting step　律速段階　501
Ratitae　走鳥類　283
ray　線　272
ray　放射組織　450
reabsorption　再吸収　173
reactant　反応物　394
reaction　反応　394
reaction time　応答時間　59
reading frame　読枠　494
readthrough　リードスルー　501
recapitulation　反復発生　395
Recent　現世　95, 141
receptacle　花托　83
receptacle　生殖器床　256
receptor　受容器　218
receptor　受容体　218
recessive　劣性の　513
recipient　受容者　218
reciprocal cross　相反交雑　284
recombinant DNA　組換え DNA　119
recombinant DNA technology　組換え DNA 技術　30
recombination　組換え　119
recombinational repair　組換え修復　119, 418
recon　レコン　513
recruitment　漸増（神経活動の）　276
rectal gland　直腸腺　322
rectum　直腸　322
recycling　循環　220
red algae　紅色植物門　154
red algae　紅藻　155
red blood cell　赤血球　268
redox　酸化還元　186
redox　レドックス　513
Red Queen hypothesis　赤の女王仮説　1
red tide　赤潮　1
reducing sugar　還元糖　93
reduction　還元　93
reduction division　減数分裂　141
reflex　反射応答　392
reflex action　反射行動　392

reflex arc　反射弓　392
reforestation　森林再生　243
refractory period　不応答期　416
regeneration　再生　175
regma　弾分蒴果　310
regulation　調節（動物発生）　320
regulator　調節動物　320
regulator gene　調節遺伝子　320
regulatory enzyme　調節酵素　320
regulatory genes　制御遺伝子　253
regulatory protein　調節タンパク質　320
reinforcement　強化　109
Reissner's membrane　ライスナー膜　495
relative atomic mass　相対原子質量　283
relative density　相対密度　283
relative growth rate　相対増殖速度　283
relative molecular mass　相対分子質量　283
relative refractory period　相対不応期　283
relaxin　レラキシン　514
release factor　解離因子　70
release-inhibiting hormone　放出抑制ホルモン　451
releaser　リリーサー　489, 507
releasing factor　放出因子　450
releasing hormone　放出ホルモン　450
relict　残存種　190
relictual　遺存的　25
REM　急速眼球運動　107
rem　レム　514
renal　腎性の　238
renal capsule　腎被膜　242
renal capsule　ボーマン嚢　457
renal tubule　尿細管　363
renaturation　復元　417
renin　レニン　514
rennin　レンニン　516
Renshaw cell　レンショウ細胞　515
repetitive DNA　反復 DNA　394
replacing bone　置換骨　312, 355
replicon　レプリコン　514
repolarization　再分極　176
reporter gene　レポーター遺伝子　514
repressor　リプレッサー　502
reproduction　生殖　256
reproductive system　生殖器系　256
Reptilia　爬虫綱　385
residual volume　残気量　187
resin　樹脂　216
resistance　抵抗性　329
resistance response　抵抗性反応　329

resolving power　解像度　67
respiration　呼吸　160
respiratory chain　呼吸鎖　160
respiratory movement　呼吸運動　160
respiratory organ　呼吸器官　160
respiratory pigment　呼吸色素　160
respiratory quotient　呼吸商　161
respirometer　呼吸計　160
response　応答　59
resting potential　静止電位　256
restriction endonuclease　制限酵素　254
restriction enzyme　制限酵素　254
restriction fragment length polymorphism　制限断片長多型　254
restriction mapping　制限地図　254
restriction point　制限点　255
reticular formation　網様体　481
reticuloendothelial system　細網内皮系　182, 304
reticulum　網胃　480
retina　網膜　481
retinal　レチナール　513
retinene　レチネン　513
retinol　レチノール　403, 513
retrotransposon　レトロトランスポゾン　514
retrovirus　レトロウイルス　513
reverse genetics　逆遺伝学　104
reverse transcriptase　逆転写酵素　105
reversion　復帰変異　421
RF　解離因子　13, 70
RFLP　制限断片長多型　13, 254
R_F value　R_F 値　13
Rh　11
rhabdom　感桿　91
rhachis　軸　195, 383
rhesus factor　Rh因子　11
Rh factor　Rh因子　11
rhizoid　仮根　79
rhizome　根茎　170
Rhizopoda　根足虫類　171
Rhodophyta　紅色植物門　153
rhodopsin　ロドプシン　518
rhombencephalon　菱脳　157, 507
rhyniophytes　リニア植物　501
rhytidome　殻皮　78
RIA　ラジオイムノアッセイ　495
rib　肋骨　518
riboflavin　リボフラビン　505
ribonuclease　RNA分解酵素　12
ribonuclease　リボヌクレアーゼ　505
ribonucleic acid　リボ核酸　503
ribonucleoprotein　リボ核タンパク質　503
ribose　リボース　504
ribosomal RNA　リボソーム RNA　505
ribosome　リボソーム　504
ribozyme　リボザイム　503
ribulose　リブロース　502
ribulose bisphosphate　リブロース-1,5-二リン酸　502
ribulose bisphosphate carboxylase/oxygenase　リブロース二リン酸カルボキシラーゼ/オキシゲナーゼ　502
richettsia　リケッチア　500
rickets　くる病　126
right atrioventricular valve　右房室弁　188
rigor mortis　死後硬直　197
RIH　放出抑制ホルモン　11, 451
Ringer's solution　リンガー溶液　507
ring species　輪状種　510
ritualization　儀式化　100
river continuum concept　河川連続体仮説　82
RNA　リボ核酸　11, 503
RNAase　RNA分解酵素　12
RNAi　RNA干渉　12
RNA interference　RNA干渉　12
RNA polymerase　RNAポリメラーゼ　12
RNA processing　RNAプロセシング　12
RNase　RNA分解酵素　12
RNA splicing　RNAスプライシング　12
RNP　リボ核タンパク質　12, 503
rod　桿体　97
Rodentia　げっ歯目　136
rennin　レンニン　515
roentgen　レントゲン　515
root　根　170, 365
root cap　根冠　170
root hair　根毛　171
root nodule　根粒　171
root pressure　根圧　170
rootstock　根株　366
Rotifera　輪形動物門　507
roughage　繊維質食品　272
rough endoplasmic reticulum　粗面小胞体　288
rough ER　粗面小胞体　288
Roundup　ラウンドアップ　495
round window　正円窓　251
roundworms　回虫　67
royal jelly　ロイヤルゼリー　516
RQ　13

rRNA　11
r selection　r 淘汰　14
rubidium-strontium dating　ルビジウム-ストロンチウム年代測定法　512
rubisco　ルビスコ　502, 512
RuBP　リブロース-1,5-二リン酸　14, 502
ruderal　荒れ地植物　14
rumen　第一胃　290
Ruminantia　反芻類　393
runner　ほふく茎　457
rusts　サビキン菌類　184

S

saccharide　サッカライド　339
saccharide　糖類　345
Saccharomyces　サッカロミセス属　183
saccharose　ショ糖　230
saccharose　スクロース　247
saccule　球形嚢　106
sacculus　球形嚢　106
sacral vertebrae　仙椎　276
safranin　サフラニン　185
sagittal　矢状　199
salicylic acid　サリチル酸　185
saline　塩類　57
salinization　塩類集積化作用　58
saliva　唾液　298
salivary glands　唾液腺　299
Salmonella　サルモネラ　185
Salmonella mutagenesis test　エームス試験　52
salt　塩　54
samara　翼果　493
sampling　サンプリング　190
Sanger, Frederick　サンガー, フレデリック　187
sap　樹液　215
saponin　サポニン　185
saprobe　腐生生物　420
saprobiont　腐生生物　420
saprotroph　腐生生物　420
sapwood　辺材（白材）　445
SAR　全身獲得抵抗性　275
sarcolemma　筋繊維鞘　116
sarcoma　肉腫　357
sarcomere　筋節　115
sarcoplasm　筋形質　114
sarcoplasmic reticulum　筋小胞体　115
satellite DNA　サテライト DNA　184

saturated　飽和の　452
savanna　サバンナ　184
scala　階　65
scales　鱗　41
scanning electron microscope　走査型電子顕微鏡　281
scapula　肩甲骨　140
scavenger　腐食動物　420
Schiff's reagent　シッフ試薬　203
schizocarp　分離果　435
schizogeny　離生　500
Schleiden, Matthias Jakob　シュライデン, マティアス・ヤコブ　219
Schwann cell　シュワン細胞　219
Schwann cell　神経鞘細胞　235
Schwann, Theodor　シュワン, テオドール　219
scintillation counter　シンチレーション計数管　240
scion　接穂　324
sclera　強膜　112
sclereid　厚膜細胞　158
sclerenchyma　厚壁組織　157
sclerophyllous　硬葉の　159
scleroprotein　厚タンパク質　155
sclerotic　強膜　112
scolex　頭節　342
scorpions　サソリ　183
scotopic vision　暗所視　16
SCP　単細胞タンパク質　47, 304
scRNP　47
scrotum　陰嚢　38
scurvy　壊血病　66
scutellum　胚盤　380
Scyphozoa　鉢虫類　385
seasonal isolation　季節的隔離　101
seasonal polyphenism　季節性表現性多型　132
seaweeds　海藻　67
sebaceous gland　脂腺　201
sebum　皮脂　400
second　秒　408
secondary consumer　第二次消費者　295
secondary growth　二次成長　358
secondary productivity　二次生産力　358
secondary sexual characteristics　二次性徴　358
secondary structure　二次構造　358
secondary thickening　二次肥厚　358
second convoluted tubule　遠位尿細管　54
second convoluted tubule　第二尿細管　295

second filial generation　F_2　52
second messenger　二次メッセンジャー　358
secretin　セクレチン　267
secretion　分泌　434
secretion vector　分泌ベクター　435
seed　種子　216
seed coat　種皮　218
seed ferns　シダ種子類　202
seed ferns　ソテツシダ類　288
seed leaf　子葉　221
seed plant　種子植物　216
segmentation　分節　434
segmentation　分節化（体節制）　434
segregation　分離　435
Selachii　サメエイ亜綱　185
selectin　セレクチン　271
selection　淘汰　342
selection coefficient　淘汰係数　342
selection pressure　淘汰圧　342
selective breeding　選択的交配　276
selective reabsorption　選択的再吸収　276
self-fertilization　自家受精　193
selfish DNA　利己的DNA　500
self-pollination　自家受粉　193
self-splicing　セルフスプライシング　271
self-sterility　自家不稔性　193
Seliwanoff's test　セリワノフテスト　270
SEM　平均値の標準誤差　436
semelparity　一回繁殖　26
semen　精液　251
semicircular canals　半規管　391
semiconservative replication　半保存的複製　395
semilunar valve　半月弁　391
seminal receptacle　受精嚢　217, 322
seminal vesicle　精嚢　261
seminiferous tubules　精細管　255
semiochemical　セミオケミカル　270
semiparasite　半寄生　391
semipermeable membrane　半透膜　394
senescence　老化　517
sensation　感覚　91
sense organ　感覚器　91
senses　感覚　91
sense strand　センス鎖　68
sensillum　毛状感覚子　480
sensitivity　感受性　94
sensitization　感作　93
sensory cell　感覚細胞　91
sensory neuron　感覚ニューロン　91

sepal　萼片　78
sepsis　敗血症　378
septum　隔壁　78
sequence-tagged site　STS　47
sere　遷移系列　272
serine　セリン　270
serology　血清学　136
serosa　漿膜　225
serotonin　セロトニン　271
serous membrane　漿膜　225
Sertoli cells　セルトリ細胞　270
serum　血清　136
sessile　固着した　164
sessile　無柄の　475
seta　剛毛　158, 210
seta　刺毛　210
sewage　汚水　60
Sewall Wright effect　ライト効果　495
sex chromosome　性染色体　257
sex determination　性決定　254
sex factor　性因子　251
sex hormones　性ホルモン　264
sex linkage　伴性　393
sex ratio　性比　261
sexual cycle　性周期　135, 256, 386
sexual intercourse　性交　255
sexually transmitted disease　性行為感染症　255
sexual reproduction　有性生殖　488
sexual selection　性淘汰　260
Sherrington, Sir Charles Scott　シェリントン，チャールズ・スコット，卿　192
shikimic acid pathway　シキミ酸経路　194
Shine-Dalgarno sequence　シャイン-ダルガルノ配列　210
shivering　身震い　471
shoot　シュート（苗条）　217
short-day plant　短日植物　305
short interfering RNA　siRNA　46
short interspersed element　短分散型核内反復配列　310
short-sightedness　近視　115
shotgun cloning　ショットガンクローニング　230
shoulder blade　肩甲骨　140
shoulder girdle　胸帯　111
shoulder girdle　肩帯　144
shunt vessel　シャント血管　211
siblings　同胞　345
sibling species　同胞種　345

sickle-cell disease 鎌状赤血球貧血 87
sieve element 篩要素 224
sievert シーベルト 207
sieve tube 篩管 193
sigmoid growth curve S字状成長曲線 47
signal hypothesis シグナル説 195
signal transduction シグナル変換 196
sign stimulus 誘発因 489
silent mutation サイレント突然変異 182
silicula 短角果 304
siliqua 長角果 319
silk 絹糸 141
Silurian シルル紀 231
simple sugar 単糖 308
SINE 短分散型核内反復配列 310
single-cell protein 単細胞タンパク質 304
single circulation 単循環 306
single nucleotide polymorphism 一塩基多型 25
sinoatrial node 洞房結節 345
sinus 空洞 117
sinusoid 洞様血管 345
sinus venosus 静脈洞 226
siphonaceous 管状の 94
Siphonaptera ノミ類 373
siphonous 管状の 94
Siphunculata シラミ目 231
Siphunculata 正脱翅類 259
sister species 姉妹種 209
site-directed mutagenesis 部位特異的変異誘発 413
Site of Special Scientific Interest 学術研究上重要地域 77
SI units SI単位 46
skeletal muscle 骨格筋 164, 244
skeleton 骨格 164
skin 皮膚 406
skull 頭蓋 339
sleep 睡眠 247
sleep movements 就眠運動 215
sleep movements 睡眠運動 247
sliding filament theory 滑り説 249
slime 粘液 474
slime moulds 粘菌類 368
slow virus スローウイルス 250
slow-wave sleep 徐波睡眠 230
sludge ヘドロ 440
small intestine 小腸 224
small nuclear ribonucleoprotein 核内低分子RNP 77

smell におい 356
smooth endoplasmic reticulum 滑面小胞体 84
smooth ER 滑面小胞体 84
smooth muscle 平滑筋 420, 436
smuts クロボキン類 127
snakes ヘビ 441
SNP 一塩基多型 25, 46
snRNP 46
snRNP 核内低分子RNP 77
social behaviour 社会的行動 210
SOD スーパーオキシドジスムターゼ 248
sodium ナトリウム 354
sodium chloride 塩化ナトリウム 54
sodium fluoride フッ化ナトリウム 420
sodium pump ナトリウムポンプ 354
softwood 軟材 355
soil 土壌 346
soil erosion 土壌侵食 346
sol ゾル 288
solenocytes 有管細胞 486
solute 溶質 491
solute potential 溶質ポテンシャル 491
solution 溶液 491
solvent 溶媒 492
somatic 体腔の 291
somatic 体細胞性の 292
somatic cell hybridization 体細胞交雑 182, 292
somatic sensory neuron 体性感覚ニューロン 293
somatomedin ソマトメジン 288
somatostatin 成長ホルモン抑制ホルモン（ソマトスタチン） 260
somatotrophin ソマトトロピン 260, 288
somite 体節 293
sonicator 超音波破砕機 319
soredium 粉芽 431
sorosis 桑果 279
sorus 胞子嚢群 448
SOS response SOS反応 46
Southern blotting サザンブロット法 183
spacer DNA スペーサーDNA 249
spadix 肉穂花序 357
spathe 仏焔苞 420
special creation 特殊創造 345
specialization 特殊化 345
speciation 種分化 218
species 種 211
species diversity 種数多様度 217

spectrin　スペクトリン　249
spectroscopy　分光学　432
spectrum　スペクトル　249
sperm　精子　255
spermatheca　受精嚢　217
spermatheca　貯精嚢　322
spermatid　精細胞　255
spermatium　雄精体　488
spermatocyte　精母細胞　264
spermatogenesis　精子形成　256
spermatogonium　精原細胞　254
Spermatophyta　種子植物　216
spermatozoid　スペルマトゾイド　16, 249
spermatozoon　精子　255
sperm competition　精子競争　255
Sphenophyta　楔葉類　137
spherosome　スフェロソーム　249
sphincter　括約筋　84
sphingolipid　スフィンゴ脂質　249
spiders　クモ　119
spike　穂状花序　245
spinal column　脊柱（背骨）　266
spinal cord　脊髄　265
spinal nerves　脊髄神経　266
spinal reflex　脊髄反射　266
spindle　紡錘体　451
spindle attachment　セントロメア　277
spindle attachment　紡錘体付着部　451
spine　棘　113
spine　脊柱（背骨）　266
spinneret　出糸突起　217
spinocerebellar tracts　脊髄小脳路　266
spiracle　気門　104
spiracle　呼吸孔　160
spirillum　らせん菌　496
spirochaete　スピロヘータ科　248
spirometer　肺活量計　378
spleen　脾臓　402
spliceosome　スプライソソーム　249
splicing　スプライシング　249
sponges　海綿動物　70
spongy bone　海綿骨質　70
spongy mesophyll　海綿状組織　70
spontaneous generation　自然発生　202
sporangiophore　胞子嚢柄　449
sporangium　胞子嚢　448
spore　胞子　448
spore mother cell　胞子母細胞　449
sporocyte　胞子母細胞　449
sporogonium　スポロゴン　249

sporophore　担胞子体　310
sporophyll　胞子葉　451
sporophyte　胞子体　448
Sporozoa　胞子虫類　5, 448
sport　芽条突然変異　81
squalene　スクアレン　247
Squamata　有鱗目　489
squamous epithelium　扁平上皮　446
SRY protein　SRYタンパク質　46
SRY protein　精巣決定因子　258
SSSI　学術研究上重要地域　77
stabilizing selection　安定性淘汰　17
staining　染色　274
stamen　雄ずい　486
staminode　仮雄ずい　87
standard deviation　標準偏差　409
standard error of the mean　平均値の標準誤差　436
standing biomass　現存生物体量　144
standing crop　現存量　144
stapes　あぶみ骨　6
Staphylococcus　ブドウ球菌　421
starch　デンプン　338
start codon　開始コドン　67
startle display　威嚇誇示（スタートルディスプレイ）　20
stationary phase　固定相　165
stationary phase　定常期　330
statoblast　休止芽　106
statocyst　平衡胞　437
statocyte　平衡細胞　437
statolith　平衡石　437
STD　性行為感染症　255
stearic acid　ステアリン酸　247
stele　中心柱　317
stem　茎　117
stem cell　幹細胞　93
steno-　狭　109
stereocilium　不動毛　422
stereoisomerism　立体異性　501
sterigma　小柄　225
sterile　不稔の　422
sterile　無菌の　474
sterilization　断種　305
sterilization　滅菌　477
sternum　胸骨　110
sternum　腹板　419
steroid　ステロイド　247
sterol　ステロール　247
sticky end　付着端　420

stigma 眼点 97
stigma 柱頭 318
stilt root 支柱根 203
stimulus 刺激 196
stimulus filtering 刺激ろ過 196
stipe 柄 43
stipule 托葉 299
stirrup あぶみ骨 6
stock 台木 291
stolon 葡萄枝 457
stoma 気孔 100
stomach 胃 18
stomium 口辺細胞 158
stop codon 終止コドン 213
storage compound 貯蔵化合物 322
stratification 湿層処理 203
stratification 成層 257
stratified epithelium 重層上皮 214
stratosphere 成層圏 258
stratum corneum 角質層 74
stratum germinativum 胚芽層 466
Streptococcus 連鎖球菌属 515
streptomycin ストレプトマイシン 248
stress protein ストレスタンパク質 248
stretch receptor 伸展受容器 240
stretch reflex 伸張反射 240
striate cortex 視覚野 193
striated muscle 横紋筋 59, 244
stridulation 摩擦鳴 464
striped muscle 横紋筋 244
strobilus 円錐体 56
stroke volume 一回拍出量 26
stroma ストロマ 248
stromatolite ストロマトライト 248
strontium ストロンチウム 248
structural gene 構造遺伝子 154
strychnine ストリキニーネ 248
STS 47
style 花柱 83
subarachnoid space クモ膜下腔 120
subclavian artery 鎖骨下動脈 183
subcutaneous tissue 皮下組織 396
suberin コルク質 167
sublittoral 潮下帯の 319
submucosa 粘膜下組織 369
subsoil 心土 241
subspecies 亜種 3
substance P サブスタンスP 184
substitution 置換 312
substrate 基質 101

subtilisin サブチリシン 185
succession 遷移 272
succinate コハク酸塩 165
succulent 多肉植物 302
succus entericus サッカスエンテリカス 183
sucker 吸枝 106
sucrase スクラーゼ 247
sucrose スクロース 247
sugar 糖 339
sulpha drugs サルファ剤 185
sulphonamides スルホンアミド 250
sulphur 硫黄 18
sulphur bacteria 硫黄細菌 18
sulphur bridge 硫黄架橋 18, 200
sulphur cycle 硫黄循環 19
sulphur dioxide 二酸化硫黄 357
sulphur(IV) oxide 二酸化硫黄 357
summation 共同作用 112
summation 相加 279
summation 相乗作用 281
supercoiling スーパーコイル 248
supercooling 過冷却 90
supergene 超遺伝子 318
superior 上位の 221
supernormal stimulus 超正常刺激 320
supernumerary chromosome 過剰染色体 81
supernumerary chromosome 余剰染色体 494
superoxide dismutase スーパーオキシドジスムターゼ 248
supination 回外運動 65
supplementary units 補助単位 454
suprarenal glands 副腎腺 418
surface active agent 界面活性剤 69
surface tension 表面張力 409
surfactant 界面活性剤 69
survival curve 生存曲線 258
suspension culture 懸濁培養 144
suspensor 胚柄 380
suspensory ligaments 堤靱帯 330
sustentacular cells セルトリ細胞 270
suture 縫合 447
SV 40 46
swallowing 嚥下 55
swallowing 嚥下運動 55
swallowing 飲込み 55
swamp 沼沢 224
sweat 汗 3
sweat gland 汗腺 96
swim bladder 浮袋 40
syconus イチジク状果 26

symbiont 共生生物 111
symbiosis 共生 110
symmetry 対称性 293
symmorphosis シンモーフォシス 242
sympathetic nervous system 交感神経系 148
sympathetic tone 交感神経性緊張 148
sympatric 同所性 342
symphysis 結合 135
symphysis 癒合 135, 489
symplast 共原形質体 109
symplesiomorphy 共有原始形質 112
sympodium 仮軸 79
symporter 共輸送体 112
synapomorphy 共有派生形質 112
synapse シナプス 204
synapsis シナプシス 204
synapsis 対合 323
synaptic cleft シナプス間隙 205
synaptic knob シナプス小頭 205
synaptic plasticity シナプス可塑性 204
synaptonemal complex シナプトネマ構造 205
syncarpy 合成心皮 154
syncytium 合胞体 158
synecology 群集生態学 129
synergids 助細胞 230
synergism 共同作用 112
synergism 相乗作用 281
syngamy 配偶子合体 217, 378
synomone シノモン 206
synovial membrane 滑膜 84
synthesis 合成 154
syphilis 梅毒 380
syrinx 鳴管 476
systematics 系統学 132
Système International d'Unités 国際単位系 161
systemic acquired resistance 全身獲得抵抗性 275
systemic arch 体動脈弓 295
systemic circulation 体循環 293
systems ecology システム生態学 200
systole 心臓収縮（期） 240

T

T_3 トリヨードチロニン 350
T_4 チロキシン 323
2,4,5-T 2,4,5-T 364
tachycardia 頻脈 412
tachymetabolism 急速代謝 107
tactic movement 走性 282
tagma 合体節 155
tagmosis 節 267
taiga タイガ 290
tandem array タンデムアレイ 307
tannin タンニン 308
tapetum タペータム 303
tapeworms 条虫綱 224
taphonomy 化石生成論 82
tap root 主根 216
tarsal 付骨 419
tarsal bone 付骨 419
tarsus 足根骨 286
tartrazine タートラジン 302
taste 味 2
taste 味覚 468
taste bud 味蕾 472
TATA box TATAボックス 325
Tatum, Edward テータム 332
taxic response 走性 282
taxis 走性 282
taxon 分類群 435
taxonomy 分類学 435
TCA cycle TCAサイクル 330
TCA cycle TCA回路 126
T cell T細胞 330
TDF 精巣決定因子 258, 331
tectorial membrane 蓋膜 69
Teleostei 真骨上目 237
telocentric 末端動原体 465
telomere テロメア 333
telome theory テローム説 333
telophase 終期 212
temperature inversion 気温の逆転 99
template 鋳型 21
template strand 非解読鎖（非コーディング鎖） 396
tendon 腱 138
tendril 巻髭 463
tentacle 触手 227
tera- テラ 333
teratogen 催奇性物質 173
tergum 背板 380
termination codon 終結コドン 212
termination codon 終止コドン 213
terpenes テルペン 333
territory なわばり 354
Tertiary 第三紀 292
tertiary consumer 三次消費者 187

tertiary structure 三次構造 187
testa 種皮 218
test cross 検定交雑 144
testicle 睾丸 148
testicle 精巣 257
testis 睾丸 148
testis-determining factor 精巣決定因子 258
testosterone テストステロン 332
tetanus 強縮 110
tetanus 破傷風 383
2,3,7,8-tetrachlorodibenzo-P-dioxin
　2,3,7,8-テトラクロロジベンゾ-P-ダイオキシン 290
tetracosactide テトラコサクチド 332
tetrad 四分子 207
tetraploid 四倍体 494
Tetrapoda 四足類 202
tetraspore 四分胞子 207
TGB 182
thalamus 花床 81
thalamus 視床 199
thalassaemia サラセミア 185, 313
thalassaemia 地中海貧血症 313
Thallophyta 葉状植物門 492
thallus 葉状体 492
theca 子嚢 206
thelytoky 雌性産生単為生殖 201
therapeutic half-life 治療上の半減期 322
therapeutic index 治療係数 322
therapeutic window 治療係数 322
thermal denaturation 熱変性 367
thermal hysteresis protein 熱履歴タンパク質 367
thermocline 水温躍層 245
thermogenesis 熱産生 366
thermography 温度記録法 64
thermoluminescent dating 熱ルミネッセンス年代測定法 367
thermoluminescence 熱発光 367
thermonasty 温度傾性 64
thermoneutral zone 温熱中間帯 64
thermophilic 好熱性の 157
thermoreceptor 温度受容器 64
thermoregulation 体温調節 290
therophyte 一年生植物 26
thiamine チアミン 311
thigmotropism 接触屈性 269
thin-layer chromatography 薄層クロマトグラフィー 382
thoracic cavity 胸腔 110

thoracic duct 胸管 109
thoracic vertebrae 胸椎 111
thorax 胸郭 109
thorn ソーン 289
thread cell 刺細胞 197
threat display 威嚇 20
threonine トレオニン 350
threshold 閾値 22
thrombin トロンビン 351
thrombocyte 血小板 136
thromboplastin トロンボプラスチン 351
thrombosis 血栓症 136
thromboxane A_2 トロンボキサン A_2 351
thylakoid チラコイド 322
thymidine チミジン 315
thymine チミン 315
thymus 胸腺 111
thyrocalcitonin サイロカルシトニン 182
thyrocalcitonin チロカルシトニン 88
thyroglobulin サイログロブリン 182
thyroid gland 甲状腺 153
thyroid-stimulating hormone 甲状腺刺激ホルモン 153
thyrotrophin 甲状腺刺激ホルモン 153
thyrotrophin-releasing hormone 甲状腺刺激ホルモン放出ホルモン 153
thyroxine チロキシン 323
Thysanura シミ目 210
tibia 脛骨 131
tibia 脛節 132
ticks ダニ 302
tidal volume 一回換気量 26
tight junction 密着結合 470
tiller ひこばえ 399
time-lapse photography 微速度撮影 402
Tinbergen, Niko (laas) ティンバーゲン, ニコ(ラス) 331
tinsel flagellum 羽型鞭毛 389
Ti plasmid Ti プラスミド 325
tissue 組織 287
tissue culture 組織培養 288
tissue engineering 組織工学 287
tissue factor 組織因子 351
tissue fluid 組織液 287
tissue typing 組織適合試験 287
titre 力価 499
T lymphocyte T 細胞 330
T lymphocyte T リンパ球 331
TMV タバコモザイクウイルス 303
TNF 腫瘍壊死因子 218, 327

toads　ヒキガエル　398
tobacco mosaic virus　タバコモザイクウイルス　303
tocopherol　トコフェロール　346
tolerance　耐性　293
tolerance　トレランス　350
Tollens reagent　トレンス試薬　351
tomography　断層撮影　306
tone　緊張　116
tongue　舌　202
tonoplast　液胞膜　46
tonsil　扁桃腺　445
tonus　緊張　116
tooth　歯　375
top carnivore　頂点の肉食動物　320
topoisomer　トポイソマー　348
topoisomerase　トポイソメラーゼ　348
topsoil　表土　409
tornaria　トルナリア　350
torpor　冬眠　345
torus　花床　81
totipotent　分化全能性の　432
touch　触覚　230
toxicology　毒物学　346
toxin　毒素　346
trace element　微量元素　410
trace fossil　生痕化石　255
trachea　気管　99
tracheid　仮導管　85
tracheole　毛細気管　480
tracheophyte　維管束植物　21
tracing　トレーシング　350
trait　形質　131
transaminase　アミノ基転移酵素　7
transamination　アミノ基転移　7
transcellular pathway　経細胞経路　131
transcriptase　転写酵素　337
transcription　転写　336
transcription factor　転写因子　337
transcriptome　トランスクリプトーム　348
transcriptomics　トランスクリプトミクス　348
transduction　形質導入　131
transduction　変換　444
transect　トランゼクト　349
transfection　トランスフェクション　348
transferase　転移酵素　334
transfer cell　転送細胞　337
transferrin　トランスフェリン　349
transfer RNA　運搬RNA　42
transformation　形質転換　131

transformation hypothesis　変形仮説　444
transgene　導入遺伝子　343
transgenic　遺伝子組換えの　29
transient polymorphism　一時多型現象　26
transition　トランジション　348
transition zone　移行帯　23
translation　翻訳　461
translocation　転座　335
translocation　転流　338
transmission　伝染　337
transmission　伝達　337
transmission electron microscope　透過型電子顕微鏡　339
transmitter　神経伝達物質　235
transmitter　伝達物質　337
transpiration　蒸散　223
transplantation　移植　24
transport protein　輸送タンパク質　490
transposable genetic element　転移性遺伝要素　349
transposon　トランスポゾン　349
transverse tubules　横行管　58
transversion　塩基置換　54
Trematoda　吸虫類　108
TRH　甲状腺刺激ホルモン放出ホルモン　153
triacylglycerol　トリアシルグリセロール　349
trial-and-error learning　試行錯誤学習　75, 197
Triassic　三畳紀　187
Triassic　トリアス紀　349
triazines　トリアジン　349
tribe　族　285
tribe　連　514
tricarboxylic acid cycle　トリカルボン酸回路　126, 349
triceps　上腕三頭筋　226
trichogyne　受精毛　217
trichome　突起様構造　347
Trichoplax　センモウヒラムシ　278
trichromatic theory　三色説　188
tricuspid valve　三尖弁　188
triglyceride　トリグリセリド　349
triiodothyronine　トリヨードチロニン　350
trilobite　三葉虫　190
trimerophytes　トリメロフィトン類　350
trimethylamine　トリメチルアミン　350
triose　三炭糖　190
triplet code　トリプレット暗号　350
triploblastic　三胚葉性の　190
triploid　三倍体　190

trisomy　トリソミー（三染色体性）　350
tritanopia　第三色盲　292
tritiated compound　トリチウム化合物　350
tRNA　325
trochanter　転子　335
trochanter　転節　337
trochophore　担輪子幼生　310
trophic level　栄養段階　44
trophoblast　栄養芽層　44
tropism　屈性　118
tropomyosin　トロポミオシン　351
troponin　トロポニン　351
troposphere　対流圏　297
trumpet cell　ラッパ細胞　496
trypsin　トリプシン　350
trypsinogen　トリプシノーゲン　350
tryptophan　トリプトファン　350
TSH　甲状腺刺激ホルモン　153, 325
T tubules　T管　58, 329
tube feet　管足　97
tube nucleus　花粉管核　86
tuber　塊茎　66
tubicolous　管生の　95
tubulin　チューブリン　318
Tullgren funnel　ツルグレン漏斗　324
tumour　腫瘍　218
tumour necrosis factor　腫瘍壊死因子　218
tumour-suppressor gene　がん抑制遺伝子　98
tundra　凍土帯　343
Tunicata　尾索動物亜門　400
tunicates　被嚢類　406
Turbellaria　渦虫類　83
turgor　膨圧　447
turion　吸枝　106
turion　殖芽　226
turion　徒長枝　347
Turner's syndrome　ターナー症候群　302
twins　双生児　283
tylose　チロース　323
tympanic cavity　鼓室　161, 316
tympanic membrane　鼓膜　165
tympanum　鼓膜　165
type specimen　基準標本　101
typological species concept　類型学的種概念　511
tyramine　チラミン　322
tyrosine　チロシン　323

U

ubiquinone　ユビキノン　490
ubiquitin　ユビキチン　490
ulna　尺骨　210
ultimobranchial bodies　後鰓体　152
ultracentrifuge　超遠心　319
ultradian rhythm　ウルトラディアンリズム　41
ultrafiltration　限外ろ過　139
ultramicroscope　限外顕微鏡　139
ultramicrotome　ウルトラミクロトーム　41
ultrasonics　超音波学　319
ultrastructure　超構造　319
ultraviolet microscope　紫外線顕微鏡　193
ultraviolet radiation　紫外線　192
umbel　散形花序　187
umbilical cord　へその緒　438
undernourishment　栄養不良　44
undulipodium　波動毛　388
ungulate　有蹄動物　488
unguligrade　蹄行性　329
unicellular　単細胞（性）の　304
unipolar neuron　単極ニューロン　304
uniporter　ユニポーター　490
Uniramia　単肢動物門　305
uniramous appendage　単枝形付属肢　305
unisexual　単性の　306
unit　ユニット　490
unsaturated　不飽和の　422
upper critical temperature　最高限界温度　175
uracil　ウラシル　41
uranium-lead dating　ウラン・鉛年代測定法　41
urea　尿素　363
urea cycle　尿素回路　363
ureotelic　尿素排出性　363
ureter　尿管　363
urethra　尿道　363
uric acid　尿酸　363
uricotelic　尿酸排出性　363
uridine　ウリジン　41
urinary system　泌尿（器）系　406
urine　尿　363
uriniferous tubule　細尿管　176
Urochordata　尾索動物亜門　400
uterus　子宮　195
utricle　卵形嚢　498

utriculus　卵形嚢　498
UV　紫外線　192

V

vaccination　ワクチン接種　518
vaccine　ワクチン　518
vacuole　液胞　45
vacuole membrane　液胞膜　46
vagal tone　迷走神経性緊張　477
vagina　膣　313
vagus nerve　迷走神経　476
valine　バリン　390
valve　蓋殻　65
valve　殻　87
valve　弁　444
valve　裂片　513
variable number tandem repeats　反復配列多型　394
variation　多様性（変異）　303
variegation　斑入り　414
variety　変種　445
varve dating　年層年代測定法　368
vasa recta　直細動脈　322
vascular bundle　維管束　21
vascular cambium　維管束形成層　21
vascular plants　維管束植物　21
vascular system　維管束系　21
vascular system　維管束組織　22
vascular system　脈管系　471
vascular tissue　維管束組織　22
vas deferens　輸精管　489
vas efferens　精巣輸出管　258
vasoactive intestinal peptide　血管作用性小腸ペプチド　135
vasoconstriction　血管収縮　135
vasodilatation　血管拡張　135
vasodilation　血管拡張　135
vasomotor centre　血管運動中枢　135
vasomotor nerves　血管運動神経　135
vasopressin　抗利尿ホルモン　159
vasopressin　バソプレッシン　384
vector　媒介動物　377
vector　ベクター　438
vegetative propagation　栄養繁殖　44
vegetative reproduction　栄養繁殖　44
vein　翅脈　210
vein　静脈　225
vein　葉脈　493
velamen　根被　171

velum　内皮膜　353
vena cava　大静脈　293
venation　翅脈相　210
venation　脈系　472
venter　腹部　419
ventilation　換気　91
ventilation centre　換気中枢　91
ventral　腹側　418
ventral aorta　腹側大動脈　418
ventral root　腹根（前根）　417
ventricle　心室　237
ventricle　脳室　371
venule　細静脈　175
vermiform appendix　虫垂　317
vermiform appendix　盲腸　481
vernalization　春化　219
vertebra　脊椎　266
vertebral column　脊柱（背骨）　266
vertebrate　脊椎動物　267
Vesalius, Andreas　ヴェサリウス，アンドレアス　39
vesicle　小胞　225
vessel　管　90
vessel　導管　339
vessel element　導管細胞　340
vestibular apparatus　前庭器　277
vestibular canal　前庭階　276
vestibule　前庭　276
vestigial organ　痕跡器官　170
viable count　生菌数　254
vibrio　ビブリオ属細菌　407
villus　絨毛　215
viologen dyes　ビオロゲン色素　396
VIP　血管作用性小腸ペプチド　135
virion　ウイルス粒子　39
viroid　ウイロイド　39
virology　ウイルス学　39
virulence　病原性　408
virus　ウイルス　39
visceral　内臓の　353
visceral sensory neuron　内臓感覚ニューロン　353
vision　視覚　193
visual acuity　視力　231
visual cortex　視覚野　193
visual purple　視紅　196, 518
vital capacity　肺活量　378
vital staining　生体染色　259
vitamin　ビタミン　402
vitamin A　ビタミンA　403

vitamin B_{12}　ビタミン B_{12}　165
vitamin B complex　ビタミン B 群　404
vitamin C　ビタミン C　404
vitamin D　ビタミン D　404
vitamin E　トコフェロール　346
vitamin K　ビタミン K　404
vitelline membrane　卵黄膜　497
vitreous humour　硝子体液　87
viviparity　胎生　293
viviparity　胎生現象　293
VNTR　反復配列多型　39, 394
vocal cords　声帯　258
voltage clamp　電位固定　334
voltage-gated ion channel　電圧作動性イオンチャネル　333
voluntary　随意　244
voluntary muscle　随意筋　244
volutin　ボルチン　460
vomeronasal organ　鋤鼻器官　230
vulva　陰門　38

W

waggle dance　尻振りダンス　231
Wallace, Alfred Russel　ウォレス，アルフレッド・ラッセル　39
Wallace's line　ウォレス線　40
warfarin　ワルファリン　518
warm-blooded animal　温血動物　63
warning coloration　警戒色　130
waste product　老廃物　517
water　水　469
water cycle　水循環　247, 469
water potential　水ポテンシャル　469
water vascular system　水管系　245
Watson-Crick model　ワトソン-クリックモデル　518
Watson, James Dewey　ワトソン，ジェームズ・デューイ　518
wax　ろう（蠟）　517
weed　雑草　184
Weismannism　ワイスマン説　518
Western blotting　ウェスタンブロット法　39
whalebone　くじらひげ　118
whales　クジラ　118
whey　乳清　361
white blood cell　白血球　385
white matter　白質　382
white muscle　白筋　382
wild type　野生型　485

wilting　しおれ　192
wind pollination　風媒　415
wing　羽　389
withdrawal reflex　引込め反射　405
womb　子宮　195
wood　材　173
Woronin body　ヴォロニン体　40
wort　麦芽汁　382

X

xanthophyll　キサントフィル　100
xanthophyll cycle　キサントフィルサイクル　100
Xanthophyta　黄緑色植物門　59
X chromosome　X 染色体　48
xenobiotic　生体異物の　258
xeric　乾燥性の　97
xeromorphic　乾生形態の　95
xerophthalmia　眼球乾燥症　92
xerophyte　乾生植物　95
X-ray crystallography　X 線結晶学　48
X-rays　X 線　48
xylem　木部　482
xylenes　キシレン　101, 210

Y

YAC　酵母人工染色体　158, 518
Y chromosome　Y 染色体　518
yeast artificial chromosome　酵母人工染色体　158
yeasts　酵母　158
yellow body　黄体　58
yolk　卵黄　497
yolk sac　卵黄囊　497
Y organ　Y 器官　518

Z

Z band　Z 帯　269
zeatin　ゼアチン　251
zinc　亜鉛　1
zinc finger　亜鉛フィンガー　1
Z line　Z 線　269
zona pellucida　透明帯　345
zonation　帯状分布　293
zone fossil　化石帯　82
zone fossil　示準化石　199
zonula adherens　接着帯　269

zonula occludens 閉鎖帯 437, 470
zoogeography 動物地理学 344
zooid 個虫 164
zoology 動物学 343
Zoomastigina 動物性鞭毛虫門 344
Zoomastigota 動物性鞭毛虫門 344
zoonosis 動物原性感染症 343
zooplankton 動物プランクトン 344
zoosporangium 遊走子嚢 488
zoospore 遊走子 488
zosterophyllophytes ゾステロフィルム植物 288
zosterophylls ゾステロフィルム植物 288
zwitterion 両性イオン 506
zygomorphy 左右対称性 185
Zygomycota 接合菌門 268
zygospore 接合胞子 268
zygote 接合子 268
zygotene 接合期 268
zymase チマーゼ 314
zymogen チモーゲン 315

監訳者略歴

大島泰郎（おおしま たいろう）

- 1935 年　東京都に生まれる
- 1963 年　東京大学大学院生物化学専攻博士課程修了
- 1972 年　株式会社三菱化成生命科学研究所主任研究員・室長
- 1983 年　東京工業大学理学部教授
- 1995 年　東京薬科大学生命科学部教授
- 現　在　共和化工株式会社環境微生物学研究所所長
　　　　東京工業大学名誉教授・東京薬科大学名誉教授
　　　　理学博士

鵜澤武俊（うざわ たけとし）

- 1962 年　千葉県に生まれる
- 1991 年　東京工業大学大学院総合理工学研究科生命化学専攻
　　　　博士課程修了
- 現　在　大阪教育大学教育学部教養学科自然研究講座准教授
　　　　博士（理学）

オックスフォード
生物学辞典　　　定価は外函に表示

2014 年 6 月 25 日　初版第 1 刷

監訳者	大　島　泰　郎
	鵜　澤　武　俊
発行者	朝　倉　邦　造
発行所	株式会社 朝 倉 書 店

東京都新宿区新小川町 6-29
郵便番号　162-8707
電　話　03(3260)0141
ＦＡＸ　03(3260)0180
http://www.asakura.co.jp

〈検印省略〉

© 2014〈無断複写・転載を禁ず〉　　中央印刷・渡辺製本

ISBN 978-4-254-17135-8　C 3545　　Printed in Japan

JCOPY ＜(社)出版者著作権管理機構 委託出版物＞

本書の無断複写は著作権法上での例外を除き禁じられています．複写される場合は，そのつど事前に，(社)出版者著作権管理機構（電話 03-3513-6969，FAX 03-3513-6979，e-mail: info@jcopy.or.jp）の許諾を得てください．

前日赤看護大 山崎　昶訳

オックスフォード辞典シリーズ
オックスフォード　科　学　辞　典

10212-3　C3540　　　　　B 5 判　936頁　本体19000円

定評あるオックスフォードの辞典シリーズの一冊"Science(Fifth Edition)"(2005年)の完訳版。生物学(ヒトを含む)，化学，物理学，地球科学そして天文学といった科学全般にわたる約9000項目を50音配列で簡明に解説。学生のみならず，科学者以外の人々を科学へ誘う最良のコンパクトな参考図書といえよう。特色は三つ。
・一線級の科学者の充実した小伝
・太陽系，遺伝子組換え等は見開きで図示化
・宇宙論，顕微鏡，ビタミン等の歴史を完備

元進化生物研 駒嶺　穆監訳
筑波大 藤村達人・東大 邑田　仁編訳

オックスフォード辞典シリーズ
オックスフォード　植　物　学　辞　典

17116-7　C3345　　　　　A 5 判　560頁　本体9800円

定評ある"Oxford Dictionary of Plant Science"の日本語版。分類，生態，形態，生理・生化学，遺伝，進化，植生，土壌，農学，その他，植物学関連の各分野の用語約5000項目に的確かつ簡潔な解説をした五十音配列の辞典。解説文中の関連用語にはできるだけ記号を付しその項目を参照できるよう配慮した。植物学だけでなく農学・環境科学・地球科学およびその周辺領域の学生・研究者・技術者さらには植物学に関心のある一般の人達にとって座右に置いてすぐ役立つ好個の辞典

早大 木村一郎・前老人研 野間口隆・埼玉大 藤沢弘介・東大 佐藤寅夫訳

オックスフォード辞典シリーズ
オックスフォード　動　物　学　辞　典

17117-4　C3545　　　　　A 5 判　616頁　本体14000円

定評あるオックスフォードの辞典シリーズの一冊"Zoology"の翻訳。項目は五十音配列とし読者の便宜を図った。動物学が包含する次のような広範な分野より約5000項目を選定し解説されている。——動物の行動，動物生態学，動物生理学，遺伝学，細胞学，進化論，地球史，動物地理学など。動物の分類に関しても，節足動物，無脊椎動物，魚類，は虫類，両生類，鳥類，哺乳類などあらゆる動物を含んでいる。遺伝学，進化論研究，哺乳類の生理学に関しては最新の知見も盛り込んだ

前お茶の水大 五十嵐脩監訳

オックスフォード辞典シリーズ
オックスフォード　食品・栄養学辞典

61039-0　C3577　　　　　A 5 判　424頁　本体9500円

定評あるオックスフォードの辞典シリーズの一冊"Food&Nutrition"の翻訳。項目は五十音配列とし読者の便宜を図った。食品，栄養，ダイエット，健康などに関するあらゆる方面からの約6000項目を選定し解説されている。食品と料理に関しては，ヨーロッパはもとより，ロシア，アフリカ，南北アメリカ，アジアなど世界中から項目を選定。また特に，健康に関心のある一般読者のために，主要な栄養素の摂取源としての食品について，詳細かつ明解に解説されている

M.ケント編著　鹿屋体大 福永哲夫監訳

オックスフォード辞典シリーズ
オックスフォード　スポーツ医科学辞典

69033-0　C3575　　　　　A 5 判　592頁　本体14000円

定評あるOxford University Press社の"The Oxford Dictionary of Sports Science and Medicine(2nd Edition)"(1998年)の完訳版。解剖学，バイオメカニクス，運動生理学，栄養学，トレーニング科学，スポーツ心理学・社会学，スポーツ医学，測定・評価などスポーツ科学全般にわたる約7500項目を50音順配列で簡明に解説(図版165)。関連諸科学の学際的協力を得て，その領域に広がりをみせつつあるスポーツ科学に携わる人々にとって待望の用語辞典

日本微生物生態学会編

環境と微生物の事典

17158-7 C3545　　　　　A5判 448頁 本体9500円

生命の進化の歴史の中で最も古い生命体であり、人間活動にとって欠かせない存在でありながら、微小ゆえに一般の人々からは気にかけられることの少ない存在「微生物」について、近年の分析技術の急激な進歩をふまえ、最新の科学的知見を集めて「環境」をテーマに解説した事典。水圏、土壌、極限環境、動植物、食品、医療など8つの大テーマにそって、1項目2〜4頁程度の読みやすい長さで微生物のユニークな生き様と、環境とのダイナミックなかかわりを語る。

日本菌学会編

菌　　類　　の　　事　　典

17147-1 C3545　　　　　B5判 736頁 本体23000円

菌類（キノコ、カビ、酵母、地衣類等）は生態系内で大きな役割を担う生物であり、その研究は生物学の発展に不可欠である。本書は基礎・応用分野から菌類にまつわる社会文化まで、菌類に関する幅広い分野を解説した初の総合事典。〔内容〕基礎編：系統・分類・生活史／細胞の構造と生長・分化／代謝／生長・形態形成と環境情報／ゲノム・遺伝子／生態, 人間社会編：資源／利用（食品, 産業, 指標生物, モデル生物）／有害性（病気, 劣化, 物質）／文化（伝承・民話, 食文化等）

寺山　守・江口克之・久保田敏著

日 本 産 ア リ 類 図 鑑

17156-3 C3645　　　　　B5判 324頁 本体9200円

もっとも身近な昆虫であると同時に、きわめて興味深い生態を持つ社会昆虫であるアリ類。本書は日本産アリ類10亜科59属295種すべてを、多数の標本写真と生態写真をもとに詳細に解説したアリ図鑑の決定版である。前半にカラー写真（全属の標本写真、および大部分の生態写真）を掲載、後半でそれぞれの分類、生態、分布、研究法、飼育法などを解説。また、同定のための検索表も付属する。昆虫、とりわけアリに関心を持つ学生、研究者、一般読者必携の書。

奈良教大 前田喜四雄監訳
知られざる動物の世界1
食虫動物・コウモリのなかま
17761-9 C3345　　　A4変判 120頁 本体3400円

哺乳類の中でも特徴的な性質を持つ食虫動物のなかま（モグラ・ハリネズミなどの食虫目、およびアリクイ・アルマジロ・センザンコウ）、最も繁栄している哺乳類の一つでありながら人目に触れることの少ないコウモリ類を美しい写真で紹介。

京大 中坊徹次監訳
知られざる動物の世界2
原 始 的 な 魚 の な か ま
17762-6 C3345　　　A4変判 120頁 本体3400円

魚類の中でも原始的な特徴をもつ種を一冊にまとめて紹介。バタフライフィッシュ、アフリカナイフ、ヌタウナギ、ヤツメウナギ、ハイギョ、シーラカンス、ビキール、チョウザメ、ガー、アロワナ、ピラルク、サラトガなどを収載。

京大 中坊徹次監訳
知られざる動物の世界3
エイ・ギンザメ・ウナギのなかま
17763-3 C3345　　　A4変判 128頁 本体3400円

軟骨魚綱からエイ・ギンザメ類、硬骨魚綱から独特の生態を持つことで知られるウナギ類を美しい写真で紹介。ノコギリエイ、シビレエイ、ゾウギンザメ、ヨーロッパウナギ、ハリガネウミヘビ、アナゴ、ターポン、デンキウナギなどを収載。

京大 松井正文監訳
知られざる動物の世界4
サンショウウオ・イモリ・アシナシイモリのなかま
17764-0 C3345　　　A4変判 130頁 本体3400円

独特の生態をもつ両生類の中から、サンショウウオ、イモリ、アシナシイモリの仲間を紹介。オオサンショウウオ、トラフサンショウウオ、マッドパピー、ホライモリ、アホロートル、アカハライモリ、マダラサラマンドラなどを収載。

前京大 林　勇夫監訳
知られざる動物の世界5
単細胞生物・クラゲ・サンゴ・ゴカイのなかま
17765-7　C3345　　　　A4変判 130頁 本体3400円

水中に暮らす原始的な生物を、微小なものから大きなものまでまとめて美しい写真で紹介。アメーバ、ゾウリムシに始まりカイメン、クラゲ、ヒドロ虫、イソギンチャク、サンゴ、プラナリア、ヒモムシ、ゴカイ、ミミズ、ヒルなどを収載。

前横国大 青木淳一監訳
知られざる動物の世界6
エビ・カニのなかま
17766-4　C3345　　　　A4変判 128頁 本体3400円

無脊椎動物の中から、海中・陸上の様々な場所に棲み45000種以上が知られる甲殻類の代表的な種を美しい写真で紹介。フジツボ類、シャコ類、アミ類、ダンゴムシ類、エビ類、ザリガニ類、ヤドカリ類、カニ類、クーマ類などを収載。

前横国大 青木淳一監訳
知られざる動物の世界7
クモ・ダニ・サソリのなかま
17767-1　C3345　　　　A4変判 128頁 本体3400円

節足動物の中でも独特の形態をそなえる鋏角類（クモ、ダニ、サソリ、カブトガニ等）・ウミグモ類のさまざまな種を美しい写真で紹介。ウミグモ、カブトガニ、ダイオウサソリ、ウデムシ、ダニ類、タランチュラ、トタテグモなどを収載。

京大 本川雅治監訳
知られざる動物の世界8
小型肉食獣のなかま
17768-8　C3345　　　　A4変判 120頁 本体3400円

興味深い生態を持つ優れたハンターでありながら図鑑などで大きく取り上げられることの少ない小型の肉食獣を紹介。アライグマ、レッサーパンダ、イタチ、カワウソ、アナグマ、クズリ、ジャコウネコ、マングース、ミーアキャットなどを収載。

慶大 樋口広芳監訳
知られざる動物の世界9
地上を走る鳥のなかま
17769-5　C3345　　　　A4変判 120頁 本体3400円

鳥の中でも独特の特徴を持つグループ「飛ばない鳥」を紹介。ダチョウ、エミュー、ヒクイドリ、レア、キーウィ、クジャク、シチメンチョウ、キジオライチョウ、セキショクヤケイ、ノガン、ミフウズラ、スナバシリ、コトドリなどを収載。

京大 疋田 努監訳
知られざる動物の世界10
毒ヘビのなかま
17770-1　C3345　　　　A4変判 120頁 本体3400円

魅力的でありながらも恐ろしい毒ヘビの生態や行動を紹介。キングコブラ、アオマダラウミヘビ、タイガースネーク、パフアダー、ガボンバイパー、ラッセルクサリヘビ、マツゲハブ、マレーマムシ、ヨコバイガラガラヘビ、マサソーガなどを収載。

長崎大 山口敦子監訳
知られざる動物の世界11
サメのなかま
17771-8　C3345　　　　A4変判 128頁 本体3400円

狩猟と殺戮に特化した恐ろしい海のハンター、サメ類の興味深い生態の数々を紹介。ネコザメ、テンジクザメ、ナースシャーク、ジンベエザメ、メジロザメ、シュモクザメ、メガマウス、ネムリブカ、ホホジロザメ、ノコギリザメなどを紹介。

国立科学博 松浦啓一訳
知られざる動物の世界12
ナマズのなかま
17772-5　C3345　　　　A4変判 120頁 本体3400円

世界中の陸水に分布し、特徴的な姿で観賞魚としても人気のあるナマズ類を紹介。ギギ、ヒレナマズ、デンキナマズ、シートフィッシュ、シャーク・キャットフィッシュ、ゴンズイ、サカサナマズ、アーマード・キャットフィッシュなどを紹介。

前横国大 青木淳一監訳
知られざる動物の世界13
甲虫のなかま
17773-2　C3345　　　　A4変判 128頁 本体3400円

種数にして全動物の三分の一を占め、地球上で最も繁栄している動物群の一つである甲虫類を紹介。オサムシ、ハンミョウ、ゲンゴロウ、ジョウカイボン、テントウムシ、カブトムシ、クワガタムシ、フンコロガシ、カミキリムシなどを収載。

国立科学博 友国雅章訳
知られざる動物の世界14
セミ・カメムシのなかま
17774-9　C3345　　　　A4変判 128頁 本体3400円

「バグ」という英語が本来示すのは半翅目すなわちセミ・カメムシのなかまのことである。人間社会に深い関わりを持つ彼らの中からカメムシ、セミ、アメンボ、トコジラミ、サシガメ、ウンカ、ヨコバイ、アブラムシ、カイガラムシなどを紹介。

上記価格（税別）は2014年5月現在